Syllabus der Boden-, Luft- und Flechtenalgen

Hanuš Ettl † · Georg Gärtner

Syllabus der Boden-, Luft- und Flechtenalgen

2., ergänzte Auflage

Springer Spektrum

Hanuš Ettl †
Půlpecen 7
CR 56802 Svitavy
Tschechien

Georg Gärtner
Universität Innsbruck
Institut Botanik
Sternwartenstrass 15
6020 Innsbruck
Austria

ISBN 978-3-642-39461-4
DOI 10.1007/978-3-642-39462-1

ISBN 978-3-642-39462-1 (eBook)

Die Deutsche Nationalbibliothek verzeichnet diese Publikation in der Deutschen Nationalbibliografie; detaillierte bibliografische Daten sind im Internet über http://dnb.d-nb.de abrufbar.

Springer Spektrum

Gedruckt auf säurefreiem und chlorfrei gebleichtem Papier
Springer Spektrum ist eine Marke von Springer DE.
Springer DE ist Teil der Fachverlagsgruppe Springer Science+Business Media.
www.springer-spektrum.de

Inhaltsverzeichnis

Der Leopold-Franzens-Universität Innsbruck gewidmet

Vorwort

Als Christian Gottfried Ehrenberg 1854 in seiner «Mikrogeologie» zum ersten Mal wiedererkennbar eine Anzahl bemerkenswerter Bodenalgen abbildete, da ahnte er wohl kaum, daß mehr als 130 Jahre später noch immer keine taxonomische Gesamtübersicht über die Algenorganismen des Bodens und anderer aerophytischer Standorte vorliegen würde. Bei Untersuchungen zur Mikrobiologie des Bodens nehmen Algen noch immer eine eher bescheidene Rolle ein. Während über Bodenbakterien und Bodenpilze zahlreiche Arbeiten vorliegen, beschränken sich Forschungen zur Bodenalgenkunde meist auf punktuelle quantitative Erfassung der Algen in verschiedenen Böden oder in qualitativer Weise mit der Floristik und Taxonomie diverser Bodenalgengruppen. Neben speziellen mikrobiologischen Methoden erfordert das Studium aeroterrestrischer Algen (= Bodenalgen im weitesten Sinn inklusive aerophytischer und lichenisierter Sippen) umfassende Kenntnis der Taxonomie, Morphologie und Zytologie zahlreicher Formenkreise. Die dazu notwendige Literatur ist weltweit verstreut und dem praxisorientierten Bodenmikrobiologen oder Phykologen oft nicht zugänglich. Der hier vorgelegte Syllabus soll eine Gesamtschau über die eukaryontischen Vertreter der Boden-, Luft- und Flechtenalgen sein, und gleichzeitig für den Lichtmikroskopiker eine Bestimmungshilfe in Form von dichotomischen Schlüsseln bieten. Dabei wurde absichtlich auf die Cyanobakterien (Blaualgen) verzichtet, da diese anderweitig ausführlich behandelt werden und ihre neueste taxonomische Gliederung in der Neuauflage der «Süßwasserflora von Mitteleuropa» erscheinen soll.

Im Syllabus gliedern wir die behandelten Algentaxa nach einem System, das als Kompromiß zwischen den Auffassungen klassischer und moderner Systematik unter Berücksichtigung der Lichtmikroskopie aufzufassen ist. Dabei hielten wir uns nach den vorhandenen Diagnosen, Abbildungen und Bestimmungsschlüsseln in den meist verwendeten Bestimmungswerken aber auch vorrangig nach den Beschreibungen in der Originalliteratur. Soweit Abbildungen und Textteile von anderen Autoren übernommen wurden, sind dazu für jedes Taxon die entsprechenden Textquellen und Abbildungen zitiert. Neben dieser Kompilation wurden, soweit vorhanden, auch Kulturen und Eigenbeobachtungen in die Bearbeitung miteinbezogen. Den Gattungsbeschreibungen maßen wir besonderes Gewicht bei, während die Arten nur durch ihre wesentlichen diakritischen Merkmale sowie durch ökologische und chorologische Angaben“ charakterisiert sind. Subspezifische Taxa und unsichere Sippen nahmen wir nicht in die Bestimmungsschlüssel auf, sondern führen sie nur in den Bemerkungen an. Da nach unserer Meinung bei der Bestimmungsarbeit den informativen Abbildungen eine wesentliche Bedeutung zukommt, ergänzen Übersichtstafeln und Strichzeichnungen die Schlüssel und Beschreibungen. Wir haben ausdrücklich auf die Übernahme von Fotoreproduktionen verzichtet, doch sind die entsprechenden Abbildungen zitiert, um weitere Vergleiche mit den Typen zu ermöglichen. Bei Arten, deren Stämme in Kulturensammlungen deponiert sind, führen wir die entsprechenden Kulturennummern an. Bei Literaturzitaten verweisen wir nur auf jene wichtigen Werke, aus denen weitere Informationen über die angeführten Taxa zu entnehmen sind. Bei den Gattungen erwähnen wir auch die Anzahl der aero-terrestrischen Arten, soweit sie bisher bekannt sind. Jede Neubewertung von Sippen unterliegt nicht nur bei den taxonomisch so schwierigen Boden- und Luftalgen sachlicher Kritik. Dieser Syllabus soll einerseits zur besseren Kenntnis und zur Orientierung in der Formenfülle aeroterrestrischer Algen dienen, er soll andererseits auch Ausgangsbasis und Ansporn zu weiteren einschlägigen Untersuchungen sein, wobei wir für jede Ergänzung dankbar sind. Wenn schließlich noch praxisorientierte Forschungsbereiche der Bodenbiologie, die Lichenologie und die Vegetationskunde einen Nutzen daraus schöpfen, dann war unser Konzept richtig.

---

* Bei der geographischen Verbreitung berücksichtigten wir die Standortsangaben in der Originalliteratur. Dabei blieben die seit der Fertigstellung des Manuskriptes eingetretenen politischen Veränderungen unberücksichtigt

Besonderen Dank schulden wir Herrn Professor Dr. habil. S. Jost Casper, Jena, Frau Professor Dr. Ursula Geissler, Berlin, Herrn Professor Dr. Horst Lange-Bertalot, Frankfurt, und Herrn Professor Rupert Lenzenweger, Ried im Innkreis, für ihre wertvolle Hilfe und Kritik bei der Erstellung des Manuskriptes. Auch den Kuratoren der Algensammlungen, Professor Dr. Uwe Gert Schlösser in Göttingen, und Professor Dr. Richard Starr und Dr. Jeff Zeikus in Austin, Texas, gebührt unser Dank für die übermittelten Algenkulturen. Schließlich dürfen wir dem Gustav Fischer Verlag Stuttgart für sein stetes Entgegenkommen während der Arbeits- und Drucklegungsphase unseren besonderen Dank aussprechen.

Chrastavec und Innsbruck, Frühjahr 1995 — H. Ettl und G. Gärtner

Vorwort zum ergänzten Nachdruck des „Syllabus"

Der Wunsch nach einem Nachdruck des „Syllabus" durch den Springer Spektrum Verlag 18 Jahre nach der 1. Auflage kam für mich überraschend. Nach dem Ableben des Erstautors, meines Freundes Hanuš Ettl, und dem Ende des Gustav Fischer Verlages, waren ein Reprint oder eine Neuauflage nicht absehbar. Doch blieben aeroterrestrische Algen weiterhin mein Forschungsschwerpunkt an der Universität Innsbruck und die umfangreiche Literatur für eine Aktualisierung der 1. Auflage war sofort verfügbar. Zur Manuskripterstellung verblieben aus technischen Gründen nur wenige Wochen. P. Bourrellys Bearbeitung der Grünalgen 1976 folgend, stehen auch beim „Syllabus" die Ergänzungen am Ende des Nachdruckes und nehmen Bezug auf die entsprechenden Seiten dort. Insgesamt sollte das Konzept des Bestimmungsbuches für aeroterrestrische Algensippen mit dem Lichtmikroskop beibehalten werden und damit der Algenorganismus mit seiner Morphologie im Vordergrund stehen. Die zahlreichen taxonomischen und in weiterer Folge nomenklatorischen Änderungen die durch molekularphylogenetische Untersuchungen laufend erfolgen, sind soweit als möglich zumindest mit den Literaturangaben angeführt. Zeigen sie doch ein neues, manchmal überraschendes Bild verwandtschaftlicher Zusammenhänge, die vielfach noch Rätsel aufgeben aber weiterhin der Basis lichtmikroskopischer Beobachtung bedürfen.

Für die Hilfe bei Beschaffung diverser Literatur und fachlicher Diskussion bedanke ich mich bei Dr. Wolfgang Hofbauer, Fraunhofer-Institut Holzkirchen, Bayern. Prof. Dr. Maya P. Stoyneva, Fakultät für Biologie, Institut für Botanik, Universität Sofia St Kliment Ohridski danke ich für die Hilfe bei Auswertung russischer und ukrainischer Literatur. Dem Springer Spektrum Verlag und Frau Stefanie Wolf danke ich für die konstruktive Zusammenarbeit.

Innsbruck, August 2013 — Georg Gärtner

1. Allgemeiner Teil

1.1. Zur Geschichte der Boden-, Luft- und Flechtenalgensystematik

Als die erste Beschreibung einer Bodenalge gilt die bei Dillenius (1741) abgebildete *Nostoc commune*, eine weitverbreitete und seit dem Mittelalter wohl bekannte aerophytische Cyanobakterie. Seit Beginn des 19. Jahrhunderts wurden bei algentaxonomischen Untersuchungen auch Bodenalgen mitberücksichtigt, so bei Dillwyn (1809), Agardh (1812, 1817) und Lyngbye (1819). Um die Mitte des 19. Jahrhunderts beschrieben unter anderen Kützing (1845–71), Ehrenberg (1843, 1854), Nägeli (1849) und Rabenhorst (1865, 1868) zahlreiche Cyanobacteria und Chlorophyta aus Böden, die erste umfangreiche floristische Übersicht lieferte Gräbner (1895) in einer Studie über die norddeutschen Heiden, worin er unter anderem 31 Cyanobakterien, 3 Diatomeen und 18 Chlorophyceen als Bodenalgen beschrieb. Als Klassiker der Bodenalgenforschung dieses Jahrhunderts sind unter anderen der Däne J. B. Petersen, die Schweizer R. Chodat und F. Chodat, ebenso W. Vischer, aus England J. W. G. Lund und die russische Bodenalgenschule um M. M. Gollerbach und E. A. Shtina zu erwähnen. In den USA haben H. C. Bold und seine zahlreichen Schüler ab 1942 umfangreiche Studien über Bodenalgen verfaßt, die für die Taxonomie insbesondere coccaler Grünalgen richtungsweisend waren. Die erste Beschreibung und Abbildungen von Flechtenalgen der Gattung *Trebouxia* stammen von Famintzin & Boranetzky (1867), wenige Jahre später erschien S. Schwendeners klassische Studie über die Algentypen der Flechtengonidien[1] (1869), worin für damalige Verhältnisse ausgezeichnete Beobachtungen über Phykobionten enthalten sind. Spätere taxonomische Studien über bereits in Kultur genommene Phykobionten lieferten unter anderen R. Chodat (1913) und Warén (1920). Über die Taxonomie und Ökologie verschiedener aerophytischer Algen berichtete Puymaly (1924), grundlegende Untersuchungen zur Isolation, Kultur und Taxonomie von Flechtenalgen nach modernen Gesichtspunkten stammen von E. Tschermak (ab 1941) und V. Ahmadjian (ab 1958). Weitere Details zur Erforschungsgeschichte mögen den Arbeiten von J. B. Petersen (1935), Letrouit-Galinou (1968), Metting (1981) oder Gärtner (1985 b) entnommen werden.

1.2. Abgrenzung und Definition von aero-terrestrischen Algen

Während als Flechtenalgen eindeutig jene Algentaxa verstanden werden, die als Phykobionten an der Flechtensymbiose beteiligt sind, ist eine Definition von Boden- und Luftalgen schwieriger. Je nach enger oder weiter Fassung der Begriffe werden entweder nur obligat bodenbewohnende Algen als echte Bodenalgen bezeichnet, andererseits auch fakultativ bodenbewohnende Luft-, Rinden-, Flechten-, ja sogar gelegentlich Schneealgen (Kryophyten) in diese Kategorie miteinbezogen. Daraus resultieren die großen Auffassungsunterschiede über das Artenspektrum von Bodenalgen: während Round (1981) von nicht mehr als ungefähr 100 gewöhnlichen Bodenalgenarten spricht, unterscheidet Shtina (1960) aus russischen Böden über 900 Arten. Die Gruppe der Boden-, Luft- und Flechtenalgen, die wir unter dem gemeinsamen Überbegriff der «aeroterrestrischen Algen» (nicht im engen Sinne J. B. Petersens 1935) zusammenfassen, enthält einige Unterkategorien nach ihren vorherrschenden Lebensformen, die in Tabelle 1 zusammengefaßt wurden. Nicht unter diesen Kategorien führen wir Kryophyten, die als Schnee- und Eisbewohner eher aquatischen Formenkreisen zuzurechnen sind.

Aus der Literatur sind sehr unterschiedliche Kategorisierungen der Algen nach ihren ökologischen, insbesondere ihren Standortsansprüchen bekannt (J. B. Petersen 1935, Cedergren 1939, Tiffany

[1] Der von Wallroth (1825–27) geprägte Terminus «Gonidie» ist nicht mehr gebräuchlich und durch Phykobiont ersetzt worden.

Tabelle 1: Kategorien der Boden-, Luft- und Flechtenalgen

		vorwiegende Lebensform
aero-terrestrische Algen	terrestrisch (fakultativ aerophytisch)	– euterrestrisch – hydroterrestrisch – aeroterrestrisch – hypolithisch
	aerophytisch (fakultativ terrestrisch)	– epiphytisch – xylophytisch – lithophytisch – phykobiontisch

1951, Friedmann et al. 1967). Im Rahmen der Bearbeitung unterscheiden wir in etwas vereinfachter Darstellung zwei Hauptkategorien: **aerophytische** und **terrestrische** Algenformen. In die erste Gruppe stellen wir Epiphyten (auf Baumrinde, Blättern, Moosen usw.). Xylophyten (Holzbewohner), Lithophyten (Gesteinsbesiedler) sowie die Flechtenalgen (Phykobionten). Unter dem Begriff terrestrische Algen schließen wir im Sinne von J. B. Petersen (1935) sowohl euterrestrische (auf und im Boden lebende) Formen, als auch hydroterrestrische (auf permanent feuchter Erde) und aeroterrestrische im engeren Sinne (auf der Bodenoberfläche und an der Übergangszone zu aerischen Habitaten) ein. Innerhalb der terrestrischen Algen führen wir auch jene hypolithisch lebenden Sippen, die nach Friedmann et al. (1967) vor allem in ariden Gebieten auf der Unterseite von Quarzit und Kalkgestein vorkommen. Das Artenspektrum dieser «Fensteralgen» wurde von Vogel (1955) und Rumrich et al. (1989, 1992) näher untersucht. In Wüstengebieten wurden neben allgemein verbreiteten terrestrischen Algen sogar endolithisch lebende Sippen nachgewiesen (Bell 1993 mit Literaturübersicht).

1.3. Ökologie, Soziologie und Verbreitung

Bodenalgen sind als Primärproduzenten organischer Substanz sowie als Nahrungsquelle für heterotrophe Bodenorganismen wesentliche Glieder terrestrischer Ökosysteme. Darüber hinaus tragen sie durch Verkittung von Bodenpartikeln nicht unwesentlich zur Stabilität von Böden bei (Booth 1941, Bailey et al. 1973). Als Pioniere bei der Besiedlung offener Rohböden oder Vulkanasche, nach Waldbränden und ähnlichem kommt terrestrischen Algen neben den Moosen und Flechten große Bedeutung zu (Schwabe 1970, Schwabe & Behre 1972, Johansen, Ashley & Rayburn 1993).

Bodenalgen fördern oder hemmen das Wachstum und die Entwicklung anderer auto- wie heterotropher Mikroorganismen, sie können ebenso das Wachstum höherer Kulturpflanzen ganz allgemein positiv beeinflussen (Shtina & Nekrasova 1971, Pipe & Shubert 1984 u. a.). Vor allem Grünalgen werden in immer stärkerem Maß als Bioindikatoren zur Untersuchung des Einflusses von Pflanzenschutzmitteln auf die Bodenfertilität etc. herangezogen (Pipe & Shubert 1984, Metting 1990a). Ausführliche Literaturübersicht über Ökologie und Funktion der Bodenalgen im Ökosystem bei Starks et al. (1981), Hoffmann (1989), Oesterreicher (1990) und Metting (1981, 1990b).

Aspekte der Ökologie und Ökophysiologie von Flechtenalgen sind der lichenologischen Spezialliteratur zu entnehmen (Galun 1988 u. a.).

Untersuchungen über Struktur und Zusammensetzung spezifischer Bodenalgengesellschaften, ausgehend von genauen qualitativen floristischen Analysen, liegen vor allem aus ariden Regionen der Erde vor (Shields 1957, Friedman & Galun 1974, Gollerbach & Shtina 1969, Johansen 1993 u. a.), eine direkte Beziehung zwischen bestimmten Bodenalgensippen und höheren Vegetationseinheiten ist nicht gesichert (Komaromy 1984, Feher 1936), doch besteht ein Zusammenhang zwischen Azidität des Bodens und dem Artenreichtum der Bodenalgenflora, analog zur höheren Vegetation. Kalkhaltige alkalische Böden sind im allgemeinen artenreicher als saure Silikatböden (Reisigl 1964).

Die räumliche Verteilung der Algen im Boden konzentriert sich vor allem auf die Oberfläche und die obersten 5–10 Zentimeter Boden der Rhizosphäre, diese Schichten stellen die optimalen Lebensräume für viele Bodenalgen dar, Vorkommen in tieferen Schichten sind eher auf mechanische Transportverlagerungen (Turbationseffekte, Pflügen etc.) zurückzuführen. Viele Boden- und Luftalgen sind euryöke Sippen mit sehr weiter ökologischer Amplitude und zum Teil weltweiter Verbreitung (*Coccomyxa, Chlorococcum, Heterococcus, Stichococcus*). Über weitere Literatur siehe bei Metting (1981) und Archibald (1990). Auch die vertikale Verbreitung von Bodenalgen ist nur ungenügend bekannt, Vischer (1945 a), Reisigl (1964) und andere Autoren weisen übereinstimmend auf eine deutliche Abnahme der Artenzahlen mit zunehmender Meereshöhe hin, wobei in Hochgebirgen eine Zunahme euryöker Formen zu verzeichnen ist.

Die floristische Zusammensetzung der Bodenalgenflora und damit die Anzahl der als «Bodenalgen» im weitesten Sinn bezeichneten Algensippen wird unterschiedlich betrachtet. Einige Artenzahlen eukaryontischer Taxa aus verschiedener Literatur sind dazu aufschlußreich (Tab. 2).

Tabelle 2: Anzahl der Gattungen oder Arten eukaryontischer Bodenalgen (nach der Literatur)

Angaben bei:	Lokalität	Arten- und Gattungszahlen
Feher (1933)	Waldböden, Mitteleuropa	148 Arten (2 Xanthophyc.)
Reisigl (1964)	Hochalpine Böden, Tirol (über 3000 msm)	89 Arten (28 Xanthophyc.)
Vinatzer (1975)	Dolomiten, Südtirol	77 Arten (16 Xanthophyc.)
Trenkwalder (1975)	Föhrenwälder, Südtirol	95 Arten (10 Xanthophyc.)
Metting (1981)	weltweit	147 Gattungen (15 Xanthophyc.gatt.)
Ettl & Gärtner	weltweit	170 Gattungen (32 Xanthophyc.gatt.) ca. 1000 Arten (215 Xanthophyc.)

1.4. Kultur

Unsere lückenhafte Kenntnis der Bodenalgen liegt zu einem großen Teil in der zeitaufwendigen Untersuchungsmethodik, die mikrobiologische Arbeitstechniken spezieller Art erfordert. Die Direktbeobachtung von Bodenalgen in Form von Aufschwemmungen unter dem Lichtmikroskop ist nur bei wenigen Sippen (Diatomeen, Desmidiaceen) erfolgreich und läßt eine sichere Bestimmung kaum zu. Durch die Anwendung spezieller Kulturverfahren ist es erst möglich, ein weites Spektrum des tatsächlichen floristischen Algenbestandes einer Bodenprobe zu erfassen, wobei eine Verzerrung der natürlichen Verhältnisse nicht ausgeschlossen werden kann. Über die mehr als hundertjährige Entwicklung der Algenkulturtechniken sowie deren umfassende Anwendungen geben einige Handbücher erschöpfend Auskunft (Pringsheim 1954, Venkataraman 1969, Stein 1973, Dunger & Fiedler 1989). Hier sei vor allem auf einige spezielle Sammel-, Kultur- und Isolationstechniken hingewiesen, die sich bei Boden- und Luftalgen besonders bewährt haben (dazu auch Taf. I).

Zur Probenentnahme für **qualitative** Analyse des Algengehaltes eines Bodens verwendet man sterile Glasröhrchen, womit einige Kubikzentimeter des Bodenmaterials aufgenommen werden. Obwohl zahlreiche Algen als Ruhe- und Dauerstadien über längere Zeit austrocknen können, soll die Kultur der Probe sofort erfolgen, um den Verlust von Algenmaterial zu vermeiden. Die Anreicherung des in der Bodenprobe enthaltenen Algenbestandes kann nach verschiedenen

Methoden erfolgen (Pringsheim 1954, Lewin 1959, Wiedeman et al. 1964, Bold 1970, Gärtner 1993), wobei sich in der Praxis die im folgenden angeführten bewährt haben.

Anreicherungskulturen

Lassen sich sowohl in Wasser als auch auf bzw. in flüssigen Nährmedien oder in Petrischalen mit Nähragar anlegen. Besonders einfach sind Anreicherungskulturen nach folgenden Methoden:

1. Der zu untersuchende Boden wird möglichst ungestört ca. 1 cm hoch in sterile Petrischalen gefüllt und mit destilliertem Wasser und Nährlösung angefeuchtet (nicht überschwemmen!), die Schalen bei diffusem Tageslicht aufgestellt und laufend mikroskopisch untersucht. Sich entwikkelnde Algen sind von der Bodenoberfläche und den Schalenwänden abzunehmen.
2. Das wie in 1. vorbereitete Bodenmaterial wird mit sterilem Filterpapier oder Perlongewebe abgedeckt, daran haftende Algen können so leichter entnommen werden.
3. Eine Bodensuspension wird mit einem handelsüblichen Fixier-Zerstäuber auf sterile Petrischalen mit Nähragar aufgesprüht.
4. Bodenmaterial wird in sterilen Erlenmeyerkolben mit Nährlösung vermischt und dem natürlichen Licht oder in Kulturräumen entsprechender künstlicher Beleuchtung ausgesetzt.
5. Reagenzgläser mit Schrägagar werden mit Nährlösung versehen (wenige ml) und etwas Bodensuspension dazugegeben. Bei solchen biphasischen Kulturen steht den Algen sowohl festes wie flüssiges Medium zur Verfügung.

Besonders ausführlich wurde die Anreicherungskultur mittels feuchter Platten von Lund (1945–46) beschrieben: Naturfeuchtes Bodenmaterial wird in sterilen Petrischalen ausgebreitet und mit sterilem destilliertem Wasser gut angefeuchtet (aber nicht überdeckt!). Auf das Bodenmaterial legt man anschließend sterile Deckgläser (etwas andrücken!); nach Inkubation unter diffusem Tageslicht oder entsprechenden Kulturbedingungen entwickeln sich in diesen feuchten «Mikrokammern» bereits nach einer Woche zahlreiche Algen auf der bodenzugewandten Deckglasseite. Zum Mikroskopieren genügt das Abheben der Deckgläser und vorsichtige Entfernen grober Bodenpartikel, anschließend wird das Deckglas mit einem Tropfen Wasser lichtmikroskopisch untersucht. Gollerbach & Shtina (1969) empfehlen, die Untersuchung nach 3 bis 6 Wochen abzuschließen. Mit dieser Methode lassen sich besonders Diatomeen und Desmidiaceen gut beobachten.

Anreicherung in Flüssigkultur beschreiben Lund (1945–46) und Pringsheim (1954) ausführlich. Hierzu werden 60 bis 100 ml Nährlösung in 250 ml Erlenmeyerkolben 15 Minuten bei 121 °C und 1 bar autoklaviert, nach dem Abkühlen setzt man ca. 1–2 g naturfeuchten Boden dem Medium zu. Nach Inkubation bei diffusem Tageslicht am Nordfenster oder in entsprechenden Kulturräumen lassen sich nach 1–2 Wochen die ersten Algen in der Nährlösung, aber auch an der Glaswand des Kolbens erkennen. Eine mikroskopische Untersuchung soll nun laufend erfolgen. Da sich manche Algen nur sehr langsam entwickeln, empfiehlt es sich, die Anreicherungskultur bis etwa 5 Monate nach der Beimpfung noch zu untersuchen!

Anreicherungskulturen auf Nähragarplatten: Hierzu wird steriles Nährmedium mit 1% Agar versetzt und in sterilen Petrischalen ca. 3 mm hoch ausgegossen. Anschließend sprüht man eine Bodensuspension (ca. 1 g naturfeuchter Boden in 5 ml dest. Wasser) mit einem handelsüblichen Fixier-Zerstäuber (siehe Taf. I) auf die erstarrte und etwas abgetrocknete Agaroberfläche in der Petrischale auf. Diese Methode, bereits von Vischer (1939), Pringsheim (1954) oder Bold (1970) beschrieben, zeigt allgemein sehr gute Resultate. Die in geringer Menge und als dünner Film aufgesprühte Bodensuspension läßt erste Algenkolonien bereits nach ca. 1 Woche makroskopisch erkennen, die Überprüfung der Petrischalen mit einem Durchlichtmikroskop ist relativ leicht, da wenig Bodenpartikel stören. Von solchen Agarplatten lassen sich viele Algenkolonien mit einer sterilen Glasnadel, Impföse oder Kapillarpipette zur Weiterzüchtung abimpfen.

Zur Anreicherungskultur haben sich auch Erd-Wasser-Kulturen unter Zusatz organischer Substanzen (Stärke, Proteine) bewährt (siehe ausführlich bei Pringsheim 1954). Bei diesen «Faulkulturen» überschichtet man im Reagenzglas etwas Stärke mit gewöhnlicher Gartenerde und Wasser. Damit gelang die Kultur zahlreicher farbloser Flagellaten und verschiedener Euglenaceen. Für viele

Grünalgen und Xanthophyceen wird in einer Erd-Wasser-Anreicherungskultur auch die Zugabe von Torf-Extrakten empfohlen (Pringsheim 1954).

Reinkulturen

Als Reinkulturen bezeichnen wir Algenisolate, die bereits von Bakterien, Pilzen und anderen Algenorganismen gereinigt und «unialgal», d. h. aus einer einzigen Zelle gezüchtet wurden. In axenischer Form dienen Reinkulturen biochemischen, physiologischen und taxonomischen Forschungen und werden als Dauerkulturen in Algensammlungen weitergeführt. Reinkulturen lassen sich aus Anreicherungskulturen z. B. auf Nähragarplatten folgenderweise erzielen: Man überträgt mittels steriler Impfnadel kleine Algenkolonien aus der Anreicherungskultur auf sterile Nähragarpetrischalen und streicht die Algenzellen möglichst dünn aus. Zur Erzielung von Kulturen aus einer einzigen Zelle («unialgal cultures») ist es nötig, einzelne Algenzellen von der Verunreinigung durch fremde Algenkolonien, Pilzhyphen und Bakterien zu trennen. Dies kann mechanisch durch sterile Glashaken unter dem Binokular mit der Hand oder mit Hilfe von Mikromanipulatoren erfolgen. Nach Isolierung einzelner Zellen auf der Agarplatte überträgt man nach 2–3 Tagen diese Einzelzellen mit etwas Agarmaterial unter möglichst sterilen Bedingungen auf neuen Agar, z. B. in Reagenzgläsern, um das Anwachsen solcher Einzelzell-Kulturen beobachten zu können. Meist ist nach 2 Monaten eine makroskopisch sichtbare Algenkolonie entwickelt. Axenische Kulturen sind zur taxonomischen Untersuchung nicht unbedingt nötig, unialgal ist jedoch Voraussetzung!
Erfolgte die Anreicherungskultur in Flüssigmedien (Erlenmeyerkolben), entnimmt man etwas Algenmaterial mittels steriler Mikropipette und streicht dieses ebenfalls auf Agarplatten aus. Nach ca. 2 Wochen können mittels Kapillarpipette einzelne Algenzellen entnommen und wiederum in Reagenzgläser mit Flüssigmedium übertragen werden. Bei Algensippen mit geißelbeweglichen Reproduktionszellen (Zoosporen) lassen sich unter dem Binokular mittels steriler Kapillarpipetten aus einzelnen Zoosporen ebenfalls Reinkulturen erzielen.
Die Verwendung von Antibiotika zur Herstellung von Reinkulturen soll möglichst nur dann erfolgen, wenn andere Methoden ohne Erfolg bleiben. Sowohl die Art und Konzentration des Antibiotikums als auch seine Anwendungsdauer sind in ihrer Wirkung auf die einzelnen Algensippen nur wenig bekannt. In jedem Fall ist der Einsatz in der Algenkultur zu minimieren (Jones et al. 1973). Über weitere Hinweise zur Anwendung von Antibiotika siehe Hoshaw & Rosowski 1973, Bednářová et al. 1976).

Quantitative Untersuchungsmethoden

Dabei sind direkte Methoden und Kulturmethoden zu unterscheiden. Letztere entsprechen weitgehend den mikrobiologischen Agar-Plattenverfahren, dabei sind entsprechende Nachteile zu beachten: unterschiedliches Wachstum der Algenindividuen, häufig Aggregatbildung und Fadenverbände, oft mit starken Schleimbildungen, die eine einheitliche Bodensuspensionsherstellung erschweren. Direkte Methoden sind, soweit bisher erkennbar, genauer und ergeben größere Zellzahlen (Shtina & Nekrasova 1971, Oesterreicher 1988, Dunger & Fiedler 1989).
Bei **direkten Methoden** ist die Anwendung der Fluoreszensmikroskopie (Tchan 1952) ein brauchbares Verfahren zur Bestimmung von Zellzahl und Biomasse. Dabei werden Bodensuspensionen verschiedener Verdünnung mittels Durchlichtfluoreszenz in Zählkammern (0,1 mm Tiefe) ausgezählt. Die natürliche Fluoreszenz des Chlorophylls erlaubt eine sichere Erkennung von Algenzellen als rote Kolonien, Fäden oder kugelige Einzelzellen. Aus der Menge der Bodenprobe und dem bekannten Zählkammervolumen läßt sich die Zellzahl je g Boden berechnen. Eine Anfärbung der Algenzellen (Acridinorange etc.) ist nicht notwendig.
Herstellung der Bodensuspension nach Tchan (1952):

20 g Boden werden mit 50 ccm dest. Wasser suspendiert, gröbere Sandpartikel absetzen lassen, Überstand dekantieren, neuerlich waschen, bis alle Sandkörner algenfrei sind (Mikroskopkontrolle mit Fluoreszenz!); die gesamten Suspensionen werden 1 Minute zentrifugiert

(500 U/min.), der Bodensatz enthält nun Algenzellen und Bodenpartikel, der Überstand wird dekantiert; aus dem Bodensatz wird durch Zusatz von Aqua dest. die eigentliche Bodensuspension bereitet, wobei 1 Teil Boden mit 5 bis 10 Teilen Aqua dest. verdünnt wird. Bei höherer Konzentration stören dichte Bodenpartikel die Untersuchung.

Neben der Durchlichtfluoreszenz erprobte Oesterreicher (1988) die Auflichtfluoreszenz zur Direktzählung von Algenkulturen auf beimpften Petrischalen. Mit dieser Methode, die zu brauchbaren Ergebnissen führte, ist auch die Erfassung sehr kleiner Algenkolonien möglich. Über Prinzip und Methodik der Fluoreszenzmikroskopie sowohl bei Durchlicht- als auch Auflichtverfahren, notwendige Beleuchtungs- und Filtersysteme usw. siehe Göke (1988).

Shtina (1960) beschreibt eine direkte Zählmethode ohne Fluoreszenz und ohne Verwendung einer Zählkammer. Hierbei wird eine Algensuspension (1 g naturfeuchter Boden in 50 ml dest. Wasser) tropfenweise mit einer Meßpipette auf einen Objektträger aufgebracht, mit einem Deckglas abgedeckt und die Algenanzahl im Lichtmikroskop mit einem Okularnetzmikrometer ausgezählt. Dabei wird nur die Hälfte des Tropfens gezählt (jeder 2. Streifen des Okularmikrometers in der Breite des mikroskopischen Sehfeldes wird gezählt!). Aus dem bekannten Volumen des Suspensionstropfens (ca. 30 µml pro Tropfen) läßt sich die Algenzahl im Boden wie folgt berechnen:

$2.30.50.y$ = Algenzahl.g Boden^{-1} (2 = Zählung des halben Tropfens
30 = 1 ml Suspension = 30 Tropfen zu je ca. 30 µml
50 = Bodensuspension zu 50 ml
y = Registrierte Zahl der Zellen)

Aus der Algenzellenzahl ist nach Berechnung des mittleren Volumens der Zellen unter Festlegung des spezifischen Gewichtes schließlich die Algenmasse im Boden zu berechnen (Dunger & Fiedler 1989).

Kulturbedingungen

Voraussetzung für eine erfolgreiche Kultur von Bodenalgen sind neben den Nährstoffen geeignete Beleuchtung und die Temperatur. Für viele Sippen reichen das diffuse Tageslicht an einem Nordfenster und die normale Raumtemperatur (um 20 °C) völlig aus. Direkte Sonnenbestrahlung ist auf alle Fälle zu vermeiden. Unter standardisierten Kulturbedingungen (in Brutschränken oder Kulturkammern usw.) werden kühlere Temperaturen (zwischen 11 und 18 °C) und Beleuchtungsstärken zwischen 1200 bis 3000 Lux (Leuchtstoffröhren 30 W) bei einem 12stündigen Licht-Dunkel-Wechsel empfohlen. (Über Kulturbedingungen in Algenkulturensammlungen siehe Schlösser 1982, Gärtner 1985, Starr & Zeikus 1987 u. a.).

Für viele Algen wird zu mineralischen Nährlösungen die Zugabe kleiner Mengen von Bodenextrakt empfohlen (Pringsheim 1954, Schlösser 1982). Hierzu wird frische Gartenerde mit Leitungswasser 2mal in einem Abstand von 24 Stunden jeweils 1 Stunde gekocht, die von Partikeln gereinigte Lösung schließlich 20 Minuten bei 1 bar und 121 °C autoklaviert. Die Aufbewahrung dieses Bodenextraktes im Kühlschrank ist anzuraten.

1.5. Untersuchung und Bestimmung

Zur Bestimmung von Bodenalgen sind die in der phykologischen Forschung unter Verwendung des Lichtmikroskops üblichen Schritte zu vollziehen. Dabei ist neben zellmorphologischen Kriterien, wie Zellgestalt, Zellwand, Chloroplast, Pyrenoid, Zellkern, Vakuolen usw. auch die Reproduktion (asexuell wie sexuell) zu berücksichtigen. Die in der Phykologie üblichen Färbe- und Reaktionstests sind zusätzlich durch Beachtung besonderer Merkmale der Kulturen zu ergänzen. Hier ist unter anderem die Ausbildung von Gallerte, Oberflächenstruktur der Kultur auf Agar, spezielle Färbungen, Verschleimungen, sowohl an frisch überimpften wie auch an älteren Kulturen zu beobachten. Des weiteren können physiologische Verhaltensweisen gegenüber Kohlenstoff-

Empfehlenswerte Nährmedien für Bodenalgen (alle Mengenangaben in g!)

a) nach Chu (1942)

$Ca(NO_3)_2$	0,04
KH_2PO_4	0,01 oder ,005
$MgSO_4.7H_2O$	0,025
Na_2CO_3	0,02
Na_2SiO_3	0,025
$FeCl_3$	0,0008
Aqua dest.	1000,0 ml

b) nach Knop (modifiziert)[2]

KNO_3	1,0
$Ca(NO_3)_2$	0,1
KH_2PO_4	0,2
$MgSO_4.7H_2O$	0,1
$FeCl_3$	0,001
Aqua dest.	1000,0 ml

c) nach Detmer (modifiziert nach Venkataraman 1969)[2]

$Ca(NO_3)_2$	1,0
KCl	0,25
$MgSO_4$	0,25
KH_2PO_4	0,25
Aqua dest.	1000,0 ml

einige Tropfen $FeCl_3$-Lösung (1% aqu. sol.)

d) Bold's Basal Medium (Bischoff & Bold 1963)

6 Stammlösungen zu je 400 ml Aqua dest. von folgenden Salzen:

$NaNO_3$	10,0	K_2HPO_4	3,0
$CaCl_2.2H_2O$	1,0	KH_2PO_4	7,0
$MgSO_4.7H_2O$	3,0	NaCl	1,0

10 ml von jeder Stammlösung werden mit 940 ml Aqua dest. vermengt und jeweils 1 ml der folgenden 4 Spurenelementlösungen dazugegeben:

1 – 50 g EDTA (Äthylendiamintetraessigsäure) und 31 g KOH in 1000,0 ml aqua dest. gelöst;

2 – 4,98 g $FeSO_4.7H_2O$ gelöst in 1000,0 ml angesäuertem Aqua dest. (angesäuertes Aqua dest. = 1,0 ml H_2SO_4 konz. in 999 ml Aqua dest. gelöst);

3 – 11,42 g H_3BO_3 gelöst in 1000,0 ml Aqua dest.

4 – Folgende Salze gelöst in 1000,0 ml Aqua dest.:

$ZnSO_4.7H_2O$	8,82
MoO_3	0,71
$Co(NO_3).6H_2O$	0,49
$MnCl_2.4H_2O$	1,44
$CuSO_4.5H_2O$	1,57

Sämtliche Nährlösungen können in 1% Agar verfestigt werden.

[2] Lösungen b) und c) können in Verdünnungen von ½, ⅓, ¼ bis ⅒ verwendet werden (Pringsheim 1954, Venkataraman 1969).

oder Stickstoffquellen, Änderungen des Lichtangebotes durch Licht-Dunkelrhythmus usw. zur Charakterisierung bestimmter Algenstämme dienen. Diese von Deason & Bold (1960) als «supplementary attributes» bezeichneten Merkmale ergänzen das Merkmalsspektrum von Algenkulturen und lassen sich auch taxonomisch bei Bestimmung kritischer Sippen anwenden, erfordern dafür aber aufwendige Kulturbedingungen. Sie sollten jedoch eine exakte zytomorphologische Beobachtung und Beschreibung des Untersuchungsmaterials nur erweitern, nicht ersetzen.

Orceinfärbung des Zellkernes, JKJ-Nachweis der Stärke, Chloraljod (Jodkristalle in Chloralhydrat gelöst) für Stärkespuren, Azokarmin-G oder Säurefuchsin für den Pyrenoidnachweis, Tusche und Methylenblau für Gallerten und Zellwände sind wie bei üblicher Lebenduntersuchung von Algenmaterial in jedem Fall anwendbar. Material aus Flüssigkulturen wird mit einem Tropfen des Mediums, Algenzellen aus Agarkulturen mit einem Tropfen Wasser mikroskopiert. Viele coccale Grünalgen oder Xanthophyceen sind in ihrer Raumstruktur oft mühsam zu analysieren, der hohlkugelige Chloroplast bedarf genauer Mikroskopie in verschiedenen Zellebenen. Langsames Quetschen der Zellen durch das Eigengewicht des Deckglases bei Verdunsten des Wassertropfens läßt viele Zellstrukturen erst nach einigen Minuten erkennen. Zur besseren Darstellung von Chloroplastenstrukturen (Lappen, Rippen, Durchbrechungen etc.) ist die Verwendung eines Blaufilters (Kodak Wratten No. 48, siehe Friedmann 1966) bei Durchlichtmikroskopie empfehlenswert. Pyrenoidstrukturen, insbesondere bei Grünalgen die Ausbildung der Stärkehülle, lassen sich durch Anfärben mit Lugolscher Lösung, aber auch durch Zerquetschen der Zellen sichtbar machen. Mehrteilige Stärkehüllen weichen auseinander, die einzelnen Stärkekörner lassen sich unterscheiden. Dagegen treten kontinuierliche hohlkugelige Stärkehüllen bei Quetschen der Zelle als farblose Kugeln aus den Zellen aus (Ettl & Gärtner 1987).

Die Untersuchung von herbarisierten (getrockneten) Bodenalgen ist bei den meisten begeißelten und coccalen Formen unmöglich, Herbarmaterial von fädigen Formen läßt sich nur bei allerbester Konservierung noch taxonomisch bearbeiten, vielfach ist aber auch hier die ursprüngliche Morphologie verlorengegangen. Zur Untersuchung und Konservierung von Bacillariophyceen sei auf Krammer & Lange-Bertalot (1986, p. 62) verwiesen. Das wohl beste Hilfsmittel für ein sinnvolles und weiterführendes Studium der Bodenalgen sind in jedem Fall Kulturensammlungen, über deren Wert a.a.O. mehrfach berichtet wurde. Noch gelten die Worte E. G. Pringsheims:

«... ohne Klonkulturen unter verschiedenen Kulturbedingungen, und dieselben in Form von Dauerkulturen als Vergleichsmaterial aufbewahrt, bleibt jegliche taxonomische und nomenklatorische Schlußfolgerung zweifelhaft ...»

1.6. Isolation, Kultur und Bestimmung eukaryontischer Flechtenalgen

Unter den bisher bekannten rund 30 Gattungen mit über 80 Arten eukaryontischer Algen, die an der Flechtensymbiose als Algenpartner (Phyko- oder Photobiont) beteiligt sind, finden sich viele aeroterrestrische Vertreter, wie Arten der Gattungen *Coccomyxa, Stichococcus, Chlorella, Trentepohlia* und andere (Fig. 1). Weitaus am häufigsten wurden Arten von *Trebouxia* aus Flechten beschrieben, dieses Taxon scheint nahezu obligatorisch als Phykobiont aufzutreten, ist jedoch auch freilebend bekannt (ausführliche Literaturhinweise bei Tschermak-Woess 1988). In tropischen Regionen sind Vertreter der Familie Trentepohliaceen als Phykobionten häufig. Bisher nur aus Flechten bekannt sind *Coccobotrys* und *Elliptochloris*.

Zur Isolation des Phykobionten eignet sich am besten möglichst frisches Flechtenmaterial. Die bei Bodenalgen angewandten Methoden zur Algenkultur sind nur bedingt auf Flechtenalgen übertragbar, da kein floristisches Spektrum verschiedener Arten wie aus Bodenproben, sondern nur eine bestimmte Sippe – der Phykobiont – in Kultur genommen wird. Bekanntlich besiedeln zahlreiche Algen als Epiphyten die Oberflächen oder Zwischenräume von Flechtenthalli und kommen in Kulturen neben dem eigentlichen Phykobionten zur Entwicklung. In der Praxis hat sich die oberflächliche Reinigung des Flechtenthallus mit Wasser bewährt, um Epiphyten zu entfernen.

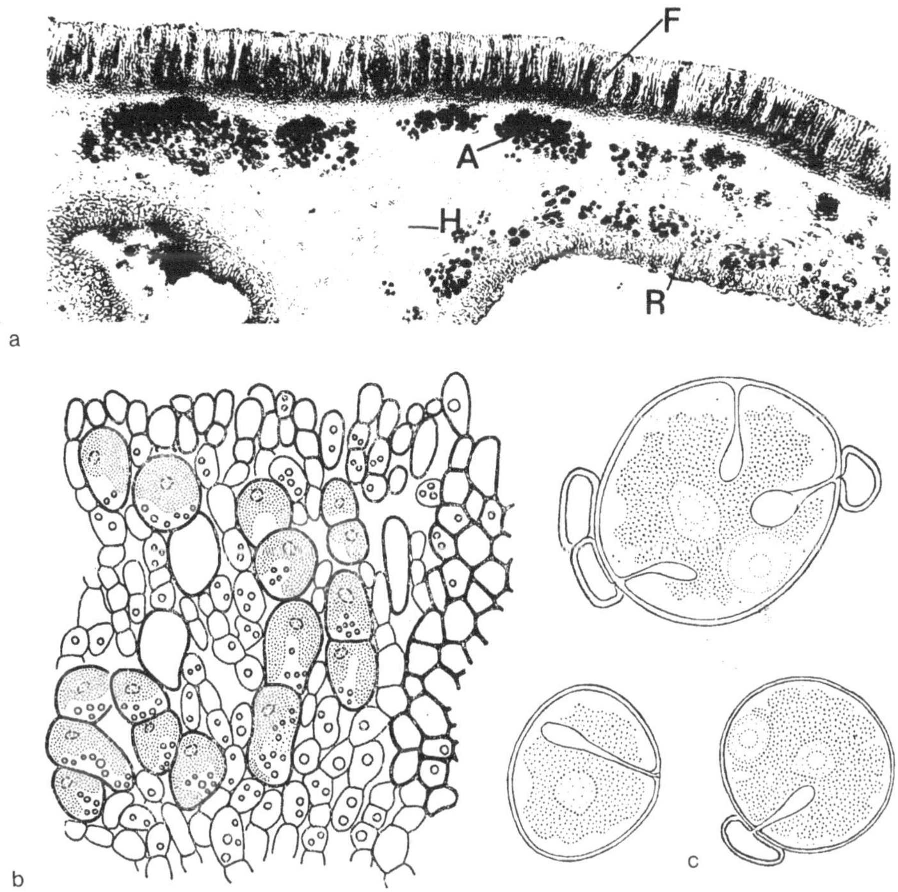

Fig. 1. *a* Querschnitt durch den Flechtenthallus von *Xanthoria parietina*. Oben Fruchtschicht (F) des Apotheciums, innen als dunkle Körper zwischen den Hyphen (H) die Flechtenalgen (A), unten das Rindensystem (R); *b* Schnitt durch einen Teil des Flechtenthallus von *Verrucaria adriatica* mit der Alge *Dilabifilum arthropyreniae* (punktiert); *c Trebouxia*-Zellen mit eindringenden Haustorien des Pilzpartners (*a* nach Ettl, *b* nach Tschermak-Woess, *c* nach Geitler).

Wiederholtes Eintauchen von vorgereinigten Thallusbruchstücken in 3% H_2O_2, versetzt mit einigen Tropfen NaOH, tötet beziehungsweise entfernt ebenfalls Aufwuchsalgen, darüber hinaus wird das Mycel des Flechtenpilzes aufgeweicht (Meisch 1981). Aus den Thallusfragmenten wird das Phykobiontenmaterial unter dem Binokular ausgequetscht und auf Agarplatten ausgestrichen. Auch mittels Kapillarpipette lassen sich aus einer Suspension des gequetschten Flechtenthallus einzelne Phykobiontenzellen isolieren und in Kultur nehmen. An den Zellen anhaftende Hyphenfragmente sind hier kein Nachteil, sie bestätigen nur, daß tatsächlich Phykobiontenzellen und keine Aufwuchsalgen isoliert werden. Laufende mikroskopische Kontrolle der Isolate und weitere Reinigungsschritte, in ähnlicher Weise wie bei den Bodenalgen geschildert, sind notwendig. Als Nährmedien für Flechtenalgen dienen neben den angeführten Bodenalgenmedien (unter Zusatz von Vitaminlösungen) vor allem:

Trebouxia-Organic-Medium nach Ahmadjian (1967)

BBM-Nährlösung	970 ml
Proteose-Pepton	10,0 g
Glucose	20,0 g

Trebouxia-Agar nach Starr & Zeikus (1987)

BBM-Nährlösung	850 ml
Bodenextrakt	140 ml
Proteose-Pepton	10,0 g
Glucose	20,0 g

Sämtliche Medien können mit 1% bis 2% Agar verfestigt werden. Über weitere Details zur Kultur von Phykobionten siehe bei Ahmadjian (1967, 1973), Starr & Zeikus (1987), Friedl (1989).

Bei der Bestimmung der Flechtenalgen wird man mit einfachen Thallusschnitten und Quetschpräparaten häufig nicht auskommen und auf einfache Rohkulturen oder sogar Reinkulturen zurückgreifen müssen. Der nachfolgende Bestimmungsschlüssel ist sowohl auf Merkmale der Algen in frischem Flechtenmaterial als auch auf Kulturen aufgebaut. Für weitere Bestimmungshilfen sei auf diverse Schlüssel in Flechtenbestimmungswerken (Poelt 1969, Clauzade & Roux 1985) sowie auf die ausführlichen Darstellungen bei Ahmadjian (1967), Letrouit-Galinou (1968), Tschermak-Woess (1988) und Gärtner (1992) verwiesen.

Bestimmungsschlüssel der wichtigsten Gattungen eukaryontischer Flechtenalgen

1a Zellen mit einem oder mehreren Plastiden von grüner bis gelbgrüner Farbe 4

1b Zellen orange oder braungrün oder gelbgrün gefärbt (in der Natur!), keine echte Stärke (JKJ-Reaktion!) . . . . **Trentepohliaceae 2**

2a Phykobiont mit kurzen oder längeren Fäden, Zellen zylindrisch bis tonnenförmig, in der Flechte orangerot bis rötlich (in Kultur ergrünend!) . . . . **Trentepohlia**

2b Phykobiont bildet radiär oder platten- bis krustenförmig wachsende, ein- oder mehrschichtige Thalli, diese endo- oder epiphytisch vorkommend 3

3a Thalli aus radiär verlaufenden Fäden oder krustenförmig, mehrschichtig; subcuticular in foliicolen *Strigula*-Arten (meist tropisch) . . . . **Cephaleuros**

3b Thallus aus fächerförmigen Fäden oder eine einschichtige Kruste bildend, epiphytisch, meist tropisch . . . . **Phycopeltis**

4a Phykobiont aus einzelnen ellipsoidischen Zellen oder kurze Fäden aus fast kugeligen bis tonnenförmigen Zellen bildend, Plastiden gelbgrün, ohne Stärke (JKJ-Reaktion negativ!), in *Verrucaria*-Arten . . . . **Heterococcus**

4b Phykobiont aus Einzelzellen, kurzen Fäden, Zellgruppen oder kubischen Aggregaten, Plastiden hellgrün bis dunkelgrün, mit echter Stärke (JKJ!) . . . . **Chlorophyta 5**

5a Zellen in unregelmäßigen Kolonien mit geschichteten aber nicht zusammenfließenden Gallerthüllen . . . . **Gloeocystis**

5b Zellen ohne oder mit dünnen Gallerthüllen, diese nicht geschichtet aber bisweilen zusammenfließend 6

6a Zellen kugelig mit dicker, warzig oder rippenartig ornamentierter Wand . . . . **Trochiscia**[3]

6b Zellwände ohne Skulptur 7

7a Zellen in Diaden oder Tetraden, Paketen oder unregelmäßigen Gruppen, in Kultur zu Fäden auswachsend **16**

7b Zellen gewöhnlich einzeln, oder in Kultur in kurzen, leicht zerfallenden Fäden aus wenigen Zellen 8

8a Zellen kurz-zylindrisch, oft leicht gebogen mit abgerundeten Zellenden, oder ellipsoidisch bis unregelmäßig kugelig, in Kultur kurze, sehr leicht zerfallende Fäden bildend; Chloroplast parietal, Pyrenoid vorhanden, aber im Lichtmikroskop kaum sichtbar . . . . **Stichococcus**

[3] Aus *Polyblastia*-Arten (Verrucariaceae) bekannt, aber insgesamt sehr unsicher!

8b Zellen nicht zylindrisch und keine leicht zerfallenden Filamente bildend 9
9a Chloroplast ohne Pyrenoid 10
9b Chloroplast mit einem (oder mehreren) Pyrenoiden 13
10a Asexuelle Fortpflanzung in Kulturen nur durch Autosporen 11
10b Asexuelle Fortpflanzung in Kultur durch Auto- und Zoosporen 12
11a Zellen ellipsoidisch bis etwas spindelförmig, auch eiförmig oder fast kugelig, mit (nicht immer deutlich sichtbarer) oder ohne Gallertscheide, Chloroplast wandständig, nicht eingeschnitten . . . . **Coccomyxa**
11b Zellen ellipsoidisch bis kugelig, ohne Gallertscheide, Chloroplast parietal schüsselförmig mit zwei tiefen Einschnitten . . . . **Elliptochloris**
12a Zellen kugelig mit netzförmig durchbrochenem, hohlkugeligem Chloroplast . . . . **Dictyochloropsis**
12b Zellen ellipsoidisch bis birnenförmig, jung fast kugelig, Zellwand seitlich oft verdickt; Chloroplast zweilappig oder tief eingeschnitten, das Zellumen fast ausfüllend . . . . **Myrmecia**
13a Asexuelle Fortpflanzung in Kultur durch Autosporen 14
13b Asexuelle Fortpflanzung in Kultur durch Auto- und Zoosporen 15
14a Chloroplast wandständig, schüsselförmig, häufig ± auch unregelmäßig gelappt . . . **Chlorella**
14b Chloroplast massiv und ± axial, mit unregelmäßig gelapptem Rand, gelegentlich in Kultur zu maulbeerartigen Gebilden vereinigt . . . . **Pseudochlorella**
15a Chloroplast axial, bisweilen massiv, mit mehr oder weniger stark ausgeprägten Randloben, Zellkern stets etwas exzentrisch in einer deutlichen Ausbuchtung des Chloroplasten liegend . . . . **Trebouxia** (inkl. **Pseudotrebouxia**)
15b Zellen mit ähnlicher Chloroplastenstruktur, Zoosporangien mit zahlreichen (64–128) Zoosporen; aus *Anzina* (= *Varicellaria*) *carneonivea* isoliert . . . . **Asterochloris**[4]
16a Chloroplasten ohne Pyrenoid, aus *Verrucaria nigrescens* isoliert . . . . **Coccobotrys**
16b Chloroplast mit Pyrenoid (im Lichtmikroskop oft schwer erkennbar!) 17
17a Zellen in Kultur zu Paketen verbunden, mit Gallerte; Phykobiont von *Lecidea lapicida* und *L. plana* . . . . **Chlorosarcinopsis**
17b Zellen meist zu Diaden, Paketen oder unregelmäßigen Fäden vereinigt, ohne Gallerte 18
18a Phykobiont bildet in Kultur stets verzweigte Zellfäden 20
18b In Kultur werden meist nur Diaden oder Zellpakete gebildet (nur sehr selten kurze Fäden) . 19
19a Zellen meist in Diaden oder kleinen kubischen Paketen angeordnet, Zoosporen unbekannt . . . . **Diplosphaera**[5]
19b Zellen zu 2–4 oder mehr in kubischen Paketen angeordnet, in Kultur auch sehr kurze Fäden bildend, asexuelle Fortpflanzung durch Zweiteilung, Auto- und Zoosporen . . . . **«Protococcus»**[6]
20a Zoosporen mit 4 Geißeln . . . . **Dilabifilum**
20b Zoosporen mit 2 Geißeln . . . . **Leptosira**

1.7. Sammlungen von Algenkulturen

Im Rahmen der Bearbeitung des vorliegenden Bandes wurden zahlreiche Algenisolate aus verschiedenen Kulturensammlungen untersucht, allen Kuratoren sei an dieser Stelle unser Dank ausgesprochen. Soweit vorhanden und bekannt führten wir bei den bearbeiteten Stämmen auch die aktuelle Bezeichnung (Nummer) der entsprechenden Kulturensammlung an. Die international nach Takishima et al. (1989) üblichen Abkürzungen der Sammlungen bedeuten:

[4] Steht *Trebouxia* sehr nahe, von Tschermak-Woess 1989 in diese Gattung übergeführt (vergl. S. 579).

[5] Aus der Flechte *Normandina pulchella* wurde eine sehr nahestehende Sippe, *Nannochloris normandinae*, isoliert. Weitere Details siehe bei Tschermak-Woess (1981), bzw. Seite 518.

[6] Sammelgattung, siehe dazu unter *Apatococcus, Desmococcus* ff.

UTEX = Culture Collection of Algae, University of Texas at Austin, Texas 78712, USA
CCAP = Culture Centre of Algae and Protozoa, früher in Cambridge, nunmehr in Ambleside und Oban, UK
SAG = Sammlung von Algenkulturen, Universität Göttingen, Deutschland
ASIB = Algensammlung am Institut für Botanik der Universität Innsbruck (früher unter IBSG), Innsbruck, Österreich
CCHU = Botanical Institute, Hiroshima University, Japan

2. Spezieller Teil

Die eukaryontischen Algen werden heute in ungefähr 22 Klassen eingeteilt. 15 davon enthalten aeroterrestrische Algen, die sich sehr unregelmäßig auf die einzelnen Klassen verteilen, wobei in den Bacillariophyceae, Xanthophyceae, Chlamydophyceae und Chlorophyceae weitaus die meisten Vertreter dieser Lebensformen vorkommen. Von den übrigen Klassen leben nur wenige oder einzelne Sippen terrestrisch oder aerophytisch. Die Bestimmung der Klassen ist für Anfänger, und nicht nur für diese, etwas schwierig, so daß man mit einem üblichen Bestimmungsschlüssel in vielen Fällen kaum auskommen wird. Zur besseren Orientierung dient die beigelegte Tafel (Taf. II), außerdem sollten die ausführlicheren Beschreibungen der Klassen (oder Abteilungen) berücksichtigt werden.

Bestimmungsschlüssel der Klassen

1a Zellen mit überwiegend grasgrünen Chloroplasten. Chlorophylle a und b vorhanden, diese können jedoch durch akzessorische Pigmente maskiert sein 2

1b Zellen mit anders gefärbten Chloroplasten. Chlorophyll b stets fehlend. Farbe der Assimilationspigmente bei einigen hierher gehörenden Klassen (Xanthophyceae, Eustigmatophyceae) dennoch gelbgrün[7] 8

2a Einzellige, stark spezialisierte Flagellaten, meist freischwimmend, z. T. in festen Gehäusen. Apikal mit einer Ampulle. Reservestoff Paramylon[8], das außerhalb des Chloroplasten angehäuft wird. Stigma selbständig, nicht an die Chloroplasten gebunden. Viele Sippen sind apoplastisch . . . . **Euglenophyceae** (S. 243)

2b Einzellige oder mehrzellige Flagellaten oder Algen. Reservestoff echte Stärke[9], die innerhalb der Chloroplasten angehäuft wird. Stigma immer an die Chloroplasten gebunden. Einige Sippen sind apochlorisch 3

3a Begeißelte Zellen fehlen. Sexuelle Fortpflanzung durch Konjugation unbegeißelter Gameten. Algen einzellig, koloniebildend oder fadenförmig. Oft mit kompliziert gebauten, großen Chloroplasten (Megaplasten) . . . . **Zygnemaphyceae** (S. 610)

3b Begeißelte Zellen vorhanden. Sexuelle Fortpflanzung durch begeißelte Gameten (wenigstens der männliche Gamet) 4

4a Begeißelte Zellen immer mit Zellwand; nackte Protoplasten nur kurzfristig auftretend (Protoplastenteilung, Gametenverschmelzung). Auch bei den Flagellaten werden Sporangien und Gametangien gebildet. Nur monadoide, capsale und coccale Organisationsstufen bekannt . . . . **Chlamydophyceae** (S. 250)

4b Begeißelte Zellen nackt bzw. mit Schuppen oder Theka. Bei den Flagellaten werden weder Sporangien noch Gametangien gebildet 5

5a Begeißelte Zellen mit charakteristischem asymmetrischen Bau, apikal mit ± deutlichem vestibulären Krater, aus dem 2 oder 4, seltener 1 oder 8 Geißeln entspringen. Die meisten Sippen tragen an der Zelloberfläche ausgeprägte submikroskopische Schuppen[10] oder eine homologe Theka; nur als Flagellaten auftretend . . . . **Prasinophyceae** (S. 249)

5b Begeißelte Zellen primär radiär oder bilateral symmetrisch, mit 2 oder 4 Geißeln, ohne ausgeprägte Schuppenschicht[11]; mit allen Organisationsstufen 6

6a Geißeln der beweglichen Zellen terminal entspringend und nach vorn gerichtet. Zoosporen bilateral symmetrisch, 2 oder 4 Geißeln, häufig mit Stigma 7

---

[7] In diesem Fall sind die Reservestoffe weder Stärke noch Paramylon.

[8] Durch Zugabe von Jod nicht gefärbt, jedoch durch 10% KOH-Lösung aufgelöst.

[9] Durch Zugabe von Jod blau gefärbt.

[10] Mit 2 oder mehreren Schichten oft großer und ornamentierter Schuppen. Diese Schichten sind im Lichtmikroskop mittels Phasenkontrast-Einrichtungen zu sehen.

[11] Es kann aber manchmal eine Schicht ganz kleiner Schuppen auftreten, die jedoch nur im Elektronenmikroskop sichtbar ist.

6b Geißeln der beweglichen Zellen subterminal und seitlich entspringend, zur Seite gerichtet. Zoosporen asymmetrisch[12], mit 2 Geißeln und ohne Stigma ...... **Charophyceae**[13] (S. 597)

7a Begeißelte Zellen mit Geißelanordnung[14] im Uhrzeigersinn 1/7, proximale Enden mit Basalkörperchen nicht überlappend .... **Chlorophyceae**[15] (S. 367)

7b Begeißelte Zellen mit Geißelanordnung[14] im Uhrzeigersinn 11/5, proximale Enden mit Basalkörperchen überlappend .... **Ulvophyceae**[15] (S. 559)

8a Chloroplasten gelbgrün oder «maigrün» **9**

8b Chloroplasten anders gefärbt – gelb, braun, graurot, violett, blau, blaugrün **10**

9a Stigma der Zoosporen im Chloroplasten eingebettet. Pyrenoide in den Chloroplasten eingesenkt. Zellwand meist zweiteilig. Zellkern mit einem Chloroplasten assoziiert .... **Xanthophyceae** (S. 127)

9b Stigma der Zoosporen selbständig, außerhalb der Chloroplasten. Pyrenoid knospenartig vorgestülpt, mit einem schwachen Stiel der Innenseite des Chloroplasten aufsitzend, kristallartig. Zellwand aus einem Stück bestehend. Zellkern nicht mit einem Chloroplasten assoziiert . ... **Eustigmatophyceae** (S. 235)

10a Meist als Flagellaten vorkommend, seltener in capsaler oder coccaler Ausbildung. Zellkern als Dinokaryon entwickelt, mit dicht gedrängten, in der Interphase überdauernden Chromosomen. Mit 2 in verschiedenen Ebenen (Längs- und Querfurche) angeordneten Geißeln. Reservestoffe Stärke und Öl. Zahlreiche farblose Sippen .... **Dinophyceae** (S. 23)

10b Sowohl begeißelte als auch unbewegliche Algen, Zellkern als normales Eukaryon ausgebildet **11**

11a Chloroplasten gelb oder braun **12**

11b Chloroplasten graugrün, rötlich, rot, violett, blau oder grünlich braun. Mit wasserlöslichen akzessorischen Pigmenten Phycoerythrin und Phycocyanin[16] **14**

12a Zellen mit einer zweiteiligen, stark verkieselten und skulpturierten Zellwand (Frustel). Begeißelt sind nur Spermatozoide bei einigen Sippen. Sexuelle Fortpflanzung durch Auxosporen .... **Bacillariophyceae** (S. 31)

12b Zellen keine zweiteiligen und stark verkieselten Zellwände bildend. Meist als Flagellaten entwickelt. Sexuelle Fortpflanzung durch begeißelte Hologameten **13**

13a Bewegliche Zellen mit 1 oder 2 heterokonten und heteromorphen Geißeln.[17] Dauerstadien in Form verkieselter endogener Zysten mit einem Propfen. Viele farblose Sippen .... **Chrysophyceae** (S. 26)

13b Bewegliche Zellen mit 2 wenig ungleich langen Geißeln, zwischen denen noch ein fadenförmiges Haptonema verschiedener Länge entspringt. Zelloberfläche begeißelter Zellen mit organischen und verkalkten Schuppen .... **Prymnesiophyceae** (S. 28)

14a Keine begeißelten Zellen oder Gameten bildend. Einzellige Formen oder fadenförmige bis kompliziert zusammengesetzte Thalli. Reservestoff «Florideenstärke», die sich durch Jod rötlich färbt .... **Rhodophyceae** (S. 15)

14b Meist einzellige Flagellaten mit 2 verschieden langen Geißeln, die subapikal aus einem Schlund

---

[12] Anders gebaut als die Prasinophyceae.

[13] Die Aufteilung ist immer noch vorläufig, da nur wenige Sippen diesbezüglich untersucht wurden (Mattox & Stewart 1984, Sluiman 1989).

[14] Die Geißelanordnung kann sowohl bei der Scheitelansicht der Zoosporen als auch bei der Seitenansicht durch Scharfeinstellung auf die proximalen Enden mit Basalkörperchen erkannt werden. Bei den Chlorophyceen wird (von der oberen Ebene angefangen) zuerst die rechte Geißel scharf und erst unten die linke. Bei den Ulvophyceen ist es umgekehrt, also oben zuerst die linke Geißel und unten die rechte (Reize & Melkonian 1988).

[15] Die Aufteilung ist immer noch vorläufig, da nur wenige Sippen diesbezüglich untersucht wurden (Mattox & Stewart 1984, Sluiman 1989).

[16] Diese Pigmente gehen nach Erhitzen des Materials ins Wasser über.

[17] Die zweite Geißel ist bei den eingeißeligen Sippen reduziert.

oder einer Furche entspringen. Viele Sippen mit Ejektosomen. Reservestoffe Stärke (durch Jod blau gefärbt) und Öle. Einige farblose Sippen .... **Cryptophyceae** (S. 21)

2.1. Abteilung Rhodophyta

Zu diesen Algen gehören nur wenige einzellige Arten, die Mehrzahl ist vielzellig und oft kompliziert gebaut.
Im Lebenszyklus kommen keine begeißelten Stadien vor und es ist auch keine monadoide Organisationsstufe bekannt. Die Zellwand ist häufig gallertig, mit verflochtenen Mikrofibrillen aus Zellulose oder seltener aus einem Xylan, die in einem amorphen Schleim aus Galactanen eingebettet sind. Die Chloroplasten enthalten nur das Chlorophyll a, mit den akzessorischen Pigmenten α- und β-Karotin, Lutein und Zeaxanthin. Die Farbe der Rhodophyta wird jedoch durch die wasserlöslichen Phycobiliproteide Allophycocyanin, Phycoerythrin und Phycocyanin bedingt. Je nach dem überwiegenden Pigment sind die Rhodophyta rot, violett, blaugrün oder auch gelblich gefärbt. Das wichtigste Reservepolysaccharid ist die «Florideenstärke» (α-1,4-Polyglucan), teilweise kommen auch Floridoside vor. Die «Florideenstärke» wird in Körnern außen an den Chloroplasten abgelagert (nicht im Innern der Chloroplasten!). Pyrenoide treten nur bei den einfacheren Rhodophyceen auf. Die asexuelle Fortpflanzung erfolgt bei den einzelligen Arten durch Zellteilung oder durch Autosporen, bei den vielzelligen durch Bildung von Monosporen oder Tetrasporen. Die sexuelle Fortpflanzung ist immer oogam, wobei die Eizelle durch einen geißellosen männlichen Gameten (Spermatium) befruchtet wird.
2.1.1. Klasse Rhodophyceae, die einzige Klasse der Abteilung Rhodophyta mit etwa 14 Ordnungen, von denen nur Vertreter der Porphyridiales aerophytisch oder auf Erdböden vorkommen.
Fritsch 1945, Bourrelly 1970, Starmach 1977, van den Hoek 1978, van den Hoek et al. 1993, Lee 1980, Bold & Wynne 1985, Margulis et al. 1990.

Ordnung Porphyridiales Kylin 1937[18]

Zellen einzeln oder in amorphen Gallertkolonien, manchmal in Gallertfäden (Pseudofilamente) lebend; reichlich Gallerte ausscheidend. Chloroplasten asteroid und mit Pyrenoid, oder wandständig scheiben- bis bandförmig und ohne Pyrenoid. Asexuelle Fortpflanzung durch Zellteilung, Autosporen oder nackte Monosporen. Sexuelle Fortpflanzung nicht bekannt. Es wurden 4 Familien beschrieben, von denen 3 aerophytisch oder terrestrisch vorkommen.

1a Zellen mit einem zentralen asteroiden Chloroplast, mit Pyrenoid .. **1. Porphyridiaceae** (S. 16)
1b Zellen mit einem oder mehreren wandständigen mulden-, scheiben- oder bandförmigen Chloroplasten, ohne Pyrenoid 2
2a Zellen immer kugelig, in zarter homogener Gallerte eingebettet; Chloroplasten mulden- bis scheibenförmig .... **2. Cyanidiaceae** (S. 19)
2b Zellen selten kugelig, meist ellipsoidisch, verkehrt eiförmig bis zylindrisch, mit fester geschichteter oder einseitig ausgeschiedener Gallerte; Chloroplasten bandförmig .... **3. Phragmonemataceae** (S. 19)

18 Die einzelligen und niederen Rhodophyceen sind nicht immer rot gefärbt. Vielmehr überwiegen violette, blaugrüne, olivgrüne, gelbliche oder graue Farbtöne.

1. Familie Porphyridiaceae Kylin 1937

Zellen einzeln oder in amorphen Gallertkolonien. Gallerte zart, homogen oder geschichtet, manchmal nur einseitig ausgeschieden. Mit einem zentralen asteroiden Chloroplast, mit Pyrenoid. Fortpflanzung durch Zellteilung oder nackte Monosporen.

1a Gallerte homogen, die kugeligen Zellen gleichmäßig umgebend . . . . . . **1. Porphyridium** (S. 16)
1b Gallerte deutlich geschichtet, nur an einem Pol der ellipsoidischen Zellen ausgeschieden . . . . **2. Chroothece** (S. 18)

1. Porphyridium Nägeli 1849

Schiller 1925, p. 164; Vischer 1935, p. 66; Geitler 1944, p. 300; Bourrelly 1970, p. 192; Ott 1972, p. 237; Starmach 1977, p. 30.

Zellen kugelig oder seltener kugelig-ellipsoidisch, einzeln oder in zarten, amorphen, gallertigen Lagern angehäuft. Zellwand sehr fein (ohne Skelett oder Mikrofibrillen), Gallerte nach allen Seiten ausscheidend. Ein zentraler asteroider Chloroplast, in der Mitte mit einem Pyrenoid. Zellkern exzentrisch in einem der Ausschnitte des Chloroplasten. Fortpflanzung durch Zellteilung oder durch nackte Monosporen, die einzeln in den vegetativen Zellen entstehen.

Die Systematik der Arten ist äußerst schwierig, da die Morphologie keine bedeutenden Unterschiede zeigt. In letzter Zeit werden die Arten nach der Farbe der Chloroplasten unter konstanten Bedingungen unterschieden. Ausführliche zahlreiche Untersuchungen haben gezeigt, daß bei dieser Gattung keine chromatischen Adaptationen vorkommen, die zu einer Verwechslung der Arten führen könnten.

Die Gattung enthält bis jetzt 5 Arten, von denen 3 in Erdböden oder an feuchten Stellen vorkommen.

1a Chloroplast hell- bis blutrot, mit asteroiden Ausläufern, die zur Zellperipherie hin dünner werden oder zugespitzt sind . . . . **1. P. purpureum**
1b Chloroplast anders gefärbt, mit gleich breiten oder zur Zellperipherie verbreiterten asteroiden Ausläufern 2
2a Chloroplast blaugrün (spangrün), Zellen in den Gallertlagern dicht zusammengedrängt . . . . **2. P. aerugineum**
2b Chloroplast graugrün bis olivgrün, Zellen in den Gallertlagern lose . . . . **3. P. sordidum**

1. Porphyridium purpureum (Bory) Ross in Drews & Ross 1965 (Fig. 2: a)

Syn.: *Porphyridium cruentum* (Gray) Nägeli 1849

Schiller 1925, p. 164, fig. 14: 3; Vischer 1935, p. 66, fig. 1–4; Geitler 1944, p. 300, fig. 1, 2; Ott 1972, p. 240; Starmach 1977, p. 31, fig. 6: a–c.

Gallertlager amorph, blutrot gefärbt. Zellen kugelig. Chloroplast asteroid, mit spitzen Ausläufern, rot. Zellen 7–12(–15) µm im Durchmesser.

Kultur: SAG 1380–1a–1f, 112.79, 113.79; UTEX 161.

Aerophytisch oder euterrestrisch, sehr verbreitete Art, auf feuchten, mit Urin benetzten Mauern und auf feuchter Erde.

Eine stark nitrophile Art, die man schon makroskopisch nach der typischen Farbe der Gallertlager erkennen kann.

2. Porphyridium aerugineum Geitler 1923 (Fig. 2: b)

Geitler 1923, p. 84, fig. 1; Schiller 1925, p. 164, fig. 14: 4; Ott 1972, p. 266; Starmach 1977, p. 31, fig. 6: d, e.

Gallertlager klein, hell blaugrün. Zellen kugelig oder breit ellipsoidisch. Chloroplast spangrün, mit kurzen, groben, nicht zugespitzten Ausläufern. Zellen 5,5–8,5 µm groß.
Kultur: SAG 1380–2, 110.79, 111.79; UTEX 755.
Ursprünglich aus einem Teich beschrieben, wurde jedoch auch auf feuchten Erdböden gefunden (England, Tschechoslowakei).
Nach Untersuchungen von Ott (1972) soll bei dieser Art das Phycoerythrin fehlen. Fritsch & John (1942) geben außergewöhnliche Ausmaße an, Zellen bis 60 µm im Durchmesser und Zellwand bis 4 µm dick. Auch eine auffallende Stärkehülle um das Pyrenoid wird angegeben.

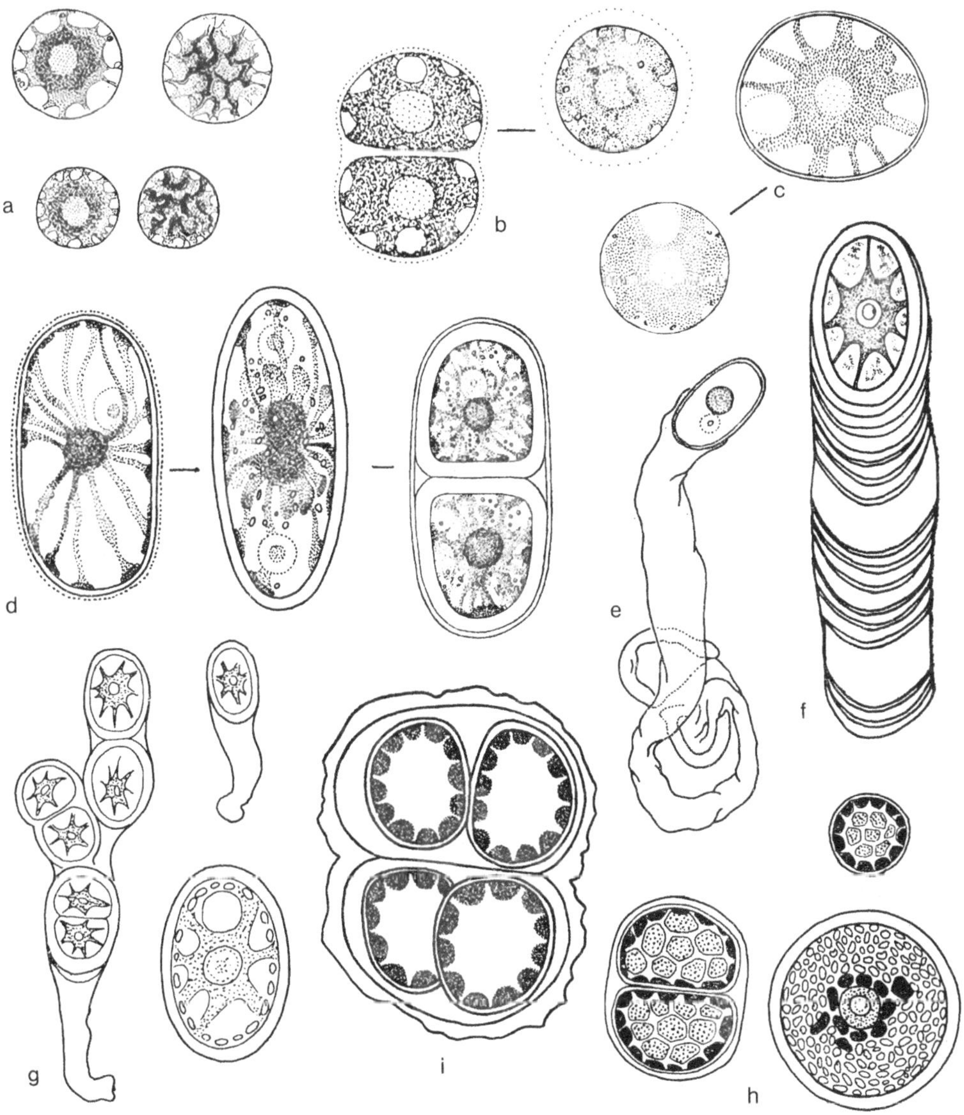

Fig. 2. *a Porphyridium purpureum; b P. aerugineum; c P. sordidum; d, e Chroothece mobilis, e* eine Zelle mit polar ausgeschiedener Gallerte; *f Ch. richteriana; g Ch. rupestris; h, i Rhodospora sordida, i* Autosporenbildung (*a* nach Vischer; *b, c, h, i* nach Geitler; *d, e* nach Pascher; *f* nach Hansgirg; g nach Israelson).

3. Porphyridium sordidum Geitler 1932 (Fig. 2: c)
Geitler 1932, p. 603, fig. 1; Ott 1972, p. 267; Starmach 1977, p. 33, fig. 6: f–j.

Gallertlager amorph, sehr weich, graugrün. Zellen kugelig, mit sehr zarter Zellwand. Chloroplast fein bis grob asteroid gelappt, graugrün, olivgrün, seltener stumpf gelblich. Zellen 5,5–11 µm im Durchmesser.
Kultur: SAG 114.79.
Auf feuchten Mauern und nasser Erde, die mit Jauche oder Urin verunreinigt sind; ziemlich selten (Österreich, Tschechoslowakei).

2. Chroothece Hansgirg 1884

Syn.: *Petrovanella* Kylin 1956
Pascher & Petrová 1931, p. 490; Bourrelly 1970, p. 193; Starmach 1977, p. 34.

Zellen ellipsoidisch, gestreckt ellipsoidisch bis zylindrisch, an beiden Enden abgerundet. Einzeln oder in Kolonien, mit einem Ende an einem breiten, geschichteten Gallertstiel befestigt; Gallertstiele manchmal zu einem amorphen Gallertlager zusammenfließend. Junge Kolonien mit verzweigten Gallertstielen. Gallertlager in der Jugend blaugrün, später gelbbraun bis orangerot. Zellwände relativ dick, häufig unregelmäßig geschichtet. Ein zentraler und asteroider Chloroplast mit einem Pyrenoid. Zellkern exzentrisch zwischen den Lappen des Chloroplasten. Fortpflanzung durch Zellteilung. Ruhestadien in Form von Hypnoblasten mit dicker und fester Wand. Die einseitige Ausscheidung von Gallerte aus Poren an einem der Zellpole führt zu einer gleitenden Zellbewegung.

1a Zellen auffallend groß (44 × 24 µm); Lappen des Chloroplasten an der Zellperipherie breiter . . . . **1. Ch. mobilis**
1b Zellen viel kleiner (18 × 10 µm); Lappen des Chloroplasten an der Zellperipherie verjüngt bis zugespitzt 2
2a Zellen bis 18 µm lang, Gallertstiele geschichtet . . . . **2. Ch. richteriana**
2b Zellen bis 15 µm lang, Gallertstiele homogen . . . . **3. Ch. rupestris**

1. Chroothece mobilis Pascher & Petrová 1931 (Fig. 2: d, e)
Syn.: *Petrovanella mobilis* (Pascher & Petrová) Kylin 1956
Pascher & Petrová 1931, p. 490, fig. 1–21; Starmach 1977, p. 35, fig. 8.

Gallertstiele wenig geschichtet, an der Basis zusammenfließend. Zellwand dick, manchmal geschichtet, mit Poren an den Zellenden. Chloroplast mit dünnen Lappen, die sich an der Zellperipherie verbreitern. Zellen bis 44 µm lang und bis 24 µm breit.
Bildet auffallende Gallertlager auf Torfböden in Westböhmen (Tschechoslowakei).

2. Chroothece richteriana Hansgirg 1884 (Fig. 2: f)
Schiller 1925, p. 162, fig. 14: 2; Starmach 1977, p. 35, fig. 7: a.

Gallertstiele außergewöhnlich dick und auffallend geschichtet. Die Lappen des Chloroplasten zentrifugal verschmälert und spitz endend. Zellen 15–18 µm lang, 6–10 µm breit.
Kultur: SAG 104.79.
Auf salzhaltigen feuchten Lehmböden größere Gallertlager bildend. Vereinzelt in Mittelböhmen und Südmähren (Tschechoslowakei), auch in der Umgebung von Moskau (USSR).

3. Chroothece rupestris Hansgirg 1884 (Fig. 2: g)
Starmach 1977, p. 35, fig. 7: b–d.

Zellen einzeln oder zu 2–8 hintereinander in einfachen oder verzweigten Gallertstielen eingebettet, häufig Gallertlager bildend. Chloroplast wenig deutlich asteroid. Zellen 9–15 µm lang, 5–7 µm breit.
Auf feuchten Felsen und Steinen; in Europa verbreitet, doch nur vereinzelt auftretend.

2. Familie Cyanidiaceae Chapman 1974

Zellen einzeln oder in Gruppen in dünner homogener Gallerte eingebettet. Chloroplasten wandständig, entweder ein schüsselförmiger oder mehrere scheibenförmige; ohne Pyrenoid. Fortpflanzung durch 2–32 Autosporen.
Von 2 beschriebenen Gattungen kommt nur eine aerophytisch vor.

Rhodospora Geitler 1927

Geitler 1927, p. 25; 1955b, p. 25; Bourrelly 1970, p. 193; Starmach 1977, p. 41.

Zellen kugelig oder leicht abgeflacht, einzeln oder in kleinen unregelmäßigen Kolonien lebend. Letztere entstehen dadurch, daß die Tochterzellen längere Zeit durch die alte Mutterzellwand zusammengehalten werden. Zellwand dick, häufig verschleimt und geschichtet. Zahlreiche bis viele Chloroplasten (60–70), scheibenförmig und wandständig, olivgrün bis violett. Ohne Pyrenoid. Dauerzustände in Form dickwandiger Hypnoblasten. Mit einer einzigen Art.

Rhodospora sordida Geitler 1927 (Fig. 2: h, i)
Geitler 1927, p. 25, fig. 1, 2; Bourrelly 1970, p. 193, fig. 41: 12, 13; Starmach 1977, p. 41, fig. 9: a–c.

Mit den Merkmalen der Gattung. Zellen bis 18 µm im Durchmesser.
Auf ständig feuchten Steinen und Felsen (Urgestein) bei Badgastein und Schladming in den österreichischen Alpen, auch in Lappland bei Abisko (Schweden).

3. Familie Phragmonemataceae Skuja 1939

Einfache, selten verzweigte Fäden bildend, die manchmal am Substrat mittels Gallerte befestigt sind; auch in Einzelzellen zerfallend. Zellwand zuerst dünn, später dick und gallertig. Chloroplasten mehrere, wandständig; ohne Pyrenoid. Fortpflanzung mittels Monosporen oder Autosporen.
Von den 2 beschriebenen Gattungen kommt nur eine aerophytisch vor.

Phragmonema Zopf 1882

Schiller 1925, p. 163; Friedmann 1956, p. 613; Bourrelly 1970, p. 196; Starmach 1977, p. 45.

Zellen einzeln lebend oder einen sehr polymorphen Thallus bildend, häufig in Form festgewachsener einfacher oder seltener verzweigter, wenigzelliger Fäden. Zellen zuerst mit dünner, später mit dickerer, verschleimter und geschichteter Zellwand. Chloroplast wandständig, scheiben- oder bandförmig, manchmal etwas unregelmäßig, olivgrün, violett oder rötlich gefärbt. Ohne Pyrenoide. Fortpflanzung durch kleine Autosporen, die nach dem Freiwerden zu neuen Fäden keimen.
Eine einzige Art:

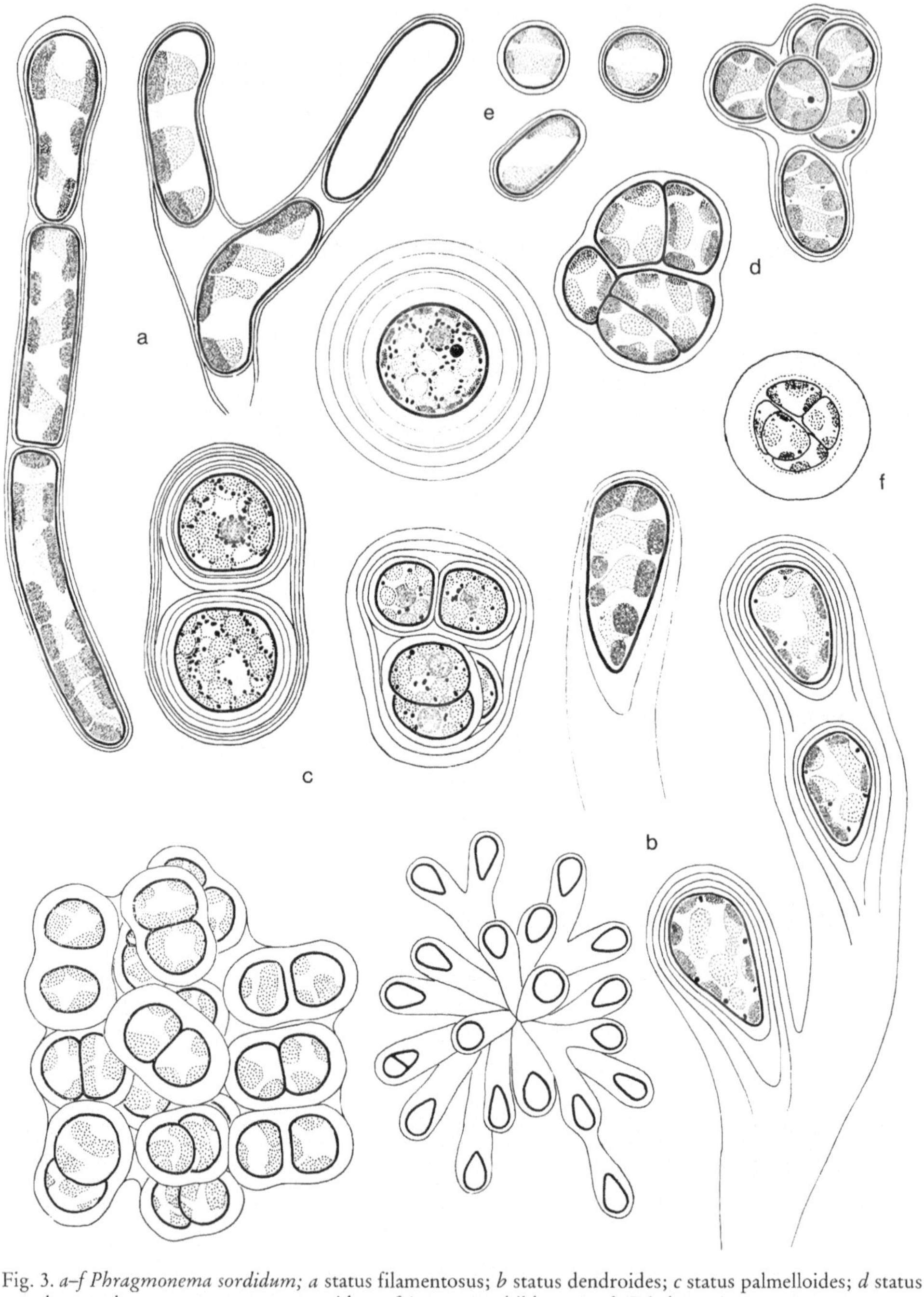

Fig. 3. *a–f Phragmonema sordidum; a* status filamentosus; *b* status dendroides; *c* status palmelloides; *d* status pseudoparenchymatosus; *e* status coccoideus; *f* Autosporenbildung (nach Friedmann).

Phragmonema sordidum Zopf 1888 (Fig. 3: a–f)
Schiller 1925, p. 163, fig. 12: 5; Geitler 1942b, p. 23, fig. 11; Friedmann 1956, p. 613, fig. 1–11; Bourrelly 1970, p. 196, fig. 41: 17–20; Starmach 1977, p. 45, fig. 11.

Zellen und Thallus polymorph, im Lebenszyklus einzelne charakteristische Lebensformen bildend:

a) **status filamentosus** – einfache Fäden mit differenzierten basalen und terminalen Zellen, Fäden selten verzweigt, Zellen ellipsoidisch, zylindrisch oder gebogen, 5–28 × 4–10 µm groß. Alle Zellen sind imstande, Hypnoblasten zu bilden.
b) **status coccoides** – Thallus in einzelne kugelige oder ellipsoidische, 3–5 µm große Zellen zerfallend. Diese Zellen bilden Autosporen.
c) **status pseudoparenchymatosus** – es werden zahlreiche Autosporen gebildet, die längere Zeit durch die alte und verschleimte Mutterzellwand zusammengehalten werden.
d) **status dendroideus** – Zellen bilden einseitig Gallertstiele, 10–18 × 6–7 µm groß.
e) **status palmelloideus** – bildet Gruppen von Zellen (bis 30 µm im Durchmesser), mit einer konzentrisch geschichteten Gallerthülle.
f) **status autosporogeneus** – die zu 4–16 gebildeten Autosporen bleiben anfangs in Gruppen in feiner Gallerte, werden jedoch bald frei.

Aerophytisch auf Gesteinstrümmern, Obelisken und Felsen im Schönbrunner Schloßpark, Wien; am Eingang in eine Höhle bei Lunz (Österreich). Sonst verbreitet in Glashäusern.

2.2. Abteilung Cryptophyta

Fast alle Cryptophyta sind einzellige Flagellaten, nur wenige kommen als gloeomorphe (capsale) oder coccale Formen vor. Letztere bilden typische *Cryptomonas*-artige Zoosporen. Die Zellen der Flagellaten und der Zoosporen sind nackt, nur von einem Periplasten umgeben. Sie sind dorsiventral gebaut, mit einer konvexen Rücken- und einer flachen bis leicht konkaven Bauchseite, an der eine seichte Furche der Länge nach verläuft. Meist sind die Zellen seitlich ± abgeflacht und am Vorderende schief abgestumpft. Vorn an der Bauchseite mündet eine ± tiefe Einsenkung (Schlund), deren Wand mit auffallenden glänzenden Ejektosomen besetzt ist. Dicht oberhalb des Schlundes entspringen zwei unterschiedlich lange Geißeln. Mit einem oder zwei seitenständigen Chloroplasten, die blau, blaugrün, rötlich, rotbraun, gelbbraun oder olivgrün gefärbt sind; mit oder ohne Pyrenoide. Neben den Chlorophyllen a und c kommen als akzessorische Pigmente α-, β- und ε-Karotin, Alloxanthin, Crocoxanthin, Diatoxanthin, Monadoxanthin und ganz besonders Phycocyanin und Phycoerythrin vor. Der wichtigste Reservestoff ist Stärke (α-1,4-Polyglucan), die in Körnern außerhalb der Chloroplasten und an den Pyrenoiden abgelagert wird. Eine große pulsierende Vakuole liegt am Vorderende der Zelle, der Zellkern hingegen hinten. Die asexuelle Fortpflanzung erfolgt durch einfache Zweiteilung (Schizotomie) bei den Flagellaten, durch Zoosporen, Aplanosporen oder Autosporen bei den capsalen und coccalen Formen. Sexuelle Fortpflanzung wenig bekannt – isogame Hologamie.
Die Abteilung enthält eine Klasse, **2.2.1. Cryptophyceae,** mit 2 Ordnungen. In Erdböden wurde nur eine Gattung gefunden, alle anderen Sippen sind wasserbewohnend.
Bourrelly 1970, Starmach 1974, van den Hoek 1978, van den Hoek et al. 1993, Lee 1980, Bold & Wynne 1985, Margulis et al. 1990.

Ordnung Tetragonidiales Starmach 1974

Vegetative Zellen unbeweglich, in Form verschiedener Zellen mit derber Zellwand, die entweder einzeln oder in Gruppen angehäuft sind. Asexuelle Fortpflanzung durch Zoosporen mit typischem

Cryptomonas-Bau. Sehr wenig bekannte Gruppe, die eine gründliche Überprüfung benötigt. Es ist möglich, daß es sich in manchen Fällen nur um Zysten geißelbeweglicher Sippen handelt.
Mit einer Familie, **Tetragonidiaceae** Bourrelly 1970, die nur eine terrestrische Gattung enthält.

Bjornbergiella Bicudo 1966

Bicudo 1966, p. 217; Starmach 1974, p. 109.

Vegetative Zellen unbeweglich, einzeln oder in Gruppen, nach der Teilung Pakete oder einfach verzweigte Pseudofilamente bildend, die aus 2–4(–6) Zellen bestehen. Einzelne Zellen kugelig, in den Gruppen durch gegenseitigen Druck etwas abgeflacht. Zellwand deutlich, außen mit Gallertschicht. Wandständiger Chloroplast, bei jungen Zellen grünlich, bei älteren gelb-braun gefärbt; mit mehreren kleinen Pyrenoiden. Asexuelle Fortpflanzung durch Zoosporen vom *Cryptochrysis*-Typus. Zoosporen länglich, lateral leicht abgeflacht, mit zwei etwas ungleichen Geißeln. Chloroplast topfförmig, blaßgrün, mit einigen kugeligen Inklusionen unbekannter Natur. Am Vorderrand des Chloroplasten ein längliches Stigma. Als Dauerstadien werden dickwandige Zysten gebildet.
Die Zugehörigkeit dieser Alge zu den Cryptophyta ist nicht gesichert. Der Zellbau der Zoosporen zeigt nur undeutlich eine kurze ventrale Furche, der Chloroplast ist für diese Gruppe nicht typisch und auch die Pyrenoide sind fraglich. Eine einzige Art.

Bjornbergiella hawaiiensis Bicudo 1966 (Fig. 4: a–c)
Bicudo 1966, p. 217, fig. 1–14; Starmach 1974, p. 109, fig. 155.

Mit den Merkmalen der Gattung. Zellen 10,2–13,2(–15,3) µm groß; Zoosporen 7,2–8,4 µm lang, 3,6 µm breit.
Aus einer Erdprobe isoliert, Umgebung von Kaunaoa, Hawaii (USA).

2.3. Abteilung Dinophyta

Die meisten Vertreter dieser Abteilung sind Flagellaten und nur wenige kommen als gloeomorphe (capsale) oder cystomorphe (coccale) Formen vor; in zwei Fällen auch als «trichale» (pseudofilamentöse) Ausbildungen. Die geißelbeweglichen Zellen sind dorsiventral gebaut, mit gewölbter Rückenseite und mit flacher bis schwach konkaver Bauchseite. In der Gürtellinie der Zelle verläuft gewöhnlich eine Querfurche, in der die Quergeißel liegt; an der Bauchseite ist eine Längsfurche, durch die die Längsgeißel nach hinten läuft. Beide Geißeln entspringen an der Kreuzung der beiden Furchen. Der Zellkern enthält in der Interphase stark kontrahierte Chromosomen (Dinokaryon).
Der Großteil der Dinophyta ist durch eine eigenartige Zellwand charakterisiert, die die Form eines aus zwei Hälften bestehenden Panzers hat; einige Vertreter besitzen hingegen nur einen Periplast oder eine Theka. Der Panzer ist häufig aus polygonalen Platten aufgebaut. An der Zelloberfläche münden Trichozysten. Chloroplasten kommen in verschiedener Anzahl und Gestalt vor, haben auch verschiedene Farbe von gelben, rötlichen, braunen oder grünlichen bis bläulichen Tönen. Neben den Chlorphyllen a und c sind als wichtige akzessorische Pigmente β-Karotin, Peridinin, Dinoxanthin und Diadinoxanthin vorhanden. Stigmen nur bei wenigen Sippen vorhanden. Pyrenoide sind unterschiedlich geformt, gestielt oder in den Chloroplasten eingebettet. Als wichtigster Reservestoff ist Stärke (α-1,4-Polyglucan) in Form von Körnern außerhalb des Chloroplasten vorhanden. Es kommen auch fettartige Stoffe vor, Dinosterol und Cholesterol. Statt pulsierenden Vakuolen gibt es bei den meisten Vertretern ein ± kompliziertes Röhrensystem, die Pusulen.
Asexuelle Fortpflanzung bei Flagellaten durch einfache Querteilung der Zellen, bei vegetativ unbeweglichen Sippen durch Bildung von Zoosporen mit typischem *Gymnodinium*-Bau. Sexuelle Fortpflanzung durch iso- oder anisogame Hologamie. Als Dauerstadien werden Zysten gebildet,

deren Gestalt recht mannigfaltig sein kann. Nicht alle gloeomorphen, cystomorphen oder pseudotrichalen Organisationsstufen sind vegetative Ausbildungen, sondern häufig nur Zysten.
Die Dinophyta enthalten nur eine einzige Klasse, **2.3.1. Dinophyceae,** mit bis zu 18 Ordnungen. Bodenbewohnende Sippen kommen nur als Vertreter einer Ordnung vor.
Fritsch 1935, Bourrelly 1970, Starmach 1974, van den Hoek 1978, van den Hoek et al. 1993, Lee 1980, Bold & Wynne 1985, Margulis et al. 1990.

Ordnung Dinococcales Pascher 1914

Vegetative Zellen unbeweglich, verschieden gestaltet, einzeln oder in Gruppen, mit deutlicher bis dicker Zellwand, manchmal auch mit zusätzlicher Gallerte. Protoplast mit typischem Dinokaryon und mit üblichen Chloroplasten und Pyrenoiden. Zellinhalt oft mit Reservestoffen überfüllt. Fortpflanzung durch *Gymnodinium*- oder *Hemidinium*-artige Zoosporen, mitunter auch durch Aplanosporen. Zwei der beschriebenen Familien führen bodenbewohnende Sippen.

1a Zellen einzeln, ohne Gallerte .... **1. Phytodiniaceae** (S. 23)
1b Zellen häufig in Gruppen, mit Gallerte .... **2. Gloeodiniaceae** (S. 23)

1. Familie Phytodiniaceae Klebs 1912

Zellen einzeln, freilebend oder festsitzend, mit fester, einteiliger Zellwand, ohne Gallerte. Unbewegliche vegetative Phase vorherrschend. Fortpflanzung durch *Gymnodinium*-artige Zoosporen oder durch Aplanosporen. Derzeit sind 11 Gattungen bekannt, von denen nur eine hier in Betracht kommt:

Phytodinium Klebs 1912

Bourrelly 1970, p. 97; Starmach 1974, p. 454.

Zellen kugelig oder ellipsoidisch, ohne Furchen, einzeln und frei lebend. Zellwand fest, ohne Skulptur. Chloroplasten zahlreich, wandständig, scheiben- oder kurz bandförmig. Mit deutlichem Dinokaryon. Von 3 beschriebenen Arten nur eine aerophytisch:

Phytodinium aureum Starmach 1963 (Fig. 4: d)
Starmach 1974, p. 455, fig. 609.

Zellen ellipsoidisch oder ellipsoidisch-bohnenförmig. Zellwand sehr dick, bei älteren Exemplaren geschichtet. Chloroplasten scheibenförmig. Zellen 14–24 µm lang, 8–12 µm breit.
Auf feuchten Felsen zwischen aerophytischen Blaualgen. Bei einem Grotteneingang in der Nähe von Krakow (Polen).

2. Familie Gloeodiniaceae Pascher 1931

Zellen selten einzeln, meist verschieden große, rundliche oder formlose Gallertlager bildend und mit mehreren bis vielen Zellen. Zellwand dick und geschichtet; mit ± dicker Gallerte, die ebenfalls geschichtet ist. Phase in Gallerte vorherrschend. Fortpflanzung durch *Hemidinium*-artige Zoosporen oder durch Aplanosporen. Beide beschriebenen Gattungen sind terrestrisch oder aerophytisch.

1a Zellen allseitig mit gleichmäßig dicker Gallerthülle umgeben .... **1. Gloeodinium** (S. 25)
1b Zellen mit einseitig entwickeltem, dicken Gallertstiel .... **2. Rufusiella** (S. 25)

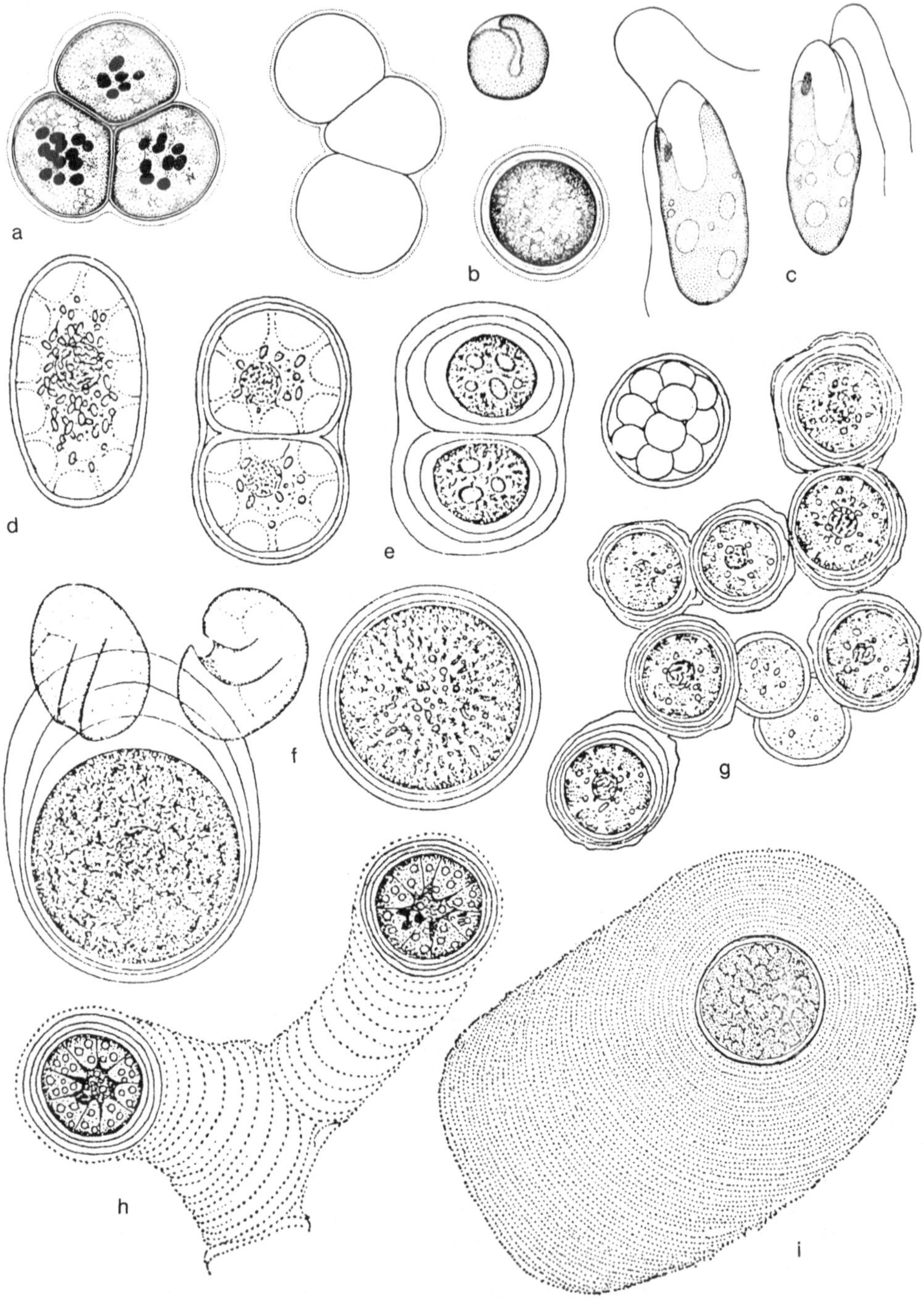

Fig. 4. *a–c Bjornbergiella hawaiiensis; b* Zyste; *c* Zoosporen; *d Phytodinium aureum; e, f Gloeodinium montanum; g G. cracoviense; h, i Rufusiella insignis* (*a–c* nach Bicudo; *d, g* nach Starmach; *e* nach Klebs; *f* nach Popovský; *h* nach Thompson; *i* nach G. M. Smith).

1. **Gloeodinium** Klebs 1912

Huber-Pestalozzi 1950, p. 285; Bourrelly 1970, p. 98; Starmach 1974, p. 456.

Zellen zu gallertigen Kolonien organisiert, aber auch einzeln oder in Gruppen von 2–4 Zellen angehäuft. Zellen kugelig oder ellipsoidisch, umgeben von konzentrischen Gallertschichten aus alten Zellwänden (oft *Gloeocystis*-artig). Eigentliche Zellwand derb. Chloroplasten zahlreich, manchmal schwer erkennbar, gelbbraun oder bräunlich, parietal oder scheibenförmig, auch in Form asteroid angeordneter Bänder. Häufig von Stärke und orangerotem Öl überdeckt. Fortpflanzung entweder durch bewegliche *Hemidinium*-artige Zoosporen oder unbewegliche Aplanosporen, wobei durch weitere Teilungen Gruppen von 2–8 kleinen Tochterzellen gebildet werden. Die Teilprodukte bleiben häufig in den alten Mutterwänden eingeschlossen und bilden innerhalb dieser ihre eigenen Wände. Durch weitere Teilungsfolgen entstehen Schichtungen der Kolonien-Verbände.

Einige Autoren sind der Ansicht, daß die Gattung *Gloeodinium* nur ein Ruhestadium der Flagellaten-Gattung *Hemidinium* ist. Der ganze Lebenszyklus von *Gloeodinium* bedarf einer gründlichen Überprüfung.

1a Zellen kugelig bis ellipsoidisch, 25–43 µm im Durchmesser (ohne Gallerthüllen) .... **1. G. montanum**

1b Zellen nur kugelig, 7–10,5 µm im Durchmesser (ohne Gallerthüllen) .... **2. G. cracoviense**

1. **Gloeodinium montanum** Klebs 1912 (Fig. 4: e, f)

Huber-Pestalozzi 1950, p. 285, fig. 281; Starmach 1974, p. 459, fig. 610, 611.

Zellen ellipsoidisch bis kugelig, seltener auch eiförmig. Zellwand stark verschleimend. Es werden sowohl Zoosporen als auch Aplanosporen gebildet. Zellen ohne Gallerthüllen 25–43 µm lang, 19–25 µm breit; Kolonien über 60 µm groß; Zoosporen 24–28 µm lang, 16–17 µm breit.

Kultur: UTEX 1651.

Zwischen anderen Algen auf moorigen Böden, trockenem Torf, aber auch auf feuchten humosen Stellen. Wächst am besten bei pH-Werten von 5,0–6,0. In Europa, besonders in Mitteleuropa weit verbreitet.

2. **Gloeodinium cracoviense** Starmach 1963 (Fig. 4: g)

Starmach 1974, p. 459, fig. 612.

Zellen kugelig; Zellwände nicht stark verschleimend. Chloroplasten undeutlich, braun. Fortpflanzung nur durch Aplanosporen bekannt. Zellen ohne Gallerthüllen 7–10,5(–14) µm im Durchmesser.

Auf feuchten Felsen zwischen Blaualgen der Gattungen *Microcystis* und *Aphanocapsa* bei einem Grotteneingang in der Umgebung von Krakow (Polen).

2. **Rufusiella** A. R. Loeblich 1967

Syn.: *Ourococcus* (Hassal 1845) Lindley 1846

Loeblich 1967, p. 231; G. M. Smith 1950, p. 532; Bourrelly 1970, p. 98; Starmach 1974, p. 460.

Zellen kugelig und jede einzelne ist von einer geschichteten Gallerte umgeben. Diese Gallertschicht wird einseitig immer dicker, so daß mit der Zeit die Zellen am Ende eines dicken und stark geschichteten Gallertstiels sitzen. Zellen einzeln, aber auch zu 2–4 auf verzweigten Gallertstielen, die von denen der Mutterzellen abstammen. Der Zellinhalt ist granuliert (Stärke und Öl), so daß die Anzahl der einzelnen bräunlichen Chloroplasten nicht festgestellt werden kann. Manchmal sind rötliche Öltropfen vorhanden. Fortpflanzung durch Zweiteilung oder durch Zoosporen.

Äußerlich der Grünalgen-Gattung *Hormotila* sehr ähnlich. Deshalb ist die Beobachtung der Zoosporen für eindeutige Bestimmung wichtig. Mit einer einzigen Art:

Rufusiella insignis (Hassal) A. R. Loeblich 1967 (Fig. 4: h, i)
Syn.: *Ourococcus insignis* (Hassal) Kützing 1849
G. M. Smith 1950, p. 532, fig. 441; A. R. Loeblich 1967, p. 232; Starmach 1974, p. 460, fig. 613.

Mit den Merkmalen der Gattung. Zellen ohne Gallerthüllen bis 30 µm im Durchmesser. Vereinzelt in verschiedenen Erdböden.

2.4. Abteilung Chrysophyta

Diese Abteilung umfaßt fünf Klassen mit folgenden gemeinsamen Merkmalen: die begeißelten Zellen sind heterokont, mit einer langen, nach vorn gerichteten Flimmergeißel und einer kürzeren, nach hinten gerichteten Geißel ohne Flimmern; letztere kann auch stark reduziert sein. Die kürzere Geißel besitzt in der Nähe ihrer Basis eine Anschwellung, die dem konkaven Stigma des Zellkörpers genau anliegt. Der Chloroplast wird nicht nur von der doppelten Chloroplastenmembran, sondern zusätzlich von einer Falte des endoplasmatischen Reticulums umhüllt. Die Lamellen des Chloroplasten bestehen aus Stapeln von drei Thylakoiden. Dicht unter der Chloroplastenmembran verläuft in gleichbleibendem Abstand eine Gürtellamelle. Als photosynthetische Pigmente kommen die Chlorophylle a und c vor, sowie akzessorische Pigmente wie β-Karotin, Diadinoxanthin, Diatoxanthin und weitere, die für die einzelnen Klassen charakteristisch sind. Reservestoffe sind Chrysolaminarin und Fette, die außerhalb des Chloroplasten abgelagert werden. Das Stigma liegt dicht unter der Oberfläche im vorderen Teil der begeißelten Zelle und ist im Chloroplasten eingeschlossen. Ein auffallend großes Dictyosom ist dem Zellkern angepreßt und schnürt Vesikeln ab, die an die Oberfläche der Zelle verschiedenes amorphes oder strukturiertes Material bringen.
Von den 5 beschriebenen Klassen besitzen alle bodenbewohnende oder aerophytische Sippen.
Van den Hoek 1978, Lee 1980, Bold & Wynne 1985, Margulis et al. 1990.

2.4.1. Klasse Chrysophyceae

Eine natürliche Algenklasse, die sowohl Flagellaten als auch rhizopodiale, gloeomorphe (capsale), cystomorphe (coccale) und trichale Organisationsstufen enthält (Taf. III). Schwärmer mit 2 ungleich langen Geißeln, wobei die kürzere mitunter völlig reduziert sein kann. Die Chloroplasten sind parietal oder axial (binnenständig), goldgelb bis bräunlich gefärbt. Manche Sippen sind achromatisch oder apoplastisch. Die Kombination der photosynthetischen Pigmente bilden die Chlorophylle a und c, die durch die akzessorischen Pigmente β-Karotin, Diatoxanthin, Diadinoxanthin, Echinenon, besonders jedoch durch das braune Fukoxanthin maskiert werden. Das wichtigste Reserveprodukt ist Chrysolaminarin (β-1,3-Polyglucan), wobei auch Fette in Tröpfchenform ihre Rolle spielen. Viele begeißelte Arten sind mit Kieselschuppen bedeckt, coccale und trichale Sippen scheiden eine Zellwand aus. Asexuelle Fortpflanzung durch einfache Zellteilung (Schizotomie) bei den Flagellaten, sonst durch Sporen. Asexuelle Dauerstadien in Form endogen gebildeter Zysten, die innerhalb des Protoplasten angelegt werden und deren Wand aus Kieselsäure besteht; diese Zysten werden durch einen Pfropfen verschlossen. Sexuelle Fortpflanzung durch isogame Hologamie bei den Flagellaten. Bis jetzt wurden 7 Ordnungen beschrieben, deren Aufteilung sich in letzter Zeit immer ändert und von denen hier nur 2 angeführt sind.
Die Kenntnisse über bodenbewohnende oder atmophytische Chrysophyceen sind sehr spärlich. Das häufige Vorkommen der typischen Zysten (Fig. 6: a) deutet jedoch auf mehrere bis jetzt noch unbekannte Sippen hin.
Fritsch 1935, Bourrelly 1957, 1968, Lee 1980, Kristiansen 1982, Starmach 1985, Bold & Wynne 1985, Margulis et al. 1990, van den Hoek et al. 1993.

1a Vegetative Zellen in Gallertlagern (Palmellen) eingebettet . . . . **1. Chrysocapsales** (S. 27)
1b Vegetative Zellen in Form kurzer einfacher oder verzweigter Fäden . . . . **2. Phaeothamniales** (S. 27)

1. Ordnung **Chrysocapsales** Pascher 1912

Gloeomorphe (capsale) Organisationsstufe, mit nackten, in Gallerte eingeschlossenen Zellen. Fortpflanzung durch Zweiteilung der Zellen in Gallertlagern oder durch Zoosporen vom *Chromulina* oder *Ochromonas*-Typus. Die Einteilung in Familien ist heute nicht völlig gesichert, so daß auch ihre Anzahl nicht genau bekannt ist. Es ist nur eine bodenbewohnende Gattung beschrieben.

Geochrysis Pascher 1930

Syn.: *Gloeochrysis* Pascher 1925 p. p. sensu Bourrelly 1957
Pascher 1930a, p. 344; Bourrelly 1957, p. 274; Starmach 1985, p. 124.

Zellen ohne bestimmte Anordnung in großen Mengen in Gallertlagern eingebettet. Gallerte strukturlos oder entsprechend den Teilungsfolgen um die Zellen herum ± geschichtet. Zellen kugelig, meist mit zarter eigener Gallertschicht, mit einem großen binnenständigen Chloroplasten, ohne Stigma, mit einer pulsierenden Vakuole. Teilung der Zellen der Länge nach, oft in zwei rasch aufeinanderfolgenden Teilungsschritten, so daß gelegentlich vorübergehende Vierergruppen entstehen. Zoosporen durch Umwandlung der Zellen, eingeißelig (*Chromulina*-Typus), mit einer pulsierenden Vakuole, ohne Stigma, leicht amöboid.
Mit einer einzigen Art:

Geochrysis turfosa Pascher 1930 (Fig. 5: a–d)

Syn.: *Gloeochrysis turfosa* (Pascher) Bourrelly 1957
Pascher 1930a, p. 344, fig. 1–12; Bourrelly 1957, p. 275; Starmach 1985, p. 128, fig. 261.
Mit den Merkmalen der Gattung. Zellen 11–17 μm im Durchmesser, manchmal auch größer. Bildet große hautartige oder schleimige Überzüge auf nacktem oder mit Moosen bewachsenem Torfboden. Makroskopisch olivgrün bis fast schwarz erscheinend, an den Rändern dünn, in der Mitte runzelig-höckerig. Zur Zeit der Trockenheit zerfallen die Gallertlager in Einzelzellen oder in Zellgruppen, die mit derben, nach außen hin spröder werdenden Gallerten umgeben sind. Sie lösen sich voneinander los und werden schließlich zu verstäubbaren Vermehrungseinrichtungen.
Bis jetzt nur in Torfmooren in der Umgebung von Franzensbad in Böhmen (Tschechoslowakei).

2. Ordnung **Phaeothamniales** Lagerheim 1884

Trichale oder pseudoparenchymatische Algen. Fortpflanzung durch Zoosporen vom *Chromulina*- oder *Ochromonas*-Typus. Von 4 beschriebenen Familien enthält nur eine, **Phaeothamniaceae,** aerophytische Sippen einer einzigen Gattung:

Apistonema Pascher 1925

Pascher 1925a, p. 528, 1931, p. 71; Bourrelly 1968, p. 113; Starmach 1985, p. 379.

Im erwachsenen Zustand kurze, wenigzellige Fäden bildend, deren Endzellen häufig verlängert sind. Einzelne Zellen kugelig, tonnenförmig bis fast ellipsoidisch-zylindrisch. Fäden häufig in Einzelzellen zerfallend. Durch Drehungen der Teilungsebenen werden ± unregelmäßige Zellhaufen gebildet, die wieder zu Fäden auswachsen können. Die Zellen besitzen einen bis mehrere große parietale Chloroplasten, Chrysolaminarin und Fett. Zellwand häufig geschichtet. Fortpflanzung durch *Ochromonas*-artige Zoosporen, die in ± aufgetriebenen Zellen (Zoosporangien) zu viert bis mehreren gebildet werden. Zysten wie für die Klasse typisch, mit Porus und Pfropfen.
Von 4 beschriebenen Arten leben an feuchten Stellen 2.

1a Zellen mit 1 Chloroplasten, ohne Pyrenoid .... **1. A. commutatum**
1b Zellen mit 2 Chloroplasten und Pyrenoiden .... **2. A. pyrenigerum**

1. Apistonema commutatum Pascher 1925 (Fig. 5: f)
Pascher 1925a, p. 528, fig. J_1–M_1, 1931, p. 71, fig. 8; Starmach 1985, p. 379, fig. 795.

Zellen mit einem Chloroplasten, ohne Pyrenoid. Zoosporen in blasig erweiterten Zoosporangien gebildet. Zellen maximal 9–12 µm groß.
An feuchten Stellen in der Umgebung von Lunz (Österreich), im Böhmerwald (Tschechoslowakei), auf Sizilien (Italien).

2. Apistonema pyrenigerum Pascher 1931 (Fig. 5: e)
Pascher 1931, p. 71, fig. 1–7; Starmach 1985, p. 380, fig. 794.

Zellen mit zwei Chloroplasten und Pyrenoiden. Zoosporen nur in wenig vergrößerten Zellen gebildet. Zellen etwa 16 µm groß.
In schleimigen Blaualgenkrusten auf feuchten Steinen und in der Spritzzone von Quellen bei Franzensbad (Tschechoslowakei).
Es gibt sicher mehrere Chrysophyceen in Erdböden oder an feuchten Stellen, die man bis heute weder bestimmen noch in Kultur bekommen konnte. Schon Fritsch & John (1942) und Lund (1947a) hatten in Erdproben mehrmals gallertige Lager mit bräunlichen Zellen und *Chromulina*- oder *Ochromonas*-artige Schwärmer gefunden, leider ohne Zysten. Umgekehrt wurden typische Chrysophyceen-Zysten beobachtet (Fig. 6: a), ohne daß die vegetativen Zellen bekannt wären (Behre & Schwabe 1970).

2.4.2. Klasse Prymnesiophyceae

Ein- oder mehrzellige Algen mit monadoiden, capsalen, coccalen und trichalen Organisationsstufen; meist jedoch als Flagellaten vorkommend (Taf. III). Die begeißelten Zellen besitzen zwei gleiche oder ungleiche Geißeln, die mit submikroskopischen Schuppen aus organischem Material bedeckt sind und keine Flimmern tragen; ohne Geißelanschwellung. Zwischen den beiden Geißeln sitzt ein fadenförmiges Haptonema, das weder der Bewegung dient noch den Bau einer Geißel aufweist. Es kann lang und kontraktil sein, aber auch nur als kurzer Stummel vorkommen. Auch der Zellkörper ist mit Schuppen aus organischem Material (Zellulose) bedeckt. Zusätzlich kommen lichtmikroskopisch gut sichtbare Kalkschuppen (Coccolithen) vor, die einen charakteristischen und artspezifischen Bau aufweisen. Chloroplasten gelb oder braun, mit den Chlorophyllen a und c und mit den akzessorischen Pigmenten β-Karotin, Fukoxanthin, Diadinoxanthin und Diatoxanthin. Als Reservestoffe sind Chrysolaminarin und Fette vorhanden. Fortpflanzung durch Zweiteilung der Zellen oder durch Zoosporen und Aplanosporen.
Van den Hoek 1978, Lee 1980, Bold & Wynne 1985, Margulis et al. 1990.
Die systematische Gliederung der Prymnesiophyceen ist derzeit nicht ganz sicher (4 Ordnungen). Zu den bodenbewohnenden oder atmophytischen Vertretern gehört nur eine Gattung.

Chrysotila Anand 1937

Syn.: *Ruttnera* Geitler 1942
Geitler 1942a, p. 49; 1943, p. 108; Bourrelly 1968, p. 110; Green & Parke 1974, p. 539; 1975, p. 116; Starmach 1985, p. 372.

Vegetative Zellen unbeweglich, in Gallerte eingebettet. Junge Zellen regelmäßige würfelige Gallertkolonien bildend, ältere Zellen mit dicker geschichteter Gallerthülle, die sich häufig asymmetrisch entwickelt und farblose Ausbeulungen bis Stiele bildet. Der ganze Organismus dann makroskopische, mehrere Zentimeter messende Gallertlager bildend. In solchen sind die Zellen regellos angeordnet, manchmal zu Teilfamilien gruppiert, mit dicken, farblosen, vielfach geschichteten und

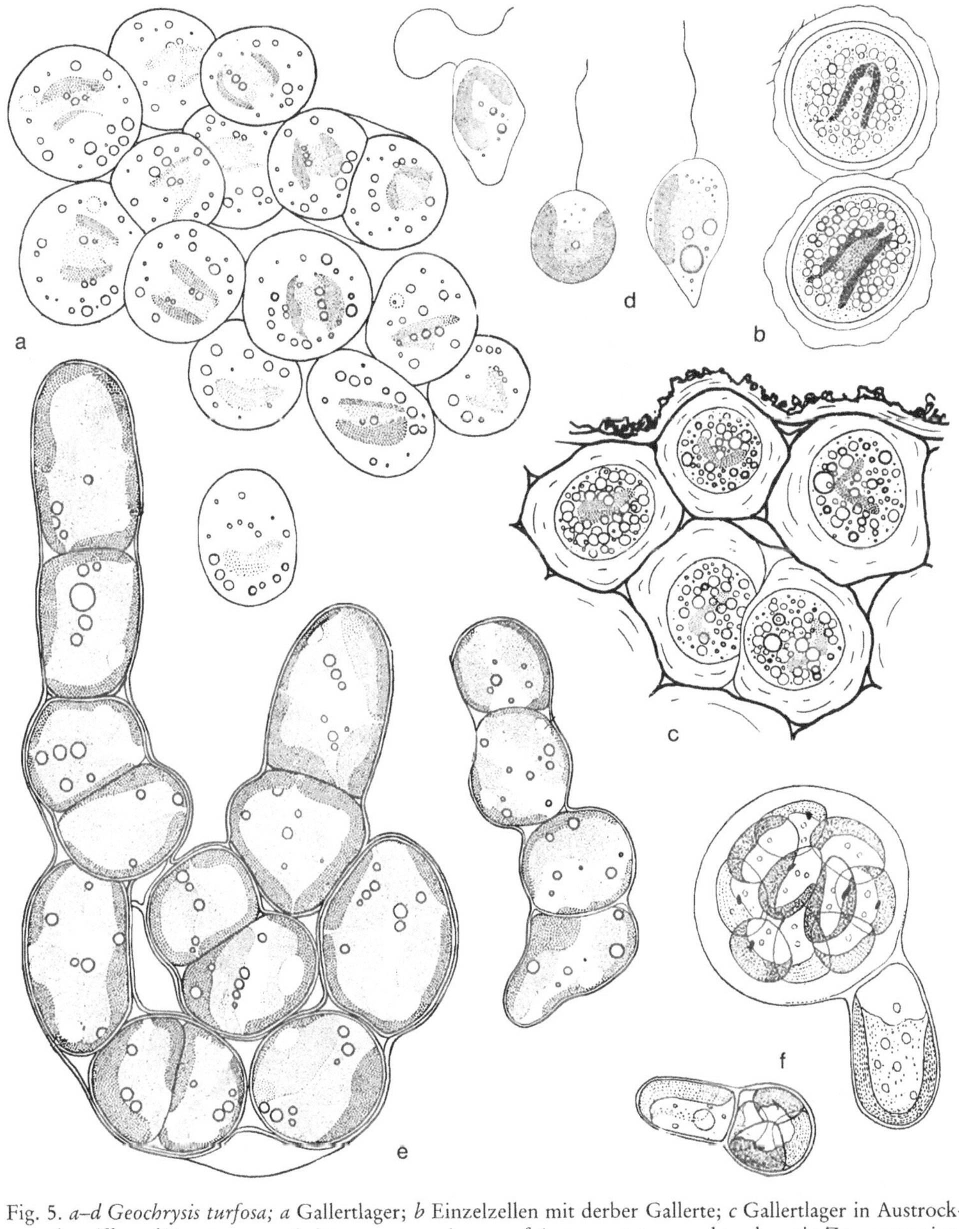

Fig. 5. *a–d Geochrysis turfosa; a* Gallertlager; *b* Einzelzellen mit derber Gallerte; *c* Gallertlager in Austrocknung begriffen; *d* Zoosporen; *e Apistonema pyrenigerum; f A. commutatum*, rechts oben ein Zoosporangium (nach Pascher).

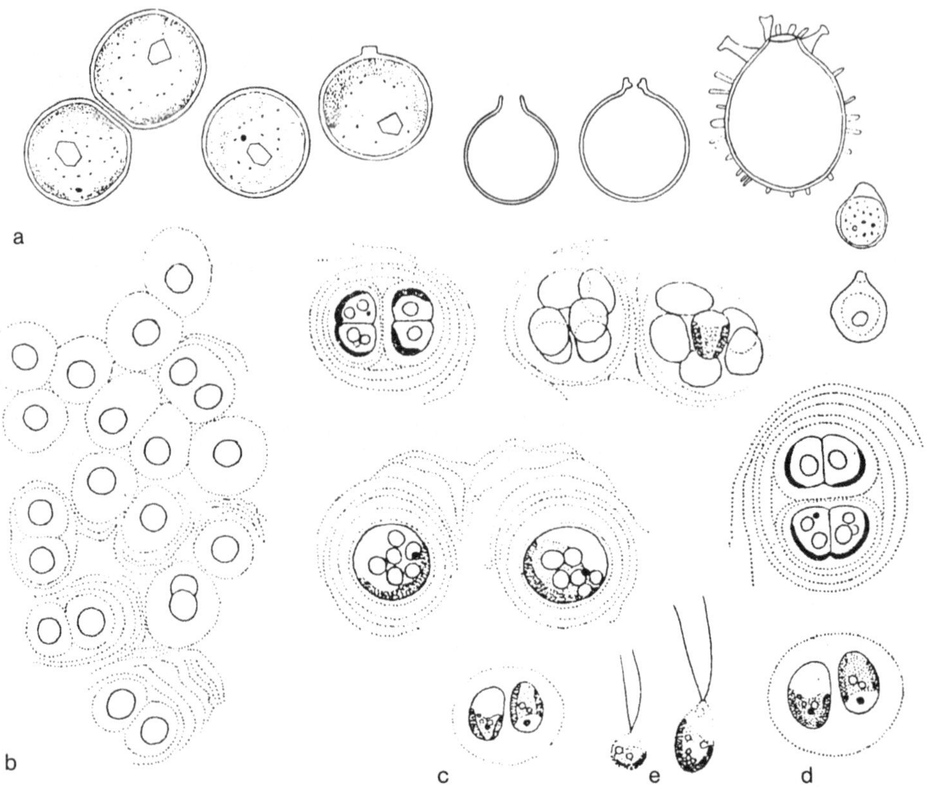

Fig. 6. *a* Verschiedene Zysten terrestrischer Chrysophyceae; *b–e Chrysotila lamellosa; c, d* Zoosporenbildung; *e* Zoosporen (*a* nach Beger & Schwabe; *b–e* nach Geitler).

entsprechend den Teilungsfolgen ineinander geschachtelten Gallerthüllen. Protoplasten mit 1–2 Chloroplasten, Pyrenoid, Chrysolaminarin-Vesikeln und kleinen orangerot pigmentierten Körpern (Pseudostigma). Fortpflanzung durch einfache Längsteilung der nackten Zellen innerhalb der Gallerte oder durch Zoosporen. Diese haben zwei wenig ungleich lange Geißeln, wobei das dazwischen liegende Haptonema meist nur im Elektronenmikroskop wahrnehmbar ist. Körper etwas abgeplattet, länglich und leicht formveränderlich, mit einem parietalen Chloroplast und einem Pyrenoid an dessen Innenseite. Nur eine Art lebt atmophytisch oder in Böden.

Chrysotila lamellosa Anand 1937 (Fig. 6: b–e)
Syn.: *Ruttnera spectabilis* Geitler 1942
Geitler 1942a, p. 50; 1943, p. 109, fig. 1, 2; Green & Parke 1975, p. 117, pl. I, II; Starmach 1985, p. 372, fig. 785.

Mit den Merkmalen der Gattung. Zellen 6–12 µm groß, Zoosporen bis 8 µm lang und bis 4 µm breit, Gallertlager bis mehrere Zentimeter groß.
Kultur: SAG 128.79.
Terrestrische Alge, meist auf feuchter Erde, überdauert jedoch auch strenge Winter und trockene Sommer. Derzeit aus Österreich und England bekannt. Sandige Erde, Lehmböden, Kalksteinplatten.

2.4.3. Klasse Bacillariophyceae

Einzellige Algen, die einzeln oder in Kolonien, durch Gallerte oder Fortsätze verbunden, leben. Die vegetativen Zellen sind immer geißellos und werden vor allem durch den einzigartigen Bau der Zellwand charakterisiert (Taf. IV). Diese besteht überwiegend aus amorpher, polymerisierter Kieselsäure (Siliziumdioxyd) und wird als Kieselschale (Frustulum) oft mit der Form einer Schachtel mit darauf passendem Deckel verglichen, daneben ist eine dünne organische Membran aus Diatotepin vorhanden. Das Frustulum besteht aus einer etwas keineren Hypotheka (der Schachtel) und einer etwas größeren Epitheka (dem Deckel). Beide Teile können weiter unterteilt werden. So besteht die Epitheka aus einer flachen, an den Rändern vorgewölbten Oberseite, der Epivalva, und aus einer reifenartigen Seitenwand (Gürtel), der Epipleura. Ähnlich besteht die Hypotheka aus einer Hypovalva und einer Hypopleura. Die Valvae sind mit artspezifischen Strukturen verziert. Die Struktur des ganzen Frustulums wird durch reifenartige Bänder (Zwischengürtelbänder, Copulae), die zwischen Valva und Pleura liegen, noch weiter kompliziert. Die Chloroplasten sind gelbbraun bis tiefbraun gefärbt, da die Chlorophylle a und c durch das akzessorische Pigment Fucoxanthin überdeckt werden; weiter sind vorhanden β-Karotin, Diatoxanthin und Diadinoxanthin. Die Gestalt der Chloroplasten ist plattenförmig, diskoid, häufig gelappt und manchmal stark gegliedert. Die meisten Chloroplasten besitzen ein oder mehrere nackte Pyrenoide, die an der Innenseite der Chloroplasten liegen und ins Zellinnere hineinragen. Als wichtigster Reservestoff kommt Chrysolaminarin (β-1,3-Polyglucan) vor, wobei zusätzlich Fette in Tropfen vorkommen und oft in größeren Mengen angehäuft werden. Alle Kieselalgen sind bis auf wenige Ausnahmen im vegetativen Stadium Diplonten. Der Chloroplast liegt neben dem Zellkern und wird außer durch die doppelte Chloroplastenmembran noch zusätzlich durch eine Falte des endoplasmatischen Reticulums umhüllt, die mit der Kernhülle eine Einheit bildet. Der Zellkern wird auch von einer Anzahl perinukleärer Golgi-Apparate umgeben.
Asexuelle Fortpflanzung durch Zweiteilung der Zellen, die immer in der Valvarebene verläuft. Dabei werden Epitheka und Hypotheka etwas auseinandergerückt. Nach der Mitose werden neue Komponenten der Frusteln gebildet. Epitheka und Hypotheka der Mutterzelle werden in den Tochterzellen immer zur Epitheka, so daß die neue Komponente immer eine Hypotheka ist. Folglich ist im Vergleich zur Mutterzelle die eine Tochterzelle gleich groß, die andere kleiner. Da nach jeder Teilung ein Teil der Zellen kleiner wird, nimmt die durchschnittliche Größe der Individuen in einer Diatomeen-Population im Laufe der aufeinanderfolgenden Teilungen ab. Nicht alle Arten werden bei der Teilung kleiner, besonders solche mit elastischen Gürtelbändern nicht.
Sexuelle Fortpflanzung meist durch Iso- oder Anisogamie oder durch Oogamie (vor allem bei Centrales). Bei letzterer treten häufig begeißelte Spermien auf, die eine nach vorne gerichtete Flimmergeißel tragen. Die Mehrzahl der Gameten ist jedoch geißellos. Durch die Kopulation oder Konjugation entsteht eine Zygote, die zu einer Auxospore auswächst. Die Bildung von Auxosporen kompensiert die bei den Zellteilungen entstehende Zellverkleinerung. In der Auxospore wird eine neue, stark vergrößerte Diatomeenzelle (Erstlingszelle) gebildet.
Es wurden zwei Ordnungen beschrieben und bei beiden gibt es sowohl bodenbewohnende- als auch aerophytische Sippen.
Hustedt 1930, Fritsch 1935, Bourrelly 1968, van den Hoek 1978, van den Hoek et al. 1993, Ettl 1980b, Lee 1980, Bold & Wynne 1985, Krammer & Lange-Bertalot 1986, 1988, 1991a, 1991b, Margulis et al. 1990.

1a Schalen mit Radialachsen . . . . **1. Centrales** (S. 32)
1b Schalen mit zwei Hauptachsen, der längeren Apikalachse und einer kürzeren Transapikalachse . . . . **2. Pennales** (S. 37)

1. Ordnung **Centrales** (Schütt) West orth. mut. Karsten 1928[19]

Zellen diskus- oder trommelförmig oder ± langgestreckte Zylinder, oft mit breiten oder zahlreichen Gürtelbändern. Schalen in der Regel mit Radialachsen, kreisförmig oder in einer Form, die vom Kreis abgeleitet ist oder in der Schalenmitte ein Symmetriezentrum aufweist. Areolen- und Rippensysteme meist radial oder quasiradial angeordnet; mit verschiedenen Abwandlungen, die über tripolare bis zu bipolaren Formen reichen.
Die meisten Vertreter dieser Ordnung sind Meeresbewohner, nur eine geringe Anzahl kommt in Süßwasser vor und noch wenigere in Böden oder auf feuchten Stellen.
Von den 4 beschriebenen Familien haben nur zwei bodenbewohnende oder aerophytische Vertreter.
Hustedt 1930, Fritsch 1935, Bourrelly 1968, van den Hoek 1978, Ettl 1980b, Krammer & Lange-Bertalot 1991a.

1a Zellen scheiben- bis trommelförmig, einzeln oder seltener zu lockeren Ketten vereinigt; Schalenstruktur besonders auf der Diskusfläche entwickelt ...... **1. Thalassiosiraceae** (S. 32)
1b Zellen zylindrisch bis kugelig, stets ± lange Ketten bildend; Schalenstruktur besonders auf der Mantelfläche entwickelt .... **2. Melosiraceae** (S. 35)

1. Familie **Thalassiosiraceae** Lebour 1930 em. Hasle 1973

Von den 5 beschriebenen Gattungen enthalten nur 2 bodenbewohnende Sippen.

1a Schalen mit radial gestreifter Randpartie und deutlich abgesetztem, anders strukturiertem Mittelfeld .... **1. Cyclotella** (S. 32)
1b Schalenrand und Mittelfeld nicht in dieser Weise differenziert; Areolenreihen vermehren sich vom Zentrum zum Schalenrand hin .... **2. Stephanodiscus** (S. 33)

1. **Cyclotella** (Kützing) Brébisson 1838

Hustedt 1930, p. 96; Krammer & Lange-Bertalot 1991a, p. 40.

Zellen trommelförmig, einzeln oder in Kolonien, selten zu festen Ketten verbunden. Gürtelbänder vorhanden. Schalen kreisrund, selten elliptisch; ± tangential oder konzentrisch gewellt, selten flach. Länge der Pervalvar-Achse in den meisten Fällen nicht größer als der Schalendurchmesser. Die Schalenfläche besteht aus einer marginalen Zone mit Radialstreifen, Radialrippen und Interstriae, um ein entweder strukturloses, geflecktes, punktiertes oder punktiert gestreiftes Mittelfeld. Chloroplasten kleine, rundliche Plättchen an der Schalenseite. Von 38 beschriebenen Arten[20] wurden in Erdböden 4 gefunden.

1a Schalen innerhalb der gleichmäßig gestreiften Randpartie ohne Höcker oder Schattenlinien .. **2**
1b Schalen innerhalb der Randpartie mit Höckern oder Schattenlinien **3**
2a Mittelfeld scheinbar glatt oder mit einzelnen größeren Punkten, zuweilen äußerst zart radial punktiert-gestreift .... **1. C. meneghiniana**
2b Mittelfeld unregelmäßig punktiert gefleckt .... **2. C. striata**
3a Marginaler Bereich mit feiner Struktur .... **3. C. bodanica**
3b Marginaler Bereich mit gröberer Struktur .... **4. C. radiosa**

---

[19] Wir halten uns an die Klassifikation der Bacillariophyceae nach Krammer & Lange-Bertalot 1986 (p. 79). Die Bestimmungsschlüssel und Beschreibungen in Anlehnung an beide genannten Autoren 1986–1991 und Hustedt 1930.

[20] Gemeint sind, wie auch im weiteren, Süßwasserarten.

1. Cyclotella meneghiniana Kützing 1844 (Fig. 7: a)
Hustedt 1930, p. 100, fig. 67; Krammer & Lange-Bertalot 1991 a, p. 44, fig. 44: 1–10.

Schalen ± stark tangential gewellt, zuweilen fast flach. Randzone kräftig radial gestreift, Radialstreifen 6–10/10 µm; letztere gleichmäßig mit breiter Basis am Schalenrand und zum Mittelfeld schmäler werdend. Mittelfeld ohne Struktur oder mit sehr zarten radialen Punktreihen. Zellen 5–43 µm im Durchmesser.
In Erdböden bei Göttingen (BRD) und auf der Insel Surtsey (Island) oder in Erdkrusten in Utah (USA).

2. Cyclotella striata (Kützing) Grunow in Cleve & Grunow 1880 (Fig. 7: c, d)
Hustedt 1930, p. 101, fig. 71; Krammer & Lange-Bertalot 1991 a, p. 46, fig. 45: 1–8.

Schalen mit ± stark tangential gewelltem Mittelfeld. Schalenfläche mit einer etwa ⅓ des Durchmessers einnehmenden, radial gestreiften Randzone; Streifen 8–10/10 µm. Mittelfeld mit ± regelmäßig verteilten Vertiefungen und Erhebungen. Auf dem konvexen Teil des Mittelfeldes einige zerstreut gestellte, meist halbmondförmig angeordnete, scharf markierte Punkte. Zellen 10–50 µm im Durchmesser.
Auf Lebermoosen in Norddeutschland (BRD) und in Erdböden der Insel Surtsey (Island).

3. Cyclotella bodanica Grunow in Schneider 1878 (Fig. 7: e)
Hustedt 1930, p. 103, fig. 76; Krammer & Lange-Bertalot 1991 a, p. 54, fig. 53: 1–6; 54: 1–4, 55: 1–7; 56: 3–5.

Schalen schwach oder auch stark konzentrisch gewellt. Randzone breit, gleichmäßig fein radial gestreift. Radialstreifen 13–15/10 µm. Zwei bis vier, selten ein oder fünf der Randstreifen verkürzt, vor diesen ein isolierter Punkt. Jeder zweite (selten jeder dritte) Radialstreifen verdickt, die Verdickungen als Schattenlinien sichtbar. Alveolen deutlich. Mittelfeld ± fein radial areoliert, wobei jede Areolenreihe in einen Radialstreifen übergehen kann. An dieser Grenze ein feiner hyaliner Ring zwischen den Radialstreifen der Randzone und den areolierten Reihen des Mittelfeldes. Im Zentrum umschließt oft ein Anulus einige ungeordnete Areolen. Zellen 20–80 µm im Durchmesser.
In Erdkrusten von Utah (USA).

4. Cyclotella radiosa (Grunow) Lemmermann 1900 (Fig. 7: b)
Syn.: *Cyclotella comta* var. *radiosa* Grunow in Van Heurck 1882, *Cyclotella comta* Kützing 1849 p. p.
Hustedt 1930, p. 103, fig. 69; Krammer & Lange-Bertalot 1991 a, p. 57, fig. 62: 1–6; 9–12.

Schalen kreisrund, konzentrisch gewellt. Randzone etwa ¼ der Schalenbreite, mit kräftigen Radialstreifen 13–16/10 µm. Innerhalb der Streifen ein Ring kurzer Schattenlinien, 4–5/10 µm. Zuweilen einzelne Randstreifen, meistens zwei, verkürzt, in dem entstehenden Raum vor jedem derartigen Streifen ein isolierter Punkt. Mittelfeld zerstreut punktiert bis radial punktiert-gestreift. Äußerer Teil des Mittelfeldes häufig sehr locker punktiert bis vollkommen glatt. Zellen 8–50 µm im Durchmesser.
In Erdkrusten von Utah (USA).

2. Stephanodiscus Ehrenberg 1846

Hustedt 1930, p. 108; Krammer & Lange-Bertalot 1991 a, p. 65.

Zellen in der Regel scheibenförmig, seltener trommelförmig oder zylindrisch bis tonnenförmig. Zwischenbänder und Gürtelbänder vorhanden. Schalen kreisrund, ± stark konzentrisch gewellt,

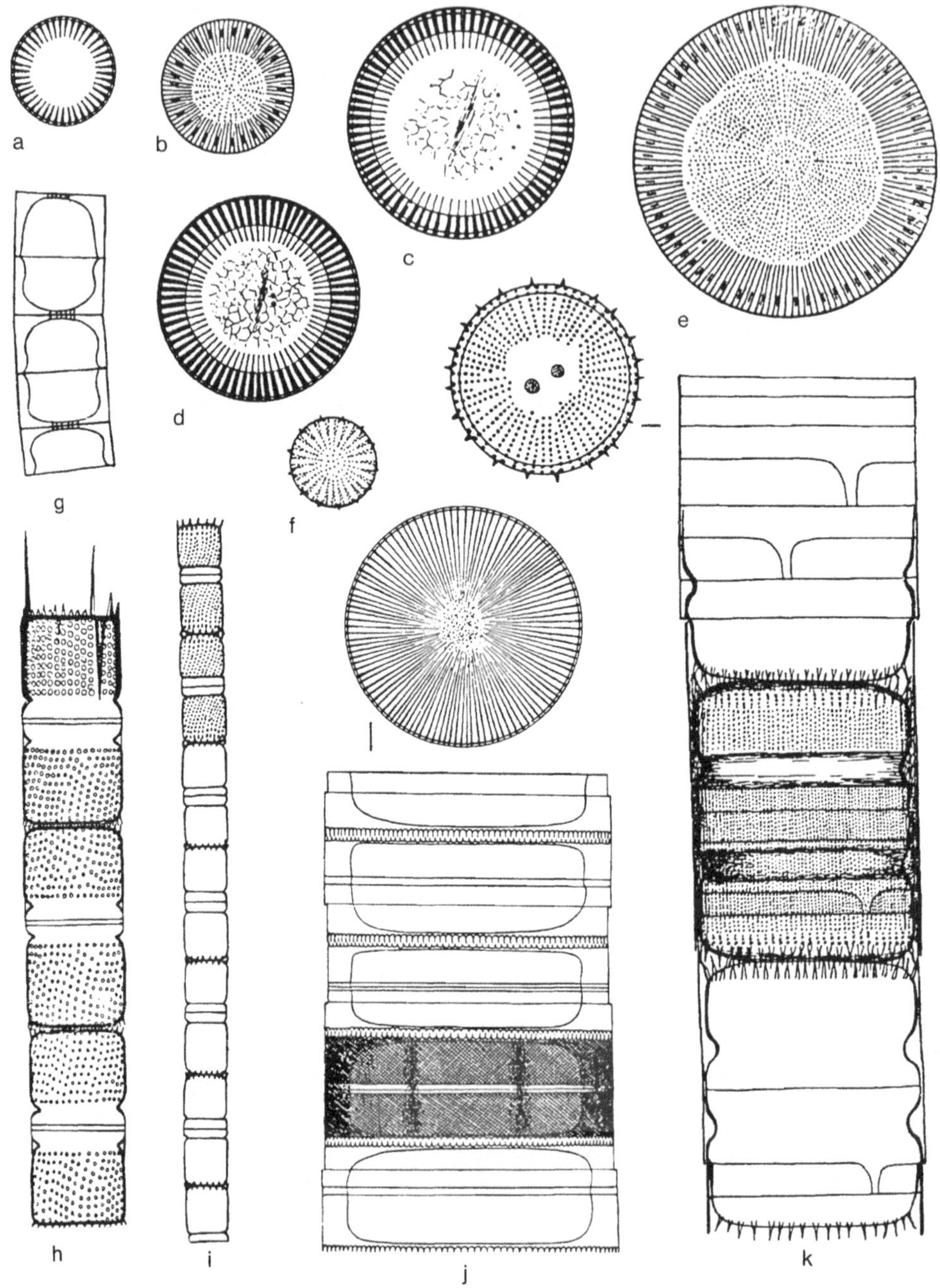

Fig. 7. *a Cyclotella meneghiniana, b C. radiosa; c, d C. striata; e C. bodanica; f Stephanodiscus minutulus; g Melosira dickiei; h M. granulata; i M. italica; j M. arenaria; k M. roeseana* (nach Hustedt).

mit Dornen am Übergang der Schalenfläche zum Schalenmantel. Im Zentrum der Schalenfläche oft unregelmäßig angeordnete Areolen oder einzelne Areolenreihen, die sich zum Schalenrand vermehren und sich zu gebündelten Reihen vereinen; diese werden durch Interstriae getrennt. Ein hyaliner Ring (Anulus) umschließt in manchen Fällen einige Areolen im Zentrum der Schalenfläche. Chloroplasten als kleine Plättchen an den Schalenseiten, oder 1–2 größere den Mantelflächen anliegende Platten.
Von 15 Arten ist nur eine bodenbewohnend.

Stephanodiscus minutulus (Kützing) Cleve & Möller 1878 (Fig. 7: f)
Syn.: *Stephanodiscus astraea* var. *minutulus* (Kützing) Grunow in Van Heurck 1882.
Hustedt 1930, p. 110, fig. 86; Krammer & Lange-Bertalot 1991 a, p. 71, fig. 74: 5–7.

Schalen kreisrund mit kleinen Erhebungen oder Vertiefungen im Zentrum, oft schwer zu erkennen. Radiale Areolenreihen im Zentrum einzeln, kurz vor dem Übergang der Schalenfläche zum Mantel in zwei, bisweilen drei Reihen. Die Radialstreifen werden von leicht gewölbten Interstriae getrennt, an deren Enden sich die Dornen befinden. Schalenmantel sehr flach. Zellen 2–12 μm im Durchmesser.
Mehrmals in Erdböden gefunden (Utah-USA, Surtsey-Island), aber auch als aerophytische Alge vorkommend (BRD).

2. Familie Melosiraceae Kützing 1844

Mit einer einzigen Gattung:

Melosira C. Agardh 1827

Hustedt 1930, p. 82; Krammer & Lange-Bertalot 1991 a, p. 6.

Frusteln zu längeren walzenförmigen oder perlschnurartigen Fäden verbunden. Einzelne Zellen mit rundem Querschnitt und hohem Schalenmantel, zylindrisch bis fast kugelig. Schalen punktiert oder gestreift, am Rande meistens gezähnt. Auxosporenbildung erfolgt häufig auf asexuellem Weg in verschiedener Weise, aber stets durch starke Anschwellung einer oder mehrerer Zellen im Verband. Chloroplasten in Form kleiner rundlicher, ganzrandiger oder gelappter Plättchen. Durch die Einführung des REM wurde die Gattung *Melosira* in vier selbständige Gattungen[21] getrennt, die morphologisch relativ einheitliche Baupläne der Frusteln zeigen.
Von 30 beschriebenen Arten wurden 5 in Böden oder an feuchten Stellen gefunden.

1a Schalenmantel ohne Sulkus oder Ringleisten 2
1b Schalenmantel mit Sulkus oder Ringleisten 3
2a Schalenmantel deutlich punktiert, Punkte in zwei sich kreuzenden Streifensystemen . . . . **1. M. arenaria**
2b Schalenmantel scheinbar glatt, ohne sich kreuzende Streifensysteme . . . . **2. M. dickiei**
3a Sulkus als deutliche Hohlkehle ausgebildet . . . . **3. M. roeseana**
3b Sulkus als spitzwinkelig einschneidende Furche 4
4a Zellfaden mit abweichend strukturierten und ± langen Dornen besetzten End- oder Trennzellen. Porenreihen auf Mantelflächen der übrigen Zellen in geneigten Spiralen . . . **4. M. granulata**
4b Zellfäden ohne abweichend gebaute Grenzzellen . . . . **5. M. italica**

---

21 *Melosira* Agardh, *Ellerbeckia* Crawford, *Orthoseira* Thwaites und *Aulacoseira* Thwaites. Wir führen sie unter dem Namen *Melosira* sensu lato, wie sie bei den Funden bezeichnet wurden.

1. Melosira arenaria Moore ex Ralfs 1843 (Fig. 7: j)
Syn.: *Ellerbeckia arenaria* (Moore) Crawford 1988
Hustedt 1930, p. 94, fig. 60; Krammer & Lange-Bertalot 1991 a, p. 17, fig. 14: 1–5; 15: 1–5.

Zellen flach trommelförmig bis kurz zylindrisch, zu dicht geschlossenen, dicken Fäden verbunden. Schalenmantel ohne Sulkus, Ringleiste und Hals. Zellwand sehr dick, innere Mantellinie nach außen konvex. Poren der Mangelfläche zart, deutlich in drei sich kreuzende Streifensysteme geordnet, Pervalvarreihen 20–26/10 µm. Diskus flach, am Rande nicht abgebogen, keinen Pseudosulkus bildend, mit radialen Falten, die nach der Mitte schwächer werden, und damit alternierenden kurzen Zähnchen. Zellen 40–140 µm im Durchmesser und 10–15 µm hoch.
Auf feuchten Felsen und zwischen feuchten Moosen, besonders im Gebirge.

2. Melosira dickiei (Thwaites) Kützing 1849 (Fig. 7: g)
Hustedt 1930, p. 86, fig. 42; Krammer & Lange-Bertalot 1991 a, p. 12, fig. 9: 1–13.

Einzelzellen typisch zylindrisch, zu dicht geschlossenen steifen Ketten verbunden. Mantelflächen ohne Sulkus, Ringleiste oder Hals. Disci vollkommen flach, Pseudosulkus nur marginal schwach angedeutet. Äußere Mantellinien gerade, innere stark gewölbt. Zellwand daher vom Gürtelbandrand an allmählich an Dicke zunehmend, am Diskusrand sehr stark, am Scheitel wieder dünner. Schalenmantel äußerst zart punktiert, Scheitel mit einigen auffällig starken Poren. Zellen 10–20 µm im Durchmesser, 7–10 µm hoch.
Lebt in Moosrasen an feuchten Felsen und feuchten Stellen (Mitteleuropa, Dänemark, England, Signy Island-Antarktis).

3. Melosira roeseana Rabenhorst 1852 (Fig. 7: k)
Syn.: *Orthoseira roeseana* (Rabenhorst) O'Meara 1876
Hustedt 1930, p. 93, fig. 59; Krammer & Lange-Bertalot 1991 a, p. 13, fig. 10: 1–11; 11: 1, 2, 4, 5.

Einzelzellen zylindrisch mit flachen, marginal gerundeten Endflächen, zu längeren, eng geschlossenen Ketten verbunden. Schalenmantel relativ dünn, mit auffallend weitem, hohlkehlartigem Sulkus ohne Ringleiste, Hals lang. Der Diskus schließt sich mit einer breiten Rundung an den Schalenmantel an, so daß ein deutlicher flacher Pseudosulkus zwischen den benachbarten Schalen entsteht. Verbindungsdornen relativ klein. Der Gürtel besteht aus einer geschlossenen Valvocopula und mehreren offenen Gürtelbändern. Diskusfläche radial punktiert-gestreift. Porenreihen abwechselnd kürzer oder länger, Schalenmitte ohne Porenreihen, aber mit 2–4 größeren kreisrunden Flecken. Randdornen der Disci auffallend lang. Zellen 8–70 µm im Durchmesser, 6–13 µm hoch.
Auf feuchten Felsen, Moosen und Baumwurzeln. Häufig in Europa; aber auch aerophytisch auf Island und in Ohio (USA). Kommt besonders in gebirgigen Gegenden vor.

4. Melosira granulata (Ehrenberg) Ralfs in Pritchard 1861 (Fig. 7: h)
Syn.: *Aulacoseira granulata* (Ehrenberg) Simonsen 1979
Hustedt 1930, p. 87, fig. 44; Krammer & Lange-Bertalot 1991 a, p. 22, fig. 16: 1, 2; 17: 1–10; 18: 1–14; 19: 1–9.

Zellen zylindrisch mit flachen, marginal winkelig gerundeten Endflächen, zu längeren, eng geschlossenen Ketten verbunden. Schalen mit stark entwickeltem zylindrischen Mantelteil, Disci einen kleinen Pseudosulkus bildend. Sulkus eine flache, spitzwinkelig einschneidende Furche mit schwach ins Innere vorspringender Ringleiste, Hals mäßig lang. Mantellinien parallel, gerade. Diskus mit zerstreuter Punktierung und kurzen deutlichen Randzähnen. Mantelfläche mit gröberen oder feineren Poren besetzt, die in ± geneigten pervalvaren Spiralen und welligen Querreihen stehen. In vollständigen Fäden besitzen die Endzellen stets grobporige, mit mehreren auffallend langen Dornen und Falten besetzte Außenschalen, deren Porenreihen abweichend von den übrigen der Pervalvarachse parallel laufen. Zellen 4–30 µm im Durchmesser, 5–24 µm hoch.

Seltener zwischen Moosen, auf feuchten Felsen oder nasser Erde (Mitteleuropa), auch in Erdkrusten in Utah (USA).

5. Melosira italica (Ehrenberg) Kützing 1844 (Fig. 7: i)
Syn.: *Aulacoseira italica* (Ehrenberg) Simonsen 1979
Hustedt 1930, p. 91, fig. 50–52; Krammer & Lange-Bertalot 1991 a, p. 29, fig. 24: 3–6; 25: 1–11.

Zellen zylindrisch, mit flachen bis sehr schwach konvexen Endflächen, zu langen, eng geschlossenen Ketten verbunden. Mantel mit parallelen und geraden Außen- und Innenseiten. Disci gehen marginal durch eine Rundung in den Mantel über, wodurch ein kleiner spitzer Pseudosulkus gebildet wird. Verbindungsdornen groß. Sulkus eine sehr flache, winkelig einschneidende Furche, meist weniger tief als der Pseudosulkus, Hals sehr kurz, Ringleiste wenig entwickelt und nur von den Innenwänden des Sulkus gebildet. Zellen 3–23 µm im Durchmesser, 8–20 µm hoch.
Auf feuchten aerischen Standorten gefunden, vereinzelt in Mitteleuropa und in Utah (USA).

2. Ordnung Pennales (Schütt) West orth. mut. Karsten 1928

Schalen stets länglich und die Strukturen zu einer median verlaufenden Achse hin orientiert. Zellen vom Büchsen- oder Zylindertypus ± abweichend, weil die Valvarebene meistens langgestreckt elliptisch bis stabförmig ist; Zellen daher durchwegs liniensymmetrisch. Schalen ohne längere Fortsätze, Hörner, Buckeln oder Borsten, mit federartig angeordneten Rippensystemen. Ein ± ausgeprägtes Rippensystem in der Mediane trägt zu beiden Seiten wie ein Federkiel eine Vielzahl von Rippen (Taf. V).
Hustedt 1930, Fritsch 1935, Bourrelly 1968, van den Hoek 1978, Ettl 1980 b, Krammer & Lange-Bertalot 1986, 1988.

1a Schalen ohne echte Raphe, höchstens mit Pseudoraphe in der Richtung der Apikalachse . . . . **I. Araphidineae** (S. 37)
1b Echte Raphe vorhanden, wenn auch manchmal schwer sichtbar . . . . **II. Raphidineae** (S. 43)

I. Araphidineae

Mit einer einzigen Familie:

Familie Fragilariaceae Hustedt 1930

Zellen einzeln lebend oder bandförmige, manchmal sternförmige Kolonien bildend. Valvarebene meist stabförmig, seltener breit elliptisch oder keulenförmig, zuweilen mit wellig verbogenen Rändern, Achsen in der Regel gerade und meistens isopol. Zwischenbänder und Septen häufig vorhanden und dann die Zellen in Gürtelbandlage oft tafelartig verbreitert. Schalen mit deutlicher Pseudoraphe und in der Regel ± fein transapikal punktiert-gestreift, zuweilen auch mit transapikalen Rippen.
Von 7 beschriebenen Gattungen sind 5 bodenbewohnend.

1a Zellen mit starken, der Valvarfläche parallelen Septen . . . . **1. Tabellaria** (S. 38)
1b Zellen ohne solche auffälligen Septen 2
2a Schalen mit kräftigen, transapikalen Rippen, außerdem zart transapikal gestreift 3
2b Schalen ohne Rippen, nur mit gröberen oder feineren transapikalen Punktstreifen 4
3a Apikalachse isopol, Zellen zur Transapikalebene allgemein symmetrisch . . . **2. Diatoma** (S. 38)
3b Apikalachse heteropol, Zellen sowohl in Gürtelband- als auch in Schalenansicht keilförmig . . . . **3. Meridion** (S. 39)

4a Zellen zu freilebenden, geschlossenen, oft sehr langen Bändern verbunden .... **4. Fragilaria** (S. 40)
4b Zellen einzeln lebend oder mit Hilfe von Gallertpolstern angeheftet, zuweilen büschelig sternförmige Kolonien bildend .... **5. Synedra** (S. 42)

1. **Tabellaria** Ehrenberg 1840

Hustedt 1930, p. 122; Krammer & Lange-Bertalot 1991 a, p. 104.

Zellen zickzackartige oder geschlossene Bänder, selten sternförmige Kolonien bildend. Im ausgebildeten Zustand mit vier bis zahlreichen Zwischenbändern mit ± tief eindringenden Septen. Zwischenbänder ringförmig, an einem Pol offen, Septen flach, am freien Rande ± wellenartig verdickt. Valvarebene im Umriß linear, ein- bis mehrfach transapikal eingeschnürt, bzw. in der Mitte und an den Polen aufgetrieben. Schalen ohne Rippen, zart transapikal punktiert-gestreift, mit deutlicher Pseudoraphe. Chloroplasten in Form kleiner, selten größerer Plättchen.
Von 5 beschriebenen Arten kommen in Erdböden 2 vor.

1a Normale Zellen mit 4 Zwischenbändern und 4 Septen, Apikalachse sehr lang, mittlere Auftreibung der Schalen wenig breiter als vor den Polen .... **1. T. fenestrata**
1b Normale Zellen mit zahlreichen Zwischenbändern und Septen, Apikalachse relativ kürzer, Schalen in der Mitte meist erheblich breiter als vor den Polen .... **2. T. flocculosa**

1. **Tabellaria fenestrata** (Lyngbye) Kützing 1844 (Fig. 8: a)

Hustedt 1930, p. 122, fig. 99; Krammer & Lange-Bertalot 1991 a, p. 106, fig. 105: 1–4.

Zellen in Gürtelbandansicht rechteckig mit starker Betonung der Apikalachse, die die Transapikalachse um das Mehrfache übertrifft. Zwischenbänder 4, je zwei in jeder Zellhälfte, mit tief eindringenden, flachen Septen. Schalen linear, an den Polen aufgetrieben und kopfig gerundet, in der Mitte ebenfalls transapikal erweitert und nur wenig breiter als die polaren Anschwellungen. Zart, aber deutlich transapikal punktiert-gestreift; Streifen parallel, senkrecht zur Apikalachse, 17–22/10 µm. Pseudoraphe eng, an den Polen deutlich erweitert. Zellen 30–140 µm lang, 3–10 µm breit.
Vereinzelt in Erdböden gefunden, Umgebung von Göttingen (BRD), auf Island und in Erdkrusten von Utah (USA).

2. **Tabellaria flocculosa** (Roth) Kützing 1844 (Fig. 8: b)

Hustedt 1930, p. 123, fig. 101; Krammer & Lange-Bertalot 1991 a, p. 108, fig. 106: 1–13.

Zellen in Gürtelbandansicht tafelförmig mit vorwiegender Entwicklung der Pervalvarachse. Zwischenbänder zahlreich, mit tief eindringenden, flachen Septen. Schalen an den Polen kopfig gerundet oder breit gestutzt, in der Mitte deutlich, oft erheblich, breiter als an den Polen. Transapikale Punktstreifen zart, 13–20/10 µm, in den Auftreibungen leicht radial, sonst senkrecht zur Mittellinie. Pseudoraphe eng, in den Auftreibungen erweitert oder nicht. Zellen (6–)12–50(–130) µm lang, 5–8,5(–16) µm breit. Eine sehr variable Art.
Vereinzelt und selten in Erdböden oder auf feuchten Stellen (BRD, Dänemark, Island).

2. **Diatoma** Bory 1824

Hustedt 1930, p. 125; Krammer & Lange-Bertalot 1991 a, p. 93.

Zellen geschlossen oder zickzackförmige Bänder bildend, in Gürtelbandansicht rechteckig-tafelförmig. Schalenansicht linear bis elliptisch mit zuweilen vorgezogenen oder kopfigen Polen. Zwischenbänder in unterschiedlicher Anzahl vorhanden, Septen fehlen. Schalen mit kräftigen

Transapikalrippen und zarten Areolenreihen; beide werden in der Mediane durch ein sehr schmales oder mäßig breites Sternum (Axialarea) unterbrochen. Innen werden die Schalen durch ± regelmäßig angeordnete transapikale Trennwände unterbrochen.
Symmetrieverhältnisse äußern sich in drei geraden isopolen Achsen, alle Hauptschnitte sind ebene Flächen. Zelle zur Valvarebene spiegelconsimil, zur Apikal- und Transapikalebene spiegelsymmetrisch. Chloroplasten scheibenförmig.
Von 7 Arten wurden 2 in Böden gefunden.

1a Zellen geschlossene Bänder bildend; Schalen mit entfernt gestellten Rippen (meist unter 5/10 μm) . . . . **1. D. hyemalis**
1b Zellen zickzackförmige Bänder bildend; Schalen mit dicht gestellten Rippen (meist mehr als 7/10 μm) . . . . **2. D. vulgaris**

1. **Diatoma hyemalis** (Roth) Heiberg 1863 (Fig. 8: c)

Hustedt 1930, p. 129, fig. 115, 116; Krammer & Lange-Bertalot 1991 a, p. 99, fig. 97: 6–10, 98: 1–6.

Zellen zu dicht geschlossenen bandförmigen Ketten zusammengeschlossen. Gürtelansicht länglich rechteckig mit mehreren einseitig offenen Zwischenbändern (einschließlich der Pleura und der Valvocopula sind häufig 8–10 Bänder vorhanden, die Anzahl variiert sehr stark). Schalen linear bis lanzettlich, isopol, mit geraden, konvexen oder konkaven Seiten und stumpfen, breit gerundeten, keilförmigen Enden. Querwände sehr kräftig, 2–4/10 μm, oft sehr unregelmäßig angeordnet und auch etwas schräg verlaufend. Transapikale Streifen deutlich 18–22/10 μm. Zellen 30–100 μm lang, 7–13 μm breit.
Auf feuchten, überrieselten Felsen in gebirgigen Gegenden, an feuchten Moosen (Mitteleuropa), seltener in Erdböden (USA).
Die var. *mesodon* (Ehrenberg) Grunow 1881 (Fig. 8: d) wird heute als selbständige Art, *Diatoma mesodon* (Ehrenberg) Kützing 1844, angesehen. Von *D. hyemalis* unterscheidet sie sich durch zartere Schalen, die zumeist kürzer als 40 μm sind. Transapikalstreifen sehr zart, 22–35/10 μm. Verbreitet an denselben Standorten wie *D. hyemalis*.

2. **Diatoma vulgaris** Bory 1824 (Fig. 8: e)

Hustedt 1930, p. 127, fig. 103; Krammer & Lange-Bertalot 1991 a, p. 95, fig. 93: 1–12; 94: 1–13; 95: 1–7; 97: 3–5.

Zellen in Gürtelbandansicht rechteckig-tafelförmig mit ± zahlreichen, zarten Zwischenbändern und abgerundeten Ecken. Schalen im Umriß elliptisch-lanzettlich mit schwach geschnäbelten, stumpf gerundeten Polen. Rippen dünn, etwa 6–8/10 μm. Transapikale Streifen sehr zart, mehr als 40/10 μm. Pseudoraphe sehr eng, linear. Jede Schale mit einem Gallertporus in der Nähe eines Poles, seitlich der Mittellinie. Zellen 8–75 μm lang und 7–18 μm breit.
Vereinzelt zwischen feuchten Moosen oder in Erdböden (Mitteleuropa), in Erdkrusten, Utah (USA) und auf Felsen, Signy Island (Antarktis).

3. **Meridion** Agardh 1824

Hustedt 1930, p. 130; Krammer & Lange-Bertalot 1991 a, p. 101.

Für diese Gattung gilt die gleiche Beschreibung wie für die Gattung *Diatoma*, nur sind die Zellen nicht isopol, sondern sowohl in Schalenansicht als auch in Gürtelansicht keilförmig und die Kolonien sind dementsprechend kreisförmige Ketten. Chloroplasten scheibenförmig, zahlreich.
Mit einer Art:

Meridion circulare (Grèville) C. A. Agardh 1831 (Fig. 8: f)
Hustedt 1930, p. 130, fig. 118, 119; Krammer & Lange-Bertalot 1991 a, p. 101, fig. 100: 1–3; 101: 1–14.

Gürtelbandansicht der Zellen keilförmig zur Apikalachse, kontinuierlich vom breiteren Kopf- zum Fußpol verschmälert, mit lotrecht an die Schalenfläche anschließendem Schalenmantel und einem Gürtel aus vier Bändern, ihre Suturen zeigen vielfach apikal verlaufende gewellte Linien. Septen fehlen. Schalen im Verlauf der Apikalachse ebenfalls heteropol, der breitere Kopfpol breit gerundet, manchmal kopfig abgesetzt, der Fußpol ebenfalls gerundet oder leicht kopfig. Querwände deutlich, viele auf beiden Seiten der Mediane unabhängig voneinander entwickelt, 2–5/10 µm. Transapikalstreifen zart, aber deutlich, 12–16/10 µm. Zellen 10–82 µm lang, 4–8 µm breit.
Die var. *constrictum* (Ralfs) Van Heurck 1880 (Fig. 8: g) unterscheidet sich durch die beiden kopfig abgesetzten Enden.
Auf feuchten Felsen, zwischen Moosen, auf feuchten schattigen Waldböden, seltener in Erdböden oder aerophil (Mitteleuropa, USA).

4. **Fragilaria** Lyngbye 1819

Hustedt 1930, p. 135; Krammer & Lange-Bertalot 1991 a, p. 113.

Zellen mit den Schalenseiten zu meistens sehr langen, geschlossenen, selten gefensterten Bändern verbunden, mit linearer bis elliptischer Valvarebene. Zwischenbänder und Septen fehlen. Schalen mit transapikaler Streifung und ± weiter Pseudoraphe, ohne durchgehende Transapikalrippen. Symmetrieverhältnisse: drei gerade, meistens isopole Achsen, Transapikalachse zuweilen heteropol infolge einer einseitigen Zentralarea. Chloroplasten größere Platten oder zahlreiche kleine Körnchen.
Von 44 Arten sind 5 auch bodenbewohnend.

1a Schalen in der Mitte plötzlich und stark transapikal aufgetrieben oder im Umriß rhombisch und von der Mitte gegen die Enden zu stark verschmälert . . . . **1. F. construens**
1b Schalen elliptisch, lanzettlich, gegen die Enden zu allmählich oder gar nicht verschmälert 2
2a Schalen kräftig gestreift, Streifen rippenartig (etwa 10/10 µm), meistens kleine lanzettliche oder elliptische Formen von allgemeiner Verbreitung . . . . **2. F. pinnata**
2b Struktur zarter, Streifen nicht rippenartig 3
3a Pseudoraphe durchwegs eng, in der Mitte nicht erweitert, Zentralarea fehlt 4
3b Pseudoraphe lanzettlich, in der Mitte zu einer oft undeutlich begrenzten Zentralarea erweitert . . . . **3. F. capucina**
4a Gürtelbandseite mit auffälliger, pervalvar gerichteter Streifung . . . . **4. F. nitzschioides**
4b Gürtelbandansicht ohne solche Struktur . . . . **5. F. virescens**

1. **Fragilaria construens** (Ehrenberg) Grunow 1862 (Fig. 8: j)

Hustedt 1930, p. 140, fig. 135; Krammer & Lange-Bertalot 1991 a, p. 153, fig. 129: 21–27; 132: 1–34.

Zellen in Gürtelbandansicht rechteckig, Schalen im Umriß in der Mitte stark transapikal aufgetrieben, zart und fein strukturiert. Transapikale Streifen zart, 14–18/10 µm, leicht radial. Pseudoraphe in der Mitte lanzettlich erweitert, eine abgesetzte Zentralarea fehlt. Zellen 4–35 µm lang, 2–12 µm breit.
Die var. *binodis* (Ehrenberg) Grunow 1862 besitzt in der Mitte stark eingeschnürte Schalen, mit daher zweibuckeligen Rändern. Var. *venter* (Ehrenberg) Grunow 1881 besitzt Schalen mit elliptisch-lanzettlichem Umriß mit ± vorgezogenen Polen.
Die Varietäten var. *triundulata* (Fig. 8: k) und var. *binodis* (Fig. 8: l) kommen seltener in feuchten Böden vor, treten jedoch häufiger aerophytisch, zwischen Moosen auf (Mitteleuropa, Island, Insel Surtsey, USA).

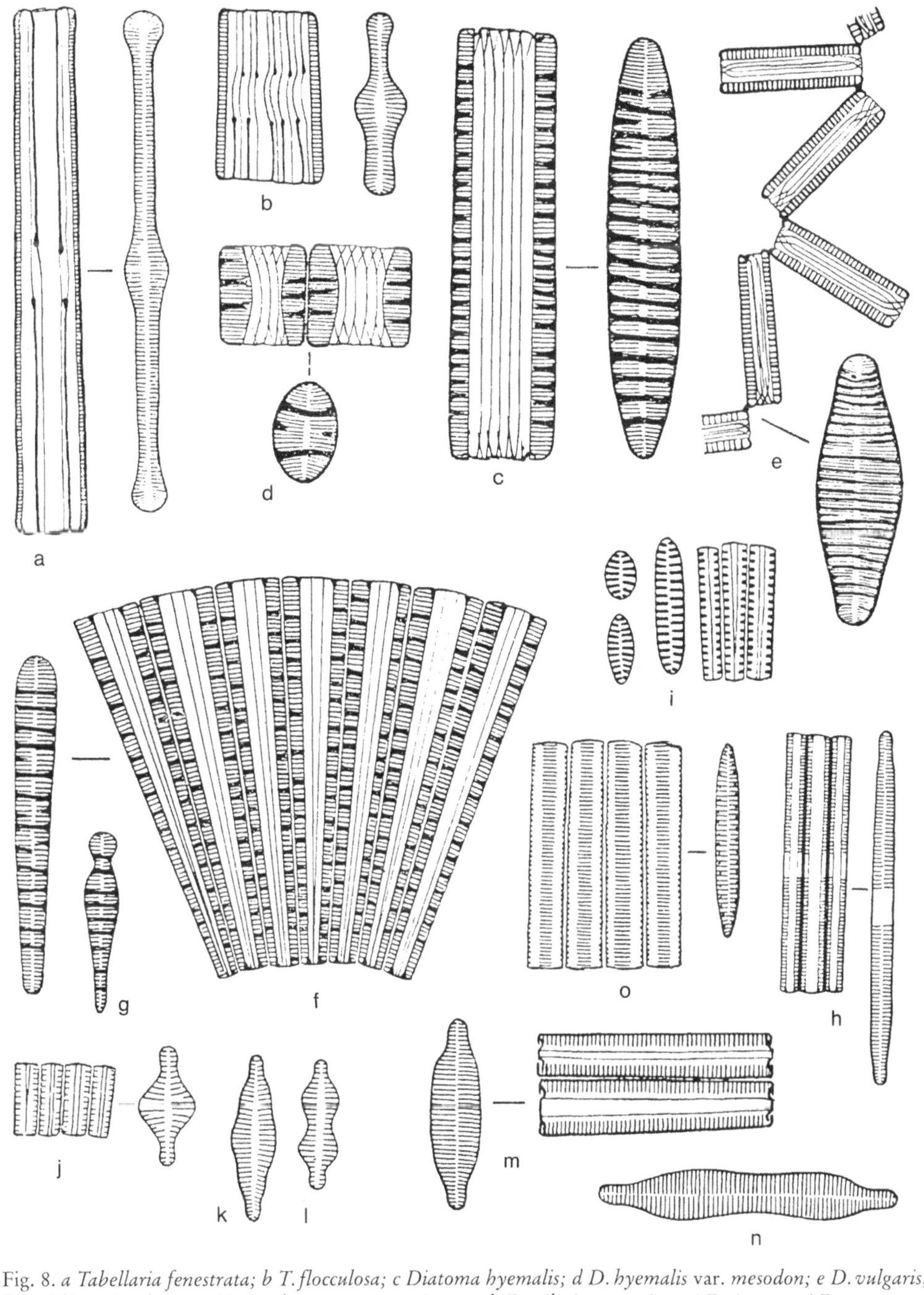

Fig. 8. *a Tabellaria fenestrata; b T. flocculosa; c Diatoma hyemalis; d D. hyemalis* var. *mesodon; e D. vulgaris; f Meridion circulare; g M. circulare* var. *constrictum; h Fragilaria capucina; i F. pinnata; j F. construens; k F. construens* var. *triundulata; l F. construens* var. *binodis; m F. virescens; n F. virescens* var. *mesolepta; o F. nitzschioides* (nach Hustedt).

2. Fragilaria pinnata Ehrenberg 1843 (Fig. 8: i)
Hustedt 1930, p. 142, fig. 141; Krammer & Lange-Bertalot 1991 a, p. 156, fig. 117: 3; 133: 1–23.

Zellen in Gürtelbandansicht rechteckig, bei kleineren Formen fast quadratisch oder tafelförmig. Schalen im Umriß breiter oder schmäler elliptisch mit stumpf gerundeten, nicht vorgezogenen Polen. Transapikale Streifen kräftig, fast rippenartig, gewöhnlich schwach radial, etwa 6–12/10 µm, zart quer gestrichelt. Pseudoraphe deutlich, linear oder in der Mitte lanzettlich erweitert; Zentralarea fehlt. Zellen 3–35 µm lang, 2–8 µm breit.
Auf feuchten bis überrieselten Felsen oder zwischen Moosen (BRD, Insel Surtsey – Island).

3. Fragilaria capucina Desmazières 1925 (Fig. 8: h)
Hustedt 1930, p. 138, fig. 126; Krammer & Lange-Bertalot 1991 a, p. 121, fig. 108: 1–8; 109: 1–29; 110: 1–22.

Zellen in der Gürtelansicht rechteckig, linear. Schalen langgestreckt, schmal linear, vor den Enden nur wenig verschmälert und kaum merklich vorgezogen, an den Polen stumpf abgerundet. Transapikale Streifen zart, Dichte variabel 9–22, meistens 15/10 µm, in der Mitte abgebrochen oder aber doch schwächer, so daß eine kleine rechteckige oder elliptische, zuweilen undeutlich begrenzte Zentralarea entsteht. Pseudoraphe linear. Zellen (10–)25–100 µm lang, 2–6,5 µm breit.
Vereinzelt auf feuchten Böden oder direkt in Erdböden (BRD, Österreich, Island).

4. Fragilaria nitzschioides Grunow in Van Heurck 1881 (Fig. 8: o)
Syn.: *Fragilaria aequalis* Heiberg 1863 sensu Mayer 1937
Hustedt 1930, p. 144, fig. 150; Krammer & Lange-Bertalot 1991 a, p. 139, fig. 128: 1–10.

Gürtelbandansicht schmal linear, mit auffälliger pervalvarer Streifung auf den Mantelflächen der Gürtelbänder; 17/10 µm. Schalen linear, die ganz kurzen Formen leicht elliptisch-linear, an den Enden wenig verschmälert und schwach vorgezogen.
Transapikale Streifen parallel, 16–26/10 µm, vor den Enden leicht radial. Pseudoraphe sehr eng, linear; Zentralarea fehlt. Zellen 10–93 µm lang, 3,5–6 µm breit.
Auf überrieselten Sandsteinfelsen, in Erdböden von Auenwäldern und in feuchten Waldböden (BRD, Tschechoslowakei).

5. Fragilaria virescens Ralfs 1843 (Fig. 8: m, n)
Hustedt 1930, p. 142, fig. 144; Krammer & Lange-Bertalot 1991 a, p. 135, fig. 126: 1–10.

Zellen in Gürtelbandansicht rechteckig; Schalen linear mit geraden oder leicht konvexen Rändern, vor den Polen plötzlich verschmälert und ± stark vorgezogen, stumpf abgerundet. Transapikale Streifen ziemlich zart, parallel, 12–19/10 µm. Pseudoraphe sehr eng, kaum unterscheidbar, Zentralarea fehlt. Zellen 12–120 µm lang, 6–10 µm breit.
Zwischen Moosen auf Sandsteinen (England), auf feuchten Felsen oder nassen Erdböden (Island, Dänemark, Antarktis).

5. **Synedra** Ehrenberg (1830) 1832[22]

Hustedt 1930, p. 148; Krammer & Lange-Bertalot 1991 a, p. 111.

Zellen einzeln lebend oder fächerartige bis büschelig-sternförmige Kolonien bildend. Gürtelbandseite linear rechteckig. Zwischenbänder und Septen fehlen. Schalen im allgemeinen linear bis lanzettlich, gegen die Enden häufig ± verschmälert, oft mit kopfigen Polen. Valvarfläche mit

[22] Wir führen hier die Gattung *Synedra* noch im alten Sinne (Hustedt 1930).

transapikalen Punktstreifen und ± enger Pseudoraphe. Zentralarea vorhanden oder fehlend. Gallertporen einzeln in der Nähe der Schalenpole. Symmetrieverhältnisse: Meistens drei gerade isopole Achsen. Chloroplasten in Form zweier größerer Platten.

Von 17 Arten wurden in Böden nur 3 festgestellt.

1a Schalen mit deutlicher Andeutung eines Zentralknotens (stärkere Lichtbrechung) .... **1. S. vaucheriae**

1b Schalen mit oder ohne Zentralarea, aber ohne Andeutung eines Zentralknotens 2

2a Schalen breit linear, sehr robust, von der Mitte nach den Enden zu nicht verschmälert, Enden dreieckig-kopfig erweitert und kurz geschnäbelt .... **2. S. capitata**

2b Schalen linear-lanzettlich mit ± stark kopfigen Enden .... **3. S. ulna**

1. **Synedra vaucheriae** (Kützing) Kützing 1844 (Fig. 9: c)

Syn.: *Fragilaria capucina* Desmazières 1925 s. l.

Hustedt 1930, p. 161, fig. 192; Krammer & Lange-Bertalot 1991 a, p. 124.

Schalen linear-lanzettlich bis breit lanzettlich mit ± vorgezogenen, zuweilen schwach kopfigen Enden. Transapikale Streifen 12–16/10 µm. Pseudoraphe sehr eng, linear. Zentralarea vorhanden, einseitig der Pseudoraphe ausgebildet, einseitig verdickt und einen Mittelknoten vortäuschend. Zellen 10–40 µm lang, 2–4 µm breit.

Zwischen feuchten Moosen.

2. **Synedra capitata** Ehrenberg 1836 (Fig. 9: a)

Syn.: *Fragilaria dilatata* (Brébisson) Lange-Bertalot 1986

Hustedt 1930, p. 154, fig. 169; Krammer & Lange-Bertalot 1991 a, p. 147, fig. 123: 1–3.

Zellen in Gürtelbandansicht breit linear mit kaum erweiterten Enden. Schalen auch ausgesprochen linear mit durchweg parallelen Rändern, an den Enden ziemlich plötzlich transapikal aufgetrieben und keilförmig zugespitzt, gewöhnlich schwach geschnäbelt. Transapikale Streifen kräftig, 8–11/10 µm, deutlich punktiert. Pseudoraphe linear, mäßig eng; Zentralarea meist fehlend. Zellen 125–500 µm lang, 7–10 µm breit.

In Moosrasen.

3. **Synedra ulna** (Nitzsch) Ehrenberg 1832 (Fig. 9: b)

Syn.: *Fragilaria ulna* (Nitzsch) Lange-Bertalot 1980

Hustedt 1930, p. 151, fig. 158, 159; Krammer & Lange-Bertalot 1991 a, p. 143, fig. 119–122.

Zellen in der Gürtelbandansicht linear, an den Enden gewöhnlich ± erweitert. Schalen linear bis linear-lanzettlich, entweder mit kurz vorgezogenen Enden oder bereits von der Mitte an allmählich gegen die Pole verschmälert, ohne daß zwischen beiden Formen irgendeine Grenze zu ziehen möglich ist. Enden ± breit gerundet, nicht kopfig erweitert. Transapikale Streifen kräftig, 8–12/10 µm, deutlich punktiert. Pseudoraphe eng linear, Zentralarea von größerer oder geringerer Ausdehnung vorhanden oder gänzlich fehlend. Zellen 50–350 µm lang, 5–9 µm breit.

Aerophytisch auf feuchten Böden oder in Moosrasen, seltener in Erdböden (BRD, Insel Surtsey, Island, USA).

II. Raphidineae

Mit 6 Familien:

1a Raphe nur rudimentär und in der Regel nur an den Schalenpolen entwickelt. Außerdem mit Pseudoraphe, die transapikal verschoben ist .... **1. Eunotiaceae** (S. 45)

1b Wenigstens eine Schale jeder Zelle mit voll entwickelter Raphe 2

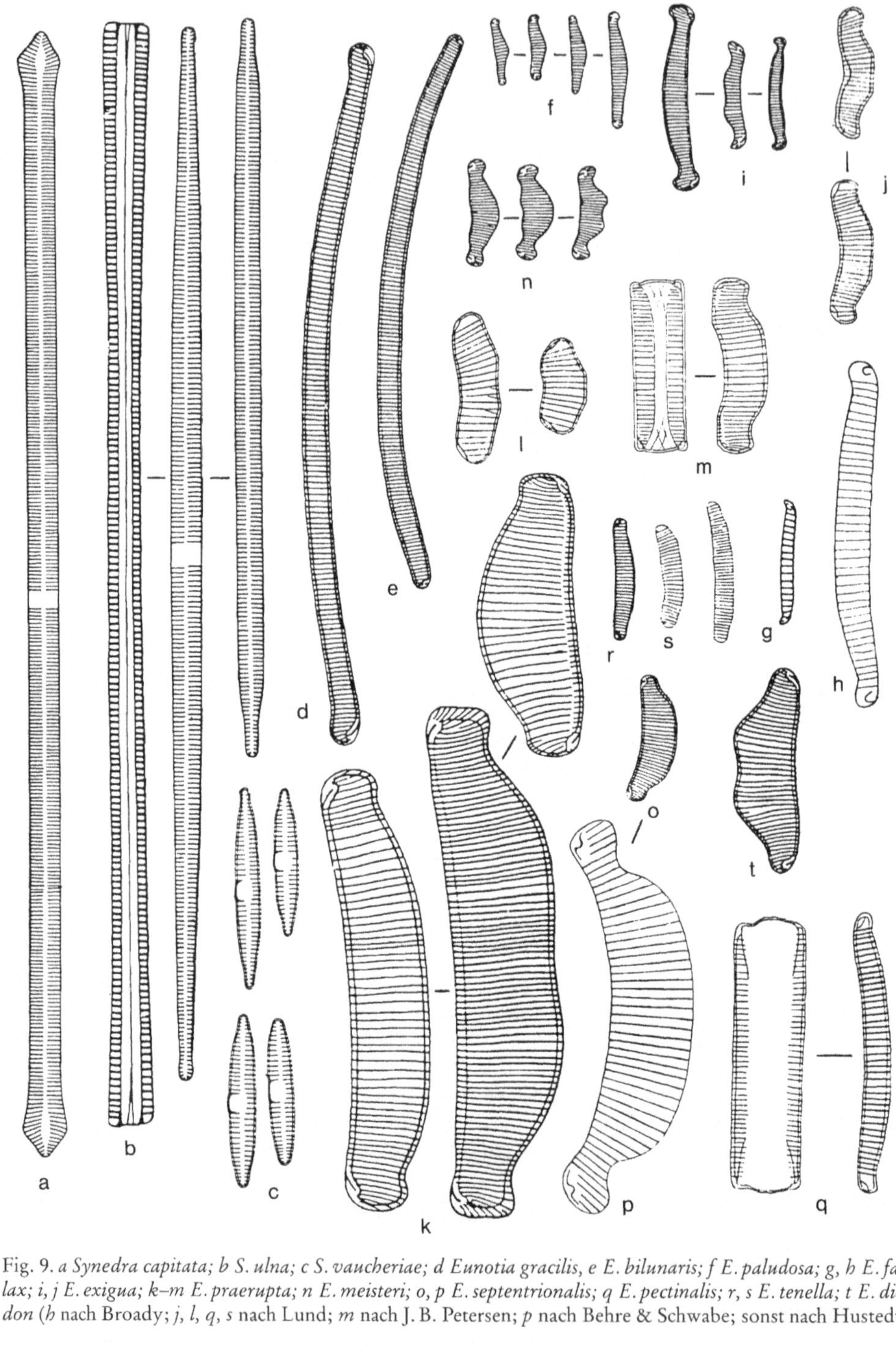

Fig. 9. *a Synedra capitata; b S. ulna; c S. vaucheriae; d Eunotia gracilis, e E. bilunaris; f E. paludosa; g, h E. fallax; i, j E. exigua; k–m E. praerupta; n E. meisteri; o, p E. septentrionalis; q E. pectinalis; r, s E. tenella; t E. diodon* (*h* nach Broady; *j, l, q, s* nach Lund; *m* nach J. B. Petersen; *p* nach Behre & Schwabe; sonst nach Hustedt).

2a Nur eine Schale mit ausgebildeter Raphe, die andere mit Pseudoraphe oder mit rudimentärer Raphe . . . . **2. Achnanthaceae** (S. 48)
2b Beide Schalen mit voll entwickelter Raphe. Diese in der Mittellinie der Schale oder transapikal verschoben, oft sehr versteckt liegend 3
3a Schalen mit Medianraphe (Raphe meist in der Mittellinie der Schale), selten verschoben . . . . **3. Naviculaceae** (S. 53)
3b Schalen mit Kanalraphe, meistens auf einen Kiel verlagert 4
4a Schalen ohne Kiele, Flügelkanäle fehlen . . . . **4. Epithemiaceae** (S. 108)
4b Schalen mit Kielen, Flügelkanäle deutlich 5
5a Kanalraphe in der Schalenfläche liegend . . . . **5. Bacillariaceae** (S. 113)
5b Kanalraphe rings um die Schale am Mantelrand verlaufend . . . . **6. Surirellaceae** (S. 125)

1. Familie Eunotiaceae Kützing 1844

Eine oder beide Schalen einer Zelle mit Anfängen einer echten Raphe, außerdem mit Pseudoraphe. Raphe kurz, polständig; Pseudoraphe in der Regel transapikal verschoben. Zellen einzeln oder bandförmige Kolonien bildend, zuweilen auch in baumartig verzweigten Kolonien, frei oder einem Substrat aufsitzend.
Mit einer Gattung:

Eunotia Ehrenberg 1837[23]

Hustedt 1930, p. 166; Krammer & Lange-Bertalot 1991 a, p. 169.

Gürtelansicht annähernd rechteckig, seltener trapezoid oder rhombisch mit relativ kurzen Raphenästen; Zwischenbänder zuweilen vorhanden, Septen fehlen. Schalen dorsiventral gebaut, mit meist stärker gewölbtem, häufig gewelltem Dorsalrand und gewöhnlich konkaver, selten gerader Ventrallinie, an einem Ende mit Gallertporus. Schalenfläche transapikal, Mantelfläche und Gürtel- bzw. Zwischenbänder pervalvar punktiert-gestreift. Endknoten durch eine meistens sehr feine, gerade, ventral verschobene und ± mit dem ventralen Schalenrand zusammenfallende Pseudoraphe untereinander verbunden. Symmetrieverhältnisse: Apikalachse in transapikaler Richtung gebogen, Pervalvar- und Transapikalachse gerade, letztere heteropol, die beiden anderen isopol.
Von 53 beschriebenen Arten sind 11 aerophytisch oder bodenbewohnend.

1a Dorsalseite nicht mehrwellig gebogen 2
1b Dorsalseite mehrmals gewellt, mit 2 oder mehr Buckeln . . . . **11. E. diodon**
2a Schalen gegen die Enden gar nicht oder nur wenig bis allmählich verschmälert, bisweilen nur die Dorsalseite vor den Polen leicht eingesenkt, Enden aber zuweilen kopfig gerundet oder kopfig zurückgebogen 3
2b Schalen vor den Enden plötzlich deutlich verschmälert oder an der Dorsalseite stark eingeschnürt 7
3a Schalen mit ± kopfigen Enden 4
3b Schalenenden nicht deutlich kopfig, ± verdünnt oder die Schalen überall von gleicher Breite . . . . **1. E. bilunaris**
4a Enden gleichmäßig abgerundet . . . . **2. E. gracilis**
4b Enden ± flach abgestutzt oder stark dorsalwärts gekrümmt 5
5a Schalen von der Mitte gegen die Enden deutlich an Breite abnehmend, im Umriß lanzettlich . . . . **3. E. paludosa**
5b Schalen linear 6
6a Entfernt gestreift . . . . **4. E. fallax**

[23] Gattung nach Hustedt 1930 bearbeitet.

6b Dicht gestreift . . . . **5. E. exigua**
7a Enden kopfig oder ± stark dorsal zurückgebogen 8
7b Enden ± verdünnt, aber nicht kopfig 9
8a Robuste Formen mit höchstens 13 transapikalen Streifen / 10 µm . . . . **6. E. praerupta**
8b Kleine bis sehr kleine Formen mit zarter Struktur . . . . **7. E. meisteri**
9a Schalen mit auffallend hochgewölbtem Rücken, mittlerer Teil daher viel breiter als die Schalenpole . . . . **8. E. septentrionalis**
9b Schalen nicht auffallend hochgewölbt 10
10a Kleine bis sehr kleine Zellen, meistens unter 25 µm lang, mit zarter Struktur . . . . **10. E. tenella**
10b Größere bis sehr lange Zellen mit kräftiger Struktur . . . . **9. E. pectinalis**

1. Eunotia bilunaris (Ehrenberg) Mills 1934 (Fig. 9: e)
Syn.: *Eunotia lunaris* (Ehrenberg) Grunow in Van Heurck 1881
Hustedt 1930, p. 183, fig. 249; Krammer & Lange-Bertalot 1991 a, p. 179, fig. 137; 138: 10–24.

Gürtelbandseite schmal linear. Schalen schlank bogenförmig, meistens stark gekrümmt, mit ± parallelen Rändern. Dorsallinie gegen die Enden etwas stärker abfallend, Schalen daher an den Enden leicht verdünnt, am apikalen Rand abgerundet. Endknoten klein; transapikale Streifen 11–28/10 µm, Raphe wenig entwickelt. Zellen 10–150(–205) µm lang, 2–6 µm breit.
Häufig aerophytisch auf nassen Felsen und zwischen Moosen, seltener in Erdböden (BRD, Dänemark, Island).

2. Eunotia gracilis (Ehrenberg) Rabenhorst 1864 sensu Hustedt 1930 (Fig. 9: d)
Hustedt 1930, p. 185, fig. 253.

Gürtelbandansicht rechteckig. Schalen breit linear, ± stark bogenförmig gekrümmt, mit durchwegs parallelen Rändern, an den Enden ± stark kopfig erweitert, am apikalen Rand gleichmäßig abgerundet. Transapikale Streifen kräftig, 10–13/10 µm. Zellen 50–130 µm lang, 3–6 µm breit.
Kommt aerophytisch zwischen Moosen und auf feuchten Felsen vor (Dänemark, Island).

3. Eunotia paludosa Grunow 1862 (Fig. 9: f)
Syn.: *Eunotia trinacria* Krasske 1929
Hustedt 1930, p. 176, fig. 221; Krammer & Lange-Bertalot 1991 a, p. 203, fig. 155: 1–20; 22–37.

Schalen ± stark gebogen, mit konkaver Bauchseite und stärker konvexer Dorsallinie, so daß die Schalen von der Mitte gegen die Enden allmählich, aber deutlich an Breite abnehmen, Zellkörper daher lanzettlich. Enden dorsal ± stark zurückgebogen und kopfig, apikaler Schalenrand gestutzt, ventrale Schalenecken oft abgeflacht. Transapikale Streifen kräftiger, 19–25/10 µm. Zellen 6–60 µm lang, 3–4 µm breit (in der Mitte).
Aerophytisch auf nassen Felsen und zwischen Moosen (Island).

4. Eunotia fallax A. Cleve 1895 (Fig. 9: g, h)
Hustedt 1930, p. 177, fig. 226; Krammer & Lange-Bertalot 1991 a, p. 206, fig. 150: 10–24.

Gürtelbandansicht tafelförmig-rechteckig, infolge des höheren Schalenmantels in der Regel breiter. Schalen schlank, schmal linear, leicht gebogen, mit schwach konkavem Bauchrand und parallel dazu verlaufender, vor den Enden ± stark eingezogener Dorsallinie. Enden bei der typischen Form dorsal deutlich zurückgebogen und kopfig, an den ventralen Ecken abgeflacht. Transapikale Streifen auffällig weit gestellt, 12–15/10 µm. Zellen 15–55 µm lang, 2–5 µm breit.
An überrieselten Felsen im Elbsandsteingebirge (Deutschland, Tschechoslowakei), subaerisch zwischen feuchten Moosen (Nordamerika, Antarktis).

5. Eunotia exigua (Brébisson ex Kützing) Rabenhorst 1864 (Fig. 9: i, j)
Hustedt 1930, p. 176, fig. 223–225; Krammer & Lange-Bertalot 1991 a, p. 199, fig. 153: 5–43.

Gürtelbandansicht schmal rechteckig, Schalen mit stark konkavem Bauchrand und mit vor den Enden stark eingeschnürter Dorsallinie. Enden dorsal deutlich aufwärts gebogen und kopfig, an den ventralen Ecken flach abgerundet, am apikalen Rand ± gestutzt. Transapikale Streifen zart, 18–24/10 μm. Zellen 8–60 μm lang, 2–5 μm breit.
Aerophytisch zwischen Moosen, selten in Erdböden (in verschiedenen Teilen Europas).

6. Eunotia praerupta Ehrenberg 1843 (Fig. 9: k–m)
Hustedt 1930, p. 174, fig. 211–213; Krammer & Lange-Bertalot 1991 a, p. 186, fig. 148–150.

Gürtelbandansicht rechteckig, linear. Schalen wenig gebogen, mit leicht konkavem Bauchrand, mit dem Rückenrand ziemlich parallel. Dorsallinie vor den Enden ± stark eingezogen, Enden dorsal aufwärts gebogen, am apikalen Rand flach abgerundet oder geradlinig gestutzt bis konkav ausgerandet. Transapikale Streifen grob, ± unregelmäßig, 6–12/10 μm. Zellen 10–100 μm lang, 4–13 μm breit.
Aerophytisch zwischen Moosen, aber auch in Erdböden vorkommend (BRD, England, Island, Antarktis).
Es sind mehrere Varietäten bekannt, deren Abgrenzung als provisorisch aufzufassen ist (Krammer & Lange-Bertalot 1991 a).

7. Eunotia meisteri Hustedt 1930 (Fig. 9: n)
Hustedt 1930, p. 179, fig. 230, 231; Krammer & Lange-Bertalot 1991 a, p. 202, fig. 154: 1–10.

Schalen mit geradem oder wenig konkavem Bauchrand und hochkonvexem Rücken. Dorsallinie von der Mitte gegen die Enden gleichmäßig abfallend, Enden etwas vorgezogen und ziemlich stark kopfig, häufig auch an der Ventralseite abgeschnürt, apikaler Rand rundlich gestutzt. Transapikale Streifen deutlich, etwa 21/10 μm. Zellen 13–15 μm lang, 3,5–4,5 μm breit.
Auf überrieselten Felsen (BRD).

8. Eunotia septentrionalis Østrup 1897 (Fig. 9: o, p)
Hustedt 1930, p. 179, fig. 232; Krammer & Lange-Bertalot 1991 a, p. 213, fig. 159: 6, 7.

Schalen mit konkavem Bauchrand und hohem, aber flach gerundetem Rücken. Dorsallinie dem Bauchrand annähernd parallel oder fast gerade, vor den Enden plötzlich abfallend, Enden vorgezogen, breit, am apikalen Rand flach abgerundet, selten kopfig zurückgebogen. Transapikale Streifen deutlich, 8–19/10 μm. Zellen 18–25(–140?) μm lang, 3–6 μm breit.
Ziemlich häufig zwischen Moosen (BRD).

9. Eunotia pectinalis (Kützing) Rabenhorst 1864 (Fig. 9: q)
Hustedt 1930, p. 180, fig. 237; Krammer & Lange-Bertalot 1991 a, p. 193, fig. 141: 1–7.

Gürtelbandansicht rechteckig-tafelförmig. Schalen linear, langgestreckt, mit wenig konkavem Bauchrand und flachem Rücken. Dorsallinie dem Bauchrand parallel, vor den Enden plötzlich abfallend, Enden dadurch etwas vorgezogen, am apikalen Schalenrand abgerundet, nicht kopfig, aber bisweilen schief abgestutzt. Endknoten in den ventralen Schalenecken. Transapikale Streifen 7–12/10 μm. Zellen 40–140 μm lang, 5–10 μm breit.
Auf nassen Felsen oder zwischen Moosen, seltener in Erdböden (BRD, Island, England).

10. Eunotia tenella (Grunow) Hustedt in A. Schmidt et al. 1913 (Fig. 9: r, s)
Hustedt 1930, p. 175, fig. 220; Krammer & Lange-Bertalot 1991 a, p. 202, fig. 154: 23–30.

Gürtelbandansicht schmal-rechteckig. Schalen mit leicht konkavem Bauchrand, Rücken flach, Dorsallinie dem ventralen Rand parallel, fast geradlinig, vor den Enden plötzlich abgesenkt, dadurch die Schalen an den Enden ± verschmälert, zuweilen etwas kopfig, im übrigen aber durchwegs linear. Transapikale Streifen deutlich, wenn auch dicht, 16–20/10 µm. Zellen 6–27 µm lang, etwa 3 µm breit. Aerophytisch auf Moosen und überrieselten Felsen, aber auch häufig in Erdböden (BRD, Tschechoslowakei, Dänemark, England).

11. Eunotia diodon Ehrenberg 1837 (Fig. 9: t)
Hustedt 1930, p. 173, fig. 207; Krammer & Lange-Bertalot 1991 a, p. 191, fig. 149: 8–19.

Gürtelbandansicht rechteckig-tafelförmig. Schalen mit meistens stark konkavem Bauchrand und hoch gewölbtem, zweiwelligem Rücken mit breiten, ± flachen Buckeln. Enden breit und stumpf gerundet. Transapikale Streifen dicht und regelmäßig, 12–16/10 µm. Raphe wenig in der Valvarebene emporsteigend, aber mit kräftigen Endknoten. Zellen 10–65 µm lang, 5–14 µm breit. Aerophytisch zwischen Moosen (Island).

2. Familie Achnanthaceae Kützing 1844

Eine Schale mit ausgebildeter Raphe vom Typus der *Navicula*-Raphe, die andere nur mit Pseudoraphe, sehr selten mit rudimentären Raphen. Zellen einzeln lebend oder bandförmige, zuweilen auch bäumchenartig verzweigte Kolonien bildend.

1a Valvarebene vorwiegend elliptisch, Zellen in der Regel einzeln lebend, nicht gestielt .... **1. Cocconeis** (S. 48)
1b Valvarebene vorwiegend linear bis lanzettlich, Zellen meist Kolonien bildend, in der Regel gestielt. Zwischenbänder zuweilen vorhanden .... **2. Achnanthes** (S. 49)

1. Cocconeis Ehrenberg 1838

Hustedt 1930, p. 187; Krammer & Lange-Bertalot 1991 b, p. 83.

Zellen einzeln lebend, mit der die Raphe führenden Schale aufsitzend. Diese Schale deshalb flach, die andere, freie, oft ± gewölbt. Ausgebildete Zwischenbänder und Septen fehlen, häufig aber ein besonderer Kranz mit speichenartigen Zeichnungen (rudimentären Kammern) an der Innenseite der Schalen vorhanden. Transapikale Streifen ± deutlich punktiert oder gestrichelt, in der Mitte durch die Längsarea bzw. Pseudoraphe unterbrochen. Apikalachse gerade oder geknickt, isopol; Tansapikalachse gerade oder gebogen bis geknickt, isopol; Pervalvarachse gerade, heteropol. Chloroplast als eine der raphenlosen Schale anliegende Platte, die oft mit stark geplappten Rändern auf die Gürtelseiten und die andere Schale übergreift.
Von 7 beschriebenen Arten sind 2 aerophytisch oder bodenbewohnend.

1a Zellen mit meistens deutlich gewölbter raphenloser Schale, daher im Umriß ± rhombisch-elliptisch .... **1. C. pediculus**
1b Zellen flach, im Umriß elliptisch .... **2. C. placentula**

1. Cocconeis pediculus Ehrenberg 1838 (Fig. 10: a)
Hustedt 1930, p. 188, fig. 259; Krammer & Lange-Bertalot 1991 b, p. 89, fig. 55: 1–8; 57: 1–4.

Zellen mit stärker gekrümmter Transapikalachse, daher deutlich gewölbt. Schalen im Umriß rhombisch-elliptisch, an den Polen der Transapikalachse deutlich abfallend. Raphenschale mit deutlich punktierten, radialen Transapikalstreifen, 16–18/10 µm. Raphe fadenförmig, gerade, mit

winzigen, punktförmigen Polspalten. Schalenrand mit breitem, hyalinem, strukturlosem Saum. Axialarea sehr eng, linear, in der Mitte zu einer kleinen aber deutlichen kreisförmigen Zentralarea erweitert. Raphenlose Schale mit etwas weiter gestellten Transapikalstreifen, 15–17/10 µm, die aber viel zarter punktiert sind und außerdem von einigen entfernt gestellten welligen Längsreihen gröberer Punkte gekreuzt werden. Pseudoraphe eng, linear. Zellen 15–56 µm lang, 10–37 µm breit.
Aerophytisch auf Moospolstern, feuchten Stellen oder auch in Erdböden (BRD, Österreich, Insel Surtsey).

2. **Cocconeis placentula** Ehrenberg 1838 (Fig. 10: b)

Hustedt 1930, p. 189, fig. 260; Krammer & Lange-Bertalot 1991 b, p. 86, fig. 51, 52, 53.

Zellen flach oder nur wenig gewölbt, Schalen im Umriß elliptisch. Raphenschale mit radialen, zart punktierten Transapikalstreifen, etwa 23/10 µm, am Rand mit hyalinem Saum und kurz innerhalb der Streifengrenze mit einem ebenfalls hyalinen, die Streifen kreuzenden Ring. Raphe fadenförmig, sehr dünn, gerade, mit einander sehr genäherten Zentralporen und vom Rand entfernten Endknoten, Polspalten winzig, punktförmig. Axialarea sehr eng, in der Mitte ein wenig zu einer kleinen, rundlichen Zentralarea erweitert. Raphenlose Schale etwas enger, aber kräftiger gestreift, etwa 25/10 µm. Punktierung deutlicher, die Punkte bilden dichtstehende wellige Längsreihen. Pseudoraphe eng, linear. Zwischenband und rudimentäre Kammern meistens deutlicher als bei der vorigen Art. Zellen 11–70 µm lang, 8–40 µm breit.
Aerophytisch zwischen Moosen, aber vereinzelt auch in Erdböden (BRD, Dänemark, Island, Insel Surtsey, USA).
An gleichen Standorten auch var. *lineata* (Ehrenberg) Van Heurck und var. *euglypha* (Ehrenberg) Cleve.

2. **Achnanthes** Bory 1822

Hustedt 1930, p. 194; Krammer & Lange-Bertalot 1991 b, p. 1.

Zellen einzeln oder bandförmige Kolonien bildend. Valvarebene meistens linear-lanzettlich, seltener elliptisch, Gürtelbandansicht rechteckig, aber ± geknickt, eine Schale mit ausgebildeter Raphe, die andere mit Pseudoraphe. Struktur der Schalen in Form von transapikalen Punktstreifen oder seltener Rippen. Apikalachse in pervalvarer Richtung geknickt, isopol; Transapikalachse gerade, isopol; Pervalvarachse gerade, aber heteropol.
Von 100 beschriebenen Arten sind 9 aerophytisch oder bodenbewohnend.

1a Struktur aus grob punktierten Transapikalstreifen bestehend, Punktierung schon mit mittleren Trockensystemen erkennbar, oder, wenn feiner, die Pseudoraphe stark exzentrisch gelegen .... **1. A. coarctata**
1b Struktur viel zarter, Punktierung meistens erst mit Hilfe von Immersionen erkennbar, Pseudoraphe stets in der Perapikalachse gelegen 2
2a Raphenlose Schale mit einem einseitigen hufeisenförmigen Fleck .... **2. A. lanceolata**
2b Raphenlose Schale ohne solche Zeichnung 3
3a Pseudoraphe ± breit lanzettlich bis elliptisch, Streifen der raphenlosen Schale deshalb meistens kurz, randständig 4
3b Pseudoraphe eng, linear, höchstens in der Mitte zu einer größeren oder kleineren Zentralarea erweitert 5
4a Struktur sehr zart, Transapikalstreifen 30/10 µm .... **3. A. marginulata**
4b Struktur wesentlich gröber, Transapikalstreifen 15–20/10 µm .... **4. A. montana**
5a Raphenschale mit quer-rechteckiger bis fast kreisförmiger Zentralarea 6
5b Zentralarea nicht quer verbreitert .... **9. A. linearis**
6a Zentralarea bis an den Schalenrand reichend 7
6b Zentralarea nur etwa die halbe Schalenbreite einnehmend .... **8. A. minutissima**

7a Mittlerer Teil der Schale im Umriß viereckig-elliptisch bis fast quadratisch, an den Polen plötzlich verschmälert und vorgezogen geschnäbelt . . . . **5. A. exigua**
7b Schalen an den Polen nicht plötzlich verschmälert 8
8a Schmal linear-lanzettliche Form mit zarter Struktur, Transapikalstreifen mehr als 25/10 µm . . . . **6. A. affinis**
8b Breitlineare Form mit meist keilförmigen Enden, Transapikalstreifen weniger als 25/10 µm . . . . **7. A. hungarica**

1. Achnanthes coarctata (Brébisson) Grunow in Cleve & Grunow 1880 (Fig. 10: c, d)
Hustedt 1930, p. 210, fig. 308; Krammer & Lange-Bertalot 1991 b, p. 5, fig. 2: 1–8, 4: 1, 2.

Schalen elliptisch-lanzettlich mit ± stark transapikal eingeschnürter Mitte und vorgezogenen, flach gerundeten bis gestutzten, leicht kopfigen Polen. Raphenschalen mit gerader, kräftiger Raphe und enger, aber deutlicher Axialarea, Zentralarea eine breite bis an den Schalenrand reichende Querbinde. Transapikale Streifen leicht radial, 11–14/10 µm, zart punktiert. Raphenlose Schale mit enger, transapikal bis nahe an den Schalenrand verschobener Pseudoraphe, senkrecht zur Mittellinie. Zellen in Gürtelbandansicht leicht bogig geknickt, an den Polen zurückgebogen. Schalenmantel der raphenlosen Schale höher als der der Raphenschale. Zellen 20–48 µm lang, 7–12 µm breit.
Häufig an überrieselten Felsen im Gebirge, vorzugsweise auf Ur- oder Eruptivgestein. Aerophytisch zwischen Moosen in den Alpen, auf Island und in Dänemark; ein Fund auch aus den USA. Seltener in Erdböden (BRD, Österreich, Dänemark). In England wurde diese Art in Calcium-reichen Böden gefunden, ebenso wie in der Antarktis.
In der Antarktis wurden von Broady (1979) aerophytisch noch zwei Varietäten dieser Art gefunden, var. *elliptica* Krasske 1929 (Fig. 10: f) und var. *rhomboides* Tarnavschi & Jitariu 1955 (Fig. 10: g).

2. Achnanthes lanceolata (Brébisson) Grunow in Cleve & Grunow 1880 (Fig. 10: h)
Hustedt 1930, p. 207, fig. 306; Krammer & Lange-Bertalot 1991 b, p. 76, fig. 41: 1–8, 25.

Schalen elliptisch-lanzettlich mit breit gerundeten, stumpfen Polen, in der Mitte oft ± transapikal erweitert. Raphenschale mit kräftiger, fadenförmiger Raphe, Axialarea eng, linear, Zentralarea quer-rechteckig, ± breit, gewöhnlich bis etwa zur halben Schalenbreite ausgedehnt. Transapikale Streifen kräftig, 13–16/10 µm, durchweg radial, undeutlich punktiert. Raphenlose Schale mit schmal lanzettlicher Pseudoraphe, am Schalenrand mit einem einseitigen hufeisenförmigen Fleck. Streifen ebenfalls kräftig. Zellen 8–40 µm lang, 4–10 µm breit.
Häufig aerophytisch auf Moospolstern (Dänemark, Island, Insel Surtsey, USA, im Alpengebiet), weniger oft in Erdböden (BRD).

3. Achnanthes marginulata Grunow in Cleve & Grunow 1880 (Fig. 10: j)
Hustedt 1930, p. 205, fig. 299; Krammer & Lange-Bertalot 1991 b, p. 23, fig. 13: 1–20.

Schalen elliptisch mit breit gerundeten, oft leicht geschnäbelten Polen. Raphenschale mit feiner, fadenförmiger Raphe, sehr enger Axial- und zu einer bis an den Schalenrand reichenden, ziemlich breiten Querbinde erweiterten Zentralarea. Transapikale Streifen zart, 30/10 µm, radial. Raphenlose Schale mit sehr weiter Axialarea und kurzen, randständigen Streifen, ebenfalls radial und durchweg zart. Zellen 10–21 µm lang, 4–8 µm breit.
Auf feuchten Felsen (Sandstein) oder zwischen Moosen (BRD, Island, Tschechoslowakei).

4. Achnanthes montana Krasske 1929 (Fig. 10: i)
Hustedt 1930, p. 204, fig. 303; Krammer & Lange-Bertalot 1991 b, p. 31, fig. 17: 22–34.

Schalen breit, fast rhombisch-elliptisch mit kaum vorgezogenen, ± stumpf gerundeten Polen. Raphenschale mit fadenförmiger Raphe und enger, gegen die Mitte etwas erweiterter Axialarea.

Zentralarea groß, quer verbreitert, rundlich-rechteckig, oft mehr als die halbe Schalenbreite einnehmend. Transapikale Streifen kräftig, 15–20/10 μm, in der Mitte gewöhnlich etwas weiter als gegen die Enden, durchweg radial. Raphenlose Schale mit breit lanzettlicher Pseudoraphe, Streifen kurz. Zellen 9–14 μm lang, 5–7 μm breit.
Auf feuchten oder überrieselten Felsen (Urgestein) im sächsischen Erzgebirge (BRD) und in den Hohen Tauern (Österreich). Auch in der Antarktis gefunden.

5. **Achnanthes exigua** Grunow in Cleve & Grunow 1880 (Fig. 10: l)

Hustedt 1930, p. 201, fig. 286; Krammer & Lange-Bertalot 1991 b, p. 38, fig. 23: 1–27.

Schalen mit viereckig-elliptischem bis fast quadratischen Mittelteil und stumpf vorgezogenen, geschnäbelten Polen. Raphenschale mit gerader Raphe und enger, gegen die Mitte oft etwas erweiterter Axialarea, Zentralarea eine bis an den Schalenrand reichende Querbinde. Transapikale Streifen etwa 25/10 μm, leicht radial. Raphenlose Schale mit sehr enger Pseudoraphe, Streifen etwas kräftiger, etwa 22/10 μm, weniger radial. Zellen 7–17 μm lang, 4,5–6 μm breit.
Aerophytisch zwischen Moosen in den Alpen.

6. **Achnanthes affinis** Grunow in Cleve & Grunow 1880 (Fig. 10: n)

Syn.: *Achnanthes minutissima* var. *affinis* (Grunow) Lange-Bertalot
Hustedt 1930, p. 199, fig. 282; Krammer & Lange-Bertalot 1991 b, p. 58, fig. 33: 13–22.

Schalen linear-lanzettlich, mit schwach konvexen Seiten und stumpf gerundeten, nicht vorgezogenen Polen. Raphenschale mit fadenförmiger Raphe, sehr enger Axialarea und quer bis an den Schalenrand verbreiteter Zentralarea. Transapikale Streifen leicht radial, etwa 30/10 μm. Raphenlose Schale mit sehr enger, linearer Pseudoraphe, ohne Zentralarea. Streifen senkrecht zur Mittellinie, etwa 27/10 μm. Zellen 15–20 μm lang, 3–4 μm breit.
Aerophytisch an feuchten Stellen, wenig verbreitet.

7. **Achnanthes hungarica** (Grunow) Grunow in Cleve & Grunow 1880 (Fig. 10: o)

Hustedt 1930, p. 201, fig. 283; Krammer & Lange-Bertalot 1991 b, p. 33, fig. 19: 1–15.

Schalen breit linear, mit ± keilförmig verschmälerten Polen. Raphenschale mit fadenförmiger Raphe mit nach entgegengesetzten Seiten abgebogenen Polspalten. Axialarea eng, gegen den Mittelknoten etwas erweitert. Zentralarea eine breite bis an den Schalenrand reichende Querbinde, nach außen verbreitert, oft an einer Schalenseite mehr als an der anderen. Transapikale Streifen leicht radial, 21–23/10 μm. Raphenlose Schale mit enger Pseudoraphe, ohne deutliche Zentralarea. Streifen im mittleren Teil der Schale senkrecht zur Mittellinie, vor den Enden leicht radial. Zellen 14–40 μm lang, 6–8 μm breit.
Manchmal subaerisch auftretend.

8. **Achnanthes minutissima** Kützing 1833 (Fig. 10: m)

Hustedt 1930, p. 198, fig. 274; Lund 1946, p. 58, fig. 2: G–K; Krammer & Lange-Bertalot 1991 b, p. 56, fig. 32: 1–24.

Schalen linear-elliptisch, gegen die Enden nur wenig verschmälert und kaum merklich vorgezogen, an den Polen stumpf gerundet. Raphenschale mit feiner fadenförmiger Raphe, sehr enger Axialarea und schmaler, bis etwa zur halben Schalenbreite quer erweiterten Zentralarea. Transapikale Streifen sehr zart, etwa 35/10 μm, leicht radial. Raphenlose Schale mit sehr enger, linearer Pseudoraphe, ohne Zentralarea, meist senkrecht zur Mittellinie. Zellen 5–40 μm lang, 2–4 μm breit. Die var. *cryptocephala* Grunow in Van Heurck unterscheidet sich durch die etwas vorgezogenen, kaum kopfigen Enden.
Mehrmals in Erdböden aufgefunden (BRD, Tschechoslowakei, England, USA), aber auch aerophytisch zwischen Moosen (Insel Surtsey, Island).

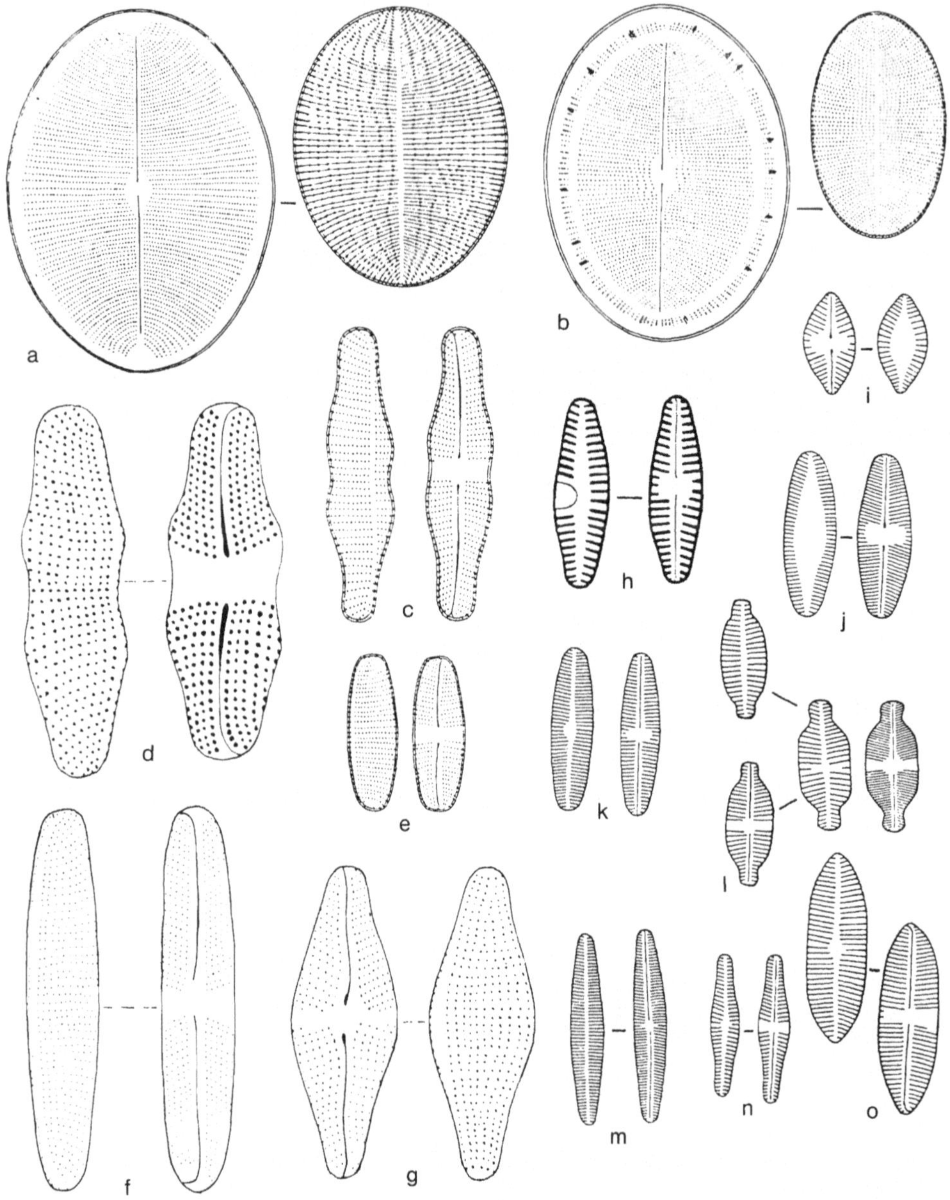

Fig. 10. *a Cocconeis pediculus; b C. placentula; c, d Achnanthes coarctata; e, f A. coarctata* var. *elliptica; g A. coarctata* var. *rhomboides; h A. lanceolata; i A. montana; j A. marginulata; k A. linearis; l A. exigua; m A. minutissima; n A. affinis; o A. hungarica* (*d, f, g* nach Broady, sonst nach Hustedt).

9. Achnanthes linearis (W. Smith) Grunow sensu auct. (Fig. 10: k)
Hustedt 1930, p. 198, fig. 276; Krammer & Lange-Bertalot 1991 b, p. 68, fig. 37: 19–23.

Schalen linear-elliptisch, gegen die breit und flach abgerundeten Pole nur wenig verschmälert. Raphenschale mit fadenförmiger Raphe, enger Axial- und quer bis zur halben Schalenbreite erweiterter, schmaler Zentralarea. Transapikale Streifen kräftiger 24–30/10 µm, leicht radial, die mittleren meist verkürzt. Raphenlose Schale mit enger, linearer Pseudoraphe und meistens ohne Zentralarea, kaum radial. Zellen 10–20 µm lang, 3–4,5 µm breit.
In Erdböden von England und aerophytisch in Dänemark und Island gefunden.
Nicht völlig gesicherte Arten:

Achnanthes lapponica var. *ninckei* (Guermeur & Manguin) Reimer (Fig. 11: a)
sensu Broady 1979, p. 51, fig. 12: i–l = ? *Achnanthes laevis* Oestrup.

Näheres über die Taxonomie dieser Sippe siehe in Krammer & Lange-Bertalot 1991 b, p. 17. Wir geben hier unverändert die Beschreibung nach Broady: «Valves ellipsoidal, 5,0–8,5 µm wide by 11–21 µm long, apices occasionally slightly attenuated and rostrate, both valves usually with unilateral, central clear area, occasionally with faint, short striae occupying this area on raphe valve; striae radiate, 20–26/10 µm, punctae cannot be resolved by light microscopy.»
Subaerophytisch, weniger oft in feuchten Moosen oder in Böden unter krautiger Vegetation (Antarktis).

Achnanthes sp. A in Broady 1979, p. 52, fig. 12 o–q (Fig. 11: b)

«Valves ellipsoidal some with slightly attenuated apices, 4,5–6,0 µm wide by 12–19 µm long; raphe valve with transverse, central clear area; pseudoraphe valve with central area occupied by widely spaced, bolder striae of varying lengths; striae very fine only just resolved on occasional valves by light microscopy; raphe slightly curved.»
An wasserüberrieselten Stellen, besonders auf Mineralböden und zwischen *Drepanocladus uncinatus* (Antarktis).

Achnanthes pygmaea (Schumann) Cleve sensu J. B. Petersen 1928, p. 379, fig. 5 (Fig. 11: d)

Nicht als Bodenalge gesichert.

Achnanthes subsalsa J. B. Petersen 1928 (Fig. 11: c)
J. B. Petersen 1928, p. 379, fig. 4.

Nicht als Bodenalge gesichert. Näheres siehe in Krammer & Lange-Bertalot 1991 b, p. 49, fig. 28: 1–8.

3. Familie Naviculaceae Kützing 1844

Zellen im allgemeinen mit schiffchenförmigen Schalen, in manchen Gattungen jedoch erheblich von diesem Grundtypus abweichend. Beide Schalen einer Zelle meistens völlig oder fast gleich, beide mit voll ausgebildeter Medianraphe ohne Kielpunkte oder kanalartige Erweiterung zwischen äußerer und innerer Rinne. Knoten verschieden entwickelt, oft sehr rudimentär.
Von 22 Süßwassergattungen kommen in Erdböden oder auf aerischen Standorten 11 vor.

1a Apikal- oder (und) Transapikalachse heteropol 2
1b Apikal- und Transapikalachse isopol 5
2a Apikalachse isopol, Transapikalachse heteropol, Schalen dorsiventral 3
2b Apikalachse heteropol, Transapikalachse isopol 4

3a Schalenmantel auf der Dorsalseite wenig breiter als auf der Ventralseite, ein Residuum und Zwischenbänder fehlen . . . . **6. Cymbella** (S. 87)
3b Schalenmantel auf der Dorsalseite in der Regel viel breiter als auf der Ventralseite, ein Residuum und häufig viele Zwischenbänder geben der Frustel eine breit elliptische Form . . . . **7. Amphora** (S. 91)
4a Nur eine Schale mit voll ausgebildeter Raphe, auf der zweiten nur kurze Raphenrudimente an den Polen . . . . **9. Rhoicosphenia** (S. 95)
4b Beide Schalen mit voll ausgebildeten Raphen . . . . **8. Gomphonema** (S. 92)
5a Punkte auf den Striae im Lichtmikroskop nicht sichtbar 6
5b Punkte auf den Striae bei günstigen optischen Verhältnissen im Lichtmikroskop sichtbar . . . 7
6a Alveolen zumindest im mittleren Schalenbereich stets geschlossen, mit 1–2 schmalen Öffnungen marginal oder im Mantelbereich . . . . **10. Caloneis** (S. 96)
6b Alveolen offen oder geschlossen, mit ± breiten inneren Öffnungen im Schalenbereich . . . . **11. Pinnularia** (S. 99)
7a Zentralknoten mit Hörnern oder als Stauros ausgebildet 8
7b Zentralknoten rund, oval oder länglich 9
8a Zentralknoten mit hornartigen Fortsätzen . . . . **5. Diploneis** (S. 84)
8b Zentralknoten ein Stauros . . . . **2. Stauroneis** (S. 76)
9a Raphe an den Polen bifurkat, Schalen submarginal mit einer oder mehreren Längslinien . . . . **4. Neidium** (S. 81)
9b Raphe an den Polen nicht bifurkat, Längslinien fehlen 10
10a Raphe von kräftigen, inneren Axialrippen begleitet . . . . **3. Frustulia** (S. 81)
10b Raphe nicht von inneren Axialrippen begleitet . . . . **1. Navicula** (S. 54)

1. **Navicula** Bory 1822

Hustedt 1930, p. 266; Krammer & Lange-Bertalot 1986, p. 84.

Zellen mit vorwiegend lanzettlicher (schiffchenförmiger), linearer oder elliptischer Valvarebene, meistens ohne Zwischenbänder, Septen fehlen. Raphe in der Mittellinie der Valvarfläche liegend, selten seitlich verschoben. Knotenbildungen ± deutlich, Zentralknoten in der Regel von rundlichem Querschnitt, selten zu einem Stauros verbreitet. Zellwand transapikal gestreift, Streifen punktiert oder fein gestrichelt (Striche zuweilen aus Doppelpunkten zusammengesetzt), selten völlig glatt. Längsrippen fehlen; seitliche, die transapikalen Streifen unterbrechende Areae oft vorhanden. Symmetrieverhältnisse: drei gerade isopole Achsen; sehr selten sind asymmetrische Formen. Alle Hauptschnitte sind ebene Flächen. Chloroplasten in der Regel zwei gürtelständige Platten, selten nur eine Platte.

Von 250 Arten sind 64 bodenbewohnend oder aerophytisch.

1a Schalen besitzen außer der Zentral- und Axialarea seitliche Areale (Lateralareae), die meistens mit der Zentralarea zu einer H-förmigen Figur verbunden erscheinen oder bei regelmäßig kleineren Schalen (Länge unter 20 µm) verläuft beidseitig zwischen Axialarea und Schalenrand ± deutlich eine hyaline Längslinie, die Transapikalstreifen kreuzend 2
1b Schalen ohne derartige Strukturen 3
2a Schalen mit deutlich H-förmig verbundenen Zentral- und Lateralareae . . . . . **30. N. pygmaea**
2b Laterale Areae, Längsrippen oder ähnliche apikal verlaufende Strukturen nur linienhaft angedeutet oder zwischen Axial- und Lateralarea nur je eine Punktreihe, so daß eine lyraförmige Zeichnung nicht deutlich in Erscheinung tritt 38
3a Zwei oder mehrere distale Transapikalstreifen werden von einer ± ring- oder halbkreisförmigen hyalinen Linie (Area) unterbrochen, bei kleinen Exemplaren kann diese Struktur soweit reduziert sein, daß nur ein oder einige Paare verstärkter Punkte direkt an der Axialarea in Erscheinung treten . . . . **34. N. ignota**
3b Merkmal nicht zutreffend 4

4a Transapikalstreifen ein Punktmuster von 3 einander kreuzenden Systemen bildend .... 2. **N. placenta**
4b Merkmal unzutreffend 5
5a Zentralporen der Raphe mit seitlich abgebogenen fadenförmigen Fortsätzen ähnlich den Terminalspalten .... 1. **N. gibbula**
5b Merkmal unzutreffend 6
6a Transapikalstreifen aus Lineolae (strichförmigen Foramina) zusammengesetzt, bei manchen Formen, insbesondere kleinschaligen, nur mit Hilfe schiefer Beleuchtung aufzulösen oder Transpikalstreifen allgemein parallel 7
6b Transapikalstreifen aus ± deutlichen Punkten zusammengesetzt oder Feinstruktur nicht differenzierbar 8
7a Transapikalstreifen ± radial (an den Enden oft konvergent) 15
7b Transapikalstreifen und Transapikalrippen parallel oder nur schwach radial, bei größeren Formen durch besonders regelmäßige Ausrichtung der Lineolae oder Punktreihen mit den Längsrippen ein ± deutlich erkennbares System sich rechtwinkelig kreuzender Linien bildend 27
8a Transapikalstreifen aus ± deutlich erkennbaren Punktlinien zusammengesetzt, jedoch nicht in Kombination mit Längsfurchen, die die Medianlinien flankieren oder mit auffällig kontrastiert erscheinender Medianrippe bzw. Axialarea 9
8b Transapikalstreifen nicht als Punktlinien aufzulösen oder aber mit anderen Merkmalskombinationen 13
9a Zentralknoten stauroid verlängert mit ± exzentrisch liegendem Stigma 31
9b Merkmalskombination unzutreffend 10
10a Breit elliptische Formen mit breit gerundeten, nicht oder kaum vorgezogenen Enden .... 27. **N. cocconeiformis**
10b Merkmal unzutreffend 11
11a Frusteln in Gürtelbandansicht mit auffälligen Zwischenbändern .... 28. **N. protracta**
11b Frusteln ohne auffällige Zwischenbänder 12
12a Schalen mit relativ groben, radialen Transapikalstreifen entsprechend den «Lineolatae», jedoch mit relativ dicht gestellten ± punktförmigen Foramina (regelmäßig über 24/10 µm) anstatt Lineolae, die Transapikalrippen erscheinen dadurch breiter als die Transapikalstreifen 28
12b Transapikalstreifen zumindest um die Mitte aus relativ weit gestellten groben Punkten zusammengesetzt (regelmäßig weniger als 24/10 µm) .... 29. **N. pusilla**
13a Schalen meist schmal, im Umriß linear bis lanzettlich mit ± schnabelartig bis kopfig vorgezogenen Enden. Raphe mit regelmäßig scharf abgewinkelten Terminalspalten. Transapikalstreifen im mittleren Teil stark radial, vor den Enden abrupt konvergent verlaufend, meistens sehr dicht (mehr als 30/10 µm) bis unauflösbar im Lichtmikroskop 40
13b Merkmalskombination unzutreffend 14
14a Medianrippe auffällig hervorgehoben durch ± stark markierte flankierende Längsfurchen . 42
14b Längsfurchen nicht erkennbar. Kleine bis (selten) mittelgroße Formen mit variablen Feinstrukturen 48
15a Schalen mit auffällig groben, breiten Transapikalstreifen in Relation zur geringen Schalenlänge (fast immer kürzer als 30 µm). Pole meist frei von Transapikalstreifen und durch den Besitz von Pseudosepten verstärkt erscheinend .... 3. **N. capitata**
15b Merkmalskombination nicht zutreffend 16
16a Zentralporen der Raphenäste oder die proximalen Enden der Raphenäste mit den Zentralporen auffällig einseitig abgebogen, regelmäßig tritt auch der Zentralknoten im gleichen Sinne einseitig verstärkt in Erscheinung. Nicht betroffen sind hier solche Formen, deren Raphenäste erst im Bereich des Zentralknotens aus ± marginaler Lage in die Mitte der Medianrippen einbiegen 26

16b Raphenenden mit Zentralporen im Bereich des Zentralknotens in der Mediane liegend, andernfalls jedoch nicht in der oben angegebenen auffälligen Merkmalskombination 17
17a Zentralarea transapikal auffällig stärker erweitert als in apikaler Richtung, fast immer weiter als die halbe Schalenbreite, in der Grundform als quer rechteckig zu bezeichnen 18
17b Zentralarea rundlich, rhombisch, lanzettlich oder nur sehr schwach abgesetzt 21
18a Größere und mittelgroße Formen, innerer und äußerer Raphenspalt fast über die gesamte Länge bis zu den auffällig stark markierten Zentralporen parallel verlaufend; Transapikalstreifen und Lineolae auffallend grob, 5–12 bzw. 18–25/10 µm . . . . **7. N. rhynchocephala**
18b Merkmalskombination nicht zutreffend 19
19a Lineolae regelmäßig über 30/10 µm, schwer differenzierbar 20
19b Lineolae um 25/10 µm, relativ leicht diffenzierbar . . . . **3. N. cari**
20a Schalen linear, über 30 µm lang . . . . **5. N. tripunctata**
20b Schalen lanzettlich, unter 30 µm lang . . . . **6. N. veneta**
21a Zentralarea klein oder von der Axialarea «unscharf» abgesetzt, mit ihr zusammen eine lanzettliche Einheit bildend . . . . **8. N. tenelloides**
21b Zentralarea größer, Form variabel, rundlich oder rhombisch 22
22a Zentralarea groß, ein- oder beidseitig mindestens etwa die halbe Schalenbreite erreichend . 23
22b Zentralarea kleiner oder durch einzelne verlängerte oder weit gestellte Transapikalstreifen unregelmäßig begrenzt . . . . **9. N. cincta**
23a Transapikalstreifen nur schwach bis mäßig radial 24
23b Transapikalstreifen ausgeprägt radial 25
24a Schalen linear . . . . **5. N. tripunctata**
24b Schalen lanzettlich bis linear-lanzettlich . . . . **6. N. veneta**
25a Zentralarea regelmäßig begrenzt, ± kreisförmig bis rhombisch . . . . **10. N. cryptocephala**
25b Zentralarea rhombisch . . . . **11. N. radiosa**
26a Transapikalstreifen 7–10/10 µm . . . . **12. N. viridula**
26b Transapikalstreifen 13–22/10 µm . . . . **13. N. gregaria**
27a Größere Schalen innerhalb der Population lanzettlich mit ± vorgezogenen Enden . . . . **15. N. minusculoides**
27b Auch die größeren Schalen innerhalb der Population ± elliptisch mit stumpf bis breit gerundeten Enden . . . . **14. N. muraliformis**
28a Terminalspalten nach entgegengesetzten Seiten abgebogen . . . . **16. N. clementis**
28b Terminalspalten gleichseitig abgebogen 29
29a Schalenenden deutlich schnabelartig bis kopfig abgesetzt . . . . **19. N. pseudanglica**
20. N. exigua
29b Schalenenden anders geformt, meistens stumpf vorgezogen und breit gerundet 30
30a Der mittlere Transapikalstreifen ist beidseitig auffällig verlängert, die flankierenden Transapikalstreifen dagegen verkürzt . . . . **17. N. hambergii**
30b Merkmal nicht zutreffend . . . . **18. N. gastrum**
31a Schalenränder zwei- bis mehrwellig oder mittlerer Teil stark rhombisch in Verbindung mit stark abgeschnürten Enden 32
31b Schalen nicht wellig, ± elliptisch oder mit aufgetriebener Mitte und kopfig abgesetzten Enden 36
32a Schalen im mittleren Teil stark rhombisch, Enden stark kopfig abgeschnürt . . . . **21. N. heufleriana**
32b Merkmal unzutreffend 33
33a Mittlerer Schalenteil zweiwellig . . . . **25. N. paramutica** var. **binodis**
33b Mittlerer Schalenteil mehrwellig 34
34a Transapikalstreifen regelmäßig aus nur 3 Punkten zusammengesetzt, die Längsreihen dicht an der Axialarea von den übrigen abgesetzt . . . . **22. N. nivaloides**
34b Transapikalstreifen anders punktiert 35
35a Zentralporen entgegengesetzt zum Stigma abbiegend und deutlich markiert . . . **23. N. nivalis**

35b Keine deutlich markierten Zentralporen . . . . **26. N. mutica**
36a Raphenäste mit deutlich einseitig, entgegengesetzt zum Stigma gekrümmten und ± klar markierten Zentralporen oder Zentralspalten . . . . **24. N. pseudokotschyi**
36b Proximale Raphenenden ohne klar konturierte Zentralporen, zum Teil zwar leicht bogenförmig vom Stigma weggekrümmt, durch Fokus hoch ist jedoch häufig eine Richtungsänderung der äußeren Zentralspalten feststellbar 37
37a Enden ± vorgezogen . . . . **25. N. paramutica**
37b Enden nicht auffällig vorgezogen . . . . **26. N. mutica**
38a Schalenenden ± vorgezogen oder spitz gerundet . . . . **31. N. krasskei**
38b Schalenenden stumpf oder gerundet, nicht vorgezogen 39
39a Axial- und Zentralarea bilden einen ± ausgedehnten hyalinen Raum, zusätzlich nahe dem Schalenrand eine hyaline Linie . . . . **32. N. insociabilis**
39b Ein hyaliner Raum ist allenfalls andeutungsweise vorhanden, die hyaline Linie verläuft in ± zentraler Lage . . . . **33. N. monoculata**
40a Zentralarea ziemlich groß, quer-rechteckig, elliptisch oder rhombisch . . . **35. N. brockmannii**
40b Zentralarea klein oder nur schwach konturiert erkennbar 41
41a Transapikalstreifen an der Grenze der Auflösbarkeit, um 42/10 µm . . . . . . **36. N. subtilissima**
41b Transapikalstreifen gröber, erheblich weniger als 40/10 µm . . . . **37. N. bryophila**
42a Endknoten transapikal erweitert 43
42b Merkmal unzutreffend 44
43a Schalenenden nicht vorgezogen, Längsfurchen, die die Medianrippen flankieren, deutlich markiert . . . . **38. N. bacillum**
43b Schalenenden meist ± vorgezogen, Längsfurchen nur linienhaft oder dadurch zu erkennen, daß die Enden der Transapikalstreifen dicht an der Axialarea stärker konturiert erscheinen . . . . **39. N. pupula**
44a Schalen schnabelartig bis ± kopfig vorgezogen 46
44b Schalenenden allenfalls schwach vorgezogen 45
45a Schalen ± elliptisch mit breit gerundeten Enden . . . . **40. N. variostriata**
45b Schalen rhombisch, lanzettlich, Enden stärker verschmälert . . . . **41. N. egregia**
46a Schalenenden ± geschnäbelt vorgezogen, jedoch nicht kopfig abgesetzt . . . . **42. N. festiva**
46b Schalenenden ± kopfig abgesetzt 47
47a Schalen 5–10 µm breit . . . . **43. N. ventralis**
47b Schalen schmaler, 2–5 µm breit . . . . **44. N. hustedtii**
48a Transapikalstreifen im Lichtmikroskop nicht oder nur sehr undeutlich aufzulösen 53
48b Transapikalstreifen wenigstens in der Schalenmitte deutlich aufzulösen 49
49a Schalenenden schnabelartig bis ± kopfig vorgezogen . . . . **56. N. söhrensis**
49b Schalenenden höchstens schwach vorgezogen 50
50a Schalen ± elliptisch, Medianrippen mit den punktförmig hervorgehobenen Zentral- und Terminalknoten auffallend kontrastiert erscheinend, jedoch ohne flankierende Längsfurchen 57
50b Merkmalskombination unzutreffend 51
51a Frusteln in Gürtelbandansicht zu bandförmigen Aggregaten verkettet (Glühpräparation vorteilhaft) 62
51b Merkmal unzutreffend 52
52a Formen mit sehr kleiner oder undeutlich begrenzter oder völlig ohne Zentralarea 64
52b Formen mit ± wohlausgebildeter Zentralarea 67
53a Schalen strikt elliptisch mit breit gerundeten Enden 54
53b Schalen eher linear, elliptisch-lanzettlich, rhombisch oder mit ± vorgezogenen Enden 55
54a Transapikalstreifen mit besonderen optischen Hilfsmitteln wenigstens teilweise auflösbar . . . . **49. N. atomus** var. **permitis**
54b Transapikalstreifen nur im Elektronenmikroskop auflösbar . . . . **45. N. pelliculosa**
55a Schalenränder dreiwellig . . . . **46. N. tridentula**

55b Schalenränder nicht oder selten kaum merklich gewellt 56
56a Transapikalstreifen um 40/10 µm, noch im Grenzbereich der Auflösbarkeit . **47. N. minuscula**
56b Transapikalstreifen deutlich über 40/10 µm, nicht mehr auflösbar . . . . **48. N. indifferens**
57a Terminalknoten erheblich proximal versetzt . . . . **50. N. asellus**
57b Merkmal unzutreffend 58
58a Transapikalstreifen relativ groß, manchmal punktiert erscheinend, um 20/10 µm 59
58b Transapikalstreifen dichter gestellt, manchmal kaum aufzulösen . **49. N. atomus** var. **permitis**
59a Transapikalstreifen durchgehend radial 60
59b Transapikalstreifen parallel oder an den Enden parallel oder leicht konvergent . . . . **51. N. destricta**
60a Zentralarea nicht ausgeprägt . . . . **49. N. atomus**
60b Zentralarea von der Axialarea abgesetzt oder mit ihr zu einem ± großen hyalinen Raum verbunden 61
61a Zentral- und Axialarea mit einem ± weiten hyalinen Raum verbunden . . . . **52. N. fossalis** var. **obsidialis**
61b Zentralarea von der Axialarea deutlicher abgesetzt und quer verbreitert . . . . . . **52. N. fossalis**
62a Schalen linear, am Rande nicht punktiert, Terminalknoten von den Polen ± proximal versetzt . . . . **53. N. brekkaensis**
62b Merkmalskombination unzutreffend 63
63a Schalen linear mit höchstens schwach konkaven Rändern, Zentralarea meistens von der Axialarea deutlicher abgesetzt; Transapikalstreifen parallel, ohne randständige Punkte, Raphe stets vorhanden . . . . **54. N. contenta**
63b Merkmalskombination unzutreffend . . . . **55. N. gallica**
64a Terminalknoten von den Polen deutlich proximal versetzt, Raphenäste dadurch ± verkürzt 65
64b Merkmal unzutreffend 66
65a Schalenränder punktiert erscheinend . . . . **55. N. gallica** var. **laevissima**
65b Schalenränder ohne Punkte . . . . **53. N. brekkaensis**
66a Transapikalstreifen annähernd parallel, 25–36/10 µm, Frusteln oft als bänderbildende Kolonien . . . . **54. N. contenta**
66b Merkmalskombination unzutreffend; Schalen mit dreiwelligen Rändern und maximal 3,5 µm breit . . . . **56. N. söhrensis**
67a Zentralarea deutlich quer erweitert 68
67b Grundform der Zentralarea rundlich oder elliptisch 73
68a Transapikalstreifen relativ dicht gestellt, über 24/10 µm 69
68b Transapikalstreifen unter 24/10 µm 70
69a Schalenenden breit gerundet, Axialarea stets eng, linear . . . . **57. N. minima**
69b Schalenenden variabler, meistens etwas keilförmig, stumpf bis fast spitz gerundet, Axialarea bei manchen Exemplaren lanzettlich erweitert . . . . **58. N. harderi**
70a Zentralarea rhombisch-elliptisch, besonders in apikale Richtung auffällig erweitert, Terminalknoten stark markiert . . . . **59. N. parsura**
70b Merkmal unzutreffend 71
71a Schalenenden mit breit gerundeten Enden, linear oder linear-elliptisch . . . **60. N. seminulum**
71b Schalenenden stärker verschmälert 72
72a Schalenbreite 3,5–4,5 µm . . . . **61. N. vaucheriae**
72b Schalenbreite 2–2,5 µm . . . . **62. N. obsoleta**
73a Raphe in einer stärker kontrastierenden Medianrippe verlaufend, Zentralporen stark markiert, Zentralarea groß, Transapikalstreifen stark radial . . . . **63. N. subadnata**
73b Merkmalskombination unzutreffend; Schalen sehr klein (6–10 × 2,5–3 µm) . . . **64. N. evanida**

1. Navicula gibbula Cleve 1894 (Fig. 11: e, f)
Syn.: *Navicula terrestris* J. B. Petersen 1915
J. B. Petersen 1915, p. 288, fig. 7, 8; Hustedt 1930, p. 285, fig. 477; Lund 1946, p. 80, fig. 7: M–X; Krammer & Lange-Bertalot 1986, p. 235, fig. 65: 14, 15.

Schalen linear-elliptisch, seltener linear oder ± deutlich dreiwellig, mit breit gerundeten Enden. Raphe fadenförmig mit deutlich markierten Zentralporen, die durch einseitig abbiegende, fadenförmige Zentralporenspalten ± verlängert werden. Axialarea von variabler Breite, um den Zentralknoten leicht erweitert. Transapikalstreifen ± radial bis annähernd parallel, 14–24/10 µm, deutlich punktiert, um 20 Punkte/10 µm. Zellen 15–35(–45) µm lang, 4–10(–14) µm breit.
Häufig in Erdböden, aber auch aerophytisch zwischen Moosen (BRD, Island, Dänemark, England). Gehört zu den charakteristischen Vertretern pluviatiler Standorte.

2. Navicula placenta Ehrenberg 1854 (Fig. 11: g)
Hustedt 1930, p. 290, fig. 492; Krammer & Lange-Bertalot 1986, p. 235, fig. 82: 5, 6.

Schalen elliptisch bis linear-elliptisch mit stumpf gerundeten, annähernd keilförmigen, meistens aber kurz geschnäbelten bis leicht kopfig vorgezogenen Enden. Raphe fadenförmig mit ziemlich entfernt voneinander liegenden Zentralporen, in einer stärker verkieselten Medianrippe verlaufend. Axialarea sehr eng, linear, Zentralarea ziemlich klein, elliptisch, rundlich bis fast quadratisch. Transapikalstreifen durchgehend schwach radial, 20–27/10 µm, die Areolenreihen kreuzen sich in drei Liniensysteme, Punkte 18–22/10 µm. Zellen 28–60 µm lang, 10–25 µm breit.
Aerophytisch, besonders in Moosrasen (Dänemark).

3. Navicula capitata Ehrenberg 1838 (Fig. 11: h)
Syn.: *Navicula hungarica* Grunow 1860
Hustedt 1930, p. 298, fig. 506; Krammer & Lange-Bertalot 1986, p. 123, fig. 42: 1–11.

Schalenumriß sehr variabel, von annähernd linear über rhombisch- und elliptisch-lanzettlich bis lanzettlich, Enden nicht vorgezogen und stumpf bis flach gerundet oder ± vorgezogen, schnabelartig bis kopfig und dabei flach, breit, stumpf bis spitz gerundet. Raphe fadenförmig, Zentralporen einander ziemlich eng genähert. Axialarea eng um den Zentralknoten zu einer variablen, meistens kleinen Zentralarea erweitert, Terminalarea als hyaline Kappe ausgeprägt. Transapikalstreifen auffallend breit, in der Mitte radial, 8–11/10 µm. Die distalen Transapikalstreifen unmittelbar vor den Enden erscheinen häufig stärker konturiert. Bei gut auflösender Immersion sind jeweils doppelte Punktreihen in den einzelnen Transapikalstreifen erkennbar. Zellen 10–47 µm lang, 4–10 µm breit.
Erdböden bei Göttingen (BRD).

4. Navicula cari Ehrenberg 1836 (Fig. 11: i)
Syn.: *Navicula graciloides* Mayer 1919
Hustedt 1930, p. 299, fig. 512; Krammer und Lange-Bertalot 1986, p. 96, fig. 27: 12–17.

Schalen in der Form variabel, von lanzettlich bis linear mit ± keilförmig verschmälerten Enden, die stumpflich bis fast spitz gerundet sein können. Raphe fadenförmig bis schwach lateral, Raphenäste zu den Zentralporen häufig einseitig ganz leicht abgebogen. Axialarea eng, Zentralarea in der Ausdehnung etwas variabel, jedoch stets quer-rechteckig verlängert. Transapikalstreifen im mittleren Teil meist stark radial und etwas bogig, bereits relativ weit unterhalb der Pole parallel und konvergent verlaufend, 9–12(–16)/10 µm. Lineolae bei den Typus-ähnlichen Populationen undeutlich, um 38/10 µm, bei den größeren Exemplaren um 26/10 µm. Zellen (13–)25–80 µm lang, 6–11 µm breit.
In Erdböden nicht häufig (BRD, Österreich).

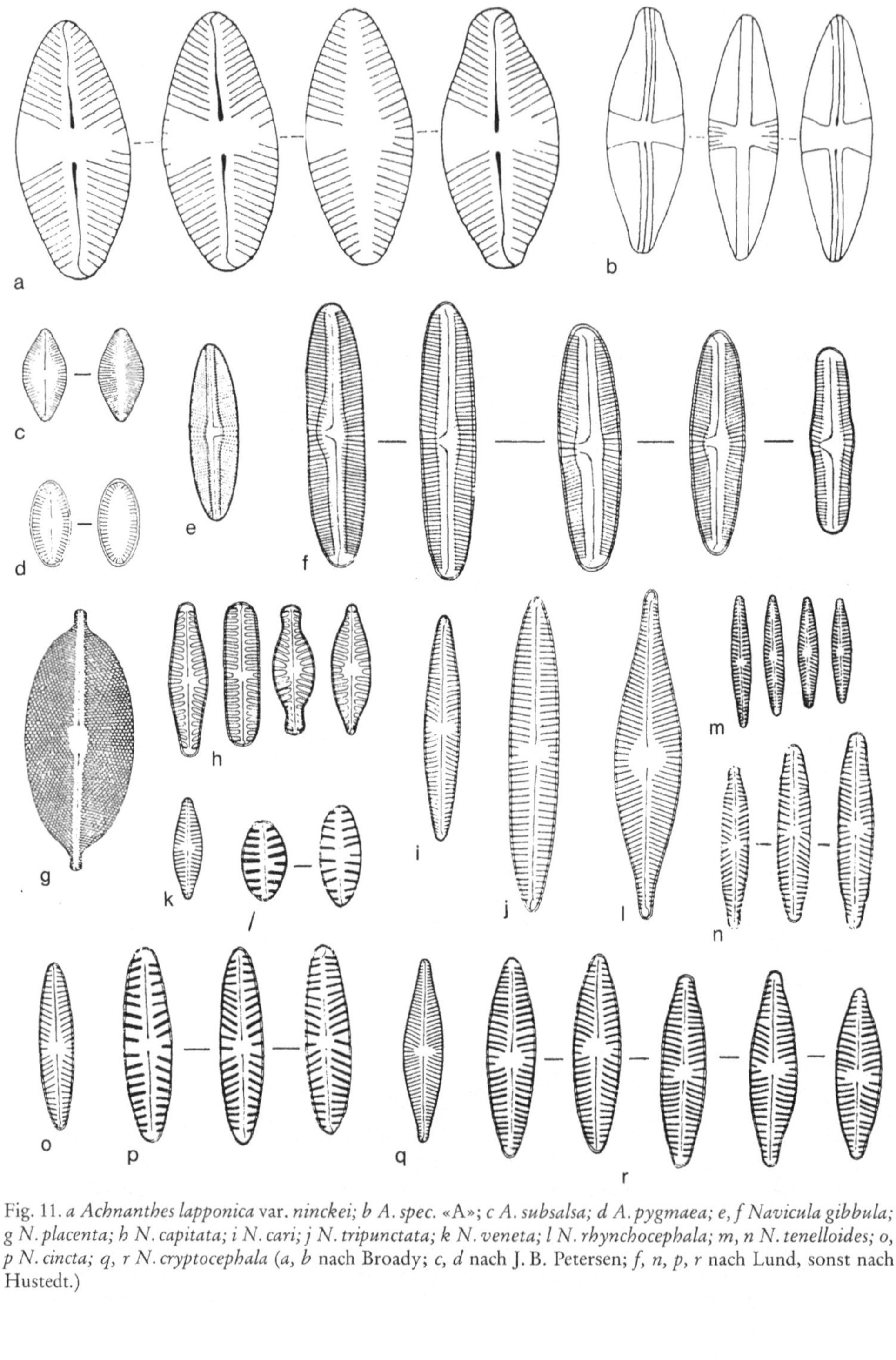

Fig. 11. *a Achnanthes lapponica* var. *ninckei; b A. spec.* «A»; *c A. subsalsa; d A. pygmaea; e, f Navicula gibbula; g N. placenta; h N. capitata; i N. cari; j N. tripunctata; k N. veneta; l N. rhynchocephala; m, n N. tenelloides; o, p N. cincta; q, r N. cryptocephala* (*a, b* nach Broady; *c, d* nach J. B. Petersen; *f, n, p, r* nach Lund, sonst nach Hustedt.)

5. Navicula tripunctata (O. F. Müller) Bory 1822 (Fig. 11: j)
Syn.: *Navicula gracilis* Ehrenberg 1838
Hustedt 1930, p. 299, fig. 514; Krammer & Lange-Bertalot 1986, p. 95, fig. 27: 1–3.

Schalen linear-lanzettlich bis linear, meistens im mittleren Bereich linear und erst in den distalen Abschnitten zu den stumpf gerundeten Polen hin allmählich keilförmig verschmälert. Raphe fadenförmig. Axialarea eng, Zentralarea annähernd rechteckig, über etwa die halbe Schalenbreite quer verlängert. Transapikalstreifen nahezu parallel bis leicht radial, an den Enden schwach konvergent, 9–12/10 µm. Lineolae meistens noch differenzierbar, um 32/10 µm. Zellen 30–70 µm lang, 6–10 µm breit.
Nicht sehr häufig in Erdböden.

6. Navicula veneta Kützing 1844 (Fig. 11: k)
Syn.: *Navicula cryptocephala* var. *veneta* (Kützing) Rabenhorst 1864
Hustedt 1930, p. 295, fig. 497 a; Krammer & Lange-Bertalot 1986 p. 104, fig. 32: 1–4.

Schalen linear-lanzettlich bis rhombisch-lanzettlich mit meistens leicht vorgezogenen Enden. Raphe fadenförmig mit deutlich markierten Zentralporen. Axialarea eng, linear, Zentralarea ziemlich klein, quer-rechteckig verlängert. Transapikalstreifen schwach radial, an den Enden konvergent, 13,5–15/10 µm, Lineolae undeutlich, um 35/10 µm. Zellen 13–30 µm lang, 5–6 µm breit.
In Erdböden, seltener aerophytisch (Dänemark, Island, England, BRD).

7. Navicula rhynchocephala Kützing 1844 (Fig. 11: l)
Hustedt 1930, p. 296, fig. 501; Krammer & Lange-Bertalot 1986, p. 101, fig. 30: 5–8; 31: 1, 2.

Schalen sehr variabel, breit- bis schmal-lanzettlich mit meistens ± lang vorgezogenen, manchmal ± kopfigen, sonst spitz gerundeten Enden. Raphe lateral, beide Raphenspalten fast bis zu den Zentralporen parallel verlaufend. Axialarea mäßig eng, linear, Zentralarea von sehr variabler Ausdehnung, quer-rechteckig bis -elliptisch. Transapikalstreifen radial, an den Enden konvergent, 7–12/10 µm, Lineolae grob, 20–25/10 µm. Zellen 35–80 µm lang, 9–14 µm breit.
Aerophytisch an Moospolstern in den Alpen.

8. Navicula tenelloides Hustedt 1937 (Fig. 11: m, n)
Syn.: *Navicula cryptocephala* var. *angusta* J. B. Petersen 1928; *Navicula carniolensis* Hustedt 1945
Lund 1946, p. 85, fig. 8: J–DD; Krammer & Lange-Bertalot 1986, p. 117, fig. 38: 16–20.

Schalen schmal, lanzettlich bis linear-lanzettlich mit ± stumpf gerundeten, oft vorgezogenen Enden. Raphe fadenförmig, Axialarea sehr eng, linear, Zentralarea klein und unregelmäßig begrenzt. Transapikalstreifen relativ kräftig, stark radial, 15–17/10 µm. Zellen 14–21 µm lang, 2,5–4 µm breit.
Aerophytisch auf feuchter Erde und in Moosrasen (BRD, England). Gehört zu den gewöhnlichen Bodenalgen.

9. Navicula cincta (Ehrenberg) Ralfs in Pritchard 1861 (Fig. 11: o, p)
Syn.: *Navicula inutilis* Krasske 1949, *Navicula umida* Bock 1962, *Navicula cincta* var. *heufleri* Grunow 1880 incl. f. *curta* J. B. Petersen 1915, *Navicula cari* var. *cincta* (Ehrenberg) Lange-Bertalot 1980
Hustedt 1930, p. 298, fig. 510; Bock 1962, p. 238, fig. 3: 212–215; Krammer & Lange-Bertalot 1986, p. 98, fig. 28: 8–15.

Schalen variabel von elliptisch über lanzettlich bis linear-lanzettlich mit stumpf gerundeten, niemals vorgezogenen Enden. Raphe fadenförmig, Axialarea eng, Zentralarea klein, unregelmäßig

begrenzt. Transapikalstreifen in der Mitte meist stark radial, zu den Polen hin durch meist abrupten Richtungswechsel konvergent, 8–12/10 µm, Lineolae schwer differenzierbar, sehr dicht, um 40/10 µm. Zellen 13–45(–55) µm lang, 5–8 µm breit.
In Erdböden (BRD, England), aerophytisch an feuchten Mauern, nassen Stellen, in Moospolstern (BRD, Island, Dänemark).
Die var. *heufleri* (Grunow) Grunow gehört wegen unzureichender Differentialmerkmale zur Typusvarietät.

10. Navicula cryptocephala Kützing 1844 (Fig. 11: q, r)
incl. f. *terrestris* Lund 1946
Hustedt 1930, p. 295, fig. 496; Lund 1946, p. 88, fig. 9: H–W; Krammer & Lange-Bertalot 1986, p. 102, fig. 31: 8–14.

Schalen lanzettlich, manchmal leicht dorsiventral, mit ± vorgezogenen bis subcapitaten Enden. Raphe fadenförmig, Axialarea eng, linear, Zentralarea mittelgroß, ± kreisförmig. Transapikalstreifen stärker radial, an den Enden konvergent, 14–17/10 µm, Lineolae kaum auflösbar, 40/10 µm. Zellen 20–40 µm lang, 5–7 µm breit.
In Erdböden ziemlich häufig (BRD, Tschechoslowakei, England, USA), aber auch aerophytisch, häufig auf Moosen (Insel Surtsey, Island, Dänemark, England); ebenso die var. *angusta* J. B. Petersen 1928.

11. Navicula radiosa Kützing 1844 (Fig. 12: a)
incl. var. *tenella* (Brébisson) Van Heurck 1885
Hustedt 1930, p. 299, fig. 513; Krammer & Lange-Bertalot 1986, p. 99, fig. 29: 1–4.

Schalen schmal lanzettlich, allmählich zu den ± spitz gerundeten Enden verschmälert. Raphe fadenförmig bis schwach lateral. Axialarea sehr schmal, Zentralarea meistens ± rhombisch bei leichter Asymmetrie beider Seiten, auch der Zentralknoten erscheint meistens einseitig stärker verdickt. Transapikalstreifen radial, an den Enden konvergent, 10–12/10 µm, Lineolae ziemlich zart, um 32/10 µm. Zellen 40–120 µm lang, (7,5–)10–15 µm breit.
Meist areophytisch auf Moospolstern (Alpen, Island), seltener in Erdböden (BRD).

12. Navicula viridula (Kützing) Ehrenberg 1838 (Fig. 12: b)
Hustedt 1930, p. 297, fig. 503; Krammer & Lange-Bertalot 1986, p. 114, fig. 37: 1–9.

Schalen lanzettlich bis annähernd linear-lanzettlich, mit selten nur stumpf gerundeten, meistens ± stark vorgezogenen Enden. Die Raphenäste mit den Zentralporen sind in der Zentralarea deutlich einseitig abgebogen, Axialarea eng, Zentralarea groß, ± kreisförmig bis quer-rechteckig. Die Axialrippe erscheint deutlich zu einem asymmetrischen Zentralknoten erweitert. Transapikalstreifen radial, an den Polen konvergent, 7–14/10 µm; Lineolae deutlich, 24–30/10 µm. Zellen 34–100 µm lang, 7–15 µm breit.
Bisher aerophytisch auf Island gefunden.

13. Navicula gregaria Donkin 1861 (Fig. 12: c)
Syn.: *Navicula cryptocephala* Kützing 1844 p. p. (excl. Lectotypus)
Hustedt 1930, p. 269, fig. 437; Krammer & Lange-Bertalot 1986, p. 116, fig. 38: 10–15.

Schalen lanzettlich bis elliptisch-lanzettlich mit ± vorgezogenen Enden unterschiedlichster Form, von spitz oder fast stumpf gerundet bis geschnäbelt oder kopfig. Raphe fadenförmig, äußere Raphenspalten zu den Zentralporen einseitig abgebogen, gleichgerichtet mit dem asymmetrisch verdickten Zentralknoten. Axialarea eng linear, Zentralarea in der Größe sehr variabel, transapikal

asymmetrisch erweitert. Transapikalstreifen schwach radial, an den Enden konvergent, 13–11/10 µm, Lineolae deutlich, 26–37/10 µm. Zellen 13–42 µm lang, 5–10 µm breit.
Meist aerophytisch auf feuchten Felsen oder auf Moosen (BRD, Island), weniger oft in Erdböden (Dänemark).

14. Navicula muraliformis Hustedt ex Brendemühl 1948 (Fig. 12: ee)
Krammer & Lange-Bertalot 1986, p. 132, fig. 45: 31–33.

Schalen linear-elliptisch bis lanzettlich mit breit gerundeten Enden. Raphe fadenförmig, in einer stärker verkieselten Medianrippe liegend. Axialarea sehr eng, linear, in der Mitte nicht erweitert. Transapikalstreifen durchgehend annähernd parallel, 22–24/10 µm. Zellen 10–12 µm lang, 3,5–5 µm breit.
Bislang nur in Erdböden gefunden (BRD).

15. Navicula minusculoides Hustedt 1942 (Fig. 12: d, e)
Syn.: *Navicula minuscula* Grunow sensu Cleve 1895; *Navicula submoleta* Hustedt sensu Lange-Bertalot & Bonik 1976
Hustedt 1942, p. 68, fig. 5; Krammer & Lange-Bertalot 1986, p. 129, fig. 45: 10–12.

Schalen elliptisch-lanzettlich mit meistens schwach vorgezogenen, ziemlich stumpf gerundeten Enden. Raphe fadenförmig, Axialarea eng, linear, in der Mitte nicht erweitert. Transapikalstreifen durchgehend parallel, kaum merklich radial, 24–26/10 µm in der Mitte, 28–30/10 µm polar. Zellen 15–16,5 µm lang, 4,5–6 µm breit.
Vereinzelt in Moosrasen (BRD).

16. Navicula clementis Grunow 1882 (Fig. 12: f)
Syn.: *Navicula clementis* var. *rhombica* Brockmann 1950; *Navicula inclementis* Hendey 1964
Krammer & Lange-Bertalot 1986, p. 139, fig. 47: 1–9.

Schalen elliptisch-, breit- bis rhombisch-lanzettlich, meistens mit ± vorgezogenen, spitz oder stumpf gerundeten Enden. Raphe fadenförmig, Terminalspalten regelmäßig nach entgegengesetzten Seiten abbiegend. Axialarea eng, linear, Zentralarea quer rechteckig ± erweitert, unregelmäßig begrenzt. Regelmäßig zwei Stigmata, einseitig apikal ausgerichtet in der Zentralarea. Transapikalstreifen stark radial, 8–15/10 µm, Punktierung undeutlich, meistens nicht differenzierbar. Zellen 15–50 µm lang, 7–15 µm breit.
Wohl kosmopolitisch verbreitete aerophytische Art, die manchmal auch in Erdböden vorkommen kann (BRD, Island, Insel Surtsey).

17. Navicula hambergii Hustedt 1924 (Fig. 12: g)
Syn.: *Navicula quadripartita* Hustedt in A. Schmidt et al. 1934; *Navicula gastrum* var. *hambergii* (Hustedt) Cleve-Euler 1953
Krammer & Lange-Bertalot 1986, p. 146, fig. 50: 9–13.

Schalen elliptisch-lanzettlich mit meistens kurz vorgezogenen, stumpf gerundeten Enden. Raphe fadenförmig, Axialarea schmal, zur Mitte wenig lanzettlich erweitert. Zentralarea fehlt. Transapikalstreifen durchgehend radial, 13–17/10 µm. Zellen 12–24 µm lang, 5–8 µm breit.
Kosmopolitisch verbreitet, meist aerophytisch, seltener in Erdböden.

18. Navicula gastrum (Ehrenberg) Kützing 1844 (Fig. 12: h)
Hustedt 1930, p. 305, fig. 537; Krammer & Lange-Bertalot 1986, p. 143, fig. 49: 4–9.

Schalen meistens schwach cymbelloid gebogen, elliptisch-lanzettlich, mit kurz und breit vorgezogenen, flach gerundeten Enden. Raphe fadenförmig bis schwach lateral, leicht bogenförmig

gekrümmt, mit gleichseitig abbiegenden Terminalspalten. Axialarea eng, linear, Zentralarea mäßig groß, oft quer verbreitert. Transapikalstreifen durchgehend stärker radial, 8–13/10 µm, Punkte um 25/10 µm. Zellen 20–60 µm lang, 10–20 µm breit.
Häufig aerophytisch auf feuchten Stellen (Island, Dänemark); ebenso die var. *exigua* Gregory.

19. Navicula pseudanglica Lange-Bertalot 1985 (Fig. 12: m)
Syn.: *Navicula anglica* Ralfs sensu Hustedt 1930
Hustedt 1930, p. 303, fig. 530, 531; Krammer & Lange-Bertalot 1986, p. 137, fig. 46: 13–15.

Schalen elliptisch mit ziemlich kurz vorgezogenen, schnabelartig bis schwach kopfigen, stumpf gerundeten Enden. Raphe fadenförmig mit nicht immer genau differenzierbaren, gleichseitig oder entgegengesetzt abbiegenden Terminalspalten. Axialarea eng, linear, Zentralarea stets klein, rundlich bis schwach quer verbreitert. Transapikalstreifen durchgehend radial, 9–12/10 µm, Punkte um 30/10 µm. Zellen 20–40(–50) µm lang, 8–14(–20) µm breit.
Wohl aerophytische Art (Island); gemeinsam mit var. *minuta* Cleve.

20. Navicula exigua (Gregory) Grunow in Van Heurck 1880 (Fig. 12: k)
Hustedt 1930, p. 305, fig. 538; Krammer & Lange-Bertalot 1986, p. 138, fig. 46: 16–18.

Schalen linear-elliptisch bis elliptisch-lanzettlich mit vorgezogenen, oft schnabelartigen bis kopfigen Enden. Raphe fadenförmig mit gleichseitig abbiegenden Terminalspalten. Axialarea eng, linear, Zentralarea klein bis mäßig groß, quer-rechteckig oder quer-elliptisch, ohne Stigma. Transapikalstreifen radial, an den Enden manchmal parallel, 10–14/10 µm, Punkte meistens deutlich, um 30/10 µm. Zellen 15–40 µm lang, 7–15 µm breit.
Mesoatmophytisch auf feuchten Böden bei Abisko (Schweden).

21. Navicula heufleriana (Grunow) Cleve 1894 (Fig. 12: i)
Hustedt 1930, p. 274, fig. 452; Lund 1946, p. 73, fig. 6: I, J; Krammer & Lange-Bertalot 1986, p. 156, fig. 63: 13–15.

Schalen mit stark kopfig abgeschnürten, flach gerundeten Enden, im mittleren Teil rhombisch-elliptisch. Raphenäste fadenförmig mit einseitig wenig abgebogenen proximalen Enden. Axialarea eng linear, Zentralarea eine den Schalenrand nicht erreichende, ziemlich schmale Querbinde bildend, darin einseitig ein punktförmiges isoliertes Stigma in stärker zum Rande hin verschobener Position, dadurch nicht immer leicht von den Punkten der mittleren Transapikalstreifen zu differenzieren, letztere durchgehend radial, 15–16/10 µm, etwa in gleicher Dichte grob punktiert. Zellen 20–35 µm lang, 8–12 µm breit.
Vermutlich kosmopolitisch verbreitet, aerophytisch auf feuchten Felsen, Mauern und Moosen, auch in Erdböden, besonders in Gebirgslagen.

22. Navicula nivaloides Bock 1962 (Fig. 12: j)
Bock 1962, p. 236, fig. 2: 142–149; Krammer & Lange-Bertalot 1986, p. 154, fig. 61: 21, 22.

Schalen linear bis linear-elliptisch mit dreiwelligen Rändern und schnabelartig bis kopfig vorgezogenen Enden mit flach gerundetem bis gestutztem Scheitel. Raphenäste fadenförmig mit wenig einseitig abgebogenen proximalen Enden. Axialarea eng, linear-lanzettlich, Zentralarea quer-elliptisch verbreitert, nicht bis zu den Rändern reichend. Das punktförmige, isolierte Stigma liegt relativ weit exzentrisch und ist wegen der hier aufgelockert und oft mit abgeschwächten Konturen erscheinenden Punkte der Transapikalstreifen nicht leicht differenzierbar. Transapikalstreifen durchgehend radial, 15–20/10 µm. Zellen 8–25 µm lang, 6–9 µm breit.
Aerophytisch, zerstreut oder lokal massenhaft, in feuchten Mauer- oder Gesteinsfugen (BRD).

23. Navicula nivalis Ehrenberg 1854 (Fig. 12: l, q)
Syn.: *Navicula mutica* var. *nivalis* (Ehrenberg) Hustedt 1911
Hustedt 1930, p. 275, fig. 453 c; Krammer & Lange-Bertalot 1986, p. 153, fig. 61: 17–20.

Schalen linear, bei kleineren Exemplaren linear-elliptisch, mit ± ausgeprägt dreiwelligen Rändern und schnabelartig bis kopfig vorgezogenen, am Scheitel flach gerundeten Enden. Raphenäste fadenförmig mit schwach einseitig abgebogenen Zentralporen. Axialarea mäßig eng, linear oder zur Mitte schwach lanzettlich erweitert, Zentralarea eine bis fast zu den Rändern reichende Querbinde bildend mit einem punktförmigen isolierten Stigma auf der von den Zentralporen abgewandten Seite. Transapikalstreifen durchgehend radial, 17–20(–24)/10 µm, relativ gleichmäßig punktiert, Punkte meistens transapikal etwas verlängert, 15–20/10 µm. Zellen 12–42 µm lang, 5,5–13 µm breit.
Aerophytisch in Moosrasen, auf zeitweilig überrieselten Felsen und Mauern.

24. Navicula pseudokotschyi Lange-Bertalot 1985 (Fig. 12: r)
Syn.: *Navicula kotschyi* Grunow sensu Hustedt 1930 et 1966
Hustedt 1930, p. 275, fig. 454; Krammer & Lange-Bertalot 1986, p. 155, fig. 60: 16–19.

Schalen elliptisch-lanzettlich mit ± vorgezogenen, etwas stumpf gerundeten Enden. Raphe fadenförmig, zu den Zentralporen deutlich einseitig abgewinkelt. Axialarea eng, linear bis schwach lanzettlich, Zentralarea quer-rechteckig, manchmal einseitig bis zum Schalenrand reichend. Einseitig, dicht an einen der mittleren Transapikalstreifen anschließend, ein isoliertes Stigma, oft schwer differenzierbar. Transapikalstreifen durchgehend radial, 19–23/10 µm, deutlich punktiert, die Punkte im zentralen Bereich unregelmäßiger gestellt als im Randbereich. Zellen 12–25 µm lang, 5–10 µm breit.
In Europa selten bis zerstreut in vernäßten Moosrasen oder auf nassen Felsen.

25. Navicula paramutica Bock 1962 (Fig. 12: s, t)
Bock 1962, p. 237, fig. 1: 77–82; incl. formae variae sensu J. B. Petersen 1928; Krammer & Lange-Bertalot 1986, p. 155, fig. 61: 27–31.

Schalen schmal elliptisch-lanzettlich mit ziemlich breit gerundeten Enden, die ± schnabelartig bis kopfig vorgezogen sein können; die Ränder bisweilen in der Mitte ± konkav eingezogen. Raphenäste fadenförmig mit schwer zu differenzierenden proximalen Enden. Axialarea eng, linear, Zentralarea eine nicht ganz bis an die Schalenränder reichende Querbinde bildend mit einem schwer zu differenzierenden Stigma. Transapikalstreifen durchgehend radial, 17–22/10 µm, deutlich punktiert. Zellen 10–22 µm lang, 4–6 µm breit.
Zerstreut aerophytisch, in feuchten Mauer- und Felsenfugen (BRD).
Fraglich ist die Zugehörigkeit und das Vorkommen von var. *binodis* (siehe Krammer & Lange-Bertalot 1986, p. 155).

26. Navicula mutica Kützing 1844 (Fig. 12: n–p)
Syn.: *Navicula imbricata* Bock 1962
Hustedt 1930, p. 274, fig. 453; Lund 1946, p. 71, fig. 6: A–H; Krammer & Lange-Bertalot 1986, p. 149, fig. 53: 8, 9; 61: 1–11.

Schalen rhombisch-elliptisch bis breit-elliptisch oder rhombisch-lanzettlich mit breit- bis stumpfkeilförmig gerundeten Enden oder Enden kopfig abgesetzt. Raphenäste fadenförmig mit gleichseitig ± scharf abgewinkelten Terminalspalten und meistens etwas diffus endend oder gleichseitig abgebogenen proximalen Enden. Axialarea eng, linear bis lanzettlich, Zentralarea eine mäßig breite, bis fast zu den Rändern reichende Querbinde bildend. Einseitig ein punktförmiges oder sehr wenig transapikal verlängertes Stigma in marginaler Lage. Transapikalstreifen durchgehend radial,

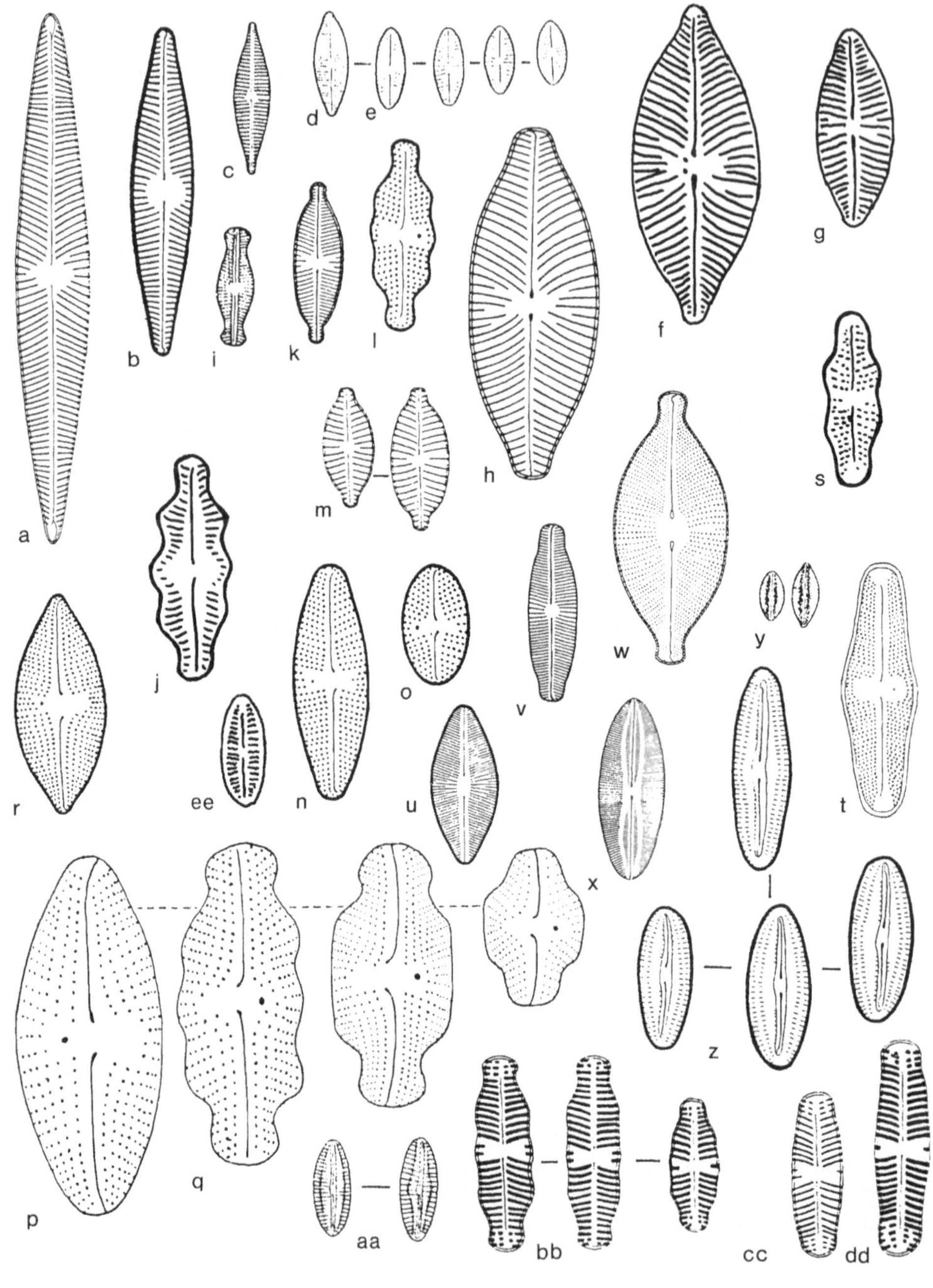

Fig. 12. *a Navicula radiosa; b N. viridula; c N. gregaria; d, e N. minusculoides; f N. clementis; g N. hambergii; h N. gastrum, i N. heufleriana; j N. nivaloides; k N. exigua; l N. nivalis; m N. pseudanglica; n–p N. mutica; o N. mutica* var. *cohnii; q N. nivalis, r N. pseudokotschyi; s, t N. paramutica; u N. cocconeiformis; v N. protracta; w N. pusilla; x N. pygmaea; y N. krasskei; z N. insociabilis; aa N. monoculata; bb N. ignota; cc N. ignota* var. *anglica; dd N. ignota* var. *palustris; ee N. muraliformis* (*e, z, aa–dd* nach Lund; *f, g, j, s, ee* umgezeichnet nach Krammer & Lange-Bertalot; *p, q* nach Broady, *t* nach J. B. Petersen, sonst nach Hustedt).

14–20(–25)/10 µm, Punkte deutlich, ihre Dichte ziemlich variabel, um 15/10 µm. Zellen 6–30(–40) µm lang, 4–9(–12) µm breit.
Aerophytisch auf Moosrasen, feuchtem Boden oder an überrieselten Felsen, häufig auch in Erdböden, kosmopolitisch verbreitet. Die von J. B. Petersen 1928 beschriebenen infraspezifischen Sippen liegen wohl im Rahmen der Variabilität der Art und sind auch auf ähnlichen Standorten zu finden.

27. Navicula cocconeiformis Gregory ex Greville 1856 (Fig. 12: u)
Hustedt 1930, p. 290, fig. 493; Krammer & Lange-Bertalot 1986, p. 158, fig. 59: 2–5.

Schalenform sehr variabel, breit-elliptisch, rhombisch-elliptisch oder elliptisch-lanzettlich mit breit oder stumpf gerundeten, manchmal leicht vorgezogenen Enden. Raphe fadenförmig, sehr gerade verlaufend, mit entfernt gestellten Zentralporen und schwer zu differenzierenden Terminalspalten. Axialarea eng bis mäßig, linear, um den Zentralknoten nur wenig erweitert. Transapikalstreifen durchgehend radial bis stark radial, 24–36/10 µm, Punktierung meistens deutlich, etwa 20–40/10 µm. Zellen 12–40 µm lang, 7–15 µm breit.
Aerophytisch auf feuchten Felsen, Erdböden und Moosrasen, weniger oft in Erdböden vorkommend (Dänemark, Island, Insel Surtsey).

28. Navicula protracta (Grunow) Cleve 1894 (Fig. 12: v)
Syn.: *Navicula protractoides* Hustedt 1957
Hustedt 1930, p. 284, fig. 472; Krammer & Lange-Bertalot 1986, p. 163, fig. 55: 5–10.

Schalenform sehr variabel, linear über elliptisch-lanzettlich bis elliptisch, mit nicht vorgezogenen, flach gerundeten Enden oder breit vorgezogen, mit schnabelartig bis kopfig abgeschnürten Enden, Raphe fadenförmig, Axialarea sehr eng, linear, Zentralarea klein, etwa kreisförmig. Transapikalstreifen durchgehend schwach bis mäßig radial, 14–20/10 µm, an den Enden bis zu 24/10 µm, bei größeren Exemplaren deutlicher punktiert erscheinend. Zellen 17–60 µm lang, 5–10 µm breit.
Vereinzelt in Erdböden.

29. Navicula pusilla W. Smith 1853 (Fig. 12: w)
Hustedt 1930, p. 311, fig. 558; Krammer & Lange-Bertalot 1986, p. 167, fig. 57: 5–10.

Schalen im Umriß sehr variabel von elliptisch über elliptisch-lanzettlich bis linear mit ± vorgezogenen, oft schnabelartigen bis kopfigen, stumpf gerundeten Enden. Raphe fadenförmig, Axialarea mäßig eng, linear, zur Mitte hin meistens etwas lanzettlich erweitert, Zentralarea mittelgroß, kreisförmig bis elliptisch. Transapikalstreifen durchgehend radial oder an den Enden parallel, um den Zentralknoten wesentlich weiter gestellt mit ± stark verkürzten «eingeschobenen» Transapikalstreifen, 15–18/10 µm, Punkte deutlich, 15–20/10 µm. Zellen 24–70 µm lang, 7,5–26 µm breit.
Aerophytisch auf Moospolstern, überrieselten Felsen, aber auch in Erdböden, wahrscheinlich kosmopolitisch verbreitet.

30. Navicula pygmaea Kützing 1849 (Fig. 12: x)
Hustedt 1930, p. 312, fig. 561; Krammer & Lange-Bertalot 1986, p. 171, fig. 65: 1–6.

Schalenform sehr variabel, linear-elliptisch, elliptisch-lanzettlich, schmal- bis breit-elliptisch, selten annähernd rhombisch-lanzettlich, mit stumpf bis breit gerundeten Enden. Raphenäste fadenförmig, bogig gekrümmt, mit deutlich markierten Zentralporen. Axialarea sehr variabel, eng bis mäßig weit, Zentralarea klein bis ziemlich groß, mit den Lateralareae verbunden. Lateralareae furchenartig ausgeprägt. Transapikalstreifen in der Mitte schwach, an den Enden stärker radial, 22–28/10 µm. Zellen 10–62 µm lang, 6–24 µm breit.
Seltener in Erdböden (BRD, Österreich, Tschechoslowakei).

31. Navicula krasskei Hustedt 1930 (Fig. 12: y)
Hustedt 1930, p. 287, fig. 481; Krammer & Lange-Bertalot 1986, p. 177, fig. 72: 21–24.

Schalen lanzettlich, elliptisch-lanzettlich bis elliptisch oder linear-elliptisch mit meistens kurz vorgezogenen, stumpf bis ziemlich spitz gerundeten Enden. Raphe fadenförmig, in einer stärker verkieselten Medianrippe verlaufend. Transapikalstreifen im Lichtmikroskop kaum auflösbar, 45–55/10 µm. Zellen 5,8–17 µm lang, 3,4–5,5 µm breit.
Auf feuchten Felsen und Moosrasen und anderen wechselfeuchten Biotopen, vermutlich kosmopolitisch.

32. Navicula insociabilis Krasske 1932 (Fig. 12: z)
Syn.: *Navicula fritschii* Lund 1946
Lund 1946, p. 77, fig. 7: A–G; Krammer & Lange-Bertalot 1986, p. 175, fig. 66: 1–4.

Schalen elliptisch bis rhombisch-elliptisch mit manchmal transapikal bauchig erweiterter Mitte und stumpf gerundeten Enden. Raphenäste fadenförmig, bogig gekrümmt mit deutlich markierten Zentralporen und etwas von den Polen entfernten Terminalspalten, in einer ebenso gekrümmten, stark verkieselten Medianrippe verlaufend. Axial- und Zentralarea bilden zusammen eine elliptische hyaline Fläche. Transapikalstreifen ziemlich kurz, randständig, durchgehend radial, 20–25/10 µm, beidseitig unterbrochen von einer schmalen hyalinen Linie (lateralen Area), die ziemlich dicht am Rand entlang verläuft. Zellen 7–22 µm lang, 4,5–7 µm breit.
Vorwiegend auf feuchten Moosen, Felsen und Erdböden, doch selten bis zerstreut (BRD, England).

33. Navicula monoculata Hustedt 1945 (Fig. 12: aa)
Syn.: *Navicula pseudagrestis* Lund 1946, *Navicula frustulum* Hustedt 1945, *Navicula subsulcatoides* Hustedt 1959, *Navicula standeriella* Archibald 1966
Lund 1946, p. 76, fig. 6: X–AA; Krammer & Lange-Bertalot 1986, p. 174, fig. 66: 12–18, 83: 6.

Schalen meistens elliptisch oder rhombisch-elliptisch, seltener linear-elliptisch bis lanzettlich-elliptisch, mit stumpf- oder breit-gerundeten Enden, die oft kaum merklich vorgezogen sein können. Raphe fadenförmig mit bogig gekrümmten Ästen und deutlich konturierten Zentralporen, in einer stark verkieselten Medianrippe verlaufend. Axial- und Zentralarea bilden meistens zusammen eine lanzettliche Fläche, die sich ± weit apikal und transapikal ausdehnt. Transapikalstreifen durchgehend radial, 20–30/10 µm, beiderseits in variabler Entfernung von der Medianrippe, von je einer lanzettlichen, um den Zentralknoten meistens bauchig aufgetriebenen hyalinen Linie (lateralen Area) gekreuzt. Zellen 8–22 µm lang, 3–6,5 µm breit.
In Erdböden von England gefunden.

34. Navicula ignota Krasske 1932 em. Lund 1946 (Fig. 12: bb)
Syn.: *Navicula lagerstedtii* sensu Hustedt in A. Schmidt et al. 1934
Lund 1946, p. 65, fig. 4: O–V; Krammer & Lange-Bertalot 1986, p. 179, fig. 64: 12–25.

Schalen elliptisch bis linear oder dreiwellig, mit kopfig vorgezogenen, flach gerundeten Enden. Raphe fadenförmig, proximal vor den Polen endend. Axialarea eng, linear, Zentralarea durch Verkürzung des mittleren Transapikalstreifens beidseitig quer verbreitert. Transapikalstreifen schwach radial, an den Enden manchmal parallel, 13–18/10 µm. Zwei bis mehrere distale Transapikalstreifen werden beidseitig von einer ± ring- oder halbkreisförmigen hyalinen Struktur unterbrochen, die bei kleinen Exemplaren fragmentarisch bleibt und sich eventuell nur durch Reduktion der Transapikalstreifen zu zwei oder vier kräftig markierten Punkten zu erkennen gibt. Zellen 6–25 µm lang, 4–6 µm breit.
Sowohl aerophytisch als auch terrestrisch, wahrscheinlich kosmopolitisch verbreitet; ebenso var. *palustris* Hustedt 1935 (Fig. 12: dd) und var. *anglica* Lund 1946 (Fig. 12: cc).

35. Navicula brockmannii Hustedt 1934 (Fig. 13: a)
Lund 1946, p. 73, fig. 73: M, N; Krammer & Lange-Bertalot 1986, p. 183, fig. 79: 16–17.

Schalen linear mit parallelen bis leicht konvexen, seltener leicht konkaven Rändern und stumpf vorgezogenen, manchmal kopfig abgeschnürten Enden. Raphe fadenförmig, Axialarea eng, linear, schwach lanzettlich erweitert beim Übergang zur Zentralarea, die in Form und Größe ziemlich variabel ist, rechteckig, elliptisch, rhombisch, stets ± transapikal verbreitert. Transapikalstreifen mäßig radial, an den Enden parallel, um den Zentralknoten weiter gestellt und meistens ungleichmäßig verkürzt, 24–27/10 µm. Zellen 17–26 µm lang, 4,5–6 µm breit.
Auf Moosrasen und feuchten Böden (BRD, England).

36. Navicula subtilissima Cleve 1891 (Fig. 13: b)
Hustedt 1930, p. 285, fig. 475; Krammer & Lange-Bertalot 1986, p. 182, fig. 79: 22–26.

Schalen linear bis linear-lanzettlich mit ± kopfig vorgezogenen Enden. Raphe fadenförmig mit meistens auffälligen, fast rechtwinklig, gleichseitig abbiegenden Terminalspalten. Axialarea sehr eng, linear, um den Zentralknoten nur wenig zu einer unregelmäßig begrenzten Zentralarea erweitert. Transapikalstreifen im Lichtmikroskop kaum aufzulösen, radial, 40–42/10 µm. Zellen 18–38 µm lang, 3,5–6 µm breit.
Selten in Erdböden vorkommend (Island, Insel Surtsey).

37. Navicula bryophila J. B. Petersen 1928 (Fig. 13: c, d)
J. B. Petersen 1928, p. 388, fig. 13; Krammer & Lange-Bertalot 1986, p. 181, fig. 79: 1–8.

Schalen linear mit parallelen, seltener schwach konvexen oder konkaven oder gewellten Rändern und ± vorgezogenen, geschnäbelten bis kopfigen, stumpf gerundeten Enden. Raphe fadenförmig, Axialarea sehr eng, linear, Zentralarea klein, oft kaum ausgeprägt, unregelmäßig begrenzt. Transapikalstreifen im mittleren Teil radial, vor den Polen abrupt konvergent, 24–36/10 µm. Zellen 10–25 µm lang, 2,5–4 µm breit.
Aerophytisch auf Moosrasen, weniger oft an feuchten Stellen (Island).

38. Navicula bacillum Ehrenberg 1843 (Fig. 13: e)
Hustedt 1930, p. 280, fig. 465; Krammer & Lange-Bertalot 1986, p. 187, fig. 67: 2–4.

Schalen linear, mit meistens schwach konvexen, seltener konkaven Rändern und breit gerundeten Enden. Raphe fadenförmig, eingeschlossen in einer scharf konturierten Medianrippe mit mäßig stark verdicktem Zentralknoten und ± transapikal erweiterten Terminalknoten, Zentralporen deutlich markiert. Axialarea eng, linear, zu einer mäßig kleinen bis großen, im Umriß ± elliptischen Zentralarea erweitert. Transapikalstreifen durchgehend radial, 12–14(–16)/10 µm. Zellen (25–)30–90 µm lang, 10–20 µm breit.
Zerstreut in Erdböden oder aerophytisch auf Moosen (BRD, Island, Insel Surtsey).

39. Navicula pupula Kützing 1844 (Fig. 13: f)
Hustedt 1930, p. 281, fig. 467; Krammer & Lange-Bertalot 1986, p. 189, fig. 68: 1–21.

Schalen extrem variabel, elliptisch, linear-elliptisch bis linear mit breit gerundeten, häufig ± vorgezogenen, seltener geschnäbelten oder kopfigen Enden. Raphe fadenförmig oder etwas wellig verlaufend, Zentralporen punktförmig markiert, oft einseitig leicht gekrümmt, die Medianrippe tritt ± deutlich hervor. Terminalknoten auffällig transapikal verbreitert. Axialarea schmal linear, Zentralarea variabel, seltener rhombisch, meistens gleichmäßig transapikal verlängert wie eine Querbinde erscheinend. Transapikalstreifen in ihrer Neigung sehr variabel, mäßig bis stark radial,

an den Polen parallel bis konvergent, 16–26/10 µm, oft leicht bogenförmig oder zu den Schalenrändern hin geknickt. Zellen 10–90 µm lang, 4,2–21 µm breit.
Relativ häufig in Erdböden (England); auch var. *undulata* Bristol 1920.

40. Navicula variostriata Krasske 1923 (Fig. 13: g)
Hustedt 1930, p. 273, fig. 447; Krammer & Lange-Bertalot 1986, p. 203, fig. 73: 8–11.

Schalen linear bis linear-elliptisch mit parallelen oder wenig konvexen Rändern und breit gerundeten Enden. Raphe fadenförmig, auffallend gerade, mit voneinander gestellten Zentralporen und entgegengesetzt abbiegenden kleinen Terminalspalten. Axialarea eng, linear, Zentralarea groß, rundlich bis annähernd rechteckig, meistens quer-elliptisch. Transapikalstreifen durchgehend radial, in der Mitte etwas verkürzt, 27–30/10 µm, fein punktiert erscheinend. Zellen 15–44 µm lang, 5–10 µm breit.
Ziemlich selten in feuchten Erdböden (Dänemark).

41. Navicula egregia Hustedt 1942 (Fig. 13: h)
Hustedt 1942, p. 64, fig. 26; Krammer & Lange-Bertalot 1986, p. 202, fig. 72: 29–33.

Schalen rhombisch-lanzettlich mit ziemlich stumpf gerundeten, manchmal sehr wenig vorgezogenen Enden. Raphe fadenförmig, in einer scharf konturierten Medianrippe verlaufend, die von den Polen zur Mitte an Breite zunimmt und im Bereich des Zentralknotens etwas eingeschnürt erscheinen kann. Axialarea übereinstimmend mit der Medianrippe, eng, lanzettlich. Zentralarea fehlt. Transapikalstreifen durchgehend radial, 30–35/10 µm. Zellen 15–17 µm lang, 3,5–5 µm breit.
Aerophytisch auf Moosrasen und auf feuchten Stellen (BRD, Finnland).

42. Navicula festiva Krasske 1925 (Fig. 13: i, j)
Syn.: *Navicula vitrea* (Østrup) Hustedt 1930
Hustedt 1930, p. 289, fig. 489; Krammer & Lange-Bertalot 1986, p. 200, fig. 72: 1–7.

Schalen lanzettlich, elliptisch-lanzettlich oder linear-lanzettlich mit ± vorgezogenen, manchmal geschnäbelten bis kopfig abgeschnürten, stumpf bis flach gerundeten Enden. Raphe fadenförmig, Zentralporen ± voneinander entfernt, in einer stärker verkieselten Medianrippe liegend, die von ± ausgeprägten und ausgedehnten Längsfurchen flankiert wird; Medianrippe in der Mitte oft etwas eingeschnürt. Axial- und Zentralarea werden durch die variable Ausdehnung der Depressionen bestimmt. Transapikalstreifen durchgehend radial, oft nur marginal deutlich markiert, im zentralen Bereich ± verschwommen, (22–)24–30(–36)/10 µm. Zellen 11–33 µm lang, 4–7,5 µm breit.
Auf feuchten Erdböden (Dänemark).

43. Navicula ventralis Krasske 1923 (Fig. 13: l)
Hustedt 1930, p. 274, fig. 450; Krammer & Lange-Bertalot 1986, p. 197, fig. 71: 1, 2.

Schalen elliptisch mit stärker konvexem mittleren Teil und breit gerundeten, kopfig abgeschnürten Enden. Raphe fadenförmig, Axialarea sehr eng, linear, Zentralarea in Größe und Form ziemlich variabel und unregelmäßig begrenzt. Transapikalstreifen durchgehend radial, etwa 4–6 mittlere sind ungleichmäßig verkürzt, 24–29/10 µm, feinere Strukturierung nicht erkennbar. Zellen 11,5–25 µm lang, 4,5–6,5 µm breit.
Aerophytisch, auf Lebermoosen und in Laubmoosrasen (BRD).

44. Navicula hustedtii Krasske 1923 (Fig. 13: k)
Hustedt 1930, p. 274, fig. 449; Krammer & Lange-Bertalot 1986, p. 199, fig. 71: 22–24.

Schalen schmal elliptisch-lanzettlich mit abrupt kopfig vorgezogenen, breit gerundeten Enden. Raphe fadenförmig, in einer verstärkten Medianrippe liegend, was bei tieferem Fokus durch dunkel konturierte Linien parallel zu der sehr engen Axialarea angedeutet wird. Zentralarea ziemlich groß, quer verbreitert. Transapikalstreifen ziemlich stark radial, an den Enden parallel oder konvergent, 24–28/10 µm, undeutlich punktiert. Zellen 12–17 µm lang, 4–5 µm breit.
Vereinzelt auf feuchten Böden oder in Erdböden.

45. Navicula pelliculosa (Brébisson ex Kützing) Hilse 1863 (Fig. 13: m, n)
Hustedt 1930, p. 287, fig. 480; Krammer & Lange-Bertalot 1986, p. 208, fig. 74: 37, 38.

Frusteln sehr schwach verkieselt und deshalb als Einzelexemplar leicht zu übersehen. Schalen hyalin erscheinend, meistens breit-elliptisch mit breit gerundeten Enden. Raphenäste schwer erkennbar, fadenförmig mit nicht auffällig voneinander entfernten, sondern ± normal gestellten proximalen Enden, in einer schmal linearen, stärker verkieselten Medianrippe verlaufend. Weitere Merkmale im Lichtmikroskop nicht auflösbar. Transapikalstreifen deutlich bogenförmig bis sigmoid gekrümmt, 45–55/10 µm. Zellen 9–12,5 µm lang, 4–6,2 µm breit.
Vereinzelt als Bodenalge gefunden (BRD, Island, Insel Surtsey).

46. Navicula tridentula Krasske 1923 (Fig. 13: o)
Hustedt 1930, p. 276, fig. 456; Krammer & Lange-Bertalot 1986, p. 210, fig. 80: 1–3.

Schalen linear mit meistens dreiwelligen, seltener zwei- oder vierwelligen Rändern oder auch nicht gewellt. Enden schnabelartig oder schwach kopfig vorgezogen, seltener breit abgerundet. Raphe fadenförmig, Axialarea sehr eng, linear, Zentralarea in Form und Größe variabel, ± transapikal verbreitert. Transapikalstreifen ohne spezielle optische Hilfsmittel nicht mehr differenzierbar. Zellen 11–19 µm lang, 3,5–4 µm breit.
Aerophytisch auf Moosrasen (BRD).

47. Navicula minuscula Grunow in Van Heurck 1880 (Fig. 13: p)
Syn.: *Navicula muralis* Grunow in Van Heurck 1880 p. p.; *Navicula importunata* Hustedt 1942, *Navicula pseudoexilissima* Hustedt 1962; *Navicula cloacina* Lange-Bertalot & Bonik 1976
Hustedt 1930, p. 288, fig. 483; 1942, p. 67, fig. 24, 25; Lund 1946, p. 83, fig. 8: A–I; Krammer & Lange-Bertalot 1986, p. 207, fig. 69: 18–27.

Schalen elliptisch, rhombisch-elliptisch bis lanzettlich mit oft ± vorgezogenen, mäßig stumpf bis breit, seltener mäßig spitz gerundeten Enden. Raphe fadenförmig, in einer schmalen, stärker verkieselten Medianrippe eingeschlossen; Terminalknoten den Polen dicht genähert. Axialarea sehr eng, linear, deckungsgleich mit der Medianrippe, ohne jede Andeutung einer Zentralarea. Transapikalstreifen meistens nur andeutungsweise erkennbar, bei schiefer Beleuchtung in der Mitte radial, 30–45/10 µm. Zellen 8–16 µm lang, 3,2–5,5 µm breit.
Aerophytisch auf feuchtem Boden oder auf Moosrasen, aber auch direkt in Erdböden vorkommend (BRD, Schweden, Dänemark, England).

48. Navicula indifferens Hustedt 1942 (Fig. 13: q)
Hustedt 1942, p. 67, fig. 27–30; Krammer & Lange-Bertalot 1986, p. 213, fig. 80: 28–30.

Schalen elliptisch-lanzettlich mit kurz vorgezogenen, stumpf gerundeten Enden. Raphe fadenförmig mit dicht gestellten, auffällig deutlich konturierten Zentralporen, Axialarea sehr eng, linear, Zentralarea nicht ausgeprägt. Transapikalstreifen und andere Strukturen unter der Auflösungsmöglichkeit im Lichtmikroskop. Zellen 6–8 µm lang, 2,5–3 µm breit.
In feuchten Moosrasen (BRD).

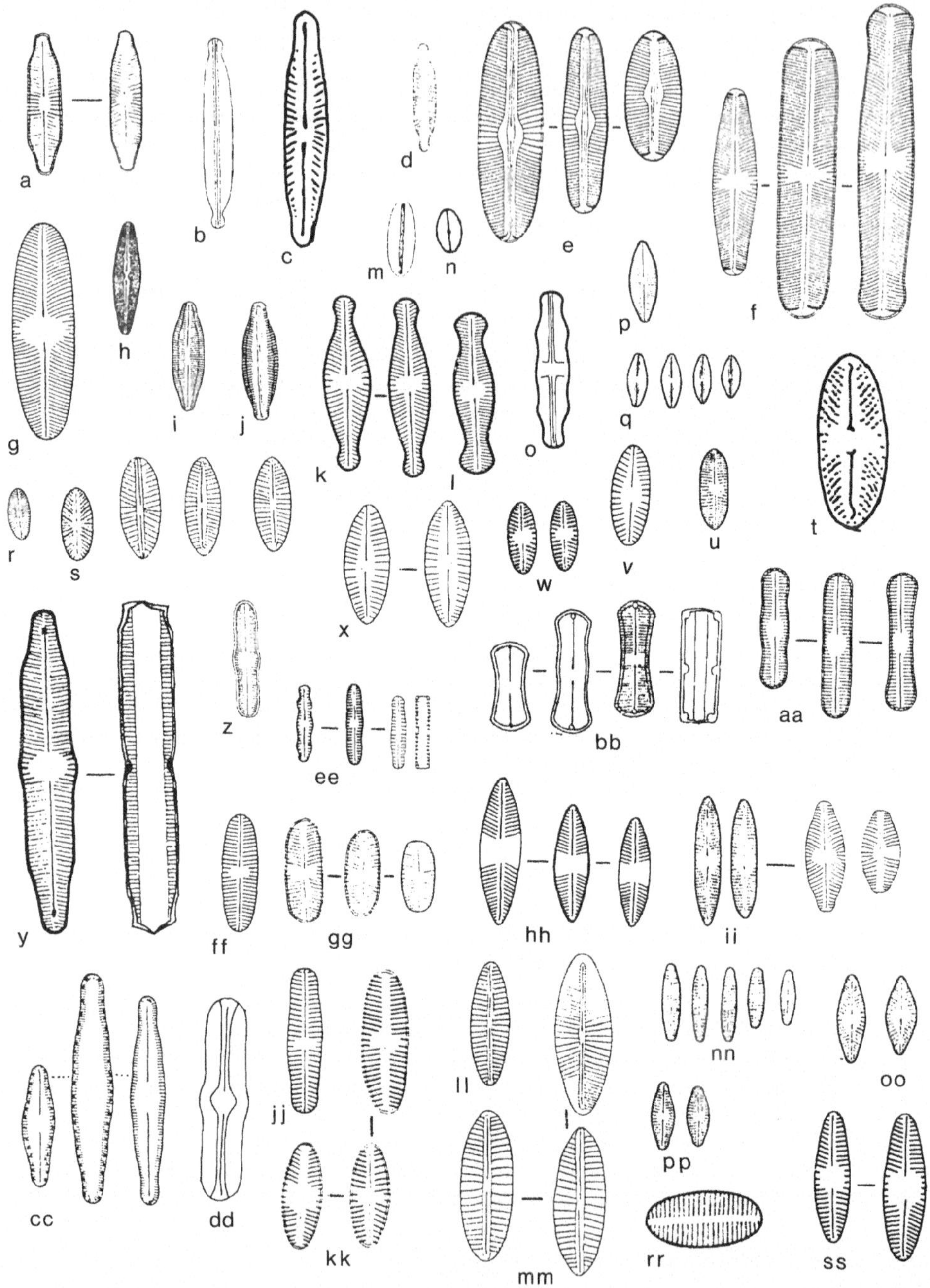

Fig. 13. *a N. brockmannii; b N. subtilissima; c, d N. bryophila; e N. bacillum; f N. pupula; g N. variostriata; h N. egregia; i, j N. festiva; k N. hustedtii; l N. ventralis; m, n N. pelliculosa; o N. tridentula; p N. minuscula; q N. indifferens; r, s N. atomus; t N. asellus; u N. destricta; v–x N. fossalis; y, z N. brekkaensis; aa N. contenta; bb N. contenta* var. *biceps; cc N. gallica; dd N. gallica* var. *perpusilla; ee N. söhrensis; ff, gg N. minima; hh N. harderi; ii N. parsura; jj, kk N. seminulum; ll, mm N. vaucheriae; nn N. obsoleta; oo N. subadnata; pp N. evanida; rr N. atomus; ss N. harderi* (*a, s, x, gg, kk, mm* nach Lund; *c, t* umgezeichnet nach Krammer & Lange-Bertalot; *y* nach Bock; *dd* nach Broady; *hh, rr, ss* nach Brendemühl, sonst nach Hustedt).

49. Navicula atomus (Kützing) Grunow 1860 (Fig. 13: r, s, rr)
Syn.: *Navicula arida* Bock 1962, *Navicula caduca* Hustedt 1942, *Navicula pseudatomus* Lund 1946, *Navicula permitis* Hustedt 1945, *Navicula peratomus* Hustedt 1957, *Navicula excelsa* Krasske 1925
Hustedt 1930, p. 288, fig. 484; 1942, p. 63, fig. 4; Lund 1946, p. 74, fig. 6: K–W; Krammer & Lange-Bertalot 1986, p. 216, fig. 74: 10–28.

Schalen elliptisch bis linear-elliptisch mit breit gerundeten Enden. Raphe fadenförmig, in einer ± stark verkieselten Medianrippe liegend, die sehr unterschiedlich breit sein kann und den Habitus im Lichtmikroskop sehr variabel erscheinen läßt. Axialarea eng bis sehr breit, Zentralarea nicht ausgeprägt oder klein bis mäßig groß, rundlich oder ± transapikal verbreitert. Transapikalstreifen in der Neigung variabel, durchgehend radial bis sehr stark radial, 16–36/10 µm, seltener als feine Punkte auflösbar. Zellen 5,5–16 µm lang, 3–6,5 µm breit.
Kosmopolitisch verbreitet, aerophytisch auf feuchter Erde, an Felsen oder in Moosrasen, meistens jedoch als typische Bodenalge. Es ist nicht sicher, ob var. *permitis* (Hustedt) Lange-Bertalot 1985 zu den Bodenalgen gehört.

50. Navicula asellus Weinhold ex Hustedt 1957 (Fig. 13: t)
Krammer & Lange-Bertalot 1986, p. 218, fig. 74: 34.

Schalen elliptisch mit breit gerundeten oder annähernd stumpf keilförmigen Enden. Raphe fadenförmig mit auffällig proximal verschobenen, meist deutlichen Terminalspalten. Axialarea variabel, eng linear bis sehr breit. Zentralarea ± quer verbreitert. Transapikalstreifen sehr stark radial, 15–20/10 µm, undeutlich bis deutlich punktiert, um 25–30/10 µm. Zellen 12–16 µm lang, 5–6 µm breit.
Aerophytisch auf sehr trockenen Standorten (BRD).

51. Navicula destricta Hustedt 1942 (Fig. 13: u)
Hustedt 1942, p. 64, fig. 22; Krammer & Lange-Bertalot 1986, p. 215, fig. 74: 8.

Schalen linear-elliptisch mit stumpf-keilförmig gerundeten Enden. Raphe fadenförmig, Axialarea sehr eng, linear, Zentralarea klein, rundlich. Transapikalstreifen schwach radial, an den Enden parallel, 25/10 µm. Zellen 11,5 µm lang, 4,5 µm breit.
Sehr selten in Moosrasen (BRD).

52. Navicula fossalis Krasske 1929 (Fig. 13: v–x)
Hustedt 1930, p. 306, fig. 544; Lund 1946, p. 78, fig. 7: H–K; Krammer & Lange-Bertalot 1986, p. 217, fig. 74: 29–33.

Schalen elliptisch mit stumpf gerundeten Enden. Raphe fadenförmig, in einer meistens schwächer ausgeprägten Medianrippe verlaufend, Axialarea eng, linear oder lanzettlich in eine ± große Zentralarea übergehend oder beide Areae zusammen eine ± große hyaline Fläche bildend. Transapikalstreifen durchgehend radial, 16–21/10 µm, feinere Struktur fein punktförmig. Zellen 9–13 µm lang, 3,5–6 µm breit.
Auf feuchten Böden oder in Moosrasen (BRD, England). Verbreitung von var. *obsidialis* (Hustedt) Lange-Bertalot nur ungenau bekannt.

53. Navicula brekkaensis J. B. Petersen 1928 (Fig. 13: y, z)
Syn.: *Navicula brekkaensoides* Bock 1962
J. B. Petersen 1928, p. 389, fig. 16; Krammer & Lange-Bertalot 1986, p. 220, fig. 75: 23–25.

Frusteln oft bandförmige Kolonien bildend, an den Enden können einzelne hakenartige Verbindungsdörnchen erkennbar sein. Schalen schmal-linear mit breit gerundeten, schwach kopfigen oder

allmählich verschmälerten, annähernd spitz gerundeten Enden oder Ränder wellig erscheinend. Raphe fadenförmig mit etwas entfernt gestellten Zentralporen und je nach Schalenlänge ± stark proximal versetzten Terminalknoten. Axialarea meistens eng, linear, Zentralarea rundlich bis viereckig, oder beide zu einer hyalinen Fläche verbunden; um die Terminalknoten können ± große Terminalarea entwickelt sein. Transapikalstreifen durchgehend annähernd parallel, ± stark verkürzt erscheinend, 24–36/10 µm. Zellen 10–55 µm lang, 2,5–5 µm breit.
Aerophytisch auf nassen Felsen, Erdböden oder Moosrasen, seltener terrestrisch (BRD, Dänemark, Island).

54. Navicula contenta Grunow in Van Heurck 1884–1887 (Fig. 13: aa)
Hustedt 1930, p. 277, fig. 458; Krammer & Lange-Bertalot 1986, p. 219, fig. 75: 1–5.

Frusteln häufig bandförmige Kolonien bildend. Schalenform extrem variabel, elliptisch bis linear, häufig mit aufgetriebener oder eingeschnürter Mitte oder mit dreiwelligen Rändern, Enden häufig ± kopfig vorgezogen, stets breit gerundet. Raphe fadenförmig mit etwas entfernt gestellten Zentralporen. Axial- und Zentralarea in Form und Ausdehnung sehr variabel. Transapikalstreifen meistens parallel, manchmal schwach radial und an den Enden schwach konvergent, 25–40/10 µm. Zellen 4–30 µm lang, 2–6 µm breit.
In Erdböden häufig, aber auch aerophytisch, sowohl an feuchten als auch an trockenen Standorten (BRD, Österreich, England, Dänemark, Tschechoslowakei, Island); ebenso var. *biceps* Bristol 1920 (Fig. 13: bb).

55. Navicula gallica (W. Smith) Lagerstedt 1873 (Fig. 13: cc)
Syn.: *Navicula fragilarioides* Krasske 1929, *Navicula gallica* var. *montana* Bahls 1981
Hustedt 1930, p. 278, fig. 461; Krammer & Lange-Bertalot 1986, p. 220, fig. 75: 6–11.

Frusteln häufig bandförmige Kolonien bildend, oft mit randständigen Verbindungsdörnchen. Schalenform sehr variabel, von elliptisch über linear bis rhombisch-elliptisch oder linear-lanzettlich, in der Mitte manchmal ± stark bauchig aufgetrieben, seltener mit schwach gewellten Rändern, Ende breit oder stumpf gerundet, manchmal auch ± kopfig vorgezogen. Raphe fadenförmig mit voneinander ± entfernt stehenden Zentralporen. Axialarea variabel, oft schwer erkennbar, linear-lanzettlich bis breiter lanzettlich, in der Mitte oft zu einer weiten Zentralarea erweitert, oder beide sind zu einer einheitlichen hyalinen Fläche vereinigt. Transapikalstreifen durchgehend schwach radial bis annähernd parallel, 26–40/10 µm. An den Schalenrändern können Verbindungsdörnchen als Punkte sichtbar werden, 10–14/10 µm. Zellen 6–45 µm lang, 2–5 µm breit.
Wahrscheinlich kosmopolitisch verbreitet, sowohl in Erdböden als auch aerophytisch auf feuchten Felsen oder auf Moosrasen; var. *perpusilla* (Grunow) Lange-Bertalot 1985 (Fig. 13: dd) in der Antarktis. Var. *laevissima* (Cleve) Lange-Bertalot 1985 unterscheidet sich von var. *gallica* durch die schmal-linear-lanzettlichen Schalen mit oft ± vorgezogenen Enden.

56. Navicula söhrensis Krasske 1923 (Fig. 13: ee)
Syn.: *Pinnularia muscicola* J. B. Petersen 1928, *Pinnularia söhrensis* (Krasske) J. B. Petersen 1932
Hustedt 1930, p. 289, fig. 488; Krammer & Lange-Bertalot 1986, p. 224, fig. 78: 1–13.

Schalen linear mit oder ohne dreiwellige Ränder oder nur mit einfach bauchig aufgetriebener Mitte, Enden ± kopfig vorgezogen bis abgeschnürt. Raphe fadenförmig mit ± entfernt gestellten Zentralporen. Axialarea variabel, von eng, linear bis mäßig weit und lanzettlich, um den Zentralknoten zu einer ebenfalls ziemlich variablen, schwer definierbaren Zentralarea erweitert. Transapikalstreifen schwach radial, abhängig von der Schalenform auch annähernd parallel, an den Enden oft konvergent, 17–24/10 µm. Zelle 9–16 µm lang, 2–3,5 µm breit.
Zerstreut auf überrieselten Felsen, auf vernäßten Moosrasen, seltener in Erdböden (BRD, Dänemark, Island).

57. Navicula minima Grunow in Van Heurck 1880 (Fig. 13: ff, gg)
Syn.: *Navicula tantula* Hustedt 1943, *Navicula atomoides* Grunow in Van Heurck 1880 p. p.
Hustedt 1930, p. 272, fig. 441; Lund 1946, p. 71, fig. 5: A–H; Krammer & Lange-Bertalot 1986, p. 229, fig. 76: 39–47.

Schalen linear, linear-elliptisch bis elliptisch mit breit gerundeten, selten kaum merklich vorgezogenen Enden. Raphe fadenförmig, Axialarea sehr eng, linear, Zentralarea ziemlich groß, in der Regel eine fast bis zum Rand reichende Querbinde bildend, durch weniger starke Verkürzung der Transapikalstreifen manchmal auch nur wenig weiter als bis zum halben Schalenrand. Transapikalstreifen durchgehend radial, 25–30/10 µm. Zellen 5–18 µm lang, 2–4,5 µm breit.
In verschiedenen Erdböden zerstreut, manchmal auch in Moosrasen (BRD, England, Island, Insel Surtsey, Tschechoslowakei).

58. Navicula harderi Hustedt in Brendemühl 1950 (Fig. 13: hh, ss)
Syn.: *Navicula subseminulum* Hustedt in Brendemühl 1950
Brendemühl 1950, p. 439, fig. 4; Krammer & Lange-Bertalot 1986, p. 229, fig. 76: 1–7.

Schalen rhombisch-lanzettlich über linear-lanzettlich bis linear mit nicht vorgezogenen stumpfen bis mäßig spitz gerundeten Enden. Raphe fadenförmig mit voneinander entfernt gestellten Zentralporen. Axialarea ziemlich variabel, von enger linear bis breiter, manchmal auch lanzettlich zur Zentralarea erweitert. Zentralarea groß, eine breite bis oder fast bis zu den Rändern reichende Querbinde bildend. Transapikalstreifen durchgehend radial, 23–27/10 µm. Zellen 9–15 µm lang, 3–4 µm breit.
In Erdböden (BRD).

59. Navicula parsura Hustedt 1962 (Fig. 13: ii)
Syn.: *Navicula obscura* Hustedt 1942 non Pantocsek 1908, ? *Navicula nitrophila* J. B. Petersen 1928
Hustedt 1942, p. 68, fig. 9, 10; Krammer & Lange-Bertalot 1986, p. 232, fig. 76: 8–10.

Schalen linear bis linear-elliptisch mit schwach konvexen Rändern und stumpf-keilförmig gerundeten Enden. Raphe fadenförmig ohne auffällig eng oder entfernt gestellte Zentralporen, aber mit deutlich markierten Terminalknoten. Axialarea sehr eng, zu einer ± großen, in der Form variablen Zentralarea erweitert. Transapikalstreifen schwach radial, an den Enden parallel oder schwach konvergent, 21–23/10 µm. Zellen 11–19 µm lang, 3,5–4 µm breit. *Navicula nitrophila* J. B. Petersen 1928 ist mit dieser Art wohl identisch.
In vernäßten Moosrasen (BRD).

60. Navicula seminulum Grunow 1860 (Fig. 13: jj, kk)
Hustedt 1930, p. 272, fig. 443; Lund 1946, p. 68, fig. 5: I–GG, II–YY; Krammer & Lange-Bertalot 1986, p. 230, fig. 76: 30–36.

Schalen schmal linear-elliptisch, die kleinsten elliptisch bis rundlich, mit meistens transapikal schwach erweiterter Mitte und breit gerundeten Enden. Raphe fadenförmig, gerade oder schwach gebogen, Axialarea eng, linear, Zentralarea ziemlich groß, quer-rechteckig bis fast an den Schalenrand reichend und durch gleichmäßig verkürzte Transapikalstreifen regelmäßig begrenzt. Letztere durchgehend schwach radial oder an den Enden manchmal parallel, 18–22/10 µm. Zellen 3–21 µm lang, 2–5 µm breit.
Eine ziemlich verbreitete Bodenalge, die gelegentlich auch in Moosrasen vorkommt (BRD, Tschechoslowakei, England, Island).

61. Navicula vaucheriae J. B. Petersen 1915 (Fig. 13: ll, mm)
J. B. Petersen 1915, p. 291, fig. 13; Lund 1946, p. 75, fig. 6: DD, EE; Krammer & Lange-Bertalot 1986, p. 231, fig. 76: 27–29.

Schalen elliptisch-lanzettlich mit stumpf gerundeten Enden. Raphe fadenförmig, in einer stärker verkieselten Medianrippe verlaufend, Axialarea eng, linear, Zentralarea mäßig klein beidseits quer erweitert. Transapikalstreifen durchgehend schwach radial, 19–21/10 µm. Die Medianrippe wird beidseitig von schmalen Furchen flankiert. Zellen 11,5–15 µm lang, 3,5–4,5 µm breit.
In verschiedenen Bodenproben gefunden (Island, Dänemark, England).

62. Navicula obsoleta Hustedt 1942 (Fig. 13: nn)
Hustedt 1942, p. 69, fig. 12–16; Krammer & Lange-Bertalot 1986, p. 231, fig. 76: 17–20.

Schalen lanzettlich bis linear-lanzettlich mit manchmal kaum merklich vorgezogenen, stumpf gerundeten Enden. Raphe fadenförmig, schwach gekrümmt, Axialarea sehr eng, linear, Zentralarea klein bis relativ groß, transapikal erweitert. Transapikalstreifen in Relation zur Schalengröße sehr kräftig erscheinend, 20–24/10 µm, punktiert. Zellen 8–11 µm lang, 2–2,5 µm breit.
Ziemlich häufig zwischen Lebermoosen (BRD).

63. Navicula subadnata Hustedt 1942 (Fig. 13: oo)
Hustedt 1942, p. 69, fig. 6–8; Krammer & Lange-Bertalot 1986, p. 202, fig. 78: 21–25.

Schalen elliptisch-lanzettlich bis rhombisch-lanzettlich mit kaum merklich vorgezogenen, mäßig spitz gerundeten Enden. Raphe fadenförmig, gerade bis schwach gekrümmt mit deutlich markierten Zentralporen, in einer nur wenig stärker verkieselten Medianrippe verlaufend. Axialarea eng, zur Mitte hin etwas lanzettlich erweitert. Zentralarea ziemlich groß, rundlich bis elliptisch. Transapikalstreifen durchgehend stark radial, um den Zentralknoten ziemlich gleichmäßig verkürzt, 22–25/10 µm. Zellen 10–15,5 µm lang, 4–5,5 µm breit.
In Moosrasen und an vernäßten Stellen (BRD).

64. Navicula evanida Hustedt 1942 (Fig. 13: pp)
Syn.: *Navicula ventosa* Hustedt 1957
Hustedt 1942, p. 66, fig. 20, 21; Krammer & Lange-Bertalot 1986, p. 232, fig. 76: 11–16.

Schalen elliptisch-lanzettlich, rhombisch-elliptisch oder linear-lanzettlich mit meistens kurz vorgezogenen, stumpf gerundeten Enden. Raphe fadenförmig, Axialarea sehr eng, linear, Zentralarea ziemlich klein bis mittelgroß, rundlich bis rhombisch. Transapikalstreifen radial, an den Enden schwach radial, 24–28/10 µm. Zellen 6–10 µm lang, 2,5–3 µm breit.
Vereinzelt zwischen Laub- und Lebermoosen (BRD).

Nicht völlig gesicherte Arten:
Navicula bidentula J. B. Petersen 1928, p. 388, fig. 14.
Navicula fontinalis Grunow sensu J. B. Petersen 1915, p. 288, fig. 4.
Navicula hyalina Donk sensu Bristol 1920, p. 68, fig. 9: 18–21.
Navicula terricola Bristol 1920, p. 67, fig. 8: 15–17.

2. Stauroneis Ehrenberg 1843
Hustedt 1930, p. 254; Krammer & Lange-Bertalot 1986, p. 236.

Zellen vom *Navicula*-Typus (siehe S. 54), zuweilen mit Zwischenbändern oder polaren Septen, einzeln lebend oder bandförmige Kolonien bildend. Schalen meistens elliptisch bis linear-lanzettlich mit zu einem bis an den Schalenrand transapikal erweiterten Zentralknoten (Stauros) und

ebenfalls stauroider Zentralarea. Schalen ± zart punktiert, die Punkte bilden gerade Transapikalstreifen und unregelmäßige wellige Längslinien. Die Schalen vieler Arten sind in ihren Polen mit kurzen Pseudosepten versehen, Symmetrieverhältnisse: Zellen mit drei geraden isopolen Achsen. Chloroplasten zwei gürtelständige Platten.
Von den 31 beschriebenen Arten sind 10 bodenbewohnend oder aerophytisch.

1a Punkte auf den Transapikalstreifen sehr fein, meist nicht im Lichtmikroskop auflösbar, mehr als 30/10 µm 2
1b Punkte auf den Transapikalstreifen zumindest mit höheren Aperturen gut erkennbar 5
2a Schalen kürzer als 12 µm . . . . **9. St. nana**
2b Schalen länger als 13 µm 3
3a Enden deutlich vorgezogen oder kopfig 4
3b Enden nur schwach abgesetzt oder nicht abgesetzt und stumpf gerundet . . . . **10. St. lapidicola**
4a Transapikalstreifen relativ grob, 20–24/10 µm . . . . **8. St. thermicola**
4b Transapikalstreifen feiner, 26 und mehr in 10 µm . . . . **7. St. agrestis**
5a Weniger als 20 Transapikalstreifen in 10 µm 6
5b Mehr als 20 Transapikalstreifen in 10 µm 7
6a Pseudosepten fehlen oder sind schwer erkennbar . . . . **6. St. borrichii**
6b Mit Pseudosepten, zumindest in Gürtelansicht gut sichtbar . . . . **5. St. obtusa**
7a Pseudosepten undeutlich oder fehlend 8
7b Pseudosepten deutlich . . . . **4. St. smithii**
8a Schalen schmal, linear, Länge / Breite Verhältnis größer als 5 . . . . **3. St. lundii**
8b Schalen breiter lanzettlich bis elliptisch-lanzettlich, Länge / Breite Verhältnis kleiner als 5 9
9a Transapikalstreifen in der Mitte wenig radial, Zentralarea daher eine fast lineare Fascia . . . . **1. St. anceps**
9b Transapikalstreifen in der Mitte stärker radial, Fascia daher nach außen ± erweitert; Seiten meist dreiwellig . . . . **2. St. undata**

1. Stauroneis anceps Ehrenberg 1843 (Fig. 14: a)

Hustedt 1930, p. 256, fig. 405; Krammer & Lange-Bertalot 1986, p. 240, fig. 87: 3–9, 88: 1–4.

Schalen elliptisch-lanzettlich bis linear-lanzettlich, Seiten mäßig konvex, parallel oder undulat. Enden stets vorgezogen, geschnäbelt oder kopfig. Raphenäste in ihrer Mitte deutlich lateral, proximal und distal sich verschmälernd, proximales Raphenende stets gerade mit einem deutlichen Zentralporus, Endspalten fragezeichenförmig. Axialarea linear, eng, am Ende etwas schmäler. Zentralarea eine in der Regel bis zum Rand reichende Fascia, etwa deckungsgleich mit dem kräftigen Stauros. Pseudosepten fehlen. Punktierung fein, aber deutlich. Transapikalstreifen in der Mitte mäßig radial, am Ende etwas stärker radial, 20–33/10 µm, Punkte 23–35/10 µm. Zellen 20–130 µm lang, 6–18 µm breit.
Häufig als Bodenalge auftretend, aber auch aerophytisch lebend (BRD, Dänemark, Island, Insel Surtsey, Grönland). Ebenso var. *amphicephala* (Kützing) Cleve und var. *linearis* (Ehrenberg) Cleve.

2. Stauroneis undata Hustedt 1939 (Fig. 14: b, c)

Syn.: *Navicula borrichii* var. *subcapitata* J. B. Petersen 1915, *Stauroneis thienemannii* Hustedt 1954
Krammer & Lange-Bertalot 1986, p. 244, fig. 89: 8–10.

Schalen linear-lanzettlich mit leicht konvexen bis fast parallelen, zumeist dreiwelligen Rändern, Enden stumpf gerundet, deutlich abgesetzt und vorgezogen oder leicht kopfig. Pseudosepten sehr kurz bis undeutlich. Raphe fadenförmig, Zentralporen deutlich, Endspalten im Lichtmikroskop schwer erkennbar. Axialarea schmal, linear, in der Nähe der Zentralarea etwas verbreitert,

Zentralarea eine breite Fascia, sich erweiternd zum Schalenrand. Punkte relativ grob. Transapikalstreifen radial, 21–23/10 µm. Zellen 20–30 µm lang, 5–7 µm breit.
Vereinzelt sowohl in Erdböden als auch aerophytisch (BRD).

3. **Stauroneis lundii** Hustedt 1959 (Fig. 14: d)

Syn.: *Stauroneis truncata* Lund 1946 non (Rabenhorst) Ralfs 1861
Lund 1946, p. 59, fig. 2: U–AA; Krammer & Lange-Bertalot 1986, p. 244, fig. 89: 11.

Schalen linear bis linear-lanzettlich, Enden gerundet, schwach abgesetzt, Schalen stark gewölbt und an den Enden stark abfallend. Außenspalt der Raphe deutlich gebogen, dadurch Raphenäste in der Mitte lateral, an den Enden fadenförmig, Zentralporen deutlich, Endspalten fragezeichenförmig, Axialarea eng, aber deutlich, in der Nähe der Zentralarea etwas erweitert, Zentralarea eine breite Fascia, nach außen etwas erweitert. Punkte fein, aber deutlich. Transapikalstreifen radial und etwas gekrümmt durch die gebogene Schalenfläche, in der Mitte 23–24/10 µm, am Ende etwa 30/10 µm. Zellen 12–32 µm lang, 4–5,5 µm breit.
Auf feuchtem Waldboden (England, BRD).

4. **Stauroneis smithii** Grunow 1860 (Fig. 14: k, l)

Hustedt 1930, p. 261, fig. 420; Krammer & Lange-Bertalot 1986, p. 244, fig. 89: 16–23.

Umriß sehr variabel von rhombisch-lanzettlich über elliptisch-lanzettlich bis linear, Seiten konvex oder dreiwellig, dabei die mittlere Welle am breitesten. Enden nicht oder schwach vorgezogen und zumeist etwas spitz gerundet, Pseudosepten immer deutlich entwickelt und die Basis der vorgezogenen Enden erreichend. Raphe fadenförmig mit deutlichen Zentralporen, Endspalten im Mantel liegend, schwer sichtbar. Axialarea schmal, linear, in der Nähe der Zentralarea sich erweiternd, Zentralarea eine schmale, lineare Fascia. Punkte mit geringem Kontrast, aber relativ grob. Transapikalstreifen parallel bis leicht radial, 20–30/10 µm. Zellen 12–55 µm lang, 4–9 µm breit.
Vereinzelt in Erdböden (BRD).

5. **Stauroneis obtusa** Lagerstedt 1873 (Fig. 14: m)

Syn.: *Stauroneis lapponica* Cleve 1895
Hustedt 1930, p. 260, fig. 416; Krammer & Lange-Bertalot 1986, p. 245, fig. 90: 1–6.

Schalen linear-elliptisch bis linear-lanzettlich, Seiten mäßig konvex, mit stumpf gerundeten, schwach abgesetzten Enden, Pseudosepten nur bei größeren Exemplaren deutlich. Raphe schwach lateral bis fadenförmig, Außenspalt proximal etwas gebogen, Zentralporen deutlich, Endspalten schwer sichtbar, fragezeichenförmig. Axialarea sehr variabel von schmal linear bis lanzettlich und mäßig breit, Zentralarea eine mäßig breite, nach außen erweiterte Fascia ohne randständige Transapikalstreifen. Punkte grob, relativ kontrastreich. Transapikalstreifen in der Mitte und am Ende radial, 18–24/10 µm. Zellen 20–120 µm lang, 4–13 µm breit.
Aerophytische kosmopolitische Art, auf feuchten Moosen, an Baumstämmen und Mauern.

6. **Stauroneis borrichii** (J. B. Petersen) Lund 1946 (Fig. 14: e)

Syn.: *Navicula borrichii* J. B. Petersen 1915; *Stauroneis thienemannii* f. *simplex* Hustedt 1954
J. B. Petersen 1915, p. 285, fig. 1–3; Lund 1946, p. 63, fig. 3: C–H; Krammer & Lange-Bertalot 1986, p. 245, fig. 90: 10–12.

Schalen linear-elliptisch, Seiten schwach konvex, Enden stumpf gerundet, deutlich abgesetzt bis zu kopfig vorgezogen, Pseudosepten undeutlich. Raphe fadenförmig bis schwach lateral, Außenspalt oft leicht gebogen. Axialarea sehr schmal, linear, nur in der Nähe der Zentralarea etwas erweitert, Zentralarea mäßig breite, zum Schalenrand hin stark erweiterte Fascia. Punkte grob, unregelmäßig

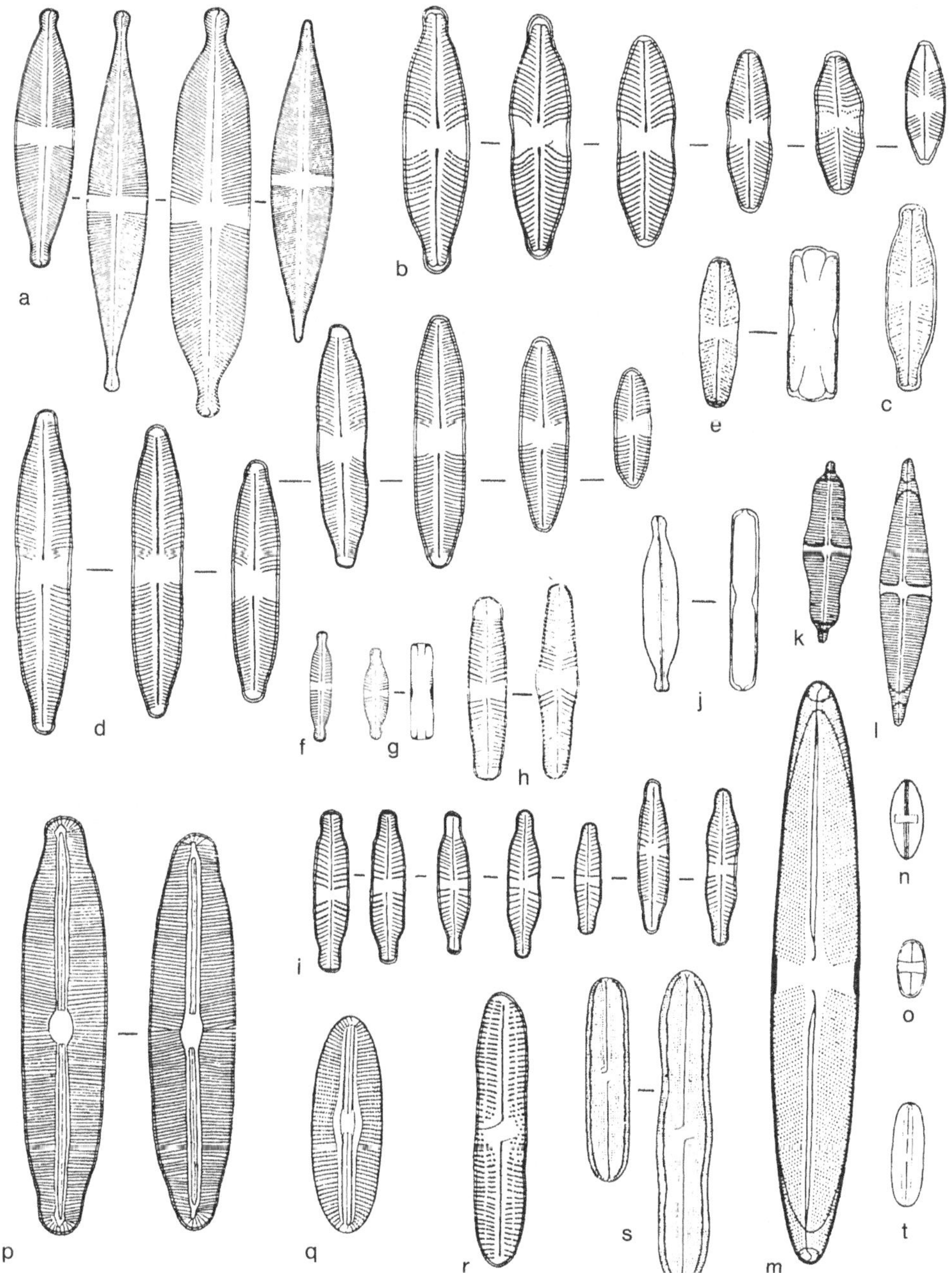

Fig. 14. *a Stauroneis anceps; b, c St. undata; d St. lundii; e St. borrichii; f–i St. thermicola; j St. agrestis; k St. smithii; l St. smithii* var. *incisa; m St. obtusa; n St. nana; o St. lapidicola; p Frustulia vulgaris; q Diploneis oblongella; r Neidium minutissimum; s N. bisulcatum; t Diploneis minuta* (*b, d, h, i, p, r* nach Lund; *c, e, g, j, n, o* nach J. B. Petersen; sonst nach Hustedt).

auf den Transapikalstreifen verteilt. Transapikalstreifen leicht gekurvt, durchweg radial 18–23/10 µm, Punkte 26–30/10 µm. Zellen 10–24 µm lang, 3–5 µm breit.
Als aerophytische Alge wahrscheinlich kosmopolitisch verbreitet. Die var. *subcapitata* (J. B. Petersen) Lund wird jetzt zu *Stauroneis undata* Hustedt 1939 gereiht (s. Krammer & Lange-Bertalot 1986).

7. Stauroneis agrestis J. B. Petersen 1915 (Fig. 14: j)
J. B. Petersen 1915, p. 289, fig. 9; Krammer & Lange-Bertalot 1986, p. 247, fig. 90: 21–22.

Schalen linear bis linear-elliptisch, Seiten parallel bis schwach konvex, Enden stumpf gerundet und kopfig abgesetzt, Pseudosepten fehlen. Außenspalt der Raphe schwach gebogen, Raphenäste in der Mitte etwas lateral, an beiden Enden fadenförmig. Zentralporen schwach entwickelt, Endspalten fragezeichenförmig. Axialarea eng, aber deutlich, linear, Zentralarea eine breite, sich stark zum Rand hin erweiternde Fascia. Punkte sehr zart, im allgemeinen schwer im Lichtmikroskop zu erkennen. Transapikalstreifen etwas gekrümmt, durchweg stark radial und in manchen Fällen im Lichtmikroskop schwer aufzulösen, 27–34/10 µm. Zellen 19–28 µm lang, 4–6 µm breit.
Eine aerophytische Art, die auf feuchten Felsen, feuchten Erdböden oder auf Moosrasen vorkommt (BRD, Dänemark, Island).

8. Stauroneis thermicola (J. B. Petersen) Lund 1946 (Fig. 14: f–i)
Syn.: *Navicula thermicola* J. B. Petersen 1928, *Navicula contempta* Krasske 1929, *Stauroneis montana* Krasske ex Hustedt 1930, ? *Stauroneis muriella* Lund 1946
Hustedt 1930, p. 259, fig. 418; Lund 1946, p. 61, fig. 3: K–AA, Lange-Bertalot 1986, p. 248, fig. 90: 31–34.

Schalen linear mit parallelen, schwach konvexen oder konkaven Rändern, Enden stets abgesetzt und vorgezogen oder auch etwas kopfig, an den Polen mit kurzen, aber fast immer deutlichen Pseudosepten. Raphe gerade, fadenförmig, mit deutlichen Zentralporen, Axialarea schmal, zur Mitte hin etwas lanzettlich erweitert, Zentralarea eine mäßig breite, lineare Fascia. Die mittleren Transapikalstreifen parallel, dann durchweg radial, mittlere Streifen kräftiger und viel weiter gestellt als in beiden distalen Schalenvierteln. Transapikalstreifen in der Mitte 20–24/10 µm, am Ende 30–36/10 µm, die Punkte lassen sich im Lichtmikroskop kaum trennen. Zellen 8–17 µm lang, 3–5 µm breit.
Typischer Bewohner feuchter Moose, nur vereinzelt im Erdboden (England, BRD, Tschechoslowakei, Island, Dänemark).

9. Stauroneis nana Hustedt 1957 (Fig. 14: n)
Syn.: ? *Stauroneis aerophila* J. B. Petersen 1915; Krammer & Lange-Bertalot 1986, p. 249, fig. 91: 8, 9.

Schalen elliptisch-lanzettlich, Enden stumpf gerundet, kaum abgesetzt, Pseudosepten fehlen. Schalen sehr zartwandig. Raphe stark gebogen, fadenförmig. Zentralporen deutlich, Endspalten schwer zu sehen. Axialarea mäßig schmal, linear, ihr Verlauf folgt den gekurvten Raphenästen, Zentralarea ein breiter, sich nach außen erweiternder Stauros. Transapikalstreifen sehr zart und nur im schrägen Licht auflösbar, etwa 33 und mehr/10 µm. Zellen 9–12 µm lang, 3–4 µm breit.
Aerophytisch auf feuchtem Erdboden oder Felsen und Mauern (Island, Dänemark, Tschechoslowakei).

10. Stauroneis lapidicola J. B. Petersen 1928 (Fig. 14: o)
J. B. Petersen 1928, p. 386, fig. 12; Krammer & Lange-Bertalot 1986, p. 249, fig. 91: 10, 11.

Schalen elliptisch, Enden nicht abgesetzt, breit gerundet, Pseudosepten nicht erkennbar, Schalen zartwandig, Raphe fadenförmig, Zentralspalten groß, Axialarea eng, Zentralarea eine breite, nach

außen erweiterte Fascia. Struktur relativ grob, aber durch die dünne Schale wenig kontrastreich. Transapikalstreifen 29–32/10 µm, durchweg radial, Punkte schwer auflösbar. Zellen 6,5–9,7 µm lang, etwa 3 µm breit.
Aerophytisch bislang nur auf Island und in Norwegen gefunden.

3. **Frustulia** Rabenhorst 1853

Hustedt 1930, p. 220; Krammer & Lange-Bertalot 1986, p. 258.

Zellen naviculoid mit drei isopolen Hauptachsen. Zwei Merkmale grenzen die Arten der Gattung deutlich ab, kräftige Axialrippen und die nach dem Lochplattentypus gebaute Schale. Die Nut und Federraphen der Art werden auf den Schaleninnenseiten von kräftigen Axialrippen begleitet, die auch im Lichtmikroskop deutlich sind. Die Axialrippen sind direkt mit den relativ kleinen Zentralknoten verbunden und vereinigen sich am Schalenende zu einer keilförmigen Struktur.
Von 5 Arten sind 2 bodenbewohnend oder aerophytisch.

1a Seiten des Zentralknotens eingezogen (konkav), Schalen rhombisch lanzettlich, mit gerundeten Polen . . . . **1. F. rhomboides**

1b Seiten des Zentralknotens konvex, Schalen linear-elliptisch mit stumpf vorgezogenen Polen . . . . **2. F. vulgaris**

1. **Frustulia rhomboides** (Ehrenberg) De Toni 1891 (Fig. 15: a–c)

incl. var. *saxonica* (Rabenhorst) De Toni 1891
Hustedt 1930, p. 220, fig. 324; Krammer & Lange-Bertalot 1986, p. 258, fig. 95: 1–7, 96: 1–5.

Schalen elliptisch- bis rhombisch-lanzettlich, Enden gerundet, nicht bis deutlich abgesetzt und kurz vorgezogen oder leicht kopfig. Raphe leicht gekurvt, die ganze Länge der Raphenäste mäßig breite Nut- und Federraphe, auf der Schaleninnenseite begleitet von kräftigen Axialrippen. Axialarea sehr eng, Zentralarea fehlt. Transapikalstreifen durchweg fein punktiert, parallel zur Axialarea; in Schalenmitte und am Schalenende parallel, um den Endknoten circumpolare Transapikalstreifen, 20–40/10 µm, ebenso die Punkte. Zellen 40–160 µm lang, 12–30 µm breit.
Auf nassen Felsen oder vereinzelt auch in Erdböden (BRD).

2. **Frustulia vulgaris** (Thwaites) De Toni 1891 (Fig. 14: p)

Hustedt 1930, p. 221, fig. 327; Lund 1946, p. 58, fig. 2: O, P; Krammer & Lange-Bertalot 1986, p. 260, fig. 97: 1–6.

Schalen linear elliptisch bis linear lanzettlich, Seiten auch undulat, mit stumpf gerundeten, kurz vorgezogenen oder kopfigen Enden. Raphe gekurvt, von innen liegenden Axialrippen begleitet, Axialarea sehr eng, Zentralarea rundlich oder oval. Lineolae etwas transapikal verlängert, sie sind auf den Transapikalstreifen unregelmäßig angeordnet und bilden deshalb keine geraden Apikalreihen. Transapikalstreifen in der Mitte schwach radial, an den Schalenenden schwach konvergent und circumpolar, in der Mitte 23–26/10 µm, am Ende bis 34/10 µm, Punkte 27–35/10 µm. Zellen 50–70 µm lang, 10–13 µm breit.
Wahrscheinlich kosmopolitisch verbreitet, aerophytisch und terrestrisch, auch auf Moosen.

4. **Neidium** Pfitzer 1871

Hustedt 1930, p. 241; Krammer & Lange-Bertalot 1986, p. 265.

Zellen naviculoid mit drei isopolen Hauptachsen, Schalen mit Alveolen, Areolen mit innenliegenden Siebmembranen. Zwei Merkmale grenzen die Gattung eindeutig ab: ein oder mehrere Längskanäle und der Raphenbau. Die Längskanäle liegen fast immer marginal (ausnahmsweise auch in der Medianrippe), auf der Schalenaußenseite sind sie durch ein unperforiertes Längsband erkennbar. Die Raphe bei dieser Gattung ist besonders durch ihre bifurkaten distalen Enden und den höckerförmigen Zentralknoten charakterisiert. Dazu besitzt ein Teil der Arten nach unterschiedlichen Richtungen abgebogene Zentralspalten, es gibt aber auch mehrere Arten mit Zentralporen. Im Lichtmikroskop erscheinen die distalen Enden der Raphenäste bei den meisten Arten in zwei Äste aufgeteilt («bifurkate Endspalten»).

Es wurden 29 Arten beschrieben, von denen 4 in Böden vorkommen.

1a Zentralspalten sehr lang, fast die marginalen Längskanäle erreichend .... **1. N. minutissimum**
1b Zentralspalten kürzer 2
2a Mehr als 26 Transapikalstreifen in 10 µm .... **2. N. bisulcatum**
2b Weniger als 24 Transapikalstreifen in 10 µm 3
3a 20 Punkte in 10 µm und mehr .... **4. N. affine**
3b Weniger als 20 Punkte in 10 µm .... **3. N. iridis**

1. Neidium minutissimum Krasske 1932 (Fig. 14: r)

Lund 1946, p. 59, fig. 2: N; Krammer & Lange-Bertalot 1986, p. 272, fig. 101: 5.

Schalen linear bis linear-elliptisch mit fast parallelen, manchmal auch leicht welligen Rändern, Enden gerundet, etwas keilförmig. Raphe fadenförmig, Endspalten bifurkat, Zentralspalten sehr lang, die marginalen Längskanäle erreichend, in stumpfem Winkel abbiegend und etwa parallel zueinander in entgegengesetzten Richtungen verlaufend. Axialarea eng, linear, Zentralarea sehr groß, rund oder breite, manchmal asymmetrische Querbinde. Transapikalstreifen fein, aber deutlich punktiert, leicht radial, zum Ende auch parallel 19–25/10 µm, Punkte 21–25/10 µm. Zellen 23–29 µm lang, 5–6 µm breit.

Sowohl terrestrisch als auch aerophytisch an feuchten Felsen und Mauern (BRD, England).

2. Neidium bisulcatum (Legerstedt) Cleve 1894 (Fig. 14: s)

Hustedt 1930, p. 242, fig. 374, 375; Krammer & Lange-Bertalot 1986, p. 277, fig. 103: 1–10.

Schalen linear mit parallelen, schwach konkaven, in der Mitte leicht aufgetriebenen oder dreiwelligen Seiten, Enden gerundet, etwas keilförmig oder kantig und nicht abgesetzt oder vorgezogen. Raphenäste in der Mitte lateral, an den Enden fadenförmig, distal bifurkat, proximal mit langen, kräftigen Zentralspalten. Axialarea eng, zur Mitte der Raphenäste hin etwas lanzettlich verbreitert, Zentralarea breit-elliptisch, nicht immer die Längskanäle erreichend. Die Längskanäle liegen in der Schalenfläche und erscheinen als 2–3 parallel laufende, oft etwas wellige, punktierte apikal verlaufende Linien. Transapikalstreifen in der Mitte parallel bis leicht radial, an den Enden schwach konvergent, 26–20/10 µm, ebenso die Punkte. Zellen 28–82 µm lang, 7–12 µm breit.

Vereinzelt in Erdböden (England), wahrscheinlich aber keine echte Bodenalge.

3. Neidium iridis (Ehrenberg) Cleve 1894 (Fig. 15: g)

Syn.: *Neidium maximum* (Cleve) Meister 1912

Hustedt 1930, p. 245, fig. 379; Krammer & Lange-Bertalot 1986, p. 279, fig. 104: 1–4, 105: 1.

Schalen linear, linear-lanzettlich bis linear-elliptisch mit parallelen, schwach konvexen oder leicht undulaten Seiten, Enden ± keilförmig gerundet, nicht bis schwach abgesetzt und vorgezogen. Raphenäste in der Mitte deutlich lateral, an den Enden schmal, distal bifurkat, proximal mit relativ sehr kleinen, häkelnadelförmigen Zentralspalten. Axialarea linear, bei größeren Formen entlang der beiden Raphenäste lanzettlich und in der Mitte wesentlich breiter als an beiden Enden, Zentralarea kreisförmig bis quer elliptisch. Marginal ein breites Längsband, das in der Regel weit in die Schalenfläche hineinreicht und von drei oder mehreren apikal verlaufenden, etwas gewellten Punktreihen begleitet wird. Transapikalstreifen grob punktiert, in der Mitte parallel, schwach radial oder etwas schräg zur Mediane, am Ende parallel bis schwach konvergent, 12–18/10 µm, ebenso die Punkte. Zellen 37–300 µm lang, 15–40 µm breit.

Vereinzelt aerophytisch oder terrestrisch.

4. Neidium affine (Ehrenberg) Pfitzer 1871 (Fig. 15: d–f)
Syn.: *Neidium affine* var. *amphirhynchus* (Ehrenberg) Cleve 1894
Hustedt 1930, p. 242, fig. 376; Krammer & Lange-Bertalot 1986, p. 280, fig. 103a: 4, 5; 106: 8–10.

Schalen linear bis linear-elliptisch, Seiten parallel, schwach konvex, konkav oder wellig, Enden stets deutlich abgesetzt, vorgezogen oder kopfig und immer stumpf gerundet. Raphenäste in der Mitte weniger breiter als an beiden Enden, distal deutlich bifurkat, proximal mit kurzen bis mittellangen Zentralspalten. Axialarea eng, linear, Zentralarea quer-oval oder fast Fascia-artig und oft etwas

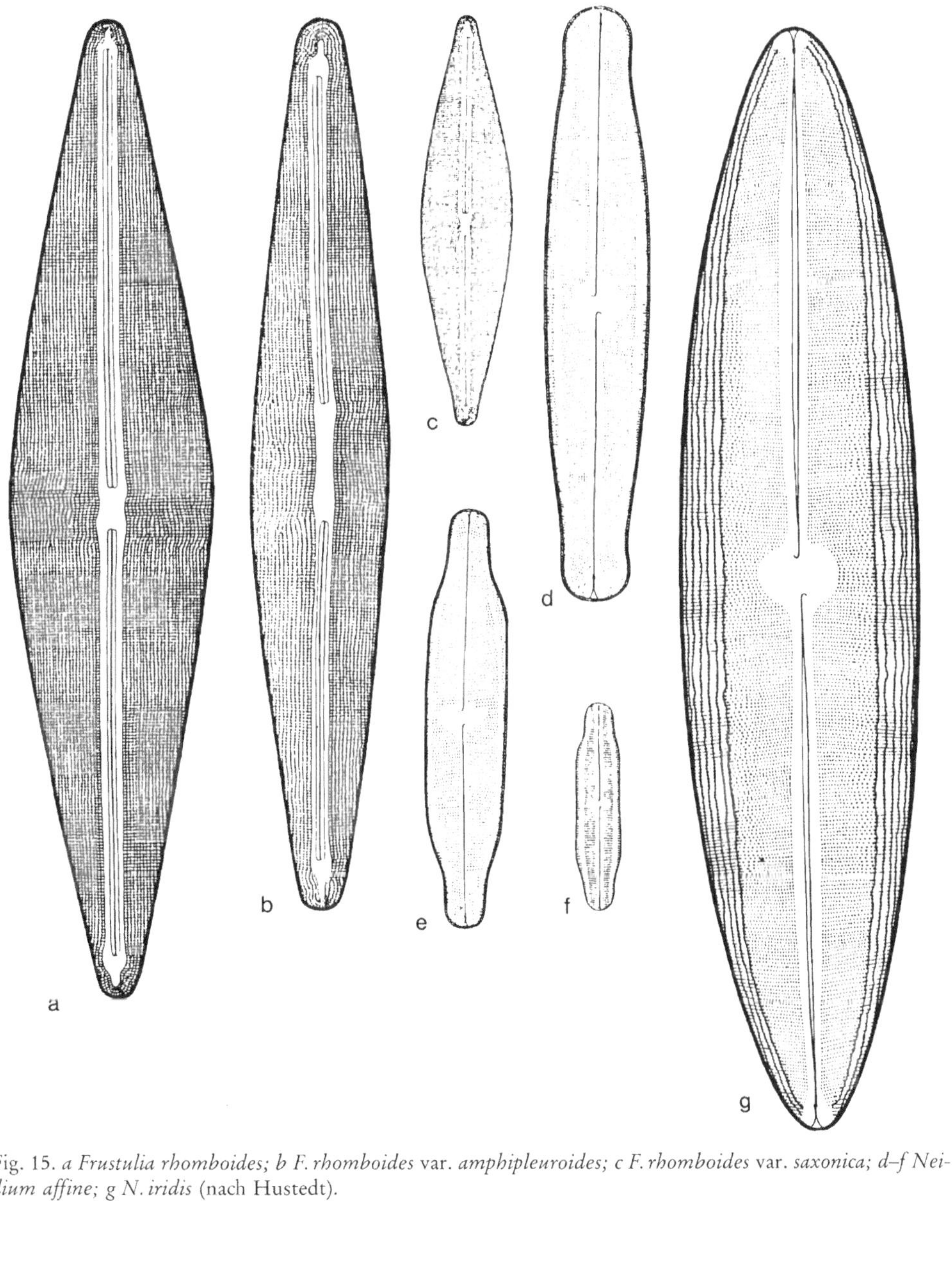

Fig. 15. *a Frustulia rhomboides; b F. rhomboides* var. *amphipleuroides; c F. rhomboides* var. *saxonica; d–f Neidium affine; g N. iridis* (nach Hustedt).

asymmetrisch. Längskanäle marginal bis submarginal und durch zwei deutliche Längslinien markiert. Punkte zart, aber deutlich. Transapikalstreifen in der Mitte parallel oder schräg, am Ende konvergent, 20–33/10 µm, Punkte etwa in gleichem Abstand. Zellen 20–80 µm lang, 6–17 µm breit.
Wahrscheinlich kosmopolitisch verbreitet, sowohl aerophytisch als auch terrestrisch, zerstreut.

5. **Diploneis** Ehrenberg 1844

Hustedt 1930, p. 248; Krammer & Lange-Bertalot 1986, p. 283.

Schalen naviculoid mit drei isopolen Hauptachsen, Zwischenbänder und Septen fehlen. Charakteristisch für diese Gattung ist eine kräftige mediane Kieselrippe, die auf der Innenseite zwischen Zentralknoten und den Polen grabenförmige Furchen besitzt in denen die Raphenäste liegen. Die Axialrippen-ähnlichen Strukturen bilden zusammen mit den Zentralknoten eine H-förmige Rippe mit dem Zentralknoten als Querbalken des H und den Längsrippen als Seitenbalken. Parallel zu den letzteren liegen auf beiden Schalenseiten unterschiedlich breite Längskanäle, die fast immer eine artcharakteristische Form aufweisen. Sie sind an der Innen- und Außenseite ornamentiert mit deutlichen Porenreihen und besitzen auch seitliche Öffnungen zu den benachbarten Alveolen. Die Längskanäle begrenzen die Ausdehnung der Zentralarea stets auf den Zentralknoten, der allerdings häufig zwischen Längskanälen und Axialrippen hornartige Ausläufer entwickelt und dann ebenfalls einen H-förmigen Eindruck vermittelt. Die Schalen sind alveoliert und besitzen relativ große Areolen. Teilweise werden die Arten dadurch unterschieden, ob sie Einzel- oder Doppelpunktreihen auf den Transapikalstreifen besitzen. Chloroplasten zwei, den Gürtelbänder anliegende, auf die Schalen übergreifende Platten.
Von 20 Arten sind nur 6 bodenbewohnend.

1a Kleinere Formen mit mehr als 18 Transapikalstreifen in 10 µm 2
1b Größere Formen mit weniger als 18 Transapikalstreifen in 10 µm 4
2a Transapikalstreifen sehr fein, im Lichtmikroskop kaum auflösbar, 35–39/10 µm . **5. D. minuta**
2b Transapikalstreifen im Lichtmikroskop gut auflösbar 3
3a Ränder der Längskanäle im Bereich des Zentralknotens nach außen gewölbt . . **3. D. oblongella**
3b Außenränder der Längskanäle im Bereich des Zentralknotens nicht nach außen gewölbt . . . . **6. D. oculata**
4a Transapikalstreifen mit Einzelpunkten 5
4b Transapikalstreifen mit Doppelpunkten, wenigstens in der Randzone . . . . **4. D. smithii**
5a Struktur grob, Längskanäle deutlich abweichend strukturiert von den Transapikalstreifen, Areolen mit gegliederten Areolenforamina . . . . **1. D. elliptica**
5b Struktur feiner, Längskanäle gleich strukturiert wie Transapikalstreifen, Areolen mit einem punktförmigen Foramen . . . . **2. D. ovalis**

1. **Diploneis elliptica** (Kützing) Cleve 1891 (Fig. 16: a)

Hustedt 1930, p. 250, fig. 395, 396; Krammer & Lange-Bertalot 1986, p. 285, fig. 108: 1–6.

Schalen breit rhombisch-elliptisch bis linear-elliptisch mit stumpf gerundeten, nicht abgesetzten Enden. Raphenschlitze sehr schmal und im Lichtmikroskop schwer zu sehen. Dagegen sind die Zentralporen kräftig, länglich, der Raphenschlitz verbreitert sich zu ihnen kontinuierlich. Raphenfurchen relativ schmal. Zentralknoten mäßig groß, oft mit sichtbaren H-förmigen Ausläufern zwischen Raphenfurchen und Längskanälen. Letztere mäßig breit, von der Mitte zu den Schalenenden hin etwas schmaler werdend, um den Zentralknoten herum ± stark nach außen gewölbt, auf der Außenseite mit einer Apikalreihe kräftiger Foramina ornamentiert. Transapikalstreifen durchweg leicht radial, 8–14/10 µm, Alveolen oft sehr unregelmäßig breit, in der Mitte der Schale etwa 12–14/10 µm. Zellen 20–130 µm lang, 10–60 µm breit.
Verstreut in Erdböden, teilweise auch aerophytisch (England, BRD).

2. Diploneis ovalis (Hilse) Cleve 1891 (Fig. 16: b)
Hustedt 1930, p. 249, fig. 390; Krammer & Lange-Bertalot 1986, p. 286, fig. 108: 14–16.
Schalen breit elliptisch bis linear-elliptisch, Enden breit gerundet. Raphe relativ lateral, Raphenäste proximal und distal sich verbreiternd, proximal mit kräftigen, länglichen Zentralporen, Raphenfurchen mäßig breit, Zentralknoten rund, fast ohne H-förmige Ausläufer. Längskanäle sehr schmal, zu den Enden etwas schmäler werdend, in Schalenmitte bogenförmig um den Zentralknoten herumgeführt, auf der Außenseite eine etwas undeutliche, einfache apikale Porenreihe, die auch transapikal die Areolenstruktur fortsetzt. Areolen unregelmäßig oder in welligen Längslinien angeordnet. Transapikalstreifen durchweg leicht radial, (10–)13–16(–19)/10 µm, Punkte 13–20/10 µm. Zellen 20–100 µm lang, 10–35 µm breit.
Aerophytisch auf feuchten Böden oder Felsen, vereinzelt auch in Erdböden (Island, BRD, Schweden).

3. Diploneis oblongella (Naegeli) Cleve-Euler 1922 (Fig. 14: q)
Syn.: *Diploneis ovalis* var. *oblongella* (Naegeli) Cleve 1894
Hustedt 1930, p. 249, fig. 391; Krammer & Lange-Bertalot 1986, p. 287, fig. 108: 7–10.

Schalen linear, linear-elliptisch bis elliptisch, Mitte bei großen Exemplaren schwach bauchig oder Seiten fast parallel, Enden stumpf und breit gerundet. Raphenäste schmal, Zentralporen deutlich, Raphenfurchen und Längskanäle schmal, letztere sich zu den Enden hin etwas verengend und schwach ausgebogen, um den kleinen Zentralknoten herumgeführt. Transapikalstreifen sehr zart punktiert, Punkte häufig im Lichtmikroskop kaum auflösbar, 25–30/10 µm. Transapikalstreifen in der Mitte schwach, am Ende stärker radial, 18–24/10 µm. Zellen 10–40 µm lang, 6–10 µm breit.
Häufig aerophytisch, wahrscheinlich kosmopolitisch verbreitet.

4. Diploneis smithii (Brébisson) Cleve 1894 (Fig. 16: c)
Hustedt 1930, p. 253, fig. 402; Krammer & Lange-Bertalot 1986, p. 291, fig. 112: 2–4.

Schalenumriß variabel, von breit-elliptisch über linear-elliptisch bis rhombisch-elliptisch, Enden stumpf gerundet. Raphenfurchen parallel oder in der Mitte etwas breiter, Zentralknoten klein bis mäßig groß, rundlich-quadratisch bis elliptisch, flächengleich mit der Zentralarea, von der aus H-förmige Ausläufer beiderseits der Raphenfurchen verlaufen. Längskanäle stets in der Mitte wesentlich breiter als an den Enden. Transapikalstreifen mit Doppelreihen zarter bis grober Punkte in der Mitte schwach, am Ende stark radial, 5–15/10 µm, an den Enden enger. Zellen 12–200 µm lang, 6,5–75 µm breit.
Vereinzelt in trockenen, salzhaltigen Erdböden gefunden (USA).

5. Diploneis minuta J. B. Petersen 1928 (Fig. 14: t)
J. B. Petersen 1928, p. 381, fig. 6; Krammer & Lange-Bertalot 1986, p. 292, fig. 110: 6–8.

Zellen dünn verkieselt, Schalen elliptisch bis linear-elliptisch mit parallelen bis leicht konvexen Seiten, Enden breit gerundet. Raphenäste und Raphenfurchen zusammen täuschen breite Raphen vor, beide Enden subterminal, Zentralknoten rechteckig, apikal etwas verlängert, Zentralarea mit deutlichen Hörnern, zusammen ein schmales H bildend, Längskanäle sehr schmal, um den Zentralknoten nicht verbreitert. Transapikalstreifen sehr zart und unter günstigen optischen Bedingungen aufzulösen, leicht radial, 34–39/10 µm, sie setzen sich auf den Längskanälen fort. Zellen 13–21 µm lang, 3,5–4 µm breit.
Aerophytisch, besonders auf Moosen (Island, Österreich, BRD).

6. Diploneis oculata (Brébisson) Cleve 1894 (Fig. 16: d)
Hustedt 1930, p. 250, fig. 392; Krammer & Lange-Bertalot 1986, p. 293, fig. 110: 13–15.

Schalen linear-elliptisch, Enden breit gerundet. Raphenfurchen schmal, linear, proximal etwas verbreitert, Zentralknoten meist schmäler als das proximale Ende der Raphenfurchen, H-förmige Hörner der Zentralarea kaum sichtbar, Längskanäle sehr schmal, linear. Transapikalrippen sehr

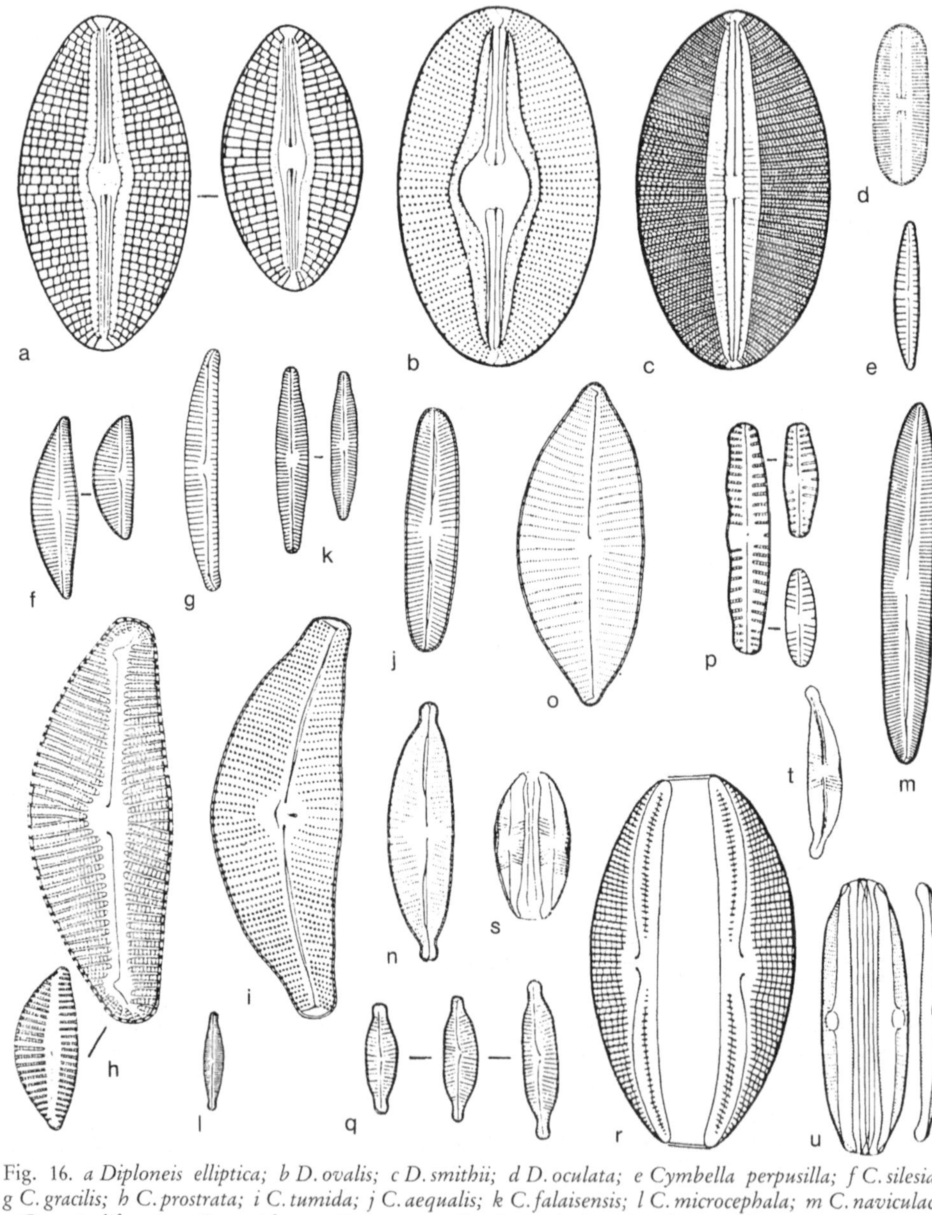

Fig. 16. *a Diploneis elliptica; b D. ovalis; c D. smithii; d D. oculata; e Cymbella perpusilla; f C. silesiaca; g C. gracilis; h C. prostrata; i C. tumida; j C. aequalis; k C. falaisensis; l C. microcephala; m C. naviculacea; n C. naviculiformis; o C. cuspidata; p C. sinuata; q C. microcephala; r Amphora ovalis; s, t A. montana; u A. normannii* (*q, s, t* nach Lund, sonst nach Hustedt).

zart, parallel bis leicht radial. 20–24(–28)/10 µm, Punkte auf den Transapikalrippen nicht erkennbar. Zellen 10–21 µm lang, 6–8 µm breit.
Aerophytisch, besonders auf Moosen (Island).

6. **Cymbella** Agardh 1830

Hustedt 1930, p. 347; Krammer & Lange-Bertalot 1986, p. 300.

Drei korrelierte Merkmalskomplexe grenzen die Gattung ab: Dorsiventralität, Raphenstruktur und Anordnung der Areolen. Nur in wenigen Grenzfällen ergeben sich Schwierigkeiten in der Abgrenzung zur Gattung *Navicula*. Hauptmerkmal der Dorsiventralität sind die gebogenen, isopolen Apikal- und Pervalvarachsen und die heteropole Transapikalachse. Dorsal sind die Schalenmäntel und Zellgürtel höher als ventral. In der Regel ist die dorsale Begrenzung der Schalen stärker konvex als die ventrale. Dorsiventrale Asymmetrien zeigen sich zumeist auch bei der Lage der Raphe und dem Strukturmuster. Irreguläre Strukturmuster in der Schalenmitte sind dagegen kein Hinweis auf die Gattung *Cymbella*, auch wenn sie dorsal und ventral unterschiedlich sind. Die Raphe ist charakterisiert durch unterschiedlichen Verlauf der Innen- und Außenspalten sowie durch vielfältige Ausbildung der Raphennut. Sehr häufig liegt das Nut- und Federsystem in der Mitte der Raphenäste. An einer Zentralrippe hängen fiederförmig Transapikalrippen. Chloroplasten, soweit bekannt, in Form einer der dorsalen Gürtelbandseite anliegenden Platte, die mit ihren Lappen über die Schalen bis zur ventralen Gürtelseite übergreift. Zellen einzeln und frei lebend oder auf Gallertstielen oder in Gallertschläuchen einem Substrat aufsitzend.
Von 74 Arten sind 12 aerophytisch oder bodenbewohnend.

1a Endspalten nach ventral abgebogen, Stigmoide dorsal vom Zentralknoten oder fehlend 2
1b Endspalten nach dorsal abgebogen, Stigmata liegen ventral vom Zentralknoten 3
2a Innerer Raphenspalt stets mit Intermissio, meist nur im REM zu sehen 4
2b Intermissio fehlt 7
3a Meist deutlich dorsiventral, apikale Porenfelder stets vorhanden . . . . **5. C. tumida**
3b In der Regel naviculoid, wenig dorsiventrale Formen, apikale Porenfelder in der Regel fehlend 7
4a Punkte oder Lineolae mit Aperturen über 1,0 gut erkennbar, allgemein weniger als 30 Punkte in 10 µm 5
4b Punkte oder Lineolae mit Aperturen über 1,0 kaum oder nicht erkennbar . . . **2. C. perpusilla**
5a Areolen erscheinen bei Fokus tief als Punkte 6
5b Areolen erscheinen bei Fokus tief als Lineolae . . . . **4. C. prostrata**
6a Schalen schmal, Länge / Breite 5–8 . . . . **3. C. gracilis**
6b Länge / Breite-Verhältnis kleiner . . . . **1. C. silesiaca**
7a Endspalten nach ventral gerichtet 8
7b Endspalten nach dorsal gerichtet 11
8a Umriß linear-lanzettlich oder rhombisch-lanzettlich mit etwas vorgezogenen Enden 9
8b Umriß linear-elliptisch 10
9a Kürzer als 30 µm, 18–22 Transapikalstreifen in 10 µm . . . . **7. C. falaisensis**
9b Länger als 30 µm . . . . **6. C. aequalis**
10a Große Formen (länger als 40 µm), Enden nicht vorgezogen . . . . **9. C. naviculacea**
10b Kleine Formen (kürzer als 35 µm), mit kopfigen Enden . . . . **8. C. microcephala**
11a Schalen linear bis linear-elliptisch, mit Stigma . . . . **12. C. sinuata**
11b Schalen breit-elliptisch, ohne Stigma 12
12a Transapikalstreifen grob punktiert . . . . **11. C. cuspidata**
12b Transapikalstreifen fein punktiert . . . . **10. C. naviculiformis**

1. Cymbella silesiaca Bleisch in Rabenhorst 1864 (Fig. 16: f)
Syn.: *Cymbella ventricosa* Kützing 1844 p. p., *Cymbella minuta* var. *silesiaca* (Bleisch) Reimer 1975
Hustedt 1930, p. 359, fig. 661; Krammer & Lange-Bertalot 1986, p. 304, fig. 117: 1–24.

Schalen stark dorsiventral, halbelliptisch bis halblanzettlich, Dorsalseite stark, Ventralseite schwach konvex, häufig bei größeren Exemplaren in der Mitte bauchig, Enden etwas spitz gerundet, nicht vorgezogen oder fast unmerklich abgesetzt. Raphe stark ventral verlagert, deutlich lateral. Endspalten langgestreckt, ventral abgebogen und fast im Mantel liegend. Axialarea linear, eng, Zentralarea fehlend oder durch schmale lanzettliche Erweiterungen der Axialarea gebildet. Bei Erstlingszellen terminale Transapikalstreifen strahlenförmig um den subterminalen Endknoten. Areolen bei Fokus hoch und tief zarte Punkte. Zwischen Zentralknoten und 1–2 mittleren dorsalen Transapikalstreifen ein Stigmoid. Transapikalstreifen dorsal Mitte 10,5–15/10 µm, ventral am Ende 14–20/10 µm, Punkte 24–30/10 µm. Zellen 15–46 µm lang, 6,5–14 µm breit.
Kosmopolitisch verbreitet, sowohl in Erdböden als auch aerophytisch, besonders auf Moosen vorkommend.

2. Cymbella perpusilla A. Cleve 1895 (Fig. 16: e)
Syn.: *Cymbella bipartita* A. Mayer 1916
Hustedt 1930, p. 361, fig. 666; Krammer & Lange-Bertalot 1986, p. 306, fig. 119: 22–28.

Schalen wenig bis mäßig dorsiventral, linear-lanzettlich, dorsal und ventral mäßig konvex, ventral auch fast gerade, Enden stumpf gerundet bis schwach vorgezogen. Raphe mäßig bis stark nach ventral verschoben, wenig lateral in der Mitte der Raphenäste. Endspalten halbkreisförmig, zunächst dorsal, dann ventral verlaufend. Axialarea sehr eng, linear, Zentralarea fehlt oder nur angedeutet. Transapikalstreifen in Schalenmitte sehr schwach radial, am Ende parallel oder konvergent, dorsal Mitte 10–13/10 µm, ventral am Ende 14–16/10 µm, Punkte 38–40/10 µm. Areolen bei Fokus hoch und tief feine Punkte oder nicht sichtbar. Zellen 12–30 µm lang, 3–5 µm breit.
Vereinzelt in Erdböden (BRD).

3. Cymbella gracilis (Ehrenberg) Kützing 1844 (Fig. 16: g)
Hustedt 1930, p. 359, fig. 663; Krammer & Lange-Bertalot 1986, p. 308, fig. 120: 1–16.

Schalen mäßig bis stark dorsiventral, lanzettlich, dorsal mäßig, ventral schwach konvex, auch gerade oder leicht konkav und dann in der Schalenmitte leicht bauchig. Enden spitz gerundet, leicht vorgezogen und häufig etwas nach ventral abgebogen. Raphe mit langen, fast im Mantel liegenden Endspalten, mäßig bis stärker lateral. Axialarea schmal linear, bei größeren Exemplaren häufig deutlich dorsal in der Mitte zu einer Zentralarea erweitert. Transapikalstreifen bei Fokus hoch und tief zart punktiert, dorsal vom Zentralknoten stets ein Stigmoid. Transapikalstreifen dorsal Mitte 9–14/10 µm, ventral Ende 16–18/10 µm, Punkte 26–32/10 µm. Zellen 22–57 µm lang, 4,5–9 µm breit.
Aerophytisch auf feuchten Stellen (Island, Dänemark).

4. Cymbella prostrata (Berkeley) Cleve 1894 (Fig. 16: h)
Hustedt 1930, p. 357, fig. 659; Krammer & Lange-Bertalot 1986, p. 312, fig. 123: 7–10.

Schalen stark dorsiventral, elliptisch, bei langen Formen auch lanzettlich, dorsal stark, ventral schwach konvex bis leicht bauchig in Schalenmitte. Enden stumpf gerundet, stets leicht vorgezogen und bei langen Formen etwas ventral abgebogen. Raphe fast in Schalenmitte oder leicht ventral verlagert, mäßig lateral, Endknoten und Endspalten subterminal. Transapikalstreifen auch circumpolar um den Endknoten. Areolen bei Fokus hoch und tief grob liniiert, Stigmoide fehlen.

Transapikalstreifen dorsal Mitte 7–11/10 µm, ventral Ende 15–21,5/10 µm, Lineolae 18–21/10 µm. Zellen 38–92 µm lang, 16–31 µm breit.
Aerophytisch, bislang nur in Ohio (USA).

5. Cymbella tumida (Brébisson) Van Heurck 1880 (Fig. 16: i)
Hustedt 1930, p. 366, fig. 677; Krammer & Lange-Bertalot 1986, p. 318, fig. 130: 4–6.

Stark bis mäßig dorsiventral, dorsal konvex, ventral leicht konvex, gerade oder leicht konkav, Mitte leicht bauchig, manchmal Dorsalrand oder Dorsal- und Ventralrand leicht dreiwellig, halblanzettlich bis halbelliptisch, Enden breit gestutzt, deutlich vorgezogen. Raphe fast in Schalenmitte, Laufrichtung vermittelt zwischen Dorsal- und Ventralrand, mäßig lateral, Endspalten sichelförmig nach dorsal umbiegend, Zentralporen deutlich nach ventral abgebogen. Axialarea eng, linear, Zentralarea deutlich abgesetzt, groß, kreisförmig, queroval oder rhombisch, Stigmaforamina ventral vom Zentralknoten; der deutlich sichtbare Stigmenkanal durchsetzt den Zentralknoten schräg und mündet etwa zwischen den beiden proximalen Raphenenden in das Schaleninnere. Transapikalstreifen in Mitte und am Ende radial, am dorsalen Ende häufig auch parallel bis konvergent, in Schalenmitte nicht selten gekurvt oder sigmoid, bei Fokus hoch grob punktiert, bei Fokus tief liniiert oder liniiert-punktiert. Transapikalstreifen dorsal Mitte 8–10/10 µm, am Ende bis 13/10 µm, Punkte 16–20/10 µm. Zellen 35–120 µm lang, 12–25 µm breit.
Kommt manchmal aerophytisch vor (USA).

6. Cymbella aequalis W. Smith in Greville 1855 (Fig. 16: j)
Hustedt 1930, p. 361, fig. 667; Krammer & Lange-Bertalot 1986, p. 325, fig. 134: 1–3.

Schalen kaum dorsiventral, fast symmetrisch, lanzettlich, Ränder nicht gewellt, Enden spitz vorgezogen, abgesetzt oder leicht kopfig, manchmal schwach nach ventral abgebogen. Raphe mäßig lateral, Endspalten kreisförmig und nach ventral, Zentralporen nach dorsal abgebogen. Axialarea schmal bis mäßig breit, linear bis linear-lanzettlich, Zentralarea ventral oder dorsal angedeutet oder fehlend, oft etwas ventral mehr erweitert. Stigmata und apikale Porenfelder fehlen. Transapikalstreifen in Mitte schwach radial, am Ende parallel, Areolen bei Fokus hoch und tief Punkte. Transapikalstreifen dorsal Mitte 11–14/10 µm, am Ende bis 20/10 µm Punkte etwa 30/10 µm. Zellen 30–60 µm lang, 6–10 µm breit.
Kommt gelegentlich auch aerophytisch vor (Island).

7. Cymbella falaisensis (Grunow) Krammer & Lange-Bertalot 1985 (Fig. 16: k)
Syn.: *Navicula falaisensis* Grunow 1880; *Navicula iniqua* Krasske 1932, *Cymbella diavola* Carter 1971
Hustedt 1930, p. 302, fig. 524; Krammer & Lange-Bertalot 1986, p. 326, fig. 134: 14–22.

Schalen fast symmetrisch, naviculoid, ventral manchmal stärker konvex als dorsal, schmal linear-lanzettlich, Enden stumpf oder etwas spitz gerundet, immer leicht abgesetzt und vorgezogen, oft etwas kopfig. Raphe mäßig lateral, Endknoten relativ kräftig, Endspalten sehr kurz, kommaförmig, nach ventral weisend, Zentralknoten nach dorsal abgebogen. Axialarea sehr eng, Zentralarea in der Regel deutlich abgesetzt, quer-elliptisch oder rund. Stigmata und apikale Porenfelder fehlen. Transapikalstreifen in Mitte schwach radial, am Ende schwach radial bis parallel, Punkte nur unter günstigen optischen Bedingungen zu erkennen. Transapikalstreifen Mitte 18–20/10 µm, am Ende 21–23/10 µm, Punkte 35–40/10 µm. Zellen 18–32 µm lang, 3–7 µm breit.
Häufig auf feuchter Erde, an überrieselten Moosen (Island, Dänemark).

8. Cymbella microcephala Grunow in Van Heurck 1880 (Fig. 16: l, q)
Syn.: *Cymbella ruttneri* Hustedt 1931, *Navicula incompta* Krasske 1932
Hustedt 1930, p. 351, fig. 637; Lund 1946, p. 96, fig. 10: D–F; Krammer & Lange-Bertalot 1986, p 327, fig. 134: 23–32.

Schalen nicht oder nur schwach dorsiventral, linear bis elliptisch-lanzettlich, Enden stumpf gerundet, zumeist etwas vorgezogen, häufig stark abgesetzt oder kopfig. Raphe in Schalenmitte oder wenig dorsal oder ventral verlagert, mäßig lateral, Endspalten kommaförmig, nach ventral gebogen, proximal sind die Außenspalten auf eine Länge von etwa 1 μm stärker verbreitert und am Ende wenig nach dorsal abgebogen. Axialarea sehr eng. Zentralarea fehlt oder undeutlich. Transapikalstreifen in der Mitte schwach radial, manchmal etwas gebogen, am Ende radial bis parallel, dorsal Mitte 23–25/10 μm, ventral etwas weniger dicht, am Ende etwa 30/10 μm, Punkte 36–40/10 μm. Zellen 10–30 μm lang, 2,5–4 μm breit.
Zerstreut in Erdböden (BRD, England).

9. Cymbella naviculacea Grunow 1881 (Fig. 16: m)
Syn.: *Cymbella incerta* var. *naviculacea* (Grunow) Cleve 1894
Hustedt 1930, p. 360, fig. 665; Krammer & Lange-Bertalot 1986, p. 330, fig. 136: 13–15.

Schalen kaum dorsiventral, dorsal und ventral konvex, linear-elliptisch mit runden, wenig oder nicht abgesetzten Enden. Raphe in der Mediane der Schale, mäßig lateral, Endspalten groß und deutlich, halbkreisförmig erst nach dorsal, dann nach ventral abbiegend, Zentralporen etwas dorsal ausgelenkt. Axialarea eng bis mäßig breit, in der Mitte etwas erweitert. Transapikalstreifen durchweg mäßig radial, bei Fokus hoch und tief fein, aber deutlich punktiert. Transapikalstreifen Mitte 16–19/10 μm, am Ende 20/10 μm, Punkte 22–30/10 μm. Zellen 42–78 μm lang, 8–12 μm breit.
Selten aerophytisch auf Hausmauern, Steinen und Erdböden (Island).

10. Cymbella naviculiformis (Auerswald) Cleve 1894 (Fig. 16: n)
Hustedt 1930, p. 356, fig. 653; Krammer & Lange-Bertalot 1986, p. 338, fig. 145: 6–11

Schalen wenig bis mäßig dorsiventral, dorsal stärker, ventral schwach konvex bis gerade, elliptisch bis lanzettlich, Enden gerundet, deutlich schmal abgesetzt oder leicht kopfig. Raphe in der Mediane oder leicht ventral verlagert, mäßig lateral. Endspalten gewellt kommaförmig nach dorsal, die deutlichen Zentralporen nach ventral gerichtet. Axialarea eng, linear, Zentralarea deutlich abgesetzt, groß, kreisförmig bis rhombisch. Transapikalstreifen Mitte und Ende radial, bei Fokus hoch und tief fein punktiert. Transapikalstreifen Mitte 12–14/10 μm, am Ende 15–18/10 μm, Punkte 27–32/10 μm. Zellen 26–52 μm lang, 9–16 μm breit.
Kosmopolitisch verbreitet, in Erdböden, aber auch aerophytisch.

11. Cymbella cuspidata Kützing 1844 (Fig. 16: o)
Hustedt 1930, p. 357, fig. 650; Krammer & Lange-Bertalot 1986, p. 338, fig. 146: 1–4.

Schalen schwach bis mäßig dorsiventral, dorsal konvex, ventral etwas schwächer konvex, breitlanzettlich bis elliptisch, Enden deutlich abgesetzt und spitz vorgezogen oder schwach kopfig. Raphe fast median, lateral, Endspalten kommaförmig nach dorsal, Zentralporen rund, nach ventral abgebogen. Axialarea eng, linear, Zentralarea deutlich abgesetzt und relativ groß, queroval oder rhombisch. Transapikalstreifen Mitte und am Ende radial, bei Fokus hoch deutlich punktiert, bei Fokus tief punktiert-liniiert; dorsal Mitte 8–12/10 μm, am Ende bis 15/10 μm, Punkte 20–25(–27)/10 μm. Zellen 28–66 μm lang, 14–20 μm breit.
Selten aerophytisch oder terrestrisch.

12. Cymbella sinuata Gregory 1858 (Fig. 16: p)
Hustedt 1930, p. 361, fig. 668: a, b; Krammer & Lange-Bertalot 1986, p. 341, fig. 148: 10–17.

Schalen mäßig dorsiventral, dorsal konvex, ventral schwach konvex bis gerade, in der Mitte fast immer bauchig, linear bis elliptisch, bei kleinen Zellen auch dreiwellig, Enden breit, stumpf, leicht vorgezogen bis kopfig. Raphe median oder leicht ventral verlagert, wenig lateral, Endspalten fast im Mantel liegend, wenig sichtbar, bogenförmig nach ventral zeigend, Zentralporen etwas ventral abgebogen. Axialarea sehr eng, linear, Zentralarea durch Fehlen des mittleren dorsalen und eines verkürzten ventralen Transapikalstreifens gebildet. Zwischen den beiden Raphenästen ein Stigmoid mit dorsalwärts verlaufendem Kanal. Apikale Porenfelder gut als Area zu erkennen. Transapikalstreifen schwach radial, Punktierung nicht erkennbar; dorsal Mitte 8–14/10 µm, am Ende 16/10 µm. Zellen 9–40 µm lang, 3,5–9 µm breit.
Wahrscheinlich kosmopolitisch verbreitet, häufig vereinzelt auf nassen Felsen, Moosen und anderen aerischen Standorten.

7. **Amphora** Ehrenberg in Kützing 1844

Hustedt 1930, p. 341; Krammer & Lange-Bertalot 1986, p. 342.

Zellen stark dorsiventral mit isopolen gebogenen Apikal- und Pervalvarachsen und gerader, heteropoler Transapikalachse. Man unterscheidet an den Schalen eine Raphenseite und eine Residuumseite, wobei die letztere der besonders groß ausgebildete Schalenmantel auf der Dorsalseite ist. Das Residuum ist nicht nur sehr häufig morphologisch verschieden gebaut von der Raphenseite, sondern bei den meisten Arten sind die Strukturen auf der Raphenseite und dem Residuum durch eine schmale hyaline Area getrennt. Der Außenspalt der Raphenäste liegt erhoben über dem Schalenniveau auf einer Raphenleiste, die auf einer oder beiden Seiten einen Teil der Foramina überdeckt. Deshalb erscheinen die Transapikalstreifen auf einer oder beiden Seiten der Medianrippe etwas abweichend strukturiert, weil sie durch die Raphenleiste hindurch betrachtet werden. Taxonomische Bedeutung hat das Vorhandensein oder Fehlen von Zwischenbändern. Die Zellen von *Amphora* besitzen eine Zweischalen-Bauweise, mit Außen- und Innenschalen. Die innere Schale besteht aus einem System von transapikalen Rippen, die durch unregelmäßig angeordnete, runde Interkostalrippen miteinander verbunden sind. Zwischen den beiden Rippensystemen sind große, tonnenförmige Siebmembranen ausgespannt. Die äußeren Schalen sind mit transapikalen, schmalen Schlitzen ausgestattet.
Von 19 Arten sind nur 3 bodenbewohnend.

1a Zellen ohne Zwischenbänder (Gürtelbandseite ohne Streifung), Dorsalseite konvex . . . . **1. A. ovalis**
1b Zellen mit Zwischenbändern 2
2a Transapikalstreifen mehr als 20/10 µm . . . . **2. A. montana**
2b Transapikalstreifen weniger als 20/10 µm . . . . **3. A. normannii**

1. Amphora ovalis (Kützing) Kützing 1844 (Fig. 16: r)
Hustedt 1930, p. 342, fig. 628, Krammer & Lange-Bertalot 1986, p. 344, fig. 149: 1, 2.

Zellen in Gürtelansicht breit-elliptisch, Enden flach gestutzt. Schalen mondsichelförmig, dorsal stark konvex, ventral schwach konkav, Enden nicht abgesetzt, stumpf gerundet. Gürtelbänder ohne sichtbare Ornamentierung. Dorsaler Teil des Mantels ein sehr breites Residuum, mit gleicher Struktur wie die Raphenseite und von dieser durch eine schmale, hyaline Area getrennt, die marginal als Längslinie sichtbar ist. Äußere Raphenspalten auf einer Raphenleiste angeordnet, relativ schmal, die Raphenäste stark gebogen, proximal zunächst nach ventral, dann nach dorsal umgelenkt, distal ebenfalls scharf nach dorsal abgebogen. Axialarea sehr eng, wird von der Raphenleiste überdeckt, Zentralarea nur auf der Ventralseite als breites Band. Transapikalstreifen auf der Ventralseite relativ kurz, auf der Dorsalseite mit unregelmäßig angeordneten Interkostalrip-

pen, dorsal durchweg radial, ventral am Ende konvergent, 10–13/10 µm. Zellen 30–105 µm lang, 17–50 µm breit.
Aerophytisch an Laubmoosen, vereinzelt auch in Bodenproben (BRD, Island, Insel Surtsey, USA).

2. Amphora montana Krasske 1932 (Fig. 16: s, t)
Syn.: *Amphora submontana* Hustedt 1949
Lund 1946, p. 96, fig. 10: A–C; Krammer & Lange-Bertalot 1986, p. 349, fig. 151: 18–27.

Zellen in Gürtelansicht breit oval mit wenig konvexen Seiten und ± vorgezogenen, flach gerundeten Enden. Schalen wenig dorsiventral, dorsal und ventral schwach konvex, Enden lang vorgezogen und etwas nach ventral abgebogen, die größeren Formen auch kopfig. Zwischenbänder mit einer Reihe feiner Foramina, bis gegen 40/10 µm. Raphe etwa in der Mediane der Schalen, gerade oder leicht gekurvt, proximal und distal nach dorsal ausgelenkt, fadenförmig. Axialarea sehr eng, Zentralarea ungleichseitig, nur auf der Ventralseite als halbkreis- bis halblanzettliche Fläche entwickelt. Zentralknoten auf der Dorsalseite zu einem breiten Semistauros erweitert, der in der Regel von 2 kräftigen, entfernt stehenden Transapikalstreifen gekreuzt wird. Transapikalstreifen sehr zart, dorsal radial, 27–36/10 µm in der Mitte und bis zu 40/10 µm an den Enden, ventral stark radial und etwas enger. Zellen 9–25 µm lang, 7–10 µm breit.
Kosmopolitische aerophytische Art, die zuweilen auch in Erdböden vorkommt.

3. Amphora normannii Rabenhorst 1864 (Fig. 16: u)
Hustedt 1930, p. 343, fig. 630; Krammer & Lange-Bertalot 1986, p. 352, fig. 153: 4–7.

Zellen in Gürtelansicht breit- bis linear-elliptisch, Enden schwach vorgezogen, rundlich gestutzt. Zwischenbänder zahlreich an der Dorsalseite etwa 12/10 µm, zart quer liniiert, etwa 30 Linien/10 µm. Schalen lanzettlich, dorsal etwas stärker konvex als ventral, Enden kopfig vorgezogen, stumpf gerundet, Schalen 4–6 µm breit. Raphe wenig ventral verlagert, Raphenäste fast gerade, fadenförmig bis mäßig lateral, Enden proximal mäßig entfernt und deutlich nach dorsal abgebogen. Zentralknoten sehr kräftig, Axialarea dorsal eng, Zentralarea fehlt. Transapikalstreifen zart punktiert, dorsal radial, 16–18(–20)/10 µm, in der Mitte im Bereich des Zentralknotens etwas weiter gestellt, an den Polen etwas enger bis zu 24/10 µm. Ventral höchstens marginale Punkte sichtbar, 24–30/10 µm und nur bei schräger Beleuchtung sichtbar. Zellen 15–40 µm lang, 9–14 µm breit.
Kosmopolitisch verbreitet, aerophytisch, besonders im Gebirge auf nassen Moosen, überrieselten Felsen, feuchter Erde, vereinzelt auch terrestrisch.

8. Gomphonema Ehrenberg 1832

Hustedt 1930, p. 367; Krammer & Lange-Bertalot 1986, p. 352.

Lebende Zellen entweder frei oder auf Gallertstielen an verschiedenen Substraten angeheftet, seltener in Gallerte eingebettet oder zu bandförmigen Kolonien verbunden. Frusteln in Gürtelansicht keilförmig, Kopfpol breiter als der Fußpol; Zwischenbänder und Septen fehlen. Schalen ± keulenförmig, zur Apikalachse symmetrisch, nur ausnahmsweise verläuft die Apikalachse leicht gebogen und die Schalen erscheinen dadurch cymbelloid; zur Transapikalachse asymmetrisch (heteropol); der etwas längere Fußteil ist regelmäßig stärker zum Fußpol verschmälert als der Kopfteil zum meist breiteren und stärker differenzierten Kopfpol. Raphenäste auf beiden Schalen stets bis nahe an den Zentralknoten verlaufend. Terminalknoten nahe den Polen, meistens mit gleichseitig, etwa in Verlängerung der Raphe abbiegenden Terminalspalten. Bei den meisten Arten mit einseitig in der Zentralarea liegenden Stigmata. Falls diese in Einzelfällen stärker abgewinkelt sind, liegen sie jedoch im Mantel.
Von 27 Arten kommen 6 in Erdböden vor oder sind aerophytisch.

1a Zentralarea ohne Stigma . . . . **1. G. olivaceum**

1b Zentralarea mit 1, 2 oder 4 Stigmata 2
2a Größte Breite der Schale dicht unter dem Kopfpol 3
2b Größte Breite der Mitte genähert oder Schalen fast linear 4
3a Kopfpol ungeschnäbelt ± keilförmig . . . . **3. G. acuminatum**
3b Kopfpol vorgezogen, geschnäbelt, ± spitz gerundet . . . . **2. G. parvulum**
4a Schalen am Kopfpol vorgezogen, ± spitz auslaufend, spitz gerundet oder mit Köpfchen 5
4b Kopfpol stumpf-keilförmig, am Ende jedoch breiter gerundet oder abgestutzt . **6. G. clavatum**
5a Schalen oft annähernd symmetrisch zur Transapikalachse (naviculoid), ein- oder beidseitig spitz gerundet bis ziemlich spitz vorgezogen, meist ± rhombisch lanzettliche Formen, falls Schalenrand dreiwellig oder in der Mitte aufgetrieben . . . . **4. G. gracile**
5b Schalen meist linear-lanzettlich, Kopfpol nicht deutlich geschnäbelt, jedoch kaum vorgezogen, mittlere Dichte der Transapikalstreifen geringer als 12/10 µm . . . . **5. G. angustatum**

1. **Gomphonema olivaceum** (Hornemann) Brébisson 1838 (Fig. 17: a)

Hustedt 1930, p. 378, fig. 719; Krammer & Lange-Bertalot 1986, p. 374, fig. 165: 1–18.

Frusteln in Gürtelansicht keilförmig, ohne von den randständigen Transapikalstreifen abgesetzten Punkte. Schalen oval-keulenförmig mit stärker verschmälertem Basalteil, oft fast spitz gerundetem Fuß- und breit gerundetem Kopfpol. Raphe wenig lateral, oft fadenförmig erscheinend; Transapikalstreifen ± radial, zum Kopfpol hin fast parallel, um den Zentralknoten ungleichmäßig verkürzt ohne sichtbare Punktierung, 9–16/10 µm. Zellen 8–45 µm lang, 3,5–13 µm breit.
Vereinzelt und selten terrestrisch oder atmophytisch.

2. **Gomphonema parvulum** (Kützing) Kützing 1849 (Fig. 17: b)

Hustedt 1930, p. 372, fig. 713 a; Krammer & Lange-Bertalot 1986, p. 358, fig. 154: 1–25.

Frusteln in Gürtelansicht relativ schwach keilförmig, ohne weitere Strukturmerkmale. Schalenform sehr variabel, meistens nur schwach keulenförmig-lanzettlich bis -elliptisch oder -oval, größte Breite dann in der Mitte, öfter fast naviculoid. Enden meistens kurz vorgezogen, seltener stumpf oder spitz gerundet. Raphe schwach lateral, Terminalspalten unauffällig. Axialarea eng, linear, Zentralarea einseitig, in der Regel wenig ausgeprägt. Transapikalstreifen schwach radial bis parallel, undeutlich punktiert, Dichte extrem variabel, 7–20/10 µm. Stigma gegenüber der Zentralarea. Zellen 10–36 µm lang, 4–8 µm breit.
Kosmopolitisch verbreitete Art, aerophytisch, aber auch terrestrisch; ebenso var. *micropus* (Kützing) Cleve, var. *exilissima* Grunow und var. *subelliptica* Cleve.

3. **Gomphonema acuminatum** Ehrenberg 1832 (Fig. 17: c)

Hustedt 1930, p. 370, fig. 683; Krammer & Lange-Bertalot 1986, p. 365, fig. 160: 1–12.

Frusteln in Gürtelansicht stark keilförmig, einzelne grobe Punkte in Verlängerung der randständigen Transapikalstreifen. Schalen keilförmig, mit breiterem Kopfpol, zum Fußpol hin stärker verschmälert, in der Mitte oft ± aufgetrieben. Kopfpol manchmal ± stark abgeschnürt, am Scheitel flach abgestutzt mit scharf abgesetzter Spitze oder auch wenig bis gar nicht abgeschnürt, stumpf- bis spitz-keilförmig endend. Raphe stark lateral, wellig geschwungen. Axialarea mäßig weit oder enger, Zentralarea von klein bis mäßig groß und variabler Form mit Stigma. Transapikalstreifen schwach radial, deutlich punktiert, 8–13/10 µm. Zellen 20–120 µm lang, 5–17 µm breit.
Vereinzelt aerophytisch vorkommend (Island, USA).

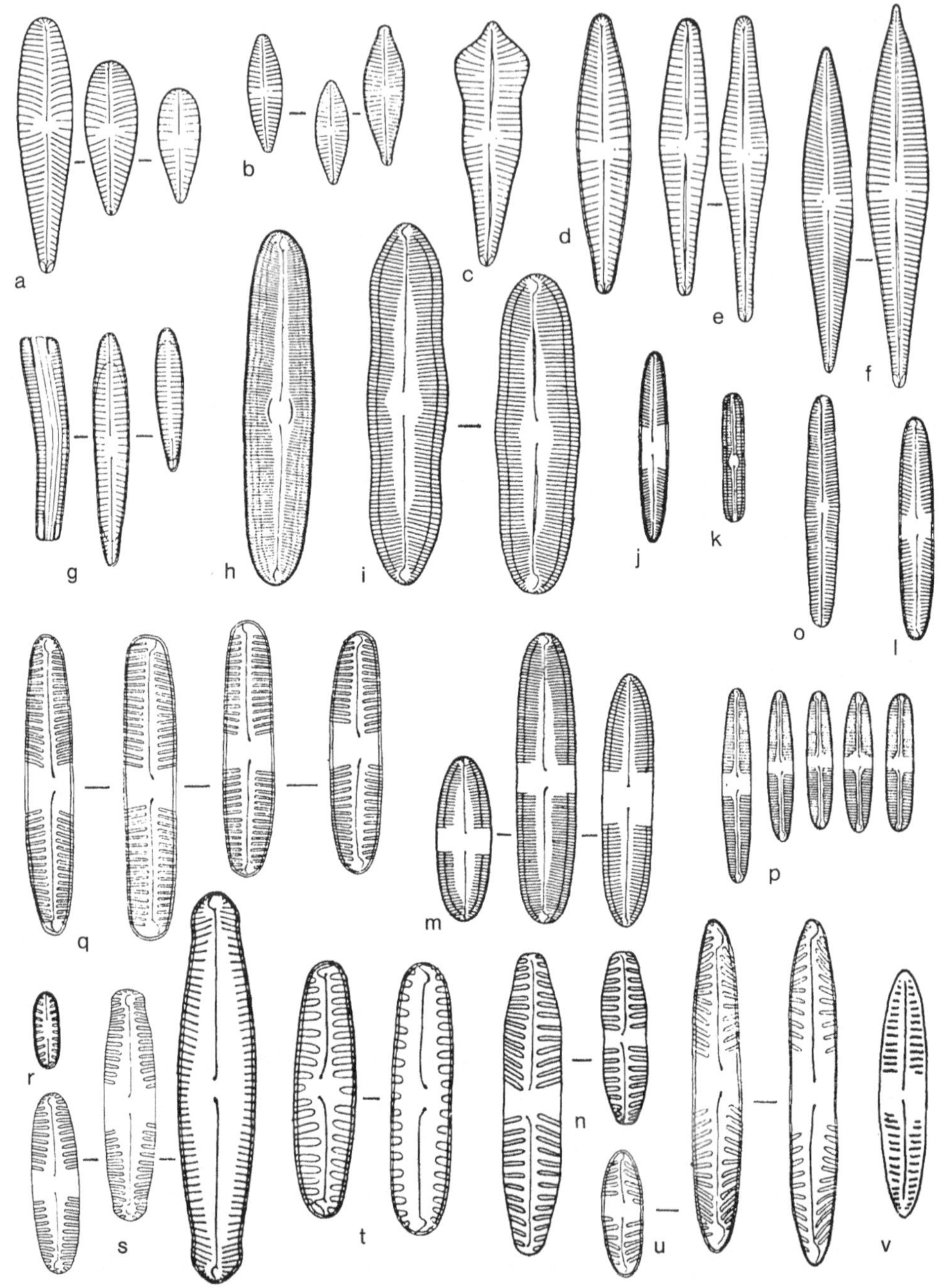

Fig. 17. *a Gomphonema olivaceum; b G. parvulum; c G. acuminatum; d G. angustatum; e G. clavatum; f G. gracile; g Rhoicosphenia abbreviata; h Caloneis alpestris; i C. silicula; j C. leptosoma; k C. lepidula; l C. molaris; m, n C. bacillum; o, p C. sublinearis; q C. molaris; r Pinnularia balfouriana; s P. lagerstedtii; t P. borealis; u P. intermedia; v Caloneis aerophila* (*n* nach J. B. Petersen; *q* nach Lund; *v* umgezeichnet nach Krammer & Lange-Bertalot; sonst nach Hustedt).

4. Gomphonema gracile Ehrenberg 1838 (Fig. 17: f)
Syn.: *Gomphonema grunowii* Patrick 1975
Hustedt 1930, p. 376, fig. 702; Krammer & Lange-Bertalot 1986, p. 361, fig. 154: 26, 27; 156: 1–11.

Frusteln in Gürtelansicht sehr schmal, schwach keilförmig. Schalenform sehr variabel, meistens schmal lanzettlich-keulenförmig bis rhombisch-lanzettlich und fast isopol, seltener deutlich keulenförmig zum Fußpol stärker verschmälert, größte Breite in der Mitte, selten oberhalb. Raphenäste kaum bis mäßig lateral in den mittleren Teilen. Axialarea eng, bei großen Formen in der Mitte etwas erweitert. Zentralarea halbseitig, klein; Stigma gegenüberliegend. Transapikalstreifen schwach radial, undeutlich punktiert, 9–17/10 µm. Zellen 20–100 µm lang, 4–11 µm breit.
Aerophytisch auf feuchter Erde und auf Mauern (Island); ebenso var. *naviculacea* (W. Smith) Cleve und var. *dichotomum* (W. Smith) Cleve.

5. Gomphonema angustatum (Kützing) Rabenhorst 1864 (Fig. 17: d)
Syn.: *Gomphonema bohemicum* Hustedt 1930, *Gomphonema instablis* Hohn & Hellermann 1963
Hustedt 1930, p. 373, fig. 690; Krammer & Lange-Bertalot 1986, p. 360, fig. 155: 1–21.

Frusteln in Gürtelansicht relativ schwach keilförmig, ohne besondere Strukturmerkmale. Schalenform extrem variabel, breit-, schmal-, linear- oder lanzettlich keulenförmig, manche Formenkreise linear-keilförmig oder mit ± gewellten Rändern. Enden von stumpf abgerundet bis ± stark vorgezogen. Raphe schwach lateral oder fadenförmig erscheinend. Axialarea eng, linear, Zentralarea einseitig, meistens relativ breit, Stigma an gegenüberliegender Seite. Transapikalstreifen mäßig radial, undeutlich punktiert, Dichte 7–14/10 µm. Zellen 12–45 µm lang, 5–9,5 µm breit.
In verschiedenen Erdböden, vereinzelt auch aerophytisch (BRD, Tschechoslowakei, Island, USA); auch var. *productum* Grunow.

6. Gomphonema clavatum Ehrenberg 1832 (Fig. 17: e)
Syn.: *Gomphonema subclavatum* (Grunow) Grunow in Van Heurck 1885, *Gomphonema longiceps* var. *subclavatum* Grunow 1880, *Gomphonema montanum* Schuhmann 1867
Hustedt 1930, p. 375, fig. 705; Krammer & Lange-Bertalot 1986, p. 367, fig. 163: 1–12.

Frusteln in Gürtelansicht keilförmig, Transapikalstreifen der Valvarfläche setzen sich als lockere Reihen weniger Punkte in die Mantelfläche fort. Schalen in Größe und Proportion Länge/Breite sehr variabel, aber immer deutlich keulenförmig mit stärker verschmälertem Basalteil. Kopfpol breit oder mindestens stumpf gerundet, seltener kurz vorgezogen, in der Mitte ± aufgetrieben oder Ränder zwei- bis dreiwellig. Raphenäste stark lateral und bei größeren Exemplaren wellig geschwungen, Polarspalten meist deutlich, Axialarea mäßig bis ziemlich weit, ± linear, Zentralarea variabel von sehr klein bis mäßig groß, rundlich bis rhombisch, Stigma meist in mittlerer Lage zwischen verkürzten medianen Transapikalstreifen und Zentrum. Transapikalstreifen ± radial, meistens etwas undeutlich punktiert erscheinend, 9–15/10 µm. Zellen 20–95 µm lang, 6–14 µm breit.
Vereinzelt in Erdböden (BRD, Dänemark).

9. Rhoicosphenia Grunow

Hustedt 1930, p. 211; Krammer & Lange-Bertalot 1986, p. 381.

Frusteln in Gürtelansicht keilförmig und geknickt, in Schalenansicht keilförmig. Symmetrieverhältnisse: die Apikalachse ist pervalvar gebogen und heteropol, die Transapikalachse ist gerade und isopol, die Pervalvarachse gerade und heteropol aufgrund der konkaven bzw. konvexen Schalenflächen. Die konkave Schale besitzt eine vollausgebildete Raphe mit Terminalspalten und Zentralpo-

ren, die konvexe Schale ± verkürzte Raphenäste. Beide Schalen besitzen an den Polen Pseudosepten.
Mit einer terrestrischen oder aerophytischen Art:

Rhoicosphenia abbreviata (C. Agardh) Lange-Bertalot 1980 (Fig. 17: g)
Syn.: *Rhoicosphenia curvata* (Kützing) Grunow ex Rabenhorst 1864
Hustedt 1930, p. 211, fig. 311; Krammer & Lange-Bertalot 1986, p. 381, fig. 91: 20–28.

Frusteln lebender Zellen mit Gallertstielen oder -polstern, verschiedenen Substraten aufsitzend, in Gürtelansicht leicht gekrümmt bis geknickt-keilförmig, vom Fuß- zum Kopfpol allmählich breiter werdend, an beiden Polen sind kurze Pseudosepten ausgebildet. Schalen ungleichmäßig, keulenförmig bis annähernd linear mit stumpfen bis spitz gerundeten Enden. Konkave Schale mit fadenförmiger, gerader Raphe und entfernt gestellten Zentralporen; Axialarea eng, um den Zentralknoten mäßig, nur wenig oder gar nicht erweitert. Transapikalstreifen in der Mitte leicht radial, 15–20/10 µm, an den Enden annähernd parallel und erheblich dichter werdend. Konvexe Schale mit ± stark verkürzten Raphenästen. Zellen 10–75 µm lang, 3–8 µm breit.
Nicht häufig und nur gelegentlich terrestrisch oder aerophytisch (BRD, USA).

10. **Caloneis** Cleve 1894

Hustedt 1930, p. 228; Krammer & Lange-Bertalot 1986, p. 382.

Schalen naviculoid mit drei isopolen Hauptachsen, Zwischenbänder und Septen fehlen. Die Schalen ähneln in vielen Merkmalen weitgehend denjenigen in der Gattung *Pinnularia*, die beiden Gattungen stehen sich also sehr nahe, in Grenzfällen ist eine Abgrenzung schwierig und nur mit elektronenmikroskopischen Merkmalen eindeutig möglich. Immerhin sind fast alle *Caloneis*-Arten auch im Lichtmikroskop habituell, also durch ihre Merkmalskombination, von den *Pinnularia*-Arten zu unterscheiden. Dabei stellt sich das Problem, daß vom Schalenbau her eindeutig gegeneinander abgrenzbare Gruppen vorhanden sind. 1. Die Gruppe um *Caloneis amphisbaena* (*C. permagna, C. obtusa, C. latiuscula, C. westii*) umfaßt besonders große Arten mit breiten elliptischen bis lanzettlichen Schalen, die teilgeschlossene Alveolen besitzen und deshalb in der Schalenfläche eine deutliche Längslinie im Lichtmikroskop aufweisen. Die Unterscheidung und Abgrenzung dieser Gruppe von *Pinnularia* ist unproblematisch. 2. Die Gruppe um *Caloneis silicula* (mit allen übrigen Arten) umfaßt Arten mit linear-elliptischen bis linear-lanzettlichen Schalen. Hauptcharakteristikum der Arten dieser Gruppe sind die fast vollkommen geschlossenen Alveolen, die nur marginal kleine, besonders geformte Öffnungen aufweisen. Im Lichtmikroskop sind Längslinien bei ihnen nur in seltenen Fällen sichtbar, wenn sich die Öffnungen etwas mehr in die Schalenfläche verschieben. Chloroplasten zwei, den Gürtelbändern anliegende Platten.
Von 24 Arten sind 8 bodenbewohnend.

1a Mit deutlichen Mondflecken in der kleinen Zentralarea . . . . **1. C. alpestris**
1b Ohne deutliche Mondflecken in der Zentralarea, höchstens sehr schwach kontrastierte mondfleckartige Strukturen vorhanden 2
2a Schalen mit gewellten Seiten und stumpf gerundeten Enden . . . . **2. C. silicula**
2b Schalen mit abweichend geformten Seiten 3
3a Schalen in der Mitte deutlich transapikal aufgetrieben, Enden spitz keilförmig . **3. C. leptosoma**
3b Schalen in der Mitte nicht aufgetrieben 4
4a Schalenseiten im mittleren Bereich parallel, schwach konkav oder konvex 5
4b Schalenseiten mäßig konvex (Umriß linear lanzettlich oder linear-elliptisch) 6
5a Transapikalstreifen in Schalenmitte radial . . . . **4. C. lepidula**
5b Transapikalstreifen in Schalenmitte parallel . . . . **5. C. sublinearis**
6a Transapikalstreifen in Schalenmitte deutlich radial . . . . **6. C. molaris**
6b Transapikalstreifen in Schalenmitte parallel 7

7a Enden stumpf gerundet, Raphe schwach gebogen .... 7. C. bacillum
7b Enden keilförmig gerundet .... 8. C. aerophila

1. **Caloneis alpestris** (Grunow) Cleve 1894 (Fig. 17: h)

Hustedt 1930, p. 240, fig. 372; Krammer & Lange-Bertalot 1986, p. 386, fig. 170: 3–7.

Schalen linear bis linear-elliptisch, Seiten parallel bis sehr schwach konvex, Enden nicht abgesetzt und stumpf bis etwas keilförmig gerundet. Äußere Raphenspalten im mittleren Bereich seitlich ausgelenkt, daher Raphe in der Mitte mäßig lateral, an beiden Enden fadenförmig, die kräftigen Zentralporen beide seitlich abgebogen, Endspalten im Mantel gelegen, schwer sichtbar. Axialarea mäßig eng, lanzettlich vom Ende zur Mitte verbreitert, Zentralarea klein, rundlich, ⅓ bis ½ der Schalenbreite einnehmend, in ihr auf jeder Seite eine kräftige, sichelförmige Zeichnung. Transapikalstreifen bis auf die Mitte durchweg leicht radial, 19–24/10 µm, gekreuzt von einer deutlichen, submarginalen Längslinie. Zellen 45–92 µm lang, 6–15 µm breit.
Mesoatmophytisch auf feuchtem Erdboden bei Abisko (Schweden).

2. **Caloneis silicula** (Ehrenberg) Cleve 1894 (Fig. 17: i)

Syn.: *Caloneis ventricosa* (Ehrenberg) Meister 1912
Hustedt 1930, p. 236, fig. 362; Krammer & Lange-Bertalot 1986, p. 388, fig. 172: 1–13.

Schalen im Umriß sehr variabel, linear, linear-lanzettlich bis breit-elliptisch, Seiten parallel, dreiwellig, leicht konvex oder in der Mitte etwas aufgetrieben, Enden leicht keilförmig bis stumpf gerundet. Außenspalt der Raphenäste leicht geschwungen, deshalb in der Mitte etwas lateral, proximale Enden schwach seitlich ausgebogen, Zentralporen deutlich, Endspalten groß, fragezeichenförmig. Axialarea lanzettlich, oft an den Polen zunächst eng, dann plötzlich verbreitert und bis zur Mitte linear oder lanzettlich, Zentralarea vielfach eine rundliche Erweiterung, im allgemeinen kleiner als ½ Schalenbreite oder eine Fascia von unterschiedlicher Breite. Neben dem Zentralknoten manchmal mondfleckartige Zeichnungen. Transapikalstreifen durchweg leicht radial, 15–20/10 µm, submarginal mit einer feinen Längslinie. Zellen 13–120 µm lang, 5–20 µm breit.
Vereinzelt aerophytisch oder terrestrisch (BRD, Island); auch var *genuina* Cleve, var. *giberula* Kützing und var. *minuta* Grunow.

3. **Caloneis leptosoma** (Grunow) Krammer 1985 (Fig. 17: j)

Syn.: *Pinnularia leptosoma* (Grunow) Cleve 1895
Hustedt 1930, p. 316, fig. 567; Krammer & Lange-Bertalot 1986, p. 396, fig. 174: 13–15.

Schalen linear mit parallelen, in der Mitte aufgetriebenen oder dreiwelligen Seiten, wobei die mittleren Wellen breiter oder schmaler als die terminalen sind. Enden nicht abgesetzt, keilförmig gerundet. Raphenäste besonders im proximalen Bereich stärker gebogen, etwas lateral, Zentralporen deutlich, Endspalten mäßig groß, fragezeichenförmig. Axialarea eng bis mäßig eng, Zentralarea eine breite Fascia, oft etwas asymmetrisch. Transapikalstreifen durchweg radial, in der Mitte manchmal auch fast parallel, in der Mitte 14–17/10 µm, an den Enden bis 20/10 µm. Zellen 22–54 µm lang, 4–8 µm breit.
Aerophytisch auf Moospolstern oder auf nassen Felsen, seltener terrestrisch (Alpen in Österreich und in der BRD).

4. **Caloneis lepidula** (Grunow) Cleve 1894 (Fig. 17: k)

Hustedt 1930, p. 235, fig. 358; Krammer & Lange-Bertalot 1986, p. 391, fig. 173: 21.

Schalen linear mit parallelen Seiten, manchmal in der Mitte leicht bauchig, Enden breit gerundet und nicht abgesetzt. Raphe wenig gekurvt, fadenförmig, Zentralporen einseitig abgebogen, Endspalten undeutlich. Axialarea eng, linear, in der Mitte zu einer mäßig großen, manchmal mehr als

halbschalenbreiten, runden, rhombischen oder elliptischen Zentralarea erweitert. Transapikalstreifen durchweg parallel, aber auch in der Mitte radial und am Ende schwach konvergent, gekreuzt von nicht immer gut sichtbaren, marginalen Längslinien, 23–30/10 µm. Zellen 18–32 µm lang, 4–6 µm breit.
Selten und meist vereinzelt auf nassen Moosen in Gebirgen.

5. **Caloneis sublinearis** (Grunow) Krammer 1985 (Fig. 17: o, p)

Syn.: *Navicula sublinearis* Grunow 1880, *Pinnularia sublinearis* (Grunow) Cleve 1895
Hustedt 1930, p. 315, fig. 566; Krammer & Lange-Bertalot 1986, p. 393, fig. 174: 11, 12.

Schalen linear bis linear-lanzettlich mit parallelen bis leicht konvexen Seiten, manchmal in der Mitte schwach verbreitert, Enden wenig oder nicht abgesetzt und breit gerundet. Raphe wenig gebogen bis fast gerade, fadenförmig bis sehr schwach lateral, die schwach sichtbaren Zentralporen wenig einseitig abgebogen, Endspalten relativ groß, fragezeichenförmig. Axialarea meistens sehr eng, linear, seltener mäßig eng und etwas lanzettlich, Zentralarea zumeist fehlend, manchmal auch eine Fascia. Transapikalstreifen sehr fein, wenig radial, an den Polen parallel bis schwach konvergent, 21–25/10 µm, Längslinie marginal und meist wenig sichtbar. Zellen 19–30 µm lang, 4–5 µm breit.
Aerophytisch auf Moospolstern (BRD).

6. **Caloneis molaris** (Grunow) Krammer 1985 (Fig. 17: l, q)

Syn.: *Pinnularia molaris* (Grunow) Cleve 1895, *Caloneis clevei* sensu Hustedt 1930, 1949, 1950
Hustedt 1930, p. 316, fig. 568; Lund 1946, p. 90, fig. 11: H, I, L–O; Krammer & Lange-Bertalot 1986, p. 394, fig. 174: 16–21.

Schalen linear-lanzettlich mit schwach konvexen Seiten, Enden wenig, bei kleinen Formen nicht abgesetzt und stumpf bis flach gerundet. Raphenäste wenig gebogen, in der Mitte etwas lateral, proximal mit mäßig großen, deutlich seitwärts abgebogenen Zentralporen, Endspalten groß, haken- bis fragezeichenförmig. Axialarea sehr variabel von schmal-linear bis breit-lanzettlich, zur Mitte hin kontinuierlich breiter werdend, Zentralarea eine Fascia von unterschiedlicher Form und Breite. Transapikalstreifen in der Mitte parallel bis radial, an den Enden ebenfalls parallel bis konvergent, 17–22/10 µm, von einem schmalen, marginalen Längsband gekreuzt. Zellen 26–65 µm lang, 5–10 µm breit.
Sowohl aerophytisch als auch terrestrisch (Dänemark, Island, England, Österreich, Antarktis).

7. **Caloneis bacillum** (Grunow) Cleve 1894 (Fig. 17: m, n)

Syn.: *Caloneis fasciata* (Lagerstedt) Cleve 1894
Hustedt 1930, p. 236, fig. 360; Lund 1946, p. 58, fig. 2: L, M, Q–T; Krammer & Lange-Bertalot 1986, p. 390, fig. 173: 9–20.

Schalen linear, linear-lanzettlich bis lanzettlich mit parallelen bis konvexen Seiten, Enden breit gerundet, nicht oder wenig abgesetzt. Raphe gerade oder sehr schwach gebogen, mit deutlichen, länglichen, etwas seitlich abgebogenen Zentralporen, Endspalten zumeist groß und deutlich. Axialarea sehr variabel von sehr eng linear bis mäßig breit lanzettlich, sich zur Mitte hin erweiternd, Zentralarea stets eine Fascia, schmal linear, oft etwas asymmetrisch. Transapikalstreifen in der Mitte parallel bis schwach radial, oft etwas gekurvt mit der konvexen Seite zum Schalenende gerichtet, an den Polen mäßig radial, selten fast parallel, 20–30/10 µm, von feinen marginalen Längslinien gekreuzt. Zellen 15–48 µm lang, 4–9 µm breit.
Diese Art gehört zu den verbreitetsten Bodenalgen, die vor allem in stark sauren Böden auftreten. Mitunter auch aerophytisch, auf Moosen auch massenhaft (Dänemark, Island, Insel Surtsey, England, Österreich, USA).

8. Caloneis aerophila Bock 1962 (Fig. 17: v)
Bock 1962, p. 220, fig. 3: 180–185; Krammer & Lange-Bertalot 1986, p. 389, fig. 173: 4.

Schalen linear mit parallelen, schwach konvexen oder konkaven Seiten, Enden keilförmig gerundet, selten auch schwach abgesetzt. Raphenäste mäßig gebogen und in der Mitte etwas lateral, proximal mit deutlichen Zentralporen und beide Raphenäste stark einseitig abgebogen, Endspalten fragezeichenförmig, Zentralporen einander genähert. Axialarea variabel, zumeist stark lanzettlich erweitert, selten schmal, Zentralarea breite Fascia, oft auf beiden Seiten von unterschiedlicher Breite. Transapikalstreifen in der Mitte schwach radial bis parallel, am Ende leicht konvergent, 18–25/10 µm, am Ende etwas mehr. Zellen 14–25 µm lang, 3–5 µm breit.
Seltene aerophytische Gebirgsform, die auf nassen Felsen, aber auch auf überrieselten Moosen vorkommt (BRD, Frankreich, USA).

Nicht völlig gesicherte Arten:
Caloneis angustivalva J. B. Petersen 1928, p. 382, fig. 7

«Caloneis valva lineari, apicibus rotundatis, long. 18,3 µm, lat. 3,1 µm, striis 23/10 µm, radiantibus, apices versus convergentibus. Area apicali angusta, in media parte valvae in fasciam dilatata.»
Auf feuchten Böden zwischen Vaucheria und Moosen (Island).

Caloneis vaucheriae J. B. Petersen 1928, p. 385, fig. 11

«Caloneis valva lanceolata, apicibus protractis, long. 18 µm, lat. 4–4,4 µm, striis 23/10 µm, radiantibus vel ad apices parallelis. Area apicali angusta; area centrali in fasciam transapicalem dilatata.»
Auf feuchten Böden, in Ackerböden und auch auf Wegen (Island).

11. **Pinnularia** Ehrenberg 1843

Hustedt 1930, p. 313; Krammer & Lange-Bertalot 1986, p. 397.

Schalen naviculoid mit drei isopolen Hauptachsen, Zwischenbänder und Septen fehlen. Die Gattung enthält in der Größe der Schalen ein breites Spektrum von sehr kleinen bis zu den größten Formen. Die Medianrippe ist mäßig stark ausgebildet. Die Raphe ist stets eine Nut- und Federraphe, bei den großen Formen ist nicht selten ein Doppelfalz vorhanden. Bei einigen größeren Formen wechseln in der gleichen Rippe Nut und Feder miteinander ab, der Außenspalt besitzt dann einen charakteristischen welligen Verlauf. Der Innenspalt der Raphe wird in Schalenmitte entweder von seitlichen Ausläufern des Zentralknotens überdeckt und bleibt dann als Spalt erhalten oder er ist durch eine Intermissio unterbrochen. Am Schalenende befindet sich ein mäßig großer Endknoten. Die äußeren Raphenspalten bei *Pinnularia* haben nie Zentralspalten, sondern sind stets mit Zentralporen ausgestattet. Dagegen sind Endspalten unterschiedlicher Ausbildung vorhanden. Die Schalen sind entweder als einfaches alveoliertes Rippensystem aufgebaut oder als Zweischalensystem, wobei die beiden Schalen durch die Transapikalrippen miteinander verbunden sind. Vielfach besitzt die Schalenoberfläche charakteristische Strukturen. Die lebenden Zellen sind meist freilebend und einzeln, nur einige bilden kettenförmige Kolonien. Chloroplasten in der Regel zwei den Gürtelbändern anliegende Platten.
Von 56 Arten sind 24 terrestrisch oder aerophytisch.

1a Transapikalstreifen breit, entfernt stehend, einander nicht berührend 5
1b Transapikalstreifen und Transapikalrippen schmaler 2
2a Transapikalstreifen in der Mitte und an den Schalenenden stark divergent, in der Streichrichtung plötzlich wechselnd 11
2b Transapikalstreifen mäßig oder nicht divergent 3
3a Schalen linear mit breiter Area 9
3b Schalen mit mäßig breiter oder schmaler Area 4
4a Raphen stark lateral, große Formen . . . . **23. P. viridis**

4b Raphen weniger lateral, kleine bis große Formen 14
5a Schalen kürzer als 15 µm, Zentralporen weit gestellt . . . . **1. P. balfouriana**
5b Schalen länger als 16 µm 6
6a Kleinere Formen mit 7–10 Transapikalstreifen in 10 µm 7
6b Meist größere Formen mit 6 und weniger Transapikalstreifen in 10 µm 8
7a Transapikalstreifen in der Mitte parallel, oft nur randständig, marginal breiter werdend . . . . **2. P. lagerstedtii**
7b Transapikalstreifen in der Mitte radial, an der Area breiter werdend, Axialarea schmal . . . . **3. P. intermedia**
8a Proximale Raphenenden seitlich abgehoben, aber nicht reverslateral . . . . **4. P. borealis**
8b Proximale Raphenenden etwas revers-lateral, Außenspalt der Raphe versetzt zunächst in Richtung der Mediane und läuft dann in ihr weiter . . . . **5. P. lata**
9a Oberfläche der Axialarea ornamentiert 10
9b Axialarea nicht ornamentiert . . . . **6. P. hemiptera**
10a Raphe von einer deutlichen Axialrippe begleitet, Seiten dreiwellig . . . . **7. P. nodosa**
10b Axialrippen fehlen, Schalen nicht dreiwellig, höchstens in der Mitte bauchig . . . . **8. P. acrosphaeria**
11a Enden nicht abgesetzt, breit gerundet 12
11b Enden vorgezogen oder kopfig abgesetzt 13
12a Enden flach gestutzt . . . . **9. P. subrostrata** part.
12b Enden stumpf oder keilförmig gerundet . . . . **10. P. obscura**
13a Transapikalstreifen 9–12/10 µm, Divergenz der Streifengruppen mäßig groß . . . . **9. P. subrostrata**
13b Transapikalstreifen 12–14/10 µm, Divergenz der Streifengruppen groß . . . . **11. P. divergentissima**
14a Zentralarea mit deutlichen Marken . . . . **12. P. divergens**
14b Zentralarea ohne Marken, manchmal sind aber Punkte oder sonstige schwach sichtbare Strukturen vorhanden 15
15a Kleine Formen, meist mit mehr als 15 Transapikalstreifen in 10 µm . . . . **13. P. appendiculata**
15b Größere Formen, mit weniger als 15 Transapikalstreifen in 10 µm 16
16a Schalenseiten dreiwellig 17
16b Schalenseiten abweichend geformt 23
17a Mittlere Welle der Schalenseiten breiter als die übrigen 18
17b Mittlere Welle der Schalenseiten gleich oder schmäler als die übrigen 19
18a Axialarea mäßig breit . . . . **14. P. legumen** part.
18b Axialarea schmal . . . . **15. P. interrupta** part.
19a Mittlere Welle gleich breit wie die übrigen 20
19b Mittlere Welle schmaler als die übrigen 22
20a Von den inneren Alveolenöffnungen gebildete Längsbänder in der Schalenfläche . . . . **16. P. pulchra** part.
20b Schalen ohne Längsbänder, manchmal werden aber solche durch Biegungskanten in der Schalenfläche vorgetäuscht 21
21a Axialarea mäßig breit . . . . **14. P. legumen** part.
21b Axialarea meist schmal . . . . **15. P. interrupta** part.
22a Schalen 6–11 µm breit . . . . **16. P. pulchra** part.
22b Schalen 15–23 µm breit . . . . **14. P. legumen** part.
23a Schalen in der Mitte konkav eingezogen 24
23b Schalenseiten parallel oder konvex 25
24a Area sehr breit, lanzettlich . . . . **17. P. braunii** part.
24b Area schmäler . . . . **15. P. interrupta** part.
25a Schalen breit linear 26
25b Schalen schmäler linear 27

26a Endspalten kommaförmig .... **18. P. globiceps**
26b Endspalten fragezeichenförmig .... **19. P. microstauron** part.
27a Zentralarea sehr breit .... **17. P. braunii**
27b Zentralarea schmäler **28**
28a Schalen nicht breiter als 7 μm .... **20. P. subcapitata**
28b Schalen breiter **29**
29a Enden breit vorgezogen .... **19. P. microstauron** part.
29b Enden schmal vorgezogen oder kopfig **30**
30a Enden schmal vorgezogen oder kopfig, etwa gleich breit wie die übrige Schale, Axialarea breit .... **21. P. gibba**
30b Enden vorgezogen oder kopfig, in beiden Fällen wesentlich schmaler als die übrige Schale, Area schmaler .... **15. P. interrupta**
30c Enden mit undeutlichen Köpfchen, aber deutlich abgesetzt .... **22. P. krockii**

1. **Pinnularia balfouriana** Grunow ex Cleve 1895 (Fig. 17: r)

Hustedt 1930, p. 326, fig. 599; Krammer & Lange-Bertalot 1986, p. 404, fig. 176: 11, 12.

Schalen breit-linear bis elliptisch mit breit gerundeten, nicht vorgezogenen Enden. Raphe gerade, sehr zart und leicht zu übersehen. Zentralporen undeutlich und entfernt gestellt, Endspalten nicht erkennbar. Axialarea eng, linear, Zentralarea unterschiedlich, entweder fehlend oder durch Verkürzung von 1–2 der mittleren Transapikalstreifen gebildet; letztere entfernt stehend, durchweg leicht radial, 10–12/10 μm. Zellen 6–15 μm lang, 3,4–5 μm breit.
Aerophytisch auf nassen oder überrieselten Felsen oder Moosrasen, aber auch terrestrisch (England, BRD, Österreich).

2. **Pinnularia lagerstedtii** (Cleve) Cleve-Euler 1934 (Fig. 17: s)

Syn.: *Pinnularia parva* var. *lagerstedtii* Cleve 1895
Hustedt 1930, p. 327, fig. 603; Krammer & Lange-Bertalot 1986, p. 404, fig. 176: 8–10.

Schalen linear mit parallelen, schwach konvexen oder konkaven Seiten und breit, zumeist flach gerundeten, nicht abgesetzten Enden. Außenspalt der Raphenäste gerade oder schwach gebogen, proximal mit deutlichen tropfenförmigen Zentralporen und seitlich ausgelenkt, distal mit großen, fragezeichen- bis bajonettförmigen Endspalten. Axialarea mäßig bis sehr breit, linear bis lanzettlich zur Mitte erweitert, Zentralarea entweder durch verkürzte mittlere Transapikalstreifen angedeutet oder eine ± breite Fascia. Transapikalstreifen in der Mitte parallel oder sehr schwach radial, an den Enden konvergent, 8,5–10/10 μm. Zellen 16–40 μm lang, 5–8 μm breit.
Aerophytische Art, die vor allem auf Moosen vorkommt, gelegentlich ist sie auch terrestrisch (Nord- und Mitteleuropa).

3. **Pinnularia intermedia** (Lagerstedt) Cleve 1895 (Fig. 17: u)

Lund 1946, p. 92, fig. 12: A–J; Krammer & Lange-Bertalot 1986, p. 406, fig. 178: 1–6.

Schalen elliptisch bis linear-elliptisch mit konvexen, parallelen bis schwach konkaven Seiten. Enden nicht oder schwach abgesetzt und dann breit vorgezogen oder etwas kopfig, breit gerundet. Raphe fadenförmig, fast gerade, proximal zusammen mit den Zentralporen einseitig abgebogen, Endspalten klein, fragezeichenförmig, aber zum Teil im Mantel liegend und schwer sichtbar. Axialarea sehr eng, linear, Zentralarea eine sich nach außen erweiternde Fascia. Transapikalstreifen radial, an den Enden parallel, meist aber konvergent, 7–10/10 μm, Transapikalrippen fast ebenso breit. Zellen 18–42 μm lang, 4–8 μm breit.
Wahrscheinlich kosmopolitisch, aerophytisch auf feuchter Erde, auf Felsen oder Mauern, in Moosrasen; auch in Erdböden gefunden.

4. Pinnularia borealis Ehrenberg 1843 (Fig. 17: t)
Hustedt 1930, p. 326, fig. 597; Krammer & Lange-Bertalot 1986, p. 405, fig. 177: 1–12.

Umriß der Schalen variabel von schmal linear über breit linear bis linear-elliptisch mit parallelen, schwach konvexen, konkaven oder dreiwelligen Seiten, Enden zumeist schwach abgesetzt, manchmal breit vorgezogen und stumpf, bisweilen auch flach gerundet. Außenspalt der Raphenäste im mittleren Bereich wenig gebogen und besonders bei größeren Formen deutlich lateral, proximal kontinuierlich nach einer Seite abgebogen und in einen mäßig großen Zentralporus endend, Endspalten groß, fragezeichenförmig. Axialarea variabel, ebenso wie die Zentralarea, letztere meist groß, rund, selten eine Fascia bildend. Transapikalstreifen sehr kräftig, entfernt gestellt, in der Mitte parallel bis deutlich radial, am Ende parallel bis leicht konvergent, 4–6/10 µm. Zellen 24–110 µm lang, 5–18 µm breit.
Häufig aerophytisch in Moosen, auf Mauern oder Felsen, auf feuchten Böden; manchmal terrestrisch, wahrscheinlich kosmopolitisch verbreitet.

5. Pinnularia lata (Brébisson) Rabenhorst 1853 (Fig. 18: a)
Hustedt 1930, p. 324, fig. 595; Krammer & Lange-Bertalot 1986, p. 403, fig. 176: 3–7.

Schalen linear bis linear-elliptisch mit fast parallelen bis schwach konvexen, oft in der Mitte etwas transapikal erweiterten Seiten, Enden breit gerundet, nicht vorgezogen. Raphenäste bis auf ein kurzes, proximales Stück deutlich lateral, die Außenspalten etwas konvex zu den Innenspalten gebogen, proximal plötzlich nach einer Seite abbiegend und in der Nähe des Zentralknotens wieder in Apikalrichtung zurückbiegend, Zentralporen mäßig groß, seitlich abbiegend, Endspalten mehr bajonettförmig, Axialarea unterschiedlich breit, linear oder zur Mitte hin sich erweiternd, Zentralarea groß, rund und auf beiden Schalenseiten symmetrisch oder etwas asymmetrisch ausgebildet. Transapikalstreifen sehr kräftig, in der Mitte radial, an den Polen parallel bis konvergent, 2,5–5/10 µm, Längslinien auf den Transapikalstreifen nicht vorhanden. Zellen 50–170 µm lang, 14–40 µm breit.
Nicht selten, stellenweise auch Massenvorkommen, besonders an überrieselten Felsen oder in Moosen, weniger oft in Erdböden (Dänemark, Island, BRD, Österreich); auch var. *rabenhorstii* Grunow.

6. Pinnularia hemiptera (Kützing) Rabenhorst 1853 (Fig. 18: d)
Hustedt 1930, p. 329, fig. 608; Krammer & Lange-Bertalot 1986, p. 410, fig. 182: 1–3.

Schalen linear bis linear-lanzettlich, mit parallelen, konvexen und in der Mitte manchmal etwas aufgetriebenen Seiten, Enden zumeist nicht abgesetzt, in der Regel keilförmig verschmälert und stumpf gerundet. Außenspalt der Raphenäste im mittleren Bereich fast gerade oder wenig gebogen, Raphen etwas lateral, proximal etwas einseitig abgebogen und mit einem relativ kleinen Zentralporus, distal mit mäßig großen, fragezeichenförmigen Endspalten. Axialarea breit, von den Polen zur Mitte kontinuierlich erweitert, Zentralarea fehlt oder schwach angedeutet. Transapikalstreifen in der Mitte parallel bis schwach radial, am Ende parallel bis konvergent, auf beiden Seiten von breiten Längsbändern gekreuzt, 8–11/10 µm. Zellen 40–90 µm lang, 11–18 µm breit.
Selten und vereinzelt in Erdböden (England).

7. Pinnularia nodosa (Ehrenberg) W. Smith 1856 (Fig. 18: c)
Hustedt 1930, p. 330, fig. 611; Krammer & Lange-Bertalot 1986, p. 409, fig. 181: 4–10.

Schalen linear bis linear-lanzettlich, Seiten parallel bis dreiwellig, die mittlere Welle manchmal etwas breiter als die übrigen, Enden stumpf gerundet, meist aber deutlich abgesetzt und vorgezogen oder kopfig. Raphenäste im mittleren Bereich schwach lateral, proximal einseitig abgebogen und in tropfenförmigen Zentralporen endend, Endspalten fragezeichenförmig, der äußere Raphenspalt

wird von breiten Axialrippen begleitet. Axialarea mäßig bis sehr breit, linear oder zur Schalenmitte hin erweitert, Zentralarea in der Regel eine verschieden breite Fascia. Die gesamte Schalenoberfläche ist außerhalb der Axialrippen lebhaft reliefartig strukturiert. Transapikalstreifen in der Mitte parallel oder schwach radial, an den Enden konvergent, 7–11/10 µm. Zellen 35–80 µm lang, 8–12 µm breit.
Aerophytisch auf feuchter Erde oder in Moosrasen, wahrscheinlich kosmopolitisch.

8. **Pinnularia acrosphaeria** Rabenhorst 1853 (Fig. 18: b)

Hustedt 1930, p. 330, fig. 610; Krammer & Lange-Bertalot 1986, p. 409, fig. 181: 1–3.

Schalen linear, Seiten leicht konvex oder in der Mitte etwas aufgetrieben, Enden breit gerundet und etwas kopfig. Raphenäste stark lateral, aber innere Raphenspalten im Lichtmikroskop durch die stark strukturierte Schalenoberfläche schwer sichtbar, äußere Raphenspalten in ihrem mittleren Bereich gerade, proximal stark einseitig abgebogen, Zentralporen sehr klein, Endspalten sehr groß, sichelförmig. Axialarea breit, linear, um den Zentralknoten wenig und oft einseitig zur Zentralarea erweitert, beide Areae werden von einer unregelmäßigen Reliefstruktur ausgefüllt. Transapikalstreifen in der Mitte parallel bis schwach radial, an den Enden schwach radial, parallel oder etwas konvergent, 7–14/10 µm. Zellen 30–180 µm lang, 8–20 µm breit.
Aerophytisch an feuchten Stellen, verbreitet in Gebirgen.

9. **Pinnularea subrostrata** (A. Cleve) Cleve-Euler 1955 (Fig. 18: e)

Syn.: *Pinnularia divergentissima* var. *wulffii* J. B. Petersen 1924
Krammer & Lange-Bertalot 1986, p. 419, fig. 185: 11–19.

Schalen linear bis linear-elliptisch mit konvexen, manchmal leicht welligen Seiten, Enden flach gerundet, meist deutlich abgesetzt und breit vorgezogen oder kopfig. Raphe fadenförmig, proximal mit länglichen, etwas einseitig abgebogenen Zentralporen, Endspalten kommaförmig. Axialarea sehr eng, linear, Zentralarea eine mäßig breite Fascia. Transapikalstreifen in der Mitte stark radial, am Ende leicht bis mäßig konvergent, beide Streifensysteme stehen im spitzen Winkel zueinander, 9–12/10 µm, bei kleinen Formen bis 15/10 µm. Zellen 28–44 µm lang, 5–8,5 µm breit.
Aerophytisch, in der Antarktis und auf Spitzbergen.

10. **Pinnularia obscura** Krasske 1932 (Fig. 18: f, 19: h)

Krammer & Lange-Bertalot 1986, p. 420, fig. 185: 20–23.

Schalen linear-elliptisch mit fast parallelen, leicht konkaven oder konvexen Seiten, Enden stumpf keilförmig. Raphenäste fast gerade, fadenförmig, die großen, länglichen Zentralporen etwas seitwärts abgebogen, Endspalten fragezeichenförmig. Axialarea sehr eng, linear, Zentralarea eine breite Fascia. Transapikalstreifen meist etwas konvex zur Schalenmitte gekurvt, in der Mitte mäßig radial, an den Enden stark konvergent, 11–15/10 µm. Zellen 12–34 µm lang, 3–6,5 µm breit.
Wahrscheinlich kosmopolitisch, aerophytisch auf feuchten Moosen, nassen Felsen oder feuchter Erde, weniger oft terrestrisch.

11. **Pinnularia divergentissima** (Grunow) Cleve 1895 (Fig. 18: h)

Hustedt 1930, p. 320, fig. 581; Krammer & Lange-Bertalot 1986, p. 419, fig. 185: 3–10.

Schalen linear bis linear-lanzettlich, Seiten schwach konvex bis parallel, Enden stumpf gerundet, breit vorgezogen oder kopfig. Raphenäste fast gerade, fadenförmig, Zentralporen etwas seitwärts abgebogen, Endspalten relativ groß, komma- bis bajonettförmig. Axialarea eng, linear, Zentralarea eine mäßig breite Fascia. Transapikalstreifen auffällig stark divergierend, die mittleren stark radial,

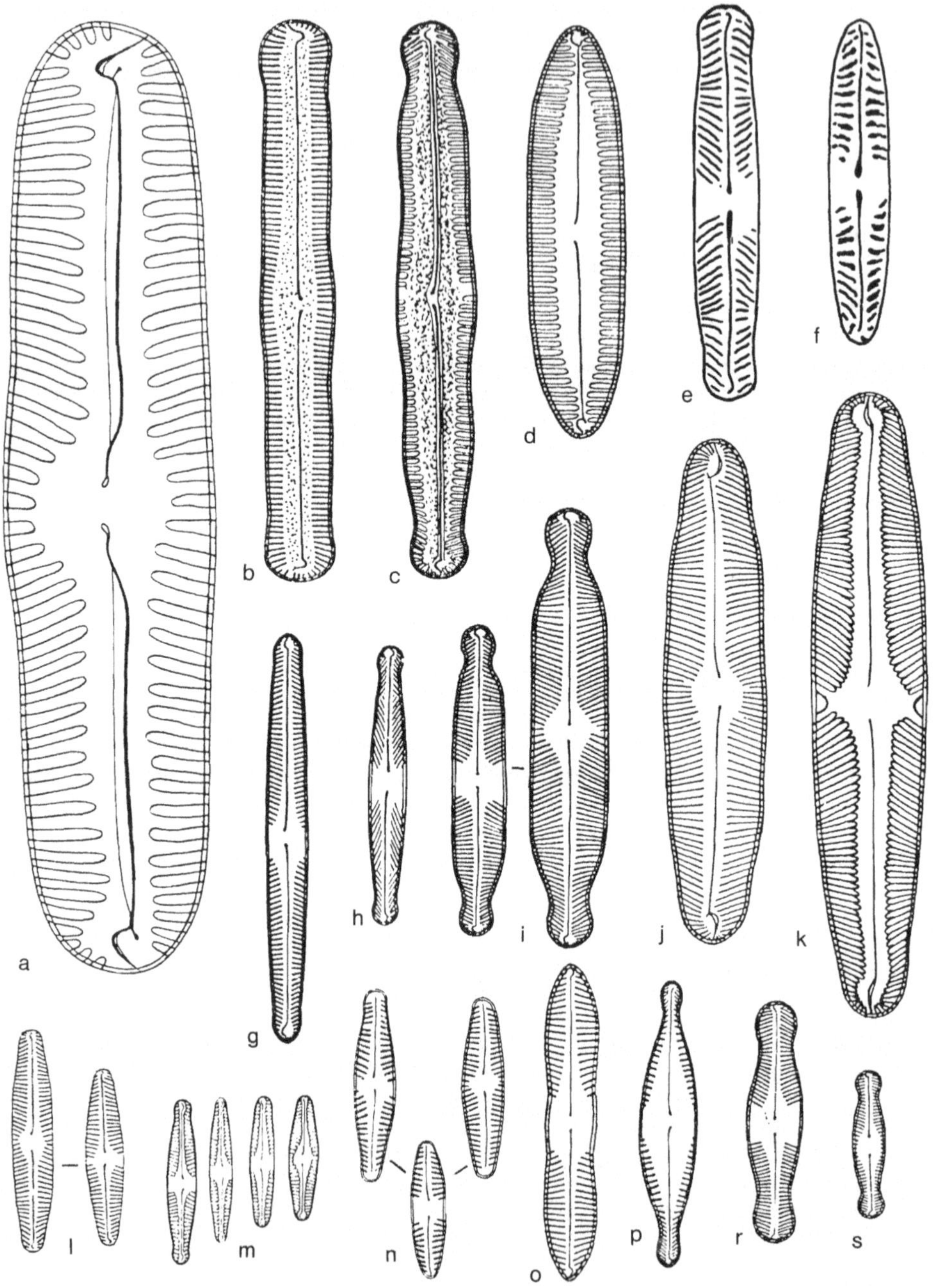

Fig. 18. *a Pinnularia lata; b P. acrosphaeria; c P. nodosa; d P. hemiptera; e P. subrostrata; f P. obscura; g P. appendiculata; h P. divergentissima; i P. interrupta; j ?P. legumen (P. subsolaris); k P. divergens; l–n P. appendiculata; o P. pulchra; p P. braunii; r P. globiceps; s P. krockii* (*e, f* umgezeichnet nach Krammer & Lange-Bertalot; *l* nach J. B. Petersen; *n* nach Lund, sonst nach Hustedt).

am Ende stark konvergent, beide Streifensysteme bilden einen rechten oder sogar stumpfen Winkel miteinander, 12–15/10 µm. Zellen 8–42 µm lang, 3–7 µm breit.
Kosmopolitisch im nordisch-alpinen Bereich, besonders aerophytisch, vor allem auf verschiedenen Moosen.

12. **Pinnularia divergens** W. Smith 1853 (Fig. 18: k)

Hustedt 1930, p. 323, fig. 589; Krammer & Lange-Bertalot 1986, p. 407, fig. 179: 3–8.

Schalenumriß sehr variabel von breit linear-elliptisch über elliptisch-lanzettlich bis linear-lanzettlich, Seiten parallel, leicht konvex bis dreiwellig, Enden breit gerundet, oft breit vorgezogen. Außenspalten der Raphenäste mäßig gebogen, Raphe proximal und distal auf kurzen Abschnitten fadenförmig, Zentralporen sehr klein, die Intermissio auf der Schaleninnenseite täuscht manchmal kurze Anhänge an den Zentralporen vor, Endspalten bajonettförmig, breit, Mittelteil fast apikal verlaufend, in einer großen, runden, meist etwas asymmetrischen Terminalarea gelegen. Axialarea mäßig weit, linear oder etwas zur Mitte hin breiter werdend, Zentralarea rhombisch, groß und durch eine schmale Binde bis zum Rand verbreitert. Vor den seitlichen Enden der Zentralarea am Mantelrand eine kegelförmige Wandverdickung. Transapikalstreifen in der Mitte radial, an den Enden konvergent, 8–12/10 µm, von keinem Längsband gekreuzt. Zellen 50–160 µm lang, 13–30 µm breit.
Vereinzelt aerophytisch in Gebirgen, kosmopolitisch verbreitet.

13. **Pinnularia appendiculata** (Agardh) Cleve 1895 (Fig. 18: g, l–n)

Syn.: *Pinnularia silvatica* J. B. Petersen 1935, *Pinnularia irrorata* (Grunow) Hustedt 1939
Hustedt 1930, p. 317, fig. 570 a; J. B. Petersen 1935, p. 147, fig. 7; Lund 1946, p. 90, fig. 10: J–S; Krammer & Lange-Bertalot 1986, p. 427, fig. 193: 19–29.

Schalen linear-lanzettlich bis rhombisch-lanzettlich, mit konvexen Seiten, Enden nicht oder nur schwach abgesetzt bis breit vorgezogen und stumpf gerundet. Raphenäste gerade oder Außenspalten schwach gebogen, fadenförmig, proximal mit großen, nahe stehenden und seitwärts abgebogenen Zentralporen, Endspalten relativ groß, fragezeichenförmig, Axialarea eng, linear, zumeist aber vom Ende zur Mitte kontinuierlich lanzettlich erweitert, Zentralarea sehr variabel von groß rhombisch bis zu einer unterschiedlich breiten Querbinde. Transapikalstreifen in der Mitte radial, am Ende konvergent, 16–23/10 µm. Zellen 14–36 µm lang, 3,2–6 µm breit.
Kosmopolitisch verbreitet, aerophytisch, besonders auf Moosen, weniger oft in Erdböden; auch var. *irrorata* Grunow.

14. **Pinnularia legumen** (Ehrenberg) Ehrenberg 1843 (Fig. 18: j, 19: k)

Syn.: ? *Pinnularia subsolaris* (Grunow) Cleve 1895
Hustedt 1930, p. 322, fig. 587, 588; Krammer & Lange-Bertalot 1986, p. 413, fig. 184: 1–4.

Schalen linear bis schwach linear-lanzettlich mit dreiwelligen Seiten, die mittlere Welle schmäler oder breiter als die übrigen, Enden stets deutlich abgesetzt, breit gerundet und vorgezogen, kopfig oder auch keilförmig zulaufend. Raphenäste mit schwach gebogenen Außen- und Innenspalten, schwach lateral, proximal fadenförmig und mit kleinen Zentralporen, Endspalten bajonettförmig, in mäßig großen subterminalen Terminalareae gelegen. Axialarea ⅓ bis ¼ der Schalenbreite einnehmend, von den Polen zur Mitte hin erweitert, Zentralarea groß, rund und häufig bis an den Schalenrand reichend. Transapikalstreifen in der Mitte konvergent, 8–12/10 µm. Zellen 60–130 µm lang, 15–23 µm breit.
Vereinzelt auf feuchten Böden (Dänemark).

15. Pinnularia interrupta W. Smith 1853 (Fig. 18: i)
Hustedt 1930, p. 317, fig. 573; Krammer & Lange-Bertalot 1986, p. 424, fig. 190: 1–11.

Schalen linear mit parallelen, leicht konkaven oder dreiwelligen Rändern, die mittlere Welle breiter, gleich breit oder schmäler als die übrigen, Enden deutlich abgesetzt, breit gerundet und vorgezogen oder kopfig abgeschnürt. Außenspalt der Raphenäste wenig gebogen, Raphen daher weniger lateral bis fadenförmig, proximal mit länglichen, seitwärts abgebogenen Zentralporen, Endspalten fragezeichenförmig, gelegen in relativ kleinen Terminalareae. Axialarea eng, linear bis mäßig weit und dann manchmal sich lanzettlich vom Ende zur Mitte hin etwas verbreiternd, Zentralarea mäßig groß, rhombisch und häufig eine unterschiedlich breite, oft asymmetrische Fascia. Transapikalstreifen in der Mitte stark radial, an den Enden konvergent, oft etwas S-förmig gewellt, 9–15/10 µm. Zellen 26–80 µm lang, 6,7–16 µm breit.
Auch als Erdalge bekannt (BRD, England, Island, Insel Surtsey).

16. Pinnularia pulchra Østrup 1897 (Fig. 18: o; 19: e)
Syn.: *Pinnularia mesolepta* var. *angusta* Cleve 1897
Hustedt 1930, p. 329, fig. 607, Krammer & Lange-Bertalot 1986, p. 414, fig. 184: 6–10.

Schalen linear mit dreiwelligen Seiten, die Wellen gleich breit oder die mittlere Welle schmäler. Enden schmal bis breit vorgezogen, häufig etwas kopfig und stets stumpf gerundet. Raphenäste mit wenig geschwungenen Raphenspalten, schwach lateral, proximal etwas seitwärts abgebogen und mit deutlichen Zentralporen, Endspalten marginal, breit fragezeichenförmig. Axialarea eng bis mäßig breit, linear oder sich zur Mitte etwas erweiternd, Zentralarea mäßig breite Fascia oder runde bis länglich elliptische Erweiterung, schwache Andeutung von Mondflecken. Transapikalstreifen in der Mitte schwach radial, an den Enden leicht konvergent, 9–14/10 µm. Zellen 30–90 µm lang, 6–11 µm breit.
Aerophytisch, meistens zwischen feuchten Moosen oder auf feuchtem Erdboden (Österreich, England, Antarktis).

17. Pinnularia braunii (Grunow) Cleve 1895 (Fig. 18: p)
Hustedt 1930, p. 319, fig. 577; Krammer & Lange-Bertalot 1986, p. 416, fig. 187: 1–5.

Schalen linear bis lanzettlich mit konvexen, geraden oder konkaven Seiten, Enden stets deutlich abgesetzt, leicht vorgezogen, zumeist kopfig und breit gerundet. Raphenäste schwach gewellt, im Mittelbereich etwas lateral, proximal etwas einseitig abgebogen und mit deutlichen Zentralporen, Endspalten groß, fragezeichenförmig. Axialarea sehr variabel, in der Regel aber sehr breit und lanzettlich zur Mitte hin erweitert, Zentralarea eine breite Fascia. Transapikalstreifen in der Mitte radial, an den Enden konvergent, 10–12/10 µm. Zellen 30–60 µm lang, 7–12 µm breit.
Kosmopolitisch verbreitet, aerophytisch zwischen Moosen, besonders in moorigen Gegenden.

18. Pinnularia globiceps Gregory 1856 (Fig. 18: r)
Hustedt 1930, p. 319, fig. 579; Krammer & Lange-Bertalot 1986, p. 415, fig. 206: 4–7.

Schalen linear mit mäßig konvexen Seiten, Enden stets deutlich kopfig abgesetzt und breit gerundet, die Köpfe wenig schmäler als die Schalenmitte. Raphenäste fast gerade, im Mittelbereich schwach lateral, proximal seitlich schwach abgebogen, Zentralporen relativ klein, Endspalten kommaförmig. Axialarea schmal, sich bei großen Formen zur Mitte hin etwas lanzettlich erweiternd, Zentralarea eine breite, nach außen schmäler werdende Fascia. Transapikalstreifen in der Mitte radial, an den Enden schwach konvergent, 12–15/10 µm. Zellen 26–52 µm lang, 5–7,5 µm breit.
Aerophytisch zwischen Moosen.

19. **Pinnularia microstauron** (Ehrenberg) Cleve 1891 (Fig. 19: a, b)

Syn.: *Pinnularia viridis* var. *caudata* Boyer 1916; *Pinnularia brebissonii* (Kützing) Rabenhorst 1864 Hustedt 1930, p. 320, fig. 582; Lund 1946, p. 92, fig. 11: A–E, P–T; 12: O; 18: B–E; Krammer & Lange-Bertalot 1986, p. 425, fig. 191: 1–9; 192: 1–16.

Schalen linear bis linear-lanzettlich oder linear-elliptisch mit parallelen, etwas undulierenden oder schwach konvexen Seiten, Enden entweder nicht vorgezogen und etwas keilförmig gerundet oder breit vorgezogen und flach bis stumpf keilförmig gerundet. Außenspalten der Raphenäste wenig gebogen oder etwas wellig, Raphe schwach lateral oder fadenförmig, proximal mit deutlichen, etwas seitwärts abgebogenen, tropfenförmigen Zentralporen. Axialarea schmal, linear oder zur Mitte hin etwas lanzettlich erweitert, Zentralarea sehr variabel, klein bis groß rhombisch oder eine Fascia. Transapikalstreifen in der Mitte parallel bis stärker radial, am Ende leicht bis stark konvergent, 10–13/10 µm, Längslinien oder Längsbänder fehlen, sie werden aber manchmal durch einen Knick in der Schalenfläche vorgetäuscht. Zellen 20–90 µm lang, 7–11 µm breit.
Aerophytisch auf feuchter Erde oder zwischen Moosen, aber auch häufig terrestrisch (BRD, England, Dänemark, Island, Tschechoslowakei).

20. **Pinnularia subcapitata** Gregory 1856 (Fig. 19: c)

Hustedt 1930, p. 317, fig. 571; Lund 1946, p. 90, fig. 10: T–V; Krammer & Lange-Bertalot 1986, p. 426, fig. 193: 1–18.

Schalen linear bis linear-lanzettlich mit fast parallelen bis schwach konvexen Seiten, Enden schwach bis deutlich abgesetzt und dann breit vorgezogen oder kopfig. Raphe fadenförmig bis etwas lateral, proximal seitwärts abgebogen und mit deutlichen, einander nahe stehenden Zentralporen, Endspalten haken- bis halbkreisförmig. Axialarea eng, linear bis lanzettlich, vom Ende zur Mitte weiter werdend, Zentralarea eine Fascia von unterschiedlicher Breite. Transapikalstreifen in der Mitte parallel bis radial, an den Enden mäßig konvergent; 12–14/10 µm. Zellen 22–62 µm lang, 4–7 µm breit.
Aerophytisch auf feuchter Erde, nassen Felsen oder Mauern, zwischen Moosen. Häufig auch terrestrisch (BRD, England, Island, Schweden, Tschechoslowakei); auch var. *sublanceolata* J. B. Petersen.

21. **Pinnularia gibba** Ehrenberg 1841 (Fig. 19: g)

Hustedt 1930, p. 327, fig. 600; Krammer & Lange-Bertalot 1986, p. 423, fig. 186: 1–3, 189: 1–9.

Schalenumriß sehr variabel von linear über linear-lanzettlich bis rhombisch-lanzettlich und linear-elliptisch, mit parallelen oder schwach bis mäßig konvexen Seiten, in der Mitte häufig etwas aufgetrieben, Enden breit bis stumpf keilförmig gerundet, nicht bis deutlich abgesetzt und breit vorgezogen oder breit kopfig. Außenspalt der Raphenäste meist etwas gebogen oder wellig, Raphe fast bis zu den relativ kleinen Zentralporen deutlich lateral, die letzteren zumeist relativ nahe stehend, deutlich, aber nicht groß und seitwärts abgebogen, Endspalten groß, halbkreisförmig. Axialarea äußerst variabel von schmal linear bis sehr breit mit randständigen Transapikalstreifen, zumeist lanzettlich von den Enden zur Mitte erweitert, Zentralarea eine längselliptische Erweiterung der Axialarea, häufig aber eine unterschiedlich breite Fascia. Streichrichtung der Transapikalstreifen ebenfalls sehr variabel, in der Mitte schwach bis mäßig radial, am Ende mäßig bis stark konvergent, 9–12/10 µm, submarginal gekreuzt von einer Längslinie. Zellen 50–140 µm lang, 7–13 µm breit.
In Erdböden von England gefunden.

22. Pinnularia krockii (Grunow) Cleve 1891 (Fig. 18: s)
Syn.: *Pinnularia globiceps* var. *krockii* (Grunow) Cleve 1895
Hustedt 1930, p. 319, fig. 580; Krammer & Lange-Bertalot 1986, p. 416, fig. 187: 9, 206: 8, 9, 11.

Schalen elliptisch, Seiten stark konvex, Enden deutlich abgesetzt und gekopft, Köpfchen wesentlich schmäler als die Schalenmitte. Raphenäste gerade, fadenförmig, proximal nicht abgebogen, Zentralporen klein, aber deutlich, Endspalten fragezeichenförmig. Axialarea von den Enden zur Mitte hin lanzettlich zu einer großen Zentralarea erweitert. Transapikalstreifen in der Mitte radial, in den Köpfchen etwas konvergent, 17–21/10 µm. Zellen 14–40 µm lang, 5–11 µm breit.
Aerophytische halophile Art, die auf feuchten Böden der Soos bei Franzensbad (Tschechoslowakei) gefunden wurde; auch auf Moosen (BRD, Antarktis).

23. Pinnularia viridis (Nitzsch) Ehrenberg 1843 (Fig. 19: f)
Hustedt 1930, p. 334, fig. 617; Lund 1946, p. 94, fig. 12: K–N; Krammer & Lange-Bertalot 1986, p. 428, fig. 194: 1–4, 195: 1–6.

Schalen linear, linear-elliptisch bis linear-lanzettlich mit parallelen oder leicht konvexen Seiten, bei großen Formen in der Mitte etwas aufgetrieben, Enden etwas verschmälert, wobei die Verschmälerung bereits in einiger Entfernung von den Polen beginnt, aber nicht abgesetzt und halbelliptisch gerundet. Raphenäste bei den großen und kleinen Formen recht unterschiedlich gebaut und breit lateral bis fadenförmig, aber Außenspalt stets ± stark gebogen oder gewellt, proximal stark seitwärts abgebogen, mit großen, tropfenförmigen und nahe stehenden Zentralporen, Endspalten relativ groß, fragezeichenförmig. Axialarea sehr variabel, meist weniger als ¼ der Schalenbreite einnehmend, Zentralarea fehlend, in manchen Fällen als kleine asymmetrische Erweiterung oder ein- bis zweiseitige Fascia. Transapikalstreifen in der Mitte schwach radial, am Ende wenig konvergent bis fast parallel, 6–12/10 µm, gekreuzt von einem recht unterschiedlich breiten Längsband. Zellen 50–170 µm lang, 10–30 µm breit.
Kosmopolitisch verbreitet, häufig aerophytisch auf feuchten Erdböden, zwischen Moosen und auf Felsen, ebenso häufig in Erdböden.

Nicht völlig gesicherte Art:
Pinnularia saxicola Lund 1946, p. 88, fig. 10: G–I (Fig. 19: d)

Die Originalbeschreibung lautet: «Valves (11–16 µm l., 3,5–4,5 µm br.) with weakly convex or parallel margins, clearly capitate in the largest cells and becoming progressively less so with decreasing size, the smallest being only weakly capitate or rostrate. Branches of the raphe bending towards the same side of the valve in the region of the central nodule. Axial area narrow, passing very sharply into the central fascia in the smaller valves and more gradually in the larger. Central fascia large, occupying a third or slightly less of the length of the valve. Striae (18–20/10 µm) with truncate ends and convergent apically. In the largest valves two or three of the striae bounding the central fascia on each side are radial, and the one nearest the central nodule may be shorter and narrower than the rest. In the smaller valves all the striae are convergent or one or two bounding the central fascia are parallel.»
Am Grunde einer alten Ziegelmauer (England).

4. **Familie Epithemiaceae** sensu Karsten in Engler & Prantl 1928

Zellen in Schalenansicht linear, linear-lanzettlich oder dorsiventral, mit stärker konvexer Dorsal- und konkaver bis gerader Ventralseite. Kanalraphe liegt entweder in der Schalenfläche oder am Schalenrand zwischen Schalenfläche und Schalenmantel; auf einem Kiel verlagert oder in der Valvarfläche liegend; der Raphenkiel läuft fast immer ohne Unterbrechung in der Schalenmitte von

Pol zu Pol, dagegen ist der Raphenschlitz häufig in der Schalenmitte unterbrochen, so daß zwei Raphenäste existieren. Zentralporen wohl immer vorhanden, obgleich oft schwer nachweisbar. Schale in der Regel mit transapikalen Rippen, die dazwischenliegenden Schalenteile areoliert gekammert. Alle 3 Gattungen haben bodenbewohnende oder aerophytische Arten.

1a Transapikalachse heteropol, Schalen dorsiventral 2
1b Transapikalachse isopol, Schalen nicht dorsiventral . . . . **1. Denticula** (S. 110)
2a Raphe nicht deutlich gekielt, an der inneren Kanalwand mit Tüpfeln; Raphe liegt zumindest in ihrem distalen Bereich stärker auf der Ventralseite der Schale und steigt proximal ± in die Schalenfläche . . . . **2. Epithemia** (S. 111)
2b Raphe gekielt, Kanalwand ohne deutliche Tüpfelbildung; Raphe verläuft auf dem Grad zwischen Dorsal- und Ventralseite . . . . **3. Rhopalodia** (S. 111)

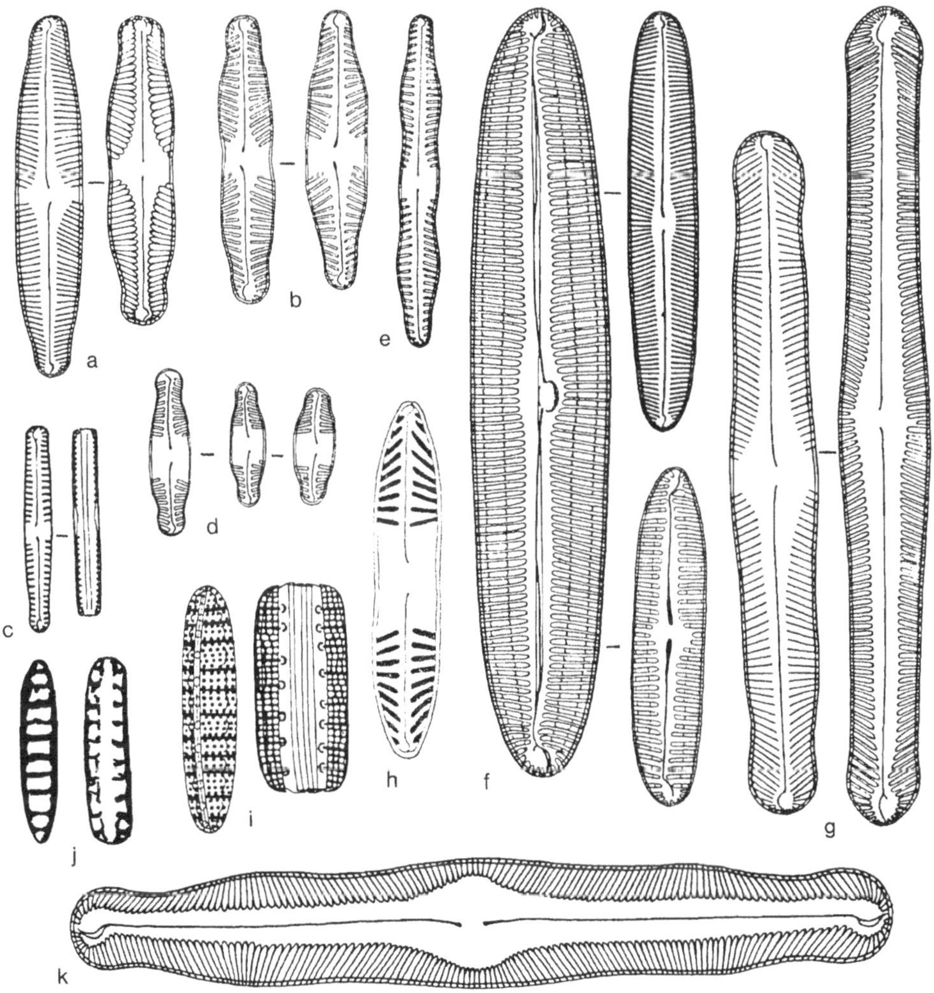

Fig. 19. *a, b Pinnularia microstauron; c P. subcapitata; d P. saxicola; e P. pulchra; f P. viridis; g P. gibba; h P. obscura; i Denticula elegans; j D. subtilis; k P. legumen* (*b, d* nach Lund; *h* nach J. B. Petersen; *j* umgezeichnet nach Krammer & Lange-Bertalot; sonst nach Hustedt).

1. **Denticula** Kützing 1844

Hustedt 1930, p. 380; Krammer & Lange-Bertalot 1988, p. 137.

Zellen mit drei isopolen Hauptachsen, in Gürtelansicht rechteckig mit etwas abgerundeten Ecken, in Schalenansicht linear, linear-lanzettlich bis lanzettlich. Die Kanalraphe verläuft entweder auf einem sehr schwach erhobenen Kiel etwas seitlich in der Schalenfläche, zumeist aber sehr marginal und oft am Schalenrand, kielartige Strukturen fehlen dann völlig. Der Raphenschlitz ist entweder in der Schalenmitte unterbrochen oder bei manchen Arten verläuft er ohne Unterbrechung von Pol zu Pol. Der Raphenkanal ist mit dem übrigen Zellinneren durch große, rechteckige bis elliptische Portulae verbunden, die durch die Reste der inneren Kanalwand begrenzt werden. Jeder dieser Wandreste überbrückt eine rippenartige Fibula, die sich direkt in artcharakteristisch ausgebildete Querwände fortsetzt. Bei den meisten Arten sind diese Fibularwände marginal oder aber in der Schalenmitte mit einem eigenartigen knopfartigen Höcker ausgestattet; bei *D. subtilis* sind es zwei. Immer vorhanden sind Valvocopulae mit ± ausgebildeten Septen. Fast alle Arten leben kettenbildend in Gallertmassen, oft findet man sie auch solitär.

Von 7 Arten sind 2 aerophytisch.

1a Septen bilden auf den Fibularwänden relativ große Köpfchen, die besonders in Gürtelansicht gut sichtbar sind . . . . **1. D. elegans**

1b Köpfchen in Gürtelansicht fehlend oder sehr klein . . . . **2. D. subtilis**

1. **Denticula elegans** Kützing 1844 (Fig. 19: i)

Hustedt 1930, p. 382, fig. 725; Krammer & Lange-Bertalot 1988, p. 141, fig. 94: 1, 2, 96: 10–33, 97: 1, 5.

Schalen linear-elliptisch bis linear-lanzettlich mit leicht konvexen bis parallelen, selten auch schwach konkaven Seiten oder Mitte aufgetrieben, Enden stumpf gerundet. Raphe stark zu einer Seite der Schale verschoben, sie verläuft völlig in der Schalenfläche, auch die Andeutung eines Kieles fehlt, in der Schalenmitte ist der Raphenschlitz nicht unterbrochen, die proximalen Enden der beiden Raphenäste sind zur Schalenfläche hin abgebogen. Die Fibularwände sind sehr breit, 25–50/100 µm, auf der Raphenseite höher als auf der gegenüberliegenden Seite, mit einem im Bereich der Medianlinie sehr kräftigen, knopfartigen Höcker. In Gürtelansicht stülpen sich stark entwickelte Septensprosse als relativ große, rinnenförmige Köpfchen über die freien Enden. Die Schalenwand ist deutlich alveoliert. Transapikalstreifen 15–18/10 µm, Punkte etwa in gleichem Abstand. Zellen 15–45 µm lang, 4–8 µm breit.

Aerophytisch auf feuchten Felsen, zwischen Moosen oder auf feuchten Erdböden (BRD, Österreich, Schweden).

2. **Denticula subtilis** Grunow 1862 (Fig. 19: j)

Krammer & Lange-Bertalot 1988, p. 140, fig. 96: 1–9.

Gürtelseite sehr schmal linear. Schalen schmal linear-lanzettlich, Seiten stets konvex, Enden spitz gerundet. Raphenkanal stark marginal und darum zumeist nicht sichtbar. Im Lichtmikroskop fallen in der Schalenfläche fast nur die relativ kräftigen, transapikalen Fibularwände auf, 60–100/100 µm. Auf den freien Enden dieser Querwände sind auch in Gürtelansicht nur undeutliche Köpfchen von Septen erkennbar. Transapikalstreifen sehr fein und wegen ihres geringen Kontrastes im Lichtmikroskop nicht immer gut zu sehen, 28–30/10 µm, Punkte in ähnlichem Abstand. Zellen 7–20 µm lang, 2–3 µm breit.

Die Verbreitung dieser Art ist wenig bekannt, auch aerophytisch (Dänemark, Island).

2. **Epithemia** Brébisson ex Kützing 1844

Hustedt 1930, p. 382; Krammer & Lange-Bertalot 1988, p. 145.

Zellen mit isopolen Apikal- und Pervalvarachsen und heteropolen Transapikalachsen, Apikalachse stets gebogen, Transapikalachse gerade bis gebogen, die Biegung ist sippenspezifisch sehr verschieden stark ausgebildet. Frusteln im Querschnitt rechteckig bis trapezförmig. Schalenumriß stets ± dorsiventral, die Schalen sind spiegelsymmetrisch zur Transapikalachse. Die Kanalraphe verläuft zumeist im ventralen Teil der Schalenfläche, sie steigt in der Schalenmitte ± stark und sippencharakteristisch bogenförmig zur Dorsalseite an, die beiden Äste des äußeren Raphenspaltes werden proximal durch deutliche Zentralporen begrenzt, dagegen läuft der innere Raphenspalt zumeist ohne Unterbrechung durch. Der Raphenkanal liegt vollständig in der Schale, Raphenkiele fehlen, der Raphenschlitz wird auch häufig auf der Schalenaußenseite durch niedrige Raphenrippen begleitet.

Die Schale besteht aus einem alveolierten Rippensystem, wo in jeder Alveole eine Transapikalreihe großer Areolen liegt. Relativ kompliziert gebaut ist der Schalengürtel. Er besteht aus einer offenen, septierten Valvocopula und einer Anzahl von Gürtelbändern, die bei manchen Arten den Zellgürtel zum dominierenden Merkmal der Frustel machen. Taxonomisch der wichtigste Bestandteil ist die Valvocopula mit ihren sippencharakteristisch ausgebildeten Septen.

Von 9 Arten ist nur eine bodenbewohnend oder aerophytisch.

Epithemia adnata (Kützing) Brébisson 1838 (Fig. 20: a)

Syn.: *Epithemia zebra* (Ehrenberg) Kützing 1844

Hustedt 1930, p. 384, fig. 729; Krammer & Lange-Bertalot 1988, p. 152, fig. 107: 1–11, 108: 1–3.

Zellen in Gürtelansicht rechteckig, Schalen ± dorsiventral, Seiten unterschiedlich gebogen oder fast parallel. Dorsalseite schwach bis mäßig konvex, im mittleren Bereich auch fast gerade, Ventralseite fast gerade oder schwach konkav, Enden stumpf gerundet, nicht oder deutlich abgesetzt und dann vorgezogen oder kopfig. Beide Raphenäste verlaufen fast gerade in oder knapp über der ventralen Valvarkante, sie kurven in der Schalenmitte dorsalwärts. Die Fibularwände oft etwas unregelmäßig angeordnet, 20–80/100 µm. Transapikalstreifen 11–14/10 µm. Die Areolen sind sehr deutlich, bei Fokus hoch erscheinen sie als helle Perlen, bei Fokus tief als kleine Rechtecke mit hellem Inhalt und dunklem Rand, zumeist 12–13/10 µm. Septen an der Valvocopula schwach entwickelt. Zellen 15–150 µm lang, 7–14 µm breit.

Aerophytisch auf feuchten Hausmauern und Felsen, selten terrestrisch (Island, USA).

3. **Rhopalodia** O. Müller 1895

Hustedt 1930, p. 389; Krammer & Lange-Bertalot 1988, p. 157.

Diese Gattung wird durch folgende Merkmale umgrenzt: die Raphe verläuft auf einem dachartig aus der Valva hervorgehenden First, also einer Art Kiel, der ± verschoben ist. Die meisten Arten haben einen deutlichen, etwas abgesenkten Mittelknoten und zwei Endknoten, welche durch die nicht winkelig gebrochenen Raphenäste miteinander verbunden werden. Der Schalenumriß zeigt besonders an den Polen der Apikal- und Transapikalachse Besonderheiten. Die Schalen bei *Rhopalodia* sind durchweg stark dorsiventral gebaut und besitzen vielfach die dreidimensionale Form eines Orangenspalts. Eine ± ebene Schalenfläche wie bei *Epithemia* fehlt, dagegen fällt die dorsal von der Raphe gelegene Schalenfläche sehr viel steiler ab als der ventrale Teil. Dadurch wird der Eindruck vermittelt, die dorsale Schalenfläche wäre der dorsale Teil des Schalenmantels und die Kanalraphe verliefe auf der dorsalen Kante der Schalenfläche. Die Kante zwischen den beiden Schalenteilen ist artcharakteristisch ausgebildet. Die Raphenschlitze werden in der Schalenmitte stets durch Zentralspalten begrenzt, Zentralporen sind meist vorhanden.

Die Fibulae sind ebenso wie bei *Epithemia* zu kräftigen Trennwänden erweitert, zwischen ihnen liegt ein alveolisiertes Rippensystem.

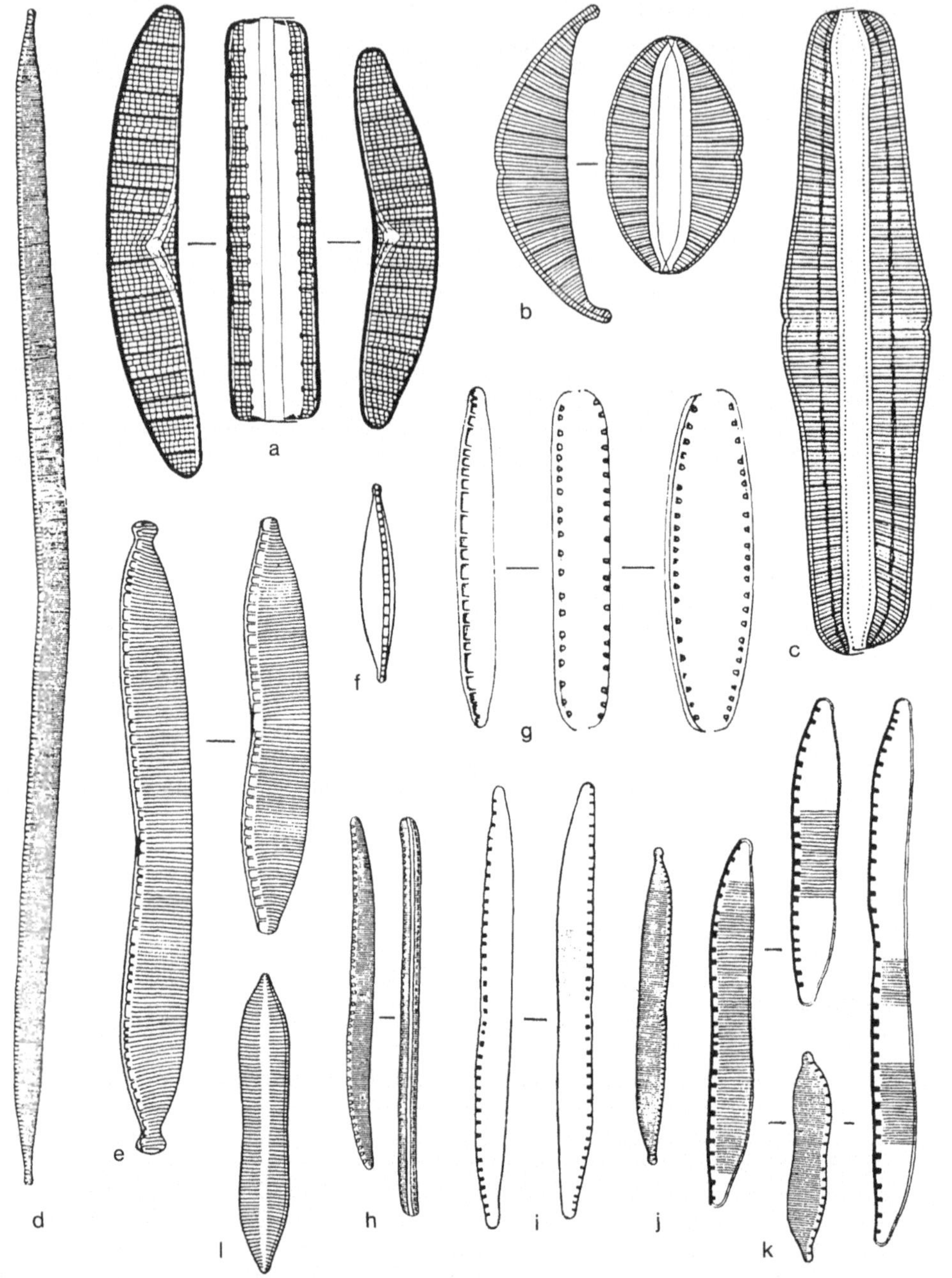

Fig. 20. *a Epithemia adnata; b Rhopalodia gibberula; c R. gibba; d Hantzschia elongata, e H. amphioxys; f Nitzschia dissipata; g N. harderi; h, i N. nana; j N. clausii; k N. brevissima; l N. constricta* (g nach Brendemühl; *i, k* nach Lund, sonst nach Hustedt).

Von 8 Arten sind 2 aerophytisch oder bodenbewohnend.

1a Zellen in Gürtelansicht linear oder nur mit transapikal aufgetriebenem Mittelteil und linear vorgezogenen Enden . . . . 1. **R. gibba**

1b Zellen in Gürtelansicht von elliptischem Umriß . . . . 2. **R. gibberula**

1. **Rhopalodia gibba** (Ehrenberg) O. Müller 1895 (Fig. 20: c)

Hustedt 1930, p. 390, fig. 740; Krammer & Lange-Bertalot 1988, p. 159, fig. 111: 1–3.

Zellen in Gürtelansicht rundlich, rhombisch bis linear, mit konvexen bis parallelen Seiten, in der Mitte nicht bis mäßig bauchig, Enden breit oder stumpf gerundet, manchmal leicht kopfig. Schalen klammerförmig mit ± aufgetriebener Mitte, an den Enden etwas ventral abgebogen und spitz gerundet, manchmal dorsal in der Mitte mit einer kleinen Einsenkung. Raphe nur in Schalenansicht am dorsalen Rand sichtbar. Fibulae zu Transapikalwänden erweitert, 50–80/100 µm, in den Interfibular-Räumen liegen jeweils 2–4 Alveolen, in jedem Alveolus eine Doppelreihe zarter Areolen. Auf den Transapikalstreifen liegen Areolen etwa 30/10 µm. Zellen 22–300 µm lang, Schalen in der Mitte 7–13 µm breit, in Gürtelansicht 18–30 µm breit.
Aerophytisch (Island, USA).

2. **Rhopalodia gibberula** (Ehrenberg) O. Müller 1899 (Fig. 20: b)

Hustedt 1930, p. 391, fig. 742; Krammer & Lange-Bertalot 1988, p. 160, fig. 112: 1–6, 113: 4–6.

Gürtelansicht der Frusteln linear-elliptisch bis breit-elliptisch, in der Mitte kaum oder nicht eingezogen, Seiten mäßig bis stark konvex, Enden breit gerundet bis gestutzt, weder abgesetzt noch vorgezogen. Der ventrale Zellgürtel ist zumeist nur wenig schmäler als der dorsale, die Pervalvarachse deshalb relativ wenig gebogen. Schalen stark dorsiventral, sichelförmig, Dorsalseite stark konvex, im Bereich der Zentralporen nicht eingesenkt, Ventralseite mäßig bis stark konkav, bei großen Formen fast parallel zur Dorsalseite, Enden stumpf gerundet oder etwas vorgezogen und dann ventral abgebogen, selten leicht kopfig. Die direkt auf der Dorsalkante verlaufenden Kanalraphen sind bei Schalenansicht höchstens andeutungsweise sichtbar. Die proximalen Raphenschlitze biegen in der Schalenmitte kurz in die ventrale Schalenfläche ab, wo sie durch Zentralporen begrenzt werden. Am Ventralrand der Schale zählt man etwa 30–100 Fibularwände/100 µm; in jedem Interfibularraum 2–8 Transapikalstreifen. Die Areolen erscheinen als unscharfe und schwach kontrastierte Einzelpunkte. An der ventralen Schalenkante 15–19 Transapikalstreifen/10 µm. Jede Theka besitzt mehrere Gürtelbänder. Alle Bänder sind mit je einer Apikalreihe von Punkten oder Streifen ornamentiert. Zellen 25–100 µm lang, Frusteln in Gürtelansicht 15–40 µm breit, Schalen 5–12 µm breit.
Sowohl terrestrisch als auch aerophytisch auf feuchten Felsen und zwischen Moosen (BRD, Island); auch var. *producta* Grunow.

5. **Familie Bacillariaceae** Ehrenberg 1840

Jede Schale mit einer auf einen ± vortretenden Kiel verlagerten Kanalraphe, die meist durch zahlreiche Röhrchen (Kielpunkte) mit dem Zellinnern in Verbindung steht und von Pol zu Pol läuft. Zentralporen vorhanden, dann aber meistens schwer sichtbar, oder gänzlich fehlend. Zellen vorwiegend in der Richtung der Apikalachse langgestreckt.
Mit 7 Gattungen, von denen hier 3 angeführt sind.

1a Kielpunkte fehlen, Kanalraphe distal auf einem Flügel und durch Flügelkanäle mit dem Schaleninnern verbunden . . . . 3. **Simonsea** (S. 124)

1b Kielpunkte stets vorhanden, Flügel und Flügelkanäle fehlen 2

2a Apikalachse in der Mitte bogig geknickt, Zellen daher dorsiventral, Raphe beider Schalen am konkaven Rand, Zellen deshalb zur Valvarebene spiegelconsimil . . . . . . 1. **Hantzschia** (S. 114)

2b Zellen anders gebaut . . . . 2. **Nitzschia** (S. 114)

1. **Hantzschia** Grunow 1877

Hustedt 1930, p. 393; Krammer & Lange-Bertalot 1988, p. 126.

Frusteln mit isopolen Apikal- und Pervalvarachsen. Transapikalachse meistens heteropol; Apikalachse meistens ± gekrümmt. Die charakteristischen Raphenkanäle mit Fibulae als Stützelemente liegen in beiden Schalen ausnahmslos auf derselben Seite, also stets exzentrisch und konstant «hantzschioid», d. h. bei Teilungen entstehen nicht wie bei vielen *Nitzschia*-Arten teils «nitzschioide», teils «hantzschioide» Tochterzellen. Bei allen dorsiventral gebauten Individuen liegen die Raphen auf der konkaven bzw. weniger konvexen Ventralseite. In lebenden Zellen zwei Chloroplasten, die aus je zwei größeren Lappen bestehen, die durch eine schmale Brücke verbunden bleiben, in der jeweils ein Pyrenoid liegt.
Von 11 Arten sind nur 2 bodenbewohnend.

1a Schalen sehr lang (230–430 µm) und auffallend schmal (10–14 µm), in der Mitte ziemlich scharf bogig geknickt . . . . **1. H. elongata**

1b Schalen weniger längenbetont, mäßig lang bis sehr klein, ± gebogen, aber nicht auffallend geknickt . . . . **2. H. amphioxys**

1. **Hantzschia elongata** (Hantzsch) Grunow 1880 (Fig. 20: d)

Hustedt 1930, p. 395, fig. 751; Krammer & Lange-Bertalot 1988, p. 128, fig. 89: 1–2a.

Frusteln und Schalen im Umriß dorsiventral zur Apikalachse; die Proportion Länge/Breite ist erheblich zugunsten der Länge verschoben. Raphenkiel, Zahl und Stellung der beiden mittleren Fibulae 7–8(–10)/10 µm. Transapikalstreifen 12–19/10 µm. Zellen 230–430 µm lang, 10–14 µm breit.
Aerophytisch auf feuchtem Boden oder überrieselten Felsen.

2. **Hantzschia amphioxys** (Ehrenberg) Grunow in Cleve & Grunow 1880 (Fig. 20: e)

Hustedt 1930, p. 394, fig. 747; Lund 1946, p. 96, fig. 13: A–D, F; Krammer & Lange-Bertalot 1988, p. 128, fig. 88: 1–7.

Frusteln in Gürtelansicht rechteckig mit in der Mitte kaum merklich bis mäßig konkaven Rändern. Schalen im Umriß dorsiventral zur Apikalachse; Länge und Breite und deren Proportionen zueinander extrem variabel. Raphenkiel mit 4–11 Fibulae/10 µm, die beiden mittleren weiter voneinander entfernt als die benachbarten. Transapikalstreifen 11–28/10 µm, die mittleren oft etwas radial gespreizt. Zellen 20–210(–300) µm lang, 5–15(–25) µm breit.
Verbreitung kosmopolitisch, sowohl aerophytisch auf feuchten Böden, an Felsen, zwischen Moosen als auch häufig terrestrisch; auch var. *xerophila* Grunow und var. *genuina* Grunow.

2. **Nitzschia** Hassal 1845

Hustedt 1930, p. 397; Krammer & Lange-Bertalot 1988, p. 8.

Zellen einzeln oder in Kolonien lebend, von sehr verschiedenem Habitus, meistens linearstäbchenförmig, seltener breit elliptisch, oft auch S-förmig gebogen. Frusteln mit regelmäßig drei isopolen Hauptachsen. Die charakteristischen Raphenkiele mit Fibulae als Stützelement liegen, falls nicht zentral, in den Schalen einer Frustel diagonal opponiert, d. h. bei Epi- und Hypotheka auf verschiedenen Seiten. Kielpunkte zuweilen rippenartig über die Schalenfläche verlängert. Der Querschnitt durch die Frustel ist in der Regel nicht exakt rechteckig, sondern ± rhombisch oder trapezförmig verschoben. Proportionen zwischen Schalen- und Gürtelansicht sowie alle Feinstrukturen können sehr variabel sein. Raphe von Pol zu Pol durchlaufend, ohne Zentralknoten, Kanalraphe mit oder ohne Zentralpore.

Von 142 Arten sind 27 aerophytisch oder terrestrisch.

1a Raphenkiel auf der Schalenaußenseite durch ein Conopeum überformt, an je einer parallel zu ihm verlaufenden Begleitlinie erkennbar; Raphe niemals mit Zentralknoten, annähernd zentral bis mäßig exzentrisch 7
1b Ein Conopeum ist nicht zweifelsfrei erkennbar 2
2a Frusteln in Gürtel- und / oder Schalenansicht ± sigmoid gekrümmt 8
2b Frusteln in Gürtel- und Schalenansicht nicht derart gekrümmt 3
3a Schalen mit auffallend lang vorgezogenen, schnabelartigen Enden . . . . **27. N. acicularis**
3b Schalenenden allenfalls kürzer schnabelartig vorgezogen 4
4a Schalen mit ± auffälligen Längsfalten, Punktierung der Transapikalstreifen meistens relativ grob oder Transapikalstreifen (Transapikalrippen) mit der Zahl der Fibulae übereinstimmend, Punkte manchmal in Doppelreihen 15
4b Merkmalskombination unzutreffend 5
5a Schalen mit auffallender Längsfalte, die entweder eine optische Störung der durchlaufenden Transapikalstreifen hervorruft oder manchmal als hyaline Zone hervortritt, und so die Transapikalstreifen unterbricht; eigentliche Transapikalstreifen meistens sehr dicht gestellt, zart, oft schwer aufzulösen und durch streifenartige Stützrippen überformt, Raphe stets mit Zentralknoten 15
5b Schalen ohne auffallende Längsfalte, jedenfalls nicht in der unter **5a** angeführten Merkmalskombination 6
6a Frusteln in Gürtelansicht durch meist zahlreiche Bänder auffällig breit, die Schalen liegen im präparierten Zustand auch meistens in dieser Position, so daß der wenig oder mäßig exzentrische Raphenkiel marginal erscheint; Schalen in dieser Position ± «klammer-» oder «kahnförmig», der Rand mit dem Raphenkiel ist in der Mitte stärker eingezogen als der kielfreie Rand; Zentralknoten stets vorhanden . . . . **14. N. umbonata**
6b Raphenkiel wenig exzentrisch, Schalen linear, in der Mitte wenig oder gar nicht eingezogen; Kielpunkte stets deutlich, nicht in die Schalenfläche verlängert . . . . **15. N. linearis**
7a Frusteln in Gürtelansicht ± gekrümmt, seltener auch die Schalen in bestimmter Lage 9
7b Frusteln weder in Gürtel- noch in Schalenlage regelmäßig sigmoid gekrümmt 10
8a Raphen mit Zentralknoten 11
8b Raphen durchlaufend, Zentralknoten fehlt 18
9a Transapikalstreifen um 25/10 µm . . . . **1. N. sigmoidea**
9b Transapikalstreifen um oder über 30/10 µm . . . . **2. N. vermicularis**
10a Schalen linear, mit kurz vorgezogenen, stumpf gerundeten Enden . . . . **4. N. harderi**
10b Schalen lanzettlich, seltener linear-lanzettlich, Enden oft vorgezogen, schnabelartig bis ± kopfig oder nicht vorgezogen und spitz gerundet . . . . **3. N. dissipata**
11a Länge der Schalen regelmäßig über 110 µm bei einer Breite von mindestens 7 µm **5. N. obtusa**
11b Länge und / oder Breite geringer 12
12a Enden meistens schon relativ weit vor den Polen sigmoid gekrümmt . . . . **6. N. nana**
12b Merkmalskombination unzutreffend 13
13a Schalenenden schnabelartig vorgezogen und ± seitlich abgeknickt; Transapikalstreifen 38–42/ 10 µm . . . . **7. N. clausii**
13b Merkmalskombination unzutreffend 14
14a Schalenlänge der Populationen enger begrenzt . . . . **8. N. brevissima**
14b Schalenlänge der Populationen weniger eng begrenzt . . . . **9. N. terrestris**
15a Zahl der Fibulae übereinstimmend mit der Zahl der Transapikalrippen, dadurch schwer zu differenzieren . . . . **10. N. constricta**
15b Fibulae deutlich zu differenzieren 16
16a Transapikalstreifen sehr zarte (manchmal ± lückige) Punktlinien bildend, in manchen Fällen sehr schwer aufzulösen, bei manchen Sippen durch viel gröbere Streifen (zweiter Ordnung) überformt, die eher Querfalten entsprechen und hiert nachfolgend stets als Stützrippen bezeichnet werden 17

16b Transapikalstreifen einfach (abgesehen von der Längsfalte), «normal» markiert, nicht ± lückig oder diffus erscheinend, manchmal ohne erkennbare Punktierung . . . . **11. N. aerophila**

17a Stützrippen auf der ganzen Schalenfläche markant in Erscheinung tretend, durchlaufend oder in der Mediane durch die Längsfalte unterbrochen oder gegeneinander versetzt . . . . **12. N. tryblionella**

17b Stützrippen gar nicht oder nur ansatzweise nur halbseitig oder nur beim Fokussieren andeutungsweise erkennbar . . . . **13. N. debilis**

18a Die mittleren Fibulae stehen regelmäßig äquidistant, damit verbunden ist das Merkmal von Pol zu Pol ununterbrochen verlaufender Raphen 19

18b Raphenverlauf in der Mitte zwischen den Polen regelmäßig durch eine hier stets Zentralknoten genannte Silikatbrücke unterbrochen; die beiden mittleren jeweils an den Zentralknoten grenzenden Fibulae stehen im Zusammenhang mit regelmäßig ± weiter voneinander entfernt als die übrigen 24

19a Transapikalstreifen vergleichsweise weit gestellt, weniger als 15–25/10 µm, meistens punktiert erkennbar . . . . **16. N. modesta**

19b Dichte der Transapikalstreifen über 25/10 µm 20

20a Dichte der Transapikalstreifen im Bereich von 25–35/10 µm (noch relativ leicht aufzulösen) 21

20b Transapikalstreifen enger gestellt, mehr als 35/10 µm (sehr schwer oder gar nicht aufzulösen) . . . . **17. N. pusilla**

21a Enden auffallend breit gerundet, selten wenig vorgezogen und dann sehr stumpf gerundet, Transapikalstreifen um 30/10 µm . . . . **18. N. communis**

21b Enden ± spitz oder seltener schwach kopfig gerundet, Transapikalstreifen 28–40/10 µm . . 22

22a Schalen linear-lanzettlich bis linear, 8,5–70 × 2,5–5 µm, mit keilförmig verschmälerten, spitzen bis kopfig gerundeten Enden 23

22b Schalen ± lanzettlich, elliptisch bis linear-elliptisch, 7–19 × 2,3–4 µm; mit abrupt abgesetzten, kurz schnabelartigen bis kopfigen Enden . . . . **19. N. microcephala**

23a Schalen 15–70 × 2,5–5 µm . . . . **20. N. palea**

23b Schalen 8–45 × 2,5–3 µm . . . . **21. N. perminuta**

24a Fibulae sehr schmal, insgesamt länglich oder keilförmig, zahnwurzelartig verschmälert, regelmäßig in nur je einen Transapikalstreifen (Transapikalrippe) mündend (nur bei sorgfältigem Fokussieren so erkennbar) . . . . **22. N. amphibia**

24b Fibulae breiter, auch im Falle nicht aufzulösender Transapikalstreifen ist anhand ihrer ± dicklichen Gestalt insbesondere ihrer breiteren, nicht verschmälerten Gestalt erkennbar, daß sie mit mehr als einem Transapikalstreifen in Verbindung stehen 25

25a Transapikalstreifen stets unter 20/10 µm und Fibulae spitz in die ersteren einmündend . . . . **22. N. amphibia**

25b Merkmalskombination unzutreffend 26

26a Größere Schalen regelmäßig linear, Transapikalstreifen 20–26/10 µm . . . **23. N. hantzschiana**

26b Merkmalskombination unzutreffend 27

27a Schalen vergleichsweise länger, lanzettlich oder linear-lanzettlich mit spitz bis leicht kopfig gerundeten Enden 28

27b Schalen stets kurz (bis 22 µm) bleibend, elliptisch bis linear-elliptisch, Enden stumpf gerundet . . . . **24. N. inconspicua**

28a Enden spitz gerundet, meist keilförmig verschmälert, Schalen linear-lanzettlich bis linear . . . . **25. N. frustulum**

28b Enden allmählich verschmälert oder kürzer vorgezogen, schwach kopfig, spitz gerundet, Schalen strikt linear . . . . **26. N. fonticola**

1. **Nitzschia sigmoidea** (Nitzsch) W. Smith 1853 (Fig. 21: a)

Hustedt 1930, p. 419, fig. 810; Krammer & Lange-Bertalot 1988, p. 12, fig. 4: 1, 2; 5: 1–5.

Frusteln in Gürtelansicht ± sigmoid gekrümmt, Ränder parallel, an den Enden gerundet und flach gestutzt. Schalen linear, je nach Lage mit keilförmig verschmälerten, stumpf gerundeten Enden oder einseitig eingezogenem distalen Rand, manchmal insgesamt ± gebogen erscheinend. Raphenkiel schwach exzentrisch, Fibulae 5–7/10 µm, etwas unregelmäßig. Transapikalstreifen 23–27/10 µm. Raphe durchlaufend, Zentralknoten fehlt. Zellen (90–)150–500 µm lang, 8–15 µm breit.
Kommt auch als Erdalge vor (BRD).

2. **Nitzschia vermicularis** (Kützing) Hantzsch in Rabenhorst 1860 (Fig. 21: b)

Hustedt 1930, p. 419, fig. 811; Krammer & Lange-Bertalot 1988, p. 14, fig. 4: 4, 5, 7: 1–7, 8: 1, 2.

Frusteln in Gürtelansicht wenig bis ± kräftiger sigmoid gebogen. Schalen linear, variabel, oft nur die Enden etwas sigmoid gebogen. Umriß linear bis linear-lanzettlich mit allmählich verjüngten, oft schwach kopfig gerundeten Enden, in der Mitte manchmal leicht aufgetrieben. Raphenkiel wenig bis mäßig exzentrisch, meistens aber stärker exzentrisch erscheinend, von der Schalenlage nicht immer leicht zu beurteilen. Fibuale ziemlich unregelmäßig verteilt, zu den Enden hin allgemein dicht, 5–12/10 µm. Transapikalstreifen 30–40/10 µm, bei schiefer Beleuchtung noch erkennbar. Zellen 75–250 µm lang, 3,5–7 µm breit.
Häufig in Erdböden (England, Dänemark, Island).

3. **Nitzschia dissipata** (Kützing) Grunow 1862 (Fig. 20: f)

Hustedt 1930, p. 412, fig. 789; Krammer & Lange-Bertalor 1988, p. 19, fig. 11: 1–14.

Schalen lanzettlich, seltener linear-lanzettlich, Enden oft vorgezogen, schnabelartig bis kopfig oder nicht vorgezogen und spitzlich gerundet. Raphenkiel wenig bis mäßig exzentrisch. Fibulae ungleichmäßig verteilt, zu den Enden hin allgemein dichter gestellt, 5–11/10 µm. Transapikalstreifen 39–50/10 µm, nur mit schiefer Beleuchtung oder Phasenkontrasten erkennbar. Zellen 12,5–85 µm lang, 3,5–7(–8) µm breit.
Aerophytisch an feuchten Felsen, feuchter Erde, selten terrestrisch (Dänemark, Island, USA).

4. **Nitzschia harderi** Hustedt in Brendemühl 1948 (Fig. 20: g)

Syn.: *Nitzschia terricola* Lund 1946
Lund 1946, p. 100, fig. 15: H–Q; Krammer & Lange-Bertalot 1988, p. 23, fig. 15: 1–4.

Frusteln in Gürtelansicht breit linear bis elliptisch, jeweils mit flach abgestutzten Enden. Schalen linear mit kurz vorgezogenen, stumpf gerundeten Enden. Raphenkiel mäßig bis stark exzentrisch mit 7–10(–12) auffällig großen Fibulae/10 µm, die insgesamt etwas unregelmäßig verteilt sind, die ± äquidistante Stellung der mittleren beiden deutet jedoch auf fehlenden Zentralknoten hin. Transapikalstreifen 45/10 µm, sehr schwer aufzulösen. Zellen 21–43 µm lang, 3–4,5 µm breit.
Terrestrische Art, die in Österreich, England und in der BRD gefunden wurde.

5. **Nitzschia obtusa** W. Smith 1853 (Fig. 21: c, 22: r)

Hustedt 1930, p. 422, fig. 817a; Krammer & Lange-Bertalot 1988, p. 25, fig. 17: 1, 2, 18: 1.

Frusteln in Gürtelansicht linear mit meistens schwach sigmoid gekrümmten, kurz keilförmig verschmälerten, stumpf gerundeten Enden. Schalen ebenfalls linear mit ± stark sigmoid gekrümmten, kurz keilförmig verschmälerten Enden. Die Ränder sind in der Mitte nicht oder am Raphenkiel kaum merklich punktuell eingezogen (nicht der Kiel selbst ist gemeint). Lage des Raphenkiels distal stärker exzentrisch, proximal allmählich bis zum Zentralknoten hin in eine mehr zentrale Position eingelenkt. Fibulae 5–6/10 µm, die mittleren beiden deutlich distant gestellt. Transapikalstreifen

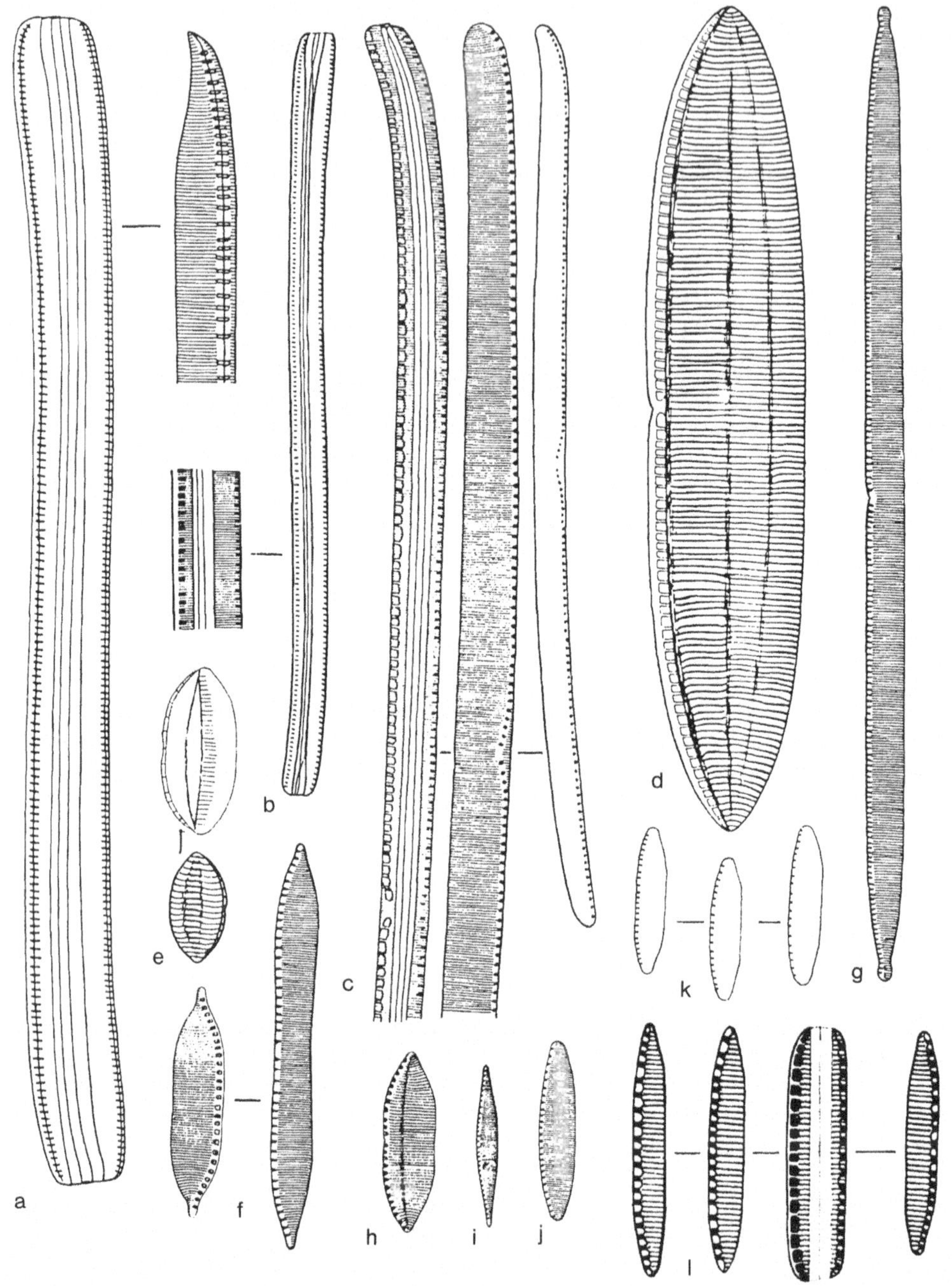

Fig. 21. *a Nitzschia sigmoidea; b N. vermicularis; c N. obtusa; d N. tryblionella; e N. debilis; f N. umbonata; g N. linearis; h N. aerophila; i N. pusilla; j N. communis; k N. communis* var. *hyalina; l N. modesta* (*d, e, k* nach Lund, *e* nach Brendemühl, sonst nach Hustedt).

22–30/10 µm, bei weiter gestellten Streifen deutlich punktiert erscheinend. Zellen 120–350 µm lang, 7–13 µm breit.
Nicht häufig in Erdböden (England, USA); auch var. *scalpelliformis* Grunow.

6. **Nitzschia nana** Grunow in Van Heurck 1881 (Fig. 20: h, i)

Syn.: *Nitzschia ignorata* Krasske 1929
Hustedt 1930, p. 422, fig. 819; Lund 1946, p. 97, fig. 14: J, K; 15: A–G; Krammer & Lange-Bertalot 1988, p. 26, fig. 7: 4–8.

Schalen in der Gürtelansicht schmal linear, zu den Enden hin ausgeprägt sigmoid gekrümmt. Schalen von der Mitte allmählich, proximal ± schwach, distal stärker verschmälert und deutlich sigmoid gekrümmt, Enden ± stumpf gerundet. Fibulae 7–11/10 µm, die mittleren beiden distant gestellt, der Zentralknoten zentripetal verschoben. Transapikalstreifen 30–36/10 µm. Zellen 35–120 µm lang, 3–4,5 µm breit.
In Erdböden von England.

7. **Nitzschia clausii** Hantzsch 1860 (Fig. 20: j)

Hustedt 1930, p. 421, fig. 814; Krammer & Lange-Bertalot 1988, p. 31, fig. 19: 1–6 A.

Frusteln in Gürtelansicht mäßig stark sigmoid gekrümmt. Schalen linear, in der Mitte ± schwach konkav, ± weit vor den Enden allmählich oder eher abrupt verschmälert, Enden sigmoid abbiegend bis fast geknickt erscheinend, kurz geschnäbelt bis schwach kopfig, Fibulae 10–13/10 µm. Transapikalstreifen 38–42/10 µm. Zellen 20–55 µm lang, 3–5 µm breit.
Aerophytisch auf feuchter Erde und an Felsen (Island).

8. **Nitzschia brevissima** Grunow in Van Heurck 1881 (Fig. 20: k)

Syn.: *Nitzschia parvula* Lewis 1862, incl. var. *terricola* Lund 1946
Hustedt 1930, p. 421, fig. 816; Lund 1946, p. 97, fig. 14: A–I; Krammer & Lange-Bertalot 1988, p. 30, fig. 22: 1–6.

Frusteln in Gürtelansicht breit-linear mit wenig sigmoid gekrümmten Enden. Schalen insgesamt gedrungen erscheinend, in der Grundform breit linear, jedoch mit in der Mitte konkaven, weiter distal konvexen Rändern. Enden kurz keilförmig nach entgegengesetzten Seiten (sigmoid) gekrümmt und schnabelartig bis schwach kopfig vorgezogen. Raphenkiel stärker exzentrisch, zum Zentralknoten hin kaum merklich zentripetal eingezogen, Fibulae 5–10/10 µm. Transapikalstreifen 30–38/10 µm. Zellen 18–54 µm lang, 3,5–6,5 µm breit.
In Erdböden von England.

9. **Nitzschia terrestris** (J. B. Petersen) Hustedt 1934 (Fig. 22: d)

Syn.: *Nitzschia vermicularis* var. *terrestris* J. B. Petersen 1928
Krammer & Lange-Bertalot 1988, p. 30, fig. 22: 7–11.

Frusteln in Gürtelansicht linear mit schwach sigmoid gekrümmten Enden, Schalen linear mit meist in der Mitte wenig konkaven Rändern; Enden zunächst kurz keilförmig verschmälert und dann kurz schnabelartig vorgezogen; aus schwacher Asymmetrie der Enden resultiert dabei eine sehr schwach sigmoide Krümmung. Fibulae 5–8/10 µm, die mittleren beiden distant gestellt. Transapikalstreifen 32–35/10 µm. Zellen 25–115 µm lang, 3–5 µm breit.
Kosmopolitisch aerophytische Art, die auf Moosen und auf feuchtem Erdboden vorkommt; selten auch terrestrisch.

10. Nitzschia constricta (Kützing) Ralfs in Pritchard 1861 (Fig. 20: l)
Syn.: *Nitzschia apiculata* (Gregory) Grunow 1878
Hustedt 1930, p. 401, fig. 765; Krammer & Lange-Bertalot 1988, p. 43, fig. 35: 1–6.

Schalen linear, Ränder in der Mitte schwach konkav, Enden keilförmig verschmälert und schwach schnabelartig vorgezogen. Raphenkiel stark exzentrisch, Fibulae nicht separat erkennbar, da ihre Zahl mit den Transapikalrippen übereinstimmt, diese wie die Transapikalstreifen 15–20/10 µm, durch eine ± breite Längsfalte in der Mitte unterbrochen oder abgeschwächt erscheinend. Zellen 20–58 µm lang, 4,5–8,5 µm breit.
Vereinzelt aerophytisch (USA, Tschechoslowakei).

11. Nitzschia aerophila Hustedt 1942 (Fig. 21: h)
Hustedt 1942, p. 70, fig. 46; Krammer & Lange-Bertalot 1988, p. 44, fig. 51: 12–15.

Schalen breit-linear mit ± ausgeprägt konkaven Rändern und keilförmig verschmälerten, etwas vorgezogenen Enden. Raphenkiel stark exzentrisch mit 9–11 ziemlich unregelmäßig verteilten Fibulae/10 µm, die mittleren beiden distant gestellt, ein Zentralknoten ist angedeutet. Transapikalstreifen 26–30/10 µm, von einer Längsfalte «gestört». Zellen 23–31 µm lang, 6–8 µm breit.
Häufig aerophytisch an Lebermoosrasen (BRD).

12. Nitzschia tryblionella Hantzsch in Rabenhorst 1860 (Fig. 21: d)
Hustedt 1930, p. 399, fig. 757; Krammer & Lange-Bertalot 1988, p. 37, fig. 27: 1–4.

Schalen linear-elliptisch bis linear-lanzettlich mit keilförmig verschmälerten, stumpf gerundeten Enden. Raphenkiel stark exzentrisch, in der Mitte punktuell konkav. Fibulae 5–9/10 µm, die mittleren beiden distant gestellt, Zentralknoten zwischen den Raphenästen klar angedeutet. Transapikalstreifen schwer aufzulösen, 30–35/10 µm, zart punktiert. Schalenoberfläche mit breiter Längsfalte. Transapikale Stützrippen stets vorhanden, in der Mitte unterbrochen erscheinend, 6–10/10 µm. Zellen 60–180 µm lang, 16–30(–35) µm breit.
Zerstreut in Erdböden (Dänemark, England).

13. Nitzschia debilis (Arnott) Grunow in Cleve & Grunow 1880 (Fig. 21: e)
Syn.: *Nitzschia tryblionella* var. *debilis* (Arnott) Hustedt 1913
Hustedt 1930, p. 400, fig. 759; Krammer & Lange-Bertalot 1988, p. 39, fig. 27: 9–11.

Schalen elliptisch bis breit linear-elliptisch mit schwach keilförmig verschmälerten, stumpf bis annähernd breit gerundeten Enden. Raphenkiel stark exzentrisch, am Zentralknoten punktuell eingezogen. Fibulae breit, 8–10/10 µm, die mittleren beiden distant gestellt, Interfibularräume sehr eng. Transapikalstreifen im Lichtmikroskop nicht erkennbar, die Stützrippen sind variabel in ihrer Ausprägung, einseitig vorhanden oder die Schalenfläche erscheint strukturlos bis auf die ± deutlich markierte Längsfalte. Zellen 13–26 µm lang, 7–10 µm breit.
Verbreitung kosmopolitisch, auf Moosrasen oder feuchter Erde, in Gesteinsfugen, aber auch in Erdböden.

14. Nitzschia umbonata (Ehrenberg) Lange-Bertalot 1978 (Fig. 21: f)
Syn.: *Nitzschia stagnorum* Rabenhorst 1860; *Nitzschia diducta* Hustedt 1938, *Nitzschia fossalis* Hustedt 1942
Hustedt 1930, p. 405, fig. 773; 1942, p. 70, fig. 45; Krammer & Lange-Bertalot 1988, p. 65, fig. 51: 1–6 A.

Frusteln in Gürtelansicht linear, in der Mitte meistens schwach eingezogen, Enden abgerundet und flach gestutzt. Schalen linear, mit in der Mitte schwach konkaven Rändern, Enden keilförmig

verschmälert und spitz oder stumpfer oder kurz schnabelartig oder schwach kopfig gerundet. Kiel stark exzentrisch mit 7–10 Fibulae/10 µm, die mittleren beiden regelmäßig weiter voneinander entfernt. Transapikalstreifen 24–30/10 µm. in der Mitte bis 22/10 µm. Zellen 22–125 µm lang, 6–9(–10) µm breit.
In Erdböden (BRD, Dänemark), aber auch aerophytisch auf Lebermoosen.

15. **Nitzschia linearis** (Agardh) W. Smith 1853 (Fig. 21: g)

Hustedt 1930, p. 409, fig. 784; Krammer & Lange-Bertalot 1988, p. 69, fig. 55: 1–10.

Frusteln in Gürtelansicht breiter bis schmäler linear, Ränder in der Mitte ± schwach konkav. Enden abgerundet und flach gestutzt, Zwischenbänder ± zahlreich. Schalen linear, linear-lanzettlich, Enden, je nach Lage, keilförmig verschmälert und kopfig gerundet oder schwach «kahnförmig». Eine Seite konkav, die andere konvex gekrümmt. Raphenkiel stark exzentrisch, am Zentralknoten punktuell eingezogen, Fibulae 8–17/10 µm, die mittleren beiden deutlich distant gestellt. Beim Fokussieren erkennt man, daß die Fibulae in je eine Transapikalrippe einmünden. Transapikalstreifen 28–41/10 µm, in seltenen Fällen tritt die Punktierung hervor. Zellen 34–228 µm lang, 2,5–7,5 µm breit.
Häufige Bodenalge (BRD), manchmal auch aerophytisch (USA).

16. **Nitzschia modesta** Hustedt in Brendemühl 1950 (Fig. 21: l)

Brendemühl 1950, p. 442, fig. 9; Krammer & Lange-Bertalot 1988, p. 102, fig. 74: 11–17.

Schalen linear mit kurz keilförmig verschmälerten, stumpfen bis mäßig spitz gerundeten Enden. Raphenkiel mit 8–10 Fibulae/10 µm, die mittleren äquidistant gestellt. Transapikalstreifen ziemlich deutlich punktiert erscheinend. Zellen 18–24 µm lang, 3–3,5 µm breit.
Aus Erdböden beschrieben (BRD).

17. **Nitzschia pusilla** Grunow 1862 em. Lange-Bertalot 1976 (Fig. 21: i, 22: l)

Syn.: *Nitzschia obtusangula* Hustedt in Brendemühl 1950, *Nitzschia indistincta* Michailov 1984; *Nitzschia kützingiana* Hilse 1863
Hustedt 1930, p. 416, fig. 802; Brendemühl 1950, p. 443, fig. 10; Krammer & Lange-Bertalot 1988, p. 111, fig. 79: 12–15.

Schalen seltener elliptisch, meistens linear-lanzettlich bis linear mit stumpf bis breit gerundeten, bei größeren Exemplaren oft schwach vorgezogenen Enden. Raphenkiel mit 14–20(–24) Fibulae/10 µm, die mittleren äquidistant. Transapikalstreifen im Lichtmikroskop nur mit besonderen Beleuchtungseffekten auflösbar (43–55/10 µm); Raphe durchlaufend, Zentralknoten fehlt. Zellen 8–33 µm lang, 2,5–5 µm breit.
Häufige Erdalge in Europa.

18. **Nitzschia communis** Rabenhorst 1860 (Fig. 21: j)

Hustedt 1930, p. 417, fig. 798; Lund 1946, p. 104, fig. 13: G–K; Krammer & Lange-Bertalot 1988, p. 110, fig. 79: 1–6.

Schalen elliptisch, linear-elliptisch bis linear mit meistens breit gerundeten, seltener schwach vorgezogenen und sehr stumpf gerundeten Enden. Raphenkiel mit 10–14 kurzen Fibulae, die mittleren regelmäßig äquidistant gestellt. Transapikalstreifen meistens bereits ohne besondere Beleuchtungseffekte im Lichtmikroskop erkennbar, 28–38/10 µm. Zellen 6–40(–60) µm lang, 4–5,8 µm breit.
In Erdböden öfters gefunden (Dänemark, Island, England, BRD); auch var. *abbreviata* Grunow und var. *hyalina* Lund 1946 (Fig. 21: k).

19. Nitzschia microcephala Grunow in Cleve & Möller 1878 (Fig. 22: a)
Hustedt 1930, p. 414, fig. 791; Krammer & Lange-Bertalot 1988, p. 120, fig. 83: 10–18.

Schalen ± lanzettlich, elliptisch bis linear-elliptisch mit abrupt abgesetzten, kurz schnabelartigen bis kopfigen Enden. Raphenkiel mit einer vergleichsweise extrem variablen Dichte ± äquidistant stehender Fibulae 9–19/10 µm. Transapikalstreifen 30–41/10 µm, ziemlich schwer aufzulösen. Zellen 7–19 µm lang, 2,3–4 µm breit.
Vereinzelt in Erdböden gefunden (BRD, Schweiz, Dänemark, England, Island, Insel Surtsey).

20. Nitzschia palea (Kützing) W. Smith 1856 (Fig. 22: b)
Hustedt 1930, p. 416, fig. 801; Lund 1946, p. 102, fig. 16: V–BB; 17: A–R; Krammer & Lange-Bertalot 1988, p. 85, fig. 59: 1–24, 60: 1–7.

Schalen selten lanzettlich, meistens linear-lanzettlich bis linear mit keilförmig verschmälerten, spitz gerundeten, seltener schwach kopfig gerundeten Enden. Raphenkiel mit 9–17 Fibulae/10 µm, die mittleren beiden nicht regelmäßig weiter entfernt voneinander als die übrigen. Transapikalstreifen 28–40/10 µm, im Lichtmikroskop ohne besondere Beleuchtungseffekte schwer aufzulösen. Zellen 15–70 µm lang, 2,5–5 µm breit.
In Europa und in der Antarktis als Luft- und Bodenalge sehr verbreitet; auch var. *fonticola* Grunow.

21. Nitzschia perminuta (Grunow) M. Peragallo 1903 (Fig. 22: s)
Syn.: *Nitzschia hiemalis* Hustedt 1943
Krammer & Lange-Bertalot 1988, p. 99, fig. 72: 1–23.

Schalen linear-lanzettlich bis schmal linear mit keilförmig verschmälerten, manchmal kurz schnabelartig vorgezogenen, spitz bis schwach kopfig gerundeten Enden. Raphenkiel mit 10–16/10 µm Fibulae, die mittleren äquidistant gestellt. Transapikalstreifen 26–32/10 µm. Zellen 8–45 µm lang, 2,5–3 µm breit.
Eine nicht seltene Bodenalge (BRD, Island, Insel Surtsey).

22. Nitzschia amphibia Grunow 1862 (Fig. 22: e)
Hustedt 1930, p. 414, fig. 793; Krammer & Lange-Bertalot 1988, p. 108, fig. 78: 13–26.

Schalen vergleichsweise stark verkieselt, elliptisch, lanzettlich, linear-lanzettlich bis linear mit variabel gestalteten Enden, meistens spitz gerundet. Raphenkiel mit 7–9 Fibulae/10 µm, die mittleren beiden regelmäßig weiter voneinander entfernt gestellt, beim Fokussieren zahnwurzelartig verlängert in eine oder zwei Rippen einmündend. Transapikalstreifen 13–18/10 µm, stets ± grob punktiert erscheinend. Zellen 6–50 µm lang, 4–6 µm breit.
Sowohl aerophytisch auf feuchten Böden oder Moosen als auch terrestrisch vorkommend (BRD, England, Insel Surtsey, USA).

23. Nitzschia hantzschiana Rabenhorst 1860 (Fig. 22: f)
Hustedt 1930, p. 415, fig. 797; Lund 1946, p. 100, fig. 16: A–U; Krammer & Lange-Bertalot 1988, p. 101, fig. 73: 9–18.

Frusteln einzeln oder kürzere bandförmige Kolonien bildend. Kleinere Schalen elliptisch-lanzettlich, die größeren mit ± keilförmig verschmälerten, spitz bis annähernd stumpf oder schwach kopfig gerundeten Enden. Raphenkiel mit 7–12,5 Fibulae/10 µm, die beiden mittleren ± weiter voneinander entfernt gestellt als die übrigen. Transapikalstreifen 20–26/10 µm, vergleichsweise grob, ± deutlich punktiert erscheinend. Zellen 8–50 µm lang, 3–4 µm breit.
Häufig in Erdböden, weniger oft aerophytisch auf feuchten Stellen und auf Moosen (Dänemark, Island, Insel Surtsey, England).

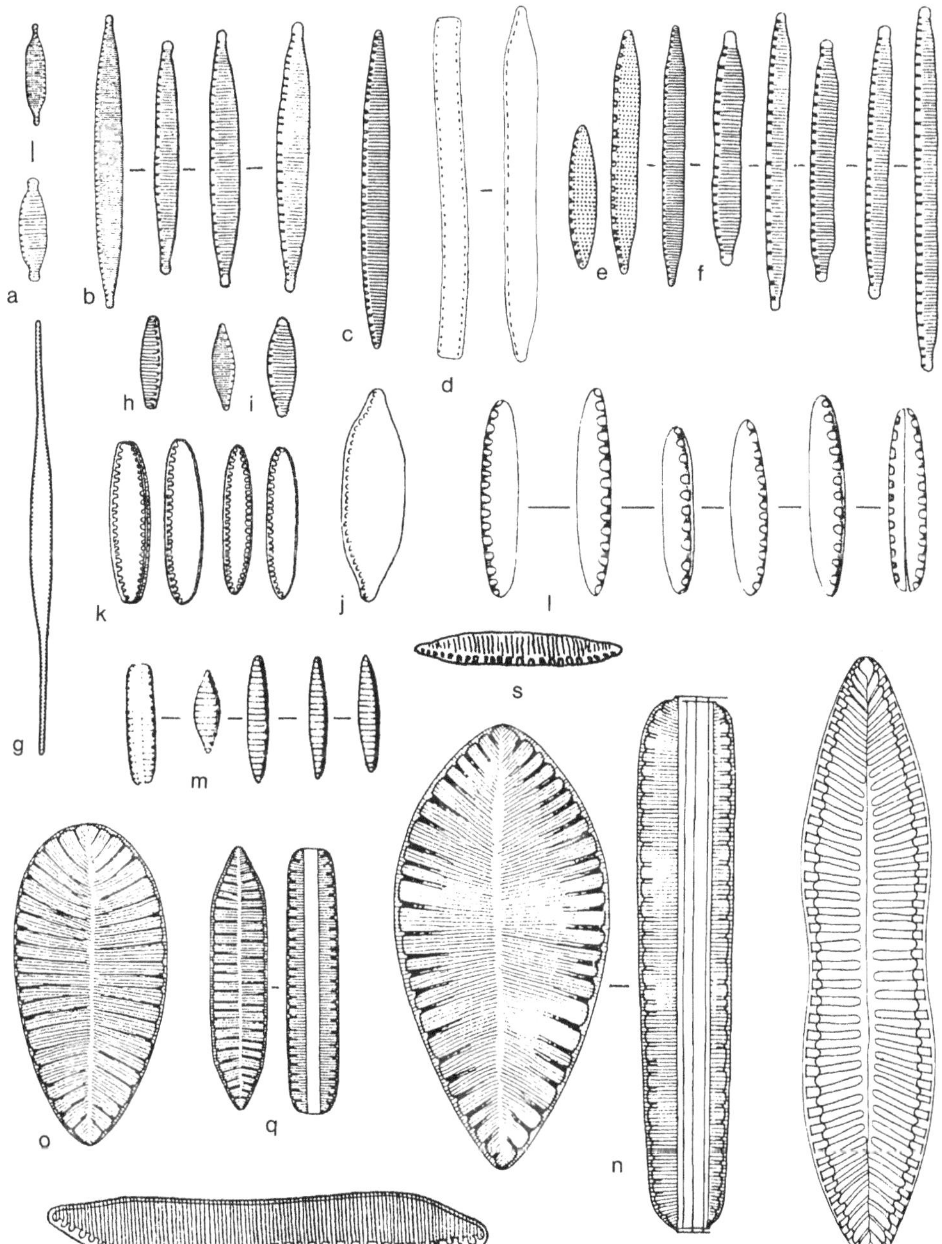

Fig. 22. *a Nitzschia microcephala* (unten nach Lund); *b N. palea* (rechts nach Lund); *c N. frustulum; d N. terrestris; e N. amphibia; f N. hantzschiana* (rechts nach Lund); *g N. acicularis; h–j N. fonticola; k N. inconspicua; l N. pusilla; m Simonsenia delognei; n Surirella ovalis; o S. minuta; p S. biseriata; q S. angusta; r Nitzschia obtusa* var. *scalpelliformis; s N. perminuta* (*i* nach Lund, *j* nach Broady; *k*, *r* nach Bristol; *s* umgezeichnet nach Krammer & Lange-Bertalot, sonst nach Hustedt.

24. Nitzschia inconspicua Grunow 1862 (Fig. 22: k)
Krammer & Lange-Bertalot 1988, p. 95, fig. 69: 1–13.

Schalen elliptisch bis linear-lanzettlich mit ± stumpf gerundeten, nicht vorgezogenen Enden. Raphenkiel mit 8–13 dickeren Fibulae/10 µm, die mittleren beiden weiter voneinander entfernt als die benachbarten. Transapikalstreifen 23–32/10 µm. Zellen 3–22 µm lang, 2,5–3,5 µm breit. Aerophytisch und terrestrisch in Nordeuropa vorkommend.

25. Nitzschia frustulum (Kützing) Grunow in Cleve & Grunow 1880 (Fig. 22: c)
Hustedt 1930, p. 414, fig. 795; Krammer & Lange-Bertalot 1988, p. 94, fig. 68: 1–19.

Schalen lanzettlich, linear-lanzettlich bis linear mit ± spitz gerundeten, meistens keilförmig verschmälerten Enden, seltener ± schwach kopfig vorgezogen. Raphenkiel mit 10–16 Fibulae/10 µm, die beiden mittleren weiter voneinander entfernt gestellt als die übrigen. Transapikalstreifen 19–30/10 µm, bei gröber strukturierten Sippen ± deutlich punktiert erscheinend. Zellen 5–60 µm lang, 2–4,5 µm breit.
Sowohl aerophytisch auf Moosen als auch terrestrisch (BRD, Island).

26. Nitzschia fonticola Grunow in Cleve & Möller 1879 (Fig. 22: h–j)
Hustedt 1930, p. 415, fig. 800; Krammer & Lange-Bertalot 1988, p. 103, fig. 75: 1–22.

Schalen je nach Länge breiter bis schmal-lanzettlich mit allmählich verschmälerten oder kürzer vorgezogenen, schwach kopfigen, spitz gerundeten Enden. Raphenkiel mit 9–16 Fibulae/10 µm, die beiden mittleren regelmäßig weiter voneinander entfernt als die übrigen. Transapikalstreifen 23–33/10 µm, klar differenzierbar. Zellen 10–65 µm lang, 2,5–5 µm breit.
Süßwasseralge, die auch in Erdböden vereinzelt vorkommt (Island, Insel Surtsey, England, USA, Antarktis).

27. Nitzschia acicularis (Kützing) W. Smith 1853 (Fig. 22: g)
Hustedt 1930, p. 423, fig. 821; Krammer & Lange-Bertalot 1988, p. 123, fig. 85: 1–4.

Frusteln vergleichsweise schwach verkieselt. Schalen spindelförmig mit abrupt ± lang vorgezogenen Schnäbeln, die manchmal fast ganz allein vom Raphenkiel gebildet werden. Raphenkiel mit 15–22 Fibulae/10 µm, die mittleren beiden äquidistant gestellt. Zellen 30–150 µm lang, 2,2–5 µm breit.
Vereinzelt in Erdböden gefunden (BRD).

3. Simonsenia Lange-Bertalot 1979

Syn.: *Nitzschia* Hassall 1845 p. p.
Krammer & Lange-Bertalot 1988, p. 135.

Frusteln mit *Nitzschia*-ähnlicher Erscheinung und nitzschioider Symmetrie im Lichtmikroskop. Der Raphenkanal verläuft distal auf einem Flügel und ist durch Flügelkanäle mit dem Schaleninneren verbunden. Fibulae fehlen. Raphenkanäle verlaufen auf jedem Flügel ohne Unterbrechung von Pol zu Pol; die Flügel sitzen auf jeder Schale einseitig am Mantelrand in jeder Frustel diagonal opponiert. Da die Raphenkanäle über die Schalenfläche hinausgehoben sind, fungieren die Flügelkanäle und ihre seitlichen Abstützungen zusätzlich auch als Stützelemente.
Eine einzige Art:

Simonsenia delognei Lange-Bertalot 1979 (Fig. 22: m)
Syn.: *Nitzschia atomus* Hustedt in Brendemühl 1950
Krammer & Lange-Bertalot 1988, p. 135, fig. 84: 13–19.

Frusteln in Gürtelansicht rechteckig mit leicht abgerundeten Ecken, Zwischenbänder mit je einer Reihe Areolen. Schalen lanzettlich bis linear-lanzettlich mit spitz gerundeten, oft leicht schnabelartig vorgezogenen Enden. Raphenkanal distal auf einem Flügel. Die zart strukturierten Stützelemente an den Flügelkanälen (16–22/10 µm) können Fibulae vortäuschen. Transapikalstreifen im Sinne von Areolenreihen im Lichtmikroskop nicht aufzulösen. Zellen 7–15 µm lang, 1,5–2 µm breit.
Kosmopolitisch verbreitet, kommt auch terrestrisch oder aerophytisch vor.

6. Familie Surirellaceae Kützing 1844

Schalen mit schwach gekielter bis stark geflügelter Valvarkante, Kiel und Flügel um die ganze Schale herumlaufend. Jede Schale daher scheinbar mit zwei Kanalraphen, die jedoch entwicklungsgeschichtlich als die beiden Äste einer Raphe aufzufassen sind. Raphenkanal durch Flügelkanäle mit dem Zellinnern kommunizierend, die zwischen den Röhrchen liegenden Schalenteile werden als Fenster bezeichnet. Zellen häufig um die Achse tordiert, Schalen zuweilen wellig verbogen.
Nur eine Gattung mit bodenbewohnenden Arten.

Surirella Turpin 1828

Hustedt 1930, p. 429; Krammer & Lange-Bertalot 1988, p. 172.

Schalenumriß linear, elliptisch oder oval. Die Schalenlänge reicht von weniger als 10 µm bis über 500 µm, im allgemeinen ist das Verhältnis von Länge / Breite relativ niedrig. Bei manchen Arten sind die Frusteln um eine Achse gedreht. Die Gürtelansicht ist in diesem Fall um die Apikalachse tordiert, ansonsten ist sie bei isopolen Schalen zumeist rechteckig, bei heteropolen dagegen trapezförmig. Strukturen aus soliden Rippen fehlen bei den meisten Arten, stattdessen werden die Schalen durch Wellung der Flächen oder rohrförmige (Raphenkanal) bzw. rinnenförmige Strukturen ausgesteift. Zwischenbänder und Septen fehlen.
Von 36 Arten sind nur 4 auch terrestrisch oder aerophytisch.

1a Apikalachse heteropol 2
1b Apikalachse isopol 3
2a Schalen eiförmig- lanzettlich, an beiden Polen keilförmig gerundet . . . . . . **1. S. ovalis**
2b Schalen schmäler oder breiter eiförmig, am Kopfpol breit und meist flach gerundet . . . . . . **2. S. minuta**
3a Schalen elliptisch, lanzettlich, Seiten in der Schalenmitte konkav . . . . . . **3. S. biseriata**
3b Schalen linear mit parallelen Seiten . . . . . . **4. S. angusta**

1. Surirella ovalis Brébisson 1838 (Fig. 22: n)

Hustedt 1930, p. 441, fig. 860, 861; Krammer & Lange-Bertalot 1988, p. 178, fig. 125: 1–7; 126: 1.

Zellen zur Apikalachse meist heteropol, die kleineren Formen dagegen fast isopol, Gürtelansicht bei größeren Formen trapezförmig, bei den kleineren fast rechteckig. Große Schalen rhombisch-lanzettlich bis breit-lanzettlich, mittlere eiförmig-lanzettlich, kleinste fast rund, Enden bei großen Formen auf beiden Seiten keilförmig gerundet, bei kleineren entweder ebenso oder auf der breiteren Seite stärker abgerundet und nur auf der schmäleren keilförmig. Flügel fehlen. Strukturen auf der Schale konzentrisch angeordnet, zumindest ist eine deutlich abgesetzte Randstruktur erkennbar, die im Lichtmikroskop rippenartig erscheint und zur übrigen Schalenfläche hin bei

entsprechender Fokussierung durch eine zum Rande parallele Linie abgegrenzt ist. Diese marginale Randstruktur besteht aus Pseudoinfundibula oder den Fibulae. Der mittlere Schalenteil steigt zur Medianlinie hin schwach sattelförmig an. Zwischen der marginalen Randstruktur und der mittleren Schalenfläche liegt eine konzentrische Mulde. Die größeren Formen besitzen eine apikal verlaufende ± lanzettliche Area, die bei kleineren Formen schmal und linear ist. Im Randbereich liegen etwa 25–60 Fibulae bzw. Pseudoinfundibula/100 µm. Transapikalstreifen 17–19/10 µm. Zellen 16–120 µm lang, 12–45 µm breit, Verhältnis Länge/Breite 3:1 bis fast 1:1.
Kosmopolit, manchmal vereinzelt in Erdböden, doch keine echte Bodenalge.

2. **Surirella minuta** Brébisson in Kützing 1849 (Fig. 22: o)

Syn.: *Surirella ovata* Kützing 1844 p. p.
Hustedt 1930, p. 442, fig. 863, 864; Lund 1946, p. 104, fig. 18: J–DD; Krammer & Lange-Bertalot 1988, p. 186, fig. 127: 14, 134: 2, 11, 12, 135: 1–14.

Apikalachse der Zellen stets heteropolar, Gürtel schwach trapezförmig, Schalenumriß linear, linear-oval, oval und bei den kleinsten fast rund, Seiten konvex, parallel oder konkav oft sich vom breiteren zum schmaleren Pol kontinuierlich verschmälernd. Die Pseudoinfundibula erreichen stets die Medianlinie, wo sie von einer schmalen, apikal verlaufenden und areolenfreie Welle begrenzt werden. Das gleiche gilt für die Fibulae, die in etwas schmaleren Transapikalwellen bis zur Schalenmitte weiterlaufen. Die Schalen erhalten dadurch bei entsprechender Fokussierung ihren sippentypischen Habitus. Dagegen erscheinen die Fibulae im Lichtmikroskop nur dann, wenn etwa in Höhe des Raphenkanals auf die Unterseite der Schale fokussiert wird. Fibulae und Pseudoinfundibula 60–80/100 µm, Transapikalstreifen 21–29/10 µm. Zellen 9–47 µm lang, 9–11 µm breit.
Eine häufige Bodenalge, die mitunter auch aerophytisch vorkommen kann (BRD, Dänemark, England, USA).

3. **Surirella biseriata** Brébisson in Brébisson & Godey 1836 (Fig. 22: p)

Hustedt 1930, p. 432, fig. 831–835; Krammer & Lange-Bertalot 1988, p. 195, fig. 141: 1–3, 142: 1–5, 143: 1–9, 144: 1–3.

Apikalachse isopol bis schwach heteropol, Gürtelseite rechteckig, die Ecken sind abgerundet. Schalen bei größeren Formen linear, mit parallelen oder konkaven Seiten, mittlere und kleinere linear-lanzettlich bis lanzettlich, Enden ± keilförmig verschmälert. Flügelprojektion und Schleifenbildung stets deutlich, Flügelkanäle 8–20/100 µm, ebenso breit oder schmäler als die Fenster. Die Schalenfläche transapikal ± deutlich in zwei konkave, seltener auch konvexe Bögen aufgeteilt; die ganze Schalenfläche ist mit transapikalen Areolenreihen ausgestattet, 50–60/10 µm. Zellen 80–400 µm lang, 30–90 µm breit.
Nur vereinzelt auf nassen aerischen Standorten (Dänemark); ganz besonders var. *constricta* Grunow.

4. **Surirella angusta** Kützing 1844 (Fig. 22: q)

Hustedt 1930, p. 435, fig. 844, 845; Krammer & Lange-Bertalot 1988, p. 187, fig. 133: 6–13; 134: 1, 6–10.

Zellen isopol bis schwach heteropol, Gürtelseite linear-rechteckig. Schalen linear mit parallelen oder in der Mitte etwas eingezogenen Seiten, Enden keilförmig verschmälert und stumpf gerundet, bisweilen etwas vorgezogen. Flügel fehlen. Die Verlängerungen der Fibulae sind im Lichtmikroskop entweder nur marginal zu sehen oder laufen transapikal deutlich wenigstens über ein marginales Drittel der Schalenfläche, sie stehen auch beim gleichen Individuum oft in sehr unregelmäßigen Abständen, 55–80/100 µm. Die Pseudoinfundibula sowie die übrige Schalenfläche

sind sehr zart gestreift, 22–28/10 µm, teilweise sehr schwach kontrastiert. Zellen 18–70 µm lang, 6–15 µm breit, Verhältnis von Länge/Breite 1:3 bis 1:4, seltener 1:5.
Vereinzelt aerophytisch oder terrestrisch gefunden (BRD, Österreich, USA).

2.4.4. Klasse Xanthophyceae

Diese Klasse umfaßt heterokonte Algen mit allen bekannten Organisationsstufen (Taf. III). Bodenbewohnend oder aerophytisch sind jedoch nur coccale, trichale und siphonale Typen. Die Zellwand besteht häufig aus zwei deutlichen Hälften, die einander in der Zellmitte ± überlappen. Sie ist oft mit Kieselsäure imprägniert und besitzt dann eine auffallende ornamentale Skulptur. Bei manchen Fadenalgen besteht die Zellwand aus zusammengesetzten H-Stücken, kurzen Zylindern mit Querplatte. Die Chloroplasten sind gelbgrün bis grün, mitunter an die Farbe der Grünalgen erinnernd. Als photosynthetische Pigmente sind die Chlorophylle a und c vorhanden, als akzessorische Pigmente findet man β-Karotin, Heteroxanthin, Diadinoxanthin, Diatoxanthin und bei manchen Vertretern auch Vaucheriaxanthin; Fukoxanthin fehlt. Chloroplasten verschieden geformt, meist scheiben-, band- oder muldenförmig, parietal oder zentral gelegen. Pyrenoide nur bei manchen Arten, nackt und zur Hälfte in den Chloroplasten eingebettet. Als wichtigster Reservestoff ist Chrysolaminarin vorhanden, zusätzlich auch Fette in Tröpfchenform. Asexuelle Fortpflanzung durch Zoosporen mit 2 ungleich langen und ungleich gebauten Geißeln, die subapikal dicht unter dem Vorderende entspringen. Die nach vorn gerichtete längere Geißel ist mit 2 Reihen von Mastigonemen besetzt (pleuronematisch), wogegen die hintere Geißel glatt ist (akronematisch) und eine Geißelschwellung besitzt, die in einen konkaven Teil der Zoosporenoberfläche paßt. Stigma, wenn vorhanden, dem konkaven Teil anliegend. Bei der Gattung *Vaucheria* entstehen Synzoosporen. Es werden häufig auch Aplanosporen und Autosporen gebildet (Taf. VI). Sexuelle Fortpflanzung ist als differenzierte Oogamie nur bei der Gattung *Vaucheria* bekannt. Als Dauerstadien werden manchmal endogene Zysten gebildet und haben eine mit Kieselsäure imprägnierte Wand, die aus zwei ungleichen Teilen wie eine Dose zusammengesetzt ist. Außerdem auch Hypnosporen und Hypnoblasten (Akineten) bekannt.
Die Xanthophyceen enthalten 7 Ordnungen, von denen jedoch nur 4 in Böden oder aerophytisch vorkommen.
Fritsch 1935, Pascher 1939b, Bourrelly 1968, van den Hoek 1978, van den Hoek et al. 1993, Ettl 1978, Lee 1980, Bold & Wynne 1985, Margulis et al. 1990.

1a Zellen im vegetativen Zustand vorherrschend einkernig, seltener bei auffallendem Größenwachstum mehrkernig (nur als mikroskopische Zönoblasten) 2
1b Zellen im vegetativen Zustand immer vielkernig, ausgesprochen siphonal gebaut (makroskopische Siphonoblasten) 3
2a Zellen einzeln oder in Gruppen oder in Kolonien lebend, bei der Fortpflanzung nur Protoplastenteilung, ohne Zellteilung . . . . **1. Mischococcales** (S. 128)
2b Zellen zu einfachen Fäden oder verzweigten Thalli vereinigt, nur Zellteilungen vorkommend . . . . **2. Tribonematales** (S. 173)
3a Siphonoblast blasenförmig, Zoosporen einfach gebaut, keine Sexualität . . . . **3. Botrydiales** (S. 216)
3b Siphonoblast faden- bis schlauchförmig, zu Büscheln angehäuft, Zoosporen nur in Form großer und allseitig begeißelter Synzoosporen, Sexualität als Oogamie mit differenzierten sexuellen Organen . . . . **4. Vaucheriales** (S. 222)

Es gibt zahlreiche konvergente Grünalgen, die den Xanthophyceen zum Verwechseln ähnlich sehen. Xanthophyceen, die keine Zoosporen bilden und sich nur durch Autosporen fortpflanzen, kann man nur an Hand von Pigmentanalysen (Chlorophyll b fehlt) sicher erkennen. Auch das Vorkommen von verkieselten, zweiteiligen und endogen gebildeten Zysten deutet auf die Zugehörigkeit des entsprechenden Organismus zu den Xanthophyceen.

1. Ordnung Mischococcales Fott ex Silva 1962

Coccale (zystomorphe) Organisationsstufe mit typischen Algenzellen, die stets bewandet sind. Vegetative Zellen einkernig, nur bei Sippen mit länger anhaltendem Größenwachstum sekundär mehrkernig (Zönoblast). Zellwand fest, oft zweiteilig und mitunter auch mit Kieselsäure imprägniert; glatt oder ornamentiert. Bei auffallendem Größenwachstum der Zellen können ringförmige Einschubstücke zwischen die ursprünglichen Teile der Zellwand eingelagert werden. Bei großen Zellen werden Saftvakuolen gebildet. Asexuelle Fortpflanzung durch Zoosporen, Aplanosporen und Autosporen; Zoosporen häufig amöboid werdend. Die Fortpflanzungszellen entstehen bei einkernigen Sippen sukzedan, bei den mehrkernigen simultan.

Von 10 beschriebenen Familien haben 6 bodenbewohnende oder aerophytische Vertreter.

Pascher 1939b, Starmach 1968, Bourrelly 1968, Ettl 1978.

1a Zellen einzeln lebend, nur vorübergehend nach der Fortpflanzung in lockeren unregelmäßigen Gruppen 2
1b Zellen in regelrechten Kolonien 5
2a Zellen ohne bedeutendes Längen- oder Größenwachstum, im vegetativen Stadium einkernig . 3
2b Zellen mit bedeutendem Längen- oder Größenwachstum, im vegetativen Stadium mehrkernig . . . . **4. Botrydiopsidaceae** (S. 159)
3a Zellen frei lebend 4
3b Zellen auf Substrat festsitzend . . . . **3. Characiopsidaceae** (S. 157)
4a Zellen verschieden gestaltet, doch nicht gestreckt, Zellwand ohne Einschubstücke . . . . **1. Pleurochloridaceae** (S. 128)
4b Zellen gestreckt zylindrisch bis kurz schlauchförmig, Zellwand mit Einschubstücken . . . . **2. Centritractaceae** (S. 153)
5a Kolonien ohne Gallerte . . . . **5. Botryochloridaceae** (S. 163)
5b Kolonien immer in mächtiger Gallerte eingebettet . . . . **6. Gloeobotrydaceae** (S. 168)

1. Familie Pleurochloridaceae Pascher 1939

Einzeln und frei lebende Zellen, die primär immer einkernig sind und kein bedeutendes Größenwachstum aufweisen. Meist kugelig oder ellipsoidisch, auch kurz zylindrisch, spindelförmig oder prismatisch. Zellwand ein- oder zweiteilig, glatt oder skulpturiert, mit oder ohne Borsten; öfters mit Kieselsäure imprägniert. Chloroplasten einzeln oder zu mehreren, wand- oder binnenständig; scheiben-, mulden, band- oder netzförmig. Eine völlig künstliche Familie, deren Einteilung nach der Zellform oder Skulptur der Zellwand erfolgt.

Es wurden ungefähr 38 Gattungen beschrieben, von denen nur 12 aufgenommen wurden.

Pascher 1925b, 1939, Bourrelly 1968, Starmach 1968, Ettl 1978.

1a Zellen kugelig, ellipsoidisch, kurz walzen- bis spindelförmig, Oberfläche ohne Buckeln oder Höcker 2
1b Zellen tetraedrisch, mit armartigen Fortsätzen, an der Oberfläche mit Buckeln oder Höckern . . . . **12. Goniochloris** (S. 153)
2a Zellwand glatt und ohne Stacheln 3
2b Zellwand skulpturiert, seltener glatt, doch mit radiären Stacheln . **11. Arachnochloris** (S. 153)
3a Zellwand einteilig, zart bis mäßig dick 4
3b Zellwand zweiteilig, derb und dick, manchmal äußerst massiv und spröde 11
4a Zellen kugelig 5
4b Zellen anders gestaltet 6
5a Fortpflanzung meist durch Zoosporen; Aplanosporen und Autosporen seltener . . . . **1. Pleurochloris** (S. 129)
5b Fortpflanzung nur durch Autosporen . . . . **2. Chloridella** (S. 134)
6a Zellen ellipsoidisch oder walzenförmig 7

6b Zellen nieren-, ei- oder spindelförmig 8
7a Zellen regelmäßig ellipsoidisch, an den Enden abgerundet . . . . **3. Ellipsoidion** (S. 136)
7b Zellen walzenförmig, Flanken gerade und ± parallel, an den Enden gestutzt . . . . **4. Monallantus** (S. 140)
8a Zellen nieren- oder bohnenförmig, mitunter fast halbkreisförmig gebogen . . . . **5. Nephrodiella** (S. 141)
8b Zellen anders gestaltet 9
9a Zellen eiförmig oder tropfenartig, an einem Ende breit abgerundet, am anderen verjüngt bis spitz . . . . **6. Monodus** (S. 142)
9b Zellen spindelförmig oder im Umriß rhombisch 10
10a Zellen spindelförmig bis gestreckt spindelförmig, bis über 8 mal länger als breit, oft mit etwas ungleichen Enden und gekrümmt . . . . **7. Chlorocloster** (S. 147)
10b Zellen kurz spindelförmig, einseitig ausgebaucht, an beiden Enden mit Warzen . . . . **8. Pleurogaster** (S. 150)
11a Zellwand ohne Struktur . . . . **9. Diachros** (S. 150)
11b Zellwand mit deutlicher, fein gestreifter radiärer Struktur . . . . **10. Sklerochlamys** (S. 152)

1. **Pleurochloris** Pascher 1925

Pascher 1925b, p. 46; 1939b, p. 338; Ettl 1978, p. 108.

Zellen einzeln, seltener vorübergehend durch verschleimte alte Zellwände zusammengehalten, ± kugelig, seltener eiförmig-kugelig oder ellipsoidisch-kugelig. Zellwand zart bis derb, doch nie auffallend dick, einteilig und glatt. Chloroplasten einer oder mehrere, immer parietal. Wenn nur einer vorhanden, so ist er topf-, mulden- bis fast ringförmig, manchmal am Rande gekerbt, oft auch gelappt. Bei einigen Arten wurden Pyrenoide beobachtet. Fett- oder Öltropfen nicht selten in größerer Menge. Fortpflanzung durch Zoosporen, seltener Aplano- oder Autosporen. Zoosporen mit 2 ungleichen Geißeln; kürzere Geißel bei einigen Sippen schwer sichtbar oder reduziert; manchmal völlig amöboid; mit einem oder mehreren Chloroplasten, einer pulsierenden Vakuole und manchmal auch mit Stigma. Bei Autosporenbildung werden die Chloroplasten in sehr unregelmäßiger Weise aufgeteilt.
Es besteht eine große Ähnlichkeit mit der Gattung *Chloridella*, die nur Autosporen bildet. Ohne Zoosporen läßt sich *Pleurochloris* von *Chloridella* kaum unterscheiden.
In Erdböden wurden 9 Arten gefunden (16 wurden beschrieben).

1a Zellen mit einem Chloroplast 2
1b Zellen mit zwei bis mehreren Chloroplasten 5
2a Chloroplast mit Pyrenoid . . . . **1. P. pyrenoidosa**
2b Chloroplast ohne Pyrenoid 3
3a Chloroplast nicht gelappt, Zellen bis 8 μm groß 4
3b Chloroplast gelappt bis tief ausgerandet, Zellen bis 15 (–20) μm groß . . . . **2. P. lobata**
4a Chloroplast parietal, Zoosporen mit 2 Geißeln und ohne Stigma . . . . **3. P. commutata**
4b Chloroplast subparietal, Zoosporen mit 1 Geißel und mit Stigma . . . . **4. P. nanella**
5a Zellen mit 2 Chloroplasten 6
5b Zellen mit mehreren Chloroplasten 7
6a Beide Chloroplasten gleich groß . . . . **5. P. imitans**
6b Beide Chloroplasten auffallend unterschiedlich groß . . . . **6. P. inaequalis**
7a Zoosporen mit 2 Chloroplasten . . . . **7. P. meiringensis**
7b Zoosporen mit mehreren Chloroplasten 8
8a Zellwand fest und derb, Zoosporen mit Stigma . . . . **8. P. polychloris**
8b Zellwand sehr fein und undeutlich, Zoosporen ohne Stigma . . . . **9. P. pseudopolychloris**

1. Pleurochloris pyrenoidosa Pascher 1939 (Fig. 23: a)
Pascher 1939b, p. 345, fig. 219; Ettl 1978, p. 109, fig. 103.

Zellen kugelig, Zellwand relativ derb. Ein Chloroplast, mulden- bis schüsselförmig, nur die eine Seite der Zelle auskleidend; mit großem Pyrenoid. Fortpflanzung durch 2 oder 4 Zoosporen mit seitenständigem Chloroplast mit Pyrenoid, ohne Stigma, mit einer pulsierenden Vakuole; Hauptgeißel 1,5 mal körperlang, Nebengeißel kaum 1/4 der ersteren messend. Auch Autosporen bekannt. Zellen 8–12 µm groß, bei Teilungshemmungen bis 25 µm.
Wald- und Wiesenböden in Rußland und in Mittelasien (USSR), meist an Orten, die reich an zerfallenden organischen Substanzen sind.

2. Pleurochloris lobata Pascher 1939 (Fig. 23: b)
Pascher 1939b, p. 347, fig. 220; Ettl 1978, p. 111, fig. 106.

Zellen regelmäßig kugelig, Zellwand sehr zart. Chloroplast einer, topfförmig, durch tiefgehende Einschnitte stark gelappt. Lappen unregelmäßig, am Grunde des Chloroplasten zusammenhängend; ohne Pyrenoid. Fortpflanzung durch 2 oder 4 Zoosporen, die dorsiventral gebaut sind, mit bauchständigem und leicht gelapptem Chloroplast, undeutlichem Stigma, pulsierender Vakuole; Hauptgeißel über körperlang, Nebengeißel stummelförmig, beide tief an der Bauchseite inserierend. Zellen 12–15 µm im Durchmesser.
Bodenalge, die in sauren Böden, vor allem in sauren Wiesenböden vorkommt, Nord- und Westböhmen (Tschechoslowakei). Auch in Böden unter Zitterpappeln in der Umgebung von Moskau (USSR).

3. Pleurochloris commutata Pascher 1925 (Fig. 23: c)
non sensu Vischer (siehe Eustigmatophyceae auf S. 238)
Pascher 1925b, p. 46, fig. 28; 1939b, p. 342, fig. 215; Ettl 1978, p. 111, fig. 105.

Zellen meist kugelig, gelegentlich auch breit eiförmig bis leicht unregelmäßig. Zellwand sehr zart. Chloroplast einer, topf- oder muldenförmig; ohne Pyrenoid. Fortpflanzung vor allem durch 2 Autosporen, gelegentlich auch durch 2 oder 4 birnenförmige, recht formveränderliche Zoosporen. Letztere ohne Stigma, mit einer pulsierenden Vakuole; Hauptgeißel etwas über körperlang, Nebengeißel sehr kurz. Zellen 3–9(–15) µm groß.
Eine häufige Bodenalge, die in verschiedensten Bodentypen, vor allem im Gebirge vorkommt. Auch am Grund alter Bäume. In ganz Europa und in Mittelasien.

4. Pleurochloris nanella Geitler 1942 (Fig. 23: d)
Geitler 1942a, p. 50; 1942b, p. 7, fig. 4.

Zellen fast kugelig oder ellipsoidisch-kugelig, mit fester und deutlicher Zellwand. Chloroplast einer, in Form eines stark gebogenen Bandes, subparietal liegend und ohne Pyrenoid. Fortpflanzung sowohl durch Autosporen als auch durch Zoosporen. Letztere sind langgestreckt und leicht formveränderlich, mit einer Geißel und einem kleinen Stigma. Als Dauerstadien sind Hypnoblasten (Akineten) mit dickerer Zellwand bekannt. Zellen bis 6,5 µm groß.
Aerophytisch auf Gallertlagern anderer Algen im Schloßpark von Schönbrunn (Österreich).

5. Pleurochloris imitans Pascher 1939 (Fig. 24: a)
Pascher 1939b, p. 350, fig. 222; Ettl 1978, p. 111, fig. 104.

Zellen kugelig, manchmal schleimige, mehrzellige Verbände bildend. Zellwand sehr zart und leicht verschleimend. Chloroplasten zwei, scheiben- bis muldenförmig und gleich groß; ohne Pyrenoide. Fortpflanzung durch 4 Autosporen oder Zoosporen. Letztere sind sehr formveränderlich bis

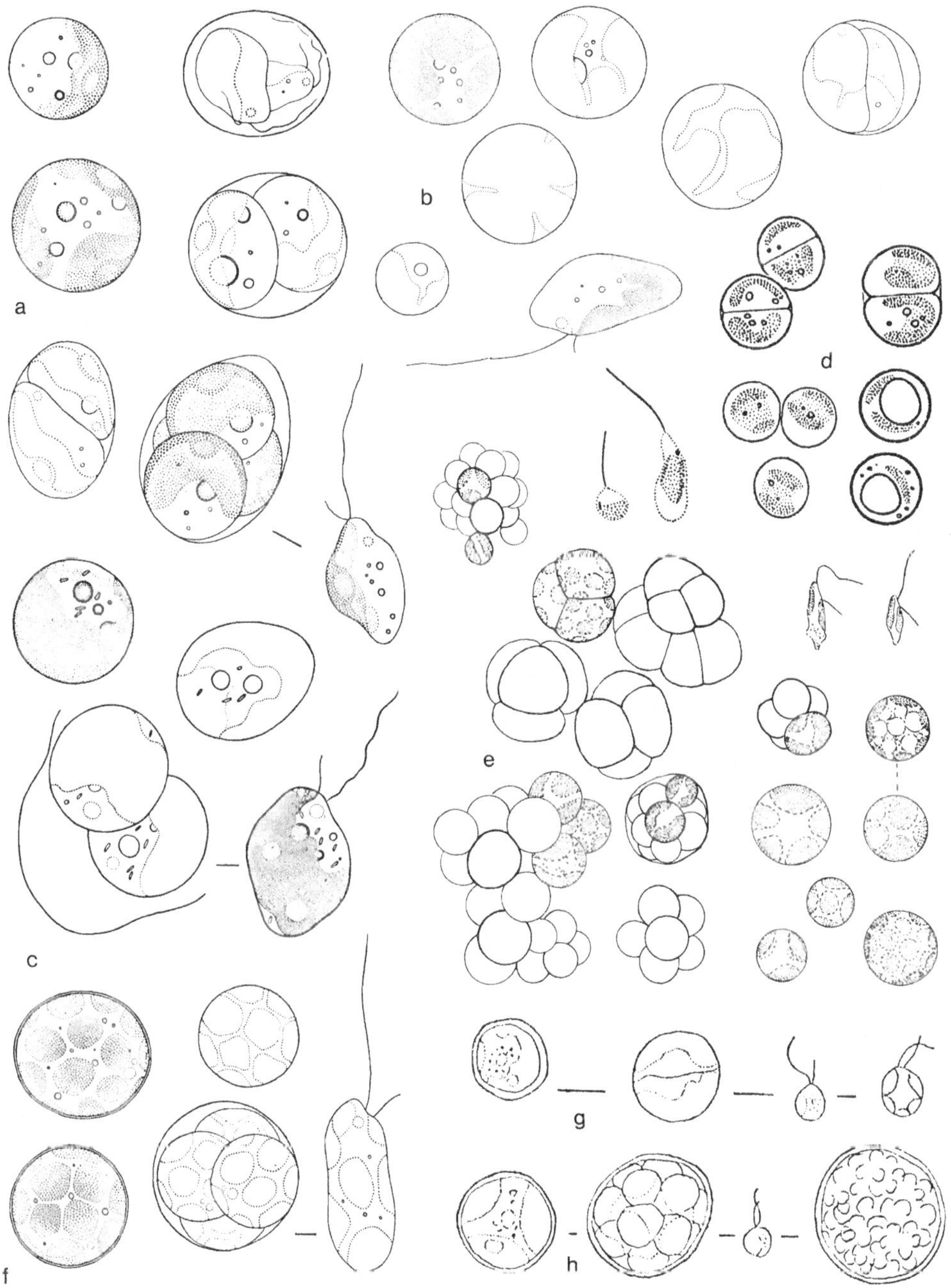

Fig. 23. *a Pleurochloris pyrenoidosa; b P. lobata; c P. commutata; d P. nanella, e P. meiringensis; f P. polychloris; g P. acidophila; h P. terrestris* (*d* nach Geitler, *e* nach Vischer, *g, h* nach Fritsch & John, sonst nach Pascher).

amöboid, mit einem binnenständigen bandförmigen Chloroplast, kleinem Stigma, zwei pulsierenden Vakuolen und zwei sehr ungleich langen Geißeln. Zellen 7–12 µm im Durchmesser.
In verschiedenen Erdproben (Tschechoslowakei, Polen, USSR).

6. **Pleurochloris inaequalis** Pascher 1939 (Fig. 24: b)

Pascher 1939b, p. 351, fig. 223; Ettl 1978, p. 113, fig. 108.

Zellen kugelig oder ellipsoidisch-kugelig, seltener etwas unregelmäßig, manchmal durch Gallerte zu losen Gruppen zusammengehalten. Zellwand sehr zart, manchmal schleimig. Chloroplasten zwei, muldenförmig, auffallend ungleich groß; junge Zellen oft mit einem Chloroplast; ohne Pyrenoide. Fortpflanzung sowohl durch Autosporen als auch durch Zoosporen. Letztere mit über körperlanger Hauptgeißel und stummelartiger Nebengeißel; mit zwei seitenständigen Chloroplasten, punktförmigem Stigma und einer pulsierenden Vakuole. Unter Geißelverlust werden die Zoosporen vollkommen amöboid. Zellen 8–14, vereinzelt bis 20 µm groß.
Aus Gartenerde isoliert und auch in anderen Bodentypen gefunden. Wahrscheinlich ein verbreiteter, doch nicht häufiger Bodenorganismus.

7. **Pleurochloris meiringensis** Vischer 1945 (Fig. 23: e)

Vischer 1945a, p. 484, fig. 1; Ettl 1978, p. 116, fig. 114.

Zellen kugelig, junge Zellen nach der Fortpflanzung etwas unregelmäßig; einzeln oder vorübergehend zu kleinen Gruppen verklebt. Zellwand relativ zart. Chloroplasten mehrere, bei jungen Zellen 2, später bis 18, wandständig und scheibenförmig; ohne Pyrenoide. Fortpflanzung durch Autosporen und Zoosporen. Letztere werden in größeren Mengen gebildet, haben zwei Chloroplasten, ein deutliches Stigma und zwei auffallend ungleich lange Geißeln. Zellen 3–10 µm groß.
Kultur: UTEX 311, SAG 860-3, ASIB S 200, T9, V6.
Gemeinsam mit *Heterococcus protonematoides* und *H. crassulus* als grüner Überzug auf Protogyn-Splittern in der Aareschlucht bei Meiringen im Berner Oberland (Schweiz).
In älteren Kulturen können *Chlorellidium*-ähnliche Stadien auftreten, indem die Zellen oft in Vierergruppen verklebt bleiben, immerhin ohne verkittende Zwischensubstanz.

8. **Pleurochloris polychloris** Pascher 1939 (Fig. 23: f)

Pascher 1939b, p. 353, fig. 224; Ettl 1978, p. 116, fig. 112.

Zellen gewöhnlich kugelig, mit deutlicher und ziemlich fester Zellwand. Chloroplasten zahlreich, 8–10 oder noch mehr, wandständig, scheibenförmig; ohne Pyrenoide. Fortpflanzung durch walzliche, hinten sehr formveränderliche Zoosporen mit 2–8 Chloroplasten und einem dunkelroten Stigma. Hauptgeißel annähernd körperlang, Nebengeißel kaum ¼ der ersteren messend. Es können auch 2 oder 4 Autosporen gebildet werden. Zellen 7–14 µm im Durchmesser.
Zwischen feuchten Moosen auf Gestein, Sandsteingebiete in Nordböhmen (Tschechoslowakei).

9. **Pleurochloris pseudopolychloris** Ettl 1978 (Fig. 24: c)

Ettl 1978, p. 116, fig. 113.

Zellen kugelig, mit sehr feiner, kaum sichtbarer und hyaliner Zellwand, die nur während der Fortpflanzung deutlicher wird. Chloroplasten mehrere (bis 8), scheibenförmig; ohne Pyrenoide. Fortpflanzung durch ei-ellipsoidische, meist leicht dorsiventral gebaute Zoosporen mit vier Chloroplasten ohne Stigma. Hauptgeißel körperlang, Nebengeißel ⅓ der ersteren messend. Zellen 4–14 µm im Durchmesser.
An feuchten Stellen auf einem lehmigen Waldweg zarte grüne Überzüge bildend, Nordmähren (Tschechoslowakei).

Unsichere Arten:
Pleurochloris acidophila Fritsch & John 1942 (Fig. 23: g)
Fritsch & John 1942, p. 387, fig. 6: g–i; Ettl 1978, p. 117.

Zellen kugelig, mit ziemlich dicker geschichteter Zellwand, mit einem dreilappigen Chloroplast, wo in jedem Lappen ein ovales Pyrenoid liegt. Fortpflanzung sowohl durch Zoosporen als auch Autosporen, die in großen Mengen gebildet werden. Zoosporen mit wenig ungleichen Geißeln und hinten gelegenem Stigma. Etwas unvollkommen beschrieben, vielleicht eine Grünalge (hintere Lage des Stigmas). Zellen 14–18(–24) µm groß. In sauren Erdböden von England.

Pleurochloris anomala James 1935
James 1935, p. 539, fig. 9; Pascher 1939b, p. 348, fig. 221.

Zellen kugelig, mit zarter Zellwand und zwei schalenförmigen Chloroplasten ohne Pyrenoid. Fortpflanzung durch 2–8 oder mehr Zoosporen mit zwei nur wenig ungleichen Geißeln und seitenständigem Chloroplast mit strichförmigem Stigma. Es werden auch 2–16 Autosporen gebildet. Zellen 7–16 mm im Durchmesser. Wahrscheinlich eine Grünalge, worauf schon Vischer (1936) hingewiesen hatte – *Dictyococcus anomalus* (James) Vischer 1936, p. 403. Der gleichen Meinung ist auch Starr, reiht jedoch diesen Organismus zu einer anderen Gattung – *Bracteacoccus anomalus* (James) Starr 1955, p. 65. Siehe weiter bei beiden genannten Grünalgen-Gattungen. Bislang nur aus Sandboden Südenglands bekannt. Die var. *antarctica* Kol ist wahrscheinlich auch keine Xanthophyceae.

Pleurochloris cavernicola Skuja 1970
Ettl 1978, p. 118.

Wahrscheinlich nur eine besondere Ökoform von *Pleurochloris polychloris*.

Pleurochloris terrestris Fritsch & John 1942 (Fig. 23: h)
Fritsch & John 1942, p. 387, fig. 6: a–e; Ettl 1978, p. 117.

Zellen kugelig oder ellipsoidisch-kugelig, mit dünner Zellwand, mit einem topfförmigen Chloroplast mit gewelltem Rand und einem kleinen Pyrenoid. Fortpflanzung durch 8 oder 16 kugelige

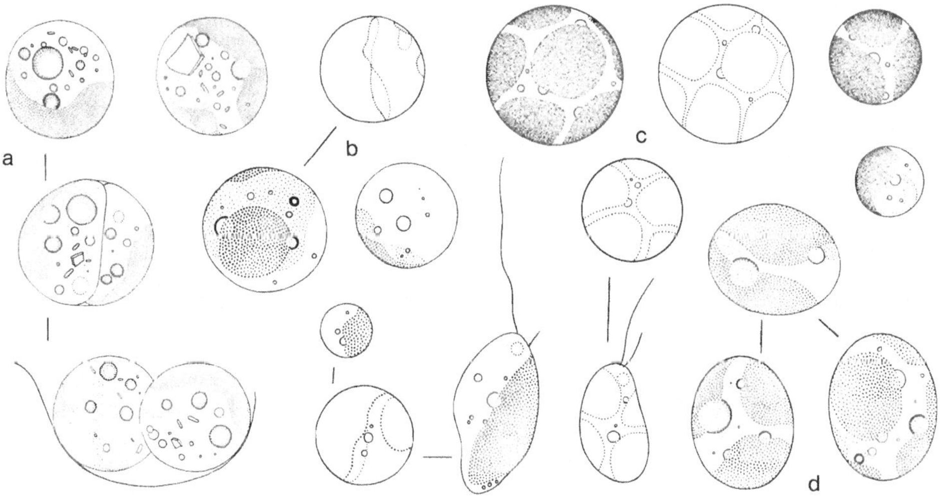

Fig. 24. *a Pleurochloris imitans; b P. inaequalis; c P. pseudopolychloris; d Ellipsoidion regulare* (*c* nach Ettl, sonst nach Pascher).

Zoosporen mit zwei ungleich langen Geißeln. Autosporen werden auch gebildet. Es soll zu Gametenkopulationen und zu Zygotenbildungen kommen. Vischer (1945) ist in dieser Hinsicht etwas skeptisch: «Falls wirklich Kopulationsstadien und nicht nur gehemmte Teilungen vorlagen, wäre zum ersten Mal sexuelle Fortpflanzung niederer Heterokonten nachgewiesen».

2. **Chloridella** Pascher 1932

Pascher 1932, p. 336; 1939b, p. 360; Ettl 1978, p. 118.

Zellen kugelig, seltener etwas unregelmäßig, mit geringem Größenwachstum, einzeln lebend oder nur nach der Fortpflanzung vorübergehend zu losen Gruppen angehäuft. Zellwand zart bis sehr derb, manchmal stark eiseninkrustiert. Chloroplasten entweder in der Einzahl und dann topf- oder muldenförmig, oder mehrere scheibenförmige, deren Anzahl in den Zellen sehr wechselt; immer parietal. Fortpflanzung ausschließlich durch 2 oder 4 (ausnahmsweise 8–16) Autosporen. Andere Stadien nicht bekannt.

Chloridella kann kaum von einer *Pleurochloris* unterschieden werden, wenn bei letzterer keine Zoosporen vorhanden sind. Zur einwandfreien Bestimmung ist immer eine ausreichende Menge an Material nötig.

Von 6 beschriebenen Arten kommen 4 in Böden vor.

1a Zellen mit nur einem Chloroplast 2
1b Zellen mit mehreren Chloroplasten 3
2a Zellen 3–4,5(–6) µm . . . . **1. Ch. minuta**
2b Zellen 12–15 µm . . . . **2. Ch. simplex**
3a Zellwand zart, Zellen bis 16 µm ∅, mit 4–6 Chloroplasten . . . . **3. Ch. neglecta**
3b Zellwand derb, Zellen bis 6 µm ∅, mit 2–3 Chloroplasten . . . . **4. Ch. cystiformis**

1. **Chloridella minuta** Gayral & Seizilles de Mazancourt 1958 (Fig. 25: a)

Gayral & Seizilles de Mazancourt 1958, p. 347, fig. 2: 1.

Zellen kugelig oder ellipsoidisch-kugelig. Mit sehr zarter Zellwand und einem blassen schüsselförmigen und oft reduzierten Chloroplast. Fortpflanzung durch 4 Autosporen. Zellen 3–4 µm groß.
Bodenoberfläche (pH 7,9), Marokko.

2. **Chloridella simplex** Pascher 1932 (Fig. 25: f)

Pascher 1939b, p. 365, fig. 236; Ettl 1978, p. 118, fig. 115.

Zellen kugelig, nur selten etwas unregelmäßig, mit sehr zarter Zellwand. Chloroplast einer, schüssel- oder topfförmig, ungefähr die halbe Zelle auskleidend, an den Rändern manchmal gewellt bis tief eingeschnitten. Fortpflanzung durch 2 Autosporen. Zellen 12–15 µm groß.
In verschiedenen Erdböden, besonders in sauren, bis zur Tiefe von 25 cm, Nordmähren (Tschechoslowakei), Moldavien (USSR).

3. **Chloridella neglecta** (Pascher & Geitler) Pascher 1932 (Fig. 25: b–d)

Syn.: *Chlorobotrys neglecta* Pascher & Geitler 1925
Pascher 1925b, p. 50, fig. 32; 1939b, p. 361, fig. 230–231.

Zellen kugelig bis etwas unregelmäßig oder stumpfeckig, mit zarter, doch fester Zellwand, die manchmal leicht bräunlich verfärbt ist. Chloroplasten 4–6, oft verschieden groß, scheibenförmig, nicht selten polygonal abgeplattet. Fortpflanzung durch 2 oder 4(–8) Autosporen, die vorübergehend leicht verklebt und tetraedrisch abgeplattet sind. Zellen (3,5)–8–14 µm, bei Teilunghemmungen bis 22 mm groß.
Eine verbreitete Bodenalge. Stabel (Schweiz), 1–3 cm tief in der Rhizosphaere der Gräser. Ötztaler

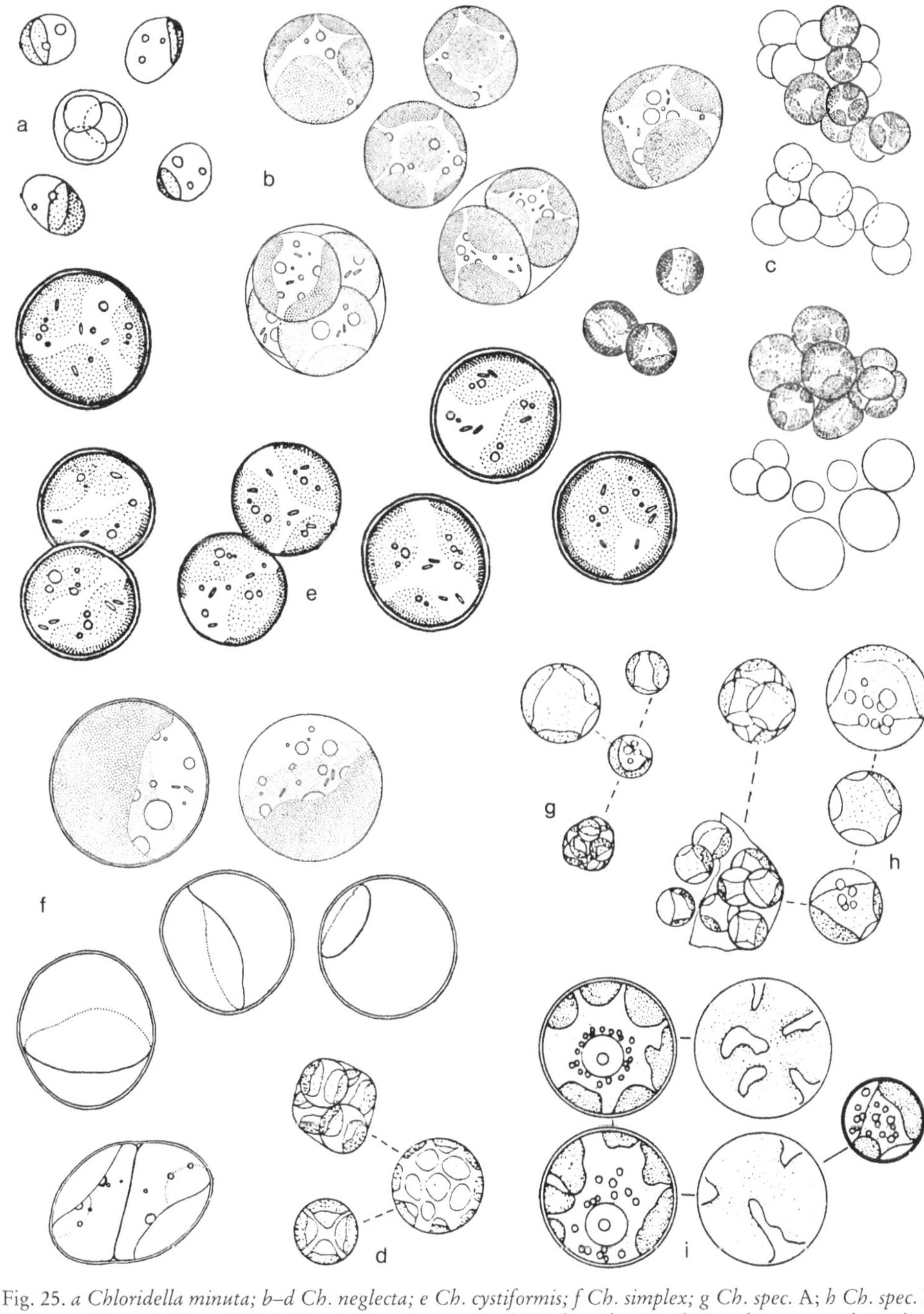

Fig. 25. *a Chloridella minuta; b–d Ch. neglecta; e Ch. cystiformis; f Ch. simplex; g Ch. spec.* A; *h Ch. spec.* B; *i Ch. spec.*? (*a* nach Gayral & Seizilles de Mazancourt, *c* nach Vischer, *d, g–i* nach Broady, sonst nach Pascher).

Alpen (3160 m ü. M.) in Tirol (Österreich), in der Wurzelzone von *Elyna myosuroides*. Auf der Bodenoberfläche zwischen *Andreaea* sp. und *Tortula fuscoviridis* auf Signy Island, Antarktis. Kultur: UTEX 431, SAG 813–1b, 48.84, ASIB BS 216.

4. Chloridella cystiformis Pascher 1939 (Fig. 25: e)
Pascher 1939b, p. 363, fig. 233; Ettl 1978, p. 120, Fig. 117.

Zellen ± kugelig, mit einer derben, nicht selten braun gefärbten, spröden und glatten Zellwand. Chloroplasten 2–3, selten nur einer oder mehrere, oft sehr blaß. Es werden 2 oder 4 Autosporen mit zarter oder schon dicker Zellwand gebildet. Zellen 5–7 mm groß.
Vereinzelt in sauren Erdböden (Tschechoslowakei, USSR).
Nicht bestimmte Arten:
Chloridella sp. 1 Reisigl 1964, p. 423.
Zellen sehr klein, 2–4 µm, seltener bis 7 µm, mit einem oder mehreren, zart gelbgrünen Chloroplasten. In Böden der Tiroler Alpen (Tirol, Österreich).
Chloridella sp. 2 Reisigl 1964, p. 423.
Zellen 3,5–11, meist 5,5 µm groß, mit 2–4 scheibenförmigen Chloroplasten (selten auch mehrere). Die Möglichkeit, daß es sich um eine kleine *Muriella* handelt, wird nicht ausgeschlossen. In Böden der Ötztaler Alpen (Tirol, Österreich).
Chloridella sp. 3 Reisigl 1964, p. 424.
Zellen kugelig, 3,5–11, meist 7–9 µm im Durchmesser, mit 1 oder 2 Chloroplasten. In Böden der Ötztaler Alpen (Tirol, Österreich).
Chloridella sp. A Broady 1979a, p. 41, fig. 9: h–k.
Zellen kugelig, 4–5(–10) µm groß, mit einem parietalen Chloroplast, der manchmal leicht gelappt ist und die halbe Zelle auskleidet. Bildet 8 Autosporen. Subaerisch, Signy Island, Antarktis (Fig. 25: g).
Chloridella sp. B Broady 1979a, p. 41, fig. 9: l–p.
Zellen kugelig, 3,5–15 µm im Durchmesser, mit einem ± gelappten Chloroplast. Bildet 8 oder 16 Autosporen, die manchmal in der Mutterzellwand verbleiben und erneut Autosporen bilden. Subaerisch zwischen *Andreaea regularis*, Signy Island, Antarktis (Fig. 25: h).
Chloridella sp.? Broady 1982a, p. 30, fig. 125–129, 226, 227.
Zellen kugelig oder fast kugelig, bis 13 µm im Durchmesser. Chloroplast einer, parietal, gelappt und perforiert oder in mehrere unregelmäßige Scheiben zerfallend. Bildet 2–16 Autosporen, wobei die Sporangiumwand längere Zeit nach dem Austreten der Sporen erhalten bleibt. Erdböden der Insel Surtsey (Island), (Fig. 25: i).

3. Ellipsoidion Pascher 1939

Pascher 1939b, p. 408; Ettl 1978, p. 121.

Zellen einzeln lebend oder nur vorübergehend durch die erweiterte oder verschleimte Mutterzellwand zusammengehalten, im Prinzip ellipsoidisch, kurz oder leicht gestreckt, auch ellipsoidisch-eiförmig oder an den Enden verschmälert. Zellwand zart bis derb, glatt. Chloroplast einer oder mehrere, parietal, mulden- bis ringförmig oder scheibenförmig; bei einer Art mit Pyrenoid. Fortpflanzung durch 2 oder 4, selten 8 Autosporen. Zoosporen und Zystenbildung nur bei einer Art mit Sicherheit festgestellt. Von 14 beschriebenen Arten sind 8 bodenbewohnend oder aerophytisch.

1a Zellen mit einem Chloroplast 2
1b Zellen mit zwei oder mehreren Chloroplasten 5
2a Chloroplast mit Pyrenoid . . . . **1. E. solitare**
2b Chloroplast ohne Pyrenoid 3
3a Zellen sehr klein, nur 2 µm dick . . . . **2. E. perminimum**

3b Zellen größer, 6–9 mm dick 4
4a Chloroplast ringförmig . . . . **3. E. anulatum**
4b Chloroplast muldenförmig . . . . **4. E. simplex**
5a Zwei Chloroplasten 6
5b Mehrere Chloroplasten 7
6a Zellen gleichmäßig ellipsoidisch, bis 7 μm lang, Mutterzellwand nicht verschleimend . . . . **5. E. oocystoides**
6b Zellen nicht regelmäßig, oft etwas gedrückt, bis 5,5 μm lang, Mutterzellwand stark verschleimend . . . . **6. E. parvum**
7a Zellen breit und kurz ellipsoidisch, regelmäßig gebaut . . . . **7. E. regulare**
7b Zellen gestreckt ellipsoidisch, oft etwas schief und unregelmäßig gebaut . . **8. E. stichococcoides**

1. **Ellipsoidion solitare** (Geitler) Pascher 1930 (Fig. 26: a)

Syn.: *Chlorobotrys solitaris* Geitler 1928
Pascher 1939b, p. 413, fig. 280; Ettl 1978, p. 123, fig. 120.

Zellen ellipsoidisch oder leicht ellipsoidisch-eiförmig, mit ziemlich derber Zellwand. Chloroplast einer, sehr groß, topfförmig, nur an einem Ende eine kleine Stelle freilassend; an der Basis mit einem deutlichen Pyrenoid. Manchmal ist der Chloroplast perforiert, von Spalten und Rissen durchzogen. Fortpflanzung durch 2 oder 4 Autosporen; Hypnoblasten mit derber Wand. Zellen bis 14 μm lang und 8–9 μm breit.
Aerophytisch in einem Kalthaus in Lunz (Österreich). In sauren degradierten Böden bis zu einer Tiefe von 30 cm, Rußland, Tadschikistan (USSR).
Diese Art könnte leicht mit *Chlorococcum*-Arten verwechselt werden, die ellipsoidische Zellen bilden.

2. **Ellipsoidion perminimum** Pascher 1939 (Fig. 26: b)

Pascher 1939b, p. 410, fig. 277; Ettl 1978, p. 124, fig. 122.

Zellen ellipsoidisch, regelmäßig bis etwas schief, manchmal mit einer geraden Fläche oder ganz leicht gekrümmt, an den Enden breit abgerundet. Zellwand zart, leicht verschleimend. Ein Chloroplast, muldenförmig, klein und blaß. Fortpflanzung durch 2 oder 4(–8) Autosporen. Zellen 3–6 μm lang, nur 2 μm breit.
Aerophytisch am Grunde von Bäumen, besonders Allee- und Wirtshausbäumen. Subaerisch auf Signy Island, Antarktis und stickstoffreichen Bodenstellen (USSR). In alpinen Böden: dunkelbrauner Humus (pH 4,6) in 10 cm Tiefe eines Curvuletums, Rotmoosferner, 2900 m ü. M. Grüner Anflug auf Feinerde, Similaun-Südgrat, 3580 m ü. M. Offener *Polytrichum piliferum* – Schneeboden (pH 5,8), Jöchl, 3160 m ü. M., alle Fundorte in den Ötztaler Alpen, Tirol, (Österreich).
Vielleicht ein sehr verbreiteter Organismus, dessen Ökoformen sowohl aerophytisch oder bodenbewohnend als auch im Wasser leben.

3. **Ellipsoidion anulatum** Pascher 1939 (Fig. 26: c)

Pascher 1939b, p. 415, fig. 281; Ettl 1978, p. 124, fig. 124.

Zellen ausgesprochen ellipsoidisch, an den Enden breit abgerundet, selten etwas unregelmäßig bis leicht polyedrisch. Zellwand sehr zart, leicht verschleimend. Ein Chloroplast, in Form eines breiten, ± äquatorial stehenden, oft gelappten und eingeschnittenen Bandes; selten muldenförmig oder zerteilt. Fortpflanzung durch 2–16 Autosporen, gelegentlich Aplanosporen. Zoosporen selten, schief verkehrt eiförmig, mit einem binnenständigen bandförmigen Chloroplast ohne Stigma. Geißeln sehr ungleich lang. Zellen bis 14 μm lang, 6–9 μm breit.
Im Ufersand in einigen mit *Sphagnum* verwachsenen Buchten des Großteichs bei Doksy (Tschechoslowakei). Meist als Dominante in sauren Böden (pH 5,0), 1270 m ü. M., Mittelasien, West-Pamir (USSR).

4. Ellipsoidion simplex Pascher 1939 (Fig. 26: d)
Pascher 1939b, p. 417, fig. 284, 285; Ettl 1978, p. 124, fig. 123.

Zellen ellipsoidisch, an den Enden immer deutlich und manchmal fast geradlinig verschmälert und zugespitzt. Zellwand ziemlich derb. Chloroplast einer, seitlich muldenförmig bis bandförmig. Fortpflanzung durch 2 oder 4 Autosporen. Zellen 9–15 µm lang, 6–9 µm breit.
Auf Felsen aerophytisch, Erzgebirge (Tschechoslowakei). In Erdböden Mittelasiens, Kastanienwälder im Altaj, Tjan-Schan (USSR).
Erinnert an *Oocystis*-Arten, mit denen es zu Verwechslungen kommen könnte.

5. Ellipsoidion oocystoides Pascher 1939 (Fig. 26: f)
Pascher 1939b, p. 410, fig. 278; Ettl 1978, p. 127, fig. 128.

Zellen gleichmäßig ellipsoidisch, mit sehr zarter Zellwand. Chloroplasten zwei, die ungleich groß sein können, selten nur einer; mulden- bis bandförmig. Fortpflanzung durch 2–8 Autosporen. Zellen bis 7 µm (bei Teilungshemmungen bis 12 µm) lang und bis 4 µm breit.
In Erdproben aus der Tschechoslowakei und Rumänien bekannt. Saure Böden (pH 5,5) in Tiefen von 10 cm (USSR). In der Halbwüste bei Broken Hill (Australien). Aerophytisch auf *Pinus densiflora* (Nord-Korea).

6. Ellipsoidion parvum Reisigl 1964 (Fig. 26: e)
Reisigl 1964, p. 441, fig. 5; Ettl 1978, p. 127, fig. 131.

Zellen rundlich oval, nicht sehr regelmäßig, etwas verdrückt. Zellwand verschleimend. Chloroplasten 2, manchmal auch nur einer, wandständig, leicht schüssel- oder muldenförmig. Fortpflanzung durch Autosporen. Die Mutterzellwand verschleimt ziemlich stark, so daß die Autosporen vorübergehend zu unregelmäßigen Haufen verklebt bleiben. Zellen 3,6–5,4(–8) µm lang, etwa 2,7–3,6(–7) µm breit.
Mineralischer Rohboden am Gipfel der Kreuzspitze, 3450 m ü. M., Tirol (Österreich). Auch als Rindenalge vorkommend (Spanien).

7. Ellipsoidion regulare Pascher 1939 (Fig. 24: d)
Pascher 1939b, p. 416, fig. 282, 283; Ettl 1978, p. 127, fig. 127.

Zellen kurz und breit ellipsoidisch, mit fast halbkugelig abgerundeten Enden. Zellwand außerordentlich zart, mit zusätzlicher zarter Schleimhülle. Chloroplasten mehrere (4–7), scheibenförmig, nicht selten ungleich groß. Fortpflanzung durch 4 Autosporen. Zellen 10–14 µm lang, bis 8 µm breit.
In degradierten Böden der alpinen Flechtentundra (pH 5,0), 2360 m ü. M., Tadschikistan (USSR).

8. Ellipsoidion stichococcoides Pascher 1939 (Fig. 26: g)
Pascher 1939b, p. 411, fig. 279; Ettl 1978, p. 127, fig. 129, 130.

Zellen regelmäßig gestreckt ellipsoidisch, bis 2,5 mal länger als breit, seltener etwas schief oder unregelmäßig. Zellwand sehr zart. Chloroplasten mehrere (3–9), recht klein, scheibenförmig. Fortpflanzung durch 2 oder 4 (selten mehrere) Autosporen. Zellen 5–10 µm lang, 3–4 µm breit.
In den Böden der Kastanienwälder Mittelasiens, Altaj, Tjan-Schan (USSR).

Nicht bestimmte Art:
Ellipsoidion sp. A Broady 1979a, p. 42, fig. 9: q, r.
Zellen ellipsoidisch oder ellipsoidisch-kugelig, 5–12 µm lang, 3–9 µm breit, mit einem parietalen und gelappten Chloroplast. Es werden 4 oder 8 Autosporen gebildet. Subaerisch auf Mineralböden, Signy Island, Antarktis (Fig. 26: h).

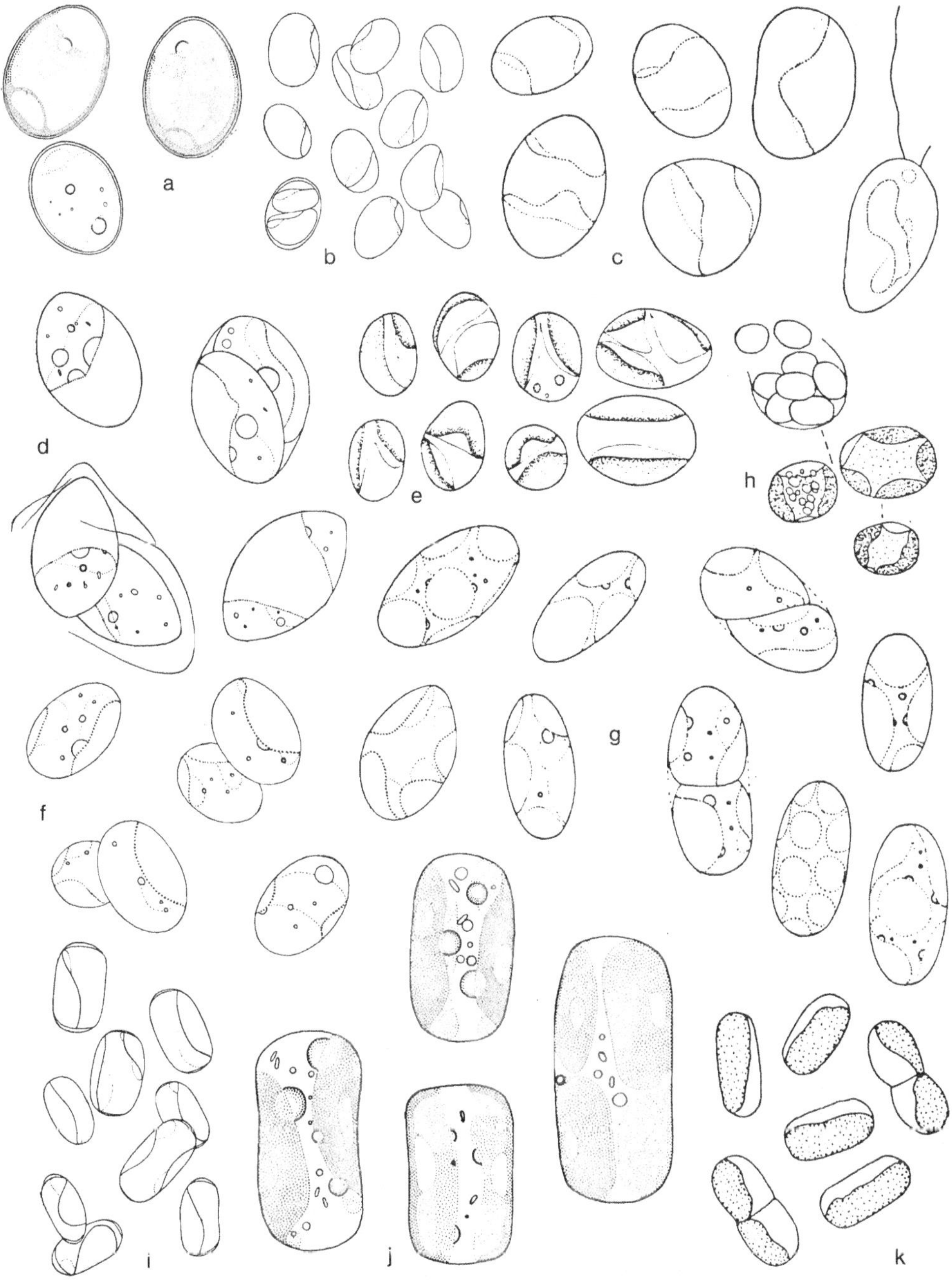

Fig. 26. *a Ellipsoidion solitare; b E. perminimum; c E. anulatum; d E. simplex; e E. parvum; f E. oocystoides; g E. stichococcoides; h E. spec.* A; *i Monallantus stichococcoides; j M. pyreniger; k M. monochloris* (*e* nach Reisigl, *h* nach Broady, *k* nach Gayral & Seizilles de Mazancourt, sonst nach Pascher).

4. **Monallantus** Pascher 1939

Pascher 1939b, p. 420; Ettl 1978, p. 130.

Zellen einzeln lebend oder nur vorübergehend zu 2 oder 4 verklebt, zylindrisch oder zylindrisch-ellipsoidisch, an beiden Enden abgerundet oder abgerundet-gestutzt, Seitenflanken meist gerade und parallel verlaufend. Manchmal unmerklich gekrümmt oder in der Mitte leicht eingezogen. Zellwand zart bis derb, mitunter rötlich verfärbt, glatt. Chloroplasten in der Einzahl oder mehrere, scheiben- bis muldenförmig, aber auch rinnenförmig; Pyrenoid bei einer Art. Fortpflanzung durch 2 oder 4 Zoosporen oder Autosporen, gelegentlich auch Aplanosporen. Zoosporen können völlig amöboid werden. Zysten nicht beobachtet.
Von 8 beschriebenen Arten sind 4 aerophytisch oder bodenbewohnend.

1a Chloroplast mit Pyrenoid . . . . **1. M. pyreniger**
1b Chloroplast ohne Pyrenoid **2**
2a Zellen mit 1 Chloroplast . . . . **2. M. stichococcoides**
2b Zellen mit 2–4 Chloroplasten . . . . **3. M. brevicylindrus**

1. **Monallantus pyreniger** Pascher 1939 (Fig. 26: j)

Pascher 1939b, p. 426, fig. 293, 294; Ettl 1978, p. 130, fig. 134.

Zellen walzlich, mit geraden oder leicht tonnenförmig erweiterten Mantelflächen, mitunter auch leicht taillenartig eingezogen; Endflächen sehr breit, fast flach abgerundet. Zellwand mäßig bis sehr derb, manchmal leicht rötlich verfärbt. Chloroplasten zwei, symmetrisch zueinander die Längsflanken der Zelle auskleidend, mulden- bis breit rinnenförmig. Jeder Chloroplast mit einem kissenförmigen Pyrenoid. Fortpflanzung durch 2 Zoosporen oder Autosporen. Erstere sehr formveränderlich, mit 2 bandförmigen Chloroplasten mit Pyrenoiden und Stigma; Geißeln sehr ungleich lang. Zellen 12–15(–17) µm lang, bis 9 µm breit.
In Böden von Baumwollfeldern, Usbekistan (USSR).

2. **Monallantus stichococcoides** Pascher 1939 (Fig. 26: i)

Pascher 1939b, p. 425, fig. 292; Ettl 1978, p. 132, fig. 137.

Zellen kurz walzlich-ellipsoidisch, mit ± geraden Seitenflanken, an den Enden abgerundet-gestutzt. Zellwand zart, an den Enden deutlich kappenartig verdickt. Chloroplast einer oder auch zwei, scheiben- bis rinnenförmig, wandständig. Sofern zwei Chloroplasten vorhanden sind, sind sie ungleich groß und stehen ± einander gegenüber. Fortpflanzung durch 2 oder 4 Autosporen. Zellen 6–7 µm lang, 2–3 µm breit.
Aerophytisch als Anflüge an Bäumen (Rumänien, Spanien), auch in Torfböden (Tschechoslowakei).

3. **Monallantus brevicylindrus** Pascher 1939 (Fig. 27: a)

Pascher 1939b, p. 422, fig. 289, 290; Ettl 1978, p. 133, fig. 138.

Zellen immer gerade walzenförmig, mit breit abgerundeten Enden, bis 1,5 mal länger als breit. Zellwand sehr zart, manchmal mit zusätzlicher zarter Schleimhülle. Chloroplasten 2–4, wandständig, scheiben- bis muldenförmig, oft sehr ungleich groß; selten nur einer. Fortpflanzung durch 2 Autosporen oder Zoosporen; letztere sehr amöboid, mit 2 Chloroplasten, ohne Stigma und mit sehr ungleich langen Geißeln. Zellen (7)–9–12 µm lang, 6–8 µm breit.
Aerophytisch auf Baumstämmen (Rumänien). Auch in sauren und degradierten Böden in 1600 m ü. M. (pH 4,0) (Rumänien), Tadschikistan (USSR).

Unsichere Art:
Monallantus (?) monochloris Gayral & Seizilles de Mazancourt 1958, p. 347, fig. 2, 3.
Wie die Autoren selber betonen, gehört dieser Organismus wahrscheinlich zu *Stichococcus*

(Fortpflanzung nur durch Zellteilung). Salzhaltige Böden unter *Spartina maritima* (pH 8,1), Marokko (Fig. 26: k).

5. **Nephrodiella** Pascher 1939

Pascher 1939b, p. 428; Ettl 1978, p. 134.

Zellen einzeln lebend oder nur vorübergehend durch zarte Gallerte zu losen Gruppen vereinigt, nieren- oder bohnenförmig, auch halbmondförmig, manchmal leicht S-förmig gebogen. Zellwand sehr zart, glatt. Meist nur ein Chloroplast, seltener auch zwei, doch dann ungleich groß, wandständig, schüssel-, mulden- oder bandförmig; manchmal relativ klein. Fortpflanzung durch 2 oder 4 Autosporen, die eine Zeitlang durch die alte Mutterzellwand zusammengehalten werden. In einigen Fällen auch Zoosporen, die stark formveränderlich sind.

Es sei betont, daß die Gattungsmerkmale auf der Zellform begründet sind, und da die Unterschiede zwischen eiförmig, ellipsoidisch, nierenförmig usw. keine scharfen sind, bestehen für manche Arten verschiedene Einreihungsmöglichkeiten. Ein Vergleich der Populationen mit den verschiedenen Gattungen der Pleurochloridaceae ist unbedingt nötig.

1a Zellen kurz nierenförmig, höchstens 1,5 mal länger als breit 2
1b Zellen gestreckt halbmondförmig oder gebogen zylindrisch, zwei- bis mehrmals länger als breit 3
2a Zellen mit 1 Chloroplast . . . . **1. N. phaseolus**
2b Zellen mit 2 Chloroplasten . . . . **2. N. minor**
3a Zellen an den Enden abgerundet 4
3b Zellen an den Enden kurz zugespitzt . . . . **3. N. acuta**
4a Zellen leicht gebogen, mit 1 Chloroplast . . . . **4. N. semilunaris**
4b Zellen fast halbkreisförmig gebogen, mit 3 Chloroplasten . . . . **5. N. lunaris**

1. **Nephrodiella phaseolus** Pascher 1939 (Fig. 27: b)

Pascher 1939b, p. 429, fig. 295, 296; Ettl 1978, p. 135, fig. 141.

Zellen sehr breit nierenförmig, konkave Flanke kaum angedeutet konkav, manchmal völlig fehlend, die andere Flanke immer stark gewölbt, oft sogar stumpfwinklig ausgebaucht. Zellwand sehr zart. Chloroplast einer, fast immer an der gewölbten Seite, recht klein. Fortpflanzung durch Autosporen oder Zoosporen. Letztere ellipsoidisch und kaum formveränderlich, mit einem Chloroplast und Stigma, Hauptgeißel körperlang, Nebengeißel fast stummelartig. Zellen 7–13 µm lang, 5–9 µm breit.

In verschiedenen Bodentypen, Tadschikistan (USSR), saure Böden (pH 5,5), 1280 m ü. M. (Rumänien).

2. **Nephrodiella minor** Pascher 1939 (Fig. 27: c)

Pascher 1939b, p. 431, fig. 297; Ettl 1978, p. 136, fig. 142.

Zellen breit nierenförmig, die eine Flanke deutlich konkav, die andere kovex, an beiden Enden abgerundet. Zellwand sehr zart. Chloroplasten zwei, manchmal auch nur einer, scheiben- bis rinnenförmig. Fortpflanzung durch 2 oder 4 Autosporen. Zellen 6–9 µm lang, 4–6 µm breit.

In sauren degradierten Waldböden, einmal auch aerophytisch auf Baumstämmen (Spanien, Tschechoslowakei).

Nach Pigmentanalysen soll diese Art eine Grünalge sein. Leider ist es nicht sicher, ob sich die Analysen auf diese Art beziehen oder auf eine andere ähnliche (siehe *N. brevis*). Von anderen Autoren wird diese Art als Varietät betrachtet = *Nephrodiella phaseolus* var. *minor* (Pascher) Matwienko & Dogadina 1978, p. 172.

3. Nephrodiella acuta Pascher 1939 (Fig. 27: f)
Pascher 1939b, p. 434, fig. 300; Ettl 1978, p. 136, fig. 143.

Zellen im Prinzip nierenförmig, leicht gebogen, an beiden Enden in kurze, oft schiefe Spitzen ausgezogen. Zellwand zart. Chloroplast einer, meist an der konvexen Seite, klein, muldenförmig. Fortpflanzung durch 2 Autosporen. Zellen bis 8 µm lang, 2–3 µm breit.
In Erdböden vereinzelt (Rumänien, USSR).

4. Nephrodiella semilunaris Pascher 1939 (Fig. 27: d)
Pascher 1939b, p. 431, fig. 298; Ettl 1978, p. 136, fig. 144.

Zellen walzenförmig nierenförmig, manchmal fast gerade und dann mit ungleich gewölbten Flanken, seltener leicht S-förmig, an den Enden breit abgerundet. Zellwand zart. Chloroplast einer, an der konvexen Flanke, klein, muldenförmig. Fortpflanzung durch 2 Autosporen. Zellen 5–10 µm lang, 3–5 µm breit.
Erdproben aus Fichtenwäldern im Böhmerwald, aus Kiefernwäldern in Nordböhmen (Tschechoslowakei), aerophytisch auf Baumstämmen (Spanien).

5. Nephrodiella lunaris Pascher 1939 (Fig. 27: e)
Pascher 1939b, p. 433, fig. 299; Ettl 1978, p. 137, fig. 145.

Zellen walzenförmig, halbkreisförmig gebogen, an beiden Enden breit abgerundet. Zellwand sehr zart, manchmal mit leichter Schleimhülle. Chloroplasten 1–2, rinnen- bis bandförmig. Fortpflanzung durch 2 oder 4 Autosporen, die noch innerhalb der erweiterten Mutterzellwand die halbkreisförmige Gestalt annehmen. Zellen 12–18 µm lang, 3–6 µm breit.
In Waldböden, Tadschikistan (USSR) und in sauren degradierten Böden (pH 4,5–5,5) bis zur Tiefe von 10 cm, 1460–2300 m ü. M. (Rumänien, Polen).

Nicht hierher gehörende Art:
Nephrodiella brevis Vischer 1945a – gehört zu den Grünalgen als *Coccomyxa brevis* (Vischer) Gärtner & Schragl 1988 (siehe S. 447).

Unsichere Art:
Nephrodiella tingitana Gayral & Seizilles de Mazancourt 1958, p. 348, fig. 2: 2. Zellen hörnchen- oder halbmondförmig, halbkreisförmig gebogen. Mit einem ± rinnenförmigen Chloroplast, der der konvexen Zellflanke anliegt. Fortpflanzung durch 2,4 oder mehrere Autosporen. Salzhaltige Böden unter *Spartina maritima* (pH 8,2), Marokko (Fig. 27: g).

6. **Monodus** Chodat 1913

Syn.: *Chlorella* p. p. Gerneck 1907.
Chodat 1913, p. 185; Pascher 1925b, p. 51; 1939b, p. 435; Ettl 1978, p. 139.

Zellen von charakteristischer, meist asymmetrischer Gestalt. Im Prinzip ellipsoidisch bis ellipsoidisch eiförmig, manchmal gestreckt, mit sehr verschiedenen und immer ungleich dicken Enden. Das eine Ende breit abgerundet, das andere verschmälert, oft schief und eckig oder spitz endend; seltener auch lang ausgezogen. Zellwand zart, bei manchen Arten zur Verschleimung neigend; nur bei einer Art derb. Mit einem oder mehreren (2–8) Chloroplasten, diese parietal, mulden- bis scheibenförmig; Pyrenoid nur bei einer festgestellt. Fortpflanzung durch Autosporen, seltener durch Zoosporen, die gewöhnlich zu 2 oder 4 gebildet werden. Vereinzelt auch Aplanosporen beobachtet. Zoosporen mit einer kleinen Nebengeißel, deutlichem Stigma und sehr kurzer Schwärmzeit. Bei einer Art wurden auch zweiteilige Zysten mit derber Wand beobachtet.

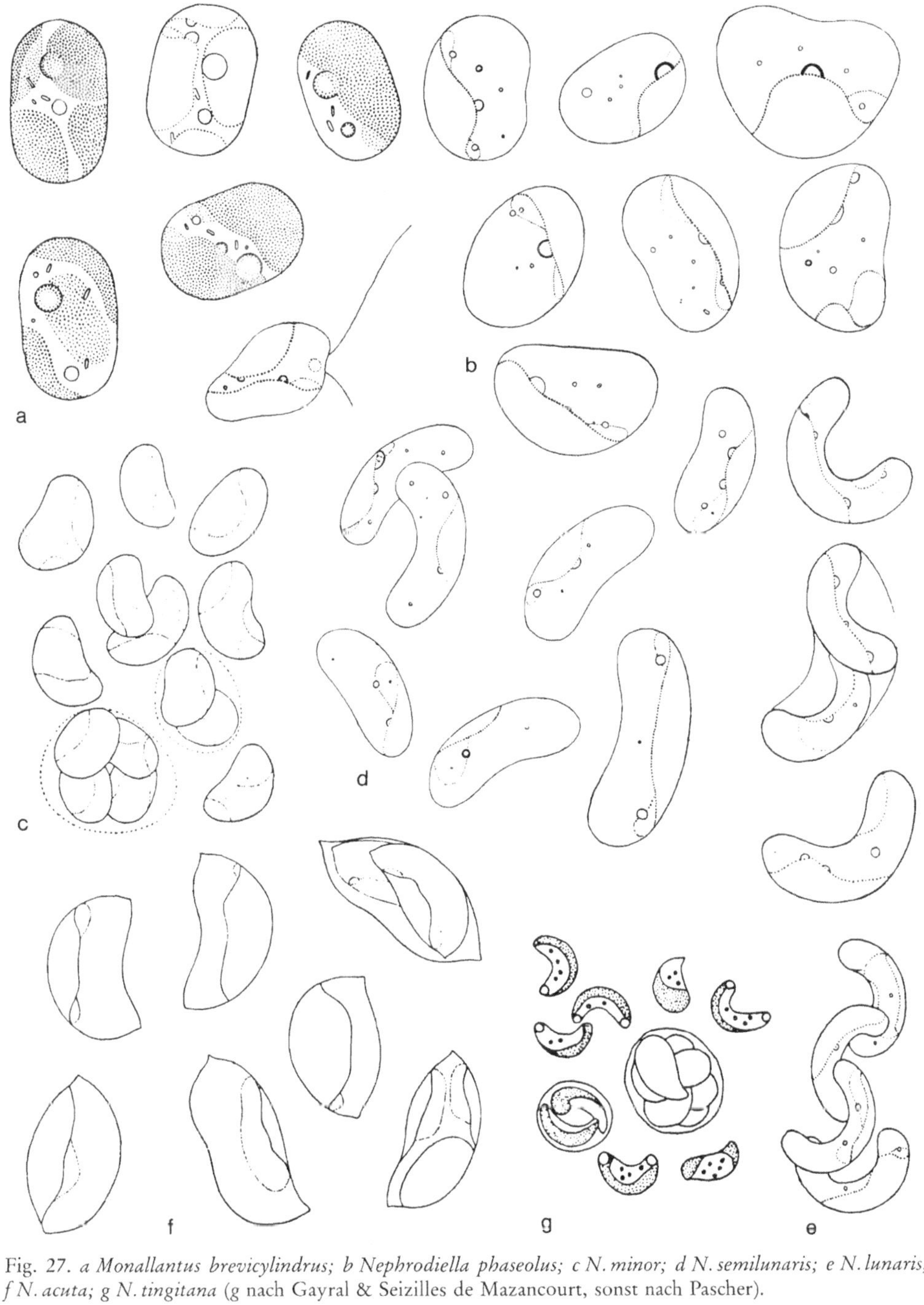

Fig. 27. *a Monallantus brevicylindrus; b Nephrodiella phaseolus; c N. minor; d N. semilunaris; e N. lunaris; f N. acuta; g N. tingitana* (g nach Gayral & Seizilles de Mazancourt, sonst nach Pascher).

Von 17 beschriebenen Arten wurden 9 in Bodenproben oder aerophytisch gefunden.

1a Zellen sehr breit eiförmig bis fast kugelig 2
1b Zellen deutlich länger als breit (1,5–8 mal), eiförmig bis gestreckt eiförmig 3
2a Zellen bis 5 µm lang . . . . . **1. M. guttula**
2b Zellen bis 10 µm lang . . . . . **2. M. subglobosa**
3a Chloroplast mit Pyrenoid . . . . . **3. M. pyreniger**
3b Chloroplast ohne Pyrenoid 4
4a Zellwand sehr zart 5
4b Zellwand sehr derb und dick . . . . . **4. M. cystiformis**
5a Zellen mit einem Chloroplast 6
5b Zellen mit mehreren Chloroplasten 8
6a Zellwand mit einer papillenartigen Verdickung am schmalen Zellende . . . . . **5. M. unipapilla**
6b Zellwand ohne Verdickung 7
7a Schmales Zellende lang und spitz ausgezogen, oft sehr spitz . . . . . **6. M. acuminata**
7b Schmales Zellende stumpf . . . . . **7. M. coccomyxa**
8a Zellen fast ellipsoidisch, einseitig sehr wenig verschmälert, mit 2–4 Chloroplasten . . . . . **8. M. chodatii**
8b Zellen einseitig deutlich verschmälert, mit 4–10 Chloroplasten . . . . . **9. M. coccomyxoides**

1. **Monodus guttula** Pascher 1939 (Fig. 28: a)

Pascher 1939b, p. 438, fig. 301; Ettl 1978, p. 140, fig. 147.

Zellen breit kugelig-eiförmig bis birnenförmig, manchmal im optischen Schnitt fast dreieckig; an einem Ende etwas vorgezogen und spitz, oft schief und unregelmäßig. Zellwand sehr zart, leicht verschleimend. Chloroplast einer, muldenförmig, oft klein und blaß. Fortpflanzung durch 2 oder 4 Autosporen. Zellen etwa 5 µm lang und 2–3 µm breit.
An feuchten Stellen, in Waldböden und sauren degradierten Böden (pH 5,4), bis 25 cm Tiefe; Tschechoslowakei, Moldavien (USSR).

2. **Monodus subglobosa** Pascher 1939 (Fig. 28: b)

Pascher 1939b, p. 439, fig. 302; Ettl 1978, p. 141, fig. 148.

Zellen kugelig eiförmig, oft breiter als lang, an einem Ende zu einem kurzen Spitzchen zusammengezogen, gelegentlich sehr unregelmäßig und schief. Zellwand sehr zart. Chloroplast gewöhnlich einer, sehr klein, mulden- bis bandförmig. Fortpflanzung durch 2–8 Autosporen, gelegentlich auch Aplanosporen. Zellen 7–10 µm im Durchmesser.
Wald- und Gebirgsböden (pH 5,4–7,0), 1400–2360 m ü. M., in Tiefen bis 25 cm (Rumänien, USSR).

3. **Monodus pyreniger** Pascher 1939 (Fig. 28: c)

Pascher 1939b, p. 442, fig. 304, 305; Ettl 1978, p. 141, fig. 149.

Zellen meist unregelmäßig, etwas schief eiförmig, auf der einen Seite breit abgerundet, auf der anderen Seite verschmälert und stumpf endend, meist einseitig stark gewölbt. Zellwand zart, am schmalen Ende manchmal verdickt. Chloroplast einer, die gewölbte Seite breit auskleidend, manchmal mit gelapptem Rand; in der Mitte mit einem großen, brotlaibartigen und gut differenzierten Pyrenoid. Fortpflanzung durch 2 oder 4 Autosporen. Derbwandige zweischalige Zysten wurden beobachtet. Zellen 12–15 µm lang, bis 9 µm breit.
In sauren degradierten Böden (pH 5,3–6,0), bis in Tiefen von 30 cm, seltene Art (Rumänien, Tschechoslowakei).

4. Monodus cystiformis Pascher 1939 (Fig. 28: d)
Pascher 1939b, p. 446, fig. 310; Ettl 1978, p. 142, fig. 150.

Zellen ei- bis birnenförmig, manchmal birnen-nierenförmig, vereinzelt halbmondförmig, immer an einem Ende deutlich verschmälert und etwas zugespitzt. Zellwand sehr derb, manchmal geschichtet, am schmalen Ende verdickt. Chloroplasten meist zwei, scheiben- bis muldenförmig. Fortpflanzung durch 2 oder 4 Autosporen. Zellen 12–14 μm lang, 8–10 μm breit.
Auf feuchten Stellen und dort einige Millimeter tief in den Boden eindringend (Tschechoslowakei); in Erdböden gebirgiger Gegenden (Polen, Rumänien).

5. Monodus unipapilla Reisigl 1964 (Fig. 28: e)
Reisigl 1964, p. 442, fig. 6; Ettl 1978, p. 143, fig. 152.

Zellen zitronenförmig, an den Enden abgerundet oder zugespitzt. Zellwand zart, an den Enden mitunter deutlich kopfartig verdickt; wahrscheinlich mit leichter Gallertschicht. Chloroplast einer, parietal bandförmig. Fortpflanzung durch 2 Autosporen. Zellen 7–9 μm lang, 3,5–4,5 μm breit.
Kultur: ASIB IB 63.
Zwischen Polstervegetation (*Silene acaulis*) am Boden grünen Anflug bildend; auf der südlichen Hochwilde 3460 m ü. M. in Tirol (Österreich).

6. Monodus acuminata (Gerneck) Chodat 1913 (Fig. 28: g)
Pascher 1925b, p. 52, fig. 30b; 1939b, p. 443, fig. 306, 307; Ettl 1978, p. 143, fig. 153.

Zellen zweimal länger als breit, gerade oder schief eiförmig, an einem Ende abgerundet, am anderen stark verschmälert und spitz, manchmal spitz ausgezogen. Zellwand sehr zart, gelegentlich mit leichter Gallertschicht. Chloroplast einer, mulden- bis rinnenförmig oder kurz bandförmig, oft sehr klein. Fortpflanzung durch 4 Autosporen. Zellen 7–11 μm lang, 2–5 μm breit.
Eine sehr verbreitete Bodenalge, die in verschiedenen Bodentypen vorkommt (Tschechoslowakei, BRD, Japan, Dänemark, USSR). Kommt auch auf feuchten Stellen, an Wegrändern und am Grund von Baumstämmen vor.

7. Monodus coccomyxa Pascher 1939 (Fig. 28: f)
Pascher 1939b, p. 445, fig. 309; Ettl 1978, p. 144, fig. 155.

Zellen mit deutlicher Bauch- und Rückenseite, schief und gestreckt eiförmig; Bauchseite fast gerade oder leicht konkav, Rückenseite gewölbt; schmales Ende oft kegelartig zugespitzt. Zellwand sehr zart. Chloroplast einer, gewöhnlich rückenständig, rinnen- bis muldenförmig. Fortpflanzung durch 2 oder 4 Autosporen. Zellen bis 15 μm lang, 7 μm breit.
Typische Erdalge, die wiederholt aus Acker-, Garten- und Waldböden isoliert wurde (pH 5,0–6,5); auch in degradierten Böden. In Europa verbreitet.

8. Monodus chodatii Pascher 1925 (Fig. 28: i)
Pascher 1925b, p. 52, fig. 30c; 1939b, p. 447, fig. 311; Ettl 1978, p. 146, fig. 159.

Zellen ellipsoidisch bis breit ellipsoidisch-eiförmig, an einem Ende abgerundet, am anderen leicht verschmälert und eckig; leicht asymmetrisch. Zellwand sehr zart und leicht verschleimend. Chloroplasten 2–4, scheibenförmig. Fortpflanzung durch 2 oder 4 Autosporen. Zellen 10–15 μm lang, 6–9 μm breit.
Aus Erdböden isoliert (Polen, Rumänien, USSR).

Fig. 28. *a Monodus guttula; b M. subglobosa; c M. pyreniger; d M. cystiformis; e M. unipapilla; f M. coccomyxa; g M. acuminata; h M. coccomyxoides; i M. chodatii* (*e* nach Reisigl, sonst nach Pascher).

9. **Monodus coccomyxoides** Pascher 1939 (Fig. 28: h)

Pascher 1939b, p. 448, fig. 312; Ettl 1978, p. 146, fig. 160.

Zellen plump, unregelmäßig eiförmig, das eine Ende breit abgerundet, das andere von der Mitte aus einseitig verschmälert, oft leicht gekrümmt, spitz endend. Zellwand sehr zart. Chloroplasten mehrere (4–10), scheibenförmig und ungleich groß. Fortpflanzung duch 4 Autosporen. Zellen bis 12 µm lang, 5–7 µm breit.
Wiesenböden, Umgebung von Moskau (USSR).

7. **Chlorocloster** Pascher 1925

Pascher 1925b, p. 52; 1939b, p. 452; Ettl 1978, p. 148.

Gestreckte bis lang gestreckte, spindelförmige, ungleich spindelförmige oder auch schwach ellipsoidische, manchmal an den Enden schief verschmälerte Zellen; Enden stumpf bis lang ausgezogen spitz. Sehr häufig sind die Zellen ± stark gekrümmt, wellen- oder S-förmig. Zellen einzeln, seltener vorübergehend durch zarte Gallerte regellos zusammengehalten. Zellwand gewöhnlich zart, ohne Verdickungen. Chloroplasten mehrere oder nur einer, mulden- bis scheibenförmig; selten mit Pyrenoid. Fortpflanzung in der Art, daß nach der Teilung des Protoplasten 2 Autosporen gebildet werden, die bald zur normalen Gestalt heranwachsen und die verschleimte alte Zellwand aufreißen. Mitunter werden auch 4–8 Autosporen gebildet, auch Aplanosporen bekannt. Als Dauerzustände sind dickwandige Hypnosporen bekannt.
Eine künstliche Gattung, deren Abgrenzung gegenüber ähnlichen Gattungen oft Schwierigkeiten bereitet. Von 13 beschriebenen Arten sind nur 5 bodenbewohnend oder aerophytisch.

1a Zellen kurz und plump, nur 2–4 mal länger als breit 2
1b Zellen sehr gestreckt, 4 bis mehrmals länger als breit 3
2a Zellen 8 µm lang, 3 µmbreit . . . . **1. Ch. minimus**
2b Zellen 15–20 µm lang und 5 µm breit . . . . **2. Ch. simplex**
3a Zellenden sehr verschieden, das eine stumpf bis abgerundet, das andere spitz ausgezogen . . . . **3. Ch. inaequalis**
3b Zellenden gleich gestaltet 4
4a Zellenden sehr lang, fein und spitz nadelartig ausgezogen, mit einem Chloroplast . . . . **4. Ch. raphidioides**
4b Zellenden nicht ausgezogen, zwei bis mehrere Chloroplasten . . . . **5. Ch. terrestris**

1. **Chlorocloster minimus** Pascher 1939 (Fig. 29: a)

Pascher 1939b, p. 465, fig. 326; Ettl 1978, p. 149, fig. 164.

Zellen plump, unregelmäßig spindelförmig, mit sehr ungleichen Enden. Zellwand sehr zart. Chloroplast einer, rinnenförmig, blaß und kaum eine Drittel der Zelle auskleidend. Es werden nur 2 Autosporen gebildet. Zellen bis 8 µm lang und bis 3 µm breit.
Aus Erdproben der Haswel Insel (Antarktis) isoliert. Auch aerophytisch lebend (Rumänien).

2. **Chlorocloster simplex** Pascher 1939 (Fig. 29: b)

Pascher, 1939b, p. 464, fig. 325; Ettl 1978, p. 150, fig. 165, 166.

Zellen plump und unregelmäßig spindelförmig, mit oft recht ungleichen Flanken. Zellenden ebenfalls ungleich, das eine stumpf bis abgerundet, das andere verschmälert. Zellen gerade oder gekrümmt. Zellwand sehr zart. Chloroplast einer, groß, rinnen- bis muldenförmig, gelegentlich bandförmig. Fortpflanzung durch 2 Autosporen oder Aplanosporen; Zoosporenbildung nicht ausgeschlossen. Autosporen in der Mutterzelle hintereinander liegend. Zellen 15–20 µm lang, bis 5 µm breit.
Wohl eine verbreitete, wenn auch nicht häufige Bodenalge. In Ackerböden bis 15 cm tief (pH 7,2–7,4), auch in Erde von Blumentöpfen; Mitteleuropa, Moldavien und Tadschikistan (USSR).

3. Chlorocloster inaequalis Pascher 1939 (Fig. 29: d)
Pascher 1939b, p. 455, fig. 316; Ettl 1978, p. 150, fig. 163.

Zellen gestreckt unregelmäßig spindel- bis keulenförmig, leicht bis stark gekrümmt oder auch winklig gebogen; an einem Ende immer stumpfer bis abgerundet, am anderen sehr lang verschmälert und spitz, oft wellig ausgezogen. Zellwand zart. Chloroplast einer, manchmal auch 2–3, scheiben- bis rinnenförmig. Fortpflanzung durch 2 Autosporen, die spät austreten, in manchen Fällen innerhalb der Mutterzellwand übereinander hinweg wachsen. Zellen bis 26 µm lang, 3–5 mm breit.
Keine ausgesprochene Erdalge, eher aerophytisch oder an feuchten Stellen oder Böden lebend (Tschechoslowakei, Japan, USSR).

4. Chlorocloster raphidioides Pascher 1939 (Fig. 29: c)
Pascher 1939b, p. 463, fig. 324; Ettl 1978, p. 153, fig. 169.

Zellen gerade, S-förmig oder gebogen, an beiden Enden lang zugespitzt und manchmal scharf und spitz ausgezogen. Zellwand sehr zart. Chloroplast einer, rinnenförmig, oft an den Rändern gelappt. Zellen bis 25 µm lang, bis 6 µm breit.
Vorherrschend terrestrische Alge in Mitteleuropa.
Kann mit ähnlichen Grünalgen wie *Ankistrodesmus* oder *Raphidium* verwechselt werden.

5. Chlorocloster terrestris Pascher 1925 (Fig. 29: f)
Pascher 1925b, p. 53, fig. 34; 1939b, p. 456, fig. 318; Ettl 1978, p. 154, fig. 171, 172.

Zellen gestreckt spindelförmig, gerade oder wellig, auch S-förmig gebogen, gegen die Enden deutlich bis scharf verschmälert und dann stumpf bis zugespitzt. Zellwand zart, leicht verschleimend. Chloroplasten 3 bis mehrere, ungleich groß, scheiben- bis kurz bandförmig. Zellen bis 25 µm lang, 2,5–5 µm breit.
Am Grunde von Baumstämmen und an feuchten Stellen (Tschechoslowakei). Häufig in Wiesen- und Waldböden (pH 7,4–7,5), in Tiefen von 10–15 cm (Polen, USSR); Alpenböden bis 3160 m ü. M. oder in diesen Höhen grüne Anflüge zwischen *Carex curvula* und *Saxifraga bryoides* bildend, Tirol (Österreich). Aerophytisch auf *Ginkgo biloba* (Nord-Korea).

Nicht beschriebene Art:
Chlorocloster sp. – Reisigl 1964, p. 426, fig. 4 (Fig. 29: e).
Zellen einzeln oder zu zweit verbunden; 3 µm breit, 10–16 µm lang: an den Flanken parallel, an beiden Enden plötzlich zugespitzt. Mit 1–2 zarten, hell gelbgrünen Chloroplasten. Nur einmal flüchtig in Rohkultur beobachtet. Grüner Überzug an offenen Bodenstellen im Curvuletum, Grat zwischen Hochfirst und Granatenkogel, 3160 m ü. M., Tirol (Österreich).

Unsichere Arten:
Chlorocloster engadinensis Vischer 1945a, p. 491, fig. 8.
Es handelt sich um eine Grünalge, da bei Pigmentanalysen Chlorophyll b festgestellt wurde (Whittle & Casselton, 1969).
Chlorocloster minor Phillipson 1935, p. 282, fig. 29 (Fig. 29: g)
Zellen einzeln lebend, ellipsoidisch bis ellipsoidisch-eiförmig. Zellwand dünn, zwei oder mehrere Chloroplasten. Zellen 7–8 µm lang, 2,5–4 µm breit. Aus Erdproben isoliert, Victoria (Australien). Etwas unvollkommen beschrieben und abgebildet, kann auch als *Ellipsoidion* oder *Monodus* aufgefaßt werden.

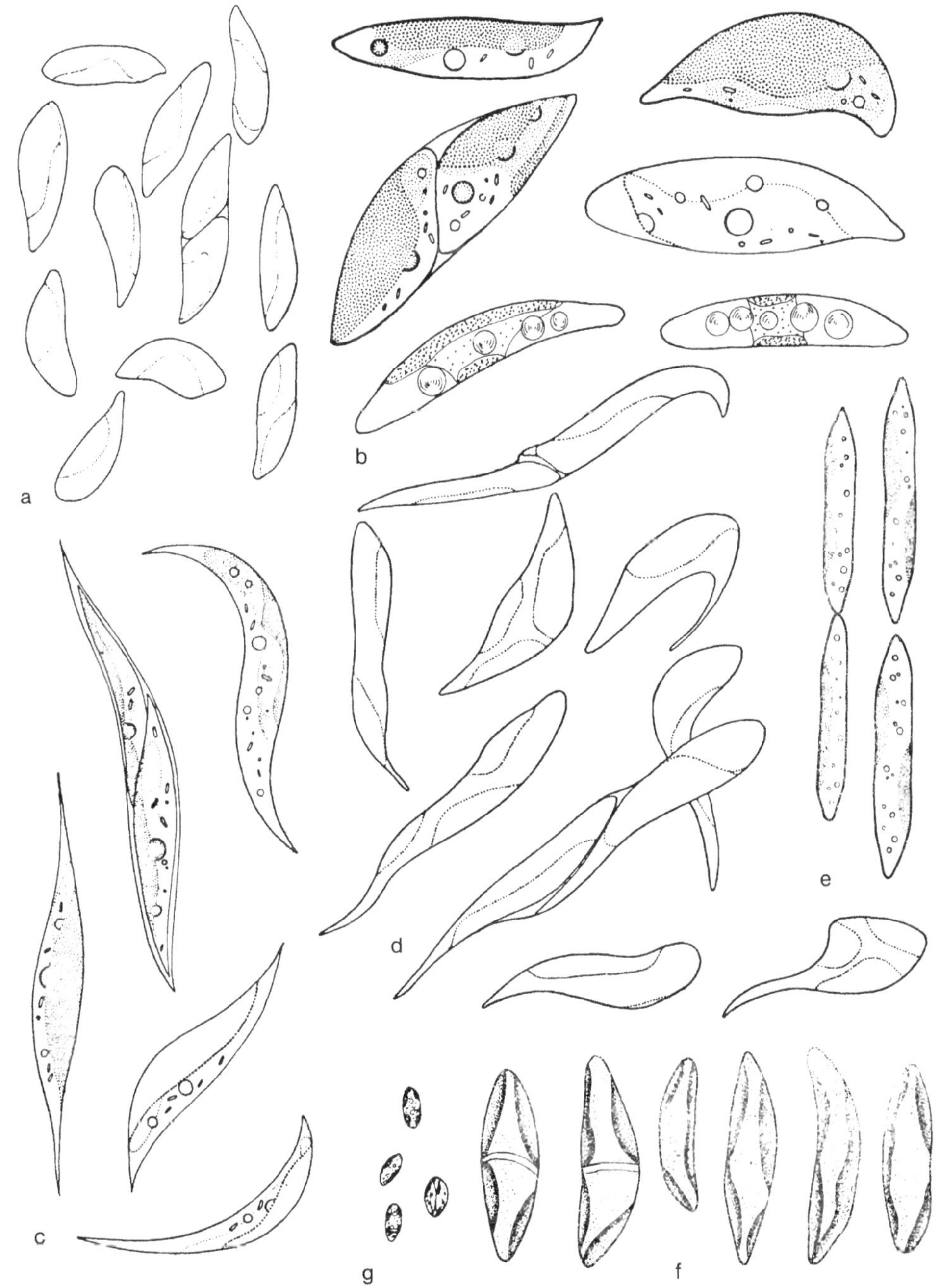

Fig. 29. *a Chlorocloster minimus; b Ch. simplex; c Ch. raphidioides; d Ch. inaequalis; e Ch. spec.; f Ch. terrestris; g Ch. minor* (*e* nach Reisigl, *g* nach Phillipson, sonst nach Pascher).

8. **Pleurogaster** Pascher 1939

Pascher 1939b, p. 469; Ettl 1978, p. 157.

Zellen ungleichseitig spindelförmig bis halbmondförmig, im optischen Querschnitt kreisrund oder elliptisch-eiförmig, niemals kantig. Eine Längsflanke nur wenig konvex oder gerade, seltener auch leicht konkav, die andere hingegen stark bauchig bis sehr stark gewölbt. An beiden Enden oft durch bedeutende Verdickungen der Zellwand eckig bis warzig oder sogar stumpf dornig ausgezogen; manchmal an einem Ende eine lange Borste. Zellwand ansonsten derb. Mit einem bis vier Chloroplasten; ohne Pyrenoide. Fortpflanzung durch 2 oder 4 Autosporen oder Aplanosporen. Es können aber auch 2 oder 4 formveränderliche Zoosporen austreten.
Von 4 beschriebenen Arten sind 2 bodenbewohnend.

1a Verdickungen der Zellwand stumpf, Zellen mit mehreren Chloroplasten . . . . **1. P. lunaris**
1b Verdickungen der Zellwand stachelförmig zugespitzt, Zellen mit 1 Chloroplast . **2. P. anisodus**

1. **Pleurogaster lunaris** Pascher 1939 (Fig. 30: a)

Pascher 1939b, p. 471, fig. 329; Ettl 1978, p. 157, fig. 175.

Zellen schief halbkreisförmig, bohnenförmig bis ungleich spindelförmig, immer mit einer stärker und einer weniger stark gewölbten Seite. Zellwand derb bis sehr derb, manchmal leicht geschichtet, an den Enden warzig bis stumpf verdickt. Mehrere ungleich große scheibenförmige Chloroplasten. Zoosporen mit 2–4 Chloroplasten, kleinem Stigma und deutlich ungleich langen Geißeln. Zellen 16–25 µm lang, 8–15 µm breit.
Acker- und Wiesenböden (Tschechoslowakei, USSR).

2. **Pleurogaster anisodus** Pascher 1939 (Fig. 30: b)

Pascher 1939b, p. 472, fig. 330; Ettl 1978, p. 159, fig. 176.

Zellen unregelmäßig spindelförmig bis halbmondförmig, gerade oder leicht gekrümmt, oft auf einer Seite stark ausgebaucht. Zellwand derb, an einem Ende in eine stumpfe Warze verdickt, am anderen einen relativ langen, oft scharf zugespitzten Stachel bildend. Chloroplast einer, groß, muldenförmig, meist an der stärker gewölbten Rückenseite der Zelle. Nur Autosporen bekannt. Zellen 12–17 µm, gelegentlich bis 30 µm lang.
Vereinzelt als Erdalge vorkommend (Tschechoslowakei, Österreich, USSR).

9. **Diachros** Pascher 1939

Pascher 1939b, p. 370; Ettl 1978, p. 161.

Zellen kugelig, seltener etwas abgeplattet oder leicht unregelmäßig. Zellwand zart bis sehr derb, manchmal durch Eisenverbindungen rotbraun verfärbt und sehr spröde; aus zwei Halbstücken bestehend, die ungefähr Halbkugeln entsprechen und zumeist gleich groß sind. Chloroplasten einer oder mehrere, parietal, scheiben- oder muldenförmig. Fortpflanzung durch 2, seltener 4 oder 8 Autosporen. Diese bereits mit der aus zwei Hälften zusammengesetzten Zellwand austretend. Die beiden Hälften der alten Zellwand klappen bei der Entleerung auf. Es wurden auch Aplanosporen beobachtet.
Von 3 beschriebenen Arten sind 2 bodenbewohnend.

1a Zellen mit 1 Chloroplast . . . . **1. D. simplex**
1b Zellen mit 2–4 Chloroplasten . . . . **2. D. pleiochloris**

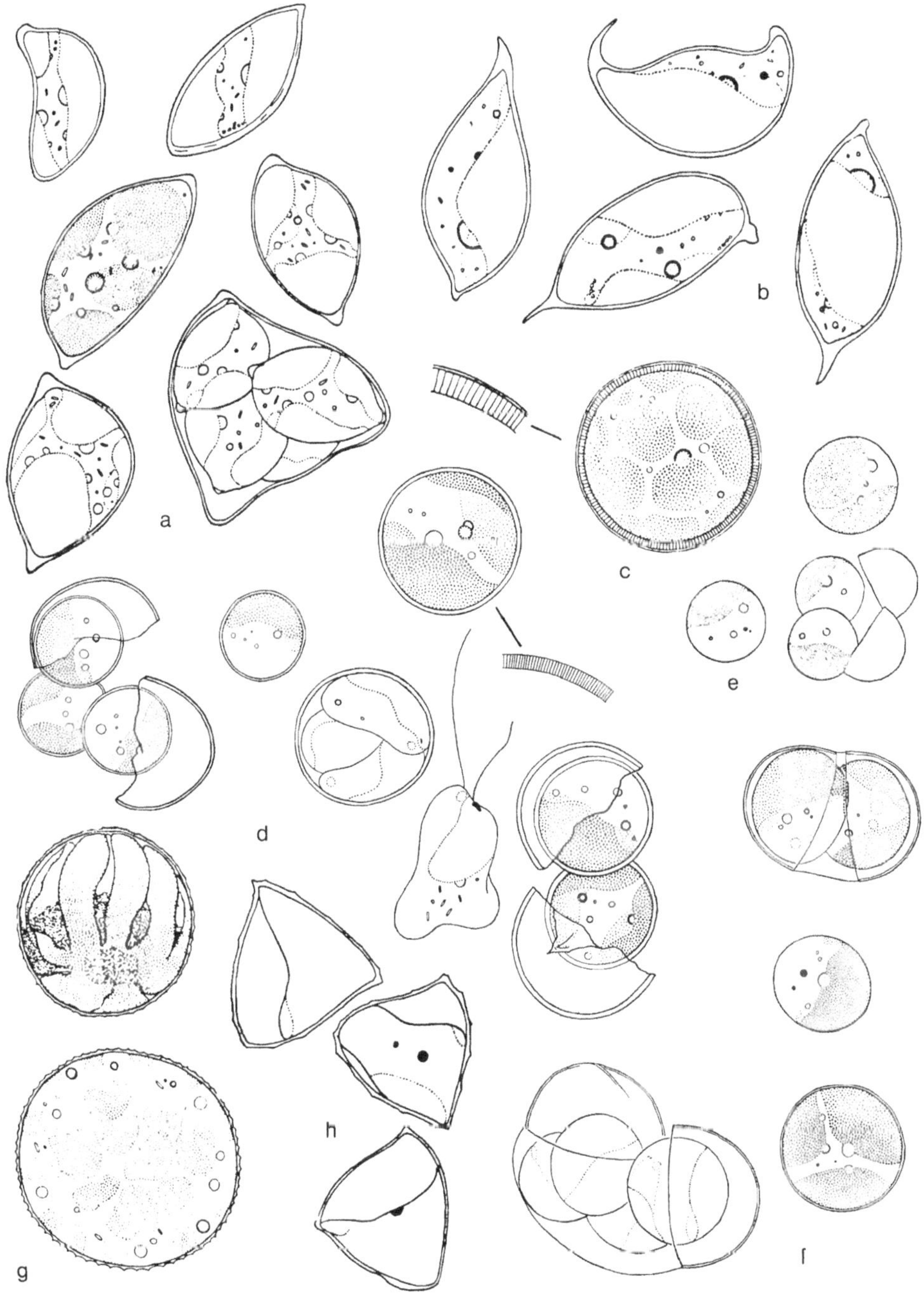

Fig. 30. *a Pleurogaster lunaris; b P. anisodus; c Sklerochlamys pachyderma; d S. fragilis; e Diachros simplex; f D. pleiochloris; g Arachnochloris maior; h Goniochloris parvula* (nach Pascher).

1. **Diachros simplex** Pascher 1939 (Fig. 30: e)

Pascher 1939b, p. 372, fig. 239; Ettl 1978, p. 161, fig. 181.

Zellwand sehr zart, doch deutlich zweiteilig und spröde. Chloroplast einer, schüssel- bis topfförmig. Fortpflanzung durch 2 oder 4 Aplanosporen oder Autosporen. Zellen 8 µm (gelegentlich bis 12 µm) im Durchmesser.
Bodenproben aus der Umgebung von Prag (Tschechoslowakei).

2. **Diachros pleiochloris** Pascher 1939 (Fig. 30: f)

Pascher 1939b, p. 374, fig. 241; Ettl 1978, p. 162, fig. 182.

Zellwand zart, gelegentlich die beiden Hälften am Rande leicht verdickt oder übereinandergreifend. Chloroplasten 3–5, manchmal ungleich groß, scheiben- bis muldenförmig. Fortpflanzung durch 2–8 Autosporen, die zuerst nur einen Chloroplast haben. Aplanosporen häufig. Zellen durchschnittlich 12 µm, manchmal aber auch 14–18 µm groß.
Bodenalge, die saure Erdböden (pH 4,5–5,0) bevorzugt und bis 20 cm tief auftritt (Rumänien, Tschechoslowakei, USSR).
Die Zellwand kann gelegentlich rot verfärbt sein, wird jedoch nicht verdickt.

10. **Sklerochlamys** Pascher 1939

Pascher 1939b, p. 366; Ettl 1978, p. 163.

Zellen immer kugelig, mit auffallend derber, fast dicker, doch meist ungeschichteter Zellwand. Diese nicht selten rötlich gefärbt, im optischen Schnitt mit einer eigenartigen Struktur in Form einer sehr feinen radiären Streifung; in der Oberflächenansicht erscheint sie grob punktiert. Chloroplast einer oder mehrere, mulden- bis schalenförmig, aber auch ring- oder scheibenförmig, ausnahmsweise auch topfförmig. Fortpflanzung durch Autosporen und Zoosporen. Erstere zu 2 oder 4 gebildet. Sie wachsen bereits innerhalb der Mutterzellwand rasch heran und bekommen dort auch die derbe Zellwand mit der charakteristischen Struktur. Durch Sprengung der alten Zellwand in zwei annähernd gleich große Teile werden die Autosporen frei. Zoosporen mit binnenständigem Chloroplast und einer sehr kurzen Nebengeißel.
Beide bekannten Arten sind bodenbewohnend.

1a Zellen mit 1 (selten 2) Chloroplast, Zellwand mäßig dick . . . . **1. S. fragilis**
1b Zellen mit mehreren Chloroplasten, Zellwand sehr dick . . . . **2. S. pachyderma**

1. **Sklerochlamys fragilis** Pascher 1939 (Fig. 30: d)

Pascher 1939b, p. 369, fig. 237; Ettl 1978, p. 163, fig. 184.

Zellwand mit ganz feiner Struktur. Chloroplast einer, schüssel- bis topfförmig; seltener 2 muldenförmige Chloroplasten. Zellen 10–13 µm, gelegentlich bis 20 µm im Durchmesser. Ausgesprochene Bodenalge (Tschechoslowakei). Wurde auch aus Blumentopferde eines Warmhauses des Botanischen Gartens in Prag isoliert.

2. **Sklerochlamys pachyderma** Pascher 1939 (Fig. 30: c)

Pascher 1939b, p. 370, fig. 238; Ettl 1978, p. 164, fig. 185.

Zellwand äußerst dick und mit deutlicher Struktur. Chloroplasten 10 und mehr, scheibenförmig. Zellen ungefähr 15 µm im Durchmesser.
Fundort nicht angegeben, wahrscheinlich auch eine Bodenalge.

11. **Arachnochloris** Pascher 1930

Pascher 1930, p. 409; 1939b, p. 480; Ettl 1978, p. 165.

Zellen kugelig, einzeln lebend, mit sehr fester Zellwand. Diese mit Reihensystemen von Skulpturen bedeckt, die bei oberflächlicher Einstellung den Eindruck von einander schneidenden Tüpfelreihen machen, bei tiefer Einstellung aber wabenartig aneinanderschließen. Skulptur sehr schwankend, manchmal sehr deutlich und grob, bei anderen Formen wieder sehr zart. Zellwand bei alten Zellen meist verkieselt. Chloroplast im Prinzip topfförmig, Wandstück durch meridionale Spalten in Lappen zerteilt; mit oder ohne Pyrenoid. Fortpflanzung sowohl durch Zoosporen als auch Autosporen, die zu 2 oder 4 gebildet werden.
Der Großteil der Arten ist wasserbewohnend, nur eine Art kommt auch in Böden vor.

Arachnochloris maior Pascher 1930 (Fig. 30: g)
Pascher 1939b, p. 485, fig. 340–342; Ettl 1978, p. 168, fig. 191.

Zellwand mit deutlicher Skulptur, bei grober Ausbildung der Skulptur sind die Maschenecken etwas warzig ausgezogen. Chloroplast im Basalstück mit einem wenig deutlichen Pyrenoid. Zoosporen sehr formveränderlich, mit undeutlich gestaltetem Chloroplast und reduzierter Nebengeißel. Zellen 10–25 µm im Durchmesser.
Aus verschiedenen Erdböden (USSR).

12. **Goniochloris** Geitler 1928

Pascher 1939b, p. 607; Ettl 1978, p. 226.

Zellen einzeln lebend, deutlich abgeflacht oder nur schief verdreht. Von der Breitseite dreieckig bis dreistrahlig, mitunter eine Seite besonders betont und die Zellen in die Länge gezogen; von der Schmalseite ± elliptisch. Zellen im allgemeinen flach kissenförmig. Zellwand relativ derb, an der Oberfläche skulpturiert. Skulptur bei manchen Arten sehr deutlich bis grob, bei anderen kaum wahrnehmbar; in Form von Tüpfelreihen, die sich entweder rechtwinklig oder in einem Winkel von 60° schneiden. An den Kanten bildet die Skulptur eine leichte Kerbung oder Zahnung. Ecken der Zellen in kürzere oder längere Warzen oder Dornen vorgezogen. Zellwand bei alten Zellen stark verkieselt. Chloroplasten mehrere, seltener nur einer, scheiben-, band- oder muldenförmig. Fortpflanzung entweder durch formveränderliche Zoosporen oder durch Autosporen, die zu 2 oder 4 gebildet werden.
Nur 1 Art der 21 beschriebenen Arten wurde in Böden gefunden.

Goniochloris parvula Pascher 1939 (Fig. 30: h)
Pascher 1939b, p. 611, fig. 465; Ettl 1978, p. 228, fig. 275.

Zellen meist regelmäßig stumpf bis spitz dreieckig, seltener etwas unregelmäßig. Zellwand derb, fast glatt bis sehr grob skulpturiert und dann mit sehr groben Dellen und sehr grobem Maschenwerk; an den Ecken oft kurzspitzig vorgezogen. Chloroplast gewöhnlich einer, seltener zwei, scheiben- bis muldenförmig. Zellen 4–6 µm groß.
In Erdböden vereinzelt, Rußland, Tadschikistan (USSR).

2. **Familie Centritractaceae** Pascher 1939

Zellen einzeln und frei lebend, nur ausnahmsweise zwei- oder mehrzellige, fadenförmige, lockere und wieder zerfallende Verbände bildend (keine echten Fäden!). Zellwand aus zwei gleichen, häufiger aber ungleichen Teilen zusammengesetzt. Längenwachstum der Zellen durch Einfügen

von Einschubstücken zwischen den primären Zellwandteilen. Chloroplasten zwei bis mehrere, seltener einer, mulden- bis scheibenförmig; Pyrenoid bei einer Art. Fortpflanzung sowohl durch Zoosporen als auch Autosporen.
Pascher 1939b, Bourrelly 1968, Starmach 1968, Ettl 1978.
Nur eine Gattung mit bodenbewohnenden Arten.

Bumilleriopsis Printz 1914

Syn.: *Ophiocytium* p.p. sensu Gerneck 1907; *Pseudobumilleriopsis* Deason & Bold 1960
Pascher 1939b, p. 830; Ettl 1978, p. 388.

Zellen einzeln oder zu kleinen zwei- bis mehrzelligen, fadenartigen oder radiären Gruppen mit den Enden verklebt, doch nie echte Fäden oder Kolonien bildend. Zellen gestreckt spindelförmig, ellipsoidisch bis walzenförmig, gleichmäßig dick oder gegen das eine oder gegen beide Enden etwas verschmälert, manchmal stellenweise allmählich erweitert; gerade oder gekrümmt bis leicht wellig gebogen. An den Enden abgerundet, seltener leicht zugespitzt, manchmal kegelartig ausgezogen. Zellwand sehr zart bis mäßig derb, glatt; an den Zellenden mitunter warzen- bis kappenartig verdickt; zweiteilig. Chloroplasten zwei bis zahlreiche, mulden- bis scheibenförmig, oft sehr ungleich; bei einer Art Pyrenoide. Fortpflanzung durch 2–32 Zoosporen, je nach der Größe der Zellen, mit 1–3 Chloroplasten, mit oder ohne Stigma. Statt der Zoosporen werden auch kugelige oder ellipsoidische Autosporen gebildet. Als Ruhestadien werden derbwandige Hypnosporen gebildet.
Die Arten der Gattung *Bumilleriopsis* sind einzellig. Die länglichen Zellen sind durch zwei dickere, ungleich große Polkappen charakterisiert, zwischen denen die Zellwand dünn bleibt und sich schlauchartig dehnt.
Von den 11 beschriebenen Arten sind 7 bodenbewohnend.

1a Chloroplasten mit Pyrenoid . . . . **1. B. pyrenoidosa**
1b Chloroplasten ohne Pyrenoid 2
2a Zellen ohne Verdickungen an den Enden 3
2b Zellen mit deutlichen Verdickungen an den Enden . . . . **2. B. biverruca**
3a Zellenden bei Einzelzellen weder verschmälert noch ausgezogen 4
3b Zellenden bei Einzelzellen deutlich verschmälert oder ausgezogen 5
4a Zellen kurz und plump, Zellwand zart . . . . **3. B. peterseniana**
4b Zellen lang und schlank, Zellwand derb . . . . **4. B. brevis**
5a Zellen an beiden Enden mamillenartig vorgezogen, bis 120 µm lang . . . . **5. B. megacystis**
5b Zellen nur an einem Ende mamillenartig vorgezogen, 40–50 µm lang 6
6a Zellen mit vielen Chloroplasten (bis 30), lange fadenartige Zellgruppen bildend . **6. B. filiformis**
6b Zellen mit wenigen Chloroplasten (2–4), keine langen fadenförmigen Zellgruppen bildend . . . . **7. B. terricola**

1. **Bumilleriopsis pyrenoidosa** (Deason & Bold) Ettl 1978 (Fig. 31: a)

Syn.: *Pseudobumilleriopsis pyrenoidosa* Deason & Bold 1960
Deason & Bold 1960, p. 42, fig. 71–74, 126–132; Ettl 1978, p. 390, fig. 481.

Zellen ellipsoidisch bis ellipsoidisch-walzenförmig, an beiden Enden abgerundet; manchmal zu kleinen fadenartigen Gruppen vereinigt. Zellwand deutlich, aus zwei etwas ungleichen Teilen. Chloroplasten einer bis mehrere, scheiben- bis leicht muldenförmig; mit deutlichen Pyrenoiden. Fortpflanzung sowohl durch Autosporen als auch Zoosporen (bis 16); letztete sehr formveränderlich, mit einem Chloroplast, Stigma und sehr ungleich langen Geißeln. Zellen bis 40 µm lang und bis 12 µm breit.
Kultur: UTEX 980.
Aus Erdproben isoliert, Quercetum bei McMahan, Caldwell County, Texas (USA).

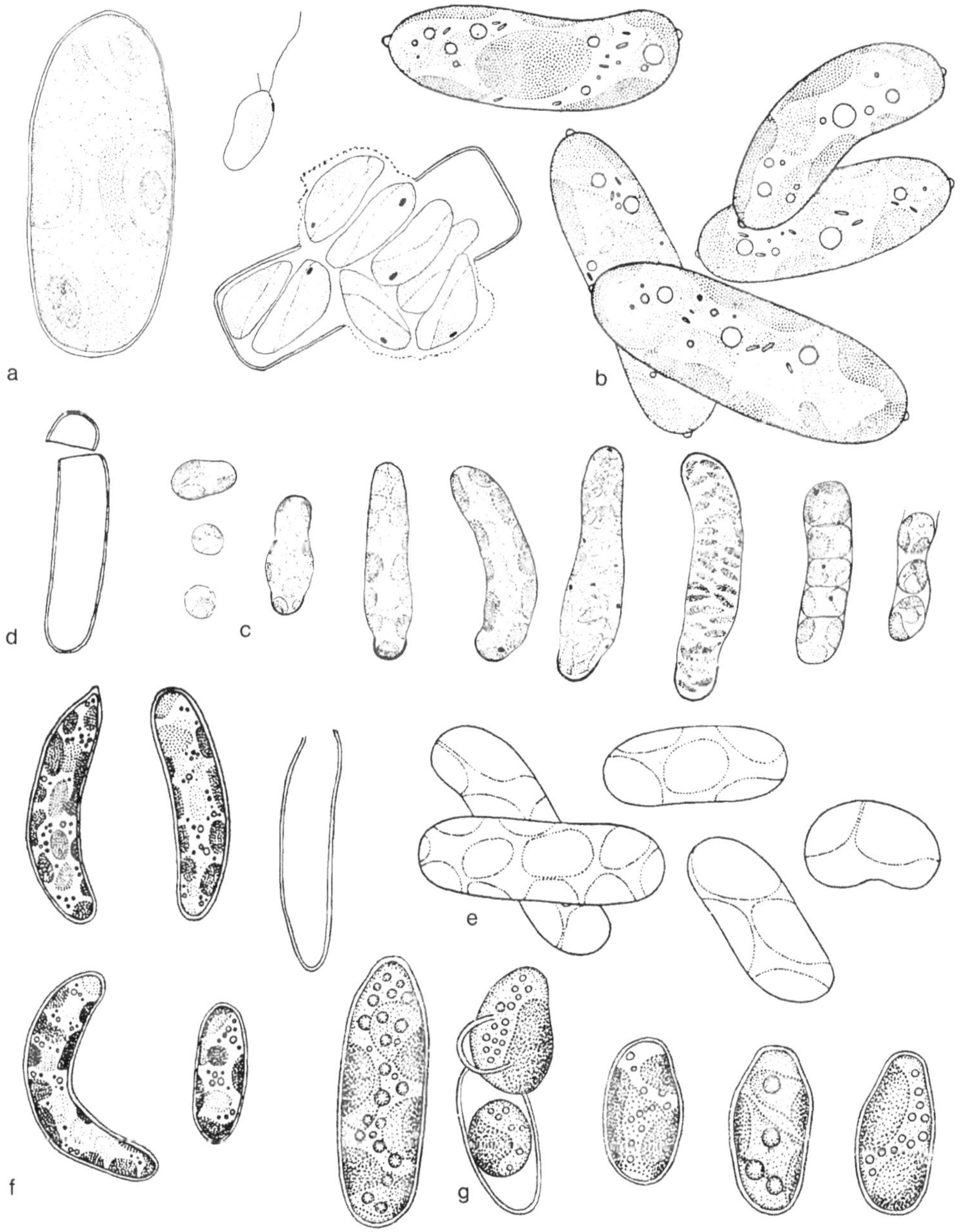

Fig. 31. *a Bumilleriopsis pyrenoidosa; b B. bivorruca; c–e B. peterseniana; e* var. *minor; f B. brevis; g B. terricola* (*a* nach Deason & Bold, *c, d* nach Vischer, *f* nach Printz, *g* nach Matwienko, sonst nach Pascher).

2. Bumilleriopsis biverruca Pascher 1939 (Fig. 31: b)
Pascher 1939b, p. 842, fig. 692, 702, 703; Ettl 1978, p. 396, fig. 490.

Zellen gerade oder leicht gekrümmt, an beiden Enden sehr breit, manchmal ungleich abgerundet. Zellwand sehr zart, manchmal leicht verschleimt, an den Zellenden mit deutlichen, fast halbkugeligen Warzen. Chloroplasten bis 12, scheibenförmig, elliptisch bis leicht bandförmig und oft recht ungleich groß. Fortpflanzung durch Aplanosporen und Autosporen. Zellen bis 20 μm lang, 6–9 μm breit.
Erdböden bei Witebsk, Waldsteppen bei Charkow, auch in anderen Bodentypen (USSR).

3. Bumilleriopsis peterseniana Vischer & Pascher in Vischer 1936 (Fig. 31: c–e)
Vischer 1936, p. 374, fig. 1; Pascher 1939b, p. 835, fig. 696–698; Ettl 1978, p. 392, fig. 484.

Zellen in der Jugend kugelig, im erwachsenen Zustand walzenförmig, unregelmäßig walzenförmig bis direkt hantelförmig; an beiden Enden abgerundet, bisweilen fast abgestutzt. Zellwand zart, nur an den Enden leicht verdickt. Chloroplasten viele, relativ klein. Fortpflanzung durch Zoosporen mit ausgesprochener Dorsiventralität, mit 1–2 Chloroplasten, deutlichem Stigma und recht ungleich langen Geißeln. Auch Autosporenbildung bekannt. Zellen 20–40(–50) μm lang, 6–10 μm breit.
Kultur: UTEX 147, SAG 809-3.
Sehr häufig in verschiedensten Bodentypen (England, Schweiz, Dänemark, Tschechoslowakei, USSR). Aerophytisch auf *Pinus densiflora* (Nord-Korea).

4. Bumilleriopsis brevis (Gerneck) Printz 1914 (Fig. 31: f)
Syn.: *Ophiocytium breve* Gerneck 1907
Printz 1914, p. 50, fig. 4: 102–108; Pascher 1939b, p. 838, fig. 699; Ettl 1978, p. 393, fig. 486.

Zellen zylindrisch, gerade bis gekrümmt, mit meist ungleichen Enden; einseitig verschmälert, ein Ende mehr abgerundet als das andere. Zellwand recht derb, an den Enden manchmal leicht verdickt. Chloroplasten mehrere bis zahlreiche, scheibenförmig. Zoosporen ohne Stigma und mit sehr kurzer Nebengeißel, sehr formveränderlich. Außerdem reihenartig angeordnete Hypnosporen. Zellen 10–30 μm (seltener bis 45 μm) lang, 4–10 μm breit.
Auf feuchter Erde, aber auch in Erdproben bis 5 cm Tiefe (Dänemark, BRD, USSR).
Mit 2 Varietäten, var. *gigas* Pascher 1939 – bis 24 μm breit – und var. *minor* Pascher 1939 – bis 6 μm breit.

5. Bumilleriopsis megacystis Skuja 1932 (Fig. 32: e)
Pascher 1939b, p. 839, fig. 700; Ettl 1978, p. 393, fig. 487.

Zellen walzenförmig ± gekrümmt, stellenweise leicht eingeschnürt; an beiden Enden verschmälert und mamillenartig vorgezogen. Zellwand zart, ohne Verdickungen. Chloroplasten sehr zahlreich, scheibenförmig. Fortpflanzung durch Hypnosporen, die in den Zellen dicht nebeneinander gebildet werden. Zellen bis 120 μm lang und bis 12 μm breit.
Auf nassen lehmigen Erdböden (Lettland, USSR).

6. Bumilleriopsis filiformis Vischer 1945 (Fig. 32: a–d)
Vischer 1945a, p. 496, fig. 9–11; Ettl 1978, p. 395, fig. 488.

Zellen ellipsoidisch-walzenförmig bis walzenförmig, das eine Ende aufgetrieben oder auch beidseits bauchig, gerade, seltener gebogen. Bei Einzelzellen das eine Ende mamillenartig vorgezogen. Oft lange fadenartige Verbände bildend. Zellwand deutlich zweiteilig, an den Enden verdickt. Chloroplasten mehrere bis zahlreiche scheibenförmige, parietal, nur kurz vor der Protoplastentei-

lung werden sie binnenständig. Autosporen bekannt, 8–10 μm groß. Zellen bis 50 μm lang und bis 12 μm breit.
Kulturen: UTEX 309, SAG 809–2, ASIB BS 360.
Aus Erdproben einer Wiese bei Fuorn (Schweiz) isoliert.

7. Bumilleriopsis terricola Matwienko 1958 (Fig. 31: g)
Ettl 1978, p. 395, fig. 489.

Zellen gestreckt ellipsoidisch oder gestreckt ellipsoidisch-eiförmig, oft etwas unregelmäßig oder die eine Flanke mehr gebogen als die andere. Zellwand derb. Chloroplasten 2–4, seltener 8, kurz bandförmig gebogen oder auch kurz schraubenartig gewunden. Zellen 7–41 μm lang, 5–13 μm breit.
Aus verschiedenen Erdproben isoliert (USSR).

3. Familie Characiopsidaceae Pascher 1939

Zellen einzeln lebend, entweder mit einem aus der Substanz der Zellwand gebildeten Stiel oder direkt mit der Basis mittels eines Gallertpolsters am Substrat festsitzend; nie frei lebend. Zellwand ein- oder zweiteilig, manchmal mit lokalen Verdickungen. Zellen aufrecht stehend oder gekrümmt. Chloroplasten einer bis mehrere, parietal, verschieden geformt; nicht selten mit Pyrenoid. Fortpflanzung meist durch Zoosporen, weniger oft durch Aplanosporen oder Autosporen. Zysten nur bei wenigen Arten bekannt. Eine völlig künstliche Familie.
Pascher 1925 b; 1939 b; Bourrelly 1968; Starmach 1968; Ettl 1978.
Mit einer Gattung, die auch bodenbewohnende Arten führt.

Characiopsis Borzi 1895

Borzi 1895, p. 152; Pascher 1925 b, p. 57; 1939 b, p. 722; Ettl 1978, p. 340.

Mit den Merkmalen der Familie.
1a Zellen mit 1 Chloroplast . . . . **1. Ch. minuta**
1b Zellen mit mehreren Chloroplasten 2
2a Zellen mit kurzem, dicken Stiel, der sich in eine breite Haftscheibe ausbreitet, am Scheitel zugespitzt . . . . **2. Ch. heeringiana**
2b Zellen ohne Stiel, nur mittels eines Gallertpolsters festhaftend, am Scheitel abgerundet . . . . **3. Ch. obovoidea**

1. Characiopsis minuta Lemmermann 1914 (Fig. 32: f)
Pascher 1939 b, p. 756, fig. 614, 615; Ettl 1978, p. 354, fig. 421.

Zellen etwas schief, gestreckt ellipsoidisch-spindelförmig, manchmal leicht gebogen; am Scheitel scharf zugespitzt, basal nur leicht verschmälert und mit einem kurzen derben Stiel. Zellwand zart. Chloroplast einer, groß, rinnen- oder bandförmig. Zellen 12–20 μm lang, bis 7 μm breit.
Vereinzelt in Bodenproben.

2. Characiopsis heeringiana Pascher 1925 (Fig. 32: g)
Pascher 1925 b, p. 63, fig. 44 a; 1939 b, p. 768, fig. 629, 630; Ettl 1978, p. 372, fig. 459.

Zellen eiförmig bis breit eiförmig, gerade oder schief, manchmal auch leicht gekrümmt, nach vorn zu gleichmäßig verschmälert, basal rasch in ein kurzes, sehr derbes, scheibenförmiges Stielchen zusammengezogen, das sich sogleich in eine kleine Haftscheibe verbreitert. Zellwand relativ derb,

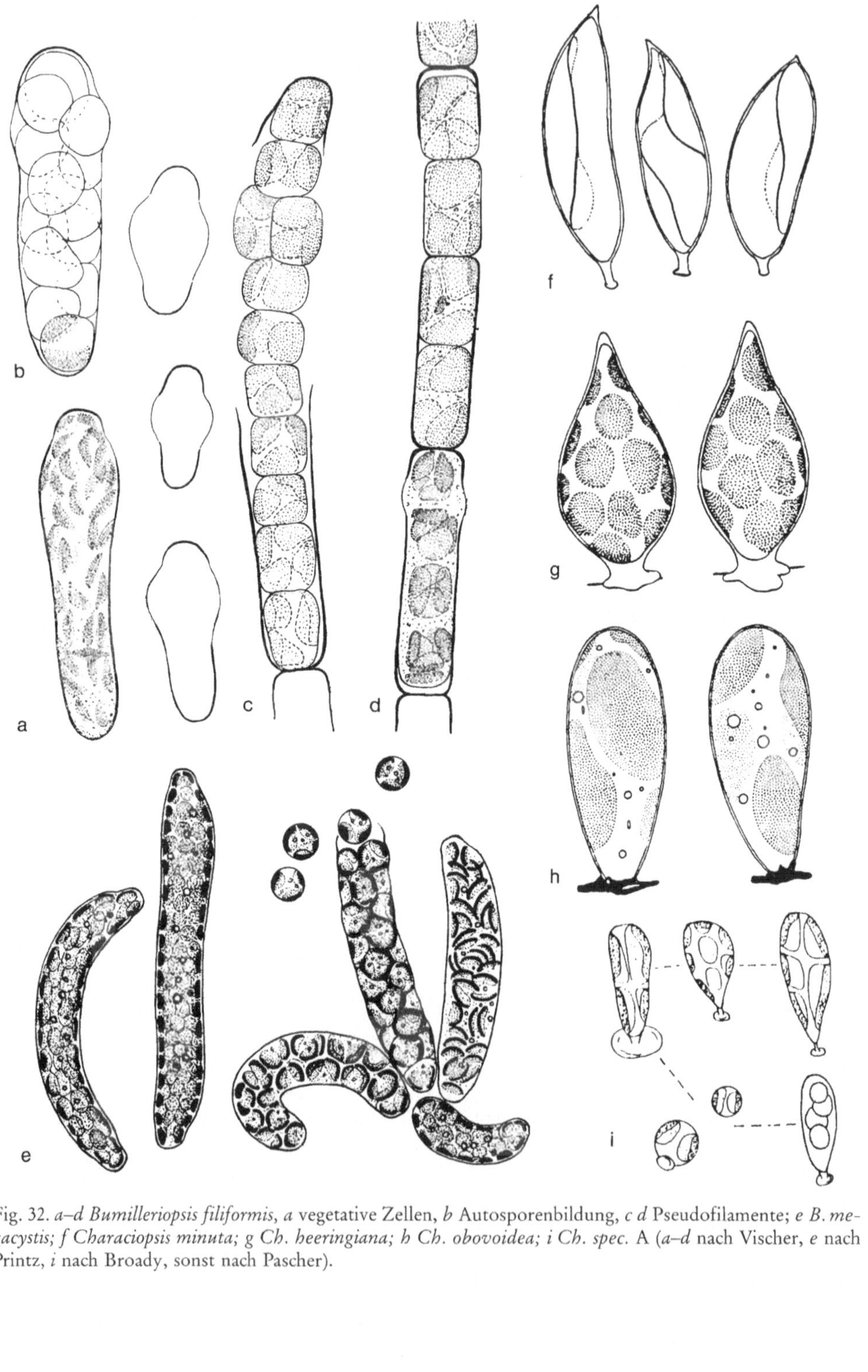

Fig. 32. *a–d Bumilleriopsis filiformis*, *a* vegetative Zellen, *b* Autosporenbildung, *c d* Pseudofilamente; *e B. megacystis; f Characiopsis minuta; g Ch. heeringiana; h Ch. obovoidea; i Ch. spec.* A (*a–d* nach Vischer, *e* nach Printz, *i* nach Broady, sonst nach Pascher).

apikal in der Spitze verdickt. Chloroplasten zahlreich, scheibenförmig; oft recht ungleichmäßig. Zellen bis 30 µm lang, 12–18 µm breit.
Recht häufig in verschiedenen Erdböden, bis 5 cm Tiefe (Dänemark, Tschechoslowakei, Österreich, USSR). Wahrscheinlich euterrestrisch.

3. **Characiopsis obovoidea** Pascher 1939 (Fig. 32: h)

Pascher 1939b, p. 728, fig. 575; Ettl 1978, p. 347, fig. 408.

Zellen gestreckt verkehrt eiförmig, ellipsoidisch bis eiförmig ellipsoidisch, manchmal etwas schief oder leicht gebogen; am Scheitel abgerundet, basal mit dem leicht schmäleren Ende direkt mittels einer Gallertscheibe festsitzend. Zellwand sehr zart. Chloroplasten mehrere (6–8), scheibenförmig. Zellen bis 15 µm (seltener bis 22 µm) lang, 4–5 µm breit.
Auf feuchten Böden (Tschechoslowakei).

Nicht bestimmte Art:
Characiopsis sp. A – Broady 1979a, p. 40, fig. 9a–d (Fig. 32: i).

Zellen eiförmig-ellipsoidisch, mit einem kurzen Stiel, der eine Scheibe bildet. Mit glatter Zellwand, mehreren parietalen Chloroplasten. Fortpflanzung durch Aplanosporen. Zellen 13–20 µm lang, 7,5 µm breit, Stiel bis 3 µm lang. Vereinzelt subaerisch, Kerguelen Inseln, Antarktis.

4. **Familie Botrydiopsidaceae** Ettl 1978

Einzeln lebende Xanthophyceen, die entweder frei vorkommen oder an untergetauchten Pflanzenteilen festhaften. Zönoblast durch auffallendes und manchmal lange andauerndes Größenwachstum und Vielkernigkeit charakterisiert. Gestalt unterschiedlich, meist kugelig oder breit ellipsoidisch. Zellwand zart bis derb, manchmal geschichtet, doch glatt und nicht verkieselt. Protoplast erwachsener Individuen mit großer zentraler Saftvakuole. Chloroplasten viele, ± parietal, scheibenförmig bis polygonal; mit oder ohne Pyrenoide. Junge Zellen einkernig, ältere und erwachsene mehr- bis vielkernig. Fortpflanzung durch zahlreiche Zoosporen, die durch simultanen Zerfall des Mutterprotoplasten entstehen. Es sind auch Autosporen bekannt, die ebenfalls in großer Anzahl entstehen. Dauerstadien in Form von Hypnosporen.
Pascher 1939b, Starmach 1968, Ettl 1978.
Nur eine Gattung mit mehreren bodenbewohnenden Arten.

Botrydiopsis Borzi 1889

Borzi 1889, p. 169; Pascher 1925b, p. 42; 1939b, p. 377; Ettl 1978, p. 247.

Zönoblasten im erwachsenen Zustand sehr groß werdend, immer durch enormes Größenwachstum aus kleinen Zellen hervorgehend. Meist vollkommen kugelig, seltener brotlaibförmig oder ellipsoidisch-kugelig. Zellwand zart bis derb, manchmal außerordentlich dick, geschichtet oder mit lokalen Verdickungen; ohne Skulptur. In seltenen Fällen ist eine zarte Gallerthülle vorhanden, gelegentlich auch fleckenweise Eisenauflagerungen. Protoplasten der erwachsenen Zönoblasten mit einer deutlichen, großen und zentralen Saftvakuole. Chloroplasten sehr viele, parietal, scheibenförmig, mit elliptischem, bandförmigem, spindelförmigem oder mehr polygonalem Umriß. Oft stehen die Chloroplasten so dicht, daß zwischen ihnen nur schmale helle Streifen frei bleiben; vor der Teilung auch ± binnenständig oder zu Stapeln angeordnet. Pyrenoide bei zwei Arten bekannt. Junge Zellen einkernig, weiter wachsende und erwachsene immer mehr- oder vielkernig (Zönoblast). Bei fortschreitendem Wachstum differenziert sich deutlich ein grobmaschiges zentrales Plasma und ein mehr homogenes, nicht vakuolisiertes peripheres Plasma, in dem die Kerne und die Chloroplasten liegen. Fortpflanzung durch simultanen Zerfall des peripheren Plasmas in zahlreiche

Zoosporen, die in ihrer Größe sehr schwanken und recht formveränderlich sind. Häufig werden auch zahlreiche Aplanosporen und Autosporen gebildet. Die Anzahl der Fortpflanzungszellen ist von der Größe der Zönoblasten abhängig. Als Dauerzellen wurden derbwandige Hypnosporen beobachtet.

Von 13 beschriebenen Arten sind nur 5 bodenbewohnend.

1a Chloroplasten ohne Pyrenoide 2
1b Chloroplasten mit Pyrenoiden 4
2a Chloroplasten mehr rundlich, Zoosporen amöboid und ohne Stigma . . . . **1. B. arhiza**
2b Chloroplasten anders gestaltet, Zoosporen nicht amöboid, aber mit Stigma 3
3a Chloroplasten polygonal, Zoosporen mit zwei Chloroplasten . . . . **2. B. intercedens**
3b Chloroplasten elliptisch bis spindelförmig, Zoosporen mit nur einem Chloroplast . . . . **3. B. constricta**
4a Zellwand auch im Alter nicht verdickt, Zoosporen ohne Stigma . . . . **4. B. pyrenoidosa**
4b Zellwand im Alter auffallend stark verdickt, Zoosporen mit Stigma . . . . **5. B. callosa**

1. **Botrydiopsis arhiza** Borzi 1895 (Fig. 33: a)

Syn.: *Botrydiopsis turfosa* Pascher 1925b
Pascher 1939b, p. 387, fig. 244–257; Ettl 1978, p. 249, fig. 303.

Zönoblasten kugelig, nur unter ungünstigen Bedingungen etwas unregelmäßig kugelig-ellipsoidisch bis brotlaibförmig. Zellwand mäßig derb bis derb, manchmal mit eigenartigen Verdickungen, seltener mit gallertiger Außenschicht. Chloroplasten rundlich bis breit elliptisch, auch in erwachsenen Zönoblasten nicht anders geformt. Zoosporen unter Geißelverlust völlig amöboid, mit zwei bis mehreren Chloroplasten, ohne Stigma. Zönoblasten 25–50, doch auch bis 80 µm im Durchmesser.

Kultur: UTEX 71, 87.

Kommt häufig in verschiedenen Erdböden vor, bis in Tiefen von 25 cm (Tschechoslowakei, Österreich, USSR, Australien, Japan, Antarktis, USA), oft als Dominante. Auch aerophytisch auf Rinden von Bäumen, auf Holzstücken oder an überrieselten Felsen.

2. **Botrydiopsis intercedens** Pascher 1939 (Fig. 33: b)

Syn.: *Botrydiopsis alpina* Vischer 1945
Vischer 1945a, p. 487, fig. 5, 6; Pascher 1939b, p. 391, fig. 258–265; Ettl 1978, p. 249, fig. 304; Tschermak-Woess 1979, p. 179, fig. 1–5.

Zönoblasten immer kugelig. Zellwand bei erwachsenen Zönoblasten zart, ohne Gallertschicht. Chloroplasten zahlreich, oft polygonal aneinanderschließend. Zoosporen nicht amöboid, mit zwei Chloroplasten und einem deutlichen Stigma. Gelegentlich auch Autosporen. Zönoblasten 50–70 µm groß werdend.

Kultur: UTEX 295, 296; SAG 806–1, 806–3, 243. 80; ASIB BS 171.

Aus alpinen Böden isoliert (Schweiz, Österreich), kommt jedoch auch in moorigen Böden vor (Tschechoslowakei) und wurde sogar aerophytisch aufgefunden (Rumänien). Auch auf Baumrinden in Japan.

Als Unterschied gegenüber *Botrydiopsis intercedens* wird angeführt, daß unter gleichen Kulturbedingungen *B. alpina* stets, *B. intercedens* nur hin und wieder ihre volle Größe erreichen. *B. alpina* (Fig. 34: b) ist nur eine Ökoform von *B. intercedens*.

3. **Botrydiopsis constricta** Broady 1976 (Fig. 34: a)

Broady 1976, p. 388, fig. 1, 2; 1979a, p. 37, fig. 7 a–s, 8 a–q.

Zönoblasten kugelig, manchmal breit ellipsoidisch. Zellwand dünn, nur manchmal mit linsenförmigen Verdickungen. Chloroplasten zahlreich, gewöhnlich spindelförmig oder elliptisch. Zoospo-

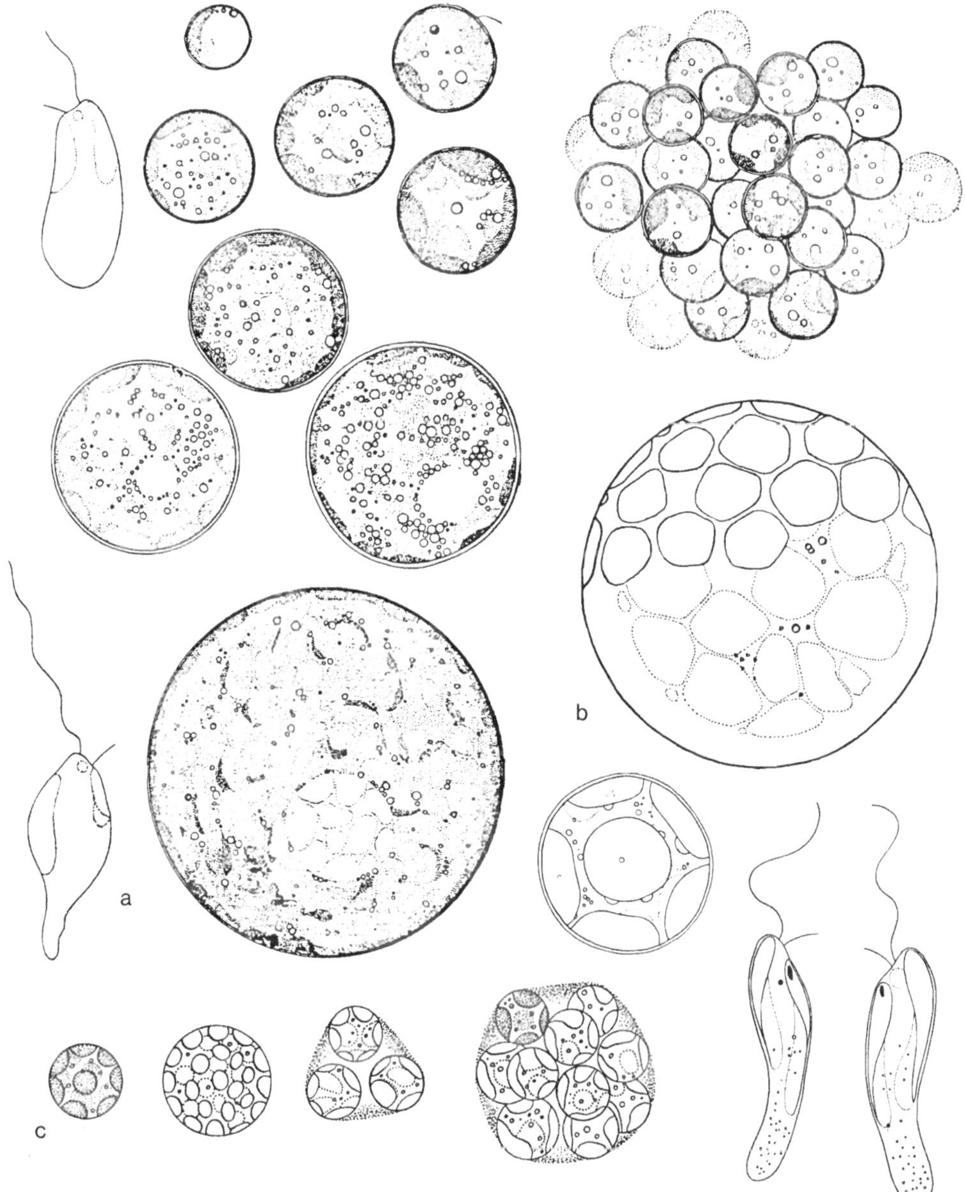

Fig. 33. *a Botrydiopsis arhiza; b B. intercedens; c B. eriensis* (*c* aus Dedusenko-Scegoleva, sonst nach Pascher).

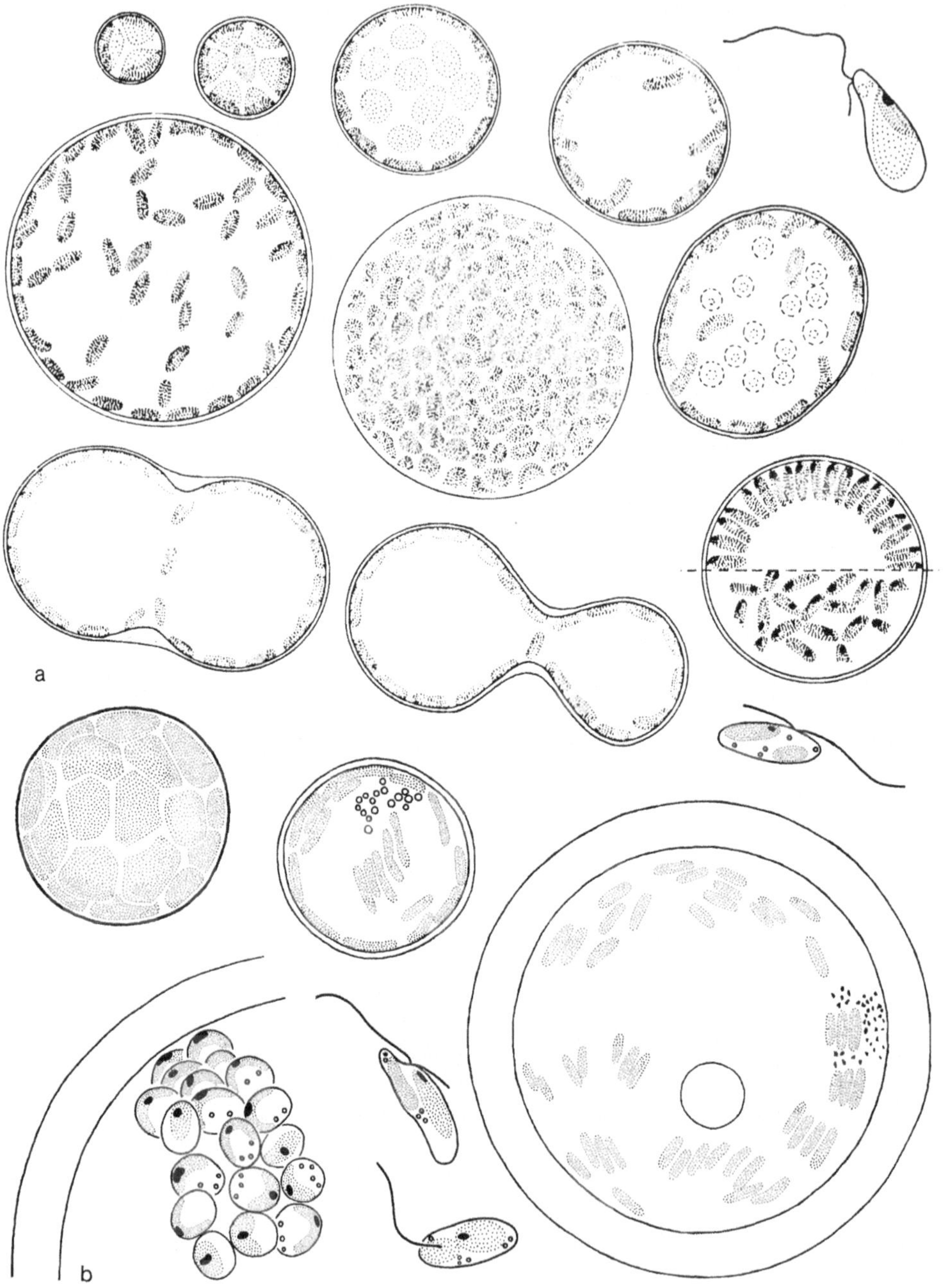

Fig. 34. *a Botrydiopsis constricta; b B. alpina* (*a* nach Broady, *b* nach Tschermak-Woess).

ren mit einem Chloroplasten und Stigma; Aplanosporen bekannt. Zönoblasten 25–42 µm im Durchmesser.
Aerophytisch zwischen Moosen oder auf Böden ohne Vegetation (Antarktis).
Es wird auch Fortpflanzung durch vegetative Teilung angegeben, dies ist fraglich und deutet vielmehr auf Abnormitäten hin.

4. Botrydiopsis pyrenoidosa Trenkwalder 1975 (Fig. 35: a)
Trenkwalder 1975b, p. 8, fig. 1; Ettl 1978, p. 249, fig. 304a.

Zönoblasten regelmäßig kugelig. Zellwand dünn, auch im Alter kaum verdickt. Chloroplasten zahlreich, polygonal oder unregelmäßig eckig; jeder mit einem Pyrenoid. Zoosporen amöboid, mit zwei Chloroplasten und einer Geißel, ohne Stigma. Auch Autosporen bekannt. Zönoblasten 70–85 µm groß werdend.
Kultur: SAG 31.83, ASIB T 11.
Aus Böden der Föhrenwälder im Raum von Brixen in Südtirol (Italien) isoliert.

5. Botrydiopsis callosa Trenkwalder 1975 (Fig. 35: b)
Trenkwalder 1975b, p. 10, fig. 2; Ettl 1978, p. 250, fig. 304b.

Zönoblasten kugelig. Zellwand bei älteren Zönoblasten dick werdend, bei erwachsenen Zönoblasten in alten Kulturen mit auffallend starker Zellwandverdickung. Verdickte Zellwand deutlich zweischichtig, wobei die äußere Schicht radial, die innere konzentrisch gestreift erscheint. Chloroplasten zahlreich, polygonal, mit je einem Pyrenoid. Zoosporen mit zwei ungleich langen Geißeln, einem Chloroplast und Stigma. Zönoblasten 15–35 µm groß, bei starker Zellwandverdickung bis 90 µm im Durchmesser.
Kultur: SAG 30.83, ASIB T 12, V 182, V 183.
Aus Böden der Föhrenwälder im Raum von Brixen in Südtirol (Italien) isoliert.

Unsichere Arten:
Botrydiopsis anglica Fritsch & John 1942, p. 389, fig. 6 J–L. – Als neuer Name für *B. minor* sensu James 1935. Beschreibung und Abbildung unzureichend, wahrscheinlich *Bracteacoccus minor* (Chodat) Petrová (siehe S. 466).
Botrydiopsis cuprea Fehér 1936, p. 960 – nomen nudum. Aus Waldböden isoliert. Wegen zweiteiliger Zellwand wahrscheinlich bei *Diachros* einzureihen.
Botrydiopsis eriensis Snow 1902, p. 384, fig. 1–5 (Fig. 33: c) – Eine sehr fragliche Art. Zönoblasten kugelig. Chloroplasten scheibenförmig bis polygonal. Zoosporen stark amöboid, mit zwei Chloroplasten und Stigma. Zönoblasten 18–21 µm groß. In Sand- und Lehmböden (USSR).
Botrydiopsis minor Chodat 1913 = *Bracteacoccus minor* (Chodat) Petrová 1931 (siehe S. 466).

5. Familie **Botryochloridaceae** Pascher 1939

Zellen kugelig, breit ellipsoidisch bis kurz walzenförmig. Zu 2–4 oder zu vielen zu unregelmäßigen bis regelmäßigen Kolonien dadurch vereinigt, daß die Zellen miteinander verkleben. Manchmal werden die Zellen durch Reste der alten Zellwand zusammengehalten. Kolonien nie von einer gemeinsamen Gallerte umgeben, auch die Zellen haben keine Gallerthülle. Kolonien traubenförmig oder kugelig.
Pascher 1930b, 1939b, Bourrelly 1968; Starmach 1968; Ettl 1978.

1a In den Kolonien keine Gruppierung der Zellen in Diaden oder Tetraden erkennbar 2
1b Die Kolonien setzen sich aus Diaden oder Tetraden von Zellen zusammen 3
2a Kolonien unregelmäßig traubenförmig, aus mehreren bis vielen Zellen bestehend . . . . **1. Botryochloris** (S. 165)

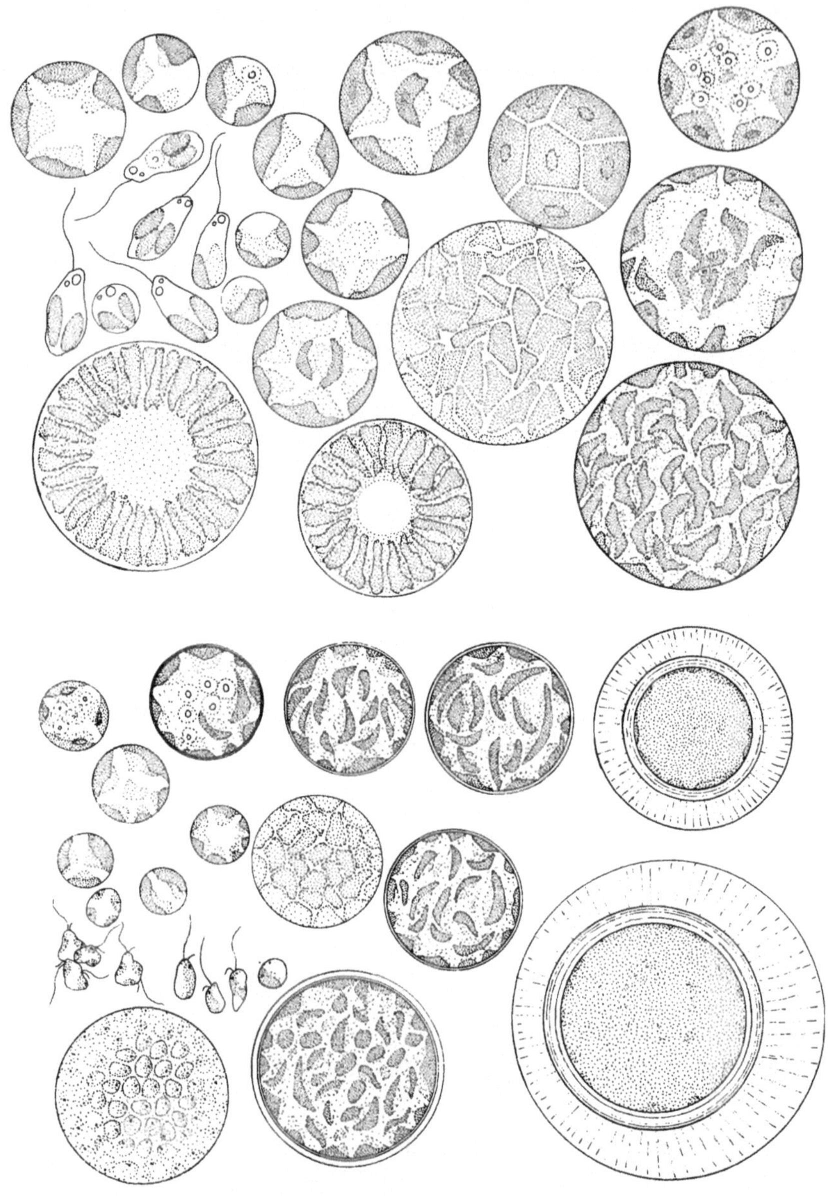

a

b

Fig. 35. *a Botrydiopsis pyrenoidosa; b B. callosa* (nach Trenkwalder).

2b Kolonien kugelig, mit 4–32 regelmäßig angeordneten Zellen .... **2. Sphaerosorus** (S. 165)
3a Diaden und Tetraden durch Druck leicht aus dem Verband lösbar .. **3. Chlorellidiopsis** (S. 166)
3b Diaden und Tetraden miteinander verwachsen und nicht aus dem Verband lösbar .... **4. Chlorellidium** (S. 166)

1. **Botryochloris** Pascher 1930

Pascher 1930b, p. 440; 1939b, p. 663; Ettl 1978, p. 264.

Zellen kleine traubige, bis hundert und mehr Zellen zählende Kolonien bildend, wo sie nur an den Berührungsstellen durch lokal verschleimte Zellwände aneinander kleben und sich leicht wieder in Teilkolonien auflösen. Zellen dicht gedrängt, nur manchmal sich leicht abplattend, sonst kugelig bis kurz eirund oder kurz ellipsoidisch. Zellwand sehr zart. Chloroplasten einer bis mehrere, parietal, mulden- bis scheibenförmig; ohne Pyrenoide. Fortpflanzung durch 2 oder 4 Zoosporen oder Autosporen. Erstere formveränderlich und mit reduzierter Nebengeißel.
Von den 4 beschriebenen Arten sind 3 auch bodenbewohnend.

1a Zellen sehr klein, 3–7 µm .... **1. B. minima**
1b Zellen 10 µm und größer 2
2a Ein, seltener zwei Chloroplasten .... **2. B. simplex**
2b Zwei bis mehrere Chloroplasten .... **3. B. cumulata**

1. **Botryochloris minima** Pascher 1939 (Fig. 36: b)

Pascher 1939b, p. 664, fig. 522; Ettl 1978, p. 264, fig. 315.

Kolonien oft sehr wenigzellig, sehr locker. Zellen meist kugelig, Zellwand sehr zart. Chloroplast gewöhnlich einer, muldenförmig, nur in größeren Zellen auch zwei. Zoosporen auffällig gestreckt walzenförmig, mit auffällig großem Stigma und sehr kurzer Nebengeißel. Zellen 3–7 µm im Durchmesser.
Auf feuchten Felsen zwischen Moosen, in Waldböden (USSR).

2. **Botryochloris simplex** Pascher 1939 (Fig. 36: a)

Pascher 1939b, p. 667, fig. 525, Ettl 1978, p. 264, fig. 316.

Kolonien traubig-unregelmäßig, aus sehr vielen, vielleicht mehreren Hunderten von Zellen zusammengesetzt; sehr locker. Zellen kugelig, Zellwand sehr zart. Chloroplast einer, topf- bis schüsselförmig, selten gelappt. Zellen 10–12 µm im Durchmesser.
Auf feuchten Felsen zwischen Moosen, in Gebirgsböden (USSR).

3. **Botryochloris cumulata** Pascher 1930 (Fig. 36: c)

Pascher 1930b, p. 441, fig. 39; 1939b, p. 665, fig. 523, 524; Ettl 1978, p. 266, fig. 317.

Kolonien sehr locker und traubig geformt. Zellen kugelig oder etwas unregelmäßig kugelig; Zellwand zart. Chloroplasten gewöhnlich zwei, seltener bis vier, leicht mulden- bis scheibenförmig. Zoosporen mit Stigma und stummelförmiger Nebengeißel. Autosporen recht häufig. Zellen 9–14 µm groß.
Überrieselte Moose an Felsen bei Bad Gastein (Österreich).

2. **Sphaerosorus** Pascher 1939

Pascher 1939b, p. 668; Ettl 1978, p. 267.

Zellen meistens zu 16 oder 32, doch auch nur zu 8 oder 4 aneinander klebend. Dabei die 4 Zellen in Tetraederordnung, bei 8 und mehreren zu ziemlich regelmäßigen kugeligen Kolonien vereinigt.

Die kugelige Anhäufung der Zellen ist für diese Gattung charakteristisch. Zellen kugelig, gegenseitig sich nur wenig abplattend. Zellwand fest, doch nicht derb. Chloroplasten mehrere, parietal, scheibenförmig, oft ungleich groß. Fortpflanzung durch 2–32 Autosporen, die in der heranwachsenden Mutterzelle etwas in die Größe wachsen und sich zu den kugeligen Kolonien vereinigen.
Mit einer einzigen Art.

Sphaerosorus coelastroides Pascher 1939 (Fig. 36: d)
Pascher 1939b, p. 670, fig. 526; Ettl 1978, p. 267, fig. 319.

Mit den Merkmalen der Gattung. Zellen 8–12 μm, vor der Fortpflanzung bis 25 μm groß.
Aus Erdproben bekannt (Tschechoslowakei, USSR).

3. **Chlorellidiopsis** Pascher 1939

Pascher 1939b, p. 683; Ettl 1978, p. 269.

Zellen in recht unregelmäßigen, vielzelligen Zellhaufen, die vorherrschend aus Zelltetraden, seltener Diaden zusammengesetzt sind. Diese kleinen Zellgruppen haften sehr locker zusammen und lösen sich unter Druck leicht voneinander. Aus den Teilgruppen isolierte Zellen behalten ihre unregelmäßige, abgeplattete und polyedrische Gestalt; daneben sind aber auch kugelige bis eiförmige Zellen anzutreffen. Zellwand sehr zart und leicht verschleimt. Chloroplast meist nur einer und dann oft stark gelappt, manchmal auch zwei oder mehrere Chloroplasten. Fortpflanzung durch Zoosporen und Autosporen. Erstere formveränderlich bis amöboid, ohne Stigma und mit stummelförmiger Nebengeißel. Autosporen zu 2 oder 4 gebildet und durch die gedehnte und etwas verschleimte alte Zellwand zusammengehalten; sie bilden die künftigen Tetraden oder Diaden. Oft mehrere Generationen von Autosporen ineinandergeschachtelt.
Mit einer einzigen Art.

Chlorellidiopsis separabilis Pascher 1939 (Fig. 36: e)
Pascher 1939b, p. 686, fig. 537–539, 540a, b; Ettl 1978, p. 270, fig. 322.

Mit den Merkmalen der Gattung. Zellen 8–14 μm groß. Aus Glashauserde des Botanischen Gartens in Prag (Tschechoslowakei) isoliert. Auch in den USA in Böden gefunden.

Unsichere Art:
Chlorellidiopsis parva Gayral & Seizilles de Mazancourt 1958, p. 349, fig. 2: 4. Zellen in Gruppen zu 2, 4, 8 oder mehreren, kugelig bis abgerundet polygonal, 5–6 μm groß. Chloroplast die ganze Zelle homogen ausfüllend. Fortpflanzung durch Zellteilung (!) in zwei aufeinander senkrechten Ebenen (keine Mischococcale!). Bodenoberfläche unter *Salicornia perennis* (pH 7,5–8,2), Marokko (Fig. 36: f).

4. **Chlorellidium** Vischer et Pascher in Vischer 1937

Vischer 1937, p. 241; Pascher 1939b, p. 688; Ettl 1978, p. 271.

Die Kolonien bestehen zumeist aus tetraedrischen Vierergruppen von Zellen, unter denen sich mitunter auch Zweiergruppen oder einzelne Zellen finden. Die Zellen sind an den Kontaktflächen sehr stark abgeplattet und schließen lückenlos oder bis auf eine kleine zentrale Lücke aneinander. Die miteinander verbundenen Zellen können auch durch Druck nicht voneinander gelöst werden. Sie lösen sich auch dann nicht voneinander, wenn ihr Inhalt in Form von Zoosporen oder Autosporen entleert wird. Gelegentlich wachsen vereinzelte Zellen bedeutend heran, bilden dann keine Tetraden, sondern sehr viele Zoosporen oder Autosporen. Zellwand zart oder dick, selten

Fig. 36. *a Botryochloris simplex; b B. minima; c B. cumulata; d Sphaerosorus coelastroides; e Chlorellidiopsis separabilis; f Ch. parva; g Chlorellidium tetrabotrys; h Ch. astigmatum* (*f* nach Gayral-Seizilles de Mazancourt, *h* nach Reisigl, sonst nach Pascher).

derb. Chloroplasten zwei bis mehrere oder viele, parietal, scheibenförmig. Fortpflanzung durch Zoosporen oder Autosporen, wobei sich die Mutterzellen mit einem großen Loch öffnen. Die leere Mutterzellwand verschleimt nicht, sondern bleibt erhalten. Vorherrschend werden Autosporen gebildet, die nach dem Freiwerden zu Tetraden vereinigt bleiben. Es können gelegentlich sehr viele kleine (16–32) Autosporen entstehen, die nicht miteinander verkleben und isoliert bleiben. Sie wachsen zur normalen Zellgröße heran um dann wieder Zellgruppen zu bilden.
Bisher 2 Arten in Böden.

1a Zellwände nicht verdickt, Zoosporen mit Stigma . . . . **1. Ch. tetrabotrys**
1b Zellwände stark verdickt, Zoosporen ohne Stigma . . . . **2. Ch. astigmatum**

1. **Chlorellidium tetrabotrys** Vischer & Pascher in Vischer 1937 (Fig. 36: g)

Pascher 1939b, p. 695, fig. 541–551; Ettl 1978, p. 271, fig. 323.

Zellwand zart, doch fest. Zoosporen mit deutlichem Stigma. Zellen 8–10 µm, vereinzelt bis 25 µm groß.
Kultur: UTEX 148, SAG 811-1, ASIB-S153, S154.
Aus Warmhauserde isoliert, Basel (Schweiz) und Prag (Tschechoslowakei), sowie aus Südtirol und Dalmatien bekannt.

2. **Chlorellidium astigmatum** Schwarz 1979 (Fig. 36: h)

Schwarz 1979, p. 194, fig. 1.

Zellwand der vegetativen Zellen außerordentlich dick (2–4 µm). Zoosporen ohne Stigma. Zellen 12–18, ausnahmsweise bis 28 µm groß.
Aus Erdböden der Insel Lavsa, Dalmatien (Jugoslawien) isoliert.

6. **Familie Gloeobotrydaceae** Pascher 1939

Zellen zu zweit oder zu sehr vielen zu gallertigen Kolonien vereinigt, deren Gestalt und Größe sehr verschieden sind. Gallerte homogen oder geschichtet; im letzteren Fall umfassen die einzelnen Schichten entsprechend den Teilungsfolgen je zwei oder mehrere Zellen. Zellen kugelig, ellipsoidisch, eiförmig oder etwas kugelig birnenförmig. Zellwand zart und glatt. Fortpflanzung durch Zoosporen und Autosporen. Jede neue Zelle umgibt sich mit einer neuen Gallerthülle.
Pascher 1939b, Bourrelly 1968, Ettl 1978.
Von 8 beschriebenen Gattungen haben nur 2 bodenbewohnende Arten.

1a Gallertlager unregelmäßig, in diesen Zellen regellos verteilt, Gallerte weich . . . . **1. Gloeobotrys** (S. 168)
1b Gallertlager regelmäßig kugelig, in denen auch die Zellen zu kugeligen Gruppen angeordnet sind, Gallerte derb . . . . **2. Gloeosphaeridium** (S. 172)

1. **Gloeobotrys** Pascher 1930

Pascher 1930b, p. 436; 1939b, p. 633; Ettl 1978, p. 280.

Gallertlager mit wenigen bis zahlreichen Zellen, manchmal unregelmäßig geformt. Zellen in der Gallerte unregelmäßig verteilt, nur nach den Teilungen zwei oder vier Tochterzellen einander genähert. Die Gallerte selbst ohne weitere Differenzierung. Zellen kugelig, ellipsoidisch, birnen- oder bohnenförmig und häufig unregelmäßig und asymmetrisch. Zellwand zart bis derb, glatt. Chloroplasten einer bis mehrere, parietal, mulden-, scheiben- oder kurz bandförmig; ohne Pyrenoide. Fortpflanzung durch Zoosporen oder Autosporen.
Von 18 beschriebenen Arten sind nur 8 bodenbewohnend oder aerophytisch.

1a Zellen kugelig 2
1b Zellen anders gestaltet 3
2a Zellen 4–5 µm groß, regellos in der Gallerte eingebettet . . . . **1. G. chlorinus**
2b Zellen bis 9,5 µm groß, zu Tetraden in der Gallerte eingebettet . . . . **2. G. arborum**
3a Zellen regelmäßig ellipsoidisch oder walzenförmig 4
3b Zellen unregelmäßig ellipsoidisch, mitunter auch birnen- oder bohnenförmig 6
4a Zellen ellipsoidisch-walzenförmig bis walzenförmig, mit mehreren Chloroplasten . . . . **3. G. ellipsoideus**
4b Zellen ± ellipsoidisch, mit 1–2(–3) Chloroplasten 5
5a Zellen höchstens 4,5–6,5 µm lang, Chloroplasten gleichartig . . . . **4. G. ovalis**
5b Zellen 7,5–9,5 µm lang, Chloroplasten sehr ungleich . . . . **5. G. gelatinosus**
6a Zellen bis 16 µm lang, birnen- oder eiförmig . . . . **6. G. piriformis**
6b Zellen bis 9,5 µm lang, unregelmäßig ellipsoidisch bis bohnenförmig 7
7a Zellen asymmetrisch ellipsoidisch-rhombisch, mit 1–2 Chloroplasten . . . . **7. G. terrestris**
7b Zellen asymmetrisch ellipsoidisch-bohnenförmig, mit 3–4 Chloroplasten . . . . **8. G. phaseolus**

1. **Gloeobotrys chlorinus** Pascher 1930 (Fig. 37: a)

Pascher 1930b, p. 438, fig. 35, 36; 1939b, p. 635, fig. 492–495; Ettl 1978, p. 281, fig. 332.

Gallertlager sehr weich. Zellen kugelig, in der Gallerte regellos verteilt. Zellwand sehr zart. Chloroplasten 2–4, scheibenförmig. Zoosporen sehr formveränderlich, mit 2 Chloroplasten und Stigma. Zellen 4–5 µm im Durchmesser.
In verschiedensten Erdböden der Ukraine, Rußlands und von Mittelasien (USSR).

2. **Gloeobotrys arborum** Geitler 1942 (Fig. 37: b)

Geitler 1942a, p. 50; 1942b, p. 8, fig. 5.

Gallerte homogen und weich, formlos. Zellen kugelig, in Vierergruppen, seltener in Zweiergruppen angeordnet. Mit 4–6 Chloroplasten, die scheiben- oder kurz bandförmig sind. Fortpflanzung durch 4 Autosporen, Zoosporen nicht beobachtet. Zellen bis 9,5 mm im Durchmesser.
Auf feuchter Rinde am Grund von Weidenstämmen im Wiener Prater (Österreich).

3. **Gloeobotrys ellipsoideus** Pascher 1939 (Fig. 37: c)

Pascher 1939b, p. 640, fig. 499, 500; Ettl 1978, p. 285, fig. 337.

Gallertlager derb, am Rande scharf begrenzt, ohne wahrnehmbare Struktur. Zellen ziemlich gleichmäßig verteilt, ellipsoidisch walzenförmig oder kurz walzenförmig, an beiden Enden breit abgerundet. Mit mehreren scheibenförmigen oder polygonal begrenzten Chloroplasten. Fortpflanzung sowohl durch Zoosporen als auch durch Autosporen Zoosporen mit stummelartiger Nebengeißel, mehreren Chloroplasten und Stigma. Zellen bis 12 µm lang, bis 8 µm breit, manchmal auch größer.
In Waldböden und in sauren degradierten Böden (USSR).

4. **Gloeobotrys ovalis** Reisigl 1964 (Fig. 37: d)

Reisigl 1964, p. 448, fig. 12; Ettl 1978, p. 285, fig. 338.

Zellen unregelmäßig in strukturloser, dünnflüssiger Gallerte liegend. Einzelne Zellen breit ellipsoidisch-eiförmig. Zellwand zart; mit 1–2 Chloroplasten, von mulden- bis kurz bandförmiger Gestalt. Fortpflanzung durch 2 oder 4 Autosporen. Zellen 4,5–6,5 µm lang.
Aus Erdproben isoliert, die aus der Wurzelzone von *Poa alpina* var. *minor* auf stark windgefegtem Joch am Südfuß des Granatenkogels (3145 m ü. M.) entnommen wurden; Ötztaler Alpen (Tirol, Österreich).

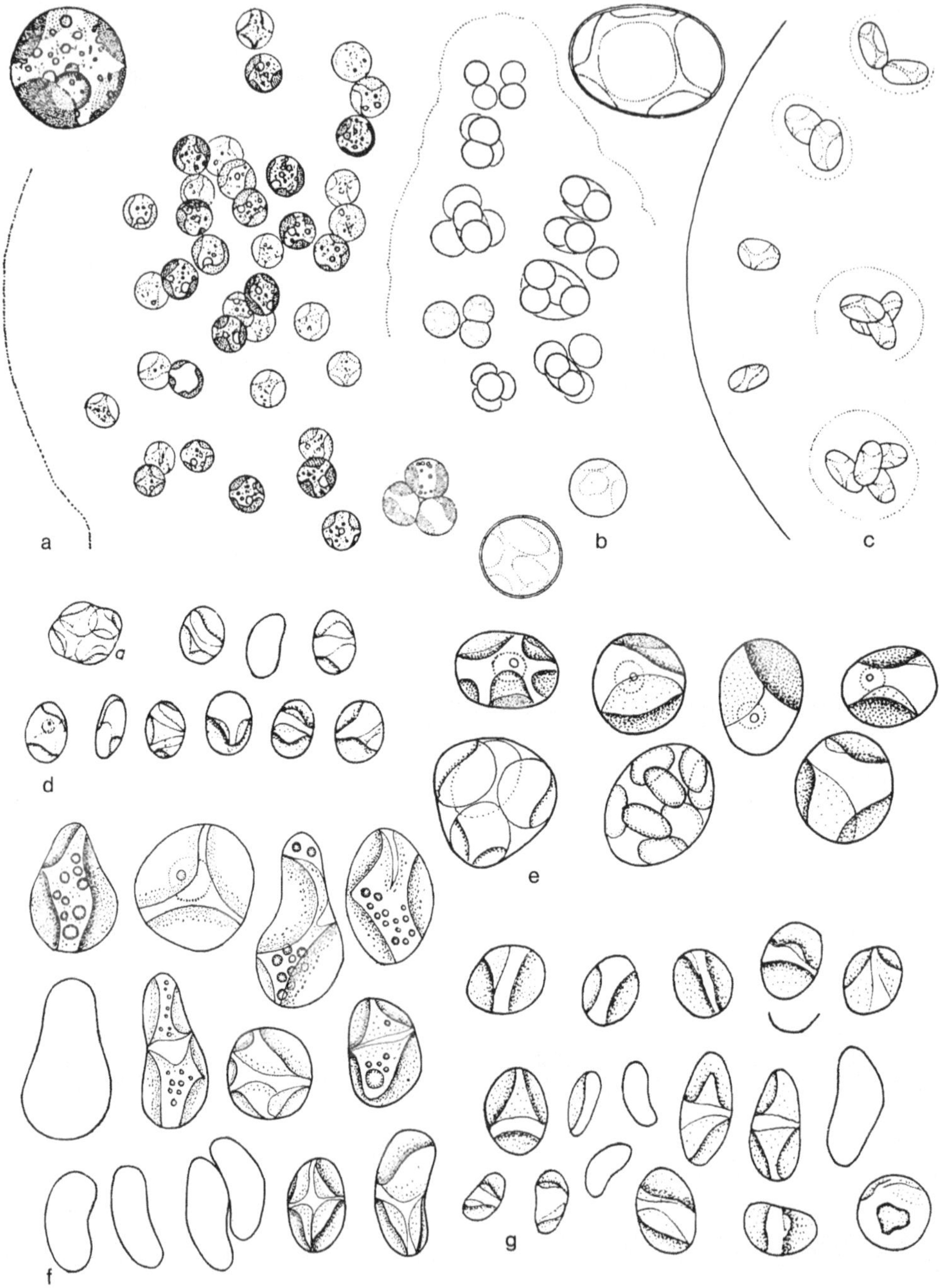

Fig. 37. *a Gloeobotrys chlorinus; b G. arborum; c G. ellipsoideus; d G. ovalis; e G. gelatinosus; f G. piriformis; g G. terrestris* (*a, c* nach Pascher, *b* nach Geitler, sonst nach Reisigl).

5. Gloeobotrys gelatinosus Reisigl 1964 (Fig. 37: e)
Reisigl 1964 p. 446, fig. 10; Ettl 1978, p. 287, fig. 339.

Zellen unregelmäßig in weicher, strukturloser und stark aufgewölbter Gallerte liegend. Einzelne Zellen ziemlich regelmäßig breit ellipsoidisch-eiförmig. Zellwand sehr deutlich. Chloroplasten 2 oder 3, scheiben- bis leicht muldenförmig. Fortpflanzung durch 2–8 Autosporen. Zellen 7,5–9,5 µm lang, 6–8 µm breit.
Aus Erdproben isoliert, die in einem mit Küchenabfällen gedüngten Dolomitgrus mit *Prasiola crispa* entnommen wurden, Payerhütte (3020 m ü. M.), Ortler (Südtirol, Italien).

6. Gloeobotrys piriformis Reisigl 1964 (Fig. 37: f)
Reisigl 1964, p. 443, fig. 7–9; Ettl 1978, p. 288, fig. 343.

Zellen unregelmäßig, aber dicht in sehr fester Gallerte mit klein blasig aufgetriebener Oberfläche. Einzelne Zellen ± deutlich birnen- bis eiförmig, oft eine Längsseite bauchiger und ein Ende verschmälert, so daß die Zellen asymmetrisch vorgezogen werden. Zellwand zart. Chloroplast meist einer, groß, oft gelappt. Fortpflanzung durch 8 wurstförmige Autosporen. Zellen bis 16 µm lang, 10–11 µm breit.
Grüne Überzüge an offenen Bodenstellen im Curvuletum bildend (3160 m ü. M.), Ötztaler Alpen (Tirol, Österreich).
Aerophytisch auf *Pinus densiflora* und *Ginkgo biloba* (Nord-Korea).

7. Gloeobotrys terrestris Reisigl 1964 (Fig. 37: g; 38 b)
Reisigl 1964, p. 449, fig. 13; Ettl 1978, p. 288, fig. 342.

Zellen unregelmäßig in einer dünnflüssigen Gallertmasse eingebettet. Sie sind recht unregelmäßig gebaut, im Prinzip ellipsoidisch, ellipsoidisch-eiförmig bis ellipsoidisch-spindelförmig. Zellwand zart. Chloroplasten meist zwei, muldenförmig und gewöhnlich einander gegenüberliegend. Fortpflanzung durch Autosporen. Zellen 5–9(–11) µm lang; 2,5–4,5(–6) µm breit.
Aus schwach humoser Feinerde der Wurzelzone von *Ranuculus glacialis*, Similaun-Südgrat (3580 m ü. M.), Ötztaler Alpen (Tirol, Österreich). Subaerisch zwischen Moosen, Signy Island (Antarktis).

8. Gloeobotrys phaseolus Reisigl 1964 (Fig. 38: a)
Reisigl 1964, p. 448, fig. 11; Ettl 1978, p. 289, fig. 344.

Zellen asymmetrisch gebaut, unregelmäßig eiförmig bis leicht bohnenförmig gebogen, in dichter Gallerte eingebettet. Zellwand etwas derb (zweiteilig?). Chloroplasten 2–4, in der Gestalt sehr verschieden, meist muldenförmig und oft gelappt. Fortpflanzung durch 2–8 Autosporen, die leicht nierenförmig und schmal sind. Zellen 9,5 µm lang, 5,5 µm breit.
Gipfel der südlichen Hochwilde (3480 m ü. M.), Wurzelzone von *Poa laxa*; dunkelbrauner Humus, Rotmoosferner (2900 m ü. M.), Ötztaler Alpen (Tirol, Österreich).
Diese Art besitzt durch ihre asymmetrische Form gewisse Ähnlichkeit mit *C. piriformis*, ist aber wesentlich kleiner.

Nicht beschriebene Arten:
Gloeobotrys sp. A Broady 1979a, p. 42, fig. 9 z–c' (Fig. 38: d). – Zellen kugelig, mit mehreren parietalen Chloroplasten. Gewöhnlich unregelmäßig in einer homogenen Gallerte eingebettet. Nur in älteren Kulturen ist die Gallerte geschichtet, und es werden Gruppen von 2, 4, 8 Zellen gebildet. Zellen 6–15 µm im Durchmesser. Subaerisch zwischen Moosen, Signy Island (Antarktis).
Gloeobotrys sp. Broady 1979b, p. 58, fig. 10a–d – Zellen ellipsoidisch bis kurz zylindrisch, unregelmäßig in homogener Gallerte eingebettet. Chloroplast meist einer, parietal plattenförmig oder auch gelappt. Autosporen zu 2 oder 4, Sporangiumwand zerfällt in zwei gleiche Teile. Zellen 3,5–5,5 µm lang, 2,5–3,5 µm breit. Antarktis (Fig. 38: c).

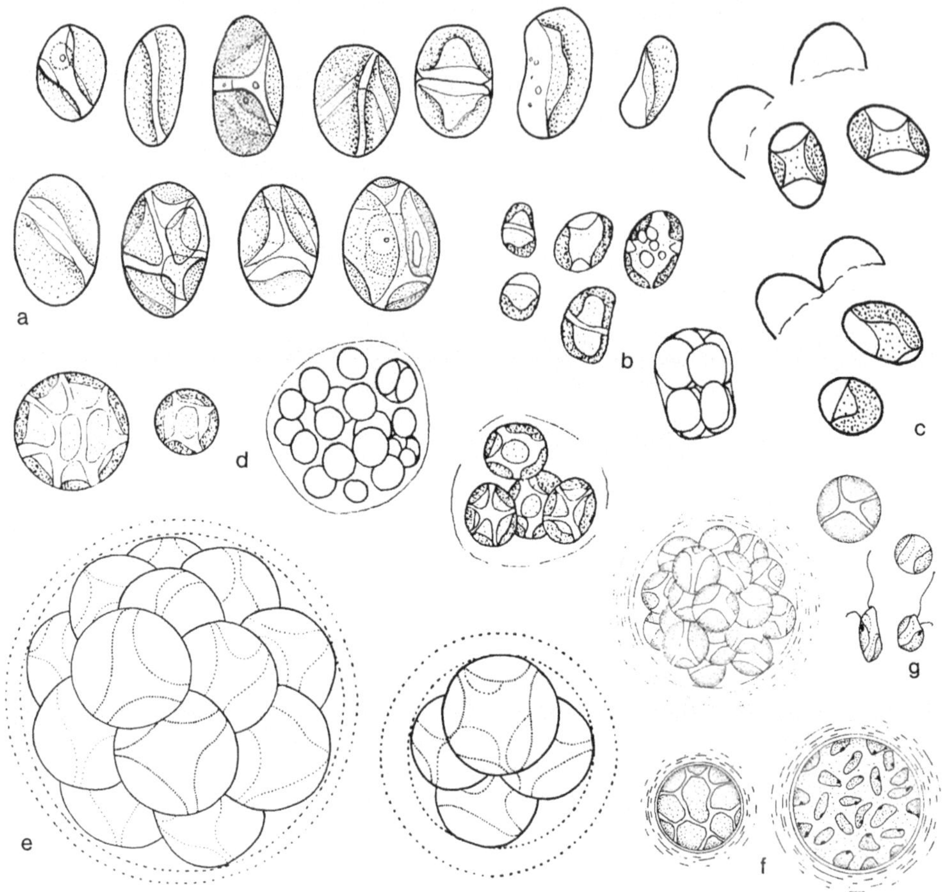

Fig. 38. *a Gloeobotrys phaseolus; b G. terrestris; c G. spec.; d G. spec.* A; *e–g Gloeosphaeridium firmum* (*a* nach Reisigl, *b–d* nach Broady, *e* nach Pascher, *f, g* nach Schwarz).

2. **Gloeosphaeridium** Pascher 1939

Syn.: *Gloeobotrys* p. p. Pascher 1939.
Pascher 1939b, p. 643; Ettl 1978, p. 290.

Kolonien 4–32 zellig, in denen die Zellen gleichmäßig kugelartig aneinander lagern und vielleicht leicht miteinander verklebt sind. Die ganze Kolonie wird außerdem von einer sehr derben, gleichmäßig entwickelten, kugeligen Gallertschicht umgeben. Zellen kugelig, mit zarter bis etwas dickerer Zellwand. Chloroplasten mehrere, parietal, scheiben- bis leicht muldenförmig; ohne Pyrenoide. Fortpflanzung durch kugelige Autosporen, die zu 2–16 gebildet werden. Zoosporen werden in großer Anzahl gebildet, entstehen jedoch seltener als die Autosporen.
Eine einzige Art.

Gloeosphaeridium firmum (Pascher) Pascher 1939 (Fig. 38: e–g)
Syn.: *Gloeobotrys firmus* Pascher 1939.
Pascher 1939b, p. 643, fig. 502; Ettl 1978, p. 291, fig. 345; Schwarz 1979, p. 203, fig. 6, 7.

Mit den Merkmalen der Gattung. Zellen 8–16 µm, ausnahmsweise bis 30 µm groß.
Aus Erdböden der Insel Lavsa, Dalmatien (Jugoslawien).

2. Ordnung Tribonematales Pascher 1939

Zellen zu einfachen oder verzweigten Fäden zusammengeschlossen. Manchmal zerfallen die Fäden sekundär in Einzelzellen. Charakteristisch, auch für die gelegentlich oder zeitlebens einzelligen Sippen, ist die vegetative Zellteilung mit gleichzeitiger Bildung einer Querwand. Zellen der einfachen Fäden sind in Bezug auf Teilung und Zoosporenbildung gleichwertig. Nur bei festsitzenden Arten wird eine eigene, manchmal morphologisch abweichende Haftzelle ausgegliedert. Einfache Fäden in Form einreihig hintereinander liegender Zellen. Verzweigte Fäden entweder aufrecht oder ± kriechend und schließlich aufsteigend. Die kriechenden Fäden können durch dichten Zusammenschluß und durch seitliche Verwachsung der Astsysteme völlig pseudoparenchymatische Zellflächen bilden. Eine Reihe von Formen entwickelt auf diesen Zellflächen noch zusätzlich aufsteigende, verzweigte Fäden. Zellwand ein- oder zweiteilig, manchmal als Röhrenstücke mit Querwand in der Mitte (H-Stücke). Fortpflanzung durch Zoosporen oder Aplanosporen, bei einzelligen Sippen durch vegetative Zellteilung. Letztere sonst nur beim Wachstum der Fäden. Dauerstadien in Form von Palmellen (nach Fadenzerfall), Zysten und Hypnosporen oder Hypnoblasten. Die Systematik innerhalb der Ordnung, besonders aber die Artsystematik ist recht unklar.
Die Mischococcales pflanzen sich ausschließlich durch Sporulation fort, wogegen bei den Tribonematales zudem noch eine vegetative Zellteilung hinzukommt. Letztere dient ausschließlich dem Wachstum des fädigen Thallus und nur bei einzelligen Sippen auch der Fortpflanzung.
Pascher 1925b, 1939b, Printz 1927, Starmach 1968, Bourrelly 1968, Ettl 1978.

1a Fäden einfach, unverzweigt . . . . **1. Tribonemataceae** (S. 173)
1b Fäden verzweigt, Fadensysteme auch aus kriechenden und aufrechten Ästen bestehend, manchmal zusammenschließende Zellflächen bildend . . . . **2. Heterococcaceae** (S. 185)

1. Familie Tribonemataceae G. S. West 1904

incl. Heterotrichaceae Pascher 1939

Zellfäden unverzweigt, einfach gebaut; entweder von vornherein frei oder mit einer Haftzelle mit gestielter Haftscheibe auf einem Substrat festgewachsen, sich aber früher oder später loslösend oder abbrechend. Zellen im Faden miteinander reihig verwachsen; einige Sippen nur einzellig oder kurze, wenigzellige Fäden bildend, die oft sekundär in Einzelzellen zerfallen können. Zellwand meist zweiteilig, manchmal in kurze Röhrenstücke mit Querwand (H-Stücke) differenziert.
Von 5 beschriebenen Gattungen wurden hier 4 aufgenommen.
Pascher 1925b, 1939b, Printz 1927, Bourrelly 1968, Starmach 1968, Ettl 1978.

1a Zellen vorwiegend einzeln oder nur gelegentlich kurze, wenigzellige Fäden bildend . . . . **1. Heterotrichella** (S. 174)
1b Fäden vorherrschend mehr- bis vielzellig, oft sehr lang, nur gelegentlich in kurze Fadenstücke zerfallend 2
2a H-Stücke an der Zellwand nicht vorgebildet[24], Fadenenden daher nicht «zweispitzig» endend 3

[24] Ausnahme bilden vereinzelt verkalkte Zellwandreste.

2b H-Stücke der Zellwand bei allen Zellen vorhanden, Fadenenden daher «zweispitzig» endend . . . . **4. Tribonema** (S. 181)

3a Fäden gleichmäßig gebaut, ohne jede Andeutung von H-Stücken oder Resten alter Zellwände **2. Xanthonema** (S. 174)

3b Fäden dadurch gegliedert, daß zwischen je 2 oder 4 Zellen die bei der Zellteilung auseinandergewichenen Reste der alten Zellwand verkalkt sind und hierbei auch H-förmig aussehen . . . . **3. Bumilleria** (S. 180)

1. **Heterotrichella** Reisigl 1964

Reisigl 1964, p. 450; Ettl 1978, p. 421.

Zellen vorwiegend einzeln lebend, doch auch kurze, wenigzellige Fäden bildend. Zellen langgestreckt, wurstförmig bis fast zylindrisch, gerade oder leicht gebogen und mit ungleichen Enden; an einem Ende breit abgerundet, am anderen kegelförmig und plötzlich stumpf zugespitzt. Auch an den Fäden das eine freie Ende zugespitzt. Zellen mit einer zarten Zellwand und einem, seltener zwei rinnenförmigen, sehr zarten Chloroplasten; ohne Pyrenoid. Fortpflanzung nur durch vegetative Zellteilung bekannt.

Eine einzige Art:

Heterotrichella gracilis Reisigl 1964 (Fig. 39: a)
Reisigl 1964, p. 450, fig. 14; Ettl 1978, p. 421, fig. 518.

Mit den Merkmalen der Gattung. Zellen 2–2,5 µm breit und 5,5–22 µm lang.
Aus Erdproben isoliert, die von der Erdoberfläche mit *Encalypta rhabdocarpa* unter einem Marmorblock auf der Liebenerspitze 3390 m ü. M. gesammelt wurden, Tirol (Österreich). Auch in Erdproben von Signy Island, South Orkney Islands (Antarktis) gefunden.
Die Art erinnert in Form und Größe stark an *Koliella sempervirens* (Chodat) Hindák, die als Wasserorganismus beschrieben, von J. B. Petersen auch im Erdboden nachgewiesen wurde. Form und Färbung der Chloroplasten lassen die Zugehörigkeit zu den Xanthophyceen als wahrscheinlich gelten, trotzdem wären Pigmentanalysen nötig.

2. **Xanthonema** Silva 1979

Syn.: *Heterothrix* Pascher 1932 non *Heterothrix.* J. Müller in Martius 1860
Pascher 1932, p. 344; 1939b, p. 917; Vischer 1936, p. 376; 1945, p. 496; Ettl 1956, p. 439; 1978, p. 422; Silva 1979, p. 44.

Fäden gerade, leicht gekrümmt oder gewellt, bei Bodenformen mit der Neigung zu gelegentlichem Zerfall in kurze Fäden oder Einzelzellen. Zellen zylindrisch oder schwach tonnenförmig. Zellwand bei normaler Ausbildung zart bis mäßig derb, einheitlich, erst vor der Teilung in zwei oft ungleiche Hälften differenziert, die sich bei der Entleerung der Zoosporen weit voneinander trennen. Es sind keine H-Stücke vorgebildet, doch können solche vorgetäuscht werden indem zwei benachbarte Zellwandhälften miteinander verklebt bleiben. Chloroplasten einer oder mehrere bis viele, mulden-, rinnen- oder scheibenförmig. Fortpflanzung durch Zoosporen oder Aplanosporen. Zoosporen mit sehr kurzer Nebengeißel, oft stark amöboid. Als Dauerstadien sind sowohl Hypnosporen als auch derbwandige Hypnoblasten bekannt.
Von 20 beschriebenen Arten sind 13 bodenbewohnend.

1a Zellen mit 1 Chloroplast (vor der Teilung auch 2) **2**

1b Zellen mit 2 oder mehreren Chloroplasten **6**

2a Fäden sehr kurz, aus 2–8 Zellen bestehend, sehr leicht in Einzelzellen zerfallend . . . . **1. X. stichococcoides**

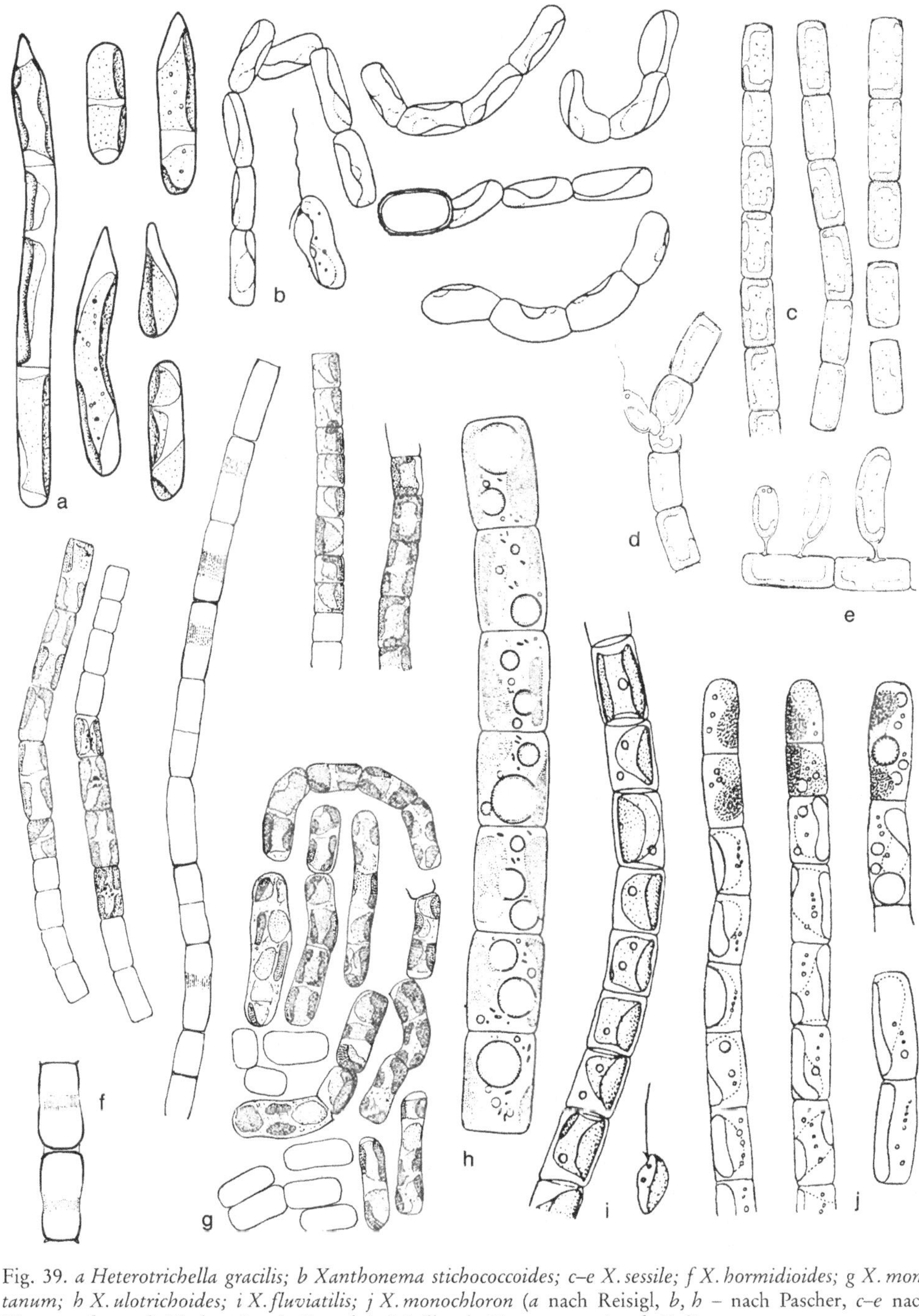

Fig. 39. *a Heterotrichella gracilis; b Xanthonema stichococcoides; c–e X. sessile; f X. hormidioides; g X. montanum; h X. ulotrichoides; i X. fluviatilis; j X. monochloron* (*a* nach Reisigl, *b, h* – nach Pascher, *c–e* nach Vinatzer, *f, g* nach Vischer, *i* nach Gayral & Seizilles de Mazancourt, *j* nach Ettl).

2b Fäden länger, aus vielen Zellen bestehend und nicht leicht zerfallend 3
3a Keimlinge mittels eines Stielchens festsitzend; Zoosporen mit 1 Geißel und ohne Stigma . . . . **2. X. sessilis**
3b Keimlinge ohne Stielchen und frei 4
4a Zellen 2–3 µm breit, nur 1,5 mal länger als breit, kurz zylindrisch . . . . **3. X. monochloron**
4b Zellen 4–4,5 µm breit, bis 4 mal länger als breit, ältere Zellen stark eingeschnürt und tonnenförmig 5
5a Keine bestachelten Hypnoblasten bildend . . . . **4. X. hormidioides**
5b Mit kugeligen, derbwandigen und mit kurzen Stacheln besetzten Hypnoblasten . . . . **5. X. antarctica**
6a Zellen mit 2 Chloroplasten 7
6b Zellen mit mehreren bis vielen Chloroplasten 10
7a Zellen bis 5 µm breit, Zellwand zart 8
7b Zellen 9–12 µm breit, Zellwand derb . . . . **6. X. ulotrichoides**
8a Fäden sehr kurz, wenigzellig, leicht in Einzelzellen zerfallend, Zellen zylindrisch . . . . **7. X. montanum**
8b Fäden mehrzellig, oft sehr lang, Zellen tonnenförmig 9
9a Chloroplasten in Richtung der Längsachse der Zelle orientiert und einander gegenüberliegend, Zoosporen ohne Stigma . . . . **8. X. exile**
9b Chloroplasten einander nicht gegenüberliegend, Zoosporen mit Stigma . . . . **9. X. debile**
10a Zellen kurz, ebenso lang wie breit . . . . **10. X. quadratum**
10b Zellen doppelt oder mehrmals länger als breit 11
11a Zellen 4–6 µm breit 12
11b Zellen 12–15(–18) µm breit . . . . **11. X. tribonemoides**
12a Fäden brüchig, Zellwand derb, Zellen 3 mal länger als breit . . . . **12. X. bristolianum**
12b Fäden aneinanderhaftend, Zellwand zart, Zellen nur 2 mal länger als breit . . . . **13. X. solidum**

1. **Xanthonema stichococcoides** (Pascher) Silva 1979 (Fig. 39: b)

Syn.: *Heterothrix stichococcoides* Pascher 1939
Pascher 1939b, p. 920, fig. 773; Ettl 1978, p. 423, fig. 519; Silva 1979, p. 44.

Fäden sehr kurz, zwei- bis achtzellig, gerade oder gebogen, leicht zerfallend. Zellwand sehr zart; Chloroplast einer, mulden- bis rinnenförmig, oft gelappt. Fortpflanzung durch 1 oder 2 Zoosporen mit binnenständigem Chloroplast und kleinem Stigma; Nebengeißel nur ¼ der Hauptgeißel messend. Derbwandige Hypnoblasten. Zellen 2–3 µm breit und bis 8 µm lang.
Aus sandigen Böden bei Doksy und Březová (Tschechoslowakei), Wiesen- und Waldböden im Gebirge und in der Tundra (USSR), Erdproben aus der Sahara.

2. **Xanthonema sessile** (Vinatzer) Ettl & Gärtner nov. comb. (Fig. 39: c–e)

Basionym: *Heterothrix sessilis* Vinatzer 1975, Plant Syst. Evol. 123, p. 214, fig. 1.
Ettl 1978, p. 435, fig. 537a.

Fäden lang, leicht zerfallend, an den Querwänden eingeschnürt. Keimlinge und junge Fäden mittels eines Füßchens festsitzend. Zellen mit 1 oder 2 Chloroplasten, die bei gutem Wachstum auch die Querwände bedecken. Fortpflanzung durch Zoosporen, die zu 2 in den Zellen gebildet werden. Diese mit einem parietalen Chloroplast ohne Stigma und ohne lichtmikroskopisch sichtbarer Nebengeißel. Bei der Keimung mit dem antapikalen Pol festhaftend. Zellen 4,5 µm breit, 10–15 µm lang.
Kultur: ASIB – V98.
Aus Erdböden vom Pitschberg (2300 m ü. M.) in Südtirol (Italien). Auch auf Baumrinden in Japan.

3. Xanthonema monochloron (Ettl) Silva 1979 (Fig. 39: j)
Syn.: *Heterothrix monochloron* Ettl 1956
Ettl 1956, p. 439, fig. 15; 1978, p. 423, fig. 520; Silva 1979, p. 44.

Fäden lang, biegsam, an den Querwänden ganz leicht eingeschnürt. Zellen zylindrisch bis schwach tonnenförmig, mit zarter Zellwand. Chloroplast einer, mantel- bis rinnenförmig; oft recht blaß. Fortpflanzung durch Zoosporen mit einem Chloroplast und Stigma, deren Nebengeißel ⅓ der Hauptgeißel mißt; zu 2 in jeder Zelle. Zellen 2–3 μm breit, bis 4,5 μm lang.
In Waldböden, auf Baumstümpfen, in Gebirgen, häufig in Kalkböden in 10–15 cm Tiefe und bei pH-Werten 5,4–7,6 (Tschechoslowakei), auch in Moldavien und in Tadschikistan (USSR).

4. Xanthonema hormidioides (Vischer) Silva 1979 (Fig. 39: f)
Syn.: *Heterothrix hormidioides* Vischer 1945.
Vischer 1945a, p. 500, fig. 14; Ettl 1978, p. 425, fig. 522a; Silva 1979, p. 44.

Fäden relativ lang und fest, an den Querwänden eingeschnürt und manchmal einseitig aufgetrieben. Zellen lang und leicht tonnenförmig, mit einem mantelförmigen bis halbringartigen Chloroplast (seltener vor der Teilung auch 2). Fortpflanzung nicht beobachtet. Zellen 4 μm breit, 4–10 μm lang.
Kultur: UTEX 353.
Erdböden der Alpen in Tirol (Österreich). Waldböden bei Fuorn (Schweiz).
Eine häufige Erdalge, deren Fäden fest sind. Infolge des gleichmäßigen Wachstums legen sich die Fäden auf Agar in parallelen Schlingen nebeneinander.

5. Xanthonema antarcticum (Broady) Ettl & Gärtner nov. comb. (Fig. 40: a)
Basionym: *Heterothrix antarctica* Broady 1976, Br. phycol. J. 11, p. 393, fig. 3;
Broady 1979a, p. 44, fig. 10 a–m.

Fäden lang, vielzellig und biegsam; in jungen Kulturen ohne Einschnürungen an den Querwänden, später jedoch stark eingeschnürt. Jede Zelle mit einem Chloroplast (vor der Teilung zwei). Zoosporen nicht beobachtet. In alten Kulturen werden kugelige, dickwandige und mit kurzen Stacheln besetzte Hypnoblasten gebildet. Fragmentation der Fäden häufig. Zellen 3–4,5 μm breit, 3,5–10(–15) μm lang; Hypnoblasten 3,5–10(–15) μm ∅.
Auf feuchten und sauren Erdböden zwischen Moosen *(Drepanocladus uncinatus, Calliergon sarmentosum)*, Signy Island, South Orkney Islands (Antarktis).

6. Xanthonema ulotrichoides (Pascher) Silva 1979 (Fig. 39: h)
Syn.: *Heterothrix ulotrichoides* Pascher 1932
Pascher 1932, p. 345, fig. 22; 1939b, p. 923, fig. 777a; Silva 1979, p. 44.

Fäden kurz, wenigzellig und etwas starr, an den Querwänden leicht eingezogen. Zellen unregelmäßig walzenförmig bis leicht tonnenförmig, mit derber Zellwand. Chloroplasten 2, muldenförmig, seiten- und meist gegenständig. Zoosporen stark amöboid, mit 2–3 Chloroplasten und mit Stigma; Nebengeißel relativ lang. Hypnoblasten mit derber, oft ungleichmäßiger Zellwand, die oft einseitige zapfenartige Verdickungen hat. Zellen 9–12 μm breit, bis 16 μm lang.
Eine mehr in sauren Böden vorkommende Alge, Nordböhmen (Tschechoslowakei), auch in Polen und in der USSR gefunden.

7. Xanthonema montanum (Vischer) Silva 1979 (Fig. 39: g)
Syn.: *Heterothrix montanum* Vischer 1945
Vischer 1945a, p. 497, fig. 12a, b; Ettl 1978, p. 428, fig. 528; Silva 1979, p. 44.

Fäden sehr kurz, aus wenigen Zellen bestehend, leicht in Einzelzellen zerfallend; gerade oder gebogen, etwas brüchig. Zellen eckig-zylindrisch, mit zarter Zellwand und 2 recht großen, mantel- bis muldenförmigen Chloroplasten. Zoosporen mit 2 Chloroplasten und mit Stigma. Zellen 5 µm breit, 7–10 µm lang.
Kultur: SAG 836–3, UTEX 354.
Alpine Erdböden unter *Carex sempervirens* auf Munt La Schera 2300 m ü. M. und aus der Umgebung von Fuorn (Schweiz); auch in alpinen Erdböden Tirols (Österreich).

8. Xanthonema exile (Klebs) Silva 1979 (Fig. 40: b, c)
Syn.: *Bumilleria exilis* Klebs 1896; *Heterothrix exilis* (Klebs) Pascher 1932
Pascher 1932, p. 345; 1939b, p. 921, fig. 774, 777b; Ettl 1978, p. 428, fig. 527, 531; Silva 1979, p. 44.

Fäden sehr kurz und brüchig, oft zur Auflösung in Einzelzellen neigend, an den Querwänden eingeschnürt. Zellen mit zarter, manchmal auch etwas derber Zellwand und 2 muldenförmigen Chloroplasten, die oft ungleich sind und gelappt werden, der Länge nach einander gegenüberstehend. Zoosporen sehr formveränderlich, mit 2 Chloroplasten, ohne Stigma und mit sehr ungleichen Geißeln. Hypnoblasten ziemlich feste, mehrgliedrige Verbände bildend. Zellen 3,5–4,5 µm breit, 6–8(–9,5) µm lang.
In verschiedenen Typen von Erdböden, von der Oberfläche bis zur Tiefe von 25 cm reichend, pH-Werte 4,5–7,5, aber auch subaerisch (England, Österreich, Schweiz, USSR, Japan, Antarktis, Insel Surtsey).
Eine nicht einheitlich aufgefaßte Art, deren Beschreibungen häufig widersprechen.

9. Xanthonema debile (Vischer) Silva 1979 (Fig. 40: d)
Syn.: *Heterothrix debilis* Vischer 1936
Vischer 1936, p. 379, fig. 2; Pascher 1939b, p. 922, fig. 775; Ettl 1978, p. 430, fig. 529; Silva 1979, p. 44.

Fäden mehrzellig, an den Querwänden eingeschnürt, auch in kürzere Abschnitte zerfallend. Zellen zylindrisch oder leicht tonnenförmig, mit zarter Zellwand und 2 scheiben- bis mantelförmigen, hintereinander liegenden Chloroplasten. Zoosporen stark amöboid, mit 1 oder 2 Chloroplasten, mit deutlichem Stigma und sehr ungleich langen Geißeln. Zellen 4–5(–6) µm breit, 5–10 µm lang.
Kultur: SAG 836–1, UTEX 155.
Alpine Erdböden (Schweiz, Österreich), Erdböden in der Tundra (USSR), Erdböden unter Pflanzendecke auf Signy Island, South Orkney Islands (Antarktis).

10. Xanthonema quadratum (Pascher) Silva 1979 (Fig. 40: e)
Syn.: *Tribonema quadratum* Pascher 1925; *Heterothrix quadrata* (Pascher) Pascher 1939.
Pascher 1939b, p. 927, fig. 780; Ettl 1978, p. 430, fig. 532; Silva 1979, p. 44.

Fäden relativ lang, nicht leicht zerfallend, an den Querwänden leicht eingeschnürt. Zellen zylindrisch oder ganz leicht aufgetrieben, mit zarter Zellwand und mit 5 oder mehreren Chloroplasten, die scheibenförmig sind und in ihrer Größe schwanken. Zoosporen mit mehreren Chloroplasten und mit Stigma. Zellen 10–14 µm breit und etwa ebenso lang.
Erdböden bis zu einer Tiefe von 15 cm und mit pH-Werten 6,4–6,9 (England, USSR).

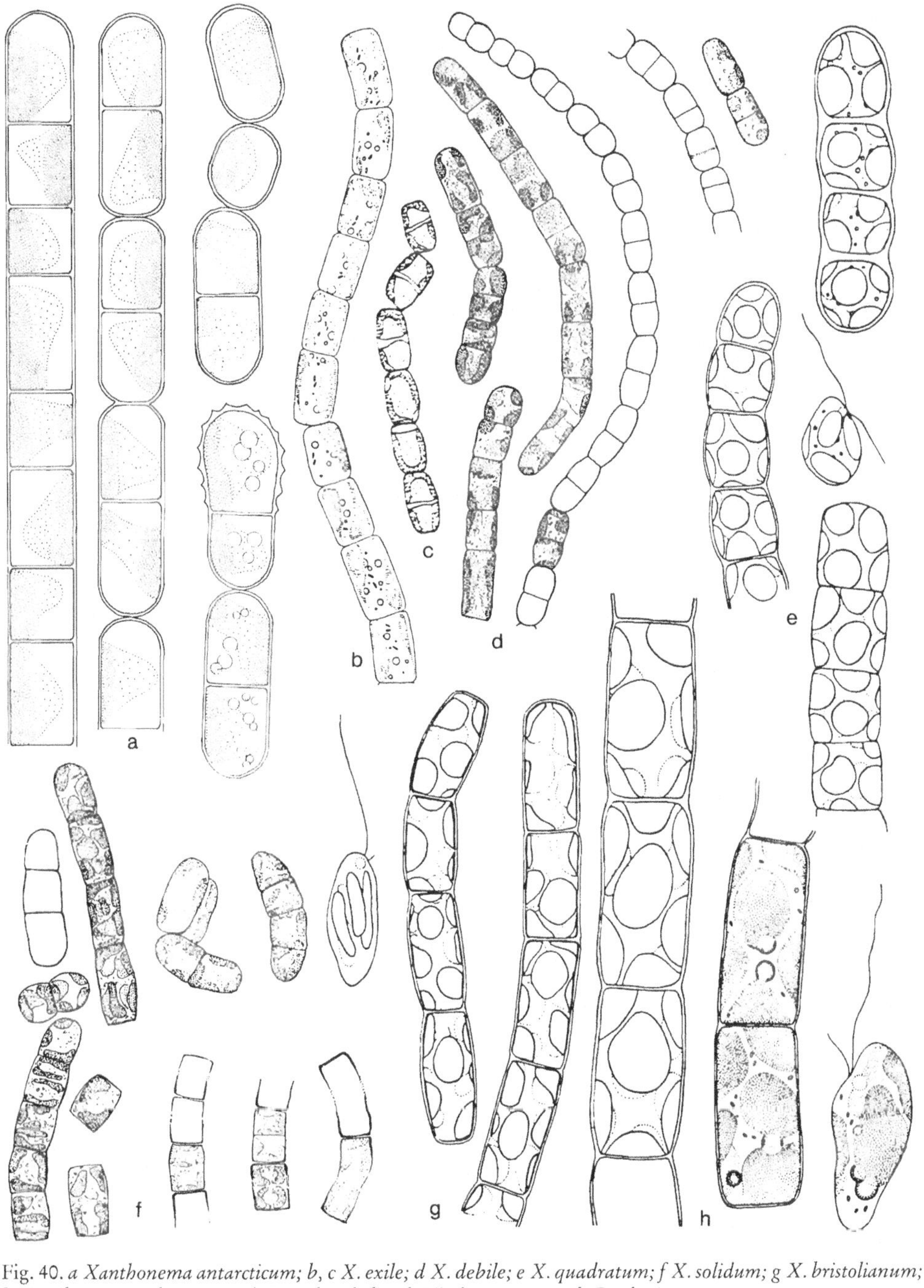

Fig. 40. *a Xanthonema antarcticum; b, c X. exile; d X. debile; e X. quadratum; f X. solidum; g X. bristolianum; h X. tribonematoides* (*a, c* nach Broady, *d, f* nach Vischer, sonst nach Pascher).

11. Xanthonema tribonematoides (Pascher) Silva 1979 (Fig. 40: h)
Syn.: *Heterothrix tribonemoides* Pascher 1939
Pascher 1939, p. 927, fig. 779, 781 a, b; Ettl 1978, p. 430, fig. 534, 537; Silva 1979, p. 44.

Fäden kurz, starr, leicht brüchig, manchmal etwas geknickt. Zellen zylindrisch oder nur leicht aufgetrieben. Zellwand relativ fest bis derb. Chloroplasten 5–8, seltener mehr, auffallend groß und scheibenförmig. Zoosporen in der Größe schwankend, mit 1–4 Chloroplasten, ohne Stigma und mit sehr ungleich langen Geißeln. Als Dauerstadien kommen Zysten oder Hypnoblasten vor. Zellen 12–15 µm breit (seltener bis 18 µm) und 18–30 µm lang.
Auf feuchten Böden (Mitteleuropa).

12. Xanthonema bristolianum (Pascher) Silva 1979 (Fig. 40: g)
Syn.: *Heterothrix bristoliana* Pascher 1939
Pascher 1939b, p. 924, fig. 778; Ettl 1978, p. 432, fig. 533; Silva 1979, p. 44.

Fäden kurz, wenigzellig, sehr brüchig und an den Querwänden deutlich eingezogen. Zellen tonnenförmig, mit ziemlich dicker oder derber Zellwand und mit 4–12 scheibenförmigen Chloroplasten. Zoosporen mit 2 Chloroplasten, ohne Stigma und mit einer stummelförmigen Nebengeißel. Gelegentlich werden Hypnoblasten (als Fadenakineten) gebildet. Zellen 4–6 µm breit, 10–15 µm lang.
Eine nicht sehr häufige Bodenalge, die sowohl grüne Anflüge auf nackter Erde bildet als auch bis in Tiefen von 80 cm reicht; bei pH-Werten von 5,4–7,5 (Tschechoslowakei, USSR).

13. Xanthonema solidum (Vischer) Silva 1979 (Fig. 40: f)
Syn.: *Heterothrix solida* Vischer 1945
Vischer 1945a, p. 499, fig. 13; Ettl 1978, p. 433, fig. 522b, Silva 1979, p. 44.

Fäden fest und relativ lang, an den Querwänden eingeschnürt. Zellen leicht tonnenförmig, manchmal stark unregelmäßig und einseitig aufgetrieben. Zellwand zart; Chloroplasten mehrere, scheibenförmig, oft undeutlich. Fortpflanzung durch Aplanosporen beobachtet. Zellen 5–6 µm breit, 5–12 µm lang.
Häufig in alpinen Erdproben von Tirol (Österreich).

Nicht als Bodenalge gesichert:
Heterothrix fluviatilis Gayral & Seizilles de Mazancourt 1958, p. 349, fig. 2: 5 (Fig. 39: i) – Fäden lang und flexibel. Zellen kurz zylindrisch, mit einem parietalen Chloroplast und feiner Zellwand. Zoosporen länglich, mit einem Chloroplast und mit Stigma. Zellen 7 µm breit und 12–15 µm lang. Bodenproben aus der Uferregion (Zone von *Salicornia arabica*); pH-Werte 8. (Marokko).

3. **Bumilleria** Borzi 1889

Pascher 1925b, p. 108; 1932, p. 340; 1939b, p. 932; Printz 1927, p. 406; Ettl 1978, p. 435.

Fäden sehr lang oder kurz und leicht brüchig. In der Weise gegliedert, daß zwischen je 2 oder 4 zylindrischen Fadenzellen dünne bis derbe, manchmal geschichtete H-Stücke eingeschaltet sind, die manchmal auffallend gelb oder rötlich gefärbt sind. Chloroplasten einer oder mehrere, wandständig, scheiben- oder auch bandförmig schief durch die Zelle laufend. Bei der Zellteilung bilden sich rasch zwei, doch meist vier hintereinander liegende Tochterzellen, wobei die alten Zellwände der Muttterzellen in zwei Hälften gespalten werden, die die Enden des neuen zwei- oder vierzelligen Fadenstückes begrenzen. Fortpflanzung durch Zoosporen, die zu 2 oder 4 gebildet werden. Als Dauerstadien kommen derbwandige Hypnoblasten vor.

1a Fäden höchstens 10 µm breit . . . . **1. B. klebsiana**
1b Fäden über 15 µm breit . . . . **2. B. sicula**

1. Bumilleria klebsiana Pascher 1932 (Fig. 41: b)
Pascher 1932, p. 342, fig. 22a; 1939b, p. 936, fig. 789; Ettl 1978, p. 436, fig. 540.

Fäden sehr brüchig, daher recht kurz, seltener in Einzelzellen zerfallend, an den Querwänden eingeschnürt. Zellen gestreckt zylindrisch, mit ziemlich derber Zellwand und nicht sehr auffallenden H-Stücken. Chloroplasten zunächst 2, in späteren Stadien 4, nicht selten auch 8–16 vor der Zellteilung. Zoosporen sehr formveränderlich, ohne Stigma und mit einer sehr kurzen Nebengeißel. Hypnoblasten mit einseitig stark verdickter Zellwand. Zellen 8–10 µm breit, 15–18 µm lang.
Erdalge, die vorherrschend auf lehmigen, vielleicht kalkhaltigen Böden vorkommt (Tschechoslowakei, Lettland, USSR, Dänemark).
Vielleicht gehört hierher auch *Bumilleria* spec. Lund 1946 (Fig. 41: b').

2. Bumilleria sicula Borzi 1895 (Fig. 41: a)
Borzi 1895, p. 186; Pascher 1925b, p. 111, fig. 89; 1939b, p. 936, fig. 790, 791; Ettl 1978, p. 438, fig. 539.

Im allgemeinen wie *B. klebsiana,* mit noch leichter zerfallenden Fäden, sehr zarten Zellwand und häufig anliegenden H-Stücken. Zoosporen mit zwei binnenständigen Chloroplasten und kurzer Nebengeißel. Anstatt eines Stigmas kleine gelbe Körner. Zellen 15–18 µm breit, 1,5–3 mal länger als breit.
Kultur: SAG 808-1, UTEX 172.
Auf feuchten Tonböden, wahrscheinlich kalkhold, auch in Tiefen von 15 cm (Italien, England, Tschechoslowakei, Dänemark, Lettland, Island, USSR).
Die gelben Körnchen bei den Zoosporen erinnern stark an das Stigma der Eustigmatophyceae (wie bei *Vischeria*).

4. Tribonema Derbes & Solier 1856
Pascher 1925b, p. 95; 1939b, p. 939; Ettl 1978, p. 438.

Fäden unverzweigt, primär mittels einer differenzierten Haftzelle festsitzend; durch Abbrechen werden die Fäden früher oder später frei. Zellen in den Fäden gewöhnlich zylindrisch, aber auch ± tonnenförmig und an den Querwänden leicht eingeschnürt. Zellwand von vornherein bereits aus zwei, meist gleichen Halbstücken zusammengesetzt, die zu den bekannten H-Stücken verbunden sind. H-Stücke bei den zartwandigen Formen ohne Färbung schwer sichtbar, bei den derbwandigen dagegen sehr deutlich und oft geschichtet. Chloroplasten wandständig, einer bis viele; mulden- bis rinnenförmig, meist scheibenförmig, aber auch kurz bandförmig oder leicht gelappt. Fortpflanzung durch Zoosporen, die einzeln oder zu mehreren in den Zellen gebildet werden; häufig sind sie amöboid. In einigen Fällen werden Aplanosporen gebildet. Als Dauerstadien sind Hypnosporen und Hypnoblasten bekannt.
Von 33 beschriebenen Arten sind 9 bodenbewohnend.

1a Zellen mit 1 Chloroplast 2
1b Zellen mit 2 oder mehreren Chloroplasten 3
2a Zellen 1,5–2 µm breit, bis 8 mal länger als breit . . . . **1. T. angustissimum**
2b Zellen 6–7 µm breit, höchstens doppelt länger als breit . . . . **2. T. fonticolum**
3a Zellen mit 2 Chloroplasten 4
3b Zellen mit mehreren Chloroplasten 7
4a Fäden flexibel, Zellen 3–7 µm breit 5
4b Fäden auffallend steif und brüchig, Zellen 10–12 µm breit . . . . **3. T. ulotrichoides**
5a Zellen 3–4 µm breit, Chloroplasten auffallend klein . . . . **4. T. elegans**
5b Zellen 4–8 µm breit, Chloroplasten groß 6
6a Chloroplasten fast ringförmig und hintereinander liegend, Zoosporen ohne Stigma . . . . **5. T. minus**

6b Chloroplasten gebogen plattenförmig, einander gegenüberliegend, Zoosporen mit Stigma . . . . **6. T. aequale**
7a Zellen 6–12(–15) µm breit, Zellwand zart bis mäßig dick **8**
7b Zellen 25–32 µm breit, Zellwand sehr derb und auffallend dick . . . . **9. T. crassum**
8a Zellen 6–8 µm breit, Zoosporen mit einem deutlichen Stigma . . . . **7. T. vulgare**
8b Zellen 10–15 µm breit, Zoosporen ohne Stigma . . . . **8. T. viride**

1. Tribonema angustissimum Pascher 1939 (fig. 41: c)
Pascher 1939b, p. 958, fig. 806 a–d; Ettl 1978, p. 441, fig. 542.

Fäden relativ lang, manchmal in kürzere Abschnitte zerfallend, an den Querwänden ganz leicht eingeschnürt. Zellen gestreckt zylindrisch, mit sehr zarter Zellwand und mit einem rinnenförmigen, nicht sehr großen Chloroplast. Zoosporen mit einer auffallend langen Hauptgeißel und reduzierten Nebengeißel, ohne Stigma. Zellen 1,5–2(–3) µm breit, bis 16 µm lang.
Gelegentlich auf feuchter Erde, wahrscheinlich kalkhold (Mitteleuropa, USSR).

2. Tribonema fonticola Ettl 1957 (Fig. 41: d)
Ettl 1978, p. 443, fig. 546.

Fäden sehr lang und flexibel, an den Querwänden nicht eingeschnürt. Zellen zylindrisch, mit derber Zellwand und deutlichen H-Stücken. Ein rinnenförmiger Chloroplast, Fortpflanzung nicht beobachtet. Zellen 6–7 µm breit, 9–12 µm lang.
Auf nassem Lehmboden (Tschechoslowakei), in Wiesenböden in der Umgebung von Moskau (USSR).

3. Tribonema ulotrichoides Pascher 1939 (Fig. 41: e)
Pascher 1939b, p. 969, fig. 821–823; Ettl 1978, p. 451, fig. 557.

Fäden auffallend steif, leicht brüchig, an den Querwänden leicht eingeschnürt. Zellen zylindrisch oder leicht tonnenförmig. Zellwand derb, manchmal gelb gefärbt. Chloroplasten 2, auffallend groß, mulden- bis kurz rinnenförmig; manchmal gelappt. Zoosporen mit 1 oder 2 binnenständigen Chloroplasten, Stigma und einer stummelförmigen Nebengeißel. Zellen 10–12 µm breit, bis 26 µm lang.
Sowohl an feuchter Bodenoberfläche als auch bis zur Tiefe von 15 cm (Tschechoslowakei, USSR). Bevorzugt humussaure Waldböden.

4. Tribonema elegans Pascher 1925 (Fig. 41: f)
Pascher 1925b, p. 103, fig. 84b; 1939b, p. 961, fig. 810, 811; Ettl 1978, p. 443, fig. 547.

Fäden schmiegsam, lang, an den Querwänden nicht eingezogen. Zellen zylindrisch, mit sehr zarter Zellwand. Chloroplasten normalerweise 2, auffallend klein scheibenförmig, oft etwas unregelmäßig verzogen. Zoosporen amöboid, ohne Stigma. Hypnosporen und Hypnoblasten als Dauerstadien. Zellen 3–4 µm breit, 3 mal länger als breit.
Erdböden mit pH-Werten 5,1–5,4, Umgebung von Leningrad, auch in Georgien und in Mittelasien (USSR).

5. Tribonema minus (Klebs) Hazen 1902 (Fig. 41: g)
Hazen 1902, p. 185, fig. 25: 7, 8; Pascher 1925b, p. 105, fig. 86; 1939b, p. 963, fig. 813–816; Ettl 1978, p. 449, fig. 553.

Fäden ziemlich lang, manchmal auffallend gewellt oder gebogen; gleichmäßig, an den Querwänden kaum eingeschnürt. Zellen zylindrisch, mit zuerst zarter, dann derber Zellwand. Chloroplasten in

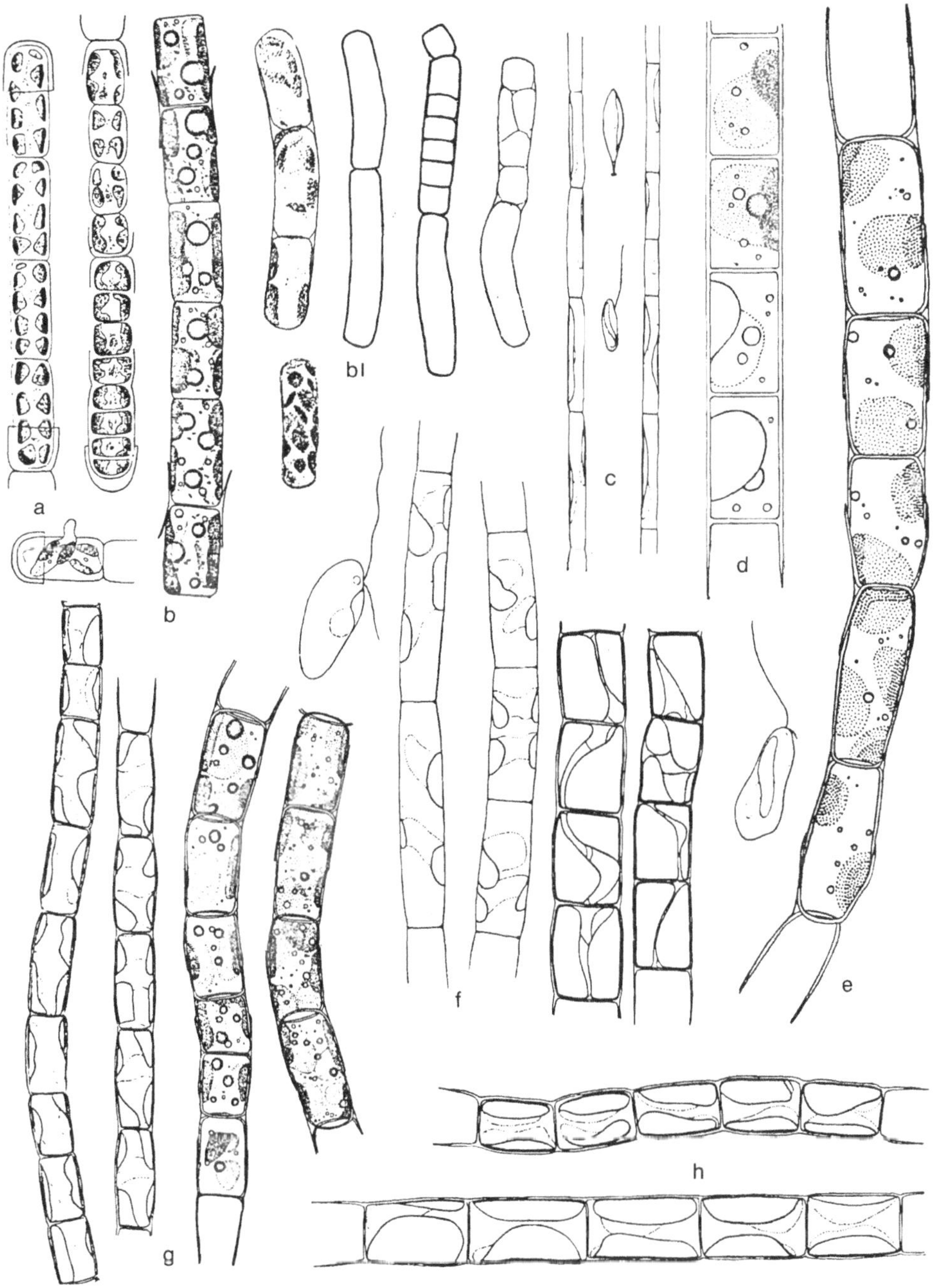

Fig. 41. *a Bumilleria sicula; b B. klebsiana; b' B. spec.; c Tribonema angustissimum; d T. fonticola; e T. ulotrichoides; f T. elegans; g T. minus; h T. aequale* (*a* nach Borzi, *b* nach Lund, *d* Ettl, sonst nach Pascher).

der Regel 2, rinnen- oder halbringförmig, übereinander gelagert. Zoosporen formveränderlich, mit 2 Chloroplasten, ohne Stigma und mit einer stummelförmigen Nebengeißel. Hypnoblasten als Fadenakineten bekannt. Zellen 4–6 μm breit, zweimal länger als breit.
Kultur: SAG 880-3.
Auf feuchter Erde und in verschiedenen Erdböden Europas, Asiens und Amerikas; wahrscheinlich kalkhold. Hollerbach (1936) fand in den Böden der USSR Formen, die bei pH-Werten 5,6–6,4 auftraten.

6. **Tribonema aequale** Pascher 1925 (Fig. 41: h)

Pascher 1925 b, p. 103, fig. 84 c; 1939 b, p. 967, fig. 817; 818; Ettl 1978, p. 449, fig. 554.

Fäden relativ lang, an den Querwänden nicht oder ganz undeutlich eingeschnürt. Zellwand sehr zart, H-Stücke nur schwer erkennbar, meist nur an den Abbruchstellen zum Ausdruck kommend. Chloroplasten 2, groß und rinnenförmig, einander gegenüber stehend. Zoosporen amöboid, mit 2 binnenständigen Chloroplasten und deutlichem Stigma. Häufig Aplanosporen bildend. Zellen 5–7 μm breit, 2,5–3 mal länger als breit.
Kultur: SAG 880-1; UTEX 50.
Auf feuchten und überrieselten Felsen (Tschechoslowakei), auf feuchter Erde (Polen), in verschiedenen Typen von Erdböden (USSR, Japan).

7. **Tribonema vulgare** Pascher 1925 (Fig. 42: a, b)

Pascher 1925 b, p. 108; 1939, p. 973 b, fig. 826; Ettl 1978, p. 454, fig. 560.

Fäden lang, nicht leicht zerbrechlich, an den Querwänden nicht oder ganz leicht eingeschnürt. Zellen leicht tonnenförmig, mit zarter bis mäßig derber Zellwand. Chloroplasten mehrere bis viele, scheibenförmig, nicht selten etwas unregelmäßig. Zoosporen mit mehreren Chloroplasten, mit Stigma. Häufig auch Aplanosporen. Als Dauerstadien Palmellen, Hypnosporen und Hypnoblasten bekannt. Zellen 6–8(–10) μm breit, 3–6 mal länger als breit.
Auf verschiedenen feuchten Stellen und in unterschiedlichen Typen von Erdböden (England, USSR); in sauren Wiesenböden, auf feuchten kalkfreien Böden (Tschechoslowakei); subaerisch auf Signy Island, South Orkney Islands (Antarktis).

8. **Tribonema viride** Pascher 1925 (Fig. 42: c)

Pascher 1925 b, p. 106, fig. 87 a; 1939 b, p. 975, fig. 827, 828; Ettl 1978, p. 454, fig. 561.

Fäden lang und fest, an den Querwänden manchmal recht frühzeitig eingeschnürt. Zellen leicht tonnenförmig, mit fester Zellwand, wobei die H-Stücke oft Schichtungen zeigen. Zahlreiche scheibenförmige Chloroplasten, oft etwas unregelmäßig. Zoosporen amöboid, mit mehreren Chloroplasten, ohne Stigma. Derbwandige Hypnoblasten häufig. Zellen 10–15 μm breit, 2 bis mehrmals länger als breit.
Auf feuchten Felsen und Erdböden, in Erdböden bis zur Tiefe von 20 cm reichend; wohl kalkliebende Art (Tschechoslowakei, England, Dänemark, Island, USSR).

9. **Tribonema crassum** Pascher 1925 (Fig. 42: d)

Pascher 1925 b, p. 108, fig. 88 a; 1939 b, p. 985, fig. 836; Ettl 1978, p. 459, fig. 566.

Fäden derb, ziemlich leicht brüchig, an den Querwänden leicht eingeschnürt. Zellen ± tonnenförmig, mit dicker, oft geschichteter Zellwand. Chloroplasten nicht sehr viele, groß und länglich scheibenförmig bis kurz bandförmig, dicht aneinander schließend. Zoosporen mit 2 bis mehreren binnenständigen Chloroplasten, ohne Stigma. Fäden 25–32 μm breit, ebenso lang oder nur wenig länger als breit.
Auf feuchten überrieselten Kalkfelsen bei Ischl (Österreich), auf feuchten Waldböden (Tschechoslowakei, USSR).

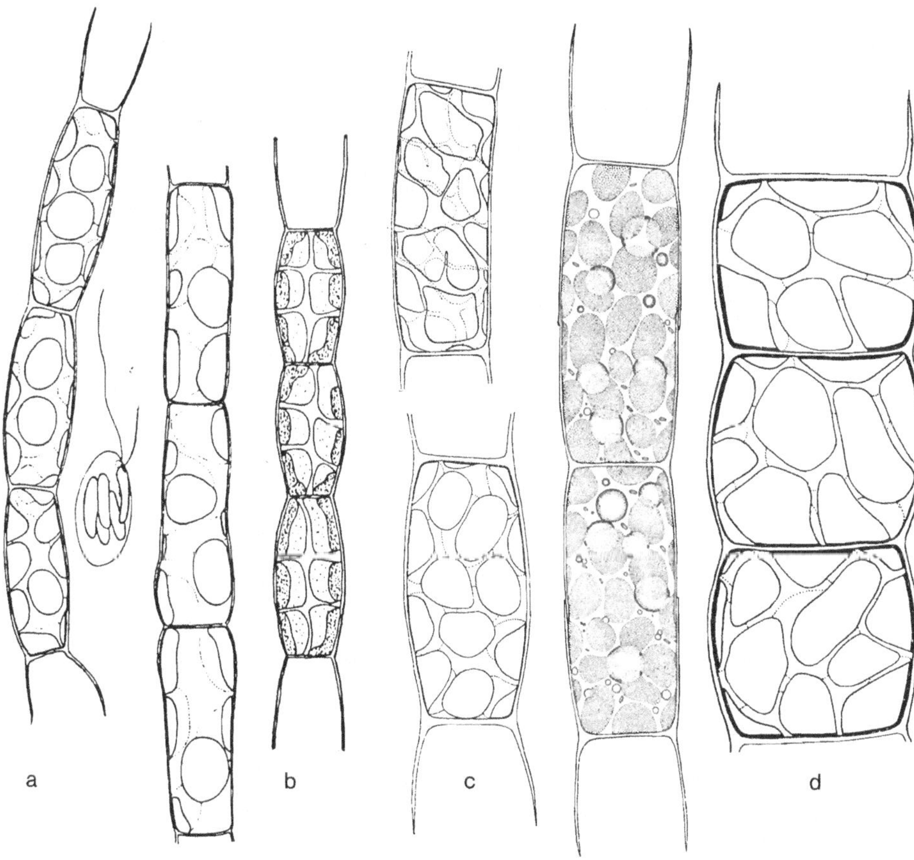

Fig. 42. *a, b Tribonema vulgare; c T. viride; d T. crassum* (*b* nach Broady, sonst nach Pascher).

2. Familie Heterococcaceae Silva 1979

Syn.: *Heterocloniaceae* p. p. Pascher 1939, *Heteropediaceae* Ettl 1976

Meist recht differenzierte und verzweigte Fadenalgen, deren Zweigsysteme aus einem kriechenden Abschnitt und einem daraus hervorgehenden, aufsteigenden oder aufrechten Abschnitt bestehen. Beide Abschnitte aus vielen verzweigten Fäden zusammengesetzt. Diese Gliederung ist bei manchen Sippen wenig deutlich. Bei anderen ist der kriechende Abschnitt in seinem Zweigsystem manchmal sohlenartig und pseudoparenchymatisch zusammengeschlossen und dann mit oder ohne aufsteigende Astsysteme; im letzteren Fall nur als pseudoparenchymatische Sohle ausgebildet. Zoosporenentleerung entweder in allen Zellen oder in spezialisierten Zoosporangien. Die Abgrenzung der Gattungen ist vorläufig völlig künstlich.

Von 6 beschriebenen Gattungen wurden hier 4 aufgenommen.

Pascher 1939b, Bourrelly 1968, Ettl 1978, Silva 1979.

1a Kriechende Abschnitte des Fadensystems nicht zu einer pseudoparenchymatischen Sohle verwachsen **2**

1b Kriechende Abschnitte des Fadensystems zu einer geschlossenen pseudoparenchymatischen Sohle verwachsen **3**

2a Fäden gabelig verzweigt, auch aufrechte Äste bildend . . . . **1. Heterococcus** (S. 186)

2b Fäden radiär ausstrahlend, nur mit kriechenden Ästen .... **2. Capitulariella** (S. 214)
3a Thallus nur aus der pseudoparenchymatischen Sohle bestehend, an den Rändern sind noch kriechende Fadensysteme zu erkennen .... **3. Heteropedia** (S. 214)
3b Thallus mit pseudoparenchymatischer Sohle, aus der jedoch auch noch aufrechte, einzeln stehende und ebenfalls verzweigte Fäden emporsteigen .... **4. Aeronema** (S. 216)

1. **Heterococcus** Chodat 1907

Chodat 1907, p. 81; Printz 1927, p. 408; Vischer 1936, p. 379; 1937, p. 225; 1945 a, p. 500; Pascher 1939 b, p. 998; Pitschmann 1963, p. 487; Ettl 1978, p. 464.

Bildet kleine Thalli aus mehr oder weniger strahlig angeordneten Fadensystemen, die mitunter eine Größe von 1–2 mm erreichen können. Die höchst entwickelten Arten sind deutlich in kriechende und aufsteigende bis aufrechte Abschnitte gegliedert, ohne daß es aber zur Bildung von Sohlen oder pseudoparenchymatischen Flächen kommt. Bei manchen Arten läßt sich deutlich eine Gliederung in Kriechsprosse (Prostratae) und Luftsprosse (Erectae) unterscheiden. Zellen der gut wachsenden Fäden haben meist die gleiche Dicke, niemals kommt es zu starken Verdünnungen, die zu spitzen oder haarförmigen Ausläufern führen. Zellen im allgemeinen zylindrisch oder nur leicht gekrümmt oder etwas einseitig erweitert, bei gutem Wachstum mehrmals länger als breit. Ältere Zellen in mehr zentralen Partien sind kürzer und plumper. Zellwand zart bis mäßig derb. Chloroplasten mehrere bis viele, rinnen- bis bandförmig, aber auch scheibenförmig, oft sich auch gegenseitig polygonal begrenzend; ohne Pyrenoide. Fortpflanzung durch Zoosporen (bis zu 64 gebildet) mit auffallend kurzen, stummelförmigen Nebengeißeln. Häufig auch Aplanosporen. Als Dauerstadien werden Hypnoblasten gebildet.
Von 52 beschriebenen Arten wurden alle hier aufgenommen. Die *Heterococcus*-Arten gehören zu den häufigsten Bodenalgen.
Die Gattung *Heterococcus* wurde nach der Studie von Pitschmann (1963) bearbeitet. Für die Trennung der Arten wurden Kriterien berücksichtigt wie Größe und Gestalt der Zellen in verschiedenen Altersstufen, Länge der Fäden, Anzahl der Zellen in den Fäden, Intensität der Verzweigung, Bildung von Luftsprossen und Kriechsprossen, wie auch das Verhalten auf verschiedenen Nährböden. Die systematische Gliederung ist nur anhand von Kulturen möglich.

1a Aufrechte Luftfäden vorhanden (Erectae) 2
1b Aufrechte Luftfäden fehlen (Prostratae) 14
2a Luftfäden nur bei der Keimung der Aplanosporen, die längere Zeit im Fadenverband beisammen bleiben, gebildet 3
2b Luftfäden aus normalen Zellen hervorkommend 4
3a Zellen der Endfäden 3–4 mal länger als breit, Endfäden kaum verzweigt, Keimfäden unverzweigt .... **1. H. virginis**
3b Zellen der Endfäden höchstens 2 mal länger als breit, Endfäden verzweigt, Keimfäden mit Seitenästen .... **2. H. moniliformis**
4a Kolonie deutlich vulkankegelförmig 5
4b Kolonie nicht kegelförmig 6
5a Kegel bis 50 µm hoch, Fäden bis 50 µm lang, Endzellen bis 30 µm lang, oft blasenförmig angeschwollen .... **3. H. conicus**
5b Kegel höchstens 20 µm hoch, Fäden bis 120 µm lang, Endzellen sehr selten blasig .... **4. H. leptosiroides**
6a Fäden stark verzweigt 7
6b Fäden schwach verzweigt oder unverzweigt 8
7a Fäden mit Verzweigungen 2. und 3. Ordnung .... **5. H. ramosissimus**
7b Fäden mit Verzweigungen 2. Ordnung .... **6. H. caespitosus**
8a Fäden nur ganz selten verzweigt, perlschnurartig, Zellen bis 20 µm breit .... **7. H. nepalensis**
8b Fäden schwach verzweigt, Zellen unter 20 µm breit 9

9a Endfäden oft regelmäßig gabelig . . . . **8. H. furcatus**
9b Endfäden nicht gabelig 10
10a Endzellen der Fäden in den Agar eindringend 11
10b Endzellen nicht in den Agar eindringend 12
11a Fäden mehr oder weniger parallel liegend, zum Teil ineinander verschlungen, ältere Zellen bis 15 μm breit, Endfäden unverzweigt . . . . **9. H. plectenchymaticus**
11b Fäden nicht parallel, ältere Zellen bis 10 μm breit, Endfäden schwach verzweigt . . . . **10. H. geniculatus**
12a Endzellen der Fäden warzenförmig . . . . **11. H. papillosus**
12b Endzellen der Fäden nicht warzenförmig 13
13a Fäden fest zusammenschließend, nicht über 140 μm lang werdend . . . . **12. H. granulatus**
13b Fäden locker liegend, bis 300 μm lang werdend . . . . **13. H. presolanensis**
14a Fäden wenigzellig, bis höchstens 20 Zellen, bis 250 μm lang werdend 15
14b Fäden von mehr als 20 Zellen gebildet, über 250 μm lang werdend 21
15a Fäden höchstens aus 10 Zellen bestehend, Zellen oft in Vierergruppen 16
15b Fäden aus 12–20 Zellen bestehend 17
16a Zellen tonnenförmig, an den Querwänden eingeschnürt, 3,8–5 μm breit, Verzweigung spärlich; Zoosporen und Autosporen . . . . **14. H. pleurococcoides**
16b Zellen zylindrisch, an den Querwänden nicht eingeschnürt, 2,9–4,3 μm breit, keine Verzweigungen, nur Autosporen . . . . **15. H. endolithicus**
17a Endzellen stark vergrößert, blasen- oder sackförmig 18
17b Endzellen nicht sackförmig vergrößert 19
18a Endzellen unregelmäßig blasig, bis 40 μm lang, mit bis zu 64 Chloroplasten . . . . **16. H. vesiculosus**
18b Endzellen keulenförmig stark verlängert, bis 75 μm lang, mit nur 8–10 Chloroplasten . . . . **17. H. clavatus**
19a Endzellen der meist unverzweigten Fäden kreisrund oder kopfig . . . . **18. H. capitatus**
19b Endzellen nicht kopfig 20
20a Ältere Zellen bis 11 μm breit, Endzellen an der Basis etwas erweitert . . . . **19. H. crassulus**
20b Zellen kleiner, Endzellen an der Basis nur leicht angeschwollen . . . . **20. H. fuornensis**
21a Normale Zellen bis 40 μm groß, Fäden bis 600 μm lang . . . . **21. H. maximus**
21b Normale Zellen kleiner 22
22a Fäden aus perlschnurartig aneinander gereihten Zellen gebildet 23
22b Fäden nicht perlschnurartig 30
23a Mittlere Fadenzellen quadratisch oder ± rechteckig 24
23b Zellen rund, nur die jüngsten Zellen länger als breit 26
24a Zellen von der Fadenmitte ab rechteckig, von der Basis an verzweigt, Endfäden schwach verzweigt, Zellen bis 20 μm lang . . . . **22. H. filiformis**
24b Ältere und mittlere Fadenzellen quadratisch 25
25a Fäden dicht zusammenschließend, Endfäden unverzweigt, bis 5 μm breit, nicht in Agar eindringend . . . . **23. H. quadratus**
25b Fäden locker, Endzellen geweihartig verzweigt, bis 3 μm breit, in Agar eindringend . . . . **24. H. corniculatus**
26a Fäden in parallelen Windungen, dicht zusammenschließend, Zellen bis 15 μm breit . . . . **25. H. curvatus**
26b Fäden locker liegend, unter 15 μm breit 27
27a Fäden unverzweigt oder nur schwach verzweigt . . . . **26. H. marietanii**
27b Fäden verzweigt 28
28a Fäden von der Basis an regelmäßig verzweigt, Endzellen bis 5 μm breit . . . . . **27. H. africanus**
28b Fäden erst vom oberen Drittel an verzweigt 29
29a Fäden in kurzen Zickzack-Linien, am Ende nicht ineinander verschlungen, Endfäden nicht geweihartig . . . . **28. H. anguinus**

29b Fäden nicht wellig gelagert, über der Mitte einander kreuzend, Endfäden geweihartig verzweigt .... **29. H. undulatus**
30a Fäden dicht zusammenschließend 31
30b Fäden locker 34
31a Kolonie vulkankegelförmig 32
31b Kolonie nicht vulkankegelförmig 33
32a Vulkankegel bis 60 µm hoch werdend, mittlere und besonders junge Fadenzellen länger als breit, Endzellen nicht in Agar wachsend .... **30. H. tectiformis**
32b Vulkankegel höchstens 30 µm hoch, mittlere Fadenzellen ± rund, Endzellen in Agar wachsend .... **31. H. unguis**
33a Endfäden meist hakig (schnabelförmig) gebogen, Fäden höchstens 200 µm lang .... **32. H. curvirostrus**
33b Endfäden nicht gekrümmt, Fäden über 300 µm lang werdend .... **33. H. implexus**
34a Ältere Zellen unregelmäßig rundlich bis polyedrisch meist über 20 µm groß 35
34b Ältere Zellen ± regelmäßig rund, unter 20 µm, oft unter 10 µm breit 36
35a Aplanosporangium bis 30 µm groß, Keimfäden bis 100 µm lang, Zoosporen bis 8 µm lang .... **34. H. teleutosporoides**
35b Aplanosporangien bis 22 µm groß, Keimfäden bis 25 µm lang, kurzzellig, Zoosporen 5 µm lang .... **35. H. botrys**
36a Mittlere Zellen der Hauptfäden länger als breit 37
36b Mittlere Zellen der Hauptfäden fast von der Basis an ± einheitswendig verzweigt 38
37a Zellen bis 30 µm lang, Hauptfäden fast von der Basis an ± einseitswendig verzweigt .... **36. H. longicellularis**
37b Zellen unter 20 µm lang, Hauptfäden etwa von der Mitte an unverzweigt, peitschenförmig .... **37. H. mastigophorus**
38a Hauptfäden 250–400 µm lang, Zellen mindestens 10 µm groß 39
38b Hauptfäden 150–200 µm lang, Zellen kleiner als 10 µm 42
39a Hauptfäden bis 400 µm lang, von der Basis an regelmäßig verzweigt, mit über 100 µm langen Seitenästen .... **39. H. brevicellularis**
39b Hauptfäden unter 300 µm lang, weniger stark verzweigt, Seitenäste kürzer 40
40a Aplanosporen, die in geringer Zahl gebildet werden, bleiben lange im Fadenverband (als Klumpfäden) beisammen, Zellen der Seitenäste rund .... **38. H. thermalis**
40b Keine Klumpfäden, Zellen der Seitenäste ± zylindrisch 41
41a Seitenäste bis 130 µm lang, Zellen 2–4 µm breit, Zoosporen birnenförmig, 4 Tage alte Keimfäden bis 100 µm lang, Zellen auf Glukose-Agar 25 µm breit .... **41. H. stigeoclonioides**
41b Seitenäste bis 50 µm lang, Zellen 5 µm breit, Zoosporen spindelig, 4 Tage alte Keimfäden bis 30 µm lang, Zellen auf Glukose-Agar bis 10 µm breit .... **40. H. tiroliensis**
42a Fäden auf Glukose-Agar von der Basis bis über die Mitte in Aplanosporen zerfallend, Endfäden dicht und ± parallel liegend .... **42. H. viridis**
42b Fäden nicht in Aplanosporen zerfallend 43
43a Endzelle relativ kurz und rundlich, 6–10 µm lang, 4–7 µm breit, an der Basis leicht zwiebelförmig angeschwollen .... **43. H. protonematoides**
43b Endzelle länger und schmäler, 12–30 µm lang, 2,5–4 µm breit 44
44a Fäden schwach verzweigt, bis 120 µm lang, mit langen, schmalen Endzellen (20 × 4 µm) .... **44. H. fontanus**
44b Fäden stärker verzweigt, über 120–200 µm lang 45
45a Endzellen 10 mm lang, 2–2,5 µm breit .... **45. H. mainxii**
45b Endzellen bis 30 µm lang, 5 µm breit .... **46. H. canadensis**

1. Heterococcus virginis Pitschmann 1963 (Fig. 43: a)
Pitschmann 1963, p. 496, fig. 1: 1–5; Ettl 1978, p. 469, fig. 571.

Die Keimung verläuft unregelmäßig, einseitswendig mit 10 µm langen, 3–4 µm breiten Zellen mit 2 Chloroplasten. Endzellen meist etwas keulenförmig, in denen schon nach 4 Tagen Zoosporen gebildet werden. Zoosporen 4–5 µm lang, am Hinterende abgerundet, vorn etwas zusammengezogen, mit einer 1,5 mal körperlangen Hauptgeißel und einer sehr kurzen Nebengeißel. In den Fadenzellen werden später 2–4 Aplanosporen gebildet, die bis zu einer bestimmten Größe heranwachsen, aber nicht aus dem Fadenverband entlassen werden. Dadurch entstehen dickere Klumpfäden (bis 300 µm lang) mit mehr oder weniger runden Zellen (10 µm breit). Die Aplanosporen bilden wiederum Keimfäden, die meist nur schwach verzweigt sind. Neben Kriechfäden werden auch kurze, meist 2–4 zellige Luftfäden gebildet. Kolonien relativ dicht gelagert.
Aus Feinschutt auf dem Jungfraujoch (3454 m ü. M.) isoliert (Schweiz).

2. Heterococcus moniliformis Vischer 1937 (Fig. 45: f; 50: d)
Vischer 1937, p. 238, fig. 8, 9; Pascher 1939 b, p. 1006, fig. 851, 852; Ettl 1978, p. 469, fig. 572.

Alge auf festem Nährboden sehr kurzzellig und gedrungen, mit kurzen, allseitig abstehenden Ästen. Junge Zellen walzenförmig, bis 25 µm lang und 5–6 µm breit. Während die Fäden an der Peripherie der Kolonie weiterwachsen, zerfallen die Pflänzchen sehr frühzeitig in runde, große Einzelzellen. Da diese abgerundeten Zellen aneinander haften bleiben, bekommt das ganze Fadensystem ein perlschnurartiges Aussehen, während die Kultur selber grobkörnig erscheint. Ältere Pflanzen zerfallen dann völlig in die abgerundeten vergrößerten Einzelzellen. Pflänzchen bis 500 µm messend.
Kultur: SAG 835-8, UTEX-351.
Oberfläche eines mineralischen Rohbodens, Kreuzspitze, Tirol 3457 m; Feinerde aus der Rhizoidenzone von *Racomitrium canescens*, 2850 m. Aus einem Komposthaufen im Botanischen Garten in Basel (Schweiz) isoliert. Nach Lokhorst (1992) nur als Varietät von *H. marietanii* aufzufassen.

3. Heterococcus conicus Pitschmann 1963 (Fig. 43: b)
Pitschmann 1963, p. 497, fig. 1: 11–16; Ettl 1978, p. 469, fig. 573.

Keimung mit anfänglich runden und 3–4 µm breiten Zellen und bis zu 100 µm langen, sehr selten verzweigten Fäden, wobei die Endzellen sackartig bis zu einem Durchmesser von 30 µm anschwellen. Diese enthalten viele linsenförmige Chloroplasten oder bis zu 64 Zoosporen. Nach einigen Tagen bilden die in der Mitte des Lagers liegenden Zellen Aplanosporen, die sich übereinander lagern; aus ihnen keimen nun wiederum Fäden nach allen Richtungen. So entsteht ein bis 40 µm hoher regelmäßiger Kegel, wobei die einzelnen Fäden mehr oder weniger dicht zusammenschließen. Einzelne Fadenzellen bilden kurze Luftfäden, andere entsenden Fäden in den Agar, so daß sich die Kolonien von der Unterlage nicht trennen lassen. Zoosporen bis 6 µm lang, auf beiden Seiten zusammengezogen, Hauptgeißel etwa körperlang. Nebengeißel sehr kurz.
Aus der Bodenoberfläche unter *Quercus ilex* und *Spartium junceum* isoliert, Mte. Epomeo (750 m ü. M.) auf Ischia (Italien).

4. Heterococcus leptosiroides Pitschmann 1963 (Fig. 43: c)
Pitschmann 1963, p. 497, fig. 1: 6–10; Ettl 1978, p. 471, fig. 574.

Steht *H. conicus* nahe, doch ist der Wuchs lockerer und die Kolonien werden höchstens 2 mm dick. Keimung verläuft nicht regelmäßig sternförmig. Die Fadenzellen sind kleiner, die jüngeren länger als breit (10 × 5 µm), die Endzellen nur sehr selten sackförmig verbreitert. In älteren Kulturen erreichen die Fäden eine Länge bis zu 110 µm und sind oft verzweigt. Ältere Fadenzellen bilden Zoosporen oder Aplanosporen. Luftfäden wurden nur auf Glukose-Agar beobachtet, auf 2%

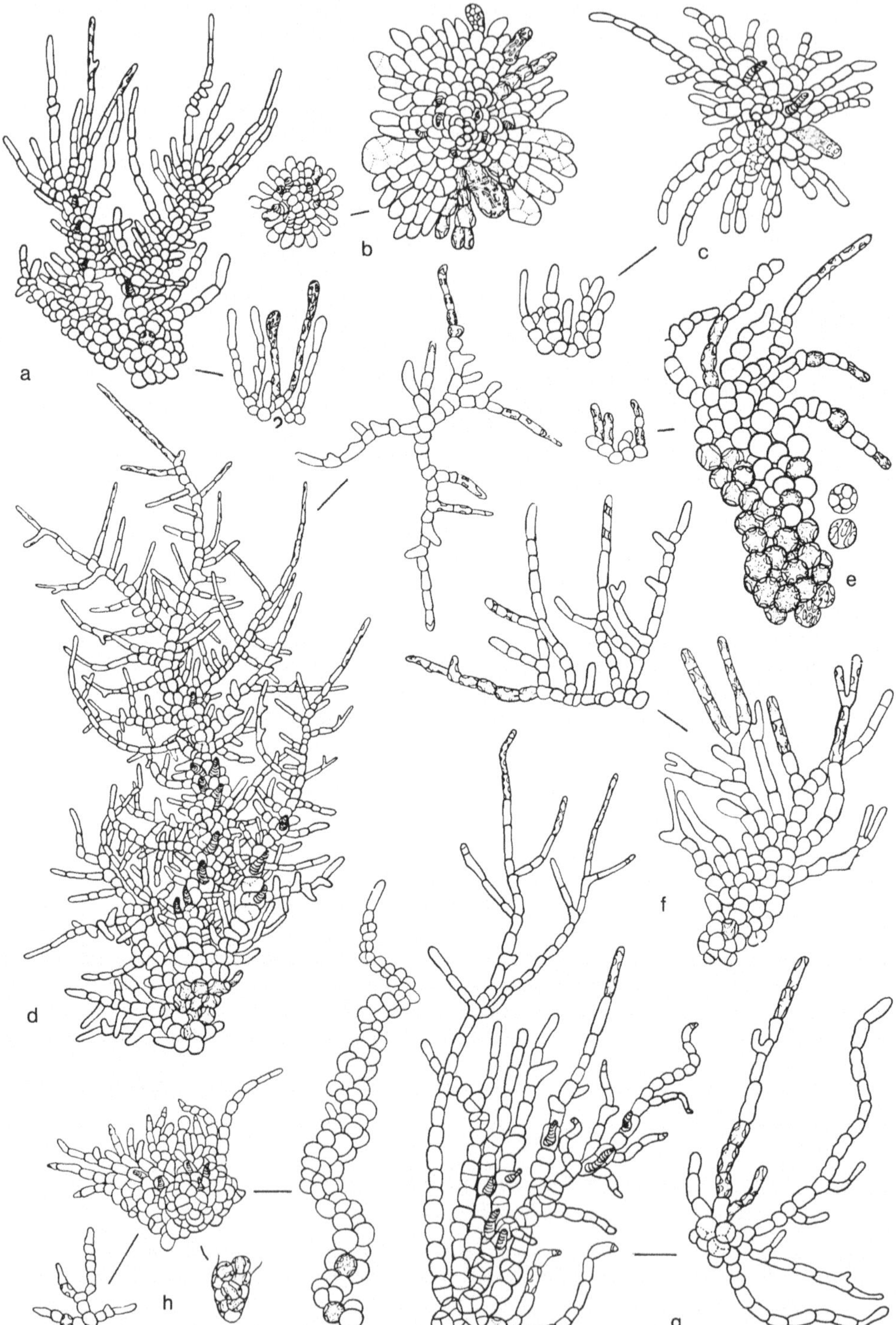
a
b
c
d
e
f
g
h

Glukose-Agar unterbleibt die Fadenbildung. Die Zoosporen sind höchstens 4 µm lang und mehr oder weniger spindelförmig. Die Kolonien lassen sich leicht vom Substrat trennen, da keine Fäden in den Agar eindringen.
In sterilem Feinschutt auf dem Gipfel der Kreuzspitze (3450 m ü. M.) in Tirol (Österreich).

5. **Heterococcus ramosissimus** Pitschmann 1963 (Fig. 43: d)

Pitschmann 1963, p. 498, fig. 2: 1–4; Ettl 1978, p. 471, fig. 575.

Besitzt von allen Arten die dünnsten Endfäden und gleicht in dieser Hinsicht *H. protonematoides*, doch sind hier die Endfäden nicht so stark verzweigt und erreichen niemals die Länge der beschriebenen Art. Bei der Keimung sind nach 4 Tagen bereits bis 100 µm lange verzweigte Fäden vorhanden, deren rundliche Zellen meist 2–4 ringförmige Chloroplasten enthalten. Nach mehreren Tagen erreichen die Fäden eine Länge von bis zu 380 µm. Die einzelnen Pflänzchen sind an der Basis dicht miteinander verflochten, die älteren Zellen rund, die jungen zylindrisch, die äußersten lang gestreckt und dünn (20 × 2 µm). Verzweigungen dritter Ordnung nicht selten. Ältere Fadenzellen teilen sich meist erst nach 10 Tagen in kurze Sporangien, diese bzw. Aplanosporen bleiben lange in mehrreihiger Anordnung im Fadenverband. Die Fäden sitzen lose der Agaroberfläche an, wobei auch regelmäßig kurze, meist 4–6 zellige Luftfäden gebildet werden. Zoosporen nicht beobachtet.
Aus der Wurzelzone von *Saxifraga oppositifolia*, *Poa ovina* und *Racomitrium lanuginosum* vom Nordkap (Norwegen). Erdboden der Insel Lavsa, Dalmatien (Kroatien).

6. **Heterococcus caespitosus** Vischer 1936 (Fig. 45: i; 49: b, c)

Vischer 1936, p. 391, fig. 4–10; Pascher 1939b, p. 1002, fig. 51, 138, 139; Ettl 1978, p. 471, fig. 576.

Pflanzen auf festem Nährboden sehr reich verzweigt. Pflänzchen bis 1 mm oder mehr groß, mit kriechenden und aufsteigenden Ästen. Die ausläuferartigen Fäden entwickeln sich nach allen Richtungen auf der Unterlage und bringen reichlich lichtwendige Sprosse hervor, wodurch das Lager groß wird. Junge Fadenzellen sind fast walzenförmig und oft auffallend lang (5–6 µm breit und 50 µm lang). Mit der Zeit stellen die Fäden ihr Längenwachstum ein, die Zellen beginnen sich nach allen Raumrichtungen zu teilen, es entstehen Haufen von Zellen, die sich in Hypnoblasten umwandeln können. Auch ältere Fadenzellen sind kürzer und mehr abgerundet, haben annähernd gleiche Größe und wandeln sich allmählich in die erwähnten Hypnoblasten um. Die Zellen bilden, ohne sich zu auffallenden Zoosporangien zu vergrößern, Zoosporen mit einem oder zwei Chloroplasten und Stigma.
Kultur: ASIB BS 116, ASIB S 271, S 278, S 279, S 280; SAG 835-2 a, UTEX 313, 385.
Auf Lehmerde bei Schmieheim in der Nähe von Freiburg im südlichen Schwarzwald (BRD). Erdböden in der Antarktis. Kalkböden in England. Grüne Anflüge auf Dolomitgrieß mit *Saxifraga bryoides*, *Arabis pumila* und *Trisetum distichophyllum*, Tirol 2350 m. Als Phykobiont in *Verrucaria elaeomelaena* und *V. laevata*. Erdboden der Insel Lavsa, Dalmatien (Kroatien).

7. **Heterococcus nepalensis** Pitschmann 1963 (Fig. 43: e)

Pitschmann 1963, p. 500, fig. 3: 6–11; Ettl 1978, p. 471, fig. 578.

Von vielen Arten mit Luftfäden ist diese durch die schwache Verzweigung gekennzeichnet. Ältere Zellen meist kugelig (bis 20 µm im Durchmesser), Endzellen der Fäden meist langgestreckt (bis 22 µm lang und 5 µm breit). Ältere Zellen wandeln sich bald in Aplanosporangien um, die nach

Fig. 43. *a Heterococcus virginis; b H. conicus; c H. leptosiroides; d H. ramosissimus; e H. nepalensis; f H. furcatus; g H. plectenchymaticus; h H. papillosus* (nach Pitschmann).

10 Tagen nicht mehr keimen, sondern als traubige Sporenmassen aneinander kleben und mehr oder weniger an der Unterlage haften. Die Keimung erfolgt relativ langsam. Die einzelnen Pflänzchen sind kräftig und sternförmig angeordnet. Junge Zellen wandeln sich zu Sporangien um, die meist 4–8 birnenförmige Zoosporen entlassen, ältere Zellen bilden dagegen Aplanosporen, deren Chloroplasten noch längere Zeit einen Augenfleck besitzen. Auffallend ist die große Zahl linsenförmiger Chloroplasten in den älteren Zellen. Die Endzellen junger Fäden dringen meist in den Agar ein. Luftfäden werden nur selten ausgebildet.
In sterilem Feinschutt, Kvetang (4200 m ü. M.), Ostnepal.

8. **Heterococcus furcatus** Pitschmann 1963 (Fig. 43: f)
Pitschmann 1963, p. 499, fig. 3: 1–5; Ettl 1978, p. 473, fig. 577.

Die Zellen wachsen schon nach 4 Tagen zu 120 µm langen, regelmäßig verzweigten Fäden aus, deren Zellen 2, seltener 4 Chloroplasten besitzen. In den Endzellen kann die Querwandbildung mit dem raschen Wachstum nicht Schritt halten. Diese Keimschläuche besitzen nur zwei bandförmige Chloroplasten und erreichen oft eine Länge bis 25 µm. Nach 10–12 Tagen haben die meisten Pflänzchen ihre volle Länge erreicht (200 µm) und dann wandeln sich die meisten Zellen in Zoosporangien um oder zerfallen schließlich in Aplanosporen. Kurz zuvor verzweigen sich viele Spitzenzellen gabelförmig, wobei sich die beiden Äste noch strecken. Zoosporen werden meist zu 4–8 in nicht vergrößerten Zoosporangien gebildet. Sie sind birnenförmig, am Hinterende meist abgerundet, am Vorderende leicht zusammengezogen, mit einer etwas mehr als körperlangen Hauptgeißel. Aus isoliert liegenden Aplanosporen keimen sternförmig nach allen Seiten regelmäßig verzweigte Fäden. Neben Kriechfäden, die nur wenig in den Agar eindringen, werden auch bis 30 µm lange Luftfäden gebildet.
Zwischen *Ranunculus alpestris* und *Saxifraga androsacea* am Hafelekar (2300 m ü. M.) bei Innsbruck (Österreich).

9. **Heterococcus plectenchymaticus** Pitschmann 1963 (Fig. 43: g)
Pitschmann 1963, p. 501, fig. 4: 1–5; Ettl 1978, p. 473, fig. 579.

Aplanosporen keimen in zylindrische oder etwas tonnenförmige, 15 µm lange und 9 µm breite Zellen, die sich nur schwach verzweigen. Nach 4 Tagen sind die Fäden 160 µm lang und werden nach weiterem Wachstum bis 320 µm lang. Die Zellen bleiben zylindrisch. Einzelne Endzellen sind fast vollständig mit einem Chloroplast ausgekleidet und dringen in den Agar ein. In vielen mittleren Fadenzellen, in denen Aplanosporen gebildet werden, keimen diese mit kurzen Luftfäden. Zoosporen werden meist zu 4–8 in einer Zelle gebildet. Sie haben eine birnenförmige Gestalt und sind am Vorderende etwas abgerundet, während das Hinterende verschmälert ist. Auf 1% Glukose-Agar sind die Fäden an der Basis schwach verzweigt, etwa von der Mitte an unverzweigt und schließen zu einem plektenchymatischen Lager zusammen. Die Endfäden sind nicht verschmälert und dringen nicht in den Agar ein.
Aus der Wurzelzone von *Punica granatum* und *Ricinus* in der Oase Bèni-Abbès (Algerien).

10. **Heterococcus geniculatus** Pitschmann 1963 (Fig. 44: a)
Pitschmann 1963, p. 501, fig. 5: 1–5; Ettl 1978, p. 473, fig. 581.

Der Wuchs der Pflänzchen ähnlich wie bei *H. plectenchymaticus*, doch sind die Zellen kleiner und die Keimfäden kürzer und unverzweigt. Ältere Zellen meist kugelig, 10 µm im Durchmesser, jüngere Zellen hingegen zylindrisch, die äußersten Fadenzellen mehr oder weniger lang gestreckt

Fig. 44. *a Heterococcus geniculatus; b H. granulatus; c H. presolanensis; d H. capitatus; e H. maximus; f H. filiformis; g H. vesiculosus; h H. pleurococcoides; i H. undulatus* (nach Pitschmann).

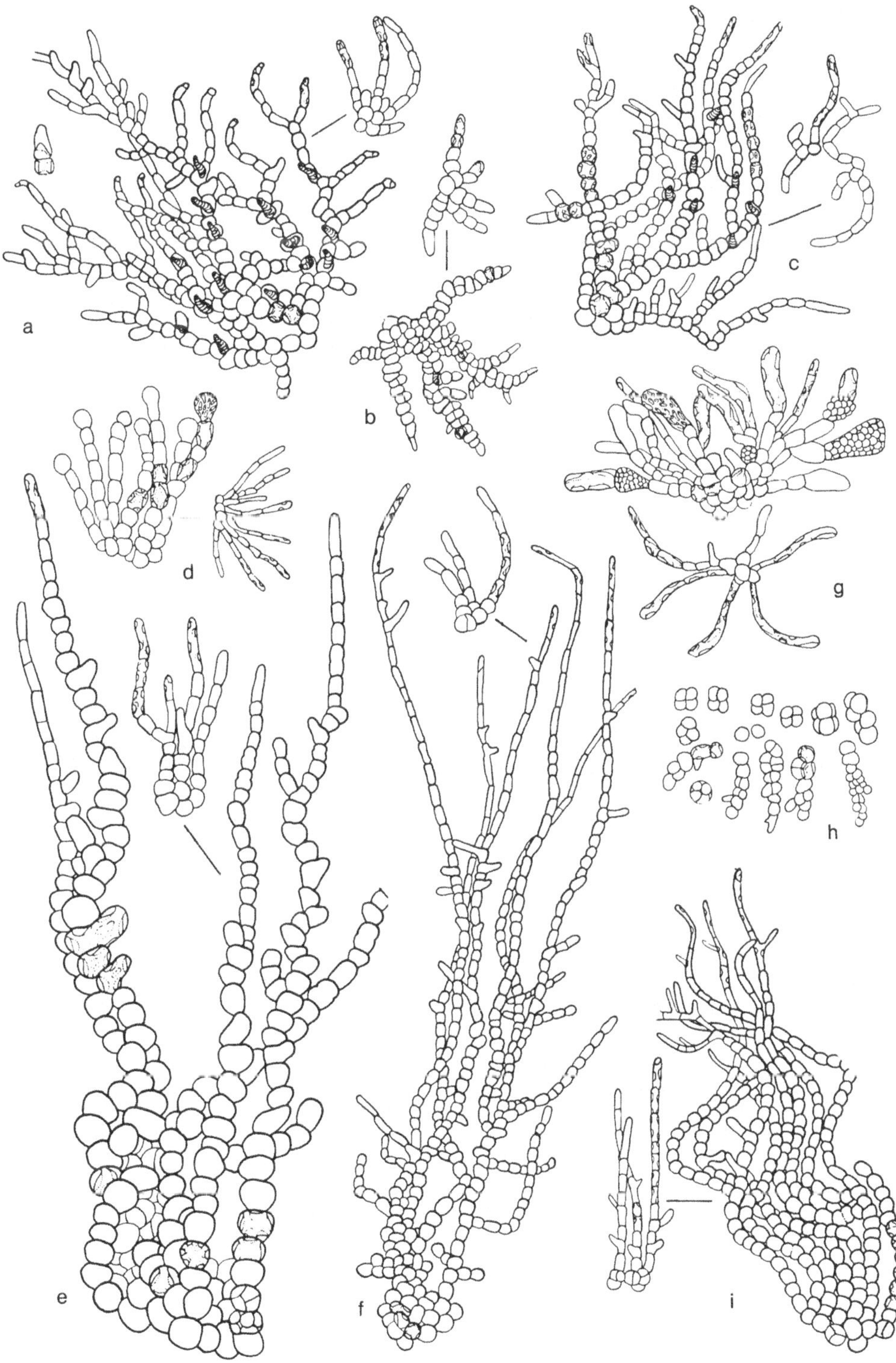
a
b
c
d
e
f
g
h
i

und auffallend gebogen. Die 2–3 Spitzenzellen dringen meist in den Agar ein. Die Endzellen sind zugespitzt und besitzen einen großen Chloroplast. Fäden von der Basis an meist verzweigt, locker gelagert, Luftfäden kurz. Zoosporen spindelförmig, auf beiden Seiten abgerundet, mit einer etwa körperlangen Hauptgeißel und einer sehr kurzen Nebengeißel.
Aus der Wurzelzone von *Saxifraga sedoides* am Pizzo Camino (1950 m ü. M.) in den Südalpen (Italien).

11. **Heterococcus papillosus** Pitschmann 1963 (Fig. 43: h)

Pitschmann 1963, p. 502, fig. 6: 1–6; Ettl 1978, p. 473, fig. 580a; Lokhorst 1992, p. 25, fig. 159–174.
Fäden kurz, nur schwach verzweigt und eng zusammenschließend. Endzellen warzenähnlich, schon bei der Keimung nach 4 Tagen in Erscheinung tretend. Während der Faden an der Peripherie der Lager noch einige Tage weiterwächst, zerfallen die Zellen in der Mitte der Kolonie in Aplanosporen oder Hypnoblasten. Zellen junger Fäden sind mehr oder weniger zylindrisch, bis 10 μm lang und 5–6 μm breit. Endzellen meist warzenförmig. Die abgerundeten Zellen werden zu Zoosporangien, die 2–4 plump birnenförmige und bis 7 μm lange Zoosporen entlassen. Auf Glukose-Agar erreichen die Fäden nach 14 Tagen eine Länge von 200 μm, ihre Zellen einen Durchmesser von 18 μm.
Bodenoberfläche zwischen *Saxifraga oppositifolia* und *Poa ovina* vom Nordkap (Norwegen). Erdböden der Insel Lavsa, Dalmatien (Kroatien).

12. **Heterococcus granulatus** Pitschmann 1963 (Fig. 44: b)

Pitschmann 1963, p. 503, fig. 6: 7–14; Ettl 1978, p. 475, fig. 580b.

Fäden eng zusammenschließend, eine Länge von höchstens 100 μm erreichend, ohne warzenförmige Endzellen. Die Keimung erfolgt regelmäßig nach allen Seiten mit tonnenförmigen Zellen. Während die Zellen in der Mitte des Lagers bald in Aplanosporen oder Hypnoblasten zerfallen, wachsen die Fäden am Rande der Kolonie noch weiter und erreichen nach 14 Tagen eine Länge von 100 μm. Fadenzellen immer kürzer als breit, 3–4 μm lang und 8–10 μm breit, mit meist 4 Chloroplasten. Sie bilden schon nach 4–5 Tagen 2–4 Aplanosporen oder ebenso viele Zoosporen. Diese sind spindelförmig, auf beiden Seiten etwas ausgezogen, bis 8 μm lang. Hypnoblasten mit einer schwach granulierten Wand. Auf Glukose-Agar wachsen die Fäden bis zu einer Länge von 220 μm aus, sie sind unverzweigt und ihre Zellen kugelig bis ellipsoidisch. Die meisten bilden Aplanosporen, aber keine Luftfäden.
Aus der Wurzelzone von *Saxifraga oppositifolia* und *Poa ovina* vom Nordkap (Norwegen).

13. **Heterococcus presolanensis** Pitschmann 1963 (Fig. 44: c)

Pitschmann 1963, p. 504, fig. 6: 15–18; Ettl 1978, p. 475, fig. 582.

Isoliert liegende Aplanosporen keimen mit anfänglich zylindrischen, 5–6 μm langen und 2,5–3 μm breiten Zellen. Nach 4 Tagen erreichen die Keimfäden eine Länge von 40 μm ; sie sind nur schwach verzweigt und eigentümlich hin- und hergebogen. Später runden sich die Zellen ab, wachsen zu langen, 170 μm messenden Fäden aus, deren Seitenäste meist bogig aufsteigen. Die Endzellen sind lang gestreckt 20 μm lang und 3–4 μm breit. Zoosporen meist birnenförmig, an beiden Enden verjüngt, sie erreichen eine Länge von 9 μm. Hauptgeißel nur wenig länger als die Zelle, Nebengeißel ¼–½ der ersteren messend. Von allen bekannten Arten die längste Nebengeißel. Auf 1% Glukose-Agar bildet die Art dichte Lager.
In Polstern von *Saxifraga presolanensis* auf der Nordseite der Presolana in den Südalpen (Italien).

Fig. 45. *a Heterococcus quadratus; b H. corniculatus; c H. anguinus; d H. curvatus; e H. africanus; f H. moniliformis; g, h H. fuornensis; i H. caespitosus* (nach Pitschmann).

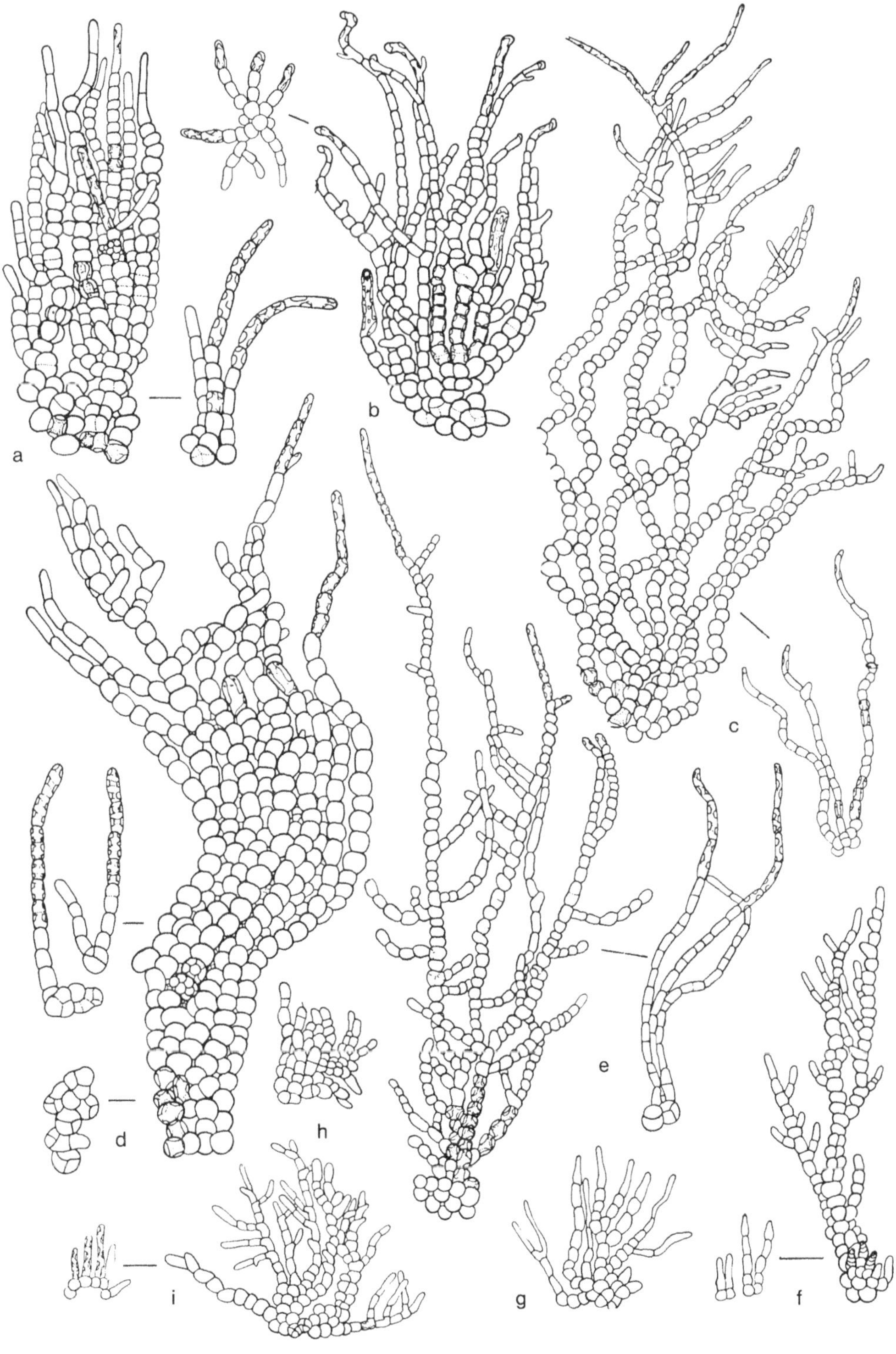
a
b
c
d
e
f
g
h
i

14. Heterococcus pleurococcoides Pitschmann 1963 (Fig. 44: h)
Pitschmann 1963, p. 504, fig. 7: 1–3; Ettl 1978, p. 475, fig. 583.

Besitzt von allen bekannten Arten die kürzesten Fäden, die nur selten verzweigt sind und nur aus 3–9 Zellen bestehen. Sie zerfallen schon nach wenigen Tagen. Zellen meist kugelig oder ellipsoidisch, bis 8 µm breit, mit 2–4 scheibenförmigen Chloroplasten. Zoosporangien von vegetativen Zellen nicht verschieden. Zoosporen spindelförmig. Aplanosporen meist zu 4–6 in einer Zelle gebildet, nach dem Freiwerden noch lange Zeit in charakteristischen Vierer- oder Sechsergruppen beisammen bleibend. Auf 1% Glukose-Agar werden keine Fäden gebildet, doch wachsen die Zellen bis zu einer Größe von 25 µm heran, wobei auch die Zahl der Chloroplasten vermehrt wird.
Grüner Überzug in einer Höhle über Äsch im Kanton Basel (Schweiz). Erdböden der Antarktis.

15. Heterococcus endolithicus Darling, Friedmann & Broady 1987 (Fig. 48: g)
Darling, Friedmann & Broady 1987, p. 599, fig. 2, 3.

Fäden bis zu 6 Zellen lang, selten verzweigt; Fadenzellen zylindrisch, wenn einzeln oder in Gruppen von 2 bis 6 mehr kugelig oder abgerundet. Ein Chloroplast, selten zwei, pro Zelle, parietal, scheibenförmig. Fortpflanzung durch 2 bis 6 Autosporen oder durch Zellteilungen. Keine Zoosporen beobachtet. Zylindrische Zellen 2,9–4,3 × 7,2–13,8 µm; kugelige Zellen 4,1–6,9 µm im Durchmesser.
Kultur: Nr. 195/A 790–35 in der Sammlung des Polar Desert Research Center in Florida State University, USA.
Kryptoendolithisch in Sandstein, Quartermain Range, südliches Victoria Land, Antarctica.
Steht *H. pleurococcoides* nahe, unterscheidet sich aber durch dünnere, meist unverzweigte Fäden und fehlende Einschnürungen an den Querwänden. Sehr variabel in der Morphologie bei unterschiedlichen Kulturtemperaturen.

16. Heterococcus vesiculosus Pitschmann 1963 (Fig. 44: g)
Pitschmann 1963, p. 505, fig. 7: 4–8; Ettl 1978, p. 475, fig. 584.

Bildet kurze, bis 100 µm lange Fäden aus kugeligen bis zylindrischen Zellen mit einem Durchmesser von 8–10 µm. Endzellen unregelmäßig blasig erweitert und eine Länge bis 40 µm erreichend. Diese enthalten entweder bis zu 64 Chloroplasten oder ebenso viele Aplanosporen. Zoosporen 6–7 µm lang, schmal und spindelförmig, an beiden Polen verjüngt, mit einer etwas überkörperlangen Hauptgeißel und einer sehr kurzen Nebengeißel. Die Keimung erfolgt sternförmig nach allen Seiten mit bis zu 40 µm langen sackartig erweiterten Zellen. Auf Glukose-Agar ist das Wachstum der Fäden unregelmäßig, doch treten ebenso die charakteristischen Blasenzellen auf, die Zahl der Chloroplasten ist jedoch vermehrt.
Kultur: ASIB V 111.
Aus der Wurzelzone von *Carex firma* und *Saxifraga oppositifolia*, Rumerspitze (2300 m ü. M.) in Tirol (Österreich). Aus Erdboden vom Pitschberg bei Gröden Südtirol (Italien).

17. Heterococcus clavatus Pitschmann 1969 (Fig. 48: d)
Pitschmann 1969, p. 490, fig. 3; Ettl 1978, p. 477, fig. 586.

Endzellen stark verlängert, keulenförmig, mit nur 8–10 Chloroplasten. Die Art bildet dichte, reich verzweigte, sternförmige Räschen. Die Fäden erreichen in 14 Tagen eine Länge von 350–400 µm

Fig. 46. *a Heterococcus tectiformis; b H. unguis; c H. curvirostris; d H. implexus; e H. teleutosporoides; f H. botrys; g H. viridis; h H. crassulus* (nach Pitschmann).

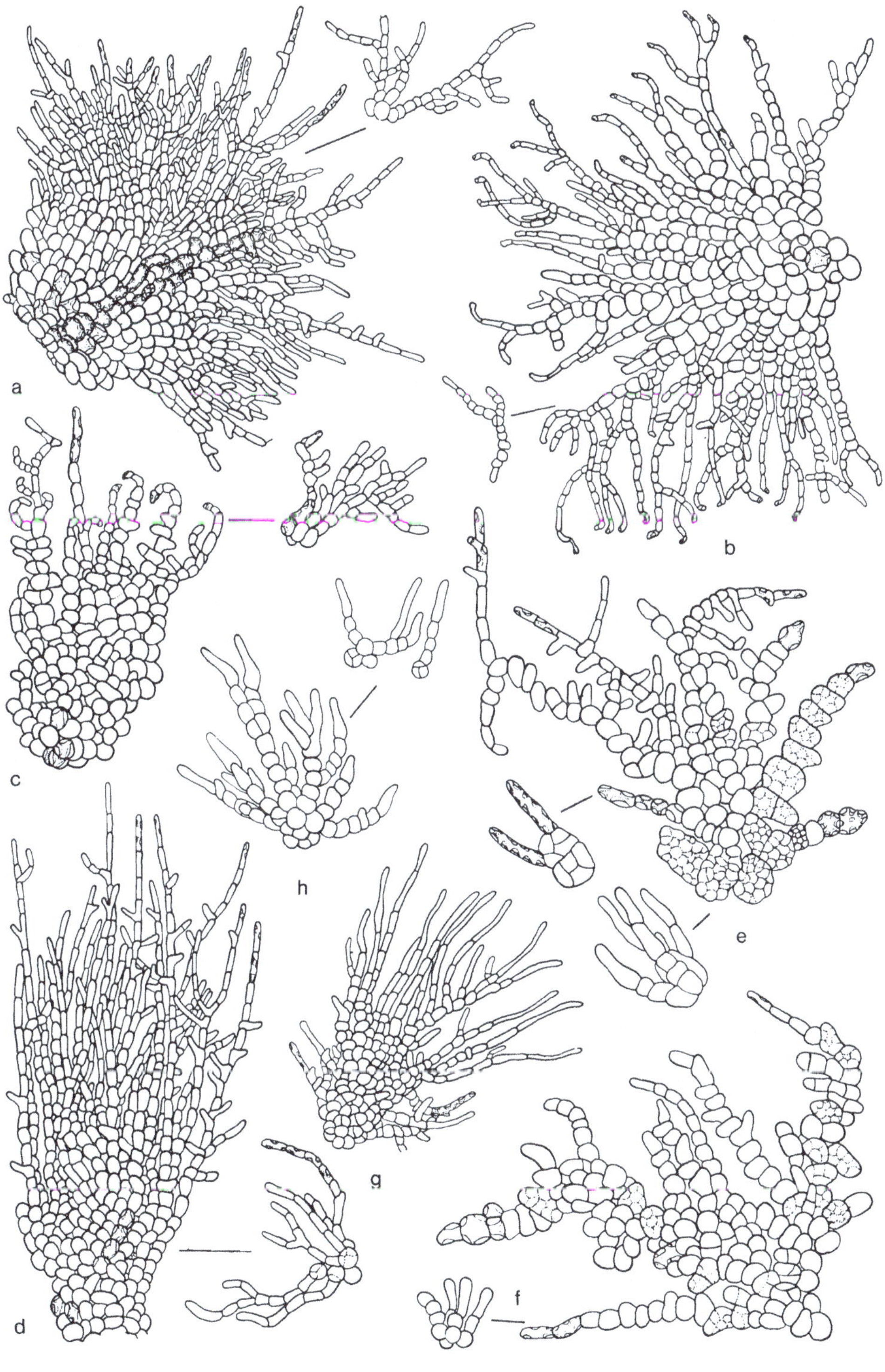
a
b
c
d
e
f
g
h

und besitzen auffallend verlängerte und keulenförmig angeschwollene Endzellen, die in den Agar wachsen. Die übrigen Fadenzellen sind kugelig bis leicht tonnenförmig, mit einem Durchmesser von 8–12 µm. Gegenüber *H. vesiculosus* sind die Endzellen größer, bis 75 µm lang und enthalten nur 8–10 Chloroplasten. In den ebenfalls blasenförmig angeschwollenen Zoosporangien werden bis 120 Zoosporen gebildet. Diese sind 6–8 µm lang, kurz spindelförmig, am Vorderende etwas abgeflacht, mit einer körperlangen Hauptgeißel und einer sehr kurzen Nebengeißel. Fortpflanzung außer durch Zoosporen auch durch Aplanosporen. Aplanosporangien, die aus älteren Kulturen auf frischen Nährboden übertragen werden, keimen ohne zu zerfallen mit langen, keulenförmigen Zellen.
Aus der Wurzelzone von *Lobelia telekii*, Kenya.

18. Heterococcus capitatus Pitschmann 1963 (Fig. 44: d)

Pitschmann 1963, p. 505, fig. 7: 9–16; Ettl 1978, p. 477, fig. 585.

Die Keimung erfolgt regelmäßig sternförmig nach allen Seiten; die jungen Fadenzellen sind schmal, bis 3 µm breit und besitzen nur zwei Chloroplasten. Nach 14 Tagen erreichen diese Fäden eine Länge bis zu 120 µm, sind meist unverzweigt und bestehen in der Regel aus 15–20 zylindrischen, 10–12 µm langen und 5–6 µm breiten Zellen mit 4–6 Chloroplasten. Endzellen durchwegs kopfartig vergrößert, meist kugelig und entweder viele Chloroplasten enthaltend, oder zu Zoo- oder Aplanosporangien umgewandelt. Die Lager sind locker, auf Glukose-Agar kleinhöckerig. Nach 15 Tagen zerfallen die Fäden in Aplanosporen oder Hypnoblasten. Zoosporen werden in den Zellen meist zu 4, in den größeren Endzellen zu 8–16 gebildet. Sie sind spindelförmig und besitzen eine körperlange Hauptgeißel und eine sehr kurze Nebengeißel. Bei der Bildung von Aplanosporen teilt sich der Protoplast in 2–4 Teile auf, die sich mit einer Wand umgeben.
Wiese in der Nähe von Scarl, Engadin (Schweiz).

19. Heterococcus crassulus Vischer 1945 (Fig. 46: h, 50: a)

Vischer 1945 a, p. 502, fig. 17; Ettl 1978, p. 477, fig. 587.

Zellfäden in der Jugend kurz, zuerst dünn. Die einzelnen Zellen vergrößern und strecken sich, andere teilen sich quer, so daß anfangs kurze, dicke Fäden entstehen. Bald bilden sich jedoch gleichmäßige Fäden, deren Zellen dick und groß sind, mit zahlreichen Chloroplasten. Die Fäden bilden rasenförmige Rosetten, deren Äste nicht verschmälert sind, sondern stumpf enden. Der Zerfall in Aplanosporen geschieht relativ spät, so daß die Pflänzchen eine ziemlich ansehnliche Größe erreichen. Zoosporangien auffallend groß, mit vielen Zoosporen. Zellen 60–100 µm lang, 10–15 µm breit.
Auf steinigem Boden bei Meiringen (Schweiz), wo sie grüne Überzüge bildete.

20. Heterococcus fuornensis Vischer 1945 (Fig. 45: g, h; 50: b)

Vischer 1945 a, p. 506, fig. 17 a, 19; Ettl 1978, p. 478, fig. 588.

Junge Pflänzchen wandeln sich oft in Zoosporangien um, oder aber sie vergrößern sich, teilen sich quer und die Fäden bleiben anfänglich kurz, gedrungen und etwas unregelmäßig. Erwachsene Pflänzchen klein, leicht zerfallend. Zellen unregelmäßig geformt. Die Äste der Fäden bleiben relativ kurz. Zoosporangien oval, mit vielen Zoosporen. Zellen 6–8 µm breit, Zoosporangien (15) 20–35 µm lang, und 15–20 µm breit.
Kultur: SAG 835-5, UTEX-348.
Aus unzersetztem Humus von Waldböden bei Fuorn (Schweiz) isoliert.

21. Heterococcus maximus Pitschmann 1963 (Fig. 44: e)
Pitschmann 1963, p. 506, fig. 8: 1–4; Ettl 1978, p. 478, fig. 589.

Bei der Keimung entwickelt sich nach 4 Tagen entweder ein sackförmiger, bis 70 µm langer und 20–25 µm breiter Keimschlauch mit zahlreichen Chloroplasten, oder es werden bis 60 µm lange, schwach verzweigte Fäden gebildet, deren Zellen kugelig oder zylindrisch sind und nur 4–6 Chloroplasten besitzen. Unter günstigen Bedingungen wandeln sich die Keimschläuche direkt in Zoosporangien um und entlassen zahlreiche spindelförmige Zoosporen. Erfolgt keine Wasserzufuhr, teilen sich die Säcke quer und wachsen zu normalen Fäden aus. Nach 14 Tagen stellen die meisten Fäden ihr Wachstum ein; sie erreichen eine Länge von 600 µm. Ältere Zellen runden sich ab, teilen ihren Inhalt in Aplanosporen auf und zerfallen schließlich. Die Fäden liegen locker, meist sternförmig nach allen Richtungen. Auf Glukose-Agar erreichen die Zellen einen Durchmesser von 40 µm.
Aus dem Boden der *Bromus erectus*-Wiese im Botanischen Garten bei Innsbruck (Österreich).

22. Heterococcus filiformis Pitschmann 1963 (Fig. 44: f)
Pitschmann 1963, p. 507, fig. 9: 1–5; Ettl 1978, p. 478, fig. 590.

Aus Aplanosporen oder Hypnoblasten entwickeln sich nach 4 Tagen meist nur nach einer Seite bis 70 µm lange, unverzweigte Keimfäden mit zylindrischen, 10 µm langen und 4–5 µm breiten Zellen. Nach einigen Tagen runden sich die älteren Zellen ab, ohne zu zerfallen und entwickeln sich zu perlschnurartigen Fäden, die etwa bis zur Mitte regelmäßig verzweigt sind, während sie sich gegen die Spitze zu nur noch selten verzweigen. Gegenüber den mittleren Fadenzellen sind die Zellen der Fadenalgen lang gestreckt bis 25 µm lang und 2–3 µm breit und nur selten verzweigt. Nach 14 Tagen erreichen die Fäden eine Länge bis zu 500 µm und zerfallen dann in Hyponoblasten oder Aplanosporen. Ohne sich wesentlich zu vergrößern, bilden die gegen die Basis gelegenen Zellen Zoosporen, die länglich birnenförmig sind, 5–6 µm lang werden und eine 1,5 mal körperlange Hauptgeißel haben. Die Fäden liegen relativ weit voneinander getrennt, so daß die Kolonie sehr locker erscheint. Auf 1% Glukose-Agar sind die Fäden dichter gelagert.
Erdboden der Oase Béni-Abbès (Algerien).

23. Heterococcus quadratus Pitschmann 1963 (Fig. 45: a)
Pitschmann 1963, p. 511, fig. 13: 1–5; Ettl 1978, p. 480, fig. 591.

Fäden anfangs unverzweigt, Zellen breit-zylindrisch. Schon nach 8 Tagen teilen sich die älteren Zellen quer und nehmen quadratische Form an, mit einem Durchmesser von 8–10 µm. Fäden dann mehr oder weniger gerade, schwach verzweigt, bis 250 µm lang, mit lang gestreckten Endzellen. Sie schließen sich relativ eng zu einem weichen Lager zusammen. Sporangien von den vegetativen Zellen nicht unterscheidbar. Es werden 2–4 Zoosporen in einer Zelle gebildet. Sie sind birnenförmig, 5–6 µm lang und besitzen eine mehr als körperlange Hauptgeißel; Nebengeißel sehr kurz. Auf Glukose-Agar wachsen die Fäden bis zu einer Länge von 350 µm aus.
Aus einem Polster von *Saxifraga moschata* auf dem Hafelekar (2300 m ü. M.) bei Innsbruck (Österreich).

24. Heterococcus corniculatus Pitschmann 1963 (Fig. 45: b)
Pitschmann 1963, p. 511, fig. 14: 1–5; Ettl 1978, p. 481, fig. 592.

Aplanosporen keimen mit kurzen Fäden sternartig nach allen Seiten. Zellen kugelig bis annähernd tonnenförmig, mit 2–4 Chloroplasten. Schon nach 6–7 Tagen nehmen die Zellen isodiametrische, mehr quadratische Form an, sind perlschnurartig aneinander gereiht und wachsen zu 200 µm langen Fäden aus, die nur schwach verzweigt sind. Endzellen sind langgestreckt, etwas gebogen und dringen in den Agar ein. Sie besitzen einen die ganze Zellwand auskleidenden Chloroplast.

Zoosporen werden in normalen Zellen oder seltener in sackförmig erweiterten Zoosporangien gebildet. Nach 16 Tagen sind die meisten Fäden in Aplanosporen oder Hypnoblasten zerfallen. Auf 1% Glukose-Agar sind die Pflänzchen an der Basis nur schwach ästig, die Zellen kugelig, an den Enden mehr oder weniger gestreckt und verschmälert, häufig geweihartig verzweigt.
Aus der Wurzelzone von *Saxifraga androsacea* und *Ranunculus alpestris* vom Südhang des Hafelekar (2200 m ü. M.) bei Innsbruck (Österreich).

25. **Heterococcus curvatus** Pitschmann 1963 (Fig. 45: d)

Pitschmann 1963, p. 510, fig. 12: 1–5; Ettl 1978, p. 481, fig. 593.

Aplanosporen, die meist in größeren traubenartigen Aggregaten aneinander haften, keimen in der Regel nach einer Seite hin mit zylindrischen Zellen, die sich bald quer teilen. Diese Keimfäden verzweigen sich nur sehr selten und erreichen nach 4 Tagen eine Länge von 130 µm. Bald runden sich die Zellen ab, wachsen noch bis zu einer Größe von 12–15 µm heran, bleiben perlschnurartig aneinander kleben und bilden 400 µm lange Fäden, die nur am äußersten Ende schwach verzweigt sind. Die Spitzenzellen sind wie die Keimzellen zylindrisch, 15–20 µm lang und 5–9 µm breit und enthalten 2–4 Chloroplasten. Während gegen die Spitze der Fäden zu in etwas vergrößerten Zellen Zoosporen gebildet werden, wandeln sich die Zellen an der Basis der Fäden zu Aplanosporangien um. Die Zoosporen sind schmal spindelförmig, am Vorderende abgerundet, am Hinterende leicht ausgezogen, bis 9 µm lang und 1,7–1,9 µm breit. Nach mehreren Tagen zerfallen die meisten Fäden, einzelne Zellen dagegen bilden Aplanosporen, die innerhalb der Mutterzelle heranwachsen, ohne deren Wand zu sprengen, wodurch polyedrische, bis 100 µm große Aggregate entstehen. Auf Glukose-Agar wird das Längenwachstum gehemmt.
Im Erdboden der Oase Bèni-Abbès (Algerien).

26. **Heterococcus marietanii** Vischer 1937 (Fig. 47: f; 50: e)

Vischer 1937, p. 235, fig. 7; Pascher 1939b, p. 1009, fig. 856; Ettl 1978, p. 481, fig. 595; Lokhorst 1992, p. 38, fig. 288–308.

Erwachsene Pflänzchen, die bis 600 µm messen können, haben nur eine geringe Verzweigung, dafür sind aber die Zweige kräftig und groß, die Äste zweiter Ordnung kurz und spärlich. Die Kolonien haben daher kein rasenartiges, sondern ein mehr sternförmiges Aussehen, umso mehr, als auch die Zellen dann kürzer und derber und daher auch gedrungener sind, wobei sie annähernd gleiche Größe haben. Im Gegensatz zu den jungen Zellen ist ihre Zellwand etwas derber. Zoosporangien nicht besonders an Größe zunehmend, vor allem aus den gegen die Basis gelegenen Zellen gebildet. Auch Aplanosporen bildend. Junge walzliche Zellen bis 30 µm lang und 6 µm breit, ältere Zellen 10–15 µm im Durchmesser.
Kultur: ASIB BS 167, T 19, SAG 835-7, UTEX 350.
Bis jetzt aus dem Wallis (Schweiz) bekannt, bei einer Quelle in der Nähe des Dorfes Montana; auch aus Erdböden (Tschechoslowakei), und in der Umgebung von Brixen, Südtirol (Italien).

27. **Heterococcus africanus** Pitschmann 1963 (Fig. 45: e)

Pitschmann 1963, p. 508, fig. 10: 1–4; Ettl 1978, p. 481, fig. 594.

Nach 4 Tagen haben die Fäden bei der Keimung eine Länge von 190 µm erreicht. Die Zellen sind mehr oder weniger zylindrisch, 9–12 µm lang und 4–5 µm breit. In 14 Tagen alten Kulturen wachsen die Fäden zu einer Länge von 350–360 µm heran, ihre Endzellen sind nicht verschmälert,

---

Fig. 47. *a Heterococcus longicellularis; b H. mastigophorus; c H. thermalis; d H. stigeoclonioides; e H. tiroliensis; f H. marietanii* (nach Pitschmann).

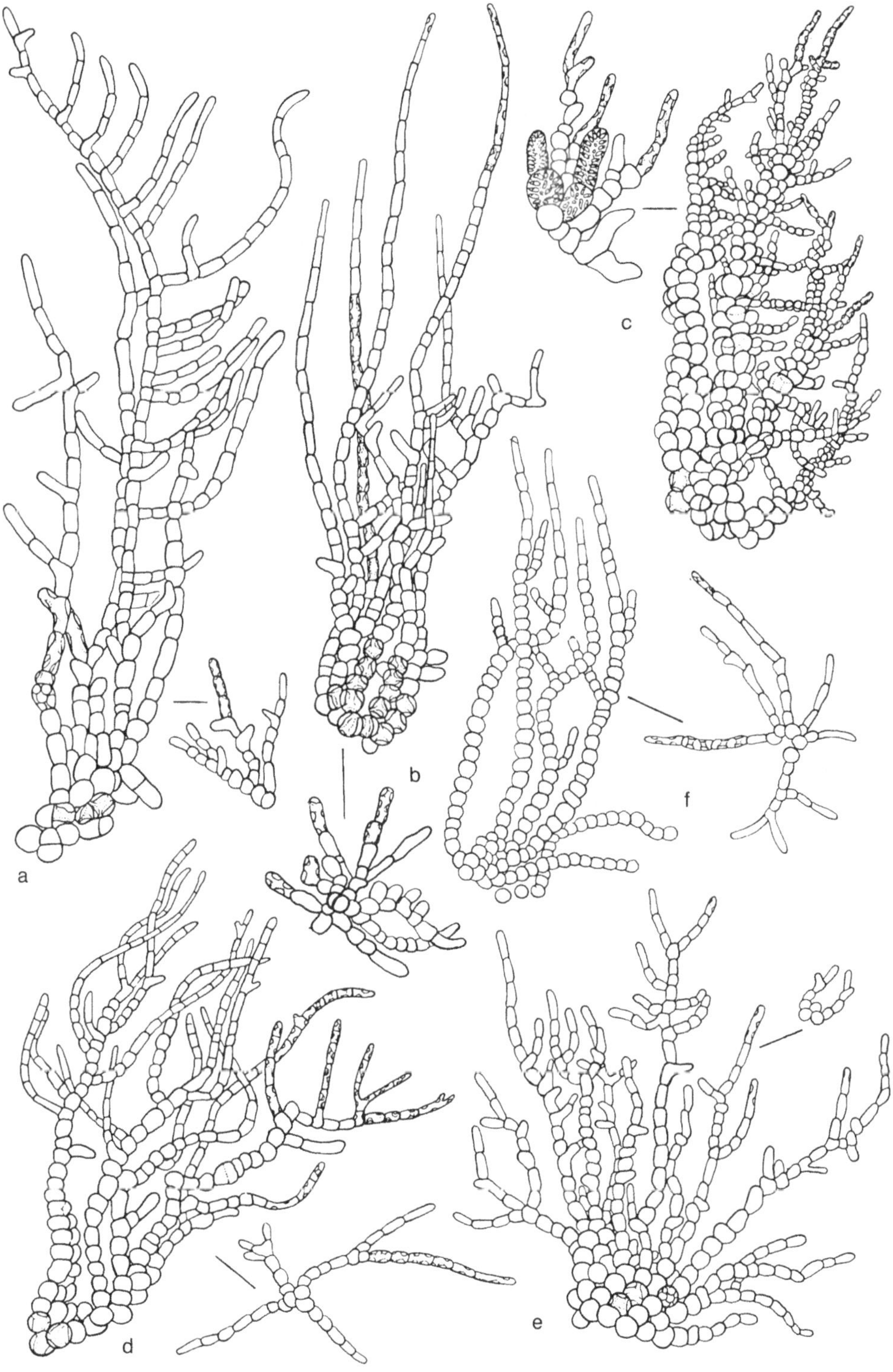
a
b
c
d
e
f

10 µm lang und 6 µm breit und besitzen meist zwei bandförmige Chloroplasten. Die einzelnen Fadensysteme liegen relativ locker beisammen und sind leicht zu trennen. Zoosporen und Aplanosporen werden in gewöhnlichen Fadenzellen gebildet. Zoosporen spindelförmig, 5–6,5 µm lang, mit einer mehr als körperlangen Hauptgeißel und einer sehr kurzen Nebengeißel. Auf Glukose-Agar haben die Zellen eine zylindrische Form, sind 30 µm lang und 10 µm breit, besitzen meist 8–16 Chloroplasten. Die Fäden erreichen eine Länge bis zu 300 µm.
Aus Erdböden der Oase Bèni-Abbès (Algerien).

28. Heterococcus anguinus Pitschmann 1963 (Fig. 45: c)
Pitschmann 1963, p. 509, fig. 11: 1–4; Ettl 1978, p. 483, fig. 596.

Die Keimung verläuft unregelmäßig, einseitswendig. Nach 4 Tagen sind mehr oder weniger gleichmäßig lange, aus tonnenförmigen Zellen bestehende Fäden von 160 µm Länge vorhanden, die meist nur wenig verzweigt sind, aber leicht hin- und hergebogen erscheinen. Manche Zellen bilden schon Zoosporen. Nach 14 Tagen haben sich kräftige, bis 400 µm lange Fäden gebildet, die nur in den jüngsten Abschnitten verzweigt sind. Die älteren und mittleren Fadenzellen sind meist kugelig, 5–7 µm im Durchmesser, perlschnurartig aneinander gereiht, während die Spitzenzellen gestreckt und sehr schmal –15 µm lang und 2 µm breit sind. Der Hauptfaden der Pflänzchen ist zickzackartig hin- und hergebogen. Die Zoosporen, die aus gewöhnlichen Fadenzellen hervorgehen, sind spindelförmig, am Vorderende gestutzt, basal leicht ausgezogen. Nach 16 Tagen bilden sich gegen die Mitte der Kolonie Aplanosporen, die zu *Pleurococcus*-ähnlichen Paketen zusammengeschlossen sind. In 14 Tagen alten Kulturen liegen die Fäden mehr oder weniger locker aneinander, die Lager sind weich und lassen sich leicht von der Unterlage abheben. Auf Glukose-Agar ist das Längenwachstum deutlich gehemmt.
Bodenoberfläche unter *Inula viscosa*, S. Angelo, Ischia (Italien).

29. Heterococcus undulatus Pitschmann 1963 (Fig. 44: i)
Pitschmann 1963, p. 509, fig. 11: 5–8; Ettl 1978, p. 483, fig. 597.

Nach 4 Tagen keimen Sporen zu 100 µm langen, nur schwach verzweigten Fäden mit zylindrischen Zellen. Nach 14 Tagen haben sich kräftige perlschnurartige Fäden entwickelt, die sich nur an den äußersten Enden verzweigen. Während sich die mittleren Fadenzellen abrunden, sind die Endzellen lang und dünn, 25 µm lang und 2 µm breit. Hauptfäden liegen wellenförmig und relativ dicht aneinander. Gegen das Ende zu sind sie ineinander verschlungen. Zoosporen werden meist zu 2–4 in normalen Zellen gebildet. Auf Glukose-Agar ist das Längenwachstum nicht gehemmt, die Zellen sind größer.
Im Erdboden der Oase Bèni-Abbès (Algerien).

30. Heterococcus tectiformis Pitschmann 1963 (Fig. 46: a)
Pitschmann 1963, p. 513, fig. 15: 5–8; Ettl 1978, p. 483, fig. 598.

Die Keimfäden wachsen sternförmig nach allen Seiten und sind von Anfang an regelmäßig verzweigt, mit mehr oder weniger tonnenförmigen Zellen. Nach 14 Tagen sind die Kolonien kegelförmig und erreichen eine Höhe von 100 µm. Fäden zu einem festen Lager zusammenschließend, meist schon an der Basis verzweigt. Zellen zylindrisch, mit 4–6 Chloroplasten, Spitzenzellen der Fäden 2 µm breit und nicht in den Agar eindringend. Zoosporen und Aplanosporen werden in den mittleren Fadenzellen gebildet. Die Zoosporen sind 5–6 µm lang, oval oder birnenförmig, vorn abgerundet, basal ein wenig ausgezogen.
Wurzelzone von *Anemone stellata,* Mte. Epomeo (750 m ü. M.), Ischia (Italien).

31. **Heterococcus unguis** Pitschmann 1963 (Fig. 46: b)
Pitschmann 1963, p. 512, fig. 15: 1–4; Ettl 1978, p. 485, fig. 599.

Bei der Keimung wachsen die kurzzelligen Fäden sternförmig nach allen Richtungen. Die Zellen besitzen meist nur zwei Chloroplasten. In den basalen Fadenzellen werden wiederholt Aplanosporen gebildet, die sich zu kleinen Häufchen übereinander lagern, aber bald wieder zu neuen Fäden auskeimen. Die Kolonien erreichen eine Höhe von 30 µm. Basale und mittlere Fadenzellen sind kugelig oder einseitig erweitert, bis 16 µm lang und 12 µm breit, gegen das Fadenende zylindrisch und verschmälert, 12 µm lang und 2 µm breit. Sie dringen bogig in den Agar ein. Die Fäden liegen locker und besitzen krallenartige Endverzweigungen. Die birnförmigen, bis 5 µm langen Zoosporen werden zu 2–4 in normalen Zellen gebildet. Auf Glukose-Agar bleiben die Fäden kurz, doch sind die Zellen etwas größer.
In sterilem Feinschutt vom Westgrat des Cho Oyu (6150 m ü. M.), an der Grenze zwischen Nepal und Tibet.

32. **Heterococcus curvirostris** Pitschmann 1963 (Fig. 46: c)
Pitschmann 1963, p. 514, fig. 16: 1–5; Ettl 1978, p. 485, fig. 600.

Junge Keimzellen sind meist zylindrisch, 10–12 µm lang und 4–5 µm breit. Schon nach 8–10 Tagen zerfallen die basalen Zellen der Fäden und nehmen unregelmäßige Formen an, während die Spitzenzellen noch einige Zeit weiterwachsen. Die Endzellen der Fäden dringen in den Agar ein und bilden so ein Hindernis für die dahinterliegenden Zellen, die sich strecken. Dadurch erscheinen die äußersten Fadenpartien schnabelartig gekrümmt. Schließlich reißt der Faden hinter der Spitzenzelle ab, während sich diese vergrößert und meist mehrere Aplanosporen bildet. Aplanosporen und Zoosporen werden in geringer Zahl in normalen Zellen gebildet. Auf Glukose-Agar sind die meisten Zellen zylindrisch oder ± tonnenförmig, die Fäden schwach verzweigt.
Aus den Polstern von *Saxifraga vandellii,* Mte. Alben (1900 m ü. M.) in den Südalpen (Italien).

33. **Heterococcus implexus** Pitschmann 1963 (Fig. 46: d)
Pitschmann 1963, p. 514, fig. 16: 6–11; Ettl 1978, p. 486, fig. 601.

Die Keimung erfolgt in der Regel nur nach einer Seite mit zylindrischen, 12 µm langen und 4 µm breiten Zellen, die nach 14 Tagen zu Fäden mit einer Länge von 300 µm auswachsen. Sie sind dicht gelagert, zum Teil ineinander verschlungen und tragen von der Basis an relativ kurze, meist nur 3–5 zellige Seitenäste. Die Zellen der Endfäden sind durchwegs schmal und relativ lang (20 µm lang, 2,5–3 µm breit) und besitzen zwei bandförmige Chloroplasten. Zoosporen und Aplanosporen werden in nicht vergrößerten Zellen gebildet. Die Zoosporen werden in der Regel als Synzoosporen entlassen. Auf Glukose-Agar sind die Basalzellen der Fäden kugelig, perlschnurartig aneinander gereiht. Die Zellen der Endfäden sind zylindrisch, ein wenig gestreckt und gebogen, die Endzelle ist zugespitzt und besitzt nur einen Chloroplast.
In der obersten Bodenschicht eines Steineichenwaldes bei Limone am Gardasee (Italien). Auch Erdboden der Insel Lavsa, Dalmatien (Kroatien).

34. **Heterococcus teleutosporoides** Pitschmann 1963 (Fig. 46: e)
Pitschmann 1963, p. 515, fig. 17: 1–16; Ettl 1978, p. 486, fig. 602.

Großzellen keimen in der Regel mit hornförmigen Keimschläuchen, die noch lange ohne Querwände bleiben. Nach 7–8 Tagen haben sich unregelmäßig nach allen Seiten wachsende Fäden mit mehr oder weniger kugeligen oder zylindrischen oder auch unregelmäßig geformten Zellen gebildet, die eine Länge bis zu 40 µm und eine Breite bis zu 25 µm erreichen können. Die Fäden sind schwach verzweigt und zerfallen bereits nach 10–12 Tagen. Aplanosporen oder Zoosporen werden in bis zu 50 µm großen Sporangien gebildet. Die Zoosporen sind birnenförmig, 8–9 µm lang und

formveränderlich. Auf 1% Glukose-Agar ist der Großteil der Zellen kugelig bis zylindrisch, zum Teil sackförmig langgestreckt – bis 70 µm. Die Verzweigung erfolgt bei der Keimung meist einseitswendig, Teleutosporen-ähnlich. Die Endzellen der bis zu 250 µm langen Fäden sind schmal, zylindrisch und enthalten meist 4 Chloroplasten.
Zwischen den Wurzeln von *Saxifraga sedoides* am Pizzo Camino (1900 m ü. M.) in den Südalpen (Italien).

35. **Heterococcus botrys** Pitschmann 1963 (Fig. 46: f)

Pitschmann 1963, p. 516, fig. 18: 1–5; Ettl 1978, p. 486, fig. 603.

Fäden bestehen nach 14 Tagen aus unregelmäßig geformten Zellen, die zum Teil sackförmig vergrößert sind und einen Durchmesser bis zu 25 µm erreichen können. Die Keimfäden sind kurzzellig und erreichen nach 4 Tagen eine Länge von höchstens 40 µm. Die Zoosporen sind 5–6 µm lang, mehr oder weniger spindelförmig. Auf 1% Glukose-Agar werden die Fäden, die eine Länge von 200 µm erreichen, in der Hauptsache aus Aplanosporen gebildet.
Oberfläche von mineralischem Rohboden mit *Ranunculus glacialis, Poa laxa, Polytrichum piliferum,* 3516 m ü. M. in Tirol; schwach humose Feinerde. Auch aus Erdboden der Insel Lavsa, Dalmatien (Kroatien).

36. **Heterococcus longicellularis** Pitschmann 1963 (Fig. 47: a)

Pitschmann 1963, 516, fig. 19: 1–4; Ettl 1978, p. 488, fig. 604.

Aplanosporen und Hypnoblasten keimen mit anfänglich kurzen zylindrischen Zellen, die sich aber bald strecken und eine Länge bis zu 30 µm erreichen. Sie enthalten meist 4–8 große, unregelmäßig elliptische Chloroplasten. Die Fäden erreichen eine Länge von 450 µm, sind meist einseitswendig verzweigt, mit bis zu 140 µm langen Seitenästen, die ihrerseits kurze Äste zweiter Ordnung tragen. Nur die äußersten Spitzenzellen sind schwach verjüngt. Auf 1% Glukose-Agar ist das Längenwachstum der Fäden gehemmt und die Zellen sind mehr oder weniger kugelig.
In der Wurzelzone von *Valeriana supina* vom Lafatscherjoch in Tirol (Österreich).

37. **Heterococcus mastigophorus** Pitschmann 1963 (Fig. 47: b)

Pitschmann 1963, p. 517, fig. 20: 1–4; Ettl 1978, p. 488, fig. 605.

Diese Art zeichnet sich durch lange, peitschenförmige, unverzweigte Fäden aus, deren Zellen fast von der Basis an zylindrisch und langgestreckt sind. Die Keimung verläuft langsam, nach 4 Tagen haben sich bis 50 µm lange Fäden gebildet, deren Zellen zum Teil kugelig, zum Teil zylindrisch sind. Schon nach 10 Tagen haben die meisten Zellen zylindrische Form und verzweigen sich nicht mehr. Nach 17 Tagen runden sich die Zellen ab, verdicken die Zellwand und lösen sich als Hypnoblasten aus dem Fadenverband. Aplanosporen oder Zoosporen wurden nicht beobachtet. Auf 1% Glukose-Agar nehmen die Zellen stark an Größe zu, sie sind entweder kugelig, 20 µm im Durchmesser, lang gestreckt oder tonnenförmig und erreichen eine Länge bis zu 40 µm. Sie enthalten meist eine große Zahl linsenförmiger Chloroplasten.
Aus der Wurzelzone von *Dryas octopetala* vom Stempeljoch (2200 m ü. M.) in Tirol (Österreich).

Fig. 48. *a Heterococcus canadensis; b H. fontanus; c H. brevicellularis; d H. clavatus; e H. mainxii; f H. protonematoides; g H. endolithicus* (g nach Darling et al., sonst nach Pitschmann).

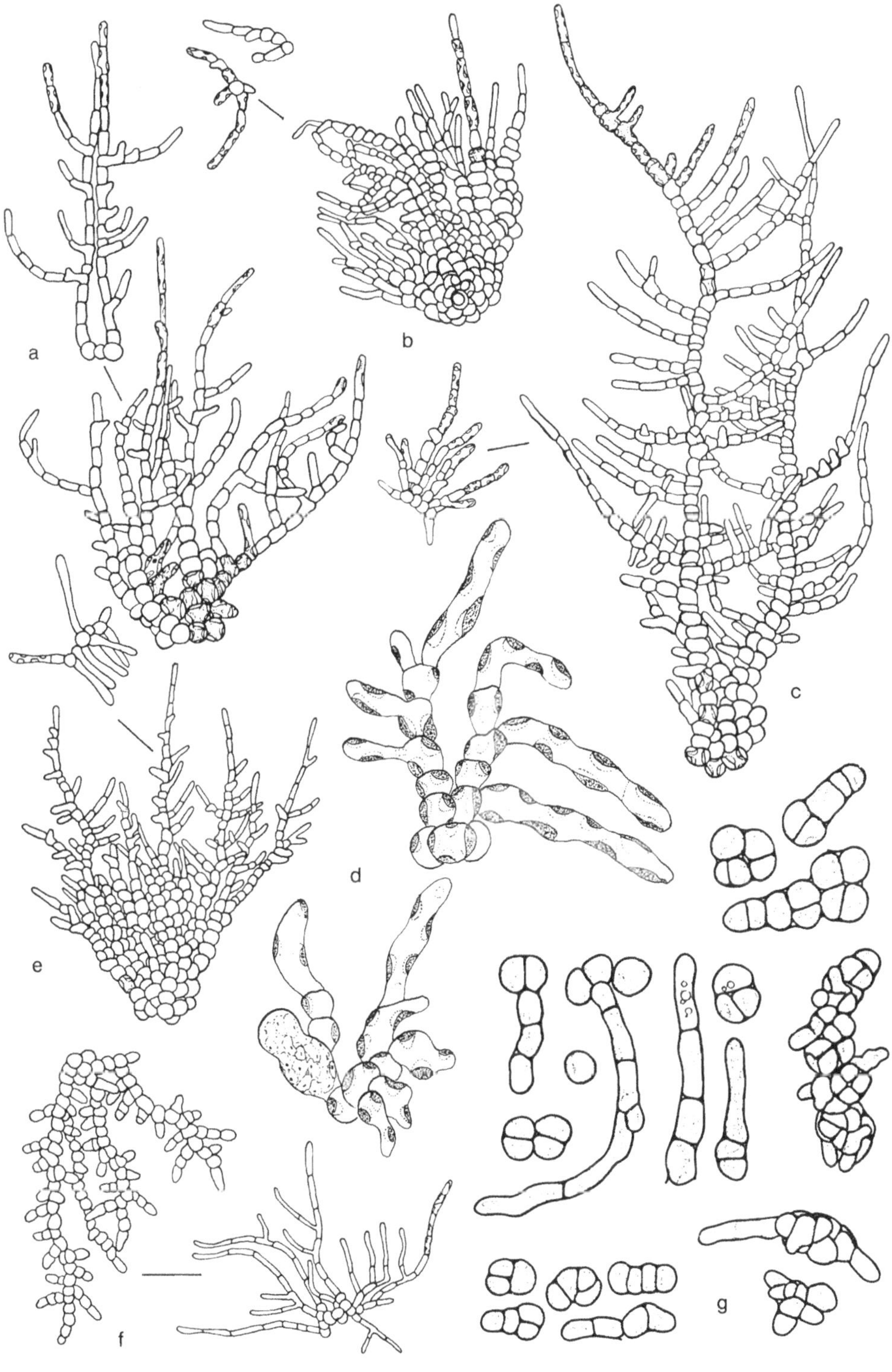
a
b
c
d
e
f
g

38. Heterococcus thermalis Pitschmann 1963 (Fig. 47: c)
Pitschmann 1963, p. 518, fig. 21: 1–5; Ettl 1978, p. 488, fig. 606.

Bei der Keimung wandeln sich die geimpften Zellen meist in Zoosporangien um, oder sie teilen sich quer; die älteren Zellen bleiben kurz und kugelig, nur die jüngsten Spitzenzellen der Fäden sind mehr oder weniger langgestreckt. In den Zellen des Hauptfadens werden bald Aplanosporen gebildet, die längere Zeit im Fadenverband bleiben, zum Teil aber zu kurzen, gedrungenen Seitenästen auswachsen. Die Zoosporen sind spindelförmig, 5–6 µm lang und tragen eine körperlange Hauptgeißel und eine sehr kurze Nebengeißel. Auf Glukose-Agar sind die älteren Zellen kugelig oder seitlich ausgezogen, enthalten oft mehrere Aplanosporen, die schon nach wenigen Tagen zu schwach verzweigten Fäden auswachsen.
In von heißen Dämpfen umspülter Erde an der S-Therme am Langarvatn, östlich Reykjavik (Island).

39. Heterococcus brevicellularis Vischer 1945 (Fig. 48: c; 49: a)
Vischer 1945 a, p. 504, fig. 18; Ettl 1978, p. 488, fig. 607; Lokhorst 1992, p. 22, fig. 123–141.

Junge Pflanzen wachsen sehr regelmäßig, wobei die Fäden aus gleichmäßig langen Zellen bestehen, die 1–2 mal länger als breit sind. Später zerfallen manche Zellen in Sporen, doch bald bilden sich kräftige Pflänzchen mit starker Verzweigung. Die Zellen bleiben jedoch kurz, nur die Endzellen sind etwas gestreckt. Zoosporangien bestehen aus kurzen, oder oft aus vergrößerten, ungeteilten Fadenzellen, mit vielen Zoosporen. Hypnoblastenbildung durch Teilungen in alle Richtungen, wobei *Pleurococcus*-artige Klumpen entstehen. Zellen 6–9 µm breit, 1–2 mal länger, Hypnoblasten 10–15 µm im Durchmesser.
Kultur: ASIB BS 351, S 267, T 26, SAG 835–1, UTEX 154.
Grüner Überzug an offenen Bodenstellen im Curvuletum, Tirol, 3160 m ü. M., Erde im Trockentorf von *Racomitrium lanuginosum,* 3385 m; Erdoberfläche 3390 m; Wurzelzone von *Saxifraga oppositifolia;* grüner Anflug zwischen *Carex curvula* 3160 m. Aus Waldboden aus der Umgebung von Fuorn (Schweiz) isoliert – 15 cm Tiefe – saure Humusschicht in *Pinus mugo*-Wald; auch aus der Umgebung von Brixen, Südtirol (Italien).

40 Heterococcus tiroliensis Pitschmann 1963 (Fig. 47: e)
Pitschmann 1963, p. 519, fig. 23: 1–4; Ettl 1978, p. 491, fig. 609.

Die Keimung erfolgt sehr zögernd und nach 4 Tagen haben sich bis 30 µm lange Keimfäden entwickelt. Nach etwa 8 Tagen setzt rasches Wachstum ein, die Zellen strecken sich und verzweigen sich intensiv mit relativ kurzen 3–7 zelligen Seitenästen. Die Zellen des Hauptfadens sind mehr oder weniger zylindrisch, 10–12 µm lang und 4–5 µm breit und besitzen meist 2–4 Chloroplasten. Die Spitzenzellen sind nicht verschmälert, manchmal etwas abgerundet und tragen 1–2 bandförmige Chloroplasten. Der Wuchs ist locker; von einem Zentrum älterer Zellen oder Akineten strahlen nach allen Seiten bis 200 µm lange Fäden aus, die sich erst über die Mitte stärker verzweigen. Sowohl Zoosporen als auch Aplanosporen gehen aus normalen, nicht vergrößerten Zellen hervor. Die Zoosporen sind spindelförmig, 4,5–5 µm lang und besitzen eine körperlange Hauptgeißel und sehr kurze Nebengeißel. Auf Glukose-Agar sind die Zellen kleiner, kugelig, besitzen meist nur zwei Chloroplasten und bilden bis 100 µm lange, meist reich verzweigte Fäden aus, die ein mehr oder weniger kompaktes Lager bilden.
In einem Curvuletum am Spiegelkogel (3300 m ü. M.) in Tirol (Österreich).

41. Heterococcus stigeoclonioides Pitschmann 1963 (Fig. 47: d)
Pitschmann 1963, p. 518, fig. 22: 1–5; Ettl 1978, p. 491, fig. 608.

Die kugeligen bis zylindrischen Zellen junger Keimfäden besitzen meist nur einen bandförmigen Chloroplast. 12–14 Tage alte Pflanzen sind erst über der Mitte verzweigt. Die Seitenzweige werden

von 18–20 µm langen und 3–4 µm breiten Zellen gebildet, die ebenso nur einen bandförmigen Chloroplast führen. Die Seitenfäden sind meist schlank, erreichen eine Länge bis zu 120 µm und sind oft ineinander verschlungen. Die birnenförmigen oder ovalen Zoosporen werden in normalen Zellen gebildet, ebenso die Aplanosporen. Auf 1% Glukose-Agar schließen die sehr kurzen Fäden zu dichten Lagern zusammen. Ihre Zellen sind meist kugelig oder zylindrisch bis tonnenförmig und enthalten wenige Aplanosporen.
Zwischen den Wurzeln von *Diotis maritima* vom Strand von Citara auf Ischia (Italien).

42. **Heterococcus viridis** Chodat 1907 (Fig. 46: g; 49: d, e)

Syn.: *Heterococcus chodatii* Vischer 1936
Chodat 1907, p. 81; Vischer 1936, p. 391, fig. 11–15; Pascher 1939b, p. 1003, fig. 846–850; Ettl 1978, p. 491, fig. 610; Silva 1979, p. 42.

Junge Pflänzchen einfach gebaut, da auf der dem Lichte zugewendeten Seite die Bildung der Äste spärlicher ist. Außerdem kommen in jungen Kolonien nicht selten unregelmäßig gestaltete, große (vielleicht vielkernige) Zellen vor. Vegetative Zellen werden früh in Zoosporangien umgebildet, die in den älteren Fadenstücken sehr groß werden können. Bei Wasserzufuhr werden Zoosporen gebildet. Aplanosporenbildung beobachtet. Erwachsene Pflänzchen recht klein. Nach kürzerer Zeit zerfallen die Lager in Einzelzellen. Zoosporen mit Stigma.
Kultur. ASIB BS 161, SAG 835-3, UTEX 346.
Kalkböden, England. Euterrestrisch, Gartenerde, Dänemark, Japan. Subaerisch auf Kalkböden auf Signy Island (Antarktis). Nach Lokhorst (1992) nur eine Varietät von *H. marietanii*.

43. **Heterococcus protonematoides** Vischer 1945 (Fig. 48: f; 50: f)

Vischer 1945a, p. 502, fig. 15, 16; Ettl 1978, p. 491, fig. 611.

Besitzt von allen Arten die dünnsten und längsten Fäden und gleicht einem Moosprotonema. Junge Pflänzchen wachsen rasch und regelmäßig, so daß in wenigen Tagen ein dichtes Gewirr gleichmäßig dünner Fäden entsteht. Erwachsene Pflänzchen sind locker gebaut, die Zellen langgestreckt und relativ wenige Chloroplasten enthaltend, sie sind infolgedessen zart und durchsichtig. Die Pflänzchen zerfallen sehr spät in Sporen. Hierbei teilen sich die Fadenzellen oft in kurze, isodiametrische Zoosporangien. Zoosporen und Aplanosporen bilden sich in kleiner Anzahl, oft nur in Einzahl. In älteren Kulturen werden Hypnoblasten gebildet. Zellen 3–4 µm breit, 30–60 µm lang, Sporangien 10–12 µm im Durchmesser.
Kultur: SAG 835-9; UTEX 352.
Auf steinigen Böden mit anderen Erdalgen grüne Überzüge bildend, bei Meiringen (Schweiz). Erdböden in der Antarktis.

44. **Heterococcus fontanus** Pitschmann 1963 (Fig. 48: b)

Pitschmann 1963, p. 521, fig. 25: 1–5; Ettl 1978, p. 492, fig. 612.

Bei der Keimung werden nur 40 µm lange, unverzweigte Fäden aus mehr oder weniger zylindrischen Zellen gebildet. Auch späterhin ist das Wachstum langsam, die Fäden erreichen schließlich nach 14 Tagen eine Länge von 130 µm. Die älteren Zellen sind kugelig bis oval, oft kürzer als breit, die Endzellen meist langgestreckt, 20 µm lang, 5 µm breit. In den Basalzellen der Fäden werden bald Aplanosporen gebildet, die nicht sogleich keimen, sondern in kleinen Aggregaten beisammenbleiben. Die Zoosporen sind länglich oval, am Hinterende ein wenig ausgezogen. Auf 1% Glukose-Kulturen ist das Zellwachstum stark gefördert, es werden wiederholt Aplanosporen gebildet, die lange im Fadenverband bleiben. Die Fäden werden 300 µm lang und die Zellen sind mehr kugelig.
Radiumquelle bei Disentis, Kanton Graubünden (Schweiz). Wahrscheinlich auch auf feuchter Erde.

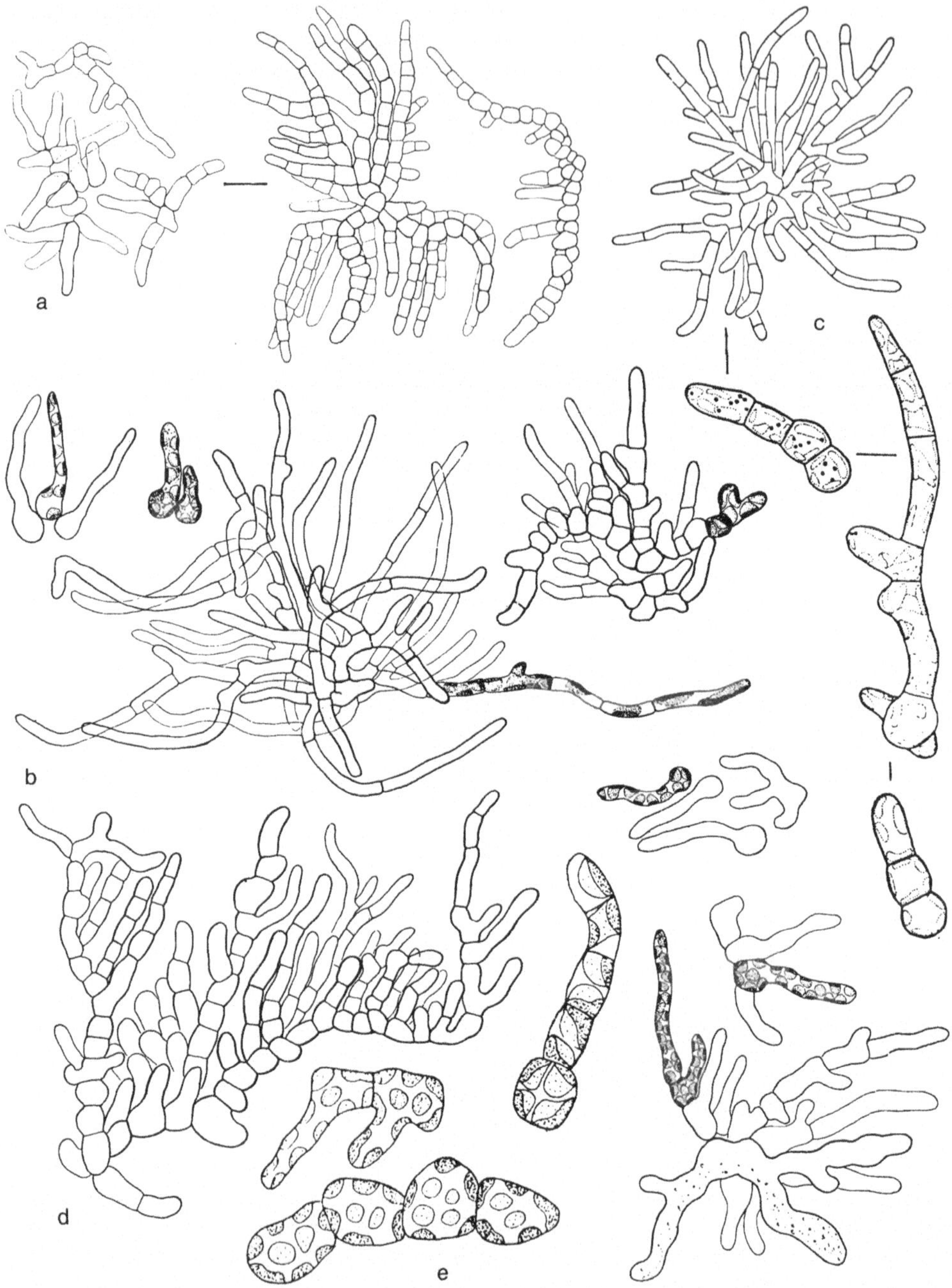

Fig. 49. *a Heterococcus brevicellularis; b, c H. caespitosus* (*b* als Erdalge, *c* als Flechtenalge); *d, e H. viridis* (*c* nach Zeitler, *e* nach Broady, sonst nach Vischer).

45. Heterococcus mainxii Vischer 1937 (Fig. 48: e; 50: c)
Vischer 1937, p. 23, fig. 4–6; Pascher 1939b, p. 1007, fig. 853–855; Ettl 1978, p. 493, fig. 614, 615.

Kolonien mehr sternförmig; Zellen an den Enden der Fadenzweige feiner ausgezogen. Pflänzchen leicht in Einzelzellen zerfallend. Bei fortschreitendem Wachstum entwickeln sich große kugelige Zoosporangien, bis schließlich ganze Ketten solcher kugeliger Zoosporangien vorhanden sind. Zoosporen sehr formveränderlich mit deutlichem Stigma, seitlich stark abgeflacht. Aplanosporen und Hypnoblasten bekannt. Pflänzchen relativ klein, bis 200 µm messend, Fadenzellen 4–8 µm breit, bis 20 µm lang.
Kultur: SAG 835-6, UTEX 349.
Aus Erdproben in der Umgebung von Basel (Schweiz) isoliert. Japan.

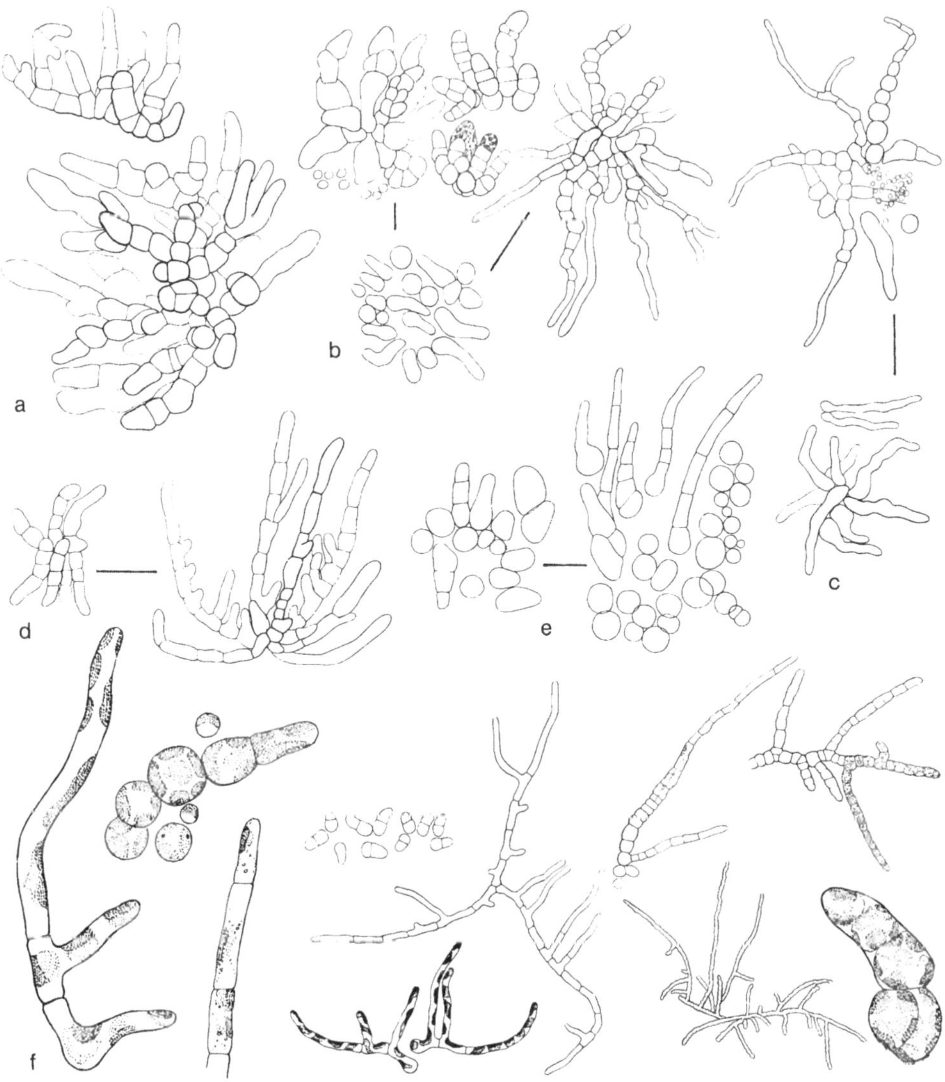

Fig. 50. *a Heterococcus crassulus; b H. fuornensis; sc H. mainxii; d H. moniliformis; e H. marietanii; f H. protonematoides* (nach Vischer).

46. Heterococcus canadensis Pitschmann 1963 (Fig. 48: a)
Pitschmann 1963, p. 520, fig. 24: 1–5; Ettl 1978, p. 493, fig. 613.

Die Keimfäden, die nach 4 Tagen eine Länge von 170 µm erreicht haben, verzweigen sich mit bogig aufsteigenden Seitenästen. Alle Zellen sind von Anfang an mehr oder weniger zylindrisch, bis 12 µm lang und 4–5 µm breit und enthalten meist 4 linsenförmige Chloroplasten. 14 Tage alte Fäden sind von der Basis an regelmäßig verzweigt und bestehen zum überwiegenden Teil aus zylindrischen Zellen mit 4–8 Chloroplasten. Später runden sich die Basalzellen ab oder erweitern sich sackförmig zu Zoosporangien oder Aplanosporangien. Die Zoosporen sind spindelförmig, 4–5 µm lang. Auf 1% Glukose-Agar ist das Längenwachstum der Zellen und Fäden stark gefördert, die Verzweigung dagegen schwächer. Einzelne Zellen erreichen eine Länge bis 20 µm, die Fäden eine solche von 320 µm.
Bodenoberfläche unter *Ostrya virginiana, Acer saccharis* und *Quercus borealis* bei Kingston (Kanada).

Anhang:
Während der Fertigstellung des Manuskriptes erschien eine Arbeit über *Heterococcus* von Lokhorst (1992), in der 6 neue Arten beschrieben wurden. Diese wurden nach anderen Gesichtspunkten bearbeitet, so daß sie sich in dem bereits fertigen Bestimmungsschlüssel leider nicht einreihen ließen. Sie sind deshalb hier im Anhang mit ihren lateinischen Diagnosen angeführt.

47. Heterococcus erectus Lokhorst 1992 (Fig. 51: a)
Lokhorst 1992, p. 16, fig. 66–85, 493–510.

«Filamentum primarium prominens, ramis erectis prostratisque instructum axe saepe flexo vel uncato in statu juvenili apicibus ramorum singulorum secundariorum omnibus vel fere omnibus unilateralibus mittente, ad 40(–50) cellulas longo longe distincto in statu juvenili solum aperto, stellato, provecto. Plantae maturae ramis fere uniformibus prostratis erectisque ad ordinem quaternarium evolutae. Zoosporangiae in cellulis leniter mutatis viridibus, cellulae 32 zoosporas continentes. Thallus laxe affixus propter fila agar invadentes fere desunt.» Fadenzellen 3,4–9 µm breit; (0,5)1–3(–5) µm länger als breit. Zoosporangien bis 13,5 µm im Durchmesser.
Kultur: ASIB S 303.
Aus Erdböden von der Insel Lavsa, Dalmatien (Kroatien).

48. Heterococcus subterrestris Lokhorst 1992 (Fig. 51: b)
Lokhorst 1992, p. 18, fig. 86–106, 511–525.

«Filamentum primarium prominens praecipue ramis lateralibus instructum axe saepe recto ad 30(–40) cellulas longo longe distincto in statu juvenili praecipue aperto provecto. Plantae maturae centraliter compositae ramis parvis arcte contiguis vel cellulis aggregatis apparenter coherentibus valde amplificatis marginaliter circumcinctis systemate extenso aperto prostrato ramorum ad ordinem tertiarium evolutorum. Zoosporangiae centralis in cellulis valde mutatis viridis ad laete viridis, 32 zoosporas continentibus. Thallus solide affixus systemate extenso filamentorum agar invadentorum componente non agar invadente largiore.» Fadenzellen (3,4–)6,8–9 µm breit; 2–4 mal länger als breit; bei kugeligen Zellen 9–13,5 µm im Durchmesser. Zoosporangien bis 16 µm im Durchmesser oder bis 12 µm breit und bis 18 µm lang.
Kultur: ASIB S 267.
Aus Erdböden von der Insel Lavsa, Dalmatien (Kroatien).

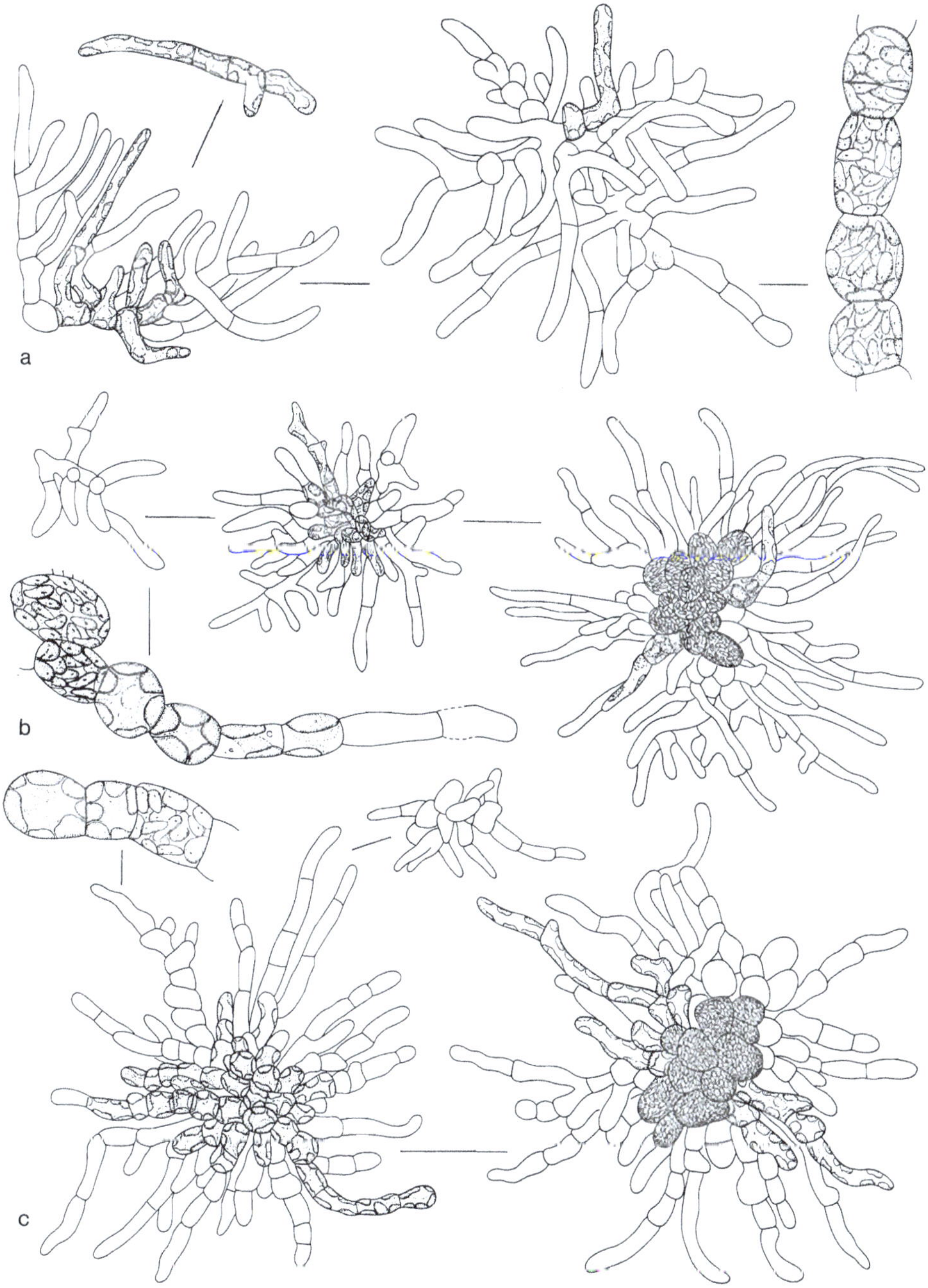

Fig. 51. *a Heterococcus erectus; b H. subterrestris; c H. stellatus* (nach Lokhorst).

49. Heterococcus stellatus Lokhorst 1992 (Fig. 51: c)
Lokhorst 1992, p. 20, fig. 107–122, 526–550.

«Filamentum primarium minus prominens propter ramos laterales et erectos praecoces fortesque evolutos, ad 10 cellulas longum breviter distinctum in statu juvenili provecto centrale compacto stellato. Plantae maturae centraliter cellulas compactas valde dilatatas consistentes circumcinctum ramis marginalibus secundariis libris parce ramosis radialibus. Zoosporangiae centralis in cellulis valde mutatis luteoviridibus, 64 zoosporas continentibus. Thallus laxe affixus propter fila agar invadentes vix evoluta.» Fadenzellen 4,5–9 µm breit und 6,8–20,3 µm lang (apikale Zellen bis 40 µm lang) oder 9–15,8 µm im Durchmesser. Zoosporangien bis 15,8 µm breit und 22,5 µm lang oder bis 18 µm im Durchmesser.
Kultur: ASIB T 25.
Aus Waldböden bei Brixen, Südtirol (Italien).

50. Heterococcus akinetus Lokhorst 1992 (Fig. 52: a)
Lokhorst 1992, p. 24, fig. 142–158, 568–582.

«Plantae maturae centrum nimis densum bene evolutum pseudoparenchymatum consistentes, circumcinctum ramis marginalibus libris radialiter dispositis. Reproductio omnino intense efferens akineta facile germinantia ad plantas juveniles stellatas ordine tertiario ramificantes. Thallus laxe affixus propter fila agar invadentes desunt.» Fadenzellen 4,5–11,3 µm breit und 0,5–2 mal länger als breit (apikale Zellen bis 6 mal) oder bis 18 µm im Durchmesser. Hypnoblasten bis 18 µm groß.
Kultur: ASIB V 125.
Aus Erdboden vom Pitschberg bei Gröden, Südtirol (Italien).

51. Heterococcus dissociatus Lokhorst 1992 (Fig. 52: b)
Lokhorst 1992, p. 41, fig. 338–360, 727–754.

«Filamentum primarium prominens praecipue ramis lateralibus, axe fere recto ad 30 cellulas longo longe distinctum in statu juvenili praecipue apertum provectum. Plantae maturae apertae ramosae ordine tertiario centrifugaliter gradatim post sporogenesem ubique fatiscentes. Zoosporangiae in cellulis valde mutatis olivaceis ad 64 zoosporas continentibus. Germinatio fragmentorum paucicellularium propagatione vegetativa ortorum efficiente plantas juveniles indefinitas cellulas formas anomalas includentes. Thallus solide affixus systemate filamentorum agar invadentorum.» Fadenzellen 6,8–11,3(–13,5) µm breit und 0,5–3 mal (apikale Zellen bis 9 mal) länger als breit, oder bis 15,8 µm im Durchmesser. Zoosporangien 13,5–15,8 µm breit und bis 25 µm lang oder bis 35 µm im Durchmesser.
Kultur: ASIB T 22.
Aus Waldböden bei Brixen, Südtirol (Italien).

52. Heterococcus zonatus Lokhorst 1992 (Fig. 52: c)
Lokhorst 1992, p. 48, fig. 411–431, 799–829.

«Filamentum primarium vel prominente et longe distinctum ad 30 cellulas longum in plantis juvenilibus asymmetricis apertis vel minus prominens ramis undique instructum ad 15 cellulas longum breviter distinctum in plantis juvenilibus praecipue valde compactis stellatis provectis. Plantae maturae centrum densum extensum consistentes ramos praecipue erectos approximatos includentes marginaliter circumcinctum zona minus distincta praecipue ramos prostratos ad ordinem tertiarium evolutos. Generationes proximae annulas concentras conspicue dispositae plantam parentalem circumcinctae aggregatione akinetorum densorum centrum substitutum. Zoosporangia in cellulis mutatis viridibus ad 64 zoosporas continentibus. Thallus solide affixus systemate verticale filamentorum agar invadentorum.» Fadenzellen 3,5–9 µm breit und 0,5–4 mal

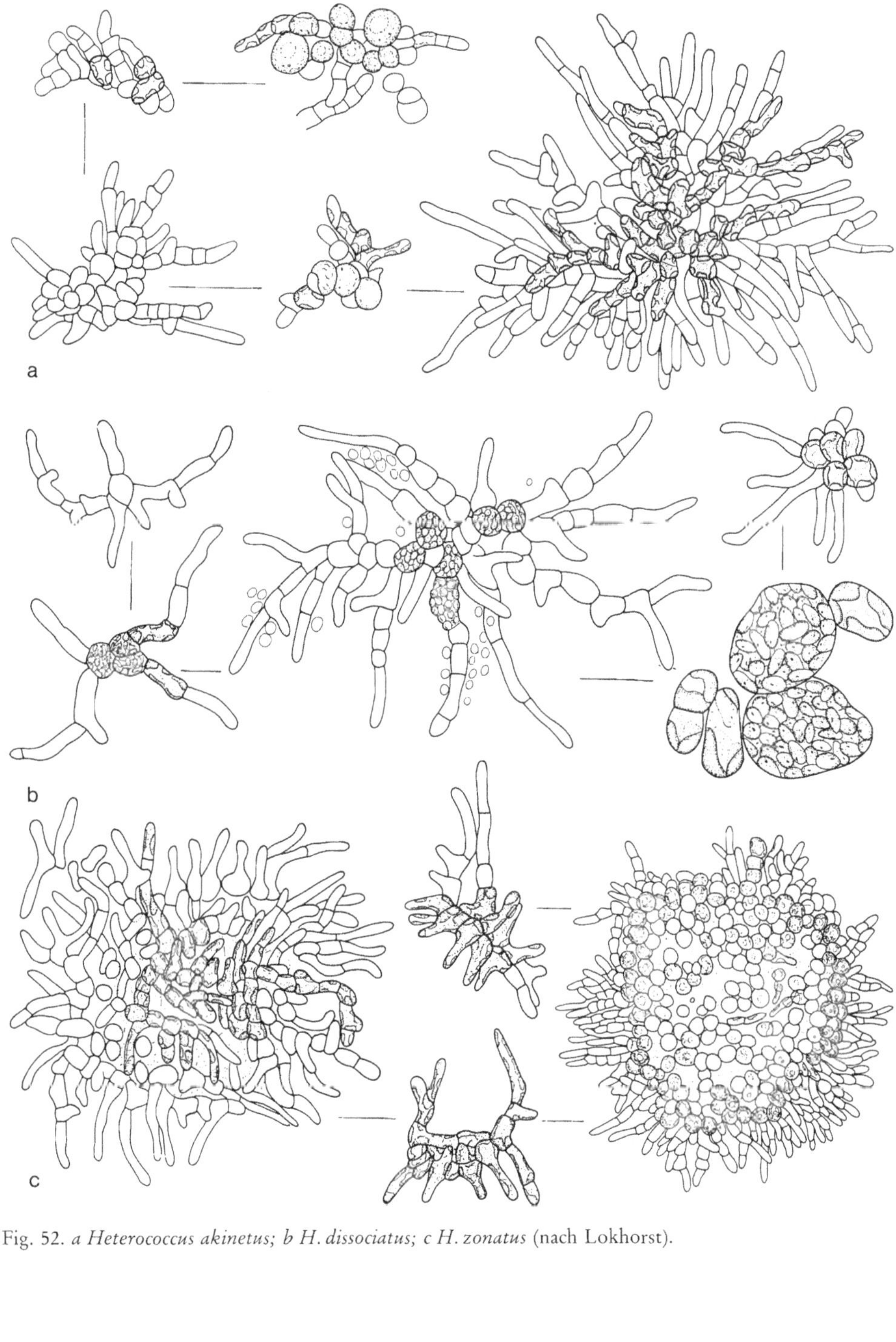

Fig. 52. *a Heterococcus akinetus; b H. dissociatus; c H. zonatus* (nach Lokhorst).

länger als breit (apikale Zellen bis 6 mal) oder 11,3 µm im Durchmesser. Zoosporangien bis 11,3 µm breit und 18,2 µm lang oder bis 13,5 µm im Durchmesser.
Kultur: ASIB S 284.
Aus Erdboden von der Insel Lavsa, Dalmatien (Kroatien).

2. **Capitulariella** Pascher 1944

Syn.: *Heteropedia* Pascher p.p. sensu Bourrelly 1968
Pascher 1944, p. 373; Ettl 1978, p. 493.

Kleine mikroskopische Räschen bildend, die aus zarten, verzweigten Fäden bestehen und auf der Erdoberfläche kriechen. Zweige eigenartig radiär ausstrahlend, im allgemeinen nicht sehr lang, sich manchmal gabelig verzweigend. Seitenzweige von oft recht verschiedener Länge. Keine Rhizoide bildend. Zellen im Prinzip walzenförmig, an den Querwänden leicht eingeschnürt, etwas länger als breit, nur manchmal mehr verlängert. Zellwand zart bis mäßig derb. Chloroplasten mehrere (3–7), wandständig, scheibenförmig oder in gestreckten Zellen eigenartig bandförmig. Fortpflanzung durch Zoosporen. Vor der Fortpflanzung vergrößern sich die Endzellen der Äste häufig, wobei die Vergrößerung der Zellen gegen den Faden zu fortschreitet. Diese vergrößerten Zellen lösen sich mit der Zeit ab und werden zu dünnwandigen Sporangien. Sie stehen an den Enden der Fäden entweder einzeln oder zu mehreren hintereinander gereiht. In diesen Sporangien werden mehrere Zoosporen gebildet. Soweit gesehen erfolgt die Zoosporenbildung in den vergrößerten Zellen nur dann, wenn sie sich aus dem Verbande gelöst haben. Zoosporen mit zwei oder mehreren Chloroplasten, mit recht ungleichen Geißeln, ohne Stigma. Als Dauerzustände kommen Hypnoblasten vor, die aus den abgefallenen Zellen durch Verdickung der Zellwand entstehen.

Eine einzige Art:

Capitulariella radians Pascher 1944 (Fig. 53: a–d)
Syn.: *Heteropedia radians* (Pascher) Bourrelly 1968
Pascher 1944, p. 374, fig. 1–3; Ettl 1978, p. 495, fig. 617.

Mit den Merkmalen der Gattung. Zellen in der Größe recht wechselnd, im allgemeinen 5–8 µm breit, die kopfigen Endzellen bis 20 µm im Durchmesser, vereinzelt bis 50 µm groß.
Kleine Lager auf feuchter Lehmerde bildend; Umgebung von Prag (Tschechoslowakei).

3. **Heteropedia** Pascher 1939

Syn.: *Monocilia* Gerneck 1907 sensu Pascher 1932; *Heterococcus* Chodat 1907 p.p. sensu Vischer 1936
Pascher 1939b, p. 1015; Ettl 1978, p. 495.

Alge im entwickelten Zustand einschichtig, vielleicht stellenweise zwei- bis mehrschichtig, aufsitzende Zellager bildend, deren Randzellen deutlich zu längeren oder kürzeren, meist frühzeitig verzweigten Fäden auswachsen. Fäden immer nur kriechend. Die Lagerflächen entstehen dadurch, daß zunächst kriechende, verzweigte Fadensysteme, seitlich aneinander gelagerte Zweige das Ausgangsparenchym bilden. Innerhalb dieses Pseudoparenchyms erfolgt schließlich die Zellvermehrung ohne direkten Zusammenhang mit der Zweigbildung. Fäden mit stumpfen, manchmal vergrößerten Endzellen. Zellen sonst kissenförmig vorgewölbt, durch gegenseitigen Druck verschieden geformt. Mit zarter Zellwand und mit einem oder mehreren wandständigen Chloroplasten. Fortpflanzung durch Zoosporen, die meist in nicht besonders vergrößerten Zellen entstehen, und deren Bildung mehr gegen die Mitte des Lagers zu beginnt. Hypnoblasten nach Zerfall in einzelne Zellen oder Zellgruppen.

1a Zellen mit einem Chloroplasten, Zoosporen eingeißelig und ohne Stigma . . . . . . **1. H. simplex**
1b Zellen mit mehreren Chloroplasten, Zoosporen zweigeißelig und mit Stigma . **2. H. polychloris**

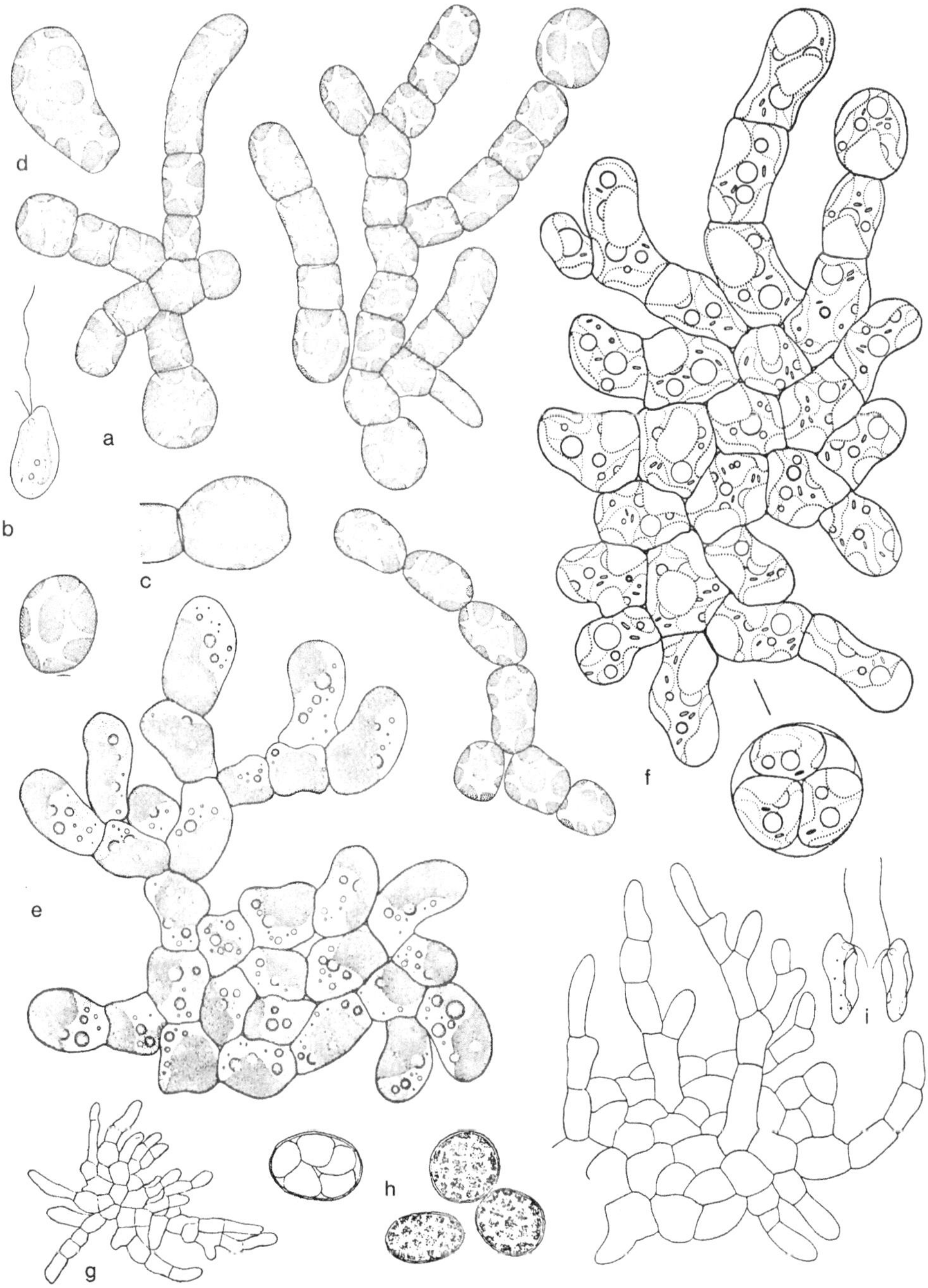

Fig. 53. *a–d Capitulariella radians; e Heteropedia simplex; f H. polychloris; g–i Aeronema polymorphum* (nach Pascher).

1. Heteropedia simplex Pascher (Fig. 53: e)
Syn.: *Monocilia simplex* Pascher 1932; *Heterococcus simplex* Vischer 1936
Pascher 1932, p. 355, fig. 33, 34; 1939b, p. 1018, fig. 860–863; Ettl 1978, p. 498, fig. 618.

Lager lockere Pseudoparenchyme bildend. Zwischen den einzelnen Zellen manchmal große Lücken. Endzellen meist etwas größer, sehr plump. Chloroplast einer, mulden- bis rinnenförmig. Zoosporen sehr amöboid, ohne Stigma und ohne Nebengeißel. Zellen 6–12 µm groß, Endzellen gelegentlich bis 18 µm lang.
Aerophile Alge, die auf einem Blumentopf als grüner Anflug und auf einem vermorschten Baumstrunk im Riesengebirge (Tschechoslowakei) gefunden wurde.

2. Heteropedia polychloris Pascher 1939 (Fig. 53: f)
Pascher 1939b, p. 1019, fig. 864, 865; Ettl 1978, p. 498, fig. 619.

Lager dicht geschlossen. Endzellen gewöhnlich etwas weniger vergrößert. Zellen mit mehreren scheibenförmigen Chloroplasten. Zoosporen mit zwei recht ungleichen Geißeln und mit Stigma. Hypnozysten und Hynoblasten werden häufig gebildet. Zellen 6–8 µm groß.
Vielleicht keine ausgesprochene Bodenalge, bildet dunkelgrüne Überzüge an leicht feuchten Stellen, Westböhmen (Tschechoslowakei), bei Mallnitz in Kärnten (Österreich).

4. **Aeronema** Snow 1911

Syn.: *Monocilia* Gerneck 1907 sensu G. M. Smith 1933; *Heterococcus* p.p. sensu Vischer 1936
Snow 1911, p. 367; Printz 1927, p. 408; Pascher 1939b, p. 1012; Ettl 1978, p. 500.

Voll entwickelte Algen aus einem einfachen, vielleicht stellenweise zwei- bis mehrfachen, unregelmäßigen Lager eng aneinanderschließender Zellen bestehend. Dieses primär aus einem zunächst kriechenden, reich verzweigten Fadensystem durch engen Zusammenschluß hervorgegangen. Aus dieser Zellschicht brechen peripher und radiär kriechende Fäden hervor, deren Basen durch entsprechende Teilungen das Randwachstum besorgen. Aus der Sohle heben sich kürzere oder längere, oft einseitig verzweigte Fäden empor (Luftsprosse). Mit der Zeit entwickelt die Alge teils durch Teilungen nach allen Raumrichtungen, teils durch Zweigverwachsungen eine unregelmäßige krustenförmige Zellmasse. Zellen im Lager ± kissenförmig, in den Fäden walzen- bis keulenförmig; Endzellen stumpf. Fortpflanzung durch Zoosporen mit einer Geißel. Zellen im Lager können sich auch zu derbwandigen Hypnoblasten umwandeln.

Eine einzige Art:

Aeronema polymorphum Snow 1911 em. Pascher 1939 (Fig. 53: g–i)
Syn.: *Monocilia flavescens* G. M. Smith 1933; *Heterococcus polymorphus* Vischer 1936
Snow 1911, p. 367, fig. 18: 9–19; Pascher 1939b, p. 1015, fig. 858, 859; Ettl 1978, p. 502, fig. 621.

Mit den Merkmalen der Gattung. Zellen 3–6(–10) µm breit. Mehr terrestrische Alge, die mit Moosen auf Baumstrünken oder an der Oberfläche von Erdböden und auch auf Blumentöpfen vorkommt (USA, Tschechoslowakei, Schweiz, USSR).

3. **Ordnung Botrydiales** Pascher 1931

Syn.: *Heterosiphonales* Pascher 1913.

Siphonale Organisationsstufe, bei der mit der Kernteilung keine Protoplasten- oder Zellteilung verbunden ist. Daraus resultiert ein großer vielkerniger Siphonoblast, als Summe vieler nicht getrennter einkerniger Protoplasten, der von einer gemeinsamen Zellwand umgeben ist. Nur bei

den Vorgängen der Fortpflanzung kehrt der Organismus zur Ausbildung einkerniger Fortpflanzungszellen zurück. Siphonoblast makroskopisch, entweder blasenförmig oder in der Gestalt dichotom verzweigter Schläuche mit Rhizoiden. Oberirdischer Teil grün, mit Chloroplasten, unterirdischer Teil farblos; ohne Querwände. Fortpflanzung durch simultanen Zerfall des vielkernigen Protoplasten in zahlreiche einkernige Zoosporen oder Aplanosporen. Geschlechtliche Fortpflanzung nicht mit Sicherheit festgestellt.
Printz 1927, Fritsch 1935, Pascher 1939b, Starmach 1968, Bourrelly 1968, Ettl 1978, Rieth 1980.
Bis jetzt nur eine Familie mit ausschließlich bodenbewohnenden Sippen beschrieben.

Botrydiaceae Rabenhorst 1863

Mit den Merkmalen der Ordnung

1a Oberirdischer Teil blasenförmig, manchmal unregelmäßig verzweigt, Zoosporen werden gebildet . . . . **1. Botrydium** (S. 217)
1b Oberirdischer Teil in Form einer Rosette, die aus dichotom verzweigten Schläuchen besteht, Zoosporen nicht bekannt . . . . **2. Asterosiphon (S. 222)**

1. **Botrydium** Wallroth 1815

Pascher 1925b, p. 115; 1939b, p. 1024; Printz 1927, p. 410; Vischer 1938, p. 538; Ettl 1978, p. 504.

Makroskopisch sichtbare, vielkernige, siphonale Alge mit deutlicher Gliederung in ein farbloses Rhizoidsystem und in eine oberirdische chloroplastenreiche Blase als Assimilator. Beide Teile immer ohne Querwände. Die Blase geht vermittelt oder unvermittelt in das kräftige, verschieden lange Hauptrhizoid über, das entweder durch das ganze Rhizoidsystem zu verfolgen ist (monopodial) oder sich wiederholt gabelt, wobei beide Gabeläste gleichmäßig ausgebildet sind oder einer rückgebildet ist, so daß dann nur einer die Weiterführung des Rhizoidsystems besorgt (sympodial). Oberirdischer grüner Abschnitt in Form einer kugeligen, eiförmigen bis verkehrt eiförmigen oder birnenförmigen Blase, die bei dichtem Nebeneinanderwachsen oder bei geringer Beleuchtung sich strecken kann und mehr schlauchartig wird. Zellwand zunächst zart, aber immer mehrschichtig. Innenschichten treten besonders dann hervor, wenn sie vor der Entleerung der Fortpflanzungszellen stark aufquellen. Chloroplasten zahlreiche, band- oder scheibenförmig, in Wandplasma in einer oder mehreren Schichten; bei einer Art wurden Pyrenoide nachgewiesen. Zentral in der Blase eine große Saftvakuole.
Fortpflanzung hauptsächlich durch Zoosporen, aber auch durch Aplanosporen, die simultan in großer Menge gebildet werden. Zoosporen mit zwei ungleich langen Geißeln. Ruhezustände durch Hypnosporen, die sowohl einkernig als auch mehrkernig (Sporozysten) sein können. Sie keimen entweder direkt in neue Pflänzchen oder bilden Zoosporen. Biologisch stellt *Botrydium* typische aerophytische oder bodenbewohnende Algen dar. Mit 9 Arten.

1a Oberirdischer Teil einfach gebaut, ohne Gabeläste 2
1b Oberirdischer Teil gegliedert, mit 2–5 Gabelästen ungleicher Größe und Gestalt . **9. B. divisum**
2a Blase nicht kugelig, Hauptrhizoid nicht scharf abgesetzt 3
2b Blase kugelig, Hauptrhizoid scharf abgesetzt 8
3a Blase verkehrt eiförmig – birnenförmig, apikales Ende abgerundet 4
3b Blase gestreckt und lang eiförmig, apikales Ende zugespitzt und gekrümmt . . **1. B. corniforme**
4a Verzweigungen der Rhizoide ausgesprochen monopodial . . . . **2. B. wallrothii**
4b Verzweigungen der Rhizoide gabelig (sympodial) 5
5a Rhizoide mit langen, auffallend peitschenartigen Enden, Hauptrhizoid mehrmals länger als die Blase . . . . **3. B. becherianum**
5b Rhizoide ohne peitschenartige Enden, Hauptrhizoid kürzer, oder ± ebenso lang wie die Blase 6
6a Blase bis 3 mm groß, Hauptrhizoid dick und viel kürzer als die Blase . . . . **4. B. granulatum**

6b Blase höchstens 1 mm groß, Hauptrhizoid ebenso lang wie die Blase 7
7a Rhizoide mit knöllchenartig verdickten Enden, Blase sehr klein (bis 0,4 mm), breiter als lang .... **5. B. tuberosum**
7b Rhizoide an den Enden nicht verdickt, Blase bis 1 mm groß, länger als breit .... **6. B. cystosum**
8a Blase kugelig oder breit kugelig, Hauptrhizoid ebenso lang wie die Blase und scharf abgsetzt, Rhizoide an den Enden nicht verdickt .... **7. B. pachydermum**
8b Blase kugelig bis kugelig-birnenförmig, Hauptrhizoid bis dreimal länger als die Blase, nicht scharf abgesetzt, Rhizoide an den Enden knollenförmig verdickt .... **8. B. milleri**

1. **Botrydium corniforme** Wodenitscharov 1960 (Fig. 54: a)

Ettl 1978, p. 506, fig. 624.

Blase gestreckt und lang birnen- bis eiförmig, am apikalen Ende allmählich verjüngt und etwas zugespitzt, manchmal deutlich gekrümmt, basal plötzlich zusammengezogen und in das Hauptrhizoid übergehend. Letzteres fast ebenso lang wie die Blase, relativ dick, in viele feine Rhizoide dichotomisch verzweigt. An den Enden nicht verdickt. Blase bis über 1 mm lang und bis 400 μm breit, Hauptrhizoid bis 100 μm breit, Rhizoide an den Enden 5–10 μm breit.
Auf feuchten lehmigen Waldböden einzeln oder in größeren Gruppen (Bulgarien).

2. **Botrydium wallrothii** Kützing 1842 em. Miller 1927 (Fig. 54: b–d)

Miller 1927b, p. 164, fig. 2: 4–7; Pascher 1939b, p. 1041, fig. 881; Ettl 1978, p. 507, fig. 625.

Blasen eiförmig bis verkehrt birnenförmig. Zellwand ziemlich zart, meist mit feinkörnigem Kalküberzug oder mit Kalkkruste. Allmählich in das dünne, aber lange Hauptrhizoid verschmälert. Rhizoidsystem monopodial verzweigt. Sporozysten mit derber Wand, bei langsamen Austrocknen wird nur eine Sporozyste gebildet. Blase 0,7–1 mm groß, Hauptrhizoid 45–60 μm breit. Ende der Rhizoide 10 μm breit.
Auf feuchten Wegen, auf lehmigen Äckern, in Gemüsegärten, vor allem auf lange feucht bleibenden Stellen (Mitteleuropa, Lettland, USSR).

3. **Botrydium becherianum** Vischer 1938 (Fig. 54: e–h)

Vischer 1938, p. 548, fig. 10–19; Pascher 1939b, p. 1045, fig. 886–890; Ettl 1978, p. 508, fig. 626.
Blasen nur bei sehr starker Beleuchtung ± birnenförmig, meistens mehr schlauchartig, gewöhnlich dichtrasig und dann zumeist aufrecht nebeneinander stehend. Rhizoidsystem gabelig, zart und lang, mit peitschenartig verschmälerten Enden. Entleerung der Sporen durch ein apikales Loch, worauf der Schlauch übrig bleibt, an dessen Mündung die Sporen haften bleiben. Blase bis 1 mm lang und bis 100 μm breit.
Kultur: UTEX 158, SAG 805–1.
Auf feuchten Erdstellen und auf Brachfeldern (Tschechoslowakei, USSR).

4. **Botrydium granulatum** Greville 1830 (Fig. 54: i–o)

Pascher 1925b, p. 117, fig. 96: 1–3; 1939b, p. 1036, fig. 868, 869, 877, 878; Vischer 1938, p. 542, fig. 1–4; Ettl 1978, p. 509, fig. 627, 628.

Blasen verkehrt ei- bis birnenförmig, am apikalen Ende meist kugelig abgerundet, seltener leicht walzenförmig verlängert bis etwas unregelmäßig keulenförmig. Kalkausscheidungen in Form zunächst einzeln stehender Kalkkörnchen. Rhizoidsystem ausgesprochen gabelig verzweigt. Blasen 2–3 mm groß, Enden der Rhizoide 20–40 μm breit.
Kultur: SAG 805–4.
Sehr verbreitete Art auf feuchten Äckern, Wegen, aber auch in Erdböden bis zur Tiefe von 5 cm; oft massenhaft auftretend (in Europa häufig).

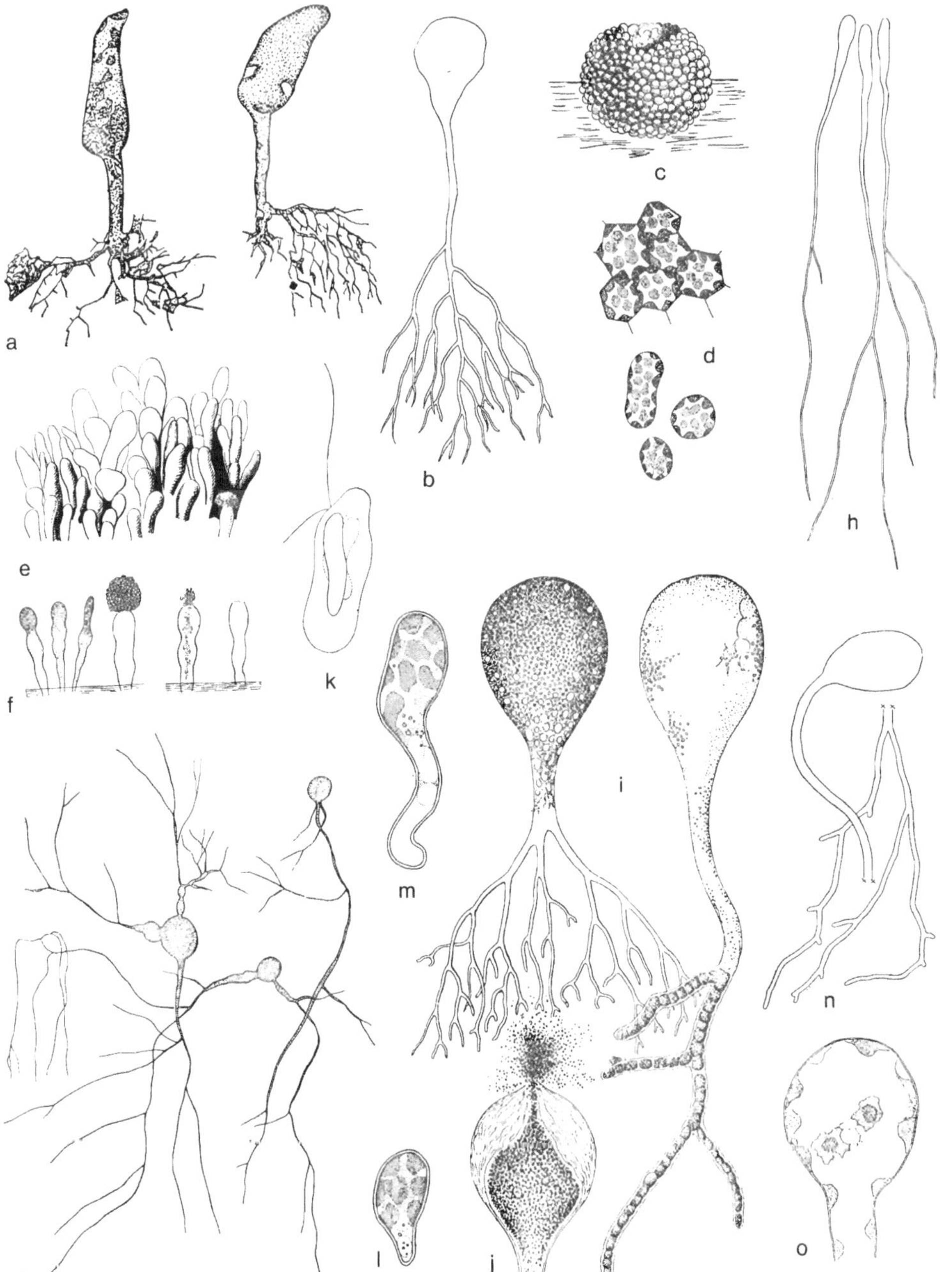

Fig. 54. *a Botrydium corniforme; b–d B. wallrothii; e–h B. becherianum; i–o B. granulatum (n* var. *kolkwitzianum) (a* nach Wodenitscharov, *b–d* nach Miller, *e–h, n, o* nach Vischer, sonst aus Pascher).

Von dieser Art sind drei Varietäten bekannt:
var. *woroninii* Miller – Blasen kugelig, ziemlich rasch in das schmale Hauptrhizoid zusammengezogen, Rhizoidsystem spärlich verzweigt.
var. *eugranulatum* Miller – Blasen verkehrt birnenförmig, ganz allmählich in das plumpe Hauptrhizoid vermälert, Rhizoidsystem dicht büschelig und reich verzweigt.
var. *kolkwitzianum* Vischer – Blasen ellipsoidisch oder verkehrt eiförmig, bei den Gabelungen bleibt der eine Ast kurz (Fig. 54: n).

5. **Botrydium tuberosum** Iyengar 1925 (Fig. 55: a)

Iyengar 1925, p. 195, fig. 5: 1, 2; Pascher 1939b, p. 1048, fig. 895–897, Ettl 1978, p. 511, fig. 632.

Sehr kleine Formen mit verkehrt ei- bis birnenförmiger, zuweilen leicht kugeliger Blase, die manchmal Andeutungen einer gabeligen Verzweigung zeigt. An den Enden der Rhizoide entstehen derbwandige Sporozysten; Enden dadurch knöllchenartig verzweigt. Blasen 0,3–0,4 mm groß, Rhizoide 7–9 µm breit.
Auf feuchter Erde (Indien, USSR).

6. **Botrydium cystosum** Vischer 1938 (Fig. 55: b–d)

Vischer 1938, p. 547, fig. 5–9; Pascher 1939b, p. 1042, fig. 882–885; Ettl 1978, p. 511, fig. 633.

Blasen birnenförmig oder gelegentlich auch mehr schlauchartig verlängert, mit kleinen Kalkschüppchen bedeckt. Rhizoidsystem gabelig verzweigt. Zoosporen mit einem oder zwei Chloroplasten, Aplanosporen mit mehreren Chloroplasten. In dieser Blase werden mehrkernige Sporozysten gebildet, die am apikalen Ende der Blase durch ein Loch ausgepreßt werden und dort haften bleiben. Blasen 0,5–1 mm groß.
Kultur: UTEX 157, SAG 805-2.
Bis jetzt nur aus der Umgebung von Basel (Schweiz) bekannt.

7. **Botrydium pachydermum** Miller 1927 (Fig. 55: g, h)

Miller 1927b, p. 168, fig. 2: 13–16; Pascher 1939b, p. 1046, fig. 891–894; Ettl 1978, p. 511, fig. 634.

Blasen meist kugelig bis breit kugelig, auch junge Pflanzen infolge der mehrschichtig gelagerten Chloroplasten dunkelgrün. Kalküberzüge aus großen zerstreuten Wärzchen bestehend. Hauptrhizoid scharf abgesetzt, meist lang und dünn. Gelegentlich fehlt das Hauptrhizoid völlig und es entspringen aus der Blase mehrere Rhizoide, deren Enden sehr zart sind. Zum Dauerstadium wird auch der ganze Blaseninhalt indem eine einzige große Sporozyste entsteht. Blase bis 0,5 mm im Durchmesser, Rhizoidenden 3,5 µm breit.
Auf feuchter Erde und auf nassen Wegen, in Europa verbreitet.

8. **Botrydium milleri** Wodenitscharov 1960 (Fig. 55: e)

Syn.: *Botrydium tuberosum* Iyengar sensu Miller 1927
Ettl 1978, p. 511, fig. 635.

Blase sehr breit verkehrt birnenförmig bis fast kugelig, manchmal auch breit verkehrt eiförmig. Hauptrhizoid sehr lang, dünn und dann gabelig verzweigt. Rhizoide an den Enden knöllchenartig verdickt. Zellwand der Blase dünn, meist ohne Kalkkrusten. Blase bis 0,5 mm groß, Hauptrhizoid 14–20 µm breit, Rhizoidenden 5–10 µm breit.
Auf feuchter Erde (Mitteleuropa, Bulgarien, USSR).

Fig. 55. *a Botrydium tuberosum; b–d B. cystosum; e B. milleri; f B. divisum; g, h B. pachydermum* (*a* nach Iyengar, *b–d* nach Vischer, *e* nach Miller, *f* nach Rieth, *g, h* aus Pascher).

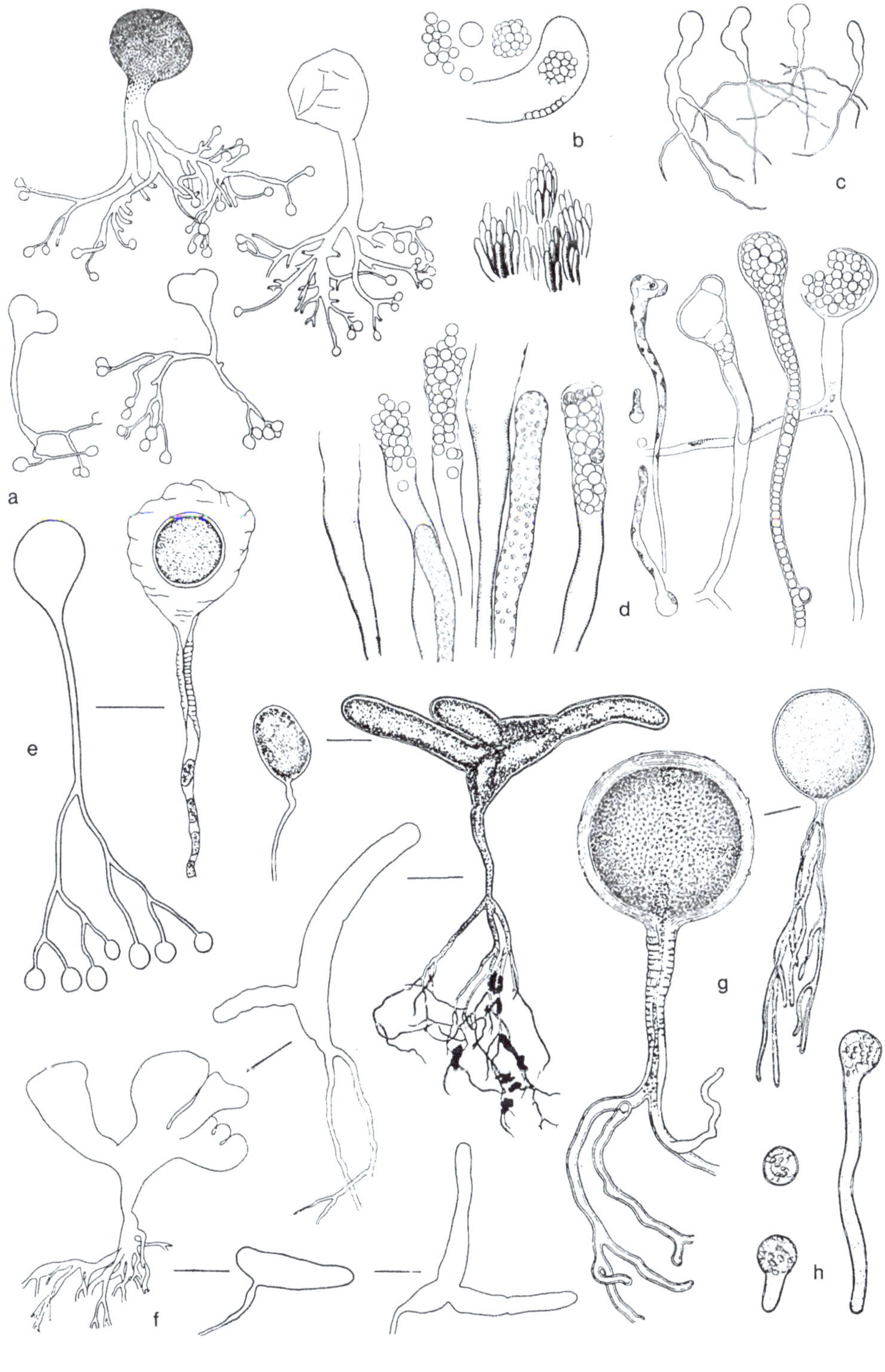
a
b
c
d
e
f
g
h

9. Botrydium divisum Iyengar 1925 (Fig. 55: f)
Iyengar 1925, p. 197, fig. 3–5; Pascher 1939b, p. 1052, fig. 898; Ettl 1978, p. 513, fig. 636.

Blasen schlauchförmig und mit 2–5 Gabelästen. Gabelabschnitte plump, oft keulig und sehr ungleich groß. Rhizoidsystem sehr reich und gabelig verzweigt. Gabelabschnitte 300–500 µm dick.
Auf feuchten Stellen (Indien, Kuba).

2. Asterosiphon Dangeard 1940

Dangeard, P. 1940, 1942, p. 719; Rieth 1980, p. 133.

Der Thallus bildet auf feuchter Erde Rosetten, die aus ziemlich regelmäßig dichotom verzweigten, Vaucheria-ähnlichen, unseptierten Schläuchen bestehen und mit einem unterirdisch gabelig verästelten Zentralrhizoid im Boden verankert sind. Der Thallus enthält viele kleine Zellkerne und im oberirdischen Teil zahlreiche elliptische bis scheibenförmige, pyrenoidfreie Chloroplasten. Bis jetzt wurde nur die vegetative Fortpflanzung recht vielgestaltiger Art, jedoch ohne geißelbewegliche Stadien beobachtet. Beim Einsetzen ungünstiger Bedingungen, aber auch spontan, kammern sich die Thallusäste, an der Spitze beginnend, durch Querwände in Reihen relativ dickwandiger Zellen, meist als Hypnoblasten bezeichnet. Die Pflanze geht ins «*Gongrosira*-Stadium» über. Die weitere Entwicklung dieser Hypnoblasten führt auf verschiedenen Wegen stets wieder zu *Asterosiphon*-Pflänzchen (Details siehe in Rieth 1980).
Mit einer einzigen Art:

Asterosiphon dichotomus (Kützing) Rieth 1962 (Fig. 56: a–f)
Syn.: *Gongrosira dichotoma* Kützing 1843, *Asterosiphon terrestre* Dangeard, P. 1942
Rieth 1980, p. 134, fig. 59–61.

Mit den Merkmalen der Gattung. Oberirdische Rosette 1,35–2 (–10) mm im Durchmesser, Rhizoid bis 3 mm lang, Thallusfaden 40–50 µm breit.
Kultur: UTEX 2066.
Auf feuchter, nackter Erde, häufig vergesellschaftet mit *Botrydium*- und *Vaucheria*-Arten. Wahrscheinlich kosmopolitisch.

4. Ordnung Vaucheriales Bohlin 1901

Siphonale Organisationsstufe wie bei den Botrydiales, doch ist der oberirdische photosynthetisierende Teil lang schlauchförmig, unregelmäßig verzweigt, unseptiert, apikal abgerundet. Die schlauchartigen Fäden weisen ausschließlich Spitzenwachstum auf bei fehlendem Streckenwachstum. Der Protoplast mit allen Organellen wird von zentalen, auch schlauchförmigen Saftvakuolen als dünner Belag an die Zellwand gedrückt. Chloroplasten klein, scheibenförmig, rundlich oval oder spindelförmig; manchmal mit Pyrenoiden. Zellkerne klein, zahlreich, mit dem Wachstum der Fäden stark an Zahl zunehmend. Rhizoide aus chlorophyllarmen, farblosen, ± gabelig verzweigten und meist dünneren Thallusauswüchsen, die eine Verankerung des Thallus am Substrat ermöglichen. Asexuelle Fortpflanzung durch Bildung besonderer vielkerniger geißelbeweglicher Synzoosporen und unbeweglicher Aplanosporen, sowie durch Brutkeulen. Die Synzoosporen sind an der ganzen Oberfläche mit zahlreichen Geißelpaaren besetzt. Vegetative Fortpflanzung durch gelegentliche Fragmentation des Thallusinhaltes und Auskeimen der Teilstücke. Sexuelle Fortpflanzung durch Oogamie. Es bilden sich Antheridien und Oogonien (Taf. VII), mit anschließender Befruchtung des im Oogon enthaltenen Eies durch ein Spermatozoid, einen im Antheridium entstandenen heterokonten männlichen Planogamenten. Arten monözisch oder diözisch. Nach der

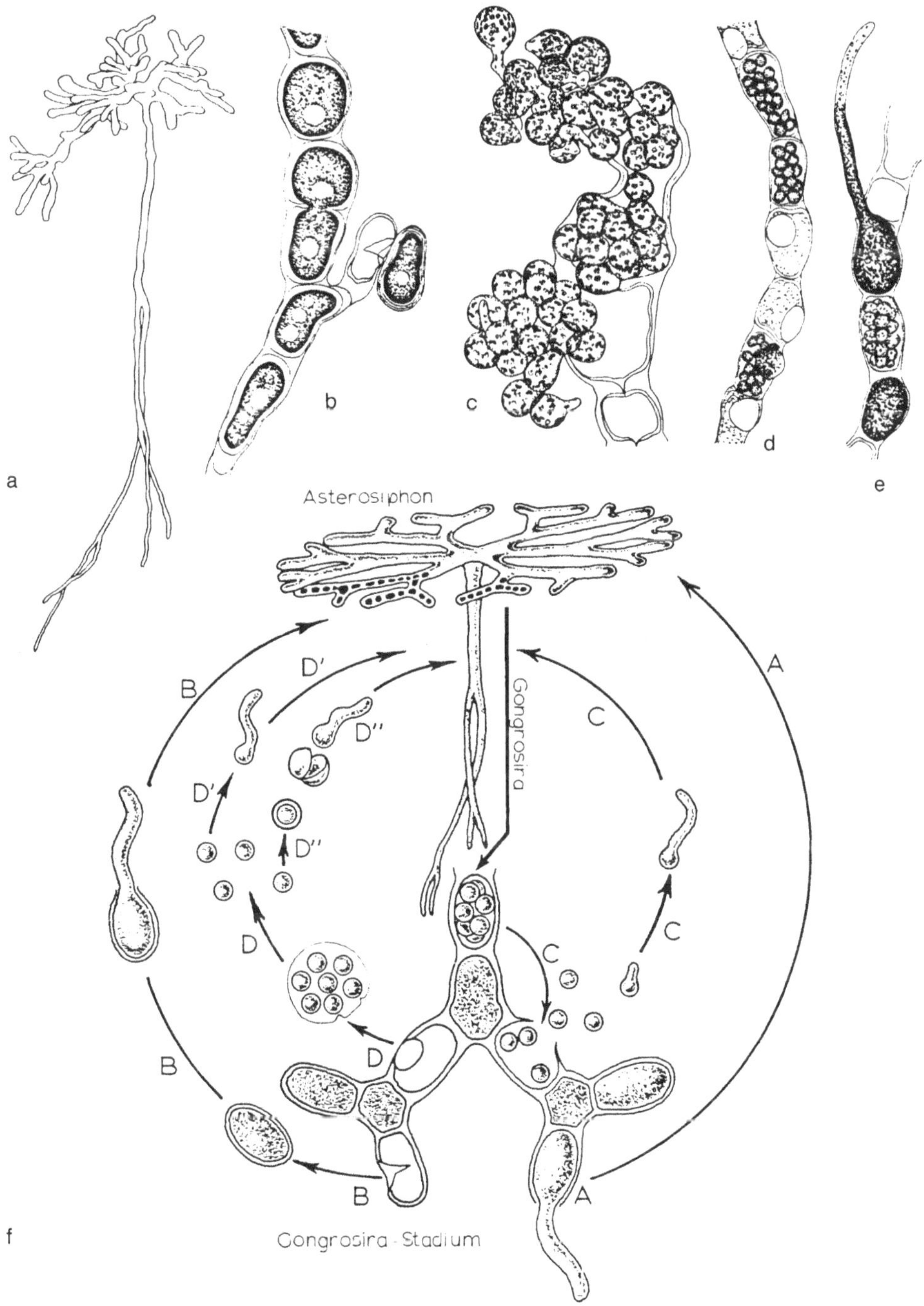

Fig. 56. *a–f Asterosiphon dichotomus; a* ganzer Thallus; *b* Bildung von Hypnosporen; *c* Sporenbildung; *d* Sporangium mit ausschlüpfenden Sporen; *e* auskeimender Hypnoblast (Akinete); *f* Lebenszyklus; *A* Hypnoblast, *B* Hypnospore, *C* Autospore, *D* amöboide oder kleine kugelige Sporen (nach Rieth).

Befruchtung wird das Ei dann mit oder ohne Einbeziehung der Oogonwand zu einer meist derbwandigen Zygote (Oospore), die auch als Dauerzustand fungiert. Diese keimt nach bestimmter Ruhezeit in einen neuen Thallus.
Hirn 1900, Heering 1921, Bourrelly 1968, Ettl 1980b, Rieth 1980.
Mit einer einzigen Familie.

Vaucheriaceae (S. F. Gray) Dumortier 1822

Mit den Merkmalen der Ordnung und mit einer einzigen Gattung[25]:

Vaucheria De Candolle 1801

Heering 1921, p. 76; Bourrelly 1968, p. 230; Rieth 1980, p. 36.

Mit den Merkmalen der Ordnung. Von den zahlreichen beschriebenen Arten sind 18 bodenbewohnend.

1a Antheridialast basal durch zwei Querwände, die einen Leerraum einschließen, vom übrigen Thallus abgegrenzt. Meist an salzhaltigen Standorten . . . . **1. V. litorea**
1b Antheridium oder Antheridialast nur durch eine Querwand vom übrigen Thallus abgegrenzt 2
2a Antheridium nicht oder kaum gestielt 3
2b Antheridium stets deutlich gestielt 5
3a Antheridien und Oogonien dem Tragfaden seitlich ansitzend, oder Antheridien zu mehreren auf einem meist durch eine Querwand vom übrigen Thallus getrennten Kurztrieb; Antheridien zylindrisch 4
3b Antheridien terminal am Mutterfaden entstehend, jedoch oft sekundär durch das sich entwickelnde Oogon oder den sympodial weiterwachsenden Tragfaden in scheinbare Seitenstellung gedrängt . . . . **4. V. hercyniana**
4a Oogonschnabel ± gerade, Oosporen die Oosporenwand berührend, Antheridien zu zweit gegenständig (bilateral) am Tragfaden . . . . **2. V. ornithocephala**
4b Oogonschnabel hakenförmig, Oospore von der Oosporenwand abgehoben. Antheridien nicht zu zweit gegenständig (unilateral am Tragfaden) . . . . **3. V. aversa**
5a Antheridien am Ende eines zum Tragfaden hin gekrümmten Stieles, beutel- oder blasenförmig, sich nach der Verquellung der Wand entleerend, ohne daß eine klar umschriebene Öffnung entsteht, ihre Form daher in unreifem Zustand klar erkennbar 6
5b Antheridien gerade oder gekrümmt, am Ende bisexueller Kurztriebe («Fruchtäste»), die lateral am Tragfaden entspringen. Apikal hammer- oder kissenartig erweitert und sich dort seitlich, mit 2–4 auf Papillen entstehenden Poren öffnend . . . . **7. V. woroniniana**
5c Antheridium mit Stiel eine posthorn- oder hakenförmig gekrümmte Röhre bildend; mit apikaler Öffnung 7
6a Antheridien seitlich am Faden entstehend, Oogonwand ornamentiert, Oosporenwand punktiert, derb. Oospore in der Regel das Oogon, einschließlich des Schnabels erfüllend . . . . **5. V. pachyderma**
6b Antheridien stets terminal am Faden entstehend (sekundär durch sympodiales Weiterwachsen des Fadens in Seitenstellung gedrängt), Oogonwand glatt, Oospore in der Regel den Oogonschnabel nicht erfüllend . . . . **6. V. prolifera**

[25] Die Beschreibungen und der Bestimmungsschlüssel der Arten von *Vaucheria* wurden in Anlehnung an Rieth (1980) bearbeitet.

7a Antheridien zylindrisch, leicht gekrümmt, am Ende etwas kopfig angeschwollen, im Verhältnis zum Stiel relativ kurz, nach der Entleerung sehr vergänglich. Oogon ohne Andeutung einer Papille oder eines Schnabels. Oosporen kugelig, bei der Reife grün bleibend .... **8. V. arrhyncha**

7b Antheridien röhrenförmig, am Ende nicht kopfig erweitert, einen größeren Teil des Antheridialastes einnehmend und daher stärker gekrümmt. Nach dem Entlassen der Spermatozoiden zunächst persistierend. Oogon mit Papille oder ± ausgeprägtem Schnabel. Oosporen nicht kugelig, sondern bilateral symmetrisch, im reifen Zustand nicht mehr grün 8

8a Oogonien dem Mutterfaden direkt oder nur sehr kurz gestielt seitlich ansitzend. In der Regel aus einem Antheridium und einem Oogon oder aus einem Antheridium zwischen zwei Oogonien bestehende Sexualorgangruppen 9

8b Oogonien zu 1–6 gestielt, seitlich im oberen Teil besonderer, einem Tragfaden entspringender, mit einem Antheridium endender, ± langer Kurztriebe (die bisexuelle «Fruchtstände» darstellen) zu finden. Antheridium mit einer terminalen Öffnung 10

9a Die größte Längenerstreckung des Oogons findet sich in zum Tragfaden paralleler Richtung. Oogondurchmesser über 100 µm .... **9. V. borealis**

9b Die größte Längenerstreckung des Oogons findet sich in einer Richtung, die mit dem Tragfaden einen spitzen bis rechten Winkel bildet. Oogondurchmesser unter 100 µm .... **10. V. sessilis**

10a Oogonien mit deutlich ausgebildetem, von der Oospore nicht erfülltem Schnabel 11

10b Oogonien ohne deutlich ausgebildeten Schnabel 13

11a Schnabel kurz, eng röhrenförmig, schwänzchenartig am Oogon hängend, mittlerer Thallusdurchmesser über 40 µm .... **11. V. alaskana**

11b Schnabel an der Basis weit, gegen das Ende konisch verschmälert, mittlerer Thallusfadendurchmesser unter 30 µm 12

12a Oogonschnabel stark hakenförmig gekrümmt, Antheridialast schraubig, in der Regel mit mehr als einem Umgang gewunden .... **12. V. lii**

12b Oogonschnabel nur leicht gebogen, Antheridialast spiralig in einer Ebene gerollt, höchstens eine volle Windung beschreibend.......... **13. V. pseudogeminata**

13a Oogonien aufrecht, Befruchtungsöffnung daher schräg nach oben, etwas dem Antheridium zu gerichtet.......... **14. V. geminata**

13b Oogonien übergeneigt bis hängend, Befruchtungsöffnung mindestens parallel zum Tragfaden oder ± abwärts auf ihn zuneigend.......... 14

14a Vegetative Fäden und Fruchtaststiele wellrohrartig rhythmisch verdünnt und verdickt .... **15. V. undulata**

14b Vegetative Fäden und Fruchtaststiele parallelwandig 15

15a Fruchtast 1. Ordnung fast stets nur mit einem Oogon, das den Antheridialast übergipfelt ..... **16. V. terrestris**

15b Fruchtast in der Masse der Fälle mit mindestens zwei den Antheridialast nicht deutlich übergipfelnden Oogonien 16

16a Fruchtast relativ kurz gestielt, überhängend mit häufig mehr als 2 (bis zu 7) distich unterhalb des Antheridiums auf eingekrümmten Stielen sitzenden Oogonien .... **17. V. walzii**

16b Fruchtast in der Regel mit 2 (selten 1 oder 3) Oogonien .... **18. V. hamata**

1. **Vaucheria litorea** Hofman & Agardh in C. A. Agardh 1820 em. Nordstedt 1879 (Fig. 57: a–d)

Rieth 1980, p. 119, fig. 51.

Diözisch; Thalli beider Geschlechter bei der Sexualreife sich sympodial verzweigend. Antheridien gerade, gestreckt röhrenförmig, terminal in eine Entleerungspore verschmälert, zu der noch etwa 1–6 seitliche, auf Papillen liegende Poren kommen. Keulenförmige Oogonialäste charakteristisch gebogen, so daß das Oogon nickt. Im Oogon unterhalb der Oospore ein bräunlicher, von einer

Wand umhüllter Residualkörper, der vom sich bildenden Ei ausgestoßen wird. Terminal am Oogon auf sehr flacher Papille eine relativ weite Befruchtungspore. Oospore vorwiegend birnenförmig, bei der Reife zart hellbraun bis farblos, mit einigen schwarzbraunen Pigmentflecken versehen. Ihre Wand ist derb, dreischichtig, die vorgebildete Keimstelle liegt terminal, der Befruchtungsöffnung zugekehrt. Die ♂ Fäden sind etwas dünner als die ♀. Beide enthalten Chloroplasten mit Pyrenoid. Thallusfaden 30–134 µm breit. Antheridium 400–1521 × 52–125 µm; Oogon 196–450 × 126–220 µm; Oospore 110–380 × 110–320 µm.
Auf feuchter, oft salziger Erde, eine große Variation des Salzgehalts ertragend (Europa, Nordamerika).

2. Vaucheria ornithocephala C. A. Agardh 1817 (Fig. 57: e)
Syn.: *Vaucheria polysperma* Hassall 1843, *Vaucheria fontinalis* (L.) Christensen 1968
Rieth 1980, p. 45, fig. 16a–l, 17a.

Monözisch; Fäden relativ dünn, reich und oft unter einem Winkel von etwa 90° verzweigt. Antheridien lang zylindrisch, sehr kurz gestielt, im größten Teil der Länge gerade oder fast gerade, durch Krümmung in der Basalregion oder/und des Stielchens in eine ± zum Mutterfaden parallele Lage gebracht, mit dem nur wenig verschmälerten Apikalende zum nächsten Oogon hin gewendet. Oogonien «vogelkopfartig» gestaltet, ± ausgeprägt schräg zum Tragfaden stehend, zuweilen ihm sogar zugeneigt, Schnabel deutlich seitlich gerichtet, oft alle Schnäbel einer Gruppe in die gleiche Richtung weisend. Oosporen kugelig oder eiförmig. Bei der Reife farblos mit diffus verteilten roten Pigmentflecken. Oosporenwand relativ dünn, zweischichtig. Vorgebildete Keimrißstelle lateral. Thallusfaden 15–75 µm breit; Antheridium 39–106 × 16–35 µm; Oogon 40–150 µm, Oospore 44–99 × 41–88 µm.
Auf feuchter Erde, vielleicht kosmopolitisch.

3. Vaucheria aversa Hassall 1843 (Fig. 57: f, g)
Rieth 1980, p. 46, fig. 17b–h.

Antheridien röhrenförmig, vorwiegend sitzend, gerade nur durch eine basale Krümmung oder schrägen Ansatz am Mutterfaden in eine zu diesem parallele Lage gebracht. Längsachse des Oogons in typischer Ausbildung von der Basis bis zum Schnabelende etwa einen ¾ Kreis beschreibend. Schnabel daher in diesen Fällen stark zurückgekrümmt und mit der Mündung zur Oogonbasis zeigend. Oogonwand meist eine feine ± parallele, zur Basis gerichtete Streifung aufweisend. Sexualorgane in Gruppen stehend, entweder auf je einem ♂ und einem ♀, die einander zugewandt sind zusammengesetzt, oder ein Oogon zwischen zwei ihm zugekehrten Antheridien, seltener eine Gruppe von 2–3 Oogonien von zwei Antheridien eingerahmt. Oosporen kugelig bis rundlich oval, fast stets im Oogon die Wand nicht berührend. Bei der Reife blaß gelblichbraun mit diffus verteilten roten Pigmentflecken, vom Oogon umschlossen abfallend. Thallusfaden 31–131 µm breit; Antheridium 42–130 × 18–47 µm; Oogon 88–231 × 83–220 µm; Oospore 65–140 × 55–122 µm.
Auf feuchten schattigen Waldwegen, kosmopolitisch.

Fig. 57. *a–d Vaucheria litorea; a* Oogonialast mit Begrenzungszelle und Oogon; *b* keimende Oospore; *c* Oogon mit Oospore, Keimrißlage; *d* Antheridialäste; *e V. ornithocephala,* Oogonien; *f, g V. aversa; f* Thallusstücke mit Antheridien und Oogonen in verschiedener Anordnung; *g* Oogone mit reifer Zygote; *h–m V. hercyniana;* h Hypnospore; *i* junges Antheridium mit Oogoninitiale; *j* reifes Antheridium mit jungem Oogon; *k* freigesetztes Ei und freigewordener Antheridieninhalt; *l* keimende Zygote; *m* Oospore mit Keimanlage; *n–q V. pachyderma; n* Antheridien und Oogonen; *o* Oogon mit reifer Zygote; *p* reife Oospore mit Keimrißanlage; *q* Skulptur der Oogonwand; *r, s V. prolifera; r* Habitus mit entwickelnden Sexualorganen; *s* reife Sexualorgane (nach Rieth).

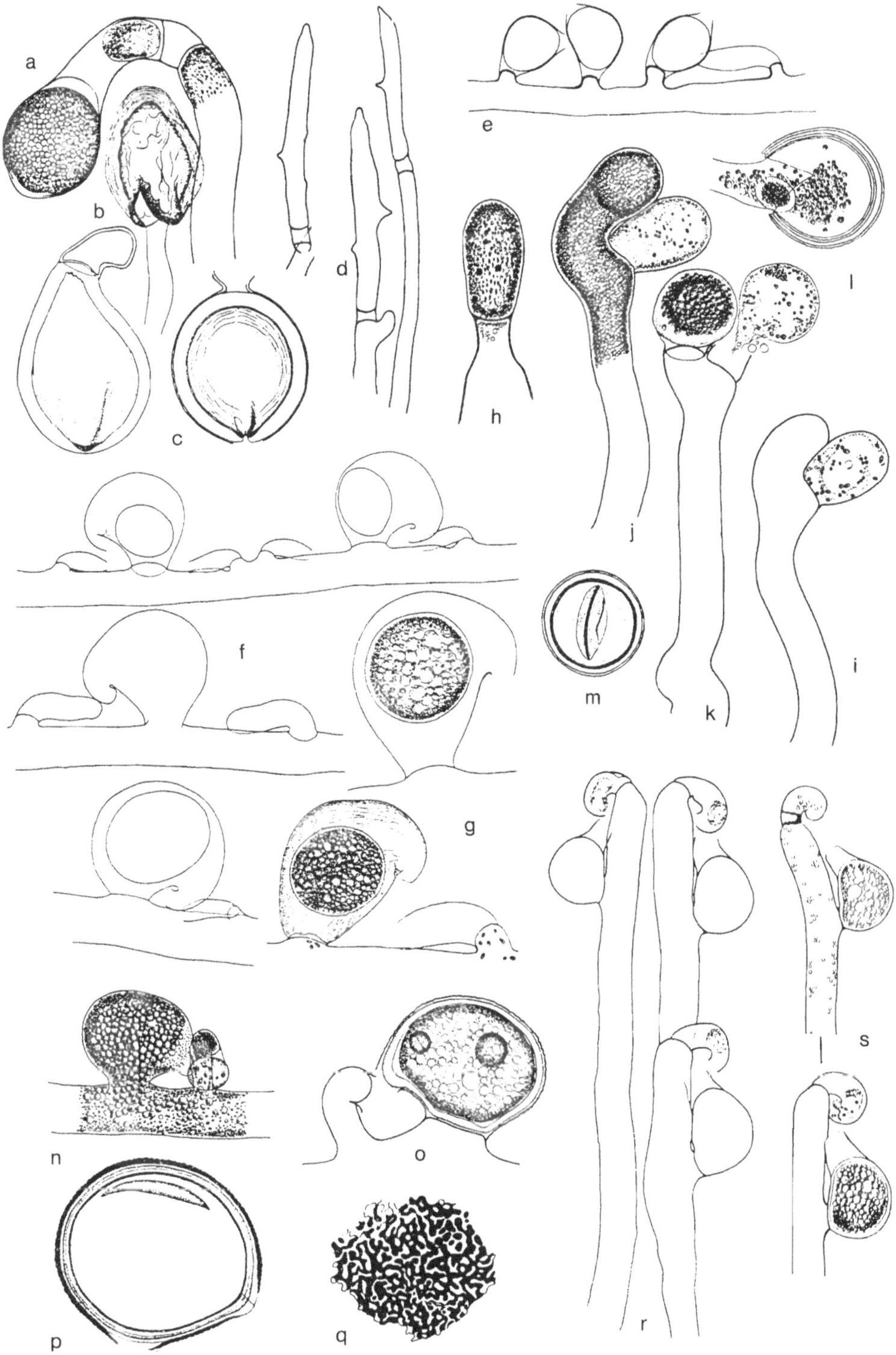
a
b
c
d
e
f
g
h
i
j
k
l
m
n
o
p
q
r
s

4. Vaucheria hercyniana Rieth 1974 (Fig. 57: h–m)
Rieth 1980, p. 130, fig. 57, 58.

Monözisch; Sexualorgane paarweise auftretend. Antheridium blasen- oder beutelförmig, stets terminal an einem Thallusfaden entstehend, sehr vergänglich und in seiner Form daher nur in jungem Zustand, kurz vor Entleerung der Spermatozoiden, klar zu erkennen. Oogon ebenfalls terminal aus dem nach Bildung des Antheridiums, unterhalb desselben, sympodial sein Wachstum fortsetzenden Faden hervorgehend, das Antheridium übergipfelnd und in scheinbare Seitenstellung drängend. Oogon kurz keulenförmig bis sphärisch ohne klar umschriebene Befruchtungsöffnung, sondern evaneszent das Ei freisetzend, das dann durch Gallerte noch angeheftet den Spermatozoiden zugänglich ist. Reife Oospore kugelförmig mit dreischichtiger Wand, farblos bis auf einen grünlich gerandeten, dunkelbraunen zentralen Pigmentfleck. Thallusfaden 10,5–39 µm (im generativen Bereich 23,5–47 µm) breit; Antheridium 44–73 µm × 31–50 µm; Oogon und Oospore 44–62,5 × 44–57 µm.
Auf feuchter Erde und am schattigen Ufer eines Gebirgsbaches im Harz (BRD).

5. Vaucheria pachyderma Walz 1865 (Fig. 57: n–q)
Rieth 1980, p. 49, fig. 18.

Monözisch, Antheridium kugelig bis blasenförmig am Ende eines ± senkrecht vom Mutterfaden abstehenden, apikal hakenartig umgebogenen Stieles hängend, bei der Reife vergänglich. Sexualorgane fast stets paarig, beide Organe meist in gleicher Richtung gekrümmt. Nur ausnahmsweise ein Antheridium zwischen zwei Oogonien. Oogon mit Schnabel in sich so gebogen, daß eine von der Basis durch den Schnabel ziehende Achse ¼ Kreisbogen beschreibt. Oogonwand mit retikularer bis mäanderähnlicher Ornamentierung. Oospore das Oogon einschließlich des Schnabels erfüllend. Wand derb, mehrschichtig, äußere Schicht punktiert. Oospore bei der Reife bräunlich mit einigen gelbbraunen bis braunen Flecken. Keimrißstelle in der Regel dorsal. Thallusfaden 35–123 µm breit; Antheridium 48–95 × 40–64 µm; Oogon 69–220 × 60–160; Oospore bis 180 µm groß.
Vorwiegend terrestrisch auf kultivierter Erde von Äckern und Gärten, auf Stoppelfeldern und auf Blumentöpfen; kosmopolitisch.

6. Vaucheria prolifera Dangeard 1939 (Fig. 57: r, s)
Rieth 1980, p. 51, fig. 19.

Monözisch; Antheridien kurz, säckchenförmig, seltener hornförmig, sitzend bis kurz gestielt oder ± zylindrisch und stark gekrümmt. Antheridium nach rückwärts entgegen der Wachstumsrichtung des Tragfadens gewendet, wo in einiger Entfernung, subterminal, das mit seinem deutlich ausgeprägten Schnabel ihm entgegengerichtete Oogon sitzt. Die Basis und Schnabel verbindende Längsachse weist eine Viertelkreis-Krümmung auf, der größte Durchmesser von Oogon und Oospore liegt parallel zum Mutterfaden. Oogonwand relativ dünn. Sexualorgane finden sich stets paarweise. Die Oospore erfüllt das Oogon mit Ausnahme des großen Schnabels völlig. Reife Oosporen farblos, seltener reticulat ornamentiert, mit in der Mitte konzentrierten gelbroten bis roten kugeligen Pigmentpartikeln, vom Oogon umschlossen abfallend. Thallusfaden 10,5–47 µm breit; Antheridium 21–44 × 15,5–26 µm; Oogon 54,5–78 × 36–57 µm; Oospore 41,5–70 µm.
Auf feuchter Gartenerde und auf Wegen (Mittel- und Westeuropa, Nordamerika, Nordafrika).

7. Vaucheria woroniniana Heering 1907 (Fig. 58: a)
Syn.: *Vaucheria canalicularis* (L.) Christensen 1968
Rieth 1980, p. 102, fig. 43, 44.

Monözisch; der den bisexuellen seitlichen Kurztrieb beendende Antheridialzweig ist ± stark eingerollt. Das terminale Antheridium beginnt an seiner Basis röhrenförmig und verbreitert sich am

Apikalende nach beiden Seiten seiner Symmetrieebene zu einem hammerkopfartigen Gebilde, an dessen Ende auf einer ± ausgeprägten Papille sich je eine Entleerungspore befindet. Entleerungsporen auch anders gelegen oder vier. Dicht unterhalb des Antheridialastes entspringen paarig, gegenständig ihn einrahmend, zwei relativ kurzgestielte aufrechte Oogonien, seltener nur ein Oogonialast. Oogonien etwa rotationsoval. Die Scheitelhöhe der Oogonien bleibt meist etwas unter dem höchsten Punkt des Antheridialbogens, seltener gleich hoch. Befruchtungsöffnung relativ großporig, kaum besonders papillenartig emporgehoben. Oospore das Oogon völlig erfüllend, bei der Reife farblos mit diffus begrenztem gelblich-rotem bis bräunlich-rotem zentralem Pigmentfleck; vom Oogon umhüllt abfallend. Äußere Sporenwand 4–8 schichtig fein lamelliert, innere Wand dünn. Thallusfaden 30–115 µm breit; Antheridium 54–64 × 23–64 µm; Oosporen 65–158 × 55–135 µm.
Kultur: SAG 745-3.
Auf feuchter Erde, wohl kosmopolitisch. Im allgemeinen Habitus *Vaucheria geminata* ähnlich.

8. **Vaucheria arrhyncha** Heidinger 1908 (Fig. 58: b, c)

Syn.: *Vaucheria uncinata* Kützing 1856, *Vaucheriopsis arrhyncha* (Heidinger) Heering 1921
Rieth 1980, p. 128, fig. 56.

Monözisch: Sexualorgane in bisexuellen seitenständigen Kurztrieben mit terminalem, hornartig eingekrümmtem Antheridialast und einem (seltener zwei) stark abwärts gebogenen Oogonialast. Fäden meist wenig verzweigt, basal mit Faserrhizoiden im Substrat verankert. Sexualorganstände am Tragfaden in Reihe, basalwärts an Alter zunehmend in einer subapikalen Region zu finden. Antheridien kurz, vor der Reife etwas angeschwollen mit gerundetem Ende. Symmetrieebenen der Oogonialäste und der des Antheridialastes einen Winkel von etwa 90° bildend. Das hängende Oogon ist kugelig, oft in der Längsrichtung etwas zusammengedrückt. Irgendeine prominente Befruchtungsöffnung auf Papille oder Schnabel fehlt, die Befruchtung erfolgt durch einen unauffälligen seitlichen Spalt. Oospore das Oogon locker erfüllend und bei der Reife herausfallend, von einer dünnen, zweischichtigen Wand umgeben, intensiv dunkelblaugrün gefärbt. Der Keimriß entsteht in der nach abwärts gerichteten Hemisphäre. Thallusfaden 39–153 µm breit; Antheridium 54–64 × 23–53 µm; Oogon und Oospore 93,5–156 × 101,5–198 µm.
Auf feuchter Erde oder am Rande von Waldwegpfützen (Europa, Asien, Nordamerika).

9. **Vaucheria borealis** Hirn 1900 (Fig. 58: d)

Rieth 1980, p. 56, fig. 20.

Monözisch; Antheridien nebst dem oberen Teil ihres Stieles eingekrümmt bis hornartig gewunden, parallelwändig mit relativ weiter apikaler Öffnung. Oogon andeutungsweise geschnabelt, gelegentlich als Bildungsabweichung etwas am Antheridienstiel hochgerutscht stehend. Sexualorgane fast ausschließlich zu aus einem Antheridum und einem Oogon, die einander zu gekrümmt sind, bestehenden Gruppen angeordnet, selten ein Oogon zwischen zwei Antheridien oder ein Antheridium zwischen zwei Oogonien. Oogonwand grubig netzartig ornamentiert. Oosporen das Oogon erfüllend, derbwandig, Außenschicht punktiert getüpfelt. Thallusfaden 34–143 µm breit; Antheridium 40–91 × 20–49,5 µm, Oogon 82–226 × 66–174 µm; Oospore 82–180 × 66–145 µm breit.
Auf feuchter Erde, vorwiegend im Gebirge und im Norden (Mittel- und Nordeuropa, China, Nordamerika).

10. **Vaucheria sessilis** (Vaucher) De Candolle in De Lamarck & De Candolle 1805 (Fig. 58: e)

Rieth 1980, p. 58, fig. 21–23.

Monözisch; Antheridien deutlich gestielt. Antheridialast im basalen und mittleren Teil ± gerade, senkrecht auf dem Mutterfaden stehend, terminal mit dem röhrenförmigen Antheridium zusam-

a
b
c
d
e
f
g
h
i
j

men widderhornartig eingerollt. Zuweilen setzt die Krümmung aber auch schon von der Stielbasis an ein, so daß der Anteil, den Stiel und Antheridium an der Schnecke haben, von Population zu Population in gewissen Grenzen variabel ist. Auch Oogonmorphologie und -stellung variieren innerhalb der Art etwas. Oogonien sitzen normalerweise auf dem Tragfaden, ihre Längsachse aber kann von ungekrümmt und senkrecht zum Mutterthallus stehend, bis fast rechtwinklig gebogen sein und der stets, allerdings ± ausgeprägt, vorhandene Schnabel kann entsprechend alle Lagen zwischen senkrecht vom Faden abstehend, in verschiedenem Grade schräg aufwärts, bis fast dem Mutterfaden parallel gerichtet, einnehmen. Oosporen die Oogonien ganz – gelegentlich mit Ausnahme eines meist wenig auffallenden Schnabelraumes erfüllend. Bei der Reife farblos mit rotem bis braunrotem Zentralfleck. Der Keimriß entsteht ventral. Sexualorgane in Gruppen angeordnet, die entweder aus einem Antheridium zwischen zwei ihm zugeneigten Oogonien, oder aus einem Antheridium und einem zugehörigen Oogon bestehen. Thallusfaden 21–135 µm breit; Antheridium 15,5–23,5 µm breit; Oogon 70–104 × 52–80 µm; Oospore 62,5–115 × 49,5–80 µm. Kultur: UTEX 761, SAG 745–1 b, 47.81.

Auf feuchter Erde lockere Überzüge bildend oder direkt in Erdböden lebend; bis 2300 m ü. M. gefunden. Kosmopolitisch.

11. **Vaucheria alaskana** Blum 1953 (Fig. 58: f)

Rieth 1980, p. 72, fig. 28.

Monözisch; endständiger Antheridialast am bisexuellen Kurztrieb hornartig eingerollt, an dem das röhrenförmige, zum terminalen Porus zu deutlich verengte Antheridium mit 3/8 bis 6/8 Windungen beteiligt ist. Scheitelhöhe des Antheridialastes etwas über der der kurz geschnabelten Oogonien, diese meist paarig gegenständig ihn einrahmend, seltener solitär. Der größte Durchmesser in einer etwa parallel zur Fruchtstandslängsachse liegenden Richtung, aufrecht, kurz gestielt als Seitentriebe 2. Ordnung unterhalb des Antheridialastes sitzend, Schnabel zum Antheridium hin gewendet, ± stark gebogen. Die Oospore erfüllt das Oogon und erstreckt sich mit einer Papille in die Schnabelbasis, so daß vom Schnabel nur ein kurzes röhrenartiges Schwänzchen freibleibt. Oogonwand zweischichtig, dünn und farblos, manchmal äußere Wand verdickt und mit einem netzartigen Muster. Oosporen rötlichbraun. Thallusfaden 25–72 µm breit; Antheridium 38–62 × 16–28 µm; Oogon 83–130 × 62–104 µm; Oospore 80–131 × 59–107 µm.

Auf feuchter Erde (Westeuropa, Nord- und Südamerika, Alaska, China).

12. **Vaucheria lii** Rieth 1959 (Fig. 58: g, h)

Rieth 1980, p. 68, fig. 26, 27.

Monözisch; Antheridialast terminal im Sexualorganstand, sein Scheitel etwa in gleicher Höhe wie die Scheitelhöhe der Oogonien, zuweilen etwas höher oder etwas tiefer; ± schraubig gewunden. Antheridien mit terminaler Öffnung. Oogonien mit sehr deutlich entwickeltem, in der Masse der Fälle ausgesprochen hakig zurückgekrümmtem relativ schwach konischem und ± auf die Oogonbasis zu gerichtetem Schnabel, der sich terminal mit 1 oder 2(–3) auf papillenartigen Erhebungen liegenden Poren öffnet. Längsachse in der Regel etwas mehr als 180° gekrümmt. Oosporen das Oogon mit Ausnahme des Schnabels erfüllend, mit hochrückig konvexer Dorsal- und ± stark konkav gebogener Ventralseite. Bei der Reife farblos mit diffus verteilten goldgelben Pigmentflekken vom Oogon umhüllt abfallend. Antheridien und Oogonien finden sich in den Sexualorganständen in der Weise angeordnet, daß dem langgestielten Antheridialast seitlich entweder ein, oder

---

Fig. 58. *a Vaucheria woroniniana*, Habitus der Fruchtäste; *b, c V. arrhyncha; b* junger Fruchtast; *c* ausgewachsene Fruchtstände; *d V. borealis*, Habitus der Sexualorgane; *e V. sessilis*, Habitus der Sexualorgane; *f V. alaskana*, Habitus der Sexualorgane; *g, h V. lii; g* var. *lii*, Habitus des Fruchtastes mit Sexualorganen; *h* var. *bipora; i, j V. pseudogeminata; i* Habitus der Sexualorgane; *j* Oogonien mit reifen Zygoten (nach Rieth).

paarig, gegenständig zwei ebenfalls relativ langgestielte Oogonien ansitzen, die dem zentralen Antheridium zugekrümmt sind. Thallusfaden 8–65 µm breit; Oogon 44–83 × 31–57 µm; Oospore 44–78 × 31–57 µm.
Auf feuchter Erde, auch an schwach überrieselten Stellen, im Mittelgebirge (Mitteleuropa, Nordamerika, China).

13. Vaucheria pseudogeminata Dangeard 1939 (Fig. 58: i, j)
Rieth 1980, p. 66, fig. 25.

Monözisch; der am Fruchtstand terminale Antheridialast spiralig gerollt. Daran ist auch das röhrenförmige, sich am Ende öffnende Antheridium mit 2/8 bis 5/8 Umgängen beteiligt. Oogon mit gut ausgeprägtem, konisch zulaufendem aber nicht hakig zurückgekrümmtem, in der Masse der Fälle schräg aufwärts bis höchstens waagrecht zum Antheridium hin gerichtetem Schnabel, an dessen Ende die runde Befruchtungsöffnung entsteht. Oogonlängsachse höchstens bis zu einem Winkel von 180° gebogen. Oospore das Oogon mit Ausnahme des Schnabels erfüllend, mit hochrückig konvexer Dorsalseite und planer bis schwach konkaver Ventralseite. Bei der Reife bis auf einen bräunlichen bis dunkelbraunen, gelblich gerandeten Zentralfleck, mit dem sich oberhalb der basalen Trennwand ablösenden Oogon abfallend. Die Sexualorgane sind an den Fruchttrieben in der Weise angeordnet, daß an der Übergangsstelle vom Fruchtstandstiel in den Antheridialast entweder unpaar ein deutlich gestieltes Oogon, oder paarig, gegenständig zwei gestielte Oogonien entspringen, die den Antheridialast einrahmen. Thallusfaden 23,5–50 µm breit; Antheridium 13–21 µm breit; Oogon 40–93 × 30–67 µm; Oospore 50–91 × 41,5–57 µm.
Eine relativ seltene Art. In der Regel mit anderen *Vaucheria*-Arten gemischt auf feuchter Erde (West- und Mitteleuropa, Nordamerika, Nordafrika).

14. Vaucheria geminata (Vaucher) De Candolle in De Lamarck & De Candolle 1805 (Fig. 59: a, b)
Rieth 1980, p. 77, fig. 30.

Monözisch; Antheridialast endständig am Kurztrieb, die Scheitelhöhe der Oogonien nicht überragend. Stielteil aufrecht, ± gerade, nur apikal teilweise hakenartig gekrümmt, das Antheridium hornartig gewunden. Oogonien in der Regel paarig gegenständig, relativ kurz gestielt, aufrecht bis apikal etwas dem Antheridialast, den sie symmetrisch einrahmen, zugeneigt, größte Längenerstrekkung in einer der Fruchtastlängsachse ± parallelen Richtung zu finden. Die von der Trennwand an der Basis zur Befruchtungsöffnung zu ziehende Längsachse um etwa 90° gebogen. Der auf einem papillenartigen Vorsprung entstehende Porus schräg aufwärts zum Antheridium hin gewendet. Oosporen das Oogon erfüllend mit konvexer Dorsal- und fast planer Ventralseite. Bei der Reife mit braun-gelbem, jedoch nicht rötlichem zentralem Pigmentfleck. Der Keimriß entsteht ventral. Thallusfaden 29–132 µm breit; Antheridium 23–65 µm breit; Oogon 70–118 µm × 60–110 µm; Oospore 64,5–115 µm × 52,5–100 µm.
Kultur: UTEX 1035.
Auf feuchter Erde weit verbreitet, wohl kosmopolitisch.

Fig. 59. *a, b Vaucheria geminata; a* Habitus des Fruchtastes mit Sexualorganen; *b* reife Oospore; *c, d V. undulata; c* Habitus des Fruchtstandes, *d* reife Oospore; *e–g V. terrestris; e* Habitus des Fruchtastes; *f* reife Oospore; *g* var. *major*, Fruchtäste; *h, i V. walzii; h* Habitus des Fruchtstandes; *i* reife Zygoten; *j–l V. hamata; j* Habitus des Fruchtstandes; *k, l* reife Oosporen: bei *l* mit Keimspalt (nach Rieth).

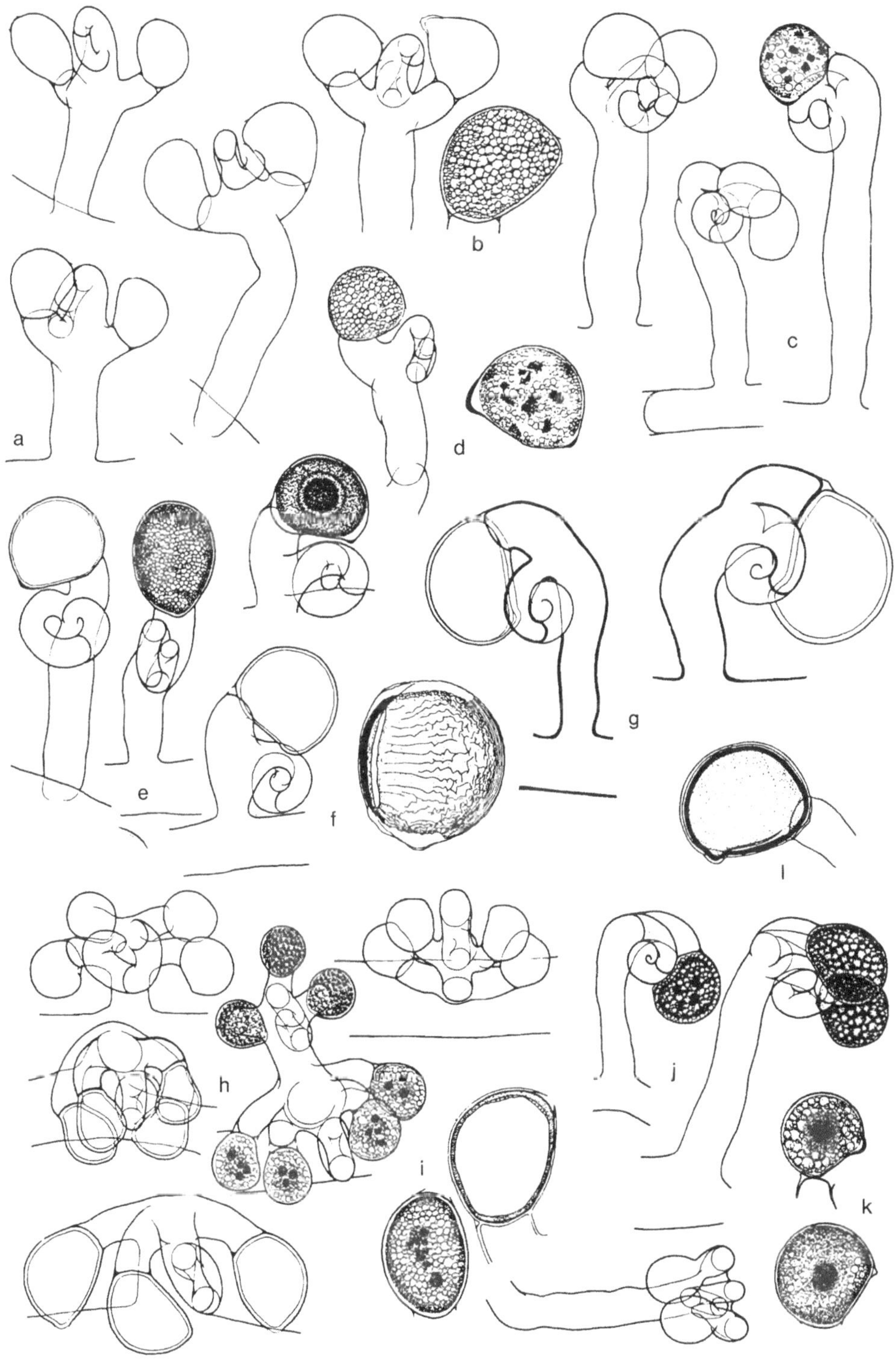
a
b
c
d
e
f
g
h
i
j
k
l

15. Vaucheria undulata Jao 1936 (Fig. 59: c, d)
Rieth 1980, p. 86, fig. 35.

Monözisch; bisexuelle Kurztriebe in der Regel relativ lang gestielt, in einen hornartigen Antheridialast auslaufend, dessen endständiges, röhrenförmiges Antheridium daran beteiligt ist. Der Fruchtstand enthält normalerweise ein Oogon, auch zwei, relativ kurz gestielte, in ihrer Scheitelhöhe das Antheridium deutlich überragende Oogonien vorkommend. Die auf einer stumpfen Papille erscheinende Befruchtungsöffnung entsprechend parallel zum Mutterfaden bis abwärts auf ihn zu zeigend. Oospore mit stark konvex gewölbter Dorsal- und schwach konkaver bis planer Ventralseite erfüllt das Oogon völlig. Bei der Reife finden sich auf blaß gelblichgrünem bis farblosem Grunde zahlreiche diffus verteilte bräunliche bis schwarzbraune Pigmentflecken. Der Keimriß liegt ventral. Die vegetativen Fäden wie auch die meisten längeren Fruchtaststiele sind wellrohrartig, rhythmisch mit Anschwellungen und Einschnürungen versehen, unduliert. Der Ausprägungsgrad der Wellung ist allerdings recht variabel. Thallusfaden 25–62,5 µm breit; Antheridium 15,5–31,5 µm breit; Oogon 49,5–127 × 39–113 µm; Oospore 65–101,5 × 60–96,5 µm.
Auf feuchter Erde, wahrscheinlich kosmopolitisch.

16. Vaucheria terrestris (Vaucher) Lyngbye 1819 sensu Götz 1897 (Fig. 59: e–g)
Syn.: *Vaucheria frigida* (Roth) C. A. Agardh 1824
Rieth 1980, p. 87, fig. 36.

Monözisch; der von seiner Basis an gekrümmte Antheridialast mit terminalem Antheridium bildet das Ende des bisexuellen Kurztriebs. Er wird jedoch im Laufe der Entwicklung von dem einzigen, als Seitentrieb entstehenden Oogonialast übergipfelt. Im voll entwickelten Fruchtstand findet sich daher die Antheridialschnecke scheinbar seitenständig unterhalb des Oogons. Das Antheridium ist röhrenförmig mit geringfügiger Anschwellung im Mittelteil. Der Fruchtast enthält in der Regel ein Antheridium und ein Oogon. Das Oogon ist, wie die es völlig erfüllende Oospore mit vorherrschender hochrückig konvexer Dorsal- und nur einen bescheidenen Teil des Umfanges einnehmender schwach konvexer bis planer Ventralseite. Wo sich beide apikal treffen liegt auf einer etwas papillenartig vorspringenden Erhebung die Befruchtungsöffnung und entsprechend zeigt dort die Oospore eine ± deutlich ausgebildete Papille. Die reife Oospore fällt mit dem in der Folge vergallertenden Oogon ab. Sie ist farblos bis leicht grünlich-grau gefärbt mit einem dunklen, schwarzbraunen meist grünlich-gelblich gerandeten Zentralfleck. Der Keimriß liegt ventral. Thallusfaden 23,5–120 µm breit; Antheridium 15–45 µm breit; Oogon 52–177 × 41,5–140,5 µm.
Kultur: UTEX 2065.
Auf feuchter Erde, auf feuchtem Teichboden, mehrfach in Höhlen gefunden. Europa bis 2030 m ü. M., Asien bis 3880 m ü. M., Nordamerika, Australien, Neuseeland. Diese Art dringt am weitesten in die alpine Stufe.

17. Vaucheria walzii Rothert 1896 (Fig. 59: h, i)
Rieth 1980, p. 96, fig. 41.

Monözisch; der den in der Regel sehr kurz gestielten bisexuellen Fruchtast abschließende zylindrische Antheridialast ist gewunden, woran das Antheridium beteiligt ist. Oogonien zu 2–5 (–7) auf gekrümmten Stielen, die unterhalb der Antheridialschnecke zweizeilig, distich an den Flanken des Kurztriebes entspringen. Bei paariger Anzahl pflegen sie einander ziemlich genau opponiert in dimeren Wirteln zu stehen, bei unpaarer Anzahl sind sie entweder ebenfalls gegenständig, mit Ausnahme des einen ohne Partner bleibenden, oder sie alternieren. Die Krümmungsebene der Oogonäste ist zu derjenigen des Fruchtastes und des Antheridiums ungefähr senkrecht, so daß die Befruchtungsöffnungen der Oogonien einander und dem Antheridium zugekehrt sind. Die Oogonialäste sind in annähernd horizontalen, unter sich und zum Mutterfaden parallelen Ebenen gelegen. Die von den Oosporen völlig erfüllten Oogonien sind mit hochrückig stark konvexer

Dorsal- und planer bis fast planer Ventralseite. Sie fallen bei der Reife mit der Oospore, die einen schwarzen, zentralen Pigmentfleck aufweist, ab. Keimriß an der Ventralseite. Thallusfaden 42–170 µm breit; Antheridium 17–31 µm breit; Oogon 60–109 × 49,5–88 µm.
Kultur: SAG 51.81.
Häufig auf feuchter Erde, zuweilen zusammen mit *Botrydium*-Arten (Europa, Nordamerika, Asien).

18. Vaucheria hamata Walz 1866 sensu Götz 1897 (Fig. 59: j–l)
Syn.: *Vaucheria prona* Christensen 1970
Rieth 1980, p. 93, fig. 39.

Monözisch; der den bisexuellen Fruchtstand terminierende Antheridialast ist von seiner Basis an hornartig gewunden, das röhrenförmige Antheridium hat daran einen Anteil. Es wird in der Regel von zwei relativ kurzstieligen Oogonialästen symmetrisch eingerahmt. Stände nur mit einem Oogon sind weniger häufig, solche mit 3 Oogonien selten. Die Scheitelhöhe der Oogonialäste überragt den Antheridialast nicht, sondern beide erreichen etwa die gleiche Höhe. Der die Sexualorgane tragende apikale Teil des Kurztriebes ist in Richtung der Symmetrieebene des Antheridialastes übergeneigt. Die in der Aufsicht auf ihre Symmetrieebene mit hochrückig konvexer Dorsal- und nur wenig entwickelter schwach konvex bis planer Ventralseite erscheinenden Oogonien tragen die Befruchtungsöffnung auf einer kleinen, aber deutlich ausgeprägten Papille. Sie hängen nach unten innen dem Antheridialast zugebogen. Die Befruchtungsöffnung ist nach hinten unten dem Fruchtaststiel bzw. dem Antheridium zugewandt. Die das Oogon vollständig erfüllende Oospore weist bei der Reife einen dunkelbraunen bis schwarzen Zentralfleck auf. Keimriß an der Bauchseite. Thallusfaden 24–110 µm breit; Antheridium 12–26 µm breit; Oogon 43–100 × 36–95 µm.
Kultur: SAG 48.81, 49,81.
Auf feuchter, jedoch nicht triefend nasser Erde, in Gärten oft typische filzige, stumpf gelbgrüne Überzüge bildend. Wahrscheinlich kosmopolitisch.

2.5. Abteilung Eustigmatophyta

Kleine Algengruppe, die den Xanthophyceen äußerlich sehr ähnlich ist. Vorläufig nur die coccale Organisationsstufe bekannt. Chloroplasten gelbgrün bis grün, mit Chlorophyllen a und c, die von den akzessorischen Pigmenten β-Karotin und Violaxanthin begleitet werden. In der submikroskopischen Struktur des Chloroplasten fehlt die Gürtellamelle. In den vegetativen Zellen tragen die Chloroplasten an ihrer Innenseite gestielte, eckige Pyrenoide, die keine Thylakoide enthalten und lichtmikroskopisch an Kristalle erinnern. Zoosporen mit einer langen, nach vorn gerichteten Flimmergeißel. Eine zweite Geißel fehlt meistens, obwohl ein zweiter Basalkörper vorhanden ist. Falls doch eine zweite Geißel ausgebildet ist, ist diese glatt. Die längere Geißel trägt zudem eine flügelartige Geißelanschwellung, die gegen das Stigma angedrückt liegt. Das Stigma ist ein großer orangeroter Körper am Zellvorderende, der aus einer Anzahl von Globuli besteht und außerhalb des Chloroplasten liegt, ohne von einer Membran umgeben zu sein. Als Reservestoffe werden Fettropfen und Chrysolaminarin gebildet. Asexuelle Fortpflanzung durch Zoosporen oder Autosporen; sexuelle Fortpflanzung nicht bekannt.
Van den Hoek 1978, van den Hoek et al. 1993, Ettl 1978, Lee 1980, Hibberd 1981, Bold & Wynne 1985, Margulis & al. 1990.
Bis jetzt mit einer Klasse, **2.5.1. Eustigmatophyceae**, und mit einer Ordnung:

Ordnung **Eustigmatales** Hibberd 1981

Zellen meist einzeln lebend, frei oder festsitzend, als typische coccale Organisationsstufe, mit echter Zellwand bei den vegetativen Zellen. Chloroplasten wandständig, in der Einzahl oder zu mehreren, verschieden geformt. Pyrenoide nur in vegetativen Zellen. Es wurden 4 Familien beschrieben.

1a Fortpflanzung auch durch Zoosporen 2
1b Fortpflanzung nur durch Autosporen 3
2a Zellen frei lebend, Zoosporen mit nur 1 Geißel . . . . **1. Eustigmataceae** (S. 236)
2b Zellen mittels eines Stieles oder einer Gallertscheibe festsitzend, Zoosporen mit 2 Geißeln . . . . **2. Pseudocharaciopsidaceae** (S. 240)
3a Zellen größer als 10 µm, zu 2 oder 4 in einer dicken und geschichteten Gallerthülle . . . . **3. Chlorobotrydaceae** (S. 241)
3b Zellen kleiner als 10 µm, ohne Gallerthülle . . . . **4. Monodopsidaceae** (S. 242)

1. Familie **Eustigmataceae** Hibberd 1981

Zellen ± isodiametrisch, kugelig, polyedrisch bis angedeutet sternförmig; einzeln und frei lebend. Vegetative Zellen oft mit roten Öltropfen und großer Saftvakuole. Zoosporen mit nur 1 Geißel.

1a Zellen kugelig, Zellwand glatt und ohne Skulptur . . . . **1. Eustigmatos** (S. 236)
1b Zellen unregelmäßig polyedrisch bis angedeutet sternförmig, Zellwand mit Ausbeulungen und Wülsten . . . . **2. Vischeria** (S. 238)

1. **Eustigmatos** Hibberd 1981

Syn.: *Pleurochloris* Pascher 1925 p. p.
Ettl 1978, p. 198, Hibberd 1981, p. 101.

Zellen im allgemeinen deutlich kugelig, manchmal genau kugelrund werdend oder auch etwas unregelmäßig. Zellwand relativ zart und dehnbar, selten leicht verschleimend. Chloroplast schüssel- oder muldenförmig, meist nur eine Seite der Zelle auskleidend. Im erwachsenen Zustand jedoch mit sehr tiefen und unregelmäßigen Einschnitten, so daß er stark gelappt wird und mehrere Chloroplasten vortäuschen kann; an der Innenseite mit kantigem Pyrenoid. In älteren Zellen wird manchmal eine große, von glänzenden Körnchen umgebene Vakuole gebildet; außerdem auch Karotinkörnchen. Fortpflanzung sowohl durch Zoosporen als auch durch Autosporen. Stigma bei Zoosporen immer außerhalb des Chloroplasten.

1a Zellen 14–34 µm im Durchmesser 2
1b Zellen nur 7–9 µm im Durchmesser . . . . **3. E. vischeri**
2a Zoosporen bis 12 µm lang . . . . **1. E. magnus**
2b Zoosporen bis 24 µm lang . . . . **2. E. polyphem**

1. **Eustigmatos magnus** (J. B. Petersen) Hibberd 1981 (Fig. 60: a–d)

Syn.: *Pleurochloris magna* J. B. Petersen 1932
Pascher 1939b, p. 343, fig. 217, 218; Ettl 1978, p. 113, fig. 107; Hibberd 1981, p. 103.

Zellwand zart und dehnbar, manchmal verschleimend; bei rasch wachsenden Zellen auch Häutungen beobachtet. Chloroplast stark gelappt. Zellen 14 (–34) µm im Durchmesser.
Kultur: UTEX 2351; ASIB S1, S2, T8, V1, V2.
Aus Ackererde und Wiesenböden isoliert (ph 4,7–7,5; Tiefen bis 55 cm) kommt auch in Dünen, Waldböden oder unbesiedelten Vulkanböden vor. Eine recht verbreitete Bodenalge (Dänemark, Schweiz, Tschechoslowakei, USSR).

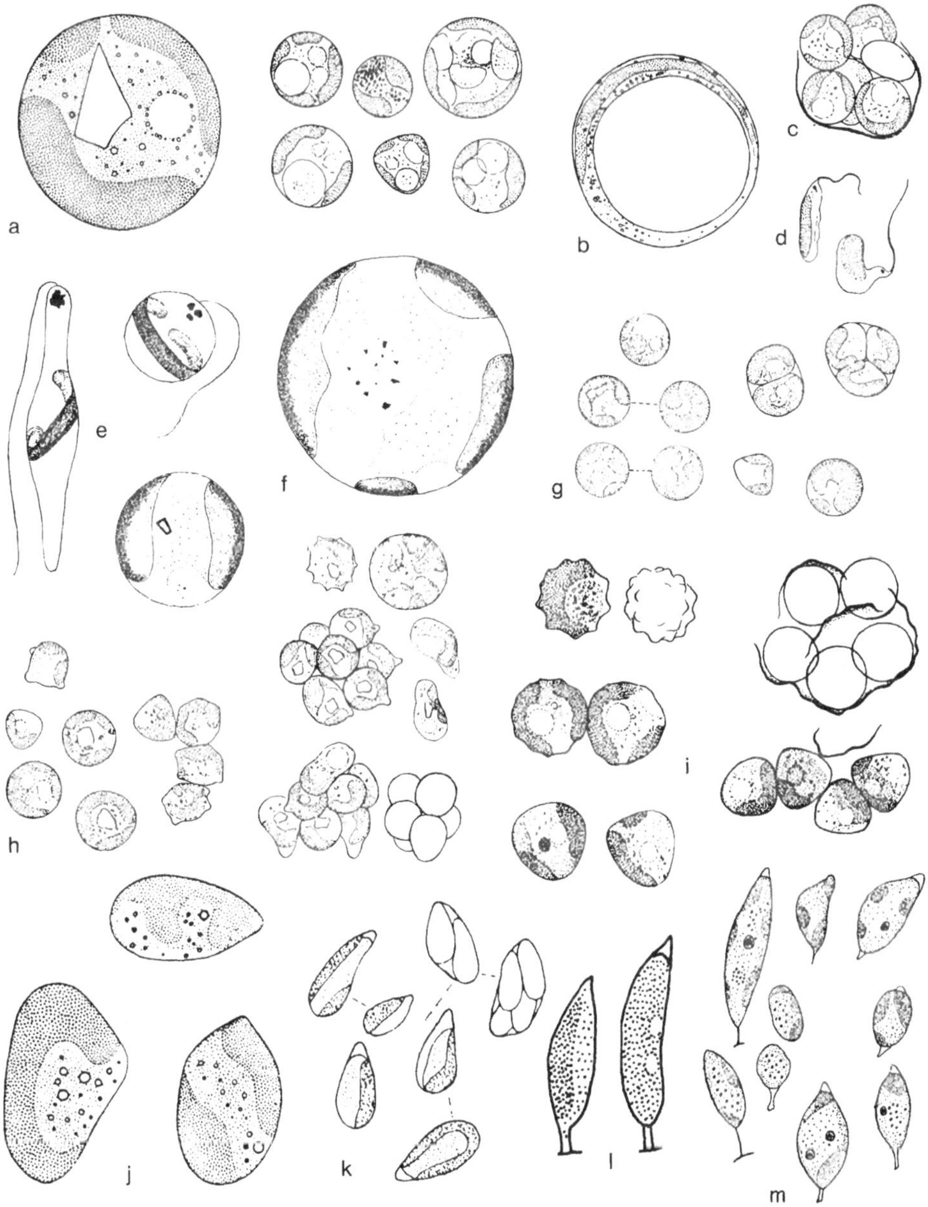

Fig. 60. *a–d Eustigmatos magnus; e, f E. polyphem; g E. vischeri; h Vischeria punctata; i V. stellata; j, k Monodopsis subterranea; l Pseudocharaciopsis minuta; m P. ovalis* (*a, j* nach J. B. Petersen, *e, f* nach Pitschmann, *k* nach Broady, *l* aus Pascher, *m* nach Chodat, sonst nach Vischer).

2. Eustigmatos polyphem (Pitschmann) Hibberd 1981 (Fig. 60: e, f)
Syn.: *Pleurochloris polyphem* Pitschmann 1969
Pitschmann 1969, p. 489, fig. 1, 2; Hibberd 1981, p. 104.

Chloroplast zuerst schüsselförmig und tief zweigeteilt, in älteren Zellen mehrfach gelappt. Mit einem kristallartigen Pyrenoid. Zellen bis 14, ausnahmsweise bis 25 µm im Durchmesser.
Kultur: ASIB IB 207, IB 208.
Aus Erdproben vom Mt. Kenya (Kenya) isoliert.

3. Eustigmatos vischeri Hibberd 1981 (Fig. 60: g)
Syn.: *Pleurochloris commutata* Pascher sensu Vischer 1945
Vischer 1945 a, p. 482, fig. 2; Hibberd 1981, p. 102; Nakano & al. 1991, p. 431, fig. 2: 1,2.

Junge Zellen manchmal etwas tetraedrisch, erwachsene kugelig. Zellwand zart. Chloroplast mäßig gelappt, mit einem polyedrischen Pyrenoid. Gelegentlich treten abnorm große Zellen auf (20–30 µm!), in denen mehrere Chloroplasten und Pyrenoide vorkommen. Zellen 7–9 (–12) µm im Durchmesser.
Kultur: UTEX 310, SAG 860–1, ASIB BS 241.
In der Rhizosphaere von Gräsern bei Stabel (Schweiz) gefunden. Auch auf Baumrinden in Japan.

2. Vischeria Pascher 1939

Syn.: *Chlorobotrys* sensu Chodat ex Poulton 1925; *Polyedriella* Pascher 1930 p. p.
Pascher 1939 b, p. 553, Ettl 1978, p. 202, Hibberd 1981, p. 105.

Zellen einzeln , sehr selten in zwei- oder vierzelligen Verbänden lebend, kugelig bis polyedrisch im Prinzip. Zellwand ziemlich derb, bei typisch ausgebildeten Zellen in regelmäßiger Weise ausgebeult, so daß die Zelle im optischen Schnitt eine hoch-, flach- bis kerbwellige Kontur bekommt. Die Höcker entsprechen stumpfen Kegeln, Halbkugeln oder Kugelsegmenten und schwanken sehr in der Zahl. Von fünf bis acht großen flachen Höckern sind alle Übergänge vorhanden zu zahlreichen kegel- oder halbkugeligen, die so dicht stehen können, daß dann die primäre Kugelfläche der Zellen überhaupt nicht mehr erkennbar ist. Bei manchen Arten mit der Gestalt von Polyedern mit wechselnder Flächenzahl. Zellwand derb, verkieselt, durch Eisenablagerungen bräunlich verfärbt. Chloroplast einer, wandständig und muldenförmig, oft sehr stark gelappt und eingeschnitten, doch auch zwei oder mehrere getrennte Teilstücke bildend; Pyrenoid kristallartig. Im Plasma oft rote Öltropfen. Fortpflanzung durch eingeißelige Zoosporen oder Autosporen. Von 15 beschriebenen Arten sind 4 bodenbewohnend.

1a Zellen primär ± kugelig, Höcker kegelförmig bis wulstig, nie scharfe Kanten bildend 2
1b Zellen primär polyedrisch, Ausbucklungen stumpfkantig miteinander verbunden 3
2a Zellen mit stumpf kegelförmigen bis halbkugeligen Buckeln . . . . **1. V. stellata**
2b Zellen mit wulstartigen bis wurmförmigen, dicht aneinanderschließenden Buckeln . **2. V. torta**
3a Zellen 8–11–(16) µm groß, regelmäßig polyedrisch . . . . **3. V. helvetica**
3b Zellen 4–6–(8) µm groß, unregelmäßig polyedrisch . . . . **4. V. punctata**

1. Vischeria stellata (Chodat ex Poulton) Pascher 1939 (Fig. 60: i, 61: a)
Syn.: *Chlorobotrys stellata* Chodat ex Poulton 1925
Pascher 1939 b, p. 559, fig. 406–413; Ettl 1978, p. 204, fig. 238; Hibberd 1981, p. 105.

Zellen im Prinzip kugelig, vereinzelt auch ellipsoidisch bis fast halbkugelig. Ausbuckelungen immer locker stehend. Chloroplast oft stark gelappt. Zellen 7–14 µm groß, seltener etwas größer.
Kultur: UTEX 312, SAG 887–2, ASIB BS 169.
Erdalge, die nur gelegentlich in Gewässer eingeschwemmt wird. Vor allem unter Gras in Humusschichten alpiner Erdböden, doch auch in niederen Lagen vorkommend (Schweiz, Österreich, Tschechoslowakei, Spanien).

Fig. 61. *a Vischeria stellata; b V. torta; c–e V. helvetica; f Chlorobotrys gloeothece; g Ch. terrestris; h Ch. simplex* (nach Pascher).

2. Vischeria torta Pascher 1939 (Fig. 61: b)
Pascher 1939b, p. 566, fig. 419; Ettl 1978, p. 206, fig. 246.

Zellen im optischen Schnitt kugelig polygonal. Ausbuckelungen wulstförmig, einseitig oder beidseits verlängert und in die Fugen zweier benachbarter Ausbeulungen einkeilend. Zellwand relativ derb, oft rötlich und spröde. Chloroplasten 2 bis 5. Zellen 8–11 µm im Durchmesser.
Auf feuchten Felsen und in Böden (Österreich, Tschechoslowakei).

3. Vischeria helvetica (Vischer & Pascher) Hibberd 1981 (Fig. 61: c–e)
Syn.: *Polyedriella helvetica* Vischer & Pascher in Pascher 1939
Pascher 1939b, p. 570, fig. 421, 422; Ettl 1978, p. 209, fig. 249; Hibberd 1981, p. 106.

Zellen ± kugelig, oder mehr dreikantig, durch leicht vorgezogene, stumpfe Ecken im optischen Schnitt regelmäßig sieben-, acht-, fünf-, seltener auch nur dreieckig erscheinend. In Kultur häufig fast glatt. Zellwand ziemlich derb und in weiten Abständen eckig bis ganz flach kegelförmig vorgezogen; in alten Zellen stark glänzend. Chloroplast einer, muldenförmig und tief gelappt, manchmal zerteilt. Zellen 7–11–(16) µm im Durchmesser.
Kultur: UTEX 49, SAG 876–1, ASIB BS 170.
Häufig in verschiedenen Bodentypen (Tschechoslowakei, England, USSR).

4. Vischeria punctata Vischer 1945 (Fig. 60: h)
Syn.: *Vischeria stellata* sensu Ettl 1978.
Vischer 1945a, p. 492, fig. 2b–f, Hibberd 1981, p. 106.

Zellen fast kugelig bis unregelmäßig polyedrisch. Zellwand mit kleinen hohlen, unregelmäßig verteilten warzenartigen Ausbuchtungen. Chloroplast gelappt, groß. Zellen 4–6–(8) µm groß.
Kultur: UTEX 86, 153: SAG 887–1; ASIB BS 266.
Aus der Rhizosphaere von Gräsern und aus Waldböden bei Fuorn (Schweiz) isoliert.

2. Familie Pseudocharaciopsidaceae Lee & Bold ex Hibberd 1981

Zellen gestreckt ellipsoidisch oder spindelförmig, einzeln mittels eines Stieles oder einer Haftscheibe am Substrat festsitzend. Zoosporen zweigeißelig.
Mit einer Gattung:

Pseudocharaciopsis Lee & Bold 1973

Lee & Bold 1973, p. 31; Hibberd 1981, p. 107.

Zellen gestreckt ellipsoidisch bis spindelförmig oder auch stark variabel, manchmal mehr zylindrisch und an beiden Enden verjüngt und zugespitzt. Apikal mit oder ohne spitzen Fortsatz oder Stachel. Antapikal mit einem Stiel und mit einer Haftscheibe.
1a Zellen gestreckt ellipsoidisch, mit spitzem Apex und einem Chloroplast .... **1. P. minuta**
1b Zellen von extrem variabler Gestalt und Größe, mit mehreren Chloroplasten ...... **2. P. ovalis**

1. Pseudocharaciopsis minuta (A. Braun) Hibberd 1981 (Fig. 60: l)
Syn.: *Characium minutum* A. Braun in Kützing 1849; *Characiopsis minuta* (A. Braun) Borzi 1895; *Pseudocharaciopsis texensis* Lee & Bold 1973
Pascher 1939b, p. 756, fig. 614, 615; Ettl 1978, p. 354, fig. 421; Hibberd 1981, p. 110.

Zellen meist etwas schief, gestreckt ellipsoidisch spindelförmig, gestreckt eiförmig-spindelförmig, manchmal leicht bogig. Apikal scharf zugespitzt, basal mit einem derben Stiel. Zellwand sehr zart. Chloroplast einer, rinnen- oder bandförmig. Zellen 12–30 µm lang, bis 12 µm breit.
Kultur: UTEX 2113.
Häufige Bodenalge in Europa, auch in den USA (Onion Creek bei Austin, Texas) gefunden.

2. Pseudocharaciopsis ovalis (Chodat) Hibberd 1981 (Fig. 60: m)
Syn.: *Monodus ovalis* Chodat 1913; *Characiopsis ovalis* (Chodat) Chodat ex Poulton 1925
Pascher 1939b, p. 755, fig. 612, 613; Ettl 1978, p. 382, fig. 477; Hibberd 1981, p. 110, fig. 14–17.

Zellen kurz ellipsoidisch bis länglich, auch plump und recht unregelmäßig spindelförmig, nach vorn leicht verschmälert, basal mit einem kurzen Stiel. Chloroplasten 2 bis mehrere. Zellen 8–15 µm lang, 4–7 µm breit.
Eine mehr aerophytische Alge, die nur in Reinkulturen bekannt ist, Genf (Schweiz).

3. Familie Chlorobotrydaceae Pascher 1925

Zellen zu 2 oder 4 in flachen Gallertkolonien, die scharf begrenzt sind und geschichtete Gallerte haben. Zellen in einer Ebene liegend. Fortpflanzung durch Autosporen.
Pascher 1925b, 1939b.
Mit einer Gattung:

Chlorobotrys Bohlin 1901

Bohlin 1901, p. 34; Pascher 1925b, p. 48, 1939b, p. 644; Ettl 1978, p. 291; Hibberd 1981, p. 111.

Zellen ± kugelig, seltener etwas mehr ellipsoidisch. Gewöhnlich zu 2 oder 4 (selten zu 32), in scharf umrissenen Gallertlagern liegend. In alten Gallertlagern bleiben immer Zweier- oder Vierergruppen einander genähert. Zellen vorherrschend in einer Ebene angeordnet. Um die Zellgruppen herum bleiben deutlich die verquollenen Reste der zersprengten alten Zellwand erkennbar. Zellwand fest, in manchen Fällen stark glänzend. Chloroplast wandständig, einer bis zahlreiche, mulden- oder scheibenförmig. In älteren Zellen wird der Inhalt stark vakuolisiert. Fortpflanzung nicht vollständig bekannt, anscheinend nur Autosporenbildung, wobei in jeder Zelle 2 Autosporen entstehen.
Von 10 beschriebenen Arten sind nur 3 bodenbewohnend.

1a Zellen kleiner als 10 µm, mit 1 Chloroplast 2
1b Zellen 10–12 µm groß, mit 3–5 Chloroplasten . . . . **1. Ch. gloeothece**
2a Zellen 7 µm groß, Kolonien meist vierzellig . . . . **2. Ch. simplex**
2b Zellen 4 µm groß, Kolonien meist zweizellig . . . . **3. Ch. terrestris**

1. Chlorobotrys gloeothece Pascher 1939 (Fig. 61: f)
Pascher 1939b, p. 652, fig. 513, 514; Ettl 1978, p. 295, fig. 349.

Kolonien wenigzellig, maximal mit 8 Zellen, mit oft sehr deutlichen bis derben Gallertschichten. Bruchstücke der alten Zellwände bleiben sehr lange sichtbar. Zellwand oft rotbraun verfärbt. Chloroplasten 3–5. Zellen 10–12 µm im Durchmesser.
Auf feuchter Erde und auf nassen Felsen (Tschechoslowakei, Rumänien).

2. Chlorobotrys simplex Pascher 1932 (Fig. 61: h)
Pascher 1932, p. 334, fig. 18, 19; 1939b, p. 649, fig. 509–511; Ettl 1978, p. 292, fig. 346.

Zellen einzeln oder bis zu 4 in kleinen Kolonien, in denen die Zellen paarweise in Gallertschichten zusammengefaßt sind. Gallerte sehr zart. Schichten wenig deutlich. Zellen kugelig, mit fester, leicht bräunlicher Zellwand. Chloroplast einer, topf- bis napfförmig. Zellen etwa 7 µm groß.
Auf feuchten Böden oder direkt bodenbewohnend (Tschechoslowakei, USSR).

3. Chlorobotrys terrestris Pascher 1939 (Fig. 61: g)
Pascher 1939b, p. 652, fig. 512; Ettl 1978, p. 292, fig. 347.

Kolonien meist nur aus 2 Zellen bestehend, seltener mit 4. Gallerte sehr weich und sehr leicht verquellend. Zellen kugelig, mit auffallend derber, rötlich gefärbter Zellwand und einem muldenförmigen Chloroplast. Zellen nur 4 µm im Durchmesser.
Bodenalge, die auch an feuchten Stellen, am Grunde von Mauern und Bäumen vorkommt (Tschechoslowakei, Österreich, USSR).

4. Familie Monodopsidaceae Hibberd 1981

Zellen eiförmig, ellipsoidisch oder spindelförmig; einzeln lebend. Zellwand zart; Chloroplast einer, schüssel- bis muldenförmig. Fortpflanzung durch Autosporen.
Mit einer Gattung:

Monodopsis Hibberd 1981

Syn.: *Monodus* Chodat 1913 p. p.
Pascher 1939b, p. 445; Ettl 1978, p. 143; Hibberd 1981, p. 113.

Zellen eiförmig bis ausgesprochen ellipsoidisch, auch unregelmäßig länglich, an einem Ende oft geradlinig verschmälert und spitz, am anderen oft breit abgerundet, gelegentlich fast spindelförmig. Zellwand sehr zart. Chloroplast einer, den größten Teil der Zelle auskleidend. Fortpflanzung durch 2–4 Autosporen.
Mit einer Art:

Monodopsis subterranea (J. B. Petersen) Hibberd 1981 (Fig. 60: j, k)
Syn.: *Monodus subterraneus* J. B. Petersen 1932, incl. fo. *maius* Gruia 1964
J. B. Petersen 1932a, p. 406, fig. 13; Pascher 1939b, p. 445, fig. 308; Ettl 1978, p. 143, fig. 154; Hibberd 1981, p. 113.

Mit den Merkmalen der Gattung. Zellen (4)–7–9,5 µm lang, 2,5–5 µm breit.
Kultur: UTEX 151, SAG 848-1.
Bodenalge, die gelegentlich auch aerophytisch vorkommt (Dänemark, Tschechoslowakei, Rumänien, Antarktis).
Die fo. *maius* Gruia 1964, p. 300, fig. 1: 19 unterscheidet sich nur durch etwas größere Ausmaße –9,5–16,3 × 6,8–8,8 µm.

2.6. Abteilung Euglenophyta

Kompliziert gebaute und differenzierte, relativ große Flagellaten. Andere Organisationsstufen sind nicht ausgebildet. Die Zellen sind von einer Pellikula umgeben, die aus aneinanderliegenden, teilweise überlappenden, schraubenartig verlaufenden proteinhaltigen Streifen zusammengesetzt ist. Die Pellikula ist entweder weich und elastisch, so daß die Zellen formveränderlich sind und euglenoide Fortbewegung ausüben, oder fest und die Zellen sind dann starr. Zwei ungleich lange Geißeln entspringen am Vorderende der Zelle aus einer flaschenartigen Einstülpung (Ampulle). Bei den meisten Arten ragt nur eine lange Geißel (mit einer Reihe von Haaren bekleidet) aus der Ampulle heraus, wogegen die andere stark reduziert ist und im Innern der Ampulle verbleibt. Nur eine kleinere Anzahl von Arten trägt zwei herausragende Geißeln, wovon die eine der Fortbewegung dient, die andere als Schleppgeißel wirkt. An der Basis der längeren Geißel ist eine Geißelanschwellung, die dem Stigma gegenüberliegt. In die Ampulle werden auch die pulsierenden Vakuolen entleert. Die Chloroplasten sind wandständig oder binnenständig, verschiedenartig geformt, meist scheiben-, band- oder sternförmig. Manchmal mit nackten oder beschalten Pyrenoiden, die entweder im Chloroplasten eingebettet sind oder knopfartig hervorragen und auch gestielt sein können; letztere an der Innenseite des Chloroplasten. Die photosynthetischen Pigmente, die Chlorophylle a und b werden von akzessorischen Pigmenten wie β-Karotin, Diadinoxanthin, Echinenon, Zeaxanthin und Neoxanthin begleitet. Als Reservestoff kommt Paramylon (β-1,3-Polyglucan) als vielgestaltete Körner, Stäbchen oder Ringe vor, die außerhalb der Chloroplasten liegen. Viele Euglenophyten sind farblos und ohne Chloroplasten. Ein Stigma in Form mehrerer roter Globuli liegt, ungebunden an die Chloroplasten, dicht an der Ampulle. Zellkern in der Interphase mit kontrahierten, in lebenden Zellen sichtbaren Chromosomen. Asexuelle Fortpflanzung als Zweiteilung der Zellen. Als Dauerstation dienen Palmellen oder Zysten. Sexuelle Fortpflanzung nicht bekannt.

Huber-Pestalozzi 1955, Leedale 1967, Bourrelly 1970, van den Hoek 1978, van den Hoek et al. 1993, Lee 1980, Starmach 1983, Bold & Wynne 1985, Margulis & al. 1990.

Diese Abteilung enthält nur eine Klasse, **2.6.1. Euglenophyceae,** mit zwei Ordnungen, Euglenales und Peranematales. Vertreter von nur 5 Gattungen wurden in Erdböden gefunden, die hier ohne weitere systematische Gliederung angeführt werden.

1a Zellen grün, mit Chloroplasten . . . . **1. Euglena** (S. 243)
1b Zellen farblos, ohne Chloroplasten 2
2a Zellen mit 1 Geißel 3
2b Zellen mit 2 Geißeln . . . . **2. Heteronema** (S. 247)
3a Zellen formveränderlich, mit euglenoider Bewegung . . . . **3. Astasia** (S. 247)
3b Zellen nicht formveränderlich 4
4a Zellen stark abgeflacht, mit deutlichen Längsrippen oder Längskielen . **4. Petalomonas** (S. 248)
4b Zellen nicht abgeflacht, ohne Längsrippen oder Längskielen . . . . **5. Scytomonas** (S. 248)

1. **Euglena** Ehrenberg 1838

Huber-Pestalozzi 1955, p. 6; Pringsheim 1956, p. 133, Bourrelly 1970, p. 131; Starmach 1983, p. 39.

Zellen freischwimmend oder kriechend (euglenoide Bewegung), spindelförmig, länglich zylindrisch oder seltener eiförmig kugelig; zuweilen schraubig gedreht. Vorderende schief abgestutzt, mit subapikaler Mündung der Ampulle, die ± weit in den Körper reicht. Pellikula zart bis derb, auch fast steif, ± deutlich gestreift. Mit einer hervorragenden Geißel, die manchmal auch reduziert sein kann. Mit einem oder mehreren, verschieden geformten Chloroplasten, mit oder ohne Pyrenoide. Stigma auffallend groß. Paramylonkörner unterschiedlicher Gestalt und Größe, im Plasma verstreut. Zellkern groß, axial in halber Zellhöhe oder hinten. Asexuelle Fortpflanzung durch Zweiteilung im beweglichen oder palmelloiden Zustand.

Von etwa 120 beschriebenen Arten wurden in Erdböden nur 7 gefunden.

1a Chloroplasten scheiben-, band-, oder rinnenförmig, unregelmäßig verteilt 2
1b Chloroplasten bandförmig, jedoch zu einem asteroiden Gebilde angeordnet, in dessen Mitte ein Paramylonzentrum ist 6
2a Chloroplasten ohne Pyrenoide . . . . **1. E. allorgei**
2b Chloroplasten mit Pyrenoiden 3

3a Pyrenoide nackt 4
3b Pyrenoide von 2 Paramylonschalen umgeben 5
4a Zellen bis 90 μm lang, mit 3–5 kurz rinnenförmigen Chloroplasten . . . . **2. E. mutabilis**
4b Zellen bis 170 μm lang, mit zahlreichen scheibenförmigen Chloroplasten . . . . **3. E. deses**
5a Zellen bis 40 μm lang, mit 2 (selten 3–4) seitlich angeordneten, bandförmigen Chloroplasten . . . . **4. E. pisciformis**
5b Zellen bis 140 μm lang, mit zahlreichen unregelmäßig scheibenförmigen Chloroplasten . . . . **5. E. obtusa**
6a Zellen bis 45 μm lang, mit einem asteroiden Gebilde von Chloroplasten . . . . **6. E. myxocylindracea**
6b Zellen bis 95 μm lang, mit 2, seltener 3 asteroiden Gebilden von Chloroplasten . . . . **7. E. geniculata**

1. **Euglena allorgei** Deflandre 1924 (Fig. 62: b)

Huber-Pestalozzi 1955, p. 80, fig. 56 A; Pringsheim 1956, p. 133; Starmach 1983, p. 97, fig. 158.

Zellen gestreckt, mit beinahe parallelen Rändern, vorn schief und mit leicht gedrehter Furche, hinten plötzlich verschmälert und mit einem etwas seitlich verschobenen kaudalen Stachel. Euglenoide Bewegung sehr schwach; Geißel nicht beobachtet. Pellikula mit zarter Längsstreifung. Chloroplasten zahlreich, scheibenförmig; ohne Pyrenoide. Zwei kräftige und lange Paramylonstäbe, je einer vor und hinter dem Zellkern. Zellen 105–114 μm lang, 13–14 μm breit.
Aus Sandschlamm einer Lehmgrube, auf feuchten Waldwegen (Frankreich, Schweiz, Tschechoslowakei).

2. **Euglena mutabilis** Schmitz 1884 (Fig. 62: a)

Huber-Pestalozzi 1955, p. 76, fig. 53; Pringsheim 1956, p. 121, fig. 38; Starmach 1983, p. 96, fig. 156.

Zellen gestreckt, lang zylindrisch, vorn wenig verjüngt und schief abgerundet, nach hinten zu langsam verschmälert und in eine stumpfe Spitze ausgezogen. Euglenoide Bewegung sehr stark; Geißel nicht beobachtet. Fortbewegung durch Zusammenziehen und Strecken der Zellen. Pellikula ganz fein gestreift. Chloroplasten 3–6, kurz rinnenförmig bis fast hohlzylindrisch, jeder mit einem nackten Pyrenoid. Paramylonkörner klein, kurz stabförmig. Zellen (50)–70–90 μm lang, 5–8 μm breit.
Kultur: SAG 1224–9a, UTEX 364.
Auf feuchten Waldwegen, auf feuchten moorigen Böden, auch auf Sand- und Humusböden, in Europa verbreitet.

3. **Euglena deses** Ehrenberg 1833 (Fig. 62: d)

Syn.: *Euglena satelles* Braslavska-Spectorova 1937
Huber-Pestalozzi 1955, p. 70, fig. 46; Pringsheim 1956, p. 118, fig. 37; Starmach 1983, p. 88, fig. 135–139.

Zellen ± zylindrisch, manchmal leicht abgeflacht, vorn schwach verschmälert und schief abgestutzt, hinten plötzlich zusammengezogen und mit kurzem zapfenartigem Fortsatz. Geißel kurz oder auch fehlend, euglenoide Bewegung lebhaft. Pellikula fein gestreift. Chloroplasten zahlreiche, unregelmäßig scheibenförmig, mit nackten Pyrenoiden. Paramylonkörner stabförmig. Zellen 85–155–(170) μm lang, 15–22–(24) μm breit.
Kultur: SAG 1224–19a, b, e, f, g; UTEX 365, 370.
Auf feuchtem Sand und lehmigem Boden, in Europa verbreitet.

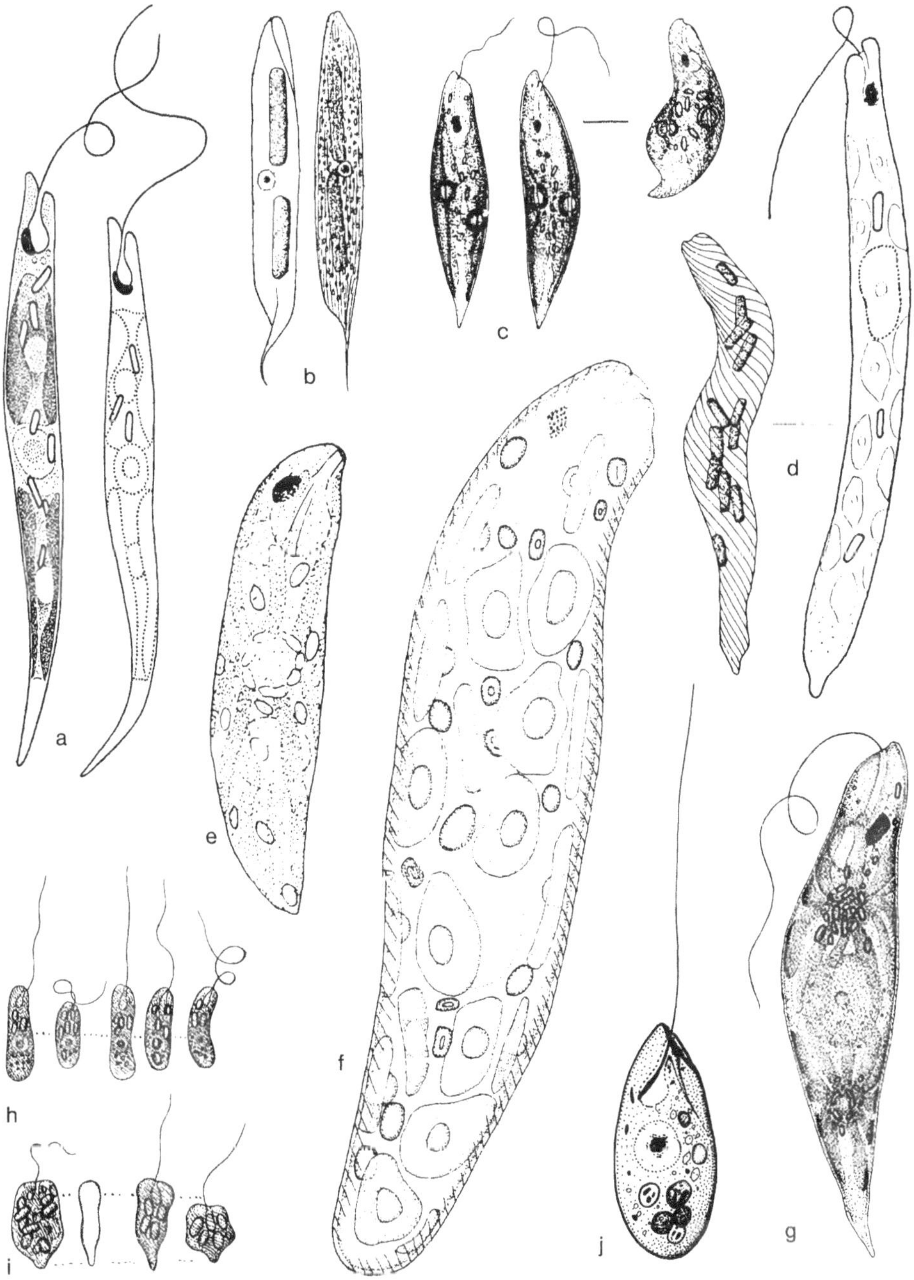

Fig. 62. *a Euglena mutabilis; b E. allorgei; c E. pisciformis; d E. deses; e E. myxocylindracea; f E. obtusa; g E. geniculata; h Astasia parvula; i A. pygmaea; j Scytomonas pusilla* (*a* nach Ettl, *b, d* nach Huber-Pestalozzi, *c, g–i* nach Skuja, *e* nach Bold & Mc Entee, *f* nach Gojdics; *j* nach Mignot).

4. Euglena pisciformis Klebs 1883 (Fig. 62: c)
Huber-Pestalozzi 1955, p. 41, fig. 15; Pringsheim 1956, p. 67, fig. 10–12; Starmach 1983, p. 60, fig. 51–59.

Zellen spindelförmig, vorn schief abgerundet, mit kurzer Endspitze. Euglenoide Bewegung schwach; Geißel etwa körperlang. Pellikula zart, dicht gestreift. Mit 2 (seltener 3–4) Chloroplasten als seitlich angeordnete Bänder, mit je einem doppelt beschalten Pyrenoid. Paramylonkörner klein stäbchenförmig. Zellen 24–35 µm lang, 7–11 µm breit.
Manchmal an der feuchten Oberfläche saurer Sandböden in Kiefernbeständen (Tschechoslowakei).

5. Euglena obtusa Schmitz 1884 (Fig. 62: f)
Huber-Pestalozzi 1955, p. 547; Pringsheim 1956, p. 86, fig. 21; Starmach 1983, p. 94; fig. 150, 151.

Zellen im ausgestreckten Zustand lang zylindrisch, an beiden Enden leicht verjüngt und dort abgerundet stumpf; euglenoide Bewegung sehr stark, wurmartig; Geißel nicht beobachtet. Pellikula zart gestreift. Chloroplasten zahlreiche, scheibenförmig, an den Rändern unregelmäßig gekerbt bis gelappt; mit je einem doppelt beschalten Pyrenoid. Paramylonkörner kurz stäbchenförmig. Zellen 90–130 µm lang, 16–25 µm breit.
Auf feuchten Acker- oder Waldböden, besonders auf lehmigen Wegen, die durch Exkremente verunreinigt sind, in Europa häufig.

6. Euglena myxocylindracea Bold & Mac Entee 1973 (Fig. 62: e)
Bold & Mac Entee 1973, p. 155, fig. 1.

Vorübergehend bewegliche Zellen zylindrisch, an beiden Enden verjüngt. Meist ohne Geißel oder diese ganz kurz. Chloroplasten bandförmig, zu einem asteroiden Gebilde mit Paramylon-Zentrum angehäuft (ähnlich wie bei *E. viridis*). Zellkern hinten. Gewöhnlich in Palmellen lebend. Zellen 27–45 µm lang, 7–9 µm breit.
Kultur: UTEX 1989.
In Erdproben aus einem Gemüsegarten und aus einem Wald mit *Pinus strobus*, Maple Farm, Paupach, Pike County, Pennsylvania (USA).

7. Euglena geniculata Dujardin 1841 (Fig. 62: g)
Huber-Pestalozzi 1955, p. 50, fig. 23; Pringsheim 1956, p. 111, fig. 33, 34; Starmach 1983, p. 67, fig. 77–80.

Zellen spindelförmig, gestreckt spindelförmig bis zylindrisch-spindelförmig, vorn leicht verjüngt und schief abgerundet, hinten ausgezogen und mit einem kleinen stumpfen Stachel endend. Geißel kürzer als die Zelle; euglenoide Bewegung lebhaft. Pellikula zart gestreift. Chloroplasten bandförmig und zu zwei (seltener drei) asteroiden Gruppen angeordnet, wovon eine vor, die andere hinter dem Zellkern liegt. Im Zentrum dieser Gruppen befindet sich je ein Paramylon-Zentrum. Außerdem freie Paramylonkörner in Form länglicher randverdickter Scheiben. Zellen 50–95 µm lang, 12–22 µm breit.
Kultur: SAG 1224-4 b, c, f, 34 b; UTEX 366.
Auf feuchten Sandböden, aber auch in Erdböden, Wray Castle (England).
Nicht beschriebene Art:
Euglena sp. Lund 1947 – Zellen ± spindelförmig, vorn abgerundet, hinten zugespitzt, mit euglenoider Bewegung. Pellikula fein gestreift; Geißel sehr kurz. Mit einem großen rinnenförmigen Chloroplast, dessen Ränder häufig gekerbt bis tief gelappt sind, häufig einen sternförmigen Plastiden vortäuschend. In der Mitte verdickt und mit einem beschalten Pyrenoid. Bildet häufig Palmellen. Zellen 46–66 µm lang, 10–13 µm breit.
In alkalischen Erdböden (England).

2. **Heteronema** Dujardin 1841 em. Stein 1878

Huber-Pestalozzi 1955, p. 508, Bourrelly 1970, p. 164, Starmach 1983, p. 445.

Zellen spindelförmig bis zylindrisch, kegel- oder eiförmig, mit euglenoider Bewegung; manchmal tordiert. Pellikula zart oder derb, schraubig gestreift. Mit 2 hervorkommenden Geißeln, Schleppgeißel kürzer als die Schwimmgeißel. An der Ampulle liegen eine bis mehrere Nebenvakuolen und ein Staborgan. Zellkern groß, in der Lage etwas veränderlich. Ernährung saprophytisch und phagotroph. Bewegung rotierend, mit starr nach vorn gerichteter Schwimmgeißel, deren Spitze schlängelnde Bewegung ausübt.

Von 22 beschriebenen Arten wurden nur 2 in Erdböden gefunden.

1a Zellen nicht schraubig gedreht, lang zylindrisch, bis 110 µm lang, Pellikula glatt .... **1. H. polymorphum**

1b Zellen schraubig gedreht, gestreckt eiförmig-zylindrisch, bis 35 µm lang, Pellikula fein gestreift .... **2. H. cryptocercum**

1. **Heteronema polymorphum** Deflandre 1932 (Fig. 63: a)

Huber-Pestalozzi 1955, p. 510, fig. 1043; Starmach 1983, p. 450, fig. 1200.

Zellen mit starker euglenoider Bewegung, schwimmende Individuen lang zylindrisch, an beiden Enden abgerundet. Staborgan wenig deutlich. Pellikula glatt. Zellkern ± zentral. Zellen bis 110 µm lang, 8–9 µm breit.

Aus Erdböden der Hohen Tatra (Tschechoslowakei) isoliert.

2. **Heteronema cryptocercum** Skuja 1939 (Fig. 63: b)

Syn.: *Peranema cryptocercum* (Skuja) Popova 1976

Huber-Petalozzi 1955, p. 541, fig. 1056; Starmach 1983, p. 460, fig. 1220.

Zellen gestreckt eiförmig zylindrisch, vorn stark verjüngt, hinten schief abgestutzt, schraubig gedreht; mit starker euglenoider Bewegung. Pellikula fein gestreift. Staborgan und Ampulle gut entwickelt. Zellkern zentral oder mehr hinten. Zellen 20–35 µm lang, 8–11 µm breit.

Aus Waldböden der Hohen Tatra (Tschechoslowakei) isoliert.

3. **Astasia** Dujardin 1841

Huber-Pestalozzi 1955, p. 417; Bourrelly 1970, p. 154; Starmach 1983, p. 416.

Zellen spindelförmig, länglich eiförmig oder ± zylindrisch; ± abgeflacht und leicht tordiert. Mit starker euglenoider Bewegung. Pellikula fein schraubig gestreift. Mit 1 Geißel; Bewegung rotierend. Mit deutlicher Ampulle und ± zentralem Zellkern. Ernährung saprophytisch.

Von 32 beschriebenen Arten wurden nur 2 in Erdböden gefunden.

1a Zellen länglich oval oder zylindrisch oval, mit starker euglenoider Bewegung .... **1. A. parvula**

1b Zellen birnenförmig oder trapezoidisch, mit schwacher euglenoider Bewegung . **2. A. pygmaea**

1. **Astasia parvula** Skuja 1939 (Fig. 62: h)

Huber-Pestalozzi 1955, p. 439, fig. 909; Starmach 1983, p. 422, fig. 1136.

Zellen oval oder zylindrisch, an den Enden abgerundet, zuweilgen gebogen; starke euglenoide Bewegung. Pellikula zart, dicht schraubig gestreift. Zellkern etwas hinter der Zellmitte. Zellen 10–12 µm lang, 3,5–4,5 µm breit.

In Waldböden des Hohen Gesenkes und der Hohen Tatra (Tschechoslowakei).

2. Astasia pygmaea Skuja 1939 (Fig. 62: i)
Huber-Pestalozzi 1955, p. 439, fig. 910; Starmach 1983, p. 419, fig. 1127.

Zellen birnenförmig oder trapezoidisch, ± abgeplattet, vorn abgestutzt, hinten verjüngt. Euglenoide Bewegung schwach. Pellikula dicht schraubig gestreift. Zellkern zentral. Zellen 9–16 μm lang, 7–9 μm breit.
Aus Waldböden der Hohen Tatra (Tschechoslowakei) isoliert.

4. **Petalomonas** Stein 1878

Huber-Pestalozzi 1955, p. 483; Bourrelly 1970, p. 170; Starmach 1983, p. 484.

Zellen starr, ± abgeflacht, oval, ellipsoidisch, spindelförmig, dreieckig bis glockenförmig, manchmal mit Fortsätzen am Hinterende. Rückenseite konvex, mit Längskielen oder Längsrippen; Bauchseite gerade oder konkav, mit einer schmalen Mittelfurche. Pellikula derb, meist glatt, zuweilen mit feiner Längsstreifung. Mit einer Geißel. Ampulle an der Bauchseite mündend. Staborgan nicht immer deutlich entwickelt. Ernährung saprophytisch oder phagotroph. Bewegung kriechend oder zitternd.
Nur eine Art wurde in Erdböden gefunden:

Petalomonas angusta (Klebs) Lemmermann 1910 (Fig. 63: c)
Huber-Pestalozzi 1955, p. 490, fig. 989; Starmach 1983, p. 492, fig. 1282, 1283.

Zellen eiförmig, basal leicht ausgerandet. Rückenseite konvex, glatt; Bauchseite mit seichter Furche. Zellen (7)–14–23 μm lang, (3)–7–14 μm breit.
Aus Waldböden des Hohen Gesenkes (Tschechoslowakei) bekannt.

5. **Scytomonas** Stein 1878

Huber-Pestalozzi 1955, p. 507; Bourrelly 1970, p. 179; Starmach 1983, p. 533.

Zellen starr, eiförmig, ellipsoidisch oder birnenförmig; ohne euglenoide Bewegung. Ampulle subapikal mündend. Pellikula derb. Mit 1 Geißel. Zellkern ± zentral. Nahrungsvakuolen im hinteren Zellende. Ernährung phagotroph. Staborgan fehlt.
Nur eine Art wurde in Erdböden gefunden:

Scytomonas pusilla Stein 1878 (Fig. 62: j)
Huber-Pestalozzi 1955, p. 507, fig. 1038; Starmach 1983, p. 533, fig. 1396.

Zellen eiförmig oder leicht birnenförmig, die eine Seite manchmal etwas mehr konvex. Pellikula glatt. Zellen 7,5–16 μm lang, 3–8 μm breit.
Vereinzelt in Erdböden der Hohen Tatra (Tschechoslowakei).

2.7. Abteilung Chlorophyta

Diese Abteilung wird heute in mehrere Klassen aufgeteilt, je nach der Auffassung einzelner Autoren und je nach dem Stand der Kenntnisse, die sich derzeit rasch ändern und durch moderne Untersuchungsmethoden einem ständigen Wandel unterliegen. In diesem Syllabus beachten wir 6 Klassen mit folgenden gemeinsamen Merkmalen. Die begeißelten Zellen sind isokont, mit 2, 4 oder vielen völlig gleichgestalteten Geißeln ohne Flimmern. Selten kommen auch 1, 3, 8 oder ungleich lange Geißeln vor. Sie sind meistens bilateral symmetrisch, seltener asymmetrisch. Der Chloroplast wird nur durch eine doppelte Chloroplastenmembran umhüllt, die Thylakoide in unterschiedlicher

Zahl (2–6, manchmal mehr) zu Lamellen vereinigt. Begeißelte Zellen enthalten gewöhnlich ein Stigma, das immer ein Teil des Chloroplasten ist und in ihm direkt unter der Chloroplastenmembran eingebettet liegt. Es besteht aus ein, zwei oder mehreren Reihen von Globuli mit Karotinoiden. Als photosynthetische Pigmente kommen die Chlorophylle a und b vor; zudem akzessorische Pigmente β-Karotin, Lutein, Zeaxanthin, Violaxanthin, Antheraxanthin und Neoxanthin. Bei einigen Grünalgen kann das grüne Chlorophyll durch das rote Hämatochrom (Gemisch von Karotinoiden) maskiert werden. Es liegt jedoch in Form öliger Tröpfchen außerhalb des Chloroplasten. Pyrenoide vorhanden oder fehlend; wenn vorhanden, immer im Chloroplasten. Sie sind meist von einer Stärkehülle aus Stärkeschalen oder -körnern umgeben; selten sind die Pyrenoide nackt. Das wichtigste Reservepolysaccharid ist Stärke (α-1,4-gebundenes Glucan), die in Form von Körnchen immer im Chloroplasten liegt. Manchmal auch fettartige Stoffe.
Von den beschriebenen Klassen besitzen 6 aerophytische oder bodenbewohnende Sippen.
van den Hoek 1978, van den Hoek et al. 1993, Lee 1980, Ettl 1983 a, Mattox & Stewart 1984, Bold & Wynne 1985, Margulis & al. 1990.

2.7.1. **Klasse Prasinophyceae** Chadefaud 1950

incl. Loxophyceae Christensen 1962

Bei begeißelten Zellen entspringen meistens 4 Geißeln am Boden einer apikalen kraterförmigen Vertiefung. Es gibt jedoch auch Sippen mit nur 1 oder 2 Geißeln, wobei im letzteren Fall diese auch ungleich lang sein können. Die Geißeln sind bei den meisten Sippen mit Schuppen aus organischem Material bekleidet, was im Lichtmikroskop durch ihre außergewöhnliche Dicke manifestiert wird. Ebenso tragen die sonst nackten Zellen eine oder mehrere Schichten ähnlicher Schuppen, wovon häufig die äußerste Schicht recht große und ornamierte Schuppen bilden kann. Ohne Schuppen nur wenige Formen. Ein Rhizoplast verbindet die Geißelbasen mit Chloroplast und Kernoberfläche – unter günstigen Bedingungen auch mit dem Lichtmikroskop sichtbar. Viele Sippen dieser Klasse sind asymmetrisch gebaut. Eine wohl nicht einheitliche Gruppe, die jedoch von den eigentlichen Grünalgen gut zu unterscheiden ist.
Nur zwei Gattungen wurden in Erdproben gefunden.
Van den Hoek 1978, Ettl 1983 a, Bold & Wynne 1985, Margulis & al. 1990.

1a Geißelbewegliche Zellen flach, mit 1 Geißel . . . . **1. Pedinomonas** (S. 249)
1b Geißelbewegliche Zellen drehrund, mit 4 Geißeln . . . . **2. Prasinochloris** (S. 250)

1. **Pedinomonas** Korschikoff 1923[26]

Syn.: *Chlorochytridion* Vischer 1945
Pascher 1927, p. 117; Vischer 1949, p. 507; Ettl 1983 a, p. 99.

Zellen asymmetrisch, von den Seiten her stark abgeflacht, vorn schief abgestutzt, an der Stelle der Geißelinsertion leicht vertieft. Von der Breitseite abgerundet elliptisch, fast kreisrund, abgerundet eckig. Nackt, aber wenig formveränderlich. Eine Geißel, am Vorderende seitlich inserierend, in Ruhestellung über das Vorderende nach rückwärts gebogen. Chloroplast einer, seitenständig der flachen Zellgestalt angepaßt, sichel- bis muldenförmig erscheinend. Mit oder ohne Pyrenoid. Häufig mit relativ großem Stigma. Zellkern seitlich. Eine pulsierende Vakuole vorn. Asexuelle Fortpflanzung durch Zweiteilung im beweglichen Zustand. Sexuelle Fortpflanzung nicht mit Sicherheit bekannt. Asexuelle Zysten und Hypnopalmellen bekannt.
Von 13 beschriebenen Arten kommen in Erdböden nur 2 vor.

1a Zelloberfläche und Zysten glatt . . . . **1. P. minor**
1b Zelloberfläche und Zysten mit Tuberkeln, warzig . . . . **2. P. tuberculata**

[26] Diese Gattung wird heute manchmal zu einer eigenen Klasse, Pedinophyceae, gestellt.

1. Pedinomonas minor Korschikoff 1923 (Fig. 63: d)
Pascher 1927, p. 118, fig. 1–8; Ettl 1983 a, p. 101, fig. 58.

Zellen flach, von der Breitseite elliptisch oder schief eiförmig, die eine Längsseite konvex, die andere fast gerade. Geißel doppelt körperlang. Chloroplast der flachen Zellgestalt angepaßt, gedrückt schüsselförmig, halbmondartig erscheinend; Pyrenoid mit 3–5 Stärkekörnern. Stigma relativ groß, an der konvexen Seite. Zellkern seitlich. Eine pulsierende Vakuole vorn. Zysten glattwandig. Zellen 3,5–7 μm lang, 2–4,5 μm breit und 1–2,5 μm dick.
Kultur: SAG 1965-3, UTEX 1350.
Aus Erdproben der Insel Surtsey (Island) isoliert.

2. Pedinomonas tuberculata (Vischer) Gams in Vischer 1949 (Fig. 63: e)
Syn.: *Chlorochytridion tuberculatum* Vischer 1945
Vischer 1949, p. 506, fig. 1–11; Ettl 1983 a, p. 101, fig. 60.

Zellen von der Breitseite oval bis breit elliptisch. Zelloberfläche mit kleinen Tuberkeln versehen. Geißel doppelt körperlang. Chloroplast muldenförmig, stark ausgerandet; Pyrenoid mit mehreren Stärkekörnern. Stigma klein, in der Nähe des Pyrenoids. Zysten mit dicker, warziger Wand. Zellen 4–7 μm lang, 3–6 μm breit; Zysten bis 15 μm groß.
Kultur: UTEX 1539.
Im Erdboden einer Wiese am Berg La Schera (Schweiz).

2. Prasinochloris Belcher 1966

Broady 1982 a, p. 29; Ettl 1983 a, p. 139.

Zellen in geschichteten Gallertlagern einzeln, zu 2 oder 4 eingebettet. Chloroplast topfförmig, bei älteren Zellen perforiert und zerteilt. Pyrenoid 1, aber auch 2 oder mehrere, basal oder etwas seitlich verschoben; mit mehreren Stärkekörnern. Stigma klein, vorn; Zellkern im Lumen des Chloroplasten. Zwei (auch mehrere) apikale pulsierende Vakuolen. Asexuelle Fortpflanzung durch viergeißelige, zylindrische bis ellipsoidische, recht formveränderliche, nackte Zoosporen mit apikaler Vertiefung. Sie werden zu 2, aber auch mehreren gebildet. Nach dem Festsetzen werden sie kugelig und scheiden Gallerte aus.
Mit einer einzigen Art:

Prasinochloris sessilis Belcher 1966 (Fig. 63: f)
Broady 1982 a, p. 29, fig. 122–124; Ettl 1983 a, p. 139, fig. 117.

Mit den Merkmalen der Gattung. Zellen 10–22 μm lang, 9–18 μm breit; Zoosporen 9–12 μm lang und 5–8 μm breit.
In den Erdproben von der Insel Surtsey (Island) hatte Broady eine Form gefunden, die sich vom Typus durch die große Ausscheidung von Gallerte, die Bildung von mehreren (4,8) Zoosporen mit etwas abweichender Morphologie unterscheidet.

2.7.2. Klasse Chlamydophyceae

Diese Klasse umfaßt drei Organisationsstufen (monadoide, gloeomorphe und zystomorphe) (Taf. III). Der Grundstein der Chlamydophyceae liegt bei den Flagellaten vom *Chlamydomonas*-Typus. Diese Flagellaten sind von den übrigen prinzipiell durch die zeitlebens vorhandene Zellwand (Chlamys) unterschieden. Die Zellwand umgibt die ganze Flagellaten-Zelle und läßt nur feine Öffnungen frei für die Geißeln. Sie bedingt während der Fortpflanzung die Bildung von

Sporangien und Gametangien. Nackte Protoplasten kommen nur vorübergehend während der kurzen Zeitspanne der Protoplastenteilung innerhalb des Sporangiums oder des Gametangiums vor (Taf. VIII). Ein weiteres nacktes Stadium wird kurzfristig während der Gametenverschmelzung eingeschaltet. Flagellaten dieser Klasse können auch differenzierte Zönobien mit mehreren bis vielen Zellen bilden. Bei den unbeweglichen Organisationsstufen kommt immer der *Chlamydomonas*-artige Charakter zum Vorschein, egal ob in der Gestaltung der eigentlichen Algenzellen (Polarität, pulsierende Vakuolen) oder in der Fortpflanzung. Eine Ausnahme bilden die polyenergiden Zellen der Actinochloridaceae, die einen weiterentwickelten Typus darstellen und deshalb im vegetativen Zustand kaum mehr an die Flagellaten-Organisation erinnern. Die asexuelle Fortpflanzung verläuft bei allen als Schizogonie oder Cytogonie, die sukzedan oder selten semisimultan

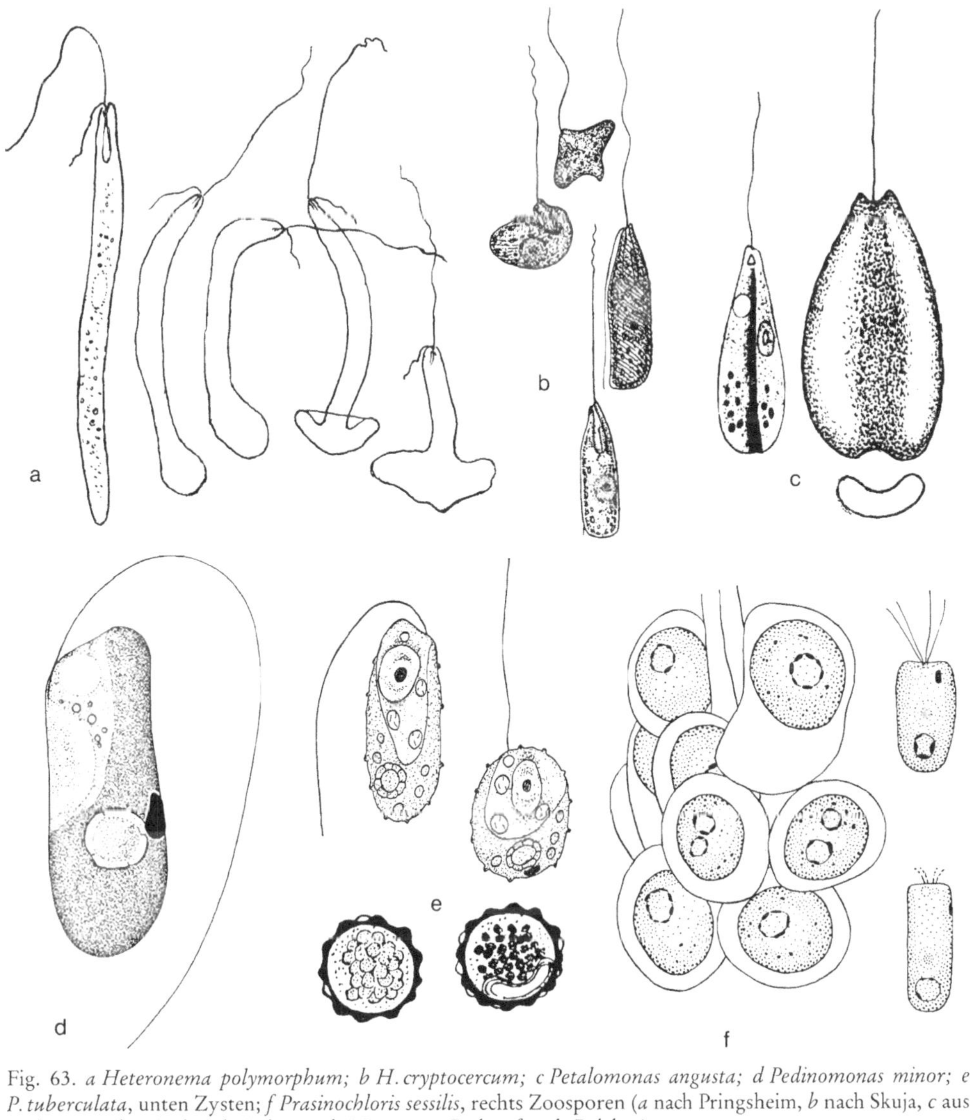

Fig. 63. *a Heteronema polymorphum; b H. cryptocercum; c Petalomonas angusta; d Pedinomonas minor; e P. tuberculata*, unten Zysten; *f Prasinochloris sessilis*, rechts Zoosporen (*a* nach Pringsheim, *b* nach Skuja, *c* aus Huber-Pestalozzi, *d* nach Ettl, *e* nach Manton & Parke; *f* nach Belcher).

erfolgt, nur bei den zönoblastischen Sippen ist sie simultan (Zönogonie). Die Keimung der *Chlamydomonas*-artigen Zoosporen in die vegetativen Zellen erfolgt allmählich, nicht durch plötzliche Gestaltänderung wie bei den nackten Zoosporen anderer Grünalgen.
Ettl 1981a, 1983a, Ettl & Gärtner 1988a.

1a Vegetatives Stadium geißelbewegliche Flagellaten 2
1b Vegetatives Stadium unbeweglich 3
2a Zellen einzeln lebend, Zellwand mitunter inkrustiert und Gehäuse bildend . . . . **1. Chlamydomonadales** (S. 252)
2b Zellen zu mehrzelligen Zönobien vereinigt, oft hohe morphologische Differenzierung erreichend, Zellwand häufig verschleimend . . . . **2. Volvocales** (S. 291)
3a Zellen mit gallertigen Ausbildungen, Gallertgeißeln oder in mächtigen Gallertlagern eingebettet. Vegetative Zellen sind ohne vorangehende Teilung fähig, sich in Schwärmer umzuwandeln . . . . **3. Tetrasporales** (S. 295)
3b Zellen ohne gallertige Ausbildungen und nicht in mächtigen Gallertlagern eingebettet[27]. Vegetative Zellen sind nicht imstande sich direkt, ohne vorangehende Teilung, in Schwärmer umzuwandeln; echte Algenzellen . . . . **4. Chlorococcales** (S. 299)

1. Ordnung **Chlamydomonadales** Fritsch in G. S. West 1927

Einzeln lebende Flagellaten mit 2 oder 4 Geißeln. Sie sind von einer Zellwand umgeben, die feine Öffnungen für die Geißeln freiläßt. Bei manchen Sippen wird die Zellwand durch Ablagerungen oder Inkrustationen zu einem festen oder spröden Gehäuse. Sowohl die Zellwand als auch die Geißeln werden bei der Fortpflanzung nicht mitgeteilt, sondern von den Tochterzellen neu gebildet. Mit verschieden gestaltetem Chloroplast, der primär topfförmig ist und verschiedenartig abgewandelt sein kann; aber auch mit mantelförmigen, rinnenförmigen, asteroiden Chloroplasten, die schließlich auch in mehrere scheibenförmige Teilstücke aufgelöst sein können. Mit oder ohne Pyrenoide; Stigma beim Großteil der Sippen vorhanden. Farblose Formen mit Leukoplasten. Zwei oder vier apikale pulsierende Vakuolen, bei manchen auch mit vielen unregelmäßig verstreuten pulsierenden Vakuolen. Asexuelle Fortpflanzung durch Zoosporen, die innerhalb der alten Mutterzelle (Zoosporangium) durch sukzedane Vielfachteilung (Schizogonie) entstehen. Zoosporen immer behäutet austretend. Asexuelle Dauerzustände in Form von Hypnopalmellen oder derbwandigen Hypnosporen und Hypnoblasten. Sexuelle Fortpflanzung in allen bekannten Erscheinungen, von Isogamie über Heterogamie bis zur differenzierten Oogamie. Gameten auch behäutet, doch nackt kopulierend. Sowohl die Gruppierung der einzelnen Sippen als auch die Umgrenzung der Gattungen ist künstlich. Sie erfolgt nur nach praktischen Gesichtspunkten.
Pascher 1927, Printz 1927, Fritsch 1935, Huber-Pestalozzi 1961, Bourrelly 1966, Cox 1980, Iyengar & Desikachary 1981, Ettl 1983a.
Nur eine Familie mit aerophytischen oder bodenbewohnenden Arten.

Familie **Chlamydomonadaceae** G. M. Smith 1920

Zellen verschieden gestaltet, mit deutlicher, nicht inkrustierter Zellwand; diese unterschiedlich dick, mit oder ohne Papille, mitunter stellenweise oder überall vom Protoplasten abgehoben. Sowohl grüne als auch farblose Sippen enthaltend.

1a Zellen mit Chloroplast, grün gefärbt 2
1b Zellen ohne Chloroplast, farblos 6
2a Zellwand normalerweise nicht abgehoben, ohne vorgewölbte Höcker 3

[27] Vereinzelt auftretende Gallerthüllen werden nicht bewertet.

2b Zellwand allseitig vom Protoplasten abgehoben, mit zahlreichen vorgewölbten Höckern ...... 5. **Lobomonas** (S. 288)
3a Zellen mit 2 Geißeln ... 4
3b Zellen mit 4 Geißeln ... 3. **Carteria** (S. 286)
4a Zellen mit Pyrenoiden ... 5
4b Zellen ohne Pyrenoide ... 2. **Chloromonas** (S. 283)
5a Geißeln gleich lang ... 1. **Chlamydomonas** (S. 253)
5b Geißeln ungleich lang, Bewegung auffallend rasch ... 4. **Heterochlamydomonas** (S. 287)
6a Zellen mit 2 Geißeln ... 7
6b Zellen mit 4 Geißeln ... 8. **Tetrablepharis** (S. 290)
7a Reservestoff Stärke ... 6. **Polytoma** (S. 288)
7b Reservestoff nur Öl ... 7. **Tussetia** (S. 290)

1. **Chlamydomonas** Ehrenberg 1833

Syn.: *Agloe* Pascher 1911, *Chlorogonium* Ehrenberg 1833 p.p. sensu Pascher 1927; Ettl 1958
Pascher 1927, p. 173; Gerloff 1940, p. 311; Lund 1947b, p. 185; Ettl 1976a, p. 261; 1980a, p. 709; 1983a, p. 196.

Zellen verschieden gestaltet, meist ellipsoidisch, eiförmig, eiförmig-ellipsoidisch, manchmal sehr breit und auch kugelig, zylindrisch, spindelförmig, nicht selten etwas gebogen oder auch dorsiventral gebaut. Zellwand zart bis dick, dem Protoplasten normalerweise eng anliegend. Apikal ohne oder mit Papille, die verschiedene Gestalt besitzt. Zwei gleichlange Geißeln inserieren dicht nebeneinander und kommen neben oder durch die Papille hervor. Chloroplast relativ sehr groß, meist topf- oder rinnenförmig, mitunter asteroid, durch Einschnitte gelappt, perforiert oder auch in kleinere Teilstücke aufgeteilt. An der Oberfläche glatt oder gestreift, gefurcht, gefleckt. Mit einem oder mehreren Pyrenoiden, deren Struktur und Lage unterschiedlich ist. Ein deutliches Stigma fast immer vorhanden. Zellkern zentral, nach vorn oder hinten verschoben. Pulsierende Vakuolen gewöhnlich zwei, seltener vier, apikal gelegen, manchmal auch mehrere unregelmäßig verteilt. Asexuelle Fortpflanzung durch Vielfachteilung des Protoplasten, wobei 2–8, seltener mehrere Zoosporen gebildet werden. Als Ruhestände sind Palmellen, Hypnosporen und Hypnoblasten bekannt. Sexuelle Fortpflanzung in allen Ausbildungen von Isogamie bis zur Oogamie. Hierbei werden häufig bewegliche Planozygoten mit doppelter Ausstattung von Organellen gebildet. Hypnozygoten mit glatter oder auffallend skulpturierter Wand.
Von mehr als 500 beschriebenen Arten sind 69 bodenbewohnend oder aerophytisch.

1a Zellen mit nur einem Pyrenoid[28] ... 2
1b Zellen mit zwei oder mehreren Pyrenoiden ... 66
2a Chloroplast topfförmig oder von dieser Gestalt abgeleitet ... 3
2b Chloroplast nicht topfförmig ... 35
3a Pyrenoid basal (*Euchlamydomonas*) ... 4
3b Pyrenoid lateral (*Chlamydella*) ... 22
4a Chloroplast einheitlich topfförmig, Außenseite glatt oder gestreift ... 5
4b Chloroplast perforiert oder/und mit Einschnitten ... 15
5a Zellen ohne Papille ... 6
5b Zellen mit Papille ... 7
6a Zellen mit zusätzlicher dicker Gallerthülle ... 1. **Ch. gelatinosa**
6b Zellen ohne Gallerthülle ... 2. **Ch. intermedia**
7a Außenseite des Chloroplasten glatt ... 8
7b Außenseite des Chloroplasten gestreift, gerillt oder gerippt ... 14

[28] Die Zahl der Pyrenoide bezieht sich nur auf normale und gesunde Populationen. Einzeln vorkommende Abnormitäten werden hier nicht berücksichtigt.

8a Zellen ohne kaudalen Fortsatz 9
8b Zellen mit spitzem kaudalem Fortsatz . . . . . . **3. Ch. acutata**
9a Zellen kugelig, Papille kegelstumpfförmig . . . . . . **4. Ch. proboscigera**
9b Zellen und Papille anders gestaltet 10
10a Ohne Stigma 11
10b Mit Stigma 12
11a Zellen eiförmig, ellipsoidisch-eiförmig, mit rundlich knopfförmiger Papille . . **5. Ch. muriella**
11b Zellen breit ellipsoidisch, Papille scharf abgesetzt und schneidenförmig . . . . **6. Ch. britannica**
12a Zellen spindelförmig, Papille vermittelt, haubenartig gewölbt . . . . . . **7. Ch. obesa**
12b Zellen ellipsoidisch, breit ellipsoidisch oder verkehrt breit eiförmig, Papille scharf abgesetzt, schneidenförmig 13
13a Zellen ellipsoidisch-zylindrisch bis ellipsoidisch-eiförmig, Papille scharf schneidenförmig . . . . **8. Ch. macroplastida**
13b Zellen breit ellipsoidisch oder sehr breit verkehrt eiförmig, manchmal kugelig ellipsoidisch, Papille abgerundet schneidenförmig, heterogam . . . . . . **9. Ch. heterogama**
14a Zellen gestreckt eiförmig ellipsoidisch, basal abgerundet, apikal kegelartig zugespitzt, Chloroplast mit kurzen Rillen . . . . . . **10. Ch. snowiae**
14b Zellen gestreckt ellipsoidisch-zylindrisch bis zylindrisch, an beiden Enden abgerundet stumpf, Chloroplast mit vielen Längsrippen . . . . . . **11. Ch. steinii**
15a Chloroplast perforiert 16
15b Chloroplast mit Einschnitten 17
16a Papille abgerundet schneidenförmig, Chloroplast durch kurze längsverlaufende Schlitze perforiert . . . . . . **12. Ch. typica**
16b Papille hoch halbkugelig gewölbt, senkrecht zur Geißelebene breiter als in der Geißelebene, Chloroplast fein und unregelmäßig perforiert . . . . . . **13. Ch. debaryana**
17a Ohne Papille 18
17b Mit Papille 19
18a Zellen genau kugelig, bis 10 µm ∅, Einschnitte lang und in Chloroplasten längs orientiert, Stigma außergewöhlich groß . . . . . . **14. Ch. amici-mei**
18b Zellen breit ellipsoidisch, breit eiförmig bis fast kugelig, bis 22 µm ∅, Einschnitte kürzer und unregelmäßig, Stigma normal . . . . . . **15. Ch. reinhardtii**
19a Zellen kugelig 20
19b Zellen ellipsoidisch 21
20a Papille niedrig stumpf, Einschnitte im Chloroplasten unregelmäßig verlaufend . . **16. Ch. pila**
20b Papille groß halbkugelig, Einschnitte im Chloroplasten der Länge nach verlaufend . . . . **17. Ch. pseudomicrosphaera**
21a Chloroplast von vorn eingeschnitten, mit Längslappen, Papille kegelstumpfförmig . . . . **18. Ch. inepta**
21b Chloroplast von den Seiten eingeschnitten bis zerschnitten, perforiert, Papille halbkugelig **19. Ch. pseudintermedia**
22a Chloroplast einheitlich topfförmig 23
22b Chloroplast mit Perforationen oder Einschnitten 33
23a Zellen ohne Papille 24
23b Zellen mit Papille 26
24a Zellen bis 7,2 µm lang, eiförmig, 1 pulsierende Vakuole . . . . . . **20. Ch. pygmaea**
24b Zellen bis 15 µm lang, ellipsoidisch bis fast zylindrisch, 2 pulsierende Vakuolen 25
25a Zellen ellipsoidisch zylindrisch, Zellkern im hinteren Zelldrittel, Chloroplast zart . . . . **21. Ch. parvula**
25b Zellen breit ellipsoidisch, Zellkern im vorderen Zelldrittel, Chloroplast massiv . . . . **22. Ch. peterfii**
26a Ohne Stigma . . . . . . **23. Ch. oblongella**
26b Mit Stigma 27

27a Papille spitz kegelförmig bis kegelstumpfartig oder halbkugelig 29
27b Papille schneidenförmig oder zweihöckrig ausgerandet 28
28a Zellen mit stumpf kielförmiger Papille, Chloroplast innen glatt . . . . **24. Ch. gloeogama**
28b Zellen mit zweihöckriger Papille, Chloroplast innen stark und unregelmäßig gefurcht . . . . **25. Ch. varians**
29a Papille spitz kegelförmig, breit, das ganze Vorderende der Zelle bedeckend . . . . **26. Ch. pyramidalis**
29b Papille normal entwickelt (als kleine Warze) 30
30a Zellen leicht dorsiventral gebaut und bis 12 µm lang, Papille scharf abgesetzt und spitz kegelförmig, Stigma leicht zerfallend . . . . **27. Ch. sestinensis**
30b Zellen nicht dorsiventral, bis 20–24 µm lang, Papille nicht spitz kegelförmig 31
31a Zellen ellipsoidisch zylindrisch bis zylindrisch, Stigma stäbchenförmig . . . . **28. Ch. concinna**
31b Zellen ellipsoidisch, Stigma elliptisch 32
32a Zellkern zentral, Zellwand derb, Papille ± kegelförmig . . . . **29. Ch. media**
32b Zellkern basal, Zellwand zart, Papille halbkugelig . . . . **30. Ch. elliptica**
33a Papille zweihöckrig, mit einer großen kreisförmigen Perforation im Chloroplasten gegenüber dem Pyrenoid . . . . **31. Ch. foraminata**
33b Papille nicht zweihöckrig, mit mehreren kleinen Perforationen oder Einschnitten im Chloroplasten 34
34a Zellen dorsiventral gebaut, Papille verwischt, Risse sehr lang, den Chloroplasten stark zerschneidend, Stigma kaum oder nicht sichtbar . . . . **32. Ch. planoconvexa**
34b Zellen nicht dorsiventral gebaut, Papille deutlich kantig schneidenförmig, Perforationen klein und Risse kurz, Stigma sehr deutlich . . . . **33. Ch. moewusii**
35a Chloroplast einseitig wandständig, rinnen- oder mantelförmig, Pyrenoid lateral (*Chlorogoniella*) 36
35b Chloroplast asteroid gestaltet oder röhrenförmig, mit Querbrücke, in der das Pyrenoid eingebettet liegt (im Längsschnitt H-förmig) 57
36a Chloroplast einheitlich rinnen- oder mantelförmig, selten seicht schüsselförmig 37
36b Chloroplast mit Einbuchtungen und Einschnitten, deshalb leicht bis stark gelappt, manchmal sternförmig gelappt 48
37a Zellen ohne Papille 38
37b Zellen mit Papille 40
38a Zellen länglich ellipsoidisch, deutlich gebogen, mit konvexer Rücken- und konkaver Bauchseite, Stigma normal . . . . **34. Ch. perpusilla**
38b Zellen ± eiförmig oder plump ellipsoidisch-eiförmig, nicht gebogen 39
39a Zellen asymmetrisch, Stigma außergewöhnlich groß . . . . **35. Ch. grandistigma**
39b Zellen drehrund, eiförmig, Stigma normal . . . . **36. Ch. oblonga**
40a Zellen spindelförmig, basal lang und spitz verjüngt . . . . **37. Ch. acuta**
40b Zellen anders gestaltet, basal nicht spitz verjüngt 41
41a Papille breit abgestutzt 42
41b Papille kegelförmig oder halbkugelig 44
42a Zellen bis 8 µm lang . . . . **38. Ch. pumilio**
42b Zellen bis 15–28 µm lang 43
43a Zellen eiförmig, Papille scharf, Zellkern ± zentral . . . . **39. Ch. boldii**
43b Zellen ellipsoidisch zylindrisch, Papille etwas gerundet, Zellkern basal . . . . **41. Ch. chlamydogama**
44a Ohne Stigma . . . . **40. Ch. terrestris**
44b Mit Stigma 45
45a Zellen bis 20 µm lang, ellipsoidisch eiförmig oder ellipsoidisch zylindrisch, Zellkern vorn . . . . **42. Ch. pseudoelegans**
45b Zellen bis 12 µm lang, langgestreckt ellipsoidisch oder spindelförmig, Zellkern hinten 46
46a Stigma hinten, als Dauerzustände Hypnosporen . . . . **43. Ch. subfusiformis**

46b Stigma vorn, als Dauerzustände Hypnoblasten 47
47a Pyrenoid homogen, mit 2 Stärkeschalen, 3–5 unregelmäßig gelegene pulsierende Vakuolen . . . . **44. Ch. mantonii**
47b Pyrenoid zweiteilig, mit 2 Stärkeschalen, mit 2 apikalen pulsierenden Vakuolen . . . . **45. Ch. applanata**
48a Zellen ohne Papille 49
48b Zellen mit Papille 50
49a Zellen vorn stumpf und gerade abgeschnitten, Chloroplast mit 1–2 Einschnitten, mantelförmig . . . . **46. Ch. callunae**
49b Zellen vorn breit und leicht kegelartig verjüngt, Chloroplast mit mehreren radiären Einschnitten, sternförmig . . . . **47. Ch. incisa**
50a Chloroplast nur mit 2–4 Einschnitten 51
50b Chloroplast mit mehreren bis vielen Einschnitten 52
51a Zellen ellipsoidisch bis eiförmig, Einschnitte kreuzartig angeordnet, Zellkern hinten . . . . **48. Ch. speciosa**
51b Zellen gestreckt verkehrt eiförmig bis rübenförmig, Einschnitte unregelmäßig, Zellkern vorn . . . . **49. Ch. rima**
52a Einschnitte im Chloroplasten nicht radiär verlaufend, die mantelförmige Gestalt des Chloroplasten bleibt prinzipiell erhalten, Lappen nicht immer deutlich und meist sehr nahe aneinander gedrängt 53
52b Einschnitte radiär verlaufend, Chloroplast daher sternförmig mit deutlich getrennten Lappen 54
53a Zellen häufig dorsiventral gebaut, Papille halbkugelig, Lappen des Chloroplasten ± gleich breit, Stimga klein, oft undeutlich . . . . **50. Ch. macrostellata**
53b Zellen nicht dorsiventral gebaut, Papille schneidenförmig, Lappen des Chloroplasten sehr ungleich breit, Stigma groß und deutlich . . . . **51. Ch. hydra**
54a Zellen bis 12 µm lang, eiförmig, dorsiventral gebaut, vorn schnabelartig ausgezogen, Papille kegelstumpfartig . . . . **52. Ch. reisiglii**
54b Zellen bis 22–26 µm lang, nicht dorsiventral gebaut, Papille anders gestaltet 55
55a Zellen eiförmig-sackförmig, Einschnitte im Chloroplasten ± waagrecht, Stigma am Vorderrand des Chloroplasten . . . . **53. Ch. culleus**
55b Zellen ellipsoidisch, ellipsoidisch eiförmig bis ellipsoidisch zylindrisch, Einschnitte im Chloroplasten nicht immer regelmäßig, Stigma nicht am Vorderrand des Chloroplasten 56
56a Papille halbkugelig oder abgerundet höckerförmig, Chloroplast in 2 Seitenflanken gegliedert, Zygoten glattwandig . . . . **54. Ch. chlorococcoides**
56b Papille schneidenförmig, oft ausgerandet und dann fast zweihöckrig, Chloroplast nicht in Seitenflanken gegliedert, Zygoten mit warziger Wand . . . . **55. Ch. noctigama**
57a Chloroplast asteroid, mit mehreren aus dem Zentralstück radial auslaufenden Lappen 58
57b Chloroplast röhrenförmig, mit Querbrücke, in der das Pyrenoid eingebettet liegt (im Längsschnitt H-förmig) 65
58a Zellkern hinter dem Pyrenoid . . . . **56. Ch. radiata**
58b Zellkern vor dem Pyrenoid 59
59a Zellen ohne Papille . . . . **57. Ch. chlorastera**
59b Zellen mit deutlicher Papille 60
60a Zellen dorsiventral abgeflacht . . . . **58. Ch. subangulosa**
60b Zellen drehrund 61
61a Papille sehr breit und niedrig, das Vorderende der Zelle haubenartig bedeckend . . . . **59. Ch. actinochloris**
61b Papille normal warzenartig entwickelt 62
62a Zellen unregelmäßig gebaut, oft auch asymmetrisch, Papille niedrig und gerade abgestutzt . . . . **60. Ch. augustae**
62b Zellen regelmäßig gebaut, Papille halbkugelig oder kegelförmig 63

63a Papille vermittelt, Chloroplast oft wenig deutlich gelappt, mit sehr dickem Zentrum und großem Pyrenoid mit dicker Stärkehülle . . . . **61. Ch. segnis**

63b Papille deutlich abgesetzt; Chloroplast immer deutlich gelappt und Lappen voneinander getrennt, Zentrum wenig dick, Pyrenoid mit normaler Stärkehülle **64**

64a Zellen ellipsoidisch eiförmig, Papille ± kegelförmig, Chloroplast basal oft geschlossen oder einzelne Lappen miteinander verschmelzend . . . . **62. Ch. stellata**

64b Zellen ellipsoidisch bis ellipsoidisch-zylindrisch, Papille halbkugelig, Lappen des Chloroplasten immer deutlich voneinander getrennt . . . . **63. Ch. meslinii**

65a Zellkern vor dem Pyrenoid . . . . **64. Ch. pseudocaeca**

65b Zellkern hinter dem Pyrenoid . . . . **65. Ch. cylindrica**

66a Chloroplast einheitlich, nicht geteilt **67**

66b Chloroplast in mehrere Teilstücke mit je 1 Pyrenoid aufgeteilt . . . . **66. Ch. subreticulata**

67a Zellen kugelig, Papille wenig deutlich . . . . **67. Ch. zimbabwiensis**

67b Zellen ellipsoidisch bis kurz zylindrisch, Papille deutlich und abgesetzt **68**

68a Chloroplast gerippt und perforiert, mehrere unregelmäßig verstreute pulsierende Vakuolen . . . . **68. Ch. gigantea**

68b Chloroplast glatt und einheitlich, 2 apikale pulsierende Vakuolen . . . . . . **69. Ch. carrizoensis**

1. **Chlamydomonas gelatinosa** Korschikoff in Pascher 1927 (Fig. 64: a)

Ettl 1976a, p. 301, fig. 11: 12, 1983a, p. 226, fig. 188.

Zellen eiförmig-ellipsoidisch oder ellipsoidisch-zylindrisch. Zellwand zart, häufig vorn und hinten abgehoben, ohne Papille. Zusätzlich sind die Zellen von einer dicken Gallerthülle umgeben. Chloroplast topfförmig, Pyrenoid basal. Stigma äquatorial, klein. Protoplastenteilung nach Querdrehung, 2–4 Zoosporen. Isogamie, Planozygoten mehrere Tage beweglich. Hypnozygote derbwandig, feinzähnig konturiert. Zellen 12–20 μm lang, 6–10 μm breit, Gallerthülle 3–6 μm dick. Häufig in Erdböden in der USSR gefunden.

2. **Chlamydomonas intermedia** Chodat 1894 (Fig. 64: b)

Ettl 1976a, p. 290, fig. 5: 4; 1983a, p. 233, fig. 203.

Zellen ellipsoidisch bis ellipsoidisch-eiförmig, manchmal auch asymmetrisch. Zellwand mäßig dick, häufig etwas abstehend; ohne Papille. Chloroplast topfförmig, massiv, mit stark verdicktem, bis zur Zellmitte reichendem Basalstück, Wandstück nur ein kleines Lumen für den Zellkern und die pulsierenden Vakuolen frei lassend. Pyrenoid kugelig, basal. Stigma vorn, kurz strichförmig bis elliptisch. Protoplastenteilung nach Querdrehung, 4 Zoosporen bildend. Sexuelle Fortpflanzung durch Anisogamie. Zellen 15–20 μm lang, 8–14 μm breit.
Kultur: SAG 11-13, UTEX 222.
Eine in Mitteleuropa recht verbreitete Art, die nicht nur in Gewässern, sondern auch auf feuchten Stellen und in Erdböden vorkommt. Auch aus Spanien, der USSR, der Insel Surtsey (Island) und den USA bekannt.

3. **Chlamydomonas acutata** Korschikoff in Pascher 1927 (Fig. 64: c)

Ettl 1976a, p. 312, fig. 13: 5; 1983a, p. 245, fig. 226.

Zellen länglich verkehrt eiförmig, nicht selten leicht gekrümmt. Zellwand zart, basal abstehend und einen kurzen, hyalinen, spitzen Fortsatz bildend. Vorn mit einer sehr breiten, gerade abgestutzten oder leicht ausgerandeten, immer niedrigen Papille. Chloroplast topfförmig, bis nach vorn reichend, mit mächtigem, bis zur Zellmitte reichendem Basalstück. Pyrenoid relativ klein, kugelig. Stigma in halber Zellhöhe, sehr groß, elliptisch oder leicht unregelmäßig. Zellkern in der vorderen Zellhälfte. Zellen bis 12 μm lang und bis 6 μm breit.
Erdproben aus der Umgebung von Charkov (USSR) beschrieben, außerdem in der Tschechoslowakei in nassen Böden vorkommend.

4. Chlamydomomas proboscigera Korschikoff in Pascher 1927 (Fig. 64: d)
Syn.: *Chlamydomonas iyengarii* Mitra 1950, *Ch. sphaeroides* Gerloff 1940, *Ch. subglobosa* Pringsheim 1930 non *Ch. subglobosa* Skvortzow 1929
Ettl 1976a, p. 339, fig. 26: 1–3; 1983a, p. 261, fig. 255.

Zellen sehr breit ellipsoidisch oder sehr breit eiförmig, mit zunehmendem Alter mehr abgerundet bis kugelig. Zellwand dünn bis mäßig dick, vorn mit einer niedrigen, breiten, nicht scharf abgesetzten, kegelstumpfförmigen Papille. Chloroplast topfförmig, recht massiv, Basalstück oft bis zur Zellmitte reichend. Wandstück ebenfalls dick, in der Ausbildung schwankend, vorn zusammenneigend, innen oft leicht gewellt. Pyrenoid groß, breit ellipsoidisch bis kugelig, basal. Stigma in halber Zellhöhe, elliptisch oder fleckförmig, seltener punktförmig. Zellkern im Lumen des Chloroplasten. Protoplastenteilung ohne Querdrehung, Pyrenoid und Stigma werden mitgeteilt, 2 oder 4 Zoosporen. Sexuelle Fortpflanzung durch Isogamie. Zellen 8–20 µm lang, 6–18 µm breit.
Kultur: SAG 11-72, UTEX 451.
In Mitteleuropa recht verbreitet, manchmal auch in Erdproben gefunden. Auch in England, Frankreich, Belgien, Rumänien, in der USSR und in Indien.

5. Chlamydomonas muriella Lund 1947 (Fig. 64: e)
Ettl 1976a, p. 345, fig. 28: 4; 1983a, p. 261, fig. 255a.

Zellen eiförmig, breit eiförmig-ellipsoidisch, manchmal leicht einseitig gebogen oder fast birnenförmig. In einigen Fällen auch etwas asymmetrisch. Zellwand zart, mit einer wenig deutlichen, abgerundeten bis rundlich knopfförmigen Papille. Chloroplast topfförmig, bis nach vorn reichend, Basalstück deutlich verdickt. Pyrenoid kugelig, basal. Ohne Stigma. Zellkern ± zentral. Zellen 11–18 µm lang, 6–13 µm breit.
Aus Erdproben isoliert (Großbritannien).

6. Chlamydomonas britannica Lund 1947 (Fig. 64: f)
Ettl 1976a, p. 359, fig. 36: 4; 1983a, p. 266, fig. 267.

Zellen breit ellipsoidisch oder kugelig-ellipsoidisch. Zellwand mäßig dick, vorn mit einer großen, scharf abgesetzten, breit kielförmigen Papille. Chloroplast topfförmig, massiv, mit stark verdicktem Basalstück. Wandstück auch recht dick, nicht ganz nach vorn reichend. Pyrenoid kugelig, basal. Ohne Stigma. Zellkern in Lumen des Chloroplasten. Zellen 12–16 µm lang, 8–14 µm breit.
Bislang nur aus Erdproben bekannt (Großbritannien).

7. Chlamydomonas obesa Ettl 1965 (Fig. 64: h)
Ettl 1976a, p. 318, fig. 18: 1; 1983a, p. 250, fig. 235.

Zellen ellipsoidisch-spindelförmig bis abgerundet spindelförmig, manchmal verkehrt ei-spindelförmig. Zellwand mäßig dick, vorn mit einer niedrigen, völlig vermittelten, haubenartig gewölbten Papille. Chloroplast außerordentlich massiv, fast die ganze Zelle ausfüllend, im Prinzip topfförmig, grobmaschig aufgelockert, Basalstück bis ins vordere Zelldrittel oder -viertel reichend. Pyrenoid in Größe und Gestalt etwas schwankend. Stigma im vorderen Zellviertel, länglich fleckförmig. Zellkern vorn. Protoplastenteilung nach Querdrehung, 2 oder 4 Zoosporen bildend. Zellen 10–16 µm lang, 5–12 µm breit.
Auf einem Waldweg und in Erdböden in Nordmähren (Tschechoslowakei).

8. Chlamydomonas macroplastida Lund 1947 (Fig. 64: g)
Ettl 1976a, p. 357, fig. 36: 1; 1983a, p. 266, fig. 266.

Zellen gestreckt ellipsoidisch, ellipsoidisch bis ellipsoidisch-eiförmig, oft etwas asymmetrisch. Zellwand dick, vorn mit einer deutlich abgesetzten kielförmigen Papille. Chloroplast topfförmig,

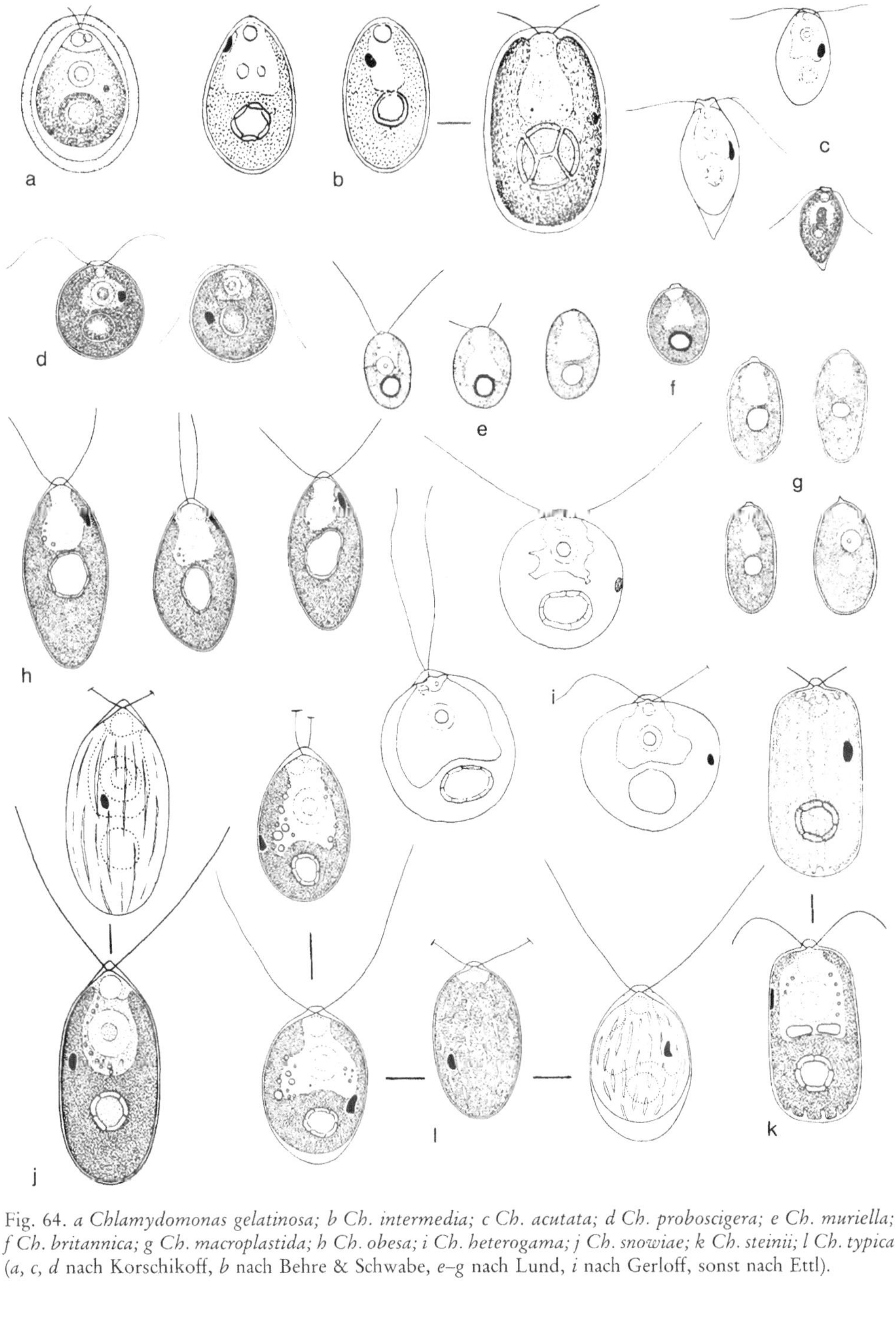

Fig. 64. *a Chlamydomonas gelatinosa; b Ch. intermedia; c Ch. acutata; d Ch. proboscigera; e Ch. muriella; f Ch. britannica; g Ch. macroplastida; h Ch. obesa; i Ch. heterogama; j Ch. snowiae; k Ch. steinii; l Ch. typica* (*a, c, d* nach Korschikoff, *b* nach Behre & Schwabe, *e–g* nach Lund, *i* nach Gerloff, sonst nach Ettl).

sehr massiv, mit ungemein dickem Basalstück, das weit über die Zellmitte ragt. Wandstück auch kräftig, bis zur Papille reichend. Pyrenoid kugelig bis breit ellipsoidisch, in der vorderen Hälfte des Basalstückes. Stigma im vorderen Zellviertel, klein, kurz strichförmig. Zellkern im Lumen des Chloroplasten. Protoplastenteilung nach Querdrehung, 2 oder 4 Zoosporen bildend. Zellen 15–17 µm lang, 8–17 µm breit.
Aus Erdproben isoliert (Großbritannien, USSR).

9. **Chlamydomonas heterogama** Gerloff 1940 (Fig. 64: i)

Ettl 1976 a, p. 338, fig. 25: 2; 1983 a, p. 259, fig. 254.

Zellen breit ellipsoidisch oder sehr breit verkehrt eiförmig. Zellwand relativ dünn, vorn mit einer nicht scharf abgesetzten, plump kielförmigen Papille. Chloroplast topfförmig, mit einem verschieden stark verdickten Basalstück, dessen Abgrenzung gegen das Zellinnere variiert. Wandstück verschieden dick, innen manchmal völlig glatt, oft aber auch gebuchtet und gefurcht. Pyrenoid groß, kugelig oder quer ellipsoidisch. Stigma in halber Zellhöhe, elliptisch. Zellkern in der vorderen Zellhälfte. Protoplastenteilung ohne Querdrehung, 4 oder 8 Zoosporen. Sexuelle Fortpflanzung durch eine nicht völlig ausgeprägte Heterogamie. Zygoten mit sehr derber dreischichtiger Wand. Zellen 17–24 µm lang, 15–21 µm breit.
Aus Erdproben aus der Umgebung von Bremen beschrieben, kommt in Mitteleuropa in verschiedensten Erdproben vor.

10. **Chlamydomonas snowiae** Printz 1914 (Fig. 64: j)

Syn.: *Chlamydomonas communis* Snow 1902 non Perty 1852
Ettl 1976 a, p. 370, fig. 43: 2, 44: 3–5,7; 1983 a, p. 273, fig. 278.

Zellen eiförmig oder eiförmig-ellipsoidisch, oft auch mit fast geraden Flanken, basal breit abgerundet, vom vorderen Zelldrittel an gleichmäßig, aber spitz kegelartig verjüngt. Zellwand mäßig dick, vorn mit einer völlig vermittelten, spitz kegelförmigen Papille. Chloroplast topfförmig, mit sehr dickem und zur Zellmitte reichendem Basalstück; Wandstück bis nach vorn reichend. Außenseite durch kurze, ± tiefe Rillen fein längsgestreift. Pyrenoid kugelig, basal. Stigma in der vorderen Zellhälfte, klein, punktförmig. Zellkern vorn. Zellen 10–17 µm lang, 6,5–12 µm breit.
Eine im Gebiet sehr häufige Art, die in Erdproben gefunden wurde (Deutschland, England, Neuseeland, USSR).
Mit zwei Varietäten:
var. *palmelloides* Lund 1947 unterscheidet sich durch den reduzierten beweglichen Zustand, so daß die Zellen mehr in Palmellen leben. Ausmaße etwas kleiner, 7–13 µm × 4–8 µm. Nur aus Erdproben bekannt (Großbritannien);
var. *pluristigma* (Bristol) Gerloff 1940 (= *Chlamydomonas pluristigma* Bristol 1920), unterscheidet sich durch den innen gefurchten Chloroplast und vor allem durch mehrere Stigmen. Zellen 13–24 µm lang, 9,5–18 µm breit. Aus verschiedenen Erdproben bekannt (Großbritannien, BRD, Tschechoslowakei).

11. **Chlamydomonas steinii** Goroschankin 1891 (Fig. 64: k)

Ettl 1976 a, p. 372, fig. 44: 2; 1983 a, p. 278, fig. 284.

Zellen gestreckt ellipsoidisch-zylindrisch bis fast zylindrisch, an beiden Enden abgerundet abgestutzt. Zellwand mäßig dick, mit scharf abgesetzter, abgerundet höckriger Papille. Chloroplast topfförmig, bis nach vorn reichend. Basalstück verdickt und dort mit einem kugeligen Pyrenoid. Wandstück zart, außen mit deutlichen Längsrippen, die dem Chloroplasten ein gestreiftes Aussehen verleihen. Stigma im vorderen Zelldrittel, elliptisch. Sexuelle Fortpflanzung durch Isogamie. Zygoten kugelig, mit glatter und mehrschichtiger Wand. Zellen 18–30 µm lang, 10–16 µm breit, Zygoten bis 28 µm groß.
Vereinzelt in Bodenproben gefunden (USSR).

12. Chlamydomonas typica Deason & Bold 1960 (Fig. 64: l)
Syn.: *Chlamydomonas cribrum* Ettl 1965
Ettl 1976a, p. 292, fig. 6: 1,2; 1983a, p. 231, fig. 200.

Zellen ellipsoidisch-eiförmig, regelmäßig gebaut, an beiden Enden abgerundet. Zellwand mäßig dick, Papille abgerundet kielförmig. Chloroplast topfförmig, mit stark verdicktem Basalstück, das bis zur Zellmitte reicht; Wandstück durch kurze Schlitze perforiert; Pyrenoid kugelig, basal. Stigma in halber Zellhöhe, schmal elliptisch. Zellkern in vorderer Zellhälfte. Protoplastenteilung ohne Querdrehung, 2–4 Zoosporen bildend. Zellen 9–18 µm lang, 6–12 µm breit.
Kultur SAG 61.72, UTEX 971.
Aus Gartenerde unweit von Williamson County und auch aus der Umgebung von Port Isabel, Texas (USA).

13. Chlamydomonas debaryana Goroschankin 1891 (Fig. 65: a)
Ettl 1976a, p. 352, fig. 32: 1–3, 33; 1983a, p. 266, fig. 268.

Zellen ellipsoidisch, ellipsoidisch-eiförmig, breit ellipsoidisch, mit zunehmendem Alter mehr kugelig werdend, doch immer länger als breit. Zellwand relativ dünn, vorn mit einer auffallend großen, scharf abgesetzten halbkugeligen Papille, nicht selten nasenartig vorgezogen und senkrecht zur Geißelebene breiter. Chloroplast topfförmig, vorn bis zur Papille reichend, innen meist glatt, nur selten leicht gewellt. Basalstück verdickt, nach innen stark vorgewölbt; Wandstück gleichmäßig dick, mitunter nach vorn dicker werdend und zusammenneigend. Pyrenoid kugelig oder breit ellipsoidisch, basal. Stigma in der vorderen Zellhälfte, rund oder scheibenförmig. Zellkern ± zentral. Protoplastenteilung ohne Querdrehung. Pyrenoid wird mitgeteilt und Stigma aufgelöst, 4 oder 8 Zoosporen bildend. Sexuelle Fortpflanzung durch Isogamie, seltener mit Anklang an Anisogamie. Planozygoten längere Zeit beweglich; Zygoten kugelig und glattwandig. Zellen 12–22 µm lang, 8–18 µm breit, Zygoten bis 12 µm groß.
Kultur: SAG 5.79, 6.79, 7.79, 14.72, 15.72; UTEX 344, 407, 1344.
In Erdböden recht verbreitet.

14. Chlamydomonas amici-mei Ettl 1976 (Fig. 65: d)
Ettl 1976a, p. 388, fig. 53: 2, 1983a, p. 286, fig. 300.

Zellen kugelig, manchmal etwas breiter werdend. Zellwand zart, im vorderen Zelldrittel mit leicht verquollener Innenschicht, ohne Papille. Chloroplast topfförmig, mit deutlich verdicktem, nach innen vorgewölbtem Basalstück. Wandstück scharf abgesetzt, bis zur Geißelbasis reichend, dort etwas dicker und im allgemeinen der kugeligen Zellgestalt angepaßt. Durch tiefe Einschnitte, die vom Vorderrand bis fast zum Hinterende reichen, unregelmäßig in verschieden lange und breite Lappen zerteilt. Einschnitte manchmal noch verzweigt, so daß die Lappen häufig schräge Einkerbungen tragen. Pyrenoid kugelig oder breit ellipsoidisch, basal. Stigma in halber Zellhöhe, sehr groß, fleckförmig. Zellkern in der vorderen Zellhälfte. Protoplastenteilung ohne Querdrehung, Pyrenoid und Stigma werden aufgelöst, 4 Zoosporen. Zellen 6–10 µm im Durchmesser.
Bislang aus Reinkulturen bekannt, die aus Waldböden der Kleinen Karpaten (Tschechoslowakei), isoliert wurden.

15. Chlamydomonas reinhardtii Dangeard 1888 (Fig. 65: c)
Syn.: *Chlamydomonas morieri* Dangeard 1888, *Ch. pseudodebaryana* Brabez 1941
Ettl 1976a, p. 282, fig. 1: 6–11, 2:1; 1983a, p. 229, fig. 193.

Zellen meist kugelig, aber auch breit ellipsoidisch, breit eiförmig, verkehrt eiförmig-kugelig, nicht selten leicht asymmetrisch. Zellwand zart, ohne Papille. Chloroplast topfförmig massiv, basal sehr stark verdickt und bis zur Zellmitte reichend, oft stark gelappt. Pyrenoid kugelig oder leicht kantig,

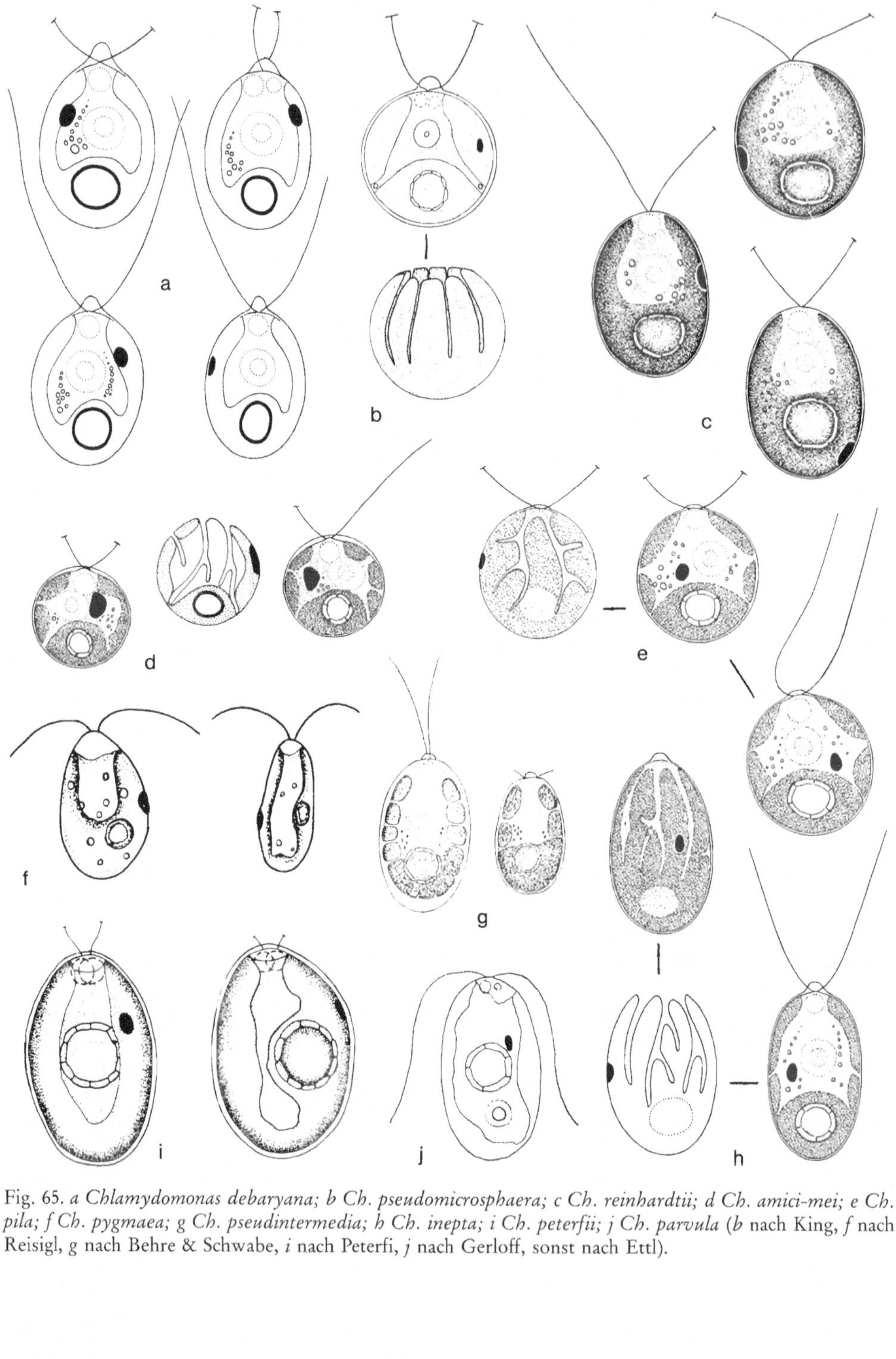

Fig. 65. *a Chlamydomonas debaryana; b Ch. pseudomicrosphaera; c Ch. reinhardtii; d Ch. amici-mei; e Ch. pila; f Ch. pygmaea; g Ch. pseudintermedia; h Ch. inepta; i Ch. peterfii; j Ch. parvula* (*b* nach King, *f* nach Reisigl, *g* nach Behre & Schwabe, *i* nach Peterfi, *j* nach Gerloff, sonst nach Ettl).

groß, basal. Stigma ± in halber Zellhöhe, punktförmig bis elliptisch, Zellkern vorn im Lumen des Chloroplasten. Protoplastenteilung ohne Querdrehung, 4 Zoosporen bildend. Sexuelle Fortpflanzung durch Isogamie; Planozygote längere Zeit beweglich. Zygote derbwandig, außen glatt, rot gefärbt. Zellen 10–22 µm lang, 8–22 µm breit; Zygote 12 µm groß.
Kultur: SAG 11–32a, 11–32b, 53.72, 54.72; UTEX 89.90, 1061, 1062.
Eine der häufigsten und meist verbreiteten bodenbewohnenden Arten. Kosmopolitisch und sehr anpassungsfähig.

16. **Chlamydomonas pila** Ettl 1965 (Fig. 65: e)

Ettl 1976a, p. 388, fig. 51; 1983a, p. 286, fig. 299.

Zellen sehr breit ellipsoidisch bis kugelig. Zellwand zart, vorn mit einer niedrigen, stumpfen, oft wenig deutlichen Papille. Chloroplast topfförmig, mit verdicktem, nach innen vorgewölbtem Basalstück. Wandstück zart, scharf abgesetzt, durch tiefe Einschnitte, die von vorn bis zum hinteren Zellviertel reichen, in unregelmäßige Lappen geteilt; Einschnitte oft verzweigt. Pyrenoid kugelig oder breit ellipsoidisch, basal. Stigma in halber Zellhöhe, elliptisch bis rundlich. Zellkern in der vorderen Zellhälfte. Protoplastenteilung ohne Querdrehung. Pyrenoid wird aufgelöst, 4 Zoosporen, Zellen 7,5–11 µm lang; 5,5–11 µm breit.
Kultur: SAG 39.72.
Aus Erdproben, die in der Hohen Tatra entnommen wurden, isoliert (Tschechoslowakei).

17. **Chlamydomonas pseudomicrosphaera** King 1972 (Fig. 65: b)

Ettl 1976a, p. 742, fig. 168: 5; 1983a, p. 290, fig. 305.

Zellen ± kugelig. Zellwand mäßig dick, vorn mit einer deutlichen halbkugeligen Papille. Chloroplast topfförmig, mit verdicktem und halbkugelig vorgewölbtem Basalstück. Wandstück kräftig, vorn bis zur Papille reichend und am Übergang ins Basalstück stark eingebuchtet, der Länge nach in mehrere parallele Lappen aufgeteilt. Pyrenoid kugelig, basal. Stigma in halber Zellhöhe, elliptisch. Zellkern über die Zellmitte. Zellen 10–15 µm im Durchmesser.
Kultur: SAG 24.83; UTEX 1906.
Aus Erdproben aus der Umgebung von Bertram in Texas (USA) isoliert.

18. **Chlamydomonas inepta** Ettl 1965 (Fig. 65: h)

Ettl 1976a, p. 389, fig. 52; 1983a, p. 287, fig. 301.

Zellen ellipsoidisch bis breit ellipsoidisch, manchmal auch ellipsoidisch-eiförmig. Zellwand zart, vorn mit einer scharf abgesetzten, abgerundet kegelstumpfförmigen Papille. Chloroplast topfförmig, mit verdicktem und vorgewölbtem Basalstück; Wandstück zart, bis zur Papille reichend und dort zusammenneigend. Durch tiefe, vom Vorderrand bis zum Basalstück längsverlaufende Einschnitte in unrgelmäßige Lappen zerteilt; Einschnitte mitunter gabelig verzweigt. Pyrenoid breit ellipsoidisch, basal. Stigma in halber Zellhöhe, elliptisch bis fleckförmig. Zellkern ± zentral. Protoplastenteilung nach Querdrehung, 2–8 Zoosporen bildend. Zellen 7,5–13 µm lang; 4,5–8,5 µm breit.
Kultur: SAG 11.73, UTEX 1347.
Aus Erdproben isoliert, die aus reinen Fichtenbeständen in Nordmähren (Tschechoslowakei) stammten.

19. **Chlamydomonas pseudintermedia** Behre & Schwabe 1970 (Fig. 65: g)

Ettl 1976a, p. 383, fig. 48: 9; 1983a, p. 281, fig. 290.

Zellen ellipsoidisch bis eiförmig, junge Zellen etwas dorsiventral gebaut. Zellwand fest, vorn mit einer scharf abgesetzten, flach halbkugeligen Papille. Chloroplast topfförmig, weit von den Seiten eingeschnitten bis zerschnitten. Wandstück daher ± stark perforiert. Pyrenoid groß, kugelig, basal. Stigma im vorderen Zelldrittel. Zellkern ± zentral. Zellen 12–15 µm lang, 7–9 µm breit. Mehrmals aus Erdproben von der Vulkaninsel Surtsey (Island) isoliert.

20. Chlamydomonas pygmaea Reisigl 1964 (Fig. 65: f)
Ettl 1976a, p. 428, fig. 71: 2, 1983a, p. 312, fig. 348.

Zellen eiförmig oder eiförmig-ellipsoidisch, ältere Zellen mehr abgerundet. Zellwand zart, ohne Papille. Chloroplast topfförmig, zart, sehr weit nach vorn reichend, mit einer weniger deutlichen seitlichen Verdickung. Pyrenoid kugelig oder ellipsoidisch, in halber Zellhöhe oder mehr hinten. Stigma unter der halben Zellhöhe, groß. Zellkern in der vorderen Zellhälfte. Zellen bis 7,2 µm lang, bis 4,5 µm breit.
Aus alpinen Erdböden isoliert, Moräne des Hochfirstferners, 2850 m ü. M., Tirol (Österreich).

21. Chlamydomonas parvula Gerloff 1940 (Fig. 65: j)
Ettl 1976a, p. 427, fig. 71: 1; 1983a, p. 313, fig. 349.

Zellen sehr gestreckt ellipsoidisch bis fast zylindrisch, an den Enden abgerundet. Zellwand dünn, ohne Papille. Geißeln annähernd körperlang. Chloroplast topfförmig, manchmal ohne entwickeltes Basalstück und das hintere Zellende frei lassend. Wandstück auch nicht weit nach vorn ragend, in halber Zellhöhe mit seitlicher Verdickung und mit einem kugeligen Pyrenoid. Stigma im vorderen Zelldrittel, kurz strichförmig. Zellkern hinter dem Pyrenoid. Zellen 8–10 (–12) µm lang, 4–6 µm breit.
Aus Faulkulturen, die mit Ackerboden aus der Umgebung von Zagreb (Jugoslawien) angesetzt wurden; in Erdböden und auf Baumrinden in Japan.

22. Chlamydomonas peterfii Gerloff 1940 (Fig. 65: i)
Syn.: *Chlamydomonas pascheri* Peterfi 1939 non Dangeard 1929
Ettl 1976a, p. 428, fig. 71: 3–6; 1983a, p. 313, fig. 350.

Zellen ellipsoidisch oder leicht eiförmig, junge Tochterzellen etwas asymmetrisch. Zellwand dünn, ohne Papille. Chloroplast topfförmig, massiv, vorn einen kleinen Raum frei lassend, innen unregelmäßig gerillt und gefurcht. Mit seitlicher Verdickung in halber Zellhöhe, dort ein relativ großes, kugeliges Pyrenoid. Stigma in vorderer Zellhälfte, elliptisch. Zellkern ± zentral. Protoplastenteilung nach Querdrehung, 2 oder 4, seltener 8, Zoosporen bildend. Gloeozysten und Hypnoblasten bekannt. Zellen 10–15 µm lang, 5–10,5 µm breit, Hypnoblasten bis 15 µm groß.
Kultur: SAG 38.72, UTEX 728, 2400.
Aus lehmigen und sumpfigen Böden, aus Schlamm und aus Waldböden bekannt (BRD, Tschechoslowakei, Rumänien, USSR).

23. Chlamydomonas oblongella Lund 1947 (Fig. 66: a)
Ettl 1976a, p. 447, fig. 79: 1,2; 1983a, p. 321, fig. 367.

Zellen ellipsoidisch, ellipsoidisch-eiförmig oder mehr ellipsoidisch-zylindrisch. Zellwand zart, vorn mit einer niedrigen, abgestutzten oder leicht ausgerandeten Papille. Chloroplast topfförmig, weit nach vorn ragend, in halber Zellhöhe mit einer seitlichen Verdickung und mit einem kugeligen Pyrenoid; ohne Stigma. Zellkern hinter dem Pyrenoid. Zellen 11–16 µm lang, 4–8 µm breit.
Aus Bodenproben isoliert (Großbritannien, USSR).

24. Chlamydomonas gloeogama Korschikoff in Pascher 1927 (Fig. 66: b)

Syn.: *Chlamydomonas pseudogloeogama* Gerloff 1940, *Chlamydomonas pseudogloeogama* Fritsch & John 1942
Gerloff 1940, p. 367, fig. 32; Ettl 1976a, p. 448, fig. 79: 3; 1983a, p. 323, fig. 371.

Zellen ellipsoidisch bis kurz ellipsoidisch-zylindrisch, meist leicht gekrümmt, auf der einen Längsseite fast gerade bis leicht konkav. Zellwand derb, schleimig, vorn mit einer wenig deutlichen, gerade abgestutzten Papille. Chloroplast im Prinzip topfförmig, sehr weit nach vorn reichend und ziemlich dick. Manchmal ohne Basalstück und dann fast röhrenförmig. In halber Zellhöhe mit seitlicher Verdickung mit großem kugeligem Pyrenoid. Stigma ganz vorn, strichförmig, Zellkern über dem Pyrenoid. Protoplastenteilung nach Querdrehung, 4 Zoosporen bildend. Sexuelle Fortpflanzung durch Isogamie, Kopulation in Gallertlagern verlaufend, ohne daß die Gameten aus der Gallerte austreten. Zygote glatt, mit einer distinkten Gallerthülle. Zellen 7–14 (–20) µm lang, 4–8 (–10) µm breit, Zygoten bis 24 µm groß.
Häufig in Erdböden vorkommend (USSR, England, Tschechoslowakei).

25. Chlamydomonas varians Lund 1947 (Fig. 66: c)

Ettl 1976a, p. 480, fig. 92: 2, 3; 1983a, p. 337, fig. 399.

Zellen breit ellipsoidisch bis ellipsoidisch-eiförmig. Zellwand dick, mit zweihöckriger Papille. Chloroplast topfförmig, innen stark und unregelmäßig gefurcht. Pyrenoid kugelig, in halber Zellhöhe, manchmal von zwei oder mehreren Buckeln berührt und dann wie in einer Querbrücke liegend oder in einem sternartigen Zentrum. Stigma kurz strichförmig, im vorderen Zelldrittel. Zellen 11–13 µm lang, 8–10 µm breit.
Aus Erdproben isoliert (England).

26. Chlamydomonas pyramidalis Lund 1947 (Fig. 66: d)

Ettl 1976a, p. 480, fig. 92: 4; 1983a, p. 338, fig. 400.

Zellen ellipsoidisch oder ellipsoidisch-zylindrisch, manchmal mit einer flacheren Bauch- und konvexen Rückenseite. Zellwand zart, vorn mit einer großen, das Vorderende bedeckenden, spitz kegelförmigen Papille. Geißeln annähernd körperlang. Chloroplast topfförmig, mit einer ringförmigen Verdickung in halber Zellhöhe; dort ein fast kugeliges Pyrenoid. Ohne Stigma. Zellen 17,5–20 µm lang, 7,5–9 µm breit.
In geringer Zahl aus Erdproben isoliert (Großbritannien).

27. Chlamydomonas sestinensis Gerloff 1940 (Fig. 66: i)

Gerloff 1940, p. 384, fig. 37; Ettl 1976a, p. 463, fig. 85: 1; 1983a, p. 334, fig. 391.

Zellen ellipsoidisch-eiförmig, zuweilen ganz leicht dorsiventral gebaut. Zellwand sehr dünn, vorn mit einer ganz kleinen, scharf abgesetzten, spitz kegelförmigen Papille. Geißeln annähernd körperlang. Chloroplast topfförmig, gleichmäßig die Zelle bis nach vorn auskleidend, basal häufig offen. Mit seitlicher Verdickung in halber Zellhöhe und mit einem ziemlich großen kugeligen Pyrenoid. Zwei apikale pulsierende Vakuolen. Erwachsene Zellen mit zwei oder mehreren fleckförmigen Stigmen, junge Zellen mit nur einem Stigma im vorderen Zelldrittel. Zellkern hinter dem Pyrenoid. Protoplastenteilung ohne Querdrehung, 2–8 Zoosporen. Zellen 10–13 µm lang, 6–8 µm breit.
Aus Erdproben aus der Umgebung von Zagreb (Jugoslawien) isoliert.

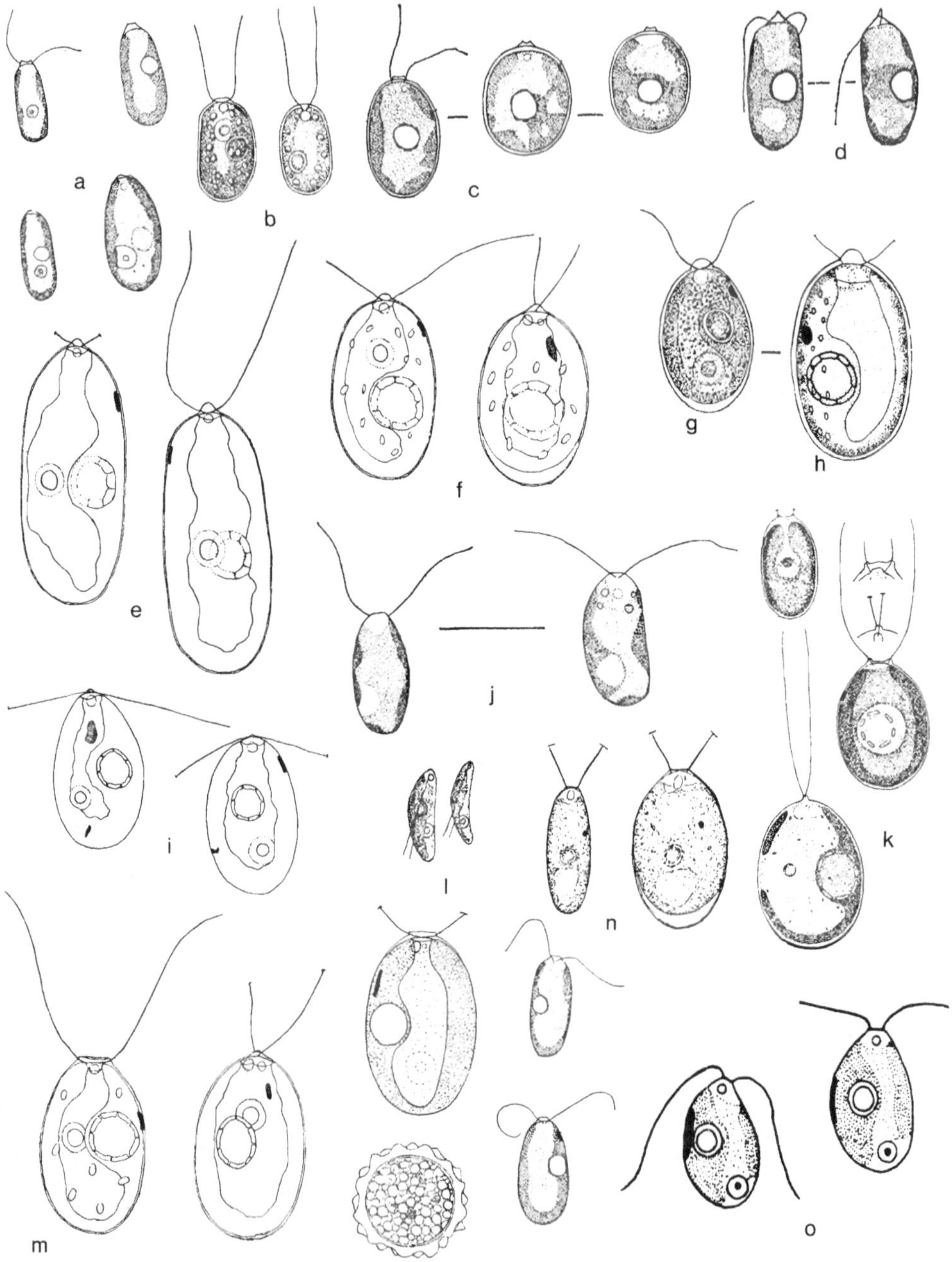

Fig. 66. *a Chlamydomonas oblongella; b Ch. gloeogama; c Ch. varians; d Ch. pyramidalis; e Ch. concinna; f Ch. media; g, h Ch. elliptica; i Ch. sestinensis; j Ch. planoconvexa; k Ch. foraminata; l Ch. perpusilla; m Ch. moewusii; n Ch. oblonga; o Ch. grandistigma* (*a, c, d, i* nach Lund; *b, l* nach Korschikoff, *e, f, i, m* nach Gerloff, *h* nach Peterfi, *k* nach Behre & Schwabe, *n* nach Lewin, *o* nach Mitra).

28. Chlamydomonas concinna Gerloff 1940 (Fig. 66: e)
Gerloff 1940, p. 374, fig. 34; Ettl 1976a, p. 473, fig. 88: 2–4; 1983a, p. 335, fig. 393.

Zellen ellipsoidisch-zylindrisch bis zylindrisch, an beiden Enden breit abgerundet. Zellwand dünn, vorn mit einer scharf abgesetzten, abgerundet kegelförmigen bis leicht abgestutzten Papille. Chloroplast topfförmig, nicht stark ausgebildet, bis zur Papille reichend, mit einer vorgewölbten seitlichen Verdickung in halber Zellhöhe; dort ein kugeliges Pyrenoid. Stigma im vorderen Zelldrittel, stäbchenförmig. Zellkern zentral. Protoplastenteilung nach Querdrehung, 4 Zoosporen bildend. Zellen 14–20 µm lang, 4–7 µm breit.
Kultur: SAG 16.82.
Aus tropischen Erdproben isoliert (Kamerun).

29. Chlamydomonas media Klebs 1896 (Fig. 66: f)
Gerloff 1940, p. 411, fig. 46; Ettl 1976a, p. 462, fig. 84: 3–4; 1983a, p. 333, fig. 390.

Zellen regelmäßig ellipsoidisch bis ellipsoidisch-eiförmig, manchmal etwas zylindrisch, basal breit abgerundet, vorn leicht verjüngt. Zellwand ziemlich derb, die sich vorn allmählich in eine stumpfe, breit kegelförmige Papille verdickt. Chloroplast topfförmig, regelmäßig gebaut, vorn bis zur Papille reichend, gleichmäßig dick und nur in halber Höhe mit einer seitlichen Verdickung. In dieser liegt ein relativ großes, kugeliges Pyrenoid. Stigma elliptisch, ganz vorn. Kern mehr oder weniger in der Zellmitte. Zellen 18–20 µm lang, 11–13 µm breit; Gameten 11–13 µm lang und 4,5–5,5 µm breit. Zygoten 16–20 µm im Durchmesser.
Anscheinend eine verbreitete Art, die auch öfters in Erdböden vorkommt. (Schweiz, Lettland, Deutschland, Tschechoslowakei, USSR).

30. Chlamydomonas elliptica Korschikoff in Pascher 1927 (Fig. 66: g, h)
Ettl 1976a, p. 469, fig. 87: 5; 1983a, p. 330, fig. 383.

Zellen ellipsoidisch. Zellwand zart, basal oft abstehend, vorn mit einer deutlich abgesetzten, flach halbkugeligen Papille. Chloroplast topfförmig, gleichmäßig dick und vorn zur Papille reichend. Mächtige seitliche Verdickung in halber Zellhöhe mit einem breit ellipsoidischen Pyrenoid. Stigma im vorderen Zellviertel, klein elliptisch, Zellkern basal. Zellen bis 24 µm lang, bis 13 µm breit.
Var. *britannica* Fritsch & John 1942 unterscheidet sich durch die ellipsoidisch-zylindrischen Zellen, weniger ausgeprägte Papille und weniger regelmäßigen Chloroplast. Stigma strichförmig, Zellen 12–14 µm lang, 7–10 µm breit.
Kultur: SAG 64.72, 65.72; UTEX 1059, 1060.
Aus Erdböden bekannt (Großbritannien).

31. Chlamydomonas foraminata Behre & Schwabe 1970 (Fig. 66: k)
Ettl 1976a, p. 484, fig. 92: 6; 1983a, p. 340, fig. 405.

Zellen ellipsoidisch bis eiförmig, junge Zellen oft etwas dorsiventral. Zellwand dünn, basal meist verdickt, vorn mit einer niedrigen, breiten, ausgerandeten bis zweihöckrigen Papille. Chloroplast topfförmig, fast bis an die Geißelbasis reichend, zart und gleichmäßig dick. In halber Zellhöhe mit einer stark vorgewölbten seitlichen Verdickung mit großem kugeligem Pyrenoid. Gegenüber dem Pyrenoid eine ± große, meist kreisförmige Perforation. Stigma im vorderen Zelldrittel, kurz stabförmig, Zellkern ± zentral. Sexuelle Fortpflanzung durch wenig ausgeprägte Anisogamie. Zellen 7–15 µm lang; 4,5–12 µm breit.
Aus den nassesten Substratproben der Vulkaninsel Surtsey (Island) isoliert.

32. Chlamydomonas planoconvexa Lund 1947 (Fig. 66: j)
Ettl 1976a, p. 477, fig. 89: 4; 1983a, p. 337, fig. 398.

Zellen dorsiventral gebaut, in der Geißelebene eiförmig oder eiförmig-ellipsoidisch, senkrecht dazu mit deutlicher konvexer Rücken- und mit einer flachen bis leicht konkaven Bauchseite; vorn leicht abgeflacht, basal stumpf abgerundet. Zellwand zart, vorn mit einer niedrigen, wenig deutlichen, abgeflachten Papille. Chloroplast topfförmig, innen unregelmäßig gefurcht und verdickt. Seitliche Verdickung in der hinteren Zellhälfte, mit großem kugeligem Pyrenoid. Stigma vorn, meist undeutlich, dünn strichförmig. Sexuelle Fortpflanzung durch Anisogamie. Zellen 9–11 µm lang, 5–8 µm breit.
Aus Erdproben isoliert (Großbritannien).

33. Chlamydomonas moewusii Gerloff 1940 (Fig. 66: m)
Syn.: *Chlamydomonas eugametos* Moewus sensu Czurda 1935
Ettl 1976a, p. 456, fig. 82: 3, 83: 1; 1983a, p. 324, fig. 373.

Zellen ellipsoidisch oder ellipsoidisch-zylindrisch, junge Zellen sehr schlank. Zellwand dünn bis mäßig dick, vorn mit einer deutlichen, breiten, kantig kielförmigen Papille. Chloroplast topfförmig, weit nach vorn reichend, innen häufig glatt, doch auch tief und unregelmäßig gefurcht und buckelig, ausnahmsweise stellenweise sogar perforiert. In halber Zellhöhe mit seitlicher Verdikkung mit kugeligem oder etwas unregelmäßig ellipsoidischem Pyrenoid. Stigma in halber Zellhöhe, elliptisch. Lage des Zellkerns ziemlich veränderlich. Zwei apikale pulsierende Vakuolen. Protoplastenteilung nach Querdrehung, Pyrenoid und Stigma werden aufgelöst, 4 oder 8 Zoosporen bildend. Sexuelle Fortpflanzung durch Isogamie. Zygoten kugelig, mit dreischichtiger Wand, außen warzig. Zellen 9–16 µm lang, 5–12 µm breit.
Kultur: SAG 11–16f, 11–16g, 11–16a, 11–16b; UTEX 91–97 etc.
Eine kosmopolitische Art, die in vielen Erdböden zu finden ist.

34. Chlamydomonas perpusilla Gerloff 1940 (Fig. 66: l)
Syn.: *Chlamydomonas minima* Korschikoff in Pascher 1927, p. 280, fig. 241
Ettl 1983a, p. 353, fig. 433.

Zellen länglich ellipsoidisch, leicht dorsiventral gebogen, mit einer konvexen Rücken- und konkaven Bauchseite. Zellwand sehr zart, ohne Papille. Chloroplast seitenständig, rinnenförmig; Pyrenoid kugelig. Stigma vorn. Zellkern hinten. Protoplastenteilung nach Querdrehung, 2 oder 4 Zoosporen bildend, Zellen 8–15 µm lang, 2–4 µm breit.
Aus Erdproben der Insel Surtsey (Island), aber auch in Böden von Österreich und der Tschechoslowakei vorkommend.

35. Chlamydomonas grandistigma Mitra 1951 (Fig. 66: o)
Ettl 1976a, p. 521, fig. 102: 1; 1983a, p. 355, fig. 437.

Zellen dorsiventral, einseitig leicht abgeflacht, mit einer konvexen Rücken- und wenig gewölbten Bauchseite. Breitseite in der Geißelebene elliptisch-eiförmig, vorn leicht verjüngt und stumpf. Zellwand dünn, vorn leicht verdickt, ohne Papille. Chloroplast einseitig, in Form eines breiten halbringförmigen Bandes mit leicht gewellten Rändern. Pyrenoid kugelig, relativ groß, in halber Zellhöhe. Stigma außergewöhnlich groß (bis 3 µm), neben dem Pyrenoid. Zellkern völlig basal. Protoplastenteilung ohne Querdrehung, 2–8 Zoosporen bildend. Zellen 7–12 µm lang, 3,5–6 µm breit.
Aus Reisfeldern und aus Gartenböden bei Allahabad (Indien) isoliert.

36. Chlamydomonas oblonga Pringsheim 1930 (Fig. 66: n)
Syn.: *Chlamydomonas mexicana* Lewin 1957
Ettl 1976a, p. 616, fig. 144: 2; 1983a, p. 404, fig. 540.

Zellen ellipsoidisch, ellipsoidisch verkehrt eiförmig bis eiförmig. Zellwand zart bis mäßig dick, ohne Papille. Chloroplast wandständig, mantelförmig, mit einem kleinen, seitlichen, kugeligen Pyrenoid. Stigma klein, elliptisch bis punktförmig. Zellkern hinter dem Pyrenoid. Sexuelle Fortpflanzung durch Isogamie. Zygoten kugelig, mit zahnig-warziger Oberfläche. Zellen 6–16 µm lang, 4-10 µm breit, Zygoten 16–25 µm groß.
Kultur: SAG 11–60a, 11–60b, UTEX 729, 730.
Aus Erdproben von Chihuahua (Mexico) isoliert.

37. Chlamydomonas acuta Korschikoff in Pascher 1927 (Fig. 67: b)
Ettl 1976a, p. 552, fig. 114: 7, 8, 117: 3; 1983a, p. 370, fig. 471.

Zellen sehr gestreckt, verkehrt ellipsoidisch-eiförmig bis kurz spindelförmig, hinten lang und schließlich spitz verschmälert, vorn ± abgerundet. Zellwand zart, vorn mit einer kleinen, aber deutlichen, abgerundet kegelförmigen Papille. Geißeln ungefähr körperlang. Chloroplast seitenständig, rinnenförmig, die Zelle der Länge nach ganz, im Umfang nur halb auskleidend, Ränder oft leicht gewellt. Pyrenoid kugelig, in halber Zellhöhe. Stigma klein, schmal elliptisch, über dem Pyrenoid. Zellkern unter der Zellmitte. Zwei apikale pulsierende Vakuolen. Zellen 16–20 µm lang, 5–8 µm breit.
Vereinzelt in Erdböden vorkommend (USSR).

38. Chlamydomonas pumilio Ettl 1965 (Fig. 67: a)
Ettl 1976a, p. 555, fig. 118: 1–3; 1983a, p. 373, fig. 477.

Zellen in ihrer Gestalt recht veränderlich, meist gestreckt ellipsoidisch-zylindrisch, junge Zellen mit fast geraden Flanken, später jedoch mehr ellipsoidisch, spindelförmig oder ellipsoidisch-eiförmig. Zellwand zart, basal oft stark abgehoben, vorn mit einer nicht scharf abgesetzten, breiteren und gerade abgestutzten Papille. Chloroplast seitenständig, rinnenförmig, nur selten leicht muldenförmig, und basal auf die andere Seite übergreifend. Pyrenoid ellipsoidisch bis kugelig, in halber Zellhöhe. Stigma elliptisch, im vorderen Zelldrittel oft sehr weit vorn. Zellkern im hinteren Zelldrittel bis basal. Protoplastenteilung nach Querdrehung, 2 oder 4 Zoosporen bildend. Zellen 4,5–8 µm lang; 1,5–3 µm breit.
Kultur: SAG 18.73.
Erdböden von der Insel Lavsa-Dalmatien (Jugoslawien).

39. Chlamydomonas boldii Ettl 1965 (Fig. 67: d)
Syn.: *Chlamydomonas transita* Ettl 1965
Ettl 1976a, p. 556, fig. 120: 1; 1983a, p. 374, fig. 480.

Zellen eiförmig oder eiförmig-ellipsoidisch, basal abgerundet, vorn kegelartig verjüngt. Zellwand mäßig dick, mit einer vermittelten scharf oder stumpf kielförmigen Papille. Chloroplast seitenständig, mantel- bis muldenförmig, basal leicht auf die andere Seite übergreifend. Pyrenoid groß, ellipsoidisch bis kugelig, leicht unter der halben Zellhöhe. Pyrenoidverdoppelungen sehr häufig. Stigma elliptisch, über dem Pyrenoid, Protoplastenteilung nach Querdrehung, Pyrenoid und Stigma werden aufgelöst. Zellen 10–28 µm lang, 6–16 µm breit.
Aus Erdproben von Fichtenwäldern isoliert, Nordmähren (Tschechoslowakei).

40. Chlamydomonas terrestris J. B. Petersen 1932 (Fig. 71: b)
Ettl 1976a, p. 563, fig. 121: 6–8.

Zellen ellipsoidisch bis ellipsoidisch-zylindrisch, leicht dorsiventral gebaut. Zellwand zart, mit niedriger und fast halbkugeliger Papille. Chloroplast rinnenförmig, in halber Zellhöhe mit einem Pyrenoid. Ohne Stigma. Zellen 8–11 µm lang, 4–9 µm breit.
In verschiedenen Bodenproben im Hügelland von Hammer Bakker (Dänemark). Auch in der Tschechoslowakei und in der USSR gefunden.

41. Chlamydomonas chlamydogama Bold 1949 (Fig. 67: f)
Ettl 1976a, p. 605, fig. 140: 2; 1983a, p. 399, fig. 529.

Zellen ellipsoidisch bis fast zylindrisch, an beiden Enden breit abgerundet, manchmal leicht gebogen. Zellwand zart, basal und öfters auch vorn etwas abgehoben, ohne Papille. Geißeln annähernd körperlang. Chloroplast im Längsschnitt H-förmig, Röhrenstücke mäßig dick, basal offen. Querstück sehr dick, über der halben Zellhöhe, deshalb das vordere Lumen stark reduziert, das hintere hingegen groß. Pyrenoid kugelig, in der Mitte des Querstückes. Stigma klein elliptisch, im vorderen Zelldrittel. Zellkern hinter dem Pyrenoid. Zwei apikale pulsierende Vakuolen. Protoplastenteilung nach Querdrehung, 2 oder 4 Zoosporen. Sexuelle Fortpflanzung durch Isogamie. Zygoten kugelig, mit derber und glatter Wand. Zellen 15,3–26,5 µm lang, 5–9 µm breit.
Kultur: SAG 11–48a, UTEX 102, 103.
Aus Erdproben isoliert (Venezuela).

42. Chlamydomonas pseudoelegans Fritsch & John 1942 (Fig. 67: e)
Ettl 1976a, p. 558, fig. 114: 9; 1983a, p. 376, fig. 484.

Zellen länglich ellipsoidisch bis ellipsoidisch-zylindrisch, oft an der einen Seite abgeflacht. Zellwand dünn, vorn mit einer scharf abgesetzten, abgerundet höckrigen Papille. Chloroplast seitenständig, mantelförmig, bis auf einen Längsspalt fast die ganze Zelle auskleidend. Pyrenoid fast kugelig, knapp unter der halben Zellhöhe. Stigma strichförmig, im vorderen Zelldrittel. Zellkern über dem Pyrenoid. Zellen 16–20 µm lang, 6–10 µm breit.
Aus einer Erdprobe isoliert (Großbritannien).
Mit einer Varietät, var. *minor* Lund 1947, die sich durch die kegelförmige Papille, längere Geißeln und den kleinen Chloroplast unterscheidet.

43. Chlamydomonas subfusiformis Gerloff 1940 (Fig. 67: c)
Syn.: *Chlamydomonas fusiformis* J. B. Petersen 1932 non Schiller 1913
Ettl 1976a, p. 551, fig. 114: 3; 1983a, p. 370, fig. 470.

Zellen langgestreckt, leicht ellipsoidisch oder breit spindelförmig, an den Enden etwas verjüngt und abgerundet, manchmal leicht gebogen. Zellwand zart, basal oft abgehoben; mit kleiner, niedrig halbkugeliger Papille. Chloroplast seitenständig, rinnenförmig, die beiden Zellenden frei lassend. Pyrenoid klein, kugelig, etwas über der halben Zellhöhe. Stigma elliptisch, im hinteren Zelldrittel. Dauerzustände als kugelige Hypnosporen mit glatter Wand. Zellen 9–11 µm lang, 2–3 µm breit, Hypnosporen bis 24 µm im Durchmesser.
Häufige Erdalge, die saure Erdböden bevorzugt (Dänemark, Tschechoslowakei).

44. Chlamydomonas mantonii (Ettl) Ettl 1976 (Fig. 67: g)
Syn.: *Chlorogonium mantonii* Ettl 1965
Ettl 1976a, p. 538, fig. 109; 1983a, p. 363, fig. 454.

Zellen gestreckt ellipsoidisch oder gestreckt ellipsoidisch-eiförmig, nicht selten plump spindelförmig oder gestreckt ellipsoidisch-zylindrisch, vorn jedoch immer kegelförmig ausgezogen, basal ±

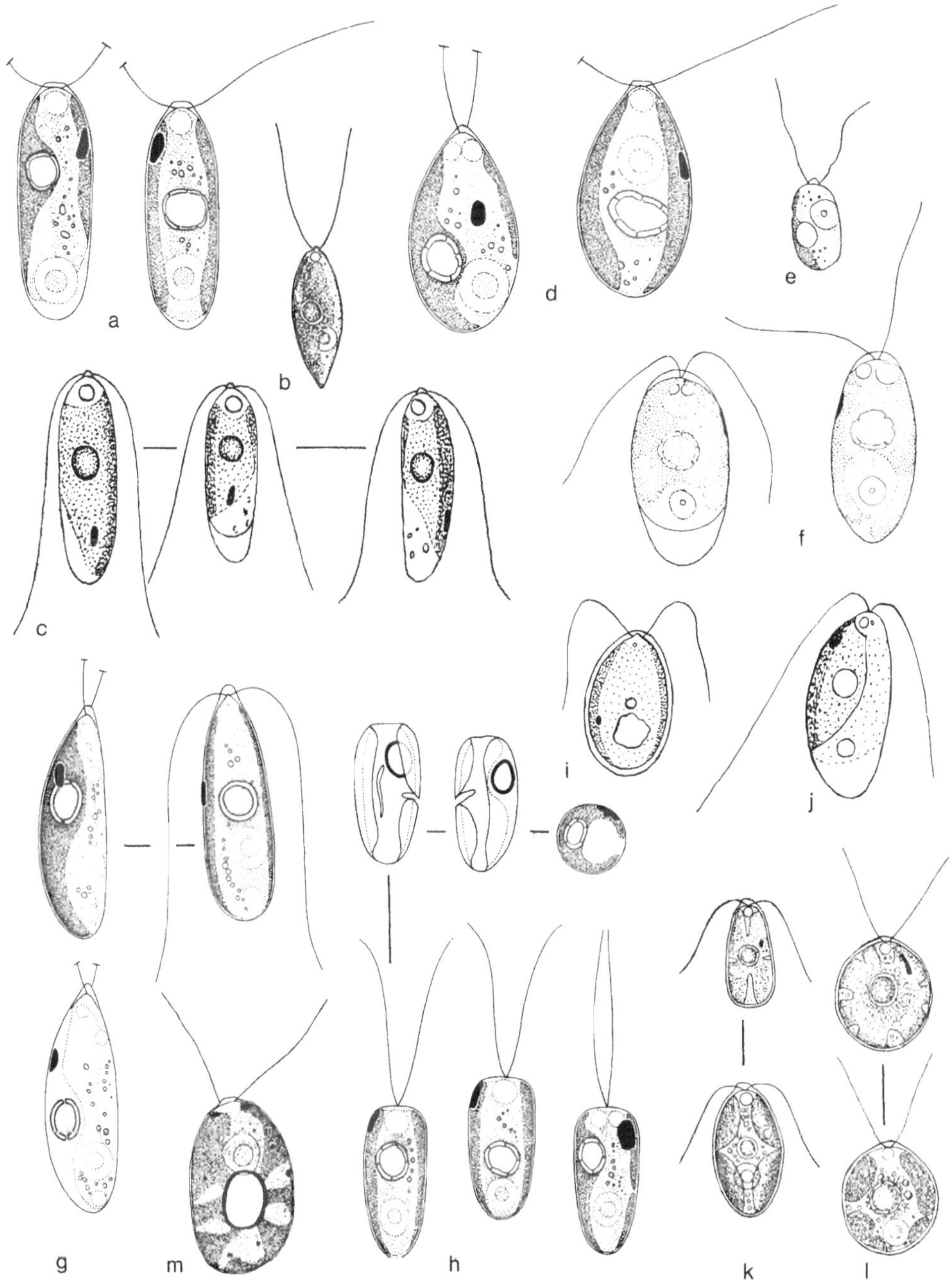

Fig. 67. *a Chlamydomonas pumilio; b Ch. acuta; c Ch. subfusiformis; d Ch. boldii; e Ch. pseudoelegans; f Ch. chlamydogama; g Ch. mantonii, h Ch. callunae; i Ch. pseudococcum; j Ch. applanata; k Ch. speciosa; l Ch. incisa; m Ch. macrostellata* (*a, d, g, h* nach Ettl, *b, k, l* nach Korschikoff, *c* nach J. B. Petersen, *e, m* nach Lund, *f* nach Bold, *i* nach Luksch, *j* nach Pringsheim).

abgerundet. Zellwand zart, vorn mit einer vermittelten, abgerundet kegelförmigen Papille. Chloroplast seitenständig, rinnen- oder mantelförmig. Pyrenoid breit ellipsoidisch bis kugelig, in halber Zellhöhe, von zwei uhrglasartigen Stärkeschalen umgeben. Stigma im vorderen Zelldrittel, fleckförmig. Zellkern hinten. Drei oder vier, ausnahmsweise fünf pulsierende Vakuolen, unregelmäßig verteilt, jedoch zwei immer in der Nähe der Geißelinsertion. Protoplastenteilung nach Querdrehung. Kugelige Hypnoblasten mit glatter Wand bekannt. Zellen 5,5–12 μm lang; 2,5–5 μm breit. Aus Erdböden der Insel Lavsa – Dalmatien.

45. **Chlamydomonas applanata** Pringsheim 1930 (Fig. 67: j)

Syn.: *Chlamydomonas humicola* Lucksch 1932, *Chl. akinetos* Deason & Bold 1960, *Chl. aggregata* Deason & Bold 1960
Ettl 1976a, p. 519, fig. 100: 10; 1983a, p. 353, fig. 434; Ettl & Schlösser 1992, p. 323, fig. 1–4.

Zellen gestreckt ellipsoidisch eiförmig bis ellipsoidisch-zylindrisch, dorsiventral. Papille klein kegelförmig bis höckrig. Chloroplast lateral, rinnen- bis mantelförmig. Pyrenoid zweiteilig mit zwei Stärkeschalen. Stigma vorn, Zellkern hinten. Zoosporenbildung nach Querdrehung des Protoplasten. Sexuelle Fortpflanzung als monözische Isogamie. Zygoten kugelig, mit glatter Wand, wachsend. Zellen 6,5–11 (–15) μm lang, 2–5 (–8) μm breit, Zygoten 6,5–16 μm im Durchmesser.
Kultur: SAG 6.72, 11–6, 3.72, 2.72, 11–36a, 28.86, 16.79.
Aus Moorschlamm bei Franzensbad, aus Lauberde des Botanischen Gartens in Prag, Erdproben saurer Wiesen und degradierter Wälder in Südböhmen (Tschechoslowakei), weitere Stämme wurden in Erdproben der Eichenwälder von Mac Maham in Caldwell County und in Williamson County, Texas (USA) gefunden.

46. **Chlamydomonas callunae** Ettl 1976 (Fig. 67: h)

Ettl 1976a, p. 571, fig. 123: 2; 1983a, p. 381, fig. 495.

Zellen verkehrt eiförmig bis rübenförmig, vorn stumpf oder fast gerade abgeschnitten. Zellwand zart, ohne Papille. Chloroplast seitenständig, mantelförmig, mit wenigen längsverlaufenden Rissen mit einem oder zwei tiefen waagrechten Einschnitten. Pyrenoid kugelig, in der vorderen Zellhälfte. Stigma auffallend groß, elliptisch bis fleckförmig, am Vorderrand des Chloroplasten. Zellkern hinten. Protoplastenteilung nach Querdrehung, 2 oder 4 Zoosporen bildend. Zellen 5–8 μm lang, 2–4 μm breit.
Kultur: SAG 68.81.
Aus Erdproben degradierter Föhrenwälder mit reichlich *Calluna vulgaris* isoliert, Nordmähren und Südböhmen (Tschechoslowakei).

47. **Chlamydomonas incisa** Korschikoff in Pascher 1927 (Fig. 67: l)

Ettl 1976a, p. 580, fig. 130: 5, 6; 1983a, p. 389, fig. 509.

Zellen kugelig, selten mehr ellipsoidisch-eiförmig. Zellwand mäßig dick, vorn ohne ausgeprägte Papille. Chloroplast seitenständig, in Form einer sternförmigen Platte, durch tiefe Einschnitte vom Rande her in ungleich große, sternförmig angeordnete Lappen zerteilt. Pyrenoid groß, kugelig, in halber Zellhöhe im Zentrum des Chloroplasten. Stigma vorn, groß strichförmig. Zellkern basal. Zellen 8–12 μm im Durchmesser.
In mehreren Erdproben gefunden (BRD, Tschechoslowakei, USSR).

48. **Chlamydomonas speciosa** Korschikoff in Pascher 1927 (Fig. 67: k)

Ettl 1976a, p. 572, fig. 125: 1; 1983a, p. 381, fig. 494.

Zellen ellipsoidisch bis gestreckt eiförmig, an beiden Enden stumpf. Zellwand zart, mit einer nicht scharf abgesetzten, breiten, fast gerade abgestutzten Papille. Chloroplast seitenständig, mantelför-

mig, durch zwei senkrechte und zwei waagrechte Einschnitte in vier Lappen aufgeteilt. Pyrenoid kugelig, in halber Zellhöhe. Stigma klein unter dem Pyrenoid. Zellkern im hinteren Zelldrittel. Sexuelle Fortpflanzung durch Isogamie. Zellen 8–11 µm lang, 4–10 µm breit.
Öfters in Erdböden gefunden (USSR).

49. Chlamydomonas rima Flint & Ettl 1966 (Fig. 68: a)
Ettl 1976a, p. 573, fig. 126: 1; 1983a, p. 382, fig. 496.

Zellen gestreckt ellipsoidisch, verkehrt eiförmig bis länglich rübenförmig, Zellwand mäßig dick, vorn mit einer breit abgerundeten, senkrecht zur Geißelebene breiteren Papille. Chloroplast seitenständig, mantelförmig, durch 1–3 waagrechte oder schiefe, auch gabelig verzweigte Einschnitte in ± breite Lappen zerteilt. Pyrenoid kugelig, in halber Zellhöhe. Stigma elliptisch oder abgerundet dreieckig, im vorderen Zelldrittel. Zellkern ± zentral. Protoplastenteilung nach Querdrehung, Pyrenoid und Stigma werden aufgelöst, 4 Zoosporen bildend. Zellen 13–20 µm lang, 5–11 µm breit.
Kultur: SAG 50.72.
Aus Erdproben von Oamaru (Neuseeland) isoliert.

50. Chlamydomonas macrostellata Lund 1947 (Fig. 67: m, 70: a)
Syn.: *Chlamydomonas augustae* sensu Ettl H. & O. 1959
Ettl 1976a, p. 583, fig. 130: 2; 1983a, p. 390, fig. 511, 512.

Zellen ellipsoidisch bis ellipsoidisch-eiförmig, manchmal etwas dorsiventral gebaut. Zellwand zart, vorn mit einer niedrigen, wenig deutlichen Papille, die in der Geißelebene abgestutzt, senkrecht dazu abgerundet ist. Chloroplast massiv, seitenständig, radial gelappt und sternförmig erscheinend. Lappen ungleich gestaltet, auf die andere Seite übergreifend. Pyrenoid breit ellipsoidisch bis kugelig, in halber Zellhöhe. Stigma klein strichförmig, im vorderen Zelldrittel. Zellkern oberhalb des Pyrenoids. Zellen 14–19 µm lang, 8–12 µm breit.
Kultur: SAG 12.73.
Aus Erdproben mehrmals isoliert (Großbritannien, Tschechoslowakei).

51. Chlamydomonas hydra Ettl 1965 (Fig. 68: e)
Ettl 1976a, p. 584, fig. 135: 2; 1983a, p. 391, fig. 513.

Zellen ellipsoidisch, breit ellipsoidisch-eiförmig, manchmal breit verkehrt eiförmig. Zellwand zart, vorn mit einer niedrigen, aber deutlichen, abgerundet kielförmigen Papille. Chloroplast seitenständig, sternförmig, mit einem seitlichen pyrenoidführenden Zentrum von dem aus sich 4–7, weit voneinander getrennte, unregelmäßig gebogene Lappen ausbreiten. Pyrenoid groß, breit ellipsoidisch bis fast kugelig, in der hinteren Zellhälfte. Stigma groß, elliptisch, vorn. Zellkern über dem Pyrenoid. Protoplastenteilung nach Querdrehung, 4 Zoosporen bildend. Zellen 9,5–14 µm lang, 6–12 µm breit.
Kultur: SAG 4.73.
Erdböden von Buchenwäldern, Nordmähren (Tschechoslowakei).

52. Chlamydomonas reisiglii Ettl 1976 (Fig. 68: b)
Ettl 1976a, p. 575, fig. 127: 2; 1983a, p. 384, fig. 499.

Zellen eiförmig oder breit eiförmig, mitunter leicht dorsiventral. Zellwand mäßig dick, vorn mit einer vermittelten, kegelstumpfförmigen Papille. Chloroplast seitenständig, mantelförmig, durch mehrere tiefe, waagrecht verlaufende Einschnitte ungleich gelappt. Pyrenoid klein, kugelig, in halber Zellhöhe. Stigma auffallend klein, elliptisch, am Vorderrand des Chloroplasten. Zellkern im

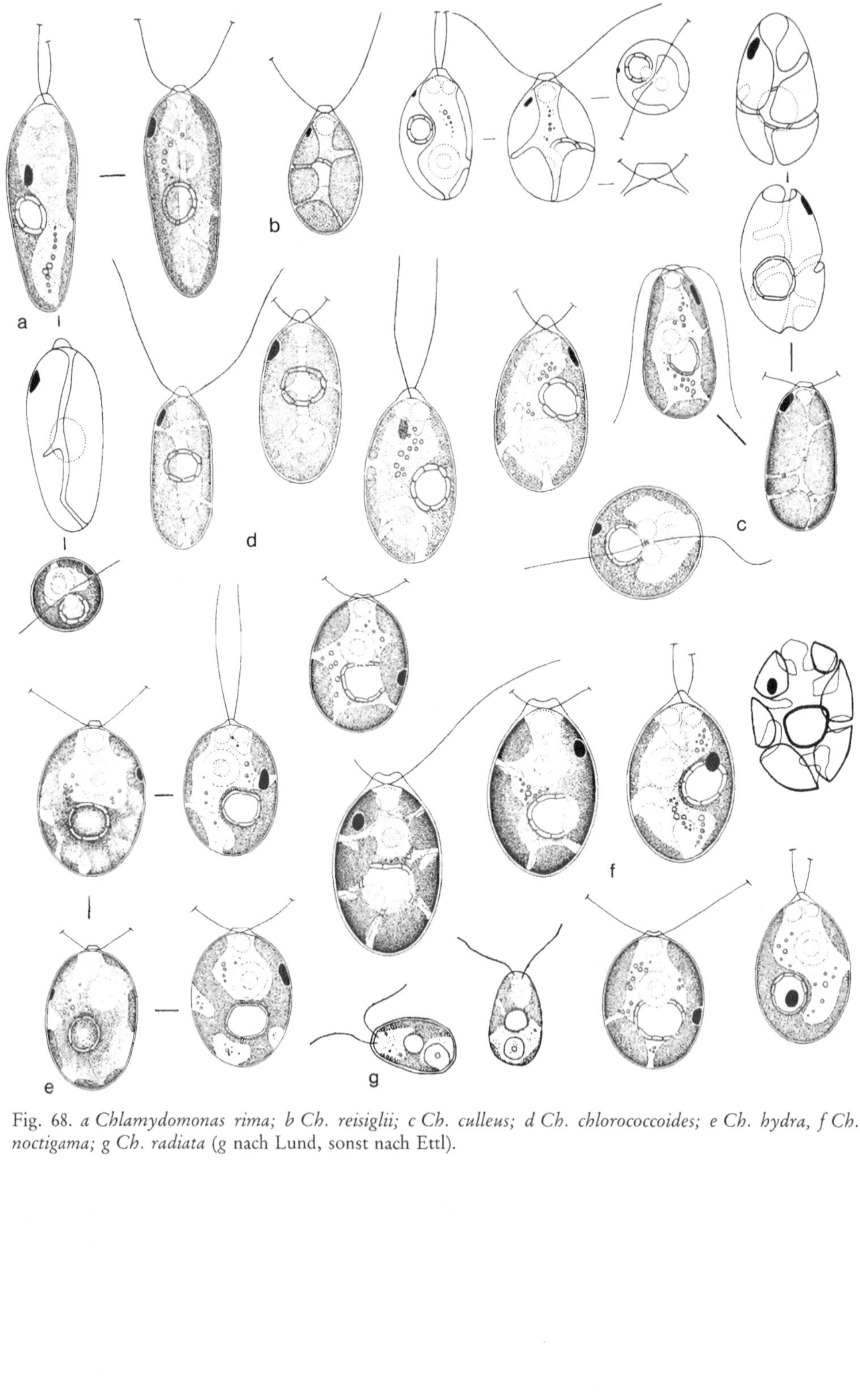

Fig. 68. *a Chlamydomonas rima; b Ch. reisiglii; c Ch. culleus; d Ch. chlorococcoides; e Ch. hydra, f Ch. noctigama; g Ch. radiata* (g nach Lund, sonst nach Ettl).

hinteren Zelldrittel. Protoplastenteilung nach Querdrehung, 2 oder 4 Zoosporen bildend. Zellen 8–12 µm lang, 5–9 µm breit.
Aus Erdproben der Buchenwälder des Schönhengstes und aus degradierten Böden Südböhmens (Tschechoslowakei) isoliert.

53. **Chlamydomonas culleus** Ettl 1965 (Fig. 68: c)

Ettl 1976a, p. 574, fig. 127: 1; 1983a, p. 383, fig. 497.

Zellen gestreckt eiförmig, eiförmig ellipsoidisch bis sackförmig. Zellwand zart, Papille niedrig, gerade abgestutzt, in der Geißelebene breiter. Chloroplast seitenständig, rinnenförmig, durch mehrere waagrechte, tiefgreifende Einschnitte gelappt. Pyrenoid in halber Zellhöhe. Stigma elliptisch, ganz vorn. Zellkern zentral. Protoplastenteilung nach Querdrehung, 4 Zoosporen bildend. Zellen 7–11 µm lang, 3–6 µm breit.
Kultur: SAG 17.73.
Nicht seltene Bodenalge (Tschechoslowakei).

54. **Chlamydomonas chlorococcoides** Ettl & Schwarz 1981 (Fig. 68: d)

Ettl & Schwarz 1981, p. 115, fig. 1: Ettl 1983a, p. 383, fig. 498.

Zellen gestreckt ellipsoidisch, ellipsoidisch-zylindrisch, manchmal fast zylindrisch an beiden Enden abgerundet. Zellwand mäßig dick, mit einer scharf abgesetzten ± halbkugeligen Papille, Chloroplast seitenständig, mantelförmig, bis auf einen Längsspalt fast die ganze Zelle auskleidend. Gegenüber dem Längsspalt durch zwei tiefe, von beiden Enden auslaufende Einschnitte in zwei Lappen geteilt; letztere zusätzlich durch zahlreiche verschieden lange, waagrecht oder schief verlaufende Einschnitte zerklüftet; zudem noch perforiert. Pyrenoid groß, kugelig, in halber Zellhöhe. Stigma breit elliptisch, vorn. Zellkern hinter dem Pyrenoid. Protoplastenteilung nach Querdrehung, 4 Zoosporen bildend. Hypnoblasten kugelig, mit dicker, glatter Wand, *Chlorococcum*-ähnlich. Zellen 12–18 (–22) µm lang, 5–10 µm breit, Hypnoblasten 15–23 µm im Durchmesser.
Kultur: SAG 15.82.
Aus Erdböden der mitteldalmatinischen Insel Lavsa (Jugoslawien) isoliert.

55. **Chlamydomonas noctigama** Korschikoff in Pascher 1927 (Fig. 68: f)

incl. var. *ellipsoidea* Ettl 1965, var. *crassa* Ettl 1965, var. *eupapillata* Ettl 1965, var. *hyperpyrenoidosa* Ettl 1965, var. *minor* Ettl 1965
Syn.: *Chlamydomonas geitleri* Ettl 1969, *Ch. hindakii* Ettl 1965, *Ch. monoica* Strehlow 1929, *Ch. pinicola* Ettl 1965, *Ch. terricola* Gerloff 1940, *Ch. humophilos* Gerloff 1940, *Ch. eucallosa* Ettl 1965, *Ch. upsaliensis* Skuja 1949
Ettl 1976a, p. 453, fig. 81, 82: 1; 1983a, p. 322, fig. 370.

Zellen gestreckt ellipsoidisch, breit ellipsoidisch, mitunter eiförmig bis kugelig eiförmig. Zellwand mäßig dick bis derb. Papille groß, abgesetzt, gerade abgestutzt oder ausgerandet. Chloroplast seitenständig, rinnen- bis mantelförmig, durch ± zahlreiche Einschnitte in Lappen gegliedert. Lappen dicht aneinander gerückt (einen einheitlichen Chloroplast vortäuschend) oder deutlich voneinander getrennt. Pyrenoid seitlich, groß, mit mehreren Stärkekörnern; häufig Pyrenoidvermehrung. Stigma fleckförmig, in halber Zellhöhe. Zellkern ± zentral. Zoosporenbildung häufig im beweglichen Zustand. Sexuelle Fortpflanzung durch monözische Isogamie. Zygoten zuerst als Planozygoten, dann mit dicker warziger Wand.
Zellen 8–22 (–26) µm lang, 5–20 (–22) µm breit; Zygoten 12–19 µm im Durchmesser.
Kultur: SAG 35.72; 36.72; 6.73; 22.72; 23.87; 33.72; 40.72; 59.72; 8.73; 16.73; 19.73; 24.79.
Sehr häufig in verschiedenen Bodentypen, vor allem in Laub- und Nadelwäldern, sowohl im Tiefland als auch im Gebirge bis 2500 m ü. M. (Mitteleuropa).

56. Chlamydomonas radiata Deason & Bold 1960 (Fig. 68: g, 70: j)
Syn.: *Chlamydomonas archibaldii* Uhlik & Bold 1970, *Ch. astigmata* Lund 1947 non Spargo 1913; *Ch. lundii* Ettl H. & O. 1959
Ettl 1976a, p. 625, fig. 145: 13; 1983a, p. 410, fig. 553.

Zellen ellipsoidisch bis breit ellipsoidisch eiförmig oder breit eiförmig; oft dorsiventral gebaut. Zellwand dünn, Papille niedrig und stumpf, Chloroplast sehr massiv, durch tiefe Einschnitte in mehrere, relativ breite radiale Lappen zerteilt. Pyrenoid groß, quer ellipsoidisch; ± äquatorial ein elliptisches, oft kaum sichtbares Stigma. Kern unter dem Pyrenoid. Zellen 11–19 (–21) µm lang, 5–15 µm breit.
Kultur: SAG 1.75, 17.82, 47.72, UTEX 1795, 966.
Aus Erdproben aus England und aus Nacogdoches County und Caldwell County, Texas (USA).

57. Chlamydomonas chlorastera Ettl 1968 (Fig. 69: c)
Syn.: *Chlamydomonas aster* Ettl 1979
Ettl 1976a, p. 392, fig. 54: 3; 1979, p. 128, fig. 28: 2; 1983a, p. 293, fig. 311.

Zellen plump und breit eiförmig oder eiförmig-ellipsoidisch, im Alter fast kugelig. Zellwand dick, an der Außenseite leicht verschleimt, am vorderen Zellende haubenartig verdickt und leicht verquollen, ohne Papille. Chloroplast massiv, vorn bis zu den pulsierenden Vakuolen reichend und dort zusammenneigend. Durch tiefgreifende Einschnitte in viele radiäre Lappen zerteilt, die vom basalen pyrenoidführenden Zentrum entspringen und mit ihren Enden bis an die Peripherie ragen; Pyrenoid groß, halbkugelig-ellipsoidisch, Stigma lang strichförmig kaum sichtbar. Zellkern im vorderen Lumen des Chloroplasten. Zellen 17–25 µm lang, 14–23 µm breit.
Kultur: SAG 69.81.
Auf feuchten Waldwegen und Waldböden gallertige Überzüge bildend, in Nordmähren (Tschechoslowakei).

58. Chlamydomonas subangulosa Fritsch & John 1942 (Fig. 69: a)
Ettl 1976a, p. 396, fig. 55: 4, 56:2; 1983a, p. 295, fig. 313.

Zellen leicht abgeflacht, oft mit ausgesprochener Breit- und Schmalseite. Von der Breitseite breit elliptisch oder verkehrt eiförmig, an beiden Enden abgerundet; Schmalseite gestreckt elliptisch. Zellwand mäßig dick, mit niedriger gewölbter Papille. Chloroplast massiv, in kräftige, radial auslaufende Lappen zerteilt. Pyrenoid groß, kugelig im Zentrum, Stigma äquatorial. Zellkern im vorderen Lumen des Chloroplasten. Protoplastenteilung ohen Querdrehung, 4 Zoosporen bildend. Zellen in der Breitseite 20–40 µm lang, 16–20 µm breit.
Kultur: SAG 57.72, UTEX 209.
In Erdproben gefunden, besonders in sauren Erdböden vorkommend (England, Neuseeland).

59. Chlamydomonas actinochloris Deason & Bold 1960 (Fig. 69: d)
Ettl 1976a, p. 391, fig. 48: 8; 1983a, p. 296, fig. 315.

Zellen ellipsoidisch bis ellipsoidisch eiförmig, mitunter ellipsoidisch-zylindrisch. Zellwand zart, mit niedriger und breiter, stumpfer Papille. Chloroplast durch tiefgreifende Einschnitte radial geteilt und gelappt; Lappen relativ dick, unregelmäßig, mit der breitesten Stelle der Zellwand anliegend. Pyrenoid groß, kugelig, ± im Zentrum der Zelle. Stigma im vorderen Zelldrittel, klein. Zellkern vorn. Zellen 10–20 µm lang, 4–9 µm breit.
Kultur: SAG 1.72; UTEX 965.
Aus Erdproben eines Quercetums in Caldwell County, Texas (USA).

60. Chlamydomonas augustae Skuja 1943 (Fig. 69: b)
Ettl 1976a, p. 403, fig. 63; 1983a, p. 298, fig. 317.

Zellen ellipsoidisch, eiförmig, verkehrt eiförmig-ellipsoidisch bis breit ellipsoidisch oder fast kugelig, zuweilen auch asymmetrisch. Zellwand ziemlich dick, mit einer sehr niedrigen, stumpf kielförmigen Papille. Chloroplast in radiale, deutlich voneinander getrennte und distal sich verbreiternde Lappen geteilt; asteroid. Pyrenoid kugelig bis fast halbkugelig; Stigma in halber Zellhöhe, klein, elliptisch. Zellkern über der Zellmitte. Sexuelle Fortpflanzung durch Isogamie; Zygoten mit deutlichen Warzen. Zellen 8–18 (–22) µm lang, 5–13 (–17) µm breit, unbewegliche Zellen bis 26 µm groß.
Kultur: SAG 5.73, 9.87, 26.86, 13.89.
Auf feuchtem Torfboden in fakulativer Symbiose mit *Pyronema laetissimum*, aber auch frei im Erdboden degradierter Föhrenbestände (Lettland, Tschechoslowakei). Eine häufige Bodenalge, die auch in Indonesien und auf der Insel Surtsey (Island) isoliert wurde.

61. Chlamydomonas segnis Ettl 1965 (Fig. 69: e)
Syn.: *Chlamydomonas gymnogama* Deason 1967, *Ch. pallidostigmatica* King 1972
Ettl 1976a, p. 367, fig. 42; 1983a, p. 273, fig. 276.

Zellen eiförmig, eiförmig-ellipsoidisch bis breit spindelförmig, mitunter auch etwas unregelmäßig gebaut. Zellwand zart, vorn mit einer völlig vermittelten, niedrigen, haubenartig gewölbten oder abgerundet kegelförmigen Papille. Chloroplast topfförmig, mit sehr stark verdicktem Basalstück, das bis zur Zellmitte oder noch weiter nach vorn ragt. Wandstück zarter, Innenseite oft gefurcht, Außenseite leicht oder stärker eingeschnitten und bis in radiäre Lappen aufgelöst, die nicht immer deutlich sind; gerillt. Pyrenoid ± kugelig, oft unregelmäßig, Stärkehülle sehr dick. Stigma am Vorderrand des Chloroplasten, sehr blaß, Zellkern vorn. Zellen 12–19 µm lang, 5,5–15 µm breit.
Kultur: SAG 57.72, 2.75, 9:83; UTEX 1343, 1919.
Aus Erdproben von Buchenwäldern im Hohen Gesenke, Nordmähren (Tschechoslowakei) isoliert. Erdproben aus Alabama (USA).

62. Chlamydomonas stellata Dill 1895 (Fig. 69: f)
Ettl 1976a, p. 597, fig. 138: 1–3; 1983a, p. 397, fig. 525.

Zellen breit ellipsoidisch bis verkehrt ellipsoidisch-eiförmig. Zellwand ziemlich derb, mit abgerundet kegelstumpfartiger Papille. Chloroplast unregelmäßig und asteroid gelappt, oft basal geschlossen, einzelne Lappen miteinander auch verschmelzend. Pyrenoid kugelig; Stigma im vorderen Zelldrittel. Zellkern vorn. Zellen 18–22 µm lang, 10–15 µm breit.
Kommt häufig in verschiedenen Erdproben vor (BRD, Tschechoslowakei, USSR).

63. Chlamydomonas meslinii Bourrelly 1951 (Fig. 69: h)
Syn.: *Chlamydomonas chlorostellata* Ettl & Flint 1966.
Ettl 1976a, p. 399, 401, fig. 57: 4, 60; 1983a, p. 301, fig. 323, 324.

Zellen ellipsoidisch oder breit ellipsoidisch, manchmal ellipsoidisch-zylindrisch. Zellwand zart bis mäßig dick, mit einer scharf abgesetzten, halbkugeligen Papille. Chloroplast durch tiefe Einschnitte in zahlreiche radiale Lappen geteilt, die aus einem dicken, knapp unter der Zellmitte liegenden Zentrum entspringen. Pyrenoid groß, kugelig oder breit ellipsoidisch; Stigma in der vorderen Zellhälfte, groß und länglich. Zellkern vorn. Zellen (12)–18–24 µm lang, 10–17 µm breit.
Kultur: SAG 12.72, 75.81.
Aus Erdproben aus der Umgebung von Bealey (Neuseeland) isoliert. Auch aus Erdproben von Mitteleuropa und der Antarktis bekannt. Eine häufige Bodenalge.

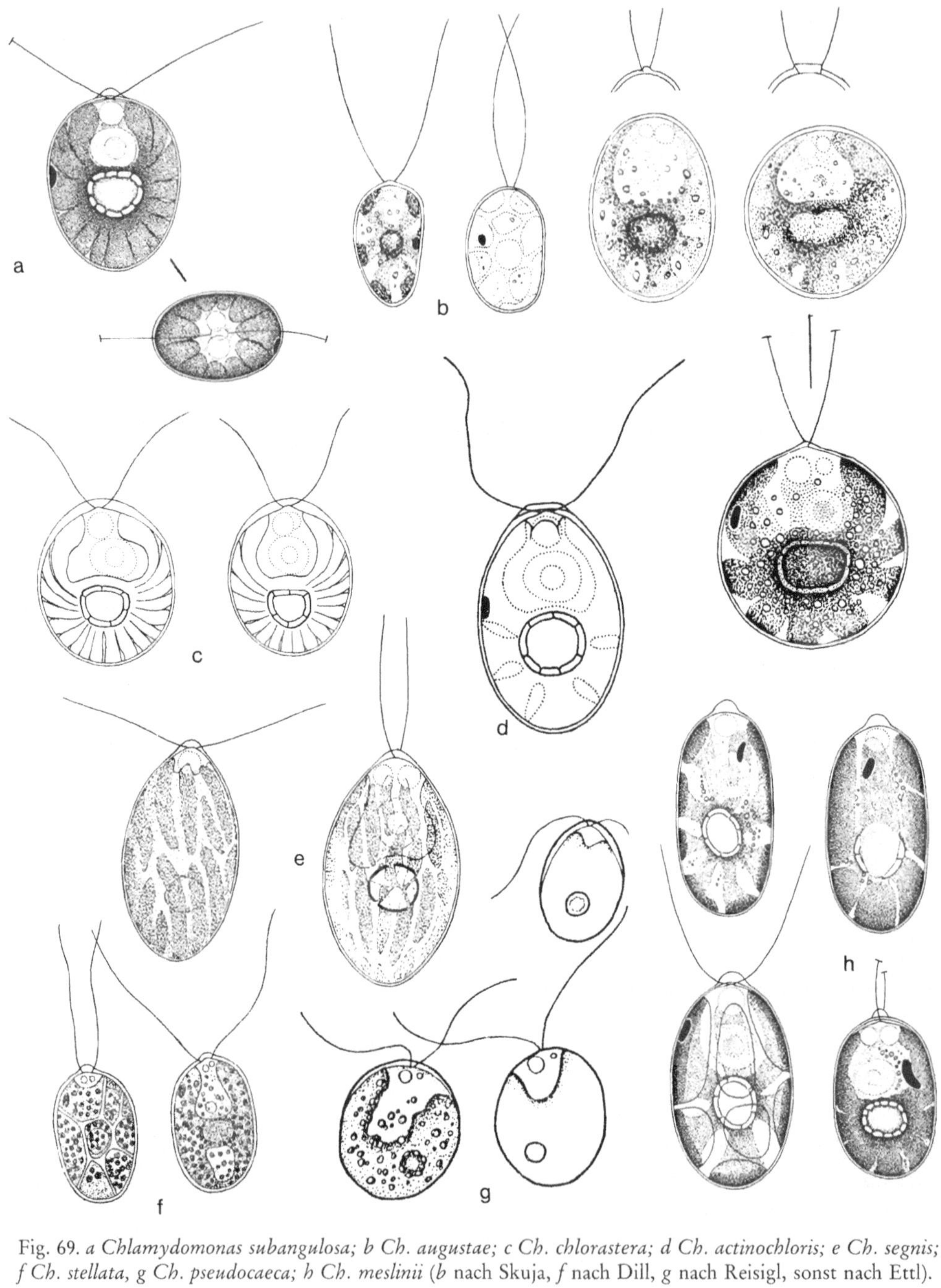

Fig. 69. *a Chlamydomonas subangulosa; b Ch. augustae; c Ch. chlorastera; d Ch. actinochloris; e Ch. segnis; f Ch. stellata, g Ch. pseudocaeca; h Ch. meslinii* (*b* nach Skuja, *f* nach Dill, *g* nach Reisigl, sonst nach Ettl).

64. Chlamydomonas pseudocaeca Ettl 1976 (Fig. 69: g)
Syn.: *Chlamydomonas caeca* Reisigl 1964 non Sokoloff 1933
Ettl 1976a, p. 592, fig. 136: 8.

Zellen eiförmig oder eiförmig-ellipsoidisch, auch ellipsoidisch-kugelig; nicht selten etwas asymmetrisch. Zellwand zart, vorn leicht kappenartig verdickt, doch keine ausgesprochene Papille bildend. Chloroplast im optischen Längsschnitt H-förmig, basal topfförmig geschlossen, Querplatte mit einem kugeligen Pyrenoid. Ohne Stigma. Kernlage nicht angegeben; wahrscheinlich vorn. Zellen bis 12,5 µm lang und 9–10,5 µm breit, ältere Zellen 7–15 µm im Durchmesser.
Aus alpinen Böden in Tirol (Österreich) isoliert. Die Erdproben stammten aus Rhizoidenfilz toter *Polytrichum norvegicum* – Polster aus einer Höhe von ca. 3000 m.
Etwas unvollständig beschriebene Art, die nur schwer wiedererkannt werden kann.

65. Chlamydomonas cylindrica Chodat 1920 (Fig. 70: b)
Ettl 1976a, p. 613, fig. 141: 6, 143: 2; 1983a, p. 402, fig. 535.

Zellen gestreckt zylindrisch-ellipsoidisch, an beiden Enden abgerundet, manchmal ganz leicht gebogen. Hülle zart, vorn mit einer kleinen, scharf abgesetzten halbkugeligen Papille. Chloroplast zart, Röhrenstück in manchen Fällen leicht reduziert und basal offen. Knapp über der halben Zellhöhe eine dicke Querplatte, mit einem kugeligen Pyrenoid. Stigma länglich elliptisch, vorn. Kern im hinteren Lumen des Chloroplasten. Zellen 17–29 µm lang, 5–7 µm breit.
In ungefähr 2000 m Höhe in der Nähe des Alpengartens Linnaea (Schweiz). Aus Waldböden bei Javorina in der Hohen Tatra isoliert; auf lehmigen Böden (Tschechoslowakei).

66. Chlamydomonas subreticulata Pascher 1932 (Fig. 70: c)
Syn.: *Chlamydomonas doonii* Fritsch & John 1942
Ettl 1976a, p. 678, fig. 161: 4,5; 1983a, p. 441, fig. 608.

Zellen kurz ellipsoidisch oder schwach eiförmig. Zellwand sehr zart; Papille stumpf kegelförmig. Chloroplast in einzelne Scheiben aufgeteilt, die dicht aneinander schließen und polygonal begrenzt sind. Manche Chloroplasten mit je einem Pyrenoid, wovon das Größte basal liegt. Stigma im vorderen Zelldrittel, kurz strichförmig. Zellkern mehr vorn. Zellen 24–35 µm lang, bis 19 µm breit.
In mehreren Erdproben gefunden (England, Tschechoslowakei).
Die von Fritsch & John (1942) beschriebene *Chlamydomonas doonii* fällt in den Variabilitätsbereich der hier angeführten Art.

67. Chlamydomonas zimbabwiensis Heimke & Starr 1979 (Fig. 70: h)
Heimke & Starr 1979, p. 21, fig. 1–5.

Zellen breit ellipsoidisch bis kugelig. Zellwand dünn, mit undeutlicher gewölbter Papille. Chloroplast massiv, topf- bis fast hohlkugelförmig, häufig perforiert. Pyrenoide mehrere, ungleich groß und unregelmäßig verteilt. Stigma schmal und lang, über der halben Zellhöhe. Zellkern zentral. Protoplastenteilung nach Querdrehung, 4–8 Zoosporen. Sexuelle Fortpflanzung durch Oogamie. Zygoten mit zahlreichen Fortsätzen. Zellen 15–22 µm lang, 13–20 (–22) µm breit; Zygoten 21–25 µm groß.
Kultur: UTEX 2212–2214.
Erdproben aus Zimbabwe.

68. Chlamydomonas gigantea Dill 1895 (Fig. 70: d–g)
Syn.: *Chlamydomonas pseudogigantea* Korschikoff in Pascher 1927, *Ch. capensis* Pocock 1962, *Ch. megalis* Bischoff & Bold 1964

Ettl 1976a, p. 667, fig. 158: 1, p. 669, fig. 158: 3; p. 671, fig. 157: 4; p. 672, fig. 159: 1; 1983a, p. 428, 432, 434, 436, fig. 587, 594, 596, 599.

Zellen kurz und breit zylindrisch, an den Flanken gerade oder auch ganz leicht konkav, an beiden Enden flach abgerundet, auch ellipsoidisch oder verkehrt eiförmig. Zellwand mäßig dick, vorn mit einer kleinen höckerartigen Papille. Chloroplast topfförmig, die Zelle bis zur Papille auskleidend, sehr dick; Außenseite mit gelappten Leisten, die im Oberflächenbild streifenartig aussehen. Mit mehreren bis vielen unregelmäßig verteilten Pyrenoiden. Stigma länglich elliptisch bis fast strichförmig, über der halben Zellhöhe. Zellkern ± zentral. Viele pulsierende Vakuolen über die ganze Zelle verteilt. Protoplastenteilung quer verlaufend. Sexuelle Fortpflanzung durch Oogamie. Zygoten im reifen Zustand mit radiär angeordneten, großen Stacheln. Zellen 24–36 (–40) µm lang, bis 32 µm breit. Zygoten ohne Stacheln bis 36 µm im Durchmesser.
Kultur: SAG 21.72, 72.72, 9.84; UTEX 1753, 2215–2218, 848, 943.
Aus Erdproben von Enchanted Rock, Texas (USA), Erdböden aus der Umgebung von Charkow (USSR).

69. Chlamydomonas carrizoensis Deason & Bold in Chantanachat & Bold 1962 (Fig. 70: i)
Syn.: *Chlamydomonas pyrenoidosa* Deason & Bold 1960 non Schiller 1952; *Chlamydomonas deasonii* Ettl 1976
Ettl 1976a, p. 663, fig. 155: 6; 1983a, p. 432, fig. 593.

Zellen ellipsoidisch bis ellipsoidisch-eiförmig, oft asymmetrisch. Zellwand mäßig dick, vorn mit einer scharf abgesetzten, abgerundet schneidenförmigen Papille. Chloroplast topfförmig, groß und massiv, vorn bis zur Papille reichend, innen mit unregelmäßigen Verdickungen (3–5), in denen je ein kugeliges und großes Pyrenoid liegt. Stigma klein, elliptisch, im vorderen Zellviertel. Zellkern in der hinteren Zellhälfte. Zellen 16–27 µm lang, 6–23 µm breit.
Kultur: SAG 46.72, UTEX 968.
Aus einer Erdprobe unter *Quercus marilandica* in Caldwell County, Texas (USA) isoliert.

Nicht beschriebene Arten:
Chlamydomonas sp. – Broady 1979b, p. 61, fig. 11 a–d (Fig. 71: a).
Zellen ellipsoidisch, mit halbkugeliger Papille; Chloroplast durch unregelmäßige Einschnitte netzförmig, mittels radialer Fortsätze mit einem axialen Zentrum verbunden, in dem ein halbring- oder hufeisenförmiges Pyrenoid liegt; ohne Stigma. Zellkern vorn. Zellen 15–22 µm lang, 10–15 µm breit. Aus Erdböden von Peninsula und South Georgia (Antarktis).
Chlamydomonas sp. A – Broady 1979a, p. 60, fig. 14 h (Fig. 70: k).
Zellen ellipsoidisch bis zylindrisch, manchmal mit undeutlicher Papille. Chloroplast topfförmig, mit einem kugeligen basalen Pyrenoid; Stigma deutlich. Zellen 7,5–12 µm lang, 6–7,5 µm breit. Subaerisch, grüne Anflüge auf organischem Schlamm bildend, Signy Island (Antarktis).
Chlamydomonas sp. B – Broady 1979a, p. 61, fig. 14 i–k (Fig. 70: l).
Zellen ellipsoidisch bis zylindrisch, mit breiter und flacher Papille. Chloroplast mantel- bis topfförmig; mit seitlichem Pyrenoid; Stigma vorn. Zellen 10–18 µm lang, 5–12 µm breit. Subaerisch, Signy Island (Antarktis).

Chlamydomonas sp. A – Broady 1982a, p. 17, fig. 3, 4 (Fig. 71: c).
Zellen ellipsoidisch, ohne Papille. Chloroplast topfförmig, stark perforiert; Pyrenoid seitlich, Stigma vorn. Zellen 5–8,5 µm lang, 2,5–6 µm breit. Surtsey Insel (Island).
Chlamydomonas sp. B – Broady 1982a, p. 17, fig. 7, 142 (Fig. 71: d).
Zellen breit ellipsoidisch, ohne Papille. Chloroplast topfförmig, stark perforiert; Pyrenoid seitlich, Stigma ± äquatorial. Zellen 12–15 µm lang, 6–9 µm breit. Surtsey Insel (Island).

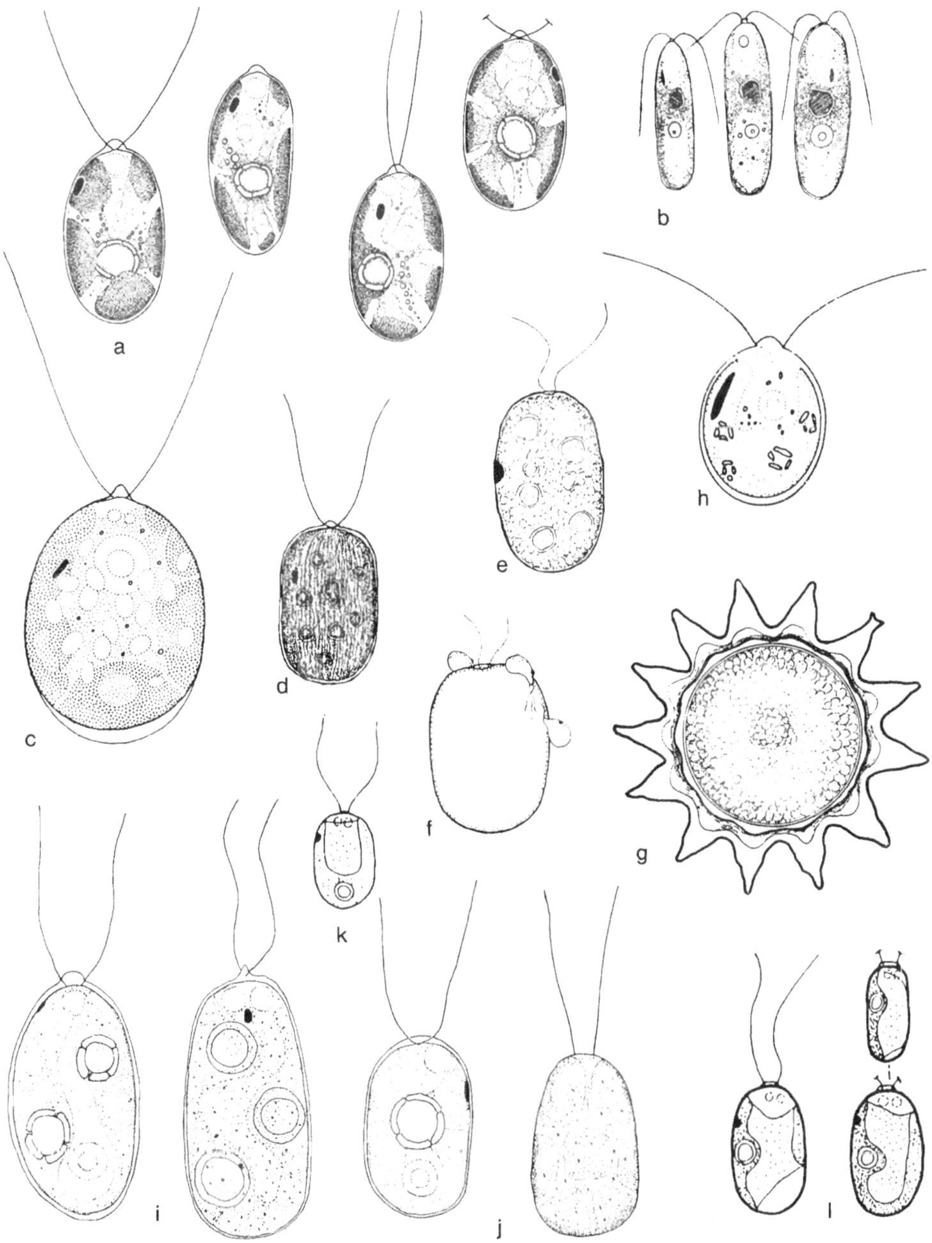

Fig. 70. *a Chlamydomonas macrostellata; b Ch. cylindrica; c Ch. subreticulata; d–g Ch. gigantea; h Ch. zimbabwiensis, i Ch. carrizoensis; j Ch. radiata; k Ch. spec.* A; *l Ch. spec.* B (*a* nach Ettl, *b* nach Chodat, *c* nach Pascher, *d* nach Korschikoff; *e–g* nach Pocock, *h* nach Heimke & Starr, *i, j* nach Deason & Bold, *k l* nach Broady).

Unsichere Arten:

Chlamydomonas akimovii Vaulina et al. 1959, p. 23, fig. 3: 1, 2 – Unvollständig beschrieben und kann nach den gegebenen Merkmalen nicht identifiziert werden. Auf den Abbildungen sind nur Palmellen abgebildet. Erdböden in der USSR.

Chlamydomonas bacillaris Grandori R. & L. 1934, p. 161, fig. 4: 81 a–c. – Etwas widersprüchlich beschrieben und mit einigen Unklarheiten über den Zellinhalt. Terrestrische Art, in Italien gefunden.

Chlamydomonas calcicola Fritsch & John 1942, p. 371, fig. 1 F–I – Beschreibung und Abbildung paßt für mehrere Arten. Kaum zu identifizieren. Aus Kalkböden Englands.

Chlamydomonas doonii Fritsch & John 1942, p. 373, fig. 1 J – Vielleicht mit *Chlamydomonas subreticulata* Pascher identisch, was nicht sicher bewiesen werden kann. Erdböden in England.

Chlamydomonas epsilon Moewus 1935, p. 49, fig. 5 a, b – Die eigenartige ausgebuchtete Zellgestalt deutet auf einen krankhaften Zustand einer Art aus der Gruppe *Chlamydella*. Aus grün gefärbter Erde im Georgenfelder Moor im Erzgebirge.

Chlamydomonas frankii Pascher 1927, p. 222, fig. 167 – Sowohl die Beschreibung als auch die Abbildungen sind vieldeutig und man kann sie mit mehreren anderen Arten verwechseln. Aus Erdproben isoliert (Rumänien, Tschechoslowakei).

Chlamydomonas fungicola Puymaly 1924, p. 192, fig. 4: 2–12 – Wahrscheinlich keine *Chlamydomonas*, da die Zellen vorwiegend in unbeweglichen Stadien vorkommen. Außerdem ist ein Wiedererkennen anhand der vieldeutigen Abbildungen und der Beschreibung kaum möglich. Auf Fruchtkörpern von Pilzen (aerophytisch) grüne Überzüge bildend.

Chlamydomonas melanospora Lewin 1975, p. 71, fig. 1–18 – Keine *Chlamydomonas*, sondern eine

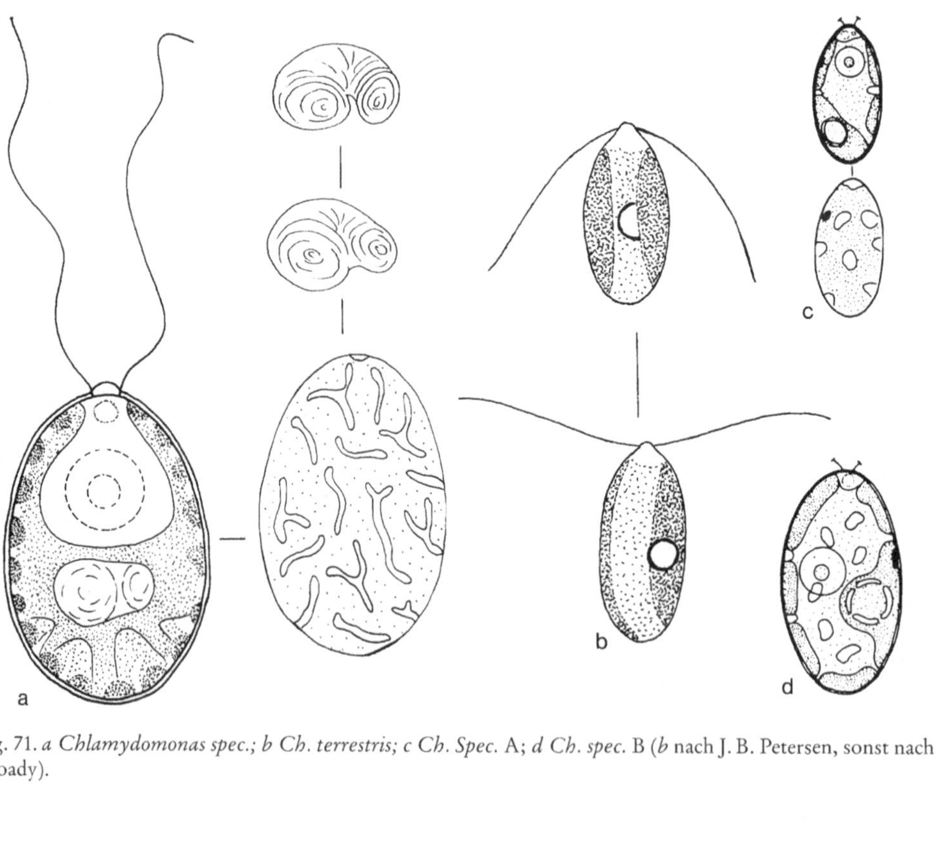

Fig. 71. *a Chlamydomonas spec.; b Ch. terrestris; c Ch. Spec.* A; *d Ch. spec.* B (*b* nach J. B. Petersen, sonst nach Broady).

Chlorococcum-Art, vielleicht identisch mit *Chlorococcum lobatum* (siehe dort). Aus Gartenboden von der Scripps Institution of Oceanography, La Jolla (USA).
Chlamydomonas pluristigma Bristol 1920, p. 72, fig. 11: 8.14 – Ist identisch mit *Chlamydomonas snowiae* Printz var. *pluristigma* Gerloff (siehe S. 260).
Chlamydomonas pseudococcum Lucksch, 1932, p. 67, fig. 2 – Summarisch beschrieben und abgebildet. Eine genaue Identifizierung ist kaum möglich. Aus Saftfluß von einer Ulme und auf alten Exemplaren von *Polyporus terrestris*. (Fig. 67: i).
Chlamydomonas pseudogloeogama Fritsch & John 1942, p. 373, fig. 1 L, M – Auch diese Art kann kaum wiedererkannt werden. Aus Erdböden von England.
Chlamydomonas silvicola Chodat 1920, p. 113, fig. 3 – Etwas flüchtig beschrieben und abgebildet. Details über Zellorganellen fehlen. Aus Bodenproben von Nadelwäldern, Schweiz.
Chlamydomonas tetras Lund 1947, p. 189, fig. 1 o–u. – Wahrscheinlich gehört diese Art in die Gattung *Tetracystis*. Vorwiegend im unbeweglichen Zustand lebend. Erdböden in England.

2. Chloromonas Gobi 1899/1900 em. Wille 1903

Syn.: *Chlamydomonas* Ehrenberg 1833 p.p. sensu auct.
Pascher 1927, p. 289; Ettl 1970, p. 33; Ettl 1983 a, p. 446.

Zellen wie bei der Gattung *Chlamydomonas* (siehe S. 253) gebaut und auch zweigeißelig. Unterscheiden sich jedoch durch das Fehlen eines Pyrenoides. Auch die Fortpflanzung entspricht der bei *Chlamydomonas*.
Von über 150 Arten sind 7 bodenbewohnend.

1a Chloroplast einheitlich, weder perforiert noch geteilt 2
1b Chloroplast stark perforiert oder zerrissen und geteilt 5
2a Chloroplast seitlich, rinnen- oder mantelförmig 3
2b Chloroplast ausgesprochen topfförmig 4
3a Zellen eiförmig ellipsoidisch, ohne Papille, Stigma auffallend groß . . . . . **1. Ch. gerloffii**
3b Zellen sehr schmal, zylindrisch, an beiden Enden abgerundet, mit breit kegelstumpfförmiger Papille, Stigma klein . . . . . **2. Ch. angustissima**
4a Zellen eiförmig ellipsoidisch bis fast kugelig, vorn mammillenartig vorgezogen . . . . . **3. Ch. paradoxa**
4b Zellen verkehrt eiförmig, vorn breit halbkugelig abgerundet . . . . . **4. Ch. pseudoparadoxa**
5a Zellen ellipsoidisch eiförmig, bis 14,5 µm lang, Chloroplast nur perforiert . **5. Ch. palmelloides**
5b Zellen ellipsoidisch zylindrisch bis zylindrisch, bis 25 µm lang, Chloroplast zerklüftet und zerteilt 6
6a Chloroplast zerklüftet, bis in unregelmäßige Teilstücke zerteilt, Papille kegelstumpfförmig . . . . . **6. Ch. rosae**
6b Chloroplast aus vielen linsenförmigen polygonalen Teilstücken bestehend, Papille halbkugelig **7. Ch. variabilis**

1. Chloromonas gerloffii Ettl 1963 (Fig. 72: a)

Ettl 1970, p. 62, fig. 8: 2; 1983 a, p. 461, fig. 633.

Zellen gestreckt eiförmig, eiförmig, angedeutet verkehrt eiförmig; vorn immer kegelartig verschmälert. Zellwand zart, ohne Papille. Chloroplast seitenständig, mantelförmig, beide Enden frei lassend, nicht selten etwas reduziert. Stigma am Vorderrand des Chloroplasten, groß und knopfartig hervortretend. Zellkern ungefähr in der Mitte. Protoplastenteilung nach Querdrehung; 2 oder 4 Zoosporen. Zellen 10–16 µm lang, 4–8 µm breit.
Auf feuchtem und nassem Lehmboden, auch in kleinen seichten Wasserlachen, Nordmähren (Tschechoslowakei).

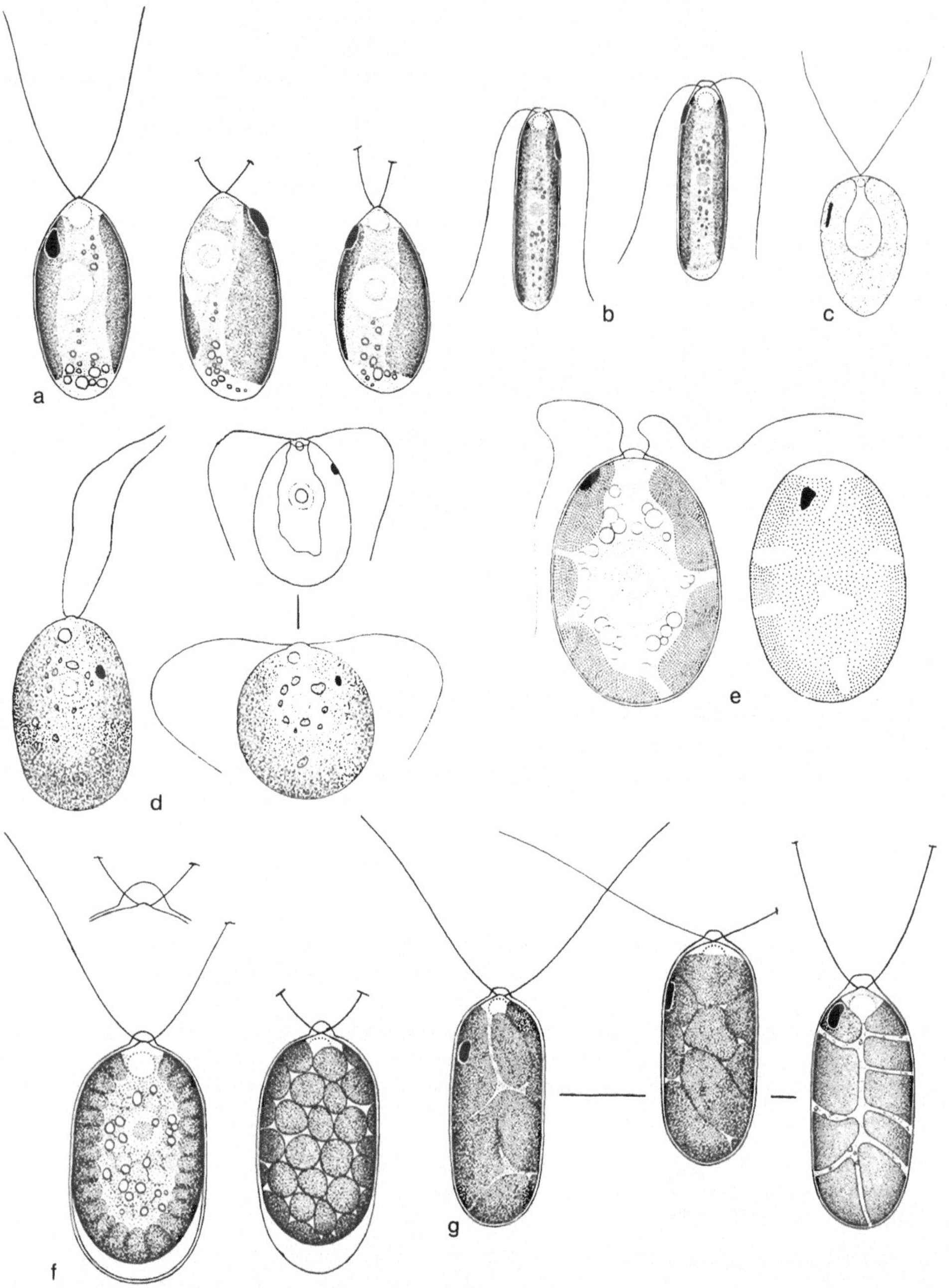

Fig. 72. *a Chloromonas gerloffii; b Ch. angustissima; c Ch. pseudoparadoxa; d Ch. paradoxa; e Ch. palmelloides; f Ch. variabilis; g Ch. rosae* (*d* nach Strehlow, *e* nach Broady, sonst nach Ettl).

2. Chloromonas angustissima (Ettl) Gerloff & Ettl in Ettl 1970 (Fig. 72: b)
Syn.: *Chlamydomonas angustissima* Ettl 1958
Ettl 1970, p. 102, fig. 27: 1; 1983 a, p. 488, fig. 688.

Zellen gestreckt ellipsoidisch bis fast zylindrisch, sehr schmal, basal abgerundet, vorn leicht verjüngt und dann abgestutzt. Zellwand sehr zart, mit großer breit kegelstumpfartiger Papille. Chloroplast seitenständig, rinnenförmig. Stigma elliptisch, vorn. Zellkern zentral. Zellen 7–12 µm lang; 1,5–2,5 µm breit.
In sauren Erdböden häufig und recht verbreitet, Erzgebirge, Adlergebirge, Hohe Tatra (Tschechoslowakei).

3. Chloromonas paradoxa Korschikoff in Pascher 1927 (Fig. 72: d)
Syn.: *Chlamydomonas paradoxa* (Korschikoff) Pascher 1927, *Chlamydomonas mundana* Gerloff 1940, *Chlamydomonas botryoides* Strehlow 1929
Pascher 1927, p. 293, fig. 259; Ettl 1970, p. 50, fig. 3: 1–6; 1983 a, p. 456, fig. 625.

Zellen eiförmig, ellipsoidisch bis fast kugelig, vorn etwas verjüngt oder leicht mamillenartig vorgezogen. Zellwand zart, ohne Papille. Chloroplast massiv, topfförmig, basal manchmal leicht verdickt. Stigma in der vorderen Zellhälfte, meist sehr blaß. Protoplastenteilung ohne Querdrehung; 2–8 Zoosporen. Sexuelle Fortpflanzung durch Isogamie. Planozygoten sehr lange beweglich. Zellen 8–15 µm lang, bis 12 µm breit.
Kultur: SAG 20.79.
Eine sehr verbreitete und häufige Bodenalge, kosmopolitisch.

4. Chloromonas pseudoparadoxa (Moewus) Gerloff & Ettl in Ettl 1970 (Fig. 72: c)
Syn.: *Chlamydomonas pseudoparadoxa* Moewus 1931
Ettl 1970, p. 60, fig. 7: 8; 1983 a, p. 459, fig. 631.

Zellen verkehrt eiförmig bis rübenförmig, vorn abgerundet, basal leicht verschmälert. Zellwand dünn, ohne Papille. Chloroplast massiv, topfförmig, mit verdicktem Basalstück und vorn zusammenneigend. Stigma lang strichförmig, in der vorderen Zellhälfte. Sexuelle Fortpflanzung durch Isogamie. Planozygoten längere Zeit beweglich. Hypnozygoten kugelig und glatt. Zellen bis 20 µm lang, bis 13 µm breit.
Erdproben aus der Umgebung von Gießen (BRD), von Coimbra (Portugal), auch auf feuchten Waldwegen, Nordmähren (Tschechoslowakei).

5. Chloromonas palmelloides Broady 1979 (Fig. 72: e)
Broady 1979 a, p. 61, fig. 15 a–g; Ettl 1983 a, p. 497, fig. 706.

Zellen breit ellipsoidisch oder ellipsoidisch-eiförmig. Zellwand mäßig dick, vorn mit einer wenig deutlichen, niedrig gewölbten Papille. Chloroplast von einem topfförmigen abgeleitet, durch relativ große und unregelmäßige Löcher perforiert. Stigma fleckförmig am Vorderrand des Chloroplasten. Zellkern zentral. Bildet große Palmellen. Zellen 9–14,5 µm lang, 6–9,5 µm breit.
Aus Erdproben von Signy Island, South Orkney Islands (Antarktis).

6. Chloromonas rosae (Ettl H. & O.) Ettl 1963 (Fig. 72: g)
Syn.: *Chlamydomonas rosae* Ettl H. & O. 1959
Ettl 1970, p. 144, fig. 44: 1; 1983 a, p. 515, fig. 740.

Zellen ellipsoidisch, ellipsoidisch-zylindrisch bis fast zylindrisch, an beiden Enden abgerundet. Zellwand relativ derb, Papille kegelstumpfförmig. Chloroplast im Prinzip topfförmig, bis nach vorn reichend, jedoch unregelmäßig zerklüftet und zerteilt, wobei entweder miteinander zusam-

menhängende Teilstücke oder sogar mehrere selbständige Teilstücke entstehen. Stigma elliptisch, im vorderen Zelldrittel. Zellkern in halber Zellhöhe. Zellen 11,5–21 µm lang, 4,5–13 µm breit.
Kultur: SAG 51.72.
In den verschiedensten Erdproben, besonders aber in Waldböden, eine sehr häufige und verbreitete Erdalge in Mitteleuropa.

7. **Chloromonas variabilis** (Dangeard) Wille 1903 (Fig. 72: f)

Syn.: *Chlamydomonas variabilis* Dangeard 1898
Ettl 1970, p. 142, fig. 40: 3; 43: 2, 3, 45: 2; 1983 a, p. 513, fig. 739.

Zellen breit ellipsoidisch oder ellipsoidisch zylindrisch, an beiden Enden breit abgerundet. Zellwand dick, basal deutlich abgehoben, Papille abgesetzt und halbkugelig. Chloroplast sowohl in Form als auch im Volumen sehr schwankend. Aus vielen kleinen linsenförmigen bis dicht aneinander gedrängten polygonalen Teilstücken bestehend. Meist ohne Stigma oder dieses sehr klein und blaß. Sexuelle Fortpflanzung durch Iso- und Anisogamie. Zellen 15–25 µm lang, 10–17 µm breit.
Kultur: SAG 79.81.
Aus Erdproben isoliert, keine Angaben über die Herkunft.

3. **Carteria** Diesing 1866 em. France 1893

Syn.: *Chlamydomonas* Ehrenberg 1833 p.p. sensu auct., *Pithiscus* Dangeard 1888, *Corbierea* Dangeard 1888
Pascher 1927, p. 138; Ettl 1979, p. 9; 1983 a, p. 574.

Von der sonst in fast allen Merkmalen übereinstimmenden Gattung *Chlamydomonas* (siehe S. 253) durch den Besitz von vier Geißeln unterschieden. Diese sind um 90° gegeneinander gedreht und inserieren deshalb kreuzartig zueinander. Fortpflanzung ebenfalls wie bei *Chlamydomonas*. *Carteria* ist ebenso wie *Chlamydomonas* oder *Chloromonas* eine künstliche Gattung, in der alle viergeißeligen Formen, die nicht morphologisch besonders auffallen und charakterisiert sind, zusammengefaßt sind.
Von über 60 beschriebenen Arten sind nur 3 bodenbewohnend.

1a Chloroplast topfförmig 2
1b Chloroplast agloe-artig, mit einem langgestreckten Röhrenstück und dicker Querbrücke (H-förmig) . . . . **3. C. arenicola**
2a Zellen breit eiförmig, ohne Papille, Pyrenoid basal . . . . **1. C. iyengarii**
2b Zellen gestreckt ellipsoidisch zylindrisch, mit abgesetzter halbkugeliger Papille, Pyrenoid seitlich . . . . **2. C. acidicola**

1. **Carteria iyengarii** Ramanathan 1942 (Fig. 73: b)

Ettl 1979, p. 27, fig. 1: 5, 1983 a, p. 581, fig. 848.

Zellen breit eiförmig bis tropfenförmig. Zellwand sehr zart, ohne Papille. Chloroplast topfförmig, basal verdickt und dort mit einem großen kugeligen Pyrenoid. Stigma klein punktförmig, in der vorderen Zellhälfte. Sexuelle Fortpflanzung durch Oogamie. Zygoten kugelig, mit glatter Wand. Zellen 20–25 µm lang, 15–20 µm breit; Zygoten bis 21,5 µm im Durchmesser.
Auf feuchtem Sand am Rande eines temporären Regenwassertümpels bei Madras (Indien). Der Organismus verlieh dem Sand ein grünes Aussehen, vielleicht keine ausgesprochene Bodenalge.

2. Carteria acidicola Fritsch & John 1942 (Fig. 73: a)
Ettl 1979, p. 63, fig. 16: 1, 4; 1983 a, p. 597, fig. 883.

Zellen gestreckt ellipsoidisch-zylindrisch bis zylindrisch, an beiden Enden abgerundet, manchmal leicht gebogen. Zellwand zart, Papille halbkugelig bis abgerundet kegelstumpfartig. Chloroplast gestreckt topfförmig, an der Innenseite manchmal gekerbt. Pyrenoid nackt, kugelig bis ellipsoidisch, in halber Zellhöhe, seitlich. Stigma im vorderen Zelldrittel. Zellkern basal. Zellen 12–28 μm lang, 4,5–16 μm breit.
Kultur: SAG 8-1.
In sauren Erdböden (England).

3. Carteria arenicola Fritsch & John 1942 (Fig. 73: c)
Ettl 1979, p. 68, fig. 15: 5; 1983 a, p. 598, fig. 885.

Zellen ellipsoidisch, manchmal schwach gebogen. Zellwand dünn, Papille abgerundet kegelstumpfförmig. Chloroplast agloe-artig und im Längsschnitt H-förmig. Röhrenstück massiv, vorn und hinten zusammenneigend; Querstück dick, mit einem kugeligen Pyrenoid. Stigma klein, im vorderen Zelldrittel. Zellkern im vorderen Lumen des Chloroplasten. Zellen 18–20 μm lang, 10–14 μm breit.
Aus verschiedenen Erdproben isoliert (England, Tschechoslowakei).

4. Heterochlamydomonas Cox & Deason 1969

Cox & Deason 1969, p. 105; Langford & Cox 1971, p. 66, Ettl 1983 a, p. 445.

Zellen ellipsoidisch oder eiförmig, manchmal leicht asymmetrisch. Zellwand dünn, nur bei unbeweglichen Zellen manchmal dicker werdend; ohne Papille. Mit zwei ungleich langen Geißeln, die in Ruhestellung bogig nach hinten gerichtet sind. Chloroplast seitenständig, perforiert oder durch mehrere Einschnitte unregelmäßig gelappt. Pyrenoid seitlich; Stigma meist vorn. Zellkern in der hinteren Zellhälfte. Zwei apikale pulsierende Vakuolen. Asexuelle Fortpflanzung durch 2–4, seltener 8 Zoosporen. Protoplastenteilung im unbeweglichen Zustand. Sexuelle Fortpflanzung nicht ganz gesichert, wahrscheinlich Isogamie, wobei die Gametenverschmelzung seitlich vor sich gehen soll. Zygoten kugelig, mit glatter Wand. Bewegung der Zellen auffallend sehr rasch.
Alle 3 beschriebenen Arten wurden aus Erdböden isoliert.

1a Stigma normal entwickelt, Chloroplast nicht perforiert . . . . **1. H. lobata**
1b Stigma außergewöhnlich groß, Chloroplast perforiert 2
2a Zellen vorn ± abgerundet, Zellwand der unbeweglichen Zellen 3 μm dick . . . . **2. H. inaequalis**
2b Zellen vorn abgestutzt bis leicht ausgerandet, Zellwand der unbeweglichen Zellen dünn . . . . **3. H. rugosa**

1. Heterochlamydomonas lobata Langford & Cox 1971 (Fig. 73: d)
Ettl 1983 a, p. 445, fig. 615.

Zellen schmal bis breit ellipsoidisch, manchmal leicht asymmetrisch; unbewegliche Zellen breit ellipsoidisch bis kugelig. Zellwand dünn. Chloroplast deutlich gelappt. Pyrenoid in halber Zellhöhe; Stigma oval, vorn. Sexuelle Fortpflanzung durch Isogamie. Zygoten kugelig, mit glatter Wand. Zellen 6–9 μm lang, 3–6 μm breit; unbewegliche Zellen bis 10,5 μm groß.
Kultur: SAG 38.72.
Erdböden von Bledsoe und Van Buren County, Tennessee (USA).

2. Heterochlamydomonas inaequalis Cox & Deason 1969 (Fig. 73: f)
Ettl 1983a, p. 445, fig. 614.

Zellen ellipsoidisch oder eiförmig. Zellwand dünn, bei unbeweglichen Zellen bis 3 µm dick, manchmal auch mit Gallerthülle. Chloroplast stark perforiert, manchmal auch teilweise zerteilt. Pyrenoid klein, kugelig, über der halben Zellhöhe. Stigma recht groß, länglich, vorn. Zellen 5,6–9,8 µm lang, 2,8–5,6 µm breit, unbewegliche Zellen bis 14 µm groß.
Kultur: SAG 4.75; UTEX 1705.
Waldböden Wilson County, Tennessee (USA).

3. Heterochlamydomonas rugosa Langford & Cox 1971 (Fig. 73: e)
Ettl 1983a, p. 445, fig. 616.

Zellen im Prinzip ellipsoidisch, vorn jedoch abgestutzt, basal abgerundet; ältere Zellen fast kugelig. Zellwand dünn. Chloroplast an der Oberfläche runzelig, rauh, mit zahlreichen Perforationen. Pyrenoid in halber Zellhöhe. Stigma sehr groß, oval bis unregelmäßig, vorn. Sexuelle Fortpflanzung durch Isogamie. Zellen 7,5–10,5 µm lang, 3–6 µm breit, unbewegliche Zellen bis 13,5 µm groß.
Aus Erdböden bei Bledsoe und Van Buren County, Tennessee (USA).

5. Lobomonas Dangeard 1898

Ettl 1983a, p. 554.

Zellen verschieden geformt, mit 2 Geißeln, mit oft sehr unregelmäßigem Umriß wegen kleinerer oder größerer Warzen oder Ausstülpungen, die von der allseitig abstehenden Zellwand ausgehen, auf der sie zuweilen ganz unregelmäßig angeordnet sind. Im optischen Querschnitt stumpfkantig bis kreuzförmig, gelappt bis gezähnt. Protoplast wie bei *Chlamydomonas* (siehe S. 253) gebaut. Asexuelle Fortpflanzung durch 2–8 Zoosporen, die nach Verschleimen der Mutterzellwand frei werden. Junge Zellen entwickeln ihre definitive Gestalt erst spät.
Von 13 beschriebenen Arten wurde nur 1 aus Erdboden isoliert:

Lobomonas sphaerica Pringsheim 1963 (Fig. 73: g)
Pringsheim 1963, p. 236, fig. 1–4; Ettl 1983a, p. 556, fig. 808.

Zellen nahezu kugelig, mit wenig abstehender und nur ganz leicht gewellter Zellwand, ohne Papille. Protoplast kugelig. Chloroplast muldenförmig, massiv, blaßgrün, ohne Pyrenoid. Stigma deutlich und groß, äquatorial gelegen. Zellkern zentral. Zwei apikale pulsierende Vakuolen. Zellen 11–15 µm im Durchmesser.
Kultur: SAG 45-2.
Aus Erdproben von de Klip in Kapland (Südafrika) isoliert.

6. Polytoma Ehrenberg 1838

Pascher 1927, p. 377; Ettl 1983a, p. 630.

Zellen farblos, ohne Chlorophyll, in ihrer Gestalt mannigfaltig, meist kugelig, ellipsoidisch, eiförmig oder ellipsoidisch-zylindrisch. Zellwand verschieden dick, mit oder ohne Papille. Mit zwei Geißeln. Ohne Chloroplast, bei manchen Arten mit Leukoplast. Pyrenoid und Stigma manchmal vorhanden. Zwei oder vier apikale pulsierende Vakuolen. Asexuelle und sexuelle Fortpflanzung wie bei der Gattung *Chlamydomonas* (S. 253), zu der sie eine farblose Parallele bildet.

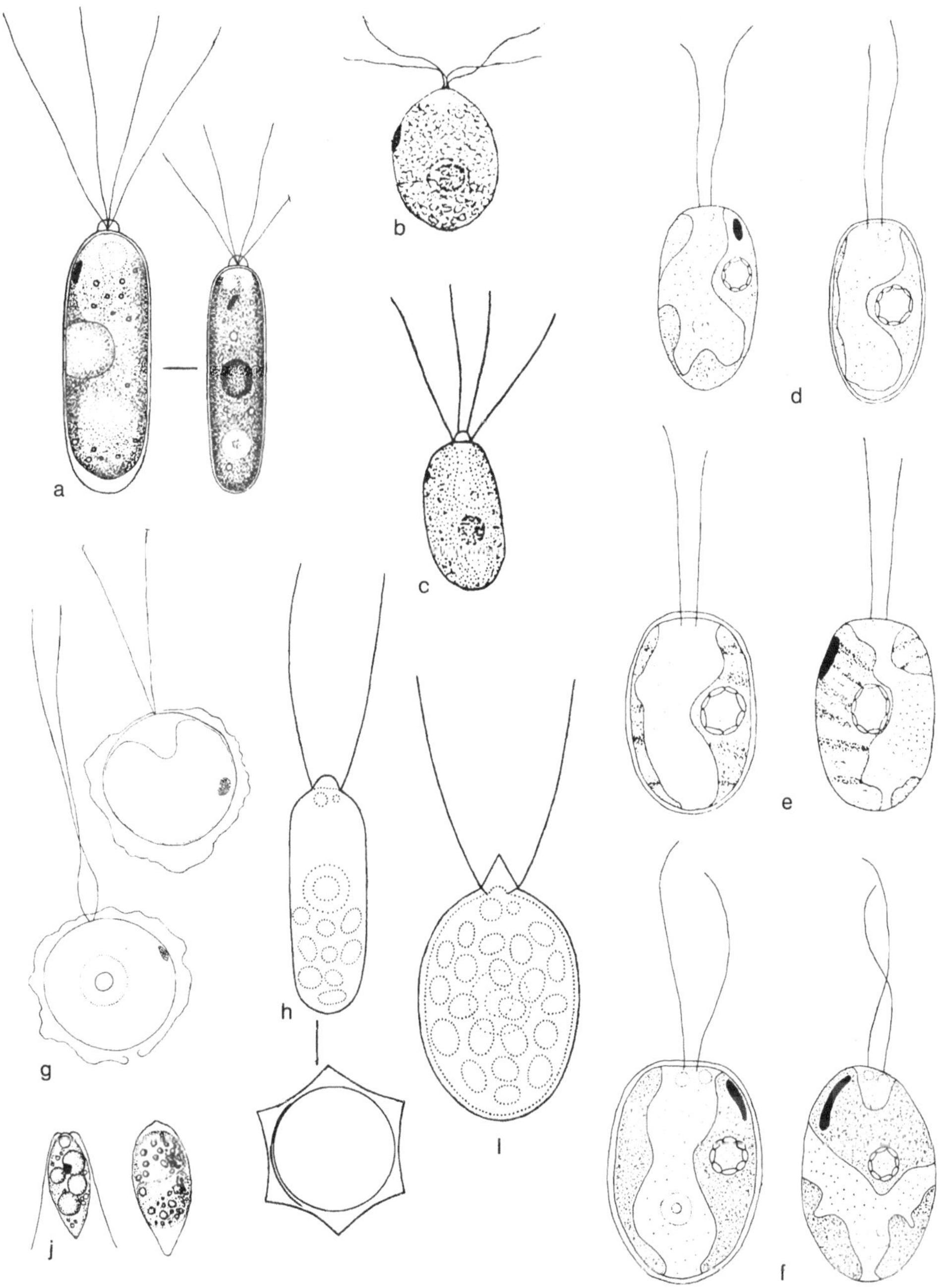

Fig. 73. *a Carteria acidicola; b C. iyengarii; c C. arenicola; d Heterochlamydomonas lobata; e H. rugosa; f H. inaequalis; g Lobomonas sphaerica; h Polytoma cylindraceum; i P. coimbrigense; j P. caudatum* (*a* nach Fott, *b* nach Iyengar, *c* nach Fritsch & John, *d, e* nach Langford & Cox, *f* nach Cox & Deason, *g* nach Pringsheim, *h, i* nach Moewus).

Von ungefähr 40 beschriebenen Arten sind nur 3 bodenbewohnend.

1a Zellen verkehrt eiförmig mit spitzem kaudalem Fortsatz, mit Stigma . . . . **1. P. caudatum**
1b Zellen ohne kaudalen Fortsatz und ohne Stigma 2
2a Zellen ellipsoidisch, mit großer abgesetzter, spitz kegelförmiger Papille . . . . **2. P. coimbrigense**
2b Zellen lang zylindrisch, mit halbkugeliger Papille . . . . **3. P. cylindraceum**

1. **Polytoma caudatum** Korschikoff 1925 (Fig. 73: j)

Pascher 1927, p. 389, fig. 358 a–d; Ettl 1983 a, p. 643, fig. 970.

Zellen länglich verkehrt eiförmig, nach hinten als kaudaler Fortsatz zugespitzt. Zellwand zart, mit vermittelter, niedriger kuppenförmiger Papille. Stigma groß, in halber Zellhöhe. Zellkern zentral. Sexuelle Fortpflanzung durch Isogamie. Zellen 12–27 µm lang, 6–12 µm breit.
Aus Erdproben isoliert (Italien).

2. **Polytoma coimbrigense** Moewus 1935 (Fig. 73: i)

Ettl 1983 a, p. 641, fig. 966.

Zellen regelmäßig ellipsoidisch. Zellwand dick, mit einer scharf abgesetzten, spitz kegelförmigen Papille. Ohne Stigma. Zellkern zentral. Zellen 24–30 µm lang, 16–20 µm breit.
Aus Erdproben aus der Umgebung von Coimbra (Portugal) isoliert.

3. **Polytoma cylindraceum** Pascher 1927 (Fig. 73: h)

Pascher 1927, p. 390, fig. 359 b; Ettl 1983 a, p. 641, fig. 967.

Zellen lang zylindrisch, vorn und hinten breit abgerundet. Am Vorderende mit einer deutlichen, fast halbkugeligen Papille. Ohne Stigma. Zellkern über der Mitte der Zelle. Zellen 16–30 µm lang und bis 10 µm breit.
Aus Erdproben aus der Umgebung von Coimbra (Portugal) isoliert.

7. **Tussetia** Pascher 1927

Pascher 1927, p. 394; Ettl 1983 a, p. 644.

Zellen genau wie *Polytoma* (siehe S. 288) gestaltet und von dieser äußerlich kaum zu unterscheiden. Der einzige Unterschied besteht darin, daß bei dieser Gattung keine Stärke gebildet wird, es wird nur Öl angehäuft. Recht unsichere zweigeißelige Gattung, die noch eingehend untersucht werden muß.
Mit einer bodenbewohnenden Art:

Tussetia elaiogenetes Moewus 1935 (Fig. 74: a)

Ettl 1983 a, p. 645, fig. 975.

Zellen verkehrt eiförmig. Zellwand deutlich, mit einer breiten, flachen und gerade abgeschnittenen Papille. Stigma lang strichförmig, äquatorial. Zellkern zentral. Zellen 16–20 µm lang, 8–10 µm breit.
Erdproben aus der Umgebung von Coimbra (Portugal).

8. **Tetrablepharis** Senn 1897

Pascher 1927, p. 374; Ettl 1983 a, p. 647.

Diese Gattung ist die viergeißelige Parallelform zu *Polytoma*. Zellen verschieden geformt, mit deutlicher Zellwand, mit oder ohne Papille; mit vier Geißeln. Stigma vorhanden oder fehlend. Zwei

apikale pulsierende Vakuolen. Asexuelle Fortpflanzung durch Zoosporen sowohl im beweglichen als auch im unbeweglichen Zustand. Andere Stadien nicht bekannt.
Von 5 beschriebenen Arten wurde nur 1 in Erdböden gefunden.

Tetrablepharis cyamos Moewus 1935 (Fig. 74: b)
Ettl 1983a, p. 649, fig. 983.

Zellen länglich bohnenförmig, deutlich gebogen, an beiden Enden abgerundet. Zellwand ziemlich dick, mit großer halbkugeliger Papille. Stigma groß, elliptisch, in der vorderen Zellhälfte. Zellen 12–14 μm lang, 6–7 μm breit.
Erdproben aus der Umgebung von Coimbra (Portugal).

1. Ordnung Volvocales Oltmanns 1904

Zellen zu mehrzelligen (4, 8, 16 usw.) und regelmäßigen Zönobien vereinigt und durch Gallerte oder gegenseitiges Verkleben zusammengehalten. Die Zönobien werden dadurch gebildet, daß die aus einer Mutterzelle nach sukzedaner Protoplastenteilung hervorgegangenen Tochterprotoplasten während ihrer Differenzierung zu Tochterzellen in zönobialer Vereinigung beisammen bleiben. Sie verlassen die Mutterzelle als fertige junge und begeißelte Zönobien. Zönobienbildung entweder nur durch Verkleben benachbarter Zellen, ohne daß die Zellwand der Mutterzelle daran beteiligt ist, oder durch Zusammenhalten mittels einer gemeinsamen Gallerthülle, die durch Verschleimung der Mutterzellwand entsteht. Einzelne Zellen mit 2 oder 4 Geißeln. Sonst vom typischen Bau einer *Chlamydomonas*-Zelle. Asexuelle Fortpflanzung durch Tochterzönobien, die einzeln in reifen Mutterzellen nach sukzedaner Vielfachteilung (Schizogonie) des reifen Protoplasten entstehen. Es teilen sich entweder alle Zellen im Zönobium oder es kommt zu einer Differenzierung in somatische Zellen, die teilungsunfähig bleiben, und in generative Zellen mit voll erhaltener Teilungsfähigkeit. Sexuelle Fortpflanzung von Isogamie über Heterogamie bis zur differenzierten Oogamie. Es kommt ebenfalls zu einer Differenzierung der zu Gametangien werdenden Zellen, deren Zahl bei den höchstentwickelten Formen nur auf wenige beschränkt bleibt.
Printz 1927, Pascher 1927, Fritsch 1935, Huber-Pestalozzi 1961, Bourrelly 1966, Cox 1980, Iyengar & Desikachary 1981, Ettl 1983a, Bold & Wynne 1985.
Nur eine Familie mit bodenbewohnenden Arten.

Familie Volvocaceae Cohn 1856

Zönobien dadurch gebildet, daß die Zellen durch eine gemeinsame, die Zellverbände umgebende Gallerthülle zusammengehalten werden. Meist bilden die Zellen noch ihre eigenen Hüllen. Einzelne Zönobien stellen entweder flächenartige, leicht gewölbt Gebilde oder ellipsoidische bis kugelige Verbände mit deutlicher Polarität dar.

1a Zönobien in Form einer einschichtigen, leicht napfförmig gebogenen Platte, Geißeln der Zellen in eine Richtung orientiert . . . . **1. Gonium** (S. 292)
1b Zönobien in Form ellipsoidischer oder kugelförmiger Verbände. Geißeln der Zellen radial ausstrahlend 2
2a Zellen in den Zönobien zentral zusammengedrängt, gegenseitig sich berührend oder auch abplattend, ± verkehrt kegelförmig . . . . **2. Pandorina** (S. 293)
2b Zellen in den Zönobien nicht zusammengedrängt, voneinander und peripher angeordnet, halbkugelig . . . . **3. Volvulina** (S. 294)

1. Gonium O. F. Müller 1773

Pascher 1927, p. 411; Ettl 1983 a, p. 737.

Zönobien 4 oder 16 zellig, seltener 32 zellig, bei normaler Entwicklung in Form quadratischer Platten mit abgerundeten Ecken. Zellen durch gemeinsame Gallerthülle zusammengehalten, nicht eng aneinanderliegend und oft durch radiäre Ausbeulungen der Zellwand miteinander verbunden. Platte des Zönobiums leicht napfartig gebogen und Zellen so orientiert, daß die Geißeln aller Zellen nach der konvexen Seite der Platte zeigen. Einzelne Zellen vom *Chlamydomonas*-Typus. Mit zwei Geißeln, topfförmigem Chloroplast, mit einem oder mehreren Pyrenoiden. Stigma vorhanden. Zwei apikale pulsierende Vakuolen. Asexuelle Fortpflanzung durch Tocherzönobien. Sexuelle Fortpflanzung durch Iso- oder Anisogamie. Zygoten kugelig, derbwandig und glatt.
Von 7 beschriebenen Arten sind 3 auch bodenbewohnend.

1a Zönobien normalerweise 8 zellig, Chloroplast mit 1 Pyrenoid 2
1b Zönobien 16 zellig, Chloroplast mit mehreren Pyrenoiden . . . . **3. G. multicoccum**
2a Zönobien ± sechseckig, 6 größere Zellen umgeben 2 kleinere Zellen in der Mitte . . . . **1. G. octonarium**
2b Zönobien quadratisch, 4 Zellen kreuzartig gestellt, die anderen füllen den Raum zwischen den ersten aus . . . . **2. G. quadratum**

1. Gonium octonarium Pocock 1955 (Fig. 74: c)

Ettl 1983 a, p. 741, fig. 1100.

Zönobien klein, im Umriß ± sechseckig, aus 8 ungleich großen Zellen, wovon 2 kleinere Zellen zentral, 6 größere an der Peripherie liegen. Zellen eng aneinander gerückt, an den Berührungsstellen etwas abgeflacht. Chloroplast topfförmig, in jungen Zellen sehr undeutlich; mit einem oft schwer sichtbaren Pyrenoid. Stigma klein. Sexuelle Fortpflanzung durch Anisogamie. Planozygoten viergeißelig, länger beweglich. Hypnozygote glattwandig. Zönobien 38–54 µm, zentrale Zellen 11–15 × 9–12 µm, periphere Zellen 13–16 × 11–14 µm groß.
Kultur: SAG 32-5 a, 32-5 b; UTEX 843.
Auch aus Erdproben isoliert (USA).

2. Gonium quadratum Pringsheim 1959 (Fig. 74: e)

Ettl 1983 a, p. 741, fig. 1102.

Zönobien normalerweise 8 zellig, selten 4 oder 16 zellig, im Umriß quadratisch; 4 Zellen sind kreuzartig angeordnet und 4 andere füllen die Zwischenräume der ersteren aus. Zellen dichter aneinander gedrängt, teilweise sich gegenseitig abplattend. Kreuzartig angeordnete Zellen länglich ellipsoidisch bis verkehrt eiförmig, die übrigen breit kegelförmig. Chloroplast topf- bis muldenförmig, mit einem basalen Pyrenoid. Stigma am Vorderrand des Chloroplasten. Zönobien mit 25–60 µm langen Seiten, Zellen 10–15 µm lang.
Kultur: SAG 32-6; UTEX 956.
Mixotrophe Art, die aus Gartenerde isoliert wurde (Italien).

3. Gonium multicoccum Pocock 1955 (Fig. 74: d)

Ettl 1983 a, p. 741, fig. 1101.

Zönobien 16 zellig, mitunter auch 8 oder 32 zellig. Zellen dichter aneinander gedrängt, Verbindungsbrücken schwer sichtbar. Zellen kugelig oder kugelig-ellipsoidisch. Chloroplast topfförmig, massiv, mit mehreren (3–6), unregelmäßig gelagerten Pyrenoiden. Zönobien 60–78 µm, Zellen 13–19 µm groß.
Kultur: SAG 32-4 a; UTEX 783.
Auch in Erdböden vorkommend, New South Wales (Australien).

2. **Pandorina** Bory 1824

Pascher 1927, p. 423; Ettl 1983 a, p. 744.

Zönobien kurz ellipsoidisch, oft annähernd kugelig, an beiden Enden breit abgerundet. Mit 8 oder 16, selten mit 4 oder 32 gleichartigen Zellen, die dicht aneinandergedrängt sind. Zellen verkehrt eiförmig und meist so angeordnet, daß das breiteste Ende außen, das schmale nach innen gerichtet liegt. Zum Zentrum des Zönobiums hin Zellen gleichmäßig kegelartig verschmälert, so daß im Innern des Zönobiums ein kleiner Hohlraum entsteht. Zellen dabei radiär orientiert, in einer gemeinsamen Gallerte eingebettet, die an ihrer Oberfläche von einer dicken und deutlichen Gallerthülle umgeben ist. Zellen mit zwei Geißeln, topfförmigem Chloroplast, mit einem basalen oder mehreren unregelmäßig verteilten Pyrenoiden. Stigma bei Zellen des Zönobiumvorderendes

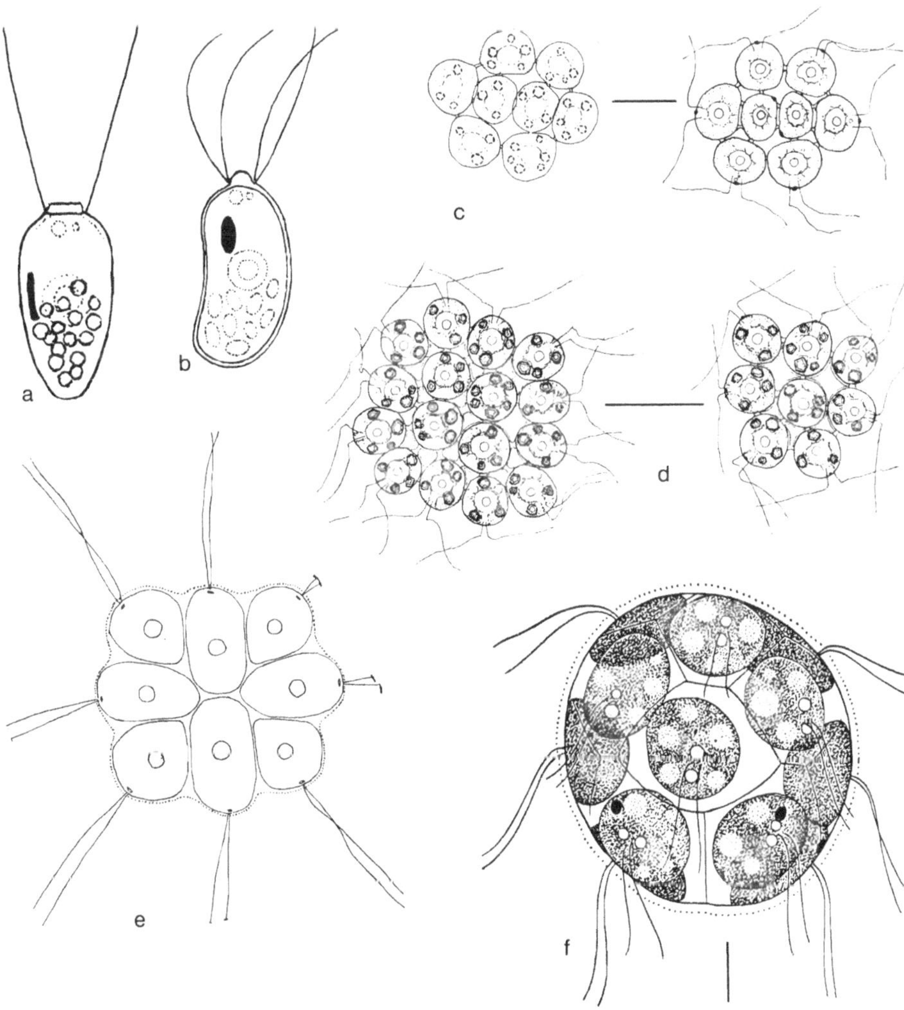

Fig. 74. *a Tussetia elaiogenetes; b Tetrablepharis cyamos; c Gonium octonarium; d G. multicoccum; e G. quadratum; f Volvulina steinii* (*a, b* nach Moewus, *c, d* nach Pocock, *e* nach Pringsheim, *f* nach Korschikoff).

viel größer als hinten. Asexuelle Fortpflanzung durch Tochterzönobien, die in jeder Zelle entstehen können. Sexuelle Fortpflanzung durch Iso- und Anisogamie, Zygoten kugelig und glattwandig. Von 4 beschriebenen Arten wurde nur 1 Art aus Erdböden isoliert.

Pandorina unicocca Rayburn & Starr 1974
Rayburn & Starr 1974, p. 43, fig. 1–6 (Mikrophotos); Ettl 1983a, p. 747, fig. sine.

Zönobien ellipsoidisch-zylindrisch bis ellipsoidisch-eiförmig, mit 8, 16 oder 32 gleich großen und voneinander getrennten Zellen. Diese eiförmig oder breit eiförmig, mit dem breiteren, leicht abgeflachten Ende nach außen gerichtet. Chloroplast längsgestreift, mit einem basalen Pyrenoid. Zönobien 26–88 µm lang, 16–68 µm breit, Zellen 6,5–16,5 µm groß.
Kultur: UTEX 2031, 2032.
Aus Erdproben isoliert, Lee's camp, Tillamook County, Oregon (USA).
Leider ohne Zeichnungen beschrieben. Nach den Mikrophotographien und nach den Ausmaßen *Pandorina charkowiensis* Korschikoff sehr ähnlich. Unterscheidet sich durch das Vorhandensein eines einzigen Pyrenoids.

3. **Volvulina** Playfair 1915

Pascher 1927, p. 470; Ettl 1983a, p. 757.

Zönobien breit ellipsoidisch bis kugelig. Mit meist 16 Zellen, selten auch mit 4, 8 oder 32. Die Zellen liegen in einiger Entfernung voneinander unmittelbar im peripheren Teil des Zönobiums, und zwar sind sie bei 16 zelligen Verbänden in vier miteinander abwechselnden und etwas voneinander entfernten Kränzen zu je 4 Zellen angeordnet. Zellen bei Scheitelansicht kreisförmig, in der Seitenansicht linsenförmig bis halbkugelig, mit dem flachen Teil gegen die Peripherie gerichtet und der relativ festen äußeren Gallerthülle eng anliegend. Mit zwei Geißeln. Chloroplast schüsselförmig, mit oder ohne Pyrenoid. Stigma relativ groß, am größten am Vorderende des Zönobiums, nach hinten zu kleiner werdend. Asexuelle Fortpflanzung durch Tochterzönobien in jeder Zelle. Sexuelle Fortpflanzung durch Isogamie.
Von 3 beschriebenen Arten wurden 2 auch aus Erdproben isoliert.

1a Zellen ohne Pyrenoide . . . . **1. V. steinii**
1b Zellen mit Pyrenoiden . . . . **2. V. pringsheimii**

1. Volvulina steinii Playfair 1915 (Fig. 74: f)
Ettl 1983a, p. 758, fig. 1116.

Zellen ohne Pyrenoid und Zönobium ohne zusätzliche Gallertschicht. Mit 2–8 apikalen pulsierenden Vakuolen. Zönobien 60–100 µm, Zellen 10–25 µm groß.
Kultur: SAG 90-1, UTEX 1525, 1527, 1531.
Auch aus Bodenproben isoliert (USSR, Australien, Südafrika).

2. Volvulina pringsheimii Starr 1962
Starr 1962, p. 130 (Mikrophotos); Ettl 1983a, p. 758, fig. sine.

Zönobien mit einer zusätzlichen, 10–15 µm breiten Gallertschicht umgeben. Zellen mit einem basalen Pyrenoid. Zwei apikale pulsierende Vakuolen. Sexuelle Fortpflanzung durch Isogamie. Viergeißelige Planozygoten nur kurze Zeit beweglich. Zygotenwand stachelig. Zönobien bis 60 µm groß, Zellen 10–15 µm lang.
Kultur: UTEX 1020, 1021.
Aus Erdproben isoliert, Enchanted Rock, Texas (USA).

3. Ordnung **Tetrasporales** Pascher 1914

Syn.: *Vacuolales* Korschikoff 1953 p. p.

Zellen im vegetativen Zustand unbeweglich, einzeln lebend oder kleinere bis große gallertige Kolonien bildend, in Gallertlagern oder Gallerthüllen eingebettet oder wenigstens gallertige Ausbildungen wie Gallertpolster oder -stiele entwickelnd oder einseitig gelagerte Gallerte und auch verzweigte Gallertstränge ausscheidend. Gallerte homogen oder geschichtet, selten anders strukturiert. Zellbau dem einer unbeweglichen *Chlamydomonas*-Zelle entsprechend, mit pulsierenden Vakuolen und monadoider Polarität. Fortpflanzung wie bei den Chlamydomonadales. Vegetative Zellen sind imstande zu jeder Zeit und ohne vorherige Teilungen sich in geißelbewegliche vegetative Schwärmer umzuwandeln.
Printz 1972, Fritsch 1935, Korschikoff 1953, Bourrelly 1966, 1972, Fott 1972, Bold & Wynne 1985, Ettl & Gärtner 1988a.
Nur eine Familie enthält bodenbewohnende Sippen.

Familie Palmellopsidaceae Korschikoff 1953

Syn.: *Palmellaceae* Lemmermann 1915 p.p. *Gloeococcaceae* Fott 1972, *Asterococcaceae* Fott 1972.

Zellen einzeln oder zu mehreren bis vielen in Kolonien lebend, durch mächtige Gallertausscheidung nicht selten makroskopische Gallertlager bildend. Gallerte homogen, geschichtet oder eigenartig gebaut und strukturiert, jedoch immer die Zellen in großen Mengen umgebend. Manchmal ist die Gallerte außen durch Ablagerungen von Eisenhydroxid und Manganverbindungen gelb bis braun gefärbt. Bei wenigen Sippen sind zwei echte Geißeln vorhanden, die innerhalb der Gallerte einer trägen und beschränkten Bewegung fähig sind. Fortpflanzung durch Freiwerden begeißelter vegetativer Schwärmer oder durch Zoosporen.

1a Zellen kleine oder große Gallertkolonien bildend, Zellwand nicht abstehend 2
1b Zellen einzeln lebend, Zellwand abstehend und meist durch Eisenablagerungen spröde und bräunlich verfärbt . . . . **4. Sphaerellocystis** (S. 299)
2a Gallerte homogen und ohne Struktur 3
2b Gallerte deutlich konzentrisch geschichtet . . . . **3. Chlamydocapsa** (S. 297)
3a Zellen im vegetativen Zustand in der Gallerte ohne Geißeln . . . . **1. Palmellopsis** (S. 295)
3b Zellen im vegetativen Zustand in der Gallerte mit Geißeln, die beschränkter Bewegung fähig sind . . . . **2. Gloeococcus** (S. 296)

1. **Palmellopsis** Korschikoff 1953

Syn.: *Palmella* Lyngbye 1819 p. p. sensu auct.
Groover & Bold 1969, p. 48; Ettl & Gärtner 1988a, p. 67.

Zellen im vegetativen Zustand zu formlosen, meist makroskopischen und bis mehrere Zentimeter großen, *Palmella*-artigen, oft gelappten oder durchlöcherten Gallertlagern vereinigt. Gallerte farblos, am Gallertrand nicht deutlich begrenzt, trotzdem fest, strukturlos. In der Gallerte liegen zahlreiche Zellen geordnet oder regellos verteilt. Sie sind breit ellipsoidisch bis fast kugelig, mit deutlicher, aber nicht dicker Zellwand. Chloroplast wandständig, im Prinzip topfförmig, basal verdickt, einheitlich oder unregelmäßig geteilt, gelappt oder perforiert. Im Basalstück mit einem Pyrenoid; ohne Stigma. Zwei apikale pulsierende Vakuolen. Asexuelle Fortpflanzung durch sukzedane Protoplastenteilung der vegetativen Zellen in zweigeißelige Zoosporen.
Diese Gattung ist im ganzen der altbekannten und doch unzureichend erforschten Gattung *Palmella* Lyngbye ähnlich und mit dieser wohl oft verwechselt. Unterscheidet sich jedoch maßge-

bend durch das Vorhandensein von pulsierenden Vakuolen in den vegetativen Zellen und durch die behäuteten Zoosporen.
Von 3 beschriebenen Arten sind 2 bodenbewohnend.
1a Gallertlager makroskopisch, mit sehr zahlreichen Zellen . . . . **1. P. texensis**
1b Gallertlager mikroskopisch, mit 2–8 Zellen . . . . **2. P. muralis**

1. Palmellopsis texensis (Groover & Bold) Ettl & Gärtner 1987
Syn.: *Palmella texensis* Groover & Bold 1969
Groover & Bold 1969, p. 48, fig. 35, 143–149, 15 g–30 (Mikrophotos); Ettl & Gärtner 1988 a, p. 68.

Gallertlager amorph, makroskopisch, Gallerte weich und farblos. Zellen kugelig oder breit ellipsoidisch, einzeln oder in Gruppen zu 2, 4 oder 8 angehäuft. Jede Zelle mit individueller Gallerthülle. Chloroplast seitenständig, massiv mit 1 oder 2 seitlichen Pyrenoiden. Zellen 5–14 µm im Durchmesser, Zoosporen 7,5–12,5 µm lang und 5,5–7,5 µm breit, Hypnoblasten bis 20 µm groß.
Kultur: UTEX 1708.
Aus Sandproben isoliert, die von Port Aransas, Nueces County, Texas (USA) entnommen wurden.

2. Palmellopsis muralis Bold & King in Bold et al. 1981 (Fig. 75: a)
Bold & al. 1981, p. 14, fig. 1–13; Ettl & Gärtner 1988 a, p. 68, fig. 55.

Mikroskopische Gallertlager mit nur 2–8 Zellen, die häufig tetraedrische Gruppen bilden. Gallerte amorph. Zellen kugelig, mit dünner Zellwand. Chloroplast topfförmig bis fast hohlkugelig, massiv, basal leicht verdickt und dort mit einem breit ellipsoidischen Pyrenoid. Zellen 9–18 µm im Durchmesser, Zoosporen bis 9 µm lang und bis 5 µm breit.
Kultur: UTEX 2254.
Auf Kalkstein-Mauer der Bischofskirche in Austin, Texas (USA).

Nicht beschriebene Art:
Palmellopsis sp. Broady 1982a, p. 17, fig. 15, 16 (Fig. 75: b)
Gallertlager homogen und ohne Schichtung, mit Zellgruppen zu 2–32. Zellen breit ellipsoidisch. Chloroplast topfförmig und perforiert. Pyrenoid kugelig, umgeben von zahlreichen kleinen Stärkekörnern, die oft in Reihen angeordnet sind. Fortpflanzung sowohl durch Zoosporen als auch Aplanosporen. Zellen 19 µm lang und 17,5 µm breit.
Aus Erdböden der Insel Surtsey (Island).

2. Gloeococcus A. Braun 1851

Syn.: *Gloeocystis* Nägeli 1849 p. p., *Planctococcus* Korschikoff 1953 p. p.
Bourrelly 1966, p. 101; King 1973, p. 349; Ettl & Gärtner 1988a, p. 75.
Gallertlager mikroskopisch oder makroskopisch, von ± bestimmter, aber auch unregelmäßiger Gestalt. Gallerte homogen, mit unregelmäßig, seltener zu Zweier- oder Vierergruppen angehäuften Zellen. Diese sind eiförmig bis kugelig, häufig mit zwei echten Geißeln, innerhalb der lockeren Gallertmasse dann leicht beweglich und gelegentlich als vegetative Schwärmer das Gallertlager verlassend. Chloroplast topfförmig oder seitenständig, mit oder ohne Pyrenoid. Manchmal mit Stigma. Zwei apikale pulsierende Vakuolen.
Von 5 bekannten Arten, wurde nur 1 in Erdböden gefunden.

Gloeococcus minutissimus King 1973
King 1973, p. 349, fig. 1–4 (Mikrophotos); Ettl & Gärtner 1988a, p. 79.

Gallertlager mikroskopisch, bis 150 µm groß, kugelig oder etwas unregelmäßig gestaltet; Gallerte homogen und weich. Mit vielen unregelmäßig verstreuten Zellen. Diese sind eiförmig bis ellipsoidisch, mit zarter Zellwand ohne Papille. Innerhalb der Gallerte mit zwei doppelt körperlangen Geißeln. Chloroplast parietal, mit deutlichen Einschnitten. Pyrenoid seitlich, in halber Zellhöhe, dort auch ein großes strichförmiges Stigma. Zellkern zentral. Zwei apikale pulsierende Vakuolen. Zellen 5–10 µm lang, 2,5–5 µm breit.
Kultur: UTEX 2177.
Aus Erdproben isoliert, die aus der Umgebung von Bastrop, Texas (USA) stammen.

3. **Chlamydocapsa** Fott 1972

Syn.: *Gloeocystis* Nägeli 1849 p. p. sensu auct., *Gloeocapsa* Kützing 1843, p. p. sensu auct.
Fott 1972, p. 29; Ettl & Gärtner 1988a, p. 83.

Zellen *Chlamydomonas*-artig, mit wandständigem Chloroplast und mit zwei apikalen pulsierenden Vakuolen, jedoch ohne Geißeln im vegetativen Zustand, zu massiven Gallertlagern zusammengeschlossen. Gallerte selten strukturlos, gewöhnlich durch Verschleimung der einzelnen Tochterzellwände geschichtete, *Gloeocystis*-artige Gallertlager bildend, deren Zellen in einzelnen Gallerthüllen liegen. Es entstehen nach einigen Zellgenerationen oft komplizierte ineinandergeschichtete Systeme. Asexuelle Fortpflanzung sowohl durch vegetative Schwärmer als auch durch zweigeißelige Zoosporen nach erfolgter Protoplastenteilung.
Chlamydocapsa ist eine künstliche Sammelgattung.
Die Gattung enthält 6 Arten, von denen nur 1 in Erdböden vorkommt.

Chlamydocapsa lobata Broady 1977 (Fig. 75: c)
Broady 1977, p. 10, fig. 2 a–h; 1979a, p. 63, fig. 16; Ettl & Gärtner 1988a, p. 90, fig. 70.

Zellen sehr breit ellipsoidisch-eiförmig bis kugelig, zu Gruppen von 24 oder 8 Zellen unregelmäßig in einem großen, unregelmäßig geformten Gallertlager eingebettet. Gallerte hyalin, geschichtet, wobei die Schichtung ziemlich variiert. Chloroplast parietal, im Prinzip topfförmig und mit verdicktem Basalstück; Wandstück durch tiefe Einschnitte in mehrere, vom Basalstück nach vorn verlaufende, bandförmige Lappen zerteilt. Pyrenoid breit ellipsoidisch bis kugelig, basal oder leicht seitlich verschoben. Ohne Stigma. Zellkern zentral. Zwei apikale pulsierende Vakuolen. Zellen 7–13 µm Durchmesser, Zoosporen 6–8,5 µm lang und 3,5–4,5 µm breit.
Kultur: CCAP 9/1.
Aus Moosen und Erdproben isoliert, Signy Island (Antarktis).

Nicht beschriebene Arten:
Chlamydocapsa sp. – Broady 1979a, p. 64, fig. 314 n–w. (Fig 75: d)
Gallertlager auf Agar flach und unregelmäßig, in flüssiger Nährlösung kugelig, bis 0,5 mm groß, an den Rändern manchmal gelappt. Zellen in Gruppen von 2, 4 oder 8; ellipsoidisch bis kugelig. Chloroplast topfförmig und breit gelappt. Pyrenoid kugelig. Zwei apikale pulsierende Vakuolen. Zoosporen ellipsoidisch oder eiförmig, mit seitlichem Pyrenoid, zu 2–8 gebildet. Sie werden durch unregelmäßige Risse in der Sporangiumwand frei und die verschleimten Reste der Wand bilden Schichten im Gallertlager. Aplanosporen bekannt. Zellen 7,5–12 µm lang und 5–11 µm breit; Zoosporen 9 × 4 µm groß.
Subaerisch, meist zwischen feuchten Moosen, Signy Island (Antarktis).
Chlamydocapsa sp. A – Broady 1982a, p. 17, fig. 12–14 (Fig. 75: e)
Gallertlager mit wenig deutlichen Schichtungen um die Zellen und Zellgruppen von 2–8 Zellen. Letztere sind breit ellipsoidisch. Chloroplast in Form einer gelappten und perforierten Platte;

Pyrenoid seitlich. Ellipsoidische Zoosporen zu 2–8 gebildet, mit basalem Zellkern. Zellen 8–12 µm lang, 5–10,5 µm breit.
Aus Erdböden der Insel Surtsey (Island).
Chlamydocapsa sp. B – Broady 1982a, p. 17, fig. 17–19 (Fig. 75: f)
Gallertlager mit Zellen in Gruppen zu 2–16, die von schwachen Resten der Mutterzellwand umgeben sind. Zellen breit ellipsoidisch, manchmal fast kugelig. Chloroplast durch viele tiefe Einschnitte sternartig gelappt, Zentralstück perforiert. Pyrenoid kugelig, von zahlreichen kleinen Stärkekörnern umgeben. Zoosporen mit vorn gelegenem Zellkern und schön gelapptem Chloroplast. Zellen 13 µm lang, 8,5 µm breit.
Aus Erdböden der Inseln Surtsey (Island).

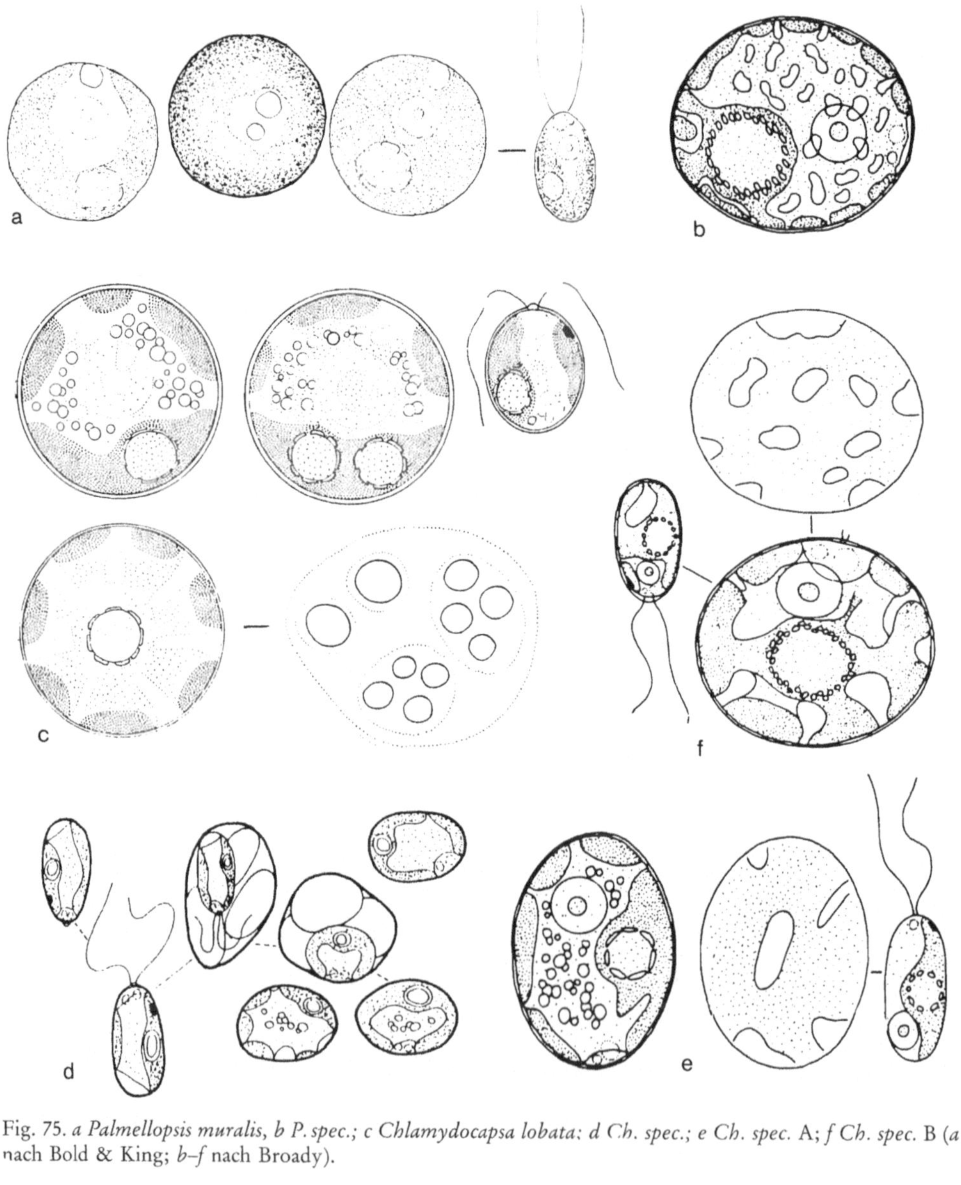

Fig. 75. *a Palmellopsis muralis, b P. spec.; c Chlamydocapsa lobata; d Ch. spec.; e Ch. spec.* A; *f Ch. spec.* B (*a* nach Bold & King; *b–f* nach Broady).

4. **Sphaerellocystis** Ettl 1960

Ettl 1960, p. 537; Ettl & Gärtner 1988a, p. 100.

Zellen mit ausgesprochen *Chlamydomonas*-artigem Bau, ellipsoidisch, eiförmig bis kugelig, manchmal etwas unregelmäßig. Zellwand bei jungen Zellen zart bis mäßig dick, vom Protoplasten weit abstehend, bei erwachsenen Zellen dick und spröde, durch Eisenablagerungen bräunlich bis tiefbraun verfärbt und zu einem Gehäuse umgewandelt. Protoplast innerhalb der Zellwand in einer wäßrigen Gallerte liegend. Chloroplasten verschieden geformt, topfförmig bis asteroid gelappt; mit oder ohne Pyrenoid. Stigma meist vorhanden, ebenso 2 pulsierende Vakuolen. Fortpflanzung durch 2–8 Zoosporen oder Aplanosporen. Zoosporen zweigeißelig, nach der Keimung gleich mit abstehender Zellwand.

Von 7 beschriebenen Arten ist nur 1 terrestrisch.

Sphaerellocystis aplanosporum Nichols & al. 1991

Nichols & al. 1991, p. 159, fig. 1–21 (Mikrophotos).

Zellen fast kugelig bis kugelig, mit abstehender Zellwand, die im Alter braun wird. Chloroplast in Form einer parietalen, nicht gelappten Platte; mit 1 oder 2 Pyrenoiden. Zellkern zentral. Zoosporen mit plattenförmigem Chloroplast und lateralem Pyrenoid sowie dünnem Stigma. Zellen mit Zellwand 13,6–16,5 μm ∅, Protoplast 9,9–10,5 μm ∅; Zoosporen 4,4–7,1 × 4,5–5,7 μm groß. Erdböden in der Prärie in Pettis County, Missouri (USA).

4. **Ordnung Chlorococcales** Marchand 1895 (mut. charact.)

Syn.: *Vacuolales* Korschikoff 1953 p. p.

Zellen einzeln oder durch die längere Zeit erhalten bleibende Mutterzellwand zu Diaden, Tetraden oder Zellkomplexen angeordnet. Häufig mit erhaltener Flagellaten-Polarität (Taf. IX), im vegetativen Stadium unbeweglich, in Form einer echten Algenzelle. Nie in mächtigen Gallertlagern eingebettet und meist auch keine gallertigen Ausbildungen entwickelt; eine Ausnahme bilden vereinzelt auftretende Gallerthüllen. Schwärmer entstehen nur als behäutete Zoosporen oder Gameten während der Fortpflanzung. Durch Umgestaltung der ganzen Zelle und vor allem der einzelnen Organellen, sowie der ganzen Umgruppierung des Zellinhaltes ist der Bau der trophischen vegativen Zellen von dem der Schwärmer völlig verschieden. Die Keimung der *Chlamydomonas*-artigen Zoosporen in die zystären Algenzellen ist im Lebenszyklus dieser Algen irreversibel eingebaut (Taf. X). Hiermit können die keimenden Zellen ebenso wie die vegetativen Zellen nicht mehr (im Unterschied zu den Tetrasporales) zu jeder Zeit ohne Umgestaltung des Protoplastenbaues und ohne vorherige Teilungsprozesse sich in vegetative Schwärmer umwandeln. Jeder Schwärmerbildung geht immer eine Protoplastenteilung mit Umgestaltung und Umordnung der Zellorganellen voran. Es bleibt stets der Charakter einer von *Chlamydomonas* abgeleiteten Trophozyste erhalten. Einzelne Organellen wie bei den übrigen Chlamydophyceen entwickelt. Zellen sowohl monoenergid (Haploblast) als auch polyenergid (Zönoblast). Pulsierende Vakuolen bei den meisten Sippen auch in erwachsenen Zellen vorhanden. Asexuelle Fortpflanzung durch behäutete *Chlamydomonas*-artige Zoosporen, teilweise auch durch Aplanosporen oder Autosporen. Protoplastenteilung sukzedan oder semi-simultan bei monoenergiden, simultan bei polyenergiden Sippen. Sexuelle Fortpflanzung durch Iso- oder Anisogamie. Dauerstadien in Form von dickwandigen Hypnoblasten, seltener kommen Hypnosporen vor.

Printz 1927, Fritsch 1935, Korschikoff 1953, Bourrelly 1966, 1972, Bold & Wynne 1985, Ettl 1981, Ettl & Gärtner 1988.

1a Zellen einkernig (monoenergid), Protoplastenteilung sukzedan oder semisimultan 2
1b Zellen mehrkernig (polyenergid), Protoplastenteilung simultan . . . . **3. Actinochloridaceae** (S. 355)

2a Zellen am Substrat festsitzend .... **2. Characiochloridaceae** (S. 351)
2b Zellen frei lebend .... **1. Chlorococcaceae** (S. 300)

1. Familie Chlorococcaceae Blackman & Tansley 1902

Syn.: *Nautococcaceae* Korschikoff 1926 non Fott 1972, *Hypnomonadaceae* Korschikoff 1953 p. p. *Tetracystidaceae* Ettl & Komárek 1983

Zellen mit voller oder teilweiser Polarität einer unbeweglichen *Chlamydomonas*-Zelle, einzeln, in losen Gruppen, Diaden oder Tetraden, die mitunter dreidimensionale Zellkomplexe bilden können, lebend. Zellgestalt meist breit ellipsoidisch oder kugelig, bei jungen Zellen auch ellipsoidisch, eiförmig oder birnenförmig; in Zellgruppen lebende Zellen an den Berührungsstellen abgeflacht und dann im ganzen etwas unregelmäßig. Zellwand deutlich, dünn bis verdickt, immer glatt und unstrukturiert; Mutterzellwand häufig lange erhalten bleibend und die Tochterzellen zusammenhaltend, wodurch es zur Gruppenbildung kommt. Chloroplast parietal, primär immer mit deutlicher Polarität, meist topfförmig bis fast hohlkugelig, häufig perforiert, mit Rissen und Spalten, auch eingeschnitten und gelappt, bisweilen ausgesprochen radiär asteroid; bei manchen Arten grob bis aufgelockert spongiomorph und fast wabig oder schaumig erscheinend. An der Außenseite glatt, gefleckt oder gerippt. Bei zwei Gattungen auch zentral und etwas undeutlich begrenzt. Mit einem Pyrenoid im verdickten Basalstück des Chloroplasten oder in einer seitlichen Verdickung, homogen oder fein strukturiert, mit einer kontinuierlichen hohlkugeligen oder gegliederten, aus zwei bis vier Stärkeschalen oder mehreren Stärkekörnern bestehenden Stärkehülle. Gelegentlich auch Pyrenoidverdopplung oder -vermehrung. Die trophischen vegetativen Zellen immer einkernig. Pulsierende Vakuolen zwei oder selten nur eine, auch bei erwachsenen Zellen; sie fehlen nur bei wenigen Arten, meist dort, wo Saftvakuolen auftreten.
Asexuelle Fortpflanzung durch sukzedane, seltener semisimultane Protoplastenteilung in 2–16, manchmal auch bis 32–128 zwei-, bei einer Gattung auch viergeißelige behäutete Zoosporen. Auch Aplanosporen oder Autosporen, jedoch nicht in solch großer Anzahl vorkommend. Sexuelle Fortpflanzung nur bei wenigen Arten bekannt, Isogamie oder selten Anisogamie. Zygoten als Hypnozygoten ausgebildet, nur bei zwei Arten wächst die Zygote zu diploiden vegetativen Zellen heran. Als Ruhestation werden dickwandige Hypnoblasten gebildet.
Diese Familie enthält 15 Gattungen, wovon 13 boden- oder luftbewohnend sind.
Printz 1927, Fritsch 1935, Korschikoff 1926, 1953, Starr 1955, Bourrelly 1966, 1972, Bold & Wynne 1985, Ettl & Gärtner 1988 a.

1a Zellen einzeln lebend, manchmal unregelmäßige, lockere Zellhaufen bildend, Tochterzellen nicht durch die gedehnte und persistierende Mutterzellwand zusammengehalten **2**
1b Zellen in Diaden, Tetraden oder in regelmäßigen Gruppen (Aggregaten) angeordnet, durch die gedehnte persistierende Mutterzellwand zusammengehalten **7**
2a Vegetative Zellen mit monadoider Polarität, den Bau einer unbeweglichen *Chlamydomonas*-Zelle beibehaltend, oft auch mit Resten der Papille; keine Umgestaltung der Organellen während der Keimung und des Wachstums .... **1. Cystomonas** (S. 301)
2b Vegetative Zellen mit dem Bau einer echten Algenzelle, nur in wenigen Merkmalen an *Chlamydomonas* erinnernd; während der Keimung und des Wachstums kommt es zur Umgestaltung sowohl der Zellen als auch der einzelnen Organellen **3**
3a Vegetative Zellen ohne Zellwandkappen und ohne Anpassung an neustonische Lebensweise; Chloroplast parietal, deutlich geformt und abgegrenzt; Zoosporen typisch *Chlamydomonas*-artig, radiär symmetrisch, mit zwei apikalen pulsierenden Vakuolen **4**
3b Vegetative Zellen mit Zellwandkappen und an neustonische Lebensweise angepaßt; Chloroplast zentral, undeutlich geformt und abgegrenzt; Zoosporen unregelmäßig, abgeplattet, bilateral symmetrisch, mit ein bis zwei unregelmäßig gelegenen pulsierenden Vakuolen .... **6. Nautococcus** (S. 326)

4a Zellen kugelig, eiförmig oder ellipsoidisch, nicht bipolar gebaut 5
4b Zellen birnenförmig, gebogen eiförmig bis unregelmäßig, bipolar gebaut . . . . **5. Apodochloris** (S. 324)
5a Chloroplast primär topfförmig oder fast hohlkugelig, einheitlich oder leicht eingeschnitten bis perforiert, oder durch radiäre Lappen asteroid gestaltet 6
5b Chloroplast spongiomorph . . . . **3. Neospongiococcum** (S. 319)
6a Chloroplast topfförmig bis fast hohlkugelig, nur mit unregelmäßigen Einschnitten oder Perforationen . . . . **2. Chlorococcum** (S. 303)
6b Chloroplast regelmäßig radiär asteroid gelappt . . . . **4. Radiosphaera** (S. 323)
7a Zoosporen viergeißelig . . . . **7. Pseudoplanophila** (S. 328)
7b Zoosporen zweigeißelig 8
8a Zoosporen dorsiventral abgeflacht, gebogen oder asymmetrisch, Geißeln ungleich in Haltung oder in Länge; vegetative Zellen mit Gallerthüllen oder in Gallerte eingebettet 9
8b Zoosporen radiär-symmetrisch, Geißeln gleich in Haltung und Länge, vegetative Zellen ohne Gallerte 10
9a Zellen in Vierer- oder Achtergruppen oder in kubischen Zellpaketen, in gemeinsamer Gallerte eingebettet; Zoosporen dorsiventral, Geißeln ungleich gehalten . . **8. Fasciculochloris** (S. 329)
9b Zellen in Zweier- bis Vierergruppen, nur Einzelzellen mit Gallerthülle, Zoosporen asymmetrisch, vorne ± schief oder gerade abgestutzt, Geißeln deutlich ungleich lang . . . . **9. Heterotetracystis** (S. 330)
10a Chloroplast topfförmig bis fast hohlkugelig, einheitlich oder leicht eingeschnitten oder durch radiär auslaufende Lappen asteroid 11
10b Chloroplast spongiomorph . . . . **10. Spongiococcum** (S. 332)
11a Chloroplast topfförmig oder fast hohlkugelig, nur unregelmäßig eingeschnitten oder perforiert . . . . **11. Tetracystis** (S. 332)
11b Chloroplast asteroid gelappt 12
12a Diaden- und Tetradenzellen bilden größere Zellkomplexe . . . . . . **12. Borodinellopsis** (S. 348)
12b Weder Diaden- noch Tetradenzellen bilden Zellkomplexe . . . . **13. Axilosphaera** (S. 349)

1. **Cystomonas** Ettl & Gärtner 1987

Syn.: *Hypnomonas* Korschikoff 1926, p. p., *Chlamydomonas* Ehrenberg 1833 p. p. sensu Skuja 1964, *Chlorococcum* Meneghini 1842 p. p. sensu Philipose 1967, Trainor & Verses 1967
Ettl & Gärtner 1987, p. 511; 1988 a, p. 167.

Zellen vom Bau der Gattung *Chlamydomonas*, jedoch im vegetativen trophischen Zustand immer unbeweglich und ohne Geißeln. Von den übrigen Gattungen der Chlorococcales dadurch unterschieden, daß die Zellen die Polarität einer *Chlamydomonas*-Zelle beibehalten, häufig auch noch mit dem Rest einer Papille und Geißelröhren, und daß bei den vegetativen Zellen keine Transformation der Zoosporen-Organellen in solche der zystären Ausbildung (echte Algenzelle) stattfindet. Zellen ellipsoidisch oder eiförmig, manchmal leicht asymmetrisch. Zellwand zart und dünn, die apikale Papille der Zoosporen meist beibehaltend. Chloroplast topfförmig, mitunter durch Spalten perforiert, gegliedert und gelappt, seltener in scheibenförmige Einzelteile aufgelöst. Pyrenoid basal oder seitlich, von mehreren Stärkekörnern umgeben. Stigma bei manchen Zellen deutlich, bei anderen zurückgebildet oder fehlend. Zellkern in der Höhlung des Chloroplasten. Zwei apikale pulsierende Vakuolen, bei einer Art in den erwachsenen Zellen etwas seitlich verschoben. Asexuelle Fortpflanzung durch sukzedane Protoplastenteilung in 2–8 (–16) Tochterzellen, die meist als zweigeißelige Zoosporen, seltener als Aplanosporen auftreten.
Von 5 beschriebenen Arten sind 2 bodenbewohnend.

1a Zellen mit deutlicher und dicker Gallerthülle, Chloroplast homogen . . . . **1. C. indica**
1b Zellen immer ohne Gallerthülle, Chloroplast perforiert . . . . **2. C. starrii**

1. Cystomonas indica (Iyengar 1974) Ettl & Gärtner 1987 (Fig. 76: b)
Syn.: *Hypnomonas indica* Iyengar 1974
Ettl & Gärtner 1987, p. 511; 1988 a, p. 171, fig. 116.

Zellen eiförmig, mit mäßig dicker Zellwand, außen von einer dicken homogenen Gallerthülle umgeben; ohne deutliche Papille. Chloroplast topfförmig, einheitlich, basal bis über die Zellmitte verdickt und dort mit einem Pyrenoid. Bei manchen Zellen ein länglich strichförmiges Stigma. Zwei apikale pulsierende Vakuolen. Zellen 9–10 µm lang, 5,5–7 µm breit.
Aus feuchter Gartenerde bekannt. A. H. Gardens. Madras (Indien).

2. Cystomonas starrii (Trainor & Verses 1967) Ettl & Gärtner 1987 (Fig. 76: a)
Syn.: *Chlorococcum starrii* Trainor & Verses 1967
Ettl & Gärtner 1987, p. 511; 1988 a, p. 171, fig. 117.

Zellen ellipsoidisch bis ellipsoidisch-kugelig. Zellwand dünn, oft mit einfacher apikaler Verdikkung. Chloroplast ausgesprochen topfförmig, nur mit kleinen, elliptischen bis gestreckt rißförmigen Perforationen, basal auffallend verdickt, Wandstück vorn bis auf eine kleine Öffnung zusammenneigend. Pyrenoid kugelig oder breit ellipsoidisch, basal, mit mehreren Stärkekörnern. Zwei apikale pulsierende Vakuolen. Zellkern im Lumen des Chloroplasten. Zellen meist 12 µm, aber auch bis 26 µm groß, Zoosporen 8–12 µm lang und 4,5–7 µm breit.
Kultur: UTEX 1650.
Aus einem Maisfeld bei Storrs, Connecticut (USA) isoliert.

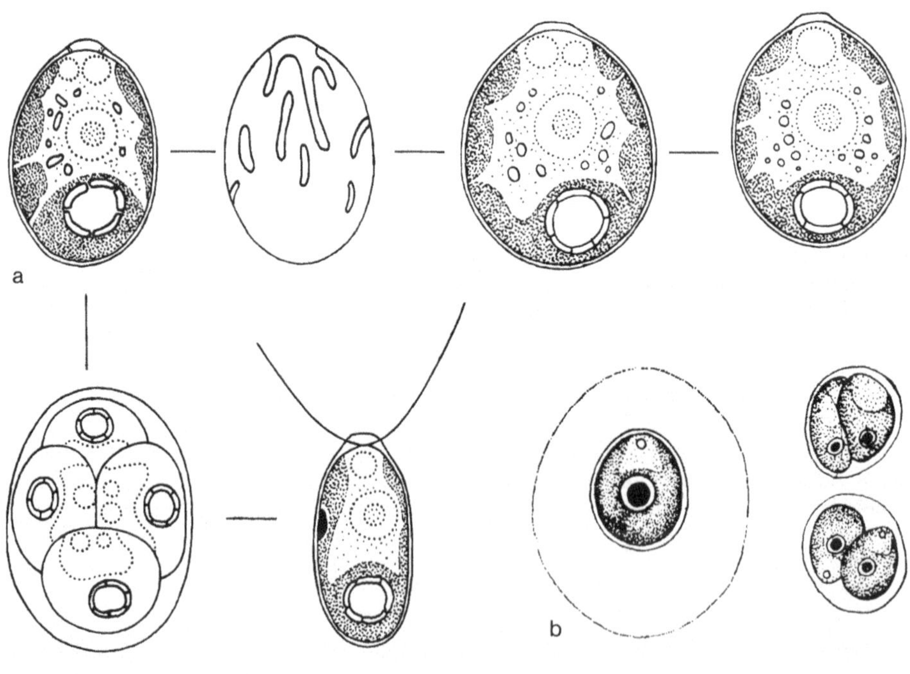

Fig. 76. *a Cystomonas starrii; b C. indica* (*a* nach Ettl & Gärtner, *b* nach Iyengar).

2. **Chlorococcum** Meneghini 1842 nomen cons.

Syn.: *Cystococcus* Nägeli 1849, p. p., *Protococcus* De Toni 1889 p. p., *Chlorella* Beijerinck 1890 p. p., *Stephanoplana* Tereg 1923, *Hypnomonas* Korschikoff 1926
Printz 1927, p. 87; Bold 1931, p. 577; Starr 1955, p. 15; Bourrelly 1966, p. 129; Archibald & Bold 1970 b, p. 21; Ettl & Gärtner 1988 a, p. 173; Gärtner & Ettl 1988, p. 274.

Zellen einzeln lebend, selten unregelmäßige und zeitlich begrenzte Zellhaufen bildend. Junge Zellen eiförmig, ellipsoidisch oder breit ellipsoidisch, seltener etwas unregelmäßig. Erwachsene Zellen meist kugelig, weniger oft ellipsoidisch-eiförmig oder ellipsoidisch-kugelig. Zellwand glatt und hyalin, dünn oder dick, häufig bei alten Zellen oder in alten Kulturen sehr dick werdend, teilweise geschichtet. Chloroplast mit ± deutlicher Polarität, im Prinzip topfförmig oder fast hohlkugelig, der Zellgestalt angepaßt; mit einer deutlichen apikalen Öffnung und mit einem verdickten, pyrenoidführenden Teil. Entweder einheitlich gebaut oder durch Löcher oder Risse ± stark perforiert; manchmal durch Einschnitte in unregelmäßige Lappen zerteilt, auch radiär asteroid gelappt. Bei Oberflächenansicht mitunter gefleckt oder gestreift, oder mit oberflächlichen Rippen versehen. Mit einem Pyrenoid, das von einer kontinuierlichen hohlkugeligen Stärkehülle oder von zwei bis mehreren Stärkekörnern umgeben ist. Selten kommen Pyrenoidverdoppelungen vor. Zellen im trophischen vegetativen Zustand immer einkernig, der Zellkern im Lumen des Chloroplasten. Zwei pulsierende Vakuolen vorhanden, bei manchen Zellen mit Saftvakuolen fehlen sie. Asexuelle Fortpflanzung durch Zoosporen, Aplanosporen oder Autosporen. Sie entstehen durch sukzedane Protoplastenteilung, in wenigen Fällen semisimultan. Zoosporen werden zu mehreren (8–64) gebildet, in Einzelfällen nur 2 oder 4. Sie sind *Chlamydomonas*-artig gestaltet, gewöhnlich vom Typus *Chlorogoniella*, mit zwei Geißeln. Aplanosporen und Autosporen entstehen in einer geringeren Anzahl als die Zoosporen. Sexuelle Fortpflanzung durch Isogamie. Gameten morphologisch kaum von den Zoosporen zu unterscheiden. Zygoten im reifen Zustand entweder mit glatter oder mit skulpturierter Wand. Bei einer Art wächst die Zygote zu einer diploiden vegetativen Zelle heran. Dauerstadien meist in Form dickwandiger Hypnoblasten, in denen Reservestoffe und Hämatochrom angehäuft werden. Auch Hypnosporen mit skulpturierter Zellwand kommen vor. Der Lebenszyklus verläuft in den meisten Fällen in der haploiden asexuellen Phase. Manchmal auch unter Zwischenschaltung einer sexuellen Phase mit diploiden Zygoten. Nur bei einer Art kommt es zu einem Generationswechsel (?) einer haploiden und einer diploiden Phase.

Von dieser umfangreichen Gattung sind 22 Arten aerophytisch oder bodenbewohnend nachgewiesen.

1a Stärkehülle der Pyrenoide diskontinuierlich, aus zwei bis mehreren Stärkekörnern bestehend 2
1b Stärkehülle der Pyrenoide kontinuierlich, aus einer einheitlichen hohlkugeligen Stärkeschicht bestehend 13
2a Vegetative Zellen mit pulsierenden Vakuolen 3
2b Vegetative Zellen ohne pulsierende Vakuolen . . . . . **8. Ch. pinguideum**
3a Sippen keine skulpturierten Zygoten oder Aplanosporen bildend 4
3b Sippen mit skulpturierten Zygoten oder Aplanosporen 10
4a Pyrenoid mit waagrecht verlaufenden Reihen von kleinen Stärkekörnern (gestreift), Zoosporen und junge Zellen mit schwanzartigem Fortsatz . . . . . **5. Ch. schwarzii**
4b Pyrenoid mit unregelmäßig gelagerten Stärkekörnern (polygonale Platten), Zoosporen und junge Zellen ohne Fortsatz 5
5a Zellen meist kugelig, Chloroplast hohlkugelig oder topfförmig zusammenneigend, perforiert oder eingeschnitten 6
5b Zellen ellipsoidisch bis breit ellipsoidisch, Chloroplast seitenständig, rinnen- bis muldenförmig, durch tiefe Einschnitte stark gelappt . . . . . **6. Ch. schizochlamys**
6a Sporangien zwei oder vier Zoosporen bildend, Zoosporen und junge Zellen sehr an *Chlamydomonas* erinnernd . . . . . **7. Ch. novae-angliae**

6b Sporangien 8–32 (–64) Zoosporen bildend, junge Zellen *Chlorococcum*-artig 7
7a Chloroplast einheitlich, nur gelegentlich perforiert 8
7b Chloroplast stark eingeschnitten und gelappt 9
8a Zellen 10–40 µm groß, ohne sexuelle Fortpflanzung, Pyrenoid mit mehreren kleinen Stärkekörnern . . . . **1. Ch. infusionum**
8b Zellen 8–16 µm groß, mit sexueller Fortpflanzung, Pyrenoid mit wenigen (2–5) großen Stärkeschalen . . . . **2. Ch. minimum**
9a Zellen im erwachsenen Zustand stark vakuolisiert . . . . **4. Ch. aegyptiacum**
9b Zellen im erwachsenen Zustand nicht vakuolisiert . . . . **3. Ch. lobatum**
10a Vegetative Zellen diploid, aus Zygoten hervorgehend, Zygotenwand im Alter leicht höckerig . . . . **9. Ch. diplobionticum**
10b Vegetative Zellen haploid, aus asexuellen Fortpflanzungszellen hervorgehend, Zygotenwand oder Hypnosporenwand auffallend stachelig oder warzig 11
11a Chloroplast stark gegliedert, *Agloe*-artig wie bei *Chlamydomonas*, asteroid aufgelöst, sehr große pulsierende Vakuolen antapikal gelegen (in entgegengesetzter Richtung vom Zellkern); Rippen der Hypnosporenwand stark ausgeprägt und derb . . . . **12. Ch. costatozygotum**
11b Chloroplast hohlkugelig, nur perforiert, pulsierende Vakuolen apikal 12
12a Sexuelle Fortpflanzung durch Isogamie, Zygoten spitzwarzig . . . . . **10. Ch. echinozygotum**
12b Sexuelle Fortpflanzung unbekannt, nur spitzwarzige Hypnosporen (innerhalb der alten Zellwand gebildet) . . . . **11. Ch. hypnosporum**
13a Zellen sehr groß 35(–50) µm, mit deutlichen Saftvakuolen, Protoplastenteilung semi-simultan, zahlreiche Zoosporen (64–128) 14
13b Zellen kleiner 20(–26) µm, ohne Saftvakuolen, Protoplastenteilung sukzedan, Zoosporen weniger (2–16) 15
14a Zoosporen klein, mit auffallend großem Stigma . . . . **13. Ch. macrostigmatum**
14b Zoosporen größer, Stigma nicht auffallend vergrößert . . . . **14. Ch. vacuolatum**
15a Erwachsene Zellen ellipsoidisch, eiförmig bis kurz spindelförmig, selten etwas kugelig, pulsierende Vakuolen seitlich an der Längsflanke gelegen . . . . **15. Ch. ellipsoideum**
15b Erwachsene Zellen mehrheitlich kugelig oder fast kugelig (nur junge Zellen mehr ellipsoidisch), pulsierende Vakuolen apikal gelegen 16
16a Chloroplast an der Oberfläche mit deutlichen Rippen, Streifen oder Einbuchtungen 17
16b Chloroplast an der Oberfläche glatt 18
17a Chloroplast mit Streifen und Rippen . . . . **16. Ch. elkhartiense**
17b Chloroplast mit tiefen Einbuchtungen, fast asteroid erscheinend; Zoosporen mit stark gelapptem Chloroplast . . . . **17. Ch. tatrense**
18a Zellwand häufig weit abgehoben . . . . **18. Ch. isabeliense**
18b Zellwand nicht abgehoben 19
19a Chloroplast an der Außenseite regelmäßig eingeschnitten, im Querschnitt seicht asteroid erscheinend, häufig Pyrenoidvermehrung . . . . **19. Ch. acidum**
19b Chloroplast weder von außen her eingeschnitten noch asteroid erscheinend 20
20a Chloroplast durch weiten und tiefen Spalt zweiteilig, oft auseinanderklaffend; Zoosporen plump . . . . **20. Ch. citriforme**
20b Chloroplast nicht zweiteilig, nur perforiert oder eingeschnitten; Zoosporen schlank 21
21a Chloroplast durch tiefe schmale Einschnitte von der apikalen Öffnung aus gegliedert . . . . **21. Ch. minutum**
21b Chloroplast nicht von der vorderen Öffnung aus gegliedert, nur perforiert . . . . **22. Ch. oleofaciens**

1. **Chlorococcum infusionum** (Schrank 1811) Meneghini 1843 (Fig. 77: a)

Syn.: *Chlorococcum humicola* (Nägeli) Rabenhorst 1868 p. p. sensu auct., *Chlorococcum chlorococcoides* (Korschikoff) Philipose 1967, *Hypnomonas chlorococcoides* Korschikoff 1926, *Tetracystis*

chlorococcoides Watanabe 1983; incl. *Chlorococcum infusionum* var. *macrostigmaticum* L. Moewus 1953
Archibald & Bold 1970b, p. 21; Ettl & Gärtner 1988a, p. 177, fig. 119, 120.

Junge Zellen ellipsoidisch oder ellipsoidisch-eiförmig, erwachsene Zellen kugelig, Zellwand dünn bis mäßig dick, im Alter nicht besonders dicker werdend. Chloroplast massiv, ausgesprochen topfförmig bis fast hohlkugelig, mit mehreren länglichen oder unregelmäßig verlaufenden Rissen; nicht selten in alten Zellen in einzelne Bänder zerteilt. Pyrenoid breit ellipsoidisch bis kugelig, von mehreren Stärkekörnern umgeben. Zwei pulsierende Vakuolen. Zellkern im Lumen des Chloroplasten. Zoosporen ellipsoidisch-zylindrisch bis fast zylindrisch, mit breiter, abgerundet kielförmiger Papille; Stigma vorn, Zellkern hinten.
Sexuelle Fortplanzung nicht bekannt. Zellen 10–20 µm, ausnahmsweise bis 40 µm im Durchmesser, Zoosporen 6–10 µm lang und 3–5 µm breit, Hypnoblasten etwa 40 µm groß.
Kultur: Praha A 91, CCAP 213/2a, ASIB IB 411.
Eine sehr verbreitete Bodenalge, die aus den verschiedensten Erdböden der ganzen Welt isoliert wurde.

2. Chlorococcum minimum Ettl & Gärtner 1987 (Fig. 77: b)

Syn.: *Chlorococcum minutum* Starr sensu Trenkwalder 1975
Ettl & Gärtner 1987, p. 511, 1988a, p. 180, fig. 122.

Junge Zellen eiförmig bis ellipsoidisch, erwachsene Zellen ± kugelig. Zellwand zart, auch in alten Kulturen nicht dicker werdend. Chloroplast massiv, ausgesprochen topfförmig bis fast hohlkugelig, manchmal durch wenige und kurze Risse perforiert. Pyrenoid groß, ± kugelig oder breit ellipsoidisch, von wenigen (2–5) sehr großen Stärkeschalen umgeben. Zwei pulsierende Vakuolen. Zellkern im Lumen des Chloroplasten. Zoosporen ellipsoidisch-spindelförmig, vorn durch die breite Papille abgestutzt, basal leicht zugespitzt, Stigma vorn und Zellkern hinten. Sexuelle Fortpflanzung durch Isogamie. Zygoten kugelig, mit glatter Wand, von den vegetativen Zellen vorerst kaum unterscheidbar. Später wird die Zygotenwand derber und dunkler, Zellen 8–14(–16) µm groß, Zoosporen 6–8 µm lang und etwa 3,5 µm breit.
Kultur: ASIB-IB T 50.
Aus Böden der Föhrenwälder bei Brixen, Südtirol (Italien) isoliert.

3. Chlorococcum lobatum (Korschikoff 1926) Fritsch & John 1942 (Fig. 77: c)

Syn.: *Hypnomonas lobata* Korschikoff 1926; incl. *Chlorococcum lobatum* var. *tenue* Fritsch & John 1942
Ettl & Gärtner 1988a, p. 180, fig. 123, 124.

Zellen breit ellipsoidisch bis kugelig. Zellwand glatt, ziemlich dick. Chloroplast im Prinzip topfförmig, mit etwas verdicktem Basalstück; Wandstück durch mehrere tiefe Einschnitte in Lappen geteilt, die zudem wieder Einbuchtungen oder Einschnitte aufweisen. Chloroplast in älteren Zellen in mehrere Einzelstücke aufgelöst. Pyrenoid kugelig oder breit ellipsoidisch, mit mehreren Stärkekörnern. Zwei pulsierende Vakuolen. Zellkern im Lumen des Chloroplasten. Zoosporen gestreckt ellipsoidisch oder ellipsoidisch-eiförmig, mit breit abgerundeter Papille; Zellkern hinten. Zellen bis über 20 µm groß, Zoosporen 8–10 µm lang, 4–6,5 µm breit.
Aus der Umgebung von Schumsk (USSR) beschrieben, aus verschiedenen Erdböden isoliert (England, Tschechoslowakei, Signy Island, Antarktis).

4. Chlorococcum aegyptiacum Archibald 1979 (Fig. 77: d)

Archibald 1979, p. 306, fig. 14; Ettl & Gärtner 1988a, p. 182, fig. 125.

Junge Zellen ellipsoidisch, erwachsene Zellen breit ellipsoidisch bis kugelig. Zellwand mäßig dick, nur in alten Kulturen sehr dick. Chloroplast topfförmig oder fast hohlkugelig, Wandstück vorerst

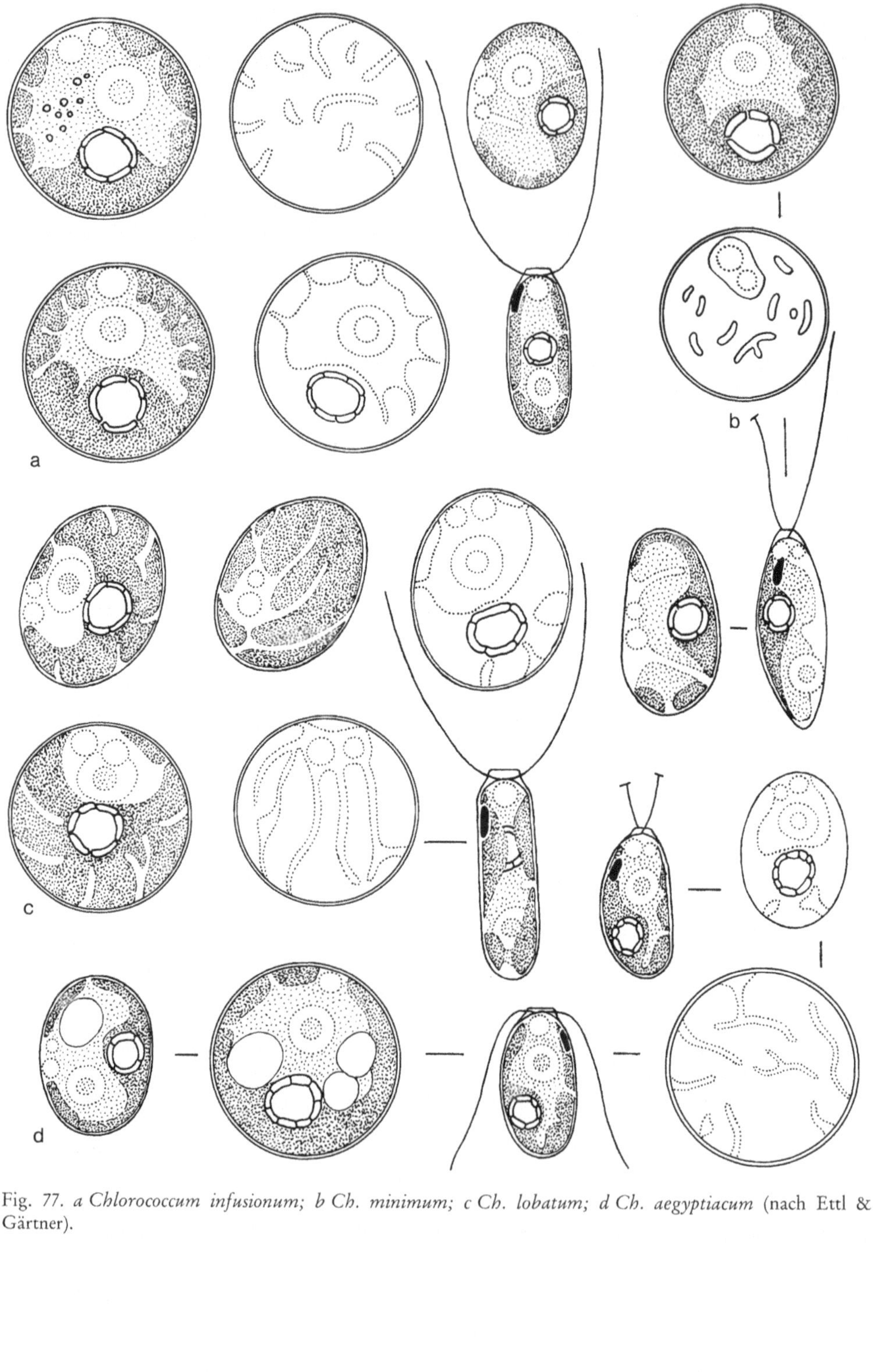

Fig. 77. *a Chlorococcum infusionum; b Ch. minimum; c Ch. lobatum; d Ch. aegyptiacum* (nach Ettl & Gärtner).

durch zahlreiche Risse unregelmäßig perforiert, später mit größeren Löchern. Pyrenoid von vielen kleinen Stärkekörnern umgeben; selten Pyrenoidverdoppelung. Zwei wenig deutliche pulsierende Vakuolen. Zellkern im Lumen des Chloroplasten. Ältere Zellen immer stark vakuolisiert. Zoosporen plump, breit ellipsoidisch, bisweilen leicht bohnenförmig gebogen, mit niedriger, breit abgestutzter Papille; Stigma und Zellkern vorn. Dickwandige Hypnoblasten beobachtet. Zellen 12–25(–30) µm groß. Zoosporen 10–13 µm lang und 5–7 µm breit.
Kultur: UTEX 2221.
Aus Ackerboden der Omo-Saber Provinz, El Tahir (Ägypten) isoliert.

5. Chlorococcum schwarzii Ettl & Gärtner 1987 (Fig. 78: a)

Syn.: *Hypnomonas schizochlamys* Korschikoff 1953 sensu Schwarz 1979
Schwarz 1979, p. 64, fig. 20; Ettl & Gärtner 1987, p. 512, 1988a, p. 186, fig. 128.

Erwachsene Zellen kugelig, Zellwand dünn und glatt, bei alten Zellen bis 2 µm dick, bei jungen Zellen oft am Hinterende in einen deutlichen schwanzartigen Fortsatz ausgezogen. Chloroplast parietal, häufig etwas zerschlitzt. Ein kleines, manchmal schwer sichtbares Pyrenoid, das von zahlreichen kleinen, zu länglichen Reihen angeordneten Stärkekörnern umgeben ist. Zwei pulsierende Vakuolen; ein Zellkern. Zoosporen rübenförmig, vorn stumpf abgerundet, ohne Papille, hinten allmählich verjüngt und spitz auslaufend; Autosporen meist zu zweit oder viert gebildet. Zellen 10–15 µm groß, Zoosporen 6–11 µm lang und 3–4 µm breit.
Aus Erdböden isoliert, dalmatinische Insel Lavsa (Jugoslawien).
Eine zweite Form, die mehrmals gefunden wurde, zeigte gegenüber der vorigen einige Abweichungen. Zellen bis 25 µm groß, in der stationären Phase häufig mit bis 5 µm dicker Zellwand, oft auch einseitig verdickt.

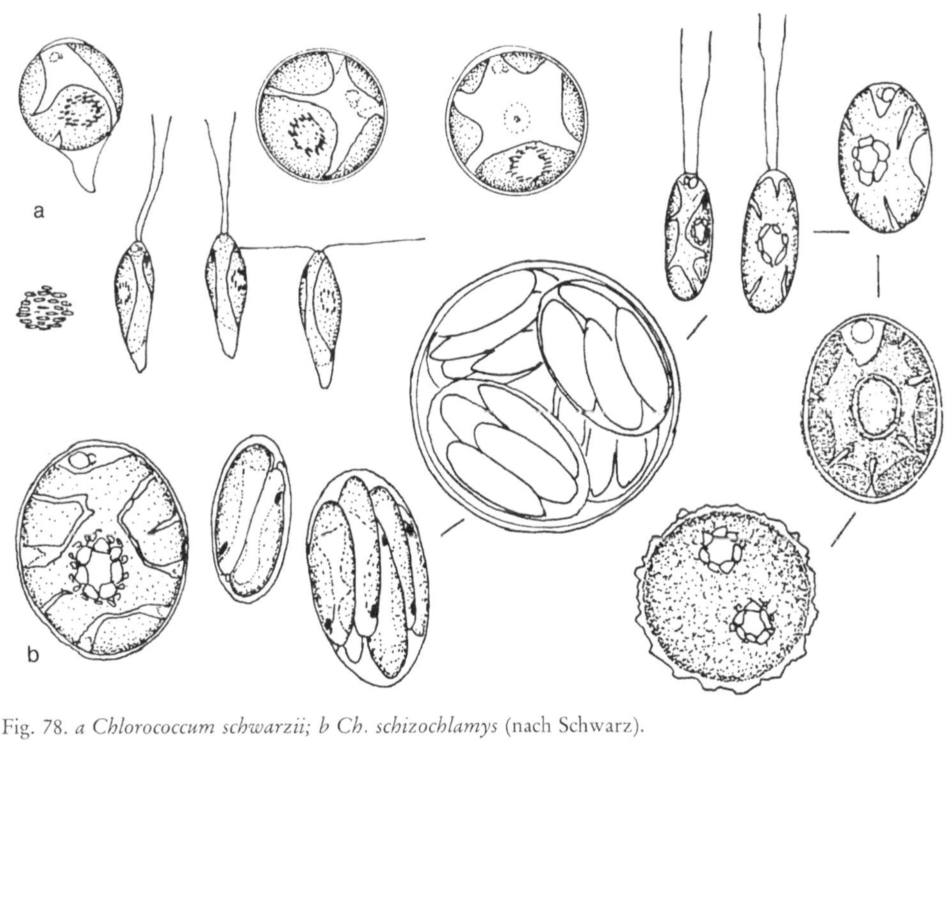

Fig. 78. *a Chlorococcum schwarzii; b Ch. schizochlamys* (nach Schwarz).

6. Chlorococcum schizochlamys (Korschikoff 1953) Philipose 1967 (Fig. 78: b)
Syn.: *Hypnomonas schizochlamys* Korschikoff 1953, *Hypnomonas ellipsoidea* Korschikoff 1953 sensu Schwarz 1975
Korschikoff 1953, p. 57, fig. 1; Ettl & Gärtner 1988 a, p. 186, fig. 129.

Junge Zellen ellipsoidisch bis eiförmig, ältere breit ellipsoidisch oder kugelig. Chloroplast bei jungen und heranwachsenden Zellen seitenständig, mit einem in halber Zellhöhe liegenden pyrenoidführenden Zentralstück, woraus strahlenförmig tiefgeteilte Lappen auslaufen und auf die gegenüberliegende Seite übergreifen. Erwachsene Zellen haben einen mehr schüsselförmig gebauten, aber sonst gleichgelappten Chloroplasten. Pyernoid von mehreren Stärkekörnern umgeben. Zellkern seitlich. Zwei pulsierende Vakuolen. Zoosporen zylindrisch oder ellipsoidisch-eiförmig, mit niedriger und undeutlicher Papille. Stigma und Zellkern vorn. Zellen 15–20(-25) µm groß, Zoosporen 8–16 µm lang und 5–10 µm breit.
In einer Rohkultur mit Algen aus der Umgebung von Charkow (USSR). Auch aus Erdboden der dalmatinischen Insel Lavsa (Jugoslawien) isoliert.

7. Chlorococcum novae-angliae Archibald & Bold 1970 (Fig. 79: a)
Archibald & Bold 1970b, p. 35, fig. 65; Ettl & Gärtner 1988 a, p. 188, fig. 126.

Junge Zellen ellipsoidisch, ältere Zellen breit ellipsoidisch bis kugelig. Zellwand dünn, auch im Alter nicht dicker werdend. Chloroplast ausgesprochen topfförmig, bis fast hohlkugelig mit nur sehr wenigen kleinen Perforationen. Pyrenoid kugelig oder breit ellipsoidisch, von mehreren Stärkekörnern umgeben. Zwei pulsierende Vakuolen. Zellkern in der Nähe des Pyrenoides. Zoosporen ellipsoidisch oder eiförmig-ellipsoidisch, mit deutlicher, scharf abgesetzter kielförmiger Papille; Zellkern vorn. Zoosporen werden nur 2 oder 4 in den Sporangien gebildet. In dieser Hinsicht stark an *Chlamydomonas* erinnernd, was außerdem noch durch den polaren Bau und das länger persistierende Stigma bei jungen Zellen verstärkt wird. Zellen 10–15 µm groß, Zoosporen 10–12 µm lang und 5,5–6 µm breit.
Kultur: UTEX 1778, ASIB IB 417.
Aus Erdproben isoliert, die aus einem moorigen Gelände mit *Oxycoccus*-Sträuchern bei Falmouth, Barnstable County, Massachusetts (USA) entnommen wurden.

8. Chlorococcum pinguideum Arce & Bold 1958 (Fig. 79: b)
Syn.: *Chlorococcum refringens* Archibald & Bold 1970
Archibald & Bold 1970b, p. 40, 41, fig. 30, 72, 32, 77; Ettl & Gärtner 1988 a, p. 188, 190, fig. 130, 131; Gärtner & Ettl 1988, p. 275.

Junge Zellen ellipsoidisch, eiförmig oder breit ellipsoidisch, erwachsene ± kugelig. Zellwand zart, im Alter dicker werdend und in alten Kulturen sehr dick und geschichtet. Chloroplast ausgesprochen topfförmig, von außen her seicht eingeschnitten oder gerillt, durch zahlreiche kleine Risse perforiert. Pyrenoid kugelig oder etwas unregelmäßig ellipsoidisch, von mehreren (4–8) großen bis groben Stärkekörnern umgeben. Pulsierende Vakuolen fehlen, doch treten manchmal Saftvakuolen in alten Zellen auf. Zellkern im Lumen des Chloroplasten. Zoosporen gestreckt ellipsoidisch oder gestreckt eiförmig mit schwach ausgebildeter, niedrig zweihöckiger Papille; Zellkern vorn. Zellen 10–20 µm groß, selten bis 47 µm im Durchmesser. Zoosporen 5–11 µm lang und 2,5–5 µm breit.
Kultur: UTEX 774, 1783 und ASIB IB 421.
Aus Erdproben isoliert, die von einem alten Zuckerrohrfeld in Santa Marta, Camaguey (Kuba) entnommen wurden; aus Erdböden eines Moores bei Elkhart, Indiana (USA); auch aus Argentinien bekannt.

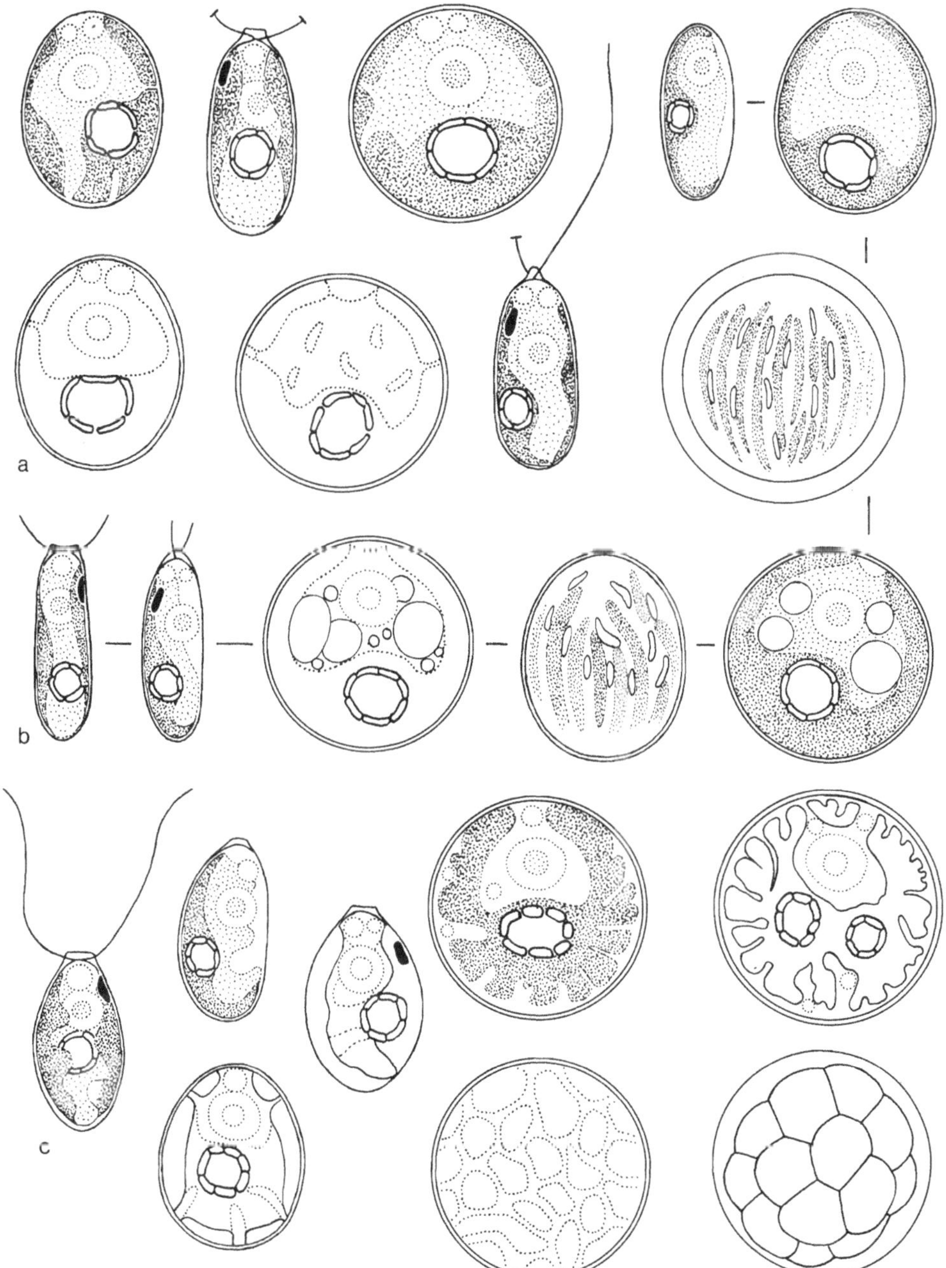

Fig. 79. *a Chlorococcum novae-angliae; b Ch. pinguideum; c Ch. diplobionticum* (nach Ettl & Gärtner).

9. **Chlorococcum diplobionticum** Herndon 1958 (Fig. 79: c)

Archibald & Bold 1970b, p. 25, fig. 48, 49; Ettl & Gärtner 1988a, p. 191, fig. 132, 133.

Vegetative trophische Zellen diploid, aus kopulierenden Isogameten entstehend und heranwachsend. Junge Zellen breit eiförmig bis kugelig, mit dünner Zellwand. Chloroplast topfförmig, innen gekerbt. Pyrenoid breit ellipsoidisch bis kugelig, von einer aus mehreren Stärkekörnern bestehenden Stärkehülle umgeben. Zellkern im Lumen des Chloroplasten. Eine oder zwei pulsierende Vakuolen. Diese jungen Zellen wachsen in die Größe, bleiben kugelig und die Zellwand wird mäßig dicker. Chloroplast durch von außen eindringende Einbuchtungen oder Einschnitte asteroid gelappt. Mit einem oder zwei Pyrenoiden und 1–4 unregelmäßig gelegenen pulsierenden Vakuolen. Solche erwachsene Zellen pflanzen sich entweder direkt durch Zoosporen fort oder wandeln sich vorerst in eine dickwandige, Hämatochrom-haltige Zygote um. Sowohl Zygote als auch erwachsene vegetative Zellen bilden durch wiederholte Protoplastenteilung und Meiose 4–128 Gameten (Isogameten). Die vorerst viergeißeligen Planozygoten wandeln sich unter Geißelverlust wieder in die vegetativen diploiden Zellen um. Organismus homothallisch. Zoosporen entstehen zu 4–16, sind ellipsoidisch-eiförmig, mit abgestutzter Papille. Stigma und Zellkern vorn. Dauerzustände in Form von dickwandigen Hypnoblasten mit eisenhaltigen Ablagerungen an der Oberfläche und mit zahlreichen Öltropfen. Zellen 13–33(–40) μm im Durchmesser, Gameten 8–12 μm lang und 3–5 μm breit. Zygosporen 33–40 μm groß, Zoosporen 9–12 μm lang und 5–6 μm breit.
Kultur: UTEX 950.
Aus Erdproben eines Maisfeldes bei Daniel Town (Jamaica) isoliert; auch aus USSR bekannt.

10. **Chlorococcum echinozygotum** Starr 1955 (Fig. 80: a)

Starr 1955, p. 18, fig. 22–57; Archibald & Bold 1970b, p. 27, fig. 52; Ettl & Gärtner 1988a, p. 195, fig. 135.

Zellen immer kugelig, nur sehr junge, aus den Zoosporen hervorgegangene Zellen sind eiförmig-ellipsoidisch, runden sich jedoch bald ab. Zellwand dünn bis mäßig dick, Chloroplast im Prinzip topfförmig bis fast hohlkugelig. Innen gefurcht, außen leicht und kurz gerippt, durch wenige Risse perforiert, Pyrenoid kugelig oder breit ellipsoidisch, von mehreren Stärkekörnern umgeben. Zwei pulsierende Vakuolen. Zellkern im vorderen Lumen des Chloroplasten. Zoosporen ellipsoidisch bis fast zylindrisch, mit niedriger, breit abgeschnittener Papille; Stigma vorn, Zellkern hinten. Sexuelle Fortpflanzung durch Isogameten. Mit den Vorderenden unter gleichzeitiger Abstreifung der Zellwände kopulierend. Reife Zygoten kugelig, mit dicker stachelig-warziger Wand. Dauerstadien in Form dickwandiger Hypnoblasten. Zellen 10–30 μm im Durchmesser, Zoosporen 6–8 μm lang und 3–4 μm breit, Zygoten 20–25 μm groß.
Kultur: UTEX 118, SAG 213-5, CCAP 213/5, ASIB IB 405.
Aus Erdproben von San Marcellino, Luzon (Philippinen) isoliert, aber auch aus Erdproben Europas bekannt. Eine sehr häufige Bodenalge.

11. **Chlorococcum hypnosporum** Starr 1955 (Fig. 80: b)

Syn.: *Chlorococcum compactum* Ettl & Gärtner 1987; *Chlorococcum polymorphum* Bischoff & Bold 1963 in Starr 1978
Starr 1955, p. 26, fig. 58–80; Archibald & Bold 1970b, p. 30, fig. 56, 57; Ettl & Gärtner 1987, p. 512; 1988a, p. 195, fig. 136, 137; Gärtner & Ettl 1988, p. 276.

Junge Zellen ellipsoidisch-eiförmig bis ellipsoidisch-kugelig, erwachsene Zellen kugelig. Zellwand dünn bis mäßig dick. Chloroplast massiv topfförmig bis fast hohlkugelig, innen stark gefurcht und durch kleine elliptische Löcher perforiert. Pyrenoid kugelig oder breit ellipsoidisch, von mehreren groben Stärkeschalen umgeben. Zwei pulsierende Vakuolen. Zellkern im Lumen des Chloroplasten. Zoosporen ellipsoidisch-zylindrisch, mit deutlicher, gerade abgestutzter bis abgerundet kielförmiger Papille; Stigma vorn, Zellkern hinten. Sexuelle Fortpflanzung durch Isogamie wurde

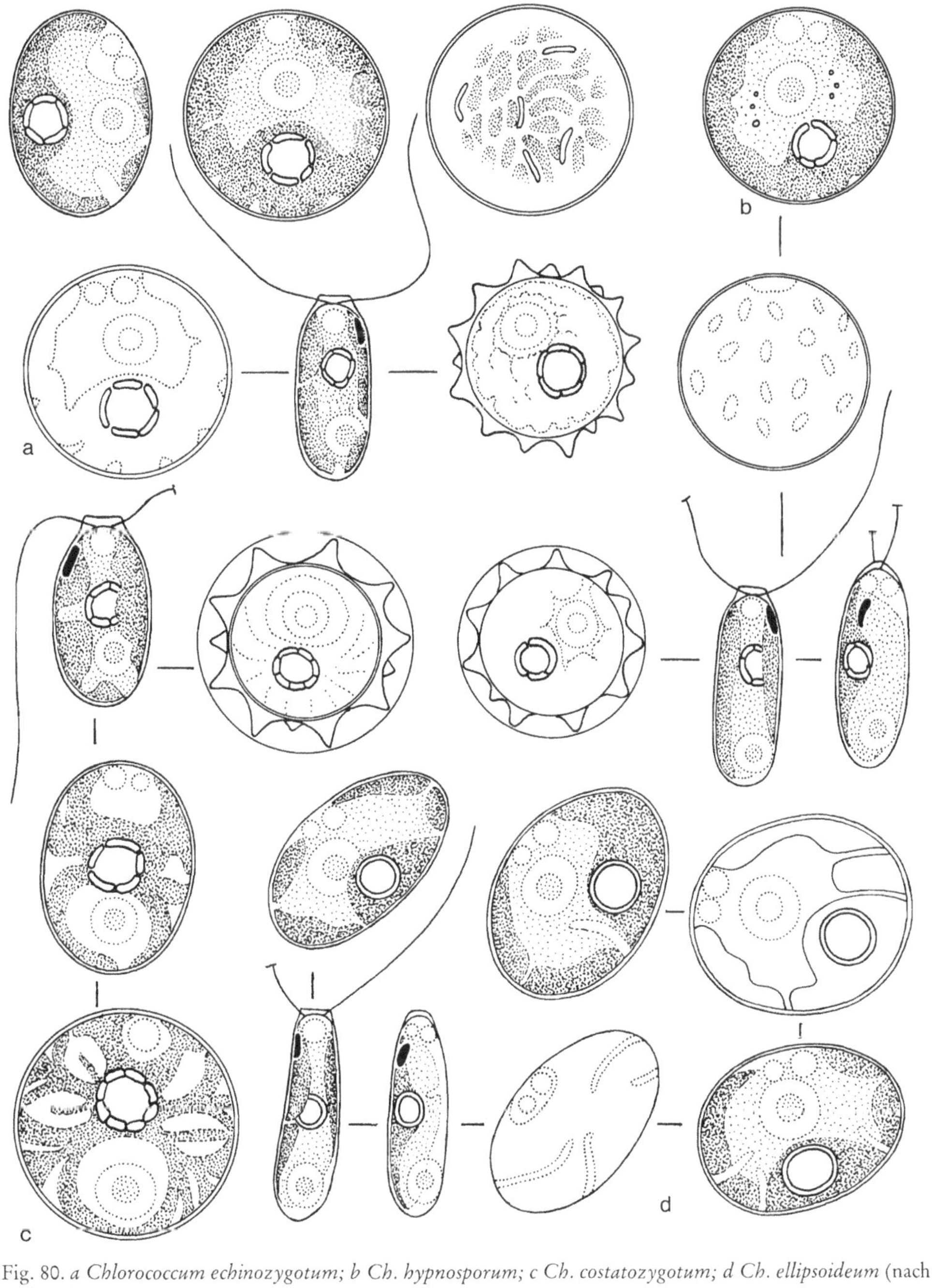

Fig. 80. *a Chlorococcum echinozygotum; b Ch. hypnosporum; c Ch. costatozygotum; d Ch. ellipsoideum* (nach Ettl & Gärtner).

nur von Archibald & Bold (1970) beobachtet, wobei kugelige glattwandige Zygoten entstehen sollen. Auffallend bei dieser Art ist die Bildung von echinoid skulpturierten Hypnosporen. Zellen 10–30(–50) µm im Durchmesser, Zoosporen 7,5–13 µm lang und 3,5–5,5 µm breit, Hypnosporen bis 20 µm groß.
Kultur: UTEX 119, 1242, SAG 213-6, CCAP 213/6, ASIB IB 410.
Aus Erdproben von Bledsoe County, Tennessee (USA) und aus dem Riesengebirge (Tschechoslowakei) isoliert; auch in der USSR gefunden.

12. **Chlorococcum costatozygotum** Ettl & Gärtner 1987 (Fig. 80: c)

Syn.: *Chlorococcum echinozygotum* Starr 1955 sensu Trenkwalder 1975
Ettl & Gärtner 1987, p. 512; 1988 a, p. 193, fig. 134.

Junge Zellen ellipsoidisch oder eiförmig, erwachsene Zellen kugelig. Zellwand mäßig dick bis dick. Chloroplast im Prinzip topfförmig, jedoch mit zwei Hohlräumen, die in entgegengesetzten Richtungen liegen (ungefähr den *Agloe*-artigen Chloroplasten bei *Chlamydomonas* entsprechend). Im kleineren apikalen (nach den Zoosporen orientiert!) Hohlraum liegen zwei pulsierende Vakuolen, wogegen im größeren antapikalen sich der Zellkern befindet. Im verdickten Zentralstück des Chloroplasten liegt ein breit ellipsoidisches bis kugeliges Pyrenoid von vielen groben Stärkekörnern umgeben. Der Chloroplast zeigt eine sehr deutliche Streifung, die sowohl radiär vom Pyrenoid aus zur Peripherie ausstrahlt, als auch bei Oberflächenansicht in Form dunkler Streifen hervortritt; außerdem kommen auch Risse vor. Zoosporen ellipsoidisch, mit großer, breit kielförmiger Papille; Zellkern hinten. Schon bei der Keimung der Zoosporen wandelt sich der rinnenförmige Chloroplast durch bedeutendes Anschwellen der pyrenoidführenden Verdickung und durch eine gänzliche Verformung in den agloe-artigen um, wobei die pulsierenden Vakuolen und der Zellkern voneinander getrennt und in entgegengesetzten Richtungen verdrängt werden. Häufig werden auch Aplanosporen gebildet. Sexuelle Fortpflanzung durch Kopulation von Isogameten. Reife Zygoten warzig. Zellen 12–18(–30) µm im Durchmesser, Zoosporen 7–12 µm lang und 3–5 µm breit, Zygoten bis 25 µm groß.
Kultur: ASIB T 51.
Aus Erdböden der Föhrenwälder bei Brixen, Südtirol (Italien) isoliert.

13. **Chlorococcum macrostigmatum** Starr 1953 (Fig. 81: a)

Starr 1953, p. 146, fig. 11–18; Archibald & Bold 1970 b, p. 33, fig. 62; Ettl & Gärtner 1988 a, p. 199, fig. 139.

Zellen kugelig, nur selten jüngere Zellen eiförmig, mit im Alter verdickter Zellwand. Chloroplast fast hohlkugelig, mit tiefen Einschnitten, die den Chloroplast in mehrere große Lappen teilen; letztere zudem an der Oberfläche gestreift. Ein abgerundetes bis ellipsoidisches Pyrenoid mit einheitlicher, hohlkugeliger Stärkehülle. Zellkern exzentrisch. Mehrere große Saftvakuolen, die sich mit zunehmendem Größenwachstum der Zelle weiter vermehren. Zoosporen zahlreich (64–128), ellipsoidisch, klein, mit schwacher, haubenartiger, kaum ausgebildeter Papille; mit sehr großem, breitem Stigma vorn. Zellkern hinten. Zellen 12–30(–60) µm, Zoosporen 5–7,5 µm lang und 2–3 µm breit.
Kultur: UTEX 109, CCAP 213/9, ASIB IB 414.
Aus einer Bodenprobe im Osborn Botanical Laboratory der Yale Universität (USA) isoliert. Auch in der Tschechoslowakei gefunden.

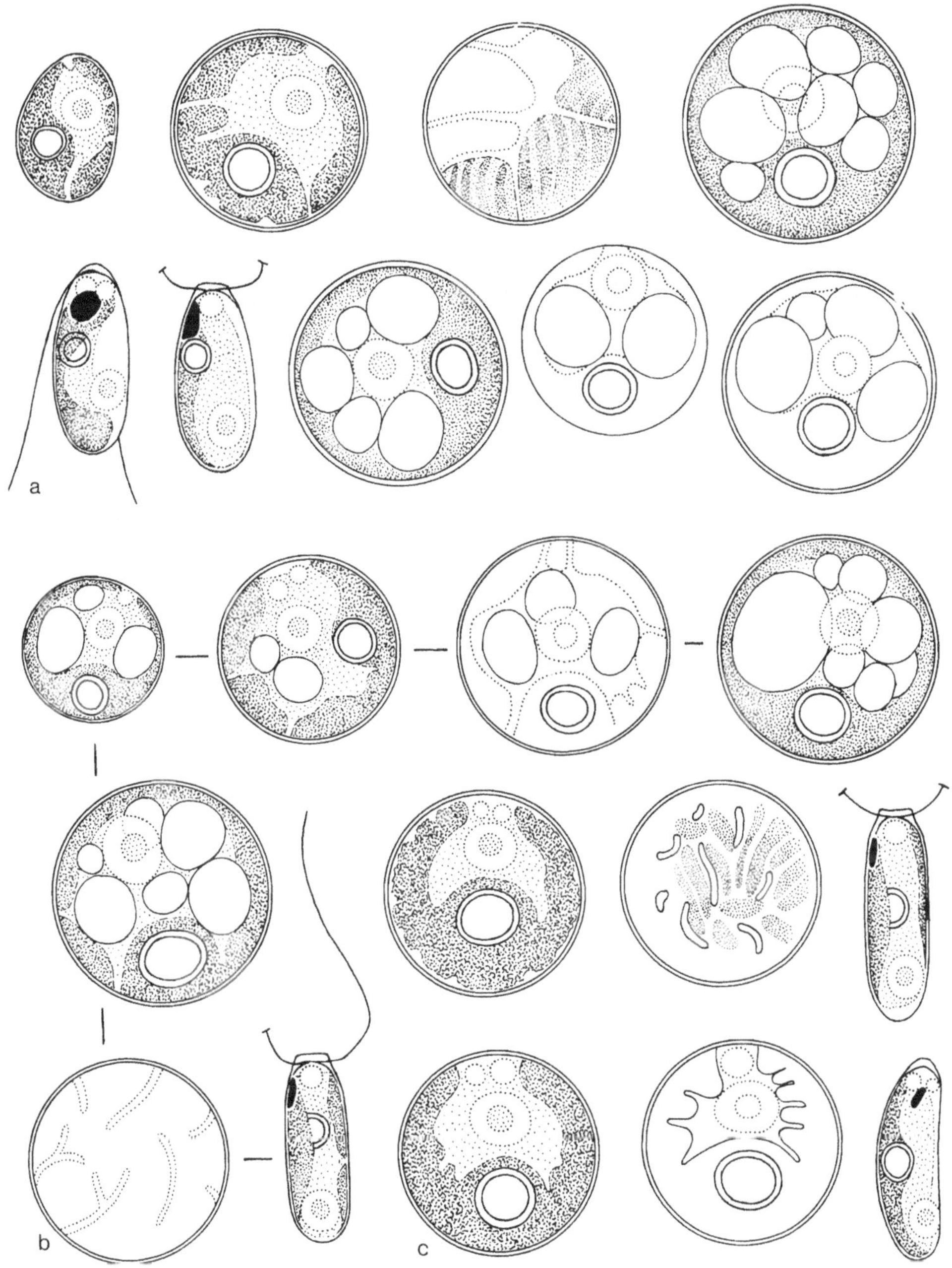

Fig. 81. *a Chlorococcum macrostigmatum; b Ch. vacuolatum; c Ch. elkhartiense* (nach Ettl & Gärtner).

14. Chlorococcum vacuolatum Starr 1953 (Fig. 81: b)
Syn.: *Chlorococcum texanum* Archibald & Bold 1970, *Chlorococcum loculatum* Archibald & Bold 1970, *Chlorococcum salsugineum* Archibald & Bold 1970, *Chlorococcum perforatum* Arce & Bold 1958
Starr 1953, p. 143, fig. 7–10; Archibald & Bold 1970b, p. 48, fig. 37, 93; Ettl & Gärtner 1988a, p. 201, fig. 140; Gärtner & Ettl 1988, p. 275.

Zellen kugelig, nur junge Zellen ellipsoidisch eiförmig, mit glatter, im Alter verdickter Zellwand. Chloroplast hohlkugelig, innen gefurcht und mit tiefen Einschnitten und Rissen. Ein abgerundetes bis kugeliges, exzentrisch liegendes Pyrenoid mit einheitlicher, hohlkugeliger Stärkehülle. Zellkern ± zentral. Zwei pulsierende Vakuolen, bei großen Zellen undeutlich oder klein und bei vakuolisierten Zellen nicht immer vorkommend. Besonders in gut wachsenden Zellen zahlreiche große und auffällige Saftvakuolen. Zoosporen zahlreich (32–64–128), schmal ellipsoidisch bis ellipsoidisch eiförmig, mit schwacher abgestutzter bis gewölbter Papille. Zellkern hinten. Zellen 10–25(–50) µm, Zoosporen 6,5–9(–12) µm lang und 2,5–3(–5) µm breit.
Kultur: UTEX 110, 1786, 775, 1776, 1788; SAG 213–8; ASIB IB 426, 422, 413, V 170.
Aus Erdboden vom Kapland (Südafrika), Sumpfboden bei Elkhart, Indiana; Boden von Austin, Texas; Boden eines *Oxycoccus*-Moores bei Falmouth, Massachusetts, USA; aus Boden einer Kaffeeplantage auf Kuba, sowie aus alpinen Rasenböden in Südtirol (Italien) isoliert.

15. Chlorococcum ellipsoideum Deason & Bold 1960 (Fig. 80: d)
Syn.: *Hypnomonas ellipsoidea* Korschikoff 1953, *Chlorococcum ellipsoideum* (Korschikoff) Philipose 1967, *Chlorococcum oviforme* Archibald & Bold 1970, *Chlorococcum perplexum* Archibald & Bold 1970, *Chlorococcum arenosum* Archibald & Bold 1970, *Chlorococcum pulchrum* Archibald & Bold 1970
Archibald & Bold 1970b, p. 29, fig. 54; Ettl & Gärtner 1987, p. 276; 1988a, p. 207, fig. 147, 148; Gärtner & Ettl 1988, p. 276.

Zellen ellipsoidisch, eiförmig oder breit abgerundet spindelförmig, nur vereinzelt breit oder kugelig ellipsoidisch; mit etwas verdickter Zellwand. Chloroplast topfförmig, in den erwachsenen Zellen um etwa 90° gedreht, der geöffnete Bereich an der Breitseite der Zelle liegend, mit abgerundeten Lappen und kleineren Rissen, Spalten oder Perforationen, in der Oberflächenansicht manchmal mit Rippen oder Leisten. Ein kugelig abgerundetes Pyrenoid etwas exzentrisch liegend, mit glatter, einheitlicher hohlkugeliger Stärkehülle. Zellkern etwa in der Zellmitte oder leicht exzentrisch; zwei pulsierende Vakuolen an der Breitseite der Zelle. Asexuelle Fortpflanzung meist durch 4–16(–32) Zoosporen oder Aplanosporen. Zoosporen ellipsoidisch, mitunter leicht gebogen, manchmal mit etwas schmälerem Vorderende und flach abgestutzter bis breit kielförmiger Papille; Zellkern hinten. Zellen 6,5–20(–35) µm lang und 4,5–15 µm breit, Zoosporen 6,5–9(–10,5) µm lang und 2,5–5 µm breit.
Kultur: UTEX 972, 1376, 1781, 1782, 1780, 1767; SAG 63.80, 68.72; ASIB IB 419; IB 401.
Boden eines Eichenwaldes in Williamson County, Texas; Bodenprobe bei Bertram, Burnet County, Texas; Böden des Strandes von Port Isabel, Texas; Boden eines Sumpfes bei Elkhart, Elkhart County, Indiana (USA).

16. Chlorococcum elkhartiense Archibald & Bold 1970 (Fig. 81: c)
Syn.: *Chlorococcum paludosum* Archibald & Bold 1970, *Chlorococcum uliginosum* Archibald & Bold 1970
Archibald & Bold 1970b, p. 28, fig. 17, 53; Ettl & Gärtner 1988a, p. 211, fig. 151, 152, 155; Gärtner & Ettl 1988, p. 276.

Zellen kugelig, meist mit im Alter ziemlich verdickter Zellwand. Chloroplast massiv hohlkugelig, mit zahlreichen Perforationen und Einschnitten; in Oberflächenansicht erscheint er in parallele

Rippen oder Streifen gegliedert. Ein abgerundetes kugeliges Pyrenoid mit einheitlicher Stärkehülle. Zellkern etwas exzentrisch. Ein bis zwei pulsierende Vakuolen. Zoosporen zu 16–32, gestreckt ellipsoidisch, mit niedriger abgestutzt kielförmiger Papille; Zellkern hinten. Zellen 9–26 µm, Zoosporen 7,5–12 µm lang und 2,5–5 µm breit.
Kultur: UTEX 1772, 1779, 1790; ASIB IB 418, 425.
Aus Sumpfböden bei Elkhart, Indiana (USA) isoliert.

17. **Chlorococcum tatrense** Archibald 1979 (Fig. 82: a)

Archibald 1979, p. 306, fig. 1; Ettl & Gärtner 1988 a, p. 213, fig. 154.

Junge Zellen breit ellipsoidisch, erwachsene kugelig, mit dünner, auch im Alter unverdickter Zellwand, Chloroplast topfförmig, durch radiär verlaufende Einschnitte und Einbuchtungen ± deutlich asteroid gebaut. Ein breit-ellipsoidisches bis kugeliges Pyrenoid mit hohlkugeliger, kontinuierlicher Stärkehülle. Zwei pulsierende Vakuolen. Zellkern im vorderen Chloroplastenlumen. Zoosporen gestreckt ellipsoidisch bis zylindrisch, mit deutlicher, gerade abgestutzter Papille; Zellkern hinten. Zellen 6,5–16(–20) µm groß, Zoosporen 5,5–7 µm lang, 2–3 µm breit.
Kultur: UTEX 2227, ASIB IB 441.
Aus Schneedetritus von den Belanské Tatry (Slowakei) isoliert.

18. **Chlorococcum isabeliense** Archibald & Bold 1970 (Fig. 82: b)

Syn.: *Chlorococcum lacustre* Archibald & Bold 1970
Archibald & Bold 1970 b, p. 31, fig. 58, 59; Ettl & Gärtner 1988 a, p. 216, fig. 158; Gärtner & Ettl 1988, p. 276.

Junge Zellen ellipsoidisch, erwachsene stets kugelig, mit dünner, glatter, auch im Alter nicht verdickter Zellwand; diese häufig vom Protoplasten abstehend. Chloroplast topfförmig, massiv, sehr wenig gegliedert, nur bisweilen mit einigen parallel verlaufenden Einschnitten und Perforationen. Ein kugeliges Pyrenoid mit einheitlicher, hohlkugeliger Stärkehülle. Zwei pulsierende Vakuolen. Der Zellkern meist genau in der Achse Pyrenoid – pulsierende Vakuolen, etwa in der Zellmitte. Zoosporen gestreckt ellipsoidisch mit undeutlicher abgestutzter Papille; Zellkern hinten. Zellen 8–18(–25) µm, Zoosporen 7,5–11 µm lang und 2,5–3,5 µm breit.
Kultur: UTEX 1774, 1775; SAG 65-80; ASIB IB 412.
Aus küstennahem Sand bei Port Isabel, Texas; aus dem Boden eines Sumpfes bei Elkhart, Indiana (USA).

19. **Chlorococcum acidum** Archibald & Bold 1970 (Fig. 82: c)

Archibald & Bold 1970 b, p. 21, fig. 38, 39; Ettl & Gärtner 1988 a, p. 216, fig. 160.

Zellen kugelig, mit im Alter etwas verdickter Zellwand. Chloroplast topfförmig, durch mehrere Einbuchtungen an der Außenseite im Querschnitt ± asteroid erscheinend. Außerdem durch zahlreiche unregelmäßige, mitunter verzweigte Risse perforiert. Ein abgerundet eckiges Pyrenoid mit einheitlicher, hohlkugeliger Stärkehülle. Häufig Pyrenoidverdoppelungen und -vermehrungen vorkommend. Zellkern im Lumen eingezwängt; zwei kleine pulsierende Vakuolen in der Öffnung des Chloroplasten. Zoosporen zu 8–16(–32), breit ellipsoidisch bis länglich ellipsoidisch, mit breiter, kurz abgestutzter Papille; Zellkern hinten. Autosporen in gleicher Anzahl wie die Zoosporen gebildet, mit wandständigem topfförmigem Chloroplast und einem Pyrenoid. Zellen 8–20(–25) µm, Zoosporen 7–9 µm lang und 3,5–4 µm breit.
Kultur: Utex 1766, ASIB IB 400.
Aus einem Moorboden bei Elkhart, Indiana (USA) und aus Erdböden in der USSR isoliert.

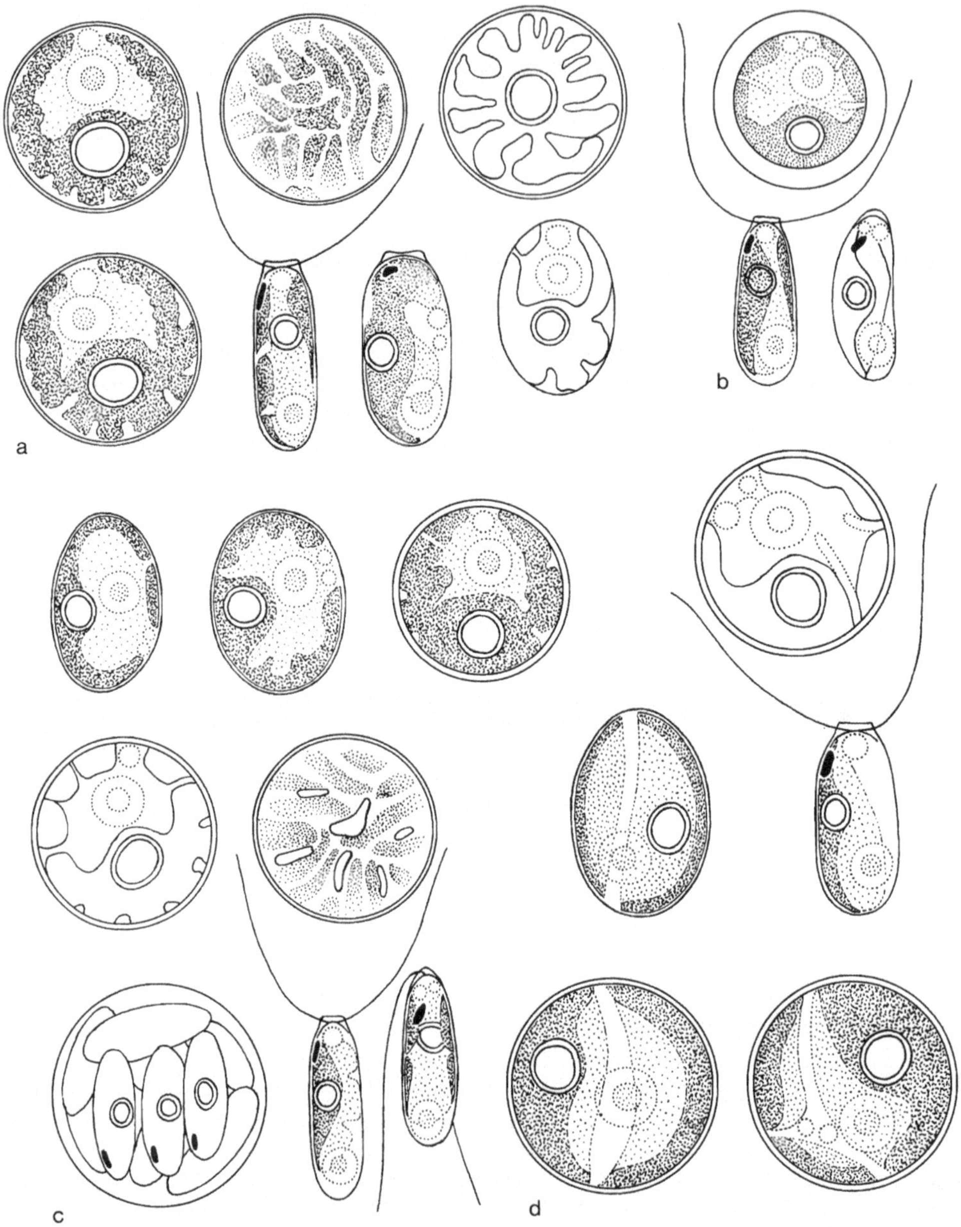

Fig. 82. *a Chlorococcum tatrense; b Ch. isabeliense; c Ch. acidum; d Ch. citriforme* (nach Ettl & Gärtner).

20. Chlorococcum citriforme Archibald & Bold 1970 (Fig. 82: d)
Archibald & Bold 1970b, p. 24, fig. 12, 44, 45; Ettl & Gärtner 1988a, p. 219, fig. 161.

Junge Zellen ellipsoidisch bis eiförmig, erwachsene kugelig, mit nur wenig verdickter Zellwand. Chloroplast fast hohlkugelig, mit auffälligen tiefen Spalten, von denen eine oder zwei den Chloroplasten durchschneiden und in zwei Teile teilen, mitunter auseinanderklaffen lassen. Zusätzlich noch kleinere Spalten und Risse an der Chloroplastenoberfläche. Ein abgerundetes bis eckiges Pyrenoid mit einheitlicher, hohlkugeliger Stärkehülle. Zellkern in jüngeren Zellen exzentrisch, später zentral. Zwei pulsierende Vakuolen; mitunter auch mit einer Saftvakuole. Zoosporen zu 2–16, breit ellipsoidisch-zylindrisch bis plump eiförmig, mit deutlicher kielförmiger Papille; Zellkern hinten. Autosporen zu wenigen, meist 2–8, ellipsoidisch, mit ähnlicher Chloroplastenstruktur wie die Zoosporen. Zellen 10–25 µm, Zoosporen 8–9 µm lang und 4–4,5 µm breit.
Kultur: UTEX 1769, SAG 62.80, ASIB 403.
Aus Boden eines Sumpfes bei Elkhart, Indiana (USA) isoliert.

21. Chlorococcum minutum Starr 1955 (Fig. 83: a)
Syn.: *Chlorococcum scabellum* Deason & Bold 1960, *Chlorococcum aureum* Archibald & Bold 1970, *Chlorococcum reticulatum* Archibald & Bold 1970, *Chlorococcum sphacosum* Archibald & Bold 1970, *Chlorococcum typicum* Archibald & Bold 1970
Archibald & Bold 1970b, p. 35, fig. 64, Ettl & Gärtner 1988a, p. 222, fig. 165, Gärtner & Ettl 1988, p. 276.

Zellen ellipsoidisch oder leicht eiförmig, im erwachsenen Zustand kugelig, mit im Alter verdickter Zellwand. Chloroplast topfförmig, mit großer Öffnung, aus der nach rückwärts tiefe unregelmäßige abgerundete Lappen und tiefe Einschnitte verlaufen. In Oberflächenansicht Chloroplast mit langen gebogenen oder verzweigten Spalten versehen. Ein großes, ellipsoidisches Pyrenoid mit einer kontinuierlichen, hohlkugeligen Stärkehülle. Zellkern exzentrisch bis zentral; zwei pulsierende Vakuolen in der Öffnung des Chloroplasten. Zoosporen breit ellipsoidisch-eiförmig mit flacher abgestutzter Papille; Zellkern hinten. Zellen 6,5–20(–25) µm, Zoosporen 7–10 µm lang und 2,5–5 µm breit.
Kultur: UTEX 117, 1768, 1784, 1789, 1233, 1787; SAG 213-7; ASIB T 50, IB 423, IB 424, S 219–221.
Aus einer Bodenprobe von Bombay (Indien) und aus Boden von Föhrenwäldern bei Brixen, Südtirol (Italien) isoliert; auch aus Argentinien bekannt. Boden bei Nashville, Tennessee; Boden eines Sumpfes bei Elkhart, Indiana; Boden eines *Sphagnum*-Sumpfes bei Falmouth, Barnstable County, Massachusetts; Boden des Sumpfgebietes in Summit County, Ohio; Boden eines Eichenwaldes, Williamson County, Texas (USA); aus küstennahen Bodenproben der Insel Lavsa, Dalmatien (Jugoslawien) und Böden der USSR und Nepal isoliert.

22. Chlorococcum oleofaciens Trainor & Bold 1953 (Fig. 83: b)
Syn.: *Chlorococcum aquaticum* Archibald 1979, *Chlorococcum croceum* Archibald & Bold 1970, *Chlorococcum granulosum* Archibald 1979, *Chlorococcum microstigmatum* Archibald & Bold 1970, *Chlorococcum nivale* Archibald 1979, *Chlorococcum rugosum* Archibald & Bold 1970
Archibald & Bold 1970b, p. 36, fig. 26, 66; Ettl & Gärtner 1988a, p. 225, fig. 169; Gärtner & Ettl 1988, p. 276.

Junge Zellen ellipsoidisch, ältere stets kugelig, mit im Alter verdickter Zellwand. Chloroplast ziemlich massiv, fast hohlkugelig, von außen durch Löcher und Risse perforiert, zum Teil auch nur mit sehr kleinen Löchern versehen. Ein kugeliges Pyrenoid mit einheitlicher hohlkugeliger Stärkehülle. Zellkern ± zentral, zwei pulsierende Vakuolen. In älteren Zellen wird in großen Mengen gelb gefärbtes Öl gespeichert. Zoosporen zu 2–128, ellipsoidisch bis ellipsoidisch-eiförmig, bisweilen einseitig abgeflacht, mit kleiner abgestutzter Papille; Zellkern hinten. Auch

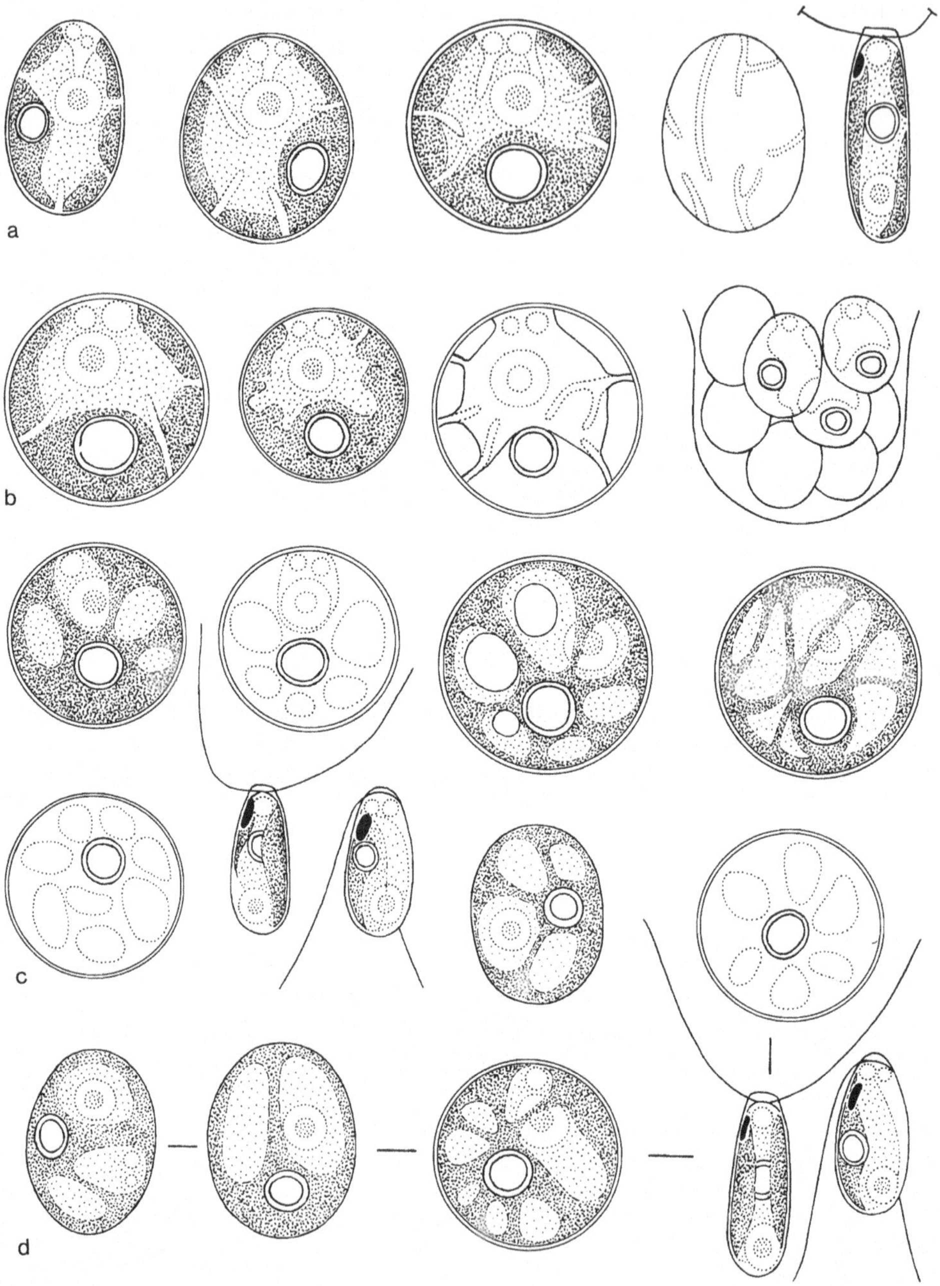

Fig. 83. *a Chlorococcum minutum; b Ch. oleofaciens; c Neospongiococcum excentricum; d N. mobile* (nach Ettl & Gärtner).

Autosporen vorkommend, sie bleiben durch die gedehnte Sporangienwand noch längere Zeit zusammengehalten. Zellen 6,5–26(–46) µm, verdickte Zellwand bis 6,5 µm; Zoosporen 7–10 µm lang, und 2,5–5,5 µm breit.
Kultur: UTEX 105, 1770, 2224, 2225, 1777, 1785; SAG 213–11; ASIB IB 404, 415, 416, 440.
Aus dem Boden eines gepflügten Feldes bei Duanesburg, New York (USA) isoliert; auch im Schnee-Detritus der Hohen Tatra (Tschechoslowakei); Sumpfboden bei Elkhart, Indiana; Küstensand von Port Isabel, Texas; Boden von Nashville, Tennessee (USA) gefunden. Auch in der USSR bekannt.

Nicht beschriebene Arten:
Chlorococcum sp. – Broady 1979a, p. 63, fig. 14 a–f.
Zellen ellipsoidisch bis kugelig, häufig lose zusammenhängend. Chloroplast parietal, tief eingeschnitten und regelmäßige Lappen bildend. Pyrenoid 1 oder 2, von mehreren Stärkekörnern umgeben. Einkernig. Fortpflanzung durch Autosporen. Zellen 8–14 µm im Durchmesser.
Zwischen feuchten Moosen und an Bodenoberfläche, Antarctic Peninsula und South Georgia (Antarktis).
Chlorococcum sp. – Broady 1982a, p. 19, fig. 83–85, 144 (Fig. 98: d).
Zellen breit ellipsoidisch, manchmal kugelig. Chloroplast topfförmig, perforiert und zerrissen; mit einem Pyrenoid im verdickten Teil; zwei pulsierende Vakuolen. Fortpflanzung durch 4–16 Zoosporen oder durch Aplanosporen. Zellen bis 16 µm im Durchmesser, Zoosporen 7–9 × 3,5–5 µm groß.
Insel Surtsey (Island).

3. **Neospongiococcum** Deason 1971

Syn.: *Spongiococcum* Deason 1959 p. p. sensu Deason 1971
Deason 1971, p. 19; Ettl & Gärtner 1988a, p. 235; 1988b, p. 243.

Zellen einzeln oder in Gruppen vorkommend, junge Zellen ellipsoidisch, eiförmig oder leicht unregelmäßig zitronenförmig, ältere kugelig mit glatter, farbloser, im Alter meist verdickter Zellwand. Chloroplast wandständig, in jungen Zellen ± eine offene Hohlkugel mit unregelmäßig gelappter und eingeschnittener Öffnung, in älteren Zellen ist der hohlkugelige Chloroplast stark mit Löchern, Spalten und Einschnitten versehen, erscheint in zusammenhängende Rippen, Leisten und Querbalken aufgelöst oder durchlöchert, schließlich spongiomorph. Meist ein kompakter Chloroplastenteil in dem ein exzentrisches Pyrenoid liegt. Auch Pyrenoidenverdoppelungen und -vermehrungen kommen vor. Stärkehülle sowohl hohlkugelig als auch gegliedert. Stets ein Zellkern in einem der größeren Hohlräume des Chloroplasten liegend. Pulsierende Vakuolen vorhanden oder fehlend, häufig auch Saftvakuolen vorkommend. Asexuelle Fortpflanzung durch 2–64 (oder mehr) Zoo- und Autosporen, durch sukzedane oder semisimultane Protoplastenteilung gebildet. Zoosporen mit dünner Zellwand, ± deutlicher Papille und zwei ± körperlangen Geißeln. Sexuelle Fortpflanzung und Dauerstadien bisher nicht beobachtet.
Von 15 beschriebenen Arten werden hier 7 behandelt.

1a Pyrenoid mit kontinuierlicher, hohlkugeliger Stärkehülle 2
1b Pyrenoid von mehreren, getrennten Stärkekörnern umgeben 4
2a Vegetative Zellen mit pulsierenden Vakuolen, ohne Gallerthüllen 3
2b Vegetative Zellen ohne pulsierende Vakuolen, aber mit Saftvakuolen, mit Gallerthüllen . . . . **3. N. gelatinosum**
3a Zellen 6,5–20(–42) µm groß, Zoosporen in größerer Anzahl gebildet, leere Sporangienwände ohne Reste von Geißelröhren . . . . **1. N. excentricum**
3b Zellen 11–15(–25) µm groß, reichlich Zoosporen bildend, diese häufig zu 2 oder 4, leere Sporangienwände mit Resten von Geißelröhren . . . . **2. N. mobile**
4a Vegetative Zellen mit pulsierenden Vakuolen 5

4b Vegetative Zellen ohne pulsierende Vakuolen 6
5a Chloroplast sehr stark gegliedert, in zahlreiche feine Lappen aufgelöst, Pyrenoid sehr groß mit dicken Stärkekörnern . . . . **4. N. macropyrenoidosum**
5b Chloroplast wenig gegliedert, mit groben Lappen, Pyrenoid normal entwickelt . . . . **5. N. vacuolatum**
6a Zellen mit zahlreichen Saftvakuolen, Chloroplast stark gegliedert, mit zahlreichen feinen Lappen . . . . **6. N. commatiforme**
6b Zellen ohne oder mit wenig Saftvakuolen, Chloroplast grob spongiomorph mit wenigen breiten Lappen . . . . **7. N. alabamense**

1. **Neospongiococcum excentricum** (Deason & Bold) Deason & Cox 1971 (Fig. 83: c)

Syn.: *Neospongiococcum mahleri* Deason 1976
Deason 1976, p. 202, fig. 7, 26; Ettl & Gärtner 1988a, p. 236, 240, fig. 178, 182; 1988b, p. 243.

Zellen kugelig bis breit ellipsoidisch, mit nur im Alter etwas verdickter Zellwand, Chloroplast bei jungen Zellen hohlkugelig mit relativ großer gelappter Öffnung, in Oberflächenansicht durch Löcher oder gebogene, manchmal gabelig verzweigte Spalten perforiert. Bei erwachsenen Zellen ausgesprochen spongiomorph. Ein großes, exzentrisch liegendes Pyrenoid mit kontinuierlicher, hohlkugeliger Stärkehülle. Zwei pulsierende Vakuolen peripher zwischen den Chloroplastenlappen gegenüber dem Pyrenoid liegend; sie verschwinden, sobald Saftvakuolen auftreten, die in erwachsenen Zellen zahlreich und groß werden. Ein Zellkern. Zoosporen zu 4–8–16, ellipsoidisch bis eiförmig, mit undeutlicher haubenförmiger Papille und basalem Zellkern. Zellen 6,5–20(–42) µm, Zoosporen 8,5 µm lang und 3,5 µm breit.
Kultur: UTEX 2119, ASIB IB 374.
Aus Boden in Austin, Texas (USA) isoliert.

2. **Neospongiococcum mobile** Deason & Cox 1971 (Fig. 83: d)

Ettl & Gärtner 1988a, p. 238, fig. 179.

Zellen einzeln, ellipsoidisch bis kugelig, mit im Alter leicht verdickter Zellwand. Chloroplast in jungen Zellen hohlkugelig mit wenigen tiefen Rissen, Einschnitten und großen Löchern; zuletzt spongiomorph mit ziemlich derben Querleisten. Ein großes, kugeliges bis ellipsoidisches, exzentrisch liegendes Pyrenoid mit kontinuierlicher hohlkugeliger Stärkehülle. Zwei sehr langsam pulsierende Vakuolen peripher zwischen den Chloroplastenlappen liegend. Ein Zellkern etwas exzentrisch im Lumen des Chloroplasten. Zoosporen zu 2–32, gestreckt ellipsoidisch bis eiförmig, mit schwacher haubenförmiger Papille und basalem Zellkern. Zellen 6,5–17(–25) µm, ellipsoidische Zellen 5,5 µm breit und 11 µm lang; Zoosporen 5,5–7 µm lang und 2–3,5 µm breit.
Kultur: UTEX 1841, ASIB IB 375.
Aus Sand am Strand von Dauphin Island, Alabama (USA) isoliert.

3. **Neospongiococcum gelatinosum** (Archibald & Bold) Ettl & Gärtner 1987 (Fig. 84: a)

Syn.: *Chlorococcum gelatinosum* Archibald & Bold 1970
Archibald & Bold 1970b, p. 29, fig. 55; Ettl & Gärtner 1987, p. 513; 1988a, p. 238, fig. 180.

Zellen einzeln oder durch Gallerte in Gruppen zusammengehalten. Junge Zellen ellipsoidisch bis leicht eiförmig, erwachsene stets kugelig, mit glatter, im Alter wenig verdickter Zellwand und zusätzlich deutlicher Gallerthülle. Chloroplast bei jungen Zellen hohlkugelig mit großer Öffnung und tiefen Einschnitten, in Oberflächenansicht mit unregelmäßigen oft gabelig verzweigten Spalten und Löchern, bei erwachsenen Zellen stets ausgesprochen spongiomorph, mit ± feinen Querleisten. Ein ellipsoidisch bis kugeliges Pyrenoid mit einheitlicher, hohlkugeliger Stärkehülle. Ein Zellkern. Im Zytoplasma manchmal kleine Öltropfen. Pulsierende Vakuolen fehlen. Zoosporen gestreckt ellipsoidisch bis fast zylindrisch, mit breiter abgerundet kielförmiger Papille und basalem

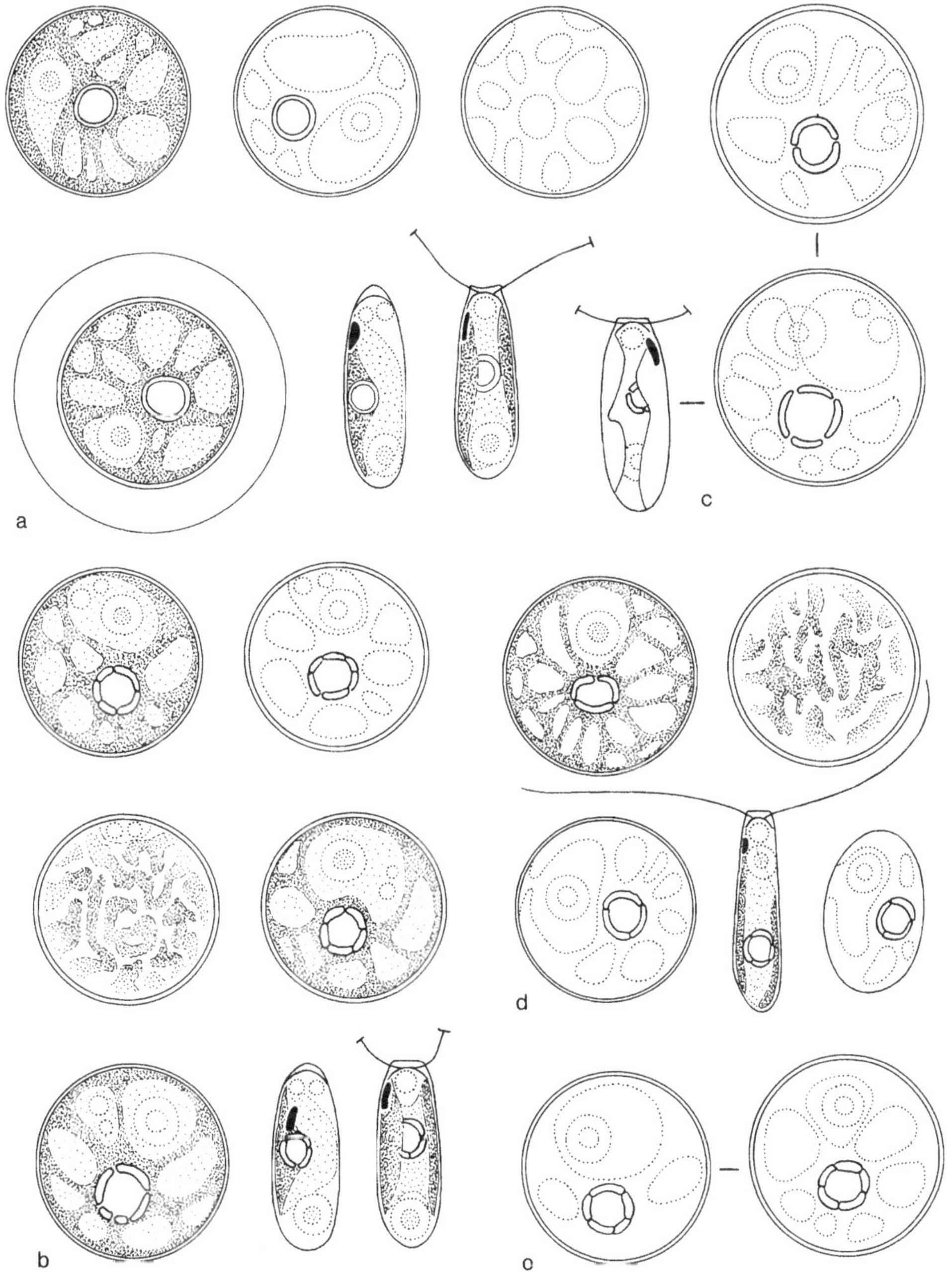

Fig. 84. *a Neospongiococcum gelatinosum; b N. macropyrenoidosum; c N. vacuolatum; d N. commatiforme; e N. alabamense* (nach Ettl & Gärtner).

Zellkern. Auch Vermehrung durch 8–16 Aplanosporen beobachtet. Zellen 9–20(–35) µm, ellipsoidische Zellen 7,5–10,5 µm × 4–6,5 µm; Zoosporen 8 µm lang und 2,5–4 µm breit.
Kultur: UTEX 1773; SAG 64.80.
Aus Moorboden bei Elkhart, Indiana (USA) isoliert.

4. Neospongiococcum macropyrenoidosum Deason & Cox 1971 (Fig. 84: b)
Deason & Cox 1971, p. 259, fig. 10, 11; Ettl & Gärtner 1988 a, p. 242, fig. 184.

Zellen einzeln lebend, junge Zellen ellipsoidisch, erwachsene kugelig mit nur leicht verdickter Zellwand. Chloroplast in jungen Zellen hohlkugelig bis topfförmig, durch tiefe Spalten und Einschnitte reich gegliedert, in erwachsenen Zellen deutlich spongiomorph, sehr stark aufgelöst, in Oberflächenansicht mit kleinen Feldern. Ein kugeliges bis abgerundet polygonales, sehr deutliches Pyrenoid mit gegliederter Stärkehülle aus wenigen groben Stärkeschalen. Zwei pulsierende Vakuolen zwischen den Chloroplastenlappen gegenüber dem Pyrenoid liegend. Ein Zellkern. Zoosporen zu 4–8(–32) gestreckt ellipsoidisch bis ellipsoidisch zylindrisch mit abgerundet kielförmiger Papille und basalem Zellkern. Zellen 6,5–20 µm, Zoosporen 6,5–11 µm lang und 2,5–3,5 µm breit.
Kultur: UTEX 1839, ASIB IB 280.
Aus Waldboden im Cedars of Lebanon State Forest, Wilson County, Tennessee (USA).

5. Neospongiococcum vacuolatum Deason & Cox 1971 (Fig. 84 c)
Syn.: *Neospongiococcum butyrosum* Deason & Cox 1971, *Neospongiococcum perforatum* Deason & Cox 1971
Ettl & Gärtner 1988 a, p. 243, fig. 185; 1988 b, p. 244.

Zellen einzeln vorkommend, junge ellipsoidisch, erwachsene stets kugelig, mit unverdickter Zellwand. Chloroplast in jüngeren Zellen hohlkugelig, mit ± tiefen, oft gabelig verzweigten Einschnitten perforiert, in erwachsenen Zellen stets ausgeprägt spongiomorph; ein exzentrisch liegendes Pyrenoid mit gegliederter Stärkehülle aus zwei bis wenigen Stärkeschalen. Zwei pulsierende Vakuolen peripher zwischen den Chloroplastenlappen, gegenüber dem Pyrenoid. Ein Zellkern. Zoosporen häufig zu 8, seltener bis 32, ellipsoidisch mit breit abgerundet kielförmiger Papille und basalem Zellkern. Zellen 6,5–17(–25) µm, Zoosporen 7–12 µm lang und 3–5 µm breit.
Kultur: UTEX 1837, 1838, 1840; ASIB IB 281, IB 369.
Aus Waldboden von Cedars of Lebanon State Forest, Wilson County, Tennessee und von Tuscaloosa, Alabama isoliert; auch aus Boden von Dauphin Island, Alabama (USA).

6. Neospongiococcum commatiforme Deason 1976 (Fig. 84: d)
Deason 1976, p. 198, fig. 4, 18, 20; Ettl & Gärtner 1988 a, p. 245, fig. 188.

Junge Zellen ellipsoidisch bis schwach eiförmig, erwachsene kugelig, mit im Alter leicht verdickter Zellwand. Chloroplast in jungen Zellen hohlkugelig, bald spongiomorph werdend, in erwachsenen Zellen in feine Leisten aufgelöst, in Oberflächenansicht netzförmig klein gefeldert. Pyrenoid ± kugelig, mit wenig gegliederter Stärkehülle. Keine pulsierenden Vakuolen, in älteren Zellen jedoch wenige große Saftvakuolen. Ein Zellkern. Zoosporen gestreckt ellipsoidisch oder leicht gestreckt tropfenförmig, mitunter gestreckt rübenförmig oder basal etwas verbreitert, mit schwacher, kielförmiger Papille; Zellkern vorne. Zellen 6,5–20(–32) µm, Zoosporen 8,5–9,5 µm lang und 2,5–3 µm breit.
Kultur: UTEX 2216; ASIB IB 370.
Aus Boden bei Memphis, Tennessee (USA) isoliert.

7. Neospongiococcum alabamense (Deason) Deason 1976 (Fig. 84: e)
Syn.: *Spongiococcum alabamense* Deason 1959, *Neospongiococcum rugosum* Deason 1976, *Neospongiococcum solitarium* Deason 1976, *Neospongiococcum sphaericum* Deason 1976
Deason 1959, p. 574, fig. 10–18, 33–37; 1976, p. 206; Ettl & Gärtner 1988 a, p. 246, fig. 191; 1988 b, p. 243.

Junge Zellen ellipsoidisch, erwachsene kugelig, bisweilen etwas unregelmäßig, mit farbloser, im Alter nur leicht verdickter Zellwand. Chloroplast in jungen Zellen hohlkugelig, mit mehreren großen Löchern, Spalten und Rissen, in erwachsenen ausgesprochen spongiomorph, bei alten Zellen in Oberflächenansicht gestreift oder mit Rippen. Ein abgerundetes kugeliges Pyrenoid mit wenigen Stärkeschalen. Manchmal Pyrenoidverdoppelungen und -vermehrungen (bis 5) vorkommend. Ein Zellkern. Keine pulsierenden Vakuolen, in älteren Zellen Saftvakuolen. Zoosporen gestreckt ellipsoidisch, mit abgerundet kielförmiger Papille; Zellkern vorn. Auch bis zu 64 Autosporen beobachtet. Zellen 7,5–22(–45) µm, Zoosporen 7–10 µm lang und 2,5–4,5 µm breit.
Kultur: UTEX 960, 2114, 2117, 2120; ASIB IB 368.
Aus Böden von Baumwollfeldern in Alabama und bei Memphis, Tennessee (USA).

4. Radiosphaera Snow 1918 ex Herndon 1958

Syn.: *Radiosphaera* Pascher 1939, *Radiosphaera* Snow 1918 sensu Starr 1955, *Macrochloris* Korschikoff 1926 sensu Tell 1971
Starr 1955, p.47; Ocampo-Paus & Friedmann 1966, p. 663; Ettl & Gärtner 1988 a, p. 248.

Zellen einzeln lebend, junge Zellen ellipsoidisch bis leicht eiförmig, erwachsene ellipsoidisch kugelig bis kugelig, mit glatter, farbloser, unverdickter Zellwand, die in alten Kulturen bisweilen stärker verdickt und doppelt konturiert erscheint. Chloroplast in jungen Zellen wandständig, im Schnitt H-förmig (röhrenförmig mit Querbrücke) oder seitenständig und gelappt. In älteren Zellen immer asteroid gelappt, die Lappen von einem kompakten Zentralteil zur Zellwand ausstrahlend, an den Enden ± tief eingeschnitten, gegabelt, bisweilen abgeplattet und verbreitert. Bei Oberflächenansicht gefeldert erscheinend. Ein fast zentrales, abgerundetes Pyrenoid mit mehreren groben Stärkekörnern; häufig treten Pyrenoidverdoppelungen auf. Ein einziger Zellkern vorn zwischen den Chloroplastenlappen. Bei einer Art auch zwei große apikale pulsierende Vakuolen vorhanden. Asexuelle Fortpflanzung durch 2–64 Zoo- oder Autosporen. Zoosporen ellipsoidisch mit zarter Wand, einfacher bis zweihöckriger Papille und zwei etwa körperlangen Geißeln. Chloroplast wandständig, H-förmig oder gelappt, mit einem zentralen oder seitlichen Pyrenoid. Stigma im mittleren oder vorderen Bereich des Chloroplasten. Zwei apikale pulsierende Vakuolen. Zellkern in der hinteren oder vorderen Zellhälfte. Aplanosporen und Autosporen meist 8, 16 oder 32 (bisweilen auch mehr).

1a Chloroplast in Zoosporen und jungen ellipsoidischen Zellen H-förmig; Zoosporen mit einfacher Papille und Kern im basalen Bereich . . . . **1. R. minuta**
1b Chloroplast in jungen Zellen und Zoosporen seitenständig und gelappt; Zoosporen mit grob-zweihöckriger Papille, Kern seitlich oder vorne . . . . **2. R. negevensis**

1. Radiosphaera minuta Herndon 1958 (Fig. 85: a)
Syn.: *Actinochloris minuta* (Herndon) Philipose 1967, *Macrochloris minuta* (Herndon) Tell 1971
Herndon 1958 b, p. 317, fig. 70–89; Ettl & Gärtner 1988 a, p. 249, fig. 192; Handa & al. 1991, p. 212, fig. 1: 1–11.

Junge Zellen ellipsoidisch, allmählich kugelig werdend, erwachsene Zellen stets kugelig, mit glatter, im Alter etwas verdickter Zellwand; gelegentlich mit polaren Verdickungen, Chloroplast in jungen Zellen wandständig, H-förmig, sich allmählich in Lappen zerteilend. In erwachsenen Zellen Chloroplast ausgesprochen asteroid gebaut. Chloroplastenlappen einfach bis gabelig eingeschnitten. Pyrenoid im kompakten Zentralstück des Chloroplasten eingebettet. Zellkern in einem

Hohlraum zwischen den Chloroplastenlappen (bei jungen Zellen hinten). Zoosporen ellipsoidisch mit kleiner Papille und H-förmigem Chloroplasten, Zellkern im hinteren Bereich. Autosporen in Kultur häufig gebildet, ellipsoidisch. Zellen 20–45 μm im Durchmesser, Zoosporen 7–13 μm lang, 3,5–7 μm breit.
Aus einer Bodenprobe von einer Bananenplantage bei Robins Town (Jamaica) isoliert. Auch auf Baumrinden in Japan.

2. **Radiosphaera negevensis** Ocampo-Paus & Friedmann 1966 (Fig. 85: b)

Syn.: *Macrochloris negevensis* (Ocampo-Paus & Friedmann) Tell 1971
Ocampo-Paus & Friedmann 1966, p. 666, fig. 1–12; Ettl & Gärtner 1988a, p. 250, fig. 193, 194.

Junge Zellen eiförmig bis ellipsoidisch, erwachsene kugelig, mit dünner, später etwas dicker werdender glatter, farbloser Zellwand. Chloroplast bereits in jungen Zellen gelappt bis asteroid gelappt. Lappen einfach bis gegabelt, bis an die Zellwand reichend und dort verbreitert. Pyrenoid mit grob gegliederter Stärkehülle im zentralen Chloroplastenteil, dazu auch Stärke in Körnern im Chloroplast gespeichert. Ein Zellkern zwischen den Chloroplastenlappen. Zwei pulsierende Vakuolen zeitlebens vorhanden. Zoosporen ellipsoidisch mit großer zweihöckriger Papille, seitlich gelapptem Chloroplast mit median bis vorne liegendem Stigma; Zellkern im vorderen Bereich. Zellen 14–16 μm im Durchmesser, Zoosporen 12–13(–17) μm lang, und 7–8(–12) μm breit.
Kultur: UTEX 1348, SAG B 87.80, CCAP 247/2 und ASIB IB 438.
Aus einer Lößbodenprobe aus der Negev-Wüste (Israel) isoliert. Von Ocampo-Paus & Friedmann 1966 wurde eine mit etwas kleineren Zoo- und Autosporen versehene Form von derselben Lokalität als fa. *minor* Ocampo-Paus & Friedmann 1966 beschrieben. Auch diese ist in Kultur vorhanden: UTEX 1385, SAG B 88.80, CCAP 247/3 und ASIB IB 439.

5. **Apodochloris** Komárek 1959

Syn.: *Characium* A. Braun 1849 p. p. sensu Korschikoff 1953, *Chlorochytrium* Cohn 1874, p. p. sensu Lund 1955, *Chlorococcum* Meneghini 1842 p. p. sensu Bischoff & Bold 1964, *Tetracystis* Brown & Bold p. p. sensu Archibald & Bold 1971
Ettl & Gärtner 1988a, p. 251.

Zellen einzeln, birnenförmig, eiförmig, spindelförmig, fast zylindrisch, ellipsoidisch oder unregelmäßig abgerundet, selten annähernd kugelig, bipolar entwickelt und mit einem schmäleren apikalen und mit einem breiteren basalen Teil. Zellwand ohne nennenswerte Verdickung. Chloroplast wandständig, etwa zwei Drittel des Zellumens ausfüllend, mit nur leicht gewelltem bis eingeschnittenem Rand oder mit unregelmäßiger großer Öffnung oder mit Löchern. Ein ± exzentrisch liegendes rundes Pyrenoid. Zellkern im basalen Zellbereich. Pulsierende Vakuolen nicht beobachtet. Asexuelle Fortpflanzung durch 4 bis 16 Zoosporen und (seltener) Autosporen, die durch sukzedane Protoplastenteilung gebildet und aus apikaler, subapikaler oder medianer Öffnung entlassen werden. Auch Aplanosporen beobachtet. Sexuelle Fortpflanzung unbekannt.
Von *Chlorococcum* nur durch den bipolaren Zellbau, von der rein äußerlich ähnlichen Gattung *Characium* durch das Fehlen einer Anheftungseinrichtung (Gallertpolster, Gallertfuß) und nicht festsitzende Lebensweise unterschieden. Von 3 beschriebenen Arten ist nur 1 bodenbewohnend.

Apodochloris polymorpha (Bischoff & Bold) Komárek 1979 (Fig. 85: c)

Syn.: *Chlorococcum polymorphum* Bischoff & Bold 1963, *Tetracystis polymorpha* (Bischoff & Bold) Archibald & Bold 1971
Ettl & Gärtner 1988a, p. 253, fig. 196.

Zellen sehr formveränderlich, ei- bis birnenförmig, ellipsoidisch oder sackförmig, mit basal verbreitertem Teil und glatter unverdickter Zellwand. Chloroplast wandständig, parietal, an der

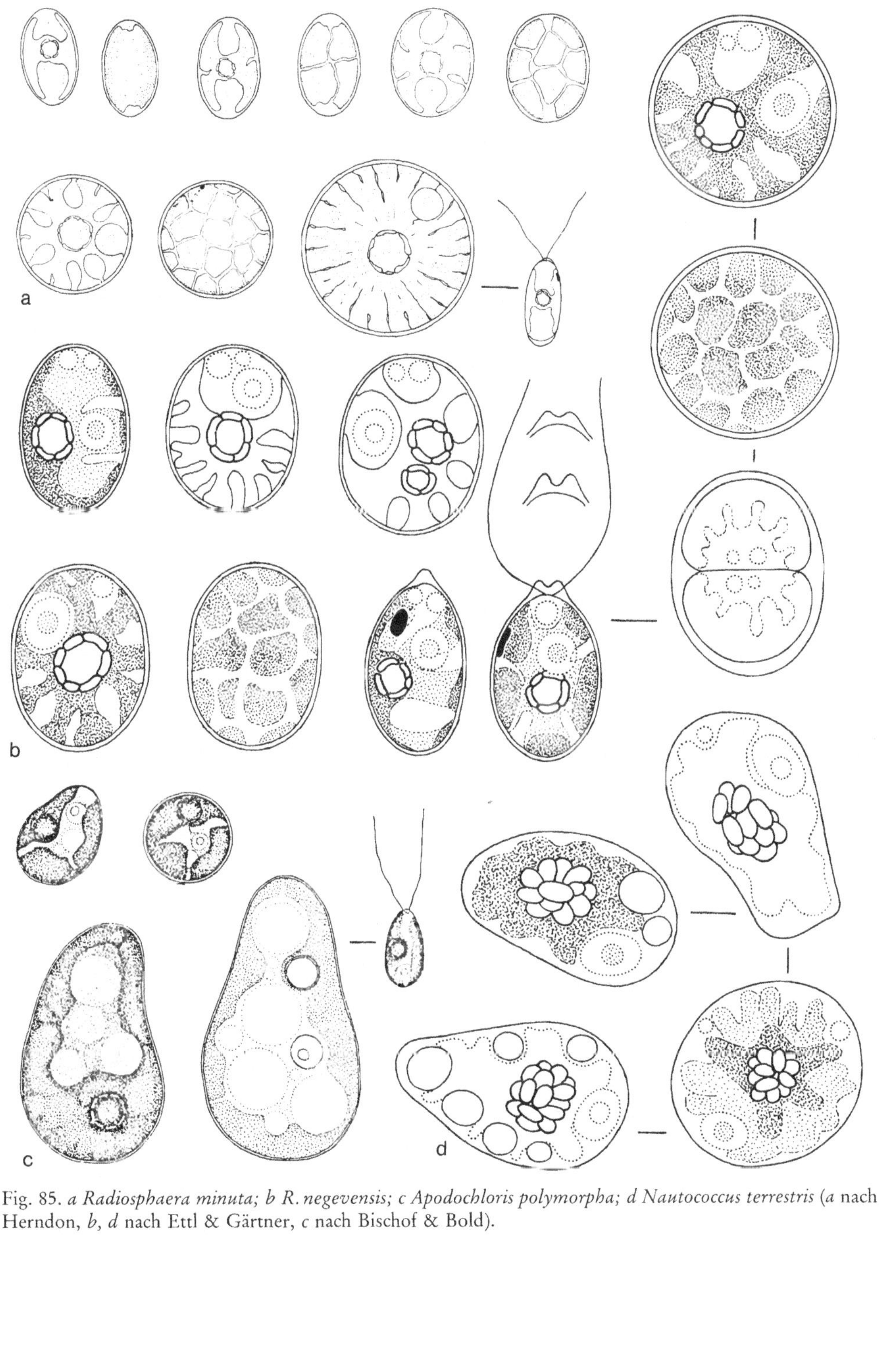

Fig. 85. *a Radiosphaera minuta; b R. negevensis; c Apodochloris polymorpha; d Nautococcus terrestris* (*a* nach Herndon, *b, d* nach Ettl & Gärtner, *c* nach Bischof & Bold).

Oberfläche leicht eingeschnitten, immer unregelmäßig gelappt und mit Hohlräumen versehen, worin mehrere Saftvakuolen liegen. Ein rundes, exzentrisches Pyrenoid mit gegliederter Stärkehülle. Ein Zellkern im basalen Zellbereich. Keine pulsierenden Vakuolen beobachtet. Zoosporen meist zu 4 bis 16. Zellen 25–35(–50) µm lang, 8–15 µm breit, Zoosporen 8–8,5 µm lang, 3–3,5 µm breit.
Aus Boden von Enchanted Rock, Texas (USA) isoliert.

6. **Nautococcus** Korschikoff 1926

Korschikoff 1953, p. 61; Pascher 1927, p. 489; Ettl & Gärtner 1988a, p. 256.

Zellen einzeln, vorübergehend in kleinen Gruppen oder Aggregaten lebend. Sie sind kugelig, ellipsoidisch, ei- oder birnenförmig, zwiebelförmig oder auch unregelmäßig abgerundet, mit ± spitzen Fortsätzen. Zellwand immer deutlich, manchmal mit Gallerthüllen, an einem Ende mit einer meist deutlichen Zellwandkappe versehen. Chloroplast massiv, immer zentral (axial), sehr groß, mitunter den Großteil der Zelle ausfüllend, abgerundet bis gelappt oder leicht sternförmig erscheinend, häufig auch etwas undeutlich abgegrenzt. Mit einem relativ großen, zentralen Pyrenoid, das von mehreren Stärkekörnern umgeben ist. Zellkern nur einer, meist völlig seitlich gelegen und linsenförmig abgeflacht. Pulsierende Vakuolen vorhanden, unregelmäßig gelegen, in jungen Zellen eine bis zwei, später auch mehrere. Mitunter auch kleine Saftvakuolen im Protoplast zerstreut. Asexuelle Fortpflanzung durch Zoosporen oder Aplanosoporen, die nach sukzedaner Protoplastenteilung gebildet werden. Erstere sind eiförmig bis ellipsoidisch, auch spindel- bis tropfenförmig, oft etwas unregelmäßig, immer etwas abgeflacht und mit einer sehr dünnen Zellwand versehen. Mit ± deutlicher Papille, zwei Geißeln und axialem, oft etwas plattenförmigem Chloroplast mit zentralem Pyrenoid. Stigma im vorderen Zelldrittel, eine bis zwei, selten mehrere pulsierende Vakuolen, unregelmäßig verteilt. Hypnoblasten dickwandig und stachelig.

1a Zellen zwiebel- bis birnenförmig oder ellipsoidisch, immer mit einem Pyrenoid . . . . **3. N. pyriformis**
1b Zellen meist kugelig, selten eiförmig bis ellipsoidisch, häufig mit mehreren Pyrenoiden 2
2a Zellen bis 35 µm groß, Zellwand bis 2 µm dick, Zoosporen ohne Papille und mit median bis basal gelegenem Zellkern . . . . **1. N. terrestris**
2b Zellen bis 25 µm groß, Zellwand unverdickt, Zoosporen mit Papille und mit vorne gelegenem Zellkern . . . . **2. N. solutus**

1. **Nautococcus terrestris** Archibald 1972 (Fig. 85: d)

Archibald 1972, p. 207, fig. 4–8; Ettl & Gärtner 1988a, p. 264, fig. 204.

Zellen einzeln lebend, fast kugelig oder eiförmig, bis ellipsoidisch oder unregelmäßig, oft polar mit etwas ungleich verdickter Zellwand und dünner Gallerte. Junge Zellen mit Zellwandkappen, die nach Färbung deutlich hervortreten, aber bei älteren Zellen nur manchmal sichtbar sind. Chloroplast massiv, axial, gelappt, oft mit radiären großen Lappen, dazwischen mit größeren Saftvakuolen; ein oder in älteren Zellen ausnahmsweise mehrere zentrale Pyrenoide mit mehreren groben Stärkekörnern. Pulsierende Vakuolen vorhanden. Asexuelle Fortpflanzung durch Zoo- oder Autosporen, erstere mit Stigma und zwei pulsierenden Vakuolen am Vorderende, zusätzlich pulsierende Vakuolen in der Zellmitte, Kern in der Mitte oder hinten liegend. Dauerstadien in Form stachelig behäuteter Hypnosporen, die durch Abheben der alten Zellwand einzeln entstehen. Zellen in frischen Kulturen 12–15 µm, in älteren Kulturen 18–22(–35) µm im Durchmesser, Zellwand bis 2 µm dick; Zoosporen 11–12 µm lang und 4–5 µm breit.
Kultur: UTEX 1794, CCAP 53/3.
Aus Boden bei Fredericksburg, Texas (USA) isoliert.

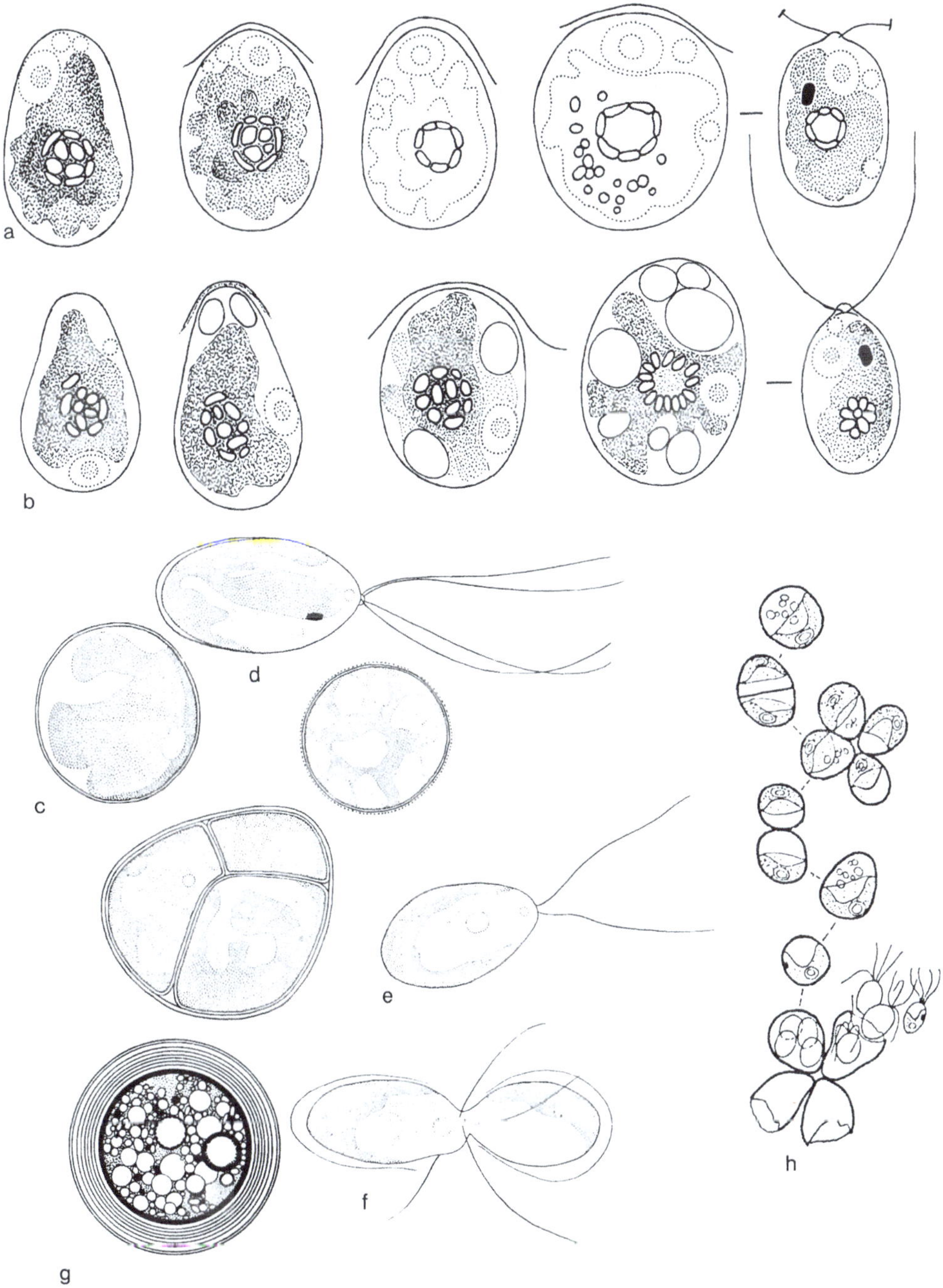

Fig. 86. *a Nautococcus solutus; b N. pyriformis; c–g Pseudoplanophila sphagnothermalis; c* einzelne Zelle; *d* Zoospore; *e* Gamet; *f* Isogamie; *g* Zygote; *h P. spec.* A (*a, b* nach Ettl & Gärtner, *c–g* nach Pascher, *h* nach Broady).

2. Nautococcus solutus Archibald 1972 (Fig. 86: a)
Archibald 1972, p. 209, fig. 9–12; Ettl & Gärtner 1988a, p. 265, fig. 205.

Zellen einzeln oder in kleinen Gruppen vorkommend oder durch Zellwandreste (Gallerte- oder Zellwandkappen) zu Gruppen zusammengehalten. Erwachsene Zellen kugelig bis leicht ellipsoidisch, bisweilen etwas birnenförmig, mit im Alter kaum verdickter Zellwand und schwachen Gallerthüllen oder -kappen bei älteren Zellen; bei jüngeren Zellen diese Gallerthüllen oft nicht ausgebildet. Chloroplast massiv, axial, von unregelmäßigem Umriß, an der Außenseite deutlich und reichlich kurz gelappt. Meist ein zentrales Pyrenoid mit lockerer, aus mehreren Stärkekörnern gebildeten Stärkehülle. Eine oder zwei seitlich liegende, unregelmäßig verteilte und oft schlecht sichtbare pulsierende Vakuolen, in ältere Zellen auch Saftvakuolen vorhanden. Ein Zellkern, seitlich, linsenförmig in einer Einbuchtung des Chloroplasten eingezwängt. Asexuelle Fortpflanzung durch Zoo- oder Autosporen. Zoosporen zu 4–8, plump breit ellipsoidisch bis länglich ellipsoidisch, stark abgeflacht und dorsiventral gebaut, mit flacher Bauch- und gewölbter Rückenseite, vorne mit schwacher, abgerundeter Papille. Zellen 10–12(–20–25) µm groß, Zoosporen 10–12 µm lang und 4–6 µm breit.
Kultur: UTEX 1793, CCAP 53/2 und ASIB IB 432.
Aus einer Bodenprobe von Bertram, Burnet County, Texas (USA) isoliert.

3. Nautococcus pyriformis Korschikoff 1926 (Fig. 86: b)
Starr 1955, p. 90, fig. 233–239; Ettl & Gärtner 1988a, p. 259, fig. 199, 200.

Zellen birnenförmig, eiförmig oder fast kugelig, mit kleiner und wenig entwickelter Zellwandkappe. Chloroplast groß, unregelmäßig geformt bis abgerundet oder leicht gelappt, mit einem großen zentralen Pyrenoid mit mehreren groben Stärkekörnern. Zellkern im breiteren Zellteil, basal eingezwängt und ± linsenförmig. Gewöhnlich ein oder zwei, seltener mehrere (bis zehn) pulsierende Vakuolen im peripheren Bereich des Protoplasten verteilt. Manchmal wenige bis mehrere kleine, nicht kontraktile Vakuolen an der Zellperipherie. Zoosporen bis zu 32 oder 64 gebildet, unregelmäßig ellipsoidisch oder eiförmig, abgeflacht, mit dünner Zellwand und kleiner flacher Papille; Zellkern und eine bis zwei pulsierende Vakuolen ebenfalls vorne. Aplanosporen oval, sonst den Zoosporen ähnlich. Von sexueller Fortpflanzung nur die viergeißeligen Planozygoten beobachtet. Hypnoblasten und Hypnosporen kurzstachelig, eiförmig bis ellipsoidisch, selten kugelig. Zellen meist 15 µm, seltener bis 30 µm groß, Zoosporen 8–13 µm lang.
Kultur: UTEX 125.
Aus Erdboden eines Gartenbeetes in Massachusetts (USA) und aus Böden von Texas (USA) isoliert.

7. Pseudoplanophila Ettl & Gärtner 1987

Syn.: *Planophila* Gerneck 1907 p. p. sensu Pascher 1939, Broady 1979
Pascher 1939a, p. 167; Ettl & Gärtner 1987, p. 513; 1988a, p. 272.

Zellen einzeln lebend oder in Zellgruppen zu zweit oder zu viert durch die Zellwand der Mutterzelle zusammengehalten. Zellwand zart bis derb, doch dann meist verquollen. Chloroplast zunächst topfförmig, meist stark gelappt bis netzförmig, mit deutlichem Pyrenoid. Pulsierende Vakuolen nicht beobachtet. Zellen häufig mit Stärke oder mit großen Tropfen orangefarbigen Öles ausgefüllt. Asexuelle Fortpflanzung durch 2–4 Aplanosporen, die gewöhnlich eine Zeitlang von der gedehnten Mutterzellwand zu Diaden oder Tetraden zusammengehalten werden. Zoosporen meist zu zweit gebildet, mit vier 1,5 mal körperlangen Geißeln. Zellwand der Zoosporen zart, mit meist deutlicher Papille. Zoosporen bald zur Ruhe kommend und vegetative Zellen bildend, wobei aber die Zellwand der Zoospore nicht zur Zellwand der vegetativen Zelle umgewandelt, sondern abgestoßen wird. Sexuelle Fortpflanzung durch Isogameten, die meist zu zweit gebildet werden,

eine zarte Zellwand ohne Papille und zwei körperlange Geißeln besitzen. Stigma bei diesen anscheinend zurückgebildet, klein und nur gelblich. Zygoten kugelig, mit zarter bis derber, dann mehrfach geschichteter Wand, grün oder mit viel rotem Öl. Bei der Keimung, die in allen Stadien stattfinden kann, werden nur zwei oder nur ein Keimling entleert. Letztere treten entweder als Zoosporen oder als unbewegliche Zellen aus.
Bislang die einzige Gattung der Chlorococcaceae mit viergeißeligen und behäuteten Zoosporen. Von der Gattung *Planophila* Gerneck dadurch unterschieden, daß letztere nur nackte Zoosporen bildet. Diese werden von Gerneck (1907) zwar nur indirekt angegeben (Abrundung ohne Keimung), jedoch von anderen Autoren nur in der nackten Form beobachtet. Ungewöhnlich ist hier die von Pascher beobachtete Häutung der Zoosporen vor der Keimung in vegetative Zellen. Diesem Umstand sollte man besondere Aufmerksamkeit widmen.

Eine einzige Art:

Pseudoplanophila sphagnothermalis (Pascher) Ettl & Gärtner 1987 (Fig. 86: e–g)
Syn.: *Planophila sphagnothermalis* Pascher 1939
Pascher 1939a, p. 167, fig. 1–3; Ettl & Gärtner 1988a, p. 273, fig. 212.

Mit den Merkmalen der Gattung. Zellen 15–22 µm groß, manchmal etwas größer werdend.
Bislang nur vereinzelt auf den Stirnflächen von Abstichen und Gräben des Mineralmoores bei Franzensbad (Tschechoslowakei).
Zu dieser Gattung gehört wohl auch die von Broady (1979) als *Planophila sp.*A bezeichnete Alge (Fig. 86: h). Diese besitzt ellipsoidische bis kugelige Zellen, die mitunter auch breit eiförmig sein können. Chloroplast einheitlich topfförmig, reduziert und nur etwas mehr als die eine Zellhälfte auskleidend, mit deutlichem basalem Pyrenoid. Häufig in den Zellen Öltropfen. Zoosporen viergeißelig. Zellen 6–8,5 µm im Durchmesser.
In Mineralböden von Signy Island, South Orkney Islands, Antarktis.

8. **Fasciculochloris** McLean & Trainor 1965

McLean & Trainor 1965, p. 145; Ettl & Gärtner 1988a, p. 273.

Zellen einzeln oder in 4–32-zelligen Gruppen, häufig auch in kubischen ± unregelmäßigen paketförmigen Kolonien lebend; diese entstehen durch Teilungsvorgänge in 2 oder 3 Richtungen. Immer in einer gemeinsamen Gallerte eingebettet. Junge Zellen eiförmig ellipsoidisch, erwachsene breit ellipsoidisch bis kugelig, an den Berührungsseiten leicht abgeflacht. Mit glatter, dünner oder bis leicht verdickter Zellwand; häufig von zusätzlichen ± dicken, homogenen Schleimhüllen umgeben. Chloroplast bei jungen Zellen rinnen- bis schüsselförmig, später deutlich topfförmig, in erwachsenen Zellen durch tiefe Einschnitte stark und unregelmäßig gelappt. Mit einem Pyrenoid mit einer Stärkehülle aus zwei oder wenigen großen Stärkeschalen; manchmal Pyrenoidverdoppelung vorkommend. In älteren Zellen Chloroplast häufig durch Stärke- und Ölspeicherung überlagert und seine Struktur dann nicht gut erkennbar. Zellkern im Lumen des Chloroplasten; zwei große pulsierende Vakuolen. Asexuelle Fortpflanzung durch Zoo- und Aplanosporen, meist 4–16 pro Sporangium. Teilprotoplasten werden häufig durch die noch längere Zeit persistierende Zellwand zu Diaden oder Tetraden zusammengehalten. Durch intensive Gallertbildung (verschleimte alte Zellwände) entstehen dann größere Zellkomplexe. Zoosporen dorsiventral oder auch leicht asymmetrisch, ellipsoidisch eiförmig oder rübenförmig gebaut, mit deutlicher Bauch- und Rückenseite; ohne ausgeprägte Papille, mit zwei überkörperlangen Geißeln.

Eine einzige Art:

Fasciculochloris boldii McLean & Trainor 1965 (Fig. 87: a)
Ettl & Gärtner 1988 a, p. 275, fig. 214.

Mit den Merkmalen der Gattung. Zellen 7,5–14 μm im Durchmesser, unregelmäßige Zellgruppen 15 μm × 18(–26 ×28) μm, Zellwand 1 μm, Zoosporen 7 μm lang und 4 μm breit.
Kultur: UTEX 1451 und ASIB 437.
Aus Ackerboden bei Storrs, Connecticut (USA).

9. **Heterotetracystis** Cox & Deason 1968

Cox & Deason 1968, p. 242; Ettl & Gärtner 1988 a, p. 275.

Zellen einzeln, meist jedoch in Zweier- und Vierergruppen oder unregelmäßigen Zellhaufen lebend; junge Zellen ellipsoidisch, erwachsene breit ellipsoidisch bis kugelig, in Zellgruppen leicht abgeplattet, mit dünner Zellwand; in alten Zellen sind häufig allseitige oder polare Verdickungen der Zellwand zu beobachten. Einzelne Zellen oft mit deutlicher Gallerthülle. Chloroplast parietal, topfförmig bis fast hohlkugelig, in einige Lappen gegliedert, teilweise von Löchern und Spalten durchbrochen; mit einem deutlichen, abgerundeten, exzentrisch liegenden Pyrenoid. Zellkern im Lumen des Chloroplasten; zwei pulsierende Vakuolen. Asexuelle Fortpflanzung durch Zoosporen und Autosporen, letztere noch längere Zeit in der Mutterzellwand in Form von Diaden und Tetraden zusammenhängend. Zoosporen meist ellipsoidisch bis eiförmig, immer asymmetrisch, mit dünner Zellwand, ohne oder mit sehr schwacher Papille, zwei etwas ungleich lange Geißeln; Zellkern in der Mitte oder am Vorderende, Stigma median. Hypnoblasten mit dicker geschichteter Zellwand vorkommend. Sexuelle Fortpflanzung nicht beobachtet.

1a Zellen 10–13 μm groß, Chloroplast eingebuchtet, immer ein Pyrenoid, Zoosporen vorne schief abgestutzt . . . . **1. H. akinetos**
1b Zellen 15–17(–21) μm groß, Chloroplast stark eingeschnitten und zerschlitzt, häufig 2–4 Pyrenoide, Zoosporen vorne gerade abgestutzt . . . . **2. H. intermedia**

1. **Heterotetracystis akinetos** Cox & Deason 1968 (Fig. 87: b)

Syn.: *Heterotetracystis macrogranulosa* Cox & Deason 1968; ?*Chlamydomonas appendiculata* Deason & Bold 1960
Cox & Deason 1968, p. 242, fig. 8–12; Ettl & Gärtner 1988 a, p. 277, fig. 216.

Junge Zellen ellipsoidisch, erwachsene kugelig, mit dünner und nur im Alter etwas verdickter Zellwand. Erwachsene Zellen mit ungeschichteten Gallerthüllen, bisweilen zu größeren Zellgruppen in gemeinsamer Gallerte eingebettet. Chloroplast wandständig, topfförmig bis hohlkugelig, eingebuchtet. Pyrenoid exzentrisch im basalen Teil des Chloroplasten, mit aus großen Stärkeschalen zusammengesetzter Stärkehülle. Zellkern im Lumen des Chloroplasten; zwei apikale pulsierende Vakuolen. Am Vorderende Zoosporen schief abgestutzt. Geißeln nicht immer auffallend verschieden lang. Hypnoblasten orange gefärbt, mit geschichteter, dicker Wand. Zellen 10–13(–18–20) μm. Zellwand in alten Kulturen bis 4,2 μm dick; Gallerthülle bis 4 μm, Hypnoblastenwand bis 2,8 μm dick. Zoosporen 7–11 μm lang, 4–8,5 μm breit.
Kultur: UTEX 1675, 970.
Aus Boden von Cedars of Lebanon State Forest und von einem Gemüsegarten, Wilson County, Tennessee (USA).

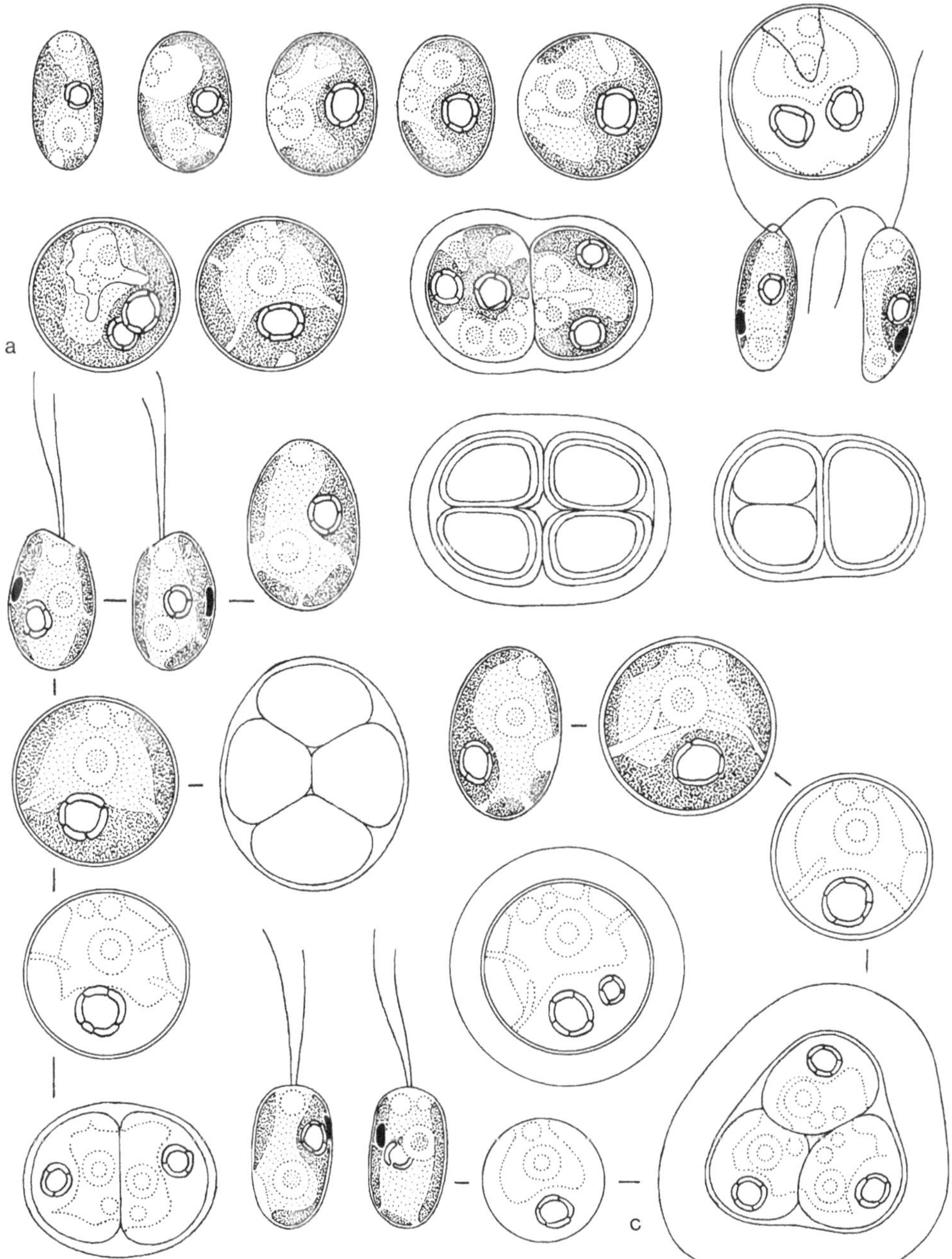

Fig. 87. *a Fasciculochloris boldii; b Heterotetracystis akinetos; c H. intermedia* (nach Ettl & Gärtner).

2. Heterotetracystis intermedia Cox & Deason 1968 (Fig. 87: c)
Cox & Deason 1968, p. 247, fig. 17–21; Ettl & Gärtner 1988 a, p. 279, fig. 217.

Junge Zellen ellipsoidisch bis ellipsoidisch eiförmig, erwachsene breit ellipsoidisch bis kugelig. Zellwand zart, auch im Alter nicht verdickt. Chloroplast topfförmig, stark eingeschnitten, durch lange schmale, oft verzweigte Risse perforiert. Mit einem breit ellipsoidisch bis kugeligen Pyrenoid mit wenigen Stärkeschalen. Zellkern ± zentral; zwei apikale pulsierende Vakuolen. Vorderende der Zoosporen gerade abgestutzt, Geißeln ungleich lang; Chloroplast parietal, rinnenförmig, an den Rändern gewellt bis gelappt. Zellen 15–17(–21) µm, Zellwand in alten Zellen bis 4,2 µm dick; Zoosporen 5–13 µm lang und 4–8,5 µm breit.
Kultur: UTEX 1673.
Aus Boden vom Cedars of Lebanon State Forest, Wilson County, Tennessee (USA).

10. **Spongiococcum** Deason 1959

Deason 1959, p. 572; 1971, p. 19; Ettl & Gärtner 1988 a, p. 315.

Zellen einzeln lebend oder in Diaden, Tetraden oder kleineren Aggregaten zusammenhängend; junge Zellen ellipsoidisch, erwachsene kugelig bis breit eiförmig oder breit ellipsoidisch, mit glatter deutlicher Zellwand ohne auffällige Verdickung. Chloroplast im Prinzip topfförmig, bei jungen Zellen mit deutlichen Einschnitten und Spalten, bei erwachsenen Zellen ausgesprochen spongiomorph. Ein großes, abgerundetes, zentral bis leicht exzentrisch liegendes Pyrenoid mit Stärkehülle aus zahlreichen ± massiven Stärkekörnern. Zellkern im vorderen Lumen des Chloroplasten, ebenso zwei pulsierende Vakuolen. Asexuelle Fortpflanzung durch 4–32 sukzedan gebildete Zoosporen sowie 4–16(–32) Aplanosporen und Autosporen, die durch Verschleimen der Sporangienwand freiwerden. Sie bleiben häufig noch in Tetradenform längere Zeit in der Mutterzellwand eingeschlossen. Auch mehrfache Zoo- oder Autosporenbildung in Tetradenzellen möglich. Zoosporen ellipsoidisch bis eiförmig, mit dünner Zellwand und kielförmiger Papille, zwei etwas über körperlangen Geißeln und parietalem, eingeschnittenem Chloroplast. Pyrenoid mehr im hinteren Bereich liegend. Stigma median oder mehr vorne; zwei apikale pulsierende Vakuolen, Zellkern vorne. Sexuelle Fortpflanzung nicht beobachtet.

Eine einzige Art:

Spongiococcum tetrasporum Deason 1959 (Fig. 88: a)
Ettl & Gärtner 1988 a, p. 317, fig. 242, 243.

Mit den Merkmalen der Gattung. Zellen 20–30 µm im Durchmesser, Zoosporen 9,5 µm lang und 5 µm breit.
Kultur: UTEX 961, und ASIB IB 435.
Aus Boden eines Baumwollfeldes in Alabama (USA) isoliert.

11. **Tetracystis** Brown & Bold 1964

Syn.: *Chlorococcum* Meneghini 1842 p. p. sensu Deason & Bold 1960, Arce & Bold 1958, Chantanachat & Bold 1962
Brown & Bold 1964, p. 13; Nakano 1984, p. 133, Ettl & Gärtner 1988 a, p. 280.

Zellen mit dem Zellbau von *Chlorococcum*, jedoch nicht nur einzeln, sondern auch, meist überwiegend, in Zellgruppen (Diaden und Tetraden) lebend (Taf. XI). Einzelne Zellen in der Jugend ellipsoidisch oder eiförmig, im erwachsenen Zustand ellipsoidisch kugelig bis kugelig. Zellgruppen entstehen durch wiederholte Teilungen des Protoplasten in Autosporen, die ziemlich früh ihre eigene Zellwand innerhalb der Mutterzellwand entwickeln und längere Zeit von ihr zusammengehalten werden. Autosporen in diesen Zellgruppen zu vegetativen Zellen heranwachsend, wobei sie fortpflanzungsfähig und noch eine weitere (dritte) Generation innerhalb der alten Mutterzellwand entwickeln können, so daß ineinandergeschachtelte Systeme von Zellen mit allen ihren Zellwänden entstehen. Zellwand zart oder dick, manchmal mit uni- oder bipolaren Verdikkungen, glatt und hyalin. Chloroplast im Prinzip topfförmig, oft massiv, durch Risse jedoch perforiert oder durch Einschnitte gelappt bis grob oder fein radiär asteroid geteilt; mit verdicktem Balsalstück. Dort mit einem einheitlichen oder multiplen Pyrenoid, das von zwei halbkugeligen oder von mehreren scheibenförmigen Stärkekörnern, nur in einem Fall von einer einheitlichen Stärkehülle, umgeben ist. Pulsierende Vakuolen eine oder zwei (selten mehr), meist in der Öffnung des Chloroplasten; Zellkern im Lumen des letzteren. Asexuelle Fortpflanzung durch Zoosporen, Aplanosporen oder Autosporen. Zoosporen vom *Chlamydomonas*-Typus, mit zwei Geißeln, seitenständigem Chloroplast, Stigma und zwei apikalen pulsierenden Vakuolen; Zellkern vorn oder hinten. Autosporen den vegetativen Zellen ähnlich. Sexuelle Fortpflanzung durch Isogamie, in seltenen Fällen durch Anisogamie. Zygoten glatt oder skulpturiert. Bei *T. diplobionticoidea* und wahrscheinlich auch bei *T. excentrica* wächst die Zygote zu einer diploiden vegetativen Zelle heran, es kommt im Lebenszyklus zu einem Wechsel zwischen einer haploiden und einer diploiden Phase. *Tetracystis*-Arten sind Bodenalgen.

1a Stärkehülle des Pyrenoids einheitlich, hohlkugelig, ungegliedert . . . . **1. T. fissurata**
1b Stärkehülle des Pyrenoids gegliedert, zwei- oder mehrteilig 2
2a Stärkehülle des Pyrenoids aus zwei halbkugeligen Stärkeschalen zusammengesetzt (zweiteilig) 3
2b Stärkehülle des Pyrenoids aus mehreren Stärkekörnern zusammengesetzt (mehrteilig) 7
3a Chloroplast massiv topfförmig, mit wenigen unregelmäßigen Einschnitten oder Rissen, pulsierende Vakuolen apikal 4
3b Chloroplast topfförmig, mit zahlreichen unregelmäßigen Rissen oder Rillen, fein gestreift erscheinend, pulsierende Vakuolen seitlich . . . . **2. T. texensis**
4a Sexuelle Fortpflanzung durch Isogamie, Zygoten den vegetativen Zellen ähnlich, pulsierende Vakuolen der vegetativen Zellen weit voneinander entfernt, Chloroplast der Zoosporen stark gelappt . . . . **3. T. excentrica**
4b Sexuelle Fortpflanzung nicht bekannt, pulsierende Vakuolen der vegetativen Zellen nebeneinander, Chloroplast der Zoosporen nicht gelappt 5
5a Zoosporen zylindrisch bis ellipsoidisch, mit deutlicher kielförmiger bis zweihöckriger Papille, Chloroplast der vegetativen Zellen mit Einschnitten, leicht gelappt 6
5b Zoosporen rübenförmig, basal spitz ausgezogen, mit undeutlicher Papille, Chloroplast der vegetativen Zellen nicht gelappt . . . . **4. T. sarcinalis**
6a Zellen 10–14 µm groß, Zellwand mit bipolaren Verdickungen, Zellgruppen in Form ineinandergeschachtelter Systeme mit weit abstehenden Mutterzellwänden, Lappen des Chloroplasten kurz und undeutlich . . . . **5. T. pulchra**
6b Zellen 12–20 µm groß, Zellwand ohne lokale Verdickungen, Zellgruppen in Form eng zusammengedrängter Tetraden, Lappen des Chloroplasten lang bandförmig . **6. T. intermedia**
7a Stärkekörner der Stärkehülle in regelmäßigen Reihen, Pyrenoid deutlich gestreift, Chloroplast massiv topfförmig, nur manchmal mit wenigen Rissen . . . . **7. T. tetraspora**
7b Stärkekörner der Stärkehülle unregelmäßig, Pyrenoid nicht gestreift, Chloroplast gelappt bis asteroid 8
8a Organismus mit diploider und haploider Phase, Zygote glattwandig und direkt zur vegetativen Zelle heranwachsend . . . . **8. T. diplobionticoidea**
8b Organismus nur haploid, Zygote skulpturiert, nie in vegetative Zellen übergehend 9
9a Pulsierende Vakuolen der vegetativen Zellen apikal 10
9b Pulsierende Vakuolen der vegetativen Zellen antapikal . . . . **9. T. dissociata**
10a Pyrenoidkörper homogen (ungeteilt) 11
10b Pyrenoidkörper multipel (geteilt) 15

11a Zoosporen rübenförmig, basal lang ausgezogen, Zellwand mit bipolaren Verdickungen, Mutterzellwand bei Zellgruppen auffallend dick werdend . . . . **10. T. compacta**
11b Zoosporen nicht rübenförmig, basal abgerundet 12
12a Zellwand mit uni- oder bipolaren Verdickungen . . . . **11. T. illinoisensis**
12b Zellwand ohne Wandverdickungen 13
13a Zellen bis 27 µm groß, Chloroplast der Zoosporen schüssel- bis topfförmig, Tochterzellen in den Zellgruppen deutlich von der Mutterzellwand abgehoben . . . . **12. T. aplanospora**
13b Zellen bis 18(–20) µm groß, Chloroplast der Zoosporen rinnenförmig, Tochterzellen in den Zellgruppen nicht von der Mutterzellwand abgehoben 14
14a Chloroplast in Lappen oder Einzelteile aufgelöst, Chloroplast der Zoosporen ohne Einschnitte; Isogamie, Zygoten mit feinen Leisten besetzt . . . . **13. T. aggregata**
14b Chloroplast schwach eingeschnitten bis asteroid, Chloroplast der Zoosporen durch mehrere Einschnitte gelappt; sexuelle Fortpflanzung nicht beobachtet . . . . **14. T. aeria**
15a Sexuelle Fortpflanzung durch Iso- oder Anisogamie, Chloroplast vielfach und zart asteroid gelappt . . . . **15. T. isobilateralis**
15b Sexuelle Fortpflanzung nicht sicher bekannt, Chloroplast wenig aber grob gelappt 16
16a Pyrenoid mit paralleler lamellenartiger Feinstruktur, Zellgruppen sehr große Komplexe bildend, Chloroplast mit tiefen Einschnitten . . . . **16. T. vinatzeri**
16b Pyrenoid mit radiärer sternartiger Feinstruktur, Zellgruppen keine großen Komplexe bildend, Chloroplast mit seichten Einschnitten . . . . **17. T. pampae**

1. **Tetracystis fissurata** Nakano 1984 (Fig. 88: b)

Nakano 1984, p. 134, fig. 12; Ettl & Gärtner 1988a, p. 285, fig. 219.

Junge Zellen ellipsoidisch, erwachsene Zellen kugelig, meist Tetraden bildend. Zellwand bei alten Zellen kaum verdickt. Chloroplast topfförmig, bisweilen hohlkugelig, durch sehr tiefe und unregelmäßige Einschnitte gelappt. Pyrenoid kugelig mit einheitlicher, ungegliederter Stärkehülle. Zwei pulsierende Vakuolen. Zellkern im Lumen des Chloroplasten. Aplanosporen und Autosporen oft zu größeren Komplexen vereinigt, und mehrfach ineinandergeschachtelte Systeme bildend. Sexuelle Fortpflanzung unbekannt. Zellen 13–20 µm groß, Zoosporen 7–9 µm lang und 3–5 µm breit.
Aus Bodenproben verschiedener Standorte und Lokalitäten in Japan isoliert.

2. **Tetracystis texensis** Brown & Bold 1964 (Fig. 88: c)

Brown & Bold 1964, p. 25, fig. 19–24; Nakano 1984, p. 147, fig. 17; Ettl & Gärtner 1988a, p. 286, fig. 220.

Junge Zellen eiförmig bis eiförmig-ellipsoidisch, erwachsene kugelig. Zellgruppen mit 4, 8 oder 16 Zellen, die der Mutterzellwand ± eng anliegen, manchmal noch größere Komplexe bildend. Zellwand zart, auch in alten Kulturen nicht dick werdend. Chloroplast im Prinzip topfförmig und mit verdicktem Basalstück. Durch unregelmäßige Einschnitte tief gelappt, wobei die Lappen zusätzlich durch feine Rillen gefurcht sind. Oberfläche des Chloroplasten gestreift. Pyrenoid groß, breit ellipsoidisch bis unregelmäßig, von zwei derben bis dicken suppentellerartigen Stärkeschalen umgeben; bei alten Zellen auch 3–4 Stärkeschalen. Zwei pulsierende Vakuolen. Zellkern im Lumen des Chloroplasten. Zoosporen gestreckt eiförmig, mit abgestutzter Papille, rinnenförmigem, schwach gelapptem Chloroplast. Zellkern hinten. Sexuelle Fortpflanzung nicht bekannt. Zellen 13–15(–17) µm groß, Zoosporen 10–12 µm lang und 3–4 µm breit.
Kultur: UTEX 1463, SAG 99.80, CCAP 181/8.
Aus Erdproben von Pilot Knob, Travis County, Texas (USA) und aus einer Bodenprobe bei Hokkaido (Japan) isoliert. Auch in der USSR gefunden.

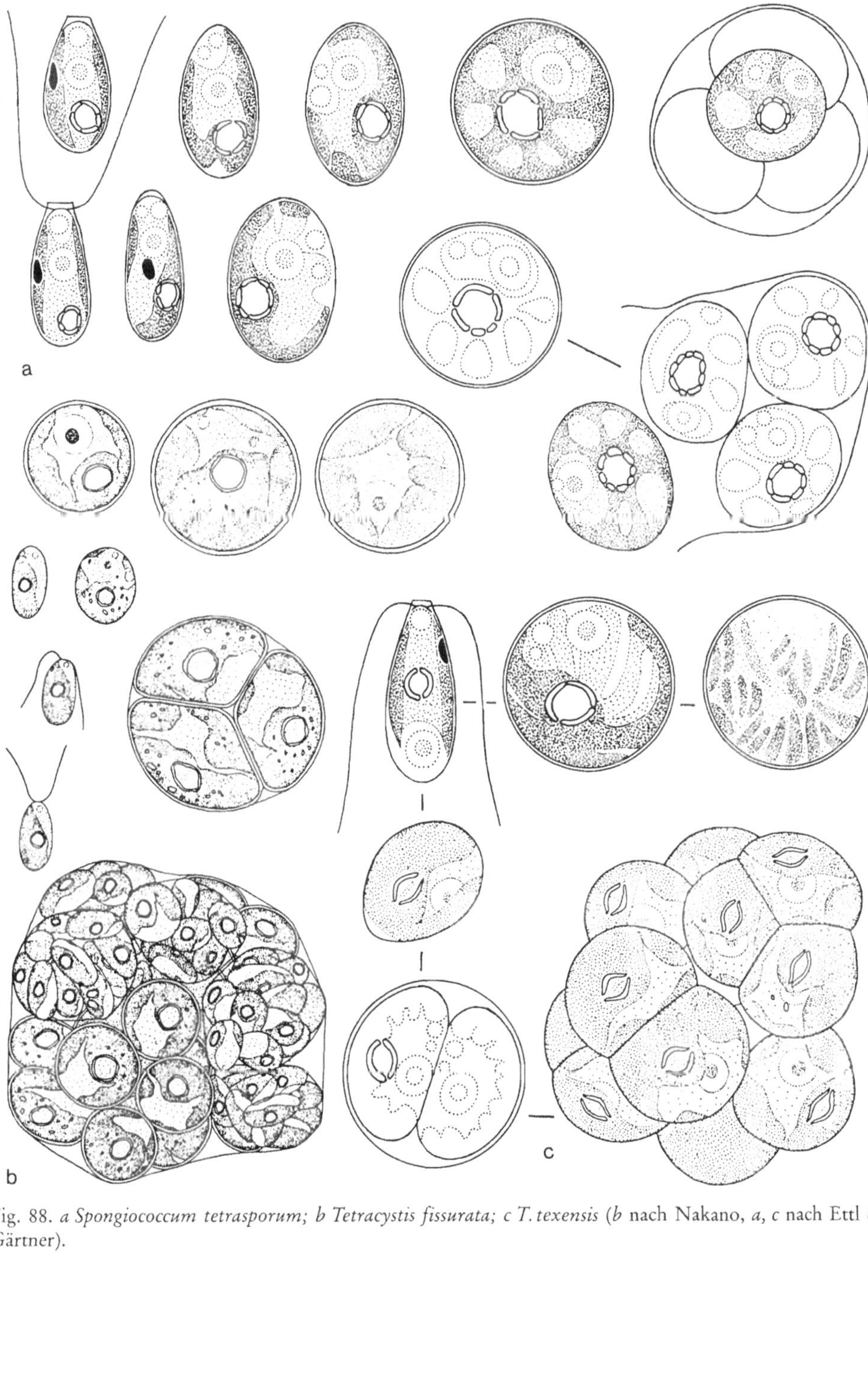

Fig. 88. *a Spongiococcum tetrasporum; b Tetracystis fissurata; c T. texensis* (*b* nach Nakano, *a, c* nach Ettl & Gärtner).

3. Tetracystis excentrica Brown & Bold 1964 (Fig. 89: a)
Brown & Bold 1964, p. 18, fig. 1–12; Nakano 1984, p. 138, fig. 13; Ettl & Gärtner 1988a, p. 286, fig. 221.

Junge Zellen ellipsoidisch bis breit ellipsoidisch, erwachsene ellipsoidisch kugelig bis kugelig. Zellgruppen in Form von Diaden, Tetraden und Oktaden, keine größeren Komplexe bildend. Zellwand relativ zart, doch deutlich, meist mit leichten uni- oder bipolaren Verdickungen. Chloroplast massiv topfförmig, mit verdicktem, manchmal etwas seitlich verschobenem Basalstück. Wandstück durch unregelmäßige zarte Einschnitte zerteilt oder gelappt; Oberflächenansicht leicht gefeldert. Pyrenoid groß, breit ellipsoidisch oder etwas unregelmäßig, von zwei robusten halbkugeligen Stärkeschalen umgeben; bei alten Zellen mitunter vier Stärkeschalen vorhanden. Mit einer oder zwei, ziemlich weit voneinander entfernten pulsierenden Vakuolen in der Öffnung des Chloroplasten. Zellkern im Hohlraum des letzteren. Zoosporen gestreckt ellipsoidisch-zylindrisch bis leicht rübenförmig, mit deutlicher abgerundet kielförmiger Papille und basalem Zellkern. Sexuelle Fortpflanzung durch Isogamie, Gameten von den Zoosporen kaum unterscheidbar; Zygote kugelig, mit glatter Wand, den vegetativen Zellen sehr ähnlich. Zellen 13–16 µm im Durchmesser, Zoosporen und Gameten bis 12 µm lang und bis 4 µm breit.
Kultur: UTEX 1456, SAG 92.80, CCAP 181/3.
Aus Granitböden bei Evergreen, Colorado (USA) und aus Bodenproben in Japan isoliert.

4. Tetracystis sarcinalis Schwarz 1979 (Fig. 89: b)
Schwarz 1979, p. 200, fig. 4; Ettl & Gärtner 1988a, p. 289, fig. 222.

Zellen in der Jugend ellipsoidisch, bald aber kugelig werdend. Zellgruppen in Form von Diaden und kubischen Viererpaketen. Zellwand dünn und glatt, im Alter bis 5 µm dick. Chloroplast parietal topfförmig, in seiner verdickten Basis mit einem kugeligen bis ellipsoidischen Pyrenoid, das von zwei halbkugeligen Stärkeschalen umgeben ist. Chloroplast im Alter mit zahlreichen Rissen und gerunzelt erscheinend. Zwei pulsierende Vakuolen. Zoosporen rüben- bis spindelförmig, vorn eher stumpf, nach hinten allmählich spitz auslaufend. Zellen 10–15 µm groß, Zoosporen 7–10 µm lang und 3–5 µm breit.
Aus Bodenproben der dalmatinischen Insel Lavsa (Jugoslawien) isoliert.

5. Tetracystis pulchra Brown & Bold 1964 (Fig. 89: c)
Brown & Bold 1964, p. 24, fig. 49–52; Nakano 1984, p. 141, fig. 14; Ettl & Gärtner 1988a, p. 289, fig. 223.

Junge Zellen ellipsoidisch oder ellipsoidisch eiförmig, mitunter auch breit spindelförmig, erwachsene Zellen immer kugelig. Zellgruppen häufig, meist als Tetraden, die durch weitere Teilung der Tochterzellen ineinandergeschachtelte Systeme von 16 Zellen bilden; manchmal auch größere Komplexe durch Zusammenkleben mehrerer Tetraden bildend. Zellwand dünn, doch deutlich, im Alter nur wenig dicker werdend, jedoch häufig mit bipolaren Verdickungen (1–5 µm). Chloroplast massiv, topfförmig, einheitlich oder nur mit wenigen Spalten; Pyrenoid von zwei hohlkugeligen bis suppentellerartigen Stärkeschalen umgeben. Zwei pulsierende Vakuolen. Zellkern im Lumen des Chloroplasten. Zoosporen von zylindrischer Gestalt, vorn abgestutzt oder abgerundet und basal leicht verjüngt, mit deutlicher, breit kielförmiger Papille, die durch die leicht austretenden Geißelröhren zweihöckrig erscheint. Zellkern hinten. Sexuelle Fortpflanzung nicht beobachtet. Zellen 10–15 µm groß, Zoosporen 7–10 µm lang und 2–3 µm breit.
Kultur: UTEX 1461, SAG 97.80, CCAP 181/7.
Aus Gartenboden isoliert, genaue Herkunft unbekannt, Austin, Texas (USA), auch aus einer Bodenprobe von einem Zuckerrohrfeld in Japan.

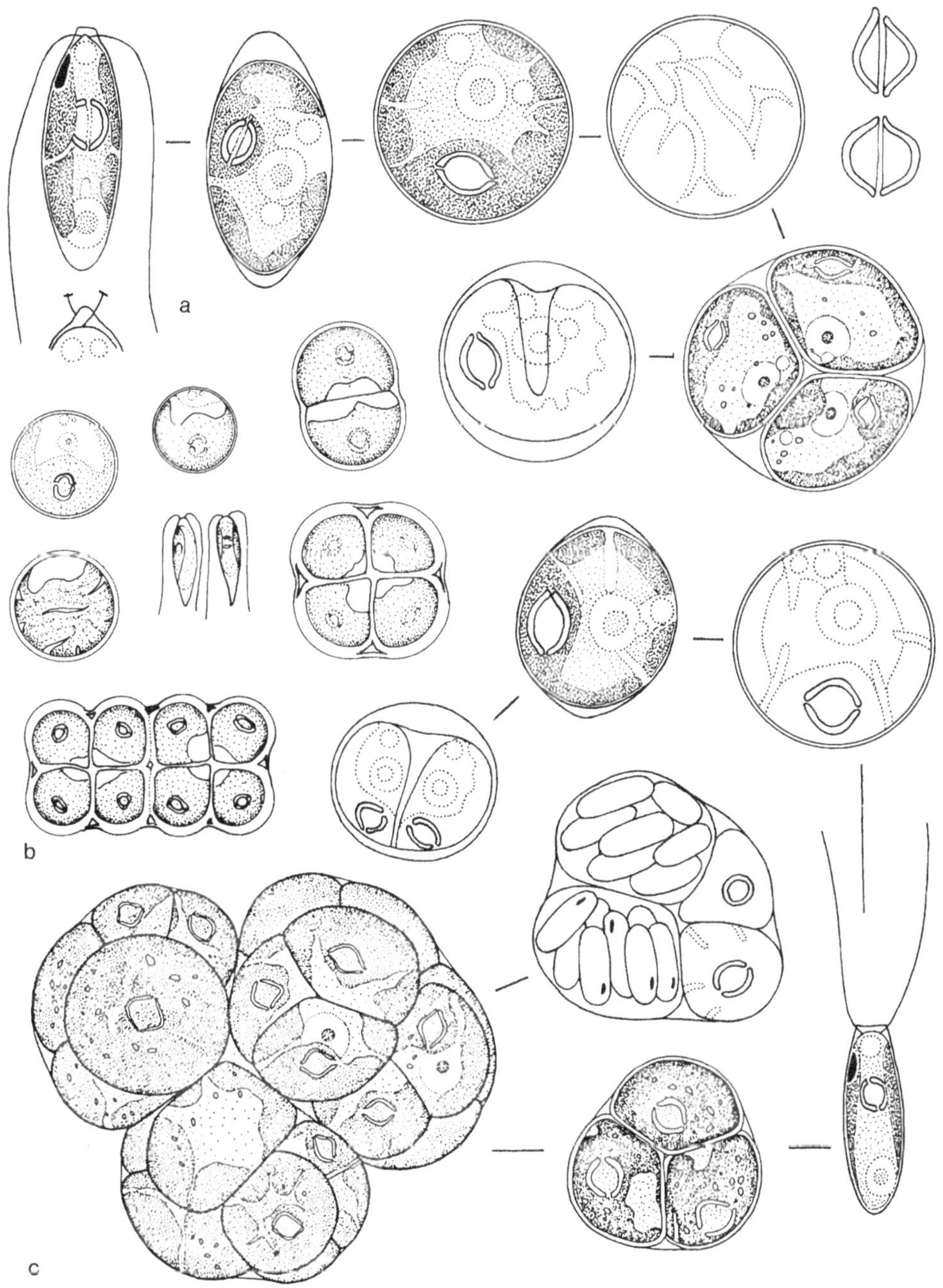

Fig. 89. *a Tetracystis excentrica; b T. sarcinalis; c T. pulchra* (*b* nach Schwarz, *a, c* nach Ettl & Gärtner und nach Nakano).

6. Tetracystis intermedia (Deason & Bold) Brown & Bold 1964 (Fig. 90: a)
Syn.: *Chlorococcum intermedium* Deason & Bold 1960
Brown & Bold 1964, p. 27, fig. 73–78; Nakano 1984, p. 145, fig. 16; Ettl & Gärtner 1988a, p. 291, fig. 224.

Junge Zellen gestreckt eiförmig bis eiförmig ellipsoidisch, erwachsene ellipsoidisch kugelig bis kugelig. Zellgruppen meist als Tetraden, aber auch mit 16–64 ineinandergeschachtelten Zellen. Zellwand dünn, auch in alten Kulturen nicht sehr dick werdend. Chloroplast massiv, im Prinzip topfförmig, Wandstück durch mehrere Einschnitte in unregelmäßige Lappen oder Bänder geteilt. Pyrenoid von zwei halbkugeligen Stärkeschalen umgeben. Eine oder zwei pulsierende Vakuolen. Zellkern im Lumen des Chloroplasten. Zoosporen gestreckt spindelig bis zylindrisch, häufig gebogen, mit sehr deutlicher kielförmiger bis zweihöckriger Papille; Zellkern hinten. Sexuelle Fortpflanzung nicht bekannt. Zellen 12–20 µm im Durchmesser, Zoosporen 9–11 µm lang, 2–4 µm breit.
Kultur: UTEX 974, SAG 94.80, CCAP 181/10, ASIB IB 314, T 55.
Aus Erdproben unter *Quercus stellata* bei Mc Mahan, Caldwell County, Texas (USA), aus Böden von Föhrenwäldern bei Brixen, Südtirol (Italien) sowie aus Bodenproben verschiedener Lokalitäten in Japan und in der USSR isoliert.

7. Tetracystis tetraspora (Arce & Bold) Brown & Bold 1964 (Fig. 90: b)
Syn.: *Chlorococcum tetrasporum* Arce & Bold 1958
Brown & Bold 1964, p. 28, fig. 79, 80; Nakano 1984, p. 157, fig. 22; Ettl & Gärtner 1988a, p. 293, fig. 225.

Junge Zellen ellipsoidisch oder eiförmig, erwachsene Zellen ellipsoidisch kugelig bis kugelig. Zellgruppen nicht häufig, meist in Form von Tetraden. Zellwand zart bis mäßig dick. Chloroplast sehr massiv, ausgesprochen topfförmig, mit sehr verdicktem Basalstück; manchmal mit wenigen zarten und seichten Einschnitten. Pyrenoid sehr groß, mit vielen kleinen, in Reihen angeordneten Stärkekörnern. Zwei pulsierende Vakuolen; Zellkern im Lumen des Chloroplasten. Zoosporen ellipsoidisch-zylindrisch, mit undeutlicher abgestutzter Papille und basalem Zellkern. Zellen 15–20 µm groß, Zoosporen 7–12 µm lang und etwa 4 µm breit.
Kultur: UTEX 780, SAG 98.80, CCAP 181/11, ASIB IB 324.
Aus Erdböden von Papaya-Plantagen bei Havana (Kuba), aus Erdböden der alpinen Stufe der Dolomiten, Südtirol (Italien), aus Böden Spaniens und aus Bodenproben sowie aus der Luft in Japan isoliert.

8. Tetracystis diplobionticoidea (Chantanachat & Bold) Archibald & Bold 1971 (Fig. 90: c)
Syn.: *Chlorococcum diplobionticoidea* Chantanachat & Bold 1962
Ettl & Gärtner 1988a, p. 293, fig. 226, 227.

Diese bildet in Populationen sowohl diploide als auch haploide vegetative Zellen. Die diploiden Zellen sind kugelig, mit dicker Zellwand. Sie entstehen aus Zygoten und zeigen im Laufe ihres Größenwachstums *Chlorococcum*-ähnliches Aussehen. Chloroplast massiv, topfförmig bis fast hohlkugelig, mit einem verdickten Basalstück, das ein kugeliges bis unregelmäßig gestaltetes Pyrenoid mit mehreren Stärkekörnern enthält. Manchmal erscheint der Chloroplast, besonders bei jungen Zellen leicht gelappt bis fast asteroid gestaltet. Mit einem Zellkern und zwei pulsierenden Vakuolen. Erwachsene diploide Zellen bilden durch sukzedane Protoplastenteilung eine größere Menge (bis 32) zweigeißeliger und behäuteter Isogameten. Zygote kugelig, verliert die pulsierende Vakuolen, besitzt jedoch zwei Pyrenoide und eine glatte Wand. Später wird eins der Pyrenoide abgebaut und die Zygote, die photosynthetisch tätig bleibt, wächst heran und übernimmt die Funktion einer trophischen vegetativen Zelle. Es wechselt somit eine haploide mit einer diploiden

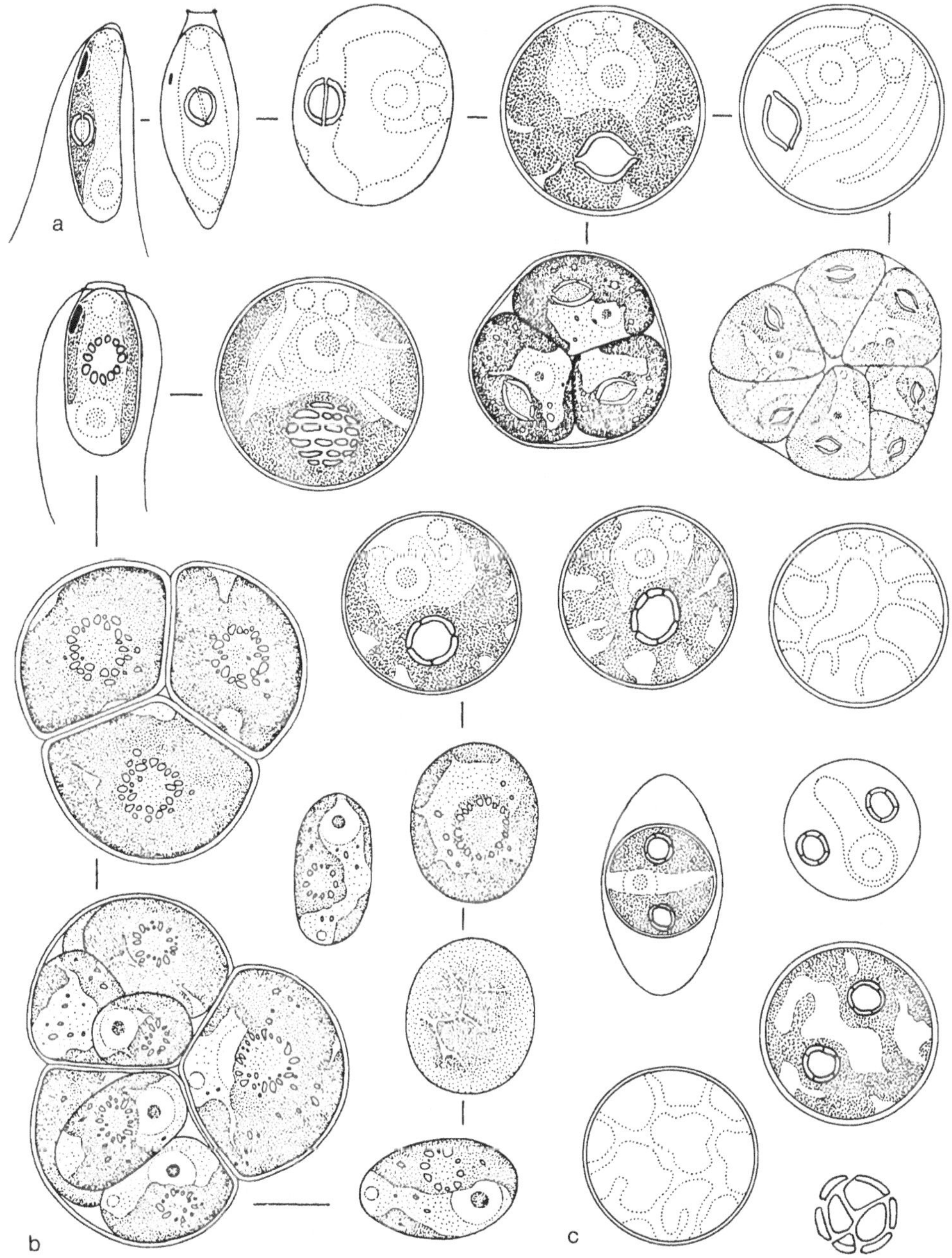

Fig. 90. *a Tetracystis intermedia; b T. tetraspora; c T. diplobionticoidea* (nach Ettl & Gärtner und nach Nakano).

Phase. Autosporen verbleiben häufig in Zellgruppen. Zellen bis 26 µm groß, Gameten (Zoosporen) 16–18 µm lang, 7–9 µm breit.
Kultur: UTEX 1234.
Aus Bodenproben der Trockenböden bei Apache Junction, Arizona (USA) isoliert.

9. Tetracystis dissociata Brown & Bold 1964 (Fig. 91: a)
Brown & Bold 1964, p. 16, fig. 25–32; Ettl & Gärtner 1988 a, p. 295, fig. 228.

Junge Zellen ellipsoidisch bis breit ellipsoidisch, erwachsene Zellen ellipsoidisch kugelig bis kugelig. Zellgruppen nicht häufig, jedoch dann in Komplexen mit 8–64 Zellen. Zellwand mäßig dick, gelegentlich mit uni- oder bipolaren Verdickungen. Chloroplast massiv, topfförmig, stark gerippt oder in längere Lappen aufgeteilt, asteroid erscheinend. Im verdickten Basalstück ein großes oft sehr unregelmäßiges Pyrenoid mit mehreren flachen Stärkekörnern. Mit einer oder zwei kleinen pulsierenden Vakuolen, die antapikal in entgegengesetzter Richtung zur Öffnung des Chloroplasten liegen. Zellkern im Lumen des Chloroplasten. Zoosporen ellipsoidisch bis zylindrisch, mit einer breiten, niedrig kielförmigen Papille und basalem Zellkern. Sexuelle Fortpflanzung durch Isogamie. Gameten den Zoosporen sehr ähnlich, doch etwas schlanker. Zygote kugelig, im Querschnitt echinoid, bei Oberflächenansicht gerippt. Zellen 14–18 µm groß, Zoosporen und Gameten 8–10 µm lang und 2,5–4 µm breit. Zygoten 15–20 µm im Durchmesser.
Kultur: UTEX 128, SAG 207.1, CCAP 207/1b.
Von Vischer aus Bodenproben aus dem Schweizerischen Nationalpark isoliert (Vischer Nr. 304) und als *Borodinella* sp. bezeichnet.

10. Tetracystis compacta Schwarz 1979 (Fig. 91: b)
Schwarz 1979, p. 198, fig. 3; Ettl & Gärtner 1988 a, p. 297, fig. 229.

Junge Zellen ellipsoidisch bis eiförmig, erwachsene kugelig, mit uni- oder bipolaren Verdickungen der Zellwand. Letztere dünn, doch in alten Kulturen bis 5 µm dick. Zellgruppen in Form von Diaden und Tetraden, selten von kubischen Viererpaketen, die zu unregelmäßigen Komplexen verklebt bleiben. Chloroplast im Prinzip topfförmig, mit stark verdicktem Basalstück, das ein von vielen Stärkekörnern umgebenes Pyrenoid enthält. Mit zunehmender Größe erhält der Chloroplast zahlreiche tiefe Risse und Spalten, die meist radiär, aber auch unregelmäßig verlaufen. Mit einem Zellkern und mit zwei pulsierenden Vakuolen. Zoosporen rübenförmig, vorn stumpf abgerundet, nach hinten zu allmählich verschmälert, häufig einseitig stärker gekrümmt. Zellen 12–15(–18) µm groß, Zoosporen 8–12 µm lang und 4–6 µm breit.
Aus Bodenproben der dalmatinischen Insel Lavsa (Jugoslawien) isoliert.

11. Tetracystis illinoisensis Brown & Bold 1964 (Fig. 91: c)
Brown & Bold 1964, p. 20, fig. 53–56; Ettl & Gärtner 1988 a, p. 298, fig. 230.

Junge Zellen ellipsoidisch bis eiförmig, erwachsene Zellen breit ellipsoidisch, eiförmig bis kugelig. Zellgruppen als Diaden, meist aber als Tetraden. Zellwand ziemlich dick, bei alten Kulturen noch dicker werdend und mit uni- oder bipolaren Verdickungen. Chloroplast massiv, topfförmig und nur mit wenigen Einschnitten. Im verdickten Basalstück oder leicht exzentrisch ein relativ großes, unregelmäßig geformtes Pyrenoid, das von mehreren Stärkekörnern umgeben ist. Zwei pulsierende Vakuolen in der Öffnung, Zellkern im Hohlraum des Chloroplasten. Zoosporen gestreckt spindelig bis zylindrisch, mit breit abgestutzter Papille; Zellkern hinten. Sexuelle Fortpflanzung durch Isogameten. Zygoten kugelig, mit echinoid skulpturierter Zellwand und mit unregelmäßig geformten Warzen. Zellen 12–16 µm groß, Zoosporen 8–10 µm lang, 3–4 µm breit, Zygoten ungefähr 16 µm groß.
Kultur: UTEX 1457, SAG 93.80, CCAP 181/4, ASIB IB 317.
Als Luftalge aus der Nähe von Effingham, Illinois (USA) isoliert.

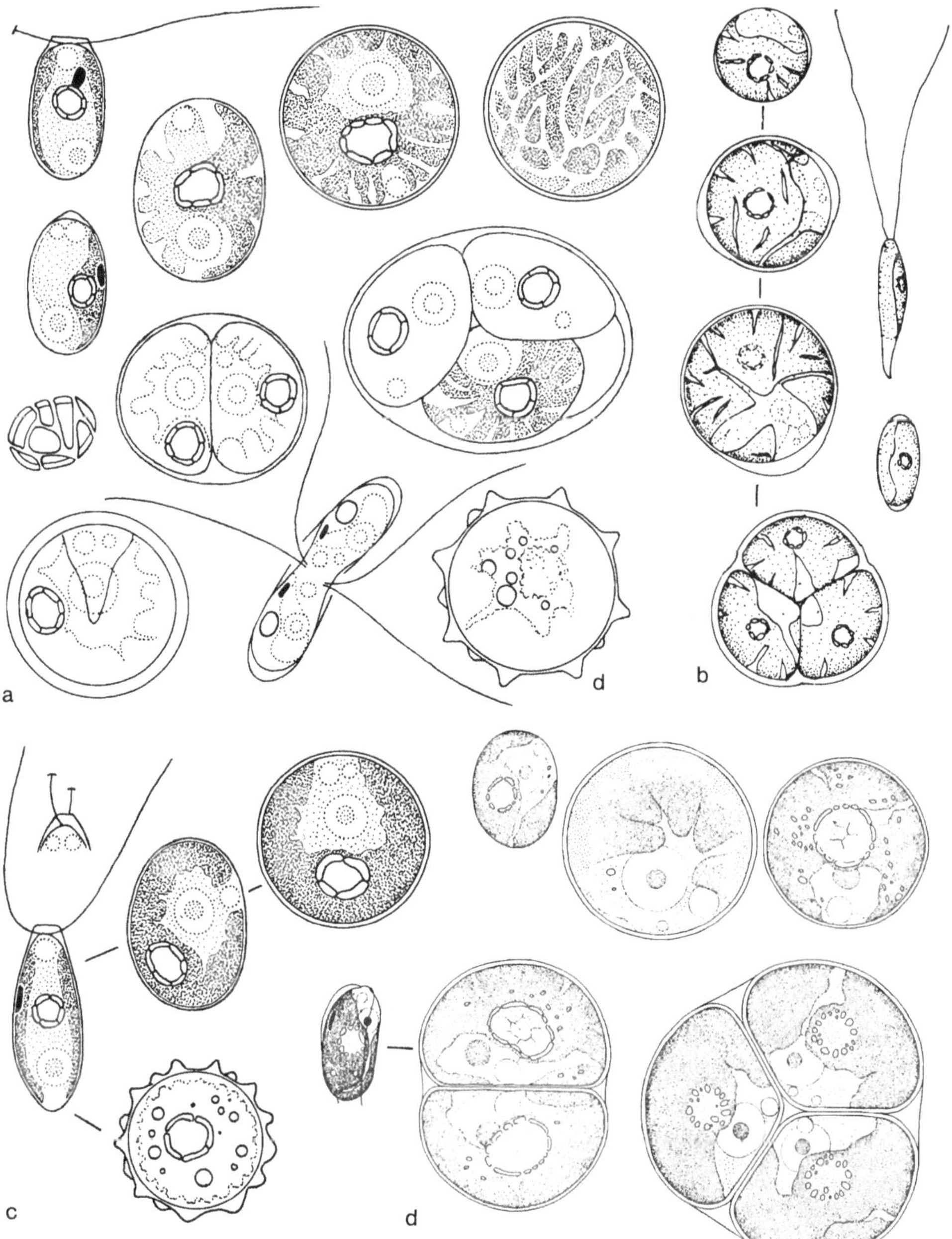

Fig. 91. *a Tetracystis dissociata,* rechts unten Isogamie und Zygote; *b T. compacta; c T. illinoisensis; d T. aplanospora* (*b* nach Schwarz, sonst nach Ettl & Gärtner und nach Nakano).

12. Tetracystis aplanospora (Arce & Bold) Brown & Bold 1964 (Fig. 91: d)
Syn.: *Chlorococcum aplanosporum* Arce & Bold 1958
Brown & Bold 1964, p. 26, fig. 65–72; Nakano 1984, p. 152, fig. 20; Ettl & Gärtner 1988 a, p. 299, fig. 231.

Junge Zellen ellipsoidisch bis eiförmig, manchmal etwas unregelmäßig abgerundet, erwachsene kugelig. Zellgruppen in Form von Tetraden, selten Oktaden, manchmal auch durch wiederholte Teilungen größere Komplexe bildend. Zellwand dünn, manchmal mit kleiner einseitiger Verdikkung. Chloroplast sehr massiv, topfförmig bis fast hohlkugelig, jedoch mit einem schmächtig verdicktem Basalstück, das über die Zellmitte nach vorn reicht. Wandstück durch mehr oder weniger tiefe, oft undeutliche Einschnitte radiär gelappt. Pyrenoid breit ellipsoidisch von mehreren großen Stärkekörnern umgeben. Zwei pulsierende Vakuolen in der Öffnung. Zellkern im Lumen des Chloroplasten. Zoosporen ellipsoidisch bis breit zylindrisch, mit niedriger stumpfer Papille; Zellkern vorn. Sexuelle Fortpflanzung nicht beobachtet. Zellen 18–27 µm groß, Zoosporen 8–16 µm lang und 3–6 µm breit.
Kultur: UTEX 773, SAG 91.80, CCAP 181/9, ASIB IB 320.
Aus Ackerboden bei Havana (Kuba), aus Erdproben der alpinen Stufe der Dolomiten (2300 m ü. M.) in Südtirol (Italien) sowie aus Bodenproben von Japan isoliert.

13. Tetracystis aggregata Brown & Bold 1964 (Fig. 92: a)
Syn.: *Chlamydomonas philotes* Lewin 1957
Brown & Bold 1964, p. 15, fig. 33–40; Nakano 1984, p. 166, fig. 26, 27; Ettl & Gärtner 1988 a, p. 301, fig. 232, 233.

Junge Zellen ellipsoidisch oder eiförmig, erwachsene Zellen kugelig. Zellgruppen sehr häufig in Form von Tetraden, weniger oft als Diaden oder Oktaden. Zellwand mäßig dick, wohl aber verschleimend, dadurch Zellgruppen zu größeren Aggregaten miteinander verklebend. Chloroplast massiv topfförmig bis nahezu hohlkugelig, durch schmale oder breite Einschnitte in Lappen zerteilt, die mit dem pyrenoidführenden Zentralstück zusammenhängen und der Peripherie der Zelle anliegen. Pyrenoid kugelig oder ellipsoidisch, von mehreren groben Stärkekörnern umgeben. Zwei pulsierende Vakuolen in der Öffnung des Chloroplasten. Zellkern ± zentral. Zoosporen eiförmig-zylindrisch, gestreckt ellipsoidisch oder leicht rübenförmig, mit niedriger kielförmiger Papille und basalem Zellkern. Sexuelle Fortpflanzung durch Isogameten. Zygoten kugelig, mit glatter Primärwand und deutlich stachelig skulpturierter Sekundärwand. Zellen 15–18 µm im Durchmesser. Zoosporen 8–12 µm lang und 3,5–4 µm breit. Zygoten 15–20 µm groß.
Kultur: UTEX 1454, 2414, 2415, SAG 90.80, CCAP 181/2, ASIB IB 321, T 54.
Als Luftalge in Austin, Texas (USA), später auch als Bodenalge in Föhrenwäldern bei Brixen, Südtirol (Italien) sowie aus Bodenproben und Küstensand in Japan und aus Wüstenboden in Mexiko isoliert.

14. Tetracystis aeria Brown & Bold 1964 (Fig. 92: b)
Brown & Bold 1964, p. 13, fig. 13–18; Nakano 1984, p. 149, fig. 18, 19; Ettl & Gärtner 1988 a, p. 304, fig. 234.

Junge Zellen ellipsoidisch bis breit eiförmig, erwachsene Zellen kugelig; Zellgruppen nicht häufig, in Form von Diaden oder meistens Tetraden. Zellwand mäßig dick, nur in alten Kulturen dick werdend. Chloroplast massiv, im Prinzip topfförmig, durch mehrere seichte oder tiefere Einschnitte asteroid gelappt; Lappen bei Oberflächenansicht als ± lange Bänder erscheinend. Pyrenoid kugelig, von mehreren groben Stärkekörnern umgeben. Zwei pulsierende Vakuolen in der Öffnung, Zellkern im Lumen des Chloroplasten. Zoosporen gestreckt eiförmig bis zylindrisch, manchmal leicht asymmetrisch, mit flacher, abgerundet kielförmiger Papille; Zellkern vorn.

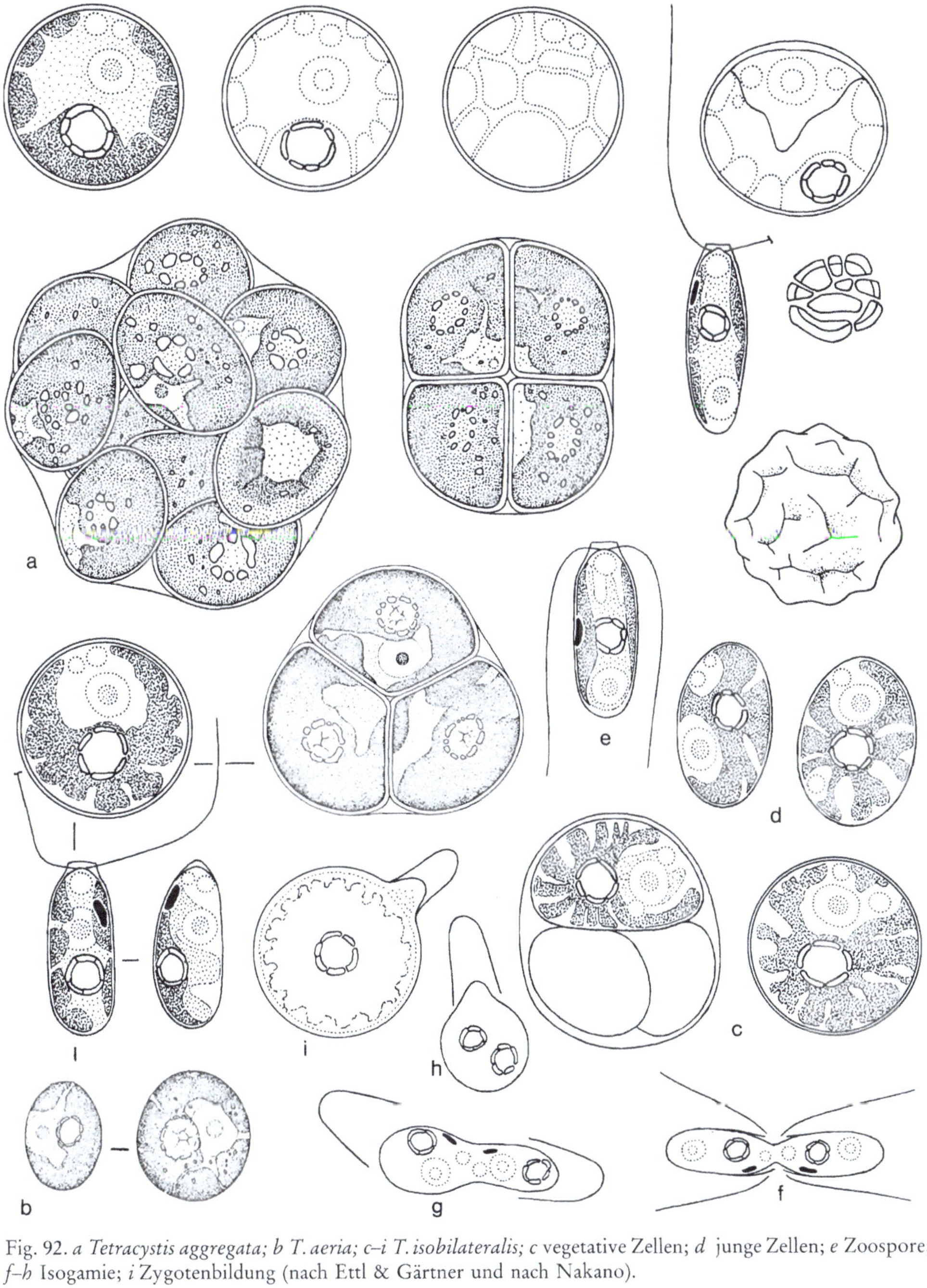

Fig. 92. *a Tetracystis aggregata; b T. aeria; c–i T. isobilateralis; c* vegetative Zellen; *d* junge Zellen; *e* Zoospore; *f–h* Isogamie; *i* Zygotenbildung (nach Ettl & Gärtner und nach Nakano).

Sexuelle Fortpflanzung nicht gesehen. Zellen 10–16(–20) µm im Durchmesser, Zoosporen 9–12 µm lang und 5–6 µm breit.
Kultur: UTEX 1452, 1453, SAG 89.80, CCAP 181/1a, ASIB IB 322.
Als Luftalge über Pampa in Texas (USA) und aus Erdproben in Japan isoliert.

15. **Tetracystis isobilateralis** Brown & Bold 1964 (Fig. 92: c–i)
Brown & Bold 1964, p. 21, fig. 41–48; Ettl & Gärtner 1988 a, p. 304, fig. 235.

Junge Zellen ellipsoidisch, erwachsene breit ellipsoidisch bis kugelig. Zellgruppen als Diaden oder Tetraden häufig, manchmal größere Komplexe bildend. Zellwand dünn, bei alten Kulturen nur wenig verdickt. Chloroplast massiv, fast die ganze Zelle ausfüllend, im Prinzip topfförmig, mit einem leicht verdickten Zentralstück. Durch deutliche Einschnitte in zahlreiche asteroide, radiär ausstrahlende Lappen aufgeteilt. Im Zentralstück ein kugeliges, meist aber unregelmäßig geformtes Pyrenoid mit mehreren derben Stärkekörnern. Zwei große pulsierende Vakuolen in der Öffnung des Chloroplasten; Zellkern im Lumen des Chloroplasten eingezwängt. Zoosporen gestreckt ellipsoidisch oder ovoid, mit niedriger kielförmiger Papille; Zellkern hinten. Sexuelle Fortpflanzung durch Iso- oder Anisogameten, die den Zoosporen ähnlich sehen. Zygoten kugelig, leicht echinoid skulpturiert, mit niedrigen, oft undeutlichen Warzen. Zellen 14–19 µm im Durchmesser, Zoosporen 8–10 µm lang, 3–6 µm breit, Zygoten bis 20 µm.
Kultur: UTEX 1459, SAG 95.80, CCAP 181/5, ASIB IB 315.
Aus Erdboden von Blackland Prairie Region, Williamson County, Texas (USA).

16. **Tetracystis vinatzeri** Ettl & Gärtner 1987 (Fig. 93: a–d)
Syn.: *Tetracystis aggregata* Brown & Bold sensu Vinatzer 1975
Ettl & Gärtner 1987, p. 514; 1988 a, p. 304, fig. 236.

Junge Zellen ellipsoidisch bis breit ellipsoidisch, erwachsene kugelig. Zellgruppen meist als Tetraden, häufig mehrere bis viele Zellgruppen zu großen Aggregaten angehäuft. Zellwand mäßig dick, im Alter stark verdickt. Chloroplast sehr massiv, ausgesprochen topfförmig, mit stark verdicktem Basalstück, später durch tiefere radiäre Einschnitte asteroid gelappt. Pyrenoid kugelig oder unregelmäßig, von mehreren Stärkekörnern umgeben. Zwei kleine pulsierende Vakuolen. Zellkern im Lumen des Chloroplasten eingezwängt. Zoosporen eiförmig bis ellipsoidisch; Zellkern hinten. Sexuelle Fortpflanzung als Isogamie, in den Typenkulturen jedoch nicht mehr beobachtet. Zellen 13–15(–20) µm groß, Zoosporen 10–12 µm lang und etwa 4 µm breit.
Kultur: ASIB V 165.
Aus Böden der alpinen Stufe des Pitschberges, Dolomiten (Italien) isoliert.

17. **Tetracystis pampae** Brown & Bold 1964 (Fig. 93: e–h)
Brown & Bold 1964, p. 23, fig. 57–64; Nakano 1984, p. 159, fig. 23; Ettl & Gärtner 1988 a, p. 308, fig. 237.

Junge Zellen ellipsoidisch oder ellipsoidisch-eiförmig, erwachsene ellipsoidisch-kugelig bis kugelig. Zellgruppen zu Diaden oder des öfteren zu Tetraden angeordnet, häufig Komplexe von 4 oder 8 Tetraden. Zellwand mäßig dick. Chloroplast topfförmig, mit stark verdicktem pyrenoidführendem Basalstück und kleinem Hohlraum. Durch seichte oder tiefe Einschnitte leicht radiär asteroid gelappt, Lappen meist kräftig entwickelt. Pyrenoid groß, kugelig oder breit ellipsoidisch, von mehreren Stärkekörnern umgeben. Zwei pulsierende Vakuolen; Zellkern im Hohlraum des Chloroplasten. Zoosporen zylindrisch, mit deutlicher, stumpf abgestutzter Papille; Zellkern hinten. Sexuelle Fortpflanzung nicht gesehen. Zellen 14–17 µm im Durchmesser, Zoosporen bis 10 µm lang, 4–5 µm breit.
Kultur: UTEX 1460, SAG 96.80, CCAP 181/6, ASIB IB 316.

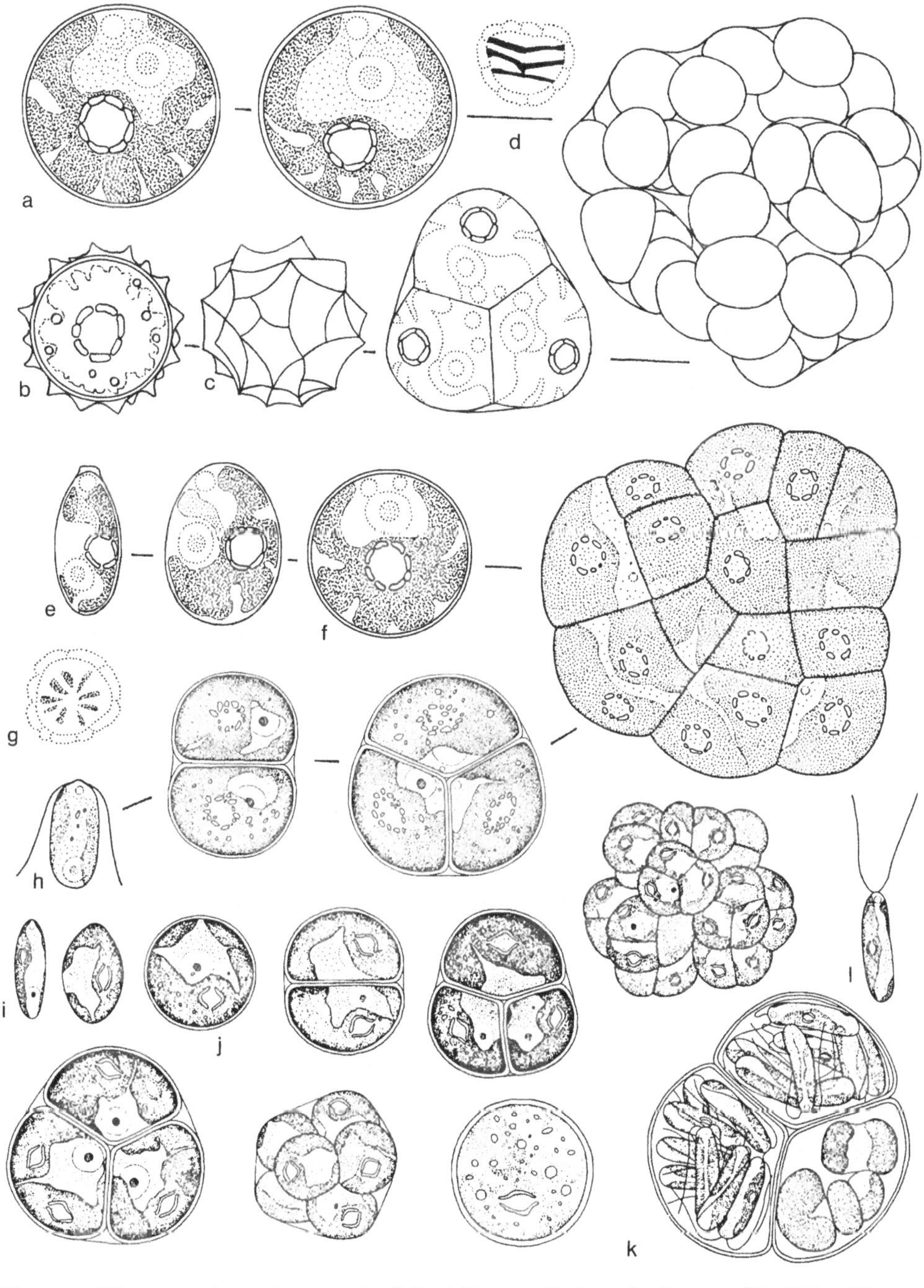

Fig. 93. *a–d Tetracystis vinatzeri; a* vegetative Zelle; *b* Zygote; *c* Skulptur der Zygoten-Oberfläche; *d* Pyrenoidstruktur; *e–h T. pampae; e* Keimling, *f* erwachsene Zelle; *g* Pyrenoidstruktur; *h* Zoosporen; *i–l T. elliptica; i* Keimling; *j* erwachsene Zellen; *k* Zoosporenbildung; *l* Zoosporen (*i–k* nach Nakano, sonst nach Ettl & Gärtner).

Aus Erdproben von einem Blumenbeet, Pampa, Texas (USA) und aus Boden eines Eichenwaldes in Japan isoliert.
Folgende von Nakano 1984 beschriebene Arten wurden nicht in den Bestimmungsschlüssel übernommen, sie wurden auch nicht im Originalmaterial gesehen. Die Unterschiede zu anderen Arten sind zu gering, daß wir diese Sippen als vorläufig nicht gesichert ansehen.

Tetracystis elliptica Nakano 1984 (Fig. 93: i–l)
Nakano 1984, p. 143, fig. 15; Ettl & Gärtner 1988 a, p. 308, fig. 238.

Junge Zellen ellipsoidisch bis eiförmig, auch während des Wachstums noch lange eiförmig bleibend, erst erwachsene Zellen kugelig mit im Alter leicht verdickter Zellwand. Diaden und Tetraden bilden oft große Zellkomplexe. Chloroplast parietal, topfförmig, mit wenigen Einschnitten und Lappen. Ein ellipsoidisches Pyrenoid, etwas exzentrisch im basalen massiven Teil des Chloroplasten liegend. mit zweischaliger Stärkehülle. Keine pulsierenden Vakuolen. Zoosporen länglich zylindrisch. Zellen 10–12(–18) µm, Zoosporen 10–13 µm lang und 2,5–4 µm breit.
Aus Bodenproben in Japan beschrieben.
Entspricht in der Beschreibung *T. intermedia*, unterscheidet sich von letzterer durch etwas kürzere Zoosporen. Ob pulsierende Vakuolen wirklich fehlen ist fraglich.

Tetracystis macrostigmata Nakano 1984 (Fig. 94: a)
Nakano 1984, p. 155, fig. 21; Ettl & Gärtner 1988 a, p. 310, fig. 239.

Zellen kugelig, mit im Alter unverdickter Zellwand. Zellgruppen häufig als Diaden und Tetraden gebildet. Chloroplast parietal, massiv, mit kleiner Öffnung und nur wenigen Einschnitten. Ein zentrales kugeliges Pyrenoid, umgeben von kleinen Stärkeplatten. Zwei pulsierende Vakuolen. Zoosporen plump ellipsoidisch; Zellkern hinten. Sexuelle Fortpflanzung nicht beobachtet. Zellen 11–14(–16) µm, Zoosporen 7,5–9(–10) µm lang und 3,5–5(–6) µm breit.
Aus Bodenproben von Kulturland sowie aus Küstensand in Japan isoliert.
Entspricht *T. pampae*, unterscheidet sich von dieser nur durch die gelbe Farbe alter Kulturen.

Tetracystis micropyrenoides Nakano 1984 (Fig. 94: c)
Nakano 1984, p. 161, fig. 24; Ettl & Gärtner 1988 a, p. 311, fig. 240.

Zellen kugelig, mit im Alter etwas verdickter Zellwand. Zellkomplexe aus Zelldiaden und -tetraden gebildet. Chloroplast parietal, massiv, mit nur wenigen seichten Einschnitten und einem kugeligen Pyrenoid im basalen Bereich. Stärkehülle des Pyrenoids aus zahlreichen kleinen Stärkekörnern gebildet. Zwei pulsierende Vakuolen vorhanden. Zoosporen zylindrisch. Zellen 13–15(–17) µm, Zoosporen 8–10(–11) µm lang und 2,5–3(–3,5) µm breit.
Aus Bodenproben im südlichen Japan isoliert.
Entspricht *T. pampae*, unterscheidet sich von dieser nur durch etwas längere und schlankere Zoosporen.

Tetracystis nagasakiensis Nakano 1984 (Fig. 94: b)
Nakano 1984, p. 164, fig. 25; Ettl & Gärtner 1988 a, p. 313, fig. 241.

Zellen kugelig, mit im Alter verdickter Zellwand; Zelltetraden bilden keine Komplexe. Chloroplast parietal, massiv, fast hohlkugelig, nur sehr schwach eingeschnitten und gelappt, mit einem kugeligen, zentralen Pyrenoid und gegliederter Stärkehülle. Keine pulsierenden Vakuolen. Zoosporen plump zylindrisch bis eiförmig-ellipsoidisch, mit schwacher Papille. Zellen 15–17(–19,5) µm, Zoosporen 9–10,5(–12) µm lang und 4,5–5(–6) µm breit.
Aus Bodenproben in Japan isoliert.
Diese Art ist *T. aggregata* sehr ähnlich, bildet jedoch keine Zellkomplexe; außerdem wurde keine sexuelle Fortpflanzung beobachtet. Ob pulsierende Vakuolen wirklich fehlen, ist fraglich.

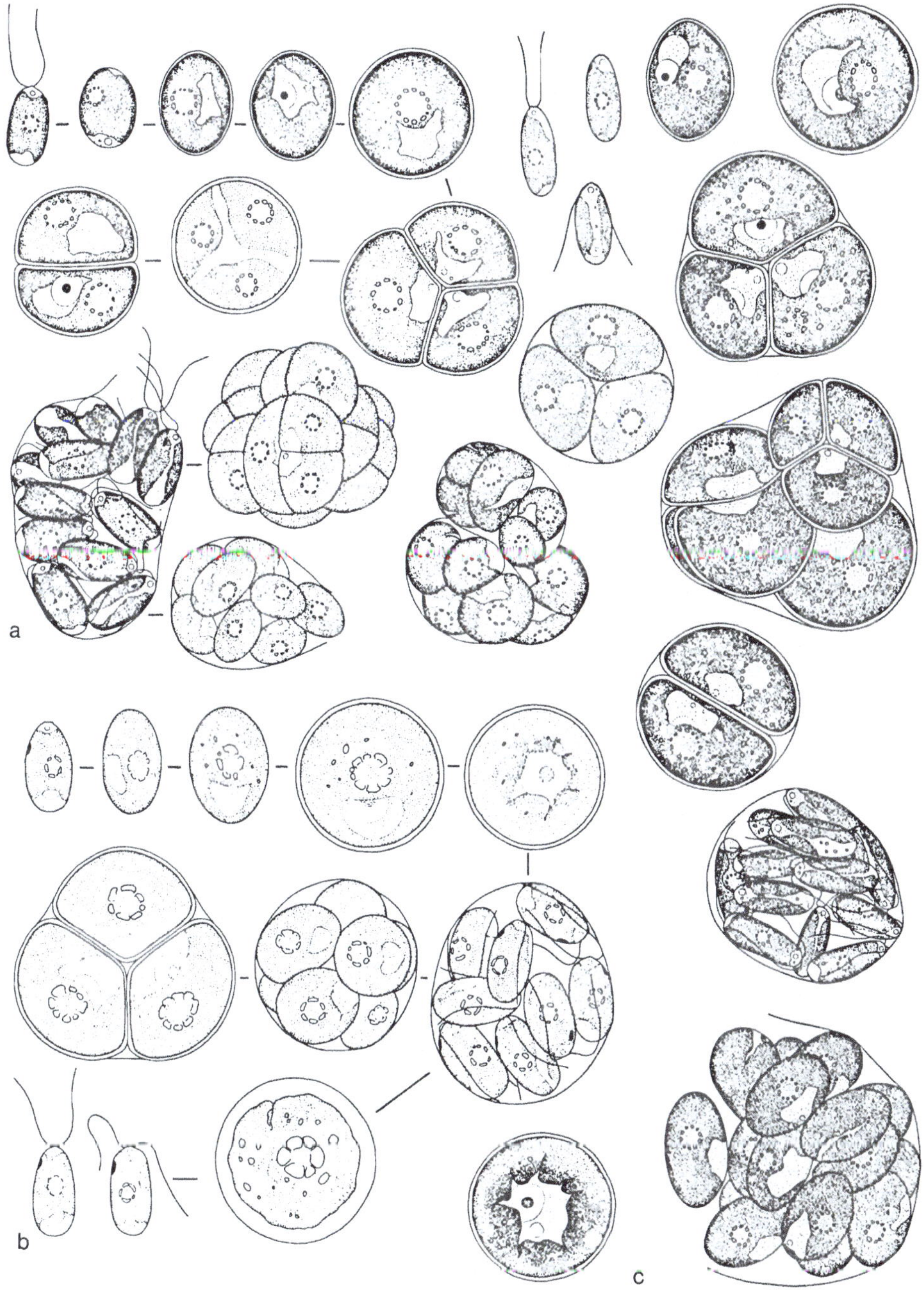

Fig. 94. *a Tetracystis macrostigmata; b T. nagasakiensis; c T. micropyrenoides* (nach Nakano).

Nicht beschriebene Arten:
Tetracystis sp. A – Broady 1982a, p. 25, fig. 90–92, 191–194 (Fig. 98: e).
Zellen im erwachsenen Zustand kugelig, junge Zellen ellipsoidisch, bis 26 µm im Durchmesser. Chloroplast massiv, mit einem das Pyrenoid enthaltenden zentralen Stück, das mit dem parietalen Teil mittels armartiger Fortsätze verbunden ist; Oberfläche perforiert. Zwei pulsierende Vakuolen. Fortpflanzung durch 16–32 Zoosporen, die 11 × 5 µm groß sind; auch Aplanosporen bekannt.
Insel Surtsey (Island).
Tetracystis sp. B – Broady 1982a, p. 26, fig. 95, 96, 183, 184 (Fig. 98: f).
Zellen kugelig, mit geschlitztem topfförmigem Chloroplast und exzentrischem Pyrenoid; zwei pulsierende Vakuolen. Zoosporen ellipsoidisch. Zellen 16–22 µm im Durchmesser, Zoosporen 10–12 × 4,5 µm groß.
Insel Surtsey (Island).
Tetracystis sp. C – Broady 1982a, p. 28, fig. 97, 98, 189, 190 (Fig. 98: g).
Zellen kugelig, bis 13 µm im Durchmesser, mit topfförmigem, basal zerschlitztem Chloroplast und einem Pyrenoid.
Insel Surtsey (Island).
Tetracystis sp. D – Broady 1982a, p. 28, fig. 93, 94, 185–187 (Fig. 98 h).
Zellen breit ellipsoidisch bis kugelig, bis 17 µm im Durchmesser. Chloroplast asteroid gelappt, wobei die Lappen parietal zusammenschließen und einen perforierten lateralen Teil bilden; Pyrenoid leicht exzentrisch; zwei pulsierende Vakuolen. Zoosporen 9,5–13 × 5 µm groß.
Insel Surtsey (Island).

12. **Borodinellopsis** Dykstra 1971

Dykstra 1971, p. 4; Ettl & Gärtner 1988a, p. 317.

Zellen einzeln, in Diaden, Tetraden oder in kleineren Zellgruppen lebend; Zellen in den Komplexen eng aneinandergedrängt. Junge Zellen ellipsoidisch bis kugelig oder in Zellverbänden an den Berührungsstellen auch unregelmäßig abgeplattet. Zellwand glatt, dünn, im Alter manchmal verdickt; bei Hypnoblasten leistenartig skulpturiert. Chloroplast asteroid gelappt, von einem kompakten Zentralteil reichen die einzelnen Lappen radiär gegen die Zellwand und sind dort verbreitert. Pyrenoid ellipsoidisch bis kugelig, mit mehreren Stärkekörnern. Zellkern im vorderen Lumen des Chloroplasten. Zwei pulsierende Vakuolen im größten Einschnitt zwischen den Chloroplastenlappen. Asexuelle Fortpflanzung durch zwei bis acht Aplanosporen oder Zoosporen. Gewöhnlich bleiben die Tochterzellen nach Protoplastenteilungen noch längere Zeit als charakteristische Diaden- und Tetradenkomplexe beisammen, wobei sich die alten und neuen Zellwände verdicken und deutliche, ineinandergeschachtelte Systeme gebildet werden. Durch Verkleben der Diaden und Tetraden entstehen auch größere Zellkomplexe. Sexuelle Fortpflanzung nicht beobachtet.
Die von Miller (1927a) beschriebene monotypische Gattung *Borodinella* mit der einzigen Art *B. polytetras* ist der Gattung *Borodinellopsis* in vielen Merkmalen sehr ähnlich, dürfte aber nach Korschikoff (1953) und Broady (1982a) nackte Zoosporen besitzen. Fritsch & John (1942) erwähnen bei aus Boden isolierten Kulturen von *Borodinella polytetras* bei den Zoosporen eine Papille sowie eine dünne Zellwand, so daß es sich in diesem Fall wohl um *Borodinellopsis texensis* handelte. Es bleibt vorläufig weiterhin unklar, ob es zwei unterschiedliche Organismen sind oder nicht.

1a Zoosporen mit gelapptem Chloroplast, mit deutlicher Papille; ohne skulpturierte Hypnoblasten; zwischen den Chloroplastenlappen keine Öltropfen . . . . **1. B. texensis**
1b Zoosporen mit rinnenförmigem Chloroplast, ohne Papille; skulpturierte Hypnoblasten vorhanden; zwischen den Chloroplastenlappen deutliche Öltropfen . . . . **2. B. oleifera**

1. Borodinellopsis texensis Dykstra 1971 (Fig. 95: a)
Dykstra 1971, p. 7, fig. 2–13; Ettl & Gärtner 1988a, p. 319, fig. 244.

Zellen breit ellipsoidisch bis kugelig, mit dünner, im Alter verdickter Zellwand. Chloroplast asteroid, mit unregelmäßig gestalteten Lappen, im Zentralstück mit relativ großem, abgerundet eckigem bis kugeligem Pyrenoid mit mehreren Stärkekörnern. Zellkern im vorderen Lumen des Chloroplasten. Zwei pulsierende Vakuolen. Zoosporen mit niedriger kielförmiger Papille und mit seitenständigem, deutlich gelapptem Chloroplast. Zellen 15–30 μm groß, Zoosporen 7–9 μm lang und 2,5–4,5 μm breit.
Kultur: UTEX 1593 und ASIB IB 367.
Aus küstennahen Bodenproben von Mustang Island, Texas (USA) und aus Erdböden in der USSR.

2. Borodinellopsis oleifera Schwarz 1979 (Fig. 95: b)
Schwarz 1979, p. 195, fig. 2; Ettl & Gärtner 1988a, p. 319, fig. 245.

Zellen meist einzeln, aber auch häufig zu Tetraden oder dreidimensionalen Zellpaketen verklebt; Zellgestalt im Prinzip kugelig, im Zellverband meist unregelmäßig und abgeplattet. Zellwand relativ dick, im Alter bisweilen auffallend verdickt bis aufgequollen. Chloroplast regelmäßig asteroid, Lappen dünn und voneinander entfernt und zwischen ihnen häufig kleine Öltröpfchen. Pyrenoid mit Stärkehülle aus mehreren Stärkekörnern. Zellkern vorn. Zwei pulsierende Vakuolen. Zoosporen ohne Papille und mit rinnenförmigem bis fast zweiteiligem Chloroplast. Aplanosporen kugelig oder ellipsoidisch. Hypnosporen mit auffallender netzartiger Leistenstruktur. Zellen 25–30 μm im Durchmesser, Zellwand in alten Zellen bis 6 μm dick, Zoosporen 8–11 μm lang, 4–5 μm breit.
Aus einer Bodenprobe von der Küste der mitteldalmatinischen Insel Lavsa (Jugoslawien) isoliert. Auch in Erdböden der USSR.

13. **Axilosphaera** Cox & Deason 1968

Cox & Deason 1968, p. 241; Ettl & Gärtner 1988a, p. 320.

Zellen einzeln oder in Diaden und Tetraden zusammengehalten; es werden jedoch keine größeren Zellkomplexe gebildet. Einzelne vegetative Zellen kugelig, junge Zellen hingegen ellipsoidisch; die in Gruppen bleibenden Zellen platten sich gegenseitig etwas ab. Zellwand glatt, dünn, während des Wachstums dicker und zweischichtig werdend; lokal etwas abgehoben und eine unipolare Verdikkung (bis 5,6 μm) vortäuschend; ohne Gallerte. Chloroplast primär parietal, bei jungen Zellen breit rinnenförmig bis mantelförmig, mit tiefen senkrechten und waagrechten Einschnitten, bei erwachsenen Zellen durch zahlreiche tiefe Einschnitte asymmetrisch asteroid, mit kräftigen und ungleich langen, radiär ausstrahlenden Lappen, die der Peripherie der Zellen anliegen und bei der Oberflächenansicht gefeldert oder in Form von Bändern erscheinen. Mit einem ± exzentrischen unregelmäßigen Pyrenoid mit mehreren Stärkekörnern. Ein Zellkern im Hohlraum zwischen den Lappen des Chloroplasten im hinteren Zellteil. Zwei apikale pulsierende Vakuolen immer vorhanden. Asexuelle Fortpflanzung durch sukzedane Protoplastenteilung, die manchmal rasch aufeinanderfolgt. Zoosporen oder Autosporen zu 2–16 gebildet.

Eine einzige Art:

Axilosphaera vegetata Cox & Deason 1968 (Fig. 95: c)
Cox & Deason 1968, p. 241, fig. 1–7; Ettl & Gärtner 1988a, p. 321, fig. 246.

Mit den Merkmalen der Gattung. Zellen 15,4–18,2 μm im Durchmesser, Zoosporen 5,6–11,2 μm lang und 2,8–5,6 μm breit.
Kultur: UTEX 1674.

Aus Bodenproben von Zedernsümpfen, Cedars of Lebanon State Forest, Wilson County, Tennessee (USA) isoliert.

Axilosphaera entspricht im wesentlichen *Borodinellopsis*, wird von uns vorläufig aber noch als eigene Gattung geführt, da keine größeren Zellkomplexe gebildet werden. Dieses ± einzige diakritische Merkmal ist sehr von Kulturbedingungen abhängig und als Gattungsmerkmal ungenügend.

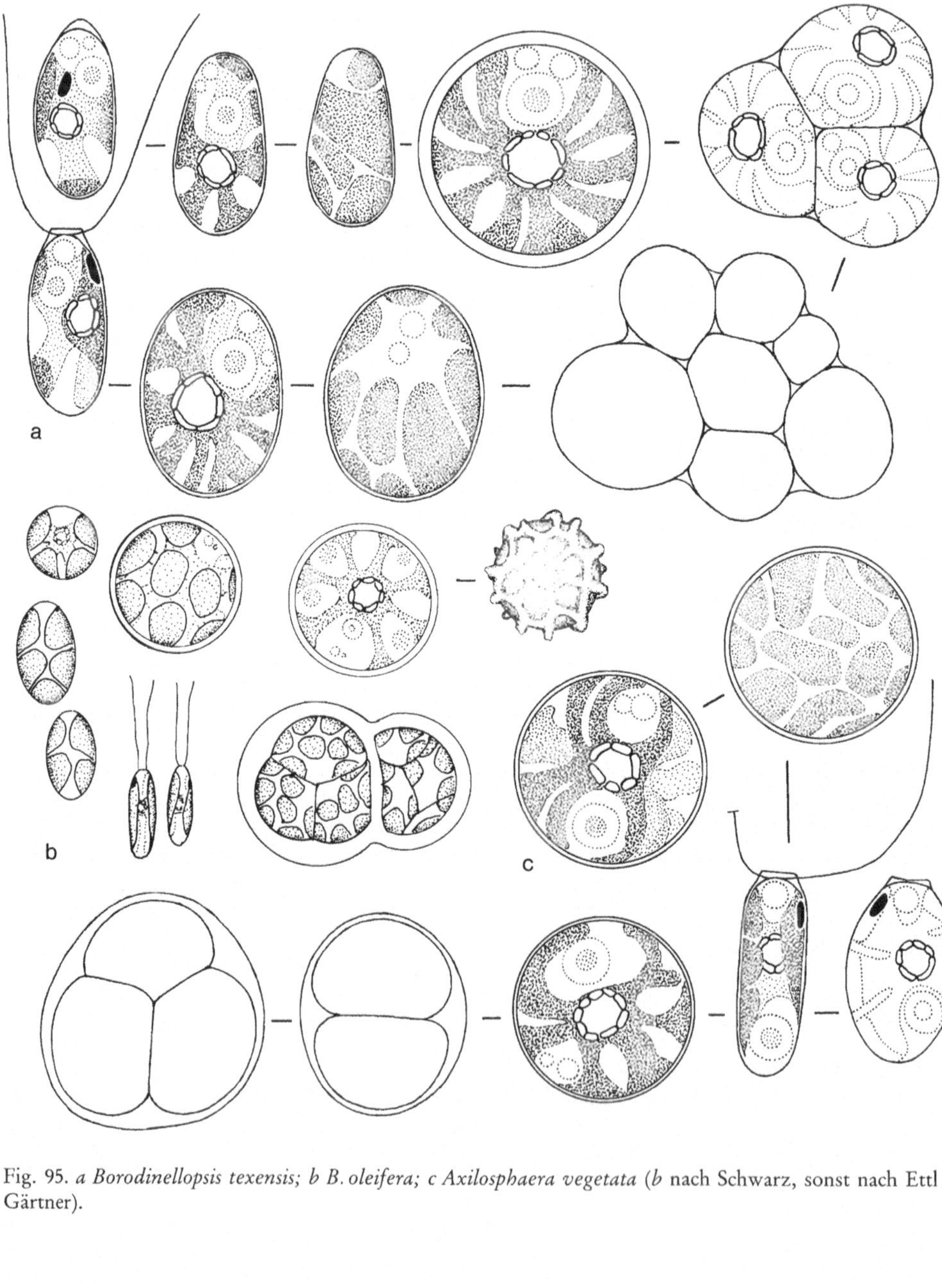

Fig. 95. *a Borodinellopsis texensis; b B. oleifera; c Axilosphaera vegetata* (*b* nach Schwarz, sonst nach Ettl & Gärtner).

2. Familie **Characiochloridaceae** Skuja 1948 (mut. charact.)

Zellen meist am Substrat festsitzend und mit einem ± deutlichen Stiel, Fuß oder anderen Haftorgan versehen. Einzeln lebend, nur gelegentlich in lockeren Gruppen. Zellgestalt ausgesprochen bipolar, gestreckt eiförmig, ellipsoidisch, spindelförmig bis birnenförmig, aber auch unregelmäßig schlauchförmig oder kugelig aufgebläht. Zellende mit Haftorgan wird als apikales oder proximales (vergl. Taf. IX), das entgegengesetzte als basales oder distales Ende bezeichnet, was der Orientierung der festgesetzten Zoosporen entspricht. Zellwand deutlich, nicht besonders dicker werdend, doch an der Bildung des Stieles oder Fußes teilnehmend. Zur Befestigung am Substrat dient meist ein Gallertpolster, der durch Ablagerungen von Eisenhydroxid braun gefärbt wird. Chloroplast parietal, rinnen- bis mantelförmig oder topfförmig, häufig perforiert, eingeschnitten, netzartig oder gelappt. Mit einem oder mehreren Pyrenoiden, mit kontinuierlicher hohlkugeliger oder gegliederter Stärkehülle. Trophische vegetative Zellen immer einkernig. Pulsierende Vakuolen und Saftvakuolen nur bei einigen Sippen vorhanden. Asexuelle Fortpflanzung durch sukzedane oder semisimultane Protoplastenteilung, wodurch 12–16, in Einzelfällen auch mehrere bis viele zweigeißelige behäutete Zoosporen entstehen. Aplanosporen und Autosporen werden in kleinerer Anzahl gebildet. Sexuelle Fortpflanzung selten und nur als Isogamie. Dauerzustände in Form dickwandiger Hypnoblasten oder Hypnosporen.
Pascher 1927; Korschikoff 1932, 1953; Ettl & Gärtner 1988 a.

1a Zellen mit pulsierenden Vakuolen, Protoplast oft noch mit Geißelresten; Zoosporen mit unregelmäßig verteilten pulsierenden Vakuolen . . . . **1. Characiochloris** (S. 351)
1b Zellen ohne pulsierende Vakuolen und ohne Geißelreste; Zoosporen mit zwei apikalen pulsierenden Vakuolen . . . . **2. Chlamydopodium** (S. 352)

1. **Characiochloris** Pascher 1927

Syn.: *Chlamydomonas* Ehrenberg 1833 p. p. sensu Korschikoff 1917
Pascher 1927, p. 485; Korschikoff 1953, p. 80; Ettl & Gärtner 1988 a, p. 323.

Zellen einzeln, *Characium*-ähnlich, festsitzend; von birnenförmiger, eiförmiger, ellipsoidischer bis spindelförmiger Gestalt, mit apikalem, dem Substrat zugewendetem Ende mittels eines Gallertpolsters festhaftend. Zellwand deutlich, ± dick. Keine Ausbildung von Gallertstielen, aber an der basalen Seite der Zellen sind noch Geißelröhren erkennbar, durch diese wird Gallerte ausgeschieden. Protoplast in erwachsenen Zellen häufig von den Zellpolen etwas zurückgezogen. Chloroplast wandständig, durch zahlreiche Perforationen und Einschnitte meist gegliedert und zum Teil in längliche Lappen aufgelöst. Ein bis mehrere Pyrenoide. Stigma kann in vegetativen Zellen vorhanden sein oder fehlen. Zellen stets einkernig. Pulsierende Vakuolen immer in größerer, unbestimmter Zahl vorhanden, unregelmäßig in der Zelle verteilt. Asexuelle Fortpflanzung durch 4–8–16(–64) ellipsoidische, ei- oder spindelförmige Zoosporen mit 2 Geißeln. Stets mehrere, unregelmäßig in der Zoosporen verteilte pulsierende Vakuolen, bei einer Art auch 2 zusätzliche apikale pulsierende Vakuolen vorhanden.
Von 8 beschriebenen Arten kommt nur eine in Erdböden vor.

Characiochloris acuminata Lee & Bold 1974 (Fig. 96: a)
Lee & Bold 1974, p. 40, fig. 120–131; Ettl & Gärtner 1988 a, p. 326, fig. 250.

Zellen breit spindelförmig, am Apex manchmal abgerundet, basal meist zugespitzt, mit dünner, im Alter unverdickter Zellwand. Am basalen Zellende sind die beiden Geißelröhren noch sichtbar, an dieser Stelle die Zellen mit Gallerte am Substrat befestigt. Chloroplast parietal mit länglichen Perforationen und einem deutlichen abgerundeten Pyrenoid mit in 4–6 Portionen gegliederter Stärkehülle. Zahlreiche pulsierende Vakuolen unregelmäßig im Protoplast verteilt. Stigma in

jungen Zellen oft noch vorhanden. Ein median bis vorn liegender Zellkern. 2–16 Zoosporen, länglich bis eiförmig, mit dünner Wand, am Hinterende verjüngt, mit 2 etwas über körperlangen Geißeln und parietalem, eingeschnittenem Chloroplast, basalem Pyrenoid und deutlichem Stigma im vorderen Teil. Zwei apikale pulsierende Vakuolen und dazu mehrere unregelmäßig im Zytoplasma verteilt. Zellen 25–60 µm lang und 10–30 µm breit; Zoosporen 12–19 µm lang und 4,5–7,7 µm breit.
Kultur: UTEX 2095.
Aus einem Ackerboden von El Tahir, Provinz Omo-Sabor (Ägypten) isoliert.

2. **Chlamydopodium** Ettl & Komárek 1982

Syn.: *Characium* A. Braun in Kützing 1849 p. p. sensu Korschikoff 1953, *Apodococcus* Hindák 1984 p. p.
Starr 1953, p. 308; Ettl & Komárek 1982, p. 356; Ettl & Gärtner 1988a, p. 331.

Zellen *Characium*-ähnlich, meist einzeln, aber auch in losen Zellhaufen lebend. Vegetative Zellen ellipsoidisch, spindelförmig, verkehrt eiförmig, flaschenförmig oder keulenartig, oft gestreckt, aber auch breit und im Alter etwas mehr kugelig werdend, in manchen Fällen asymmetrisch. Mit dem apikalen Ende, das dem Vorderende der befestigten und keimenden Zoospore entspricht, an verschiedenen Substraten festhaftend. Mit einem ± deutlichen kurzen Fuß oder auch ohne diesen und nur mit einer leichten Verdickung der Zellwand. Zellwand dünn bis mäßig dick. Chloroplast parietal mantel- oder topfförmig, durch Einschnitte leicht gelappt oder durch Risse perforiert; mit einem oder mehreren einheitlichen Pyrenoiden, die wie bislang bekannt, von einer kontinuierlichen hohlkugeligen Stärkehülle umgeben sind. Einkernig, Zellkern ± zentral. Keine pulsierenden Vakuolen; manchmal sind im Protoplast wenige Saftvakuolen vorhanden. Asexuelle Fortpflanzung durch zweigeißelige behäutete, *Chlamydomonas*-artige Zoosporen, die in den Sporangien durch sukzedane oder semisimultane Protoplastenteilungen entstehen. Sie setzen sich bei der Keimung immer mit dem Vorderende fest. Sexuelle Fortpflanzung nur bei einer Art in Form einer heterothallischen Isogamie bekannt. Als Dauerstadien treten manchmal dickwandige Hypnoblasten auf.
Von 6 beschriebenen Arten kommen im Boden nur 3 vor.

1a Zellen bis 35–60 µm groß, keine sexuelle Fortpflanzung beobachtet, Chloroplast mantelförmig, und offen 2
1b Zellen bis 15–20 µm groß, sexuelle Fortpflanzung durch Isogamie, Chloroplast geschlossen topfförmig . . . . **3. Ch. starrii**
2a Zellen basal eingezogen, kurzer Fuß, Protoplast vakuolisiert, Zoosporen zylindrisch . . . . **2. Ch. vacuolatum**
2b Zellen basal nicht eingezogen, ohne Fuß, Protoplast nicht vakuolisiert, Zoosporen spindelförmig . . . . **1. Ch. fusiforme**

1. **Chlamydopodium fusiforme** (Lee & Bold) Ettl & Komárek 1982 (Fig. 96: b)

Syn.: *Characium fusiforme* Lee & Bold 1974
Ettl & Komárek 1982, p. 356; Ettl & Gärtner 1988a, p. 333, fig. 255.

Zellen spindelförmig oder ellipsoidisch-spindelförmig, manchmal gestreckt eiförmig, Zellwand dünn bis mäßig dick, mit einem kurzen hyalinen Befestigungsfuß, aber ohne deutlichen Befestigungsdiskus. Chloroplast parietal, im Prinzip rinnen- bis mantelförmig, auf die gegenüberliegende Seite übergreifend, mit einem oder wenigen Einschnitten, bisweilen tief gelappt; Vorder- und Hinterende der Zelle häufig freilassend. Ein Pyrenoid, einheitlich, mit einer kontinuierlichen hohlkugeligen Stärkehülle. Ohne pulsierende Vakuolen. Zellkern ± gegen das distale Zellende gerückt. Zoosporen gestreckt eiförmig oder spindelförmig, mit kleiner undeutlicher Papille. Stigma

vorn. Zellkern hinten. Mit dem apikalen Ende festhaftend und die Geißeln einziehend. Zellen 20–42 µm lang und 7–20 µm breit, Zoosporen 10–14,5 µm lang und 4–6 µm breit.
Kultur: UTEX 2099.
Aus Erdproben von Bastrop, Bastrop Co., Texas (USA) isoliert.

2. Chlamydopodium vacuolatum (Lee & Bold) Ettl & Komárek 1982 (Fig. 96: c)
Syn.: *Characium vacuolatum* Lee & Bold 1974, *Apodococcus vacuolatus* (Lee & Bold) Hindák 1984
Ettl & Komárek 1982, p. 356; Ettl & Gärtner 1988a, p. 334, fig. 257.

Zellen spindelförmig, ellipsoidisch-spindelförmig oder verkehrt eiförmig, aber unregelmäßig plump keulenförmig, alte Zellen fast kugelig-ellipsoidisch, Zellwand dünn, auch im Alter keine Verdickung zeigend, nur bei erwachsenen Zellen einen deutlichen derben hyalinen Fuß bildend, der manchmal undeutlich oder kaum sichtbar ist; ohne deutlichen Befestigungsdiskus. Chloroplast parietal mantelförmig bis seitlich schüsselförmig, manchmal etwas unregelmäßig und leicht gelappt. Ein Pyrenoid, ± in halber Zellhöhe, einheitlich und von einer kontinuierlichen hohlkugeligen Stärkehülle umgeben. Protoplast mit einer, bei erwachsenen Zellen mit mehreren Saftvakuolen. Keine pulsierenden Vakuolen. Zellkern in der distalen Zellhälfte oder mehr in die Zellmitte verschoben. Zoosporen gestreckt ellipsoidisch bis gestreckt zylindrisch, mit abgerundet kielförmiger Papille, Stigma vorn, Zellkern hinten. Als Dauerstadien kommen dickwandige Hypnoblasten vor. Zellen bis 35 µm lang und bis 15 µm breit, Zoosporen 10–12 µm lang und 3–4 µm breit, Autosporen bis 7 µm groß.
Kultur: UTEX 2111.
Aus Erdboden isoliert, Ariquanabo Lagune, Provinz Havana (Kuba).

3. Chlamydopodium starrii (Fott) Ettl & Gärtner 1987 (Fig. 96: d)
Syn.: *Characium saccatum* Filarszky sensu Starr 1953, *Characium starrii* Fott 1967
Ettl & Gärtner 1987, p. 514; 1988a, p. 336, fig. 260, 261; Starr 1953, p. 308, fig. 1–22.

Zellen verkehrt eiförmig, gestreckt eiförmig oder plump keulenförmig, im Alter etwas mehr kugelig werdend; basal breit abgerundet, apikal verjüngt, manchmal deutlich ausgezogen und einen starken Fuß bildend, der dann leicht verbreitert endet. Zellwand dünn; proximal im verjüngten Zellteil vom Protoplasten abgehoben, mit einem kleinen, kaum deutlichen Befestigungsdiskus. Chloroplast parietal, bei jungen Zellen mantel- oder seitlich schüsselförmig, in erwachsenen Zellen dann ausgesprochen topfförmig und mit seiner Öffnung nach unten gerichtet (verkehrt topfförmig), durch zarte Risse perforiert. Ein Pyrenoid in einer lokalen Verdickung des Chloroplasten seitlich gelegen, von einer kontinuierlichen hohlkugeligen Stärkehülle umgeben. Ohne pulsierende Vakuolen. Zellkern im Lumen des Chloroplasten. Protoplastenteilung nach sukzedaner Kernteilung im Sporangium (in diesem Stadium mehrkernig) in Form eines semisimultanen Zerfalls. Zoosporen ellipsoidisch oder gestreckt eiförmig, mit deutlicher breiter Papille; Stigma vorn, Zellkern hinten. Sexuelle Fortpflanzung durch heterothallische Isogameten. Zygoten kugelig, mit glatter Wand. Zellen 15–20 µm lang und 8,5–16 µm breit, Zoosporen bis 8 µm lang und bis 3 µm breit, Zygoten bis 20 µm im Durchmesser.
Kultur: UTEX 111 (+ Stamm) und 112 (– Stamm).
Aus getrockneten Erdproben isoliert, die bei Cape Flats in der Nähe von Kapstadt (Südafrika) entnommen wurden.

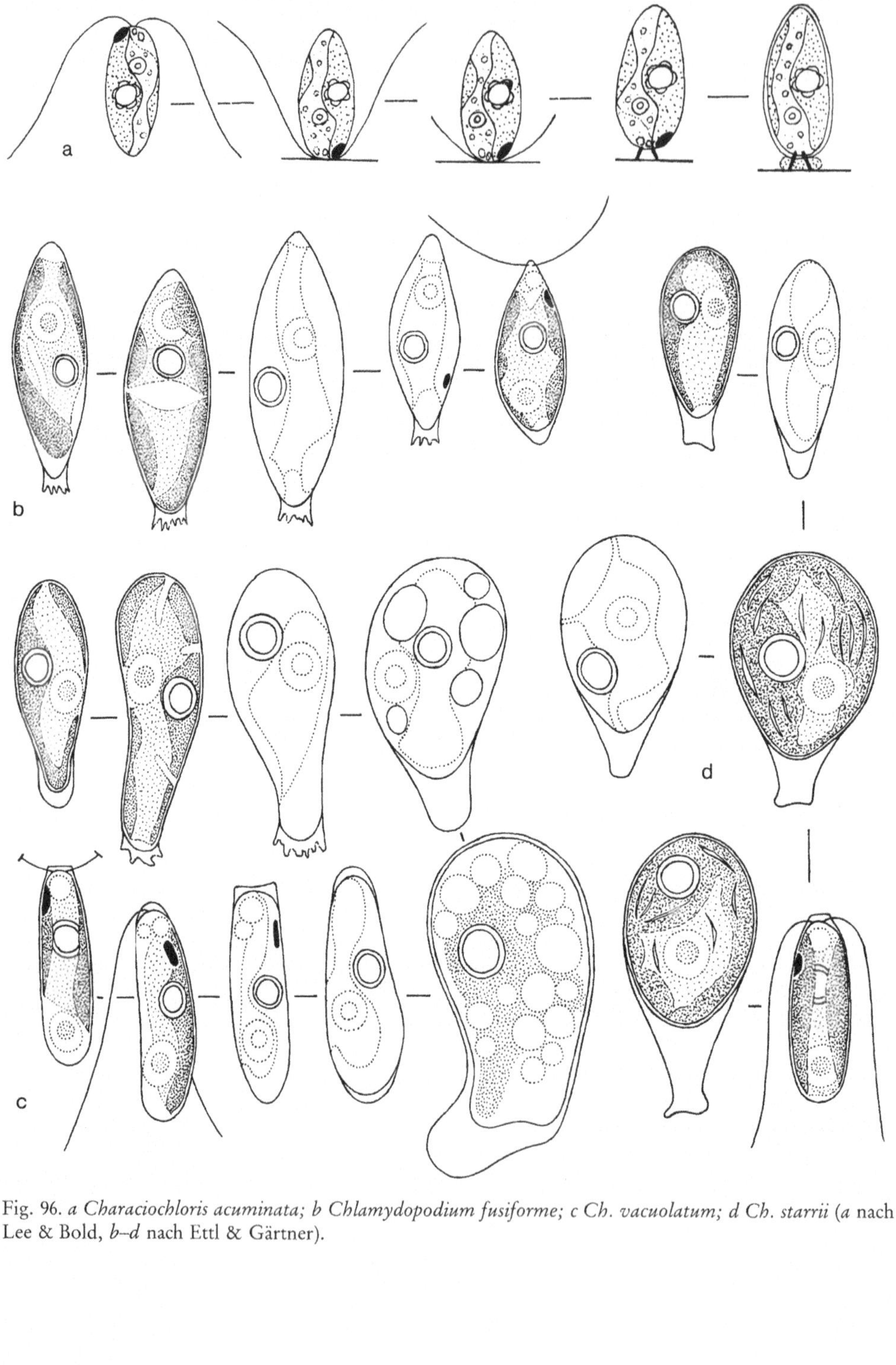

Fig. 96. *a Characiochloris acuminata; b Chlamydopodium fusiforme; c Ch. vacuolatum; d Ch. starrii* (*a* nach Lee & Bold, *b–d* nach Ettl & Gärtner).

3. Familie Actinochloridaceae Korschikoff 1953

Syn.: *Actinochloridaceae* Ettl & Komárek 1982 (error)

Zönoblasten ohne Polarität einer *Chlamydomonas*-Zelle, Gestalt meist kugelig, weniger oft kugelig ellipsoidisch. Chloroplast stark gegliedert, eingeschnitten und gelappt, radiär asteroid oder in ± größere Teilstücke aufgelöst, die durch Querbalken oder zarte Verbindungsstücke miteinander oder mit einem dicken Zentralstück zusammengehalten werden, grob oder fein spongiomorph, manchmal auch in Einzelteile aufgelöst. Recht kompliziert gebaut, zudem die Außenseite gefeldert, netzförmig oder gerippt erscheint. Mit einem oder mehreren Pyrenoiden, mit kontinuierlicher hohlkugeliger oder gegliederter Stärkehülle. Bei einer Gattung Pyrenoid anscheinend fehlend. Trophische vegetative Stadien immer mehrkernig wobei mit zunehmendem Wachstum der Zönoblasten die Zahl der Zellkerne zunimmt (Taf. XIII). Pulsierende Vakuolen meist fehlend, wenn vorhanden, dann in größerer Anzahl; Saftvakuolen häufig. Asexuelle Fortpflanzung durch simultane Protoplastenteilung, wobei entsprechend der Anzahl der Zellkerne im Zönoblasten mehrere bis viele (32–128 und auch mehr) zweigeißelige behäutete Zoosporen entstehend. Auch Aplanosporen und Autosporen bekannt, doch werden diese in geringerer Anzahl gebildet. Sexuelle Fortpflanzung nicht mit Sicherheit festgestellt. Dauerzustände als dickwandige Hypnoblasten mit reichlicher Ölspeicherung.

Korschikoff 1926, 1953; Vischer 1945; Ettl 1964; Bourrelly 1966; Fott 1972; Ettl & Gärtner 1988a.

1a Zönoblasten mit einem bis mehreren Pyrenoiden 2
1b Zönoblasten ohne Pyrenoid . . . . **4. Pseudodictyochloris** (S. 364)
2a Zönoblasten mit radiär asteroid gelapptem Chloroplast (in Oberflächenansicht grob oder fein gefeldert) und mit einem zentralen Pyrenoid mit zahlreichen kleinen Stärkekörnern . . . . **1. Actinochloris** (S. 355)
2b Zönoblasten mit unregelmäßig gelapptem, häufig mit Querbalken oder feinen Verbindungsstücken versehenem oder spongiomorphem Chloroplast (in Oberflächenansicht gerippt oder netzförmig) und einem bis mehreren unregelmäßig liegenden Pyrenoiden mit kontinuierlicher Stärkehülle oder wenigen großen Stärkekörnern 3
3a Chloroplast unregelmäßig gelappt, mit Querbalken und Verbindungsstücken, an der Oberfläche deutlich grob oder fein gerippt; Zellkerne meist in Gruppen im Lumen des Chloroplasten gehäuft . . . . **2. Macrochloris** (S. 357)
3b Chloroplast spongiomorph, an der Oberfläche mehr oder weniger netzartig perforiert; Zellkerne einzeln in den Hohlräumen des Chloroplasten liegend . . . . **3. Deasonia** (S. 360)

1. Actinochloris Korschikoff 1953

Syn.: *Radiosphaera* Snow 1918 sensu Starr 1955, Chantanachat & Bold 1962, Fott 1972 non *Radiosphaera* Pascher 1939, *Asterococcus* Scherffel 1909 p. p. sensu Vischer 1945, *Macrochloris* Korschikoff 1926 sensu Tell 1971, Trenkwalder 1975

Korschikoff 1953, p. 69; Starr 1955, p. 47; Ettl 1964, p. 298; Ettl & Gärtner 1988a, p. 340.

Zönoblasten einzeln lebend, in der Jugend breit ellipsoidisch oder breit eiförmig, im erwachsenen Zustand immer kugelig; mit bedeutendem Größenwachstum. Zellwand glatt, hyalin und fest, im Alter recht dick. Chloroplast radiär asteroid gelappt, mit einem mächtigen und dicken Zentralstück, aus dem radiär zahlreiche, oft etwas unregelmäßig gestaltete Lappen bis zur Peripherie der Zönoblasten auslaufen. Einzelne Lappen oft zusätzlich mehr oder weniger verzweigt, nicht selten büschelförmig, knapp unter der Zellwand endend und dort auch etwas verbreitert. Mit einem sehr großen einfachen oder zusammengesetzten Pyrenoid, das in der Zellmitte im Zentralstück des Chloroplasten eingebettet liegt. Zellkerne mehrere bis viele (16–64, aber auch 128), zwischen den Lappen des Chloroplasten. An der Peripherie der Zönoblasten zwischen den flächig ausgebreiteten Enden des Chloroplastenlappen bei einer Art mehrere kleine pulsierende Vakuolen. Asexuelle

Fortpflanzung durch simultanen Zerfall in zahlreiche einkernige Zoosporen oder Aplanosporen, deren Anzahl immer der Anzahl der Zellkerne in den sich fortpflanzenden vegetativen Zönoblasten entspricht (16–128).

1a Lappen des Chloroplasten sehr derb, an den Enden wenig verzweigt, bei der Oberflächenansicht größere polygonale Felder bildend; immer nur ein Chloroplast und ein Pyrenoid; Stärkekörner des Pyrenoids radiär angeordnet; pulsierende Vakuolen vorhanden; Zellkern in den Zoosporen vorne . . . . **1. A. sphaerica**

1b Lappen des Chloroplasten zarter, an den Enden reichlich und fein verzweigt, bei der Oberflächenansicht körnig oder fein punktiert erscheinend; Chloroplast und Pyrenoid sich während des Wachstums teilend und vermehrend; Stärkekörner des Pyrenoids tangential angeordnet; pulsierende Vakuolen fehlen; Zellkern in den Zoosporen hinten . . . . **2. A. terrestris**

1. **Actinochloris sphaerica** Korschikoff 1953 (Fig. 97: a–d)

Syn.: *Radiosphaera dissecta* (Korschikoff) Starr 1955, *R. sphaerica* (Korschikoff) Fott 1971
Korschikoff 1953, p. 69, fig. 12; Starr 1955, p. 50, fig. 117–127; Ettl & Gärtner 1988a, p. 344, fig. 262–264.

Chloroplast regelmäßig asteroid, mit radiär ausstrahlenden Lappen, die an den Enden wenig verzweigt sind, sodaß sie bei Oberflächenansicht erwachsener Zönoblasten als größere polygonale Felder erscheinen. Pyrenoid zentral, mit vielen kleinen ellipsoidischen Stärkekörnern umgeben, die mit ihren Längsachsen radiär angeordnet sind. Mit zahlreichen pulsierenden Vakuolen. Zoosporen mit deutlicher stumpfer Papille. Zellkern vorne. Zönoblasten 30–85 µm im Durchmesser, in Kulturen auch 100–150 µm groß werdend, Zoosporen 10–15 µm lang und 4–7 µm breit.
Kultur: UTEX 121, 1187, 1188, SAG 247-1a, CCAP 247/1.
Eine verbreitete Bodenalge, die bis in Höhen von über 2000 m ü. M. vorkommt, aber auch in Wasserlachen mit faulendem Laub gefunden wurde (USSR, Tschechoslowakei, Italien, USA, Kanada, Mexiko, Argentinien).

2. **Actinochloris terrestris** (Vischer) Ettl & Gärtner 1987 (Fig. 97: e–g)

Syn.: *Asterococcus terrestris* Vischer 1945, ? *A. dissectus* Vischer 1945, *Macrochloris dissecta* Korschikoff 1926 sensu J. B. Petersen 1932, Fritsch & John 1942, Trenkwalder 1975, ? *Radiosphaera dissecta* (Korschikoff) Starr 1955
Vischer 1945b, p. 47, fig. 4; Ettl & Gärtner 1987, p. 514; 1988a, p. 344, fig. 265–267.

Chloroplast in jungen Zönoblasten mit einem zentralen Teil, aus dem zahlreiche Lappen asteroid ausstrahlen und sich an der Peripherie verbreitern. Mit Wachstum des Zönoblasten werden die Verästelungen an den Lappenenden feiner und zahlreicher, so daß sie bei erwachsenen Zönoblasten in Oberflächenansicht fein punktiert oder körnig aussehen. Das ursprünglich einzige zentrale Pyrenoid vermehrt sich durch sukzedane Teilung mit dem Chloroplasten; in späteren Stadien sind dann an der Zellperipherie zahlreiche Teilstücke des Chloroplasten mit entsprechenden kleinen Pyrenoiden vorhanden und werden auf die Zoo- oder Autosporen aufgeteilt. Pyrenoid mit tangential gelagerten kleinen Stärkekörnern. Keine pulsierenden Vakuolen. Zoosporen mit undeutlicher, schwer sichtbarer Papille, Zellkern hinten. Zönoblasten 30–50, seltener bis 70 µm im Durchmesser, Zoosporen 9–10 µm lang und 3–4 µm breit.
Kultur: ASIB IB 321, UTEX 460, SAG 247-1b, CCAP 3/2b.
Als Bodenalge alpiner Böden (Schweiz, Italien) bekannt, aber auch aus Böden von Dänemark und England beschrieben.

2. **Macrochloris** Korschikoff 1926

non *Macrochloris* Korschikoff 1926 sensu J. B. Petersen 1932, 1935
Syn.: *Radiosphaera* Snow 1918 p. p. Fritsch & John 1942, Tell 1971 sensu Fott 1972, *Chlorozebra* Reisigl 1969
Printz 1927, p. 451; Korschikoff 1953; p. 132; Bourrelly 1966, p. 132; Ettl & Gärtner 1988a, p. 348; 1988c, p. 352.

Zönoblasten im erwachsenen Zustand kugelig, mit bedeutendem Größenwachstum, junge Zönoblasten breit ellipsoidisch. Zellwand dick bis sehr dick. Chloroplast stark gegliedert, auffallend

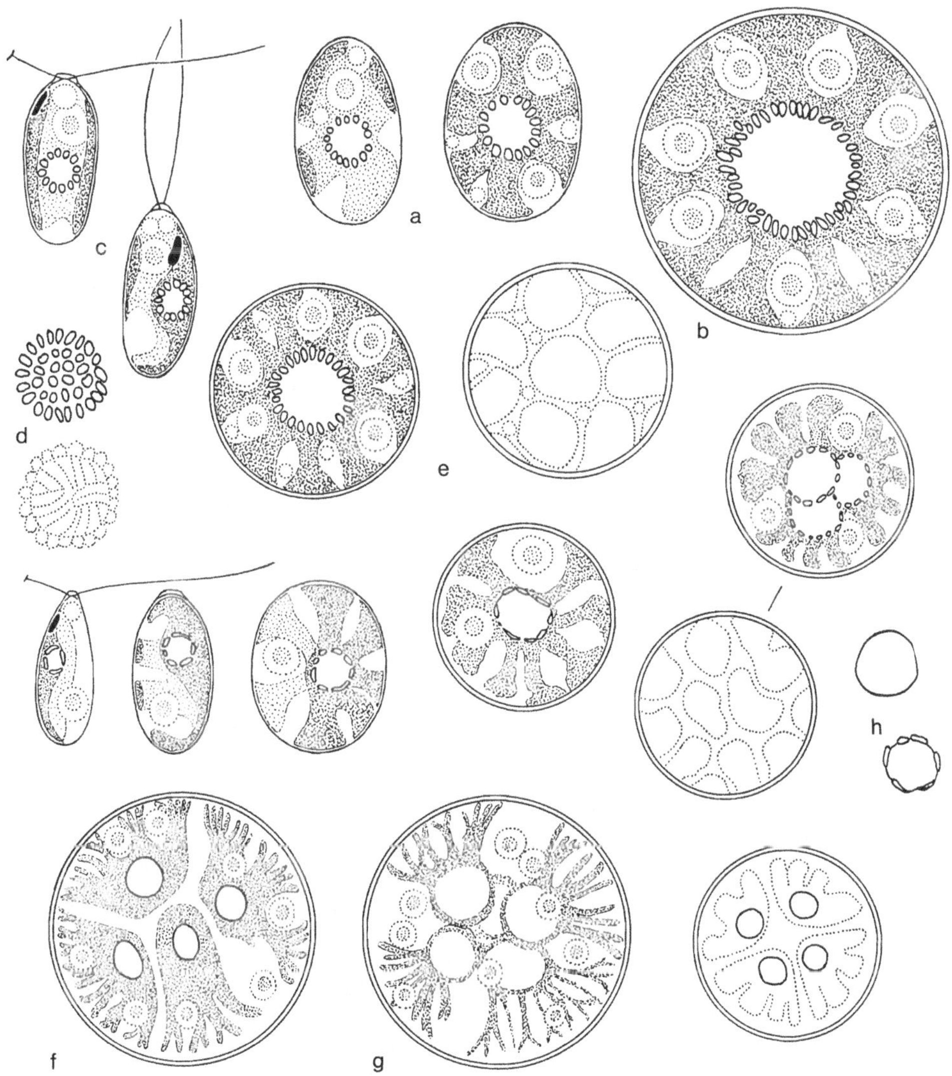

Fig. 97. *a–d Actinochloris sphaerica; a* junger Zönoblast; *b* erwachsener Zönoblast; *c* Zoosporen; *d* Pyrenoidstruktur; *e–g A. terrestris; e* junger Zönoblast; *f, g* erwachsene Zönoblasten; *h* Pyrenoidstruktur (nach Ettl & Gärtner).

unregelmäßig; bei erwachsenen Zönoblasten besteht der Chloroplast aus einem Zentralstück, in dem ein oder mehrere Pyrenoide liegen, und aus parietalen Lappen, die an der Peripherie des Zönoblasten ± dicht hohlkugelartig zusammenschließen. In der Oberflächenansicht sind Streifen, Leisten und Balken zu sehen, die oft bogig oder unregelmäßig gekrümmt sind. Im verdickten Zentralstück des Chloroplasten liegt ein großes kugeliges oder unregelmäßig gestaltetes Pyrenoid; häufig treten auch mehrere, gewöhnlich dicht nebeneinander gelegene Pyrenoide auf (bis 10). Stärkehülle kontinuierlich, hohlkugelig. Zellkerne immer mehrere oder viele (32–64, manchmal auch bis 128), im freien Raum zwischen dem zentralen und parietalen Teil des Chloroplasten unregelmäßig verteilt oder zuweilen etwas gehäuft. Pulsierende Vakuolen vorhanden oder fehlend. Asexuelle Fortpflanzung durch Zoosporen, Aplanosporen oder Autosporen. Zoosporen behäutet, zweigeißelig.

Als Dauerstadien sind dickwandige Hypnoblasten bekannt, die direkt aus den vegetativen Zönoblasten hervorgehen. Sexuelle Fortpflanzung nicht bekannt. Von 5 beschriebenen Arten sind 3 bodenbewohnend.

1a Vegetative Zönoblasten ohne pulsierende Vakuolen, Stärkehülle der Pyrenoide einheitlich hohlkugelig 2

1b Vegetative Zönoblasten mit pulsierenden Vakuolen, Stärkehülle der Pyrenoide aus mehreren Stärkekörnern bestehend . . . . **3. M. chlorococcoides**

2a Zönoblasten sehr groß, 40–110 µm im Durchmesser, Zoosporen mit weit getrennter Geißelinsertion und mit zweihöckriger Papille . . . . **1. M. multinucleata**

2b Zönoblasten 30–50 µm im Durchmesser, Zoosporen mit normaler Geißelinsertion, Papille flach abgestutzt oder undeutlich . . . . **2. M. cohaerens**

1. Macrochloris multinucleata (Reisigl) Ettl & Gärtner 1987 (Fig. 98: a–c)

Syn.: *Chlorozebra multinucleata* Reisigl 1969

Reisigl 1969, p. 498, fig. 1, 2; Ettl & Gärtner 1987, p. 514; 1988a, p. 350, fig. 269, 270.

Zönoblasten kugelig, nur in der Jugend breit eiförmig. Zellwand derb, im Alter oft bedeutendes Dickenwachstum zeigend. Chloroplast in Form einer parietalen Hohlkugel, die aus schmalen oder dicken, hochkant stehenden, in Oberflächenansicht ± parallel mit sehr schmalen Zwischenräumen verlaufenden und oft ineinander verzahnten Leisten oder Balken, die ein typisches Streifenmuster ergeben. Zentralstück mit einem oder mehreren Pyrenoiden, Zoosporen ellipsoidisch eiförmig, mit auffallend weit voneinander getrennter Geißelinsertion und breiter zweihöckriger Papille, die senkrecht zur Geißelebene steht. Zönoblasten 40–110 µm im Durchmesser, Zoosporen 10 µm lang und 4–5,5 µm breit.

Kultur: ASIB IB 1, 3.

Aus Rohboden ohne höhere Vegetation isoliert, Westgrat des Cho Oyu im Himalaya, 6150 m ü. M.

2. Macrochloris cohaerens (Vinatzer 1975) Ettl & Gärtner 1987 (Fig. 99: a–e)

Syn.: *Chlorozebra cohaerens* Vinatzer 1975

Vinatzer 1975b, p. 218, fig. 3; Ettl & Gärtner 1987, p. 514; 1988a, p. 351, fig. 271.

Zönoblasten einzeln, seltener in Gruppen, kugelig, nur ganz junge Zönoblasten ellipsoidisch. Zellwand mäßig dick, mit zunehmendem Alter ein bedeutendes Dickenwachstum zeigend. Chloroplast parietal, von einem topfförmigen oder hohlkugeligen Typus abgeleitet, den ganzen Zönoblast fast auskleidend und nur einen kleinen Raum für die Zellkerne aussparend. Außenseite in viele schmale Rippen bis Leisten untergeteilt, die in Oberflächenansicht ein typisches Streifenmuster ergeben. Mit einem oder mehreren unregelmäßig gestalteten Pyrenoiden. Zoosporen gestreckt zylindrisch-ellipsoidisch, manchmal etwas gebogen, Papille undeutlich. Zönoblasten 30–40(–50) µm im Durchmesser, Zoosporen 10–12 µm lang und 4–4,5 µm breit.

Kultur: ASIB V 176, V 177.

Aus Kalkböden des Pitschberges (2300 m ü. M.) in den Dolomiten, Südtirol (Italien) isoliert.

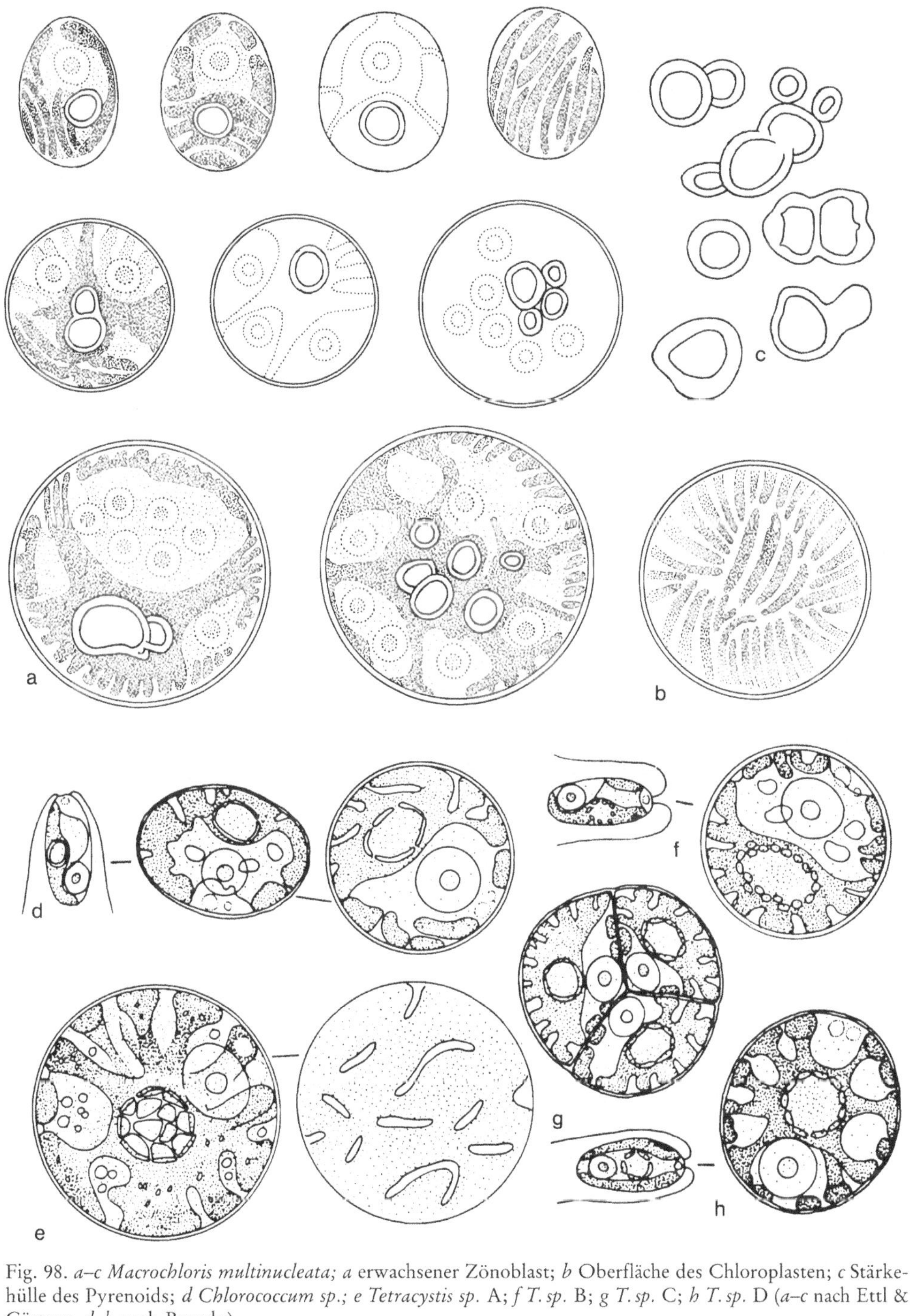

Fig. 98. *a–c Macrochloris multinucleata; a* erwachsener Zönoblast; *b* Oberfläche des Chloroplasten; *c* Stärkehülle des Pyrenoids; *d Chlorococcum sp.; e Tetracystis sp.* A; *f T. sp.* B; *g T. sp.* C; *h T. sp.* D (*a–c* nach Ettl & Gärtner, *d–h* nach Broady).

3. Macrochloris chlorococcoides Ettl & Gärtner 1988 (Fig. 99: f–h)
Ettl & Gärtner 1988a, p. 356, fig. 273; Ettl & Gärtner 1988c, p. 354, fig. 1.

Zönoblasten kugelig, in der Jugend breit ellipsoidisch; mit mäßig dicker bis dicker (2 µm) Zellwand, die später deutlich einseitig abgehoben ist. Chloroplast massiv, im Prinzip topfförmig, später leicht radiär gelappt; Pyrenoid im massiven Teil des Chloroplasten, von mehreren kleinen Stärkekörnern umgeben. Mehrere Zellkerne und pulsierende Vakuolen leicht exzentrisch gelegen. Zoosporen ellipsoidisch bis zylindrisch, vorn mit einem punktförmigen Stigma; Zellkern hinten. Zönoblasten 20–37 µm im Durchmesser, Zoosporen 10–12 × 7 µm groß.
Aus Kalkboden des Pitschberges (2300 m ü. M.) in den Dolomiten, Südtirol (Italien) isoliert.

3. **Deasonia** Ettl & Komárek 1982

Syn.: *Neospongiococcum* Deason 1971 p. p. sensu Deason 1971, *Ascochloris* Bold & Mac Entee 1974
Deason 1971, p. 19; Bold & Mac Entee 1974, p. 190; Ettl & Komárek 1982, p. 360; Ettl & Gärtner 1988a, p. 357; 1988c, p. 356.

Zönoblasten einzeln, junge Zönoblasten ellipsoidisch eiförmig, erwachsene stets kugelig; mit glatter, im Alter meist verdickter Zellwand. Chloroplast wandständig, in jungen Zönoblasten ± eine offene Hohlkugel, in älteren Zönoblasten stark mit Löchern, Spalten und Einschnitten versehen, schließlich spongiomorph. An der Oberfläche manchmal deutlich gestreift oder gerippt. Im kompakten Chloroplastenteil anfangs ein exzentrisch liegendes Pyrenoid, das in älteren

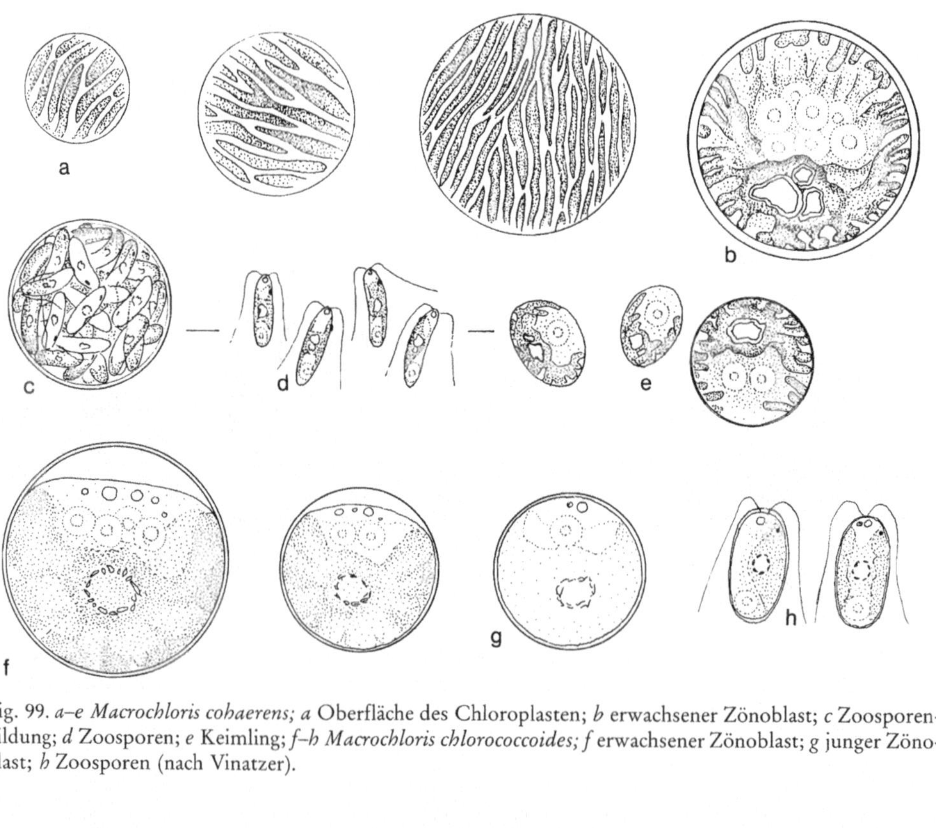

Fig. 99. *a–e Macrochloris cohaerens; a* Oberfläche des Chloroplasten; *b* erwachsener Zönoblast; *c* Zoosporenbildung; *d* Zoosporen; *e* Keimling; *f–h Macrochloris chlorococcoides; f* erwachsener Zönoblast; *g* junger Zönoblast; *h* Zoosporen (nach Vinatzer).

Zönoblasten ins Zentrum des Chloroplasten rückt; Stärkehülle des Pyrenoids sowohl hohlkugelig kontinuierlich als auch gegliedert. Vegetative Stadien mehrkernig. Pulsierende Vakuolen auf die Zoosporen beschränkt, sie verschwinden bereits während der Keimung der Zoosporen. Saftvakuolen mitunter vorhanden. Asexuelle Fortpflanzung durch 2–64 (bis 128 oder noch mehr) zweigeißelige Zoosporen oder Autosporen in etwas geringerer Zahl.
Von 12 beschriebenen Arten wurden hier 7 aufgenommen.
Bold & Mac Entee hatten 1974 eine Gattung *Ascochloris* beschrieben, deren Zönoblasten denen der Gattung *Deasonia* sehr ähnlich sind, jedoch nackte Zoosporen bilden sollten, die sich bei der Keimung plötzlich abkugeln. Nachträgliche lichtmikroskopische und elektronenmikroskopische Untersuchungen (S. Watanabe & Floyd 1989b) an der Typenkultur (UTEX 2013) zeigten jedoch, daß die Zoosporen bewandet sind (*Chlamydomonas*-Typus) und ihre Keimung durch allmähliche Gestaltsänderung vor sich geht. Da nun zwischen den hier angeführten Gattungen kein generischer Unterschied besteht, ist *Ascochloris* nur als Synonymum von *Deasonia* anzusehen.

1a Pyrenoide mit kontinuierlicher, hohlkugeliger Stärkehülle 2
1b Pyrenoide mit gegliederter Stärkehülle aus mehreren Stärkekörnern 3
2a Chloroplast grob spongiomorph, mit einem Pyrenoid, Zönoblasten 10–26 µm groß . . . . **1. D. bispora**
2b Chloroplast fein spongiomorph, stark gegliedert, mit mehreren Pyrenoiden (junge Zellen auch mit einem Pyrenoid), Zönoblasten 20–50(–75) µm groß . . . . **2. D. granata**
3a Erwachsene Zönoblasten mit einem Pyrenoid 4
3b Erwachsene Zönoblasten mit mehreren Pyrenoiden 6
4a Zönoblasten ellipsoidisch oder eiförmig, mitunter breit ellipsoidisch oder unregelmäßig sackförmig 5
4b Zönoblasten mehrheitlich kugelig . . . . **5. D. multinucleata**
5a Chloroplast auch bei älteren Zönoblasten regelmäßig spongiomorph, Zönoblasten bis 55(–75) µm groß . . . . **3. D. saccata**
5b Chloroplast unregelmäßig spongiomorph, oft zerrissen, bei Oberflächenansicht in Lappen und Rippen aufgeteilt, Zönoblasten bis 25 µm groß . . . . **4. D. irregularis**
6a Zönoblasten mit geschichteter Gallerthülle . . . . **6. D. punctata**
6b Zönoblasten ohne Gallerthülle . . . . **7. D. prolifera**

1. **Deasonia bispora** (Deason) Ettl & Gärtner 1987 (Fig. 100: a)

Syn.: *Neospongiococcum bisporum* Deason 1976
Deason 1976, p. 198, fig. 1–3, 17; Ettl & Gärtner 1987, p. 515; 1988a, p. 358, fig. 274.

Junge Zönoblasten ellipsoidisch, erwachsene breit ellipsoidisch oder kugelig, mit im Alter verdickter Zellwand. Chloroplast in jungen Zönoblasten parietal, hohlkugelig, mit gelappten Rändern, bald spongiomorph werdend, in erwachsenen Zönoblasten stets grob spongiomorph, mit wenigen großen Hohlräumen. Pyrenoid exzentrisch, manchmal ± ins Zentrum verlagert; Stärkehülle glatt, einheitlich hohlkugelig. Saftvakuolen selten. Zoosporen ellipsoidisch, mit schwacher, abgestutzt kielförmiger Papille; Stigma vorne und Zellkern im vorderen Bereich: Häufig werden zwei (?) Autosporen gebildet. Zönoblasten 10,5–26 µm im Durchmesser, Zoosporen 8–10,5 µm lang und 2,5–5 µm breit.
Kultur: UTEX 2115.
Aus Boden eines Rosariums, Memphis, Tennessee (USA) isoliert.

2. **Deasonia granata** (Starr) Ettl & Komárek 1982 (Fig. 100: b)

Syn.: *Neospongiococcum granatum* (Starr) Deason 1971, *Chlorococcum multinucleatum* Starr 1955
Starr 1955, p. 35, fig. 104–116; Deason 1971, p. 25, fig. 20; Ettl & Gärtner 1988a, p. 358, fig. 275.

Junge Zönoblasten breit ellipsoidisch, erwachsene kugelig, mit glatter, im Alter etwas verdickter Zellwand. Chloroplast in jungen Zönoblasten parietal, gelappt, in erwachsenen Zönoblasten

ausgeprägt fein spongiomorph mit zahlreichen großen und kleinen Hohlräumen; in Oberflächenansicht mit Rippen und Leisten. Pyrenoid exzentrisch, ellipsoidisch bis kugelig, mit einheitlicher hohlkugeliger Stärkehülle. Pyrenoidverdoppelung und -vermehrung häufig. Zoosporen mit schwacher abgestutzter Papille, Stigma und Zellkern im vorderen Bereich. Aplanosporen ebenfalls bekannt. Als Dauerstadien dickwandige Hypnoblasten. Zönoblasten 8,5–30(–35–50) µm im Durchmesser, Zoosporen 11 µm lang und 5–6 µm breit.
Kultur: CCAP 213/1a, SAG 213–1a, UTEX 116.
Aus Boden in Prag (Tschechoslowakei) isoliert.

3. **Deasonia saccata** (Deason) Ettl & Komárek 1982 (Fig. 100: c)

Syn.: *Neospongiococcum saccatum* Deason 1971
Deason 1971, p. 23, fig. 12–15; Ettl & Gärtner 1988 a, p. 359, fig. 276.

Junge Zönoblasten ellipsoidisch bis eiförmig oder unregelmäßig abgerundet, erwachsene kugelig, seltener birnen- oder unregelmäßig sackförmig. Mit oft stark verdickter Zellwand. Chloroplast ausgesprochen spongiomorph, mit mehreren Hohlräumen und regelmäßigen, vom Zentrum zur Peripherie ausgehenden Balken. Pyrenoid groß, mit gegliederter Stärkehülle, im Zentralteil des Chloroplasten. Häufig auch 2–3 Pyrenoide vorhanden. Zoosporen ellipsoidisch, mit schwach höckriger Papille; Stigma und Zellkern vorn. Zönoblasten bis 55(–70) µm im Durchmesser, Zellwand bis 3(–6) µm dick, Zoosporen 5–11 µm lang und 2–5,5 µm breit.
Kultur: UTEX 1843, ASIB IB 276.
Aus Bodenproben eines Rosenbeetes, Sienna College, Memphis, Tennessee (USA) isoliert.

4. **Deasonia irregularis** (Deason) Ettl & Gärtner 1987 (Fig. 100: d)

Syn.: *Neospongiococcum irregulare* Deason 1976
Deason 1976, p. 200, fig. 5, 6, 21, 22; Ettl & Gärtner 1987, p. 515; 1988 a, p. 361, fig. 277.

Junge Zönoblasten ellipsoidisch, eiförmig, erwachsene abgerundet oder breit ellipsoidisch bis kugelig, mit im Alter verdickter Zellwand. Chloroplast bereits in jungen Zönoblasten gegliedert und spongiomorph, bei erwachsenen zudem durch tiefe Lappen zerteilt, bis fast blasig aufgetrieben; Oberfläche rippig. Ein ± zentrales Pyrenoid mit gegliederter Stärkehülle. Saftvakuolen manchmal vorhanden. Zoosporen langgestreckt ellipsoidisch oder ellipsoidisch eiförmig, mit abgestutzter Papille; Stigma und Zellkern vorne. Zönoblasten 7,5–25 µm im Durchmesser, Zoosporen 9–12 µm lang und 2,5–5,5 µm breit.
Kultur: UTEX 2118.
Aus Boden eines Rosariums, Memphis, Tennessee (USA) isoliert.

5. **Deasonia multinucleata** (Deason & Bold) Ettl & Komárek 1982 (Fig. 100: e)

Syn.: *Neospongiococcum multinucleatum* (Deason & Bold) Deason 1971, *Spongiococcum multinucleatum* Deason & Bold 1960, *Deasonia longispora* (Deason 1976) Ettl & Gärtner 1987, *Neospongiococcum longisporum* Deason 1976, *Deasonia variabilis* (Deason 1976) Ettl & Gärtner 1987, *Neospongiococcum variabile* Deason 1976, *Deasonia ovata* (Deason 1971) Ettl & Komárek 1982, *Neospongiococcum ovatum* Deason 1971, *Ascochloris multinucleata* Bold & Mac Entee 1974
Deason & Bold 1960, p. 30, fig. 38–42; Deason 1971, p. 25; Bold & Mac Entee 1974, p. 190, fig. 1, 2; Ettl & Gärtner 1987, p. 515; 1988 a, p. 364, fig. 278; 1988 c, p. 357.

Zönoblasten einzeln lebend oder (auf Agar) leicht zusammenhängend, junge Zönoblasten ellipsoidisch oder eiförmig, erwachsene kugelig, mit im Alter deutlich verdickter Zellwand, Chloroplast in jüngeren Zönoblasten hohlkugelig, unregelmäßig eingeschnitten, bald spongiomorph werdend, in erwachsenen Zönoblasten spongiomorph bis fein spongiomorph mit deutlichen Hohlräumen; an der Außenseite netzartig oder rippig strukturiert. Ein großes zentrales bis ± exzentrisches Pyrenoid mit gegliederter Stärkehülle. In Zoosporen und jungen Zönoblasten Stärkehülle zwei-

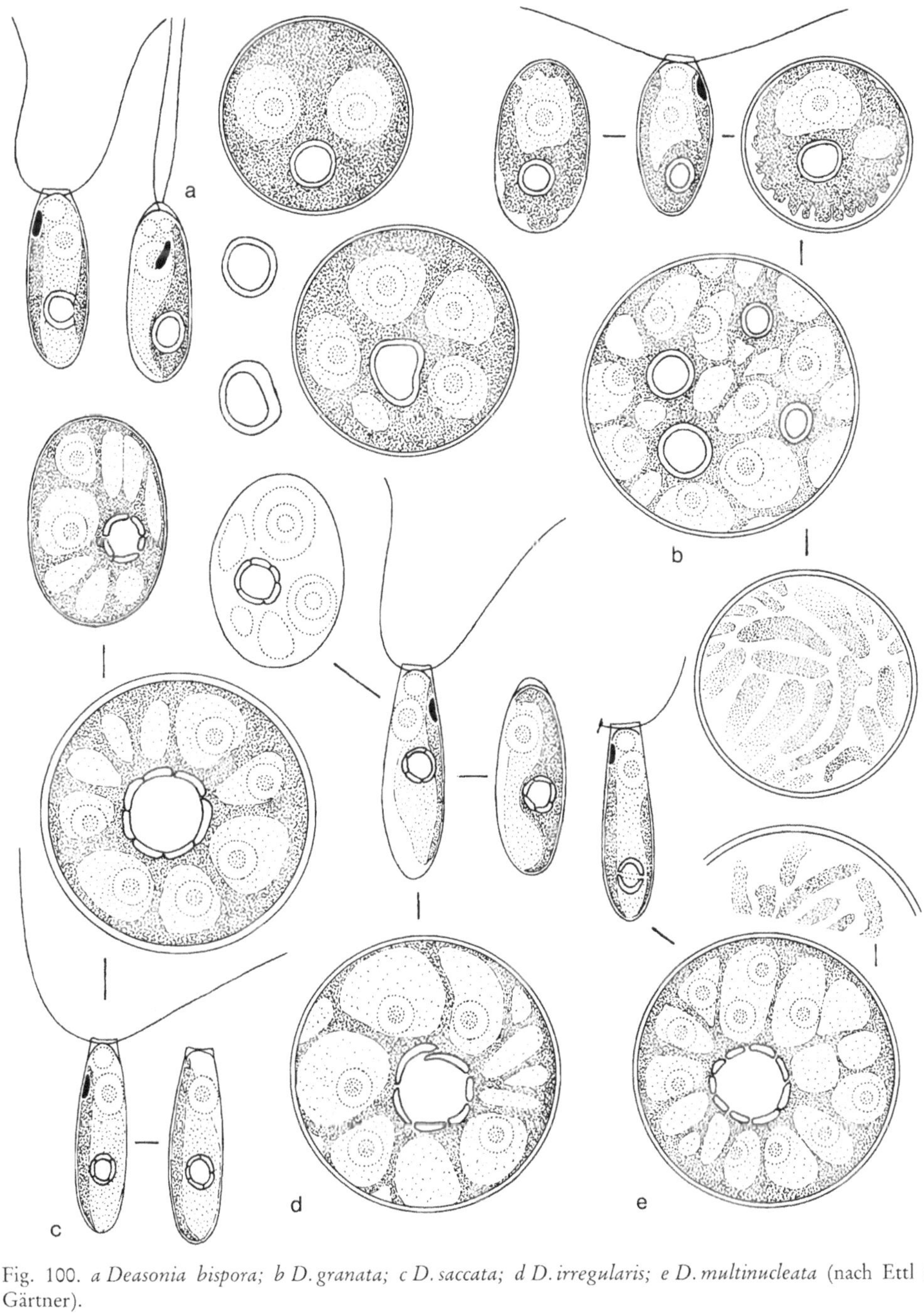

Fig. 100. *a Deasonia bispora; b D. granata; c D. saccata; d D. irregularis; e D. multinucleata* (nach Ettl & Gärtner).

schalig. Häufig in erwachsenen Zönoblasten Pyrenoidvermehrung (bis zu 5!). Saftvakuolen beobachtet. Zellkerne zahlreich (8–12). Zoosporen mit flacher Papille; Stigma und Zellkern vorne. Zönoblasten 6,5–50(–60) µm im Durchmesser, Zoosporen 8–12 µm lang und 2,5 µm breit.
Kultur: UTEX 976, 1844, 2013, 2121, 2122; ASIB IB 373, IB 386, IB 389.
Aus Böden in Texas (USA) isoliert. Aus Boden eines Baumwollfeldes und eines Rosariums bei Memphis, Tennessee (USA). Aus Gartenerde in Tokyo (Japan). Auch ein Isolat aus Peru, Laguna Quistococha (Stamm Hegewald 1973/291), entspricht dieser Sippe.

6. Deasonia punctata (Arce & Bold) Ettl & Komárek 1982 (Fig. 101: a–d)
Syn.: *Neospongiococcum punctatum* (Arce & Bold) Deason 1971, *Chlorococcum punctatum* Arce & Bold 1958
Arce & Bold 1958, p. 499, fig. 42–54; Deason 1971, p. 25; Ettl & Gärtner 1988 a, p. 367, fig. 282.

Zönoblasten einzeln lebend, junge Zönoblasten ellipsoidisch bis eiförmig oder kugelig, erwachsene kugelig, mit im Alter verdickter Zellwand und geschichteter Gallerthülle (Pektinschichten). Chloroplast in jungen Zönoblasten parietal, topfförmig, mit einigen Einschnitten, in erwachsenen Zönoblasten grob spongiomorph mit einigen großen, unregelmäßigen Hohlräumen. Ein siebartig strukturiertes Pyrenoid mit gegliederter Stärkehülle. Deutliche Saftvakuolen vorhanden. Zoosporen zu 8–16(–64–128), ellipsoidisch bis leicht tropfenförmig, mit abgestutzter gerader Papille; Stigma und Zellkern vorne. Zönoblasten 6,5–30(–55–68) µm im Durchmesser, Pektinschicht etwa 3 µm dick; Zoosporen 8 µm lang und 3 µm breit.
Kultur: UTEX 786.
Aus Boden eines Zuckerrohrfeldes bei Caharatas (Kuba).

7. Deasonia prolifera (Deason) Ettl & Komárek 1982 (Fig. 101: e–i)
Syn.: *Neospongiococcum proliferum* Deason 1971, *Deasonia gigantica* (Deason 1971) Ettl & Komárek 1982; *Neospongiococcum giganticum* Deason 1971; *Deasonia cohaerens* (Deason 1971) Ettl & Komárek 1982; *Neospongiococcum cohaerens* Deason 1971
Deason 1971, p. 19, fig. 1–3; Ettl & Gärtner 1988 a, p. 370, fig. 285; 1988 c, p. 357.

Zönoblasten einzeln lebend, junge ellipsoidisch bis ei- oder birnenförmig, bisweilen leicht zitronenförmig, erwachsene Zönoblasten kugelig mit verdickter, glatter Zellwand. Chloroplast in jungen Zönoblasten parietal, hohlkugelig mit unregelmäßigen Einschnitten, in erwachsenen Zönoblasten spongiomorph bis wabig, in Oberflächenansicht rippig aufgelöst. In jungen Zönoblasten eines, in erwachsenen Zönoblasten meist mehrere ± abgerundet eckige bis ellipsoidische Pyrenoide. Stärkehülle in jungen Zönoblasten zweischalig, in erwachsenen Zönoblasten aus mehreren Stärkekörnern bestehend. Zoosporen gestreckt ellipsoidisch bis leicht unregelmäßig spindelförmig, mit abgerundet kielförmiger Papille. Stigma und Zellkern vorne. Zönoblasten 10–40(–80–160?) µm im Durchmesser, Zoosporen 6,5–12 µm lang und 2–3,5 µm breit.
Kultur: UTEX 1842, 1845, 1846; ASIB IB 278.
Aus Böden eines Baumwollfeldes und eines Rosariums bei Memphis, Tennessee (USA) isoliert.
Von Deason werden wesentlich mehr Zoosporen (über 128) und Zellen bis 180 µm im Durchmesser (!) sowie bis 10 µm dicken Zellwänden angegeben.

4. **Pseudodictyochloris** Vinatzer 1975

Syn.: *Signiosphaera* Broady 1977
Vinatzer 1975 b, p. 220; Broady 1979 a, p. 65; Ettl & Gärtner 1988 a, p. 370.

Zönoblasten einzeln lebend, junge Zönoblasten ellipsoidisch bis abgerundet eiförmig, erwachsene Zönoblasten kugelig, mit dünner Zellwand, nur bei alten Zönoblasten manchmal verdickt. Chloroplast parietal hohlkugelig, netzartig durchgebrochen oder in einzelne Plättchen oder Leisten aufgelöst; meist ein kompakter Zentralteil, der in Strängen mit den parietalen Chloroplastenteilen verbunden ist. In Oberflächenansicht erscheint der Chloroplast klein gefeldert oder netzartig aufgelöst. Pyrenoid fehlt. Mit zahlreichen Zellkernen. Innerhalb des Chloroplasten und zwischen den Chloroplastenportionen mehrere pulsierende Vakuolen vorhanden. Asexuelle Fortpflanzung durch 2–64 zweigeißelige Zoosporen oder Autosporen.

1a Chloroplast an der Oberfläche in zahlreiche Plättchen aufgelöst, mit verdicktem Zentralstück; Zoosporen ellipsoidisch bis zylindrisch, ohne Papille . . . . **1. P. dissecta**

1b Chloroplast an der Oberfläche netzartig durchgebrochen, ohne verdicktes Zentralstück, Zoosporen rübenförmig, mit Papille . . . . **2. P. multinucleata**

1. **Pseudodictyochloris dissecta** Vinatzer 1975 (Fig. 102: a)

Syn.: *Dictyococcus fusisporus* Reisigl 1969

Vinatzer 1975b, p. 220, fig. 4; Ettl & Gärtner 1988a, p. 372, fig. 286.

Zönoblasten kugelig, mit sehr deutlich in kleine Plättchen oder Leisten aufgelöstem Chloroplast, im optischen Schnitt mit deutlichem Zentralteil und einigen wenigen davon ausgehenden Leisten. Pulsierende Vakuolen unterhalb des Chloroplasten, aber nicht immer vorhanden. Zoosporen ellipsoidisch bis zylindrisch mit dünner fester Wand, ohne Papille, Kern meist im hinteren Bereich. Zönoblasten 20–30 μm(–85 μm) im Durchmesser, Zoosporen 6–7 μm lang, 4 μm breit.
Aus einer Bodenprobe des Pitschberges, 2300 m ü. M. in Südtirol (Italien).

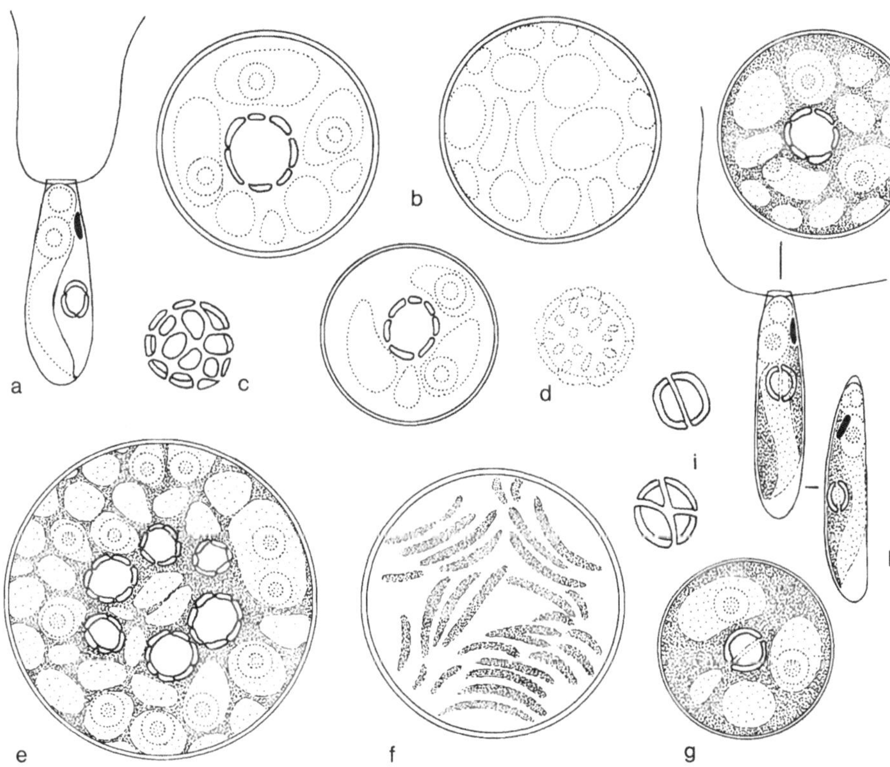

Fig. 101. *a–d Deasonia punctata; a* Zoospore; *b* Zönoblast; *c* Stärkehülle des Pyrenoids; *d* Pyrenoidstruktur; *e–i D. prolifera; e* erwachsener Zönoblast; *f* Oberfläche des Chloroplasten; *g* junger Zönoblast; *h* Zoosporen; *i* Stärkehülle des Pyrenoids (nach Ettl & Gärtner).

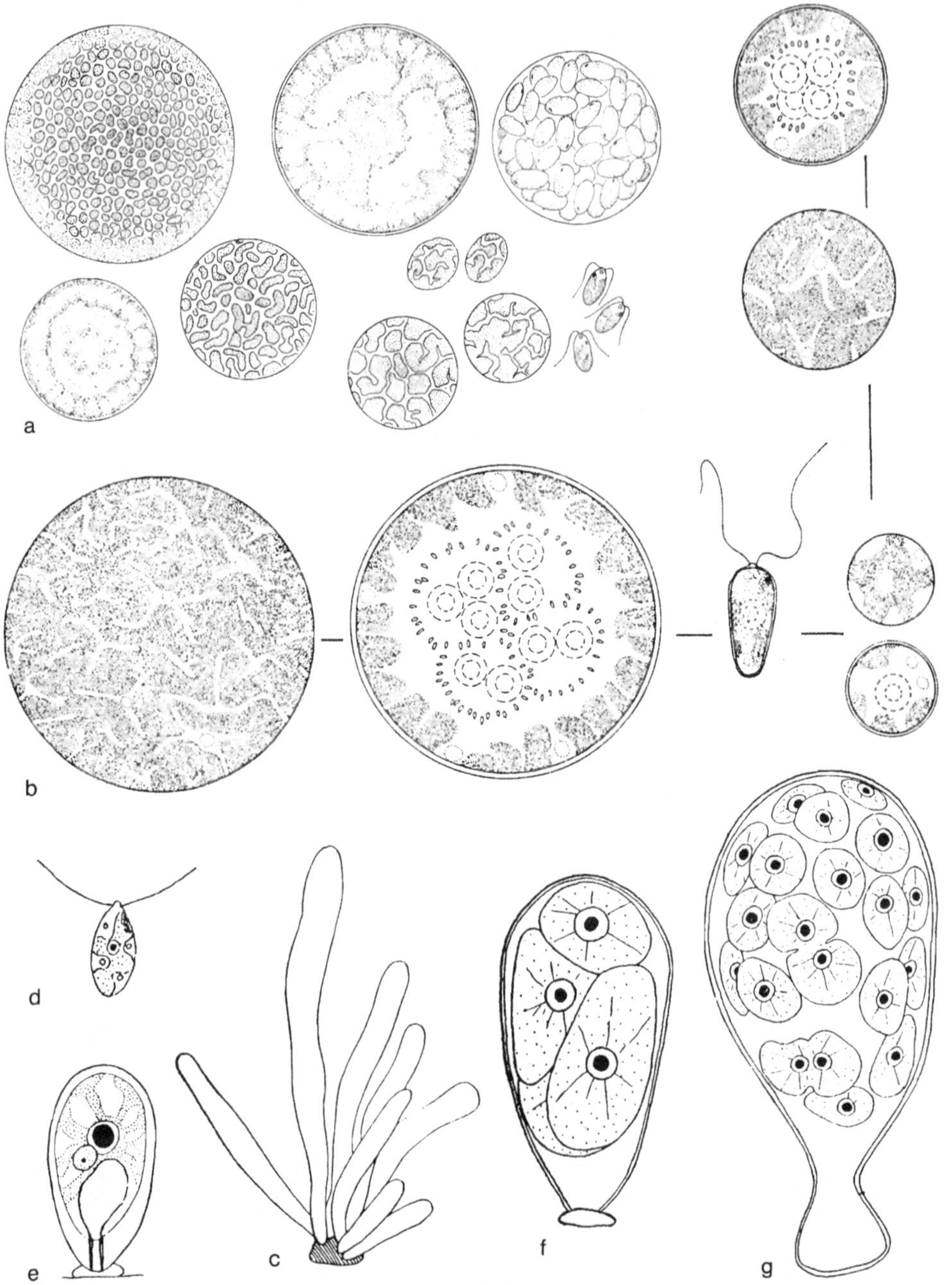

Fig. 102. *a Pseudodictyochloris dissecta; b P. multinucleata* (*a* nach Vinatzer, *b* nach Broady); *c–g Characiosiphon rivularis, c* eine Gruppe junger Thalli, *d* Zoospore, *e* Keimling, *f* Keimling mit vier Chloroplasten, g junger Thallus mit mehreren Chloroplasten (nach Iyengar).

Von Reisigl wurde 1969 aus einer Bodenprobe von 2300 m Seehöhe bei Innsbruck (Österreich) eine als *Dictyococcus fusisporus* beschriebene Sippe isoliert, die sehr wahrscheinlich mit *P. dissecta* ident ist. Chloroplastenbau und die behäuteten Zoosporen sind sehr ähnlich. Bei *Dictyococcus* sind nur nackte Zoosporen vorhanden.

2. Pseudodictyochloris multinucleata (Broady) Ettl & Gärtner 1987 (Fig. 102: b)
Syn.: *Signiosphaera multinucleata* Broady 1977
Broady 1977, p. 7, fig. 1 a–q; Ettl & Gärtner 1987, p. 515; 1988 a, p. 372, fig. 288.

Zönoblasten kugelig, junge Zönoblasten manchmal ellipsoidisch bis eiförmig, mit dünner Zellwand, im Alter oft verdickt, bei ellipsoidischen Zönoblasten auch bipolar verdickt. Chloroplast netzförmig durchbrochen; in jungen Zönoblasten mindestens zwei, in älteren Zönoblasten mehr als zwölf pulsierende Vakuolen in den Chloroplastenlücken zu beobachten. Im Zellinneren zahlreiche Kerne. Zoosporen rübenförmig, vereinzelt auch leicht nierenförmig, mit kleiner Papille. Zellkern ± zentral. Zönoblasten 10–33 µm im Durchmesser, Zellwand in alten Kulturen bis 3 µm dick; Zoosporen 9,5–12 µm lang, 3,5–6 µm breit, Autosporen 5–10 µm im Durchmesser.
Subaerisch zwischen Moosen und aus Bodenproben von Signy Island, South Orkney Islands (Antarktis).

2.7.3. Klasse Chlorophyceae

Grünalgen, bei denen alle Organisationsstufen, mit Ausnahme der amöboiden, entwickelt sind und in verschiedenen Ausbildungen vorkommen (Taf. III). Geißelbewegliche Zellen besitzen 2 oder 4, seltener viele gleich lange isomorphe und isodynamische Geißeln, die am apikalen, manchmal leicht vorgezogenen Pol entspringen. Die Basalkörperchen stehen im Uhrzeigersinn 1/7 zueinander und die mikrotubulären Geißelwurzeln sind nach dem Muster x-2-x-2 kreuzförmig angeordnet. Die Zoiden sind primär bilateral symmetrisch, seltener abgeflacht oder asymmetrisch. Vegetative Zellen der monadoiden und gloeomorphen (capsalen) Organisationsstufen, sowie der begeißelten Fortpflanzungszellen sind nackt und nur vom Plasmalemma umgeben; bei manchen Sippen mit zusätzlicher Gallertschicht. Bei höher entwickelten Organisationsstufen sind die vegetativen Zellen mit einer Zellwand versehen. Eine fibrilläre zellulosehaltige Fraktion, die der Zellwand ihre Festigkeit verleiht, ist in der amorphen Matrix aus komplexen Polysacchariden eingebettet. Nicht selten sind Abweichungen von diesem Bau vorhanden oder die Zellulose kann auch fehlen. Häufig wird an der Oberfläche der Zellwand eine zusätzliche Schicht des resistenten Sporopollenins oder eine Gallerthülle gebildet. Chloroplast einer oder mehrere, lateral, seltener axial, verschieden geformt; mit oder ohne Pyrenoid. Letzteres meist mit einer Stärkehülle, seltener nackt. Assimilationspigmente und Assimilationsprodukte wie bei allen Chlorophyta.
Asexuelle Fortpflanzung durch nackte Zoosporen und Aplanosporen oder durch bewandete Autosporen. Die Zoosporen keimen durch rasche Formveränderung, meist in kugeliger Gestalt. Sexuelle Fortpflanzung mit allen Formen der Gametogamie, bis zur echten Oogamie. Als vegetative Dauerzustände kommen Hypnopalmellen, Hypnosporen oder Hypnoblasten vor. Die Chlorophyceae beinhalten einkernige Algenzellen, Zönoblasten, Algenfäden oder auch komplizierte pseudoparenchymatische Thalli. Mit 6 Ordnungen, die terrestrische und aerophytische Sippen führen.
Printz 1927, Fritsch 1935, G. M. Smith 1950, Bourrelly 1966, van den Hoek 1978, van den Hoek et al. 1993, Lee 1980, Ettl 1983 a, Mattox & Stewart 1984, Bold & Wynne 1985, Ettl & Gärtner 1988 a, Margulis et al. 1990.

1a Zellen einzeln lebend oder lose Gruppen, Zellpakete, Kolonien oder Zönobien bildend. Es kommt zu keiner vegetativen Zellteilung, asexuelle Fortpflanzung nur durch Sporulation . . . 2
1b Zellen zu einfachen oder verzweigten Fäden, auch zu pseudoparenchymatischen Thalli verwachsen (trichale Organisationsstufe). Asexuelle Fortpflanzung sowohl durch vegetative Zell-

teilung als auch durch Sporulation. Erstere dient vor allem dem Wachstum der Fäden und Thalli (mit Ausnahme der wenigen in Einzelzellen zerfallenden Sippen), die letztere dagegen ausschließlich der Fortpflanzung **3**

2a Gloeomorphe (capsale) Organisationsstufe. Vegetative Zellen mit monadoidem Bau, ohne Geißeln, jedoch mit pulsierenden Vakuolen, manchmal mit Gallertgeißeln oder mit Stigma. Zellen einkernig, mit vergallerteter Zellwand oder mit reichlicher Gallertbildung . . . . **1. Gloeodendrales** (S. 368)

2b Coccale Organisationsstufe. Vegetative Zellen als echte Algenzellen ausgebildet, ohne jeden Anklang an monadoiden Bau bei vegetativen Zellen. Entweder einkernig (Haploblast) oder mehrkernig (Zönoblast), mit deutlicher Zellwand . . . . **2. Chlorellales** (S. 371)

3a Fäden einfach und unverzweigt, ein- bis mehrreihig, im letzteren Fall auch flächenförmig aneinandergereiht **4**

3b Fäden verzweigt, oft in Haupt- und Nebenfäden differenziert, manchmal auch mehrreihig, jedoch immer mit erkennbaren Verzweigungen . . . . **5. Chaetophorales** (S. 523)

4a Fäden immer einreihig. Zone des Längenwachstums in Form von Ringen oder Kappen. Zoosporen und Gameten mit mehreren bis vielen, kranzartig angeordneten Geißeln (stephanokont) . . . . **6. Oedogoniales** (S. 553)

4b Fäden auch mehrreihig oder flächenartige Gebilde entwickelnd. Zoosporen und Gameten mit 2 oder 4 Geißeln **5**

5a Fäden einreihig, selten mehrreihig. Chloroplasten parietal und nicht asteroid . . . . **3. Gloeotilales** (S. 507)

5b Fäden selten einreihig (junge Pflanzen), meist mehrreihig und blattförmige Gebilde entwikkelnd. Chloroplasten axial und asteroid . . . . **4. Prasiolales** (S. 520)

1. Ordnung **Gloeodendrales** Ettl & Gärtner 1987

Syn.: *Tetrasporales* p. p. sensu auct., *Chaetophorales* p. p. sensu auct., *Gloeodendrales* Ettl 1983 als nomen nudum.

Gloeomorphe Organisationsstufe. Zellen vom Bau nackter Flagellaten, jedoch geißellos und unbeweglich, mit pulsierenden Vakuolen, manchmal mit Stigma und mit einer oder mehreren Gallertgeißeln. Zellen einzeln lebend oder kleinere bis große Gallertlager bildend, in Gallerte eingebettet oder wenigstens Gallertbildungen ausscheidend. Wenige Sippen mit verschleimter Zellwand. Gallerte homogen oder geschichtet. Bei einzelligen Sippen mit Gallerthüllen, die mitunter durch Eisen- oder Manganverbindungen zu einem festen und spröden, gelb bis braun verfärbten Gehäuse werden. Asexuelle Fortpflanzung durch Zoosporenbildung, sexuelle durch Iso- oder Anisogamie. Dauerstadien in Form von Hypnosporen.
Pascher 1927, Korschikoff 1953, Bourrelly 1966, Fott 1972, Ettl 1983 a, Bold & Wynne 1985, Ettl & Gärtner 1988 a.
Nur eine Familie enthält bodenbewohnende Sippen.

Familie **Gloeodendraceae** Korschikoff 1953

Syn.: *Asterococcaceae* Fott 1972, p. p., *Palmellaceae* Decaisne sensu Bold & Wynne 1985 p. p.

Zellen einzeln oder zu mehreren bis vielen in verschieden geformten Gallertlagern eingebettet. Gallerte homogen oder geschichtet. Ohne Gallertgeißeln.

1a Kolonien als geschichtete Gallertstränge, Zoosporen viergeißelig . . . **1. Hormotilopsis** (S. 369)

1b Kolonien klumpenförmig bis amorph, Zoosporen zweigeißelig . . . . **2. Chloronomala** (S. 369)

1. **Hormotilopsis** Trainor & Bold 1953

Syn.: *Gloeophyllum* Korschikoff 1953 non sensu Karsten 1882, *Phyllogloea* Silva 1959
Korschikoff 1953, p. 76; Trainor & Bold 1953, p. 758; Fott 1972, p. 34; Ettl & Gärtner 1988 a, p. 382.

Zellen an den Enden gegliederter, geschichtet strukturierter Gallertstränge sitzend, die zu einem Gallertlager zusammenschließen. Gallerte konzentrisch geschichtet, einzelne Zellen oder zwei- bis vierzellige Gruppen umhüllend. Zellen kugelig oder ellipsoidisch, mit einem massiven topfförmigen Chloroplast. Pyrenoid groß, in der basalen Verdickung des Chloroplasten liegend. 2 oder 4 apikale pulsierende Vakuolen. Asexuelle Fortpflanzung durch nackte viergeißelige Zoosporen oder unbewegliche Aplanosporen. Sexuelle Fortpflanzung nicht bekannt.

1a Zellen bis 18 µm groß, Zoosporen mit 2 pulsierenden Vakuolen .... **1. H. gelatinosa**
1b Zellen bis 30 µm groß, Zoosporen mit 4 pulsierenden Vakuolen .... **2. H. tetravacuolaris**

1. **Hormotilopsis gelatinosa** Trainor & Bold 1953 (Fig. 103: b)

Syn.: *Gloeophyllum fimbriatum* Korschikoff 1953; *Phyllogloea fimbriata* (Korschikoff) Silva 1959
Trainor & Bold 1953, p. 758, fig. 1–19; Ettl & Gärtner 1988 a, p. 383, fig. 291.

Zellen kugelig, manchmal leicht polygonal, in Gallerthüllen. Vegetative Zellen ohne Stigma; pulsierende Vakuolen wenig deutlich. Zoosporen länglich eiförmig bis zylindrisch, mit 2 pulsierenden Vakuolen. Zellen 8–9 µm, in der Reife bis 18 µm im Durchmesser, Zoosporen 8–15 µm lang und 0,6–2,5 µm breit.
Kultur: UTEX 104.
Aus dem Boden eines Maisfeldes in Stockbridge, Massachussetts (USA) und aus mehreren Erdproben in Japan isoliert.

2. **Hormotilopsis tetravacuolaris** Arce & Bold 1958 (Fig. 103: a)

Arce & Bold 1958, p. 492, fig. 1–8; Ettl & Gärtner 1988 a, p. 283, fig. 290.

Zellen kugelig, an den Enden gabelig verzweigter Gallertstränge sitzend. Vegetative Zellen mit einem Stigma. Zoosporen mit 4 pulsierenden Vakuolen. Zellen 8–15 µm, in der Reife bis 30 µm im Durchmesser. Zoosporen bis 20 µm lang und bis 6,8 µm breit.
Kultur: UTEX 946.
Aus Ackerboden eines Maisfeldes bei Venta de Casanova, Oriente (Kuba) isoliert.

2. **Chloronomala** Mitra 1950

Bourrelly 1966, p. 152; Ettl & Gärtner 1988 a, p. 383.

Gallertkolonien ohne bestimmte Gestalt, an Palmellen erinnernd. Zellen kugelig, einzeln oder zu 2–4 von einfachen oder konzentrisch geschichteten Gallerthüllen umgeben. Zwei apikale pulsierende Vakuolen. Chloroplast topfförmig, mit einem basalen Pyrenoid. Die Gallertlager wachsen durch Teilungen der Zellen in zwei Ebenen. Asexuelle Fortpflanzung durch zweigeißelige, formveränderliche Zoosporen. Sexuelle Fortpflanzung durch Iso- oder Anisogameten, die eine viergeißelige Planozygote bilden.

1a Zoosporen ohne Stigma .... **1. Ch. palmelloides**
1b Zoosporen mit Stigma .... **2. Ch. cuprecola**

1. **Chloronomala palmelloides** Mitra 1950 (Fig. 103: c)

Ettl & Gärtner 1988a, p. 383, fig. 292.

Chloroplast mit gelapptem Rand, Zoosporen ohne Stigma. Zellen 4–8 µm im Durchmesser. Aus Erdböden in Indien isoliert.

2. **Chloronomala cuprecola** Groover & Bold 1969

Groover & Bold 1969, p. 42, fig. 127–133 (Mikrophotos).

Chloroplast mit 1–2 Pyrenoiden. Zoosporen mit Stigma. Zellen 12–32 µm groß. Aus Kupfererz von Rhodesien isoliert.
Eine weitere Familie der Gloeodendrales wird hier nur mit Vorbehalt erwähnt. Ihre monotypische Gattung ist wasserbewohnend und wurde nur einmal in einer Bodenprobe gefunden.

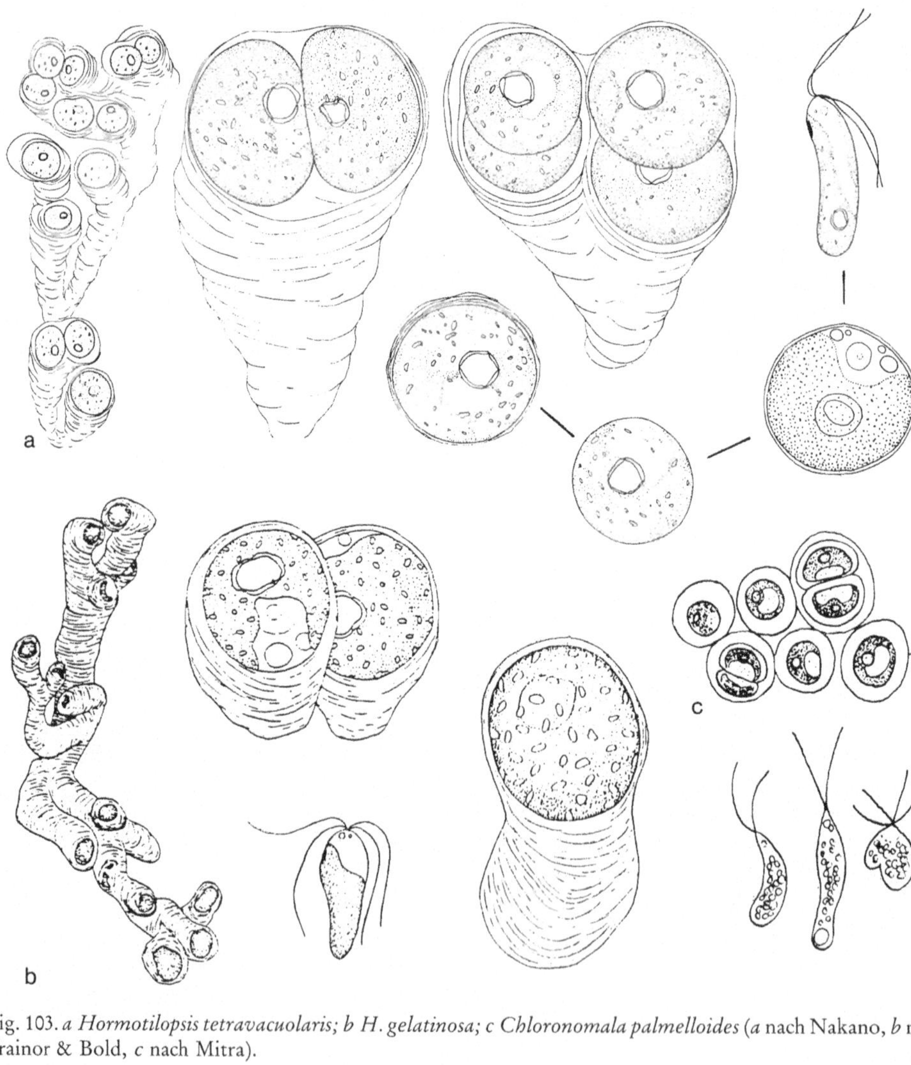

Fig. 103. *a Hormotilopsis tetravacuolaris; b H. gelatinosa; c Chloronomala palmelloides* (*a* nach Nakano, *b* nach Trainor & Bold, *c* nach Mitra).

Anhang: **Familie Characiosiphonaceae** Iyengar 1936

Vielkernige, bis 10 mm große Zönoblasten in Form zylindrischer, keulenförmiger oder sackähnlicher Thalli, die an verschiedenen Substraten festsitzen. Diese Zönoblasten werden von einer festen Zellwand umgeben, der eine Plasmaschicht mit den Organellen anliegt, wobei letztere innen eine große Saftvakuole umschließt. Asexuelle Fortpflanzung durch zweigeißelige Zoosporen und durch Autosporen; sexuelle Fortpflanzung durch Iso- oder Anisogameten.
Iyengar 1936, Bourrelly 1966, Stewart et al. 1978, Bold & Wynne 1985, Ettl & Gärtner 1988.
Mit einer auch terrestrisch vorkommenden Gattung:

Characiosiphon Iyengar 1939

Thallus keulenförmig, sackartig bis zylindrisch, mittels Gallerte festsitzend, einzeln oder in Gruppen. Zellwand fest, im Alter sehr dick (bis 24 µm). Protoplast als peripherer Wandbelag mit zahlreichen Chloroplasten, Zellkernen und pulsierenden Vakuolen. Eine große zentrale Saftvakuole. Zoosporen nackt, zweigeißelig, spindelförmig, mit einem Pyrenoid, Stigma und 3–5 pulsierenden Vakuolen. Es entstehen mehrere Zoosporen durch simultanen Zerfall des Protoplasten. Sexuelle Fortpflanzung durch nackte zweigeißelige Iso- oder Anisogameten; Organismus heterothallisch. Zygote dickwandig, glatt, oft orange gefärbt. Auch Auto- und Aplanosporen bekannt. Als Dauerstadien treten Hypnosporen auf.
Mit einer einzigen Art:

Characiosiphon rivularis Iyengar 1936 (Fig. 102: c–g)
Iyengar 1936, p. 317, fig. 1–10; Stewart & al. 1978, p. 312, fig. 1–3; tab. 1–9, fig. 1–37; Ettl & Gärtner 1988a, p. 409, fig. 310, 311.

Mit den Merkmalen der Gattung. Thalli bis 10 mm lang, 0,25–1 mm breit; Chloroplasten 13–15(–25) µm ∅; Zoosporen 7–12 × 5–7 µm; Gameten 6–9 × 4–6 µm groß.
Kultur: UTEX 1762 (+), 1763 (–).
Einmal aus einer Bodenprobe isoliert, Südwest-Bototra (Indien).

2. Ordnung Chlorellales

Coccale Organisationsstufe der Chlorophyceae. Vegetative Zellen als echte Algenzellen mit distinkter Zellwand ausgebildet; unbeweglich und ohne Anklang an den monadoiden Bau. Mit einem charakteristischen Zellbau, der durch Transformation der Organellen vom Bau der reproduktiven Zellen völlig verschieden ist (Taf. XII). Die Entwicklung von der reproduktiven Zelle zu einer typischen vegetativen erfolgt irreversibel als Keimung, die bei den autosporinen Typen stark abgekürzt ist und noch innerhalb der Mutterzelle verläuft. Einzellige Algen, die einzeln, aber auch in Kolonien oder in Zönobien leben. Ohne jede Flagellaten-ähnliche Polarität. Pulsierende Vakuolen und Stigma können nur vorübergehend bei ganz jungen Zellen (Keimlingen) auftreten. Die vegetativen Zellen sind entweder einkernig (Haploblast) oder mehrkernig (Zönoblast). Die Zellwand besteht teilweise aus Zellulose, teilweise aus Pektinen oder Sporopollenin, manchmal auch aus alternierenden Zellulose-Mikrofibrillen oder amorpher Matrix. Mit einem oder mehreren Chloroplasten, die entweder den Großteil der Zellen ausfüllen oder in kleine Teilstücke gegliedert sind. Die Gestalt ist mannigfaltig und die Chloroplasten liegen entweder parietal oder seltener axial; mit oder ohne Pyrenoide. Asexuelle Fortpflanzung durch Zoosporen, Aplanosporen oder Autosporen. Eine vegetative Zellteilung (Cytotomie) kommt nie vor. Die Zoosporen und meist auch die Aplanosporen sind nackt und behäuten sich erst während der Keimung. Die Autosporen hingegen bilden ihre Zellwände innerhalb der Sporangien und treten schon mit voll entwickelter Zellwand aus. Die Zoosporen entstehen durch sukzedane, semisimultane oder simultane Protoplastenteilung, die Autosporen hingegen durch sukzedane. Während der asexuellen Fortpflanzung entstehen bei einigen Sippen durch Verschleimung der Sporangienwände oder durch Verkleben Kolonien mit unregelmäßiger Anordnung und Anzahl von Zellen. Bei anderen formen sich Teilprodukte noch innerhalb der Mutterzelle (des Sporangiums) in geregelte charakteristische Zönobien mit einer bestimmten Anzahl von Zellen. Sexuelle Fortpflanzung ist bei dieser Ordnung weniger bekannt, trotzdem alle Formen der Gametenbildung, von Iso- bis Oogamie, vorkommend. Asexuelle Dauerzustände in Form von Hypnopalmellen, Hypnosporen oder Hypnoblasten.

Printz 1927, Fritsch 1935, G. M. Smith 1950, Korschikoff 1953, Bourrelly 1966, 1970, Ettl 1980b, 1981a, Komárek & Fott 1983, Bold & Wynne 1985.

Nicht alle der zahlreichen beschriebenen Familien führen bodenbewohnende oder atmophytische Sippen. Es werden hier 14 angeführt (Eine Übersicht aller Familien siehe in Komárek & Fott 1983).

1a Trophische vegetative Zellen einkernig (Haploblast), Protoplastenteilung sukzedan 2
1b Trophische vegetative Zellen mehr- bis vielkernig (Zönoblast), Protoplastenteilung simultan 13
2a Zellen durch die Mutterzellwand nicht zu Diaden oder Tetraden zusammengehalten 3
2b Zellen durch die Mutterzellwand zu festen Gruppen, Diaden oder Tetraden zusammengehalten[29] . . . . **14. Chlorosarcinaceae** (S. 491)
3a Asexuelle Fortpflanzung auch durch Zoosporen oder Aplanosporen 4
3b Asexuelle Fortpflanzung nur durch Autosporen 8
4a Zellen in Gallertlagern eingebettet . . . . **2. Palmellaceae** (S. 390)
4b Zellen nicht in Gallertlagern eingebettet 5
5a Zellwand einteilig, vom Protoplasten nicht abgehoben 6
5b Zellwand zweiteilig (placoderm), meist mit äquatorial gelegenem Saum, vom Protoplasten häufig abgehoben . . . . **5. Treubariaceae** (S. 400)
6a Zellen bipolar gebaut, mittels Befestigungseinrichtungen festsitzend, oder wenn lose, mit spezieller Zellwandmodifikation . . . . **4. Characiaceae** (S. 394)
6b Zellen nicht bipolar gebaut 7
7a Zellen ± kugelig oder von dieser Gestalt abgeleitet, normal groß; Zellwand glatt oder leicht skulpturiert . . . . **1. Myrmeciaceae** (S. 373)
7b Zellen oft stark unregelmäßig gebaut, sehr groß (bis 400 µm); Zellwand sekundär stark verdickt . . . . **3. Chlorochytridiaceae** (S. 393)
8a Zellen einzeln oder in Kolonien 9
8b Zellen zu regelmäßigen Zönobien angeordnet 12
9a Kolonien als Gallertlager oder mittels gallertiger Gebilde entstehend 10
9b Zellen meist einzeln oder Kolonien auf andere Weise entstehend 11
10a Zellen in Gallertlagern eingebettet, wobei die Gallerte von den Zellen ausgeschieden wird . . . . **8. Radiococcaceae** (S. 442)
10b Zellen durch Gallertstiele oder -stränge zusammengehalten, die durch Bersten und Verschleimung der Mutterzellwände entstehen . . . . **7. Botryococcaceae** (S. 440)
11a Zellen mit mehrschichtiger Zellwand, einzeln oder in Kolonien, die dadurch entstehen, daß die Tochterzellen in der erweiterten Mutterzellwand eingeschlossen bleiben . . . . **9. Oocystaceae** (S. 453)
11b Zellen mit normaler Zellwand, einzeln oder vorübergehend in unregelmäßigen Zellhaufen; ohne Gallerte . . . . **6. Chlorellaceae** (S. 402)
12a Zellen zu dreidimensionalen, ± sphärischen Zönobien angeordnet . . . . **10. Coelastraceae** (S. 460)
12b Zellen zu einschichtigen, flachen Zönobien, reihenweise oder kreuzweise angeordnet . . . . **11. Scenedesmaceae** (S. 460)

[29] Vereinzelt können auch einzelne Zellen vorkommen, die sich aus dem Verband gelöst haben.

13a Zönoblasten äußerlich einfachen Zellen ähnlich, kugelig, ellipsoidisch, tetraedrisch oder spindelförmig .... **12. Neochloridaceae** (S. 464)
13b Zönoblast mit einem grünen assimilierenden, kugeligen bis schlauchförmigen Teil und mit einem farblosen, rhizoidähnlichen Teil; Lebenszyklus kompliziert .... **13. Protosiphonaceae** (S. 490)

1. Familie Myrmeciaceae Ettl & Gärtner nov. fam.

Syn.: *Neochloridaceae* Ettl & Komárek 1982 p.p., *Neochloridoideae* Komárek & Fott 1983, *Palmellaceae* Lemmermann 1915 p.p. sensu Komárek & Fott 1983.

Zellen einzeln oder in losen Gruppen, ohne Gallerte. Meist kugelig, seltener breit eiförmig oder ellipsoidisch bis bohnenförmig. Zellwand glatt oder ganz leicht skulpturiert, manchmal lokal verdickt. Chloroplasten verschieden gestaltet, parietal, seltener axial; mit oder ohne Pyrenoid. Vegetative Zellen einkernig (Haploblast); asexuelle Fortpflanzung durch Zoosporen, Aplanosporen und mitunter auch durch Autosporen.

Von 17 beschriebenen Gattungen besitzen 11 aerophytische und bodenbewohnende Sippen.

Printz 1927, Starr 1955, Bourrelly 1966, Ettl & Komárek 1982, Komárek & Fott 1983, Komárek 1989.

Lateinische Diagnose: Cellulae solitariae, sphaericae, globosae vel ellipsoideae usque ad oviformes; membrana glabra vel cum sculptura delicata; chloroplastis variis, parietalibus, interdum axialibus, cum vel sine pyrenoidibus; semper uninucleatae. Propagatio asexualis zoosporis nudis, aplanosporis vel interdum autosporis.

Genus typicum: *Myrmecia* Printz 1921.

1a Chloroplast ohne Pyrenoid 2
1b Chloroplast mit Pyrenoid 7
2a Zellwand glatt 3
2b Zellwand mit skulpturierter Oberfläche 6
3a Chloroplast einheitlich topfförmig 4
3b Chloroplast in Lappen geteilt, gegliedert oder netzartig gebaut 5
4a Zellen bohnenförmig, Zellwand ± zart .... **2. Phaseolaria** (S. 378)
4b Zellen breit eiförmig, Zellwand auffallend dick und geschichtet .... **3. Poloidion** (S. 378)
5a Chloroplast in Lappen geteilt .... **1. Myrmecia** (S. 374)
5b Chloroplast netzartig gestaltet .... **4. Dictyochloropsis** (S. 379)
6a Oberflächenskulptur der Zellwand in Form eines Netzes mit kleinen Warzen an den Maschenecken .... **5. Pseudotrochiscia** (S. 381)
6b Oberflächenskulptur der Zellwand mit dicken, knotigen ± meridionalen Rippen .... **6. Trochisciopsis** (S. 383)
7a Zoosporen viergeißelig .... **7. Ignatius**[30] (S. 383)
7b Zoosporen zweigeißelig 8
8a Chloroplast axial, stark asteroid gelappt .... **10. Axilococcus** (S. 389)
8b Chloroplast parietal, anders gestaltet 9
9a Chloroplast hohlkugelig, Oberfläche in Leisten und Streifen gegliedert .... **9. Lautosphaeria** (S. 389)
9b Chloroplast topfförmig, gelappt, jedoch mit glatter Oberfläche .... **8. Ettlia** (S. 385)

[30] Vereinzelt treten neben einzelnen Zellen auch Zellgruppen auf, die nicht so fest sind wie die bei Chlorosarcinaceae.

1. **Myrmecia** Printz 1921

Syn.: *Lobococcus* Reisigl 1964, *Pulchrasphaera* Deason 1967
J. B. Petersen 1956, p. 634; Deason 1967, p. 20, Andreeva 1978, p. 441; Komárek & Fott 1983, p. 142, 145.

Zellen einzeln oder lockere wenigzellige Verbände bildend; kugelig, breit eiförmig oder unregelmäßig birnenförmig. Zellwand dünn bis dick, glatt, mitunter einseitig, seltener zweiseitig verdickt. Chloroplast parietal, becher- oder topfförmig, fast die ganze Zelle auskleidend, am Rande gewellt, durch tiefe Einschnitte in 2–4 breite Lappen geteilt. Ohne Pyrenoid. Asexuelle Fortpflanzung durch zweigeißelige Zoosporen oder durch Aplanosporen (bis zu 128), weniger oft durch 4–8 Autosporen.
Arten dieser Gattung sind aerophytisch oder bodenbewohnend, treten aber auch als Flechtenalgen auf. Nach Deason gehört *Myrmecia* zu den Pleurastrales (Geißelapparat vom Pleurastrophyceae-Typus). Deason (1989) stellt die von uns bei den Chlorosarcinaceae eingereihte Gattung *Friedmannia* ebenfalls zu *Myrmecia*.

1a Erwachsene Zellen kugelig oder kugelig-eiförmig 2
1b Erwachsene Zellen birnenförmig, lang gestreckt, unregelmäßig oder auch leicht eingeschnürt 6
2a Zellen kugelig eiförmig 3
2b Zellen genau kugelig 4
3a Zellen mit einseitiger konischer Verdickung der Zellwand, Zoosporen mit Stigma .... **1. M. globosa**
3b Zellen ohne Verdickung der Zellwand, Zoosporen ohne Stigma .... **2. M. astigmatica**
4a Zellwand dünn, Zellkern ohne Kranz kleiner Körnchen, Lappen des Chloroplasten nicht perforiert **5**
4b Zellwand bei erwachsenen Zellen dick (bis 5 µm), Zellkern von einem Kranz kleiner Körnchen umgeben, die 2 Lappen des Chloroplasten sind perforiert .... **3. M. macronucleata**
5a Chloroplast in 2 gleichmäßige schüsselförmige oder fast halbkugelige Lappen geteilt .... **4. M. bisecta**
5b Chloroplast in 2 Lappen geteilt, die durch zusätzliche Einschnitte weiter gegliedert sind .... **5. M. incisa**
6a Zellen birnen- oder sackförmig, Chloroplast mit 2 Lappen, Zoosporen ohne Stigma .... **6. M. biatorellae**
6b Zellen lang gestreckt, zuweilen eingeschnürt und unregelmäßig, Chloroplast mit 2–4 Lappen, Zoosporen mit Stigma .... **7. M. irregularis**

1. **Myrmecia globosa** Printz 1921 (Fig. 104: a)

Printz 1921, p. 14, fig. 2: 105–123; 1927, p. 88, fig. 50: A–G.

Zellen fast kugelig, breit eiförmig oder leicht unregelmäßig. Zellwand dick, auf der einen Seite mit einer abgerundet konischen Verdickung, seltener zweiseitig verdickt. Chloroplast glockenförmig. Zellkern zentral. Zellen 16–19 µm im Durchmesser, Zoosporen 3–3,5 µm lang.
Aerophytisch auf Baumrinden, Durban (Südafrika).
Diese Art wurde leider nach fixiertem Material beschrieben.

2. **Myrmecia astigmatica** Vinatzer 1975 (Fig. 104: b)

Vinatzer 1975b, p. 223, fig. 6.

Zellen kugelig oder kugelig-eiförmig. Chloroplast parietal, in zwei große Lappen geteilt, die durch eine ± schmale Brücke miteinander verbunden sind. Zellkern groß, von einem Kranz kleiner

Körnchen umgeben. Zoosporen ohne Stigma; auch Autosporenbildung bekannt. Zellen 15–20(–25) µm im Durchmesser, Zoosporen 7–8 µm lang und 3–4 µm breit.
Kultur: ASIB V 73–75, T 76.
Aus Erdböden isoliert, Pitschberg (2300 m ü. M.), Südtirol (Italien).

3. **Myrmecia macronucleata** (Deason) Andreeva 1978 (Fig. 104: c)

Syn.: *Pulchrasphaera macronucleata* Deason 1967, *Lobococcus macronucleatus* (Deason) Bourrelly 1972.
Deason 1967a, p. 20, fig. 1–14; Komárek & Fott 1983, p. 146, fig. 42: 3.

Zellen genau kugelig, nur selten leicht eiförmig oder etwas unregelmäßig. Zellwand bei alten Kulturen und Zellen bis 5 µm dick. Chloroplast in 2 ± breite Lappen zerteilt, die manchmal noch zusätzlich perforiert sind. Zellkern groß, von einem Kranz kleiner Körnchen umgeben. Zoosporen spindel- oder tropfenförmig, Zellen bis 25 µm im Durchmesser, Zoosporen 7 × 3,5 µm groß.
Kultur: UTEX 1578.
Aus Sanddünen isoliert, Alabama (USA); auch aus der USSR und der Tschechoslowakei bekannt.

4. **Myrmecia bisecta** Reisigl 1964 (Fig. 104: d)

Reisigl 1964, p. 463, fig. 22, 23; Desortová 1974, p. 114, fig. 6: 1–14.

Zellen kugelig, einzeln lebend. Zellwand dünn, ohne Verdickung. Chloroplast topfförmig bis fast hohlkugelig, durch einen schmalen und geraden Trennungsspalt in zwei ungleich große schüsselförmige bis halbkugelige Lappen geteilt, die nur durch einen schmalen Isthmus miteinander verbunden sind. Fortpflanzung sowohl durch Zoo- und Aplanosporen als auch Autosporen. Zellen (3–)15–35 µm im Durchmesser, Zoosporen 4,4–9 × 1,5–3 µm groß.
Aus alpinen Erdböden, Tirol (Österreich), aus dem Riesengebirge (Tschechoslowakei), auch aus der USSR bekannt. Zwischen feuchten Moosen und auf Erdböden unter Gräsern, Signy Island (Antarktis).

5. **Myrmecia incisa** Reisigl 1964 (Fig. 104: e)

Syn.: *Lobococcus incisus* (Reisigl) Reisigl 1964
Reisigl 1964, p. 460, fig. 20, 21; Komárek & Fott 1983, p. 146, fig. 42: 2.

Zellen kugelig, mit dünner Zellwand. Chloroplast parietal, topfförmig, durch zwei tiefe Einschnitte in zwei breite Lappen geteilt; später durch Seiteneinschnitte noch mehr gespalten. Zellkern groß. Fortpflanzung durch Zoo- und Autosporen, erstere bis zu 128 gebildet. Zellen (3–)20–35 µm im Durchmesser, Zoosporen 3–3,5 × 2–2,5 µm groß.
Kultur: ASIB IB 83.
Sterile Erde an der Weißkugel (3739 m ü. M.), Tirol (Österreich). Auch aus der USSR bekannt.
Bezeichnend für diese Art ist das Vorkommen einer ellipsoidischen oder linsenförmigen helleren Stelle im Chloroplasten, die ein Pyrenoid vortäuscht.

6. **Myrmecia biatorellae** (Tschermak-Woess & Plessl) J. B. Petersen 1956 (Fig. 105: a, b)

Syn.: *Myrmecia pyriformis* Tschermak-Woess & Plessl 1949 non J. B. Petersen 1928
J. B. Petersen 1956, p. 634; Geitler 1962, p. 41, fig. 1, 2; S. Watanabe 1983, p. 242, fig. 11; Handa & Nakano 1988, p. 167, fig. 1: 2–6.

Junge Zellen kugelig, im erwachsenen Zustand subsphärisch, ellipsoidisch, birnen- oder sackförmig, mitunter leicht unregelmäßig. Zellwand dünn, lokal bis zu 1–3 µm verdickt. Chloroplast zuerst muldenförmig, mit glatten Rändern, später fast die ganze Zelle auskleidend, durch zwei tiefe Einschnitte zweilappig. Zoosporen zu 16–32, Autosporen meist zu 4 gebildet. Letztere werden von

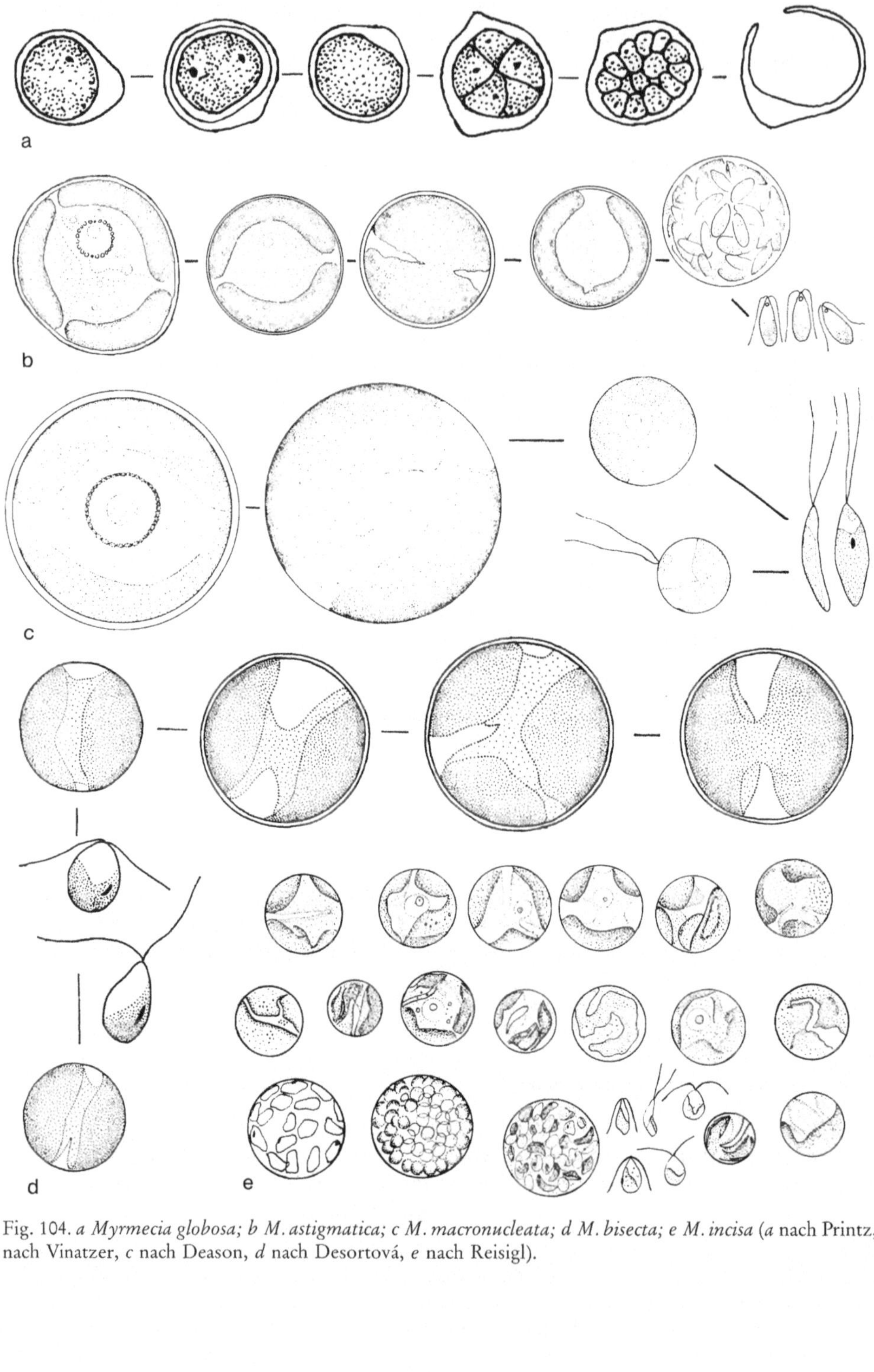

Fig. 104. *a Myrmecia globosa; b M. astigmatica; c M. macronucleata; d M. bisecta; e M. incisa* (*a* nach Printz, *b* nach Vinatzer, *c* nach Deason, *d* nach Desortová, *e* nach Reisigl).

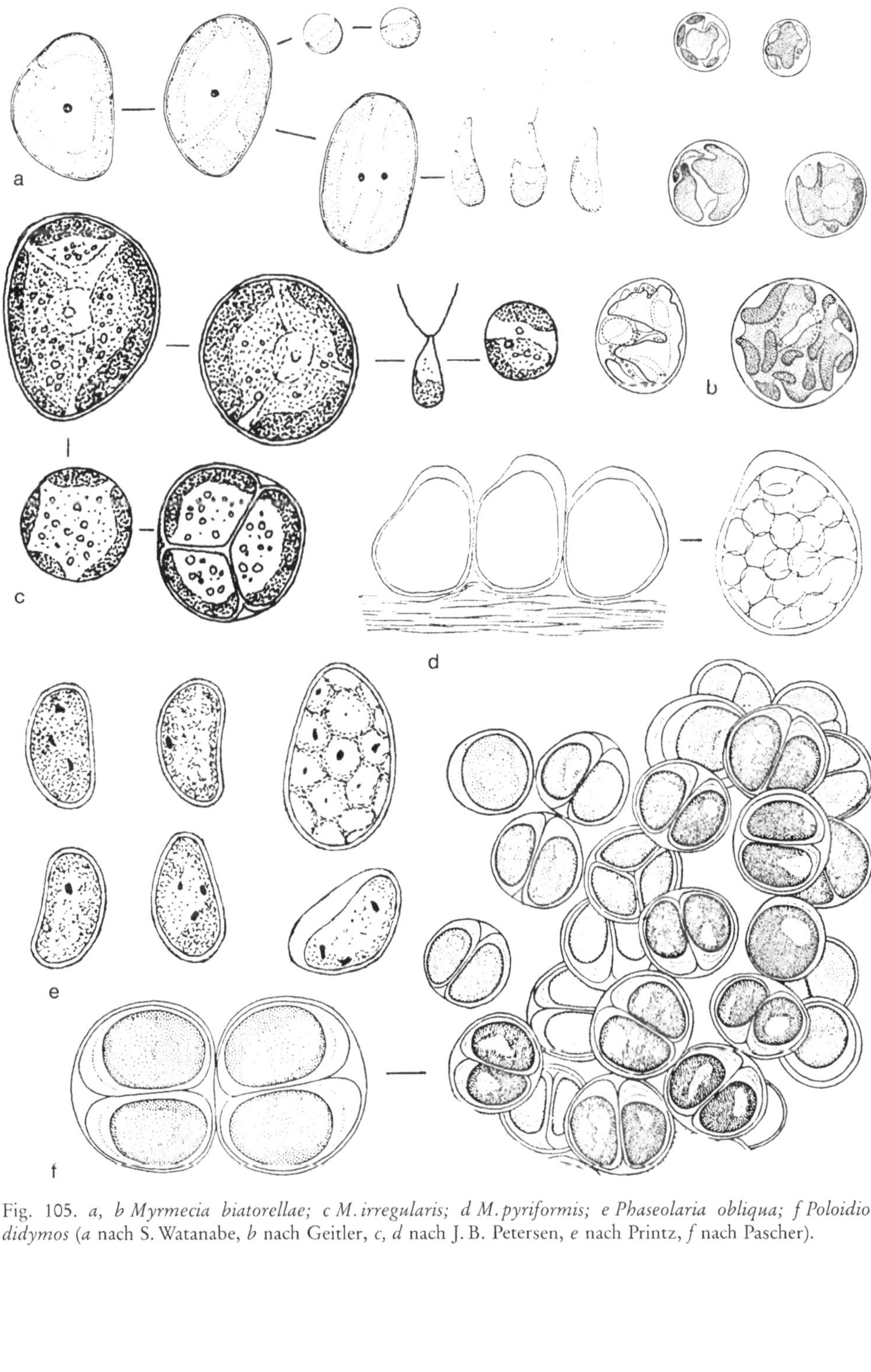

Fig. 105. *a, b Myrmecia biatorellae; c M. irregularis; d M. pyriformis; e Phaseolaria obliqua; f Poloidion didymos* (*a* nach S. Watanabe, *b* nach Geitler, *c, d* nach J. B. Petersen, *e* nach Printz, *f* nach Pascher).

der alten Mutterzellwand vorübergehend zusammengehalten. Zellen bis 28(–31) µm lang, bis 17 µm breit; Zoosporen 6–8 × 2–3 µm groß; junge Zellen nach der Keimung 3 µm im Durchmesser.
Kultur: ASIB V 76, S 179, T 73; SAG 8.82; UTEX 907.
Wohl verbreitete Art, die in Waldböden (pH 5,6), auf Baumrinden in Japan und in der USSR und auf Erdböden der Insel Surtsey (Island) vorkommt. Tritt auch als Phykobiont der Flechtengattungen *Biatora, Catillaria* und *Bacidia* auf.

7. **Myrmecia irregularis** (J. B. Petersen) nov. comb. (Fig. 105: c)

Basionym: *Dictyococcus irregularis* J. B. Petersen 1932a, Arch. Protistenk. 76, p. 400, fig. 4–8.
Syn.: *Bracteacoccus irregularis* (J. B. Petersen) Starr 1955; *Lobococcus irregularis* (J. B. Petersen) Reisigl 1964
Komárek & Fott 1983, p. 146, fig. 42: 1.

Junge Zellen kugelig, später birnenförmig oder zuletzt lang gestreckt und eingeschnürt. Chloroplast in 1–4 breite Lappen geteilt. Fortpflanzung durch Zoosporen mit basalem Stigma oder durch Aplanosporen. Zellen 4,5–35 × 17–20 µm, Zoosporen 6–8 × 2–3 µm groß.
Aus Erdböden bekannt, Oberfläche von Dünen (pH 4,8) und Ackerboden (pH 6,7), Jütland (Dänemark).
Dictyococcus hat mehrkernige Zönoblasten, wogegen diese Art einkernig ist.
Unsichere Art:
Myrmecia pyriformis J. B. Petersen 1928, p. 426, fig. 34 (Fig. 105: d) – Junge Zellen kugelig oder unregelmäßig ellipsoidisch, erwachsene birnenförmig. Zellwand am schmalen Zellende verdickt, doch breit abgeflacht. Chloroplast wandständig, mit Pyrenoid(?). Zellen 16–24 µm lang, 15–20 µm breit; junge Zellen nur 9 × 5 µm groß.
Subaerisch auf Holz (Island). Keine *Myrmecia*-Art, da Pyrenoid vorhanden.

2. **Phaseolaria** Printz 1921

Printz 1921, p. 12; Komárek & Fott 1983, p. 140.

Zellen zu großen Gruppen angehäuft, eiförmig oder bohnenförmig gebogen. Zellwand dünn, glatt oder sehr fein granuliert, ohne Verdickungen. Chloroplast wandständig, topfförmig, gelappt, fast die ganze Zelle auskleidend; ohne Pyrenoid. Asexuelle Fortpflanzung durch Zoosporen, die nach Bersten der Mutterzellwand frei werden.
Mit einer sicheren Art:

Phaseolaria obliqua Printz 1921 (Fig. 105: e)

Printz 1921, p. 12, fig. 1: 52–78; Komárek & Fott 1983, p. 140, fig. 39: 3.

Mit den Merkmalen der Gattung. Zellen 8–10(–12) µm lang, um die Hälfte oder um ein Drittel schmäler.
Epiphtisch auf Baumrinden bei Durban (Südafrika).
Unsichere Art:
Phaseolaria variabilis (Hansgirg) Printz 1921, p. 12. – Auf feuchten Kalkfelsen in Europa. Unvollständig beschrieben.

3. **Poloidion** Pascher 1944

Pascher 1944, p. 358; Komárek & Fott 1983, p. 140.

Zellen einzeln, meist jedoch in Zweiergruppen, selten in Vierergruppen. Zellwand sich nach vorn verdickend und dort deutlich geschichtet. Die ausgedehnte Mutterzellwand der Gruppen ist in den meisten Fällen in gleichem Sinne verdickt. Zellen eiförmig, breit elliposoidisch bis unregelmäßig

sphärisch. Chloroplast topfförmig, ± gleichmäßig dick; ohne Pyrenoid; von innen her durch Einschnitte gefurcht. Fortpflanzung durch 2 Autosporen, seltener werden zweigeißelige Zoosporen gebildet.
Mit einer einzigen Art:

Poloidion didymos Pascher 1944 (Fig. 105: f)
Pascher 1944, p. 359, fig. 1–5; Komárek & Fott 1983, p. 142, fig. 39: 4.

Mit den Merkmalen der Gattung. Zellen 15–17(–20) μm lang.
Auf feuchter Erde und auf Lebermoosen (Österreich).

4. **Dictyochloropsis** Geitler 1966 em. Tschermak-Woess 1984

Syn.: *Myrmecia* p. p. sensu Tschermak-Woess 1951
Geitler 1966, p. 162; Komárek & Fott 1983, p. 574; Tschermak-Woess 1980c, p. 287; 1984, p. 316.

Zellen einzeln lebend, ellipsoidisch, nierenförmig, meist jedoch kugelig. Zellwand dünn oder fest, glatt, manchmal mit leichten lokalen Verdickungen; in einigen Fällen mit Gallerthülle, Chloroplast in jungen Zellen einfacher gebaut, topfförmig, auch unregelmäßig, die parietalen Teile durch zentrale Stücke verschiedenartig verbunden. In älteren Zellen dick hohlkugelig-netzförmig, in zahlreiche, gegen die Peripherie zu immer stärker gegliederte Leisten, Stränge und Lappen zerlegt, bis dreidimensional netzförmig. Ohne Pyrenoid. Asexuelle Fortpflanzung durch 16–64 Zoosporen oder Aplanosporen, mitunter auch durch 4–16 Autosporen. Während der Protoplastenteilung erfolgt eine Verformung des netzförmigen Chloroplasten und er wird in mehrere scheiben-, später muldenförmige Teile aufgeteilt. Zoosporen zweigeißelig, wobei die Geißeln waagrecht und weit voneinander getrennt inserieren; ohne Stigma und mit nur 1 pulsierenden Vakuole.
Mit 4 Arten, die allgemein aerophytisch oder terrestrisch leben, manchmal auch als Flechtenalgen vorkommen.

1a Zellen kugelig 2
1b Zellen ellipsoidisch bis nierenförmig . . . . **4. D. irregularis**
2a Chloroplast hohlkugelig, in einer Schicht netzartig gegliedert . . . . **3. D. reticulata**
2b Chloroplast in zwei oder mehrere Schichten netzartig gegliedert oder dreidimensional netzförmig 3
3a Zellen bis 45 μm im Durchmesser, Chloroplast ein außerordentlich dreidimensionales und stark gegliedertes Netzwerk bildend . . . . **1. D. splendida**
3b Zellen bis 25 μm im Durchmesser, Chloroplast lockerer, in zwei oder mehrere Schichten netzartig gegliedert . . . . **2. D. symbiontica**

1. **Dictyochloropsis splendida** Geitler 1966 (Fig. 106: a, b)

Geitler 1966, p. 162, fig. 1–5; Tschermak-Woess 1978, p. 188, fig. 1; Komárek & Fott 1983, p. 574, fig. 164: 5.

Zellen kugelig. Chloroplast sehr stark dreidimensional netzartig gegliedert. Ein peripheres hohlkugeliges Netzwerk aus gröberen oder feineren Balken oder Strängen bestehend, dessen Teile durch ± dicke, den Innenraum der Zelle durchziehende Stränge miteinander verbunden sind (dreidimensional netzförmig). Oft üppig entwickelt und die Zelle fast zur Gänze ausfüllend. Zellkern ± zentral eingeengt. Zellen 30–40(–45) μm im Durchmesser.
Kultur: SAG 244.80.
Zwischen verschiedenen aerophytischen Algen auf einem alten morschen Dach bei Lunz freilebend und als Phykobiont von *Chaenotheca brunneola* in der Steiermark (Österreich).
Von Tschermak-Woess (1984, p. 316, fig. 1–3) wurde eine var. *gelatinosa* beschrieben, die (Fig. 107: a) als Phykobiont von *Catinaria grossa* (New Zealand) isoliert wurde. Die Zellen sind in der Kultur von einer dicken Gallerthülle umgeben.

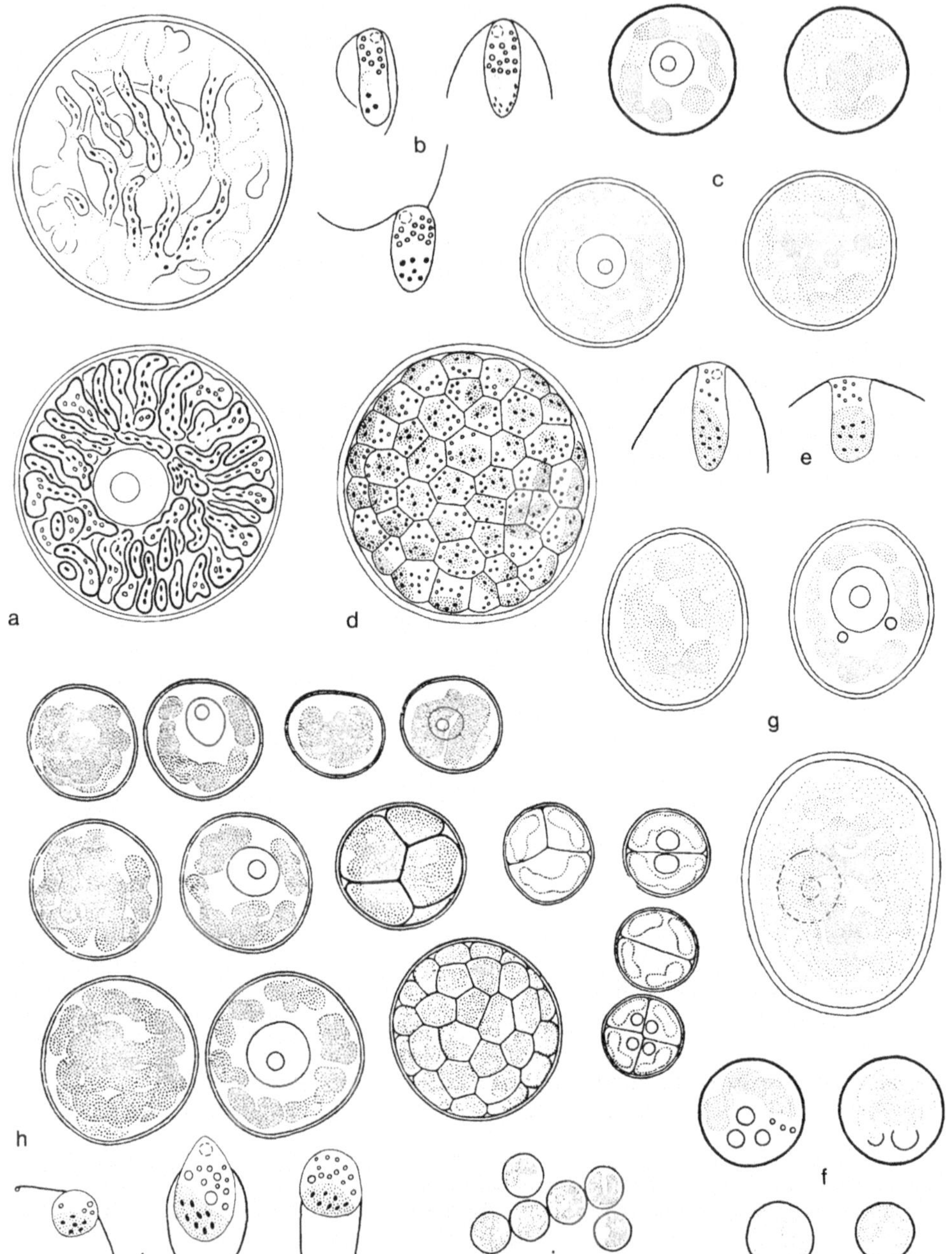

Fig. 106. *a, b Dictyochloropsis splendida; c–e D. symbiontica; f, g D. symbiontica* var. *ellipsoidea; h–j D. reticulata* (*a* nach Geitler, sonst nach Tschermak-Woess).

2. Dictyochloropsis symbiontica Tschermak-Woess 1980 (Fig. 106: c–e)
Tschermak-Woess 1980c, p. 304, fig. 1–8.

Zellen kugelig, mit dünner, aber fester Zellwand, manchmal mit dünner Gallerthülle. Chloroplast hohlkugelig netzförmig. Netzbalken in der Regel in zwei bis mehreren Schichten, locker, selten auch in einer Schicht. Zoo- und Aplanosporen gewöhnlich bis zu 128, Autosporen nur zu 4–16 gebildet. Zellen 3–19(–20) µm im Durchmesser; Zoosporen 5–7,5 µm lang, 2–3 µm breit.
Kultur: SAG 27.81.
Als Phykobiont von *Chaenothecopsis consociata* bekannt, auch zwischen den Lagerteilchen freilebend auf *Picea abies*, Almsee, Leckamer Moor bei Göstling und Lunz (Österreich).
Von Tschermak-Woess (1984, p. 317, fig. 6, 7) wurde eine var. *pauciautosporica* (Fig. 107: b, c) beschrieben, bei der Autosporen sehr selten auftreten. Phykobiont von *Pseudocyphellaria aurata*, Teneriffa, Pico de Chinobre. Aerophytisch auf Rinde von *Neolitsea aciculata* und *Juniperus rigida* (Japan). Außerdem auch var. *ellipsoidea* (Tschermak-Woess, 1980c, p. 305, fig. 8) mit mehr ellipsoidischen Zellen (Fig. 106: f, g).

3. Dictyochloropsis reticulata (Tschermak-Woess) Tschermak-Woess 1984 (Fig. 106: h–j, 107: g–k)
Syn.: *Myrmecia reticulata* Tschermak-Woess 1951, *Dictyochloris reticulata* (Tschermak-Woess) Reisigl 1964
Tschermak-Woess 1951, p. 419, fig. 1; 1984, p. 317; Komárek & Fott 1983, p. 134, fig. 35: 5; Takeshita et al. 1991b, p. 147, fig. 2–17; Ihda & al. 1992, p. 342, fig. 2–17.

Zellen kugelig, mit dünner Zellwand, die gelegentlich von einer Schleimhülle umgeben ist. Chloroplast hohlkugelig, in einer Schicht netzartig gegliedert. Zellkern groß, zentral. Zoosporen spindelförmig bis fast kugelig, ohne Stigma. Zellen 4–20 µm im Durchmesser, Zoosporen 6–7,5 µm lang.
Aerophytisch auf Baumrinden oder als Phykobiont diverser Flechten (z. B. *Catillaria, Bacidia, Brigantiaea, Lobaria, Megalospora* und *Phlyctis*). Aus Österreich und Japan beschrieben, wohl weiter verbreitet.

4. Dictyochloropsis irregularis Nakano & Isagi 1987 (Fig. 107: d–f)
Nakano & Isagi 1987, p. 224, fig. 1–16.

Zellen eiförmig, ellipsoidisch, birnen- oder nierenförmig, junge Zellen kugelig bis breit ellipsoidisch. Zellwand im Alter dick und mit zusätzlicher lokaler Verdickung. Chloroplast in Form mehrschichtiger netzartiger Gebilde. Zellen bis 25 µm lang, bis 18 µm breit; Zoosporen 3,5–5 µm lang, 1,5–2,5 µm breit.
Auf Baumrinde von *Picea jezoensis*, Oboro, Atsukeshi-cho, Hokkaido (Japan).

5. Pseudotrochiscia Vinatzer 1975

Vinatzer 1975b, p. 228; Komárek & Fott 1983, p. 146.

Zellen kugelig und einzeln lebend. Zellwand dick, fest, an der Oberfläche deutlich skulpturiert. Mit vielen kleinen halbkugeligen Warzen, die durch dünne Leisten untereinander verbunden sind, so daß fünf- oder sechseckige Wabenmuster entstehen. Chloroplast wandständig, ± netzartig durchbrochen; ohne Pyrenoid. Asexuelle Fortpflanzung durch zweigeißelige Zoosporen oder durch meist glattwandige Autosporen; beide in großer Anzahl.
Mit einer einzigen Art:

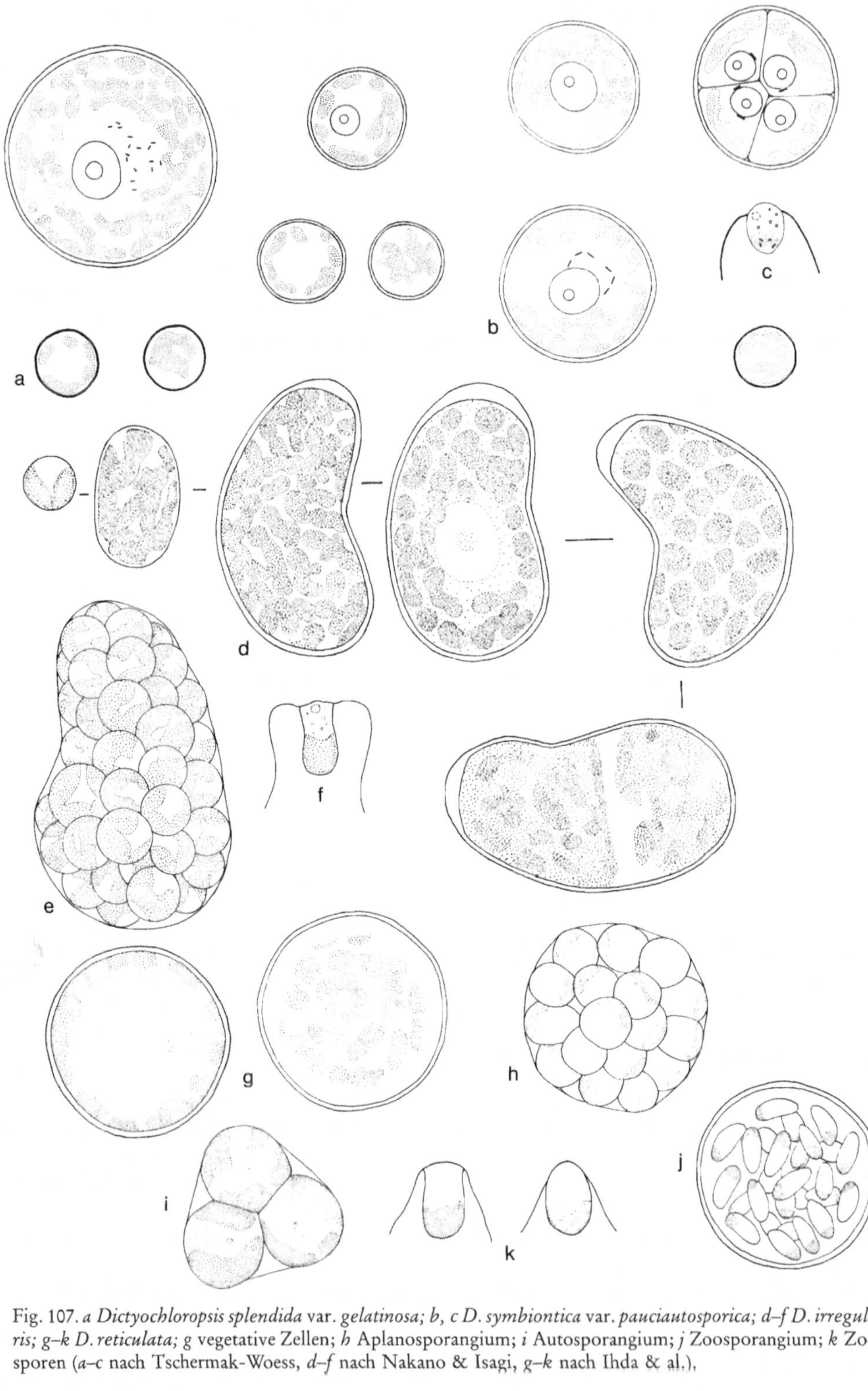

Fig. 107. *a Dictyochloropsis splendida* var. *gelatinosa; b, c D. symbiontica* var. *pauciautosporica; d–f D. irregularis; g–k D. reticulata; g* vegetative Zellen; *h* Aplanosporangium; *i* Autosporangium; *j* Zoosporangium; *k* Zoosporen (*a–c* nach Tschermak-Woess, *d–f* nach Nakano & Isagi, *g–k* nach Ihda & al.).

Pseudotrochiscia areolata Vinatzer 1975 (Fig. 108: a)
Vinatzer 1975b, p. 228, fig. 9; Komárek & Fott 1983, p. 151, fig. 43: 1.

Mit den Merkmalen der Gattung. Zellen 20–30 µm im Durchmesser, Autosporen und Zoosporen 3–4 µm groß.
Aus Kalkböden in den Dolomiten isoliert (Pitschberg, 2300 m ü. M.), Südtirol (Italien).

6. **Trochisciopsis** Vinatzer 1975

Vinatzer 1975b, p. 225; Komárek & Fott 1983, p. 151.

Zellen kugelig, einzeln oder teilweise in losen Gruppen. Zellwand dick, fest, an der Oberfläche deutlich skulpturiert. Mit etwa 10–12 derben Leisten, die manchmal ziemlich unregelmäßig angeordnet sind, oft aber an zwei gegenüberliegenden Polen zusammenlaufen. Leisten rauh und knotig, besonders an älteren Zellen. Chloroplast wandständig, im Prinzip topfförmig, durch tiefe Einschnitte in 2–3 breite Lappen zerteilt; ohne Pyrenoid. Asexuelle Fortpflanzung durch Autosporen und kleine zweigeißelige Zoosporen, die in großer Anzahl entstehen. Protoplastenteilung abweichend, zuerst in 4 tetraedrisch angeordnete, glattwandige Teilungsprodukte geteilt und erst dann entwickeln sich aus jedem solchen Teilungsprodukt Zoosporangien. Diese entlassen ihren Inhalt nach Aufreißen der Sporangienwand. Manchmal werden die Zoosporangien aus der Mutterzelle ausgestoßen und brechen erst nach einiger Zeit auf. Die Zellen wachsen in Kultur sehr langsam. Mit zwei Arten:

1a Zellen ± 20(–40) µm groß, mit 10–12 Leisten . . . . **1. T. tetraspora**
1b Zellen 20–35(–60) µm groß, mit 16–18 durchgehenden Leisten . . . . **2. T. insignis**

1. **Trochisciopsis tetraspora** Vinatzer 1975 (Fig. 108: b)

Vinatzer 1975b, p. 225, fig. 7, 8; Komárek & Fott 1983, p. 151, fig. 43: 2.

Zellen mit 10–12 meridionalen Leisten, die an zwei Polen zusammenlaufen. Zellen 20(–40) µm im Durchmesser, Zoosporen etwa 5 µm lang.
Kultur: ASIB V 208, T 77.
Aus Kalkböden in den Dolomiten oberhalb von 2000 m ü. M., Südtirol (Italien).

2. **Trochisciopsis insignis** Trenkwalder 1975 (Fig. 108: c)

Trenkwalder 1975b, p. 12, fig. 3–5; Komárek & Fott 1983, p. 151, fig. 43: 3.

Zellen mit 16–18 derben, knotigen Leisten, die durchgehend die Zelle umgeben. Zellen 20–35(–60) µm im Durchmesser; Zoosporen 3–5 × 2,5–3 µm groß.
Aus Waldboden bei Brixen, Südtirol (Italien).

7. **Ignatius** Bold & Mac Entee 1974

Bold & Mac Entee 1974, p. 191.

Erwachsene Zellen ± kugelig oder eiförmig. Häufig werden Tetraden gebildet, indem die Teilprotoplasten durch die Mutterzellwand bis zur Reife zusammengehalten werden. Zellwand dünn, nur im Alter etwas dicker werdend, manchmal mit einer unipolaren Verdickung. Chloroplast parietal, topfförmig bis fast halbkugelig, teilweise perforiert oder mit Rissen. Mit einem bis mehreren Pyrenoiden. Asexuelle Fortpflanzung durch viergeißelige Zoosporen. Diese sind sehr formveränderlich, mit Stigma und mit 4 pulsierenden Vakuolen. Auch Aplano- und Autosporenbildung.
Mit einer einzigen Art:

Ignatius tetrasporus Bold & Mac Entee 1974 (Fig. 109: a)
Bold & Mac Entee 1974, p. 192, fig. 3, 4: 11–16.

Mit den Merkmalen der Gattung. Zellen 20–40 µm lang, 12–25 µm breit, Zoosporen 12–16 × 4–6 µm groß.
Kultur: UTEX 2012.
Erdprobe aus einem Kiefernwald (*Pinus strobus*) bei Paupack, Pike County, Pennsylvania (USA).
Die Gattung *Ignatius* wurde ursprünglich an Hand der Bildung von Zellgruppen zu den Chlorosarcinaceae gereiht. Bei der Überprüfung der Typen-Kulturen haben wir jedoch immer in der

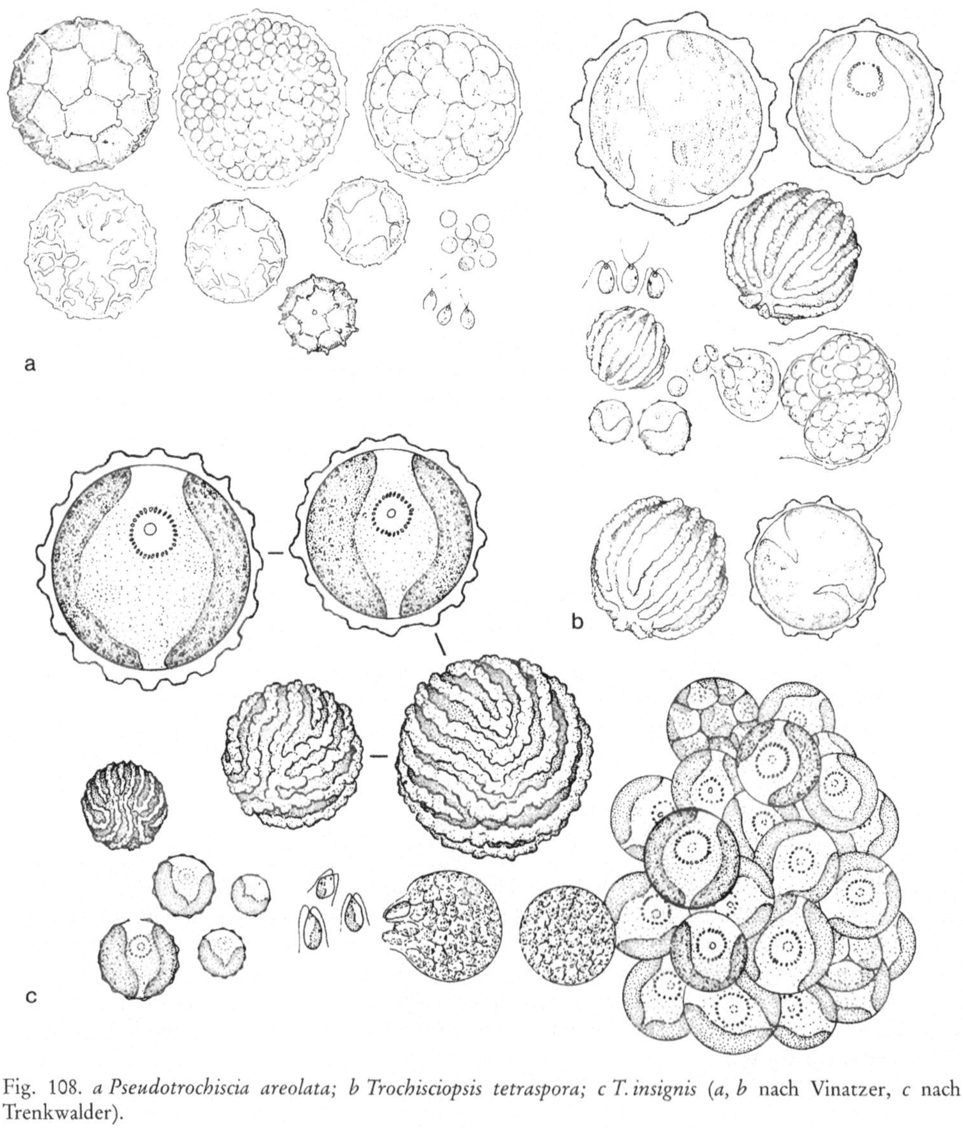

Fig. 108. *a Pseudotrochiscia areolata; b Trochisciopsis tetraspora; c T. insignis* (*a, b* nach Vinatzer, *c* nach Trenkwalder).

Mehrzahl einzelne Zellen gefunden, seltener Tetraden oder Oktaden. Auch dann handelte es sich um keine festen Zellpakete wie bei den Chlorosarcinaceae (siehe S. 491). Aus diesem Grunde wird hier diese Gattung im Rahmen der Familie Myrmeciaceae geführt.

8. **Ettlia** Komárek 1989

Syn.: *Neochloris* Starr 1955 p. p.
Ettl & Komárek 1982, p. 362; Komárek & Fott 1983, p. 109; Komárek 1989, p. 270.

Zellen einzeln oder in losen Gruppen lebend, kugelig oder kugelig-ellipsoidisch. Zellwand dünn oder mäßig dick, nur bei alten Zellen auch dick, glatt und hyalin. Chloroplast parietal, topfförmig bis fast hohlkugelig, oft mit zahlreichen radiär ausstrahlenden Lappen oder nur mit 2 Lappen; mit Einschnitten oder gerippt. Mit einem oder mehreren Pyrenoiden. Saftvakuolen häufig. Asexuelle Fortpflanzung durch zweigeißelige Zoosporen oder durch Aplanosporen.
Die meisten Arten dieser Gattung sind bodenbewohnend oder aerophytisch. Die ursprüngliche Gattung *Neochloris* Starr wurde in letzter Zeit aufgesplittert auf Grund elektronenmikroskopischer Untersuchungen einiger Arten (S. Watanabe & Floyd 1989 a; Deason, Silva, S. Watanabe & Floyd 1991). In dieser Arbeit benützen wir die Einteilung von Komárek (1989), bevor die taxonomische Problematik dieser Organismen endgültig geklärt sein wird.

1a Chloroplast einheitlich, weder mit Einschnitten noch gelappt 2
1b Chloroplast mit Einschnitten, zweiteilig oder mehrmals gelappt 3
2a Innenseite des Chloroplasten gefurcht, mit 1 bis mehreren Pyrenoiden . . . . **6. E. fusispora**
2b Oberfläche des Chloroplasten gestreift oder gerippt, mit 1 Pyrenoid . . . . **7. E. minuta**
3a Chloroplast am Vorderrand gewellt und mit zahlreichen schmalen Einschnitten, Pyrenoide mit 2 Stärkeschalen . . . . **5. E. oleoabundans**
3b Chloroplast deutlich gelappt, Pyrenoide mit zahlreichen Stärkekörnern 4
4a Chloroplast asteroid gelappt . . . . **4. E. cohaerens**
4b Chloroplast zweiteilig oder anders gelappt 5
5a Chloroplast mit 2–4 Lappen oder geteilt, mit je 1 Pyrenoid im Chloroplasten 6
5b Chloroplast mit mehreren Lappen und zahlreichen Pyrenoiden . . . . **3. E. pseudoalveolaris**
6a Chloroplast bis mehrmals gelappt, mit zahlreichen Saftvakuolen . . . . **1. E. alveolaris**
6b Chloroplast in 2 Lappen geteilt oder getrennt, ohne Saftvakuolen . . . . **2. E. bilobata**

1. **Ettlia alveolaris** (Bold) nov. comb. (Fig. 109: b)

Basionym: *Neochloris alveolaris* Bold 1958, Amer. J. Bot. 45, p. 737, fig. 1–16.
Syn.: *Parietochloris alveolaris* (Bold) S. Watanabe & Floyd in Deason et al. 1991[31]
S. Watanabe 1979, p. 88, fig. 1a–g; 1983, p. 237, fig. 8; Handa et al. 1991, p. 212, fig. 2: 1–7.

Zellen kugelig, mit dünner Zellwand, ohne Gallerthülle. Chloroplast bei jungen Zellen muldenförmig und mit glatten Rändern, bei erwachsenen Zellen durch 2–4 seichte Einschnitte in breite Lappen geteilt; manchmal im Alter auch in einzelne diskoide Teilstücke aufgeteilt. Pyrenoid mit zahlreichen, reihenartig angeordneten Stärkekörnern; in jungen Zellen eins, in erwachsenen Zellen je nach Anzahl der Lappen oder Teilstücke zwei bis mehrere. Zellkern von einem Kranz kleiner Körnchen umgeben. Häufig mit mehreren Saftvakuolen. Zoosporen mit Stigma und 2 hintereinander liegenden pulsierenden Vakuolen. Zellen 4–21(–30) µm im Durchmesser, Zoosporen 6–8 × 2–4 µm groß.
Kultur: UTEX 836; ASIB V 141, 143, T 58.
Erdproben von Lava unter *Pinus thunbergii* auf Mt. Sakurajima, pH 5,6, auch als Rindenalge (Japan). Weiters auf Neu Guinea, in der USSR, auf der Insel Surtsey (Island) und in alpinen Böden am Pitschberg (2300 m ü. M.), Südtirol (Italien) gefunden.

[31] Vergleiche Bemerkung auf S. 385.

Diese Art sieht *Myrmecia incisa* (siehe S. 375) sehr ähnlich. Bei letzterem Organismus werden Pyrenoide zwar bestritten, doch finden sich im Chloroplasten hellere linsenförmige Stellen, die von Körnchen umgeben sind. Sie erinnern stark an die Pyrenoide dieser Art.

2. Ettlia bilobata (Vinatzer) Komárek 1989 (Fig. 109: c)
Syn.: *Neochloris bilobata* Vinatzer 1975b
Vinatzer 1975b, p. 221, fig. 5; Komárek 1989, p. 271.

Zellen kugelig, mit zarter Zellwand ohne Dickenwachstum, ohne Gallerthülle. Chloroplast parietal oder leicht von der Zellwand abstehend, topfförmig, durch einen medianen Einschnitt zweigelappt; mit einem von zahlreichen Stärkekörnern umgebenen Pyrenoid, das sich teilt, so daß jeder Chloroplastenlappen ein Pyrenoid enthält. Manchmal trennen sich die Lappen gänzlich, so daß die Zellen 2 (seltener 3 oder 4) Chloroplasten mit je 1 Pyrenoid enthalten. Zellkern nicht selten von einem Kranz kleiner Körnchen umgeben. Zoosporen mit 2 pulsierenden Vakuolen in der Zellmitte und vorn gelegenem Stigma. Zellen 20–30(–37) μm im Durchmesser, Zoosporen 7–8 μm lang, 4–5 μm breit.
Im Erdboden unter Polstern von *Loiseleuria procumbens*, Pitschberg (2300 m ü. M.), Südtirol (Italien).
Eine nicht näher bezeichnete Varietät wurde von Broady 1982a, p. 19, fig. 86–89 (Fig. 109: d) beschrieben. Diese unterscheidet sich durch Zoosporen mit hinten gelegenem Stigma. Aus Erdproben von der Insel Surtsey (Island) isoliert.

3. Ettlia pseudoalveolaris (Deason & Bold) Komárek 1989 (Fig. 109: e)
Syn.: *Neochloris pseudoalveolaris* Deason & Bold 1960, *Parietochloris pseudoalveolaris* (Deason & Floyd) S. Watanabe & Floyd in Deason et al. 1991[32].
Deason & Bold 1960, p. 28, fig. 33–37, 98–100; S. Watanabe 1979, p. 88, fig. 1: h–n; 1983, p. 238, fig. 9; Komárek 1989, p. 271.

Zellen kugelig, einzeln lebend. Zellwand dünn, im Alter jedoch 1–4 μm dick werdend, manchmal mit einer unipolaren Verdickung. Chloroplast bei jungen Zellen topfförmig und am Rande gewellt, später stark vergrößert und durch tiefe Einschnitte mehrmals gelappt, in einzelnen Fällen auch in Einzelstücke zerteilt. Pyrenoid kugelig und mit reihenartig angeordneten Stärkekörnern. Während des Wachstums der Zellen kommt es zu einer Pyrenoidvermehrung (bis 17), so daß dann in jedem Lappen oder in jedem Teilstück je ein oder mehrere Pyrenoide liegen. Zoosporen ei- bis tropfenförmig, mit Stigma und Zellkern vorn. Zellen 14–25(–33) μm im Durchmesser, Zoosporen 5–10 × 2–5 μm groß.
Kultur: UTEX 975, ASIB T 57.
Sandboden in einem Eichenwald, Williamson County, Texas (USA); Erdproben aus dem Botanischen Garten der Kyoto Universität (pH 6,6), Sanddünen an der Japanischen See in Tottori Prefect., pH 5,6 (Japan); Waldboden im Wald mit *Castaniopsis* auf Mt. Albert Edward (Papua).

4. Ettlia cohaerens (Groover & Bold) nov. comb. (Fig. 109: f)
Basionym: *Neochloris cohaerens* Groover & Bold, 1969, Univ. Texas Publ. No. 6907, p. 45, fig. 134–142.
Syn.: *Parietochloris cohaerens* (Groover & Bold) S. Watanabe & Floyd in Deason et al. 1991[33].

Zellen kugelig, Zellwand während des Wachstums und im Alter nicht dicker werdend. Chloroplast parietal, im Prinzip topfförmig, durch zahlreiche Einschnitte ± asteroid gelappt; mit einem

[32] Vergleiche Bemerkung auf S. 385.
[33] Vergleiche Bemerkung auf S. 385.

Fig. 109. *a Ignatius tetrasporus; b Ettlia alveolaris; c E. bilobata; d E. bilobata* var.; *e E. pseudoalveolaris; f E. cohaerens* (*a* nach Bold & Mac Entee, *c* nach Vinatzer, *d* nach Broady, sonst Orig.).

kugeligen Pyrenoid mit mehreren großen Stärkekörnern. Zoosporen gestreckt eiförmig, Stigma und Zellkern vorn. Aplanosporen werden zu 16–32, Autosporen zu 4–8 gebildet. Zellen 3–12(–20) μm im Durchmesser; Zoosporen 6–8 × 2–3 μm groß.
Kultur: UTEX 1707.
Erdproben aus dem Bastrop State Park, Texas (USA).

5. Ettlia oleoabundans (Chantanachat & Bold) Komárek 1989 (Fig. 110: a)
Syn.: *Neochloris oleoabundans* Chantanachat & Bold 1962
Chantanachat & Bold 1962, p. 15, fig. 1–8, 73–75; Komárek 1989, p. 271.

Zellen in unregelmäßigen Gruppen oder einzeln, kugelig. Zellwand dünn und glatt, im Alter nicht dicker werdend, manchmal an einem Pol mit einer blasenartigen Verdickung. Chloroplast topfförmig bis fast hohlkugelig, mit zahlreichen schmalen Einschnitten, Vorderrand gewellt; bei jungen Zellen mit einem, später mit 2 oder mehreren ellipsoidischen Pyrenoiden; Stärkehülle aus 2 (selten 3) Stärkeschalen bestehend. Öl wird angehäuft. Zellen 6–22(–25) μm im Durchmesser, Zoosporen 3,6–4,5 × 2–3,5 groß.
Kultur: UTEX 1185.
Aus Sandproben isoliert, die auf einer Dünenerhebung entnommen wurden, Rub al Khali (Saudi Arabien).

6. Ettlia fusispora (Arce & Bold) nov. comb. (Fig. 110: b)
Basionym: *Neochloris fusispora* Arce & Bold 1958, Amer. J. Bot. 45, p. 500, fig. 62–70.

Zellen einzeln, kugelig oder leicht abgeflacht. Zellwand bei jungen Zellen dünn, bei älteren bis 2 μm dick; ohne Gallerthülle. Chloroplast wandständig, massiv, fast hohlkugelig, mit stark gefurchter Innenseite; mit 1 bis mehreren Pyrenoiden. Fortpflanzung durch abgeflachte spindelförmige Zoosporen mit medianem Stigma und vorn gelegenem Zellkern. Zellen 12–22 μm im Durchmesser, Zoosporen 12–22 × 2–3 μm groß.
Kultur: UTEX 778.
Aus Bodenproben von Zuckerrohrplantagen bei Ranchuelo (Kuba).
Die Zellen sind im Gegensatz zur Originalbeschreibung einkernig und die Protoplastenteilung verläuft sukzedan.

7. Ettlia minuta (Arce & Bold) Komárek 1989 (Fig. 110: c)
Syn.: *Neochloris minuta* Arce & Bold 1958, *Chlorococcopsis minuta* (Arce & Bold) S. Watanabe & Floyd 1989
S. Watanabe & Floyd 1989a, p. 216[34]; Komárek 1989, p. 271.

Zellen einzeln, kugelig. Zellwand bei jungen Zellen dünn, bei erwachsenen bis 5 μm dick. Chloroplast topfförmig, an der Oberfläche auffallend gestreift bis gerippt, meist asteroid gelappt, mit einem basalen Pyrenoid. Fortpflanzung durch Zoo- oder Aplanosporen; erstere fast kugelig mit vorn gelegenem Stigma. Zellen 3–18 μm im Durchmesser, Zoosporen 2–5 × 2–3 μm groß.
Kultur: UTEX 776.
Aus Erdproben von Zuckerrohrplantagen isoliert, Santa Marta (Kuba).

[34] Vergleiche Bemerkung auf S. 385.

9. **Lautosphaeria** Deason & Herndon 1989

Deason & Herndon 1989, p. 128.

Zellen einzeln, kugelig. Zellwand glatt, im Alter unverdickt. Chloroplast einer, bei jungen Zellen eingeschnitten parietal, bei erwachsenen Zellen mehr kompakt und stark in Leisten und Rippen gegliedert, in Oberflächenansicht fast parallel gestreift erscheinend. Ein bis mehrere Pyrenoide mit glatter Stärkehülle. Fortpflanzung durch zahlreiche formveränderliche Zoosporen mit zwei gleichlangen Geißeln und parietalem Chloroplast. Sie kommen aus dem Sporangium in einer Blase heraus, in der sie eine Zeitlang herumschwimmen, bevor sie frei werden.
Mit einer einzigen Art:

Lautosphaeria monsfumosa Deason & Herndon 1989
Deason & Herndon 1989, p. 128, fig. 3a–c, 2e–h (Mikrophotos).

Mit den Merkmalen der Gattung. Zellen bis 40 µm im Durchmesser, Zoosporen 2–4,2 × 6,3–9 µm groß.
Aus einer Bodenprobe isoliert, Clingman's Dome, Great Smoky Mountains National Park, Tennessee (USA).

10. **Axilococcus** Deason & Herndon 1989

Deason & Herndon 1989, p. 126.

Zellen einzeln, kugelig, junge Zellen manchmal eiförmig. Zellwand glatt, im Alter verdickt. Chloroplast axial, asteroid gelappt; Lappen ± unregelmäßig aus einem massiven Zentralteil mit 1

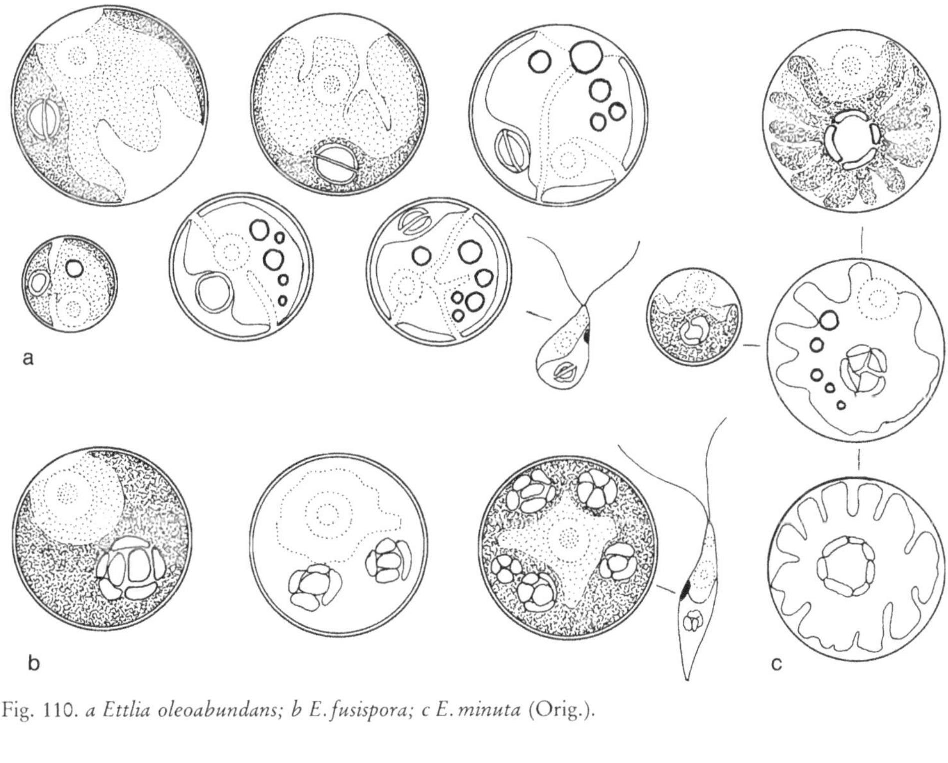

Fig. 110. *a Ettlia oleoabundans; b E. fusispora; c E. minuta* (Orig.).

bis mehreren Pyrenoiden ± radiär ausgehend. Stärkehülle der Pyrenoide mit wenigen lockeren Stärkekörnern. Asexuelle Fortpflanzung durch formveränderliche Zoosporen mit 2 Geißeln und feiner Zellwand(?). Es wurden auch Aplanosporen beobachtet. Die Zoosporen runden sich bei der Keimung nicht ab, sondern bleiben länglich gestreckt. (Nicht sicher, ob zu den Chlorophyceae gehörend.)
Eine einzige Art:

Axilococcus clingmanii Deason & Herndon 1989
Deason & Herndon 1989, p. 126, fig. 1a–c, 2a–d (Mikrophotos).

Mit den Merkmalen der Gattung. Zellen bis 55(–70) µm im Durchmesser, Zoosporen 2,7–5,3 × 6,3–10,5 µm groß.
Aus Bodenproben, Clingman's Dome, Great Smoky Mountains National Park, Tennessee (USA).
Die Zoosporen besitzen keine richtige Zellwand (wie z. B. *Radiosphaera* oder *Axilosphaera*), obwohl sie sich nach dem Festsetzen nicht abrunden. Immerhin sind sie formveränderlich wie alle nackten Zoiden. Die Gattung bedarf einer eingehenden Untersuchung.

2. Familie Palmellaceae Lemmermann 1915

Syn.: *Hormotilaceae* Bourrelly 1966

Zellen einzeln oder in Gruppen, Paketen oder Reihen in Gallerte oder in Gallertlagern eingebettet. Manchmal gallertige Stränge bildend, an deren Enden einzelne Zellen sitzen. Gallerte homogen oder geschichtet. Einzelne Zellen kugelig oder ellipsoidisch bis eiförmig; mit glatter Zellwand. Chloroplast becher- oder topfförmig, mit oder ohne Pyrenoid. Fortpflanzung durch Zoosporen oder Aplanosporen.
Von 5 beschriebenen Gattungen sind 3 bodenbewohnend.
Bourrelly 1966, p. 155; Komárek & Fott 1983, p. 70.

1a Zellen ± kugelig, an den Enden dicker Gallertfüße oder reihenartig in Gallertsträngen eingebettet . . . . 1. **Hormotila** (S. 390)
1b Zellen ellipsoidisch, unregelmäßig in Gallertlagern eingebettet 2
2a Chloroplast ohne Pyrenoid . . . . 2. **Györffyana** (S. 391)
2b Chloroplast mit Pyrenoid . . . . 3. **Inoderma** (S. 391)

1. Hormotila Borzi 1883

Korschikoff 1953, p. 207; Bourrelly 1966, p. 156; Komárek & Fott 1983, p. 76.

Zellen an den Enden von Gallertsträngen oder einreihig geordnet in einfachen oder verzweigten, zylindrischen, oft konzentrisch geschichteten Gallertmassen. Im letzteren Fall sind die Zellen voneinander entfernt und durch dicke Gallertstränge miteinander verbunden. Zellen kugelig oder breit ellipsoidisch, mit fester und glatter Zellwand. Chloroplast topf- oder netzförmig; mit oder ohne Pyrenoid. Asexuelle Fortpflanzung durch zweigeißelige Zoosporen oder durch Aplanosporen. Als Dauerstadien sind Hypnoblasten bekannt.
Von 3 beschriebenen Arten kommen 2 in Erdböden oder auf feuchten Felsen vor.

1a Zellen in den Gallertsträngen reihig hintereinander angeordnet . . . . 1. **H. mucigena**
1b Zellen an den Enden breiter und geschichteter Gallertstränge . . . . 2. **H. blennista**

1. Hormotila mucigena Borzi 1883 (Fig. 111: a)
Korschikoff 1953, p. 207, fig. 149; Komárek & Fott 1983, p. 78, fig. 15: 1.
Zellen einreihig in dicken Gallertsträngen, die radiär aus einem Gallertzentrum auslaufen; Wachs-

tum der Gallertkolonien durch Protoplastenteilung, wobei die Mutterzellwand verquillt. Zellen kugelig, breiter als die Gallertstränge. Die Tochterprotoplasten umgeben sich mit eigener Zellwand. Zellen 4–12 µm, Zoosporangien bis 30 µm und Zoosporen 3–8 × 1–4 µm groß.
Auf feuchten Felsen und auf feuchter Erde gefunden.

2. Hormotila blennista Trainor & Hilton 1964 (Fig. 111: b)
Syn.: *Hormotila mucigena* Borzi sensu G. M. Smith 1950
G. M. Smith 1950, p. 117, fig. 57; Trainor & Hilton 1964, p. 101, fig. 1–6; Komárek & Fott 1983, p. 78, fig. 15: 2.

Zellen einzeln, mit gallertigen Hüllen oder am Ende von dicken, geschichteten und spärlich verzweigten Gallertsträngen, die bedeutend dicker sind als die Zellen. Letztere sind kugelig oder breit eiförmig. Chloroplast in jungen Zellen becherförmig, in älteren Zellen gelappt; mit 1 Pyrenoid. Zellen 12–17 µm im Durchmesser, Zoosporen 6–11 × 3–7 µm groß.
Kultur: UTEX 1239.
Aus Erdproben von Maisfeldern isoliert, Storrs, Connecticut (USA).

Nicht beschriebene Art:
Hormotila sp. sensu Thérézien & Couté 1977 – Zellen unregelmäßig reihenartig in farblosen Gallertsträngen angeordnet. Zellen mit unregelmäßigem Umriß. Pyrenoid vorhanden. Zellen 4–8 µm groß. Bodenalge (Kerguelen). Unvollständig beschrieben, es ist nicht sicher, ob dieser Organismus zu dieser Gattung gehört.

2. **Györffyana** Kol & F. Chodat 1934

Bourrelly 1966, p. 153; Komárek & Fott 1983, p. 86.

Zellen ± ellipsoidisch, zu 2–4 parallel oder leicht gegeneinander verschoben und in einer gemeinsamen, strukturlosen, unregelmäßigen Gallerte eingebettet. Mit 1–2 parietalen Chloroplasten ohne Pyrenoide. Asexuelle Fortpflanzung durch 16–32 Zoosporen oder 4–8 Autosporen.
Mit einer einzigen Art:

Györffyana humicola Kol & F. Chodat 1934 (Fig. 111: c)
Kol & F. Chodat 1934, p. 251, fig. 1: 1–29; Komárek & Fott 1983, p. 86.

Mit den Merkmalen der Gattung. Zellen 5–6 µm lang, 3–4 µm breit.
Aus Waldböden in den Schweizer Alpen isoliert.

3. **Inoderma** Kützing 1845

Lemmermann 1915, p. 51; Bourrelly 1966, p. 152; Komárek & Fott 1983, p. 86.

Zellen länglich ellipsoidisch bis fast zylindrisch, reihenförmig zu gallertigen, festsitzenden Kolonien vereinigt. Gallerte dick, strukturlos. Chloroplast wandständig, plattenförmig; mit 1 Pyrenoid. Fortpflanzung durch zweigeißelige Zoosporen oder durch 2 Autosporen (?).
Eine ziemlich unvollständig beschriebene Gattung mit einer aerophytischen Art:

Inoderma lamellosum Kützing 1845
Lemmermann 1915, p. 51; Komárek & Fott 1983, p. 86.

Mit den Merkmalen der Gattung. Lager olivgrün, hautartig. Zellen 2,5–3,5 µm breit, 1-2mal länger als breit.
Auf feuchten Steinen und auf feuchtem Holz.

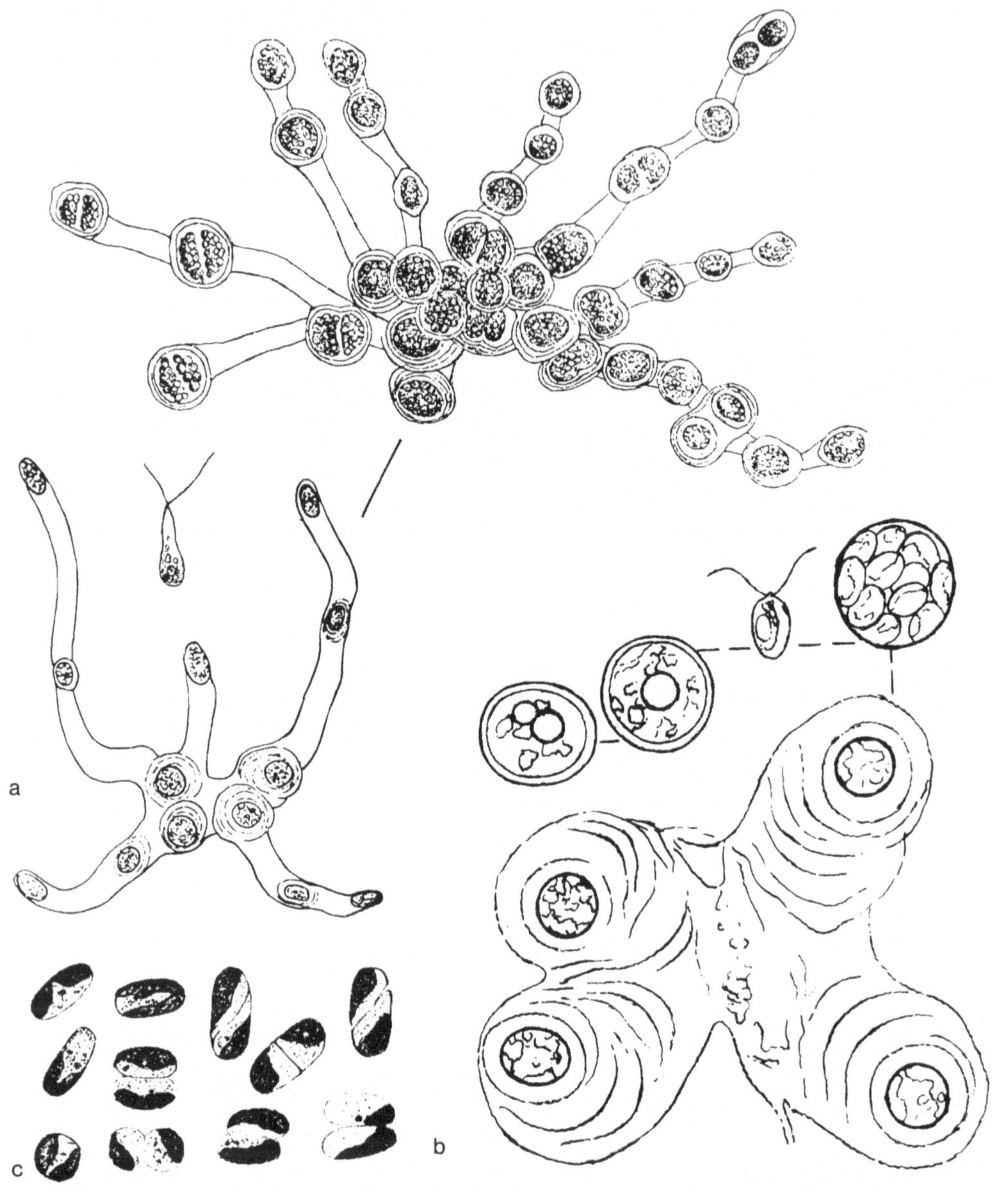

Fig. 111. *a Hormotila mucigena; b H. blennista; c Györffyana humicola* (*a* nach Borzi, *b* nach Trainor & Hilton aus Komárek & Fott, *c* nach Kol & F. Chodat).

3. Familie Chlorochytriaceae (G. S. West) Setchell & Gardner 1920

Zellen einzeln oder in Gruppen, manchmal sehr groß (bis 400 µm), ± kugelig, keulenförmig, meist infolge unregelmäßig verdickter Zellwände auch unregelmäßig geformt. Zellwand oft geschichtet. Chloroplast wandständig und gelappt oder zentral und kompliziert asteroid; mit Pyrenoid. Asexuelle Fortpflanzung durch zweigeißelige Zoosporen, sexuelle durch Isogamie.
Von 7 Gattungen haben 2 bodenbewohnende Sippen.
Printz 1927, Korschikoff 1953, Komárek & Fott 1983.

1a Zellen keulenförmig, mit nicht verdickter Zellwand .... **1. Botryokoryne** (S. 393)
1b Zellen ± kugelig oder leicht unregelmäßig, mit dicker und geschichteter Zellwand .... **2. Chlorochytrium** (S. 393)

1. Botryokoryne Reisigl 1964

Reisigl 1964, p. 478; Komárek & Fott 1983, p. 154.

Zellen einzeln oder in Gruppen, in Form kleiner keulenförmiger Bläschen oder ± birnenförmig, junge Zellen kugelig. Zellwand ohne lokale Zellverdickungen. Chloroplast zuerst topfförmig, auch zweilappig, mit deutlichem Pyrenoid; im Alter ist der Chloroplast gelegentlich mit Spalten und Löchern versehen. Saftvakuolen vorhanden. Asexuelle Fortpflanzung durch 2–16 Autosporen oder durch birnenförmige zweigeißelige Zoosporen.
Mit einer einzigen Art:

Botryokoryne simplex Reisigl 1964 (Fig. 112: a–e)

Reisigl 1964, p. 478, fig. 34; Komárek & Fott 1983, p. 154, fig. 44: 1.

Mit den Merkmalen der Gattung. Zellen 20–30 µm lang, 8–10 µm breit; Zoosporen bis 8 µm lang und 4,5 µm breit.
Aus Boden in der Wurzelzone eines *Elynetum*-Rasens, Ötztaler Alpen (3160 m ü. M.), Tirol (Österreich).

2. Chlorochytrium Cohn 1872

Syn.: *Scotinosphaera* Klebs 1881
Bourrelly 1966, p. 137, Komárek & Fott 1983, p. 165.

Zellen einzeln, kugelig, eiförmig-ellipsoidisch bis leicht unregelmäßig, mitunter fast kugelig. Zellwand sehr derb bis dick, manchmal geschichtet; keine Fortsätze bildend. Chloroplast als ein allseitiger Wandbelag mit Leisten und Strängen, manchmal fast netzförmig; mit 1 bis mehreren Pyrenoiden. Asexuelle Fortpflanzung durch zahlreiche zweigeißelige Zoosporen. Sexuelle Fortpflanzung Isogamie.
Von 7 beschriebenen Arten wurde nur 1 in Erdböden gefunden.

Chlorochytrium paradoxum (Klebs) G. S. West 1916 (Fig. 112: f)

Syn.: *Scotinosphaera paradoxa* Klebs 1881
James 1935, p. 527, fig. 3; Komárek & Fott 1983, p. 168, fig. 48: 3.

Zellen kugelig oder unregelmäßig eiförmig, mit ± verdickter und geschichteter Zellwand. Chloroplast als dünner Wandbelag mit radial aus dem Zellzentrum auslaufenden, anastomisierenden Strängen; mit 1–4 Pyrenoiden. Zellen 18–35 µm im Durchmesser, Zoosporen 9,3 × 3 µm groß.

Aus Erdböden isoliert (England).
Sehr wenig bekannter Organismus. Es ist nicht sicher, ob diese Bodenalge wirklich zu *Chlorochytrium* gehört.

4. Familie Characiaceae (Nägeli) Wille in Warming 1884

Zellen bipolar gebaut, meist mittels einer Befestigungseinrichtung einzeln oder in Gruppen am Substrat festsitzend. Bei freilebenden Sippen mit speziellen basalen, ankerartigen Fortsätzen der Zellwand versehen. Zellen fast kugelig, ellipsoidisch, beutel- oder spindelförmig. Befestigungseinrichtung in Form von Haftscheiben oder Stielen. Chloroplast parietal, mit oder ohne Pyrenoide. Fortpflanzung durch 2- oder 4geißelige Zoosporen, seltener durch Aplanosporen.
Von etwa 20 beschriebenen Gattungen haben nur 4 bodenbewohnende Vertreter.
Komárek & Fott 1983, Bold & Wynne 1985.

1a Zellen am Substrat festhaftend 2
1b Zellen frei lebend . . . . **5. Ankyra** (S. 399)
2a Zellen mittels Gallertscheiben oder -polster festhaftend 3
2b Zellen mittels eines Stieles festhaftend . . . . **4. Characium** (S. 398)
3a Zellen breit eiförmig bis fast kugelig 4
3b Zellen keulenförmig bis zylindrisch, basal verjüngt und dort mit klebriger Gallerte . . . . **3. Coleochlamys** (S. 396)
4a Zellen einzeln oder in unregelmäßigen Gruppen, Zoosporen 4-geißelig . . . . **1. Fernandinella** (S. 394)
4b Zellen in einer Schicht angeordnet, Zoosporen 2-geißelig . . . . **2. Chloroplana** (S. 396)

1. Fernandinella Chodat 1922

Syn.: *Tetraciella* Pascher & Petrová in Petrová 1930
Bourrelly 1966, p. 149; Komárek & Fott 1983, p. 176.

Zellen bipolar, selten einzeln, meist zu Gruppen angehäuft und festsitzend; kugelig, ei- oder kurz birnenförmig. Am Substrat mittels einer oft bräunlichen Gallertscheibe festhaftend. Chloroplast becher- oder topfförmig, distal gelegen, mit einem Pyrenoid. Asexuelle Fortpflanzung durch 4-geißelige Zoosporen oder durch Aplanosporen. Zoosporen eiförmig, mit dem Vorderende festsitzend.
Nur eine bodenbewohnende Art:

Fernandinella alpina Chodat 1922 (Fig. 112: g)
Komárek & Fott 1983, p. 177, fig. 51: 2.

Zellen eiförmig, breit eiförmig bis fast birnenförmig, proximal breit abgerundet, distal oft abgerundet kegelförmig. Chloroplast nur am distalen Ende, topf- oder becherförmig. Pyrenoid mit zweiteiliger Stärkehülle. Zellen 3,5–12 µm lang, 3,5–10 µm breit.
In Erdböden verbreitet (Schweiz, Dänemark, England, Island, Tschechoslowakei, USSR).
Von Fritsch & John (1942, p. 380, fig. 3: k–q) wurde eine var. *semiglobosa* (Fig. 112: h) beschrieben. Diese hat mehr eiförmige bis breit eiförmige Zellen und der Chloroplast kleidet die ganze Zelle aus. Aus Erdböden von England und der Insel Surtsey, Island.

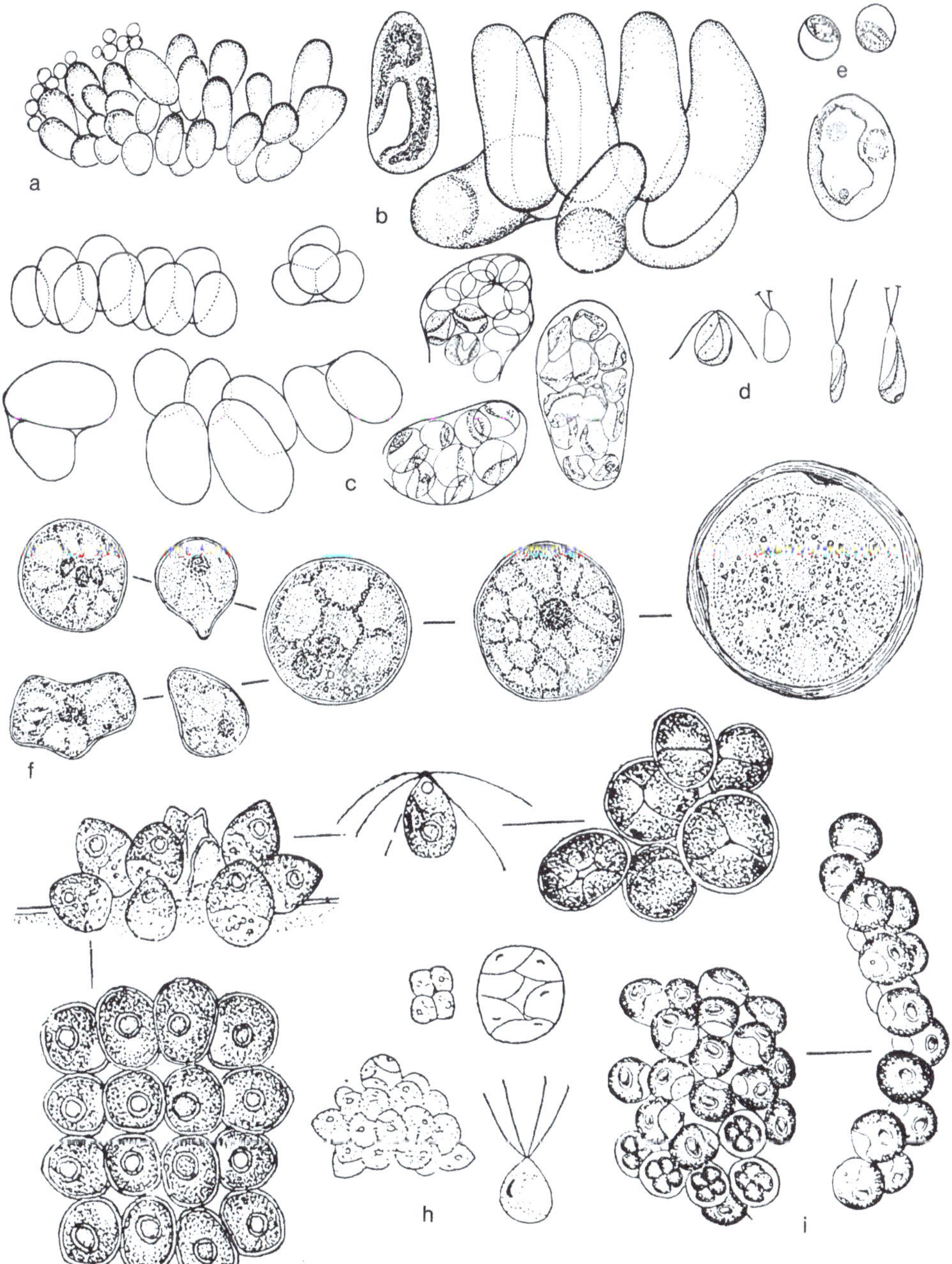

Fig. 112. *a–e Botryokoryne simplex; a* Zellgruppe bei schwächerer Vergrößerung; *b* dasselbe bei stärkerer Vergrößerung; *c* Zoosporangien; *d* Zoosporen; *e* junge Zellen; *f Chlorochytrium paradoxum; g Fernandinella alpina; h F. alpina* var. *semiglobosa; i Chloroplana terricola* (*a–e* nach Reisigl, *f* nach James, *g* nach Korschikoff, *h* nach Fritsch & John, *i* nach Gollerbach).

2. **Chloroplana** Gollerbach 1936

Korschikoff 1953, p. 202; Komárek & Fott 1983, p. 178.

Zellen kugelig oder leicht eiförmig, bipolar, einzeln oder in einer Schicht angeordnet, am Substrat mittels klebriger Gallerte festhaftend. Mit hyalinem proximalem Ende, distal mit einem becherförmigen Chloroplast und mit einem Pyrenoid. Asexuelle Fortpflanzung durch 2- geißelige Zoosporen oder durch Autosporen, die nach dem Verschleimen der Mutterzellwand frei werden.
Eine einzige Art:

Chloroplana terricola Gollerbach 1936 (Fig. 112: i)

Korschikoff 1953, p. 202, fig. 144; Komárek & Fott 1983, p. 178, fig. 51: 4.
Mit den Merkmalen der Gattung. Zellen 6,3–9,4(–12,6) µm im Durchmesser, Zoosporen etwa 4 µm lang.
Erdböden in der Umgebung von St. Petersburg (USSR).
Von der Gattung *Fernandinella* vor allem durch die zweigeißeligen Zoosporen unterschieden.

3. **Coleochlamys** Korschikoff 1953

Syn.: *Rhopalocystis* Schussnig 1955
Schussnig 1955, p. 444; Bourrelly 1966, p. 146; Komárek & Fott 1983, p. 184.

Zellen zylindrisch, ei-, birnen- bis keulenförmig, am breiteren Ende abgerundet, am schmäleren etwas ausgezogen und abgestumpft kegelförmig, ± gebogen. Häufig dorsiventral gebaut. Zellwand am schmäleren Ende mit klebriger Gallerte. Chloroplast wandständig, mantel- oder plattenförmig, nicht die ganze Zelle auskleidend; mit einem Pyrenoid. Asexuelle Fortpflanzung durch 4–64 zweigeißelige Zoosporen. Sie verlassen das Sporangium durch eine Öffnung am breiteren Zellende. Einer der Teilprotoplasten verbleibt häufig in der Mutterzellwand um weiter anzuwachsen (Durchwachsung).
Mit 4 bodenbewohnenden Arten:

1a Zellen sehr groß, bis 150(–230) µm lang, Chloroplast erwachsener Zellen spongiös oder fragmentiert . . . . **3. C. maxima**
1b Zellen kleiner, 30–60 µm lang, Chloroplast seitlich mantelförmig 2
2a Zellen bis 60 µm lang, spindelförmig . . . . **4. C. perforata**
2b Zellen bis 30 µm lang, ei-, birnen- bis keulenförmig 3
3a Zellen keulenförmig, sigmoid gebogen, Chloroplast mit glatten Rändern . . . . **1. C. oleifera**
3b Zellen ei- bis gurkenförmig, Chloroplast ausgebuchtet oder gelappt . . . . **2. C. cucumis**

1. **Coleochlamys oleifera** (Schussnig) Fott 1975 (Fig. 113: d, e)

Syn.: *Rhopalocystis oleifera* Schussnig 1955
Schussnig 1955, p. 444, fig. 1–3; Fott 1975, p. 217, fig. 4: a, b; Komárek & Fott 1983, p. 185, fig. 53: 1.

Zellen keulenförmig, leicht gebogen oder sigmoid, an einem Ende stumpf abgerundet, am anderen verjüngt. Zoosporen länglich birnenförmig, doch häufiger werden Aplanosporen gebildet. Zellen bis 30 µm lang, 12–14 µm breit, Zoosporen 8–9 × 3–3,5 µm groß.
Häufig in Erdböden von Signy Island, South Orkney Islands (Antarktis) gefunden.

2. **Coleochlamys cucumis** (Reisigl) nov. comb. (Fig. 113: a–c)

Basionym: *Rhopalocystis cucumis* Reisigl 1964, Österr. Bot. Z. 111, p. 455, fig. 19
Komárek & Fott 1983, p. 185, fig. 53: 3.

Zellen ei-, birnen- bis gurkenförmig, manchmal etwas unregelmäßig. Chloroplast ausgebuchtet bis

Fig. 113. *a–c Coleochlamys cucumis; b* Zoosporangien; *c* Zoosporen; *d, e C. oleifera; f, g C. maxima; g* Keimung von Zoosporen; *h Characium pseudopyriforme* (*a–c* nach Reisigl, *d* nach Schussnig aus Komárek & Fott, *e* nach Broady, *f, g* nach S. Watanabe, *h* nach Lund).

gelappt; mit 1 oder 2 Pyrenoiden. Zellen bis 30(–40) µm lang, 12–15(–20) µm breit, Zoosporen 9 × 3,5 µm groß.
Steriler Erdboden am Gipfel der Kreuzspitze (3450 m ü. M.), Tirol (Österreich).

3. Coleochlamys maxima (S. Watanabe) nov. comb. (Fig. 113: f, g)
Basionym: *Characium maximum* S. Watanabe 1983, Arch. Protistenk. 127, p. 240, fig. 10: 27–30.

Junge Zellen kugelig, ellipsoidisch oder eiförmig, erwachsene Zellen gestreckt eiförmig, ellipsoidisch sackförmig bis birnenförmig, recht polymorph. Zellwand alter Zellen bedeutend dick werdend (bis 20 µm); manchmal mit einer lokalen Verdickung. Chloroplast zuerst wandständig, später netzförmig und schließlich axial; bei erwachsenen Zellen spongiös und schließlich durch Fragmentation band- oder scheibenförmig. Pyrenoid mit mehreren großen Stärkekörnern. Zoosporen spindel- bis tropfenförmig, mit dem Hinterende festsitzend; auch kugelige Aplanosporen bekannt. Zellen bis 150(–230) µm lang, Zoosporen 6–10 × 1,5–3 µm, Aplanosporen 3 µm groß.
Aus Gartenerde isoliert, Sasebo, Nagasaki (Japan).
Diese Art besitzt weder einen Stiel noch eine andere Befestigungseinrichtung, so daß sie nicht zur Gattung *Characium* gehört. Sie hat auch eine gewisse Ähnlichkeit mit *Kentrosphaera*.

4. Coleochlamys perforata (Lee & Bold) nov. comb. (Fig. 114: a)
Basionym: *Characium perforatum* Lee & Bold 1974, Univ. Texas Publ. 7403, p. 27, fig. 73–80
Syn.: *Fusochloris perforata* (Lee & Bold) Floyd & S. Watanabe in Floyd et al. 1993
Komárek & Fott 1983, p. 202; Floyd et al. 1993, p. 72, fig. 36–51.

Zellen im Prinzip spindelförmig, manchmal mehr eiförmig bis ellipsoidisch, oft unregelmäßig. Zellwand dünn. Chloroplast wandständig, mantelförmig, manchmal mit zusätzlichen länglichen Rissen; mit einem seitlichen Pyrenoid. Fortpflanzung sowohl durch 64 Zoosporen als auch Aplanosporen, erstere mit dem Vorderende festhaftend. Zellen 25–60 µm lang, 10–20 µm breit; Zoosporen 7–9 × 3–4 µm, Aplanosporen 3,5 µm groß.
Aus Schnee-Detritus der Hohen Tatra isoliert (Tschechoslowakei).
Von Floyd & S. Watanabe wird dieser Organismus als selbständige Gattung zu den Pleurastrophyceae gestellt.

4. Characium A. Braun in Kützing 1849

Printz 1927, p. 92; Korschikoff 1953, p. 157; Bourrelly 1966, p. 143; Komárek & Fott 1983, p. 198.

Zellen immer heteropolar, meist gestreckt, mit dem proximalen Ende am Substrat mittels eines verschieden langen Stieles oder einer Haftscheibe festsitzend; eiförmig, ellipsoidisch, spindelförmig. Am distalen Ende abgerundet, zugespitzt, mitunter mit einer Warze oder kurzem Stachel versehen. Chloroplast parietal, meist die ganze Zelle auskleidend, mit einem oder mehreren Pyrenoiden. Asexuelle Fortpflanzung durch zweigeißelige Zoosporen, die durch eine Perforation an der Längsseite der Mutterzelle frei werden. Sexuelle Fortpflanzung nicht gesichert. Dauerzustände als dickwandige Hypnosporen.
Von mehr als 20 beschriebenen Arten sind nur 2 terrestrisch.

1a Zellen verkehrt birnenförmig, distal allmählich in einen dünnen Stiel übergehend und spitz endend . . . . **1. Ch. pseudopyriforme**
1b Zellen ellipsoidisch, verkehrt eiförmig bis zylindrisch, distal abgesetzt in einen kurzen kräftigen Stiel auslaufend und mit einer Haftscheibe endend . . . . **2. Ch. strictum**

1. Characium pseudopyriforme Philipose 1967 (Fig. 113: h)
Syn.: *Characium pyriforme* Lund 1947 non A. Braun 1855; *Characium lundii* Fott 1968
Lund 1947a, p. 47, fig. 2: h–l; Komárek & Fott 1983, p. 201, fig. 59: 1.

Zellen breit verkehrt birnenförmig, manchmal gestreckt und unregelmäßig ellipsoidisch, am distalen Ende abgerundet, proximal plötzlich verschmälert und zugespitzt, in einen ganz kurzen und spitzen Stiel auslaufend. Chloroplast wandständig, mit einem, seltener 2 Pyrenoiden. Es wurden nur kugelige Aplanosporen beobachtet. Zellen bis 34 µm lang, bis 13 µm breit.
Aus verschiedenen Erdböden bekannt (England).

2. Characium strictum A. Braun 1855 (Fig. 115: a)
Syn.: *Characium brunnthaleri* Printz 1916 p. p.
Desortová 1974, p. 116, fig. 7: 6–11; Komárek & Fott 1983, p. 218, fig. 63: 1.

Zellen leicht keulenförmig oder ellipsoidisch, später linear spindelförmig bis zylindrisch, am Scheitel abgerundet, an der Basis etwas verjüngt, mit einem kurzen Stiel und Haftscheibe. Chloroplast wandständig, mantelförmig; Pyrenoid in halber Zellhöhe. Fortpflanzung sowohl durch Zoosporen als auch durch Aplanosporen. Zellen 14,5–30 µm lang, 4,8–8,2 µm breit.
In Erdproben aus dem Riesengebirge (Tschechoslowakei).
Nicht beschriebene Art:
Characium sp. – Broady 1982a, p. 19, fig. 147–150 – Zellen breit ellipsoidisch, bis 15,5 µm lang und 8,5 µm breit; mit einem Stiel und einer knopfartigen Haftscheibe. Pyrenoid zweischalig. Fortpflanzung auch durch Autosporen (?). Erdproben von Surtsey (Island).
Unsichere Art:
Characium astipitatum Metting 1980, p. 296, fig. 1, 8 – Zellen kugelig, ei- oder tropfenförmig; ohne Stiel oder Haftscheibe. Chloroplast parietal, mit mehreren Lappen; 1 oder mehrere Pyrenoide. Mehrkernig (?). Fortpflanzung durch Aplanosporen, seltener Zoosporen. Zellen 12–36 µm lang. Erdproben von Whitman County (USA). Höchstwahrscheinlich keine *Characium*-Art.

5. **Ankyra** Fott 1957
Komárek & Fott 1983, p. 233.

Zellen einzeln, spindelförmig oder zylindrisch, an beiden Enden allmählich in eine, seltener zwei Spitzen auslaufend. Apikalende einfach oder gabelig zugespitzt, am Basalende mit einer einfachen Spitze oder mit einem ankerförmigen Gebilde; letzteres kann auch verkümmert sein. Zellwand zweiteilig. Chloroplast wandständig, mit einem Pyrenoid. Asexuelle Fortpflanzung durch zweigeißelige Zoosporen, die nach dem Zerfall der Mutterzellwand in zwei Teile ausschwärmen. Kugelige Dauerzustände bekannt.
Nur eine terrestrische Art bekannt:

Ankyra starrii Lee & Bold 1974 (Fig. 114: b, c)
Lee & Bold 1974, p. 36, fig. 114–119, 199–203; Komárek & Fott 1983, p. 240, fig. 70: 3.

Zellen basal konisch in einen langen Stachel auslaufend, am anderen Ende verzweigt in zwei kürzere Stachel auslaufend, die bis zu einem Winkel von 140° divergieren, häufig gebogen. Zellwand dünn. Chloroplast wandständig, manchmal zerteilt; mit 1 Pyrenoid. Zellkern ± zentral. Zellen bis 38,5 µm lang, bis 8,5 µm breit, Stachel 17–22 µm lang; Zoosporen 13,5 × 9,5 µm groß.
Kultur: UTEX 2158.
Aus Erdproben von Woodlawn Rd., Lismore, N.S.W. (Australien).

5. Familie Treubariaceae (Korschikoff) Fott 1960

Zellen einzeln, kugelig ellipsoidisch, dreieckig oder tetraëdrisch, häufig auch bipolar gebaut. Zellwand vom Protoplasten abgehoben, aus zwei oder mehreren Teilen zusammengesetzt; mit verlängerten Fortsätzen oder Zellwandleisten. Protoplast kugelig oder abgerundet tetraëdrisch, in der Mitte der hüllenartig erweiterten Zellwand. Fortpflanzung durch zweigeißelige Zoosporen, manchmal auch durch Aplanosporen oder Autosporen.
Komárek & Fott 1983.
Von 7 beschriebenen Gattungen führt nur eine Gattung eine aerophytische Art:

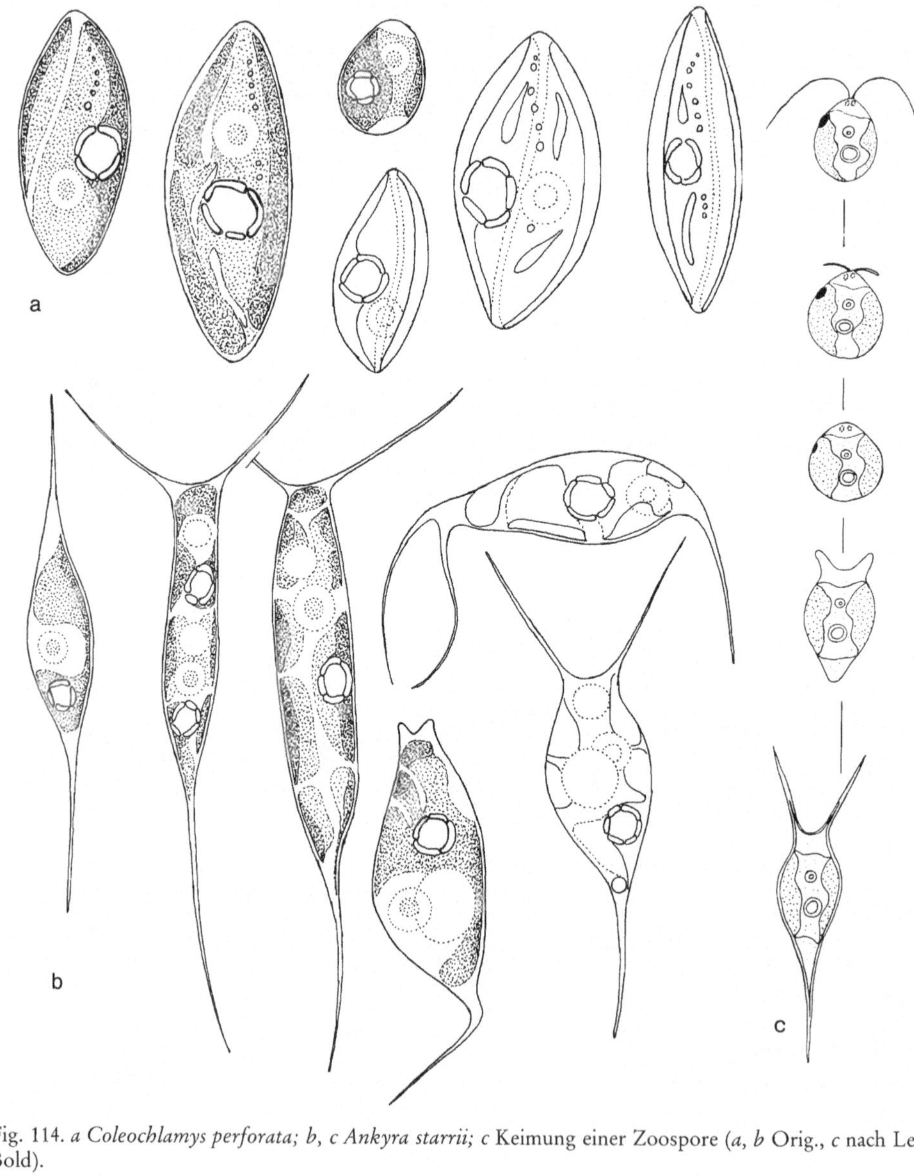

Fig. 114. *a Coleochlamys perforata; b, c Ankyra starrii; c* Keimung einer Zoospore (*a, b* Orig., *c* nach Lee & Bold).

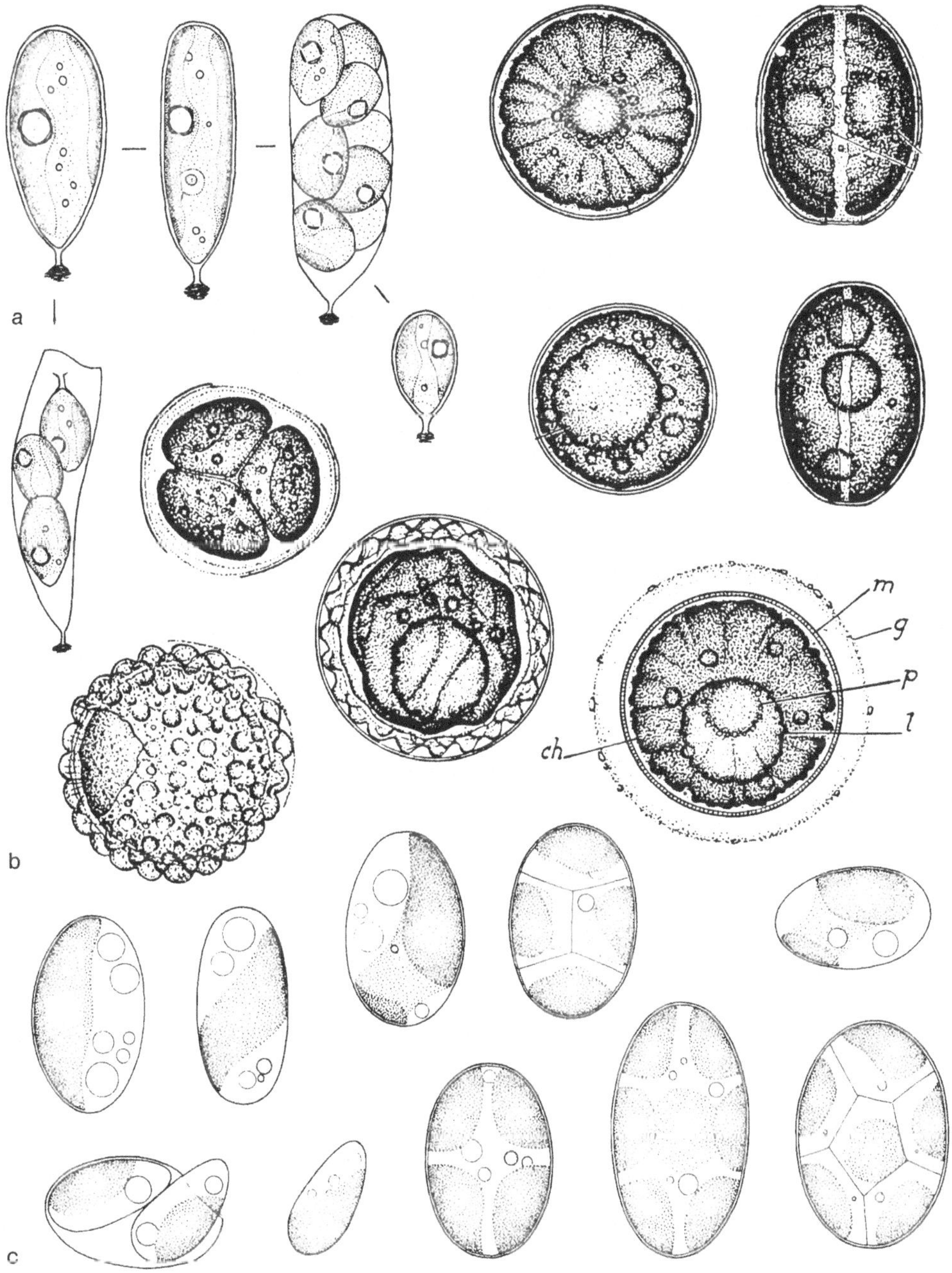

Fig. 115. *a Characium strictum; b Saturnella corticola ch = Chloroplast, m = Zellmembran, g = Gallerthülle, p = Pyrenoide, l = Leukosin; c Chlorella saccharophila* (*a* nach Desortová, *b* nach Skuja, *c* nach Fott & Nováková).

Saturnella Mattauch & Pascher in Mattauch 1936

Syn.: *Discocytis* Skuja 1959
Pascher 1939b, p. 908; Skuja 1959, p. 13; Komárek & Fott 1983, p. 255.

Zellen dick scheibenförmig oder rundlich linsenförmig. Zellwand dick, glatt, aus 2 gleichen, äquatorial vereinigten, ± halbkugeligen Hälften bestehend; in der Äquatorialebene manchmal mit einem Saum. Protoplast kugelig, mit 2 oder mehreren Chloroplasten, mit oder ohne Pyrenoid. Zoosporen bislang unbekannt, Fortpflanzung durch 2–8 Autosporen.
Die Einreihung dieser Gattung zu den Treubariaceae erfolgte nur auf Grund der Gestaltung der Zellwand. Die Fortpflanzung muß noch überprüft werden (Zoosporen?).

Saturnella corticola (Skuja) Fott 1960 (Fig. 115: b)

Syn.: *Discocytis corticola* Skuja 1959
Skuja 1959, p. 13, fig. 1: 1–16; Komárek & Fott 1983, p. 256, fig. 75: 4.

Zellwand mäßig dick, glatt oder fein punktiert. Protoplast fast die ganze Zellwand ausfüllend, mit 2 großen schalenförmigen Chlorplasten mit je 1 Pyrenoid in der Mitte. Hypnoblasten dickwandig und grubig skulpturiert. Zellen 15–35 μm im Durchmesser, 10–22 μm hoch.
Aerophytisch auf Baumrinden bei Uppsala (Schweden).

6. **Familie Chlorellaceae** Brunnthaler 1915

Zellen einzeln oder in unregelmäßigen Gruppen und Kolonien lebend, kugelig, ellipsoidisch, eiförmig oder spindelförmig, seltener anders gestaltet. Ohne Gallerte, nur manchmal von einer feinen Gallerthülle umgeben. Zellwand dreischichtig, glatt, runzelig oder mit Rippen oder Warzen versehen. Chloroplast wandständig, meist einer, weniger oft mehrere; mit oder ohne Pyrenoid. Asexuelle Fortpflanzung ausschließlich durch Autosporen, die zu 2–16 gebildet werden.
Brunnthaler 1915; Printz 1927; Korschikoff 1953; Bourrelly 1966; Komárek & Fott 1983; Bold & Wynne 1985.
Von etwa 40 beschriebenen Gattungen enthalten 22 aerophytische oder terrestrische Sippen.

1a Zellen ± kugelig, nur junge Zellen ellipsoidisch oder eiförmig, Autosporen ± tetraedrisch oder polyedrisch gelagert ... 4
1b Zellen nicht kugelig, Autosporen anders gelagert ... 2
2a Zellwand glatt ... 3
2b Zellwand mit Längsrippen, Autosporen alternierend, ± in der Richtung der Längsachse gelagert ... 21
3a Zellen einzeln oder in Kolonien, gestreckt oval, ellipsoidisch bis lang spindelförmig; Autosporen immer in einer Richtung, parallel oder serial gelagert ... 14
3b Zellen einzeln, ± tetraëdrisch; Autosporen räumlich gelagert ... **20. Thelesphaera** (S. 434)
4a Zellen einzeln oder in lockeren Gruppen lebend, Chloroplast parietal ... 5
4b Zellen in paketartigen Gruppen lebend, Chloroplast zentral ... **7. Pseudochlorella** (S. 421)
5a Bei der asexuellen Fortpflanzung werden zwei Typen von Autosporen gebildet ... **10. Elliptochloris** (S. 422)
5b Bei der asexuellen Fortpflanzung wird nur ein Typ von Autosporen gebildet ... 6
6a Zellwand dünn, ohne innere Struktur ... 7
6b Zellwand dick, innen wabig strukturiert ... **11. Keriochlamys** (S. 424)
7a Zellen mit 1 Chloroplasten ... 8
7b Zellen mit 2 bis vielen Chloroplasten ... 12
8a Chloroplast tief gelappt und verschiedenartig eingeschnitten ... 9
8b Chloroplast homogen und nicht gelappt, mit unter leicht gewellt ... **1. Chlorella** (S. 403)
9a Mit Pyrenoid ... 10
9b Ohne Pyrenoid ... 11

10a Echtes Pyrenoid mit Matrix und mit mehreren Stärkekörnern . . . **4. Lobosphaeropsis** (S. 417)
10b Nur 2 halbkugelige Stärkeschalen, die mit ihren Rändern aneinanderschließen, innen ohne feststellbare Matrix . . . . **9. Pseudochlorococcum** (S. 421)
11a Chloroplast fast die ganze Zelle auskleidend, tief gelappt . . . . **3. Lobosphaera** (S. 415)
11b Chloroplast nur die Hälfte der Zelle auskleidend, an den Rändern gewellt . . . . **8. Hemichloris** (S. 421)
12a Ohne Pyrenoide . . . . **2. Muriella** (S. 412)
12b Mit Pyrenoiden 13
13a Mit nur 1 oder 2 Pyrenoiden . . . . **6. Muriellopsis** (S. 418)
13b Mit mehreren Pyrenoiden, jeder der einzelnen Chloroplasten mit je 1 Pyrenoid . . . . **5. Planktosphaerella** (S. 418)
14a Zellen am Substrat festhaftend 15
14b Zellen frei lebend 17
15a Zellen deutlich heteropolar, mit morphologisch unterschiedlichen Apikal- und Antapikalenden, mittels spezieller Einrichtungen festhaftend 16
15b Zellen nur undeutlich heteropolar, ohne spezielle Einrichtungen festhaftend . . . . **13. Chlorolobion** (S. 426)
16a Zellen mittels einer Gallertscheibe festsitzend, Apikalende abgerundet . . . . **12. Pseudococcomyxa** (S. 426)
16b Zellen am Substrat mittels eines Stieles festsitzend, Apikalende in eine Spitze ausgezogen . . . . **14. Podohedra** (S. 427)
17a Autosporen in den Mutterzellen reihenförmig angeordnet, gegeneinander verschoben 18
17b Autosporen in den Mutterzellen parallel angeordnet . . . . **19. Ankistrodesmus** (S. 434)
18a Zellwand an einem oder an beiden Zellenden als Fortsatz ausgezogen . . . . **15. Keratococcus** (S. 429)
18b Zellwand nicht in einen Fortsatz ausgezogen, die Zellen nur häufig spitz verjüngt 19
19a Erwachsene Zellen mit mehr als einem Pyrenoid, schmal nadelförmig, manchmal leicht gebogen . . . . **16. Closteriopsis** (S. 431)
19b Erwachsene Zellen ohne oder nur mit 1 Pyrenoid 20
20a Zellen mehr als 2mal länger als breit, (2–)4–16 Autosporen bildend . . . . **17. Monoraphidium** (S. 431)
20b Zellen höchstens 2mal länger als breit, 2(–4) Autosporen bildend . . . . **18. Choricystis** (S. 432)
21a Zellen meist einzeln, mit 6–12(–16) Längsrippen 22
21b Zellen in Gruppen angehäuft, Kolonien bildend, mit mehr als 20 (bis vielen) feinen Längsrippen . . . . **23. Coelastrella** (S. 439)
22a Längsrippen fein (manchmal ohne Färbung undeutlich), nicht flügelartig ausgebildet . . . . **21. Scotiellopsis** (S. 435)
22b Längsrippen deutlich bis derb, saumförmig bis flügelartig, am Rande manchmal gewellt . . . . **22. Scotiella** (S. 437)

1. **Chlorella** Beijerinck 1890

Syn.: *Jaagia* Vischer 1955; *Jaagichlorella* Reisigl 1964; *Halochlorella* Dangeard 1965; *Homosphaera* (Skuja) Reisigl 1964; *Palmellococcus* Chodat 1894

Fott & Nováková 1969, p. 10; S. Watanabe 1977a, p. 97; 1977b, p. 129; 1977c, p. 169; Komárek & Fott 1983, p. 583.

Zellen einzeln oder in unregelmäßigen Anhäufungen, meist kugelig, seltener ellipsoidisch oder breit eiförmig. Mit glatter Zellwand ohne Skulptur und ohne Gallerthülle. Chloroplast parietal, band-, mulden-, becher- bis mantelförmig, ganzrandig oder seltener am Rande gewellt. Mit oder ohne Pyrenoid, mit oder ohne Stärkehülle. Asexuelle Fortpflanzung nur durch Autosporen, die durch einen Riß oder durch Verschleimung der Mutterzellwand frei werden.

Von den zahlreichen beschriebenen Arten (siehe Komárek & Fott 1983) sind 12 terrestrisch, aerophytisch oder treten als Phykobionten auf.

1a Zellen mit Pyrenoid 2
1b Zellen ohne Pyrenoid 10
2a Erwachsene Zellen ellipsoidisch bis breit eiförmig 3
2b Erwachsene Zellen kugelig 4
3a Chloroplast mit glattem Rand, Autosporen gleich groß . . . . . **1. Ch. saccharophila**
3b Chloroplast am Rande gewellt, eine Autospore größer als die anderen . . . . . **2. Ch. ellipsoidea**
4a Zellwand dünn, Autosporen gleich groß 5
4b Zellwand dick, eine Autospore immer größer als die anderen . . . . . **3. Ch. luteoviridis**
5a Chloroplast einheitlich, weder geteilt noch perforiert 6
5b Chloroplast durch Einschnitte geteilt oder schlitzartig perforiert 8
6a Zellen ohne Saftvakuolen 7
6b Zellen mit großer Saftvakuole . . . . . **6. Ch. vulgaris**
7a Chloroplast manchmal leicht eingeschnitten, Stärkekörner am Pyrenoid groß und eng aneinander gerückt . . . . . **4. Ch. sphaerica**
7b Chloroplast am Rande nur gewellt, Stärkekörner am Pyrenoid weit voneinander entfernt . . . . . **5. Ch. mirabilis**
8a Chloroplast mit schlitzartigen Perforationen . . . . . **7. Ch. emersonii**
8b Chloroplast nur mit Einschnitten 9
9a Chloroplast mit 1–2 tiefen Einschnitten, Autosporen durch Zerfall der Sporangienwand frei werdend . . . . . **8. Ch. kessleri**
9b Chloroplast durch mehrere enge Einschnitte geteilt, Autosporen durch einen Riß in der Sporangienwand freiwerdend . . . . . **9. Ch. fusca**
10a Zellen sehr klein (2–3,5 µm im Durchmesser), Autosporen bis zur Reife durch die verschleimte Sporangiumwand zusammengehalten . . . . . **10. Ch. minutissima**
10b Zellen relativ groß (6–15 µm im Durchmesser), Autosporen gleich freiwerdend 11
11a Zellen beim Eintrocknen der Kultur orangerote bis rote sekundäre Karotinoide speichernd, 16–64 Autosporen bildend . . . . . **11. Ch. miniata**
11b Zellen ohne sekundäre Karotinoide, 2–16 Autosporen bildend . . . . . **12. Ch. homosphaera**

1. **Chlorella saccharophila** (Krüger) Migula 1907 (Fig. 115: c)

Syn.: *Palmellococcus saccharophilus* (Krüger) Chodat 1909
Fott & Nováková 1969, p. 37, fig. 10; Komárek & Fott 1983, p. 590, fig. 167: 1.

Zellen zylindrisch-ellipsoidisch oder eiförmig-ellipsoidisch, seltener breit eiförmig. Zellwand dünn. Chloroplast zart, band-, rinnen- bis muldenförmig, die Hälfte der Zelle auskleidend, mit undeutlichem nacktem Pyrenoid. Vakuolen häufig. Fortpflanzung durch 2–32 Autosporen. Zellen 3,5–10,2(–12,2) µm lang, 2–7(–11,9) µm breit.
Kultur: UTEX 27,2469; SAG 211-9a, 211-9b, 3.80.
Als Phykobiont von *Trapelia coarctata* bekannt.

2. **Chlorella ellipsoidea** Gerneck 1907 (Fig. 116: a)

Syn.: ? *Jaagia aquatica* Vischer 1955, *Chlorella saccharophila* var. *ellipsoidea* (Gerneck) Fott & Nováková 1969
Fott & Nováková 1969, p. 40, fig. 11, 12: Komárek & Fott 1983, p. 592, fig. 167: 2.

Zellen ellipsoidisch bis breit eiförmig. Zellwand relativ dick. Chloroplast in jungen Zellen napf-, band- bis becherförmig, in erwachsenen Zellen muldenförmig, am Rande unregelmäßig gewellt bis leicht gelappt (Anklang an *Lobosphaera*); Pyrenoid zentral. Manchmal mit farblosen Öltropfen,

auch mit Vakuolen. Fortpflanzung durch 4–64 Autosporen, von denen eine meist größer ist als die anderen. Zellen 2–15 µm lang, 1,5–13 µm breit, Sporangien bis 18 µm groß.
Kultur: UTEX 20, 246, 247; SAG 211-1a, 211-1b, 211-1c.
Als Phykobiont von *Woessia fusarioides* bekannt, auch als Rindenalge in Japan gefunden.

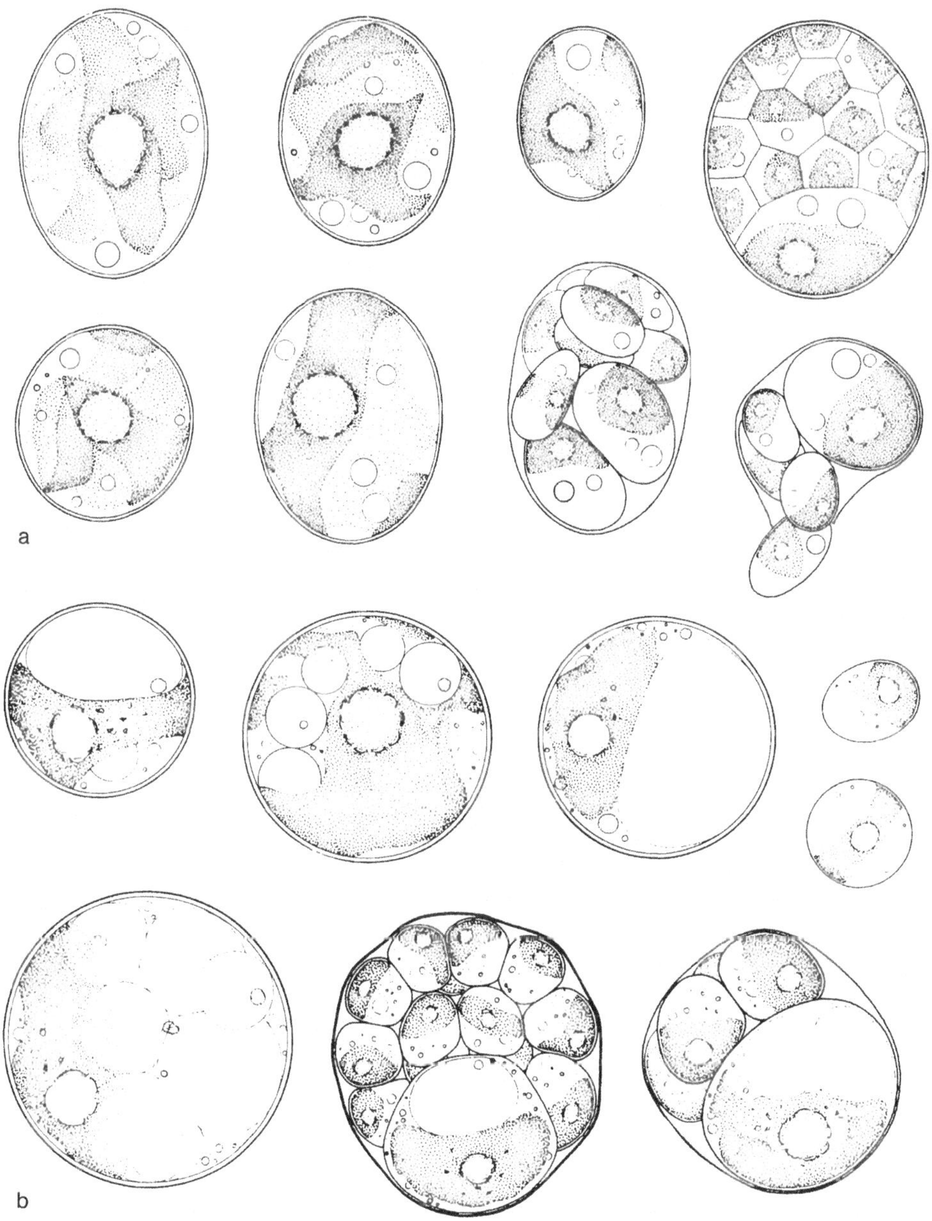

Fig. 116. *a Chlorella ellipsoidea; b Ch. luteoviridis* (nach Fott & Nováková).

3. Chlorella luteoviridis Chodat in Conrad & Kufferath 1912 (Fig. 116: b, 119: f)
Syn.: *Chlorella aureoviridis* Meyer 1932, *Chlorella mutabilis* Shihira & Krauss 1965, ? *Jaagichlorella geometrica* Reisigl 1964
Fott & Nováková 1969, p. 33, fig. 8, 9; Komárek & Fott 1983, p. 592, fig. 167: 3.

Zellen kugelig, mit dicker glatter Zellwand. Chloroplast dünn, wandständig, meist napf- bis flach becherförmig, seltener band- bis breit muldenförmig, nur die Hälfte der Zellen ausfüllend; Pyrenoid kugelig, mit einigen Stärkekörnern. Im Protoplasten 1 oder mehrere Saftvakuolen. Zellen 3–14(–16,6) μm im Durchmesser: Fortpflanzung durch 8–32 Autosporen, von denen eine deutlich größer ist als die anderen.
Aus Erdböden der Wurzelzone von *Elyna myosuroides*, zwischen Granatenkogel und Hochfirst (3160 m ü. M.), Tirol (Österreich), auch auf Baumrinden (Japan).

4. Chlorella sphaerica Tschermak-Woess 1988 (Fig. 117: a)
Tschermak-Woess 1988, p. 136, fig. 1–3, 5.

Zellen kugelig, gelegentlich auch ellipsoidisch. Zellwand dünn, doch derb. Chloroplast subparietal oder parietal, meist mulden- oder bandförmig, manchmal leicht gelappt. Pyrenoid kugelig, mit 2 oder wenigen Stärkeschalen. Ohne Saftvakuolen. Fortpflanzung durch 4–16 Autosporen. Zellen 3–9,5 μm im Durchmesser.
Als Phykobiont von *Pseudocyphellaria carpoloma*, Waweira Scenic Reserve (New Zealand).

5. Chlorella mirabilis Andreeva 1973 (Fig. 117: b)
Andreeva 1973, p. 1740, fig. 3: 1–22; Komárek & Fott 1983, p. 596, fig. 168: 6.

Zellen kugelig, junge Zellen und Autosporen unregelmäßig kugelig oder schwach ellipsoidisch. Zellwand dünn. Chloroplast becherförmig, meist nur die halbe Zelle auskleidend, mit leicht gewelltem Rand. Pyrenoid ellipsoidisch, mit mehreren rundlichen, voneinander entfernten Stärkekörnern. Fortpflanzung durch 2–16 Autosporen. Zellen 2,2–7,8 μm, Sporangien bis 10 μm im Durchmesser.
Auf Uferböden von Flüssen in der Tundra (USSR).

6. Chlorella vulgaris Beijerinck 1890 (Fig. 117: c; 119: j)
Syn.: *Chlorella terricola* Gollerbach 1936
Fott & Nováková 1969, p. 20, fig. 1–3; Komárek & Fott 1983, p. 594, fig. 168: 2, 3.

Zellen einzeln oder in kleinen Gruppen, breit ellipsoidisch bis kugelig. Zellwand dünn. Chloroplast napf-, becher- bis gürtelbandförmig, auch topfförmig. Pyrenoid deutlich, seitlich. Große Saftvakuole. Fortpflanzung durch 2–16 gleich große, ellipsoidische Autosporen. Die Sporangiumwand zerreißt in 2–4 längliche bis dreieckige Teilstücke. Zellen 7,5–10(–13) μm im Durchmesser.
Kultur: UTEX 29, 259, 260; SAG 211-11c, 211-11f.
Allgemein verbreitete Bodenalge, die auch subaerophytisch auf feuchten Böden und Mauern vorkommt. Alpine Böden in Tirol (Österreich), Insel Surtsey (Island), Erdböden mit Vulkanasche (Japan), Himalaja (Nepal).

7. Chlorella emersonii Shihira & Krauss 1965 (Fig. 118: a)
Komárek & Fott 1983, p. 593, fig. 167: 4.

Zellen einzeln oder in Gruppen, ellipsoidisch bis kugelig. Zellwand dünn. Chloroplast muldenförmig, in erwachsenen Zellen mantelförmig bis fast hohlkugelig, mit schlitzartigen Perforationen. Pyrenoid kugelig, mit 2–4 Stärkeschalen. Zellen 3–16,5(–25) μm im Durchmesser.
Aerophytisch auf Bäumen.

Fig. 117. *a Chlorella sphaerica; b Ch. mirabilis; c Ch. vulgaris* (*a* nach Tschermak-Woess, *b* nach Andreeva, *c* nach Fott & Nováková).

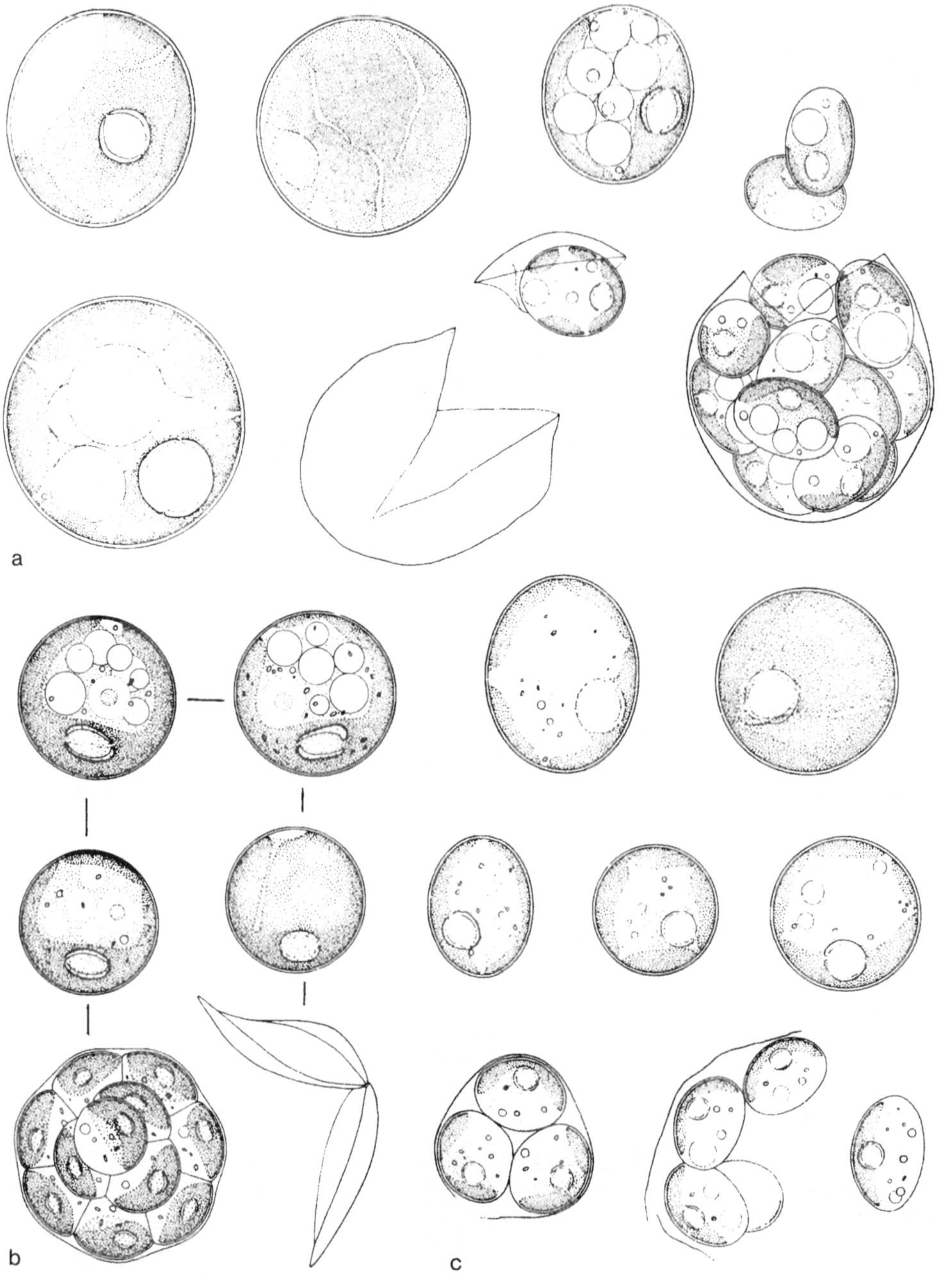

Fig. 118. *a Chlorella emersonii; b Ch. kessleri; c Ch. fusca* (nach Fott & Nováková).

8. Chlorella kessleri Fott & Nováková 1969 (Fig. 118: b)
Fott & Nováková 1969, p. 26, fig. 4; Komárek & Fott 1983, p. 593, fig. 168: 1.

Zellen einzeln, ellipsoidisch, rhombisch bis kugelig. Zellwand dünn. Chloroplast topfförmig bis mantelförmig, in alten Zellen fast die ganze Zelle auskleidend, mit tiefen Einschnitten. Pyrenoid breit ellipsoidisch bis kugelig, mit 2–4 Stärkeschalen. Manchmal sind Saftvakuolen vorhanden. Fortpflanzung durch 4–16 Autosporen, bei deren Freisetzung die Sporangiumwand in 2–4 Teile zerfällt. Zellen 2,5–9(–11) µm im Durchmesser.
Aerophytisch auf Baumrinden; Erdböden in Japan.

9. Chlorella fusca Shihira & Krauss 1965 (Fig. 118: c)
Shihira & Krauss, p. 35, fig. 43, 44; Fott & Nováková 1969, p. 28, fig. 5.

Zellen ellipsoidisch bis kugelig. Zellwand dünn, doch deutlich. Chloroplast parietal, den Großteil der Zelle auskleidend, durch schmale Einschnitte geteilt. Pyrenoid mit 2 oder wenigen Stärkeschalen. Häufig sind mehrere bis viele Saftvakuolen vorhanden. Fortpflanzung durch 2–16 ellipsoidische Autosporen, die durch einen Riß in der Sporangiumwand frei werden. Zellen 3,8–17 µm lang, 3–14 µm breit.
Aerophytisch auf Baumrinden von *Camellia japonica* und *Quercus glauca* (Japan), auch aus Erdböden isoliert (Japan, Argentinien, Nepal).

10. Chlorella minutissima Fott & Nováková 1969 (Fig. 119: a)
Fott & Nováková 1969, p. 50, fig. 15: o–y; Komárek & Fott 1983, p. 598, fig. 169: 4.

Zellen einzeln und klein, kugelig. Zellwand sehr dünn. Chloroplast gürtelband- bis topfförmig; ohne Pyrenoid. Fortpflanzung durch 2–4(–8) Autosporen, die infolge der Verschleimung der Sporangiumwand bis zu ihrer Reife zusammengehalten werden. Zellen (1–)2,5–3,5(–4,5) µm im Durchmesser.
In Erdböden, Insel Surtsey (Island) und Argentinien.

11. Chlorella miniata (Nägeli) Oltmanns 1904 (Fig. 119: c)
Syn.: *Palmellococcus miniatus* Chodat 1894
Komárek & Fott 1983, p. 597, fig. 169: 2.

Zellen einzeln oder in losen Gruppen, kugelig. Zellwand ziemlich dick. Chloroplast fast hohlkugelig; ohne Pyrenoid. Beim Eintrocknen speichern die Zellen orangerote bis rote sekundäre Karotinoide. Fortpflanzung durch 16–64 Autosporen. Derbwandige Hypnoblasten sind bekannt. Zellen 2–15 µm im Durchmesser.
Kultur: UTEX 24.
Eine aerophytische Alge, meist auf feuchten Mauern und Blumentöpfen in Glashäusern vorkommend. Auch als Bodenalge bekannt. In Mitteleuropa verbreitet.

12. Chlorella homosphaera Skuja 1948 (Fig. 119: b)
Syn.: *Palmellococcus homosphaera* (Skuja) Handa & Nakano 1988, *Mychonastes homosphaera* (Skuja) Kalina & Punčochářová 1987
Fott & Nováková 1969, p. 48, fig. 15: a–n; Komárek & Fott 1983, p. 598, fig. 168: 7; Kalina & Punčochářová 1987, p. 509, fig. 24.

Zellen kugelig, seltener breit ellipsoidisch. Zellwand sehr dünn. Chloroplast band-, topf- bis mantelförmig, später hohlkugelig; ohne Pyrenoid. Autosporen auf den Resten der Sporangiumwand oft in Gruppen angeklebt. Sporangiumwände zerreißen in 2 zusammenhängende Teile. Zellen bis 5,7(–7) µm, Sporangien bis 11 µm, Autosporen 1,5–4 µm im Durchmesser.
Kultur: ASIB S 58, T 84.

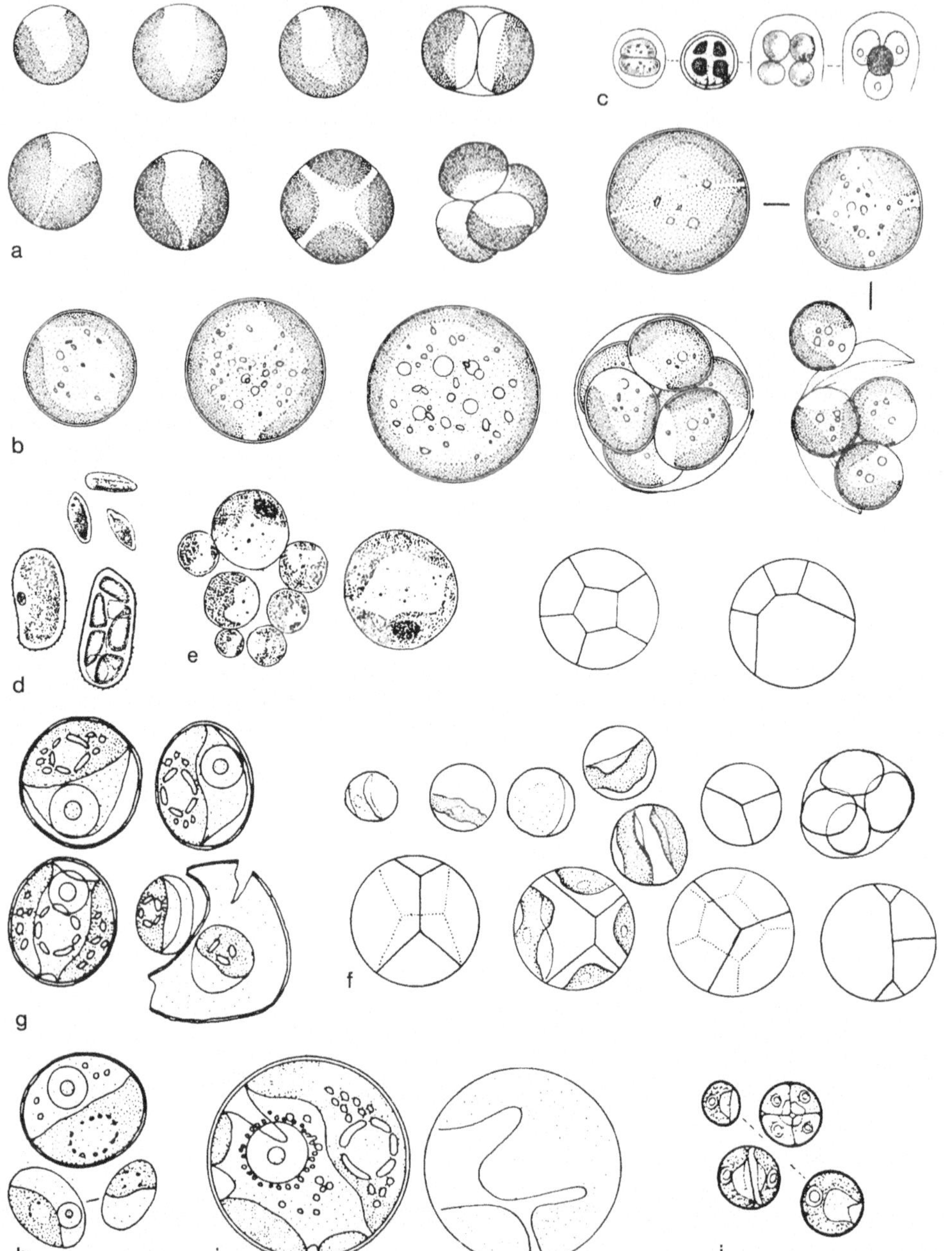

Fig. 119. *a Chlorella minutissima; b Ch. homosphaera; c Ch. miniata; d Ch. rugosa; e Ch. botryoides; f Ch. luteoviridis* (= ? *Jaagichlorella*); *g Ch. spec.* «A»; *h Ch. spec.* «B»; *i Ch. spec.* «C»; *j Ch. vulgaris* var. *autotrophica* (*a, b* nach Fott & Nováková, *c* aus Brunnthaler, *d* nach J. B. Petersen, *e* nach James, *f* nach Reisigl, sonst nach Broady).

Aerophytisch auf Baumrinden (Japan), auch aus Erdproben bekannt, Signy Island, South Orkney Islands (Antarktis), Insel Lavsa (Jugoslawien), Brixen, Südtirol (Italien), sonst auch in Nepal und in Japan.

Unsichere Arten:
Chlorella rugosa J. B. Petersen 1928, p. 431, fig. 35, 36 (Fig. 119: d)
Zellen ellipsoidisch bis eiförmig. Zellwand bei jungen Zellen glatt, bei erwachsenen leicht warzig. Chloroplast muldenförmig, parietal, ohne Pyrenoid. Zellen 6,6–11 μm lang, 2,4–6,6 μm breit. Aerophytisch auf altem Holz (Island).
Chlorella botryoides J. B. Petersen 1932, p. 36, fig. 18 (Fig. 119: e)
Zellen kugelig, mit dünner Zellwand. Chloroplast parietal und deutlich gelappt, mit großem ellipsoidischen Pyrenoid. Zellen 4–20 μm im Durchmesser. Aus Erdböden isoliert (Dänemark, England). Nach Bold mit *Neochloris alveolaris* (?) identisch. Zoosporen nicht bekannt (?).

Nicht beschriebene Arten:
Chlorella sp. A, Broady 1982 a, p. 21, fig. 31–34 (Fig. 119: g)
Zellen ellipsoidisch bis fast kugelig. Chloroplast parietal, breit bandförmig; mit Pyrenoid. Fortpflanzung durch 2–32 Autosporen, die durch einen unregelmäßigen Riß in der Sporangiumwand frei werden. Zellen 6 × 5,5 μm groß. Erdböden auf Surtsey (Island).
Chlorella sp. B, Broady 1982 a, p. 21, fig. 26, 31, 32 (Fig. 119: h)
Erwachsene Zellen breit ellipsoidisch. Chloroplast schüsselförmig, die halbe Zelle auskleidend; Pyrenoid undeutlich, von kleinen Stärkekörnern umgeben. Fortpflanzung durch 2–8 ellipsoidische Autosporen, die durch einen unregelmäßigen Riß in der Sporangiumwand frei werden. Zellen 7,5 × 6 μm groß. Erdböden von Surtsey (Island).
Chlorella sp. C, Broady 1982 a, p. 22, fig. 50, 51 (Fig. 119: i)
Zellen kugelig. Chloroplast topfförmig und gelappt. Pyrenoid deutlich, mit großen Stärkekörnern. Fortpflanzung durch 2–16 Autosporen, die durch einen unregelmäßigen Riß in der Sporangiumwand frei werden. Zellen bis 12 μm im Durchmesser. Erdböden von Surtsey (Island). Vielleicht eine *Lobosphaera*-Art.

Anhang zu Chlorella
Die Gattung *Chlorella* wurde von Kalina & Punčochářová (1987) in mehrere Gattungen aufgegliedert. Von den oben besprochenen *Chlorella*-Arten sind folgende abgetrennt worden:
Graesiella Kalina & Punčochářová 1987
Unterscheidet sich von *Chlorella* durch die Struktur der Zellwand. Diese ist im Lichtmikroskop glatt, im Elektronenmikroskop mit einem feinen Netzwerk von feinen Rippen an der Oberfläche. Im Schnitt ist die Zellwand zweischichtig, mit einer inneren Schicht aus Polysacchariden und einer äußeren aus Sporopollenin. Nur eine Art kommt aerophytisch oder terrestrisch vor:
Graesiella vacuolata (Shihira & Krauss) Kalina & Punčochářová 1987, p. 494, fig. 13, 14.
Syn.: *Chlorella fusca* Shihira & Krauss var. *vacuolata* Shihira & Krauss 1965; *Chlorella emersonii* Shihira & Krauss var. *emersonii* sensu Fott et al. 1975
Nicht beschriebene Art:
Graesiella sp., Gärtner & Ingolić 1993, p. 107, fig. 7
Unterscheidet sich vom Typus durch geringe Vakuolenbildung.
Mychonastes Simpson & van Valkenburg 1978
Zellwand im Lichtmikroskop glatt, im Elektronenmikroskop als unregelmäßiges Netzwerk aus Rippen. Protoplast wie bei der oberen Gattung; Chloroplast jedoch ohne Pyrenoid.
Mychonastes homosphaera (Skuja) Kalina & Punčochářová 1987, p. 509, fig. 24.
Syn.: *Chlorella homosphaera* Skuja 1948, *Chlorella minutissima* Fott & Nováková 1965
Wegen der Kompliziertheit der Gattung *Chlorella* wird auf die entsprechenden Autoren hingewiesen. Das Problem der neuen Gattungen wird hier nicht diskutiert. Eine weitere Gattung aus dem Umkreis von *Chlorella* ist:

Viridiella Albertano, Pollio & Taddei 1991, p. 347 – Zellen einzeln, seltener in Gruppen, ellipsoidisch bis kugelig. Zellwand dünn, glatt, einschichtig, ohne Sporopollenin. Chloroplast parietal, topfförmig; ohne Pyrenoid. Fortpflanzung durch 4–8 Autosporen. Mit einer Art:
Viridiella fridericiana Albertano, Pollio & Taddei 1991, p. 347, fig. 1–3. Mit den Merkmalen der Gattung. Zellen 4–12 µm lang, 2,5–10 µm breit. Eine säuretolerante Alge (pH 1,5) aus Schwefelböden bei Mefite di Asanto, Campania (Italien).

2. **Muriella** J. B. Petersen 1932

Syn.: *Chlorella* Beijerinck 1890 p. p., *Mychonastes* Simpson & van Valkenburg 1978
J. B. Petersen 1932a, p. 402; Vischer 1936, p. 403; Bourrelly 1966, p. 166, Komárek & Fott 1983, p. 579; Kalina & Punčochářová 1987, p. 507.

Zellen einzeln oder in Gruppen, ± kugelig, mit dünner, nur im älteren Zustand dickeren Zellwand. Chloroplast in jungen Zellen einer, wandständig, teilt sich während des Wachstums der Zellen sehr rasch, so daß in den erwachsenen Zellen 2 bis mehrere scheiben-, linsen- bis becherförmige Chloroplasten auftreten; ohne Pyrenoide. Fortpflanzung ausschließlich durch Autosporen, die durch Zerreißen der Sporangiumwand frei werden.
Mit 5 aerophytischen oder terrestrischen Arten:

1a Zellen mit 2 muldenförmigen Chloroplasten . . . . **1. M. decolor**
1b Zellen mit mehreren scheibenförmigen Chloroplasten 2
2a Chloroplasten auch in alten Zellen deutlich voneinander abstehend; keine großen Hypnoblasten bildend 3
2b Chloroplasten dicht aneinander gedrängt; große dickwandige Hypnoblasten bildend (–90 µm) . . . . **4. M. magna**
3a Chloroplasten wenige, rund, sehr weit voneinander entfernt . . . . **5. M. australis**
3b Chloroplasten nur schmale Zwischenräume zwischen einander frei lassend 4
4a Chloroplasten gleich in jungen Zellen und während des Zellwachstums sich teilend . . . . **2. M. terrestris**
4b Chloroplasten in jungen Zellen und während des Zellwachstums einheitlich oder mit mehreren Einschnitten; Teilung des Chloroplasten in mehrere Teilstücke erst in erwachsenen Zellen **3. M. zofingiensis**

1. **Muriella decolor** Vischer 1936 (Fig. 120: a)

Vischer 1936, p. 405, fig. 4, 5; Komárek & Fott 1983, p. 579, fig. 166: 2.

Zellen einzeln, kugelig, mit zarter Zellwand. Chloroplast parietal, in jungen Zellen becher- oder muldenförmig, während des Zellwachstums in 2 ± muldenförmige Teile geteilt. Erwachsene Zellen immer mit 2 Chloroplasten. Zellen 3,5–7 µm im Durchmesser; Autosporen 2–3,5 µm groß.
Kultur: SAG 249-1; UTEX 126.
Auf feuchtem Holz, auf Mauern und Baumrinden (Schweiz, Tschechoslowakei).

2. **Muriella terrestris** J. B. Petersen 1932 (Fig. 120: b, 122: a)

Syn.: *Muriella aurantiaca* Vischer 1936
Komárek & Fott 1983, p. 579, fig. 165: 7.

Zellen einzeln oder in Gruppen angehäuft, ± kugelig. Mit 2 bis mehreren parietalen scheibenförmigen Chloroplasten, die schon in jungen Zellen deutlich voneinander getrennt werden. Zellen 3–8(–13) µm im Durchmesser.
Kultur: ASIB T 86, V 38.
Eine ausgesprochene Bodenalge, wahrscheinlich sehr verbreitet, besonders in Mitteleuropa. Auch auf der Insel Surtsey (Island) und in England gefunden. Aerophytisch auf Mauern in Spanien nachgewiesen.

In alten Kulturen entstehen sekundäre Karotinoide, die eine intensive orange-rote Farbe der Kulturen hervorrufen.
Zusätzlich wurde eine Varietät beschrieben:
var. *reticulata* Broady 1982b, p. 450, fig. 2–12 (Fig. 120: c)
Unterscheidet sich durch netzartige Verdickungen der Sporangiumwand im Innern der Sporangien. Diese werden nach Färbung mit Methylenbau deutlich. Zellen bis 9 µm im Durchmesser, Autosporen 3 µm groß.
Zwischen Moosen, die mit *Nostoc sp.* bedeckt waren, Vestfold Hills (Antarktis).

3. **Muriella zofingiensis** (Dönz) Hindák 1982 (Fig. 120: d)

Syn.: *Chlorella zofingiensis* Dönz 1934; *Mychonastes zofingiensis* (Dönz) Kalina & Punčochářová 1987
Hindák 1982, p. 22, fig. 1–3; Komárek & Fott 1983, p. 597, fig. 169: 1; Kalina & Punčochářová 1987, p. 512, fig. 26–28.

Zellen kugelig; mit dünner Zellwand. Chloroplast bei jungen Zellen gürtelband- bis topfförmig, später fast hohlkugelig, am Rande leicht gelappt bis eingeschnitten und in erwachsenen Zellen völlig

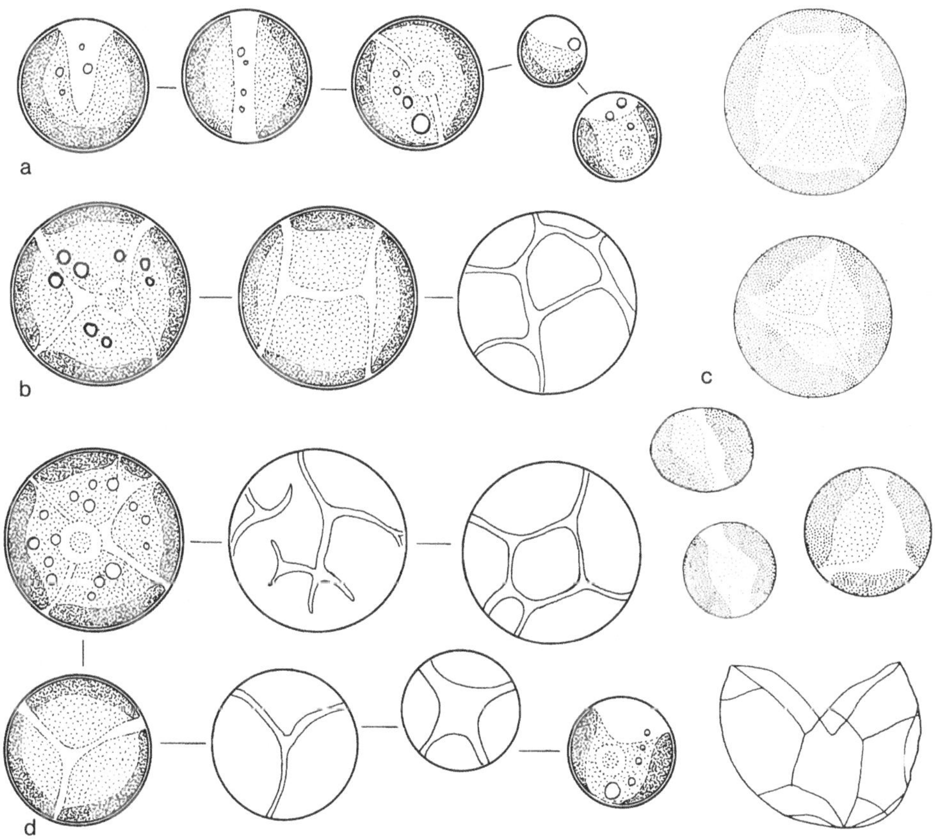

Fig. 120. *a Muriella decolor; b M. terrestris; c M. terrestris* var. *reticulata; d M. zofingiensis* (*c* nach Broady, sonst Orig.).

in mehrere scheibenförmige, polygonale Teilstücke aufgelöst; letztere oft unterschiedlich groß. Autosporen 2,5 × 5 µm, Zellen bis 12 µm, Sporangien 17–24 µm im Durchmesser.
Kultur: UTEX 32, SAG 211-14, 34.80.

Aerophytisch auf nassen sandigen Böden, auf nassem Holz und feuchten Steinen, in Mitteleuropa verbreitet. In Japan und auf der Insel Surtsey (Island) auch in Erdböden.

4. Muriella magna Fritsch & John 1942 (Fig. 122: b)
Fritsch & John 1942, p. 378, fig. 3: A–D; Komárek & Fott 1983, p. 580, fig. 166: 3.

Zellen einzeln oder in Gruppen, ± kugelig oder breit ellipsoidisch. Chloroplasten bei jungen Zellen 2, bei erwachsenen mehrere bis viele, parietal, zuerst muldenförmig, dann polygonal scheibenförmig. Es werden dickwandige Hypnoblasten mit geschichteter Wand gebildet. Zellen bis 20 µm, Hypnoblasten bis 90 µm im Durchmesser.
Aus verschiedenen Böden in England isoliert.

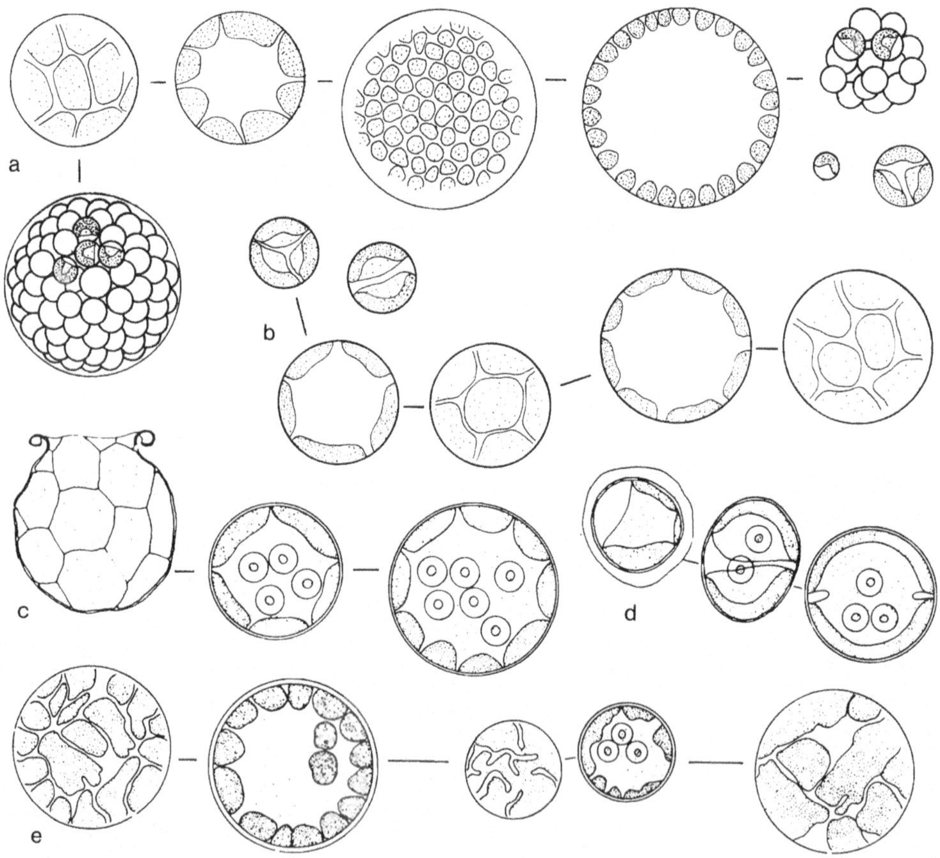

Fig. 121. *a Muriella spec.* I; *b M. spec.* II; *c M. terrestris* var. «A»; *d M. terrestris* var. «B»; *e* M. spec. (nach Broady).

5. Muriella australis Phillipson 1935 (Fig. 122: c)
Phillipson 1935, p. 276, fig. 20; Komárek & Fott 1983, p. 580, fig. 166: 3.

Zellen ± kugelig, mit einigen parietalen scheibenförmigen und weit voneinander entfernten Chloroplasten. Zellwand glatt, bei alten Zellen lokal verdickt. Zellen 10–18 µm im Durchmesser. Aus Erdböden isoliert, Victoria (Australien).

Nicht beschriebene Arten:
Muriella sp. I. (Fig. 121: a) – Broady 1979b, p. 63, fig. 15: a–i. – Zellen kugelig, mit mehreren bis zahlreichen parietalen, scheibenförmigen Chloroplasten. Zellen 6–18 µm im Durchmesser, Autosporen mit 1 Chloroplast und 2,5–3,5 µm groß. Aus Erdböden isoliert (Antarktis).
Muriella sp. II. (Fig. 121: b) – Broady 1979b, p. 63, fig. 16: a–i. – Zellen kugelig, mit einigen oder wenigen parietalen, scheibenförmigen Chloroplasten. Zellen 4–13 µm im Durchmesser. Autosporen mit wenigen Chloroplasten. Aus Erdböden isoliert (Antarktis).

Unsichere Arten:
Muriella terrestris J. B. Petersen 1932 var. A, B (Fig. 121: c, d) sensu Broady 1982a, p. 23, fig. 52–58. – Zellen mehrkernig, wahrscheinlich zur Gattung *Bracteacoccus* gehörend (siehe dort).
Muriella sp. ? (Fig. 121: e) Broady 1982a, p. 23, fig. 59–63. – Zellen mehrkernig. *Bracteacoccus*?

3. **Lobosphaera** Reisigl 1964

Reisigl 1964, p. 464; Komárek & Fott 1983, p. 575.

Zellen einzeln oder in losen Gruppen, breit eiförmig bis kugelig. Zellwand dünn und glatt, ohne lokale Verdickungen. Chloroplast parietal, band- bis topfförmig, manchmal fast hohlkugelig; am Rande stark gewellt, meist durch schmale tiefgreifende Einschnitte in mehrere, an der Basis zusammenhängende Lappen geteilt. Ränder der Einschnitte nicht immer glatt, sondern fein gekerbt bis gefranst. Ohne Pyrenoide. Fortpflanzung durch 4, selten mehrere kugelige Autosporen.
Bislang mit 2 Arten.
1a Chloroplast in 2 Lappen geteilt . . . . **1. L. tirolensis**
1b Chloroplast vielfach gelappt . . . . **2. L. undulata**

1. Lobosphaera tirolensis Reisigl 1964 (Fig. 122: d)
Reisigl 1964, p. 464, fig. 24; Komárek & Fott 1983, p. 575, fig. 165: 1.

Zellen kugelig. Chloroplast parietal, im Prinzip topfförmig oder fast hohlkugelig, durch zwei schmale und tiefgreifende Einschnitte in zwei muldenförmige Lappen geteilt, die mit einer schmalen Brücke basal zusammenhängen. Zellen 3,5–15(–23) µm im Durchmesser.
Kultur: ASIB S 234.
Feinerde aus der Rhizoidzone von *Racomitrium canescens*, in Felsenspalten am Rande der Moräne des Hochfirstferners, 2800 m ü. M.; dort auch in der Wurzelzone von *Geum reptans* (Österreich).

2. Lobosphaera undulata (S. Watanabe) comb. nov. (Fig. 122: e)
Basionym: *Palmellococcus undulatus* S. Watanabe 1979, Stud. Cryptog. Papua New Guinea, p. 93, fig. 3: a–o
Komárek & Fott 1983, p. 576, fig. 165: 3.

Zellen breit eiförmig bis fast kugelig, einzeln lebend. Chloroplast bandförmig, subparietal, später am Rande stark gewellt bis vielfach lappig, mit ± tiefen Einschnitten. Zellen 5–13(–15) × 4–12 µm groß.
Aus Waldboden isoliert, Papua, New Guinea.

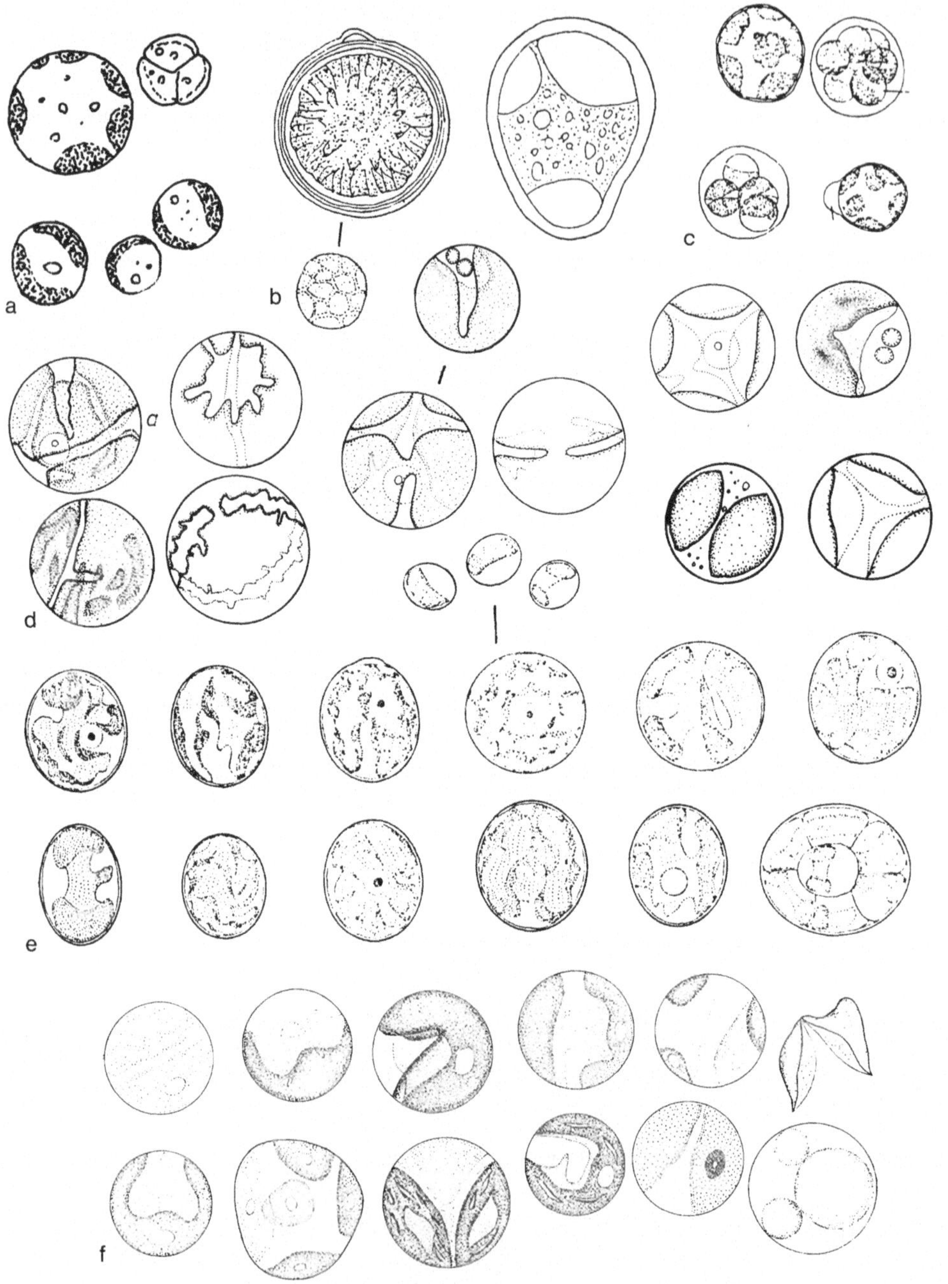

Fig. 122. *a Muriella terrestris; b M. magna; c M. australis; d Lobosphaera tirolensis; e L. undulata; f Lobosphaeropsis pyrenoidosa* (*a* nach J. B. Petersen, *b* nach Fritsch & John, *c* nach Phillipson; d, f nach Reisigl, *e* nach S. Watanabe).

4. **Lobosphaeropsis** Reisigl 1969

Syn.: *Chlorella* Beijerinck 1890 p.p. sensu Andreeva 1973
Reisigl 1969, p. 502; Komárek & Fott 1983, p. 576.

Zellen kugelig, seltener ellipsoidisch; mit dünner oder mäßig dicker, glatter Zellwand. Chloroplast parietal, becher- oder topfförmig, durch tiefe Einschnitte in 2–5 Lappen geteilt. Pyrenoid basal. Fortpflanzung durch 2–8(–16) Autosporen mit muldenförmigem Chloroplast. Von der Gattung *Lobosphaera* durch die Anwesenheit eines Pyrenoids unterschieden.
Bislang mit 2 Arten.

1a Zellwand dünn, Zellen bis 8 µm im Durchmesser, Einschnitte im Chloroplasten mit kleinen zusätzlichen Einschnitten versehen . . . . **1. L. pyrenoidosa**
1b Zellwand bis 2 µm dick, Zellen bis 11 µm im Durchmesser. Einschnitte einfach . . . . **2. L. lobophora**

1. **Lobosphaeropsis pyrenoidosa** Reisigl 1969 (Fig. 122: f)

Reisigl 1969, p. 502, fig. 5; Komárek & Fott 1983, p. 578, fig. 165: 5.

Zellen kugelig, mit dünner Zellwand. Chloroplast becherförmig, mit zwei tiefen Einschnitten, von denen meist einer schmal, der andere breit ausgesbuchtet ist; gelegentlich durch zusätzliche

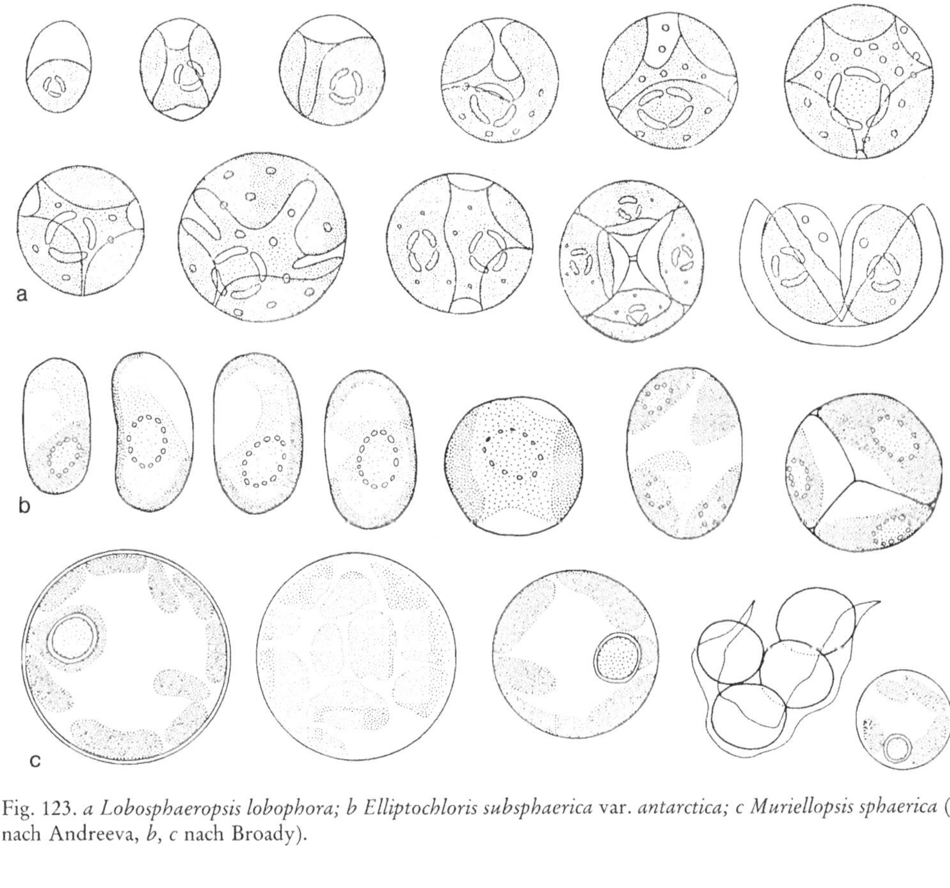

Fig. 123. *a Lobosphaeropsis lobophora; b Elliptochloris subsphaerica* var. *antarctica; c Muriellopsis sphaerica* (*a* nach Andreeva, *b*, *c* nach Broady).

Einschnitte mit mehreren Lappen. Pyrenoid vor der Fortpflanzung sich teilend und solche Zellen dann mit mehreren Pyrenoiden. Zellen 4,5–6(–8) µm im Durchmesser.
Erdproben aus der Wurzelzone von *Poa alpina*, unter dem Hafelekargipfel (2300 m ü. M.), bei Innsbruck (Österreich).

2. Lobosphaeropsis lobophora (Andreeva) nov. comb. (Fig. 123: a)
Basionym: *Chlorella lobophora* Andreeva 1973, Bot. Zh., Leningrad 58, p. 1736, fig. 1, 2.
Komárek & Fott 1983, p. 578, fig. 165: 6.

Zellen kugelig, seltener ellipsoidisch. Zellwand bis 2 µm dick werdend. Chloroplast fast die ganze Zelle auskleidend, durch tiefe Einschnitte in 3–5 deutliche Lappen geteilt; Pyrenoid basal, groß. Zellen manchmal vakuolisiert. Zellen 3,3–9(–11) µm im Durchmesser.
In Waldböden, Brjanskaja Bezirk (USSR).

5. Planktosphaerella Reisigl 1964

Reisigl 1964, p. 468; Komárek & Fott 1983, p. 580.

Zellen einzeln, kugelig, gelegentlich ± unregelmäßig schwach ei- oder birnenförmig. Der einfache topfförmige Chloroplast der Autosporen teilt sich während des Wachstums der Zellen, so daß in erwachsenen Zellen mehrere parietale, rundlich bis polygonal scheibenförmige Chloroplasten vorhanden sind, von denen jeder sein eigenes Pyrenoid besitzt. Fortpflanzung durch 2–32 Autosporen.
Mit einer einzigen Art:

Planktosphaerella terrestris Reisigl 1964 (Fig. 124: a)
Reisigl 1964, p. 469, fig. 26; Komárek & Fott 1983, p. 582, fig. 166: 5.

Mit den Merkmalen der Gattung. Zellen bis 15 µm im Durchmesser, Autosporen 3–4 µm groß.
Grüner Anflug zwischen *Carex curvula*-Horsten und *Saxifraga bryoides*-Polstern; Jöchl zwischen Granatenkogel und Hochfirst, Tirol (Österreich). Subaerisch auf Mineralböden, Signy Island (Antarktis).

6. Muriellopsis Reisigl 1964

Reisigl 1964, p. 470; Komárek & Fott 1983, p. 582.

Zellen einzeln, breit eiförmig bis fast kugelig. Zellwand fest. Chloroplasten mehrere, parietal, scheiben- bis leicht muldenförmig, oft etwas unregelmäßig. In jeder Zelle 1, seltener 2 Pyrenoide, an einen der Chloroplasten gebunden (manchmal mit dem Eindruck, als ob das Pyrenoid außerhalb des Chloroplasten wäre). Zellen einkernig, nur knapp vor der Protoplastenteilung mehrkernig. Fortpflanzung durch 2, seltener auch 4–8 Autosporen.
Mit 3 terrestrischen Arten.

1a Zellen eiförmig oder eiförmig-kugelig, Stärkehülle der Pyrenoide mit mehreren Stärkekörnern . . . 2
1b Zellen kugelig, Stärkehülle der Pyrenoide einheitlich, hohlkugelig . . . **3. M. sphaerica**
2a Zellen bis 6,5 µm lang, mit wenigen (etwa 4) Chloroplasten . . . **1. M. pyrenigera**
2b Zellen bis 14 µm lang, mit zahlreichen kleinen Chloroplasten . . . **2. M. geosphaera**

1. Muriellopsis pyrenigera Reisigl 1964 (Fig. 124: b)
Reisigl 1964, p. 471, fig. 27; Komárek & Fott 1983, p. 582, fig. 166: 6.

Zellen breit eiförmig, mit wenigen scheibenförmigen Chloroplasten. Zellen 4,8–6,5 μm lang, 3–4,5 μm breit.
Schwach humose Feinerde aus der Wurzelzone von *Ranunculus glacialis* am Gipfel der Finailspitze (3516 m ü. M.), Tirol (Österreich).

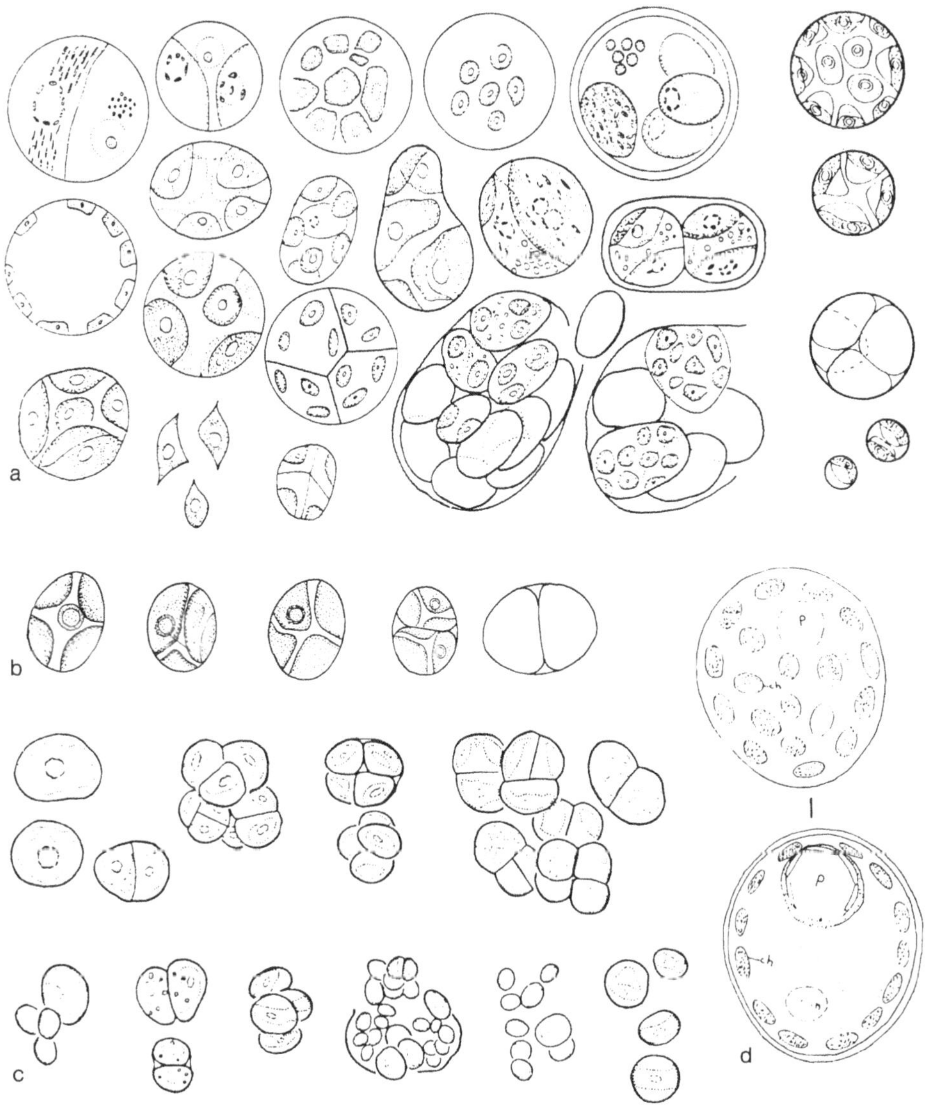

Fig. 124. *a Planktosphaerella terrestris; b Muriellopsis pyrenigera; c Pseudochlorella pyrenoidosa; d Muriellopsis geosphaera* (*a, b* nach Reisigl, *c* nach Zeitler, *d* nach Cox).

2. Muriellopsis geosphaera Cox 1971 (Fig. 124: d)
Cox 1971, p. 7, fig. 1–5; Komárek & Fott 1983, p. 582, fig. 166: 7.

Junge Zellen einzeln und halbkugelig, später auch in Gruppen, ellipsoidisch, breit eiförmig bis fast kugelig. Chloroplasten in jungen Zellen nur wenige, in älteren mehr als 35, parietal, scheibenförmig; Pyrenoid groß, an einen der Chloroplasten gebunden. Zellen bis 14 µm im Durchmesser. Aus Erdboden isoliert, Tennessee (USA).

3. Muriellopsis sphaerica Broady 1982 (Fig. 123: c)
Broady 1982b, p. 452, fig. 13–19.

Zellen einzeln, kugelig, ebenso die Autosporen. Chloroplasten in jungen Zellen 1 oder wenige, in erwachsenen Zellen zahlreiche parietale, aber auch binnenständige, scheibenförmig bis unregelmäßig. In einem der Chloroplasten liegt das Pyrenoid mit einheitlicher hohlkugeliger Stärkehülle. Erwachsene Zellen mehrkernig (wahrscheinlich vor der Teilung). Zellen bis 13 µm im Durchmesser, Autosporen 4 µm groß.
Auf feuchtem Boden, der mit Exkrementen und Haaren von Elefantenrobben bedeckt war, Vestfold Hills (Antarktis).

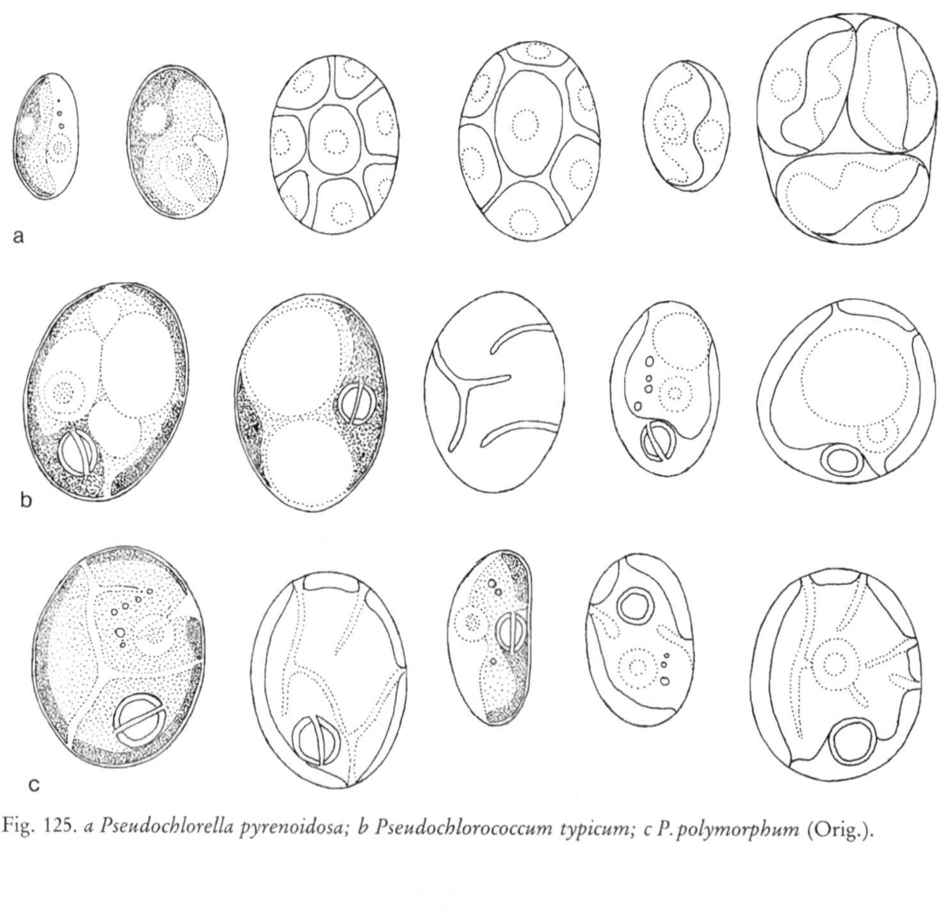

Fig. 125. *a Pseudochlorella pyrenoidosa; b Pseudochlorococcum typicum; c P. polymorphum* (Orig.).

7. **Pseudochlorella** Lund 1955

Syn.: *Chlorellopsis* Zeitler 1954 non Kol & F. Chodat 1934
Zeitler 1954, p. 481; Lund 1955, p. 104; Komárek & Fott 1983, p. 603.

Zellen einzeln oder in Gruppen, manchmal zu Gallertlagern angehäuft, ellipsoidisch bis fast kugelig. Zellwand dünn und glatt. Chloroplast einer, mulden- oder plattenförmig, an den Rändern höckrig oder gelappt, mit massivem Zentralstück mit einem kugeligen Pyrenoid; axial oder der Zellwand genähert. Fortpflanzung durch 2–16 ellipsoidische Autosporen.
Eine einzige Art:

Pseudochlorella pyrenoidosa (Zeitler) Lund 1955 (Fig. 124: c, 125: a).
Syn.: *Chlorellopsis pyrenoidosa* Zeitler 1954
Zeitler 1954, p. 482, fig. 12; Komárek & Fott 1983, p. 604, fig. 170: 1.

Mit den Merkmalen der Gattung. Kugelige Zellen 2,5–12 µm im Durchmesser, ellipsoidische Zellen 5–12 × 4–10 µm, Autosporen 4–5,5 × 1,5–4 µm groß.
Kultur: ASIB V 212.
Flechtenalge von *Lecidea*-Arten, Ottenschlag und Mariensee, Niederösterreich (Österreich); auch aus alpinen Böden (Dolomiten, Italien).

8. **Hemichloris** Tschermak-Woess & Friedmann 1984

Tschermak-Woess & Friedmann 1984, p. 453.

Zellen einzeln, kugelig, mit fester dünner Zellwand, mit oder ohne Gallerthülle. Chloroplast einer, parietal, dick mulden- oder tellerförmig; meist nicht mehr als die Hälfte der Zelle auskleidend und häufig unregelmäßig gelappt, auch perforiert. Ohne Pyrenoid. Fortpflanzung durch 2–4 Autosporen, die durch Verschleimen oder Zerreißen der Sporangiumwand frei werden.
Mit einer einzigen Art:

Hemichloris antarctica Tschermak-Woess & Friedmann 1984 (Fig. 126: a)
Tschermak-Woess & Friedmann 1984, p. 453, fig. 1–12.

Mit den Merkmalen der Gattung. Zellen 5–11(–13) µm im Durchmesser.
Kultur: In der Sammlung «Collection of Microorganisms from Extreme Environments» der Florida State University, USA.
Eine psychrophile und kryptoendolithische Alge. In Quarzitsandstein in den Bergen des südlichen Victoria-Landes (Antarktis).

9. **Pseudochlorococcum** Archibald 1970

Archibald 1970, p. 127; Komárek & Fott 1983, p. 602.

Zellen ellipsoidisch, eiförmig, manchmal leicht dorsiventral, bis fast kugelig. Zellwand dünn und fest, bei älteren Zellen kaum merklich verdickt. Chloroplast wandständig, in jungen Zellen dünn mantelförmig, bei erwachsenen die Zelle fast auskleidend, mit zahlreichen Rissen und stark gegliedert. Mit einem Pyrenoid-ähnlichen Gebilde (nicht als Proteinkörper färbbar), das von 2 halbkugeligen Stärkeschalen umgeben ist. Im Plasma manchmal Saftvakuolen. Fortpflanzung durch 2–16 ellipsoidische bis etwas dorsiventral gebaute Autosporen.
Bislang nur 2 Arten bekannt.

1a Erwachsene Zellen kugelig, mit Saftvakuolen . . . . **1. P. typicum**
1b Erwachsene Zellen breit ellipsoidisch, ohne Saftvakuolen . . . . **2. P. polymorphum**

1. Pseudochlorococcum typicum Archibald 1970 (Fig. 125: b)
Archibald 1970, p. 127, fig. 1–4, 7–12; Komárek & Fott 1983, p. 602, fig. 169: 9.

Zellen in der Jugend ellipsoidisch, im erwachsenen Zustand kugelig. Chloroplast parietal, dünn, topfförmig bis fast hohlkugelig, mit einfachen oder verzweigten Rissen; mit einem, seltener mit mehreren Pyrenoid-ähnlichen Gebilden. Eine oder mehrere große Saftvakuolen. Ellipsoidische Zellen 4,5 × 7 µm groß, kugelige Zellen bis 25 µm im Durchmesser.
Kultur: UTEX 1792.
Erdboden von White River, Windsor County, Vermont (USA).

2. Pseudochlorococcum polymorphum Archibald 1970 (Fig. 125: c)
Archibald 1970, p. 128, fig. 5, 6; Komárek & Fott 1983, p. 602.

Zellen in der Jugend ellipsoidisch oder leicht dorsiventral gebogen, erwachsene breit ellipsoidisch. Chloroplast dünn und parietal, bei älteren Zellen mit tiefen und verzweigten Rissen; mit einem oder zwei Pyrenoid-ähnlichen Gebilden. Ohne Saftvakuolen. Zellen 5–13,5(–15) µm lang, 3,5–8(–11) µm breit.
Kultur: UTEX 1791.
Erdboden von Collin County, Texas (USA).

10. **Elliptochloris** Tschermak-Woess 1980

Tschermak-Woess 1980b, p. 71.

Zellen einzeln lebend, ellipsoidisch bis kugelig, auch zylindrisch bis leicht gebogen. Chloroplast band-, mulden- oder fast hohlkugelig; mit ± tiefen Einschnitten und gelappt. Mit oder ohne Pyrenoide. Zellen einkernig. Fortpflanzung entweder durch 2–4 größere ellipsoidische oder durch 16–32 kleine und schmale stäbchenförmige Autosporen. Die ersteren werden als S-Type, die letzteren als E-Type bezeichnet. Das Auftreten von zweierlei Typen von Autosporen ist für diese Gattung charakteristisch.
Mit drei Arten:

1a Chloroplast mit Pyrenoid . . . . **3. E. subsphaerica**
1b Chloroplast ohne Pyrenoid 2
2a Chloroplast in 2 Lappen geteilt, Zellen ellipsoidisch . . . . **1. E. bilobata**
2b Chloroplast in mehrere Lappen geteilt, Zellen ellipsoidisch-zylindrisch bis zylindrisch . . . . **2. E. reniformis**

1. Elliptochloris bilobata Tschermak-Woess 1980 (Fig. 126: b–e)
Tschermak-Woess 1980b, p. 71, fig. 1–4; 1985, p. 105.

Zellen ellipsoidisch bis fast kugelig, mit fester und dünner Zellwand. Chloroplast muldenförmig, durch tiefe Einschnitte in zwei breite Lappen geteilt; ohne Pyrenoid. Zellen bis 13 µm lang und 10,5 µm breit, bei mehr kugeligen Zellen bis 13 µm im Durchmesser; stäbchenförmige Autosporen 5–6(–8,5) µm lang und 2–3,5 µm breit.
Kultur: SAG 245.80.
Phykobiont der Flechte *Catolechia wahlenbergii*, die auf dem Knotenberg, Kreuzeckgruppe, Kärnten (Österreich) gefunden wurde. Auch als Phykobiont von *Protothelenella corrosa, P. sphinctrinoides* und *Baeomyces rufus* von verschiedenen Stellen in den östlichen Alpen.

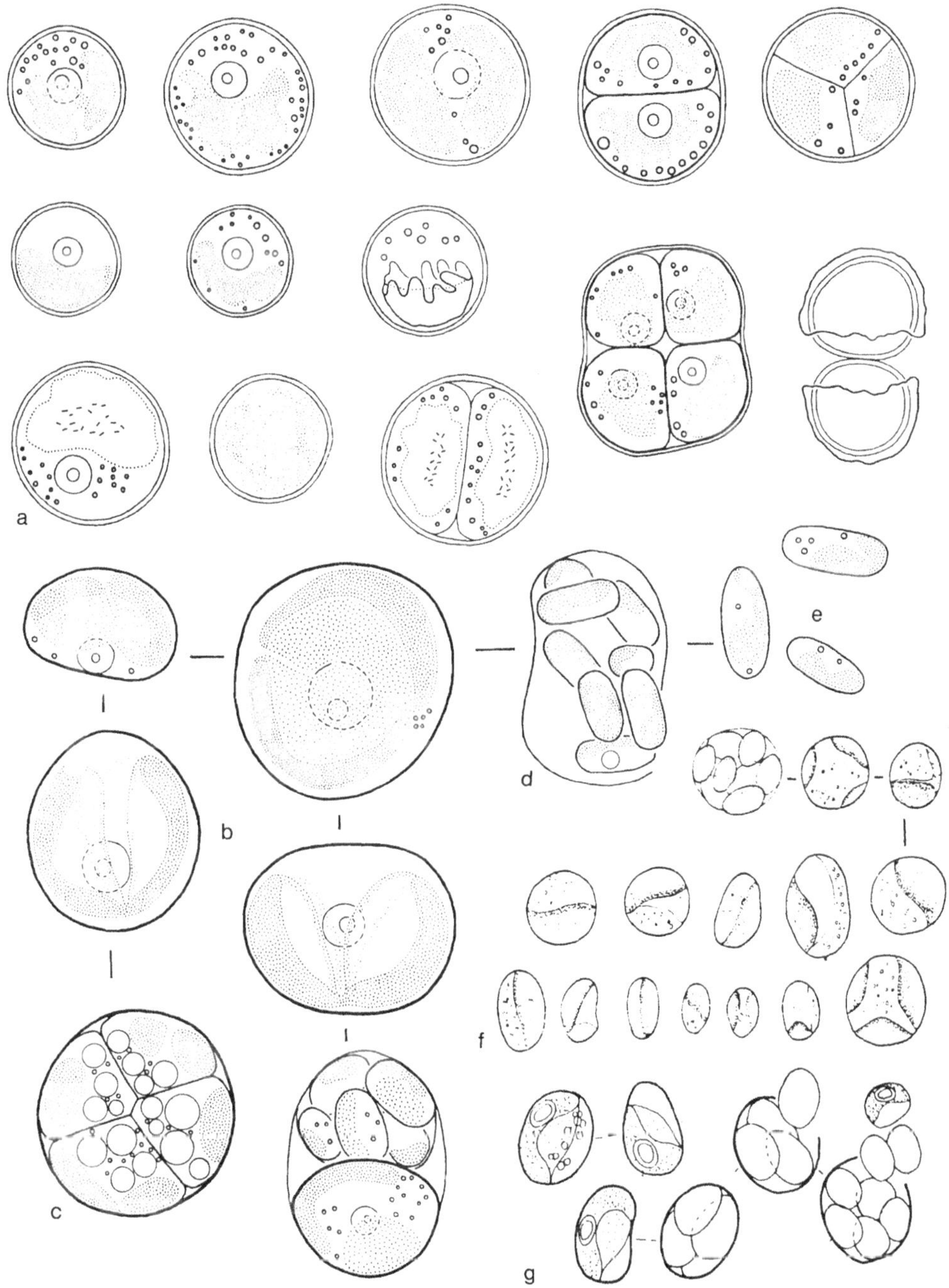

Fig. 126. *a Hemichloris antarctica; b–e Elliptochloris bilobata; c* Autosporangium mit größeren Autosporen; *d* Autosporangium mit stäbchenförmigen Autosporen; *e* stäbchenförmige Autosporen; *f, g E. subsphaerica* (*a–e* nach Tschermak-Woess, *f* nach Reisigl, *g* nach Broady).

2. Elliptochloris reniformis (S. Watanabe) nov. comb. (Fig. 127: d–f)
Basionym: *Chlorella reniformis* S. Watanabe 1977c, J. Jap. Bot. 52, p. 173, fig. 8.
Syn.: *Palmellococcus reniformis* (S. Watanabe) S. Watanabe 1979
S. Watanabe 1979, p. 93, fig. 2: m–x; Komárek & Fott 1983, p. 575, fig. 165: 2.

Junge Zellen zylindrisch, mit abgerundeten Enden, meist gebogen; ältere Zellen ellipsoidisch-zylindrisch bis kugelig. Chloroplast parietal, die ganze Zelle auskleidend, durch tiefe Einschnitte in 3 oder auch mehrere Lappen geteilt; ohne Pyrenoid. Zellen 4–14 µm lang, 2–10 µm breit; kugelige Zellen 5–17 µm im Durchmesser.
Aus verschiedenen Bodenproben von Japan und Papua, New Guinea.

3. Elliptochloris subsphaerica (Reisigl) nov. comb. (Fig. 126: f, g; 127: a–c)
Basionym: *Pseudochlorella subsphaerica* Reisigl 1964, Österr. Bot. Z. 111, p. 471, fig. 28.
Syn.: *Chlorella reisiglii* (Reisigl) S. Watanabe 1977.
Komárek & Fott 1983, p. 578, fig. 166: 1.

Junge Zellen zylindrisch, mit abgerundeten Enden und leicht gebogen, ältere Zellen ellipsoidisch bis kugelig. Chloroplast im Prinzip band- bis muldenförmig, kaum die Hälfte der Zelle auskleidend, in älteren Zellen parietal und deutlich gelappt; mit 1 bis mehreren Pyrenoiden. Zellen 5–10 µm lang, 2,5–7 µm breit, kugelige Zellen 5–18 µm im Durchmesser.
Offener *Polytrichum piliferum*-Schneeboden, Jöchl zwischen Granatenkogel und Hochfirst, 3160 m ü. M. (Österreich). Auch aus verschiedenen Erdböden (Japan, Papua, New Guinea) und auf Baumrinden (Japan).

Mit einer Varietät – var. *antarctica* (Broady) nov. comb. (fig. 123: b).
Basionym: *Pseudochlorella subsphaerica* Reisigl 1964 var. *antarctica* Broady 1982b, Nova Hedwigia 36, p. 454, fig. 30–39, 118.
Diese unterscheidet sich nur durch etwas kürzere Zellen (6–7 µm). Auf feuchten Mineralböden mit Flechtenbesiedelung (Antarktis).

11. Keriochlamys Pascher 1943

Pascher 1943, p. 194; Komárek & Fott 1983, p. 607.

Zellen einzeln oder in Gruppen, kurz ellipsoidisch bis kugelig, seltener leicht eiförmig oder unregelmäßig. Zellwand dick, im Querschnitt nach außen wellig gekerbt und derb. Die wellige Kerbung der Zellwand wird durch Einlagerungen verursacht, die in regelmäßigen Abständen auftreten und dort die Zellwand etwas emporwölben. Die Zellwandstruktur ist schon bei Autosporen und jungen Zellen, meist noch innerhalb der Sporangienwand erkennbar. Bei erwachsenen Zellen erscheint die Oberfläche wabig gefeldert. Chloroplast parietal, mulden- bis bandförmig, etwa die Hälfte der Zelle auskleidend; mit 1 Pyrenoid. Fortpflanzung durch 2–4 Autosporen, die mitunter in der gedehnten Sporangiumwand paketartig länger eingeschlossen bleiben.
Eine einzige Art:

Keriochlamys styriaca Pascher 1943 (Fig. 127: g)
Pascher 1943, p. 194, fig. 1–3; Komárek & Fott 1983, p. 607, fig. 170: 4.

Mit den Merkmalen der Gattung. Zellen 8–10 µm im Durchmesser, Zellwand bis 1,5 µm dick.
Auf nassen Felsen in den Zentralalpen (Österreich).

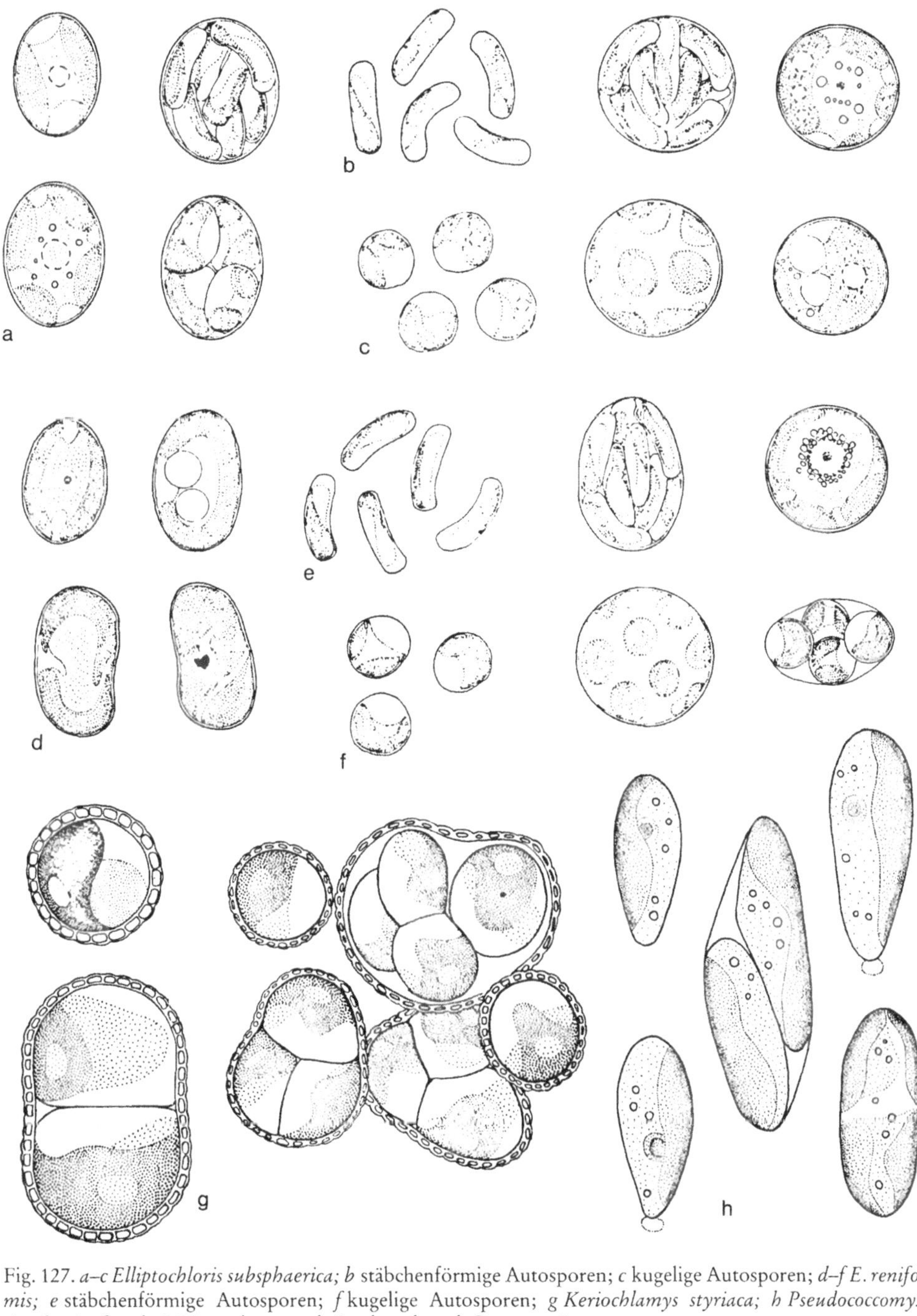

Fig. 127. *a–c Elliptochloris subsphaerica; b* stäbchenförmige Autosporen; *c* kugelige Autosporen; *d–f E. reniformis; e* stäbchenförmige Autosporen; *f* kugelige Autosporen; *g Keriochlamys styriaca; h Pseudococcomyxa simplex* (*a–f* nach S. Watanabe, *g* nach Pascher, *h* nach Desortová).

12. **Pseudococcomyxa** Korschikoff 1953

Syn.: *Coccomyxa* Schmidle p.p. sensu Mainx 1928
Korschikoff 1953, p. 282; Komárek & Fott 1983, p. 611.

Zellen einzeln, länglich verkehrt eiförmig, gerade, manchmal etwas dorsiventral gebaut, mit dem schmalen Ende und mittels eines Gallertpolsters festhaftend; breiteres Ende abgerundet. Zellwand dünn und glatt. Chloroplast wandständig, muldenförmig; ohne Pyrenoid. Fortpflanzung durch 2–4 Autosporen, die reihenartig im Sporangium liegen und durch einen Riß am distalen Ende freigesetzt werden.
Eine einzige Art:

Pseudococcomyxa simplex (Mainx) Fott 1981 (Fig. 127: h)
Syn.: *Coccomyxa simplex* Mainx 1928; *Pseudococcomyxa adhaerens* Korschikoff 1953
Korschikoff 1953, p. 283, fig. 244; Komárek & Fott 1983, p. 612, fig. 171: 1.

Mit den Merkmalen der Gattung. Zellen (4,6–)6–11(–12,6) µm lang, 2–4,5(–6,5) µm breit.
Kultur: UTEX 1377.
Erdböden im Riesengebirge und in den Kleinen Karpaten (Tschechoslowakei), im Chibiny Gebirge (USSR); auch von Gestein einer Moräne an der Oberfläche eines Gletschers bei North Masson Range, Mac Robertson Land (Antarktis) und in acidophilen Böden (pH < 3) in Italien. Als Rindenalge in Japan gefunden.

13. **Chlorolobion** Korschikoff 1953

Korschikoff 1953, p. 283; Komárek & Fott 1983, p. 614.

Zellen einzeln oder in Gruppen, festsitzend oder frei lebend, spindel-, sichel- bis halbmondförmig oder ellipsoidisch bis eiförmig. Oft dorsiventral gebaut, die eine Seite mehr gewölbt als die andere. An den Enden abgerundet oder zugespitzt, selten mit papillenartigen Gebilden. Zellwand glatt. Chloroplast wandständig, rinnenförmig, an den Rändern mitunter gewellt; mit Pyrenoid. Fortpflanzung durch (4–)8–16 Autosporen, die nach Zerreißen oder Verschleimen der Sporangiumwand frei werden.
Von 6 beschriebenen Arten kommen 2 in Erdböden vor.

1a Zellenden abgerundet, manchmal mit kleinen papillenartigen Gebilden, Zellen 14–20 µm lang . . . . **1. Ch. lunulatum**
1b Zellenenden ± zugespitzt, ohne papillenartige Gebilde, Zellen 13–52 µm lang . . **2. Ch. braunii**

1. Chlorolobion lunulatum Hindák 1970 (Fig. 128: a)
Syn.: *Keratococcus lunulatus* (Hindák) Hindák 1977
Komárek & Fott 1983, p. 615, fig. 172: 1.

Zellen mit einem Ende festsitzend, ± spindelförmig bis mondsichelartig, leicht gebogen, seltener mehr ellipsoidisch. An den Enden abgerundet, manchmal mit kleinen papillenartigen Gebilden. Zellen (9–)14–20 µm lang, 2–4,3(–9) µm breit.
Aus Erdböden von Kalkgebirgen, Belaner Tatra (Tschechoslowakei).

2. Chlorolobion braunii (Nägeli) Komárek 1979 (Fig. 128: b)
Syn.: *Ankistrodesmus braunii* (Nägeli) Collins 1912; *Monoraphidium braunii* (Nägeli) Komárková-Legnerová 1969
Komárek & Fott 1983, p. 615, fig. 172: 2.

Zellen spindelförmig bis fast zylindrisch, manchmal leicht gebogen oder dorsiventral gebaut; an den Enden ± zugespitzt. Zellen 10–28(–52) µm lang, 2,5–8 µm breit.

Erdböden in Höhen von 1300–1400 m ü. M., Kathmandu (Nepal).
Von S. Watanabe (1977d, p. 371, fig. 2) wurde eine Varietät, var. *viride*, beschrieben (als *Monoraphidium* angesehen). Der Autor stellt sie zu *Monoraphidium*, obgleich ein deutliches Pyrenoid vorhanden ist. Die genannte Varietät unterscheidet sich nur gering – Stärkekörner am Pyrenoid sind größer und mehr aneinander gedrängt. Die Sporangiumwand reißt bei der Entleerung der Autosporen der Länge nach auf. Aus Sanddünen mit *Pinus thunbergii* (Japan).

14. **Podohedra** Düringer 1958

Düringer 1958, p. 29; Geitler 1965, p. 173; Komárek & Fott 1983, p. 618.

Zellen einzeln, festsitzend, selten frei, spindelförmig bis schmal lanzettlich, gerade oder gebogen, heteropolar; an der Basis (proximal) mit einem stumpfen, verschieden langen Stiel, der manchmal mit einer kleinen knopfartigen Verbreiterung endet. Am Scheitel (distal) mit einem ± zugespitzten schnabelartigen Fortsatz. Zellwand mäßig dick und glatt. Chloroplast wandständig, mantelförmig; mit oder ohne Pyrenoid. Fortpflanzung durch 2–4 Autosporen, deren Protoplastenteilung schräg verläuft und die so gebildeten Autosporen sind in der Sporangiumwand tetraedrisch angeordnet.
Von 5 beschriebenen Arten sind 3 aerophytisch.

1a Chloroplast ohne Pyrenoid .... **1. P. falcata**
1b Chloroplast mit Pyrenoid 2
2a Zellen 30–50 µm lang .... **2. P. longipes**
2b Zellen höchstens 23 µm lang .... **3. P. bicaudata**

1. **Podohedra falcata** Düringer 1958 (Fig. 128: c)

Düringer 1958, p. 39, fig. 11: l–p; Komárek & Fott 1983, p. 620, fig. 173: 2.

Zellen sehr schlank, schmal spindelförmig, leicht gebogen, an beiden Enden allmählich verjüngt; Stiel und Schnabel relativ kurz, nicht abgesetzt. Chloroplast wandständig, rinnenförmig; ohne Pyrenoid. Zellen (20–)30–68 µm lang; 1,5–5 µm breit; Stiel 2,5–15 µm, Schnabel etwa 3 µm lang.
Auf alten Baumstümpfen und auf Moosen (Österreich).

2. **Podohedra longipes** Düringer 1958 (Fig. 128: d)

Düringer 1958, p. 39, fig. 11: a–k; Komárek & Fott 1983, p. 620, fig. 173: 5.

Zellen spindelförmig bis schmal lanzettlich, in der Mitte aufgetrieben, meist gekrümmt; Stiel kürzer als der Zellkörper, Schnabel stumpf zugespitzt. Chloroplast relativ dick, eine dorsal liegende, gekrümmte Platte; Pyrenoid median. Zellen 30–50 µm lang, 3–8 µm breit; Stiel 10–20 µm, Schnabel 1,5–7,5 µm lang.
In gallertigen Aufwüchsen von *Coccomyxa* an der Stirnfläche alter Fichtenstümpfe bei Lunz (Österreich).

3. **Podohedra bicaudata** Geitler 1965 (Fig. 128: e)

Geitler 1965, p. 182, fig. 6; Komárek & Fott 1983, p. 621, fig. 174: 1.

Zellen breit spindelförmig bis oval, gerade oder leicht gebogen, apikal in eine sehr kurze Spitze auslaufend, basal mit einem kurzen Stiel festhaftend. Chloroplast parietal, mit einem deutlichen Pyrenoid mit groben Stärkekörnern. Zellen 16–23 µm lang, 4–6 µm breit; Stiel bis 7,5 µm, Schnabel bis 3 µm lang.
In gallertigem Algenanflug von der Stirnfläche alter Fichtenstümpfe, Bad Ischl (Österreich).

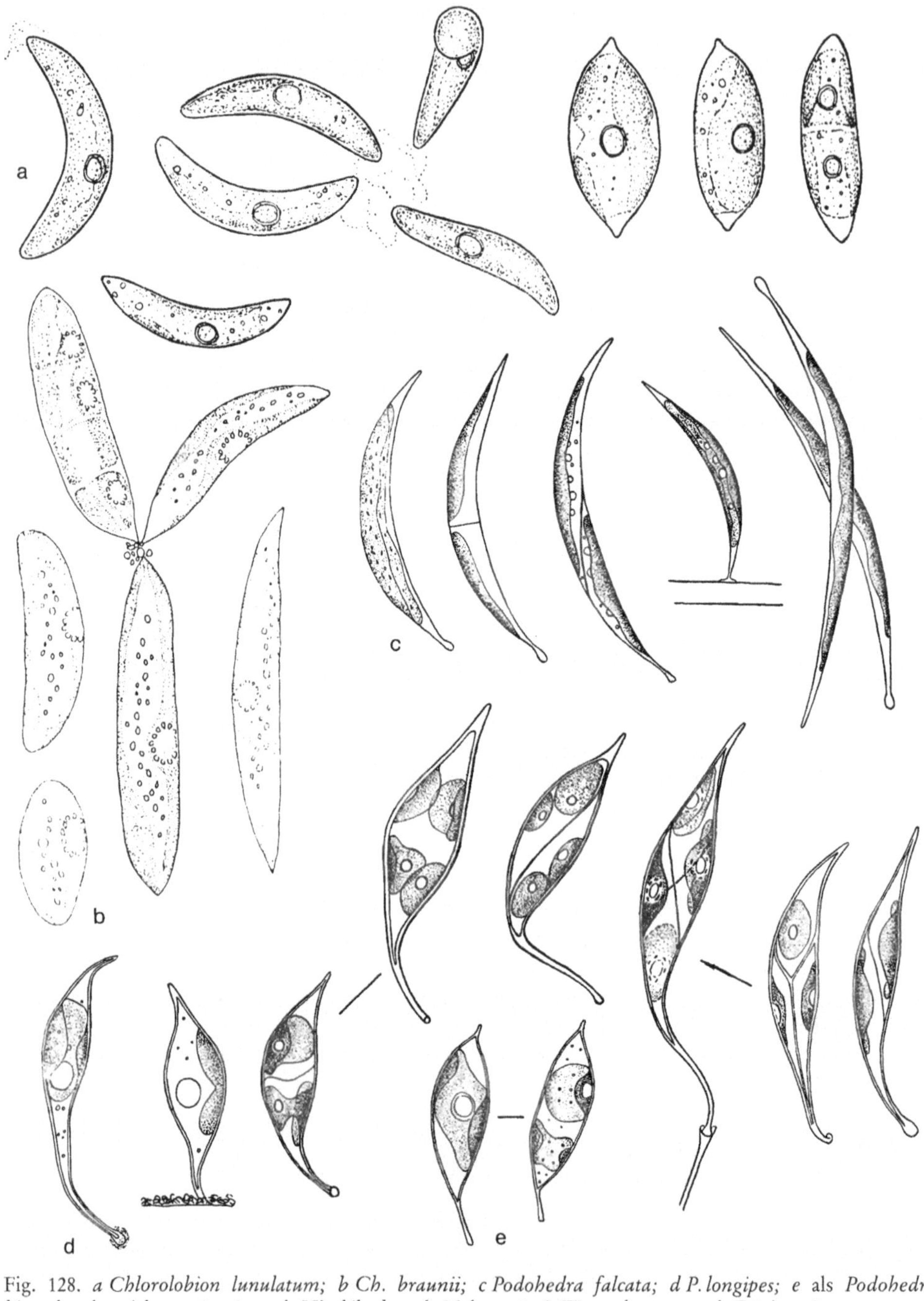

Fig. 128. *a Chlorolobion lunulatum; b Ch. braunii; c Podohedra falcata; d P. longipes; e* als *Podohedra bicaudata* bezeichnete Art (*a* nach Hindák, *b* nach Nakano & S. Watanabe, *c–e* nach Düringer).

15. Keratococcus Pascher 1915

Syn.: *Dactylococcus* Nägeli sensu Hansgirg 1886
Pascher 1915, p. 216; Komárek & Fott 1983, p. 621.

Zellen einzeln oder in Gruppen, ± spindelförmig, an einem oder an beiden Enden unmittelbar in einen farblosen Ausläufer der Zellwand verschmälert; seltener an einem Ende abgerundet oder zugespitzt. Zellen gerade oder gebogen bis gekrümmt. Zellwand glatt, ohne Gallerthülle. Chloroplast zart, parietal, mulden- bis mantelförmig; mit einem Pyrenoid. Asexuelle Fortpflanzung durch 2, seltener 4 Autosporen, die durch schiefe Protoplastenteilung entstehen und reihenförmig im Sporangium liegen. Sie werden durch eine Öffnung oder durch Verschleimen der Sporangiumwand frei.

Diese Gattung ist nicht eindeutig abgegrenzt und scheint heterogen zu sein. Von 12 beschriebenen Arten sind 3 aerophytisch oder terrestrisch.

1a Zellen einzeln, spindelförmig 2
1b Zellen im Alter kugelig, mit den Fortsätzen in Gruppen zusammenhängend . . **3. K. dissociatus**
2a Zellen breit spindelförmig, bis 35 µm lang, gerade oder leicht gebogen . . . . . . **1. K. bicaudatus**
2b Zellen schmal und gestreckt spindelförmig, bis 65 µm lang, sehr stark gekrümmt und gebogen, mitunter sigmoid . . . . **2. K. raphidioides**

1. Keratococcus bicaudatus (A. Braun) J. B. Petersen 1928 (Fig. 129: a)

Syn.: *Dactylococcus bicaudatus* A. Braun in Rabenhorst 1868; *Keratococcus caudatus* Pascher 1915
Pascher 1915, p. 217, fig. 21; J. B. Petersen 1928, p. 429; Komárek & Fott 1983, p. 624, fig. 174: 4.

Zellen breit spindelförmig, leicht asymmetrisch, mit langen, etwas gebogenen hyalinen Fortsätzen an beiden, seltener nur an einem Ende und am anderen Ende breit und stumpf kegelförmig. Zellen (10–)19–30(–35) µm lang, 2,5–9 µm breit.
Kultur: UTEX 1378; SAG 202-11.
Auf feuchten Böden, nassen Felsen und Mauern, auch in Erdböden (Mittel- und Nordeuropa, England, Australien, Antarktis).

2. Keratococcus raphidioides (Hansgirg) Pascher 1915 (Fig. 129: b)

Syn.: *Dactylococcus raphidioides* Hansgirg 1886; *Monoraphidium raphidioides* (Hansgirg) Hindák 1970
Pascher 1915, p. 218, fig. 23; Komárek & Fott 1983, p. 624, fig. 174: 5.

Zellen dünn und sehr lang, gestreckt spindelförmig, ± gerade oder verschiedenartig gekrümmt oder sigmoid gedreht, an beiden Enden verschmälert und in feine hyaline Fortsätze ausgezogen, die oft stark gebogen sind. Chloroplast rinnenförmig, mit wenig deutlichem Pyrenoid. Zellen (12–)25–65 µm lang, (1,5–)2,4–3,5 µm breit.
Auf nassen Felsen, Holz, Baumrinden und auf anderen feuchten Stellen (Mitteleuropa).

3. Keratococcus dissociatus (Verses & Trainor) nov. comb.

Basionym: *Dactylococcus dissociatus* Verses & Trainor 1966, Phycologia 6, p. 79, fig. 1–4 (Mikrophotos).

Zellen einzeln oder zu vierzelligen Gruppen verflochten; letztere entstehen dadurch, daß die Fortsätze der jungen Zellen an der Mutterzellwand festhaften. Junge Zellen breit ellipsoidisch-spindelförmig, alte Zellen fast kugelig. Chloroplast parietal, muldenförmig, mit einem deutlichen Pyrenoid. Zellen 8–18 µm lang, 3–8 µm breit; Fortsätze 4–20 µm lang.
Kultur: UTEX 1537.
Maisfelder bei Storrs, Connecticut (USA).

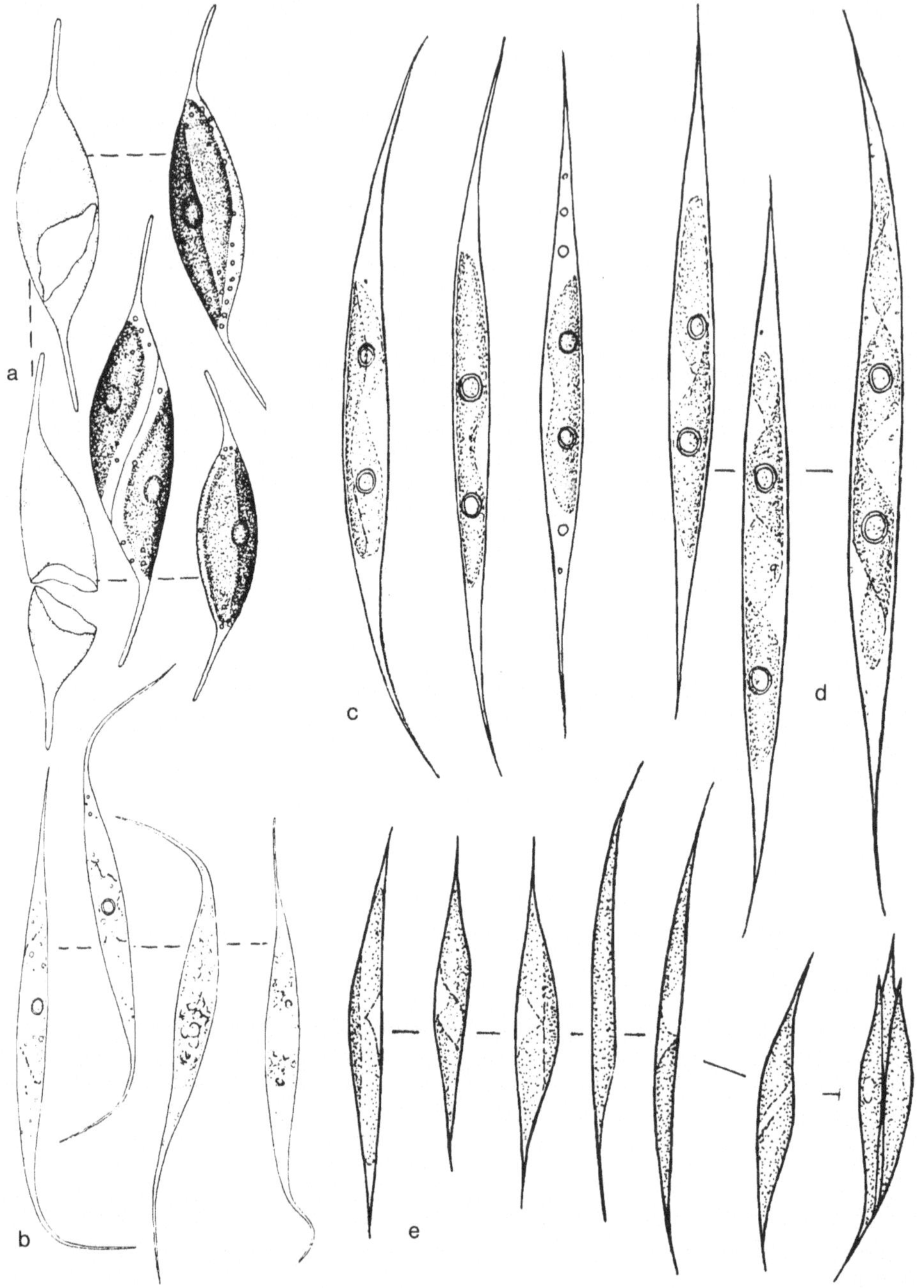

Fig. 129. *a Keratococcus bicaudatus; b K. raphidioides; c Closteriopsis acicularis; d C. acicularis* var. *africana; e Monoraphidium tortile* (*a* nach Fott, sonst nach Hindák).

Unsichere Art:
Dactylococcus dispar W. & G. S. West sensu Bristol 1920, p. 75 – wahrscheinlich *Keratococcus bicaudatus*.

16. **Closteriopsis** Lemmermann 1899

Komárek & Fott 1983, p. 625.

Zellen frei lebend, einzeln, nie in Gruppen, gestreckt bis sehr lang spindelförmig, gerade oder leicht gebogen, isopolar; an den Enden allmählich nadelförmig verjüngt. Zellwand glatt und dünn, ohne Gallerte. Chloroplast parietal, bandförmig und manchmal schraubenartig gedreht. Nicht in die Zellenden reichend. Mit mehreren (bis 14) reihig angeordneten Pyrenoiden, deren Zahl während des Zellwachstums zunimmt. Fortpflanzung durch 2–8 Autosporen, die im Sporangium reihenartig angeordnet sind und 1 Pyrenoid besitzen.
Von 2 beschriebenen Arten ist nur eine terrestrisch:

Closteriopsis acicularis (G. M. Smith) Belcher & Swale 1962 (Fig. 129: c)

Komárek & Fott 1983, p. 626, fig. 175: 1, 2.

Mit den Merkmalen der Gattung. Chloroplast mit höchstens 8 Pyrenoiden, gerade bandförmig. Zellen 20–180(–210) μm lang, 2–6,5 μm breit.
Vereinzelt in Erdböden (Tschechoslowakei).
Von dieser Art wurde eine var. *africana* Hindák 1970 (Fig. 129: d) beschrieben, die einen schraubig gedrehten Chloroplast besitzt und mitunter leicht sigmoide Zellen hat. Zellen 30–45(–75) μm lang; 3–4,5(–6,5) μm breit.
Kultur: UTEX 1381.
Aus Gartenerde von Luxor (Ägypten) isoliert.

17. **Monoraphidium** Komárková-Legnerová 1969

Syn. *Ankistrodesmus* Corda 1838 p. p. sensu auct.
Komárek & Fott 1983, p. 628.

Zellen einzeln, selten mit einem Ende festhaftend, ± spindelförmig, gerade, gebogen, sigmoid oder schraubig gedreht. Beide Zellenden gleichwertig zugespitzt oder gebogen. Zellwand dünn und glatt ohne Gallerthüllen. Chloroplast einer, parietal, ohne Pyrenoid. Fortpflanzung durch 4–8 Autosporen, die im Sporangium reihenartig gelagert sind und durch Zerreißen der Sporangiumwand der Länge oder der Quere nach frei werden. Die Autosporen verteilen sich nach dem Ausschlüpfen und leben einzeln.
Von mehr als 20 beschriebenen Arten sind 3 terrestrisch.

1a Zellen an den Enden spitz und nadelförmig ausgezogen 2
1b Zellen an den Enden abgerundet . . . . **3. M. nanum**
2a Zellen sehr lang und gerade, mehr als 5mal länger als breit . . . . **1. M. tortile**
2b Zellen kürzer, mehr plump und gebogen, an den Enden meist plötzlich verjüngt . . . . **2. M. pusillum**

1. **Monoraphidium tortile** (W. & G. S. West) Komárková-Legnerová 1969 (Fig. 129: e)

Syn.: *Ankistrodesmus tortilis* W. & G. S. West 1912
Komárková-Legnerová 1969, p. 68; Komárek & Fott 1983, p. 631, fig. 176: 2.

Zellen gestreckt bis lang spindelförmig, mehr als 5mal länger als breit, gerade, seltener schwach gebogen oder sigmoid; an den Enden allmählich verjüngt und scharf zugespitzt. Zellen 11–30 μm lang; 0,5–1,6(–3,6) μm breit.

Kultur: SAG 16.81.
In Erdproben aus dem östlichen Teil der Hohen Tatra (Tschechoslowakei).

2. Monoraphidium pusillum (Printz) Komárková-Legnerová 1969 (Fig. 130: a)
Syn.: *Ankistrodesmus braunii* var. *pusilla* Printz 1914
Hindák 1977, p. 104, fig. 43; Komárek & Fott 1983, p. 638, fig. 179: 2.

Zellen spindelförmig, junge Zellen schmal, erwachsene in der Mitte erweitert, ± gerade, leicht gebogen bis stark gekrümmt, an den Enden kurz spitzig oder manchmal fingerartig verschmälert. Zellen 12–26 μm lang; 1,4–7,6 μm breit.
Aus Erdproben der Auenwälder bei Lednice, Südmähren (Tschechoslowakei).

3. Monoraphidium nanum (Ettl) Hindák 1980 (Fig. 130: b)
Syn.: *Nephrodiella nana* Ettl 1968
Komárek & Fott 1983, p. 642, fig. 180: 3.

Zellen klein, kurz nierenförmig, mit breit abgerundeten Enden; ohne Gallerte. Chloroplast parietal, muldenförmig, der konvexen Zellseite anliegend. Zellen 2–5(–5,5) μm lang und 1,4–2(–2,5) μm breit.
Aus Waldböden isoliert (Österreich, Tschechoslowakei).

Anhang:
Monoraphidium terrestre (Bristol) Krienitz 1988, p. 453, fig. 2, 3 (Fig. 130: c)
Syn.: *Ankistrodesmus falcatus* fo. *terrestris* Bristol 1920
Zellen spindel- oder mondsichelförmig, leicht gebogen und mit ± abgerundeten Zellenden. Dorsiventral gebaut, eine Seite konvex, die andere leicht konkav; selten leicht sigmoid. Chloroplast parietal, rinnenförmig, bis in die Zellenden reichend; mit 1 nackten, lichtmikroskopisch an lebenden Zellen nicht nachweisbaren Pyrenoid. Fortpflanzung durch 2–16 Autosporen, die durch einen Längsriß in der Sporangiumwand frei werden. Zellen (7–)12–24 μm lang, 2–10 μm breit.
In Erdproben aus der Umgebung von Eisenach (Deutschland) und aus England bekannt.
Diese Art reihen wir nur mit Vorbehalt zu dieser Gattung. Sowohl das Vorkommen eines Pyrenoids und das abweichende Freiwerden der Autosporen als auch das Festhaften der Zellen mittels eines Gallertpolsters erinnert mehr an die Gattung *Chlorolobion*.

18. Choricystis (Skuja) Fott 1976

Syn.: *Coccomyxa* sect. *Choricystis* Skuja 1948
Komárek & Fott 1983, p. 645.

Zellen einzeln, seltener zu zweit, breit ellipsoidisch, schwach nierenförmig, auch halbmond- oder tropfenartig. Zellwand dünn, glatt, ohne Gallerte. Chloroplast parietal, seitlich muldenförmig; ohne Pyrenoid. Fortpflanzung durch 2(–4) Autosporen. Protoplastenteilung schräg zur Längsachse, die Autosporen behalten diese Lage bei. Die Sporangiumwand wird beim Freisetzen der Autosporen zerrissen, verschleimt und wird aufgelöst.
Nur 1 Art ist terrestrisch oder aerophytisch:

Choricystis minor (Skuja) Fott 1976 (Fig. 130: d, e)
incl. var. *gallica* (Bourrelly) Komárek 1979
Komárek & Fott 1983, p. 646, fig. 181: 4, 5.

Zellen breit ellipsoidisch, manchmal bohnenförmig gebogen, auch schmal eiförmig. Chloroplast parietal, mantelförmig. Zellen 1,5–6 μm lang, 1–3 μm breit.
Aerophytisch auf Baumrinden und auf feuchten Erdböden (Tschechoslowakei, Japan).

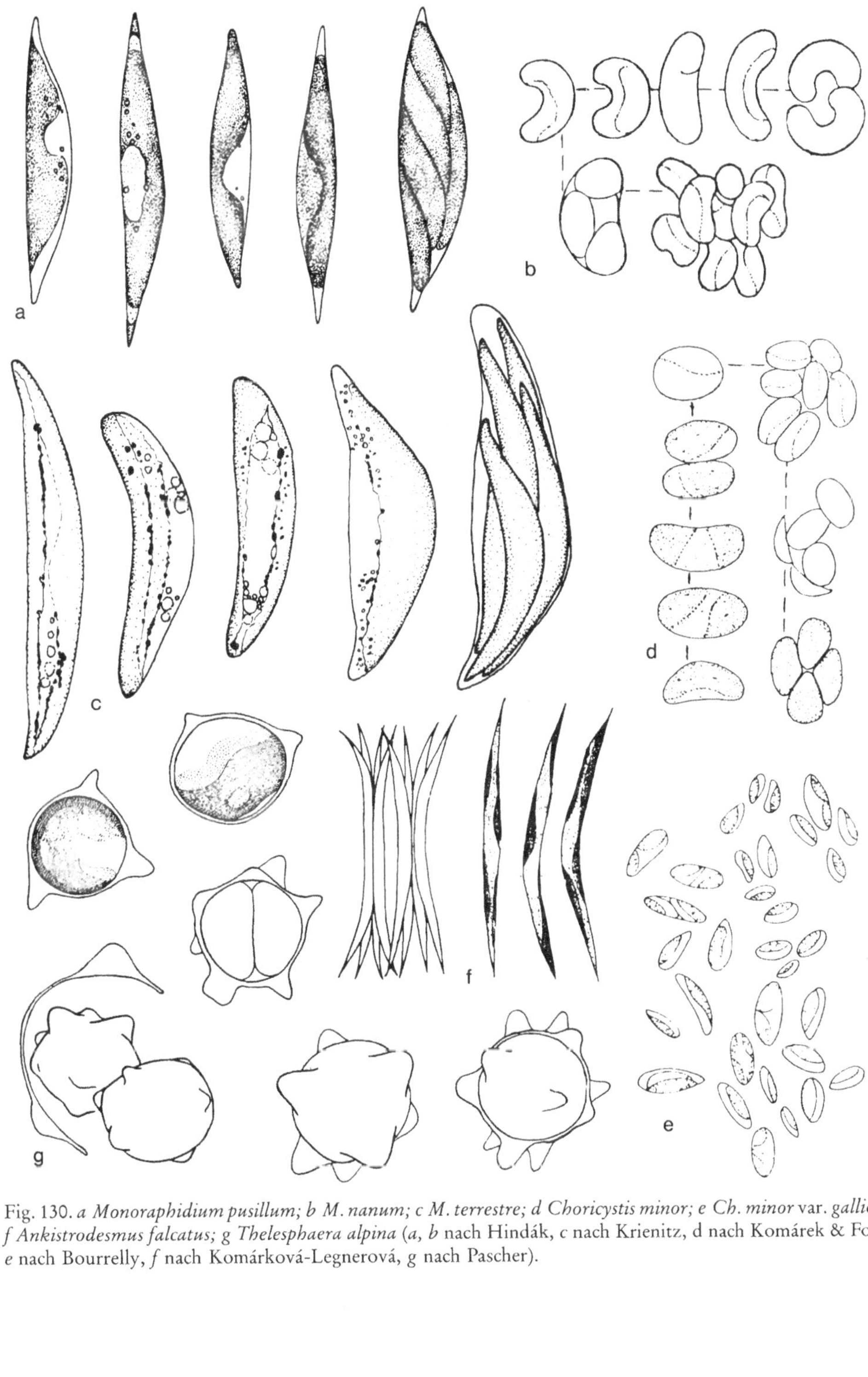

Fig. 130. *a Monoraphidium pusillum; b M. nanum; c M. terrestre; d Choricystis minor; e Ch. minor* var. *gallica; f Ankistrodesmus falcatus; g Thelesphaera alpina* (*a, b* nach Hindák, *c* nach Krienitz, d nach Komárek & Fott, *e* nach Bourrelly, *f* nach Komárková-Legnerová, *g* nach Pascher).

19. **Ankistrodesmus** Corda 1838

Bourrelly 1966, p. 182; Komárek & Fott 1983, p. 680.

Zellen selten einzeln, meist in wenigzelligen Kolonien angeordnet. In diesen sind die Zellen parallel zueinander in Bündeln gelagert oder gekreuzt, ausnahmsweise miteinander an einem Ende verbunden und fächerartig ausgebreitet. Kolonien von feinen, oft schwer sichtbaren Gallerthüllen umgeben; bei einigen Arten ist die Gallerte auf die Verbindung der Zellen reduziert. Einzelne Zellen spindelförmig oder zylindrisch, mehrfach länger als breit; an den Enden verjüngt und allmählich oder plötzlich zugespitzt; gerade, gebogen oder schraubenartig verdreht. Chloroplast parietal, die ganze Zelle auskleidend; ohne Pyrenoid. Asexuelle Fortpflanzung durch 2–8(–16) Autosporen, die im Sporangium parallel gelagert sind und durch einen Riß in der Mitte der Sporangiumwand frei werden. Die Reste der Sporangiumwand verbleiben als zwei tütenförmige Gebilde.
Mit einer terrestrischen Art:

Ankistrodesmus falcatus (Corda) Ralfs 1848 (Fig. 130: f)

Syn.: *Ankistrodesmus lundbergii* Korschikoff 1953
Korschikoff 1953, p. 305, 306, fig. 268–270; Komárek & Fott 1983, p. 686, fig. 192: 3.

Zellen lang, gestreckt spindelförmig, gegen die Enden allmählich verjüngt und spitz, leicht gebogen. Sie bilden 2- bis vielzellige büschelförmige Kolonien, wobei die Zellen sich mit den konvexen Seiten berühren und parallel liegen. Die ganze Kolonie ist mit feiner Gallerte umgeben. Zellen (17–)25–62 µm lang, 1,2–4,3 µm breit.
Kultur: SAG 202-2.
Mehrmals in Erdböden gefunden (England, BRD, Australien). Die von Bristol beschriebene fo. *terrestris* ist nur eine Ökoform dieser Art (Lund 1947, p. 47).

20. **Thelesphaera** Pascher 1943

Pascher 1943, p. 194; Komárek & Fott 1983, p. 700.

Zellen einzeln, kugelig, seltener etwas abgeflacht kugelig bis ellipsoidisch. Zellwand ziemlich derb und mit großen kegel- bis lappenförmigen, vorn abgerundeten bis fast halbkugeligen, derben Auswüchsen besetzt, die von der eigentlichen Zellwand nicht scharf abgesetzt sind. Bei regelmäßig gebauten Zellen mit polarer Anordnung, meist drei an einem und drei am anderen Zellpol, wobei die Auswüchse ± radial ausstrahlen. Die oberen und unteren wechseln miteinander ab und die Zahl der Auswüchse schwankt; nur selten mehr als 8. Chloroplast parietal, muldenförmig bis ringartig gestaltet; Pyrenoid nicht sicher festgestellt. Fortpflanzung durch 2 Autosporen, die durch Zerreißen der Sporangiumwand frei werden.
Eine einzige Art:

Thelesphaera alpina Pascher 1943 (Fig. 130: g)

Pascher 1943, p. 194, fig. 4–7; Komárek & Fott 1983, p. 701, fig. 196: 10.

Mit den Merkmalen der Gattung. Zellen 10–12 µm im Durchmesser, Ausläufer bis 5 µm lang. Aerophytisch auf feuchten Felsen, Steiermark und Tirol (Österreich).

21. **Scotiellopsis** Vinatzer 1975

Syn.: *Scotiellopsis* Fott 1976; *Scotiellocystis* Fott 1976
Vinatzer 1975, p. 216; Punčochářová & Kalina 1981, p. 119; Komárek & Fott 1983, p. 702.

Zellen einzeln, seltener in wenigzelligen Gruppen, ohne Gallerte, spindel-, zitronen-, eiförmig, ellipsoidisch bis breit oval. Zellwand mit feinen Rippen, die im Lichtmikroskop schlecht sichtbar sind und deren Anzahl zwischen 6 und 12(–16) schwankt. Sie verlaufen gerade oder leicht schraubenartig. An den Zellpolen bilden die zusammenstoßenden Rippen kleine papillenartige Verdickungen. Chloroplast einer, parietal, in jungen Zellen einheitlich, später gelappt bis zerteilt und aus mehreren, verschieden dicken und meist dicht gedrängten Scheiben bestehend; mit einem Pyrenoid. Fortpflanzung durch 2–8(–16) spindelförmige bis breit ovale Autosporen, die durch Zerreißen der Sporangiumwand frei werden.
Mit 5 terrestrischen Arten:

1a Zellen einzeln oder in Gruppen, mit 3–4 feinen, manchmal anastomisierenden Längsleisten; nur bis 11 µm lang . . . . **1. S. reticulata**
1b Zellen immer einzeln, mit (2–)4–12 schwer sichtbaren Längsleisten; mehr als 11 µm lang 2
2a Junge Zellen ellipsoidisch, ältere ± zitronenförmig 3
2b Zellen ellipsoidisch bis breit oval, mit wenig deutlichen Polverdickungen 4
3a Zellen leicht asymmetrisch, tropfenförmig, mit 6–12 schwer sichtbaren Längsleisten . . . . **2. S. terrestris**
3b Zellen breit ellipsoidisch und symmetrisch, mit 6–8 deutlichen Längsleisten . . **3. S. levicostata**
4a Zellen breit ellipsoidisch bis breit oval, mit 8–10(–12) Längsleisten, ältere Zellen mit kleinen warzenförmigen Polverdickungen . . . . **4. S. oocystiformis**
4b Zellen breit oval bis fast kugelig, mit 2–6 Längsleisten, junge Zellen mit leichten Polverdickungen, die später verschwinden . . . . **5. S. rubescens**

1. **Scotiellopsis reticulata** Punčochářová & Kalina 1981 (Fig. 131: a)

Punčochářová & Kalina 1981, p. 128, fig. 7–11; Komárek & Fott 1983, p. 703, fig. 197: 1.

Zellen einzeln, seltener in wenigzelligen Gruppen. Autosporen und junge Zellen zitronenförmig, manchmal spindel- bis tropfenförmig, mit 1–2 Polverdickungen. Ältere Zellen breit oval, oft leicht asymmetrisch. Zellwand mit 3–4 feinen, mitunter anastomisierenden Längsleisten. Chloroplast scheiben- oder bandförmig zerteilt; Pyrenoid mit zweischaliger Stärkehülle. Zellen 9–11(–17) µm lang, 7–9(–12) µm breit; Autosporen 5,5–7 µm lang, 4–5 µm breit.
Aus feuchtem Sand an der Küste bei Constanza (Rumänien).

2. **Scotiellopsis terrestris** (Reisigl) Punčochářová & Kalina 1981 (Fig. 131: b, c)

Syn.: *Scotiella terrestris* Reisigl 1964; *Scotiellocystis terrestris* (Reisigl) Fott 1976
Reisigl 1964, p. 474, fig. 30–32; Punčochářová & Kalina 1981, p. 137, fig. 15c, 16–20; Komárek & Fott 1983, p. 703, fig. 197: 2.

Zellen spindel- bis zitronenförmig, meist etwas asymmetrisch, Zellwand an beiden Polen verdickt, mit 6–12, seltener noch mehr Leisten, die gerade oder leicht schraubig von Pol zu Pol verlaufen; schwer sichtbar. Chloroplast parietal, zuerst einfach, später gelappt oder in Einzelteile aufgeteilt; Pyrenoid mit mehreren Stärkekörnern. Saftvakuolen in alten Zellen vorhanden. Zellen (6–)14–30 µm lang, (4–)11–20 µm breit.
In Erdproben zwischen Polstern von *Silene acaulis* in den Tiroler Alpen, 3460 m ü. M. (Österreich), auch in der Hohen Tatra und im Riesengebirge (Tschechoslowakei). Weitere terrestrische Funde aus Südtirol bei Bruneck und Brixen (Italien) und bei Braunschweig (Deutschland).

Fig. 131. *a Scotiellopsis reticulata; b, c S. terrestris; d S. levicostata; e S. oocystiformis* (*c* nach Reisigl, *d* nach Gollerbach, sonst nach Punčochářová & Kalina).

3. Scotiellopsis levicostata (Gollerbach) Punčochářová & Kalina 1981 (Fig. 131: d)
Syn.: *Scotiella levicostata* Gollerbach 1936; *Scotiellocystis levicostata* (Gollerbach) Fott 1976
Punčochářová & Kalina 1981, p. 133, fig. 12; Komárek & Fott 1983, p. 704, fig. 197: 3.

Zellen ellipsoidisch bis eiförmig, symmetrisch, an den Enden leicht verdickt und stumpf spitzig, mit 6–8 niedrigen, glatten, meridional verlaufenden Rippen. Chloroplast in viele parietale, scheibenförmige Teilstücke geteilt. Zellen 10–19,6 μm lang, 5,8–14 μm breit.
Aus sandigen und lehmigen Erdböden isoliert, Umgebung von St. Petersburg und in der Ukraine.

4. Scotiellopsis oocystiformis (Lund) Punčochářová & Kalina 1981 (Fig. 131: e)
Syn.: *Scotiella oocystiformis* Lund 1957; *Scotiellocystis oocystiformis* (Lund) Fott 1976
Lund 1957, p. 26, fig. 1; Kalina & Punčochářová 1977, p. 107, fig. 1–24; Punčochářová & Kalina 1981, p. 134, fig. 13–15 a, b; Komárek & Fott 1983, p. 704, fig. 198: 1.

Zellen breit ellipsoidisch bis zitronenförmig, symmetrisch. Zellwand an den Polen mit deutlichen warzenartigen Verdickungen und mit 8–12 sehr feinen, meridional verlaufenden Rippen. Chloroplast parietal, mit polygonalen Verdickungen. Pyrenoid mit 2–3 Stärkeschalen. Zellen (7–)16–20 μm lang, (4–)12–15 μm breit.
Kultur: SAG 277–1.
Auf nassen Felsen und in Erdböden, meist in Gebirgen (England, Tschechoslowakei).

5. Scotiellopsis rubescens Vinatzer 1975 (Fig. 132: a)
Vinatzer 1975b, p. 216, fig. 2; Punčochářová & Kalina 1981, p. 123, fig. 1–5, 21 a, 22; Komárek & Fott 1983, p. 706, fig. 197: 4.

Junge Zellen spindel- bis zitronenförmig, zum Teil mit polaren Wandverdickungen. Erwachsene Zellen breit eiförmig bis fast kugelig. Zellwand farblos, im Lichtmikroskop glatt, nur nach Färbung werden meridional verlaufende Leisten sichtbar. Chloroplast stark gelappt oder netzartig durchbrochen, später in Scheiben aufgeteilt. Ein kleines kugeliges Pyrenoid mit 2–3 Stärkeschalen. Im Plasma häufig rötlich gefärbte Öltropfen. Zellen (5–)7–15(–18) μm lang, (3,5–)5–12 μm breit.
Aus Kalkböden im Hochgebirge, Grödnertal, Südtirol (Italien).

22. **Scotiella** Fritsch 1912

Bourrelly 1966, p. 175; Komárek & Fott 1983, p. 707.

Zellen spindelförmig, ellipsoidisch bis breit oval, einzeln lebend. Zellwand relativ dick, an den Zellpolen manchmal mit kleinen papillenartigen Verdickungen. Von diesen verlaufen der Länge nach oder auch leicht schraubenartig dicke, leistenförmige Rippen. Zellen im optischen Querschnitt deshalb polygonal. Chloroplast ± parietal, meist die ganze Zelle auskleidend oder am Rande gelappt, bei einigen Sippen zerteilt und aus mehreren dicht gedrängten Teilstücken bestehend. Mit 1 oder mehreren Pyrenoiden, manchmal ohne. Fortpflanzung wenig bekannt, durch 4 Autosporen.
Von 17 beschriebenen Arten sind nur 4 aerophytisch oder terrestrisch.

1a Längsrippen sehr kräftig hervortretendn, dick, wulstförmig, unregelmäßig gewellt bis stark stachelig 2
1b Längsrippen fein, kaum hervortretend, gerade und glatt . . . . **4. S. oboviformis**
2a Chloroplast mit Pyrenoid . . . . **1. S. tuberculata**
2b Chloroplast ohne Pyrenoid 3
3a Längsrippen flügelartig . . . . **2. S. muscicola**
3b Längsrippen grob stachelig . . . . **3. S. spinosa**

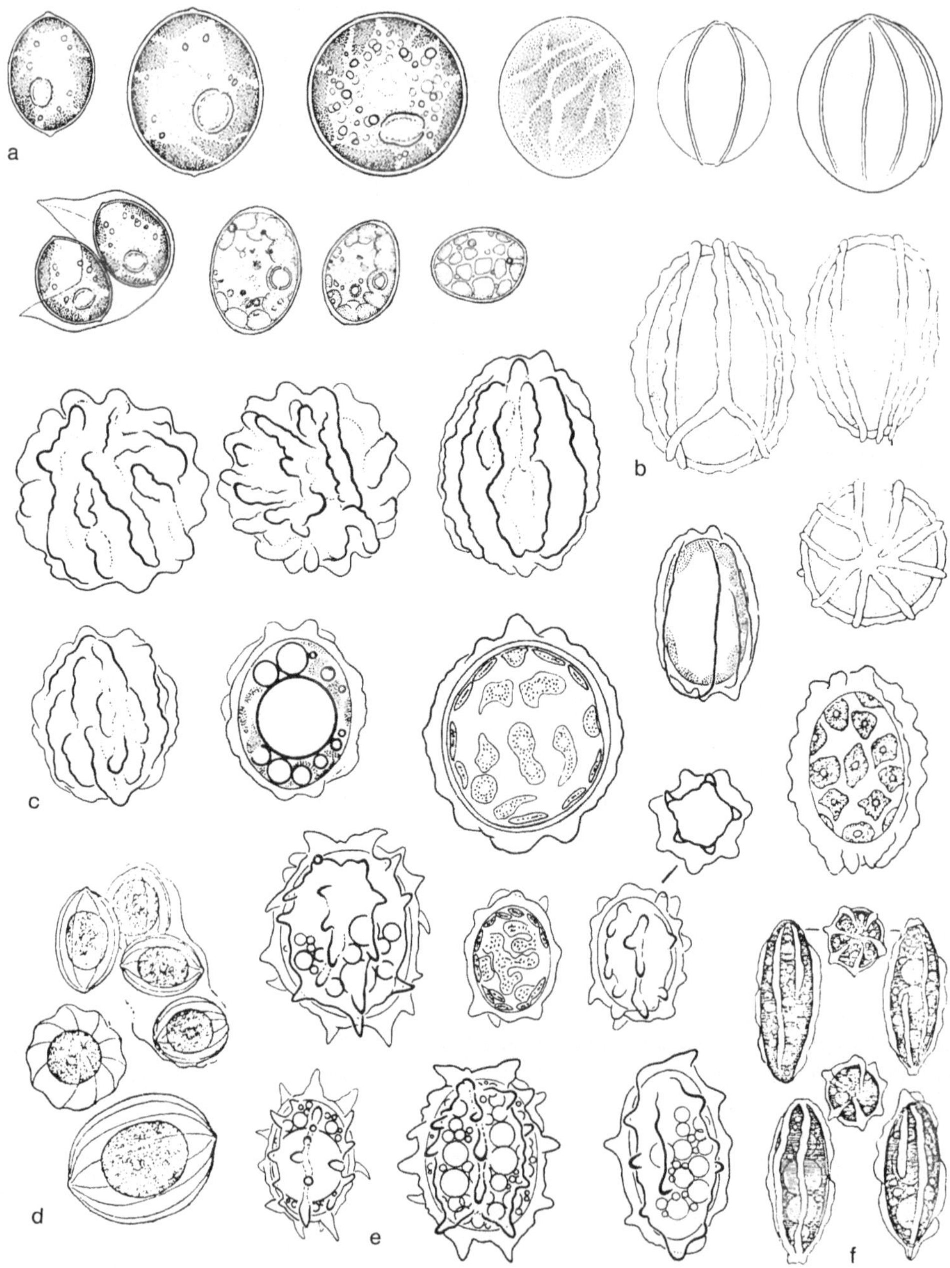

Fig. 132. *a Scotiellopsis rubescens; b Scotiella tuberculata; c S. tuberculata* var. *verrucosa; d S. oboviformis; e S. spinosa; f S. muscicola* (*a* nach Punčochářová & Kalina; *b* nach Bourrelly, *c, e* nach Geitler; *d* nach Jao, *f* nach Beck-Mannagetta).

1. Scotiella tuberculata Bourrelly 1951 (Fig. 132: b)
Geitler 1964, p. 171, fig. 1; Komárek & Fott 1983, p. 710, fig. 199: 1, 2.

Zellen ± oval. Zellwand mit 8–13 starken, farblosen und wulstförmigen Rippen, die bei jungen Zellen am Rande glatt, bei älteren unregelmäßig gewellt sind. An den Zellpolen stoßen meist 3–4 Rippen zusammen, die anderen laufen neben den Polen in sich geschlossen herum, andere enden unterhalb der Pole. Manchmal kommen auch sekundäre kürzere Rippen vor. Chloroplasten mehrere, parietal, in Form unregelmäßiger Scheiben. In jedem Chloroplasten-Teilstück je 1 Pyrenoid. Zellen 20–50 µm lang, 14–30 µm breit.
Auf feuchten Felsen und Böden (Tschechoslowakei).
Mit einer Varietät:
var. *verrucosa* Geitler 1964 (Fig. 132: c)
Zellen mit (7–)11–13 kräftigen und mehr gewellten Längsrippen; 16–55 µm lang.
Auf feuchten Sandsteinfelsen in Nordböhmen (Tschechoslowakei), auf leicht verwitterten Holzbänken, Schladming (Österreich). Im Sommer meist in Form von Dauerzuständen, während der Schneeschmelze und bei hoher Luftfeuchtigkeit in voller Entwicklung.

2. Scotiella muscicola Beck-Mannagetta 1926 (Fig. 132: f)
Komárek & Fott 1983, p. 708, fig. 198: 4.

Zellen gestreckt ellipsoidisch bis ellipsoidisch spindelförmig. Zellwand mit 4–6 deutlichen, flügelartigen, ± meridional verlaufenden, geraden oder leicht gebogenen Rippen, die teils nicht über die ganze Zellänge entwickelt sind und an den Polen stumpf spitzige bis abgestutzte Papillen bilden. Mehrere kleine scheibenförmige Chloroplasten; ohne Pyrenoid. Zellen 31–48,3 µm lang, 15,5–20,7 µm breit, Rippen 2–4 µm hoch.
Aerophytisch zwischen nassen Moosen auf Kalkfelsen, Kärnten (Österreich).

3. Scotiella spinosa Geitler 1964 (Fig. 132: e)
Geitler 1964, p. 171, fig. 2; Komárek & Fott 1983, p. 712, fig. 198: 7.

Zellen ellipsoidisch bis ± oval. Zellwand mit 5–9 starken, massiven, meridionalen, geraden oder leicht schraubenartig gedrehten Längsrippen, die am Rand auffallende grobstachelige Ausläufer tragen, so daß die ganze Zelle stachelig erscheint. Einige Rippen keilen an den Polen aus, andere stoßen dort zusammen; so kann dann der Querschnitt am Äquator 7–9eckig sein, wogegen den Polen zu nur 5–7eckig. Mehrere scheibenförmige Chloroplasten, die an den Rändern unregelmäßig oder gelappt sind; ohne Pyrenoid. Zellen 20–48 µm lang, 12–36 µm breit.
Auf verwittertem Holz bei Lunz (Österreich).

4. Scotiella oboviformis Jao 1947 (Fig. 132: d)
Komárek & Fott 1983, p. 706, fig. 198: 2.

Zellen ellipsoidisch bis breit eiförmig, an den Polen zusammengezogen. Zellwand mit 10–16 feinen, meridional gerade oder leicht schraubig verlaufenden Längsrippen, die an den Polen eine feine, stumpf spitze Verdickung bilden. Zellwand vom Protoplasten weit abgehoben. Chloroplast parietal, mit Pyrenoid. Zellen 17–27 µm lang, 13–18 µm breit, Protoplast 9–16 µm lang.
Aerophytisch auf Baumrinden, Kwangsi (China).

23. **Coelastrella** Chodat 1922

Chodat 1922, p. 94; Komárek & Fott 1983, p. 713; Kalina & Punčochářová 1987, p. 484.

Zellen seltener einzeln, häufig in 2–4 oder weniger oft in mehrzelligen Zellgruppen, die durch die Sporangiumwand eine Zeitlang zusammengehalten werden. Einzelne Zellen ellipsoidisch-kugelig

oder ellipsoidisch-eiförmig. Zellwand relativ dick, mit zahlreichen feinen, meridional verlaufenden Rippen. Letztere entweder glatt oder fein granuliert bis gezähnt. Chloroplast parietal, mit Perforationen oder Lappen; mit einem ± exzentrisch gelegenen Pyrenoid. Häufig mit Saftvakuolen. Fortpflanzung durch 2–4(–16) ovale oder subsphärische Autosporen, die innerhalb der persistierenden Sporangiumwand zu Gruppen zusammengehalten werden.
Mit 1 terrestrischen Sippe:

Coelastrella striolata Chodat 1922, var. **multistriata** (Trenkwalder) Kalina & Punčochářová 1987 (Fig. 133: a)
Syn.: *Scotiella multistriata* Trenkwalder 1975
Trenkwalder 1975 b, p. 16, fig. 7–9; Kalina & Punčochářová 1987, p. 487, fig. 2, 5 b, c, 8–10, 11 a, b; Komárek & Fott 1983, p. 713, fig. 199: 5.

Zellen einzeln, breit ellipsoidisch bis kugelig. Zellwand mit zahlreichen, dicht gelagerten, fein punktierten Längsrippen; oft schwer sichtbar. Chloroplast parietal, stark gelappt und geschlitzt, nicht selten in mehrere Scheiben aufgeteilt. Pyrenoid seitlich, mit 2 oder 3 Stärkeschalen. Zellen 7–12(–15) µm lang, 6–9(–12) µm breit oder bis 15 µm im Durchmesser; Autosporen 4–6 µm lang, 2,5–3,5 µm breit.
Aus Waldböden der Föhrenwälder im Raum von Brixen, Südtirol (Italien), sowie aus Ackerboden (Braunschweig, Deutschland).

Unsichere Gattung:
Aerosphaera Gerneck 1907, Brunnthaler 1915, p. 114; Komárek & Fott 1983, p. 572. Zellen einzeln, kugelig, mit dünner glatter Zellwand. Chloroplast in jungen Zellen ± zentral oder seitlich, später hohlkugelig werdend, vielfach gewunden und gefaltet, mit kleineren oder größeren Perforationen, in alten Zellen deutlich netzförmig. Ohne Pyrenoid. Fortpflanzung durch viele (mehr als 16) kugelige Autosporen, die durch Zerreißen der Sporangienwand frei werden. Mit einer einzigen Art: *Aerosphaera faginea* Gerneck 1907 (Fig. 133: e). Syn.: *Chlorella faginea* (Gerneck) Wille 1909. Brunnthaler 1915, p. 114, fig. 79; Komárek & Fott 1983, p. 574, fig. 164: 4.
Mit den Merkmalen der Gattung. In älteren Zellen entstehen viele Vakuolen. Stärke wird nie gespeichert (?). Zellen bis 30(–50) µm im Durchmesser.
Aerophytisch an unteren Teilen von Buchenstämmen, Göttinger Wald (BRD).

7. Familie Botryococcaceae Wille 1909

Syn.: *Dictyosphaeriaceae* Bourrelly 1966

Zellen in Kolonien durch Gallertstiele oder Gallertstränge verbunden, wobei diese vergallertete Reste der zerrissenen Sporangiumwände darstellen. Jede Kolonie enthält mehrere Generationen von Zellen. Zellwandreste früherer Generationen verschleimen allmählich und verschwinden dann in der gemeinsamen, die ganze Kolonie umhüllenden Gallerte. Asexuelle Fortpflanzung durch 2–4(–8) Autosporen. Sexuelle Fortpflanzung sehr selten.
Von den 13 beschriebenen Gattungen hat nur 1 terrestrische Sippen.
Korschikoff 1953, Bourrelly 1966, Komárek & Fott 1983.

Dictyosphaerium Nägeli 1849

Komárek & Fott 1983, p. 346.

Junge Kolonien ± kreuzförmig mit 4 Zellen, ältere kugelig bis unregelmäßig eiförmig mit 8–64 (auch mehreren) Zellen, die an den Enden der engen, strang- oder bandförmigen Stiele sitzen. Die Stiele sind in den Kolonien allseitig radial angeordnet, pseudodichotomisch oder pseudotetracho-

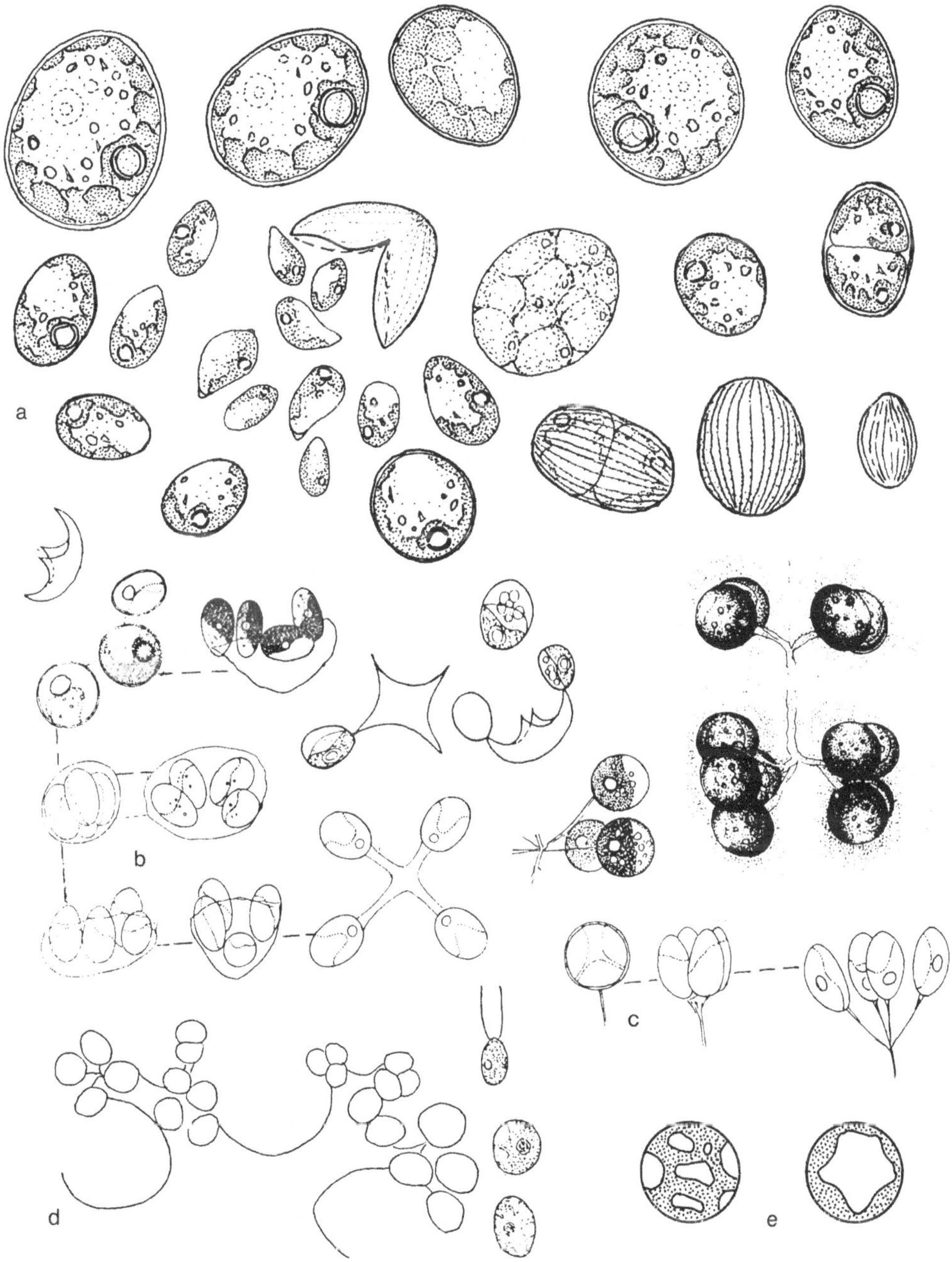

Fig. 133. *a Coelastrella striolata* var. *multistriata; b Dictyosphaerium chlorelloides; c D. pulchellum; d D. terrestre; e Aerosphaera faginea* (*a* nach Trenkwalder, *b, c* nach Komárek & Fott, *d* nach Fritsch & John, *e* nach Gerneck).

tomisch verzweigt und ± aus dem Zentrum der Kolonie auslaufend. Sie entstehen durch Verschleimen der zerrissenen Mutterzellwände. Manche Kolonien sind zudem mit zarter Gallerte umgeben. Zellen kugelig, verkehrt eiförmig bis eiförmig, auch spindelförmig oder fast zylindrisch. Zellwand glatt, selten unregelmäßig granuliert. Chloroplast parietal, mit oder ohne Pyrenoid. Asexuelle Fortpflanzung durch (2–)4(–8) Autosporen, die sich in der Mutterzelle parallel und entlang der Gallertstränge differenzieren. Sie werden durch Zerreißen der Mutterzellwand frei und bleiben an den Enden der entstandenen Stränge der zerrissenen Mutterzellwand sitzen. Große Kolonien entstehen durch mehrere aufeinanderfolgende Autosporenbildungen.
Von etwa 12 beschriebenen Arten sind nur 2 terrestrisch.

1a Kolonien 2–16zellig, Zellen 3,5–9 µm lang, oval bis kugelig, Reste der Mutterzellwand in Form becherartig gebogener Sterne . . . . **1. D. chlorelloides**
1b Kolonien (4–)8–32(–64)zellig, Zellen 4–15 µm lang, alte Kolonien mit kleinen freien Räumen zwischen den Zellen . . . . **2. D. pulchellum**

1. **Dictyosphaerium chlorelloides** (Naumann) Komárek & Perman 1978 (Fig. 133: b)

Syn.: *Dictyosphaerium minutum* J. B. Petersen 1932
J. B. Petersen 1932b, p. 37, fig. 19; Lund 1947, p. 48, fig. 2: m–q; Komárek & Fott 1983, p. 352, fig. 104: 5.

Kolonien klein, meist 2–4zellig, nur sehr selten aus 16 Zellen zusammengesetzt, häufig auch als Einzelzellen. Lappen der zerrissenen Sporangiumwand in Form eines asteroiden becherförmigen Gebildes; später werden die Kolonien auch kreuzförmig. Kolonien zudem mit feiner Gallerthülle umgeben. Chloroplast wandständig, zuerst lateral, später basal und becherförmig; mit Pyrenoid. Zellen 3,5–6(–9) µm, Autosporen 3–6 × 2–6 µm, Kolonien (10–)20–30(–40) µm groß.
In verschiedenen Erdböden recht verbreitet (Dänemark, England, Island, USSR, Antarktis).

2. **Dictyosphaerium pulchellum** Wood 1872 (Fig. 133: c)

Syn.: *Dictyosphaerium incipiens* Deason 1969
Deason 1969, p. 245, fig. 7–11; Komárek & Fott 1983, p. 354, fig. 105: 2.

Kolonien aus 2–32(–64) verkehrt eiförmigen bis kugeligen Zellen bestehend; von einer unregelmäßigen Gallerthülle umgeben. Jede einzelne Zelle besitzt zudem eine eigene Gallerthülle. Chloroplast becherförmig; mit Pyrenoid. Zellen 3–10 µm groß.
Aus Erdproben isoliert, Dauphin's Island, Alabama (USA).
D. incipiens kommt *D. pulchellum* sehr nahe und unterscheidet sich nur durch solche Merkmale, die in Kulturen allgemein vorkommen.
Unsichere Art:
Dictyosphaerium terrestre Fritsch & John 1942, p. 378, fig. 3: E–J (Fig. 133: d).
Junge Zellen eiförmig, erwachsene kugelig, bis 12 µm im Durchmesser, in Gruppen zu 4 angeordnet und von Gallerte umgeben. Diese Gruppen sitzen auf gabelig verzweigten Gallertsträngen. Zellwand dünn, Chloroplast parietal, gelappt und mit einem Pyrenoid. Fortpflanzung durch 4 Autosporen, manchmal durch zweigeißelige Zoosporen (!) mit kleiner Papille, gelapptem Chloroplast und vorn gelegenem Stigma. In Erdböden (England). Wegen der Zoosporenbildung nicht in diese Gattung gehörend. Erinnert stark an das unsichere *Chlorococcum pseudodictyosphaerium* Metting 1980.

8. Familie Radiococcaceae Fott ex Komárek 1979

Syn.: *Palmellaceae* Lemmermann 1915 p. p.; *Palmogloeaceae* Fott 1974 p. p.

Zellen in gallertigen Kolonien lebend, voneinander entfernt, in Gruppen oder in senkrecht stehenden Reihen angeordnet. Die Kolonie-Gallerte wird von den Zellen ausgeschieden. Gallertlager kugelig, schlauchförmig, formlos, meist mächtig ausgebildet. Zellen verschieden geformt, in den meisten Fällen einfach in der Gestalt. Asexuelle Fortpflanzung nur durch Autosporen. Komárek & Fott 1983.

Von etwa 25 beschriebenen Gattungen sind nur 5 aerophytisch oder terrestrisch.

1a Zellen ± unregelmäßig in der Gallerte eingebettet 2
1b Zellen in schlauchförmigen Gallertsträngen ± reihenartig eingebettet, die Sporangiumwände liegen manchmal um die Zellen herum 5
2a Gallerte homogen 3
2b Gallerte deutlich konzentrisch geschichtet . . . . **1. Gloeocystis** (S. 443)
3a Autosporen in der Mutterzelle tetraedrisch gelagert 4
3b Autosporen in der Mutterzelle parallel oder ± serial gelagert . . . . **2. Coccomyxa** (S. 445)
4a Sporangiumwände verbleiben in der Gallerte als becherförmige Reste . . . . **3. Schizochlamydella** (S. 449)
4b Sporangiumwände verbleiben als amorphe Reste, seltener zerfallen sie in 2 Stücke . . . . **4. Coenochloris** (S. 450)
5a Um die Zellen oder Zellgruppen in den Gallertsträngen eine eigene Gallerthülle . . . . **5. Dactylothece** (S. 452)
5b Gallertstränge strukturlos, Reste der Sporangiumwände bleiben gewisse Zeit erhalten . . . . **6. Palmodictyon** (S. 453)

1. **Gloeocystis** Nägeli 1849

Syn.: *Palmogloea* Kützing 1843 p. p.
Fott & Nováková 1971, p. 326; Hindák 1978, p. 8; Komárek & Fott 1983, p. 420.

Kolonien mikroskopisch bis makroskopisch, grün, gallertig, formlos, mit unregelmäßig zerstreuten Zellen oder Zellgruppen, die mit eigenen weiten oder konzentrisch geschichteten, meist farblosen Gallerthüllen umgeben sind. Zellen ellipsoidisch, eiförmig oder fast kugelig, manchmal leicht asymmetrisch. Zellwand glatt. Chloroplast parietal; mit einem Pyrenoid. Fortpflanzung durch 2–8(–16) Autosporen. Tochterzellen vorerst in gemeinsamer Gallerte verbleibend und erst später eine eigene geschichtete Hülle bildend.

Drei aerophytische oder terrestrische Arten:

1a Zellen mit geschichteter Gallerte umgeben 2
1b Zellen mit weiten eigenen Gallerthüllen . . . . **3. G. papuana**
2a Zellen ellipsoidisch bis eiförmig . . . . **2. G. polydermatica**
2b Zellen breit eiförmig bis kugelig . . . . **1. G. vesiculosa**

1. **Gloeocystis vesiculosa** Nägeli 1849 (Fig. 134: b)

Hindák 1978, p. 8, fig. 2: 1; Komárek & Fott 1983, p. 421, fig. 128: 2.

Kolonien aus dicht angehäuften Teilkolonien zusammengesetzt. Teilkolonien kugelig bis eiförmig, mit konzentrisch geschichteter Gallerte, mit 1–8(–16) Zellen von breit eiförmiger bis kugeliger, manchmal leicht asymmetrischer Gestalt. Chloroplast becherförmig, mit einem Pyrenoid. Zellen 6–8 µm, Teilkolonien bis 50 µm groß.

Auf nassem Holz, feuchten Felsen und Erdböden (Schweiz, Tschechoslowakei, Argentinien, Nepal).

2. **Gloeocystis polydermatica** (Kützing) Hindák 1978 (Fig. 134: a)

Syn.: *Palmogloea protuberans* (Smith & Sowbery) Kützing sensu Fott & Nováková 1971; *Gloeocystis vesiculosa* Nägeli sensu Fott 1956
Fott & Nováková 1971, p. 328, fig. 43; Hindák 1978, p. 8, fig. 1, 2: 2–3; Komárek & Fott 1983, p. 421, fig. 128: 1.

Kolonien grüne Gallertmassen bildend, die unregelmäßig warzig, lappig oder zerfließend erscheinen. Zellen mit deutlich konzentrisch geschichteten Gallerthüllen, deren Schichtung nur selten aufgelöst wird. Zellen ellipsoidisch, auf der einen Seite mehr konvex. Chloroplast parietal, muldenförmig, die Hälfte der Zelle auskleidend; mit einem oft schwer sichtbaren Pyrenoid. Zellen 3,5–11,2 µm lang, 2,5–8 µm breit.

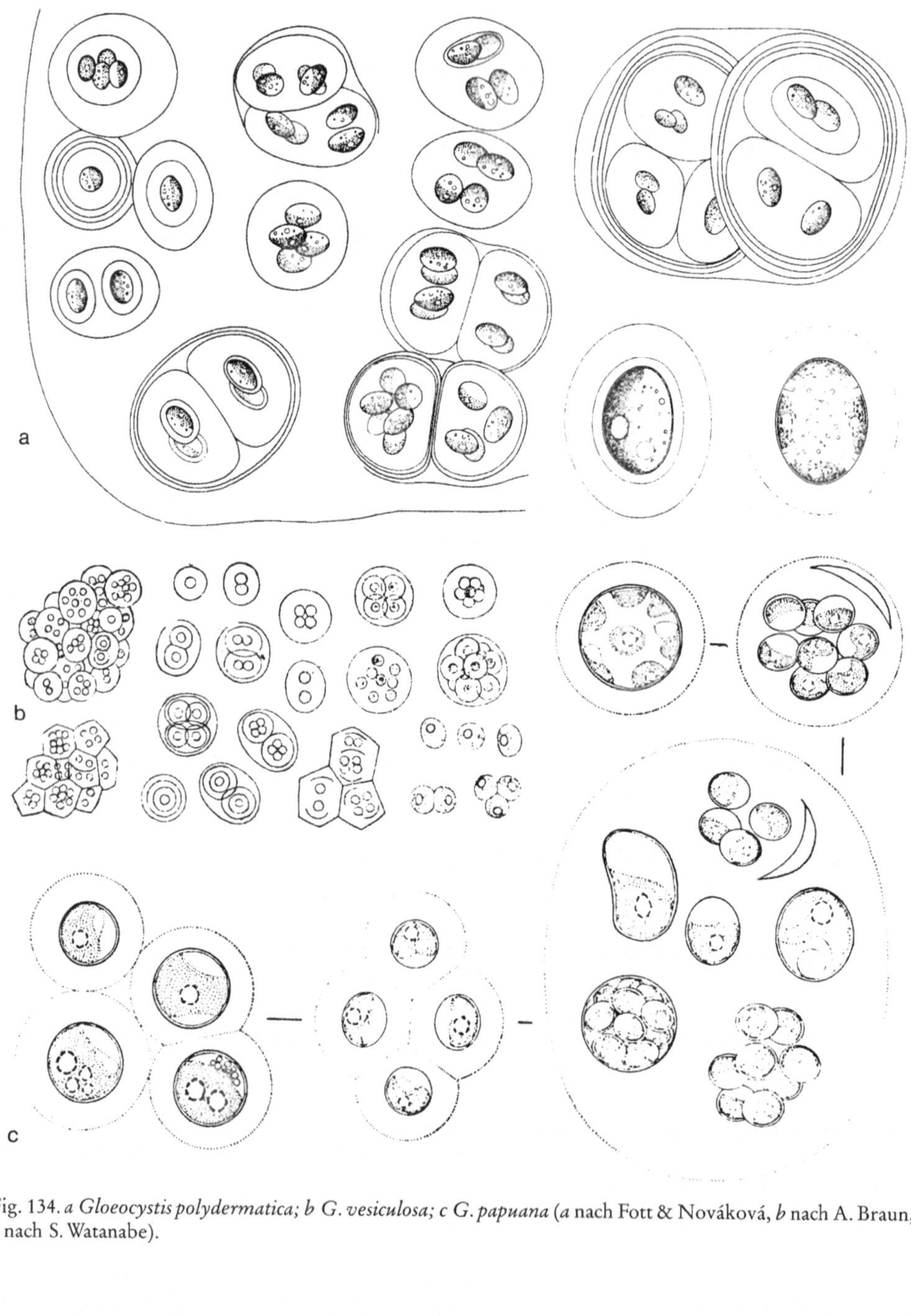

Fig. 134. *a Gloeocystis polydermatica; b G. vesiculosa; c G. papuana* (*a* nach Fott & Nováková, *b* nach A. Braun, *c* nach S. Watanabe).

Aerophytische Alge, die auf nassen Felsen (Granit, Gneis, kristalline Schiefer, Sandstein), seltener auf Holz und Moosen vorkommt. Manchmal lichenisiert (Flechtengattung *Bryophagus*) oder in Erdböden (Mitteleuropa, Japan, Neuguinea).

3. Gloeocystis papuana (S. Watanabe) nov. comb. (Fig. 134: c)
Basionym: *Palmogloea papuana* S. Watanabe 1979, Stud. Cryptog. Papua New Guinea, Tokyo, p. 95, fig. 4: a–f.
Komárek & Fott 1983, p. 421, fig. 127: 5.

Kolonien mit Zellen, die in weiten eigenen, farblosen Gallerthüllen eingebettet sind. Zellen anfangs eiförmig, später bis kugelig werdend. Chloroplast becher-, seltener muldenförmig, am Rande unregelmäßig gewellt, die Hälfte oder zwei Drittel der Zelle auskleidend; mit einem, in älteren Zellen bis 5 Pyrenoiden. Bei der Autosporenbildung bleiben die Reste der Sporangiumwände in der Gallerte erhalten. Zellen bis 12(–16) μm im Durchmesser.
Aus Erdböden isoliert (Papua, Neuguinea).

2. Coccomyxa Schmidle 1901

Jaag 1933, p. 1; Bourrelly 1966, p. 230; Komárek & Fott 1983, p. 414.

Kolonien mikroskopisch oder makroskopisch, formlose, große Gallertlager bildend. Am Rande meist scharf begrenzt. Gallerte strukturlos oder um die Zellen herum ± konzentrisch geschichtet. Diese Schichtung löst sich in älteren Kolonieteilen auf. Zellen spindelförmig, ellipsoidisch, eiförmig bis fast kugelig, manchmal dorsiventral gebaut. Fortpflanzung durch 2–4(–8) Autosporen die im Sporangium schief, leicht gegeneinander verschoben, aber ± in eine Richtung gelagert sind. Die Sporangiumwand verquillt völlig und geht schnell in der gemeinsamen Gallerte verloren. Tochterzellen bleiben in der Gallerthülle, doch sind sie voneinander entfernt.
Von etwa 10 beschriebenen Arten sind 7 aerophytisch oder terrestrisch.

1a Zellen gestreckt, 2mal oder mehrmals länger als breit 2
1b Zellen breit ellipsoidisch oder fast kugelig, weniger als 2mal länger als breit 5
2a Zellen an beiden Enden abgerundet 3
2b Zellen an beiden Enden zugespitzt . . . . **2. C. corbierei**
3a Zellen bis 5(–7) μm lang, regelmäßig bohnenförmig . . . . **3. C. brevis**
3b Zellen bis 16 μm lang 4
4a Zellen nieren- bis birnenförmig oder zylindrisch, Chloroplast vor der Autosporenbildung in 2–4 Teilstücke aufgeteilt . . . . **4. C. curvata**
4b Zellen ellipsoidisch, dorsiventral gebaut, gerade oder leicht gebogen . . . . . . **1. C. confluens**
5a Gallerte dünnflüssig, Zellen breit ellipsoidisch und klein, bis 6,5 μm lang, Chloroplasten 2–3 . . . . **5. C. gloeobotrydiformis**
5b Gallerte derb, Zellen fast kugelig, 8–10 μm im Durchmesser, mit 1 Chloroplast 6
6a Zellen bis 8 μm lang, Chloroplast bandförmig . . . . **6. C. subglobosa**
6b Zellen bis 10 μm lang, Chloroplast muldenförmig . . . . **7. C. olivacea**

1. Coccomyxa confluens (Kützing) Fott 1974 (Fig. 135: a)
Syn.: *Coccomyxa dispar* Schmidle 1901; *Palmogloea confluens* (Kützing) Fott & Nováková 1971
Jaag 1933, p. 38, fig. 1–3; Komárek & Fott 1983, p. 416, fig. 126: 1.

Kolonien makroskopisch, am Substrat festsitzend, bis mehrere Zentimeter groß, schleimig, grün bis olivgrün. Zellen unregelmäßig in der Gallerte gelagert, ± ellipsoidisch, oft schwach dorsiventral gebaut, gerade oder leicht gebogen. 1 Chloroplast. Autosporen einseitig verschmälert. Zellen 2,5–16 μm lang, 1,2–8 μm breit; Gallertlager bis 20 cm groß.
Kultur: ASIB V 16.
Aerophytisch auf nassem Holz, Steinen und Moosen (Mittel- und Nordeuropa).

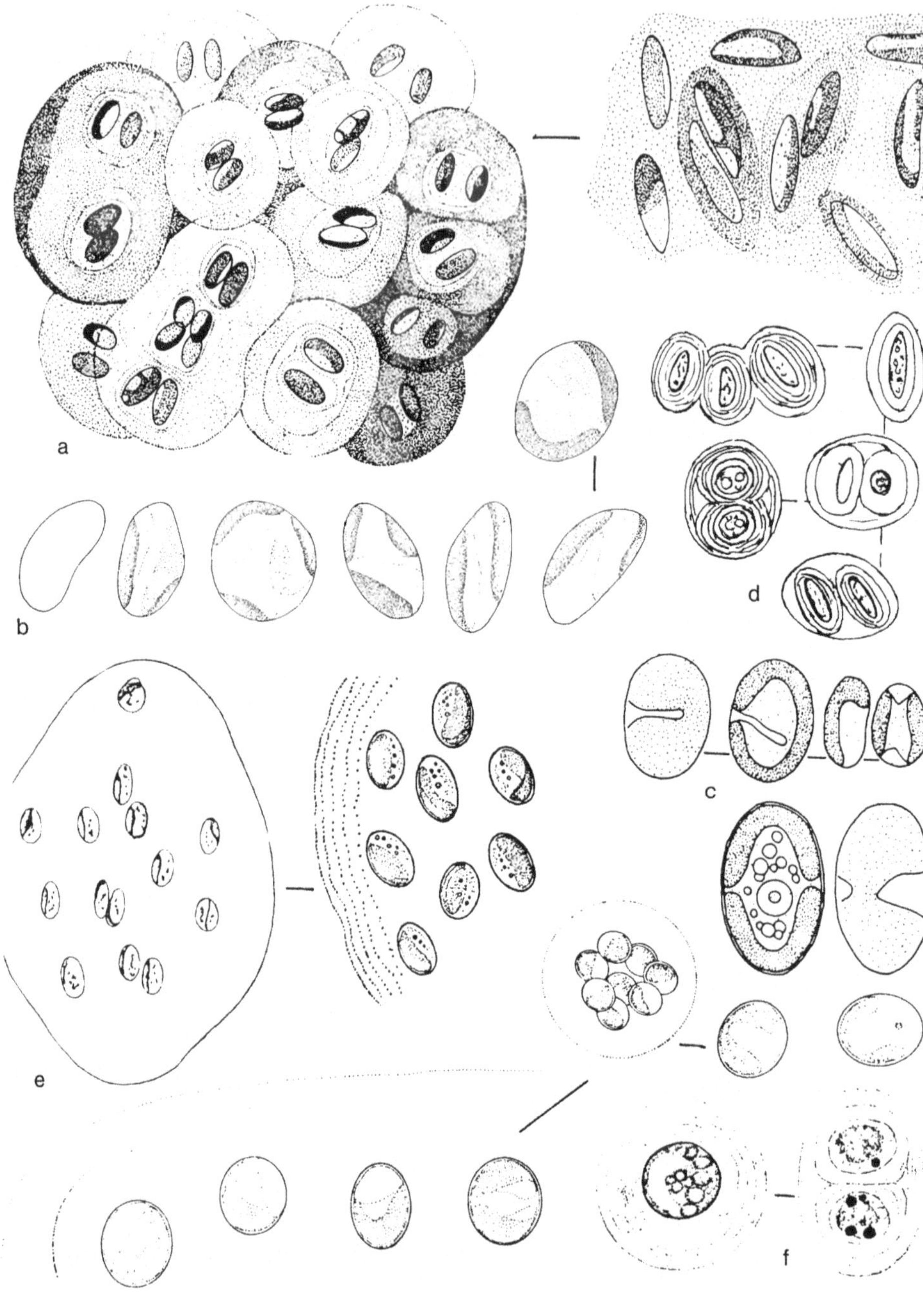

Fig. 135. *a Coccomyxa confluens; b C. gloeobotrydiformis; c gloeobotrydiformis* var.; *d C. corbierei; e C. subglobosa; f C. olivacea* (*a* nach Jaag, *b* nach Reisigl, *c* nach Broady, *d* nach Wille, *e* nach Ettl und nach S. Watanabe, *f* nach J. B. Petersen).

2. Coccomyxa corbierei Wille 1910 (Fig. 135: d)
Jaag 1933, p. 58; Komárek & Fott 1983, p. 416, fig. 125: 5.

Kolonien makroskopisch, grün, an der Oberfläche warzig, wobei in den Warzen die Zellen angehäuft sind. Um jede Zelle eine geschichtete Gallerthülle. Zellen ± spindelförmig, manchmal leicht dorsiventral gebaut, mit zugespitzten bis spitz abgerundeten Enden. Chloroplast parietal; ohne Pyrenoid. Als Dauerstadien werden rundliche Hypnoblasten gebildet. Zellen 5–14 µm lang, 3–7 µm breit; Hypnoblasten 7–9 µm im Durchmesser.
Aerophytisch auf Holz (Frankreich).

3. Coccomyxa brevis (Vischer) Gärtner & Schragl 1988 (Fig. 136: b)
Syn.: *Nephrodiella brevis* Vischer 1945
Vischer 1945 a, p. 489, fig. 7; Gärtner & Schragl 1988, p. 513, fig. 1, 2.

Zellen bohnenförmig gebogen, oft mit ungleich abgerundeten Zellpolen, bisweilen etwas zitronen- oder birnenförmig bis ellipsoidisch. Zellwand dünn, manchmal polar leicht abgehoben. Chloroplasten 1–2, parietal schüsselförmig; ohne Pyrenoid. Zellkern ± median. Im Plasma manchmal Öltropfen oder größere Vakuolen. Autosporen zu 4 gebildet. Zellen 8–11 µm lang, 2,5–6 µm breit, Autosporangien 10–11 µm groß.
Kultur: UTEX 152, SAG 850 1, ASIB BS 319.
In saueren Humus-Schichten der Waldböden bei Fuorn (Schweiz); in gelbbrauner Erde eines Curvuletums (pH 5,6) unter der Granatenwand (2900 m ü. M.) und in der Wurzelzone von *Elyna myosuroides* am Jöchl beim Hochfirst (3160 m ü. M.), Tirol (Österreich).

4. Coccomyxa curvata Broady 1982 (Fig. 136: a)
Broady 1982 b, p. 458, fig. 46–53.

Kolonien weich gallertig, Gallerte ohne Schichtung, Zellen vorübergehend in Gruppen zu 2–4 nachdem sie als Autosporen entlassen wurden, später sind sie in der ganzen Kolonie unregelmäßig verstreut. Zellen nieren- oder birnenförmig bis meist zylindrisch. Chloroplast blaß grün, breit gelappt, knapp vor der Protoplastenteilung in 2–4 Teilstücke getrennt. Autosporen schmal nierenförmig, manchmal auch birnenförmig. Reste der Sporangiumwand bleiben längere Zeit sichtbar. Zellen 5–9 µm lang, 3–5 µm breit.
Zwischen Aufwüchsen fädiger Blaualgen auf nassen Felsen (Antarktis).

5. Coccomyxa gloeobotrydiformis Reisigl 1969 (Fig. 135: b; 139: b)
Reisigl 1969, p. 498, fig. 3; Komárek & Fott 1983, p. 418, fig. 126: 4; Handa et al. 1991, p. 213, fig. 3.

Kolonien mit dünnflüssiger Gallerte. Zellen breit ellipsoidisch bis breit eiförmig, selten schwach bohnenförmig oder leicht unregelmäßig. In jungen Zellen ein in 2 Lappen geteilter Chloroplast, in erwachsenen meist 2–3 blaß gelbgrüne Chloroplasten; ohne Pyrenoid. Bildet 2–4(–16) Autosporen. Zellen (3–)5,5–6,5 µm lang, (2,8–)4,5–6 µm breit.
Aus einer Bodenprobe vom Cho-Oyu-Westgrat, 6150 m ü. M. (Himalaya); außerdem mehrmals in der Antarktis und auf Surtsey (Island) gefunden. Auch auf Baumrinden (Japan).
Broady 1982 a, p. 23, fig. 76–80 (Fig. 135: c) gibt eine unbeschriebene Varietät an. In der Gallerte der Kolonien sind zeitweise Gruppen von 2–16 jungen Zellen nach dem Freiwerden der Autosporen vorhanden. Chloroplast parietal, häufig zweilappig. Zellen bis 13 µm lang und bis 9 µm breit. Insel Surtsey (Island).

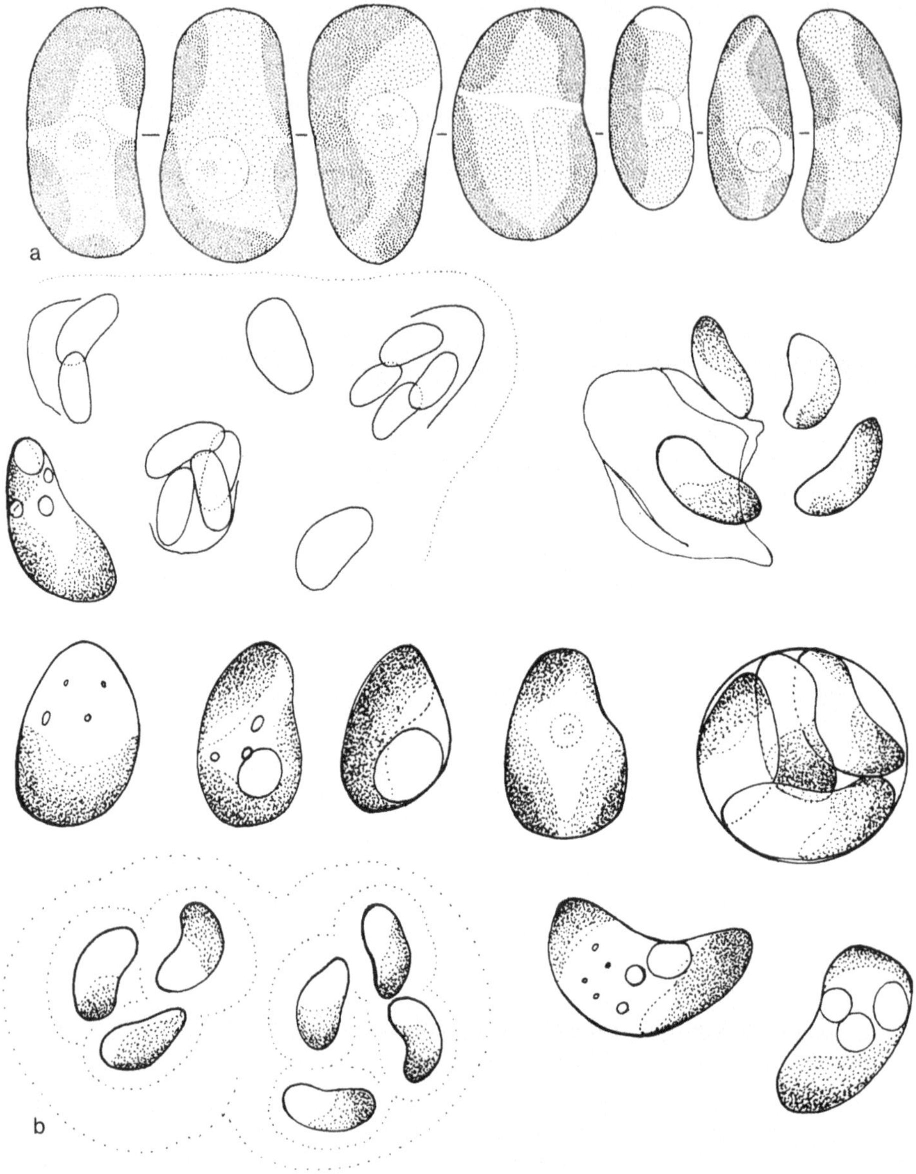

Fig. 136. *a Coccomyxa curvata; b C. brevis* (*a* nach Broady, *b* nach Gärtner & Schragl).

6. **Coccomyxa subglobosa** Pascher 1915 (Fig. 135: e)

incl. f. *scabra* S. Watanabe
Pascher 1915, p. 210, fig. 3, 4.

Gallertlager sehr klein, derb und homogen. Zellen fast kugelig, oft auf der einen Seite leicht eingedrückt. Chloroplast bandförmig; ohne Pyrenoid. Zellen 6–8 μm groß.
Auf feuchten moorigen Böden (Tschechoslowakei, Österreich); auch aus Erdböden isoliert (Neuguinea, Japan).

7. Coccomyxa olivacea J. B. Petersen 1915 (Fig. 135f)
Jaag 1933, p. 62; Komárek & Fott 1983, p. 420.

Kolonien klein, ± abgerundet, derb, bräunlich, mit ungeschichteter Gallerte. Zellen fast kugelig. Chloroplast parietal, an der inneren Fläche mit rötlichen oder bräunlichen Tropfen. Es werden nur 2 Autosporen gebildet. Zellen 8–10 µm im Durchmesser, Kolonien bis 3 mm groß.
Aerophytisch auf Kalk- und Kreidefelsen (Dänemark).

Unsichere Arten:
In der Monographie der Gattung *Coccomyxa* (Jaag 1933) werden mehrere Arten angegeben, die als Luft-, Boden- oder Flechtenalgen auftreten. Leider lassen sich viele wegen unzureichender Merkmale nicht mehr identifizieren oder müssen noch taxonomisch geklärt werden. Der Vollständigkeit halber seien sie jedoch hier erwähnt. Nähere Angaben siehe bei Jaag (1933) und auch bei Komárek & Fott (1983):
Coccomyxa arvernensis Jaag – epiphytisch auf der Flechte *Acarospora fuscata*.
C. epiphytica Jaag – epiphytisch auf *Aspicilia cinereo-rufescens*.
C. glaronensis (solorinae-saccatae) Jaag – Phykobiont von *Solorina saccata*.
C. gracilis Chodat – epiphytisch auf *Cladonia gracilis*.
C. icmadophilae Jaag – Phykobiont der Flechte *Icmadophila ericetorum*.
C. mucigena (peltigerae-aphtosae) Jaag – Phykobiont von *Peltigera aphtosa*.
C. naegeliana (Artari) Wille – aerophytisch auf Baumrinden, sauren Erdböden, Moosen und feuchten Felsen.
C. ovalis (solorinae-saccatae) Jaag – Phykobiont von *Solorina saccata*.
C. pallescens Chodat – epiphytisch auf *Cladonia gracilis*.
C. peltigerae Jaag – Phykobiont von *Peltigera aphtosa*.
C. peltigerae-venosae Jaag – Phykobiont von *Peltigera venosa*.
C. pringsheimii (botrydinae) Jaag – aus *Botrydina vulgaris* (= *Omphalina*, Basidiolichenes).
C. rayssiae Chodat & Jaag – freilebend (?).
C. solorinae Chodat – Phykobiont der Gattung *Solorina sp*.
C. solorinae-bisporae Jaag – Phykobiont von *Solorina bispora*.
C. solorinae-croceae Chodat – Phykobiont von *Solorina crocea*.
C. solorinae-saccatae Chodat – Phykobiont von *Solorina saccata*.
C. subellipsoidea Acton em. Jaag – aus *Botrydina vulgaris* (= *Omphalina*, Basidiolichenes).
C. subsphaerica Chodat & Jaag – epiphytisch auf Flechten.
C. thallosa Chodat – auch als Phykobiont von *Peltigera aphtosa* und *Solorina saccata*.
C. tiroliensis (solorinae-croceae) Jaag – Phykobiont von *Solorina crocea*.
C. turicensis Jaag – epiphytisch auf *Parmelia subaurifera*.
C. viridis Chodat – epiphytisch auf der Flechte *Sphaerophorus coralloides*.

3. **Schizochlamydella** Korschikoff 1953

Syn.: *Schizochlamys* A. Braun 1855 p. p. sensu auct.
Komárek & Fott 1983, p. 383.

Kolonien mikroskopisch, kugelig bis formlos, nicht scharf begrenzt, mit einer strukturlosen Gallerte, in der voneinander entfernte Zellen und leere Sporangiumwände zerstreut sind. Zellen ± kugelig, mit glatter Zellwand und einem becher- bis topfförmigen Chloroplast, mit oder ohne Pyrenoid. Fortpflanzung durch 2–4 ± tetraedrisch angeordnete Autosporen, die durch einen Riß in der Sporangiumwand frei werden und sich bald in die gemeinsame Gallerte verschieben. Die alten leeren Sporangiumwände persistieren lange in der Gallerte und behalten die ursprüngliche halbkugelige bis kugelige Gestalt.
Drei Arten sind terrestrisch.

1a Chloroplast mit Pyrenoid 2

1b Chloroplast ohne Pyrenoid .... **3. S. minutissima**
2a Chloroplast topfförmig, ganzrandig, mit 1 Pyrenoid .... **1. S. delicatula**
2b Chloroplast parietal, gelappt, mit 1 bis mehreren Pyrenoiden .... **2. S. sphaerica**

1. Schizochlamydella delicatula (G. S. West) Korschikoff 1953 (Fig. 137: a)
Syn.: *Schizochlamys delicatula* G. S. West 1904
Komárek & Fott 1983, p. 383, fig. 114: 3.

Kolonien mehrzellig. Zellen kugelig, mit topfförmigem, ganzrandigem Chloroplast; mit 1 Pyrenoid. Reste der Mutterzellwände halbkugelig. Zellen 4,5–9,4 µm im Durchmesser.
Auch in Erdböden vorkommend.

2. Schizochlamydella sphaerica S. Watanabe 1977 (Fig. 137: b)
S. Watanabe 1977e, p. 338, fig. 1–15; Komárek & Fott 1983, p. 384, fig. 114: 4.

Zellen kugelig, einzeln in sphärischen homogenen Gallerthüllen. Zellwand dünn, glatt, mitunter mit einigen Wärzchen. Chloroplast parietal, in mehrere Lappen aufgeteilt; mit 1 bis mehreren Pyrenoiden. Sporangiumwand in zwei zusammenhängende halbkugelige Gebilde aufreißend. Zellen 3–8 µm im Durchmesser, Gallerthüllen bis 6 µm dick.
Aus Erdböden isoliert (Japan).

3. Schizochlamydella minutissima Broady 1982 (Fig. 137: c)
Broady 1982b, p. 462, fig. 68–73, 120.

Erwachsene Zellen einzeln, kugelig, mit dicker Gallerthülle umgeben; Gallerte bei sehr alten Zellen dünn, seltener fehlend. Junge Zellen ellipsoidisch, in kleinen Gallertlagern. Zellwand dünn und glatt. Chloroplast parietal, blaßgrün, oft zweiteilig; ohne Pyrenoid. Autosporen zu 2–8 gebildet, breit ellipsoidisch. Sporangiumwand verschleimend, die Autosporen längere Zeit zusammenhaltend. Zellen 2–5(–7) µm im Durchmesser, Gallerthülle 1–2,5 µm dick.
Zwischen feuchten Moosen mit epiphytischen Blaualgen, Vestfold Hills (Antarktis).

4. **Coenochloris** Korschikoff 1953

Syn.: *Sphaerocystis* Chodat 1897 p. p. sensu Broady 1979
Broady 1979a, p. 76; Komárek & Fott 1983, p. 386; Hindák 1984, p. 59.

Kolonien mikroskopisch, kugelig oder ellipsoidisch, seltener unregelmäßig, gelappt, mit am Rand begrenzter oder zerfließender und dann undeutlicher, ± homogener Gallerte. Zellen kugelig bis breit eiförmig oder ellipsoidisch, zu 4–8 in regelmäßigen Gruppen angeordnet und dauernd sich berührend, selten später voneinander entfernt. Zellwand glatt. Chloroplast wandständig, mit oder ohne Pyrenoid. Fortpflanzung durch 4–8(–16) Autosporen, die in der Sporangiumwand tetraedrisch oder oktaedrisch angeordnet sind. Beim Freisetzen der Autosporen zerspringt die Sporangiumwand und verbleibt in der Kolonie längere Zeit in Bruchstücken.
Von mehr als 10 beschriebenen Arten sind nur 3 aerophytisch oder terrestrisch.

1a Zellen breit ellipsoidisch bis subsphärisch, Autosporen gestreckt ellipsoidisch oder zylindrisch .... **3. C. oleifera**
1b Zellen kugelig, nur junge Zellen breit ellipsoidisch, Autosporen breit ellipsoidisch bis kugelig 2
2a Chloroplast zweilappig, Zellen bis 8,5 µm im Durchmesser .... **1. C. bilobata**
2b Chloroplast unregelmäßig und mehrfach gelappt, Zellen bis 15 µm Durchmesser .... **2. C. signiensis**

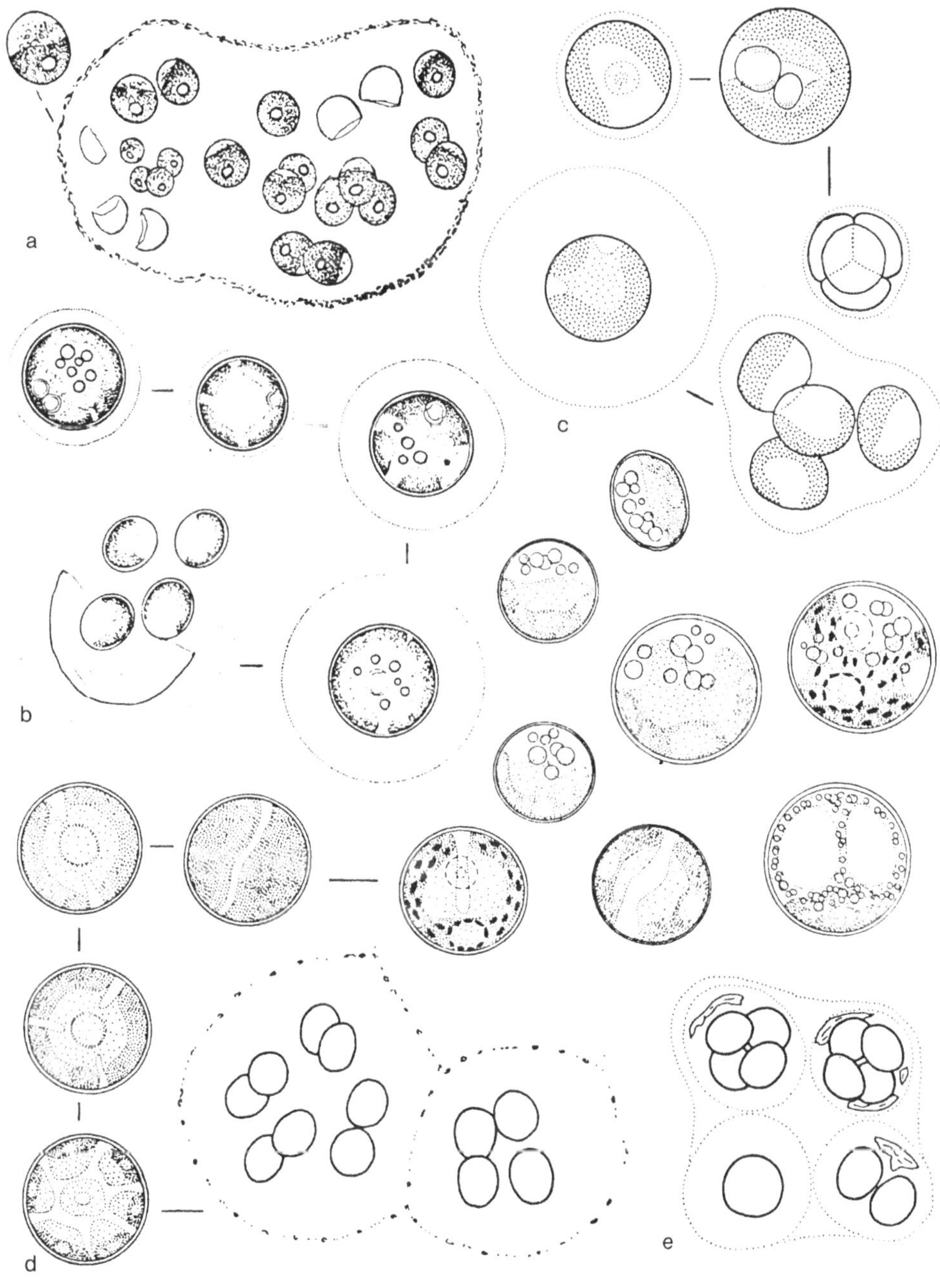

Fig. 137. *a Schizochlamydella delicatula; b S. sphaerica; c S. minutissima; d Coenochloris bilobata; e C. signiensis* (*a* nach G. S. West, *b* nach S. Watanabe, *c–e* nach Broady).

1. Coenochloris bilobata (Broady) Hindák 1984 (Fig. 137: d)
Syn.: *Sphaerocystis bilobata* Broady 1976
Broady 1976, p. 398, fig. 6; 1979a, p. 76, fig. 20; Komárek & Fott 1983, p. 394, fig. 118: 2; Hindák 1984, p. 61.

Größere, vielzellige, unregelmäßige Kolonien, die aus kleineren Teilkolonien zusammengesetzt sind, in denen meist 4–8 Zellen eingeschlossen sind. Junge Zellen eiförmig, oft etwas unregelmäßig, erwachsene Zellen kugelig, mit deutlicher Zellwand. Chloroplast parietal, in 2, später auch in mehrere Lappen geteilt, fast die ganze Zelle auskleidend; mit Pyrenoid. Zellen ± 6(–8,5) µm im Durchmesser, Autosporen 3,5 × 3 µm groß.
Subaerophytisch zwischen Bodenmoosen und in Moorböden, South Orkney Islands (Antarktis).

2. Coenochloris signiensis (Broady) Hindák 1984 (Fig. 137: e)
Syn.: *Sphaerocystis signiensis* Broady 1976
Broady 1976, p. 396, fig. 4; 1979a, p. 78, fig. 22; Komárek & Fott 1983, p. 392, fig. 118: 1; Hindák 1984, p. 61.

Kolonien ± unregelmäßig, mit vielen zerstreuten Zellen, die in 2–4–8zelligen Gruppen oder unregelmäßig angeordnet sind. Gallerthüllen manchmal leicht konzentrisch strukturiert. Junge Zellen eiförmig, erwachsene kugelig. Zellwand dünn, glatt. Chloroplast becherförmig, später am Rand deutlich gewellt bis unregelmäßig und mehrfach gelappt; mit 1 Pyrenoid. Zellen 7–12 µm im Durchmesser, Autosporen 4,5–7 µm groß.
Auf Bodenmoosen, South-Orkney Islands (Antarktis), auch auf der Insel Surtsey (Island) gefunden (Broady 1982).

3. (Coenochloris?) Sphaerocystis oleifera Broady 1976 (Fig. 138: a, b)
Syn.: *Coenocystis oleifera* (Broady) Hindák 1984
Broady 1976, p. 397, fig. 5; 1979a, p. 78, fig. 22; Komárek & Fott 1983, p. 414, fig. 125: 4; Hindák 1984, p. 88.

Kolonien vielzellig, unregelmäßig. Zellen zu 2–4–8–16 in Gruppen angehäuft. Junge Zellen werden eine Zeitlang von den Resten der Sporangienwände umgeben. Gallerte der Kolonien manchmal fein konzentrisch geschichtet. Erwachsene Zellen unregelmäßig zerstreut. Zellwand dünn, glatt, bei alten Zellen bis 1,5 µm dick. Chloroplast parietal, am Rand gelappt; mit 1 Pyrenoid. Zellen 7–11 µm im Durchmesser, Autosporen 7–9 × 3–4 µm groß.
Aus Bodenmoosen isoliert, South-Orkney Islands (Antarktis).
Die Unterschiede zwischen den Gattungen *Coenochloris* und *Coenocystis* sind zu gering, um sie voneinander eindeutig trennen zu können. Wir behalten die alte Benennung mit dem Hinweis auf die mögliche Zugehörigkeit zu *Coenochloris*, um das Problem nicht zu komplizieren. Weitere Untersuchungen sind nötig.
Von dieser Art wurde eine Varietät, var. *antarctica* Broady 1982b, p. 450, fig. 74–78 beschrieben (Fig. 139: a). Zellen in Gruppen zu 4 oder 8 angehäuft. Chloroplast mulden- bis bandförmig, seitlich gelegen.

5. Dactylothece Lagerheim 1883

Komárek & Fott 1983, p. 439.

Zellen in kleinen Gallertkolonien, zu 2–4 in Reihen hintereinander, entlang der Längsachse in mehrfach, meist deutlich geschichteten Gallerthüllen eingebettet. Kolonien oft aus kleineren 2–4zelligen Teilkolonien zusammengesetzt. Erwachsene Zellen voneinander entfernt. Gallerthüllen oft schwach verfärbt. Schichten der Teilungsfolge der Zellen entsprechend. Zellen eiförmig oder ellipsoidisch, an beiden Enden abgerundet. Chloroplast parietal, mit 1 Pyrenoid. Es werden 2–4

Autosporen gebildet, die durch die verschleimte Sporangienwand in 2–4zelligen Gruppen verbleiben.
Eine einzige Art:

Dactylothece braunii Lagerheim 1883 (Fig. 138: c)
Pascher 1915, p. 227, fig. 34; Komárek & Fott 1983, p. 440, fig. 133: 1.

Kolonien oft zu mehreren, ± ausgebreiteten Lagern verbunden, deren Farbe grünlich oder gelblich ist. Sonst mit den Merkmalen der Gattung. Zellen 6–10 µm lang, 3–5 µm breit, Gallertschichten bis 15 µm dick.
An feuchten Stellen, an der Basis von Baumstämmen, auf feuchten Mauern in der gemäßigten Zone.

6. **Palmodictyon** Kützing 1845
Komárek & Fott 1983, p. 440.

Zellen in festen, selten zerfließenden Gallertgebilden von verschiedener Gestalt. Meist schlauchförmig, einfach oder verzweigt, bäumchenförmig, teils radial ausstrahlend, manchmal unregelmäßig. Zellen ± kugelig, einzeln oder in Gruppen zu 2–4, manchmal mit eigenen ± breiten Gallerthüllen. Chloroplast topfförmig, manchmal gelappt oder auch in Teilstücke aufgelöst. Fortpflanzung durch 2–4 kugelige Autosporen, die in der Gallerte weiterwachsen. Sporangiumwand zerfließt oder bleibt in 2–4 Teilstücken länger erhalten. Tochterzellen entwickeln Gallerte, die zu verschieden gestalteten, fest umrandeten Gallertkörpern heranwächst.
Von 3 beschriebenen Arten ist nur 1 auch terrestrisch:

Palmodictyon varium (Nägeli) Lemmermann (Fig. 138: d, e)
Ettl 1981 b, p. 158, fig. 1: 1, 2; 2; Komárek & Fott 1983, p. 444, fig. 134: 1.

Gallertkolonien anfangs einfach, später unregelmäßig verzweigt und stark aufgetrieben. Zellen einreihig bis unregelmäßig mehrreihig angeordnet. Zellen kugelig, mit 4–6 parietalen scheibenförmigen Chloroplasten; ohne Pyrenoid. Zellen 4–12 µm im Durchmesser; Kolonien bis 2 mm lang.
Kommt zuweilen auch auf und in sauren, leicht moorigen Böden vor, Nordwest-Mähren (Tschechoslowakei).

9. **Familie Oocystaceae** Bohlin 1901

Zellen einzeln oder in 2^n Kolonien, wo Tochterzellen in der meist erweiterten Sporangiumwand eingeschlossen bleiben. Einzelne Zellen eiförmig oder ellipsoidisch, seltener kugelig, spindel- oder bohnenförmig, auch leicht unregelmäßig. Zellwand glatt, warzig oder bestachelt, oft mit polaren Verdickungen, mehrschichtig. Mit 1 oder mehreren parietalen Chloroplasten; mit oder ohne Pyrenoid. Fortpflanzung nur durch Autosporen.
Von etwa 35 beschriebenen Gattungen weisen nur 4 terrestrische oder aerophytische Arten auf.
Brunnthaler 1915; Printz 1927; Korschikoff 1953; Bourrelly 1966; Komárek & Fott 1983.

1a Zellen mit 1 pyrenoidführenden Chloroplasten, Zellwand mit langen Borsten 2
1b Zellen mit 1 oder zahlreichen scheibenförmigen Chloroplasten, mit oder ohne Pyrenoid, Zellwand glatt 3
2a Zellen mit kurzen Borsten oder Warzen auf der ganzen Oberfläche . . . . . **1. Trochiscia** (S. 455)
2b Zellen mit 1 langen Borste auf einem Pol der verlängerten Zelle . . . . **2. Pilidiocystis** (S. 456)
3a Chloroplast 1 oder mehrere, parietal, mulden- oder scheibenförmig . . . . . **3. Oocystis** (S. 457)
3b Chloroplasten bandförmig, asteroid aus dem Zellzentrum auslaufend . . . . **4. Chondrosphaera** (S. 459)

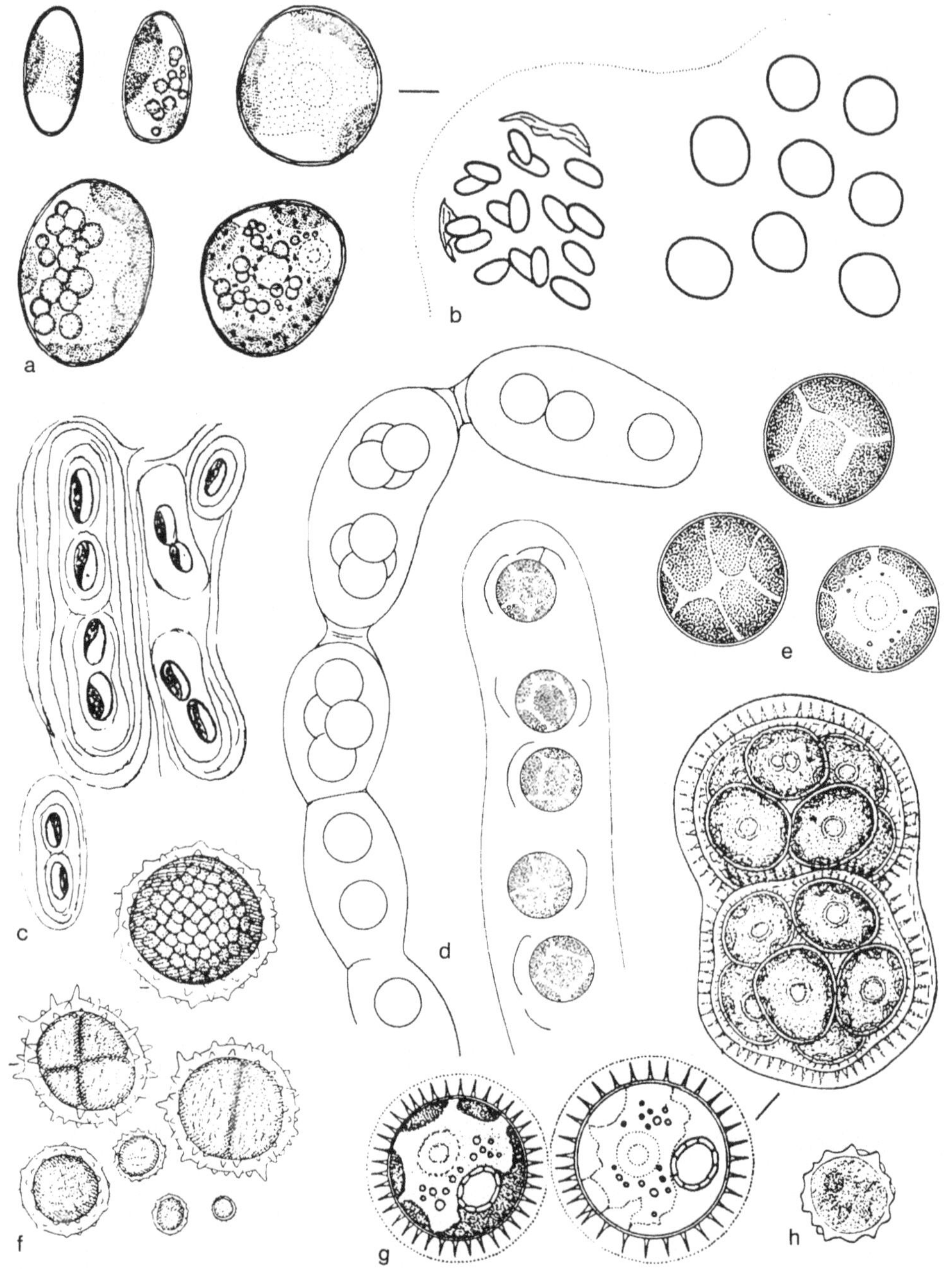

Fig. 138. *a, b* (? *Coenochloris*) *Sphaerocystis oleifera; c Dactylothece braunii; d, e Palmodictyon varium; f Trochiscia granulata; g T. aciculifera; h T. reticularis* (*a, b* nach Broady, *c* nach Pascher, *d, e, g* nach Ettl; *f* nach Printz, *h* nach James).

1. **Trochiscia** Kützing 1845

Syn.: *Acanthococcus* Lagerheim 1883
Komárek & Fott 1983, p. 448.

Zellen einzeln, kugelig oder fast kugelig; mit dicker Zellwand, die entweder dicht und regelmäßig mit kurzen Borsten oder Warzen bedeckt ist oder oberflächliche, unregelmäßig netzartige Skulpturen trägt. Chloroplast einer, zentral oder parietal, meist sternförmig oder am Rand gelappt, oder auch mit mehreren parietalen Chloroplasten; mit oder ohne Pyrenoid. Zellen einkernig. Fortpflanzung durch Aplanosporen und Autosporen.
Von 6 beschriebenen Arten sind 2 terrestrisch.

1a Zellen regelmäßig bedeckt mit kurzen, stachelförmigen und scharf zugespitzten Borsten; oft mit Gallerthülle . . . . **1. T. aciculifera**
1b Zellen mit warzenförmigen oder mit kurz borstenförmigen Gebilden, die immer abgerundet sind, ohne Gallerthülle . . . . **2. T. granulata**

1. **Trochiscia aciculifera** (Lagerheim) Hansgirg 1888 (Fig. 138: g)

Syn.: *Acanthococcus aciculiferus* Lagerheim 1883
Komárek & Fott 1983, p. 450, fig. 135: 2.

Zellen ± kugelig, mit ziemlich dicker Zellwand, die regelmäßig mit zahlreichen geraden, spitzen, relativ kurzen und radial ausstrahlenden Borsten versehen ist. Um die Zelle eine deutliche Gallerthülle, deren Dicke die Borstenlänge wenig überragt. Chloroplast wandständig, am Rande gelappt, auch perforiert oder aus mehreren Teilstücken zusammengesetzt; mit 1, seltener mit mehreren Pyrenoiden. Zellen (9–)20–30(–33) µm im Durchmesser, Borsten 4–7 µm lang.
Auf feuchten Felsen, Baumstämmen und auf feuchten Torfböden (Tschechoslowakei, Österreich, USSR).

2. **Trochiscia granulata** (Reinsch) Hansgirg 1888 (Fig. 138: f)

Syn.: *Acanthococcus granulatus* Reinsch 1886
Komárek & Fott 1983, p. 452, fig. 135: 4.

Zellen ± kugelig; mit dicker Zellwand, die mit dicken, stumpfen, warzenartigen Gebilden bedeckt ist. Chloroplast massiv, wandständig; ohne Pyrenoid. Fortpflanzung durch sehr viele und sehr kleine Autosporen. Zellen 8–23 µm im Durchmesser.
In Erdböden, aerophytisch auf feuchten Felsen und Wänden, in Blumentöpfen in Gewächshäusern; ziemlich verbreitet (Tschechoslowakei, Österreich, Norwegen, USSR, Südafrika).

Unsichere Arten:
Trochiscia hirta (Reinsch) Hansgirg 1888
Bristol 1920, p. 74; J. B. Petersen 1928, p. 429; Phillipson 1935, p. 274.
Trochiscia reticularis (Reinsch) Hansgirg 1888 (Fig. 138: h)
James 1935, p. 529, fig. 3: H–K.
Trochiscia aspera (Reinsch) Hansgirg 1888
Bristol 1920, p. 74.
Nicht beschriebene Arten:
Trochiscia sp. A – Broady 1979a, p. 81, fig. 23: z–c' (Fig. 140: a) – Zellen einzeln, kugelig, mit verschieden skulpturierter Zellwand. Junge Zellen sind an der Oberfläche mit kurzen Fortsätzen besetzt, erwachsene Zellen haben längere, manchmal ungleich lange Dornen. Chloroplasten parietal plattenförmig, ohne Pyrenoid. Zellen bis 30 µm im Durchmesser, Autosporen (oder Aplanosporen?) nur 3 µm groß.
Aerophytisch zwischen feuchten Moos-Polstern und in Erdböden (Antarktis).

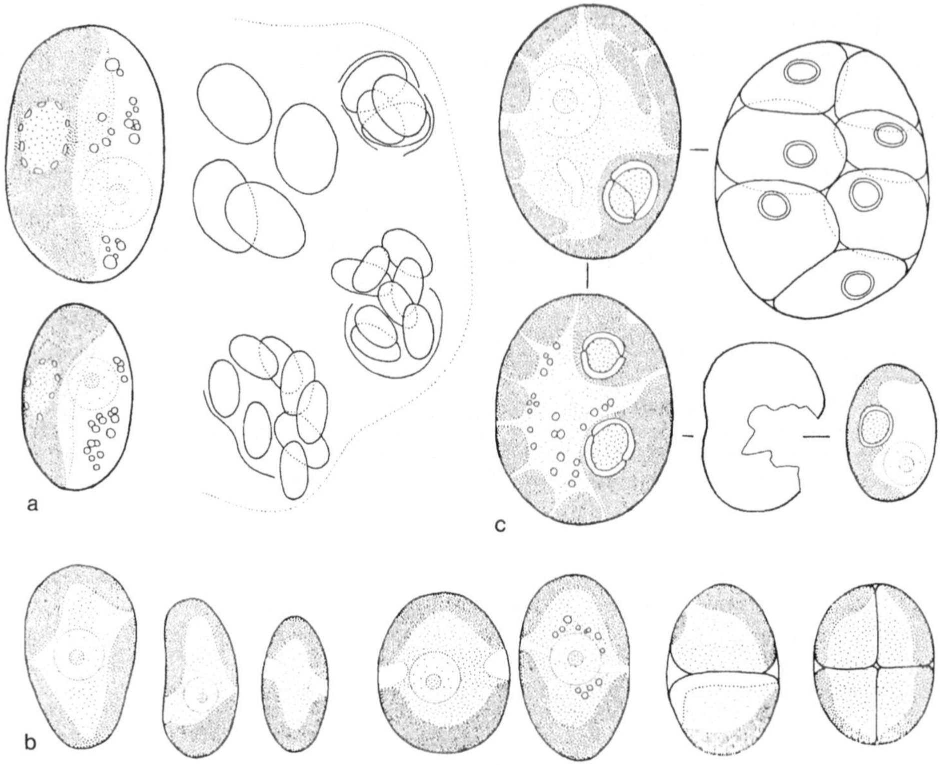

Fig. 139. *a (? Coenochloris) Sphaerocystis oleifera* var. *antarctica; b Coccomyxa gloeobotrydiformis; c Oocystis minuta* var. *ellipsoidea* (nach Broady).

2. **Pilidiocystis** Bohlin 1897

Komárek & Fott 1983, p. 480.

Zellen einzeln, eiförmig oder unregelmäßig ellipsoidisch, mit einer dünnen, farblosen bis bräunlichen Zellwand. Aus einem Ende der Zelle kommen 1–2 gerade Borsten hervor. Chloroplast parietal; mit Pyrenoid. Fortpflanzung durch 2–8(–16) Autosporen.
Von zwei bekannten Arten ist 1 terrestrisch:

Pilidiocystis multispora (Bischoff & Bold) nov. comb. (Fig. 140: b)
Basionym: *Ourococcus multisporus* Bischoff & Bold 1963, Univ. Texas Publ. 6318, p. 42, fig. 68, 69, 127–130; Komárek & Fott 1983, p. 480, fig. 142: 8.

Zellen ei- bis spindelförmig, an einem Pol abgerundet, am anderen verschmälert und ausgezogen abgestutzt. Dort mit einer langen dünnen Borste. Zellwand dünn und glatt. Chloroplast wandständig; mit 1 Pyrenoid. Freisetzung der Autosporen durch einen Riß in der Sporangiumwand. Zellen bis 24 µm lang, 5–12 µm breit, borstenförmiger Fortsatz 1,5–2mal länger als die Zelle.
Erdproben von Enchanted Rock, Llano County, Texas (USA).

3. Oocystis A. Braun 1855

Komárek & Fott 1983, p. 499.

Zellen einzeln oder zu 2–8 oder zu mehreren in Kolonien vereinigt, wo sie in der farblosen, verschleimten oder begrenzten Mutterzellwand verbleiben. Letztere liegt den vegetativen Zellen eng an oder sie erweitert sich deutlich und bildet eine einfache oder geschichtete Blase um die Zellen. Zellen spindelförmig, ellipsoidisch, eiförmig oder fast kugelig. Zellwand glatt, nur an den Zellpolen manchmal verdickt oder in eine Papille vorgewölbt. Chloroplasten 1 bis mehrere, parietal, mulden- oder scheibenförmig, ganzrandig oder gelappt. Pyrenoid oft undeutlich, bei einigen Arten nicht beobachtet. Fortpflanzung durch 2–8(–16) Autosporen, die innerhalb der Sporangiumwand (Mutterzellwand) heranwachsen und dort die ganze vegetative Phase verbringen. Freisetzung durch Verschleimen oder durch einen Riß in der Sporangiumwand.
Von den etwa 30 beschriebenen Arten sind 4 aerophytisch oder terrestrisch.

1a Zellen heteropolar, papillenartige Verdickung nur auf einem Zellpol . . . . **1. O. alpina**
1b Zellen isopolar, papillenartige Verdickung an beiden Zellpolen oder fehlend 2
2a Zellen ohne polare Verdickungen 3
2b Zellen mit polaren Verdickungen . . . . **4. O. asymmetrica**
3a Zellen ellipsoidisch, an den Enden stumpf zugespitzt . . . . **2. O. minuta**
3b Zellen ± zylindrisch, an den Enden abgerundet . . . . **3. O. rupestris**

1. Oocystis alpina Reisigl 1964 (Fig. 140: c)

Reisigl 1964, p. 473, fig. 29; Komárek & Fott 1983, p. 486, fig. 143: 3.

Zellen länglich-eiförmig, mit ungleichen Polen; ein Ende breit abgerundet, das andere allmählich in eine Spitze auslaufend und meist mit kopfiger Papille. Chloroplast undeutlich, wahrscheinlich ein großer parietaler mit großem Pyrenoid. Zellwand anscheinend mehrschichtig, da ständig eine äußerste Schicht abgestoßen und erneuert wird. Fortpflanzung durch 2 Autosporen, Zellen bis 12 µm lang, 7 µm breit.
Aus alpinen Böden (über 3000 m ü. M.) isoliert, Tirol (Österreich).
Hin und wieder konnte die schwache Andeutung einer Längsstreifung der Zellwand beobachtet werden. Es ist daher nicht ausgeschlossen, daß es sich um eine *Scotiellopsis* mit sehr schwachen und nur unter bestimmten Bedingungen ausgebildeten Längsrippen handelt.

2. Oocystis minuta Guillard, Bold & Mac Entee 1975 (Fig. 140: d)

Komárek & Fott 1983, p. 521, fig. 143: 7, 8.

Zellen ± ellipsoidisch, an den Polen stumpf zugespitzt, jedoch ohne Verdickungen. Ohne Gallerthüllen und keine Kolonien bildend. Zellwand glatt. Chloroplast parietal, am Rande gelappt; mit 1 Pyrenoid. Zellen 6–14 µm lang, 3–8 µm breit.
Kultur: UTEX 2071.
In Erdböden (USA, Japan, Insel Surtsey, Island).
Zusätzlich wurden 2 Varietäten beschrieben:
var. *vacuolata* S. Watanabe 1978 a, p. 16, fig. 4–8 (Fig. 140: e) unterscheidet sich durch viele nicht kontraktile Vakuolen und größere Ausmaße, 10–16 µm lang, 6–9 µm breit. In Waldböden mit *Pinus densiflora* (Japan).
var. *ellipsoidea* Broady 1982 b, p. 453, fig. 20–29 (Fig. 139: c) – Zellen breit ellipsoidisch, im Alter subsphärisch bis sphärisch. Chloroplast gelappt oder perforiert, in alten Kulturen auch zerteilt; Pyrenoid deutlich. Zellen 5–11 µm lang, 4–9 µm breit. Von der Oberfläche von Cyanophyceen auf feuchtem mineralischem Boden isoliert, Vestfold Hills (Antarktis), auch auf der Insel Surtsey (Island) gefunden.
Nicht beschriebene Varietät – Broady 1982 a, p. 23, fig. 64–69, 170 (Fig. 140: f) – Erwachsene Zellen breit ellipsoidisch. Chloroplast parietal, oft perforiert; mit 1 deutlichen zweischaligen Pyrenoid.

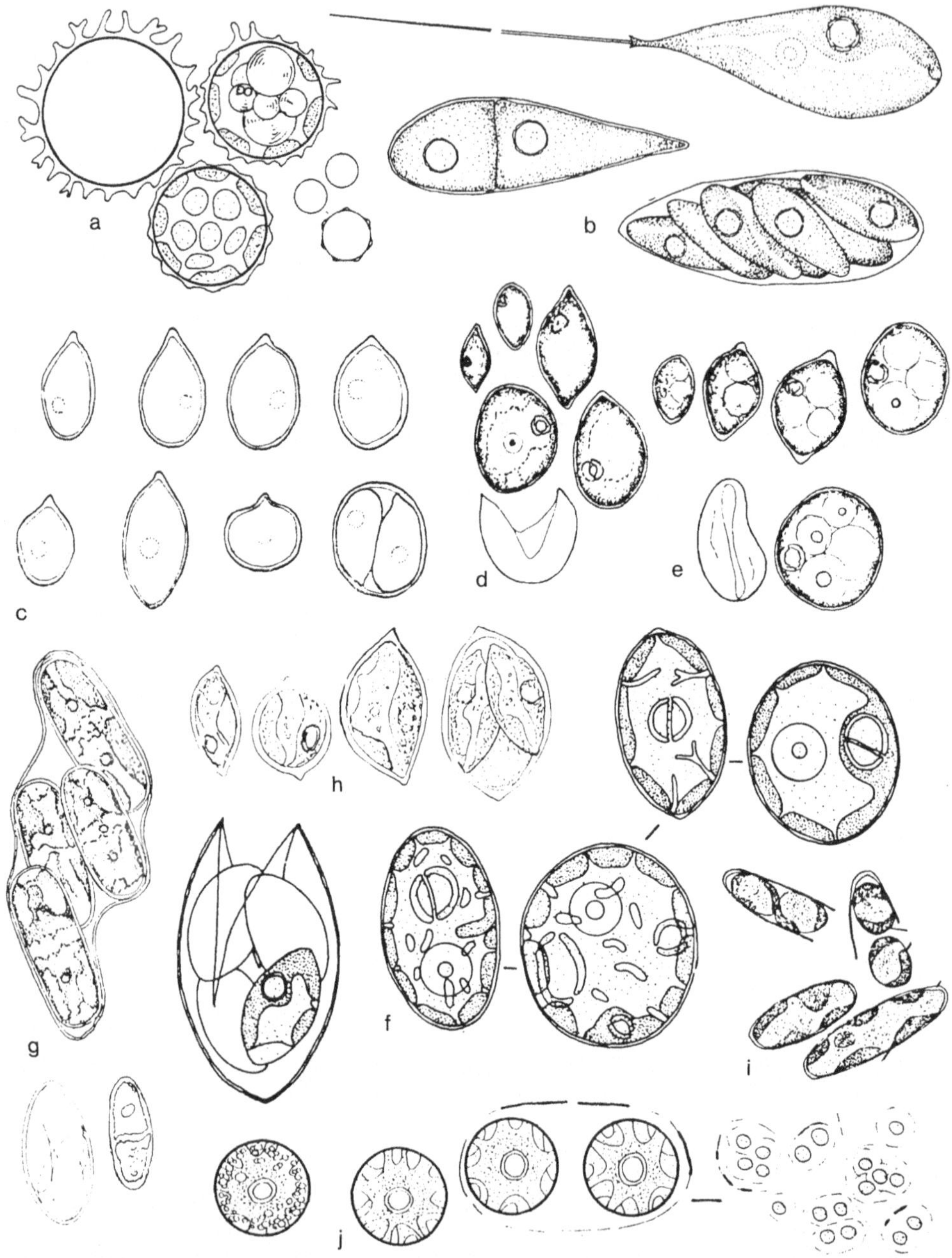

Fig. 140. *a Trochiscia spec.* «A»; *b Pilidiocystis multispora; c Oocystis alpina; d O. minuta; e O. minuta* var. *vacuolata; f O. minuta* var.; *g O. rupestris; h O. asymmetrica; i O. solitaria* var. *terrestris; j Chondrosphaera lapponica* (*a, f, j* nach Broady, *b* nach Bischoff & Bold, *c* nach Reisigl, *d, e* nach S. Watanabe, g aus Komárek & Fott; *h* nach Komaromy, *i* nach Phillipson).

Zellwand an beiden Polen manchmal leicht verdickt. Zellen 6–13 µm lang, 4,5–11 µm breit. Insel Surtsey (Island).

3. Oocystis rupestris Kirchner 1880 (Fig. 140: g)

Komárek & Fott 1983, p. 511, fig. 150: 2.

Zellen länglich oval bis zylindrisch, an beiden Enden abgerundet. Zellwand nicht verdickt oder nur ausnahmsweise mit warzenartigen Verdickungen. Einzeln oder seltener in kleinen Kolonien mit 2 oder 4 Zellen. Zellwand fest, anliegend, manchmal etwas erweitert. Chloroplasten 1–2, muldenförmig; mit Pyrenoiden. Zellen (13–)18–28 µm lang, 6–13 µm breit.
Auf nassen Felsen und auf feuchten Stellen (Island, Mitteleuropa).

4. Oocystis asymmetrica W. & G. S. West sensu Komáromy 1975 (Fig. 140: h)

Komárek & Fott 1983, p. 486, fig. 143: 4.

Zellen asymmetrisch eiförmig oder rundlich, eine Seite mehr gewölbt als die andere. Zellwand dick, mit kleinen Verdickungen an den Polen. Chloroplast parietal, mit gewelltem Rand; mit Pyrenoid. Zellen 8–13 µm lang, 2–10 µm breit.
Bodenoberfläche in der Nähe eines Baches, Matra Gebirge (Ungarn).
Unsichere Sippe:
Oocystis solitaria Wittrock var. *terrestris* Phillipson 1935, p. 274, fig. 17 (Fig. 140: i) – Zellen einzeln, gestreckt, 10–27 µm lang und 7–9 µm breit. Mit mehreren Chloroplasten ohne Pyrenoid. Zellwand an den Polen leicht verdickt. Es wurde keine unversehrte Zellwand gefunden, doch in vielen Fällen wurden Autosporen in Teilen der alten Mutterzellwand gesehen. Autosporen 8–9 µm lang, 6 µm breit.
In Erdböden, Victoria (Australien).

4. Chondrosphaera Skuja 1964

Skuja 1964, p. 125; Komárek & Fott 1983, p. 530.

Zellen selten einzeln, meist zu wenigen bis vielen in gallertigen Kolonien, wo sie in angeschwollenen und verschleimten Sporangiumwänden eingeschlossen sind. Zellen kugelig, mit glatter Zellwand, die eine kleine warzen- bis schnabelförmige Verdickung besitzt und die auch auf den angeschwollenen Sporangiumwänden noch deutlich ist. Chloroplast zentral, asteroid, mit mehreren, aus dem pyrenoidführenden Zentrum auslaufenden Lappen. Zellkern in einem Raum zwischen den Lappen. Fortpflanzung durch 2–8 Autosporen, die durch Verschleimen oder durch einen Riß in der Sporangiumwand frei werden. Öfters entstehen Kolonien mit Zellen mehrerer Generationen.
Eine einzige Art:

Chondrosphaera lapponica Skuja 1964 (Fig. 140: j; 141: a)

Skuja 1964, p. 126, fig. 20: 10–13; Komárek & Fott 1983, p. 530, fig. 155: 2.

Gallertige Hülle farblos, leicht konzentrisch geschichtet. Sonst mit den Merkmalen der Gattung. Kolonien bis 200 µm, Zellen 8–12 µm im Durchmesser, Zellwandverdickung bis 3 µm lang und 0,5 µm breit.
Erdböden von Signy Island, South Orkney Islands (Antarktis).

10. Familie Coelastraceae Wille 1909

Zellen kugelig, ei- bis spindelförmig, radial in dreidimensionalen, ± kugeligen Zönobien angeordnet. Zellwand glatt, seltener runzelig, gestreift oder gerippt. Fortpflanzung durch Autosporen, die noch innerhalb der Mutterzelle zu Tochterzönobien zusammenwachsen.
Komárek & Fott 1983.
Mit einer terrestrischen Gattung.

Coelastrum Nägeli 1849

Komárek & Fott 1983, p. 720.

Zellen in kugeligen, ellipsoidischen, hohlen Zönobien lebend. Bei niederer Anzahl sind die Zellen tetraedrisch oder ± würfelig, mit Lücken zwischen den Zellen; ältere Zönobien unregelmäßig und netzförmig durchbrochen. Anzahl der Zellen in Zönobien als Potenz von 2, gewöhnlich 4–32, seltener bis 64. Zellen kugelig, breit eiförmig oder in Seitenansicht eckig, trapezförmig oder mit gewölbter Außenseite. Zellwand glatt bis runzelig, am distalen Pol manchmal verdickt oder warzig, auch mit 1 bis einigen fingerartigen Fortsätzen. Die Zellen sind mit ihren Wänden oder mit seitlichen bis subapikalen Ausläufern miteinander verbunden. Chloroplast parietal, mit einem Pyrenoid. Fortpflanzung durch Tochterzönobien, die in jeder Zelle gebildet werden können. Nur 1 terrestrische Art:

Coelastrum printzii Rayss 1915 (Fig. 141: b)
Syn.: *Coelastrum humicola* Gistl 1935
Komárek & Fott 1983, p. 734, fig. 205: 1.

Zönobien kugelig bis leicht unregelmäßig, mit 4–8 dicht angehäuften Zellen, deren Gestalt rundlich polygonal ist. Apikal mit 1–8 warzenförmigen, verschieden langen, an den Enden abgerundeten Fortsätzen. Zellen mit ihren Seiten verbunden, an den Berührungsflächen abgeflacht. Zellen 11–18 µm lang, 10–15 µm breit, Zönobien bis 47 µm groß.
Häufig in Erdböden vorkommend, in nördlichen Gebieten der gemäßigten Zone bis subarktisch.

11. Familie Scenedesmaceae Oltmanns 1904

Zellen immer in ± flachen, einschichtigen (zweidimensionalen) Zönobien lebend. Synzönobien nur selten. Grundzahl der Zellen in den Zönobien 4. Meist in einfachen oder doppelten Reihen, auch kreuzweise angeordnet. Fortpflanzung durch Autosporen, die in der Mutterzelle zu den charakteristischen Zönobien verwachsen.
Komárek & Fott 1983.
Nur zwei Gattungen führen terrestrische oder aerophytische Arten:

1a Zönobien aus 2 hintereinander gestellten und gegeneinander quer stehenden Zellpaaren, oft gegeneinander etwas verschoben (oder gekreuzt) .... **1. Enallax** (S. 460)
1b Zönobien mit Zellen, die parallel in 1 oder 2 Reihen gelagert sind ..... **2. Scenedesmus** (S. 461)

1. **Enallax** Pascher 1943

Pascher 1943, p. 195; Komárek & Fott 1983, p. 801.

Zönobien (2–)4–8zellig, mit ± parallel, räumlich angehäuften, verlängerten Zellen, die oft gegeneinander etwas verschoben (oder gekreuzt) sind. Zellen ± spindelförmig bis ellipsoidisch, selten leicht asymmetrisch. Durch die längsachsiale Aneinanderpressung ergibt sich eine gewölbte

Außen- und eine kantige Innenseite der Einzelzellen. Zellwand derb, mit meridional verlaufenden Rippen oder Leisten. Chloroplast parietal mit einigen Verdickungen und mit 1 Pyrenoid. Fortpflanzung durch 2–8 Autosporen, die sich noch innerhalb der Sporangien zum Zönobium anordnen, die Faltensysteme an der Zellwand ausbilden und durch Zerreißen der Sporangiumwand frei werden. Dauerzellen mit derber Wand und mit roten Öltropfen.
Von 2 beschriebenen Arten ist 1 aerophytisch.

Enallax coelastroides (Bohlin) Skuja 1964 (Fig. 141: c)
Syn.: *Scenedesmus costatus* Schmidle var. *coelastroides* Bohlin 1897; *Enallax alpinus* Pascher 1943
Pascher 1943, p. 195, fig. 8–16; Kalina & Punčochářová 1977, p. 124, fig. 26–46; Komárek & Fott 1983, p. 801, fig. 222: 2.

Zellen spindelförmig, mit einem mehr verjüngten und verlängerten Ende. Derbe Zellwand mit Längsfalten und Leisten. Eine der Falten läuft rund um die Zelle und teilt die Oberfläche in zwei Teile; auf jeder Hälfte noch 2 weitere Längsleisten. Letztere auf dem breiteren Zellpol leicht erweitert und vorgezogen, gegen das Hinterende zu verjüngt. Chloroplast oft gefurcht oder mit schmalen Perforationen. Zellen 14–25 μm lang, 8–16 μm breit.
Auf leicht überrieselten oder feuchten Felsen und Steinen in den Zentralalpen (Österreich).

2. Scenedesmus Meyen 1829

Komárek & Fott 1983, p. 813.

Zönobien 2–16(–32)zellig. Zellen ± parallel in 1 oder 2reihigen Zönobien angeordnet. Bei verschiedenen Arten kommen lineare oder mit alternierenden Zellen zusammengesetzte Zönobien vor. Zellen verlängert oval, ellipsoidisch, zylindrisch bis eiförmig, auch spindelförmig; an den Enden abgerundet oder verjüngt, abgestutzt oder konisch abgerundet. Zellwand glatt oder mit verschiedenen oberflächlichen Skulpturen wie Stacheln, Zähnchen, Wärzchen oder Rippen versehen, die variabel sind und bei einzelnen Arten in verschiedenen Kombinationen und Modifikationen vorkommen. Chloroplast wandständig, manchmal lappig gegliedert bis unregelmäßig; mit Pyrenoid. Fortpflanzung durch 2–16(–32) Autosporen, die noch innerhalb der Sporangiumwand einer jeden Zelle zu einem Tochterzönobium verbunden werden.
Von den mehr als 100 beschriebenen Arten wurden im Erdboden nur 4 gefunden:

1a Zellen ohne Stacheln 2
1b Zellen mit Stacheln 3
2a Zellen spindelförmig, mit fingerartig vorgezogenen Polen . . . . **1. S. acutus**
2b Zellen zylindrisch, an beiden Enden scharf konisch zugespitzt; entlang der Zellseiten je eine gerade glatte Rippe . . . . **2. S. prismaticus**
3a Zellen oval, an den Polen kurze, leicht gebogene Stacheln, entlang der Zellseiten eine Warzenreihe . . . . **3. S. soli**
3b Zellen ± zylindrisch, in den Ecken des Zönobiums mit sehr kurzen Stacheln, ohne weitere Strukturen . . . . **4. S. microspina**

1. Scenedesmus acutus Meyen 1829 (Fig. 141: d)
Syn.: *Scenedesmus tetradesmiformis* (Woloszinska) Chodat sensu Chodat 1926; *Scenedesmus crassus* Chodat 1926; *Scenedesmus scenedesmoides* Chodat 1926
Komárek & Fott 1983, p. 840, fig. 228: 1.

Zönobien (2–)4(–8)zellig, mit linear, leicht bis stark alternierenden Zellen; mitunter auch zweireihigen Zönobien. Zellen zu einem Drittel oder zur Hälfte ihrer Seiten miteinander verbunden. Sie sind spindelförmig, mit ± zugespitzten, oft leicht fingerartig verlängerten Polen. Innere Zellen ± gerade, äußere mit leicht aus dem Zönobium gebogenen Enden; die Außenseite der äußeren Zellen

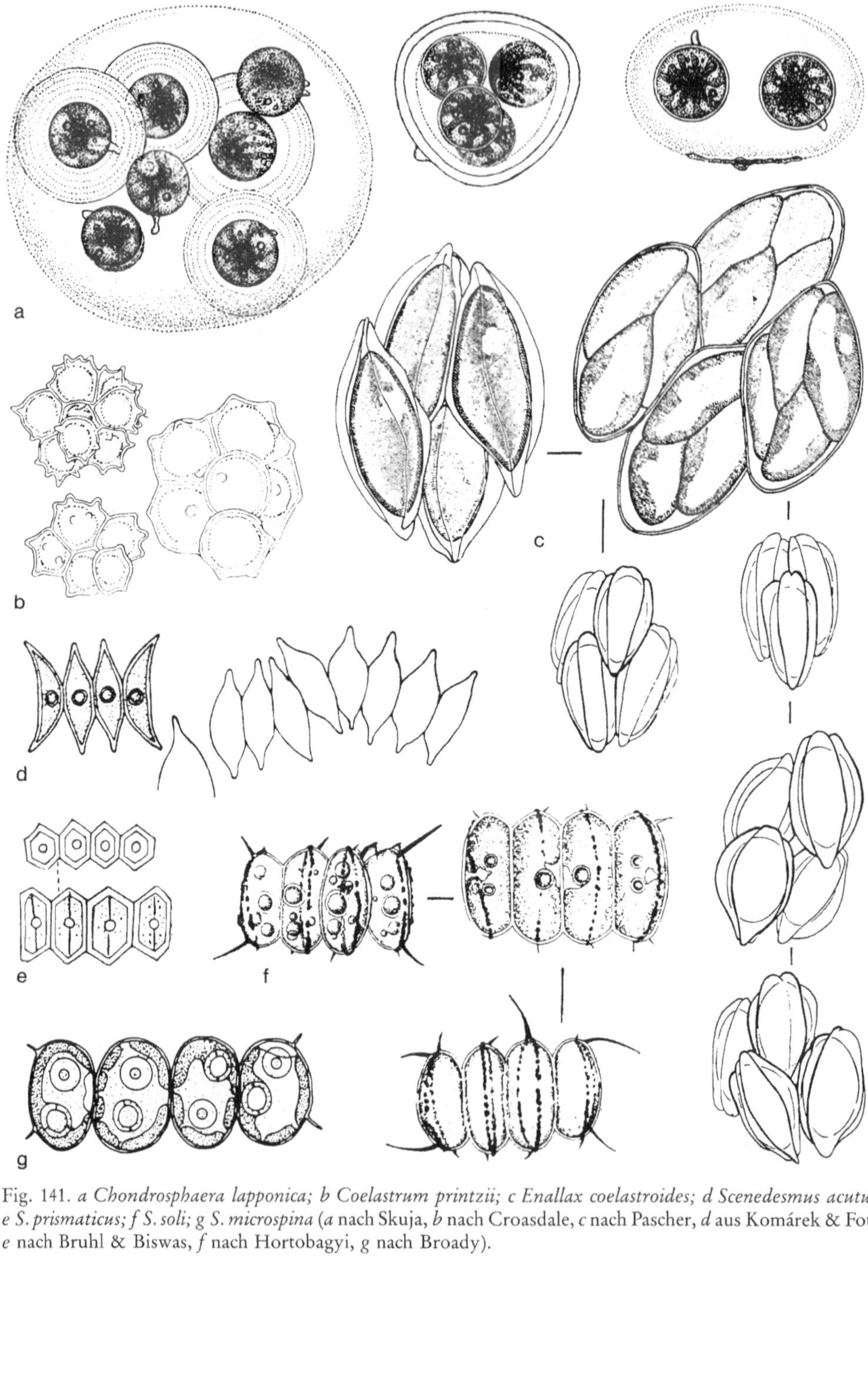

Fig. 141. *a Chondrosphaera lapponica; b Coelastrum printzii; c Enallax coelastroides; d Scenedesmus acutus; e S. prismaticus; f S. soli; g S. microspina* (*a* nach Skuja, *b* nach Croasdale, *c* nach Pascher, *d* aus Komárek & Fott, *e* nach Bruhl & Biswas, *f* nach Hortobagyi, *g* nach Broady).

bei jungen Zönobien konkav, später konvex. Zellen 7–25 µm lang, 2–7,5 µm breit.
Aus mehreren Erdproben isoliert (Dänemark, Mitteleuropa).

2. Scenedesmus prismaticus Bruhl & Biswas 1922 (Fig. 141: e)
Komárek & Fott 1983, p. 848, fig. 230: 6.

Zönobien 4(–8)zellig, linear. Zellen zylindrisch, an beiden Enden konisch zugespitzt, im Querschnitt hexagonal. Außenseite gerade oder leicht konvex. Entlang der Zellseiten je eine gerade glatte Rippe, die wie eine dunkle Linie hervortritt. Zellen 10–16 µm lang, 4–6 µm breit.
Aus Erdböden isoliert (Indien, Malaysien).

3. Scenedesmus soli Hortobagyi 1959 (Fig. 141: f)
Syn.: *Scenedesmus intermedius* f. *granulatus* Hortobagyi 1960; *Scenedesmus armatus* var. *dispar* Philipose 1967
Komárek & Fott 1983, p. 877, fig. 236: 11.

Zönobien (2–)4(–8)zellig, linear, schwach alternierend oder mit schwach unregelmäßig gereihten Zellen, die oft ungleich groß sind. Zellen immer oval, mit abgerundeten Enden, nur an den Berührungsflächen wenig abgeflacht. Die Konturseite der Außenzellen immer deutlich konvex. An den Polen der Außenzellen, manchmal auch auf den Innenzellen, sind kurze, meist leicht gebogene Stacheln, die in den meisten Fällen diagonal symmetrisch am Zönobium angeordnet sind. Außer diesen Stacheln sitzt an den Polen jeder Zelle ein kürzerer Stachel. An den Flanken der Zellen zusammenhängende, ± unterbrochene Warzenreihen. Zellen 9,5–14,3 µm lang, 4,2–8,5 µm breit.
Aus Erdböden isoliert.

4. Scenedesmus microspina Chodat 1926 (Fig. 141: g)
Syn.: *Scenedesmus quadricauda* var. *microspina* (Chodat) Philipose 1967
Komárek & Fott 1983, p. 930, fig. 249: 7.

Zönobien (2–)4(–8)zellig, linear, dicht geschlossen, mit zylindrisch ovalen Zellen, die an den Polen abgerundet sind. An den Randzellen (in den Ecken) sitzen kurze Stacheln; sonst ohne andere Strukturen. Zellen 5–13 µm lang; 2,3–6 µm breit.
Erdböden der Insel Surtsey (Island).

Nicht beschriebene Chlorellales[35]:
Chlorococcale a – Behre & Schwabe 1970, p. 73, fig. 1: 13–19 (Fig. 142: a) – Zellen langgestreckt, asymmetrisch, 8–12 × 2,5–4 µm groß. Mit parietalem Chloroplast ohne Pyrenoid. Fortpflanzung durch 2–4 Autosporen. Die Zellen haben ein breit abgerundetes und ein schief und mehr spitz zulaufendes Ende, das letztere meist mit verdickter Zellwand. Erdböden der Insel Surtsey (Island).
Chlorococcale b – Behre & Schwabe 1970, p. 73, fig. 1: 20–24 (Fig. 142: b) – Zellen einzeln oder in größeren Kolonien regellos zusammenliegend, kugelig oder etwas länglich. Mit dicker Zellwand, ohne Gallerthülle, 7–14 µm groß. Chloroplasten mehrere, scheibenförmig, gegeneinander abgeplattet; ohne Pyrenoid. Zellwand oft mit einer oder mehreren Verdickungen oder Auswüchsen. Fortpflanzung durch 4 bis zahlreiche Autosporen, die oft noch in der Sporangiumwand längere Zeit verbleiben und ineinandergeschachtelte Systeme von Zellen bilden. Sporangien bis 20 µm, Autosporen 5–8 µm groß.
Erdböden der Insel Surtsey (Island).

---

[35] Ausgenommen Chlorosarcinaceae, Neochloridaceae und Protosiphonaceae.

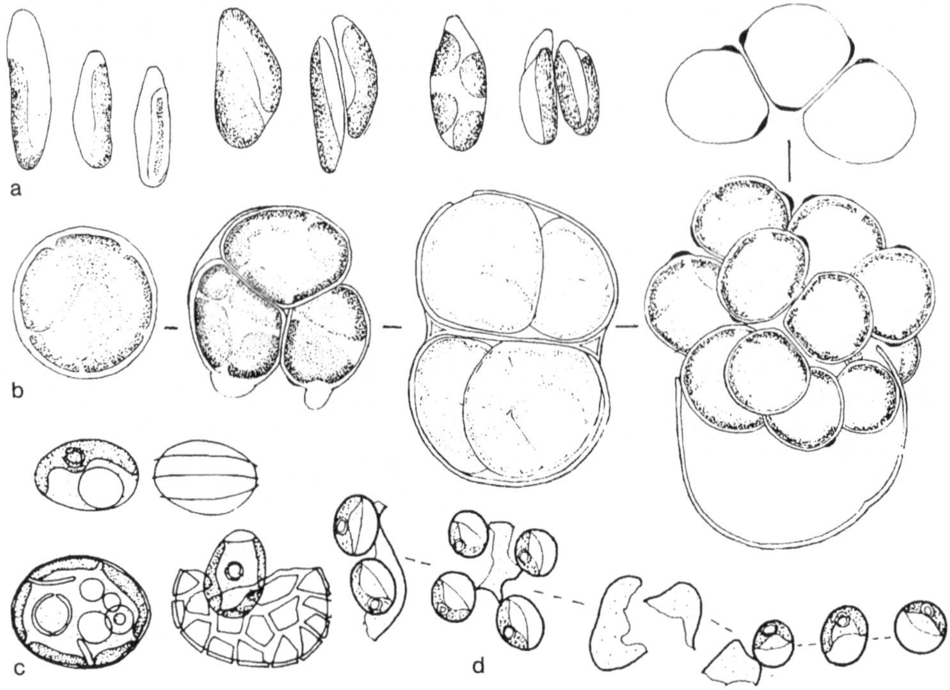

Fig. 142. *a* Chlorococcale «a»; *b* Chlorococcale «b»; *c Scotiellocystis spec.; d Dictyosphaeriaceae (a, b* nach Behre & Schwabe, *c, d* nach Broady).

Scotiellocystis sp. (?) – Broady 1982a, p. 23, fig. 70–73 (Fig. 142: c) – Zellen ellipsoidisch, 4–7(–10) µm lang, 2,5–5(–7) µm breit. Chloroplast parietal, zerschlitzt, scheibenförmig; Pyrenoid deutlich, umgeben von 2 großen Stärkeschalen. Häufig sind nicht kontraktile Vakuolen vorhanden. Erwachsene Zellen und Sporangien haben manchmal die Zellwand mit unregelmäßigen Platten eines nicht bekannten Materials bedeckt. Nach der Freisetzung der Autosporen hinterbleiben leere Sporangiumwände mit feinen Längsrippen. Erdböden von Surtsey (Island).

Unbeschriebene Gattung der Familie Dictyosphaeriaceae:

Broady 1979a, p. 72, fig. 18: o'–t'. (Fig. 142: d) – Kolonien auf BBM-Agar weich gallertig. Zellen kugelig bis ellipsoidisch; 3,5–7,5 µm lang, 6 µm breit, unregelmäßig in den Kolonien verteilt, Chloroplast parietal, schüsselförmig, mit undeutlichem Pyrenoid. Autosporen zu 2–4 gebildet, durch unregelmäßigen Riß in der Sporangiumwand frei werdend. Einige der Autosporen bleiben an den Resten der Sporangiumwand haften. Aus Mineralböden (Antarktis).

12. Familie Neochloridaceae Ettl & Komárek 1982

Einfache zönoblastische Organisationsstufe (coccosiphonale sensu Round) der Chlorophyceae, die eng an die coccalen Sippen anknüpft. Zönoblasten kugelig, ellipsoidisch, eiförmig, tetraedrisch bis polyedrisch, auch spindelförmig oder zylindrisch. Zellwand glatt, manchmal mit lokalen Verdikkungen oder Fortsätzen. Chloroplasten verschieden gestaltet; mit oder ohne Pyrenoide. Trophische vegetative Zellen während des ganzen Wachstums mehrkernig (polyenergid) (Taf. XIII). Asexuelle Fortpflanzung durch simultanen Zerfall des Mutterzellen-Protoplasten in viele einker-

nige Zoosporen, Aplanosporen oder Autosporen. Sexuelle Fortpflanzung isogam, wenig bekannt.
Alle beschriebenen Gattungen mit terrestrischen oder aerophytischen Vertretern.
Ettl & Komárek 1982; Komárek 1989.

1a Asexuelle Fortpflanzung durch Zoosporen, aber auch durch Aplanosporen und Autosporen . 2
1b Asexuelle Fortpflanzung nur durch Autosporen . . . . **9. Pseudospongiococcum** (S. 489)
2a Zönoblasten kugelig und ohne Fortsätze 3
2b Zönoblasten anders gestaltet und mit Fortsätzen 8
3a Chloroplasten ohne Pyrenoide 4
3b Chloroplasten mit Pyrenoiden 6
4a Ein netzförmiger Chloroplast . . . . **3. Dictyochloris** (S. 471)
4b Mehrere scheibenförmige Chloroplasten 5
5a Chloroplasten deutlich voneinander getrennt, Geißeln der Zoosporen ungleich lang . . . . **1. Bracteacoccus** (S. 465)
5b Chloroplasten dicht aneinander gedrängt, mit nach innen gebogenen Rändern; Geißeln der Zoosporen gleich lang . . . . **2. Dictyococcus** (S. 470)
6a Ein Chloroplast 7
6b Mehrere Chloroplasten . . . . **5. Follicularia** (S. 475)
7a Chloroplast parietal, topfförmig bis fast hohlkugelig, oft perforiert oder gerillt . . . . **4. Neochloris** (S. 473)
7b Chloroplast netzförmig bis spongiös . . . . **6. Spongiochloris** (S. 479)
8a Zönoblasten tetraedrisch oder polyedrisch, im Alter fast kugelig; ohne Fortsatz oder Stiel . . . . **7. Chlorotetraedron** (S. 484)
8b Zönoblasten bipolar gestaltet, basal mit Fortsatz oder Stiel . . . . . . **8. Characiopodium** (S. 485)

1. **Bracteacoccus** Tereg 1923

Tereg 1923, p. 191; Starr 1955, p. 61; Bischoff & Bold 1963, p. 43; Komárek & Fott 1983, p. 134.

Zönoblasten einzeln oder in losen, unregelmäßigen Gruppen, kugelig. Zellwand zart und dünn, glatt, selten verdickt. Chloroplasten mehrere, parietal scheibenförmig oder polygonal, während des Wachstums des Zönoblasten sich vermehrend; ohne Pyrenoide. Asexuelle Fortpflanzung durch zweigeißelige nackte Zoosporen, deren Geißeln ungleich lang sind. Nach Abwurf der Geißeln runden sie sich gleich ab. Häufig werden auch Autosporen gebildet.
Von 15 beschriebenen Arten sind 10 aerophytisch oder terrestrisch. Die Arten der Gattung *Bracteacoccus* sind schwer zu unterscheiden und benötigen eine neue komplexe Revision.

1a Zönoblasten 50–110 µm im Durchmesser 2
1b Zönoblasten 12–14 µm, höchstens bis 35 µm im Durchmesser 4
2a Chloroplasten weit ins Innere des Zönoblasten ausgebaucht, dicker als breit, Stigma der Zoosporen hinten . . . . **1. B. cohaerens**
2b Chloroplasten bedeutend dünner als breit, Stigma der Zoosporen aquatorial 3
3a Zellwand bei alten Zönoblasten dünn; keine Saftvakuolen; Zoosporen mit 1–3 Chloroplasten . . . . **2. B. minor**
3b Zellwand bei alten Zönoblasten dick und mehrschichtig; Saftvakuolen häufig; Zoosporen mit 3–5 Chloroplasten . . . . **3. B. giganteus**
4a Zellwand bei alten Zönoblasten dick, mehrschichtig; Zoosporen basal in eine dünne Spitze auslaufend und in dieser das Stigma . . . . **4. B. aerius**
4b Zellwand bei alten Zönoblasten dünn; Zoosporen ohne basale Spitze 5
5a Chloroplasten scharf kantig; Zoosporen ohne Stigma . . . . **5. B. minutus**
5b Chloroplasten abgerundet scheibenförmig; Zoosporen mit Stigma 6
6a Erwachsene Zönoblasten zentral mit rötlichem Öl; Zoosporen sehr selten, Autosporen viel häufiger . . . . **6. B. engadinensis**

6b Erwachsene Zönoblasten ohne rötliches Öl; Zoosporen häufiger als Autosporen 7
7a Zellkerne im Zentrum des Zönoblasten dicht angehäuft 8
7b Zellkerne im Zönoblasten verteilt 9
8a Zönoblasten bis 25 µm groß, Chloroplasten wenige und groß; Stigma der Zoosporen basal .... **7. B. pseudominor**
8b Zönoblasten bis 35 µm groß, Chloroplasten viele und klein; Stigma der Zoosporen äquatorial .. .. **8. B. medionucleatus**
9a Zönoblasten bis 14,5 µm groß, Chloroplasten 8–16; Zoosporen mit 1 Chloroplasten .... **9. B. aggregatus**
9b Zönoblast bis 35 µm groß, Chloroplasten zahlreiche; Zoosporen mit 2–3 Chloroplasten .... **10. B. grandis**

1. **Bracteacoccus cohaerens** Bischoff & Bold 1963 (Fig. 143: a)

Bischoff & Bold 1963, p. 54, fig. 85–87, 144, 145.

Zönoblasten immer kugelig, mit dünner und glatter Zellwand, die im Alter nicht dicker wird. Chloroplasten mehrere, parietal, scheibenförmig oder abgerundet polygonal. Zoosporen spindelförmig, mit 1 parietalen Chloroplast, Stigma äquatorial, Zellkern vorn; zu 100 und mehreren gebildet; Autosporen zu 50–75. Zönoblasten 30–55 µm im Durchmesser; Autosporen 4–5,2 µm, Zoosporen 5–6,5 × 3 µm groß.
Kultur: UTEX 1272.
Aus Erdproben isoliert, Dripping Springs, Texas (USA).

2. **Bracteacoccus minor** (Chodat) Petrová 1931 (Fig. 143: b, c)

Syn.: *Botrydiopsis minor* Chodat 1913
Petrová 1931, p. 221, fig. 1–6.

Zönoblasten immer kugelig; mit deutlicher, manchmal etwas derber Zellwand, die im Alter nicht dicker wird. Chloroplasten mehrere, parietal, scheibenförmig. In alten Zellen orangerote Öltropfen. Zoosporen dorsiventral gebaut, mit 1–3 Chloroplasten, Stigma äquatorial. Zönoblasten 4,5–30(–85) µm im Durchmesser; Zoosporen 5–9 × 1,5–4,5 µm, Autosporen 4–5 µm groß.
Kultur: UTEX 66, 1386; SAG 221-1, 6.80.
Aus verschiedenen Erdproben isoliert, wahrscheinlich kosmopolitisch. Auch aerophytisch auf *Typha* und auf Baumrinden (Japan).
Eine var. *desertorum* wurde von Friedmann & Ocampo-Paus (1966, p. 485, fig. 135–143) beschrieben, die sich durch reichliche Anhäufung rötlichen Öls in alten Zönoblasten unterscheidet.
In der Wüste Negev (Israel).

3. **Bracteacoccus giganteus** Bischoff & Bold 1963 (Fig. 143: d)

Bischoff & Bold 1963, p. 44, fig. 70–72, 131–136.

Zönoblasten kugelig, mit glatter Zellwand, die mit dem Alter an Dicke zunimmt und bei alten Zönoblasten oft mehrschichtig ist. Chloroplasten mehrere bis sehr viele, scheibenförmig. In erwachsenen Zönoblasten häufig orangerote Öltropfen. Zoosporen mit 3–5 Chloroplasten, äquatorialem Stigma und vorn gelegenem Zellkern. Autosporenbildung häufiger als Zoosporenbildung. Zönoblasten 50–75(–107) µm im Durchmesser, Autosporen bis 7 µm, Zoosporen 9–10,5 × 3,5–4,2 µm groß.
Kultur: UTEX 1251.
In Erdproben von Enchanted Rock, Llano County, Texas (USA); Insel Surtsey (Island).

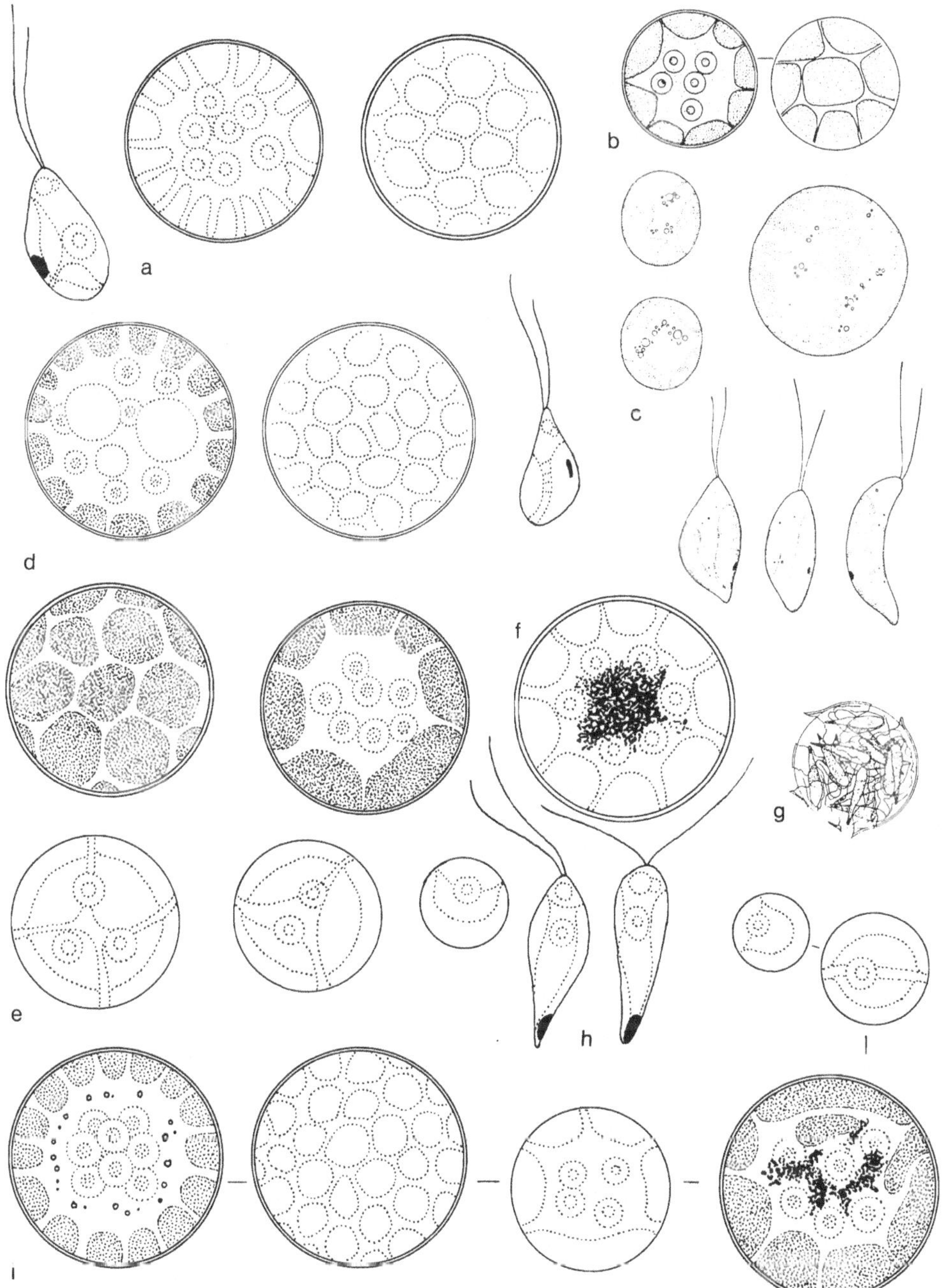

Fig. 143. *a Bracteacoccus cohaerens,* links Zoospore; *b, c B. minor,* unten Zoospore; *d B. giganteus,* rechts Zoospore; *e–h B. aerius; f* Zelle mit angehäuftem rötlichem Öl; *g* Zoosporenbildung; *h* Zoospore; *i B. engadinensis* (*b* nach Broady, *c* nach Petrová, g nach Bischoff & Bold, sonst Orig.).

4. Bracteacoccus aerius Bischoff & Bold 1963 (Fig. 143: e–h)
Bischoff & Bold 1963, p. 50, fig. 80, 81, 140–142.

Zönoblasten birnenförmig oder ellipsoidisch in der Jugend, kugelig im erwachsenen Zustand. Zellwand glatt, im Alter dicker werdend (4,5 μm). Chloroplasten einige große scheibenförmige. In alten Zellen wird orangerotes Öl angehäuft. Zoosporen mit 1–2 Chloroplasten und völlig basal gelegenem Stigma; Zellkern vorn. Zönoblasten bis 28 μm im Durchmesser; Zoosporen 5,5–8,2 × 3,5–4,2 μm, Autosporen 5 μm groß.
Kultur: UTEX 1250.
Aus dem Staub des Turmes der Universität isoliert, Austin, Texas (USA).

5. Bracteacoccus minutus Schwarz 1979 (Fig. 145: a)
Schwarz 1979, p. 202, fig. 5.

Zönoblasten einzeln, seltener in Gruppen, kugelig, mit dünner glatter Zellwand. Chloroplasten bei jungen Zönobien 1–4, dünn und parietal, bei erwachsenen Zönoblasten auffallend dick und in zahlreiche kleine, kantige Scheiben zerfallend. Fortpflanzung vor allem durch Autosporen, weniger oft durch Zoosporen mit gelapptem Chloroplast und ohne Stigma. Zönoblasten 8–12(–14) μm im Durchmesser; Zoosporen 8–12 × 2 μm groß.
Erdproben aus küstennahem Gebiet der Insel Lavsa, Dalmatien (Jugoslawien).

6. Bracteacoccus engadinensis (Kol & F. Chodat) Starr 1955 (Fig. 143: i)
Syn.: *Bracteacoccus terrestris* (Kol & F. Chodat) Starr 1955; *Chlorellopsis terrestris* Kol & F. Chodat 1934
Kol & F. Chodat 1934, p. 256, fig. 1: 69–82; p. 257, fig. 57–68; Komárek & Fott 1983, p. 136.

Zönoblasten kugelig, mit derber, jedoch nicht dicker Zellwand. Junge Zönoblasten manchmal leicht ellipsoidisch oder eiförmig. Chloroplasten wenige (4–10), parietal, polygonal scheibenförmig, ungleich groß. Zentral mit reichlichen rötlichen Öltropfen. Zoosporenbildung selten. Zönoblasten 6,5–12(–19,5) μm im Durchmesser.
Kultur: UTEX 57, 58; SAG 221-3, 221-4.
Erdproben aus dem Schweizer Nationalpark, Engadin (Schweiz).
Neuere Untersuchungen haben gezeigt, daß *B. engadinensis* und *B. terrestrisch* identisch sind.

7. Bracteacoccus pseudominor Bischoff & Bold 1963 (Fig. 144: a)
Bischoff & Bold 1963, p. 52, fig. 82–84, 143.

Zönoblasten kugelig oder fast kugelig, mit dünner und glatter Zellwand, die während des Wachstums nicht dicker wird. Mehrere große parietale, scheibenförmige Chloroplasten. Zoosporen eiförmig, mit 2 Chloroplasten, basalem Stigma und Zellkern über der Mitte. Zönoblasten 12–18(–25) μm im Durchmesser, Zoosporen 6,5–7,5 × 2,2–2,8 μm breit.
Kultur: UTEX 1247.
Aus Erdproben isoliert, Hudspeth County, Texas (USA).

8. Bracteacoccus medionucleatus Bischoff & Bold 1963 (Fig. 144: c)
Bischoff & Bold 1963, p. 47, fig. 73–75, 137, 138.

Zönoblasten fast kugelig bis kugelig, mit dünner und glatter Zellwand, die im Alter nicht bedeutend dicker wird. Chloroplasten mehrere, scheibenförmig, parietal und teilweise auch binnenständig. Zellkerne im zentralen Teil des Zönoblasten angehäuft. Zoosporen mit 1–2 Chloroplasten, Stigma äquatorial, Zellkern vorn. Zönoblasten bis 25(–36) μm Durchmesser, Zoosporen 3,5–5 μm lang.
Kultur: UTEX 1244.
Erdproben aus der Prärie bei Taylor, Williamson County, Texas (USA).

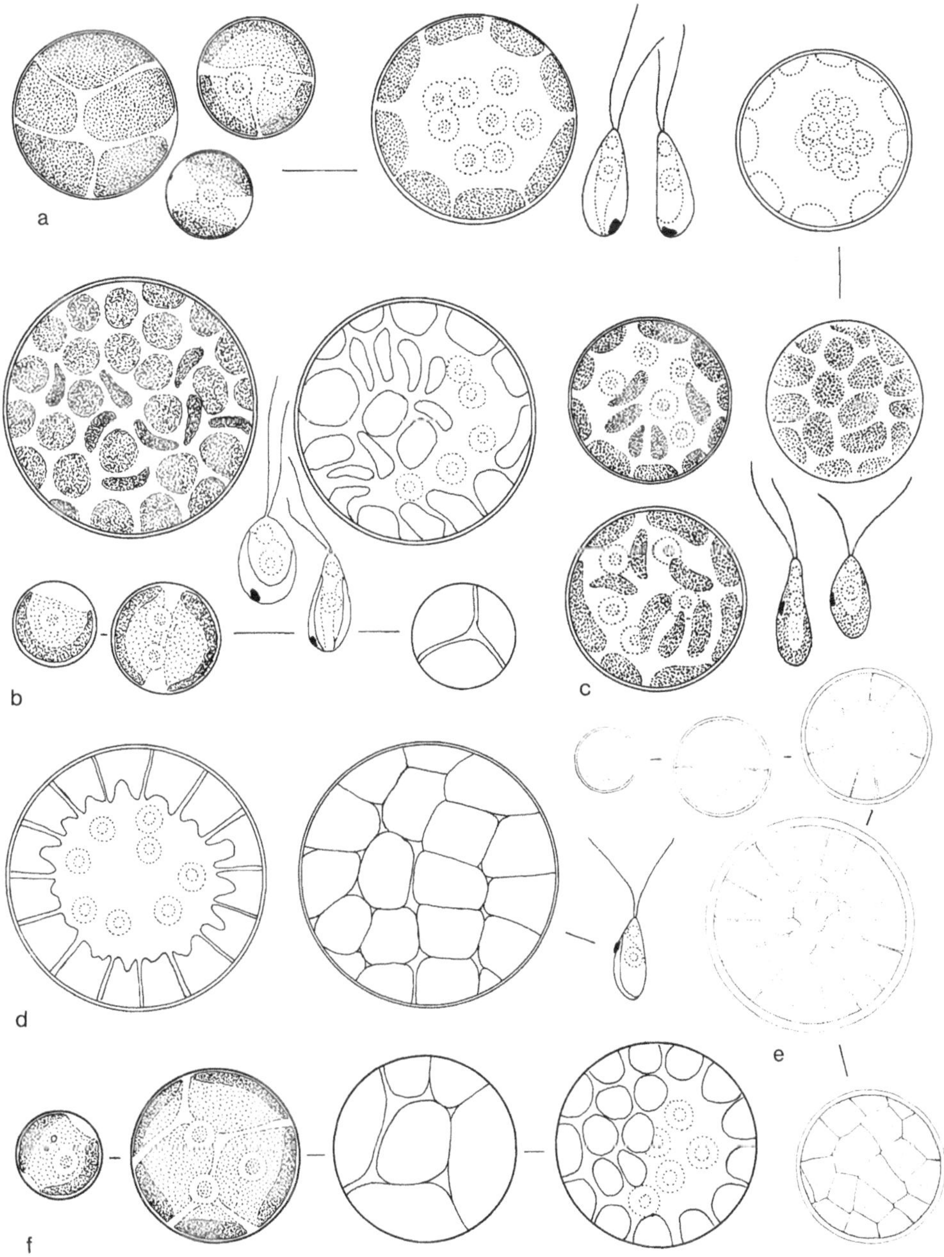

Fig. 144. *a Bracteacoccus pseudominor; b B. grandis; c B. medionucleatus; d, e Dictyococcus varians; f D. schuhmacherensis* (*e* nach Starr, sonst Orig.).

9. Bracteacoccus aggregatus Tereg 1923 (Fig. 145: b, c)
Tereg 1923, p. 191, fig. 2: 1–7; Komárek & Fott 1983, p. 136.

Zönoblasten kugelig oder unregelmäßig kugelig, mit dünner Zellwand, die im Alter nicht besonders dicker wird. Chloroplasten bis 8(–16), parietal, scheibenförmig, elliptisch oder leicht polygonal. Zoosporen ei- bis birnenförmig, seltener fast kugelig. Mit 1 muldenförmigen Chloroplasten und Stigma in der hinteren Hälfte. Auch Autosporen werden gebildet. Zönoblasten 3,3–12(–14,5) µm im Durchmesser, Zoosporen 5,5 × 3,3 µm groß.
Erdproben aus einer Lehmgrube bei Göttingen (BRD), aus der Ukraine (USSR) und auf feuchten Waldwegen (Tschechoslowakei).

10. Bracteacoccus grandis Bischoff & Bold 1963[36] (Fig. 144: b)
Bischoff & Bold 1963, p. 48, fig. 76–79, 139.

Zönoblasten immer kugelig, mit glatter und dünner Zellwand, die auch im Alter nicht dicker wird. Chloroplasten 3 oder mehrere, deutlich scheibenförmig; nur in alten Zönoblasten weniger deutlich. Zoosporen spindelförmig, vorn mehr abgerundet, hinten zugespitzt, mit 2–3 Chloroplasten, äquatorialem Stigma und vorn gelegenem Zellkern. Zönoblasten bis 35 µm im Durchmesser, Zoosporen 8,5–10 µm lang, 2–3 µm breit.
Kultur: UTEX 1246.
Aus Erdproben isoliert, Williamson County, Texas (USA), auch in Neuguinea gefunden.

Nicht beschriebene Art:
Bracteacoccus sp. A – Broady 1979a, p. 65, fig. 18: a–g (Fig. 145: e) – Zönoblasten kugelig, mit zahlreichen parietalen, scheibenförmigen Chloroplasten. Fortpflanzung sowohl durch Zoo- als auch Autosporen. Zoosporen birnen- bis spindelförmig, mit gleichlangen (?) Geißeln, 1 Chloroplast und vorn gelegenem Stigma. Autosporen kugelig, mit 1–2 Chloroplasten. Zönoblasten 4–30 µm im Durchmesser, Zoosporen 6 × 2,5 µm groß.
Subaerisch oder terrestrisch (Antarktis).

Unsichere Arten:
Bracteacoccus anomalus (James) Starr 1955, p. 65 (Fig. 145: d) (= *Pleurochloris anomala* James 1935, p. 539, fig. 9) – Etwas unzureichend beschrieben, außerdem passen Beschreibung und Abbildungen auf mehrere Arten.
Bracteacoccus cinnabarinus (Kol & F. Chodat) Starr 1955, p. 65 (= *Chromochloris cinnabarina* Kol & F. Chodat 1934, p. 253, fig. 1: 30–56) – gehört nicht in diese Gattung, da die Zellen einkernig sind. Wahrscheinlich eine *Muriella-* oder *Myrmecia-*Art.
Bracteacoccus helveticus (Kol & F. Chodat) Starr 1955, p. 65 (= *Cryococcus helveticus* Kol & F. Chodat 1934, p. 258, fig. 2: 1–56) – Beschreibung vieldeutig, Zellen einkernig.

2. Dictyococcus Gerneck 1907 em. Vischer 1936

Vischer 1936, p. 399; Starr 1955, p. 53; Korschikoff 1953, p. 126; Komárek & Fott 1983, p. 137.

Zönoblasten einzeln, kugelig, mit glatter dünner Zellwand, die im Alter mehr verdickt ist. Nach Starr (1955) ist der Protoplast aus mehreren Segmenten zusammengesetzt, die nur durch eine Plasmamembran voneinander getrennt sind. Die Anzahl der Segmente vermehrt sich während des Wachstums des Organismus. Jedes Segment besitzt einen Chloroplasten und ist für sich selber mehrkernig (die Zytologie muß noch überprüft werden). Chloroplast parietal, in mehrere Teilstücke segmentiert; im Umriß polygonal, dick, an den Rändern saumartig nach innen gebogen;

[36] Nach Kouwets (1993) ist *Bracteacoccus grandis* nur eine anomale multicentriolare Form von *B. minor*.

ohne Pyrenoide. Fortpflanzung durch zweigeißelige Zoosporen oder auch durch Autosporen. Zoosporen mit gleich langen Geißeln.
Mit 2 Arten:

1a Zönoblasten bis 40(–60) µm groß, Zellwand im Alter bis 4 µm dick; Zoosporen mit Stigma ..... 1. **D. varians**
1b Zönoblasten 6–11 µm groß; Zellwand im Alter dünn; Zoosporen ohne Stigma ..... 2. **D. schumacherensis**

1. **Dictyococcus varians** Gerneck 1907 em. Starr 1955 (Fig. 144: d, e)

Syn.: *Dictyococcus pseudovarians* Korschikoff 1953
Korschikoff 1953, p. 127, fig. 66; Starr 1955, p. 57, fig. 128–142; Komárek & Fott 1983, p. 138, fig. 38: 4.

Zönoblasten kugelig, Zellwand im Alter bis 4 µm dick. Zoosporen eiförmig, vorn mit einem strichförmigen Stigma. Sonst mit den Merkmalen der Gattung. Zönoblasten bis 40(–60) µm im Durchmesser, Zoosporen bis 7,5 µm lang.
Kultur: UTEX 62.
Aus verschiedenen Erdböden isoliert, weit verbreitet (BRD, Schottland, Schweiz, Tschechoslowakei).

2. **Dictyococcus schumacherensis** Metting 1980 (Fig. 144: f)

Metting 1980, p. 299, fig. 4, 10.

Zönoblasten kugelig oder leicht subsphärisch, mit dünner Zellwand. Chloroplast parietal, in der Jugend zweilappig, später mit 3–6 gewölbten Segmenten. Zoosporen ohne Stigma. Zönoblasten 6–11 µm im Durchmesser, Zoosporen 2 × 4 µm groß.
Kultur: UTEX 2252.
Aus Erdproben isoliert, Whitman County, Washington (USA).

3. **Dictyochloris** Vischer 1945

non *Dictyochloris* Korschikoff 1953
Vischer 1945 b, p. 42; Starr 1955, p. 77; Komárek & Fott 1983, p. 132.

Zönoblasten einzeln, kugelig; mit dünner glatter Zellwand, die im Alter nicht besonders dicker wird. Chloroplast netzförmig durchbrochen, in jungen Zönoblasten parietal, später in den erwachsenen Zönoblasten ein unregelmäßiges dreidimensionales Netzwerk bildend; ohne Pyrenoid. Fortpflanzung durch zweigeißelige Zoosporen oder auch durch Autosporen. Die Geißeln der Zoosporen sind ungleich lang.
Bislang 2 Arten bekannt:

1a Zönoblast bis 75 µm im Durchmesser ..... 1. **D. fragrans**
1b Zönoblast bis 37 µm im Durchmesser ..... 2. **D. pulchra**

1. **Dictyochloris fragrans** Vischer 1945 (Fig. 145: f)

Vischer 1945 b, p. 42, fig. 1, 2; Starr 1955, p. 79, fig. 187–206; Komárek & Fott 1983, p. 134, fig. 35: 4.

Zönoblast kugelig. Chloroplast netzförmig, in jungen Zönoblasten parietal. Zoosporen eiförmig mit basalem Stigma. Sonst mit den Merkmalen der Gattung. Zönoblasten bis 38(–75) µm im Durchmesser, Zoosporen etwa 6 × 2,5 µm groß.
Kultur: UTEX 33, 127; SAG 220-1a, 220-1b.
Aus Erdböden isoliert (Schweiz, England, Tschechoslowakei).

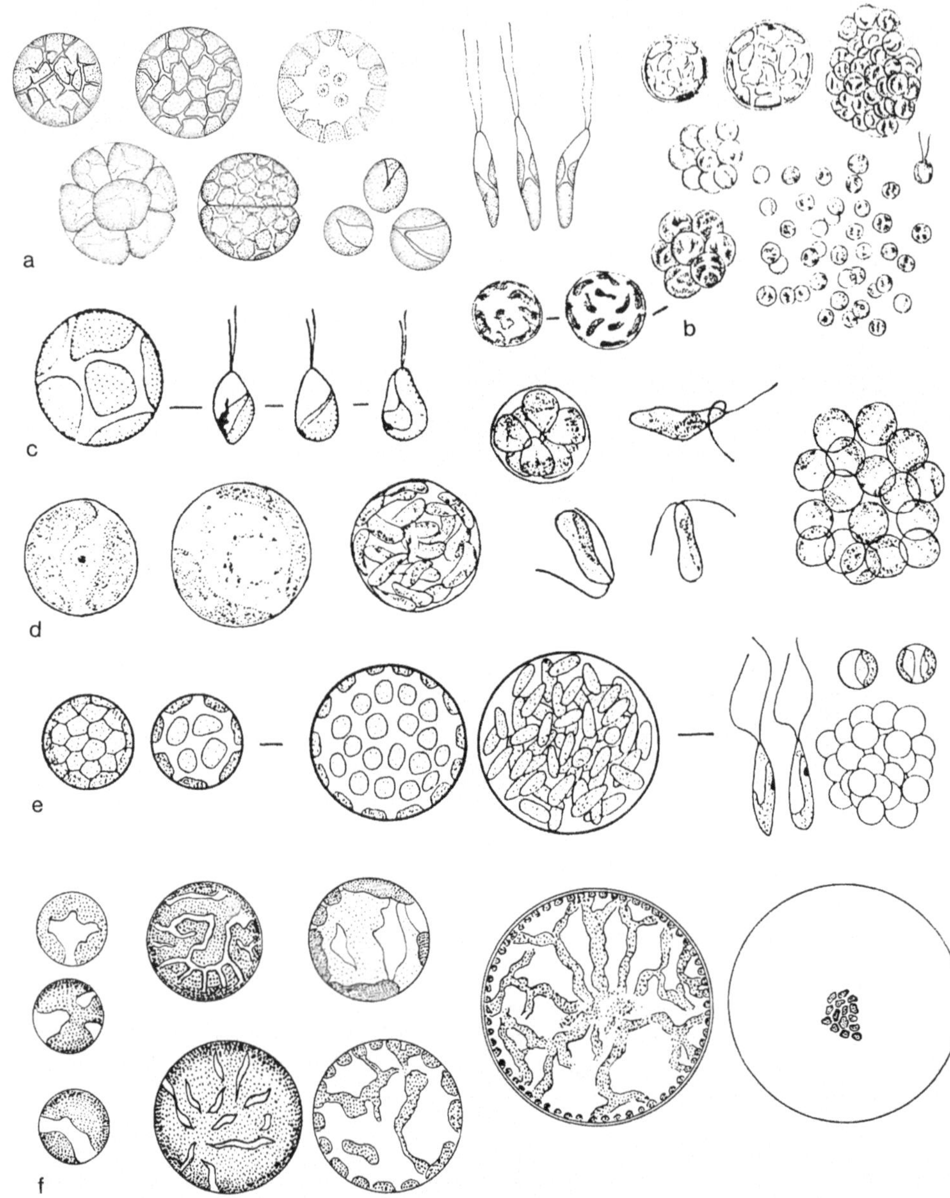

Fig. 145. *a Bracteacoccus minutus; b, c B. aggregatus; d B. anomalus; e B. spec.* A; *f Dictyochloris fragrans* (*a* nach Schwarz, *b* nach Gerneck, *c* nach Andreeva, *d* nach James, *e* nach Broady, *f* nach Vischer).

2. **Dictyochloris pulchra** Deason & Herndon 1989

Deason & Herndon 1989, p. 130, fig. 2: i–l, 4: a–d (Mikrophotos).

Zönoblasten kugelig, mit im Alter nicht verdickter Zellwand. Chloroplast in jungen Zönoblasten parietal, gelappt, in erwachsenen Zönoblasten netzartig gegliedert, mit zahlreichen inneren und oberflächlichen Abschnitten. Zoosporen tropfenförmig, gelegentlich etwas abgeflacht, Stigma

meist basal, Zellkern und eine pulsierende Vakuole vorn. Zönoblasten bis 37 µm im Durchmesser; Zoosporen 2,1–3,7 × 5,8–9,5 µm groß.
Aus Bodenproben bei Chimney's trailhead, Great Smoky Mountains Nationalpark, Tennessee (USA).

4. **Neochloris** Starr 1955

Starr 1955, p. 86; Komárek & Fott 1983, p. 109.

Zönoblasten einzeln oder in Gruppen, kugelig. Zellwand dünn, bei alten Zönoblasten manchmal dicker werdend; Gallerthülle selten. Chloroplast parietal topfförmig bis fast hohlkugelig; mit Pyrenoiden. Fortpflanzung durch zweigeißelige Zoosporen; auch Autosporen sind bekannt.
Von 16 beschriebenen Arten sind 5 terrestrisch:

1a Zellwand im Alter dünn, aber mit deutlicher Gallerthülle .... **1. N. gelatinosa**
1b Zellwand im Alter dick, ohne Gallerthülle 2
2a Zönoblasten bis 25 µm groß 3
2b Zönoblasten bis 75 µm groß 4
3a Chloroplast an der Außenseite glatt .... **2. N. texensis**
3b Chloroplast an der Außenseite gefleckt .... **3. N. pyrenoidosa**
4a An der Oberfläche der Zönoblasten häufig ausgeschiedene orangerote Tropfen; Zellkerne verteilt; Zoosporen ohne Stigma .... **4. N. pseudostigmatica**
4b Oberfläche der Zönoblasten ohne orangerote Tropfen; Zellkerne gedrängt; Zoosporen mit Stigma .... **5. N. terrestris**

1. **Neochloris gelatinosa** Herndon 1958 (Fig. 146: a)

Herndon 1958b, p. 314, fig. 50–69.

Zönoblasten kugelig, selten einzeln, meist zu 2–16 oder mehreren in weiten Gallerthüllen eingebettet; Gallerthüllen zu Aggregaten angeordnet. Zellwand auch bei alten Zellen dünn. Chloroplast parietal, fast hohlkugelig, stark gerippt oder auch in dicht gedrängte Rippen zerfallend; mit mehreren exzentrisch liegenden Pyrenoiden. Zellkerne dicht gedrängt. Zoosporen mit topfförmigem Chloroplast. Zönoblasten 17–37 µm im Durchmesser; Zoosporen 5–9 µm lang und 2,5–5 µm breit.
Kultur: UTEX 754.
Aus Erdproben von einer Bananen-Plantage bei Robin's Town (Jamaica).

2. **Neochloris texensis** Archibald 1973

Archibald 1973, p. 187, fig. 1–4 (Mikrophotos).

Zönoblasten kugelig; Zellwand bei jungen Zellen dünn, bei älteren bis 2 µm dick. Chloroplast massiv; mit 1 Pyrenoid, das von einer einheitlichen, hohlkugeligen Stärkehülle umgeben ist. Alte Zönoblasten mit Öltropfen. Zoosporen mit vorn gelegenem Stigma und medianem Zellkern. Zönoblasten 8–25 µm im Durchmesser; Zoosporen 5–6 µm lang, 2–3 µm breit.
Kultur: UTEX 1980; SAG 79.80.
Erdböden von Travis County, Texas (USA).
Nach Komárek (1989) soll diese Art jedoch einkernig sein.

3. **Neochloris pyrenoidosa** Arce & Bold 1958 (Fig. 146: d)

Arce & Bold 1958, p. 500, fig. 71–84, 97.

Zönoblasten kugelig, einzeln. Zellwand mäßig dick, bei aktivem Wachstum nicht dicker werdend, nur bei alten Zönoblasten bis 3,5 µm dick und geschichtet. Chloroplast fast hohlkugelig, in älteren

Zönoblasten massiv und gefeldert; mit 1–5 Pyrenoiden. Zoosporen ei- bis spindelförmig, leicht abgeflacht; Stigma und Zellkern vorn. Zoosporen häufig in Aplanosporen umgestaltet, die sich zu einer Morula-artigen Gruppe anhäufen. Zönoblasten 13–25(–45) µm im Durchmesser; Zoosporen 7–10 µm lang, 3–5 µm breit.
Kultur: UTEX 777.
Aus Ackerböden isoliert (Kuba).

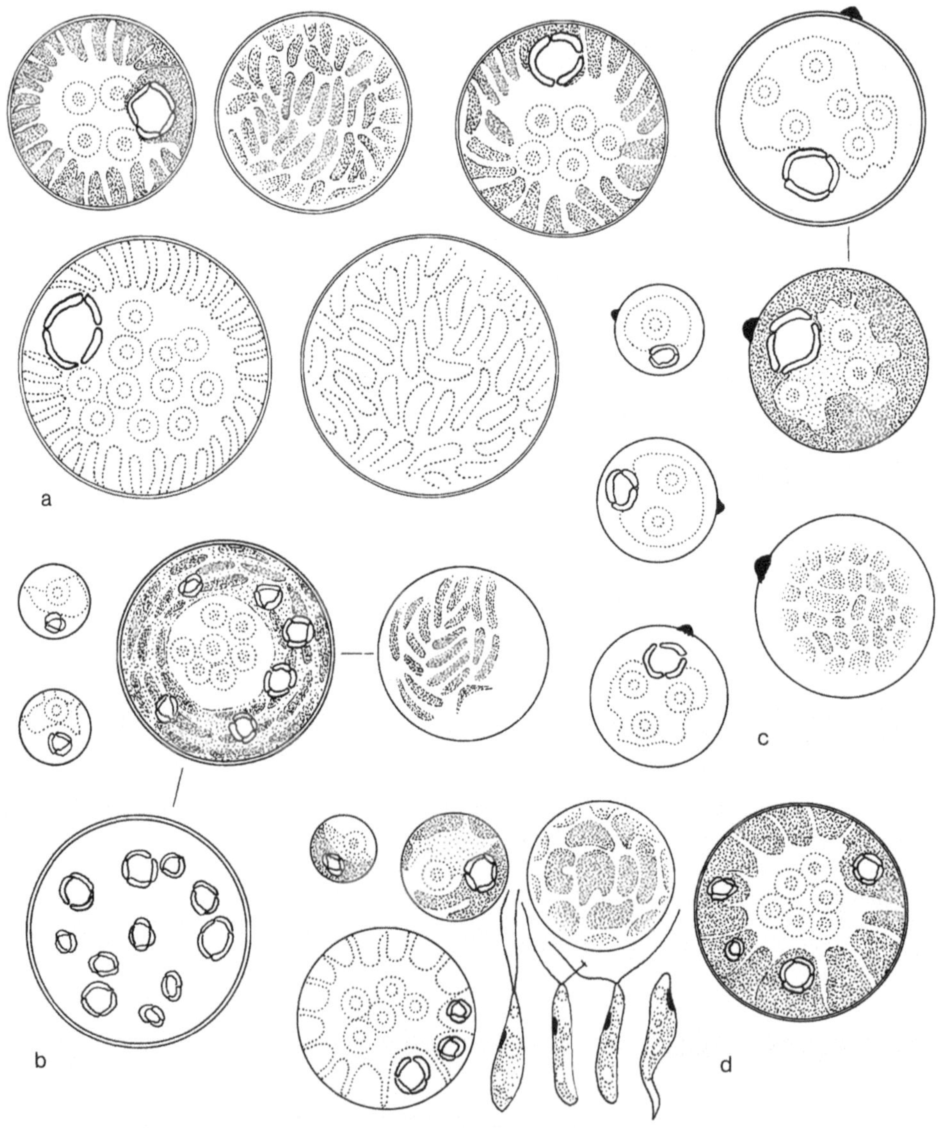

Fig. 146. *a Neochloris gelatinosa; b N. terrestris; c N. pseudostigmatica; d N. pyrenoidosa* (Orig.).

4. Neochloris pseudostigmatica Bischoff & Bold 1963 (Fig. 146: c)
Bischoff & Bold 1963, p. 32, fig. 39–49, 110–118.

Zönoblasten kugelig, an der Oberfläche werden orangerote Tropfen ausgeschieden (Pseudostigmata). Zellwand dünn, im Alter 3,5–7,7 μm dick und geschichtet. Chloroplast fast hohlkugelig, außen gefleckt; mit 1 bis mehreren (–12) Pyrenoiden. Zoosporen ohne Stigma und ohne sichtbares Pyrenoid. Zönoblasten bis 65 μm im Durchmesser; Zoosporen 6,8–8 μm lang, 3,2–3,8 μm breit.
Kultur: UTEX 1249.
Erdboden von Enchanted Rock, Llano County, Texas (USA), auch in Argentinien gefunden.

5. Neochloris terrestris Herndon 1958 (Fig. 146: b)
Herndon 1958b, p. 313, fig. 37–49.

Zönoblasten einzeln, kugelig; mit dünner Zellwand, die im Alter bis 3,5 μm dick wird; manchmal mit zusätzlicher, sehr zarter Gallerthülle umgeben, die nur nach Färbung sichtbar wird. Chloroplast fast hohlkugelig, länglich gerippt oder gefleckt; mit 1–9 Pyrenoiden. Zönoblasten bis 75 μm im Durchmesser; Zoosporen 5–16 μm lang, 2–6 μm breit.
Kultur: UTEX 947.
Erdproben von einem Maisfeld bei Daniel Town (Jamaica).

5. Follicularia Miller 1924

Syn.: *Planktosphaeria* G. M. Smith p. p. sensu auct.[37]
Bischoff & Bold 1963, p. 36; Komárek & Fott 1983, p. 100; Lukešová 1993, p. 88.

Zönoblasten einzeln oder in Gruppen, meist kugelig. Zellwand glatt, wahrscheinlich aus mehreren Schichten bestehend. Chloroplasten mehrere, parietal gelegen, anfangs halbkugelig-scheibenförmig, später an Dicke zunehmend und mehr prismen- bis abgerundet kegelförmig, dicht gehäuft, mit der breiteren Seite nach außen gerichtet; innen je mit 1 Pyrenoid. Asexuelle Fortpflanzung durch zweigeißelige Zoosporen; auch Aplanosporen bekannt.
Alle beschriebenen Arten sind terrestrisch.

1a Chloroplasten an der Außenseite deutlich gelappt bis gefranst; Zönoblasten bis 200 μm groß . . . . **1. F. paradoxalis**
1b Chloroplasten an der Außenseite nicht gelappt, Zönoblasten bis 70 μm groß 2
2a Chloroplasten an der Außenseite glatt; Zoosporen mit einem basalen Stigma; Zönoblasten bis 45 μm groß . . . . **2. F. botryoides**
2b Chloroplast an der Außenseite gewellt; Zoosporen mit einem äquatorialen Stigma; Zönoblasten bis 70 μm groß . . . . **3. F. texensis**

1. Follicularia paradoxalis Miller 1924 (Fig. 147: a, d)
Syn.: *Planktosphaeria paradoxalis* (Miller) Starr 1954; *Planktosphaeria maxima* Bischoff & Bold 1963; *Follicularia maxima* (Bischoff & Bold) Ettl & Komárek 1982; *Ascochloris maxima* (Bischoff & Bold) Komárek 1989
Bischoff & Bold 1963, p. 39, fig. 61–67, 122–126; Ettl & Komárek 1982, p. 368; Komárek & Fott 1983, p. 102, fig. 25: 2; Komárek 1989, p. 268.

Zönoblasten kugelig, einzeln, mit mäßig dicker Zellwand, bei alten Zönobien sehr stark verdickt (bis 30 μm). Chloroplasten parietal, sehr zahlreich; bei jungen Zönoblasten scheibenförmig, mit je

[37] Die Gattung *Planktosphaeria*, mit dem Typus *P. gelatinosa* G. M. Smith, ist nicht nur einkernig und bildet nicht nur Autosporen, sondern auch die Protoplastenteilung erfolgt sukzedan, wie es bei einkernigen Sippen üblich ist (Hindák 1984). Trotzdem bedarf *Planktosphaeria gelatinosa* einer neuen Überprüfung.

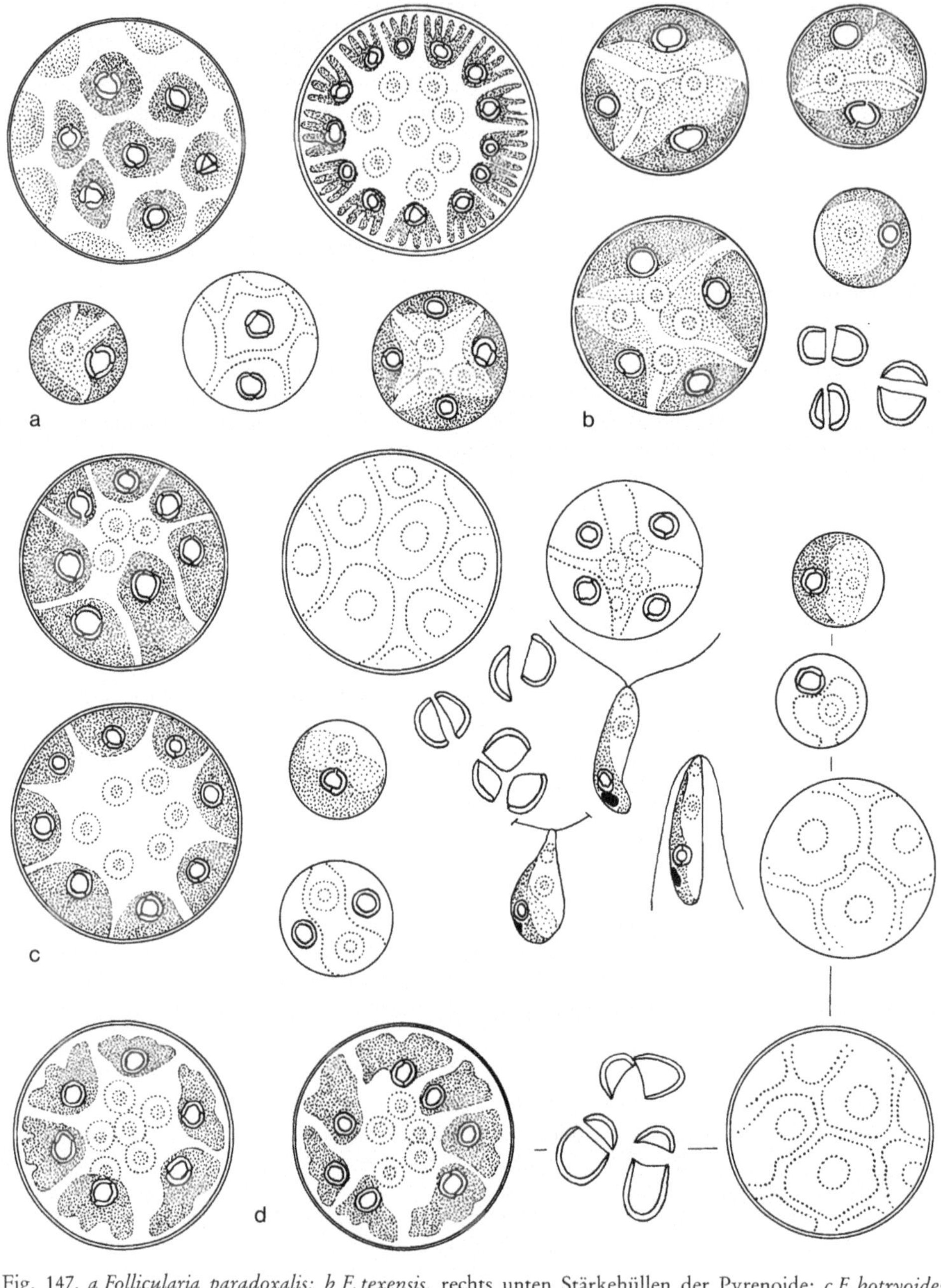

Fig. 147. *a Follicularia paradoxalis; b F. texensis,* rechts unten Stärkehüllen der Pyrenoide; *c F. botryoides; d F. paradoxalis fo.* (Orig.).

einem Pyrenoid, bei erwachsenen werden die einzelnen Chloroplasten abgerundet kegelförmig, nach innen abgerundet verjüngt und dort das Pyrenoid, nach außen hin deutlich gelappt bis stark gefranst. Zoosporen spindel- bis eiförmig, mit 1–2 parietalen Chloroplasten, Zellkern und Stigma vorn. Zönoblasten 35–140(–200) µm im Durchmesser; Zoosporen 9–11 µm lang, 2,5–4 µm breit, Autosporen 4,5–6 µm groß.
Kultur: UTEX 1248, 124 (besondere Form).
Erdböden von Enchanted Rock, Llano County, Texas (USA).
Typisch für diese Art sind die nach außen hin gelappten oder gefransten Chloroplasten und die häufig vorkommenden nicht durchgeteilten Zoosporen, wie sie von Miller (1924) beschrieben wurden.

2. Follicularia botryoides (Herndon) Komárek 1989 (Fig. 147: c)
Syn.: *Planktosphaeria botryoides* Herndon 1958
Herndon 1958b, p. 320, fig. 96–118; Ettl & Komárek 1982, p. 369; Komárek & Fott 1983, p. 104, fig. 26: 2; Komárek 1989, p. 268.

Zönoblasten kugelig, manchmal in losen Gruppen bis zu 32 angehäuft. Zellwand glatt und dünn, Junge Zönobien mit einem parietalen Chloroplast und exzentrischem Pyrenoid, später mit vielen abgerundet konischen, radial orientierten Chloroplasten mit je einem Pyrenoid; an der Außenseite sind die Chloroplasten glatt. Manchmal sind bei größeren Zönoblasten die Chloroplasten in 2 Schichten. Zoosporen mit einem basalen Stigma. Zönoblasten 15–45 µm im Durchmesser; Zoosporen 6–14 µm lang; 1,5–6 µm breit.
Kultur: UTEX 951.
Aus Erdproben von einem Bachufer isoliert (Jamaica).

3. Follicularia texensis (Bischoff & Bold) Ettl & Komárek 1982 (Fig. 147: b)
Syn.: *Planktosphaeria texensis* Bischoff & Bold 1963; ?*Planktosphaeria gelatinosa* G. M. Smith sensu Starr 1954; *Ascochloris texensis* (Bischoff & Bold) Komárek 1989
Bischoff & Bold 1963, p. 36, fig. 50–60, 119–121; Ettl & Komárek 1982, p. 368; Komárek 1989, p. 268.

Zönoblasten kugelig, einzeln oder in losen Gruppen, Zellwand dünn und glatt, im Alter nicht dicker werdend. Chloroplasten in der Oberflächenansicht in Form mehrerer parietaler, unregelmäßiger scheibenförmiger bis polygonaler Teile, jeder mit 1 Pyrenoid. Von der Seite gesehen abgerundet kegelförmig, ± radial angeordnet, außen leicht gewellt. Zoosporen mit parietalem Chloroplast, vorn gelegenem Zellkern und Stigma im hinteren Teil. Zönoblasten 40–70 µm im Durchmesser; Zoosporen 8,3–18 × 2,5–3,5 µm groß.
Kultur: UTEX 1241.
Erdböden von Enchanted Rock, Llano County Texas (USA), auch auf feuchter Erde, besonders auf lehmigen Waldwegen (Tschechoslowakei).

Anhang:
Während der Fertigstellung des Manuskriptes erschien eine Arbeit über *Follicularia* von Lukešová (1993), in der 2 neue Arten beschrieben wurden. Da sie nach anderen Gesichtspunkten bearbeitet sind, lassen sie sich in den bereits fertigen Bestimmungsschlüssel und in unser Konzept der Arten leider nicht einreihen. Sie sind deshalb nur im Anhang mit ihren etwas abgekürzten lateinischen Diagnosen angeführt.

4. Follicularia ettlii Lukešová 1993 (Fig. 147 A: a)
Lukešová 1993, p. 88, fig. 2–4.

Cellulae vegetativae sphaericae, usque ad ± 110(–165) µm in diametro. Membranae cellularum iuvenum tenues, laeves, aetate spissescentes, ad 6(–9) µm latae. Cellulae vegetativae matricibus gelatinosis singulis, latis, saepe concentrice stratosis, circumdatae. Cellulae iuvenes chloroplasto singulari, parietali, ambitu irregulari, pyrenoideo singulari excentrico. Chloroplasti cellularum maturarum parietales, prismatici, parietaliter dense agglomerati, a superficie visi irregulariter polygonales; omnis chloroplastus uno pyrenoideo. Cellulae iuvenes uninucleatae, cellulae maturae

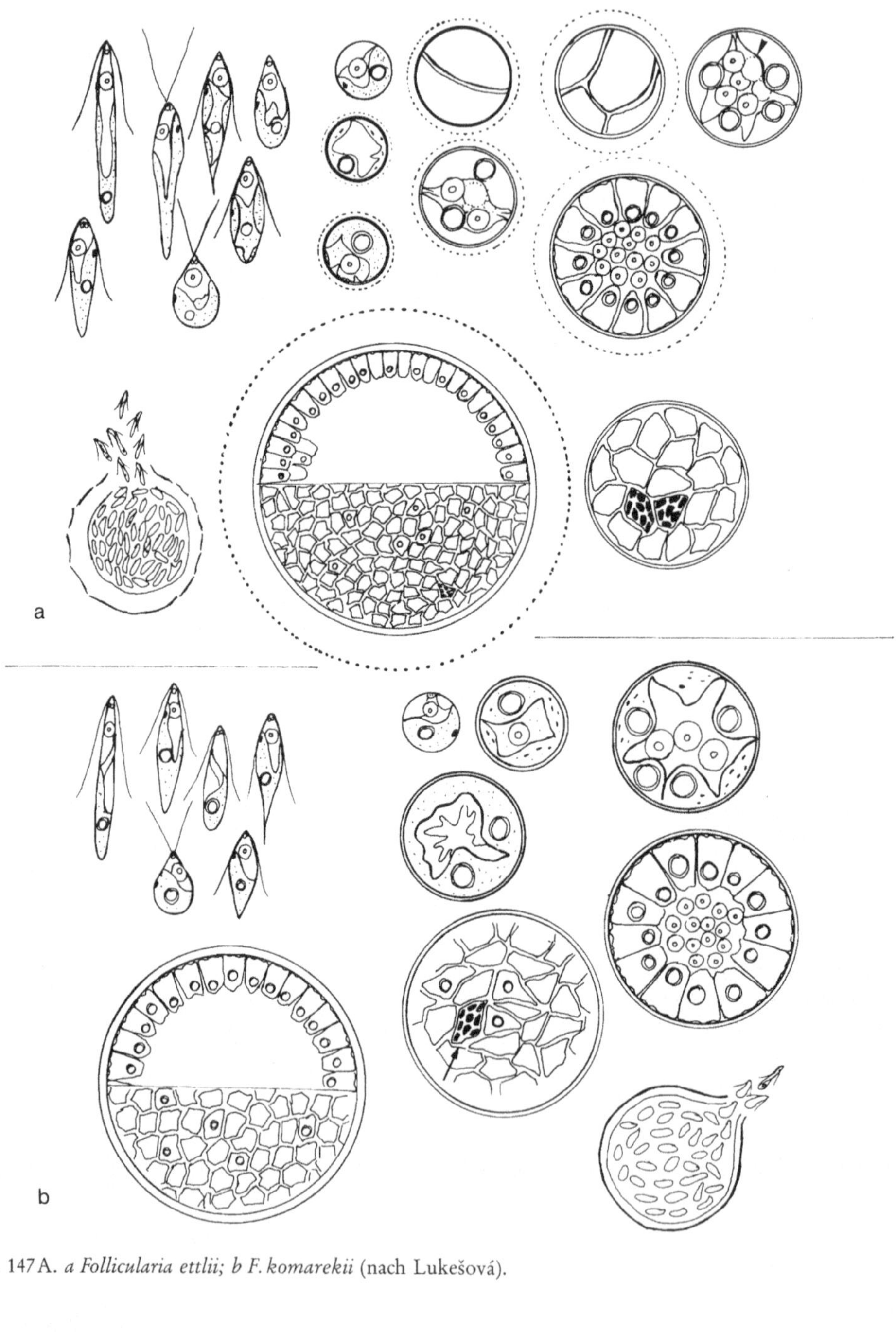

Fig. 147 A. *a Follicularia ettlii; b F. komarekii* (nach Lukešová).

multinucleatae. Cytoplasma vacuolata. Reproductio asexualis per formationem zoosporarum fissione progrediente cellularum maturarum effectans. Zoosporae sine membranis, 7,8–15(–18) µm longae, 1,8–5,4 µm latae; pyrenoideo posteriore ad medium, nucleo anteriore, stigma anterius ad aequatorialem. Reproductio sexualis non observata.
Kultur: Lukešová 1991/1.
Aus Ackerboden bei Lahošť in der Nähe von Teplice (Tschechoslowakei) isoliert.

5. Follicularia komarekii Lukešová 1993 (Fig. 147 A: b)
Lukešová 1993, p. 94, fig. 5–7.

Cellulae vegetativae sphaericae, ad 57(–75) µm in diametro, sine matrice gelatinoso. Membrana cellularum iuvenum tenuis, aetate spissescens usque ad 4,8(–7) µm. Cellulae iuvenes chloroplasto singulari, parietali, ambitu irregulari, cum pyrenoideo singulari excentrico praeditae; chloroplasti cellularum maturarum numerosi parietales, ± in ambitu conice prismatici, a superficie visi irregulariter polygonales. Omnis chloroplastus uno pyrenoideo. Cellulae iuvenes uninucleatae, cellulae maturae multinucleatae. Reproductio asexualis per zoosporas, per fissionem protoplasti multinucleati formatas. Zoosporae sine membranis, 6–12 µm longae, 1,2–4,2 µm latae; pyrenoideo posteriore ad medium, nucleus anterior, stigma anterius ad aequatorialem. Reproductio sexualis non observata.
Kultur: Lukešová 1989/92.
Aus Gartenerde in České Budějovice (Tschechoslowakei) isoliert.

6. Spongiochloris Starr 1955

Syn.: *Asterococcus* (Cienkowski) Scherffel 1909 sensu Vischer 1945
Vischer 1945 b, p. 47; Bischoff & Bold 1963, p. 25; Chantanachat & Bold 1962, p. 26; Kalina 1965; Komárek & Fott 1983, p. 124.

Zönoblasten einzeln, kugelig oder subsphärisch, mit glatter Zellwand, die im Alter manchmal verdickt ist. Chloroplast in jungen Zönoblasten parietal, becher- oder topfförmig, später netzförmig gestaltet, aus regelmäßig verlaufenden feinen, anastomisierenden Strängen bestehend, die peripher mit dicht aneinander gereihten Teilstücken enden. Die verzweigten Stränge laufen aus dem pyrenoidführenden Zentrum zur Peripherie und geben dem Chloroplasten ein spongiöses Aussehen. Bei Oberflächenansicht erscheint der Chloroplast aus dicht gedrängten, polygonalen Teilstükken zusammengesetzt. Pyrenoid groß, häufig auch mehrere, mit dicker Stärkehülle. Fortpflanzung durch zweigeißelige Zoosporen, weniger oft durch Autosporen.
Alle beschriebenen Arten sind terrestrisch.

1a Zönoblasten 70–200 µm groß 2
1b Zönoblasten 17–60 µm groß 5
2a Zellwand im Alter 7,5–25 µm dick, oft mehrschichtig 3
2b Zellwand im Alter kaum verdickt 4
3a Chloroplast fein spongiös; Zoosporen mit gelapptem Chloroplast . . . . **3. S. gigantea**
3b Chloroplast grob spongiös; Zoosporen mit gestreckt topfförmigem Chloroplast . . . . **4. S. lamellata**
4a Zönoblasten bis über 100 µm (–200 µm) groß; Chloroplast ganz fein spongiös, Matrix des Pyrenoids mehrfach geteilt . . . . **1. S. spongiosa**
4b Zönoblasten bis 70 µm groß; Chloroplast mit lamellenartiger Struktur, Matrix des Pyrenoids homogen . . . . **2. S. typica**
5a Chloroplast grob spongiös, Oberfläche mit Rissen oder kurzen Streifen; Zellwand im Alter etwas dicker werdend 6
5b Chloroplast fein spongiös, radial zart büschelig verzweigt bis zerfallend; Zellwand im Alter kaum verdickt 7

6a Chloroplast an der Oberfläche mit Rissen .... **5. S. excentrica**
6b Chloroplast außen kurz gestreift .... **6. S. minor**
7a Zönoblasten bis 55 µm groß, Chloroplast fein radial spongiös, an der Peripherie verzweigt .... **7. S. incrassata**
7b Zönoblast bis 30 µm groß, Chloroplast zart spongiös bis in ± lange Einzelteile zerfallend .... **8. S. llanoensis**

1. **Spongiochloris spongiosa** (Vischer) Starr 1955 (Fig. 148: a–e)

Syn.: *Asterococcus spongiosus* Vischer
Vischer 1945b, p. 47, fig. 5: 1–11; Starr 1955, p. 70, fig. 154–164; Komárek & Fott 1983, p. 124.

Zönoblasten kugelig bis subsphärisch. Zellwand glatt, im Alter nicht dicker werdend. Chloroplast fein netzförmig bis spongiös, mit fein verzweigten, anastomisierenden Strängen. Pyrenoid in jungen Zellen eins, mehr seitlich, bei erwachsenen auch mehrere (bis 10) und ± zentral; Matrix des Pyrenoids mehrfach geteilt. Stärkehülle aus vielen Stärkekörnern zusammengesetzt. Zellkerne zwischen den Strängen des Chloroplasten. Zoosporen gestreckt spindelförmig, mit vorn gelegenem Stigma. Zönoblasten bis 100(–200) µm im Durchmesser; Zoosporen 15–20 µm lang.
Kultur: UTEX 1, 98; SAG 280–2b.
Aus Erdboden in der Nähe von Fuorn isoliert (Schweiz).

2. **Spongiochloris typica** Trainor & Mac Lean 1964 (Fig. 148: f–h)

Trainor & Mac Lean 1964, p. 58, fig. 1–7.

Zönoblasten kugelig; Zellwand im Alter nicht bedeutend dicker werdend. Chloroplast in jungen Zönoblasten parietal, topfförmig, in erwachsenen netzförmig mit lamellenartiger Struktur; mit 1 Pyrenoid, manchmal auch mit mehreren. Matrix des Pyrenoids homogen, Stärkehülle mit 2–3 Stärkeschalen. Zönoblasten bis 70 µm im Durchmesser; Zoosporen 8–12 µm lang, 2–4 µm breit.
Kultur: UTEX 1238.
Aus Erdproben isoliert, Storrs, Connecticut (USA), auch in der USSR gefunden.

3. **Spongiochloris gigantea** Bischoff & Bold 1963 (Fig. 148: i–k)

Bischoff & Bold 1963, p. 25, fig. 99–105.

Zönoblasten kugelig; Zellwand glatt und dünn, bei älteren Zönoblasten 7,5–15 µm dick werdend und geschichtet; häufig mit exzentrischer Warze. Chloroplast in jungen Zönoblasten parietal und stark gelappt, in erwachsenen fein netzförmig bis spongiös, mit zarten, radiär verlaufenden Strängen. Pyrenoid exzentrisch, manchmal 2–5; Matrix mehrfach geteilt, Stärkehülle aus 2–3 Stärkeschalen. Zoosporen spindelförmig, mit gelapptem Chloroplast, medianem Zellkern und vorn gelegenem Stigma. Zönoblasten 85–90(–110) µm im Durchmesser; Zoosporen 8–10 µm lang; 2,5–3 µm breit.
Kultur: UTEX 1243.
Aus Erdproben isoliert, Enchanted Rock, Llano County, Texas (USA).

4. **Spongiochloris lamellata** Deason & Bold 1960 (Fig. 148: l–n)

Deason & Bold 1960, p. 34, fig. 46–48, 108–110.

Zönoblasten immer kugelig; Zellwand im Alter mehrschichtig und bis 25 µm dick werdend. Chloroplast grob netzförmig oder spongiös, an der Oberfläche glatt; mit 1 seitlichen Pyrenoid, seltener mehrere. Matrix mehrfach geteilt, Stärkehülle aus 2–4 Stärkeschalen. Zoosporen spindelförmig, mit topfförmigem Chloroplast und vorn gelegenem Stigma. Zönoblasten bis 80 µm im Durchmesser; Zoosporen 9–13 µm lang; 3–3,7 µm breit.
Kultur: UTEX 977.
Erdboden unter *Quercus stellata*, Carrizo Sands, Caldwell County, Texas (USA).

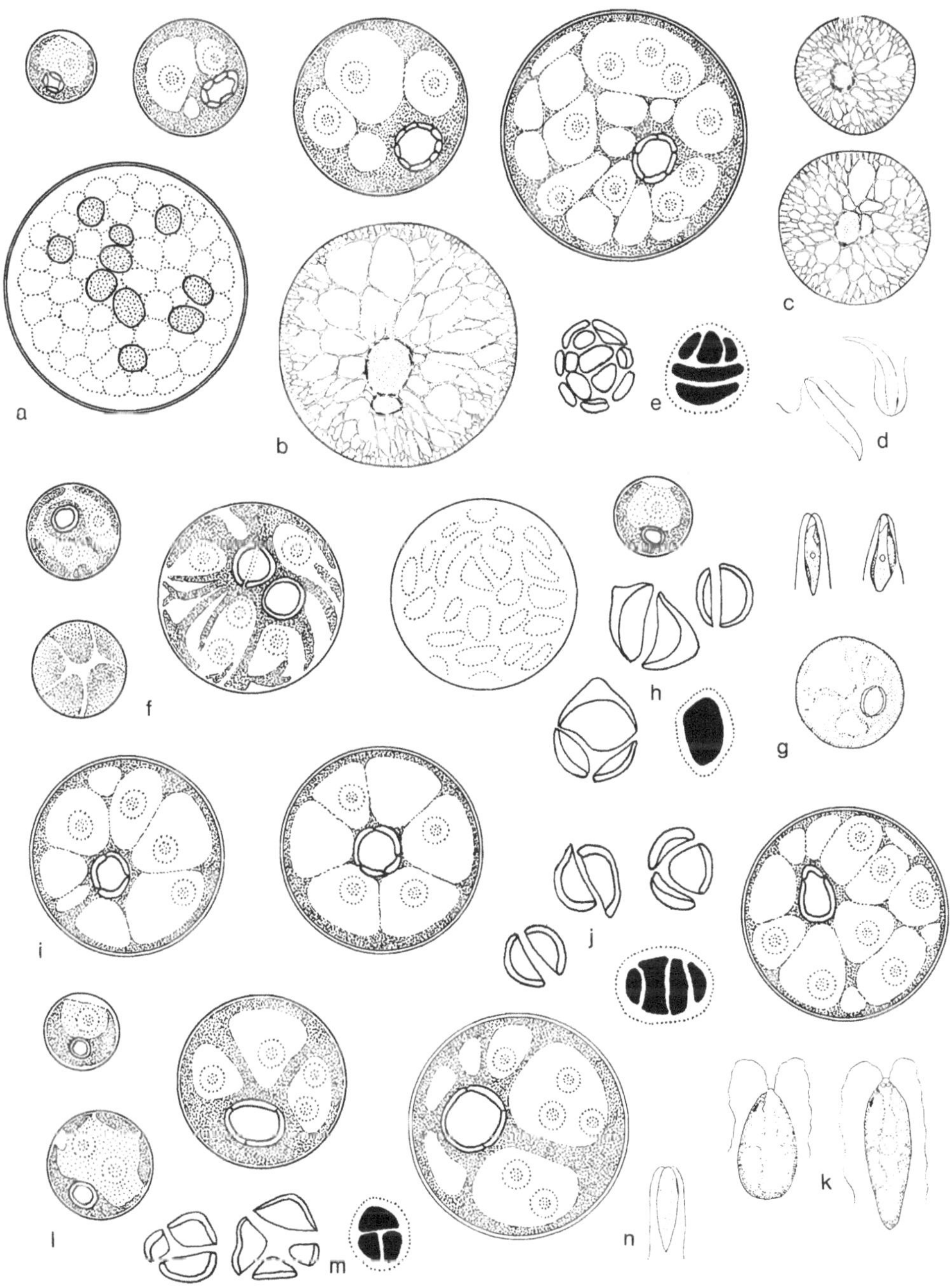

Fig. 148. *a–e Spongiochloris spongiosa; d* Zoosporen, *e* Stärkehülle und Struktur des Pyrenoids; *f–h S. typica; h* Stärkehülle und Struktur des Pyrenoids; *i–k S. gigantea; j* Stärkehülle und Struktur des Pyrenoids; *k* Zoosporen; *l–n S. lamellata; m* Stärkehülle und Struktur des Pyrenoids; *n* Zoospore (*b, c* nach Vischer, *d* nach Starr, *g* nach Andreeva et al., *k* nach Bischoff & Bold, *n* nach Deason & Bold, sonst Orig.).

5. Spongiochloris excentrica Starr 1955 (Fig. 149: a, b)
Starr 1955, p. 72, fig. 165–186.

Zönoblasten kugelig; Zellwand glatt, im Alter etwas dicker werdend, auf der einen Seite manchmal eine blasenartige Verdickung tragend. Manchmal scheiden die Zönoblasten eine leicht viskose Gallertsubstanz aus, die sich mit Methylenblau färbt. Chloroplast als grobes Netzwerk mit verzweigten Strängen, an der Oberfläche zerrissen oder eingeschnitten. Mit 1 seitlichen Pyrenoid, dessen Matrix homogen ist; Stärkehülle aus 2–3 großen Stärkeschalen. Zönoblasten bis 30(–60) µm im Durchmesser; Zoosporen 15 µm lang, 2 µm breit.
Kultur: UTEX 108; SAG 280-1.
Aus Erdproben isoliert, Rock Island, Caney Fork River, Tennessee (USA).

6. Spongiochloris minor Chantanachat & Bold 1962 (Fig. 149: c, d)
Chantanachat & Bold 1962, p. 26, fig. 21–28, 87–92.

Zönoblasten immer kugelig; Zellwand dünn, im Alter etwas dicker (bis 5 µm) werdend. Chloroplast in jungen Zönoblasten parietal, topfförmig bis fast hohlkugelig, später zerteilt und schließlich grob netzförmig bis spongiös, ± radiär auslaufend, an der Oberfläche kurz gestreift. Mit 1 bis mehreren exzentrisch liegenden Pyrenoiden; Stärkehülle mit 2–4 groben Stärkeschalen. Zellkerne regelmäßig zwischen den Strängen des Chloroplasten liegend. Zoosporen eiförmig, mit parietalem Chloroplast und vorn gelegenem Stigma. Zönoblasten bis 40 µm im Durchmesser; Zoosporen 8,8 µm lang und 3–3,5 µm breit; Autosporen 4–6 µm groß.
Kultur: UTEX 1184.
Aus Erdproben isoliert, North St. John, Arizona (USA).

7. Spongiochloris incrassata Chantanachat & Bold 1962 (Fig. 149: e, f)
Chantanachat & Bold 1962, p. 27, fig. 29–35, 93–96.

Zönoblasten kugelig; Zellwand im Alter bis 3 µm dick und geschichtet. Chloroplast in jungen Zönoblasten topfförmig bis fast hohlkugelig, bei erwachsenen mit einem groben Zentrum, aus dem netzförmig verflochtene, feine Stränge auslaufen; der Peripherie zu werden die Stränge immer feiner und mehr verzweigt; an der Oberfläche gefleckt. Mit 1 bis mehreren Pyrenoiden (Satellitenpyrenoide häufig). Matrix des Pyrenoids homogen, Stärkehülle zweiteilig und grob. Zoosporen eiförmig, mit seitlichem Chloroplast und vorn gelegenem Stigma. Zönoblasten bis 54 µm im Durchmesser; Zoosporen 7–8 µm lang, 2–4 µm breit.
Kultur: UTEX 1182.
Erdproben von As-Sanam (Saudi Arabien).

8. Spongiochloris llanoensis Bischoff & Bold 1963 (Fig. 149: g, h)
Bischoff & Bold 1963, p. 27, fig. 34–38, 106–109.

Zönoblasten immer kugelig; Zellwand dünn und glatt, im Alter leicht verdickt und mit einseitiger blasenartiger Verdickung. Manchmal mit feiner Gallerthülle, die sich mit Methylenblau deutlich färbt. Chloroplast fein netzförmig, aus verflochtenen Strängen bestehend; im Zentrum grob, peripher feiner, in späteren Stadien in zahlreiche längliche Einzelteile zerfallend. Pyrenoid etwas exzentrisch; Matrix homogen, Stärkehülle mit 2–4 Stärkeschalen. Zellkerne unregelmäßig verteilt. Zoosporen spindel- bis eiförmig, mit parietalem, manchmal geteiltem Chloroplast und medianem Stigma. Zönoblasten 17–25(–35) µm im Durchmesser; Zoosporen 7,5 × 3 µm groß.
Kultur: UTEX 1245.
Erdboden von Enchanted Rock, Llano County, Texas (USA).

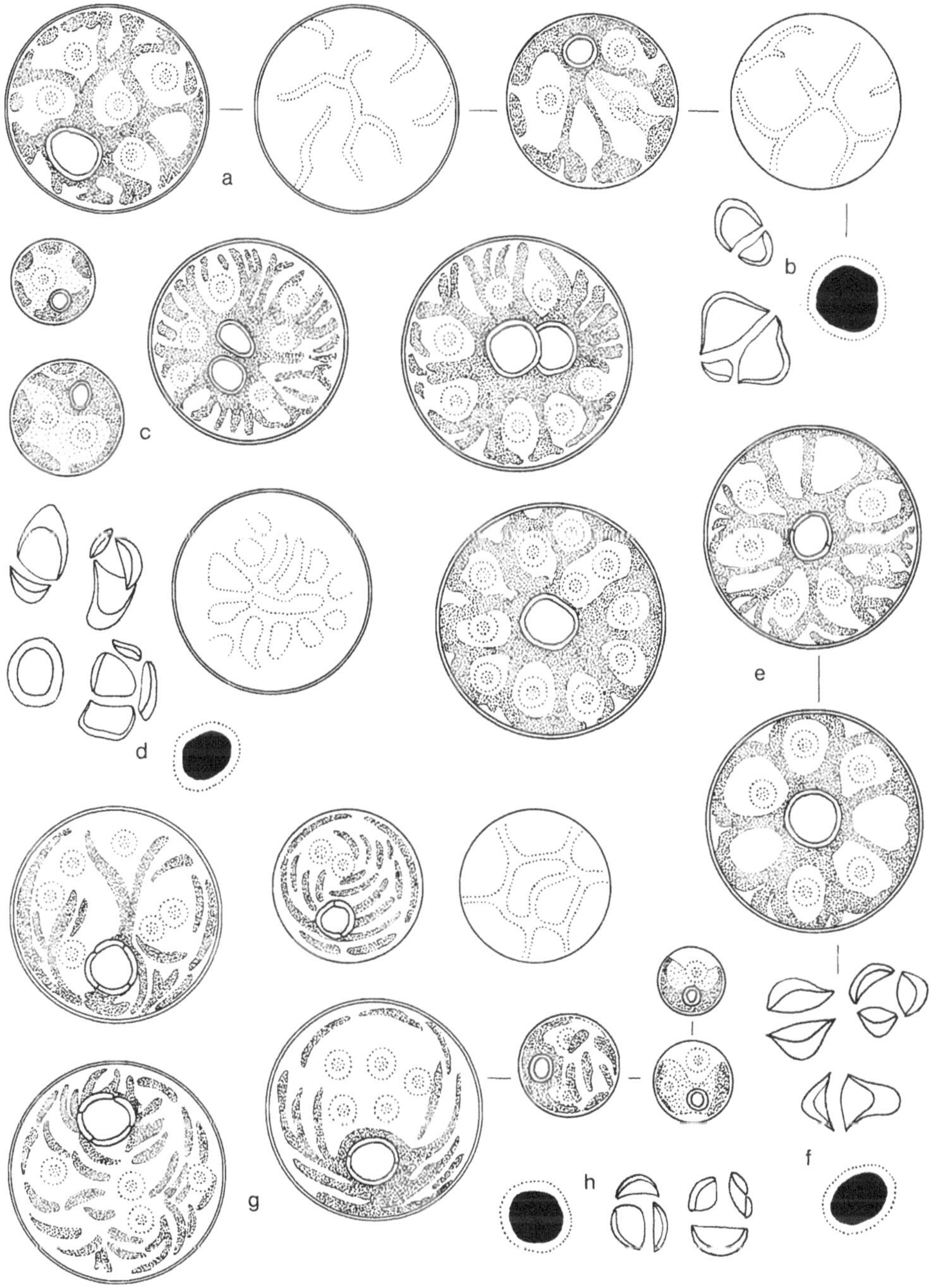

Fig. 149. *a, b Spongiochloris excentrica; b* Stärkehülle und Struktur des Pyrenoids; *c, d S. minor; d* Stärkehülle und Struktur des Pyrenoids; *e, f S. incrassata; f* Stärkehülle und Struktur des Pyrenoids, *g, h S. llanoensis; h* Stärkehülle und Struktur des Pyrenoids (Orig.).

7. **Chlorotetraedron** Mac Entee et al. 1978

Syn.: *Pseudotetraedron* Mac Entee et al. 1977; non Pascher 1912; *Tetraedron* Kützing 1845 p. p. sensu Beck-Mannagetta 1926; *Polyedriopsis* Schmidle 1899 p. p. sensu Kováčik 1975
Kováčik 1975, p. 248; Komárek & Fott 1983, p. 126, Komárek & Kováčik 1985, p. 289.

Zönoblast polymorph, einzeln oder zu unregelmäßigen und losen Gruppen angehäuft. Junge Zönoblasten ± tetraedrisch bis polyedrisch, später unregelmäßig und im erwachsenen Zustand fast kugelig, manchmal noch mit verbleibenden, tetraedrisch angesetzten Zellwand-Papillen. Chloroplast in jungen Zönoblasten parietal und gelappt, in erwachsenen einheitlich oder netzförmig, mit mehreren Strängen, bis spongiös; mit 1, seltener mehreren exzentrischen Pyrenoiden. Fortpflanzung durch Zoosporen, Aplanosporen und Autosporen.
Von 3 beschriebenen Arten sind 2 terrestrisch.

1a Erwachsene Zönoblasten ± kugelig bis sackförmig, Chloroplast gelappt bis netzförmig . . . . **1. Ch. polymorphum**

1b Erwachsene Zönoblasten tetraedrisch bis polyedrisch, mit Warzen an jeder Ecke, Chloroplast wandständig, einheitlich . . . . **2. Ch. bitridens**

1. **Chlorotetraedron polymorphum** (Mac Entee et al.) Mac Entee et al. 1978 (Fig. 150: a–c)

Syn.: *Pseudotetraedron polymorphum* Mac Entee et al. 1977
Mac Entee et al. 1977, p. 162, fig. 1–8; 1978, p. 234; Komárek & Fott 1983, p. 128, fig. 34: 2.

Zönoblasten in der Jugend tetraedrisch, im erwachsenen Zustand kugelig bis sackförmig. Chloroplast parietal, zuerst gelappt, später netzförmig bis spongiös und stark gegliedert; mit 1 Pyrenoid. Zoosporen breit spindelförmig bis dreieckig im Umriß, mit vorn gelegenem Zellkern und Stigma; Keimlinge häufig dreieckig im Umriß oder tetraedrisch. Auch Aplanosporen werden gebildet. Zönoblasten bis 90 µm groß.
Kultur: UTEX 2174.
Aus Erdböden isoliert (Australien).

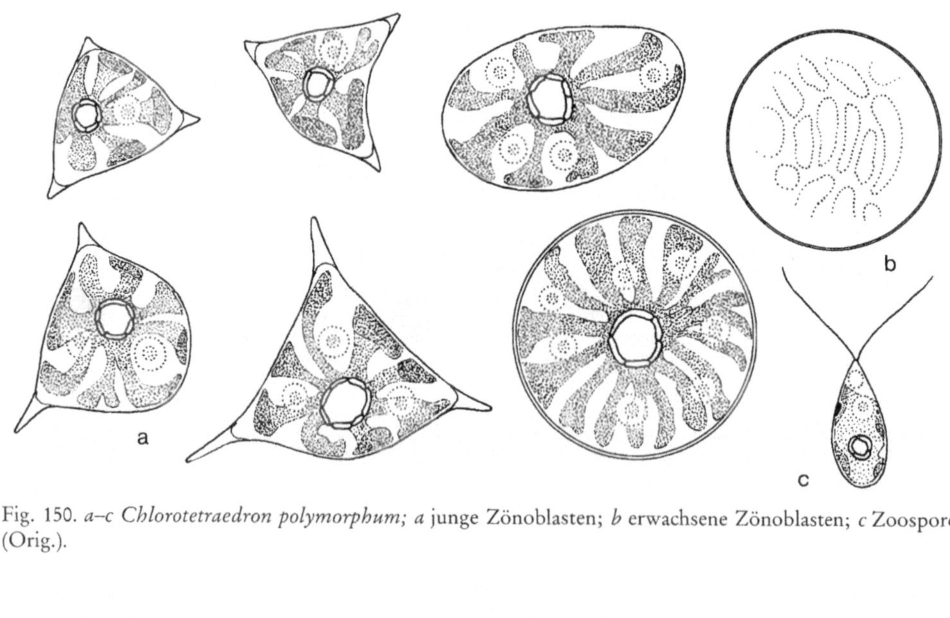

Fig. 150. *a–c Chlorotetraedron polymorphum; a* junge Zönoblasten; *b* erwachsene Zönoblasten; *c* Zoospore (Orig.).

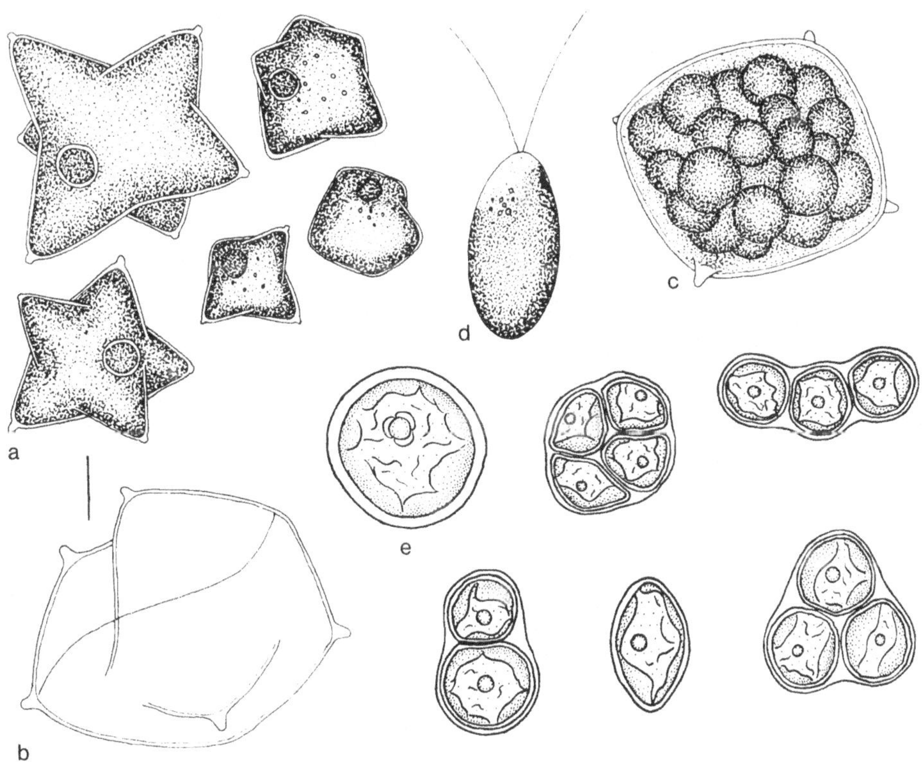

Fig. 151. *a–d Chlorotetraedron bitridens; a* Variabilität der Zönoblasten; *b* leere Sporangiumwand; *c* Sporangium; *d* Zoospore; *e Pseudospongiococcum protococcoides* (*a–d* nach Komárek & Kováčik, *e* nach Gromov & Mamkaeva).

2. Chlorotetraedron bitridens (Beck-Mannagetta) Komárek & Kováčik 1985 (Fig. 151: a–d)

Syn.: *Tetraedron bitridens* Beck-Mannagetta 1926; ? *Coelastrum humicola* Gistl 1935; *Polyedriopsis bitridens* (Beck-Mannagetta) Kováčik 1975

Starr 1954b, p. 17, fig. 1–16; Kováčik 1975, p. 250, fig. 30: f–m, 31: a–k; Komárek & Fott 1983, p. 130, fig. 34: 3.

Zönoblasten einzeln oder unregelmäßige Gruppen bildend, in allen Stadien tetraedrisch oder polyedrisch (4–6eckig), manchmal leicht kugelig aufgetrieben. Zellwand glatt, an den Ecken mit papillenartigen Warzen versehen. Chloroplast parietal, einheitlich, mit einem exzentrischen Pyrenoid. Zönoblasten 4–15(–25) µm im Durchmesser; Zoosporen 5,5–13 µm lang, 3,7–7 µm breit.
Kultur: UTEX 120; SAG 85.80.
Häufig in Erdböden, wahrscheinlich weit verbreitet.

8. Characiopodium Floyd & S. Watanabe in Floyd et al. 1993

Syn.: *Characium* A. Braun in Kützing 1849 p. p. sensu auct.

Trainor & Bold 1953, p. 763; Lee & Bold 1974, p. 17; Komárek & Fott 1983, p. 198; Floyd et al. 1993, p. 72.

Zönoblasten bipolar gebaut, basal mit einem ± langen stielartigen Fortsatz, der oft mit einer Haftscheibe endet, apikal abgerundet oder leicht zugespitzt. Der eigentliche Zönoblast ist ellipso-

idisch, ei-, keulen- bis spindelförmig, manchmal fast zylindrisch. Zellwand zart bis mäßig dick, am Bau der Stiele beteiligt. Chloroplast primär parietal, topf-, rinnen- oder röhrenförmig, auch asteroid; gerippt, gelappt oder büschelartig verzweigt; mit 1, seltener 2 oder mehreren Pyrenoiden. Asexuelle Fortpflanzung durch zweigeißelige Zoosporen, seltener auch durch Aplanosporen.
Im ganzen sind die Zönoblasten der Gattung *Characiopodium Characium*-artig gebaut. Der maßgebende Unterschied besteht darin, daß bei *Characium* die Zellen einkernig sind und die Protoplastenteilung sukzedan vor sich geht.
Mit 5 terrestrischen Arten:

1a Zönoblasten mit sehr langem, bis körperlangem Stiel; Pyrenoide mit 2–4 Stärkeschalen .... **1. Ch. pseudopolymorphum**
1b Zönoblasten mit sehr kurzem oder stark reduziertem Stiel; Pyrenoide mit einheitlicher hohlkugeliger Stärkehülle 2
2a Zönoblast breit ellipsoidisch oder breit spindelförmig, apikal leicht zugespitzt und mit einer kegelförmigen Warze; Stiel reduziert und mit großer Haftscheibe; Chloroplast fein asteroid gelappt .... **2. Ch. typicum**
2b Zönoblasten gestreckt spindelförmig, ellipsoidisch, birnen- oder verkehrt eiförmig, apikal abgerundet und ohne Warze; Chloroplast nicht asteroid gelappt 3
3a Chloroplasten primär rinnenförmig, später grob gelappt; Zellkerne in einer Reihe hintereinander liegend 4
3b Chloroplasten parietal, längs gerippt; Zellkerne unregelmäßig verteilt .... **3. Ch. oviforme**
4a Zönoblasten bis 35 µm lang; Chloroplast nur gelappt .... **4. Ch. californicum**
4b Zönoblasten bis 85 µm lang; Chloroplast in erwachsenen Zönoblasten in Teilstücke aufgeteilt .... **5. Ch. hindakii**

1. **Characiopodium pseudopolymorphum** (Philipose) Floyd & S. Watanabe in Floyd et al. 1993 (Fig. 152: a)

Syn.: *Characium polymorphum* Trainor & Bold 1953 non Printz 1916, *Characium pseudopolymorphum* (Trainor & Bold) Philipose 1967, *Characium boldii* (Trainor & Bold) Rino 1972
Trainor & Bold 1953, p. 763, fig. 42–58; Deason & Bold 1960, p. 35, fig. 49–53; Lee & Bold 1974, p. 18, fig. 24–31; Komárek & Fott 1983, p. 204, fig. 59: 4; Floyd et al. 1993, p. 72.

Junge Zönoblasten verkehrt eiförmig bis birnenförmig, erwachsene kugelig ellipsoidisch bis fast kugelig; mit einem fast körperlangen Stiel, der bei sehr großen kugeligen Zönoblasten nicht zu sehen ist. Zellwand bei wachsenden Zönoblasten bis 6 µm, bei ruhenden bis 12 µm dick und geschichtet. Chloroplast zuerst parietal und leicht gelappt, während des Wachstums fein asteroid gelappt, wobei die Lappen an der Peripherie verzweigt sind. Mit 1, seltener mehreren Pyrenoiden, die mit 2–4 Stärkeschalen umgeben sind. Zoosporen mit topfförmigem Chloroplast, ohne Stigma; mit dem Vorderende am Substrat festhaftend. Zönoblasten 25–45(–100) µm groß, Stiel ± körperlang; Zoosporen 8–18 µm lang und 2–5,5 µm breit.
Kultur: UTEX 129; SAG 209-2.
Aus Ackerböden von Lowndes County und Williamson County (USA).
Nach Komárek & Fott (1983) soll diese Art nur ein Synonymum von *Characium terrestre* Kanthamma 1940 sein. Leider sind die Angaben und die Abbildungen von Kanthamma nicht eindeutig genug, um derartige Schlüsse zu ziehen.

2. **Characiopodium typicum** (Lee & Bold) Floyd & S. Watanabe in Floyd et al. 1993 (Fig. 152: b)

Syn.: *Characium typicum* Lee & Bold 1974
Lee & Bold 1974, p. 30, fig. 97–104; Komárek & Fott 1983, p. 202; Floyd et al. 1993, p. 72.

Zönoblasten breit spindelförmig, im Alter breit eiförmig bis fast kugelig: apikal leicht zugespitzt und mit kegelförmiger Warze, basal verjüngt und mit einem reduzierten Stiel, der mit einer großen

Haftscheibe endet. Zellwand dünn, im Alter nicht dicker werdend. Chloroplast in jungen Zönoblasten parietal, seitlich offen und grob gelappt, später massiv und fein asteroid gelappt; mit 1, selten 2 Pyrenoiden, die von einer homogenen hohlkugeligen Stärkehülle umgeben sind. Zoosporen eiförmig, mit parietalem Chloroplast, vorn gelegenem Stigma und zentralem Zellkern; mit dem Hinterende festhaftend. Zönoblast 20 µm lang, 10 µm breit, ältere Zönoblasten bis 75 µm groß, Stiel kaum 4,5 µm lang; Zoosporen 7–8 µm lang und 3–5 µm breit.
Kultur: UTEX 2111.
Aus Erdböden isoliert, Bastrop, Texas; Lansford, Pennsylvania (USA).

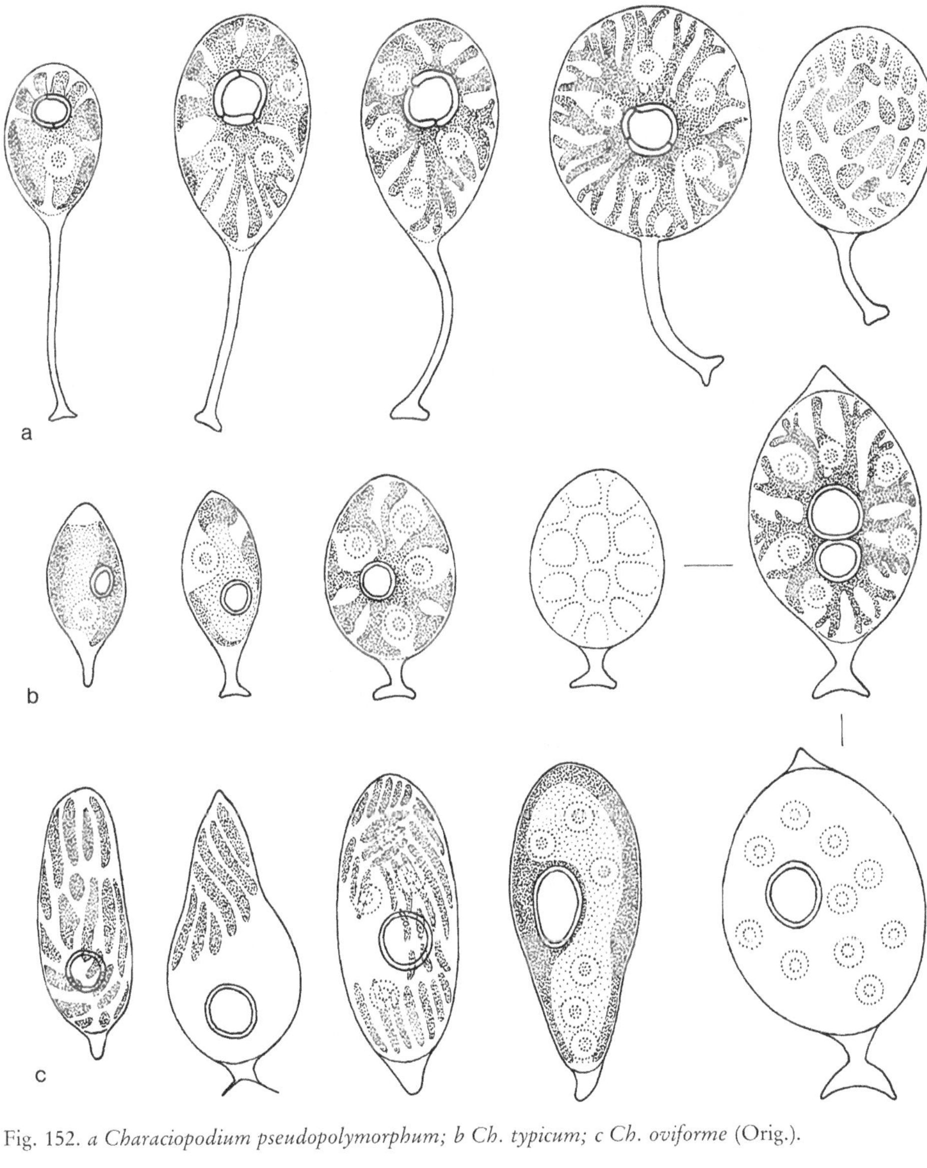

Fig. 152. *a Characiopodium pseudopolymorphum; b Ch. typicum; c Ch. oviforme* (Orig.).

3. Characiopodium oviforme (Lee & Bold) nov. comb. (Fig. 152: c)
Basionym: *Characium oviforme* Lee & Bold 1974, Phycol. Studies XII, Univ. Texas Publ. 7403, p. 25, fig. 57–72
Komárek & Fott 1983, p. 202.

Zönoblast gestreckt eiförmig bis ellipsoidisch, auch keulenförmig, apikal oft verjüngt, meist abgerundet, basal breit abgerundet oder kurz verschmälert und mit einem kurzen Stiel ohne deutliche Haftscheibe; alte Zönoblasten ohne Stiel. Zellwand dünn, im Alter bis 3,5 µm dick werdend. Chloroplast parietal, den ganzen Zönoblasten auskleidend, an der Oberfläche deutlich gerippt. Mit 1, selten mehreren Pyrenoiden, die eine homogene, hohlkugelige Stärkehülle besitzen. Zoosporen eiförmig bis gestreckt eiförmig, hinten verschmälert, mit parietalem Chloroplast, vorderem Stigma und zentralem Zellkern. Festsetzen mittels der Geißeln, wonach die Zoosporen umkippen und sich mit dem hinteren Ende befestigen und dort den Stiel ausbilden. Zönoblasten 15–60 µm lang, 5–8 µm breit; Zoosporen 6,5–8 µm lang; 2,5–4 µm breit; Aplanosporen 4–8 µm im Durchmesser.
Kultur: UTEX 2101.
Aus Erdböden isoliert, New Braunfels, Texas; auch in Kansas (USA).

4. Characiopodium californicum (Lee & Bold) Floyd & S. Watanabe in Floyd et al. 1993 (Fig. 153: a)
Syn.: *Characium californicum* Lee & Bold 1974
Lee & Bold 1974, p. 21, fig. 36–47; Komárek & Fott 1983, p. 202; Floyd et al. 1993, p. 72, fig. 27–35.

Zönoblasten gestreckt ei-, spindel- oder sackförmig, oft unregelmäßig; apikal verjüngt und abgerundet, basal mit einem kleinen reduzierten Stiel, der manchmal auch fehlen kann. Zellwand dünn, im Alter etwas dicker werdend. Chloroplast parietal, rinnenförmig, anfangs grob, später feiner gelappt; mit 1, seltener 2 Pyrenoiden mit homogener, hohlkugeliger Stärkehülle. Zellkerne reihenartig angeordnet. Zoosporen eiförmig bis ellipsoidisch, Stigma vorn, Zellkern zentral. Das Festsetzen der Zoosporen erfolgt mittels Geißelspitzen, wonach die Zellen umkippen und den Stiel

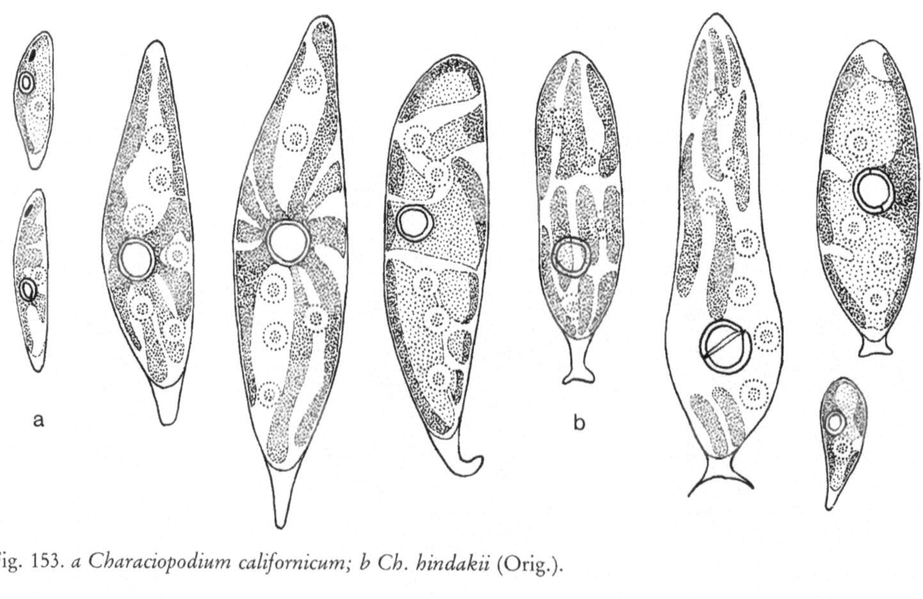

Fig. 153. *a Characiopodium californicum; b Ch. hindakii* (Orig.).

vom hinteren Ende der Zoospore aus bilden. Zönoblasten bis 35 µm lang und bis 11 µm breit; Zoosporen 8 × 3 µm; Aplanosporen 3–8 µm groß.
Kultur: UTEX 2097.
Aus Erdboden isoliert; Leman Cove, Kalifornien (USA).

5. Characiopodium hindakii (Lee & Bold) Floyd & S. Watanabe in Floyd et al. 1993 (Fig. 153: b)
Syn.: *Characium hindakii* Lee & Bold 1974
Lee & Bold 1974, p. 24, fig. 53–56; Komárek & Fott 1983, p. 202; Floyd et al. 1993, p. 72, fig. 19–26.

Zönoblasten gestreckt, manchmal lang eiförmig, aber auch spindel- oder keulenförmig, in der Mitte eingeengt; an beiden Enden verjüngt und abgerundet; mit einem kurzen, starken Stiel, der meist mit einer Haftscheibe endet. Zellwand dünn, im Alter nicht besonders dicker werdend. Chloroplast parietal, später massiv und in längliche Einzelstücke zerfallend; mit 1–8 Pyrenoiden, die von einer homogenen, hohlkugeligen Stärkehülle umgeben sind. Zoosporen gestreckt eiförmig, mit lateralem muldenförmigem Chloroplast, basalem Pyrenoid und vorderem Stigma, Zellkern zentral. Mit dem apikalen Zoosporen-Ende festsetzend. Zönoblasten bis 85 µm lang und bis 23 µm breit; Stiel bis 4 µm lang; Zoosporen 10,5 × 3,5 µm groß.
Kultur: UTEX 2098.
Aus Erdboden isoliert, Tierra Alta, Habana (Kuba).

Unsichere Art:
Characium astipitatum Metting 1980, p. 296, fig. 1, 8 (Mikrophotos) – Zönoblast sphärisch, ei- bis tropfenförmig. Zellwand bis 1,5 µm dick. Chloroplast 1, parietal mit 2–4 Lappen; mit 1 bis mehreren Pyrenoiden. Fortpflanzung durch zahlreiche Aplanosporen, weniger häufig durch Zoosporen mit vorn gelegenem Stigma und Zellkern. Zönoblasten 12–36 µm im Durchmesser; Zoosporen 9 × 3 µm groß.
Aus Erdproben isoliert, Whitman County, Washington (USA).

9. Pseudospongiococcum Gromov & Mamkaeva 1974

Gromov & Mamkaeva 1974, p. 8; Komárek & Fott 1883, p. 574.

Zönoblasten einzeln oder in Gruppen angehäuft, in der Jugend mehr ellipsoidisch, im erwachsenen Zustand kugelig. Zellwand dick. Chloroplast in jungen Zönoblasten ± spongiomorph, später netzförmig, aus mehreren scheibenförmigen, miteinander verbundenen Teilen bestehend; mit 1 bis mehreren Pyrenoiden. In allen Stadien mehrkernig. Fortpflanzung durch Autosporen, die durch einen Riß in der Sporangiumwand frei werden.
Die Gattung bedarf einer Neuuntersuchung. Die Vertreter der Familie Neochloridaceae bilden Zoosporen, was hier nicht vorkommt.
Eine einzige Art:

Pseudospongiococcum protococcoides Gromov & Mamkaeva 1974 (Fig. 151: e)
Gromov & Mamkaeva 1974, p. 8, fig. 1–9; Komárek & Fott 1983, p. 575, fig. 164: 7.

Mit den Merkmalen der Gattung. Junge Zönoblasten 6–8 × 4–5 µm groß, altere bis 25 µm im Durchmesser.
Bodenoberfläche, Krim (USSR).

13. Familie Protosiphonaceae Blackman & Tansley 1902

Vertreter dieser Familie haben ± blasenartige, grüne Zönoblasten, die in einen farblosen Fortsatz auslaufen. Es kommt zu einer scheinbaren Differenzierung in einen assimilatorischen Teil mit netzförmigem Chloroplast mit mehreren Pyrenoiden, und in einen hyalinen rhizoidalen Teil. Zönoblast in allen Stadien, mit Ausnahme der Fortpflanzungszellen, vielkernig. Fortpflanzung asexuell durch nackte zweigeißelige Zoosporen oder durch Aplanosporen, sexuell durch zweigeißelige Isogameten.
Printz 1927, Bold 1933, Fritsch 1935, Ettl 1980b, Bold & Wynne 1985.
Mit einer terrestrischen Gattung:

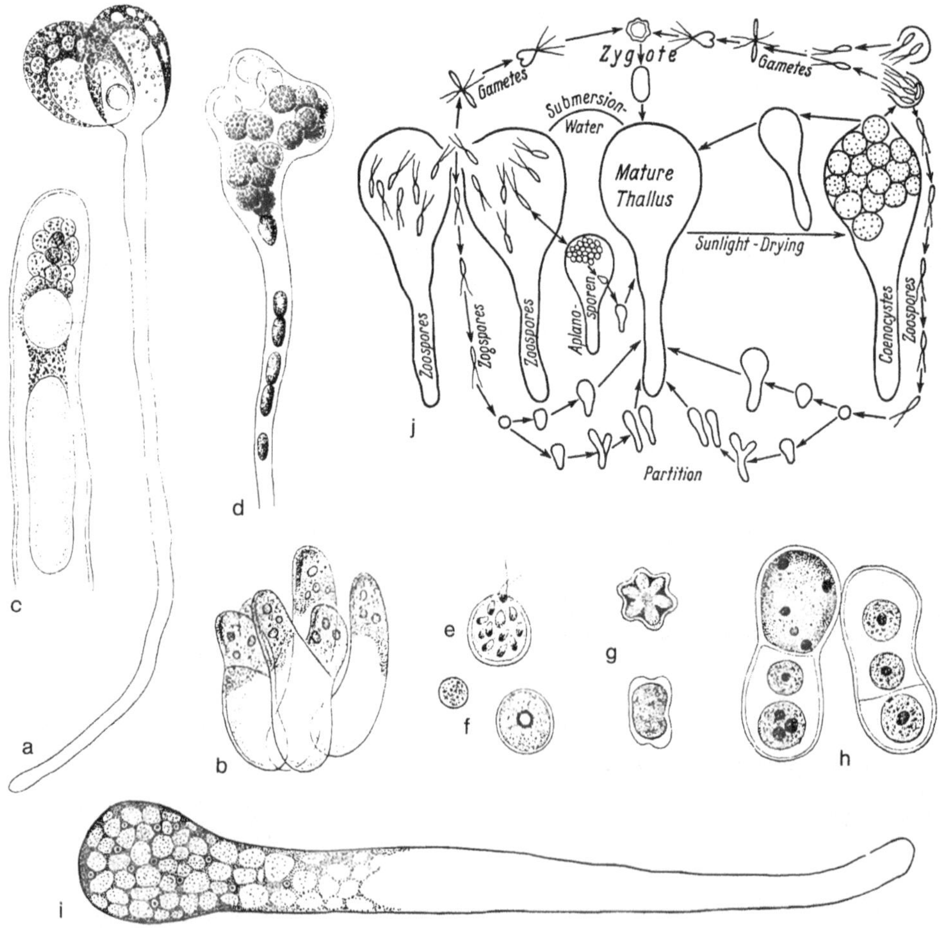

Fig. 154. *a–j Protosiphon botryoides; a, i* Habitus des Zönoblasten; *b* Zönoblasten bei dichtem Wuchs; *c* Zoosporenbildung; *d–h* verschiedene Entwicklungsstadien; *j* Lebenszyklus (*a–h* nach Brunnthaler, *i* nach Moewus, *j* nach Bold).

Protosiphon Klebs 1896

Brunnthaler 1915, p. 86; Bold 1933, p. 241; Bourrelly 1966, p. 364; Thomas 1971, p. 9; Bold & Wynne 1985, p. 132.

Alge mit zönoblastischem Bau, makroskopisch, in Form von kleinen kugeligen, später schlauchförmigen, bis 1,5 mm großen Thalli, die einen grünen oberirdischen Teil bilden, von dem aus farblose rhizoidale Ausläufer in den Boden reichen. Chloroplast netzförmig durchbrochen und mit zahlreichen Pyrenoiden, an der Peripherie des Zönoblasten liegend. Im Zentrum eine oder mehrere große, nicht kontraktile Vakuolen. Asexuelle Fortpflanzung durch zweigeißelige Zoosporen oder durch Aplanosporen. Sexuelle Fortpflanzung durch Isogameten, die nach der Fusion polyhedrische Zygoten bilden. Letztere keimen nach einer Ruheperiode direkt in einen kleinen Zönoblasten. Unter ungünstigen Bedingungen werden auch derbwandige Zönozysten gebildet. Lebenszyklus recht kompliziert (Fig. 154: j).
Mit einer einzigen Art:

Protosiphon botryoides Klebs 1896 (Fig. 154: a–j)
Brunnthaler 1915, p. 86, fig. 45; Bold 1933, p. 254, fig. 1–3; Bold & Wynne 1985, p. 132, fig. 3.51, 3.52.

Mit den Merkmalen der Gattung. Zönoblasten bis 1,5 mm lang, bis 0,5 mm breit.
Kultur: UTEX 46, 47, 99, 461; SAG 731–1a, 731–1b, 732–2, 732–3.
Auf feuchten Böden, an Teichufern, häufig auch in Erdböden, kosmopolitisch.

14. Familie Chlorosarcinaceae Bourrelly ex Groover & Bold 1969

Bildet eine Weiterentwicklung der coccalen Organisationsstufe der Grünalgen, wo die Zellen einer oder mehrerer Generationen ± regelmäßige Zellgruppen oder Zellpakete bilden (Taf. XI). Letztere entstehen dadurch, daß die von einer Zelle gebildeten Autosporen und jungen Zellen durch die Sporangiumwand (alte Mutterzellwand), die länger erhalten bleibt, zusammengehalten werden. Durch das längere Überdauern der Sporangiumwand, die sich entsprechend dehnt, wachsen in dieser die Autosporen bis zu vegetativen Zellen heran um schließlich fortpflanzungsreif zu werden. Somit entstehen ineinandergeschachtelte Systeme von persistierenden Sporangienwänden zweier oder mehrerer Generationen von Zellen. Es kommt auch zum Zerfall dieser Zellgruppen in Einzelzellen, die als solche weiter auftreten können. Zellen einkernig[38], vom gleichen Bau wie alle anderen Sippen der Chlorellales. Asexuelle Fortpflanzung durch nackte Zoosporen und durch Aplanosporen, in allen Fällen auch durch Autosporen. Die Bildung letzterer kann im eingeengten Raum der sporulierenden Zellen vegetative Zellteilung vortäuschen.
Eine künstliche Familie, die alle Sippen der Chlorellales zusammenfaßt, die in Form von Zellpaketen auftreten. Bedarf einer weiteren Bearbeitung. Konvergente Gruppenbildungen gibt es auch bei den Chlamydophyceae, Ulvophyceae und Charophyceae (siehe dort).
Printz 1927, Bourrelly 1966, 1988, Groover & Bold 1969, Starmach 1972, Tschermak-Woess 1982, Bold & Wynne 1985, Ettl & Gärtner 1988a, Ettl 1988, Deason 1989.

1a Zoosporen 2geißelig 2
1b Zoosporen 4geißelig . . . . **4. Planophila** (S. 495)
2a Chloroplast netzförmig bis spongiös, Zellen mehrkernig . . . . . . **5. Chlorosphaeropsis** (S. 497)
2b Chloroplast parietal, Zellen einkernig 3

[38] Eine besondere Stellung unter den Chlorosarcinaceae hat die Gattung *Chlorosphaeropsis* mit ihren mehrkernigen Zellen.

3a Pyrenoid vorhanden 4
3b Pyrenoid fehlt 6
4a Pyrenoid nackt, undeutlich; in vegetativen Zellen häufig Stigmen . . . . . **6. Desmotetra** (S. 498)
4b Pyrenoid beschalt, mit deutlicher Stärkehülle; vegetative Zellen ohne Stigmen 5
5a Zellen kubische Zellpakete bildend; Chloroplast im Prinzip fast hohlkugelig . . . . **7. Chlorosarcinopsis** (S. 499)
5b Zellen nur Diaden oder Tetraden bildend, Chloroplast gelappt bis fast asteroid **8. Pseudotetracystis** (S. 506)
6a Chloroplast einer, Zoosporen bekannt 7
6b Chloroplasten mehrere, Zoosporen nicht bekannt . . . . **3. Polysphaera** (S. 494)
7a Zellen in kubischen Zellpaketen angeordnet, Zoosporen ohne Stigma . . . . **1. Chlorosarcina** (S. 492)
7b Zellen in Tetraden angeordnet, Zoosporen mit Stigma . . . . **2. Friedmannia** (S. 494)

1. **Chlorosarcina** Gerneck 1907 em. Vischer 1933

Syn.: *Chlorosphaera* Klebs 1883 em. Vischer 1933; *Pleurastrosarcina* Sluiman & Blommers 1990[39]
Vischer 1933, p. 15; Herndon 1958, p. 576; Bourrelly 1966, p. 264; 1988, p. 123; Deason & Floyd 1987, p. 187; Chantanachat & Bold 1962, p. 40; Starmach 1972, p. 278; Bold & Wynne 1985, p. 150; Sluiman & Blommers 1990, p. 189.

Zellen einzeln oder häufiger in kubischen Zellpaketen, kugelig, in Zellpaketen etwas gegeneinander abgeplattet. Zellwand dünn, im Alter leicht verdickt. Chloroplast parietal schüsselförmig; ohne Pyrenoid. Asexuelle Fortpflanzung durch zweigeißelige Zoosporen ohne Stigma und durch Autosporen. Als Dauerstadien sind bestachelte Hypnoblasten bekannt, in denen bei der Keimung Aplanosporen gebildet werden.
1a Zellen bis 25 µm ∅, Hypnoblasten mit kurzen Stacheln besetzt . . . . **1. Ch. brevispinosa**
1b Zellen bis 12 µm ∅, Hypnoblasten mit langen Stacheln (bis 9 µm) besetzt . . **2. Ch. longispinosa**

1. **Chlorosarcina brevispinosa** Chantanachat & Bold 1962 (Fig. 155: a)

Syn.: *Pleurastrosarcina brevispinosa* (Chantanachat & Bold) Sluiman & Blommers 1990
Chantanachat & Bold 1962, p. 40, fig. 47–53, 113–121; Sluiman & Blommers 1990, p. 189.

Zellen kugelig, in Zellgruppen abgeplattet, auch pseudofilamentöse Lager aus Teilungen in 3 Richtungen können entstehen. Zellwand bei jungen Zellen dünn, im Alter verdickt. Chloroplast topfförmig und tief zweilappig bis zweigeteilt. Zoosporen mit vorn gelegenem Zellkern. Hypnoblasten mit dicker Zellwand, die mit kurzen Stacheln besetzt ist. Zellen (4–)7–25 µm groß, Zoosporen 6–11 µm lang, 3–5 µm breit.
Kultur: UTEX 1176, ASIB S 166.
Aus Wüstenboden in Utah (USA) isoliert. Auch aus Boden der Insel Lavsa (Dalmatien).

2. **Chlorosarcina longispinosa** Chantanachat & Bold 1962 (Fig. 155: b)

Syn.: *Pleurastrosarcina longispinosa* (Chantanachat & Bold) Sluiman & Blommers 1990
Chantanachat & Bold 1962, p. 42, fig. 54–61, 122–128; Sluiman & Blommers 1990, p. 189.

Zellen kugelig oder in Zellgruppen abgeplattet. Zellwand dünn, auch im Alter nicht verdickt. Chloroplast parietal, in 2–4 Teile aufgelöst. Zoosporen ohne Stigma, mit vorn gelegenem Zellkern. Hypnoblasten mit dicker Wand und mit sehr langen (bis 9 µm) Stacheln an der Außenwand. Bisweilen werden in den Hypnoblasten 4 vegetative Zellen in Paketform gebildet, die durch

[39] Nach Untersuchungen dieser Autoren gehört diese Gattung zu den Ulvophyceae.

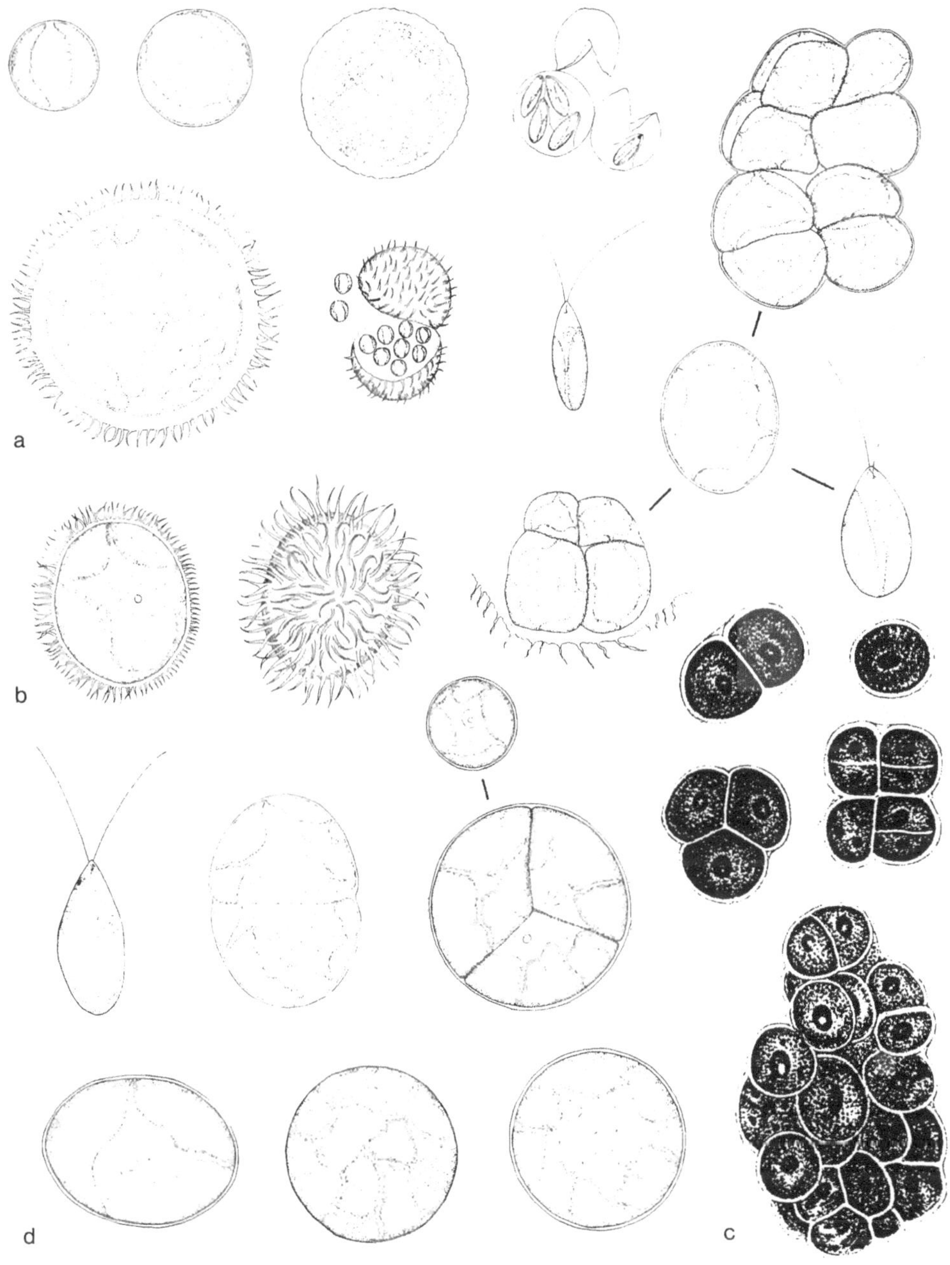

Fig. 155. *a Chlorosarcina brevispinosa; b Ch. longispinosa; c Ch. cumuliformis; d Friedmannia israeliensis* (*a, b, d* nach Chantanachat & Bold, *c* nach Tereg).

Aufreißen der Wand entlassen werden. Zellen bis 12 µm ∅, Zoosporen 8–10 µm lang, 3–5 µm breit.
Kultur: UTEX 1183.
Aus Erdboden bei Superior, Pinal County, Arizone (USA) isoliert.
Unsichere Art:
Chlorosarcina cumuliformis Tereg 1923, p. 192, fig. 5: 1–6 (Fig. 155: c).
Zellen kugelig oder polygonal, je nach der Teilungsebene abgeplattet. Zellwand kräftig. Chloroplast fast hohlkugelig, mit einem Pyrenoid, das vor der Teilung in mehrere zerfällt. Asexuelle Fortpflanzung durch Autosporenbildung in 3 Richtungen, auch durch 4–8 Zoosporen. Zellen 10–20 µm ∅, Zoosporen 10 × 3 µm groß. Aus Erdböden bei Göttingen (BRD) isoliert. Etwas unvollkommen beschrieben, doch mit Pyrenoid, das bei dieser Gattung fehlt (vielleicht *Chlorosarcinopsis*).
Nicht beschriebene Arten:
Chlorosarcina sp. A – Broady 1982 a, p. 25, fig. 107–109, 208.
Zellen gewöhnlich einzeln oder manchmal in Paaren, die durch vegetative Teilung entstehen. Gelegentlich größere Zellgruppen nach Teilungen in 3 Richtungen bildend. Zellen etwas länger als breit, 3–4 µm lang. Erdböden auf der Insel Surtsey (Island).
Chlorosarcina sp. B – Broady 1982 a, p. 25, fig. 207.
Zellen 3,5–7 µm ∅, in kubischen und mehr unregelmäßigen Zellgruppen, die durch Teilungen in 3 Richtungen entstehen. Erdböden auf der Insel Surtsey (Island).

2. **Friedmannia** Chantanachat & Bold 1962

Chantanachat & Bold 1962, p. 45; Deason et al. 1979, p. 452; Lokhorst et al. 1989, p. 275.

Zellen kugelig, einzeln oder durch Teilungen sarcinoide Tetraden bildend, die weitere Tetraden bis zu größeren Zellgruppen entwickeln können (erinnern an *Borodinella*-Sippen). Chloroplast parietal, mit unregelmäßigen Lappen; ohne Pyrenoid. Zoosporen zweigeißelig und werden in einer Gallertblase entlassen. Aplanosporen werden durch Aufreißen der Mutterzellwand frei.
Neuere Untersuchungen der Ultrastruktur ergaben, daß die Gattung zu den Ulvophyceae gehört, in die Verwandtschaft der Ulotrichales (Lokhorst et al. 1989). Nach Deason (1987, 1989) wäre *Friedmannia* wegen zytologischer und ultrastruktureller Merkmale (Zoosporen!) zu *Myrmecia* zu stellen.
Mit einer einzigen Art:

Friedmannia israeliensis Chantanachat & Bold 1962 (Fig. 155: d)
Chantanachat & Bold 1962, p. 45, fig. 62–72, 129–136; Deason et al. 1979, p. 452, fig. 1–6.
Mit den Merkmalen der Gattung:
Zellaggregate 12–18 µm ∅; Zoosporen 5–8 µm lang, 3–5 µm breit.
Kultur: UTEX 1181.
Aerophytisch, von einem Stein aus der Negev-Wüste (Israel) isoliert.

3. **Polysphaera** Reisigl 1964

Reisigl 1964, p. 487, Bourrelly 1966, p. 268; Starmach 1972, p. 296.

Bildet auf Agar durch Teilungen in 3 Raumrichtungen sarcinoide Zellpakete, die nicht von selbst zerfallen, sondern feste, dicht gepackte dunkelgrüne Lager entstehen lassen. Zellen ellipsoidisch, mit derber Zellwand. Ursprünglich mit einem schüsselförmigen, später mit mehreren Chloroplasten; ohne Pyrenoid. Sehr häufig sind 4 Chloroplasten pro Zelle vorhanden. Asexuelle Fortpflanzung durch Aplanosporen und durch Autosporen. Zoosporen nicht bekannt.
Mit einer einzigen Art:

Polysphaera composita Reisigl 1964 (Fig. 156: a)
Reisigl 1964, p. 487, fig. 39, 40; Starmach 1972, p. 296, fig. 314.

Mit den Merkmalen der Gattung. Zellen 4,5 × 5,5 µm groß.
Erde im Trockentorf von *Racomitrium lanuginosum*, offene Erdstellen mit *Clevea hyalina*, Rohboden auf Marmor. Allgemein aus Erdböden der alpinen Stufe in den Ötztaler Alpen, Tirol (Österreich) und aus vegetationslosem Dolomitfeinschutt am Ortler (Italien) isoliert.

4. **Planophila** Gerneck 1907

Reisigl 1964, p. 477; Bourrelly 1966, p. 267, 1988, p. 128; Starmach 1972, p. 290; S. Watanabe 1978b, p. 61.

Zellen kugelig, im Laufe des Wachstums durch Teilungen in 2–3 Richtungen zu 2–4–8zelligen Paketen oder kurzen fadenartigen Zellgruppen anwachsend. Chloroplast parietal, schüsselförmig bis fast hohlkugelig, mit gelapptem bis eingeschnittenem Rand; mit einem, seltener 2–3 Pyrenoiden mit deutlicher Stärkehülle. Asexuelle Fortpflanzung durch viergeißelige Zoosporen und durch Autosporen.
Mit 4 Arten:

1a Zellen mit Gallerte, in der stationären Phase *Hormotilopsis*-artige Stadien bildend . . . . **4. P. terrestris**
1b Zellen ohne Gallerte und keine *Hormotilopsis*-artigen Stadien bildend 2
2a Zoosporen ohne Stigma . . . . **1. P. asymmetrica**
2b Zoosporen mit Stigma 3
3a Zellen 6–8 µm ∅, mit 2(–3) Pyrenoiden . . . . **2. P. bipyrenoidosa**
3b Zellen 5–15(–22) µm ∅, mit 1 Pyrenoid . . . . **3. P. laetevirens**

1. **Planophila asymmetrica** (Gerneck) Wille 1911 (Fig. 156: c)
Starmach 1972, p. 291, fig. 308.

Zellen breit oval, kleine Zellgruppen von 2–8 Zellen bildend. Chloroplast topfförmig, mit einem Pyrenoid. Zoosporen eiförmig bis kugelig, ohne Stigma. Hypnoblasten mit dicker Wand und mit rötlich gefärbten Öltropfen. Zellen bis 14,5 µm ∅, Zoosporen 7,5 × 6 µm groß.
Auf feuchtem Erdboden lebend.

2. **Planophila bipyrenoidosa** Reisigl 1964 (Fig. 156: b)
Reisigl 1964, p. 478, fig. 33; Starmach 1972, p. 290, fig. 309.

Zellen kugelig, einzeln oder seltener zu 4 in einer Ebene oder zu mehreren in sehr kurzen fadenartigen Zellaggregaten verbunden. Chloroplast parietal schüsselförmig, mit gelapptem oder durch Einschnitte gespaltenem Rand; mit 1–2(–3) Pyrenoiden. Zoosporen mit medianem Stigma, zu 2–4 gebildet. Zellen 6–8 µm ∅, Zoosporen 6,5 × 4,2 µm groß.
Aus hochalpinen Kalkböden isoliert, Ortler (3898 m ü. M.), Südtirol (Italien).

3. **Planophila laetevirens** Gerneck 1907 (Fig. 156: d)
Gerneck 1907, p. 227, fig. 11: 4–6; Reisigl 1964, p. 437; Starmach 1972, p. 291, fig. 307; Gärtner et al. 1988, p. 126, fig. 13–14.

Zellen kugelig bis schwach eiförmig, mit fester Zellwand, einzeln oder sehr häufig in charakteristischen Vierergruppen bzw. in größeren, nicht bestimmt geformten Zellhaufen. Chloroplast nur ⅔ der Zelle auskleidend; mit einem großen Pyrenoid. Mit großer Saftvakuole. Asexuelle Fortpflanzung durch Zoo- und Autosporen. Erstere mit topfförmigem Chloroplast und mit deutlichem Stigma. Zellen 11 × 9 µm groß oder 5,5–15 µm ∅, alte Zellen (Hypnoblasten?) bis 22 µm ∅.

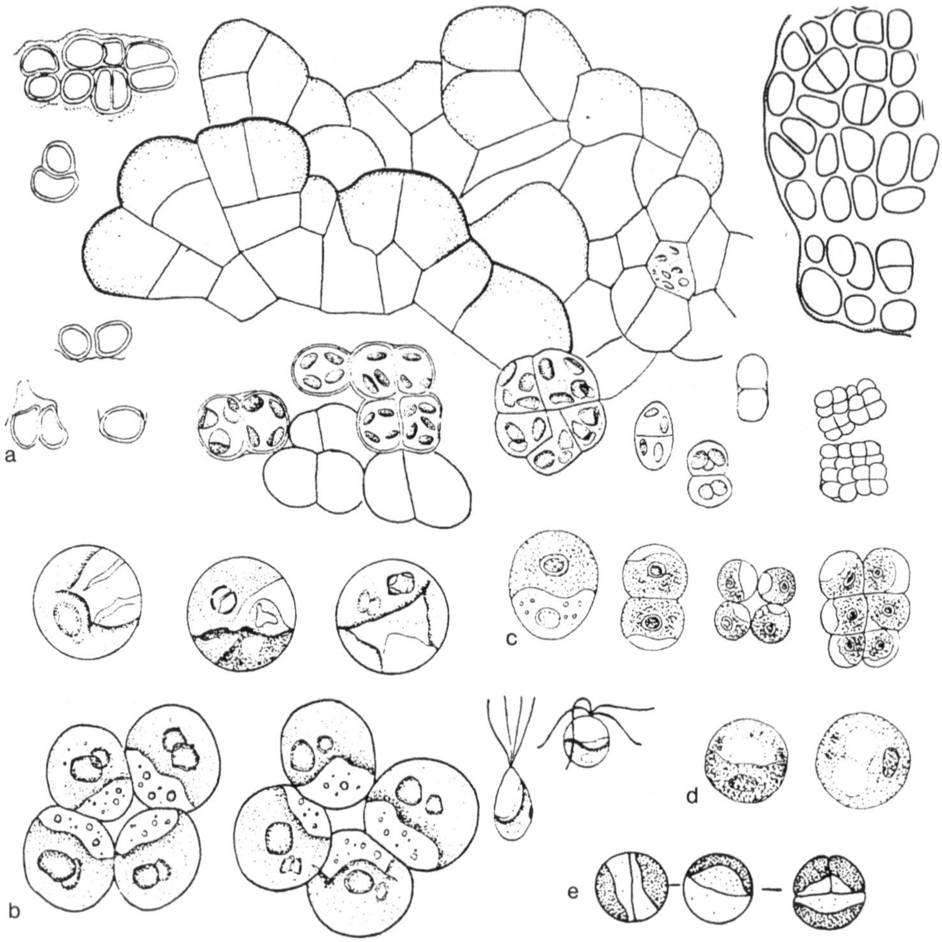

Fig. 156. *a Polysphaera composita; b Planophila bipyrenoidosa,* rechts zwei Zoosporen; *c P. asymmetrica; d P. laetevirens; e P. spec.* (*a, b* nach Reisigl, *c, d* aus Starmach, *e* nach Broady).

Kultur: ASIB V 191.
Wahrscheinlich weit verbreitet als terrestrische Art, besonders in hochalpinen Böden.

4. Planophila terrestris Groover & Hofstetter 1969 (Fig. 157: a–d)
Syn.: *Planophila communis* S. Watanabe 1978
Groover & Hofstetter 1969, p. 75, fig. 1–16; S. Watanabe 1978b, p. 61, fig. 1–13; 1983, p. 251, fig. 16, 45.

Zellen mit Gallerte, die sich bei älteren Zellen (in der stationären Phase) zu *Hormotilopsis*-artigen Stadien entwickelt. Chloroplast mit 1–2(–4) Pyrenoiden. In gut wachsenden Kulturen bisweilen 1–4 Stigmen und pulsierende Vakuolen in vegetativen Zellen vorkommend (?). Zellen 18–26 µm lang, 14–18 µm breit oder 6–15,5 µm ∅, Gallerthülle 0,5–7 µm dick, Zoosporen 7–16 µm lang, 3–6 µm breit.

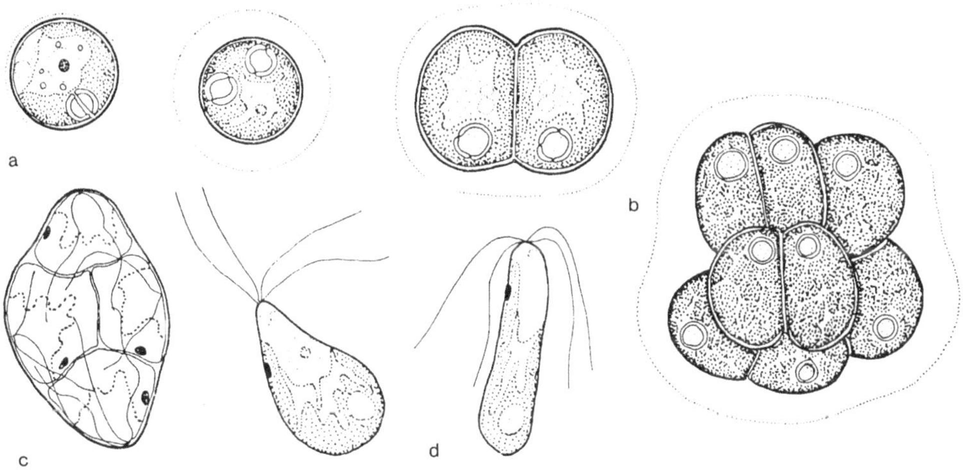

Fig. 157. *a–d Planophila terrestris; a* einzelne Zellen; *b* Zellgruppen; *c* Zoosporenbildung; *d* Zoosporen (nach S. Watanabe).

Kultur: UTEX 1709.
Bodenproben aus Gartenerde von Memphis, Shelby County (USA), sowie aus Bodenproben eines Flußufers, Kyoto Prefecture (Japan).
Nicht beschriebene Art:
Planophila sp. ? Broady 1982a, p. 25, fig. 110–112, 209 (Fig. 156: e).
Zellen einzeln, zeitweilen in Gruppen von 3–4, die durch Teilungen in 1 oder 2 Richtungen entstehen. Zellen kugelig, mit einem schüsselförmigen Chloroplast, der nur die Hälfte der Zelle auskleidet; mit wenig deutlichem Pyrenoid. Zellen bis 5 µm ∅. Erdböden auf der Insel Surtsey (Island).

5. **Chlorosphaeropsis** Vischer 1933 emend. Herndon 1958

Syn.: *Chlorosarcina* Gerneck 1907 p. p. sensu auct.; *Chlorosphaera* Klebs 1883 p. p. sensu auct.
Vischer 1933, p. 15; Herndon 1958a, p. 302; Bourrelly 1966, p. 266; Starmach 1972, p. 286.

Zellen einzeln und kugelig oder in Zellgruppen und seitlich abgeplattet bis fast polygonal. Zellwand zart und dünn, im Alter verdickt. Chloroplast in jungen Zellen parietal topfförmig, mit einem Pyrenoid; während des Wachstums netzförmig bis spongiös werdend, mit zahlreichen anastomisierenden Strängen, dann auch mit mehreren Pyrenoiden. Zellen mehrkernig (Zönoblasten). Asexuelle Fortpflanzung durch zweigeißelige Zoosporen und durch Autosporen. Sexuelle Fortpflanzung durch Isogameten.
Eine recht unklare Gattung, da Zellen mehrkernig (Zönoblasten). In dieser Hinsicht sollte sie eher in die Familie Neochloridaceae gereiht werden. Nur wegen der Bildung von Zellgruppen behalten wir sie vorläufig hier.
Mit einer terrestrischen Art:

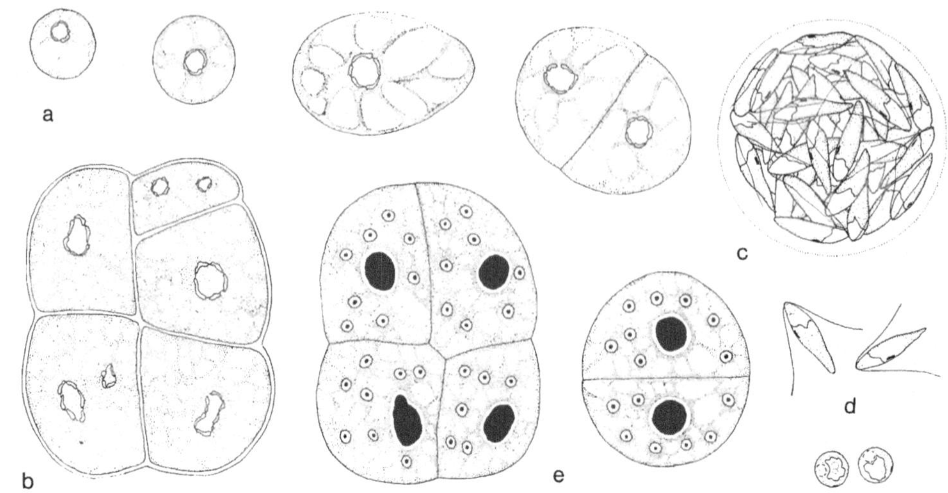

Fig. 158. *a–e Chlorosphaeropsis alveolata; a* Variabilität einzelner Zönoblasten; *b* Zellgruppe; *c* Zoosporenbildung; *d* Zoosporen und Keimlinge; *e* Zellgruppen nach Kernfärbung (nach Herndon).

Chlorosphaeropsis alveolata Herndon 1958 (Fig. 158: a–e)
Herndon 1958a, p. 302, fig. 31–43; Starmach 1972, p. 289, fig. 297.

Zellen einzeln oder in Zellgruppen. Einzelzellen kugelig bis ellipsoidisch-eiförmig, in Zellgruppen ± polyedrisch oder ein- oder zweiseitig abgeflacht. Zellwand dünn, bei alten Zellen etwas dicker; ohne Gallerte. Zoosporen gestreckt ellipsoidisch bis spindelförmig, mit parietalem Chloroplast und vorn gelegenem Stigma. Zellen bis 17(–37) µm ∅, Zoosporen 9–12 × 2,5–5 µm groß.
Kultur: UTEX 1235.
Aus dem Boden eines Maisfeldes bei Daniel Town (Jamaica) isoliert.

6. Desmotetra Deason & Floyd 1987

Syn.: *Chlorosarcina* Gerneck 1907 p. p. sensu Deason 1959
Deason 1959, p. 579; Deason & Floyd 1987, p. 194; Sluiman & Blommers 1990, p. 181.

Zellen einzeln und kugelig oder in Zellpaketen und dann leicht polygonal. Zellpakete mit Gallerte umgeben. Zellwand dünn. Chloroplast parietal topfförmig, mit 1 oder mehreren nackten, wenig deutlichen Pyrenoiden ohne Stärkehülle, doch manchmal mit einzelnen Stärkekörnern im Chloroplasten um das Pyrenoid herum. Asexuelle Fortpflanzung durch zweigeißelige Zoosporen und durch Autosporen.
Mit einer einzigen Art:

Desmotetra stigmatica (Deason 1959) Deason & Floyd 1987 (Fig. 159: a)
Syn.: *Chlorosarcina stigmatica* Deason 1959
Deason 1959, p. 576, fig. 19–30; Deason & Floyd 1987, p. 194, fig. 1–2, 4–9, 10–12; Starmach 1972, p. 280, fig. 296; Gärtner et al. 1988, p. 121, fig. 1–6; Sluiman & Blommers 1990, p. 181, fig. 1–7.

Mit den Merkmalen der Gattung. In den vegetativen Zellen sind häufig Stigmen und pulsierende Vakuolen vorhanden. Zellen etwa 12 µm ∅, Zoosporen 8 × 3,5 µm groß.
Kultur: UTEX 962, ASIB T 105, S 163.

Aus Erdboden in Alabama (USA) isoliert sowie aus Bodenproben bei Brixen (Südtirol, Italien) und von der Insel Lavsa (Jugoslawien).
Anmerkung: von Sluiman & Blommers (1990) wird der Gattungsname *Desmotetra* nicht anerkannt, die Sippe daher weiterhin unter *Chlorosarcina stigmatica* geführt.

7. **Chlorosarcinopsis** Herndon 1958

Syn.: *Chlorosphaera* Klebs 1883 p. p. sensu Vischer 1933; *Neochlorosarcina* S. Watanabe 1983
Vischer 1933, p. 15; Herndon 1958a, p. 298; Chantanachat & Bold 1962, p. 34; Bourrelly 1966, p. 266; 1988, p. 125; Groover & Bold 1969, p. 21; Starmach 1972, p. 280; S. Watanabe 1983, p. 248; Bold & Wynne 1985, p. 150.

Zellen kugelig oder leicht abgeflacht, einzeln oder in flächigen bis kubischen oder unregelmäßigen Zellpaketen vorkommend, die aus Teilungen in 2 oder 3 Raumrichtungen entstehen. Zellwand allgemein zart und unverdickt. Chloroplast parietal, schüsselförmig, teilweise an den Rändern gelappt, mit 1 oder mehreren Pyrenoiden. Asexuelle Fortpflanzung durch zweigeißelige Zoosporen und durch Autosporen. Sexuelle Fortpflanzung durch Isogameten bekannt.
S. Watanabe (1983) stellte bei einigen Arten von *Chlorosarcinopsis* eine zarte Hülle bei den Zoosporen fest und errichtete eine neue Gattung *Neochlorosarcina*. Um den ± natürlichen Formenkreis um *Chlorosarcinopsis* nicht zu zerreißen, behalten wir die Gattung im bisherigen Umfang bei und belassen die angeführten Arten unter dem gebräuchlichen Namen *Chlorosarcinopsis*. Die Hülle der Zoosporen ist keine Zellwand im engsten Sinne des Wortes, denn sie wird bei der Keimung der Zoosporen abgeworfen und der abgerundete Keimling bildet eine eigene neue Zellwand aus.

1a Zellpakete mit Gallerte 2
1b Zellpakete ohne Gallerte 9
2a Zellpakete in gemeinsamer Gallerte eingebettet 3
2b Zellpakete in alten Kulturen mit *Hormotila*-artigen Gallertsträngen 8
3a Chloroplast gelappt oder am Rande gewellt 4
3b Chloroplast nicht gelappt 5
4a Chloroplast am Rande gewellt, vegetative Zellen mit pulsierenden Vakuolen, Pyrenoid groß . . . . **1. Ch. delicata**
4b Chloroplast gelappt, vegetative Zellen ohne pulsierende Vakuolen . . . . **2. Ch. minuta**
5a Zellkern und Stigma in den Zoosporen vorn, Zellen bis 10 µm ∅ 7
5b Zellkern und Stigma in den Zoosporen abwechselnd vorn bzw. hinten, Zellen bis 12 µm ∅ . . 6
6a Zoosporen 8–12 × 2–4 µm groß, Stigma klein und hinten, Zellkern vorn . . . **3. Ch. communis**
6b Zoosporen 6 × 3 µm groß, Zellkern der Zoosporen sowie Stigma vorn . . **4. Ch. sempervirens**
7a Zellpakete 8zellig, Zoosporen 6–14 × 2–4 µm groß . . . . **5. Ch. arenicola**
7b Zellpakete 2–4zellig, Zoosporen 6–8 × 3–5 µm groß . . . . **6. Ch. gelatinosa**
8a Zellen 4–10,5 µm ∅; Zoosporen 4–12 × 2–5 µm groß . . . . **7. Ch. pseudominor**
8b Zellen 3,7–12,5 µm ∅, Zoosporen 7,5–15,5 × 3–4 µm groß . . . . **8. Ch. variabilis**
9a Zellpakete leicht zerfallend 10
9b Zellpakete nicht zerfallend 13
10a Zellwand der älteren Zellen häufig mit unipolarer Verdickung . . . . **9. Ch. bastropiensis**
10b Zellwand bei älteren Zellen ohne Verdickung 11
11a Zoosporen mit hinten gelegenem Zellkern, Zellen bis 10 µm ∅ . . . . **10. Ch. deficiens**
11b Zoosporen mit vorn gelegenem Zellkern, Zellen größer 12
12a Zellen 4–16 µm ∅, Zoosporen 6 × 3–4 µm groß . . . . **11. Ch. auxotrophica**
12b Zellen 15–25 µm ∅, Zoosporen 6–15 × 3–6 µm groß . . . . **12. Ch. dissociata**
13a Zellen kugelig bis ellipsoidisch, vegetative Zellen mit Saftvakuolen, Zoosporen ohne Stigma . . . . **13. Ch. caeca**
13b Zellen kugelig, ohne Saftvakuolen, Zoosporen mit Stigma 14

14a Chloroplast gelappt, Zoosporen 5,5–7 µm lang . . . . **14. Ch. negevensis**
14b Chloroplast nicht gelappt, Zoosporen länger **15**
15a Zellwand im Alter verdickt . . . . **15. Ch. minor**
15b Zellwand im Alter nicht verdickt **16**
16a Zellen bis 8 µm ∅, Zoosporen 9–11 × 4–6 µm groß, Zellgruppen zu fadenartigen Haufen angeordnet . . . . **16. Ch. eremi**
16b Zellen bis 14 µm ∅, Zoosporen 8–22 × 2–3,5 µm groß, Zellgruppen keine fadenartigen Haufen bildend . . . . **17. Ch. aggregata**

1. **Chlorosarcinopsis delicata** S. Watanabe 1983 (Fig. 159: c)

S. Watanabe 1983, p. 246, fig. 13, 35–37.

Zellen kugelig, in Zellpaketen etwas abgeflacht. Zellwand im Alter nicht verdickt, mit Gallerthülle; auch Zellpakete von etwa 5 µm dicker Gallerte umgeben. Chloroplast schüsselförmig, mit leicht gewelltem Rand, in erwachsenen Zellen oft tief eingeschnitten; mit einem oft großen Pyrenoid (bis 7 µm). In vegetativen Zellen auch 2 pulsierende Vakuolen. Zoosporen mit einem kleinen Stigma vorn und mit medianem Zellkern. Zellen 3–12 µm ∅, Zoosporen 6–12 × 2–4 µm, Aplanosporen 4 × 6 µm groß.
Aus Bodenproben in Kyoto (Japan) isoliert.

2. **Chlorosarcinopsis minuta** Groover & Bold 1969

Syn.: *Neochlorosarcina minuta* (Groover & Bold) S. Watanabe 1983
Groover & Bold 1969, p. 33, fig. 23, 24, 107–113, 151: 21 (Mikrophotos); S. Watanabe 1983, p. 251.

Zellen kugelig, in Zellpaketen oft gegeneinander etwas abgeplattet. Zellwand dünn, im Alter nicht verdickt, mit Gallerthülle. Kubische Zellpakete in gemeinsamer Gallerte. Chloroplast parietal, gelappt; mit einem Pyrenoid. Zoosporen mit Stigma und Zellkern vorn. Zellen 6–8 µm ∅, Zoosporen 6–8 × 3,5–5 µm groß.
Kultur: UTEX 1701.
Aus Sand von Port Aransas, Nueces County, Texas (USA) isoliert.

3. **Chlorosarcinopsis communis** Groover & Bold 1969

Groover & Bold 1969, p. 35, fig. 25, 114–120, 159: 22 (Mikrophotos).

Zellen kugelig, in Zellpaketen oft leicht abgeplattet. Zellpakete in einer gemeinsamen Gallerte. Zellwand im Alter nicht verdickt. Chloroplast parietel, mit einem Pyrenoid. Zoosporen mit vorn gelegenem Zellkern und Stigma hinten. Zellen 5–12 µm ∅, Zoosporen 8–12 × 2–4 µm groß.
Kultur: UTEX 1699.
Aus Bodenproben isoliert, Texas (USA).

4. **Chlorosarcinopsis sempervirens** Groover & Bold 1969

Syn.: *Neochlorosarcina sempervirens* (Groover & Bold) S. Watanabe 1983
Groover & Bold 1969, p. 22, fig. 12, 13, 75–80, 159: 12 (Mikrophotos); S. Watanabe 1983, p. 251.

Zellen kugelig, in Zellpaketen abgeplattet. Zellwand dünn, im Alter nicht verdickt, dafür mit Gallerthülle, die ganze Zellpakete umhüllt. Chloroplast parietal, mit einem Pyrenoid. Zoosporen mit vorn gelegenem Stigma und Zellkern. Zellen 6–12 µm ∅, Zoosporen 6 µm lang, 3 µm breit.
Kultur: UTEX 1703, CCAP 214/1, SAG 214-1.
Aus der Kultursammlung CCAP stammend. Nicht sicher, ob ursprünglich als Bodenalge isoliert.

5. Chlorosarcinopsis arenicola Grooover & Bold 1969
Groover & Bold 1969, p. 31, fig. 21, 22, 102–106, 159: 19 (Mikrophotos).

Zellen kugelig, in Zellpaketen abgeplattet und in gemeinsamer Gallerte eingebettet. Zellwand im Alter nicht verdickt. Chloroplast parietal, mit einem Pyrenoid. Zoosporen mit Stigma und Zellkern vorn. Zellen 3–10 µm ∅, Zoosporen 6–14 × 2–4 µm groß.
Kultur: UTEX 1697.
Aus Sand bei Port Aransas (USA) isoliert.

6. Chlorosarcinopsis gelatinosa Chantanachat & Bold 1962 (Fig. 159: b)
Chantanachat & Bold 1962, p. 34, fig. 36–42, 105–108.

Zellen kugelig, in Zellpaketen leicht abgeflacht. Zellwand zart, mit Gallerte, die auch die ganzen Zellpakete umgibt. Chloroplast parietal, mit einem Pyrenoid. Zoosporen mit Stigma und Zellkern vorn. Zellen 6–10 µm ∅, Zoosporen 6–8 × 3–5 µm groß.
Kultur: UTEX 1180.
Aus einer Bodenprobe von Zibar (Saudi Arabien) isoliert. Auch aus alpinen Böden, Dolomiten (Italien) bekannt.

7. Chlorosarcinopsis pseudominor Groover & Bold 1969
Syn.: *Neochlorosarcina pseudominor* (Groover & Bold) S. Watanabe 1983
Groover & Bold 1969, p. 29, fig. 17–20, 94–101, 159: 15–18 (Mikrophotos); S. Watanabe 1983, p. 251.

Zellen kugelig, in Zellpaketen etwas abgerundet bis abgeplattet. Zellwand dünn, im Alter nicht verdickt; ohne Gallerte. Nur in alten Kulturen bilden die Zellen deutliche *Hormotila*-ähnliche Gallertstränge. Chloroplast schüsselformig, mit 1 oder 2 Pyrenoiden. Zoosporen mit Stigma vorn und Zellkern hinten. Zellen 4–10,5 µm ∅; Zoosporen 4–12 × 2–5 µm groß.
Kultur: UTEX 1702.
Aus Bodenproben im Bastrop Park, Bastrop County, Texas (USA) isoliert.

8. Chlorosarcinopsis variabilis Trainor & Hilton 1966
Trainor & Hilton 1966, p. 158, fig. 1–10; Groover & Bold 1969, p. 22, fig. 10, 11, 52–53, 71–72, 159: 10, 11 (Mikrophotos).

Zellen kugelig, in Zellpaketen etwas abgeplattet. Zellwand dünn. Sowohl Zellpakete als auch Einzelzellen in Gallerte. In alten Kulturen werden auffällige einseitige, *Hormotila*-ähnliche Gallertstränge gebildet. Chloroplast topfförmig, mit einem Pyrenoid. Zellen 3,7–12,5 µm ∅, Zoosporen 7,5–15,8 × 3–4 µm groß.
Kultur: UTEX 1599, 1600.
Aus Boden eines Maisfeldes in Storrs, Connecticut (USA).

9. Chlorosarcinopsis bastropiensis Groover & Bold 1969
Groover & Bold 1969, p. 27, fig. 16, 88–93, 159: 14 (Mikrophotos).

Zellen kugelig, in Zellpaketen etwas abgeplattet. Zellpakete zerfallen leicht in Einzelzellen. Zellwand dünn, in älteren Zellen häufig mit einer unipolaren Verdickung. Chloroplast parietal, mit einem Pyrenoid. In alten Zellen wird orangerotes Öl gespeichert. Zoosporen mit Stigma und Zellkern vorn. Zellen 4–14 µm ∅, Zoosporen 10–12 × 2 µm groß.
Kultur: UTEX 1698.
Aus Bodenproben isoliert, Texas (USA).

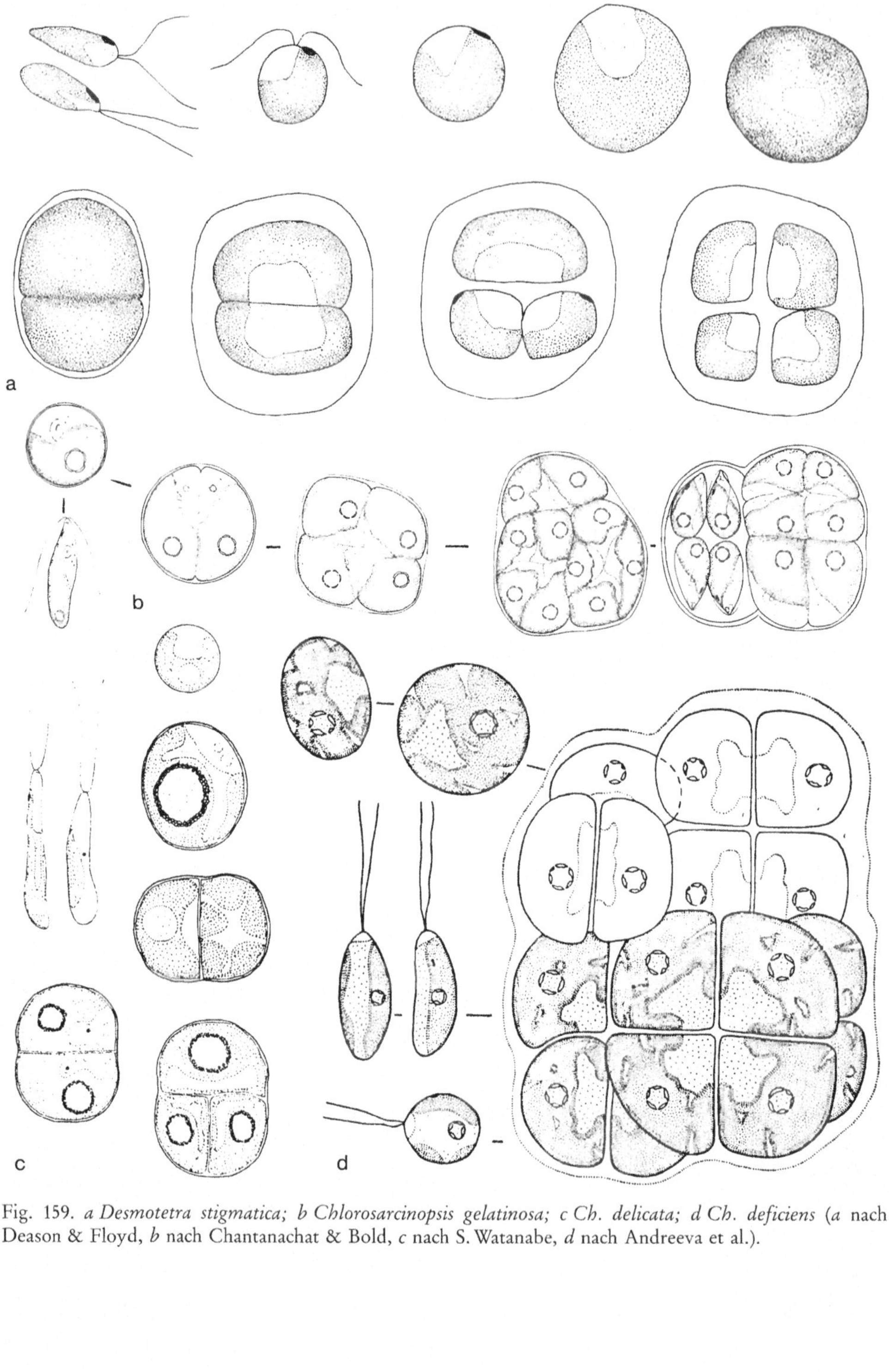

Fig. 159. *a Desmotetra stigmatica; b Chlorosarcinopsis gelatinosa; c Ch. delicata; d Ch. deficiens* (*a* nach Deason & Floyd, *b* nach Chantanachat & Bold, *c* nach S. Watanabe, *d* nach Andreeva et al.).

10. Chlorosarcinopsis deficiens Groover & Bold 1969 (Fig. 159: d)
Syn.: *Neochlorosarcina deficiens* (Groover & Bold) S. Watanabe 1983
Groover & Bold 1969, p. 37, fig. 26, 27, 121–126, 159: 23 (Mikrophotos); S. Watanabe 1983, p. 251.

Zellen kugelig, in Zellpaketen auch kugelig oder ganz leicht abgeplattet; ohne Gallerte. Zellpakete leicht in Einzelzellen zerfallend. Zellwand im Alter nicht verdickt. Chloroplast parietal, mit einem Pyrenoid. Zoosporen mit Stigma vorn und Zellkern hinten. Zellen 4–10 µm ∅, Zoosporen 6–8 ×3-4 µm groß.
Kultur: UTEX 1700.
Aus Bodenproben isoliert, Indiana (USA).

11. Chlorosarcinopsis auxotrophica Groover & Bold 1969
Syn.: *Neochlorosarcina auxotrophica* (Groover & Bold) S. Watanabe 1983
Groover & Bold 1969, p. 24, fig. 14, 15, 81–87, 159: 13 (Mikrophotos); S. Watanabe 1983, p. 251.

Zellen kugelig oder etwas abgeflacht in Zellpaketen. Letztere sind ohne Gallerte und zerfallen leicht. Zellwand im Alter nicht auffallend dicker werdend. Chloroplast parietal, mit 1–2 Pyrenoiden. Zoosporen mit Stigma und Zellkern vorn. Zellen 4–16 µm ∅, Zoosporen 6 × 3–4 µm groß.
Kultur: UTEX 722, 723.
Aus Schottland, nicht sicher, ob es sich wirklich um eine Bodenalge handelt.

12. Chlorosarcinopsis dissociata Herndon 1958 (Fig. 160: a)
Herndon 1958a, p. 299, fig. 13–30; Groover & Bold 1969, p. 38, fig. 2, 3, 43–46, 62–64, 159: 2, 3; Starmach 1972, p. 283, fig. 299.

Zellen kugelig, in Zellpaketen abgerundet polygonal. Zellwand dünn, ohne Gallerte. Zellpakete zerfallen leicht in Einzelzellen. Chloroplast fast hohlkugelig, mit 1–2 Pyrenoiden. Zoosporen mit vorn gelegenem Stigma. Sexuelle Fortpflanzung durch Isogameten. Zellen 15–25 µm ∅, Zoosporen 6–15 × 3–6 µm groß.
Kultur: UTEX 948.
Aus Boden eines Maisfeldes bei Daniel Town (Jamaica) sowie aus Kupfererz (Rhodesien) isoliert.

13. Chlorosarcinopsis caeca S. Watanabe 1983 (Fig. 160: b)
S. Watanabe 1983, p. 244, fig. 12, 33, 34.

Zellen kugelig bis ellipsoidisch oder abgerundet, einzeln oder in kubischen Zellpaketen. Zellwand ohne nennenswerte Verdickung im Alter, Zellhaufen mit gemeinsamer Gallerte. Chloroplast schüsselförmig, mit einem Pyrenoid. Manchmal sind Saftvakuolen vorhanden. Zoosporen ohne Stigma. Zellen bis 12(–15) µm ∅, Zoosporen 10 µm lang und 4 µm breit.
Sanddüne in Küstennähe (Japan).

14. Chlorosarcinopsis negevensis Friedmann & Ocampo-Paus 1965 (Fig. 161: b)
Syn.: *Neochlorosarcina negevensis* (Friedmann & Ocampo-Paus) S. Watanabe 1983
Friedmann & Ocampo-Paus 1965, p. 188, fig. 1–30; S. Watanabe 1983, p. 251.

Zellen kugelig, in Zellpaketen etwas abgeplattet. Zellwand dünn, ohne Gallerte; nur in alten Kulturen werden palmelloide Stadien gebildet (Hypnopalmellen) mit homogener oder konzentrisch geschichteter Gallerte. Chloroplast topfförmig, mit gelapptem Rand und mit einem deutlichen Pyrenoid. In erwachsenen Zellen wird viel orangerotes Öl gespeichert. Zoosporen mit vorn gelegenem Stigma. Zellen 8,5–10 µm ∅, Zoosporen 5,5–7 µm lang.
Kultur: UTEX 1387, 1388, SAG 67.80, 68.80.
Aus der Oberfläche von Wüstenboden, Negev (Israel).

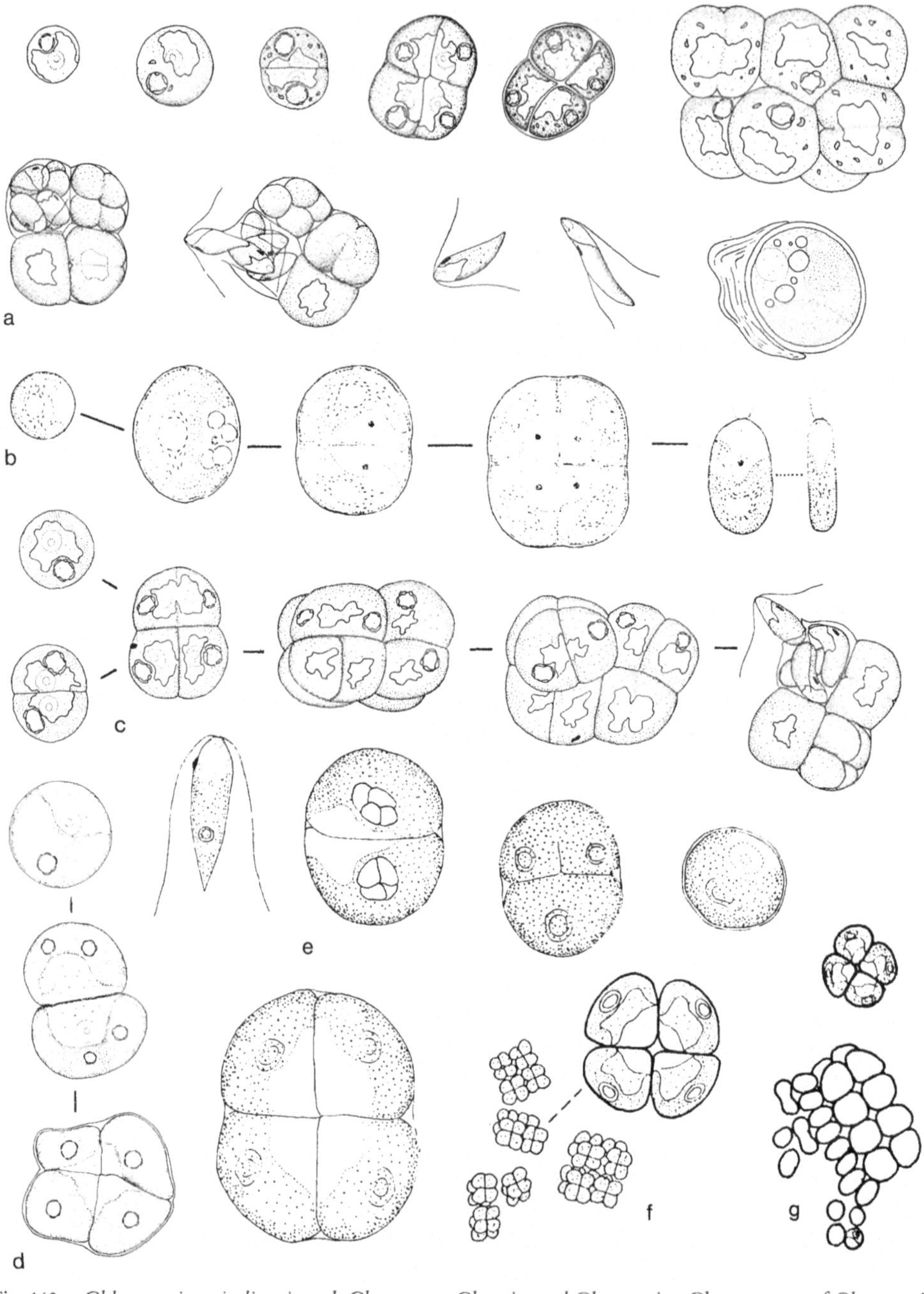

Fig. 160. *a Chlorosarcinopsis dissociata; b Ch. caeca; c Ch. minor; d Ch. eremi; e Ch. aggregata; f Ch. spec.* A; *g Ch. spec.* B (*a, c* nach Herndon, *b* nach S. Watanabe, *d* nach Chantanachat & Bold, *e* nach Arce & Bold, *f, g* nach Broady).

Es wurde eine besondere Form, f. *ferruginea* beschrieben (Friedmann & Ocampo-Paus 1965, p. 188). Diese unterscheidet sich durch intensivere Speicherung von orangerotem Öl und durch das Fehlen von Autosporen (?).

15. Chlorosarcinopsis minor (Gerneck) Herndon 1958 (Fig. 160: c)
Syn.: *Chlorosarcina minor* Gerneck 1907; *Chlorosphaera minor* (Gerneck) Vischer 1933
Vischer 1933, p. 12; Herndon 1958a, p. 298, fig. 1–12; Groover & Bold 1969, p. 22, fig. 1, 54–61, 159: 1; Starmach 1972, p. 285, fig. 298; Gärtner et al. 1988, p. 121, fig. 7–9.

Zellen kugelig, in Zellpaketen abgerundet polygonal oder zumindest einseitig leicht abgeflacht. Zellwand zart, im Alter verdickt. Chloroplast parietal, bei jungen Zellen topfförmig, bei erwachsenen fast hohlkugelig; mit einem (gelegentlich auch mehreren) Pyrenoid. Zoosporen mit vorn gelegenem Stigma. Zellen 12 µm ∅, Zoosporen 7–12 × 3–5 µm groß.
Kultur: UTEX 949, ASIB T 104.
Aus Erdboden bei Browns Town (Jamaica) isoliert, sowie aus Böden bei Brixen (Südtirol, Italien) bekannt.

16. Chlorosarcinopsis eremi Chantanachat & Bold 1962 (Fig. 160: d)
Chantanachat & Bold 1962, p. 36, fig. 43–46, 109–112.

Zellen kugelig, in Zellpaketen etwas abgeplattet und eckig. Zellwand dünn, im Alter nicht dicker werdend, ohne Gallerte. Es werden bisweilen fadenförmig angeordnete Zellgruppen gebildet. Chloroplast parietal, mit einem Pyrenoid. Zoosporen mit vorn gelegenem Stigma und Kern. Zellen 6–8 µm ∅, Zoosporen 9–11 µm lang und 4–6 µm breit.
Kultur: UTEX 1186.
Aus Erdboden bei Phoenix, Arizona (USA) isoliert.

17. Chlorosarcinopsis aggregata Arce & Bold 1958 (Fig. 160: e)
Arce & Bold 1958, p. 501, fig. 85–90, 98 (Mikrophotos).

Zellen kugelig, in Zellpaketen etwas abgerundet bis abgeplattet. Zellwand dünn, im Alter nicht verdickt. Chloroplast schüsselförmig, mit einem oder mehreren Pyrenoiden. Zoosporen mit vorn gelegenem Stigma und Zellkern. Zellen etwa 14 µm ∅, Zoosporen 8–22 × 2–3,5 µm breit.
Kultur: UTEX 779.
Aus einer Bodenprobe isoliert (Kuba).
Unsichere Art:
Chlorosarcinopsis amylophila Metting 1980, p. 299, fig. 11 (Mikrophotos). – Zellen kugelig, in Zellpaketen etwas abgeplattet und von einer gemeinsamen Gallerte umgeben. Chloroplast parietal, massiv, mit einem Pyrenoid. Zellen mehrkernig (!).[40] Zoosporen mit vorn gelegenem Stigma und medianem Zellkern. Zellen 6–8 µm ∅, Zoosporen 6 × 2,5 µm groß.
Kultur: UTEX 2253.
Durch die Mehrkernigkeit der Zellen weicht diese Art von den Übrigen der Gattung *Chlorosarcinopsis* ab. Siehe bei *Chlorosphaeropsis* (S. 497).
Nicht beschriebene Arten:
Chlorosarcinopsis sp. A Broady 1979a, p. 88, fig. 26: u, v (Fig. 160: f) – Zellen meist kugelig, in Zellpaketen etwas abgeflacht, letztere sind kubisch. Chloroplast parietal topfförmig, mit einem Pyrenoid. Zoosporen nicht bekannt. Zellen 6–10 µm ∅. Subaerisch auf Mineralboden, Signy Island (Antarktis).

[40] Wäre zu überprüfen.

Chlorosarcinopsis sp. B Broady 1979a, p. 88, fig. 26: f, g (Fig. 160: g) – Zellen bilden kubische Zellpakete, die oft zerfallen, Einzelzellen und Diaden häufig. Chloroplast topfförmig, mit einem Pyrenoid. Zoosporen nicht bekannt. Zellen 2,5–5 µm ∅. Subaerisch, Signy Island (Antarktis).

8. **Pseudotetracystis** Arneson 1973

Syn.: *Neochloris* p. p. sensu Arce & Bold 1958
Arneson 1973, p. 11; Bourrelly 1988, p. 128.

Zellen einzeln oder Diaden, Tetraden bis Oktaden bildend. Einzelzellen kugelig, in Zellgruppen teils abgeflacht. Mehrere Generationen der Zellgruppen bilden unregelmäßige ineinandergeschachtelte oder miteinander verklebte Komplexe. Zellwand glatt und dünn, im Alter dicker werdend. Chloroplast in jungen Zellen topfförmig, mit gewellten Rändern, in erwachsenen bis fast hohlkugelig, massiv, innen gefurcht; zuerst mit Rissen, dann stark und vielfach gelappt. In alten Zellen orangerot gefärbt. Mit einem Pyrenoid, das sich bis auf 3 (oder mehrere) vermehren kann. Immer einkernig. Zoosporen zweigeißelig, mit Stigma und Zellkern vorn. Manchmal entstehen auch Aplanosporen. Sexuelle Fortpflanzung wahrscheinlich, es wurde jedoch nur die Kopulation beobachtet.
Mit einer einzigen Art:

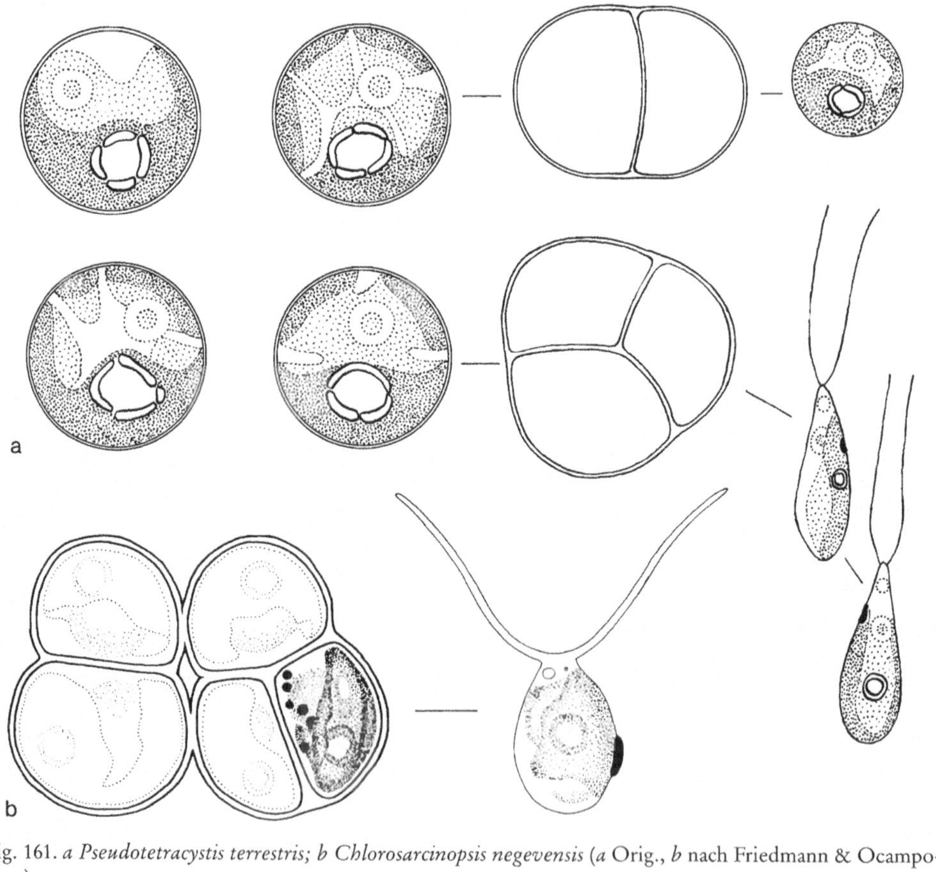

Fig. 161. *a Pseudotetracystis terrestris; b Chlorosarcinopsis negevensis* (*a* Orig., *b* nach Friedmann & Ocampo-Paus).

Pseudotetracystis terrestris Arneson 1973 (Fig. 161: a)
Arneson 1973, p. 11, fig. 1–12; S. Watanabe 1983, p. 255, fig. 18.

Mit den Merkmalen der Gattung. Zellen (13–)16–23 µm ∅; Zoosporen 7–17 × 1,5–4 µm groß.
Kultur: UTEX 1927.
Von trockener Erdoberfläche bei Texon, Reagan County, Texas (USA). Auch aus Erdböden von der Agasawara Insel im Pazifischen Ozean und von Wiesen bei Bargu (Nepal).
S. Watanabe hält *Neochloris fusispora* für Synonym zu *Pseudotetracystis terrestris*. Erstere ist jedoch mehrkernig.
Anhang:
Borodinella polytetras – siehe Bemerkungen auf S. 348.

3. Ordnung Gloeotilales nom. prov.[41]

Trichale Organisationsstufe, bei der die vegetativen Zellen als echte Algenzellen mit distinkter Zellwand ausgebildet sind; ohne Anklang an den monadoiden Bau. Zellen zu einfachen, nicht verzweigten, ein- bis zwei-, seltener mehrreihigen Fäden vereinigt. Seltener sind die Sippen einzellig oder bilden kurze zwei- bis wenigzellige Fäden. Zellen immer einkernig. Asexuelle Fortpflanzung durch vegetative Zellteilung oder durch Sporulation (Taf. XIV und XV). Die vegetative Zellteilung dient der Fortpflanzung nur bei einzelligen Sippen, die nach der Teilung in 2 Tochterzellen getrennt werden. Bei allen mehrzelligen Sippen dient die Zellteilung dem Wachstum der Fäden. Als asexuelle Sporen werden geißelbewegliche Zoosporen oder unbewegliche Aplanosporen gebildet. Sexuelle Fortpflanzung wenig bekannt, meist als Isogamie. Als asexuelle Dauerzustände werden Hypnopalmellen, Hypnosporen oder Hypnoblasten gebildet.
Heering 1914, Printz 1927, 1964, Fritsch 1935, G. M. Smith 1950, Ramanathan 1964, Bourrelly 1966, 1972, 1988, Starmach 1972, van den Hoek 1978, Lee 1980, Bold & Wynne 1985, Margulis et al. 1990.
Von 3 beschriebenen Familien haben 2 terrestrische Sippen.

1a Chloroplast parietal, halbring-, ring- oder rinnenförmig. Zellwand einteilig . . . . **1. Gloeotilaceae** (S. 507)
1b Chloroplast parietal, netzförmig. Zellwand zweiteilig, aus H-Stücken bestehend . . . . **2. Microsporaceae** (S. 518)

1. Familie Gloeotilaceae nom. prov.[42]

Zellen einzeln oder zu einfachen, ein-, seltener bis mehrreihigen, unverzweigten Fäden vereinigt. Zellwand einteilig, mit oder ohne Gallertscheide. Chloroplast parietal, halbring- bis ringförmig, manchmal rinnenförmig; mit oder ohne Pyrenoid. Fäden festhaftend oder frei. Zoosporen 2 oder 4-geißelig. Sexuelle Fortpflanzung nur als Isogamie bekannt. Hypnosporen und Hypnoblasten häufig, Hypnopalmellen als Folge eines Fadenzerfalls, seltener.
Von 21 beschriebenen Gattungen sind 10 terrestrisch oder aerophytisch.
Hazen 1902, Printz 1964, Ramanathan 1964, Bourrelly 1966, Starmach 1972.

1a Fäden einreihig, selten teilweise zweireihig 2
1b Fäden zwei- bis mehrreihig . . . . **10. Pseudoschizomeris** (S. 516)

---

[41] Diese Benennung ersetzt die der früheren Ulotrichales, die heute zu den Ulvophyceae (siehe S. 559) gereiht werden. Ein definitiver Namen kann kaum gegeben werden, da der Großteil der hier enthaltenen Sippen vorläufig zytologisch und ultrastrukturell nicht untersucht wurde.
[42] Siehe Fußnote [41].

2a Fäden mittels einer gestielten Basalzelle festhaftend .... **1. Raphidonemopsis** (S. 508)
2b Fäden freilebend 3
3a Zellen meist einzeln, selten Paare oder kurze, leicht zerbrechliche Ketten bildend, in Gallertkolonien eingebettet 4
3b Zellen immer in kurzen bis langen Fäden, selten als Einzelzellen, aber keine Kolonien bildend 6
4a Zellen mit zweigeteilter Zellwand, miteinander durch ± längere Gallertstränge zu kurzen Ketten vereinigt .... **2. Interfilum** (S. 510)
4b Zellen mit einteiliger Zellwand, nicht mittels Gallertsträngen vereinigt 5
5a Zellen an den Enden zugespitzt (spindelförmig), einzeln oder zu 2–8 in Kolonien, keine Fäden .... **3. Elakatothrix** (S. 510)
5b Zellen an den Enden abgerundet (zylindrisch), einzeln oder kurze Fäden bildend .... **4. Fottea** (S. 511)
6a Zellen miteinander verwachsen 7
6b Zellen voneinander getrennt, reihenartig in einer Gallertscheide liegend .. **5. Geminella** (S. 512)
7a Fäden nur einreihig, Fortpflanzung auch durch zweigeißelige Zoosporen 8
7b Fäden teilweise auch zweireihig, Fortpflanzung nur durch Aplanosporen .... **6. Hormidiopsis** (S. 513)
8a Es werden außergewöhnlich große Hypnosporen mit warziger Wand gebildet, die direkt in mehrere kurze Fäden keimen .... **7. Hormidiospora** (S. 513)
8b Keine großen Hypnosporen mit warziger Wand bildend 9
9a Fäden nicht oder wenig zerfallend, mit Gallertscheide, Chloroplast ohne Pyrenoid .... **8. Gloeotila** (S. 515)
9b Fäden leicht in Einzelzellen zerfallend, ohne Gallertscheide, Chloroplast mit Pyrenoid .... **9. Gloeotilopsis** (S. 515)

1. **Raphidonemopsis** Deason 1969

Syn.: *Raphidonema* Lagerheim 1892 p. p. sensu Hoham 1973
Deason 1969, p. 241; Bourrelly 1972, p. 540; Hindák 1986, p. 1.
Zellen zylindrisch bis gekrümmt, an beiden Enden plötzlich verschmälert, am apikalen Zellpol abgerundet bis zugespitzt, am basalen Ende mit einem Haftfortsatz; einzeln oder in kurzen, 2–8-zelligen Fäden. Chloroplast parietal, rinnenförmig, die Zelle zur Hälfte auskleidend; ohne Pyrenoid. Zoosporen unbekannt.
Mit 2 terrestrischen Arten.

1a Zellen spindelförmig bis fast zylindrisch, apikal zugespitzt, basal mit einem derben Fortsatz mit Haftscheibe .... **1. R. sessilis**
1b Zellen zylindrisch, oft gebogen, apikal abgerundet, basal mit zartem Fortsatz .... **2. R. periphytica**

1. **Raphidonemopsis sessilis** Deason 1969 (Fig. 162: a)

Syn.: *Raphidonema sessile* (Deason) Hoham 1973
Deason 1969, p. 241, fig. 12–15; Hindák 1986, p. 2, fig. 1.

Zellen gerade oder nur schwach gebogen, apikales Zellende scharf zugespitzt, basaler Haftfortsatz gegen das Substrat knotig verbreitert. Zellen 7–21 µm lang, 2–3 µm breit.
Kultur: UTEX 1711.
Aus Sanddünen von Alabama (USA) isoliert.
Bei dem von Broady (1979a, p. 84, fig. 24 m–o) beschriebenen Isolat «var. A» sind die apikalen Zellen abgerundet (Fig. 162: b) und der *R. periphytica* Hindák sehr ähnlich.

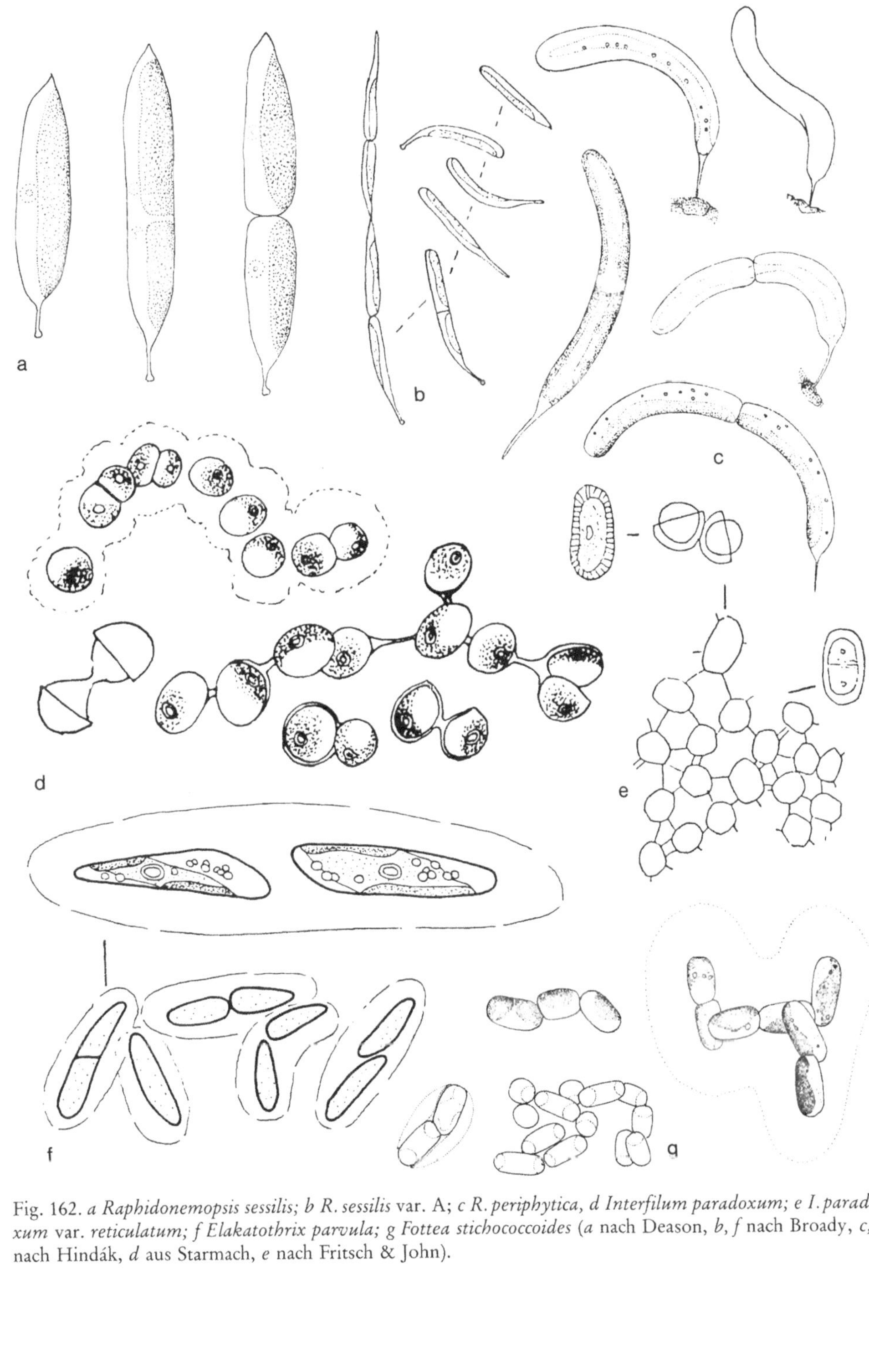

Fig. 162. *a Raphidonemopsis sessilis; b R. sessilis* var. A; *c R. periphytica, d Interfilum paradoxum; e I. paradoxum* var. *reticulatum; f Elakatothrix parvula; g Fottea stichococcoides* (*a* nach Deason, *b, f* nach Broady, *c, g* nach Hindák, *d* aus Starmach, *e* nach Fritsch & John).

2. Raphidonemopsis periphytica Hindák 1986 (Fig. 162: c)
Hindák 1986, p. 4, fig. 2.

Zellen stark gebogen, bisweilen verdreht, etwas schmäler und länger als bei der vorigen Art. Das basale Ende geht in einen kurzen, dünnen und spitzen Haftfortsatz über; das apikale Ende ist abgerundet. Zellen 9–33 µm lang; 1,8–2,5 µm breit.
Subaerisch auf umgestürztem Baumstamm (800 m ü. M.), Slowakei.

2. **Interfilum** Chodat & Topali 1922

Syn.: *Radiofilum* Schmidle p. p. sensu Printz 1964, Hindák 1982; *Geminella* Turpin p. p. sensu Printz 1927
Chodat & Topali 1922, p. 66; Printz 1927, p. 169; 1964, p. 66; Bourrelly 1966, p. 247; 1988, p. 116.
Zellen einzeln, in Paaren oder in kurzen Ketten aus wenigen Zellen, verbunden durch schmale Gallertstränge und eingebettet in gemeinsamer Gallerte. Auf Agar auch längere Ketten und Netze bildend. Einzelne Zellen kugelig oder ellipsoidisch, gewöhnlich ein Zellende breiter; in Ketten stehen die Zellen mit den breiteren Polen zueinander. Zellwand zweigeteilt. Chloroplast schüsselförmig und gelappt; mit einem Pyrenoid. Fortpflanzung durch vegetative Zellteilung. Während der Teilung wird der Protoplast zuerst geteilt, umgibt sich mit neuer Zellwand, dann reißt die Mutterzellwand median auf. Die beiden Tochterzellen bleiben noch kurz durch die Hälften der Mutterzellwand miteinander verbunden oder diese liegen als Kappen den Tochterzellen auf.
Nicht sicher, ob diese Gattung zu den trichalen Algen zu rechnen ist wegen der eigentümlichen Zellteilung. Diese erinnert eher an Autosporenbildung coccaler Formen.
Mit einer einzigen Art:

Interfilum paradoxum Chodat & Topali 1922 (Fig. 162: d)
Syn.: *Radiofilum paradoxum* (Chodat & Topali) Printz 1964; *Geminella paradoxa* (Chodat & Topali) Printz 1927
Printz 1964, p. 66, fig. 13: 8–9; Starmach 1972, p. 78, fig. 81.

Mit den Merkmalen der Gattung. Zellen bis 12 µm lang, 4–7 µm breit.
Kultur: UTEX 177, SAG 338-1, CCAP 338/1.
Eine verbreitete Bodenalge.
Die von Fritsch & John (1942, p. 382, fig. 3: R–W) beschriebene var. *reticulata* (Fig. 162: e) unterscheidet sich durch Bildung netzartiger Lager, wobei jede Zelle mit 3–5 anderen verbunden ist, und durch dichtere, radiär gestreifte Gallertscheiden (Färbung mit Methylenblau!) zusammengehalten werden.

3. **Elakatothrix** Wille 1898

Syn.: *Raphidium* Kützing 1845 p. p. sensu auct.; *Spirotaenia* Brébisson 1846 p. p. sensu auct.
Printz 1927, p. 103; Bourrelly 1966, p. 230; Hindák 1987, p. 200.

Zellen einzeln oder in Kolonien zu 2–8 oder auch zu mehreren in einer ungeschichteten oder geschichteten Gallerte eingebettet; spindelförmig, spindelförmig-zylindrisch, oval oder stabförmig, gerade oder leicht gebogen bis sigmoid, an den Enden zugespitzt oder ± abgerundet. Zellwand glatt und dünn. Chloroplast parietal, gerade oder gedreht; mit 1–4 Pyrenoiden. Fortpflanzung durch vegetative Zellteilung, wobei die Tochterzellen auseinanderweichen, aber auch zu Paaren oder Gruppen vereinigt bleiben.
Von 15 beschriebenen Arten sind 2 aerophytisch oder terrestrisch.

1a Zellen deutlich gebogen . . . . **1. E. inflexa**
1b Zellen gerade . . . . **2. E. parvula**

1. Elakatothrix inflexa Hindák 1966 (Fig. 163)
Hindák 1966, p. 83, fig. 6: 1; 1987, p. 204, fig. 3: 8.

Zellen einzeln oder zu Paaren, manchmal bis zu 8, hörnchen- bis mondsichelartig gebogen, den beiden Enden zu verjüngt und zugespitzt oder leicht abgerundet. Gallerte deutlich und homogen. Chloroplast parietal rinnenförmig, der dorsalen Seite anliegend; mit 1–2 Pyrenoiden. Tochterzellen verbleiben eine Zeitlang zu Paaren in der alten Gallerte. Zellen 17–28 µm lang; 3,2–4 µm breit.
Aerophytisch auf feuchten Felsen im Riesengebirge (Tschechoslowakei).

2. Elakatothrix parvula (Archer) Hindák 1962 (Fig. 162: f)
Syn.: *Spirotaenia parvula* Archer 1863
Hindák 1962, p. 289, fig. 29: 10–15, 34: 1–7; 1987, p. 219, fig. 13: 3; Broady 1979a, p. 72, fig. 19 m, n.

Kolonien mit 2–4 Zellen, selten einzelne Zellen; Gallerte homogen. Zellen ± spindelförmig, leicht asymmetrisch, das eine Ende mehr ausgezogen als das andere. Zellenden verjüngt, abgerundet zugespitzt. Chloroplast parietal rinnenförmig, häufig leicht schraubenartig verdreht; mit einem Pyrenoid. Häufig Vakuolen und Öltropfen vorhanden. Zellen 25–40 µm lang, 3–5,8(–7) µm breit; Kolonien 40–120 × 17–20 µm groß.
In Mineralböden und zwischen Polstern von *Calliergon sarmentosum*, Signy Island (Antarktis).

4. **Fottea** Hindák 1968

Hindák 1968, p. 338; 1981, p. 149; Bourrelly 1972, p. 540; Broady 1979a, p. 83.

Zellen einzeln, meist jedoch in Kolonien zu 4–16 oder mehr unregelmäßig angeordnet in homogener, aber deutlich begrenzter Gallerte. Form der Kolonien variabel, meist unregelmäßig,

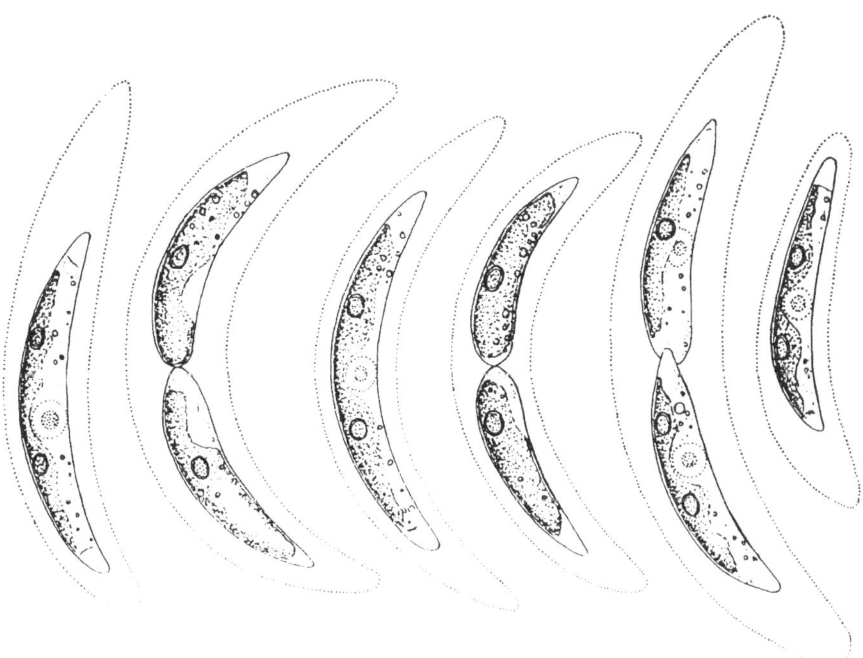

Fig. 163. *Elakatothrix inflexa* (nach Hindák).

manchmal oval bis rund. Zellen innerhalb der Kolonien oft kurze Fäden oder Ketten bildend. Einzelne Zellen wenig oder mehrfach länger als breit, zylindrisch, gerade bis leicht gebogen, mit breit abgerundeten Enden. Chloroplast mantel- oder rinnenförmig; mit oder ohne Pyrenoid. Zellkern meist zentral. Fortpflanzung durch vegetative Zellteilung.
Von 6 beschriebenen Arten sind 3 terrestrisch oder aerophytisch.

1a Zellen ohne Pyrenoid 2
1b Zellen mit Pyrenoid . . . . **3. F. pyrenoidosa**
2a Zellen bis 32 × 12 µm groß, Gallerte die Zellen regelmäßig ellipsoidisch bis fast kugelig umgebend . . . . **1. F. cylindrica**
2b Zellen bis 15 × 4 µm groß, Gallerte die Zellen unregelmäßig umgebend . . **2. F. stichococcoides**

1. **Fottea cylindrica** Hindák 1968 (Fig. 164: a)

Hindák 1968, p. 340, fig. 1; 1981, p. 151, fig. 1.

Zellen stets einzeln, in der Gallerte unregelmäßig gelagert. Chloroplast rinnenförmig, die ganze Zelle auskleidend, ohne Pyrenoid. Zellen bis 24(–32) µm lang, 8–9 µm breit. Gallerte bis 12 µm dick.
Aus Erdboden in der Hohen Tatra (Tschechoslowakei) isoliert.

2. **Fottea stichococcoides** Hindák 1981 (Fig. 162: g)

Hindák 1981, p. 150, fig. 2.

Kolonien vielzellig, Zellen unregelmäßig in homogener, relativ fester Gallerte liegend, die die Zellen eng umgibt. Zellen zylindrisch, mit breit abgerundeten Enden, meist gerade, kaum leicht gebogen. Chloroplast mantelförmig, ohne Pyrenoid. Öltropfen häufig. In intensiv wachsenden Kulturen werden kurze, leicht zerfallende Fäden gebildet. Zellen 3,5–10(–15) µm lang, 2–3(–4) µm breit.
Als grüner schleimiger Film an Mauern von Brunnenanlagen in Bratislava (Tschechoslowakei) und auf Baumrinde in Nord-Korea gefunden.

3. **Fottea pyrenoidosa** Broady 1976 (Fig. 165: a)

Broady 1976, p. 402, fig. 7 a–j; 1979a, p. 83, fig. 25 a–j; Hindák 1981, p. 151, fig. 2.
Kolonien weich gallertig und unregelmäßig. Zellen zylindrisch, gewöhnlich leicht gebogen, selten ganz gerade, mit breit abgerundeten Polen; unregelmäßig in der Gallerte angeordnet, nur in gut wachsenden Kulturen in Paaren oder kurzen dreizelligen Fäden zusammenhängend. Chloroplast rinnenförmig, die Zelle mehr als zur Hälfte auskleidend; mit einem Pyrenoid. Öltropfen häufig. Zellen 9–18 µm lang, 6 µm breit.
In Mineralböden auf Signy Island (Antarktis).

5. **Geminella** Turpin 1828

Syn.: *Hormospora* Nägeli 1849 non Brébisson 1840; *Gloeotila* Kützing 1843 p. p.
Printz 1964, p. 50; Ramanathan 1964, p. 62; Bourrelly 1966, p. 246; Starmach 1972, p. 73.

Einreihige Fadenalgen (Pseudofilamente) mit ellipsoidischen bis zylindrischen Zellen, von einer homogenen Gallertscheide umgeben. Zellen voneinander getrennt oder sich mit den abgerundeten Zellpolen nur berührend. Chloroplast mantel- bis rinnenförmig, die Zelle fast auskleidend; mit einem Pyrenoid. Fortpflanzung durch Fragmentation der Fäden. Zoosporen bisher nicht bekannt. Hypnoblasten werden durch Verdickung der Zellwände gebildet.
Beziehungen zu den Gattungen *Radiofilum* oder *Binuclearia* sind noch nicht ganz geklärt. Weitere Untersuchungen sind nötig.
Von 11 beschriebenen Arten ist nur 1 terrestrisch:

Geminella terricola J. B. Petersen 1932 (Fig. 165: b)
J. B. Petersen 1932b, p. 39, fig. 21; Printz 1964, p. 52, fig. 10: 4; Starmach 1972, p. 77, fig. 77; Broady 1982b, p. 464, fig. 79–81, 124–126.

Zellen subsphaerisch, ellipsoidisch bis eiförmig abgerundet, bisweilen auch leicht zylindrisch; meist einzeln, zu zweit oder manchmal auch in kurzen Fäden (bis zu 12 Zellen); umgeben von einer dünnen Gallertscheide. Chloroplast schüssel- bis mantelförmig, mit gewelltem Rand, die Zelle zur Hälfte auskleidend; mit einem Pyrenoid. Zellen (4,5)–6–10 µm lang; 4,5–7(–8,5) µm breit, Gallertscheide 2–3 µm dick.
Kultur: CCAP 333/2.
Aus Böden in Dänemark, in den Alpen, und von Mineralböden in der Antarktis isoliert.

6. **Hormidiopsis** Heering 1914

Syn.: *Hormidium* Kützing 1845, p. p.; *Ulothrix* Kützing 1849 p. p.
Heering 1914, p. 50; Printz 1964, p. 32; Ramanathan 1964, p. 87; Bourrelly 1966, p. 245; Starmach 1972, p. 67.

Zellen in kurzen einreihigen oder bisweilen zweireihigen Fäden, die leicht zerfallen; mit zarter Gallertscheide. Zellen mit ihren ganzen Endflächen aneinanderstoßend. Chloroplast rinnenförmig, fast die ganze Zelle auskleidend; ohne Pyrenoid. Fortpflanzung durch Fragmentation der Fäden oder durch Aplanosporen, die zu 8 und mehr in jeder Zelle entstehen können.
Mit 1 aerophytischen Art:

Hormidiopsis crenulata (Kützing) Heering 1914 (Fig. 164: b)
Syn.: *Hormidium crenulatum* (Kützing) Kützing 1845 sensu Brand 1913 et sensu J. B. Petersen 1915; non *Hormidium crenulatum* sensu Fritsch & John 1942
Heering 1914, p. 51, fig. 62; Ramanathan 1964, p. 87, fig. 27 A–D; Printz 1964, p. 32, fig. 5: 14–17; Starmach 1972, p. 67, fig. 63; Bourrelly 1988, p. 115.

Mit den Merkmalen der Gattung. Zellen 9–15 µm breit, 0,5–2 mal länger als breit, Aplanosporen 8–9 µm ∅.
Ursprünglich von Buchenrinde bei Starnberg in Bayern (BRD) isoliert, später in Dänemark wiedergefunden.
Fritsch & John (1942) isolierten aus alkalischen Böden in England zwei Stämme mit Pyrenoiden. Sie führten diese unter der Bezeichnung *Hormidium crenulatum*. Es ist nicht wahrscheinlich, daß es sich um das gleiche Material wie bei Brand (1913) und J. B. Petersen (1915) gehandelt hat. Wir halten in Übereinstimmung mit Bourrelly (1988) die Gattung *Hormidiopsis* aufrecht.

7. **Hormidiospora** Vinatzer 1975

Vinatzer 1975b, p. 232; Bourrelly 1988, p. 114.

Bildet lange, einreihige, unverzweigte Fäden ohne Gallertscheide; an den Querwänden der Zellen nicht eingeschnürt. Zellen zylindrisch, etwas länger als breit; mit 1 oder 2 rinnenförmigen Chloroplasten; ohne Pyrenoid. Vegetative Fortpflanzung durch Fadenzerfall (Hypnoblastenbildung), asexuelle Fortpflanzung durch Hypnosporen mit warzig skulpturierter Wand, seltener durch zweigeißelige Zoosporen ohne Stigma.
Mit einer einzigen Art:

Hormidiospora verrucosa Vinatzer 1975 (Fig. 164: e)
Vinatzer 1975b, p. 232, fig. 11.

Mit den Merkmalen der Gattung. Die Fortpflanzung erfolgt durch Fadenzerfall in Hypnoblasten oder durch Hypnosporen, die einzeln in den Fadenzellen gebildet werden und durch Aufreißen der dünnen Mutterzellwand frei werden. Im Laufe ihres Wachstums entwickeln sich auf der Wand regelmäßig verteilte Warzen. Reife Hypnosporen platzen nach Übertragen in frisches Medium auf

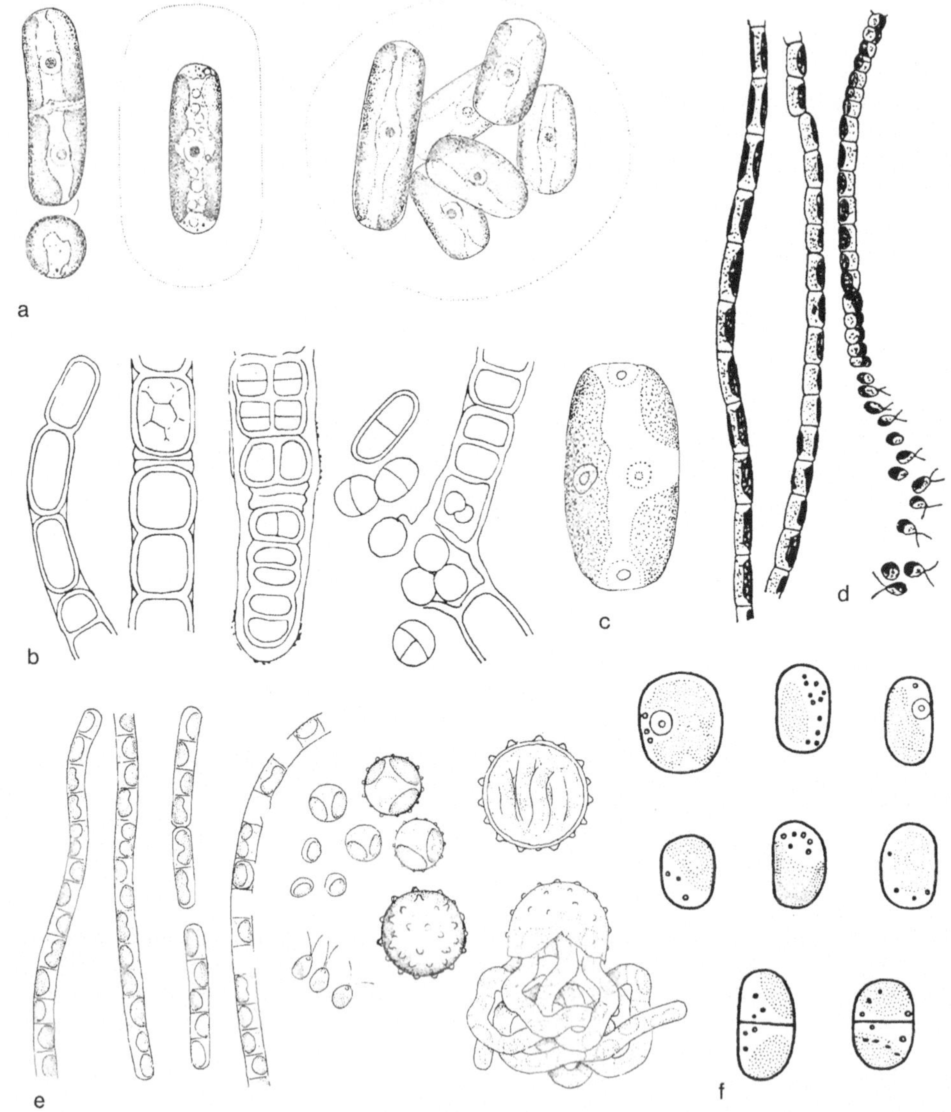

Fig. 164. *a Fottea cylindrica; b Hormidiopsis crenulata; c Gloeotilopsis sterilis; d Gloeotila protogenita; e Hormidiospora verrucosa*, rechts Hypnosporenbildung; *f Nannochloris normandinae* (*a* nach Hindák, *b, d* aus Starmach, *c* nach Deason, *e* nach Vinatzer, *f* nach Tschermak-Woess).

und entlassen ein Gewirr von jungen Zellfäden (meist 6–8). Zoosporen seltener, wahrscheinlich einzeln in den Zellen gebildet. Zellen 3–8 × 3 µm groß, Hypnosporen anfangs 4 µm, später bis 15 µm ∅; Zoosporen 4–6 µm lang.
Kultur: ASIB V 199.
Aus alpinem Rasenboden in den Dolomiten, Südtirol (Italien) isoliert, in den Alpen mehrfach gefunden.

8. **Gloeotila** Kützing 1843

Syn.: *Geminella* Turpin 1828 p. p. sensu G. S. West 1904
Printz 1927, p. 165; 1964, p. 45; Bourrelly 1966, p. 247; Starmach 1972, p. 84.

Fäden verschieden lang, einreihig, mit einer ausgeprägten Gallertscheide umgeben. Zellen zylindrisch bis ellipsoidisch, mit abgerundeten Enden. Chloroplast rinnen- bis halbringförmig; ohne Pyrenoid. Vegetative Fortpflanzung durch Fadenzerfall, asexuelle Fortpflanzung durch zweigeißelige Zoosporen, die in jeder Zelle einzeln entstehen. Dauerzustände in Form von abgerundeten Hypnoblasten.
Von 12 beschriebenen Arten ist nur 1 terrestrisch:

Gloeotila protogenita Kützing 1849 (Fig. 164: d)

Syn.: *Gloeotila mucosa* Borzi 1883; *Geminella protogenita* (Kützing) G. S. West 1904 sensu Ramanathan 1964
Printz 1964, p. 47, fig. 9: 8–10; Ramanathan 1964, p. 66, fig. 18 H; Starmach 1972, p. 88, fig. 94.

Zellen in den Fäden oft von verschiedener Länge, meist zylindrisch, 1–2 mal länger als breit, an den Querwänden meist leicht eingeschnürt, vor allem bei aerophytischer Lebensweise. Zellwände sehr dünn. Chloroplast rinnenförmig, fast die ganze Zelle auskleidend; ohne Pyrenoid. Fortpflanzung durch ellipsoidische Zoosporen. Hypnoblasten entstehen durch Abrundung der Zellen und völligen Fadenzerfall. Zellen 3,5–4 µm breit; Zoosporen 3–4 × 2,5–3 µm groß.
Auf feuchten Böden und aerophytisch auf Dächern, aus Europa und Asien bekannt.

9. **Gloeotilopsis** Iyengar & Philipose 1956

Iyengar & Philipose 1956, p. 365; Printz 1964, p. 44; Ramanathan 1964, p. 95; Bourrelly 1966, p. 245; Starmach 1972, p. 69.

Kurze unverzweigte Fäden aus 1–30 Zellen; ohne Gallertscheide. Zellen länglich, zylindrisch, mit abgerundeten Enden. Zellwand dünn. Chloroplast rinnenförmig, mit einem Pyrenoid. Asexuelle Fortpflanzung durch Bildung von Aplanosporen oder zweigeißeligen Zoosporen, die zu 1–8 pro Zelle gebildet werden. Sporen werden durch Aufreißen der Sporangiumwand in der Zellmitte frei. Nach dem Entlassen der Sporen sind H-Stücke aus Zellwandresten zu beobachten (ähneln denen von *Microspora*). Vegetative Fortpflanzung durch Fragmentation der Fäden.
Von *Gloeotila* durch das vorhandene Pyrenoid unterschieden. Von 2 beschriebenen Arten ist 1 terrestrisch.

Gloeotilopsis sterilis Deason 1969 (Fig. 164: c)

Deason 1969, p. 243, fig. 16.

Fäden mit 30 oder mehreren Zellen, an den Querwänden eingeschnürt. Chloroplast parietal, gelappt; mit 1–2 Pyrenoiden. Terminale Saftvakuolen mit kugeligen Lipidtropfen. Es wurde weder Zoosporen- noch Aplanosporenbildung beobachtet. Fortpflanzung nur durch Fragmentation der Fäden. Sonst mit den Merkmalen der Gattung. Zellen 6–13,5 µm lang; 4,5–6 µm breit.

Kultur: UTEX 1704.
Aus Sandboden in Alabama (USA) isoliert. Von der typischen Art, *Gloeotilopsis planctonica* (siehe Fig.: 188: d), kaum zu unterscheiden.

10. **Pseudoschizomeris** Deason & Bold 1960

Deason & Bold 1960, p. 38; Bourrelly 1966, p. 250; Starmach 1972, p. 119.

Junge Fäden einreihig, bei älteren entstehen durch longitudinale Teilungen im Laufe des Wachstums unregelmäßige mehrreihige Fäden, die im Alter durch Verschleimen der äußeren Zellwandschichten zerfallen. Zellen in den einreihigen Fäden zylindrisch, in den mehrreihigen abgerundet bis fast kugelig. Chloroplast mit einem Pyrenoid, seltener mit zwei. In den basalen Fadenzellen werden oft rudimentäre Haftfortsätze gebildet, die Fäden schwimmen jedoch frei in Flüssigkulturen. Asexuelle Fortpflanzung durch viergeißelige Zoosporen, die zu 1–2 gebildet werden. Sexuelle Fortpflanzung nicht bekannt.
Mit 2 terrestrischen und aerophytischen Arten.

1a Keimling mit kleinem Haftfortsatz, Pyrenoid mit einheitlicher hohlkugeliger Stärkehülle .... **1. P. caudata**
1b Keimling ohne rudimentären Haftfortsatz, Pyrenoid mit zweischaliger Stärkehülle .... **2. P. mucosa**

1. **Pseudoschizomeris caudata** Deason & Bold 1960 (Fig. 165: c)

Deason & Bold 1960, p. 38, fig. 53–63; Starmach 1972, p. 119, fig. 151.

Pyrenoide mit einheitlicher hohlkugeliger Stärkehülle. An Keimlingen ist ein kleiner rudimentärer Haftfortsatz zu beobachten. Zoosporen mit 4 apikalen pulsierenden Vakuolen. Zellen 20 × 12 µm, Zoosporen 15 × 9 µm groß.
Kultur: UTEX 1271.
Aus einer Bodenprobe unter *Quercus stellata* bei Mc Maham, Caldwell County, Texas (USA) isoliert.

2. **Pseudoschizomeris mucosa** Broady 1982 (Fig. 165: d)

Broady 1982b, p. 468, fig. 105–116, 132–140.

Pyrenoid mit zweischaliger Stärkehülle. An Keimlingen kein rudimentärer Haftfortsatz. Zoosporen mit 2 apikalen pulsierenden Vakuolen. Zellen 6–8 × 4–13 µm groß oder 10 µm ∅, Zoosporen 6 µm groß.
Von einem Moospolster einer feuchten Felsritze isoliert, Vestfold Hills (Antarktis).

Anhang:

Nannochloris Naumann 1919

Printz 1927, p. 104; Bourrelly 1966, p. 228; 1988, p. 110.

Zellen kugelig bis ellipsoidisch, einzeln oder eine Zeitlang nach der Teilung paarweise aneinanderhängend; keine Kolonien bildend. Chloroplast einfach, parietal, mit einem nackten Pyrenoid. Fortpflanzung durch vegetative Zellteilung.
Gattung insgesamt recht unsicher, dürfte *Stichococcus* oder *Diplosphaera* nahestehen.
Mit einer als Phykobiont auftretenden Art:

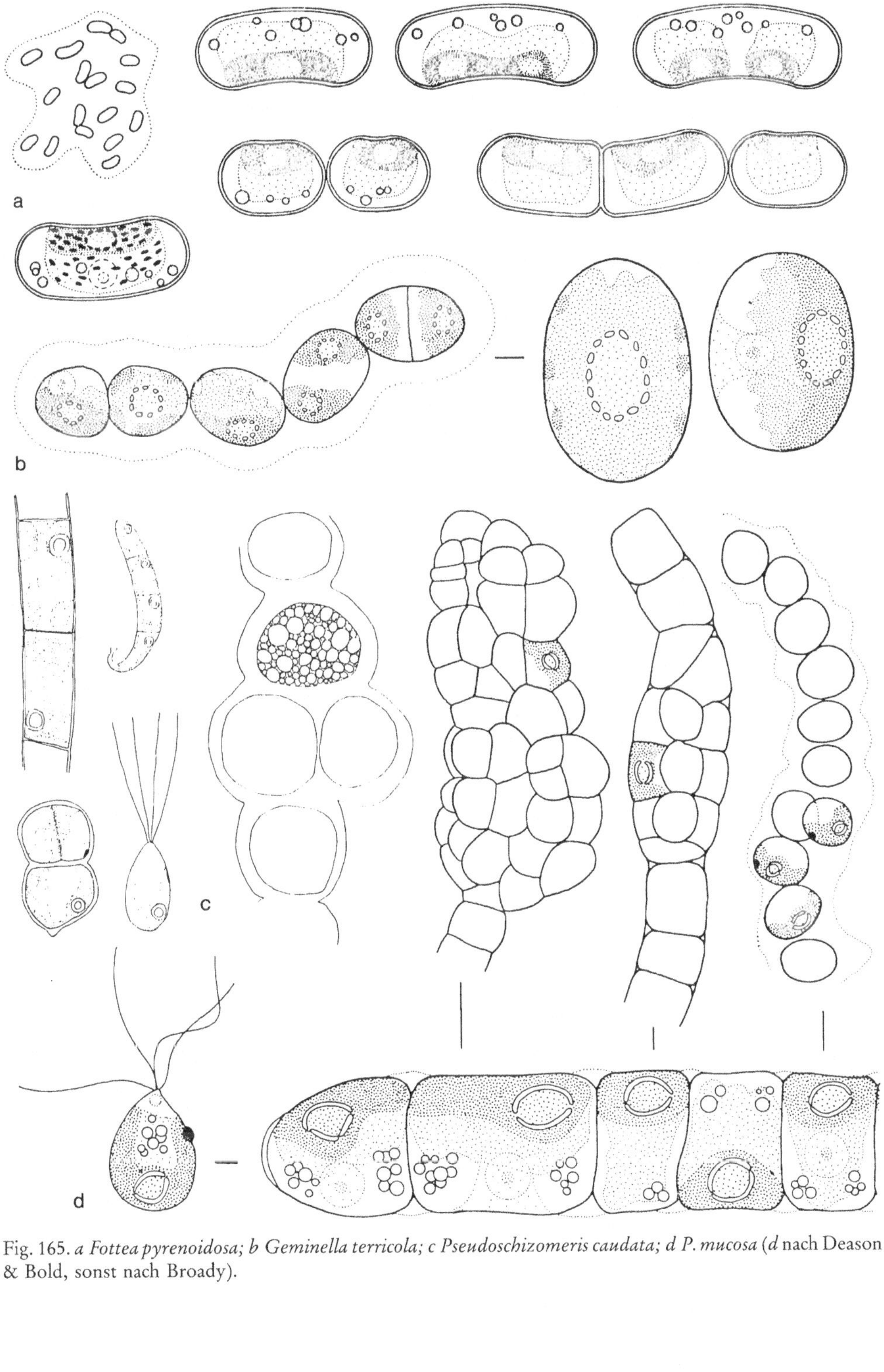

Fig. 165. *a Fottea pyrenoidosa; b Geminella terricola; c Pseudoschizomeris caudata; d P. mucosa* (*d* nach Deason & Bold, sonst nach Broady).

Nannochloris normandinae Tschermak-Woess 1981 (Fig. 164: f)
Tschermak-Woess 1981, p. 72, fig. 4–5.

Zellen stäbchenförmig bis breit ellipsoidisch, mitunter fast kugelig. Zellwand dünn, ohne Gallerte. Chloroplast parietal plattenförmig, mit einem nackten Pyrenoid. Sonst mit den Merkmalen der Gattung. Zellen 3,5–5 µm lang; 2,5–3 µm breit.
Kultur: SAG 9.82.
Als Phykobiont in der Flechte *Normandina pulchella*, Salzburg (Österreich) gefunden und isoliert.

2. Familie Microsporaceae Bourrelly 1966

Zellen einfache, einreihige und unverzweigte Fäden bildend. Zellwand zweiteilig, bei jeder Zelle aus zwei benachbarten H-Stücken zusammengesetzt. Chloroplast parietal, netzförmig; ohne Pyrenoid. Zellen einkernig. Zoosporen 2 oder 4-geißelig. Sexuelle Fortpflanzung nicht vollständig bekannt (Isogamie?). Dauerstadien in Form von Hypnosporen und Hypnoblasten.
Printz 1927, 1964; Ramanathan 1964; Bourrelly 1966; Starmach 1972.
Mit einer einzigen Gattung:

Microspora Thuret 1850

Heering 1914, p. 148; Printz 1927, p. 170; 1964, p. 68; Bourrelly 1966, p. 252; Starmach 1972, p. 120.

Zellfäden im jungen Zustand häufig festsitzend, adult freischwimmend. Zellen zylindrisch bis tonnenförmig. Zellwand zweiteilig, im optischen Längsschnitt aus H-förmigen Stücken zusammengesetzt, wobei jede Zelle von den aneinanderstoßenden Teilen zweier H-Stücke umgeben ist. Chloroplast parietal als netzförmiger Mantel, manchmal in lose zusammenhängende oder auch völlig geteilte Bänder aufgelöst; ohne Pyrenoid.
Von 18 beschriebenen Arten sind nur 2 aerophytisch oder terrestrisch.

1a H-Stücke der Zellwand zart, an lebenden Zellen kaum sichtbar; Fäden 5–9,5 µm dick . . . . **1. M. stagnorum**

1b H-Stücke der Zellwand derb und dick, an lebenden Zellen deutlich sichtbar; Fäden 25–38 µm dick . . . . **2. M. membranacea**

1. Microspora stagnorum (Kützing) Lagerheim 1887 (Fig. 166: b, c)
Syn.: *Ulothrix stagnorum* Kützing 1852
Printz 1964, p. 73, fig. 15: 6–10; Starmach 1972, p. 123, fig. 154; Broady 1979a, p. 83, fig. 241.

Fäden lang, vielzellig, an den Querwänden nicht eingeschnürt. H-Stücke nur nach Zerfall der Fäden oder nach Färbung sichtbar. Zoosporen einzeln oder zu zweit in den Zellen entstehend. Zellen 5–9,5 µm breit, 1–4 mal länger als breit.
In verschiedenen Bodenproben gefunden (Dänemark, Singapur, Österreich, Antarktis).

2. Microspora membranacea Wang 1934 (Fig. 166: a)
Wang 1934, p. 215, fig. 21; Printz 1964, p. 80, fig. 16: 19, 20; Starmach 1972, p. 131, fig. 168.

Fäden lang, an den Querwänden leicht eingeschnürt. Zellen ± zylindrisch oder leicht tonnenförmig. H-Stücke der Zellwand sehr derb und dick, an lebenden Zellen deutlich. Chloroplast dicht und grob netzförmig. Zellen 25–38 µm breit, 1–4 mal länger als breit.
Gemeinsam mit *Vaucheria* am Boden eines ausgetrockneten Grabens (China), auf feuchten Waldwegen (Tschechoslowakei).

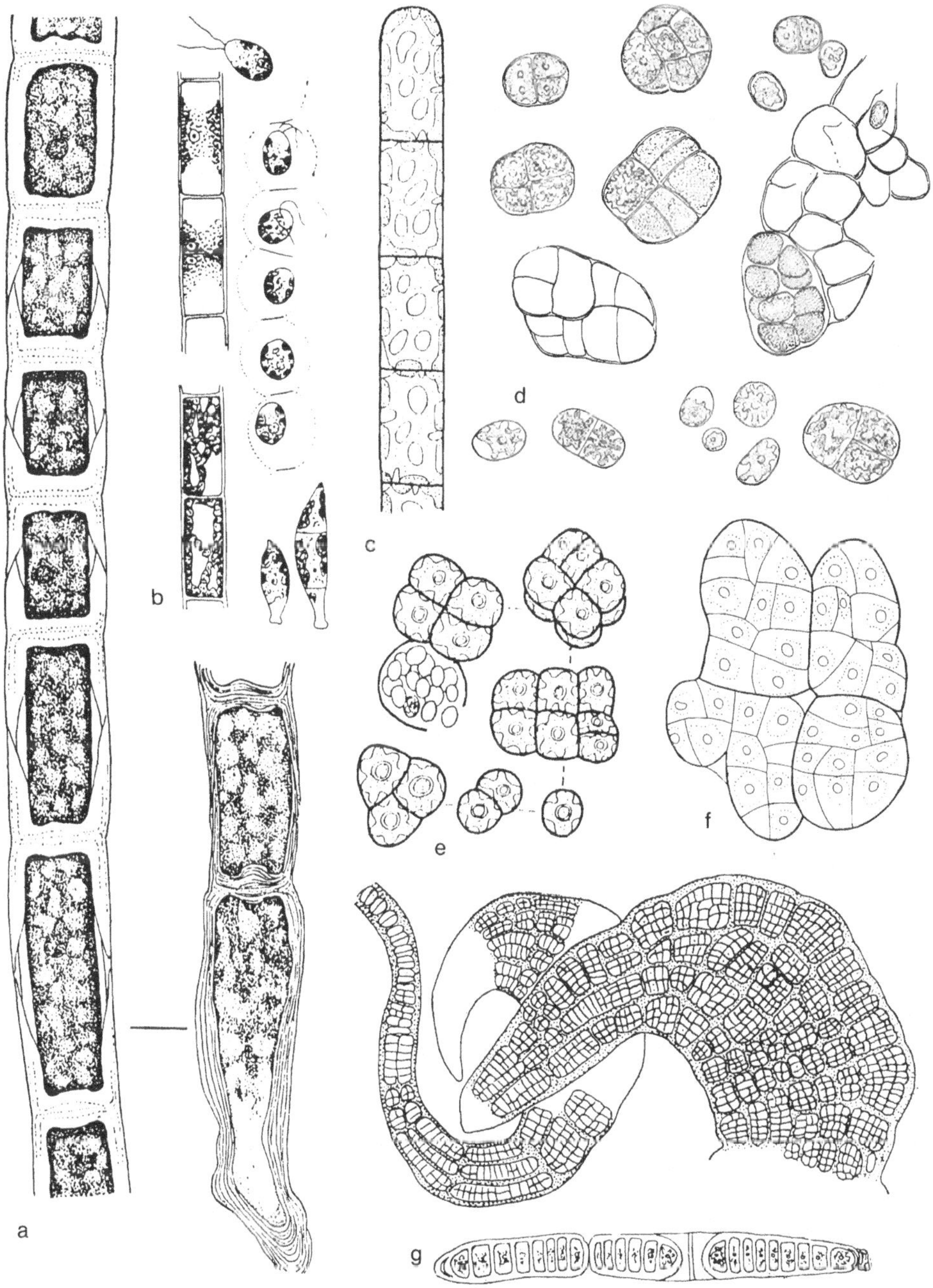

Fig. 166. *a Microspora membranacea; b, c M. stagnorum; d–f Prasiococcus calcarius; g Prasiola crispa* (*a* nach Wang, *b*, *g* aus Starmach, *c*, *d* nach Broady, *d* nach Vischer, *f* nach Belcher).

4. Ordnung Prasiolales Chadefaud 1960

Die mehrzelligen, einfach gebauten Vertreter dieser Ordnung bestehen aus kleinen Zellpaketen, Zellfäden oder blattartigen, pseudoparenchymatischen Thalli. Zellen einkernig, mit fester Zellwand. Chloroplast axial und asteroid gebaut, mit zentralem Pyrenoid. Asexuelle Fortpflanzung durch Aplanosporen oder Hypnoblasten, auch vegetativ durch Fragmentation des Thallus. Zoosporen unbekannt. Sexuelle Fortpflanzung selten.
Printz 1927, 1964, Bourrelly 1966, Starmach 1972, van den Hoek 1978, van den Hoek et al. 1993, Bold & Wynne 1985, Margulis et al. 1990.
Mit einer einzigen Familie:

Prasiolaceae Blackman & Tansely 1902

Syn.: *Blastosporaceae* Wille 1909, *Schizogoniaceae* Chodat ex Setchell & Gardner 1920

Mit 3 terrestrischen oder aerophytischen Gattungen
1a Thallus verzweigt . . . . **2. Prasiolopsis** (S. 520)
1b Thallus nicht verzweigt **2**
2a Thallus in Form von Zellpaketen . . . . **1. Prasiococcus** (S. 520)
2b Thallus band- oder blattförmig . . . . **3. Prasiola** (S. 521)

1. Prasiococcus Vischer 1953

Syn.: *Pleurococcus* p. p. sensu J. B. Petersen 1915
Vischer 1953 a, p. 180; Lund 1966, p. 303; Bourrelly 1966, p. 260; Starmach 1972, p. 169

Zellpakete mit (2)–4–8 Zellen, die breit ellipsoidisch bis fast kugelig sind, jedoch meist gegenseitig abgeplattet und dann ± abgerundet viereckig erscheinen (*Pleurococcus*-artig). Mit glatter und derber Zellwand. Chloroplast axial, asteroid gelappt; mit einem Pyrenoid mit deutlicher Stärkehülle. Asexuelle Fortpflanzung sowohl durch vegetative Zellteilung als auch durch Aplanosporen, die in jeder Zelle zu 2–8 gebildet werden.
Mit einer einzigen Art:

Prasiococcus calcarius (J. B. Petersen) Vischer 1953 (Fig. 166: d–f)
Syn.: *Pleurococcus calcarius* J. B. Petersen 1915; *Pleurococcus vulgaris* Meneghini 1842 sensu Vischer 1935
Vischer 1935, p. 97, fig. 13, 1953 a, p. 181, fig. 8; Lund 1966, p. 303, fig. 1; Starmach 1972, p. 170, fig. 201; Broady 1979 a, p. 87, fig. 26 h–m.

Mit den Merkmalen der Gattung. Zellen 8–12 µm lang, 5–8 µm breit.
Weit verbreitet und wahrscheinlich kosmopolitisch. Subaerisch auf feuchter Erde und kalkhaltigen Felsen, auch auf Mauern.

2. Prasiolopsis Vischer 1953

Syn.: *Pleurococcus* Meneghini 1842, p. p. sensu auct.
Vischer 1953 a, p. 184; Bourrelly 1966, p. 260; Starmach 1972, p. 170

Thallus im jungen Stadium einreihig, fadenförmig, kurz verzweigt. Ältere Thalli bald mehrreihig, mit dichten Zellpaketen, pseudoparenchymatisch. Mit Fäden, die ins Substrat eindringen oder auch als Luftfäden nach oben wachsen. Spitzenzellen der Fäden im allgemeinen langgestreckt, im basalen Fadenbereich kürzer bis isodiametrisch. Chloroplast axial, asteroid gelappt, mit einem zentralen

Pyrenoid. Jede Fadenzelle kann zu einem Aplanosporangium werden, die Aplanosporen werden als pulverige Masse unter Auflösung der Sporangien frei.
Mit einer einzigen Art:

Prasiolopsis ramosa Vischer 1953 (Fig. 167: e, 168: a)
Syn.: *Pleurococcus vulgaris* Meneghini 1842 sensu Chodat 1909; *Pleurococcus vulgaris* Meneghini 1842 emend. Brand 1925
Brand 1925, p. 338, fig. 54–77; Vischer 1953 a, p. 184, fig. 9, 10; Bourrelly 1966, p. 260, fig. 45: 8–10; Starmach 1972, p. 171, fig. 202.

Mit den Merkmalen der Gattung. Apikale zylindrische Zellen 15–25 µm lang, 7–9 µm breit.
Kultur: ASIB BS 456, SAG 26.83.
An Felsen und Baumrinden, in Europa verbreitet.

3. **Prasiola** Agardh 1821

Syn.: *Schizogonium* Kützing 1843; *Hormidium* Kützing 1845 p. p. sensu auct.; *Gayella* Rosenvinge 1893
Heering 1914, p. 56; Knebel 1935, p. 12; Printz 1927, p. 180; 1964, p. 103; Bourrelly 1966, p. 261; Starmach 1972, p. 173.

Thallus im erwachsenen Zustand faden-, band- oder flächenförmig, an den Rändern oft gewellt, mitunter auch dreidimensionale Körper bildend. Zellen oft in Vierergruppen angeordnet. Junge Thalli fadenförmig, einreihig (*Hormidium*-Stadium), durch Längsteilungen entstehen zweireihige (*Schizogonium*-Stadium) und schließlich durch Teilungen in 2 Richtungen foliose Thalli (*Prasiola*-Stadium). Zellen mit axialem, asteroidem Chloroplast mit einem zentralen Pyrenoid. Vegetative Fortpflanzung durch Thalluszerfall. Asexuelle Fortpflanzung durch Aplanosporen. Sexuelle Fortpflanzung durch Oogamie (Van den Hoek 1978; Bold & Wynne 1985), jedoch bei aerophytischen und terrestrischen Sippen nicht bekannt.
Die Systematik der Arten richtet sich nach dem Standort, nach der Form des Thallus, sowie auch nach Form und Anordnung der Zellen im Thallus. Manche fädige Arten bilden auch im erwachsenen Zustand niemals flächige Thalli aus (Knebel 1935).
Mit 3 aerophytischen Arten.

1a Thalli mittels eines Stieles am Substrat festhaftend 2
1b Thalli ohne Stiel direkt am Substrat festhaftend . . . . **1. P. crispa**
2a Stiel nicht deutlich abgesetzt, Thalli bis 2 cm lang . . . . **2. P. calophylla**
2b Stiel deutlich abgesetzt, kurz, Thalli bis 2 mm lang . . . . **3. P. furfuracea**

1. **Prasiola crispa** (Lightfoot) Meneghini 1838 (Fig. 166: g, 167: a)

Syn.: *Schizogonium crispum* Gay 1891; *Gayella polyrhiza* Rosenvinge 1893
Heering 1914, p. 57, fig. 73–78, 82–85; Knebel 1935, p. 13, fig. 1–10; Printz 1964, p. 104, fig. 23: 1–4; Starmach 1972, p. 174, fig. 204; Broady 1979 a, p. 86, fig. 26 d, e.

Erwachsene Thalli einschichtig, folios, aus jungen einreihigen, fadenförmigen Thalli durch Teilungen in 2 Richtungen entstehend. Zellen meist in ± regelmäßigen Feldern angeordnet, oft in Vierergruppen; Thallus am Substrat ohne Stiel festhaftend. Zellen 3–10 × (9)–13–20 µm groß.
An feuchtschattigen Stellen, auf Erde, Felsen, Mauern, Holz usw., gern an stickstoffgedüngten Substraten (Vogelfelsen und Nistplätze, vom Hundeurin gedüngte Stammbasen von Alleen- und Straßenbäumen und dergl.). Kosmopolitisch. Von den South Orkney Islands als eigene *Prasiola crispa*-Assoziation beschrieben (Smith 1972).
Die Art ist sehr veränderlich, es sind zahlreiche Formen, Rassen u. ä. beschrieben worden. Knebel (1935) unterscheidet zwei geographisch streng getrennte Unterarten (subsp. *eucrispa* und subsp.

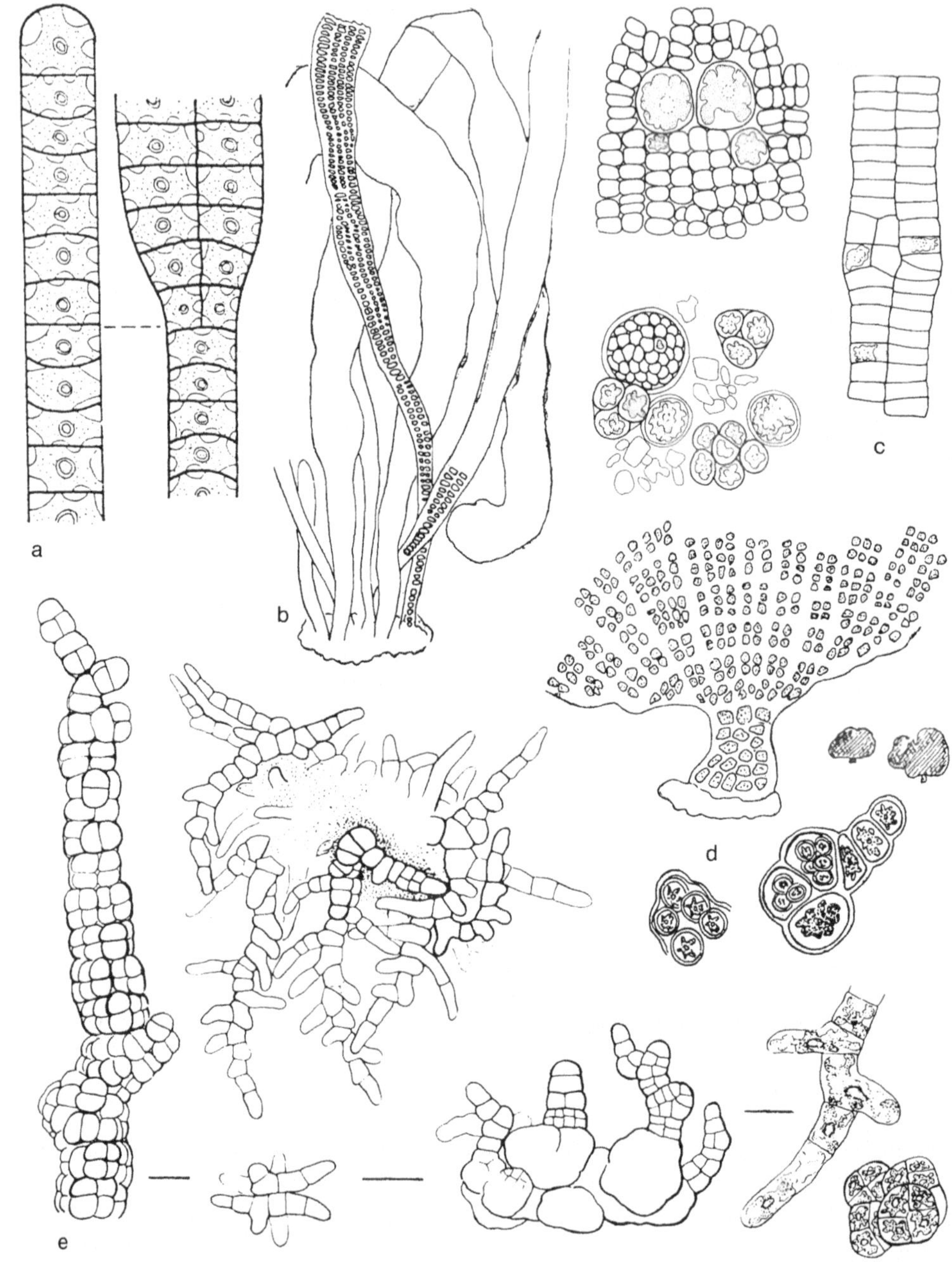

Fig. 167. *a Prasiola crispa; b, c P. calophylla; d P. furfuracea; e Prasiolopsis ramosa* (*a* nach Broady, *b, d* aus Starmach, *c* nach R. I. L. Smith, *e* nach Vischer).

antarctica). Zum weiteren Verständnis des Formenreichtums dieser weltweit verbreiteten Grünalge sei auf die Monographie von Knebel (1935) verwiesen.

2. Prasiola calophylla (Carmichel) Meneghini 1838 (Fig. 167: b, c)
incl. f. *antarctica* Wille 1924
Heering 1914, p. 59, fig. 87; Knebel 1935, p. 24, fig. 12; Printz 1964, p. 108, fig. 25: 1–3; Starmach 1972, p. 175, fig. 205; Broady 1989, p. 109, fig. 2.

Thallus schmal, manchmal mit unregelmäßig gewellten Rändern und mit gestutztem oder abgerundetem Scheitel. Stiel nicht deutlich abgesetzt. Zellen basal einreihig, weiter nach vorn in mehreren Längsreihen angeordnet. Thalli über 2 cm lang und 1 mm breit; Zellen im basalen Teil 5–13 × 9–11 µm, im apikalen Teil 5–6 × 8–10 µm groß.
Aerophytisch an Steinen und feuchten Stellen, meist in Meeresnähe, rasenbildend.

3. Prasiola furfuracea (Mertens) Meneghini 1838 (Fig. 167: d)
Syn.: *Prasiola leprosa* Kützing 1845
Heering 1914, p. 59, fig. 86; Knebel 1935, p. 30, fig. 15; Printz 1964, p. 108, fig. 24: 1, 2; Starmach 1972, p. 177, fig. 206.

Thallus flächig, kurz gedrungen, meist keil-, fächer- oder blasenförmig; am Scheitel in kurze fächerförmige Lappen aufgelöst. Stiel kurz, deutlich abgesetzt, manchmal fehlend und dann Thallus mit einem aus den Zellen der untersten Reihe gebildeten Haftorgan festsitzend. Zellen häufig in quadratischen Feldern angeordnet. Thalli bis 2 mm lang und ebenso breit; Zellen 14–16 × 4–6 µm groß.
Aerophytisch an schattigen feuchten Orten, auf Steinen und Holz, ausgeprägt ozeanisches Klima bevorzugend.

5. Ordnung Chaetophorales Printz 1927 sensu Bourrelly 1966

Trichale Organisationsstufe. Zellen zu verzweigten Fäden zusammengeschlossen, die häufig in Haupt- und Nebenfäden differenziert sind und oft aus einem rhizoiden oder pseudoparanchymatischen prostraten System emporsteigen. Zellen einkernig, mit parietalem, oft gelapptem Chloroplast, mit 1 oder mehreren Pyrenoiden. Endzellen der Nebenfäden häufig in lange Haarzellen auslaufend, bei denen dann der Chloroplast reduziert sein kann. Asexuelle Fortpflanzung durch 2 oder 4-geißelige Zoosporen und durch Aplanosporen, sexuelle durch Iso- oder Anisogamie. Dauerzustände in Form von Hypnosporen und Hypnoblasten.
Hazen 1902, Heering 1914, Printz 1927, 1964, Fritsch 1935, Bourrelly 1966; Starmach 1972, Van den Hoek 1978, van den Hoek et al. 1993, Bold & Wynne 1985, Margulis et al. 1990.
Nur die Familie **Chaetophoraceae** Greville 1824 mit 3 Unterfamilien hat terrestrische und aerophytische Vertreter.

1a Thallus abgeflacht in eine ± regelmäßige Scheibe, welche die Zusammensetzung aus verzweigten Fäden erkennen läßt . . . . **2. Ulvelloideae** (S. 524)
1b Fäden deutlich, aufrecht oder kriechend, keine Scheiben bildend 2
2a Fäden an den Enden in mehrzellige Haare auslaufend . . . . **1. Chaetophoroideae** (S. 523)
2b Fäden an den Enden nicht in Haare auslaufend . . . . **3. Leptosiroideae** (S. 526)

1. Chaetophoroideae Greville 1824

Fadensystem meist in kriechende und in aufrechte Fäden differenziert. Fäden verzweigt und einreihig, an den Enden in ein- oder mehrzellige Haare auslaufend. Mit einer einzigen terrestrischen Gattung:

Iwanoffia Pascher 1905

Syn.: *Stigeoclonium* Kützing 1843 p. p. sensu Iwanoff 1899
Printz 1927, p. 191; 1964, p. 172; Bourrelly 1966, p. 272; Starmach 1972, p. 337.

Thallus aus verzweigten Fäden bestehend, die durch Längsteilung der Zellen bisweilen auch mehrschichtig werden. Aus den prostraten Fäden erheben sich Luftsprosse, nach unten werden langzellige, farblose Rhizoide in den Boden hinein entwickelt. Zellen werden nach oben an den Zweigenden schmäler und kürzer und enden mit kurzen einzelligen Haaren. Chloroplast parietal, rinnenförmig, mit einem oder mehreren Pyrenoiden. Asexuelle Fortpflanzung durch zweigeißelige Makrozoosporen, die einzeln in den Zellen gebildet werden, außerdem durch zweigeißelige Mikrozoosporen. Makrozoosporen keimen direkt zu neuen Thalli, wogegen bei Keimung der Mikrozoosporen kurze Fäden entstehen, die meist in Hypnoblasten oder Hypnopalmellen übergehen.
Eine einzige Art:

Iwanoffia terrestris (Iwanoff) Pascher 1905 (Fig. 168: b)
Syn.: *Stigeoclonium terrestre* Iwanoff 1899
Printz 1964, p. 174, fig. 44: 5–12; Starmach 1972, p. 337, fig. 350.

Mit den Merkmalen der Gattung. Zellen 7 µm breit, 2–4 mal länger als breit, Makrozoosporen 8–11 × 6,5–8 µm, Mikrozoosporen 6–7 × 3–4 µm groß.
Auf feuchter Erde in Europa, aus Rußland beschrieben.
Unterscheidet sich von *Stigeoclonium* vor allem durch die zweigeißeligen Makrozoosporen.

2. **Ulvelloideae** Bourrelly 1966

Fäden zu ein- oder mehrschichtigen pseudoparenchymatischen Thalli zusammengeschlossen, wobei die Zusammensetzung aus verzweigten Fäden erkennbar ist. Mit einer Gattung, die aerophytische oder terrestrische Arten führt.

Protoderma Kützing 1843

Syn.: *Pleurastrum* Chodat p. p. sensu Groover & Bold 1969
Heering 1914, p. 115; Printz 1927, p. 213; 1964, p. 288; Bourrelly 1966, p. 286; Tupa 1974, p. 29; Starmach 1972, p. 394.

Alge aus einem zentralen Thallus aus pseudoparenchymatischen Zellen in polygonaler Anordnung bestehend, von dem nach allen Seiten Fäden auswachsen. Diese Fäden kurz, verzweigt, einreihig, unregelmäßig angeordnet. Zellen mit einem parietalen rinnenförmigen Chloroplast, mit einem Pyrenoid. Asexuelle Fortpflanzung durch zweigeißelige Zoosporen, vegetativ durch Fragmentation des Thallus. Auch Aplanosporen und Hypnopalmellen beobachtet. Sexuelle Fortpflanzung nicht gesichert.
Mit 2 aerophytischen oder terrestrischen Arten.

1a Thallus nicht aus sarcinoiden Zellpaketen zusammengesetzt, Zellwand dick und geschichtet . . . . **1. P. cohaerens**
1b Thallus deutlich aus sarcinoiden Zellpaketen zusammengesetzt, Zellwand zart . . . . **2. P. sarcinoideum**

1. **Protoderma cohaerens** (Wittrock) Printz 1964 (Fig. 168: c)
Syn.: *Pleurococcus vulgaris* f. *cohaerens* Wittrock 1883; *Protoderma brownii* Fritsch 1912
Printz 1964, p. 292, fig. 90: 11, 12; Starmach 1972, p. 397, fig. 413.

Thallus aus einer oder mehreren Zellschichten mit unregelmäßigem Rand bestehend. Zellen vielkantig bis abgerundet, isodiametrisch. Zellwand dick, gallertig und geschichtet. Chloroplast

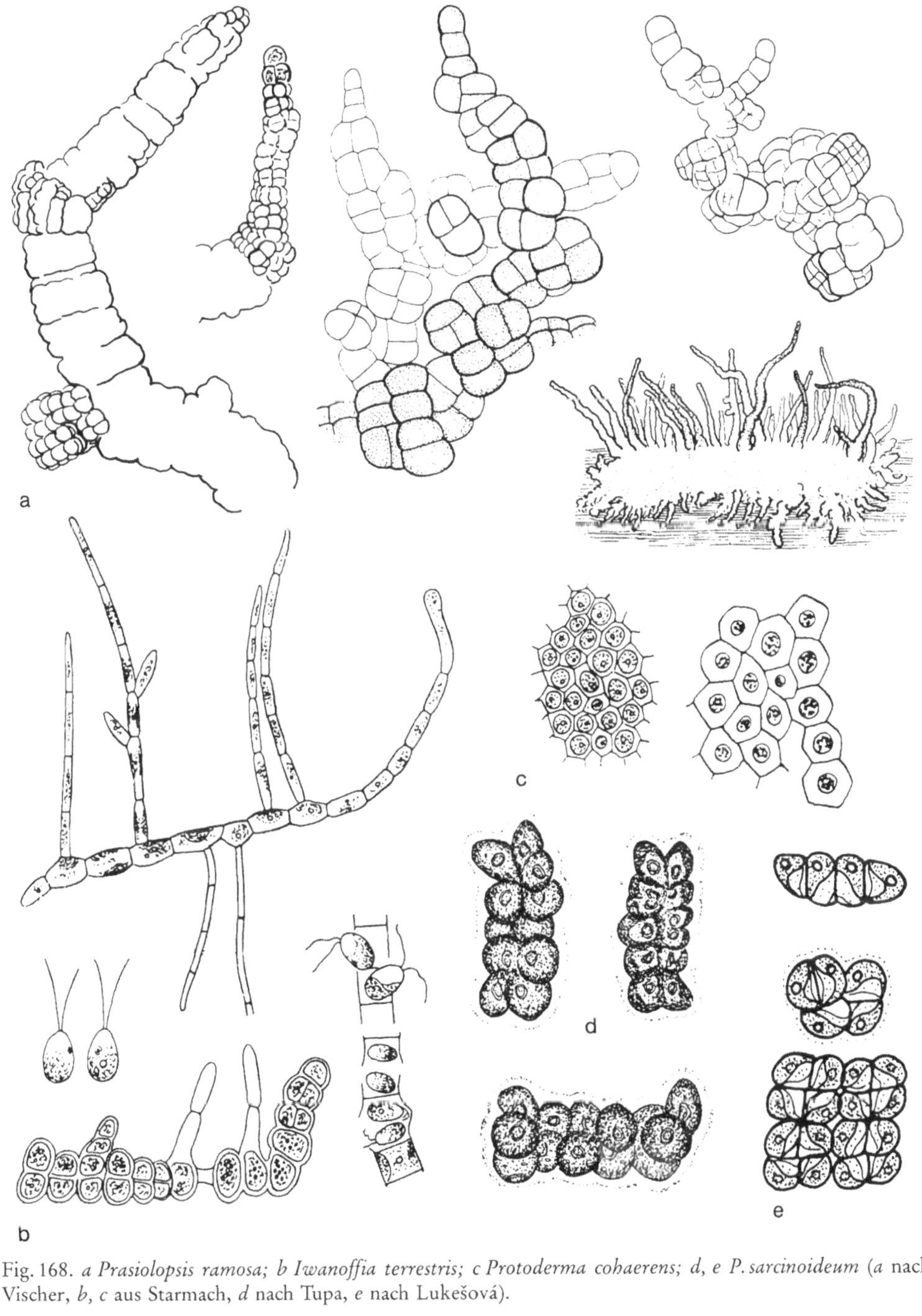

Fig. 168. *a Prasiolopsis ramosa; b Iwanoffia terrestris; c Protoderma cohaerens; d, e P. sarcinoideum* (*a* nach Vischer, *b*, *c* aus Starmach, *d* nach Tupa, *e* nach Lukešová).

mulden- bis schüsselförmig, mit einem Pyrenoid. Zellen 5–12 µm groß.
An *Prasiola crispa* und an Felsen, sowohl in arktischen als auch antarktischen Gegenden.

2. Protoderma sarcinoideum (Groover & Bold) Tupa 1974 (Fig. 168: d, e)
Syn.: *Pleurastrum sarcinoideum* Groover & Bold 1969
Groover & Bold 1969, p. 51, fig. 150–158; Tupa 1974, p. 155, fig. 1–7.

Bildet kurze einreihige oder mehrreihige Fäden, häufig pseudoparenchymatische Thalli, die aus sarcinoiden Paketen zusammengesetzt sind und rudimentäre Nebenfäden zeigen. Einzelne Zellen kugelig oder subsphärisch, in den Thalli mehr zylindrisch; von einer ± deutlichen Gallerthülle umgeben. Chloroplast parietal, massiv; mit einem Pyrenoid. Zellen 4–9 µm ∅ oder 5–15 µm lang und 5,5–8,5 µm breit; Zoosporen 6–8 × 3–4 µm groß.
Kultur: UTEX 1710.
Aus Erdboden des Bastrop State Park, Texas (USA) isoliert.

3. **Leptosiroideae** Bourrelly 1966

Verzweigte Fadenalgen, bei denen die Fäden an den Enden keine Haare bilden, sondern die Endzellen sind von den anderen nicht unterschieden, mit Ausnahme einer Abrundung oder kegelartigen Zuspitzung an den freien Enden. Manche Gattungen (*Apatococcus, Diplosphaera*) bilden paketartige Zellgruppen, die jedoch in Kultur kurze verzweigte Fäden bilden.

1a Chloroplast ohne Pyrenoid 2
1b Chloroplast mit Pyrenoid 8
2a Zellen zu kubischen Paketen mit kurzen Fäden angeordnet 3
2b Zellen zu verzweigten Fäden ohne kubische Zellpakete angeordnet 5
3a Chloroplast parietal gefaltet, zweigelappt oder muldenförmig . . . . . . 1. **Apatococcus** (S. 527)
3b Chloroplast parietal rinnenförmig 4
4a Thallus im Zentralteil pseudoparenchymatisch oder mehrreihig . . . . 2. **Jaagiella** (S. 529)
4b Thallus im Zentralteil einreihig . . . . 3. **Cedercreutziella** (S. 529)
5a Fäden nicht in ein prostrates und erektes System differenziert 6
5b Fäden in ein prostrates und erektes System differenziert 7
6a Mit einer Scheide, worin die Zellen getrennt liegen . . . . 4. **Diaphragma** (S. 529)
6b Ohne Scheide, Aplanosporangien glatt . . . . 5. **Coccobotrys** (S. 532)
7a Mehrere diskoide Chloroplasten in den Zellen . . . . 6. **Rhizothallus** (S. 532)
7b Nur ein Chloroplast in den Zellen Thallus krustenartig . . . . 7. **Zoddea** (S. 533)
8a Thallus polsterförmig, Sporangien groß und sackförmig . . . . 8. **Leptosira** (S. 533)
8b Thallus anders (Pakete oder Fäden) 9
9a Zellen zu kubischen Paketen mit kurzen Fäden angeordnet 10
9b Zellen zu verzweigten Fäden angeordnet 11
10a Aplanosporangien glatt . . . . 9. **Diplosphaera** (S. 538)
10b Aplanosporangien *Trochiscia*-artig bestachelt . . . . 10. **Desmococcus** (S. 540)
11a Thallus nur aus kriechenden Fäden bestehend 12
11b Thallus in kriechende Fäden (Sohle) und in aufrechte Fäden (Luftsprosse) differenziert . . . 14
12a Fäden mit einer weiten Gallertscheide . . . . 11. **Hazenia** (S. 543)
12b Fäden ohne Gallertscheide 13
13a Fäden wenig zellig, Seitenäste einzellig, Zoosporen zweigeißelig . . . . 12. **Rhexinema** (S. 543)
13b Fäden mehrzellig, Seitenäste ein- zweizellig, Zoosporen viergeißelig . 13. **Dilabifilum** (S. 545)
14a Chloroplast spongiomorph, Pyrenoid schwer sichtbar, Zoosporen unbekannt . . . . 14. **Spongioplastidium** (S. 547)
14b Chloroplast rinnenförmig, einheitlich, Pyrenoide sehr deutlich, Zoosporen bekannt 15
15a Seitenzweige reduziert auf wenige Zellen, leicht in Einzelzellen oder Zellpakete zerfallend . . . . 15. **Pseudopleurococcus** (S. 547)

15b Seitenzweige mehrzellig, nicht in Einzelzellen oder Zellpakete zerfallend **16**
16a Thallus mit unterirdischen Rhizoidzellen . . . . **18. Fritschiella** (S. 551)
16b Thallus ohne Rhizoidzellen **17**
17a Fäden immer einreihig, Zellen deutlich tonnenförmig . . . . **16. Tumulofilum** (S. 549)
17b Fäden auch mehrreihig, Zellen kurz oder lang zylindrisch . . . . **17. Nayalia** (S. 550)

1. Apatococcus Brand 1925 em. Geitler 1942

Syn.: *Pleurococcus* p. p. sensu auct.; *Protococcus* p. p. sensu auct.; *Pleurastrum* p. p. sensu Printz 1921

Brand 1925, p. 348; Geitler 1942b, p. 9; Vischer 1960, p. 337; Printz 1964, p. 280; Bourrelly 1966, p. 291; Starmach 1972, p. 405.

Zellen abgerundet bis kugelig oder etwas kantig abgeplattet, durch Teilungen in 2 bis 3 aufeinander senkrechten Richtungen entstehen ± unregelmäßige Zellpakete bis mehrschichtige pseudoparenchymatische Zellaggregate. Vereinzelt sind auch Ansätze zu kurzer Fadenbildung zu beobachten. Zellwand mit glatter bis rauher Oberfläche, im Alter etwas verdickt. Chloroplast in jungen Zellen parietal, in älteren Zellen teilweise von der Zellwand abgehoben, an der Oberfläche gefaltet und median eingeschnürt bis zweilappig oder zweigeteilt; ohne Pyrenoid. Asexuelle Fortpflanzung durch zweigeißelige Zoosporen oder durch Aplanosporen. Hypnoblasten mit dicker geschichteter Wand.

Mit 2 Arten.

1a Zellen in ± kubischen Zellpaketen, ohne Gallerthülle, Chloroplast zweilappig . . **1. A. lobatus**
1b Zellen zu unregelmäßigen Zellaggregaten vereinigt, mit Gallerthülle, Chloroplast einheitlich . . . . **2. A. constipatus**

1. Apatococcus lobatus (Chodat) J. B. Petersen 1928 (Fig. 169: a)

Syn.: *Pleurococcus lobatus* Chodat 1902; *Pleurastrum lobatum* Printz 1921; *Apatococcus vulgaris* Brand 1925

Geitler 1942b, p. 9., fig. 6, 7; Vischer 1960, p. 337, fig. 5; Printz 1964, p. 281, fig. 87: 5–18; Gärtner & Ingolić 1989, p. 135, fig. 1.

Zellen in ± kubischen Zellpaketen wachsend, Zellwand bisweilen verdickt. Chloroplast parietal, etwas von der Zellwand abgehoben, zweiteilig. Zellkern von auffälligen Körnchen umgeben. Zoosporen ohne Stigma. Zellen 8–15(–20) µm groß; Zoosporen 6–7,5 µm lang, 2–3 µm breit.
Kultur: ASIB G 177, S 183, V 216; SAG 34.83.
Eine der häufigsten aerophytischen Algen. An Bäumen, Holz, Mauern, Gestein; kosmopolitisch. Auch als Bodenalge beschrieben.
Das Vorkommen als Flechtenalge ist noch nicht gesichert. Die von Brand (1925) beschriebene f. *minor* mit etwa 10 µm großen Zellen liegt innerhalb der Variabilität der Art.

2. Apatococcus constipatus (Printz) Printz 1964 (Fig. 169: b)

Syn.: *Pleurastrum constipatum* Printz 1921
Printz 1921, p. 18, fig. 124–155; 1964, p. 282, fig. 85: 1–9; Starmach 1972, p. 407, fig. 418.

Zellen zu unregelmäßigen, pseudoparenchymatischen Zellaggregaten vereinigt, die von einer gemeinsamen Gallerthülle umgeben sind. Chloroplast einteilig, muldenförmig. Fortpflanzung durch Thalluszerfall und durch Hypnoblasten. Angeblich auch durch sehr kleine Zoosporen ohne Geißeln (Aplanosporen?). Zellen 3,5–9 (meist 6–8) µm ∅; Zoosporen 1,5–1,8 µm lang.
Als staubartiger Anflug bis jetzt nur in Südafrika an Bäumen gefunden.

Unsichere Arten:
Apatococcus perspicuus Edlich 1936, p. 72, fig. 2–4. – Es fehlt eine eindeutige Beschreibung und klare Abbildung. Wahrscheinlich handelt es sich um eine Ökomorphe von *A. lobatus*.
Apatococcus minor Edlich 1936, p. 72, fig. 1. – Hier gilt dasselbe wie bei der vorigen Art.

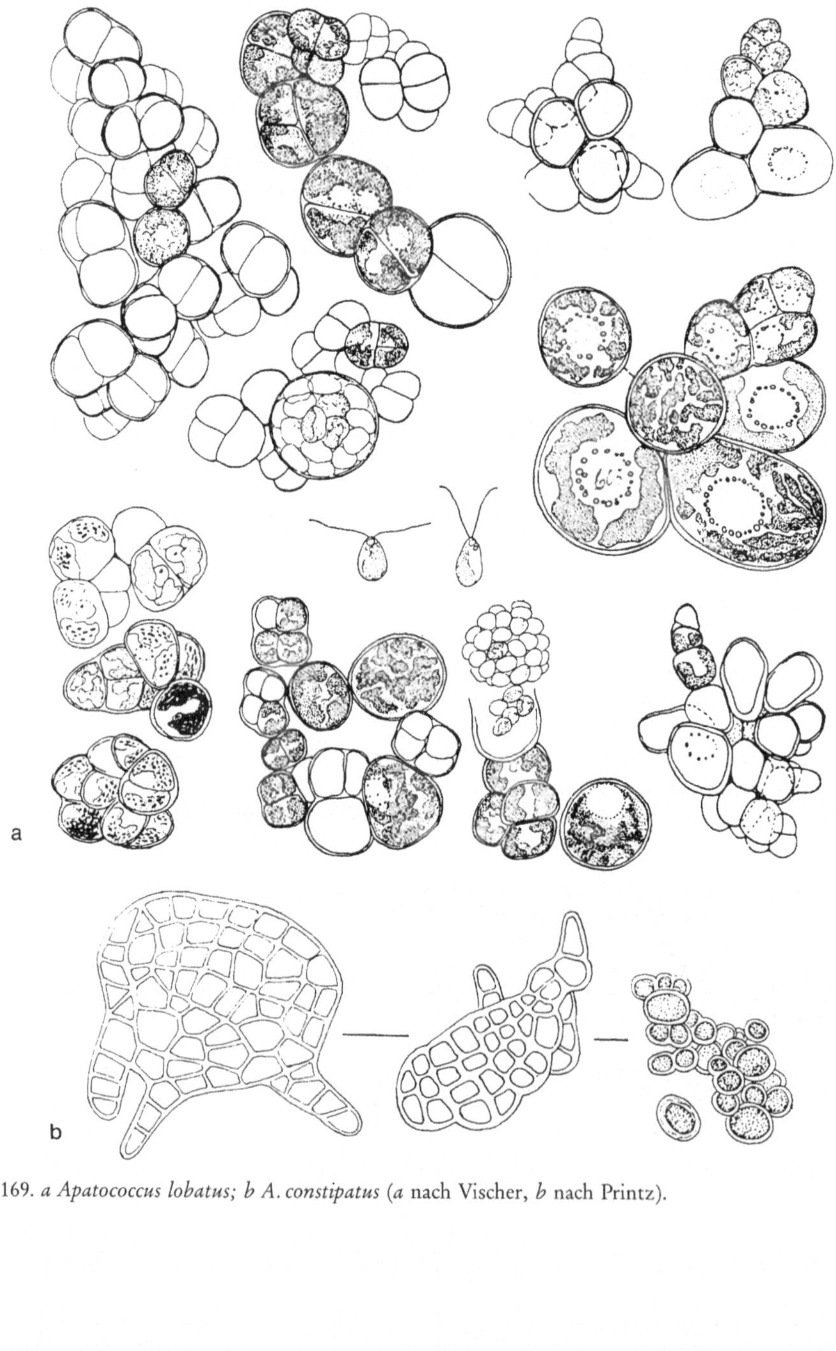

Fig. 169. *a Apatococcus lobatus; b A. constipatus* (*a* nach Vischer, *b* nach Printz).

2. **Jaagiella** Vischer 1960

Vischer 1960, p. 346; Bourrelly 1966, p. 296; Starmach 1972, p. 413; Hernandez-Mariné & Revilla-Estrach 1989, p. 61.

Auf Agar werden zuerst verzweigte Fäden gebildet, die später zu dichtfilzigen Rasen bis fast pseudoparenchymatischen Lagern verwachsen. Diese sind von festen äußeren Wandschichten umgeben. Auch kurze, aus Zellpaketen zusammengesetzte Luftsprosse werden entwickelt. Zellen abgerundet bis sarcinoid paketartig zusammengedrängt; Endzellen der Fäden verlängert und stumpf abgerundet. Chloroplast parietal, etwas gelappt; ohne Pyrenoid. Stärke erst in kränkelnden Zellen nachweisbar, in gesunden Kulturen anscheinend dextrinähnliches Assimilat gebildet. Fortpflanzung nur durch Aplanosporen sowie durch Hypnoblasten, die an der Oberfläche der Thalli abgeschieden werden.
Mit einer einzigen Art:

Jaagiella alpicola Vischer 1960 (Fig. 170: a)
Vischer 1960, p. 346, fig. 10, 11; Bourrelly 1966, p. 296, fig. 55: 3–5; Starmach 1972, p. 413, fig. 423; Hernandez-Mariné & Revilla-Estrach 1989, p. 61, fig. 1–5.

Mit den Merkmalen der Gattung. Fadenzellen 8 × 10 µm groß.
Alpiner Rasenboden (2440 m ü. M.), Ofenpass (Schweiz); Erdboden von Cap Norfeu (Spanien).
Nach Hernandez-Mariné & Revilla-Estrach (1989) gehört diese Gattung zu den Pleurastrophyceae (Ulvophyceae).

3. **Cedercreutziella** Vischer 1960

Vischer 1960, p. 341; Bourrelly 1966, p. 294; Starmach 1972, p. 412.

Bildet auf Agar verzweigte Fäden, die ins Substrat stärker verlängert hineinwachsen, nach oben isodiametrische Zellen abschnüren. Chloroplast parietal, ohne Pyrenoid. In älteren Kulturen scheiden die Zellen am apikalen Ende durch Verschleimen Hypnoblasten ab, die zu neuen Fäden auswachsen. Vegetative Zellen bilden 2–4 Aplanosporen. Zoosporen unbekannt.
Mit einer einzigen Art:

Cedercreutziella savoniensis Vischer 1960 (Fig. 170: b)
Vischer 1960, p. 341, fig. 8, 9; Starmach 1972, p. 412, fig. 422.

Mit den Merkmalen der Gattung. Zellen 10–12 µm ∅, Fadenzellen bis 10 µm lang und 5 µm breit.
Als grüner Belag an feuchten Mauern des Schlosses Savonlinna (Finnland) gefunden.

4. **Diaphragma** Geitler 1942

Geitler 1942b, p. 28; Printz 1964, p. 272; Bourrelly 1966, p. 308; Starmach 1972, p. 473.

Thallus mikroskopisch, aus flächig am Substrat wachsenden, radial ausgebreiteten verzweigten, einreihigen Fäden mit Spitzenwachstum bestehend. Zellen abgerundet zylindrisch, meist sehr lang; mit dünner Zellwand. Die zylindrisch abgerundeten Protoplasten sind durch eigenartige lange Zellwandstücke, die den Querwänden entsprechen, voneinander getrennt. Protoplasten selbst mit dünnen Zellwänden umgeben. Chloroplast parietal, bandförmig bis etwas unregelmäßig gestaltet; ohne Pyrenoid. Zoosporen zweigeißelig, zu 4–8 in Zellen des inneren Thallusabschnittes entstehend.
Mit einer einzigen Art:

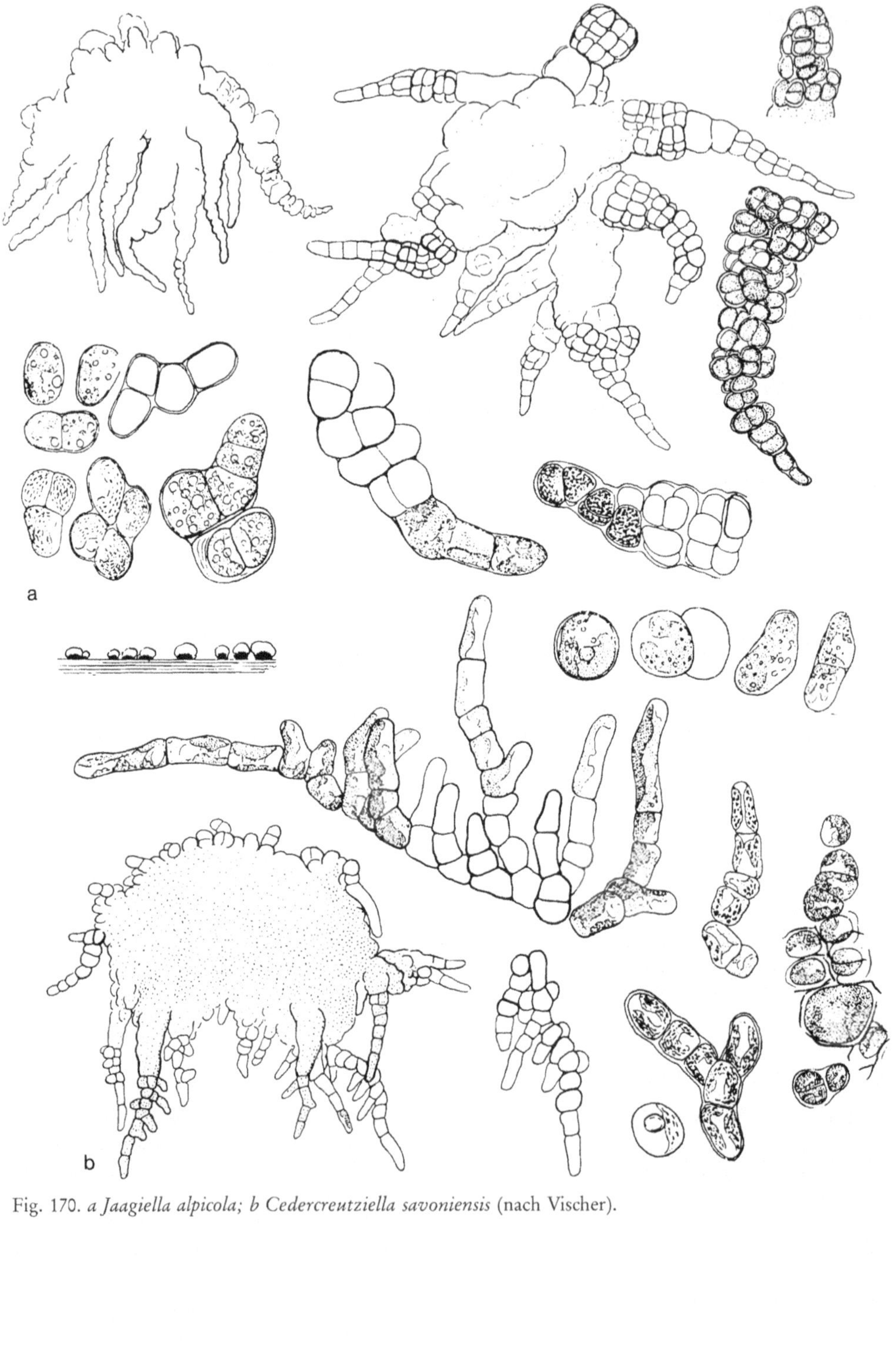

Fig. 170. *a Jaagiella alpicola; b Cedercreutziella savoniensis* (nach Vischer).

Diaphragma radiosum Geitler 1942 (Fig. 171: a)
Geitler 1942b, p. 28, fig. 12, 13; Printz 1964, p. 272, fig. 82: 9, 10; 83: 1–3; Starmach 1972, p. 473, fig. 487.

Mit den Merkmalen der Gattung. Vegetative Zellen und Zellfäden (3,5)–4–6 µm, in älteren Thallusteilen bis 8 µm breit; Endzellen der erwachsenen Fäden bis 48 µm lang; Zoosporen 4–5 × 2,5–3,5 µm groß.
Zwischen Moosprotonemata auf Erde eines Weges im Schönbrunner Schloßpark, Wien (Österreich).

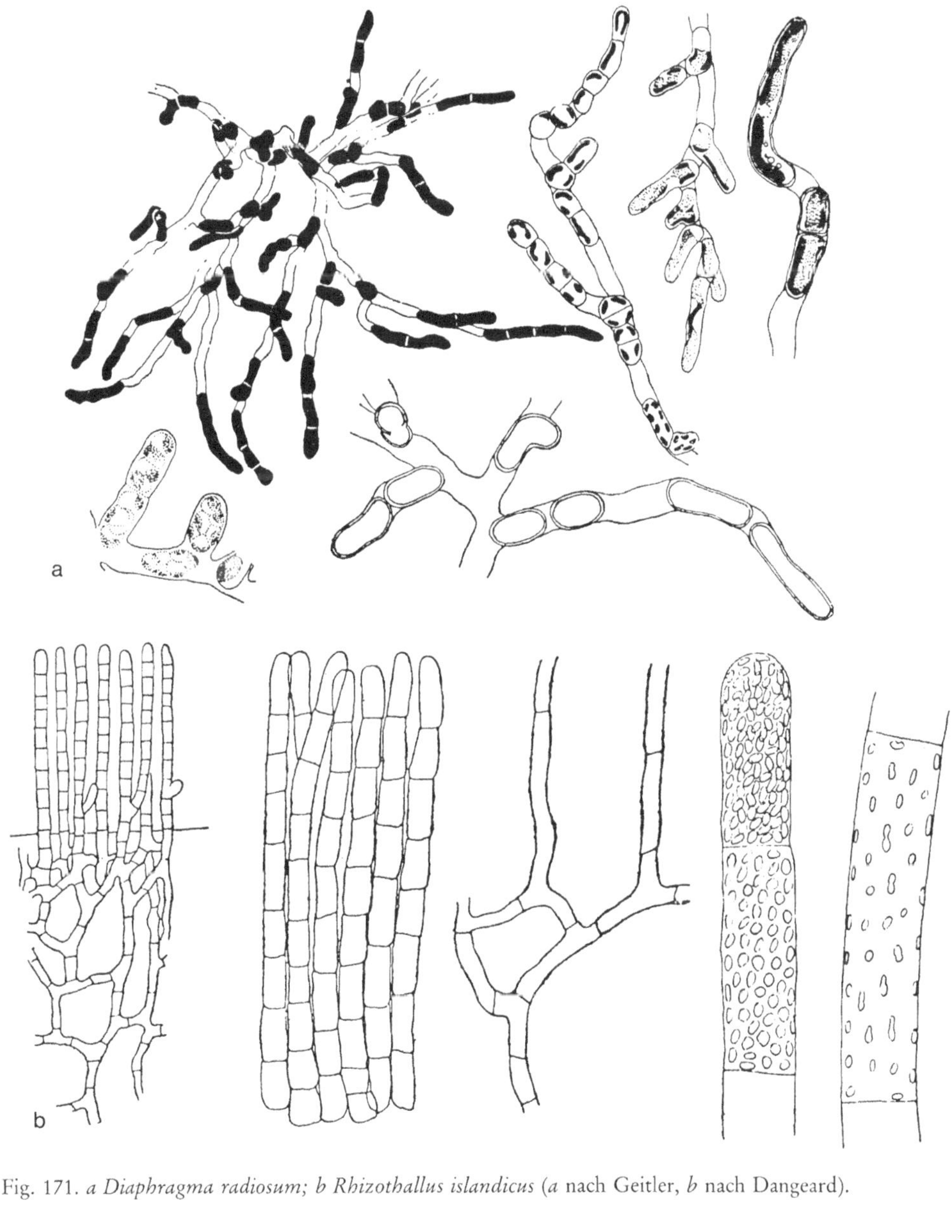

Fig. 171. *a Diaphragma radiosum; b Rhizothallus islandicus* (*a* nach Geitler, *b* nach Dangeard).

5. **Coccobotrys** R. Chodat 1913 em. Vischer 1960

Chodat 1913, p. 218; Waren 1920, p. 64; Vischer 1960, p. 340; Bourrelly 1966, p. 292; Starmach 1979, p. 409.

Thallus im Wuchs ähnlich *Desmococcus,* Zellen zu kurzen, verzweigten Fäden angeordnet; Einzelzellen kugelig bis abgerundet, häufig auch in mehr oder weniger kubischen Paketen. Chloroplast parietal, ohne Pyrenoid; Stärke in Körnchen in älteren Zellen nachweisbar. Zoo- und Aplanosporangien kaum vergrößert, Sporangienwand glatt, unskulpturiert (Gegensatz zu *Desmococcus*!). Mit 3 Arten (2 davon Phykobionten), die zum Teil ungenügend bekannt und hier nicht aufgeschlüsselt sind.

Coccobotrys verrucariae R. Chodat 1913 em. Vischer 1960 (Fig. 177 a)

Chodat 1913, p. 218, fig. 184–190; Vischer 1960, p. 340, fig. 7; Bourrelly 1966, p. 292, fig. 54: 6–8; Starmach 1972, p. 411, fig. 419.

Mit den Merkmalen der Gattung.
Kultur: ASIB BS 175.
Ursprünglich aus der Flechte *Verrucaria nigrescens* beschrieben, später noch einmal als Bodenalge gefunden.
Broady & Ingerfeld (1993) isolierten eine Art, deren Zellen Gallerthüllen aufweisen (*C. mucosus,* Fig. 176 A–a).
Kultur: SAG 24.92, CCAP 408/1.
Aus Boden der Antarktis.
Von Warén wurde eine weitere Art, *C. lecideae*, aus *Lecidea fuliginea* (= *Saccomorpha uliginosa*) isoliert (Finnland). Aus der Beschreibung und Abbildung geht nicht klar hervor, wodurch sich dieses Isolat von *C. verrucariae* unterscheidet, beziehungsweise ob es sich überhaupt um die Gattung *Coccobotrys* handelt.

6. **Rhizothallus** Dangeard 1931

Dangeard 1931, p. 91; Printz 1939, p. 191; Bourrelly 1966, p. 314; Starmach 1972, p. 481.

Büschelförmige, rasige Thalli bis 1 mm Höhe aus parallel aufrecht stehenden einreihigen Zellfäden von gleicher Höhe und aus zylindrischen Zellen gebildet; diese Fäden einfach oder selten etwas verzweigt. Sie entspringen aus einem unterirdischen Geflecht farbloser oder rötlicher Rhizoiden und bilden unter der Erde einreihige Zellfäden mit reduzierter Chloroplastenzahl und reichlich Karotin. In den aufrechten Fäden über der Erdoberfläche sind die Zellen einkernig, mit zahlreichen Chloroplasten ohne Pyrenoide. Stärke bisher nicht nachgewiesen. Weitere Details unbekannt.
Unvollständig beschrieben und nicht sicher, ob wirklich in die Nähe der Trentepohliaceae gehörend, wie von Dangeard angenommen wird. Auch die Einreihung zu den Leptosiroideae ist provisorisch.
Mit einer einzigen Art:

Rhizothallus islandicus Dangeard 1931 (Fig. 171: b)

Dangeard 1931, p. 91, fig. 1–2; Printz 1939, p. 191; Bourrelly 1966, p. 314; Starmach 1972, p. 481, fig. 495.

Mit den Merkmalen der Gattung. Zellen 7–10 µm breit, 2–3 mal länger als breit.
Auf Lehmboden in der Nähe heißer Quellen (Island).

7. **Zoddaea** Borzi 1906

Printz 1927, p. 207; 1964, p. 268; Bourrelly 1966, p. 300; Starmach 1972, p. 432.

Thallus ein keulenförmiges Lager aus dicht und einseitig verzweigten Fäden. Primäre Fäden niederliegend bis aufgerichtet, mit kurzen kugeligen oder ellipsoidischen Zellen, die ± fest verbunden sind. Die äußeren Fäden offen-aufgerichtet, mit dünneren, ellipsoidisch-zylindrischen Gliedern. In jeder Zelle ein scheibenförmiger Chloroplast; ohne Pyrenoid. Aus älteren Fadenzellen entstehen Zoosporangien mit 1–4 zweigeißeligen Zoosporen, die durch eine laterale Öffnung in den Sporangien entlassen werden.
Unsicherer Organismus, von dem bis jetzt keine Abbildung vorliegt.
Mit einer einzigen Art:

Zoddaea viridis Borzi 1906
Mit den Merkmalen der Gattung. Ohne Angaben der Ausmaße.
Auf feuchten vulkanischen Felsen der Insel Linosa (Italien).

8. **Leptosira** Borzi 1883

Syn.: *Pleurastrum* Chodat sensu Tupa 1974 p. p.; *Gongrosira* Kutzing sensu Bristol 1920 p. p.
Heering 1914, p. 106; Printz 1927, p. 206; 1964, p. 260; Vischer 1933, p. 83; Bourrelly 1966, p. 298; 1988, p. 133; Starmach 1972, p. 425.

Thallus aus Büscheln verzweigter, einreihiger Fäden bestehend, die aus mehreren oder vielen tonnenförmigen bis abgerundeten, oft unregelmäßigen Zellen zusammengesetzt sind. Seitenäste gut entwickelt, mehrzellig. Chloroplast parietal, schüssel- oder muldenförmig, die Zellen fast oder zumindest der Länge nach auskleidend; mit 1–3 Pyrenoiden. Zoosporen zahlreich (bis 128), meist in einer gemeinsamen Gallertblase aus den stark vergrößerten Zoosporangien austretend. Auch Aplanosporenbildung und Isogameten sind bekannt.
Die Arten sind nur durch genaue Kulturstudien zu unterscheiden, auch dann schwer aufzuschlüsseln.
Mit 6 aerophytischen oder terrestrischen Arten. Auch Phykobionten.

1a Thallus in kriechende und aufrechte Fäden differenziert, Chloroplast einfach rinnenförmig .... **1. L. terricola**
1b Thallus nicht in kriechende und aufrechte Fäden differenziert, Chloroplast gelappt, perforiert bis netzförmig 2
2a Phykobionten von Flechten 3
2b Freilebende Arten 4
3a Chloroplast rinnenförmig, deutlich gelappt, mit gut sichtbarem Pyrenoid, Zoosporen mit 1 pulsierenden Vakuole .... **2. L. thrombii**
3b Chloroplast schüsselförmig, mit gelapptem Rand, Pyrenoid schwer sichtbar, Zoosporen mit 2 pulsierenden Vakuolen .... **3. L. obovata**
4a Chloroplast nur gelappt .... **4. L. erumpens**
4b Chloroplast mit Rissen und Spalten, fast netzförmig 5
5a Fäden deutlich, Zellwand zart, Protoplast mit großer Saftvakuole .... **5. L. polychloris**
5b Fäden mehr klumpig als Zellhaufen, Zellwand dick, ohne Saftvakuole .... **6. L. vischeri**

1. **Leptosira terricola** (Bristol) Printz 1964 (Fig. 172: a–c)

Syn.: *Gongrosira terricola* Bristol 1920; *Gongrosira australis* Phillipson 1935
Bristol 1920, p. 77, fig. 2 A–I; Phillipson 1935, p. 279, fig. 26; James 1935, p. 532, fig. 5; Lund 1947 a, p. 49, fig. 3; Printz 1964, p. 264, fig. 74: 4–6; 75: 1–3; Starmach 1972, p. 427, fig. 440; Broady 1979 a, p. 89, fig. 26 n–t.

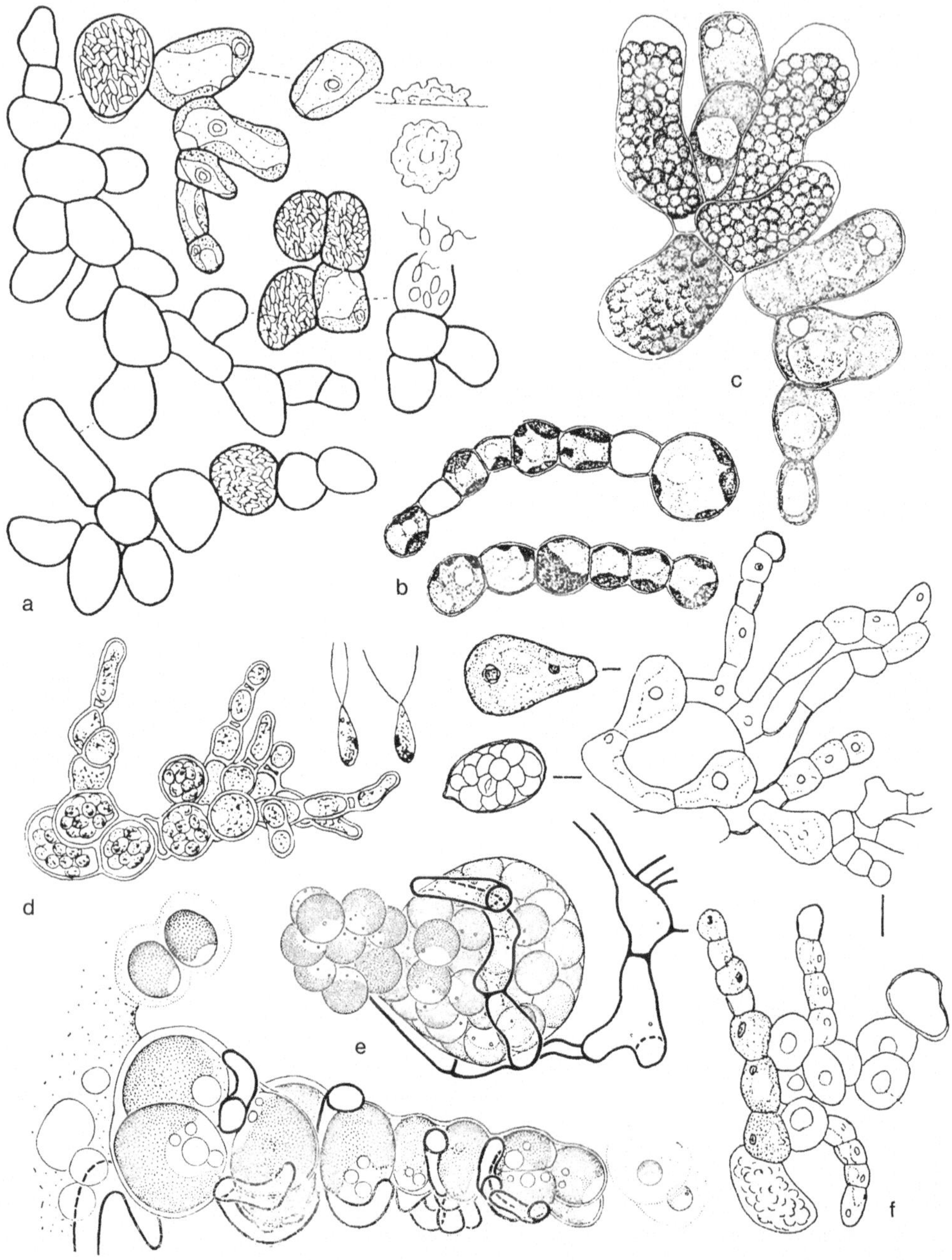

Fig. 172. *a–c Leptosira terricola; d, e L. thrombii; e* Alge mit Hyphen des Pilzpartners; *f L. terrestris* (*a* nach Broady, *b* nach Lund, *c* nach Phillipson, *d* aus Starmach, *e* nach Schiman, *f* nach Fritsch & John).

Thallus mit pseudoparenchymatischer Sohle aus reich verzweigten, kriechenden Fäden. Letztere von fast kugeligen, angeschwollenen oder unregelmäßigen Zellen gebildet. Daraus entspringen büschelig verzweigte kurze Fäden, aus mehr zylindrischen bis tonnenförmigen Zellen, die gegen das Fadenende schmäler werden. Endzelle stumpf abgerundet. Chloroplast parietal rinnen- oder bandförmig; mit 1–2 Pyrenoiden, selten ohne (?). Zoosporangien in den prostraten wie aufrechten Fäden, kugelig bis eiförmig, sehr groß. Aus einer Öffnung des Sporangiums werden zahlreiche Zoosporen entlassen. Auch kugelige Aplanosporen bekannt. Kugelige Zellen 15–22 µm ∅, Fadenzellen 6–15 µm breit, 10–18(–21) µm lang; Zoosporangien 14–18 breit, Zoosporen 11–12 × 4–5 µm groß.

Aus Böden in Europa und Asien bekannt, weiter aus Mineralböden und zwischen Moosen auf Signy Island (Antarktis) und aus Boden in Kanada beschrieben.

Das von Broady (1979a) beschriebene und abgebildete Isolat (als *Gongrosira terricola* bezeichnet) weist das lockere offene Fadensystem einer typischen *Leptosira* auf.

2. **Leptosira thrombii** Tschermak-Woess 1953 (Fig. 172: d, e; 173: a–h)

Tschermak-Woess 1953, p. 215, fig. 1–5; Schiman 1961, p. 1, fig. 1; Printz 1964, p. 262, fig. 80: 3, 4; Starmach 1972, p. 426, fig. 437.

Thallus aus kurzen, reich verzweigten Fäden mit zylindrischen, ellipsoidischen oder kugeligen Zellen. Im palmelloiden Zustand Zellen einzeln oder in Gallertlagern, ellipsoidisch bis kugelig. Chloroplast parietal, unregelmäßig gelappt; mit einem Pyrenoid. Zoosporen in kugeligen oder ellipsoidischen Sporangien mit flachen zapfenartigen Wandfortsätzen gebildet, meist zu 32–64; mit

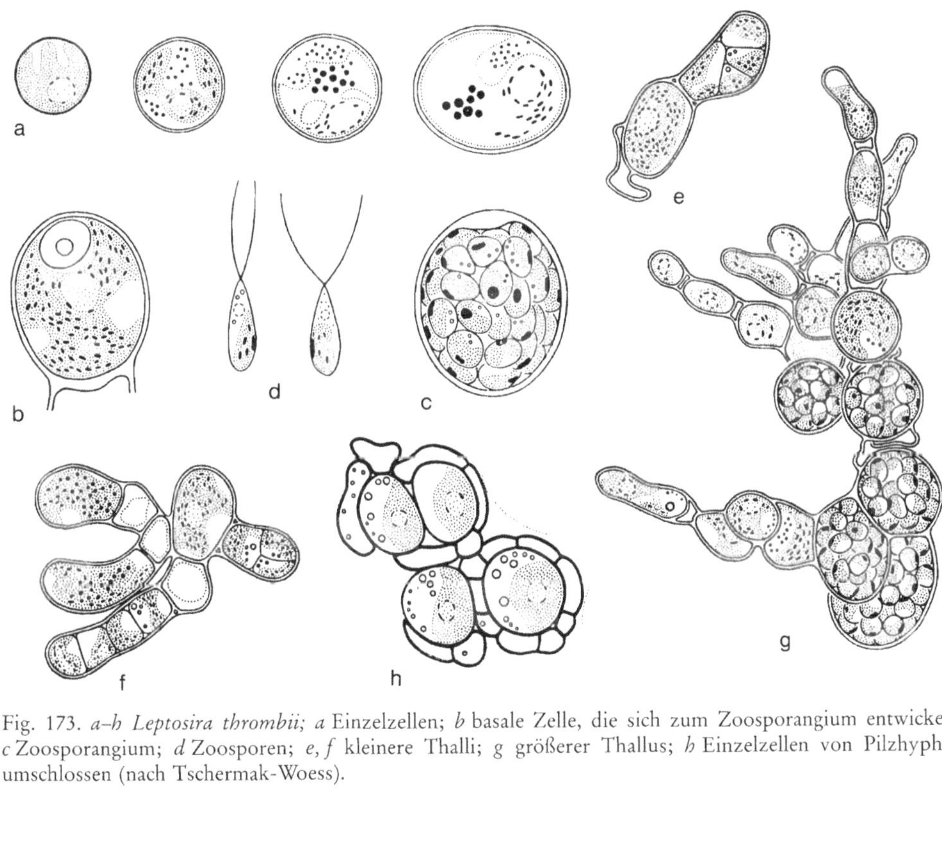

Fig. 173. *a–h Leptosira thrombii; a* Einzelzellen; *b* basale Zelle, die sich zum Zoosporangium entwickelt; *c* Zoosporangium; *d* Zoosporen; *e, f* kleinere Thalli; *g* größerer Thallus; *h* Einzelzellen von Pilzhyphen umschlossen (nach Tschermak-Woess).

nur einer pulsierenden Vakuole. Kugelige Zellen 12–18(–26) µm ∅, zylindrische Fadenzellen 10–20 µm lang, 6–10 µm breit.
Als Phykobiont in der Flechte *Thrombium epigaeum*.

3. Leptosira obovata Vischer 1933 (Fig. 174: a)
Syn.: *Pleurastrum obovatum* (Vischer) Tupa 1974
Vischer 1933, p. 87, fig. 35, 36; Printz 1964, p. 262, fig. 79: 5, 6; 80; 1,2; Tupa 1974, p. 52, fig. 67–81, 248, text-fig. 5.
Bildet rundliche Polster (bis 1 mm ∅) aus kurzzelligen stark verzweigten Fäden. Einzelzellen abgerundet, oft tonnenförmig oder sackartig, fast blasenförmig, vor allem an den Endzellen der Verzweigungen. Chloroplast schüsselförmig, mit gelapptem bis ausgebuchtetem Rand; mit einem Pyrenoid[43]. Zahlreiche große Zoosporangien mit zahlreichen Zoosporen werden gebildet. Aplanosporen kommen auch vor. Zellen 12–15(–30) µm ∅, Zoosporen 8–10 × 2–8 µm groß.
Kultur: UTEX 319; SAG 445–1; ASIB BS 46.
Ursprünglich aus Sumpfwasser bei Basel (Schweiz) isoliert. Dann auch als Phykobiont der Flechte *Vezdaea aestivalis* in Bayern (BRD) gefunden.

4. Leptosira erumpens (Deason & Bold) Lukešová 1991 (Fig. 174: b)
Syn.: *Pleurastrum erumpens* Deason & Bold 1960; *Rhexinema erumpens* (Deason & Bold) Printz 1964
Deason & Bold 1960, p. 39, fig. 64, 65, 115–120; Printz 1964, p. 280; Starmach 1972, p. 471; Lukešová 1991, p. 78, fig. 20–32.

Thallus aus verzweigten Fäden. Zellen zylindrisch bis tonnenförmig oder fast kugelig, mit im Alter etwas verdickter Zellwand. Chloroplast parietal, oft gelappt; mit 1 oder mehreren Pyrenoiden. Zoosporangien auffallend groß, mit zahlreichen (bis 128) Zoosporen. Diese sind schmal spindel- bis kegelförmig, mit 2 pulsierenden Vakuolen in der Mitte. Aplanosporen bekannt. Kugelige Zellen 20–30 µm ∅, lang zylindrische Zellen bis 48(–54) µm lang und bis 10 µm breit; Zoosporen 9,5 × 3,7 µm groß.
Kultur: UTEX 979.
Aus Bodenproben isoliert, unter *Quercus robur*, Texas (USA). Auch aus Wiesen-, Acker- und Waldböden bekannt (Kanada, Tschechoslowakei, Spitzbergen).

5. Leptosira polychloris Reisigl 1964 (Fig. 175: a)
Reisigl 1964, p. 481, fig. 35, 36.

Bildet lockere Zellhaufen aus abgerundeten bis keulen- oder blasenförmigen Einzelzellen, die ± deutliche Verzweigungen ausbilden. Einzelne Zellen mit parietalem, topfförmigem, gelegentlich in Einzelteile aufgelöstem Chloroplast, dieser an den Rändern oft gelappt bis rissig oder mit Löchern versehen, Pyrenoid nur schwer erkennbar. Fortpflanzung durch zahlreiche Zoosporen und durch Aplanosporen. Zellen 23–28 µm lang, 12–15 µm breit, Zoosporen 5–7 × 2–3,5 µm groß.
Aus alpinen Böden, Ötztaler Alpen, Tirol (Österreich).

6. Leptosira vischeri Reisigl 1964 (Fig. 174: c)
Reisigl 1964, p. 485, fig. 37, 38.

Bildet sehr kurze Fäden aus wenigen Zellen, die zu klumpigen Paketen vereinigt sind. Einzelne Zellen kugelig oder eiförmig, mit kräftiger Zellwand. Chloroplast parietal, massiv, durch Spalten

[43] In der Originalbeschreibung kein Pyrenoid angegeben.

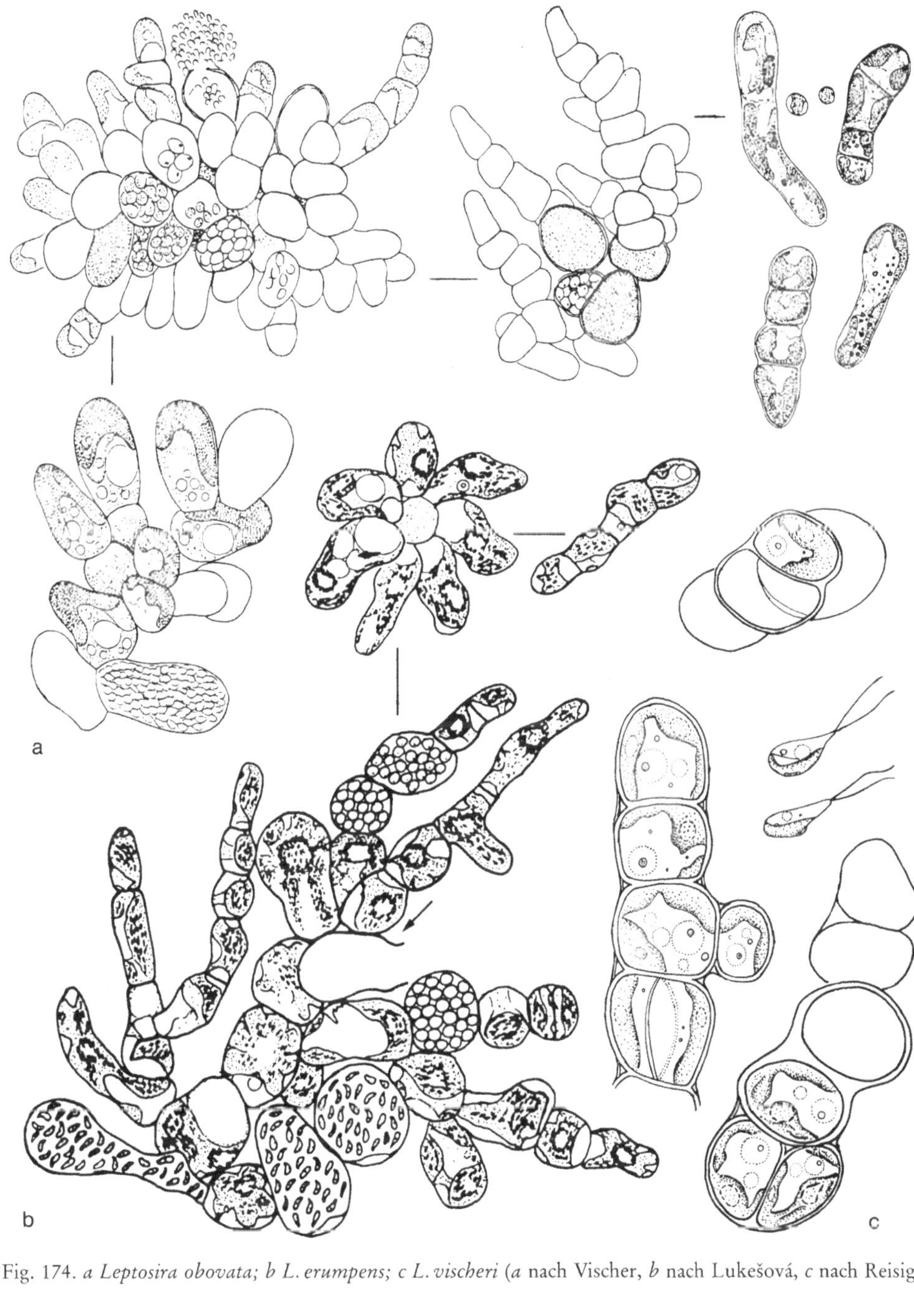

Fig. 174. *a Leptosira obovata; b L. erumpens; c L. vischeri* (*a* nach Vischer, *b* nach Lukešová, *c* nach Reisigl).

und Lappen oft fast netzförmig erscheinend; mit 1–2(–3) Pyrenoiden. Zoosporen zu 16–32 gebildet. Auch Aplanosporenbildung (meist zwei) beobachtet. Zellen 12–20 µm ∅, Zoosporen 8,5 × 3,5 µm groß.
Aus alpinen Böden im Ötztal, Tirol (Österreich) beschrieben.

Unsichere Art:
Leptosira terrestris (Fritsch & John) Printz 1964 (Fig. 172: f)
Syn.: *Pleurastrum terrestre* Fritsch & John 1942; *Rhexinema terrestre* Fritsch & John sensu Printz 1964 (error)
Fritsch & John 1942, p. 383, fig. 5: I–R; Printz 1964, p. 264, fig. 87: 1, 2; Starmach 1972, p. 429, fig. 439; Tupa 1974, p. 47, fig. 43–66, 246–247, 290–291, text-fig. 5.

Zellen kugelig, in Haufen oder zu kurzen, verzweigten Fäden verbunden. Einzelzellen mit dünner Zellwand, die im Alter etwas verdickt. Chloroplast am Rand gelappt, mit einem oder mehreren Pyrenoiden. Zoosporen in großer Anzahl in den Sporangien gebildet, eiförmig, mit den pulsierenden Vakuolen in der Mitte. Auch eiförmige Aplanosporen bekannt. Zellen 15–40 µm ∅.
Kultur: UTEX 333.
In Bodenproben aus England gefunden.
Nach Printz (1964) steht diese Art *L. obovata* sehr nahe und wäre mit dieser zu vereinigen.

Nicht beschriebene Art:
Leptosira sp. Reisigl 1964, p. 438 – Einfache, kurze, unverzweigte Fäden. Einzelzellen etwa 10–20 µm, mit einem parietalen, massiven, ausgebuchteten Chloroplast, ohne Pyrenoid. Fortpflanzung durch Aplanosporen, die nach dem Auflösen der Mutterzellwand fest miteinander verbunden bleiben, so daß unregelmäßige Zellpakete entstehen. Zoosporangien mit zahlreichen birnförmigen Zoosporen. In der Rhizoidschicht von *Racomitrium lanuginosum* (3472 m ü. M.), Tirol (Österreich).

9. **Diplosphaera** Bialosuknia 1909 em. Vischer 1960

Syn.: *Stichococcus* Nägeli 1849 p. p. sensu Chodat 1913, Heering 1914; Grintzesco & Peterfi 1932; Printz 1964; Ramanathan 1964; *Protococcus* Agardh 1824 p. p. sensu R. et F. Chodat 1924
Bialosuknia 1909, p. 103; Vischer 1953 b, p. 287; Printz 1964, p. 38; Ramanathan 1964, p. 89; Bourrelly 1966, p. 294; Starmach 1972, p. 411; Broady 1982 b, p. 473.

Zellen kugelig oder abgerundet bis leicht eckig, durch Zweiteilung entstehen Diaden bis mehrzellige paketartige Zellgruppen, die leicht in Einzelzellen zerfallen; in seltenen Fällen auch kurze Fadenbildungen. Chloroplast parietal, mit einem schlecht sichtbaren Pyrenoid ohne Stärkehülle oder nur von wenigen kleinen Stärkekörnern umgeben. Aplanosporangien mit glatter Wand, Aplanosporen länglich bis abgerundet. Zoosporen nicht bekannt.
Systematische Stellung noch unklar. Von Vischer (1953) wurden Mutationen an Kulturen beobachtet. Eine nahe Verwandtschaft zu *Desmococcus* ist nicht auszuschließen, auch zu *Stichococcus* bestehen vor allem in der Ultrastruktur der Pyrenoide nahe Beziehungen (Gärtner & Ingolić 1990).
Mit 2 Arten.

1a Zellen bilden kleine Zellpakete, die leicht zerfallen; es entstehen keine Gallertkolonien .... **1. D. chodatii**
1b Zellen bilden große Aggregate von Zellpaketen; es werden große Gallertkolonien gebildet ..... **2. D. mucosa**

1. **Diplosphaera chodatii** Bialosuknia 1909 em. Vischer 1960 (Fig. 175: b)

Syn.: *Stichococcus diplosphaera* Chodat 1913; *Stichococcus chodatii* (Bialosuknia) Heering 1914; *Protococcus chodatii* (Bialosuknia) R. & F. Chodat 1924

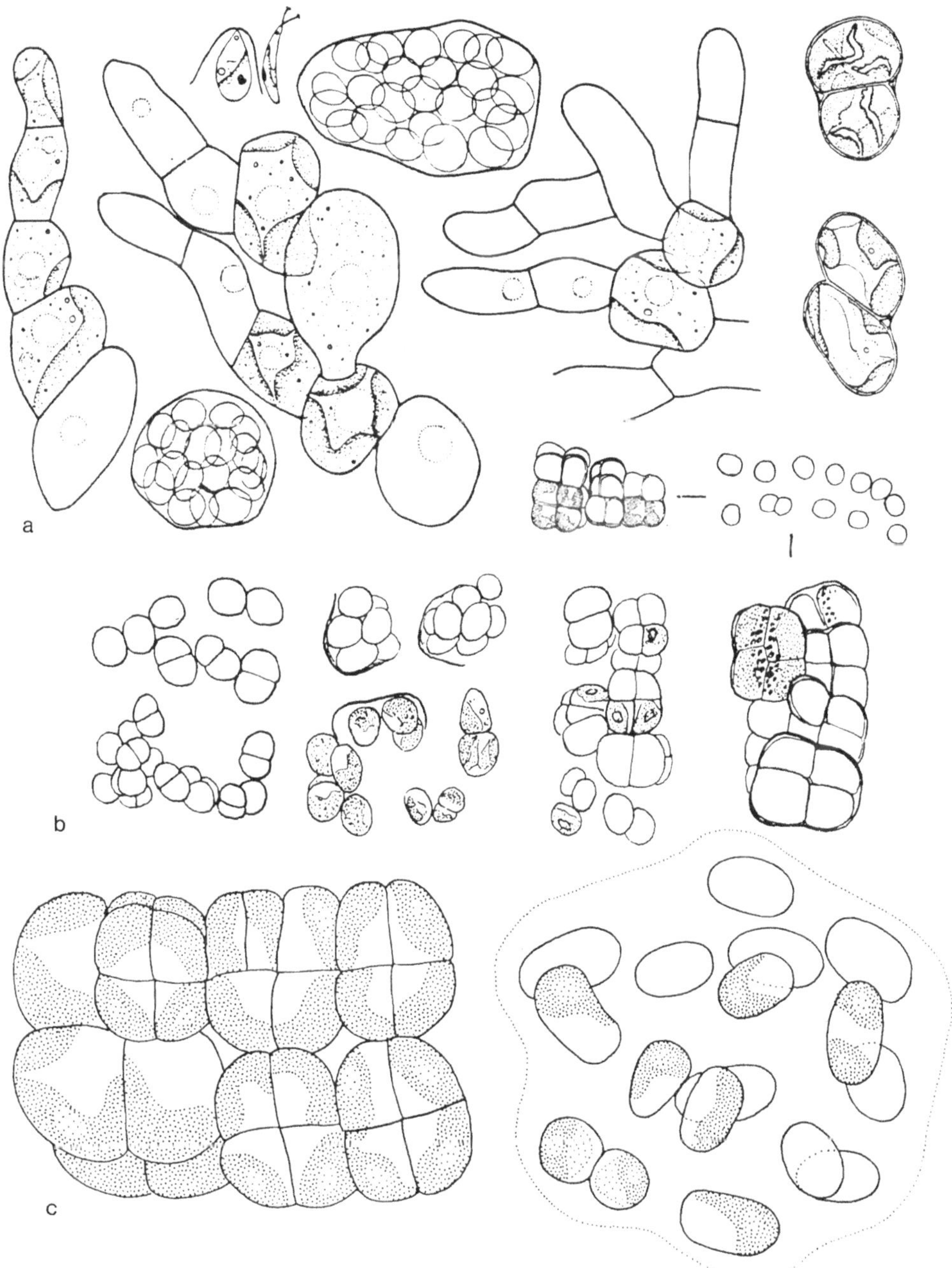

Fig. 175. *a Leptosira polychloris; b Diplosphaera chodatii; c D. mucosa* (*a* nach Reisigl, *b* nach Vischer, *c* nach Broady).

Bialosuknia 1909, p. 103, fig. 1–44; Grintzesco & Peterfi 1932, p. 165, fig. 1; Vischer 1953b, p. 289, fig. 1; 1960, p. 338, fig. 6; Ramanathan 1964, p. 89, fig. 23a; Printz 1964, p. 38, fig. 7: 2; Starmach 1972, p. 411, fig. 421; Gärtner & Ingolić 1989, p. 24.
Zellen kugelig bis ellipsoidisch, durch Teilungen entstandene Zweier- oder Vierergruppen oder Zellpakete zerfallen sehr leicht in Einzelzellen, oder bleiben an den verschleimenden Trennwänden noch eine Zeitlang verbunden. Aplanosporangien mit glatter Wand, mit länglichen Aplanosporen. Zellen 4–7 µm lang, 3–4 µm breit.
Kultur: ASIB S 184, V 219.
Ursprünglich als Phykobiont von *Lecanora tartarea* beschrieben, bis jetzt auch aus Böden, von Steinen und Baumrinden mehrfach beschrieben.

2. Diplosphaera mucosa Broady 1982 (Fig. 175: c)
Broady 1982b, p. 473, fig. 99–104, 129–131.

Zellen in größeren kubischen Zellpaketen oder in ± unregelmäßigen Kolonien in mächtiger Gallerte eingebettet. Selten werden ganz kurze, aus 3 Zellen bestehende Fäden gebildet. Chloroplast parietal, mehr als die Hälfte der Zelle auskleidend. Pyrenoid nackt und undeutlich, bisweilen von wenigen kleinen Stärkekörnern umgeben. Aplanosporen zu 4–8, durch Verschleimen der Sporangiumwand frei werdend. Aplanosporen abgerundet bis kurz zylindrisch. Zellen 7–10 µm ∅, Aplanosporen 3 µm ∅.
Kultur: CCAP 416/2.
In stickstoffreicher Umgebung unter Moosen und Flechten aus den Vestfold Hills (Antarktis) bekannt. Wahrscheinlich eine Flechtenalge.

Anhang:
Von Zeitler (1954) wurden 3 Flechtenalgen untersucht, jedoch nicht beschrieben, sondern nur provisorisch nach den Flechten, aus denen sie stammen, benannt. Da diese Algen an *Diplosphaera* erinnern, seien sie an dieser Stelle erwähnt.
Protococcus Dermatocarponis miniati (Fig. 177: b) – Zeitler 1954, p. 458, fig. 2.
Protococcus Verrucariae acrotelloides (Fig. 177: c) – Zeitler 1954, p. 456, fig. 1.
Protococcus Staurothelis (Fig. 177: d) – Zeitler 1954, p. 466, fig. 6.

10. **Desmococcus** Brand 1925 em. Vischer 1960

Syn.: *Pleurococcus* p. p. sensu auct., *Protococcus* p. p. sensu auct.
Brand 1925, p. 344; Geitler 1942b, p. 9; Vischer 1960, p. 331; Bourrelly 1966, p. 392; Starmach 1972, p. 409.

Zellen in kubischen Zellpaketen vereinigt, aber auch mit kurzen verzweigten, einreihigen Fäden wachsend. Chloroplast relativ klein, parietal muldenförmig; mit einem kleinen, oft schlecht sichtbaren, nackten Pyrenoid. Fortpflanzung durch vegetative Zellteilung, durch Aplanosporen oder viergeißelige Zoosporen, die in warzigen (*Trochiscia*-artigen) oder glattwandigen Sporangien gebildet werden.
Mit 2 aerophytisch oder terrestrisch vorkommenden Arten:

1. Desmococcus olivaceus (Pers. ex Ach.) Laundon 1985 (Fig. 176: a, b)
Syn.: *Pleurococcus vulgaris* Meneghini 1842 sensu Nägeli 1847; *Pleurococcus naegelii* Chodat 1902; *Desmococcus vulgaris* Brand 1925 emend. Geitler 1942; non *Pleurococcus vulgaris* Meneghini 1842 sensu Brand 1925; *Protococcus viridis* Agardh 1824
Brand 1925, p. 344, fig. 11: 25–39; Geitler 1942b, p. 9; Vischer 1960, p. 331, fig. 1: 2, 3; 2–4; Broady & Ingerfeld 1993, p. 27, fig. 3, 7, 8.

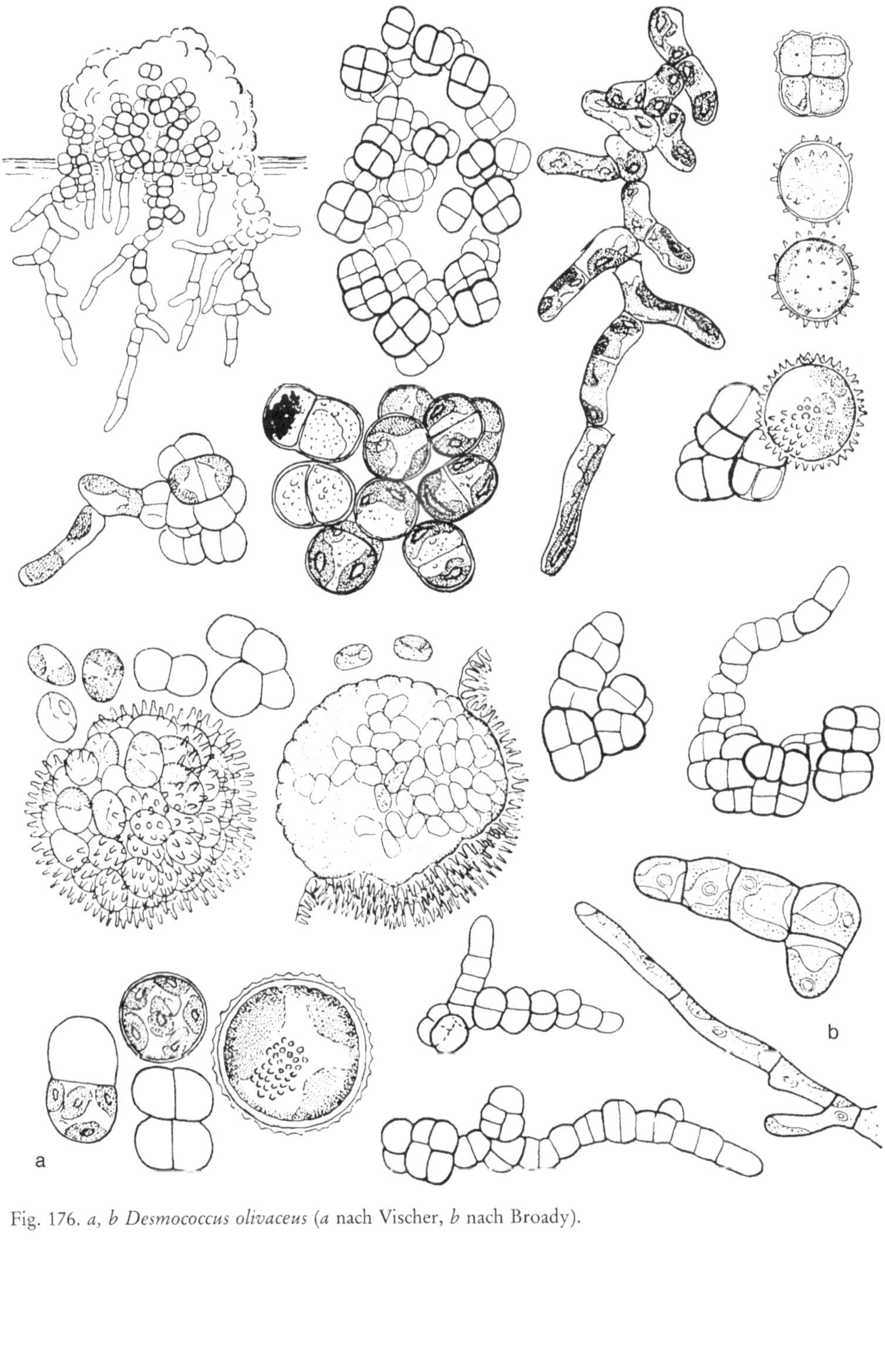

Fig. 176. *a*, *b* *Desmococcus olivaceus* (*a* nach Vischer, *b* nach Broady).

Zellen in kubischen Paketen durch vegetative Zellteilung wachsend, auf Agar kurze, verzweigte, leicht zerfallende Fäden bildend. Chloroplast parietal, topfförmig, manchmal am Rand gewellt; 1 kleines nacktes, oft schlecht sichtbares Pyrenoid. Sporangien warzig, *Trochiscia*-artig, mit länglichen Aplanosporen. Zoosporen unbekannt. Zellen 4–8(–11) µm groß.
Kulturen: SAG 35.83; ASIB S 197; CCAP 417/1.

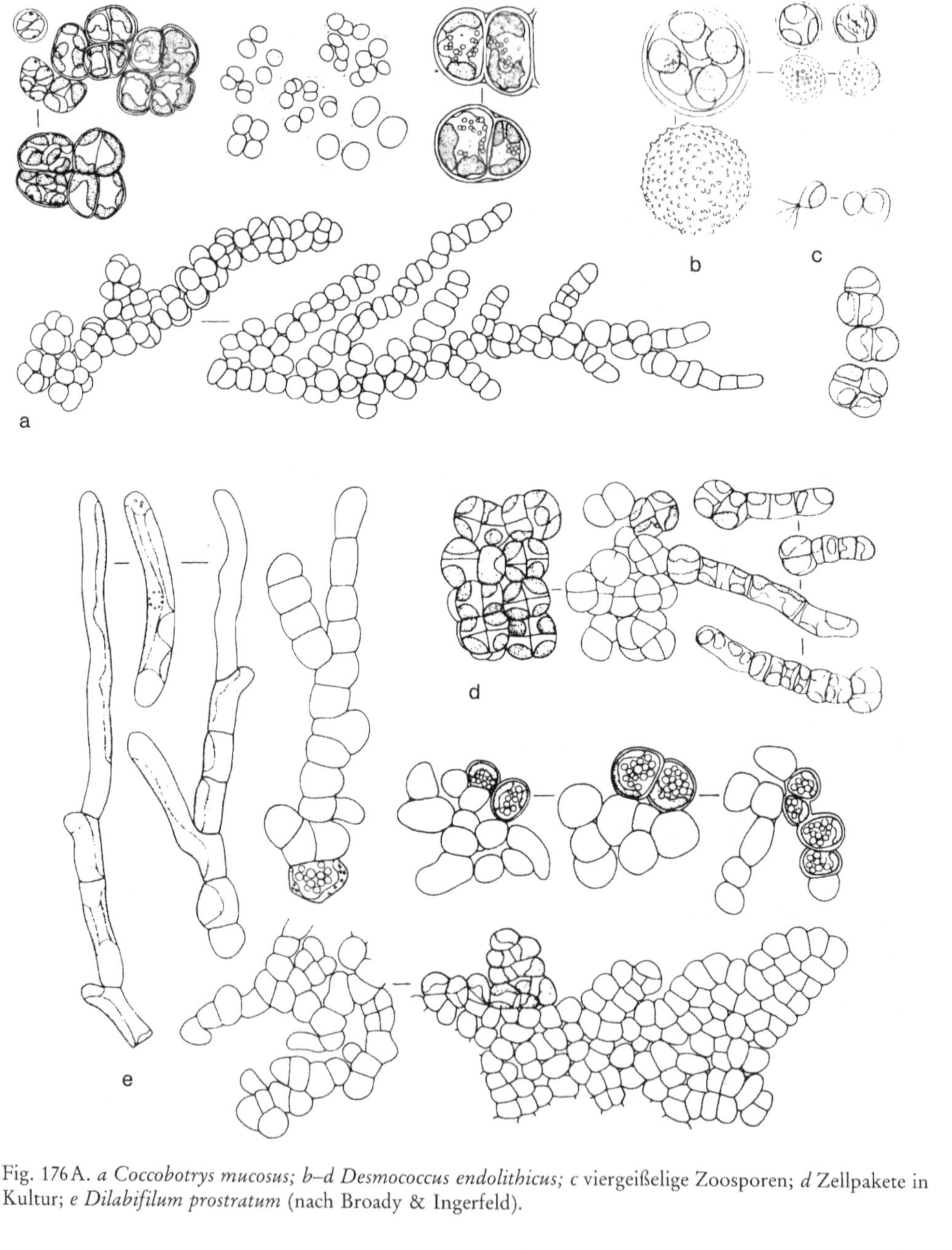

Fig. 176A. *a Coccobotrys mucosus; b–d Desmococcus endolithicus; c* viergeißelige Zoosporen; *d* Zellpakete in Kultur; *e Dilabifilum prostratum* (nach Broady & Ingerfeld).

Auf Baumrinden, Mauern, Holzwänden, nacktem Holz, aber auch als Bodenalge bekannt; wohl kosmopolitisch.

2. **Desmococcus endolithicus** Broady & Ingerfeld 1993 (Fig. 176 A, b–d)

Unterscheidet sich von der erstgenannten Art durch viergeißelige (!) Zoosporen, die in glattwandigen Zoosporangien gebildet werden. Bis 25 µm große warzige Zellen mit zahlreichen Chloroplasten in Agarkultur beobachtet (ob Aplanosporangien ?).
Kultur: SAG 25.92; CCAP 417/2.
Als Bodenalge (chasmoendolithisch) sowie aerophytisch auf dem Kadaver eines Sturmvogels in der Antarktis gefunden.

Anhang:
Von Printz (1921) wurden zwei *Protococcus*-Arten beschrieben, deren Wiedererkennen kaum möglich ist. Nach den Beschreibungen und Abbildungen könnte es sich vielleicht um *Desmococcus* handeln. Hier seien sie nur der Vollständigkeit wegen erwähnt:
Protococcus consociatus Printz 1921, p. 9, fig. 1: 1–17 und *Protococcus verrucosus* Printz 1921, p. 9, fig. 1: 18–30.

11. **Hazenia** Bold 1958

Bold 1958, p. 742; Printz 1964, p. 228; Bourrelly 1966, p. 296; Starmach 1972, p. 415.

Thallus aus unregelmäßig verzweigten, festen Gallertschläuchen bestehend, worin kurze verzweigte Zellfäden eingebettet liegen. Zellen kurz zylindrisch, mit abgerundeten Polen, die Scheitelzellen der Fäden polar etwas verschmälert. Chloroplast parietal, rinnenförmig; mit einem Pyrenoid. Durch Längsteilungen entstehen manchmal mehrreihige Fäden. Zoosporen nicht beobachtet. Sexuelle Fortpflanzung durch zweigeißelige Isogameten, die zu zweit in wenig veränderten Gametangien entstehen. Zygoten kugelig, mit dicker geschichteter Wand.
Mit einer einzigen Art:

Hazenia mirabilis Bold 1958 (Fig. 177: e)

Bold 1958, p. 742, fig. 29–35; Printz 1964, p. 230, fig. 92: 1–3; Starmach 1972, p. 415, fig. 424; Broady 1979a, p. 89, fig. 27 d–m.

Mit den Merkmalen der Gattung. Gallertschläuche 120–150 µm dick; Zellen 12–15 µm breit.
Kultur: UTEX 846.
Ursprünglich aus einem Teich in Tennessee (USA) beschrieben. Auch aus Erdböden in Argentinien und von subaerischen Standorten der Antarktis bekannt.
Die von Broady (1979a, p. 89, fig. 27 d–m) beschriebene *Hazenia sp.* A (Fig. 178: a) weicht in folgenden Merkmalen vom Typus ab: Zellen kugelig bis ellipsoidisch. Chloroplasten gelegentlich mit 2 Pyrenoiden; Gallertschläuche bis 20 µm dick, und es werden zweigeißelige Zoosporen (?) angegeben.

12. **Rhexinema** Geitler 1942

Geitler 1942c, p. 473; Printz 1964, p. 278; Bourrelly 1966, p. 307; Starmach 1972, p. 469.

Sehr wenigzellige, einreihige, einfach seitlich verzweigte Fäden, die in kürzere Stücke oder Einzelzellen zerfallen. Seitenäste typisch einzellig (selten zweizellig); der ganze Faden 8–10 zellig, zweidimensional. Zellen zylindrisch, etwas buckelig, geschlängelt, vor der Zoosporenbildung oder unter abnormen Wachstumsbedingungen ellipsoidisch bis fast kugelig. Zellwand fest, an den

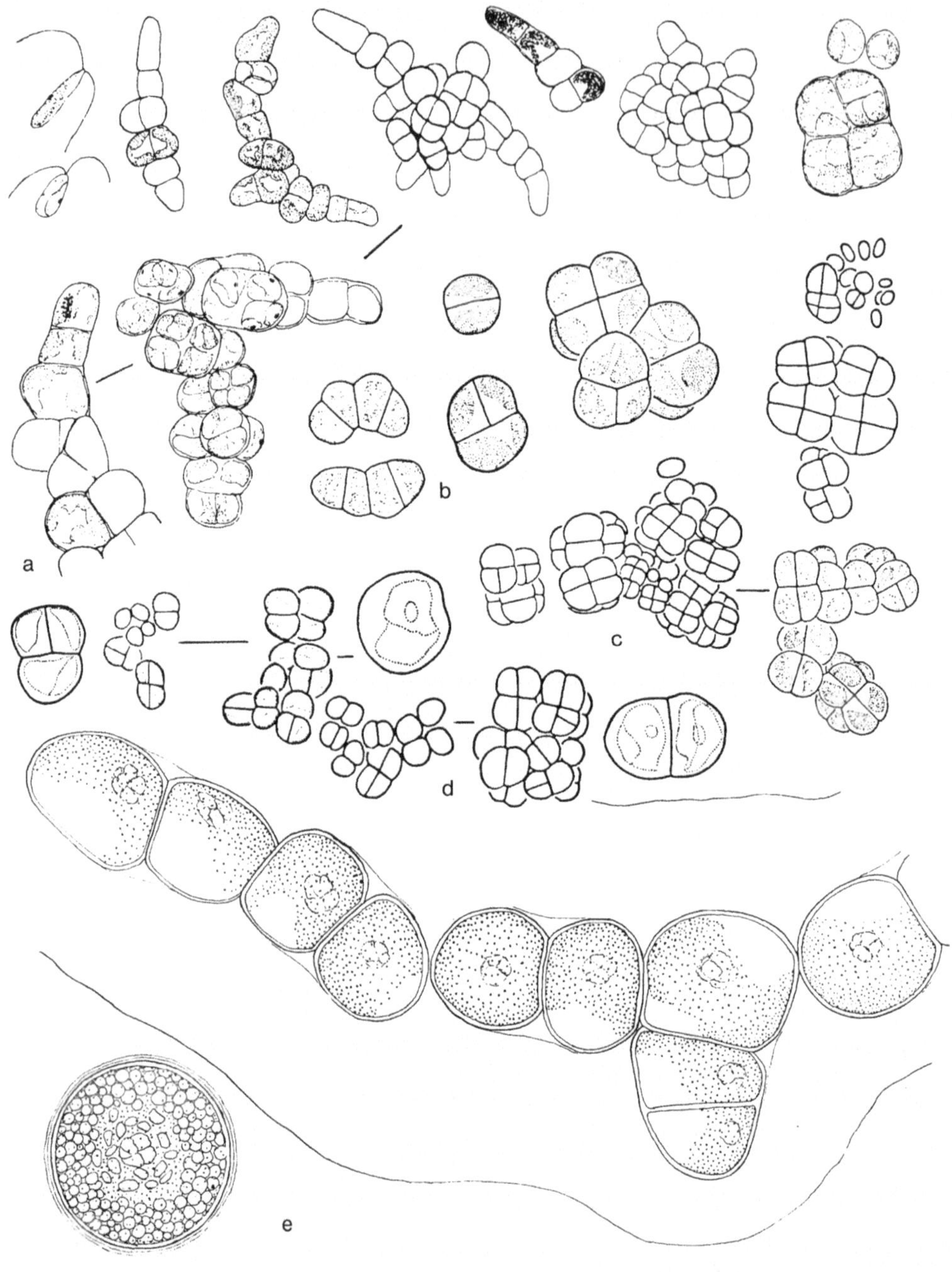

Fig. 177. *a Coccobotrys verrucariae; b «Protococcus Dermatocarponis miniati»; c «Protococcus Verrucariae acrotelloides»; d «Protococcus Staurothelis»; e Hazenia mirabilis* (*a* nach Vischer, *b–d* nach Zeitler, *e* nach Bold).

Querwänden leicht verschleimend, mit leichter Gallertscheide. Chloroplast parietal band- oder plattenförmig; mit einem Pyrenoid. Asexuelle Fortpflanzung durch zweigeißelige Zoosporen, die zu 2–4 in vergrößerten Zoosporangien entstehen.
Mit einer einzigen Art:

Rhexinema paucicellularis (Vischer) Geitler 1942 (Fig. 178: b, c)
Syn.: *Pleurastrum paucicellulare* Vischer 1933
Vischer 1933, p. 18, fig. 4,5; Geitler 1942c, p. 473, fig. 8–10; Printz 1964, p. 280, fig. 86: 10–15; Bourrelly 1966, p. 307, fig. 58: 6–9; Starmach 1972, p. 471, fig. 486; Lukešová 1991, p. 70, fig. 1–8.

Mit den Merkmalen der Gattung. Zylindrische Zellen 23–33 µm lang; 3,5–6 µm breit; atypische rundliche Zellen 3,5–6 µm ∅, Zoosporen 7–8,5 × 4–6 µm groß.
Ursprünglich in stehenden Gewässern und im Neuston gefunden. Auch aus Ackerboden unter einer 20 cm dicken Schneedecke in Südböhmen (Tschechoslowakei) isoliert.

13. **Dilabifilum** Tschermak-Woess 1970

Syn.: *Pseudopleurococcus* Snow 1899 p. p.
Tschermak-Woess 1970, p. 452; Bourrelly 1972, p. 548; 1988, p. 134; Johnson & John 1990, p. 53.

Junge Thalli aus verzweigten Fäden, deren Zellen langgestreckt zylindrisch sind und einen parietalen rinnenförmigen Chloroplasten mit einem Pyrenoid besitzen. Verzweigungen in jungen Fäden unmittelbar unter der Querwand, in älteren, gedrungen gebauten auch an anderen Stellen. In alten Thallus-Stücken zerfallen die Fäden in Einzelzellen, die als Hypnoblasten fungieren. Asexuelle Fortpflanzung durch 16–64 viergeißelige Zoosporen ohne Stigma oder durch Aplanosporen, die in geschwollenen Sporangien entstehen.
Von der Gattung *Pseudendoclonium* unterscheidet sich diese Gattung durch die sehr langen Zellen und durch die eigenartigen Verzweigungen, die an *Microthamnion* erinnern (letztere besitzt zweigeißelige Zoosporen).
Mit 3 Arten, zum Teil noch ungenügend bekannt:

1. **Dilabifilum arthopyreniae** (Vischer & Klement) Tschermak-Woess 1970 (Fig. 178: d)
Syn.: *Pseudopleurococcus arthopyreniae* Vischer & Klement in Vischer 1953
Vischer 1953a, p. 177, fig. 6; Tschermak-Woess 1970, p. 453, fig. 2–5.

Mit den Merkmalen der Gattung. Zylindrische Zellen 3–4 µm breit, 3–10 mal länger als breit, isodiametrische Zellen 10–18 µm lang, 5–12 µm breit.
Kultur: SAG 467-2.
Phykobiont von *Verrucaria aquatilis*, die im Seebach bei Lunz (Österreich) auf feinsandigem, kalkhaltigem Tonstein wächst. Ursprünglich als Phykobiont aus der marinen Flechte *Arthopyrenia sublitoralis* isoliert.

2. **Dilabifilum prostratum** Broady & Ingerfeld 1993, p. 26, fig. 1, 4–5. (Fig. 176 A: e)

Unterscheidet sich von der vorher genannten Art durch das niederliegende, pseudoparenchymatische Fadensystem und die Pyrenoid-Ultrastruktur. Zellen bis 23 µm im Durchmesser.
Kulturen: SAG 23.92, CCAP 415/4.
Aus epilithischen Krusten auf Felsen der Antarktis isoliert. Eine weitere, als Phykobiont in *Verrucaria* und freilebend vorkommende Sippe ist *Dilabifilum incrustans* (Vischer) Tschermak-Woess 1970 (syn. *Pseudopleurococcus incrustans* Vischer 1956). Sie unterscheidet sich von der oben

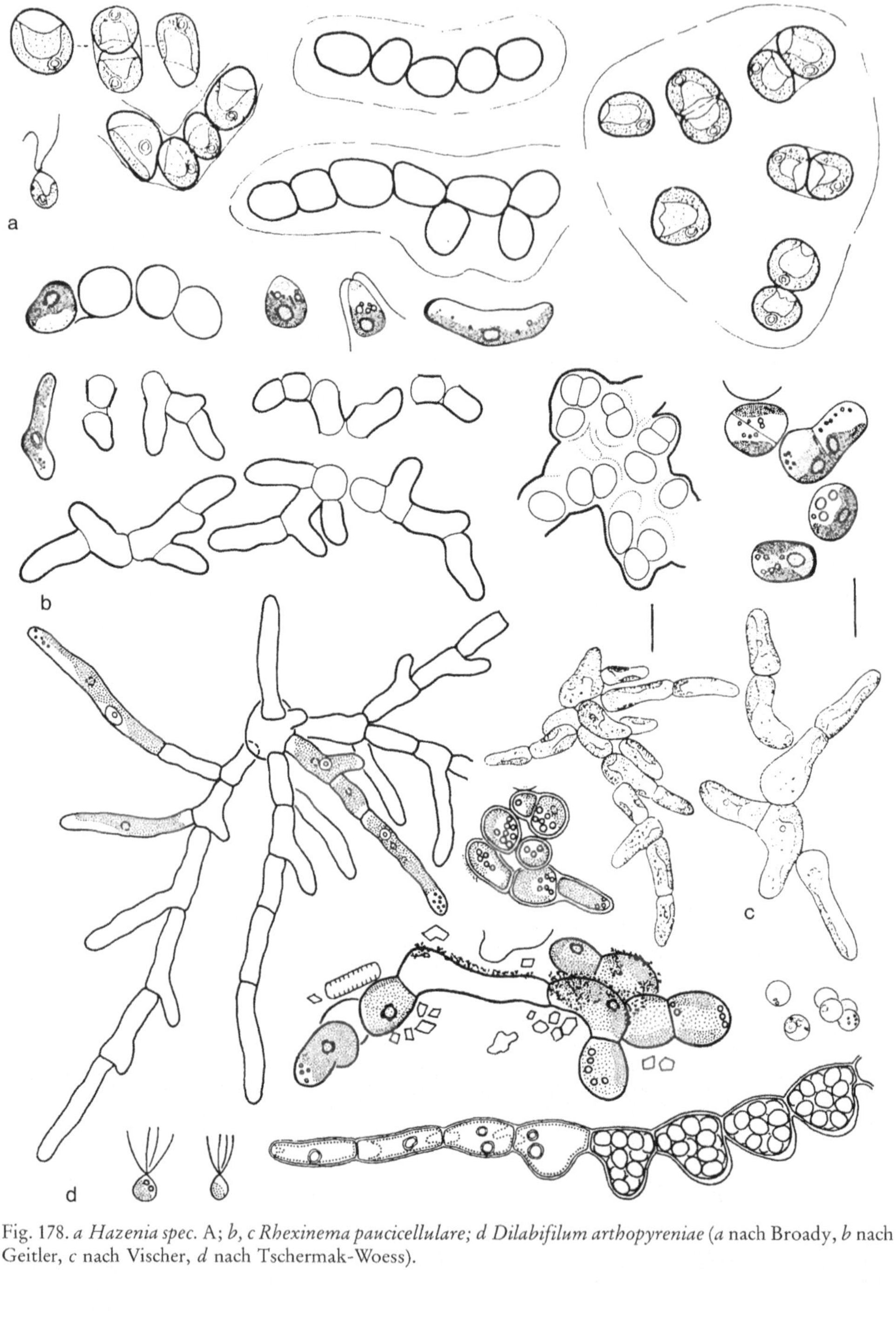

Fig. 178. *a Hazenia spec.* A; *b, c Rhexinema paucicellulare; d Dilabifilum arthopyreniae* (*a* nach Broady, *b* nach Geitler, *c* nach Vischer, *d* nach Tschermak-Woess).

angeführten Art durch die Zellgröße und Art der Verzweigung, außerdem wurden bisher keine Aplano- und Zoosporen beobachtet (Johnson & John 1990).

14. **Spongioplastidium** Vischer 1933

Vischer 1933, p. 90; Printz 1964, p. 267; Bourrelly 1966, p. 297; Starmach 1972, p. 418.

Thallus aus lockeren kurzen, mehrzelligen, verzweigten Fäden bestehend; Spitze der Endzellen verlängert sich durch Sprossung, anschließend erfolgt Zellteilung; mitunter sind die Zellen stellenweise eingeschnürt. Auch interkalare Zellen treiben durch Sprossung seitliche Fortsätze, die sich durch Zellteilungen verlängern; der Thallusaufbau erinnert an *Pseudopleurococcus*. Chloroplast parietal rinnenförmig, durchlöchert bis spongiomorph. Pyrenoid bei jungen Zellen kaum sichtbar, bei älteren Zellen erst deutlich, wobei auch Stärke nachweisbar wird. Fortpflanzung durch Zerfall der Zellen in Hypnoblasten, die wieder zu neuen Algenthalli heranwachsen. Zoosporen und sexuelle Fortpflanzung unbekannt.
Ein ungenügend bekannter Organismus, dessen systematische Stellung als vorläufig betrachtet werden muß.
Mit einer einzigen Art:

Spongioplastidium proliferum Vischer 1933 (Fig. 179: a)

Aus *Trentepohlia*-Rasen an einem Blumentopf im Warmhaus des Botanischen Gartens in Basel (Schweiz) isoliert.

15. **Pseudopleurococcus** Snow 1899 em. Vischer 1933

Vischer 1933, p. 34; Printz 1964, p. 277; Bourrelly 1966, p. 297; 1972, p. 548; 1988, p. 134; Starmach 1972, p. 416.

Thallus fädig bis pseudoparenchymatisch. Verzweigte Fäden ein- bis mehrreihig, relativ kurz verzweigt. Alte Thalli leicht in Einzelzellen oder Zellpakete zerfallend. Zellen zylindrisch, in älteren Thalli kugelig abgerundet. Chloroplast parietal rinnenförmig; mit einem Pyrenoid. Zoosporen oder Gameten unbekannt; Fortpflanzung nur durch Hypnoblasten. Thalli während der Hypnoblastenbildung eine pulverige Struktur aufweisend.
Mit 2 Arten.

1a Bildet nur pseudoparenchymatische Thalli oder einreihige Fäden. Zellen 6,5 µm breit .... **1. P. vulgaris**
1b Bildet auch mehrreihige Fäden, Zellen bis 8 µm breit .... **2. P. botryoides**

1. **Pseudopleurococcus vulgaris** Snow 1899 (Fig. 181: b)

Printz 1964, p. 277, fig. 85: 15, 16; Starmach 1972, p. 418, fig. 426.

Kommt als Einzelzellen vor oder bildet größere pseudoparenchymatische Zellgruppen. Zweige entstehen durch Teilung einer einzigen terminalen Zelle. Chloroplasten 1–2, parietal, nur einen Teil der Zelle auskleidend; mit Pyrenoid. Zellen 6,5 µm breit.
An Baumstämmen (Nordamerika).

2. **Pseudopleurococcus botryoides** Snow 1899 (Fig. 181: a)

Printz 1964, p. 278, fig. 85: 10–14; Starmach 1972, p. 418, fig. 427.

Ein- oder mehrzellig, mehrreihige fadenförmige oder pseudoparenchymatische Zellgruppen unterschiedlicher Größe bildend, manchmal leicht verzweigt. Zweige immer lateral von den Fäden

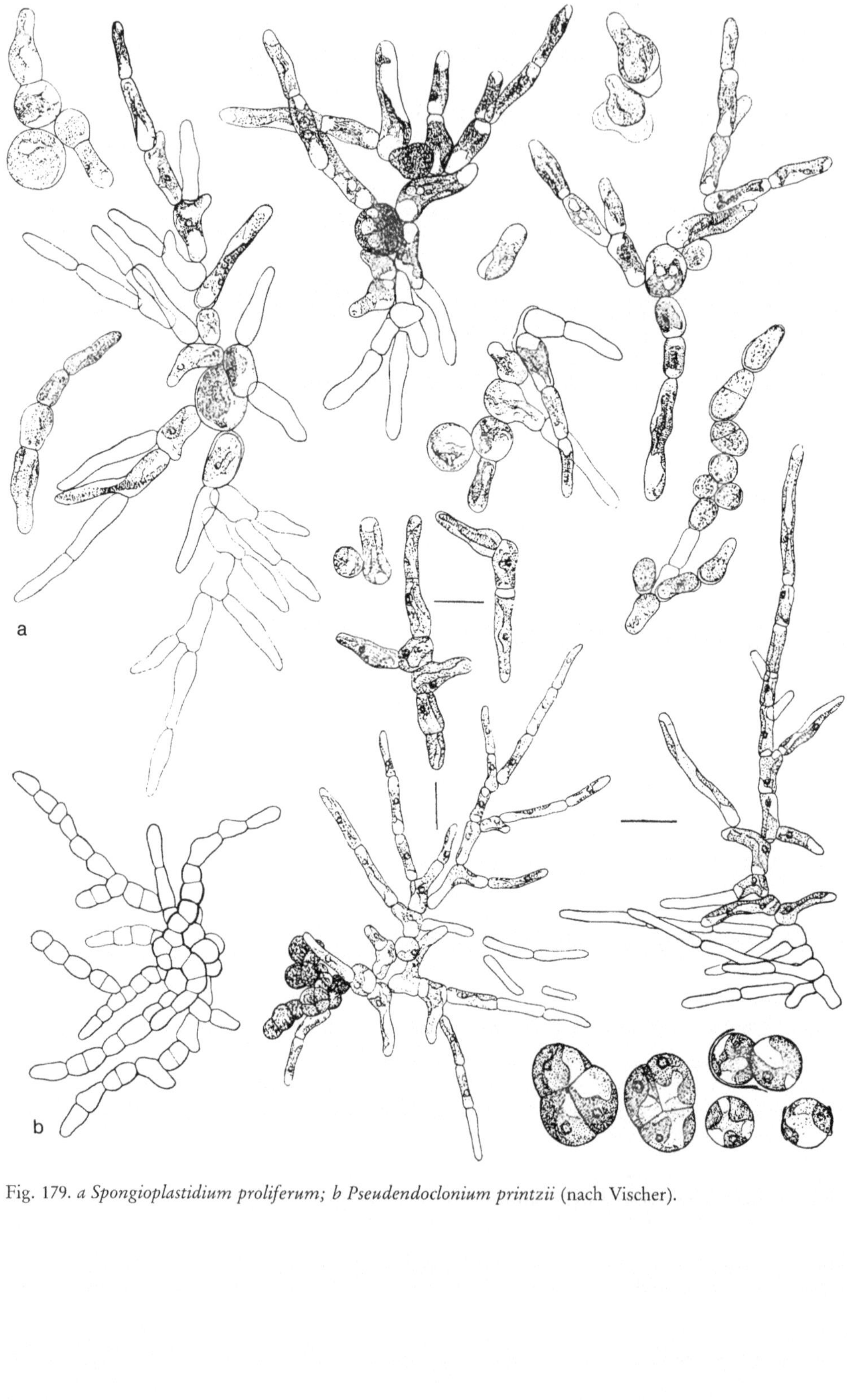

Fig. 179. *a Spongioplastidium proliferum; b Pseudendoclonium printzii* (nach Vischer).

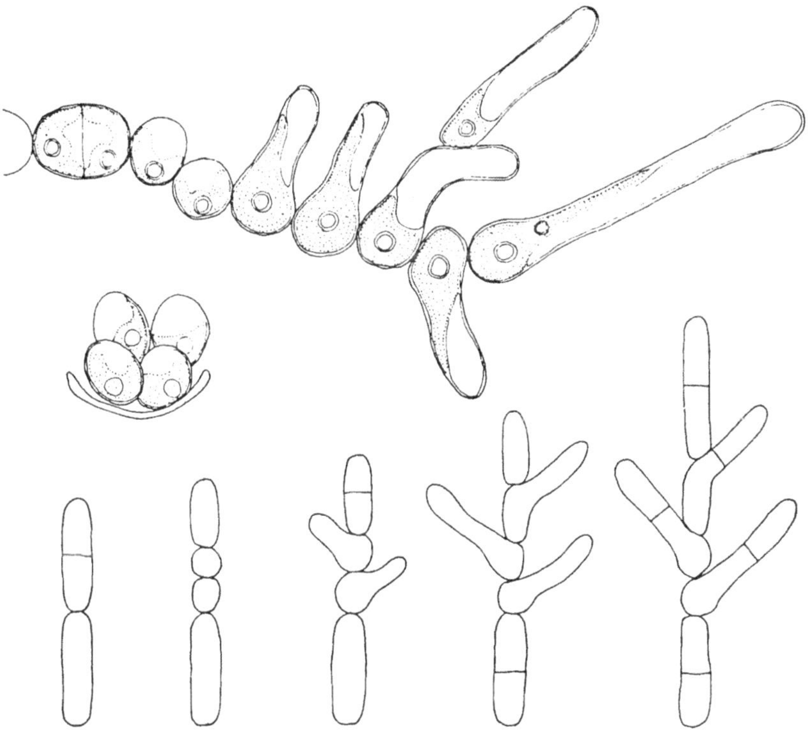

Fig. 180. *Pseudendoclonium printzii* (nach S. Watanabe).

ausgehend. Chloroplast parietal, mit einer unregelmäßigen Öffnung an der Seite; mit einem Pyrenoid. Zellen 6,5–8 µm breit.
Bildet dicke dunkelgrüne Anflüge an Baumstämmen (Nordamerika).

16. **Tumulofilum** Beger 1941

Beger 1941, p. 174; Printz 1964, p. 260; Bourrelly 1966, p. 306; Starmach 1972, p. 466.

Thallus bildet halbkugelige, stecknadelgroße und mit freiem Auge sichtbare, smaragdgrüne Polster aus dichten Fäden, die eine deutliche Scheidung in Sohle und Luftstämme erkennen läßt. Die Sohle besteht aus langen, verzweigten, aber nicht pseudoparenchymatisch zusammenschließenden Fäden aus dünnwandigen, langen und etwas tonnenförmigen oder gewölbten Zellen. Von ihrer dorsalen Seite entspringen dicht nebeneinander oder in Abständen Luftfäden mit mehrfacher Verzweigung oder bis zum Substrat wieder zurückgebogen, wodurch halbkugelige Polster aus wirr durcheinander laufenden Fäden entstehen. Zellen der Luftstämme etwas kleiner als die der Sohle. Endzellen der Luftfäden stets abgerundet. Zellen mit einem parietalen, rinnenförmigen, am Rand etwas gewellten Chloroplast; mit einem Pyrenoid. Zoosporen zu 8 oder mehreren in Zellen der Luftsprosse und der Kriechsprosse gebildet. Details der Zoosporen nicht bekannt (insbesondere die Zahl der Geißeln). Hypnoblasten bekannt.
Mit einer einzigen Art:

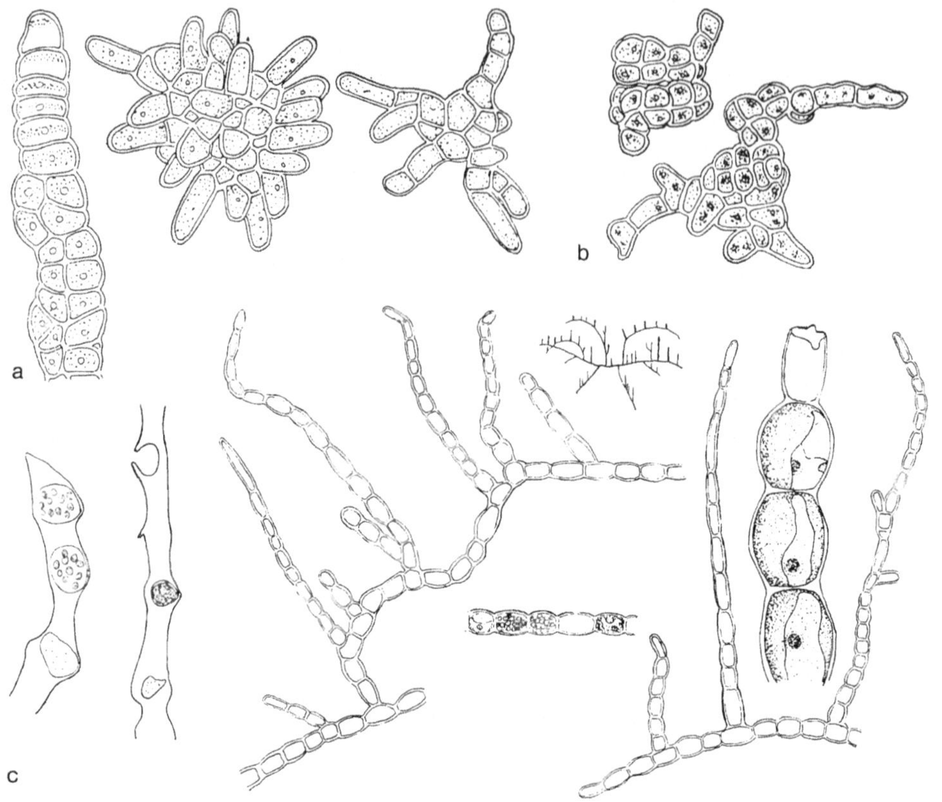

Fig. 181. *a Pseudopleurococcus botryoides; b P. vulgaris; c Tumulofilum terrestre* (*a, b* aus Starmach, *c* nach Beger).

Tumulofilum terrestre Beger 1941 (Fig. 181: c)
Beger 1941, p. 174, fig. 1; Printz 1964, p. 260, fig. 80: 5–11; Starmach 1972, p. 466, fig. 481.

Mit den Merkmalen der Gattung. Thalli auf Agar 2–4 mm ∅; Zellen der Kriechfäden 7–10 × 10–30 µm, der Luftfäden 6 × 36 µm; Zoosporen 2 µm, Hypnoblasten 6–7 µm groß.
Zwischen *Marchantia*-Pflanzen aus feuchtschattigen Fugen einer Steintreppe, Potsdam (BRD) isoliert.

17. **Nayalia** Silva 1959

Syn.: *Oliveria* Nayal 1935
Nayal 1935, p. 209; Printz 1964, p. 175; Bourrelly 1966, p. 310; Starmach 1972, p. 477.

Thallus aus zwei Typen von Fäden aufgebaut. Einerseits langzellige, einreihige und kaum verzweigte Fäden, die auf Agar horizontal in oder an der Agaroberfläche wachsen, mit dünnwandigen schmalen und langen Zellen mit parietalem Chloroplast, der die Fadenzellen der Länge nach ausfüllt; mit 3–5 Pyrenoiden. Andererseits verzweigte, mehrreihige, kurzzellige Fäden mit dicker Zellwand und Luftfäden mit bräunlicher Färbung durch Hämatochrom. Die Zellen der Luftfäden bilden häufig Hypnoblasten. Asexuelle Fortpflanzung durch zwei- und viergeißelige Zoosporen,

die in den kurzzelligen Fäden gebildet werden und ohne Stigma sind. Sexuelle Fortpflanzung durch Isogameten. Zoosporen und Zygoten keimen ohne Ruhepause.
Mit einer einzigen Art:

Nayalia terrestris (Nayal) Silva 1959 (Fig. 182: a)
Syn.: *Oliveria terrestris* Nayal 1935
Nayal 1935, p. 209, fig. 1–4; Printz 1964, p. 175, fig. 47: 7–17; Bourrelly 1966, p. 310, fig. 60: 6–9; Starmach 1972, p. 477, fig. 493.

Mit den Merkmalen der Gattung. Zellen im langzelligen System 20–35 µm lang, 4–7 µm breit; in kurzzelligen Fäden 14–17 µm ∅; zweigeißelige Zoosporen 8–10 × 9–12 µm groß, viergeißelige Zoosporen etwas größer, Gameten 3,5–4 × 7,5–10 µm groß.
Auf Ackerboden mit *Protosiphon* und *Botrydium* bei Ismailia (Ägypten) braune Überzüge bildend.
Von Printz (1964) und von Bourrelly (1966) wird die Ähnlichkeit mit *Fritschiella tuberosa* Iyengar betont.

18. Fritschiella Iyengar 1932

Iyengar 1932, p. 329; Singh 1947, p. 159; Printz 1964, p. 174; Bourrelly 1966, p. 312; Starmach 1972, p. 479; Sarma & Mustafa 1983, p. 315; Bold & Wynne 1985, p. 172.

Terrestrische Thalli aus unterirdisch und oberirdisch wachsenden Zellfäden bestehend. Die unterirdischen Thallusteile bestehen aus unverzweigten bis schwach verzweigten farblosen, septierten Rhizoiden und einem prostraten System vielreihiger, sarcinoider Zellpakete. In diesen Zellen werden häufig dickwandige, gelbbraune Hypnoblasten als Dauerzustände gebildet. Der oberirdisch wachsende Thallus gliedert sich in ein primäres System von ein- bis mehrreihigen Zellfäden aus kurzen Zellen und ein sekundäres Fadensystem aus sehr langen, schwach verzweigten Zellen. Am natürlichen Standort kommen nur die büscheligen sekundären Fadensysteme über der Erde vor, die restlichen Thallusbereiche liegen knapp an oder unter der Erdoberfläche. Chloroplast der Zellen rinnenförmig, mit mehreren Pyrenoiden. Asexuelle Fortpflanzung durch viergeißelige Makrozoosporen, die einzeln pro Zelle gebildet werden, und zwar in allen Zellen der prostraten und erekten Fadensysteme, um sich zu neuen Pflanzen zu entwickeln. Sexuelle Fortpflanzung durch zweigeißelige Isogameten (ob auch Mikrozoosporen?). Ein ursprünglich angeführter isomorpher Generationswechsel scheint nicht obligat vorzukommen.
Mit einer einzigen Art:

Fritschiella tuberosa Iyengar 1932 (Fig. 182: b–d)
Iyengar 1932, p. 335, fig. 1–2; Singh 1941, p. 170; Akiyama & Hirose 1960, p. 365, fig. 1, 2; Printz 1964, p. 175, fig. 47: 1–6; Starmach 1972, p. 481, fig. 494; Sarma & Mustafa 1983, p. 316, fig. 1–7; Bold & Wynne 1985, p. 172, fig. 3.88.

Mit den Merkmalen der Gattung. Thallus bis 5 mm hoch; basale Zellen isodiametrisch, nach oben verlängert, die Endzellen der sekundären Fadensysteme mit kegelförmig abgerundeter Spitze. Rhizoide 4–6 µm breit. Zellen des prostraten Fadensystems 8 µm breit; Hypnoblasten 20 × 22 µm groß, Zellen des erekten Fadensystems 8–10 × 6–10 µm, des sekundären Fadensystems 4–8 × 12–44 µm groß.
Kultur: UTEX 1821, 1334; SAG 112.80.
Auf Schlickböden von Äckern, Flußufern usw. in Asien (Nord- und Südindien, Bangladesh, Burma, Japan), Afrika (Sudan, Ägypten) und Amerika (USA).
Der hochdifferenzierte Algenorganismus wird als Modell eines möglichen Vorfahrens unserer Landpflanzen betrachtet. Morphologische Differenzierung und Ultrastruktur geben dazu Anlaß.

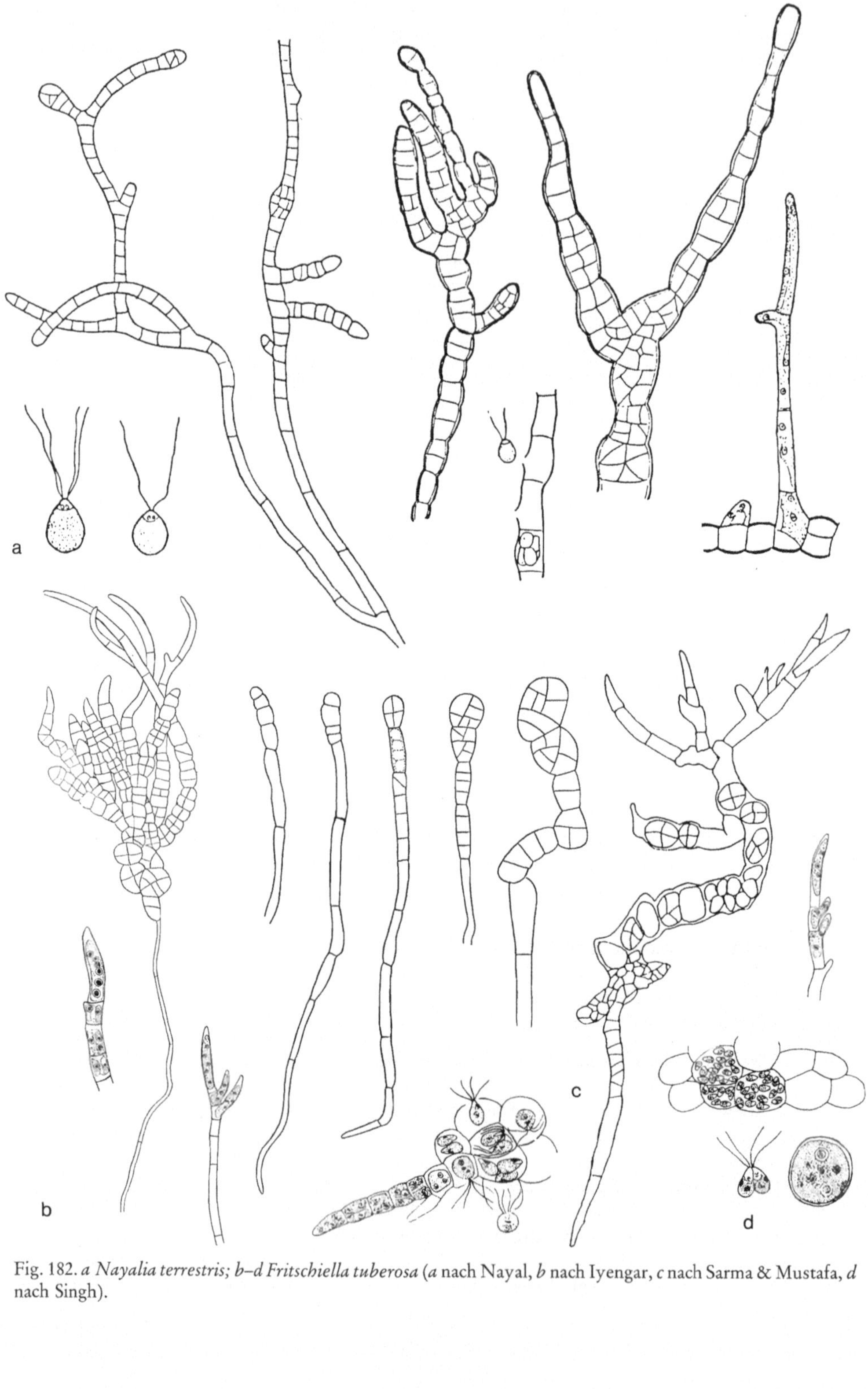

Fig. 182. *a Nayalia terrestris; b–d Fritschiella tuberosa* (*a* nach Nayal, *b* nach Iyengar, *c* nach Sarma & Mustafa, *d* nach Singh).

6. Ordnung **Oedogoniales** Bourrelly 1960

Trichale Organisationsstufe. Zellen zu unverzweigten oder verzweigten Fäden vereinigt, die mittels einer differenzierten Basal- oder Fußzelle am Substrat festsitzen. Zellen einkernig, mit einem parietalen netzförmigen Chloroplast und zahlreichen Pyrenoiden. Die Zellteilung erfolgt auf spezifische Art und Weise, begleitet von einer Ring- und Kappenbildung am oberen Zellende und es entstehen Stapel von ineinanderpassenden Kappen. Asexuelle Fortpflanzung durch charakteristische stephanokont begeißelte Zoosporen (mit einem Kranz vieler Geißeln), die einzeln in den Fadenzellen entstehen. Sexuelle Fortpflanzung durch einen spezifischen Typ von Oogamie (Taf. XVI), wobei die Hypnozygote (Oospore) in der Zellwand des Oogoniums eingeschlossen bleibt. Die Spermatozoiden sind ebenfalls stephanokont und entstehen entweder in den Fadenzellen (Androsporangien) oder in reduzierten Fäden, die aus Androsporen keimen und sich am Oogonium festsetzen (Zwergmännchen).
Hirn 1900; Heering 1914; Printz 1927; Fritsch 1935; Gemeinhardt 1939; Bourrelly 1966; Pickett-Heaps 1974; Van den Hoek 1978; Lee 1980; Ettl 1980b; Bold & Wynne 1985; Mrozinska 1985; Margulis & al. 1990.
Mit einer einzigen Familie **Oedogoniaceae** Hirn 1900. Von dieser ist nur eine Gattung terrestrisch oder aerophytisch.

Oedocladium Stahl 1891

Stahl 1891, p. 339; Hirn 1900, p. 374; Heering 1914, p. 244; Printz 1927, p. 252; Tiffany 1937, p. 15; Gemeinhardt 1939, p. 422; Bourrelly 1966, p. 346; Mrozinska 1985, p. 488.

Thallus vom Typ der Gattung *Oedogonium*, nur verzweigt und ohne Seta. Fäden mit verzweigten Rhizoiden am Substrat befestigt. Oberirdische Fäden grün, aus ± zylindrischen Zellen gebildet, die durch Teilungen der Terminalzellen der Haupt- und Nebenfäden entstehen. Endzellen stumpf. Oogonien mit Porus öffnend, bei einigen Arten durch einen kreisförmigen Riß mit Deckel. Oosporenwand meist dreischichtig, teilweise strukturiert. Antheridien und Oogonien entweder monözisch oder diözisch verteilt. Antheridien meist an besonderen Zwergfäden (Nannandrien).
Vor allem terrestrische Formen in wärmeren Gebieten von Nordamerika, Indien und Australien. Von 15 beschriebenen Arten ist nur 1 wasserbewohnend.

1a Monözische Arten 2
1b Diözische Arten 13
2a Oogonium-Öffnung als Porus 3
2b Oogonium-Öffnung als Kreislinie oder unbekannt 8
3a Oosporenwand glatt 4
3b Oosporenwand strukturiert 6
4a Porus in der Mitte liegend 5
4b Porus unter der Mitte liegend . . . . **1. Oe. himalayense**
5a Vegetative Zellen der oberirdischen Fäden etwa 7 μm breit . . . . **2. Oe. protonema**
5b Vegetative Zellen der oberirdischen Fäden 12–18 μm breit . . . . **7. Oe. medium**
6a Porus in der Mitte liegend . . . . **7. Oe. medium**
6b Porus unter der Mitte oder im unteren Teil des Oogoniums 7
7a Oogonien 50–60 μm breit, 50–63 μm lang . . . . **5. Oe. wettsteinii**
7b Oogonien 90 μm breit, 95 μm lang . . . . **6. Oe. albermalense**
8a Oogonium-Öffnung als Kreisriß 9
8b Oogonium-Öffnung nicht bekannt . . . . **10. Oe. indicum**
9a Oosporenwand glatt 10
9b Oosporenwand mit Skulptur 11
10a Oogonien 25–32 μm breit, 32–42 μm lang . . . . **3. Oe. prescottii**

10b Oogonien 45–70 µm breit, 48–70 µm lang . . . . . . **4. Oe. lewisii**
11a Oogonium-Öffnung unter der Mitte . . . . . . **4. Oe. lewisii**
11b Oogonium-Öffnung hoch gelegen **12**
12a Oogonien 18–32 µm breit . . . . . . **8. Oe. operculatum**
12b Oogonien 30–52(–59) µm breit . . . . . . **9. Oe. eriense**
13a Diözisch makrandrisch . . . . . . **11. Oe. tiffanianum**
13b Diözisch nannandrisch **14**
14a Oogonium-Öffnung als Porus . . . . . . **12. Oe. terrestre**
14b Oogonium-Öffnung als Kreisriß **15**
15a Kreisriß unter der Mitte . . . . . . **14. Oe. cirratum**
15b Kreisriß im untersten Teil . . . . . . **13. Oe. carolianum**

1. **Oedocladium himalayense** Randhawa 1941 (Fig. 183: a)

Mrozinska 1985, p. 489, fig. 820.

Monözisch, Oogonien einzeln, endständig, mit unter der Mitte liegendem Porus; Oosporen kugelig, mit dreischichtiger glatter Wand. Oberirdische Fadenzellen 35–40 × 60–80, oberirdische Zweigzellen 15–20 × 90–102 µm, Rhizoide 10–20 × bis 156 µm groß; Oogonien 64–72 µm, Oosporen 62–68 µm ∅.
Auf Erdböden im Himalaya.

2. **Oedocladium protonema** Stahl 1891 (Fig. 183: b)

Stahl 1891, p. 347, fig. 16: 1–6, 17: 1–12; Gemeinhardt 1939, p. 423, fig. 525; Mrozinska 1985, p. 489, fig. 821.

Monözisch, Oogonien einzeln, fast kugelig, endständig, Porus in der Mitte. Oosporen kugelig, mit glatter Wand. Antheridien zerstreut, bis 6-zellig. Zellen der oberirdischen Fäden 7 × 20 µm, Rhizoide 3 × 300 µm; Oogonien 50–76 × 58–76 µm, Oosporen 45–60 × 45–60 µm groß.
Auf feuchtsandigem-tonigem Boden einer Wagenspur bei Straßburg (Frankreich) gefunden, auch aus Indien und dem Himalaya bekannt.

3. **Oedocladium prescottii** Islam 1962 (Fig. 183: c)

Islam 1962, p. 372; Mrozinska 1985, p. 489, fig. 822.

Monözisch, Oogonien einzeln, endständig, ellipsoidisch bis eiförmig, Öffnung mit hochgelegenem Kreisriß. Oosporen die Oogonien fast ausfüllend, gleichgestaltet, reif hellgelb bis goldrot, mit dreischichtiger Wand, Mittelschicht verdickt. Antheridien hypogyn, 2–6-zellig, zylindrisch bis angeschwollen. Endzellen kegelförmig. 2–4 Pyrenoide pro Zelle. Vegetative Zellen 10–13 × 20–90 µm, Oogonien 25–32 × 32–42 µm, Oosporen 22–24 × 25–28 µm groß; Antheridien-Zellen schmäler als die vegetativen Zellen.
Terrestrisch, in Dacca (Bangladesh) und in Indien gefunden.

4. **Oedocladium lewisii** Whitford 1938 (Fig. 183: d)

Mrozinska 1985, p. 489, fig. 823.

Monözisch, Oogonien meist einzeln und endständig, kugelig, Öffnung mit Kreisriß unterhalb der Mitte. Oosporen kugelig, mit dreischichtiger Wand, von der die mittlere Schicht gewellt ist. Antheridien 2–9-zellig. Fadenzellen fast zylindrisch, Endzellen kegelförmig. Zellen oberirdischer Fäden 13–22 µm breit und 60–106 µm lang, Rhizoide 4–11 × bis 257 µm, Oogonien 45–70 × 48–70 µm, Oosporen 42–60 µm; Antheridien-Zellen 16–21 × 12–21 µm groß.
In Carolina (USA) gefunden.

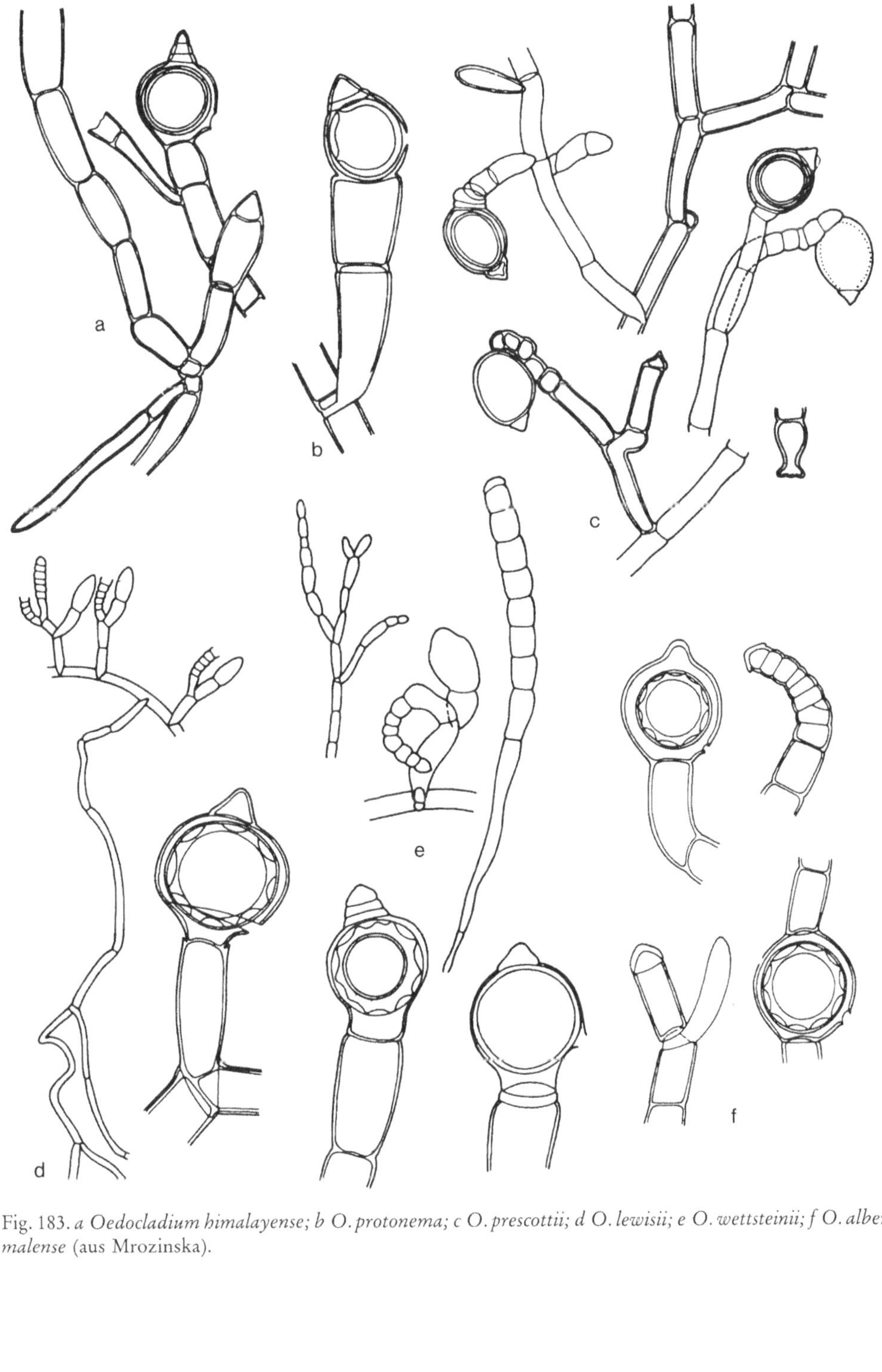

Fig. 183. *a Oedocladium himalayense; b O. protonema; c O. prescottii; d O. lewisii; e O. wettsteinii; f O. albermalense* (aus Mrozinska).

5. Oedocladium wettsteinii Knapp 1933 (Fig. 183: e)
Gemeinhardt 1939, p. 425, fig. 528; Mrozinska 1985, p. 491, fig. 824.

Monözisch, Oogonien einzeln, endständig, kugelig, mit konischer Spitze, Öffnung mit Porus im unteren Teil, Oosporen kugelig, die Oogonien ausfüllend; Mittelschicht der Oosporenwand gewellt, eckig. Antheridien bis 15-zellig, Endzellen konisch, vegetative Zellen zylindrisch. Zellen oberirdischer Fäden 30 µm breit, 30–100 µm lang; Rhizoide 4–8 × bis 300 µm; Oogonien 50–60 × 50–63 µm, Oosporen 50–56 µm; Antheridien-Zellen 15–20 × 8–20 µm groß.
Bei Stanford, Florida (USA) gefunden.

6. Oedocladium albermalense (Lewis) Collins 1918 (Fig. 183: f)
Gemeinhardt 1939, p. 427, fig. 529; Mrozinska 1985, p. 492, fig. 825.

Monözisch, Oogonien einzeln, meist endständig, fast kugelig, mit konischer Spitze, Porus unterhalb der Mitte. Oosporen kugelig, Wand dreischichtig, Mittelschicht eckig-gewellt. Antheridien bis 9-zellig. Vegetative Zellen fast zylindrisch, Endzellen konisch zugespitzt. Zellen oberirdischer Fäden 25–40 µm breit, 50–150 µm lang; Rhizoide 4–10 × bis 350 µm; Oogonien 90 × 95 µm; Oosporen 69 × 69 µm; Antheridienzellen 20–25 × 8–19 µm groß.
Auf sandigem Lehmboden bei Charlottesville, Virginia (USA) gefunden.

7. Oedocladium medium (Lewis) Tiffany 1930 (Fig. 184: a)
Gemeinhardt 1939, p. 425, fig. 527; Mrozinska 1985, p. 493, fig. 826.

Monözisch, Oogonien einzeln, endständig, kugelig bis fast kugelig, mit konischer Spitze, Porus median. Oosporen kugelig, Mittelschicht gewellt, eckig oder glatt. Antheridien 1–2-zellig. Endzellen konisch zugespitzt. Oberirdische Fadenzellen 12–18 × 56–78 µm; Rhizoide 10 × bis 270 µm; Oogonien 52 × 52 µm; Oosporen 44 × 44 µm; Antheridien-Zellen 15 × 9–15 µm groß.
Bei Woods Hole, Massachusetts (USA) gefunden.

8. Oedocladium operculatum Tiffany 1936 (Fig. 184: d)
Gemeinhardt 1939, p. 424, fig. 526; Mrozinska 1985, p. 493, fig. 827.

Monözisch, Oogonien einzeln, selten zu zweit, meist endständig, ellipsoidisch bis eiförmig, Öffnung mit hochliegendem Kreisriß, Deckel klein, oft abfallend. Oosporen breit ellipsoidisch, Wand dreischichtig, Mittelschicht mit grubigen Vertiefungen. Antheridien 1–4-zellig, hypogyn bis fast hypogyn oder verstreut. Endzellen stumpf mit konischem Ende. Zellen 8–13 × 48–175 µm; Oogonien 18–34 × 32–50 µm; Oosporen 16–32 × 30–40 µm, Antheridien-Zellen 8–12 × 8–15 µm groß.
Auf feuchter Erde in Puerto Rico gefunden.

9. Oedocladium eriense Taft & Ross 1980 (Fig. 184: b)
Mrozinska 1985, p. 493, fig. 828.

Monözisch, Oogonien einzeln, endständig, breit ellipsoidisch, Öffnung mit Kreisriß. Oosporen gleichgestaltet, gelbbraun mit dreischichtiger Wand. Äußere Wandschicht mit eng angeordneten Papillen, mittlere und innere glatt. Antheridien 1–4-zellig (seltener 5-zellig), hypogyn, unregelmäßig zylindrisch, mit je einem Spermatozoid. Oogoniumfäden und Oogonien gekrümmt bis zurückgebogen; Fäden reich verzweigt. Zweige meist einseitig und zur horizontalen Fadenachse rechtswindend. Zellen oberirdischer Fäden 12–20 × 38–184 µm, Rhizoide 7–8 × 90–260 µm; Oogonien 30–52(–59) × 40–69(–88) µm; Antheridien-Zellen 8–18 × 14–18 µm groß.
In einem Graben an der Westseite des Eriesees in Ohio (USA) gefunden. Leider nicht sicher ob im Wasser oder auf feuchtem Boden.

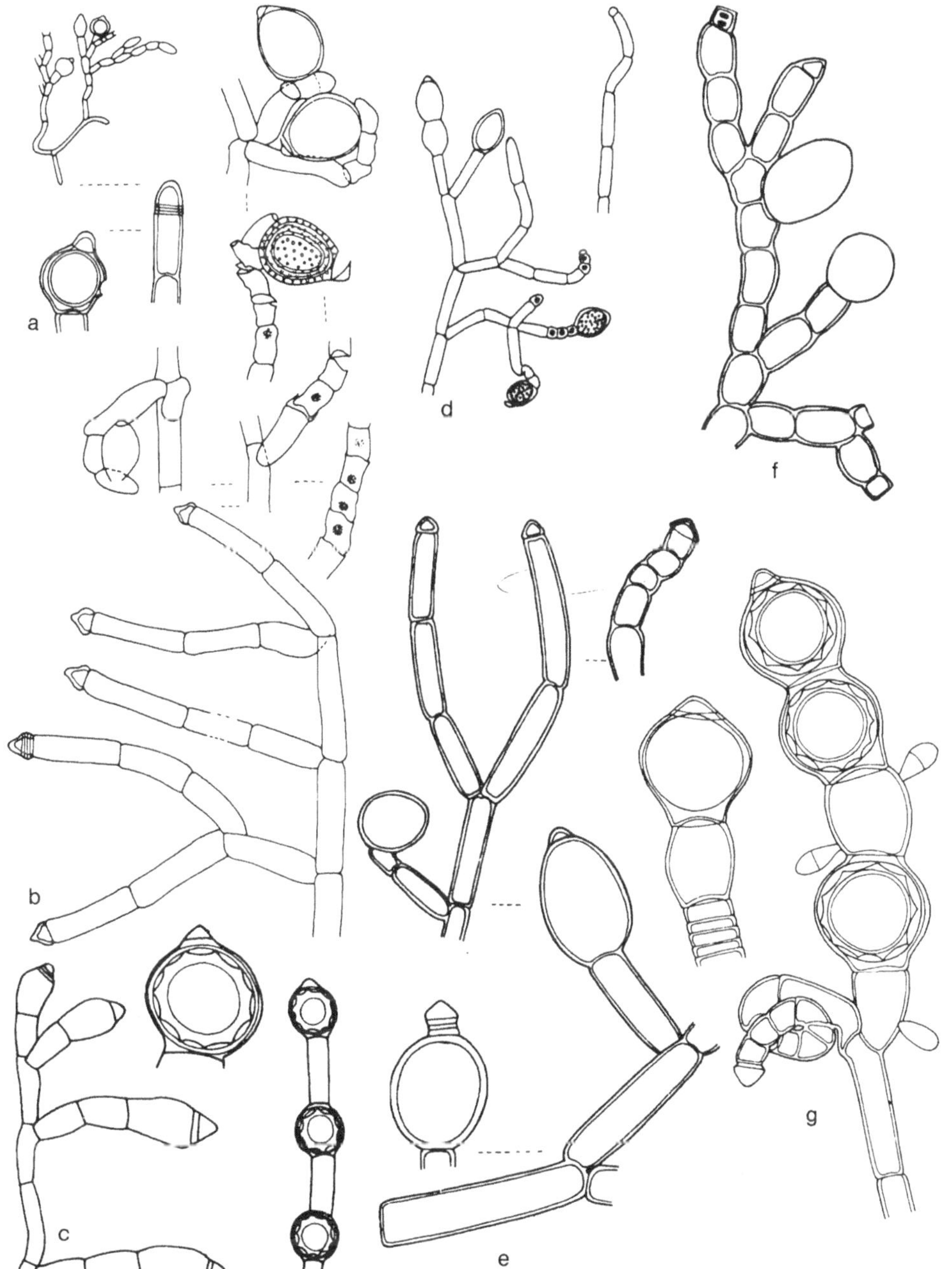

Fig. 184. *a Oedocladium medium; b O. eriense; c O. tiffanyanum; d O. operculatum; e O. terrestre; f O. indicum; g O. cirratum* (aus Mrozinska).

10. Oedocladium indicum Kamat 1962 (Fig. 184: f)
Mrozinska 1985, p. 493, fig. 829.

Monözisch, Oogonien einzeln, endständig, ellipsoidisch bis eiförmig. Antheridien einzellig, endständig, mit 2 Spermatozoiden. Vegetative Zellen zylindrisch oder leicht kugelig. Zellen 15–22 × 20–30 µm; junge Oogonien 27–32 × 25–45 µm; Antheridien-Zellen 10–12 × 7,5–9 µm groß.
Bei Ahmedabad (Indien) gefunden.

11. Oedocladium tiffanyanum Cribb 1956 (Fig. 184: c)
Mrozinska 1985, p. 493, fig. 830.

Diözisch makrandrisch, Oogonien einzeln, selten in Reihen zu 2–5, kugelig bis fast kugelig, endständig oder mit vegetativen Zellen alternierend, Öffnung mit Porus unten. Oosporen kugelig, Mittelschicht der Wand eckig gewellt. Antheridien bis 50- oder mehrzellig. Endzellen mit konischem Fortsatz. Zellen oberirdischer Fäden 14–30 × 40–130 µm; Rhizoide 7–21 × 40–300 µm; Oogonien 52–67 × 35–63 µm; Oosporen 45–52 × 35–52 µm; Antheridien-Zellen 14–20 × 7–21 µm groß.
Auf feuchtem Boden in Queensland (Australien) gefunden.

12. Oedocladium terrestre Biswas 1936 (Fig. 184: e)
Gemeinhardt 1939, p. 428, fig. 531; Mrozinska 1985, p. 495, fig. 831.

Diözisch nannandrisch, gynandrosporisch (Androsporangien-Zellen auf den weiblichen Fäden entstehend). Oogonien einzeln, fast kugelig, endständig, Öffnung mit hochliegendem Porus. Oosporen kugelig, mit glatter, ungeschichteter, brauner Wand. Androsporangien 1–2-zellig, fast epigyn. Basalzelle verlängert, Endzellen stumpf bis abgerundet. Weibliche Fadenzellen 10–12 × 30–70 µm; Basalzellen 6 µm breit; Oogonien 26–36 × 40–50 µm; Oosporen 30 µm groß.
Auf feuchtem lockerem Sand und tonigen Böden bei Kalkutta (Indien) gefunden.

13. Oedocladium carolinianum Beaney & Hoffman 1968 (Fig. 185: a)
Mrozinska 1985, p. 496, fig. 833.

Diözisch nannandrisch, gynandrosporisch, Oogonien endständig, mit konischer Spitze oder mit vegetativen Zellen alternierend, einzeln oder zu zweit, mit Kreisriß im unteren Teil öffnend. Oosporen kugelig bis fast kugelig, mit dreischichtiger Wand, deren Mittelschicht eckig gewellt ist. Androsporangien 1–20-zellig, auf gekrümmten Ästen; vegetative Zellen fast zylindrisch. Männliche Zwergfäden auf den Stützzellen, selterner auf den Oogonien sitzend, mit je 1 Spermatozoid. Oberirdische Fadenzellen 8–26 × 34–186 µm; Rhizoide 4–14 × 87–247(–330) µm; Oogonien 49–62 × 44–57 µm; Oosporen 39–54 µm breit; Stützzellen 20–34 × 43–51 µm, Androsporangien-Zellen 10–19 × 6–12 µm; männliche Zwergfäden am basalen Teil 8–14 × 10–17 µm groß.
Kultur: UTEX 1686.
Auf lehmigem Sand in North Carolina (USA) gefunden.

14. Oedocladium cirratum Beaney & Hoffman 1968 (Fig. 184: g)
Mrozinska 1985, p. 497, fig. 834.

Diözisch nannandrisch, gynandrosporisch, Oogonien einzeln, selten zu zweit, endständig, mit einem konischen Fortsatz, apikal oder mit vegetativen Zellen alternierend, Öffnung mit Kreisriß unter der Mitte. Oosporen kugelig oder fast kugelig, mit dreischichtiger Zellwand, wobei die Mittelschicht gewellt und eckig ist. Stützzellen angeschwollen. Androsporangien-Äste gekrümmt, häufig spiralig gebogen. Androsporangien 1–24-zellig, manchmal zu 2–10 Zellen an den Oogonien

sitzend. Männliche Zwergfäden auf den Stützzellen, seltener auf den Oogonien sitzend. Oberirdische Fadenzellen 8–17 × 68–272 µm; Rhizoide 6–14 × 170–315(–360) µm; Oogonien 48–73 × 54–80(–97) µm; Oosporen 42–68 µm breit; Stützzellen 30–50 × 37–79 µm; Androsporangien-Zellen 11–19 × 6–19 µm; männliche Zwergfäden 8–14 × 8–16 µm groß.
Kultur: UTEX 1532, CCAP 574/1.
Auf lehmigem Sand in Texas (USA) gefunden.

2.7.4. Klasse Ulvophyceae

Algen mit dem Charakter der Chlorophyta. Von den Chlorophyceae unterscheidet sich diese Klasse durch folgende Merkmale: Zoosporen oder Gameten mit 2 oder 4 gleich langen, isomorphen und isodynamischen Geißeln, die am apikalen, meist leicht vorgezogenen Pol entspringen. Die Basalkörperchen stehen im entgegengesetzten Uhrzeigersinn (counterclockwise) 11/5 zueinander und die mikrotubularen Geißelwurzeln sind nach dem Muster x-y-x-y (x = 4 oder 5, seltener mehr; y = 2, seltener 3–8) aufgebaut. Extrazelluläre Schuppen, wenn vorhanden, auf nichtaxonemaler Plasmamembran und nur in einer Schicht. Während der vegetativen Zellteilung bleibt die mitotische Spindel in der vergrößerten Kernhülle eingeschlossen und die Spindelpole bleiben bis zur Metaphase mit den Zentriolen assoziiert. Zytokinese beginnt mit einer zentripetalen Durchschnürung durch die Plasmamembran. Die Ulvophyceae führen wenige coccale Arten, die meisten sind mehrzellig oder siphonal, sind auch in der Mehrzahl marin.
van den Hoek 1978, van den Hoek et al. 1993, Lee 1980, Mattox & Stewart 1984, Bold & Wynne 1985, Sluiman 1989, Margulis & al. 1990.
Nur 4 Ordnungen führen terrestrische oder aerophytische Sippen (Schlüssel nach Sluiman 1989).

1a Zellwände zwischen benachbarten Zellen ohne Plasmodesmata, Fortpflanzungszellen entstehen in normalen vegetativen Zellen 2
1b Zellwände durch mehrere Plasmodesmata perforiert, Fortpflanzungszellen entstehen in spezialisierten Sporangien / Gametengien . . . . **3. Trentepohliales** (S. 585)
2a Chloroplast in Form eines parietalen perforierten Zylinders oder Netzwerkes, Zellen vielkernig . . . . **4. Cladophorales** (S. 595)
2b Chloroplast als nicht perforierte Platten oder Bänder, Zellen einkernig 3
3a Pyrenoide vorhanden, Zoosporen nicht lateral abgeflacht, Rhizoplasten, falls vorhanden, mit den mikrotubulären Geißelwurzeln assoziiert . . . . **1. Ulotrichales** (S. 559)
3b Pyrenoide fehlen oder vorhanden, Zoosporen lateral abgeflacht. Rhizoplasten nicht mit den mikrotubulären Geißelwurzeln assoziiert . . . . **2. Pleurastrales** (S. 568)

1. Ordnung Ulotrichales

Thallus in Form unverzweigter oder verzweigter Fäden, ein- bis mehrreihig, aber auch blatt- oder röhrenförmig. Zellen einkernig; mit einem platten-, halbring- oder bandförmigem Chloroplast; mit einem oder mehreren Pyrenoiden. Begeißelte Zellen mit 2 oder 4 Geißeln, die in gewöhnlichen vegetativen (nichtspezialisierten) Zellen entstehen.
Heering 1914, Printz 1927, 1964, Fritsch 1935, Bourrelly 1966, Starmach 1972, Bold & Wynne 1985, Sluiman 1989.
Zu dieser Ordnung werden derzeit 4 Gattungen mit terrestrischen oder aerophytischen Sippen gereiht.

1a Fäden einreihig 2
1b Fäden mehrreihig, mitunter sarcinoide Zellpakete bildend . . . . **3. Trichosarcina** (S. 565)
2a Fäden kurz verzweigt, mitunter sarcinoide Zellpakete bildend . . **4. Pseudendoclonium** (S. 565)
2b Fäden nicht verzweigt 3

3a Endzellen scharf zugespitzt .... **2. Uronema** (S. 564)
3b Endzellen abgerundet .... **1. Ulothrix** (S. 560)

1. Ulothrix Kützing 1836

Syn.: *Hormidium* (Kützing) Klebs 1896 p. p. sensu auct.; *Hediniella* Wille 1922[44]
Heering 1914, p. 29; Printz 1927, p. 163, 1964, p. 7; Mattox & Bold 1962, p. 18; Ramanathan 1964, p. 22; Bourrelly 1966, p. 240; 1988, p. 113; Starmach 1972, p. 32; Lokhorst & Vroman 1972, p. 449; 1974a, p. 369; 1974b, p. 561; Bold & Wynne 1985, p. 157.

Fäden einreihig, unverzweigt, festsitzend oder freilebend, mit oder ohne Gallerte. Zellen zylindrisch bis tonnenförmig; einkernig. Chloroplast parietal rinnen-, halbring- oder bandförmig, die Zellen mehr als zur Hälfte auskleidend; mit einem bis mehreren Pyrenoiden. Asexuelle Fortpflanzung durch Zoosporen, von denen 3 Typen unterschieden werden: viergeißelige Makro- und Mikrozoosporen oder zweigeißelige Mikrozoosporen. Sexuelle Fortpflanzung durch Isogameten; Fusion monözisch oder diözisch. Zygotenkeimung in Aplanosporen oder nach Einschaltung eines diploiden *Codiolum*-Stadiums in viergeißelige Zoosporen. Hypnoblasten bekannt. Von mehr als 20 Arten sind 5 terrestrisch oder aerophytisch.

1a Fäden 4,5–10(–14) µm breit, Zellwand dünn 2
1b Fäden 11–22(–60) µm breit, Zellwand dick 3
2a Zellen zylindrisch, Chloroplast rinnenförmig .... **1. U. variabilis**
2b Zellen tonnenförmig, Chloroplast bandförmig .... **2. U. implexa**
3a Zellwand dick und geschichtet 4
3b Zellwand dick, rauh bis warzig, mitunter H-Stücke zeigend .... **3. U. verrucosa**
4a Fäden 11–60(–70) µm breit, Zellen mit 1–8(–11) Pyrenoiden .... **5. U. zonata**
4b Fäden 12–22 µm breit, Zellen mit 1–2 Pyrenoiden .... **4. U. aequalis**

1. Ulothrix variabilis Kützing 1849 (Fig. 185: e)

Heering 1914, p. 32; Printz 1964, p. 11, fig. 1: 8, 9; Starmach 1972, p. 39, fig. 13.

Zellen zylindrisch, Endzellen der Fäden am freien Ende abgerundet; mit sehr dünner Zellwand. Chloroplast fast die ganze Zelle auskleidend, rinnenförmig; mit einem kleinen Pyrenoid. Fortpflanzung wenig bekannt, Makrozoosporen entstehen anscheinend nur in der Einzahl, Mikrozoosporen (Gameten?) zu 2–4 in jeder Zelle. Aplanosporen werden einzeln gebildet. Zellen 4,5–7 µm breit, 0,5–1,5(–2) mal länger als breit.
Auch aus Erdböden isoliert (Australien, England).
Die von Phillipson (1935) bezeichnete und abgebildete *U. variabilis* scheint eher zu *Klebsormidium* zu gehören, da es zu leichtem Zerfall in Einzelzellen oder kurze Fäden kommt.

2. Ulothrix implexa (Kützing) Kützing 1849 (Fig. 185: b–d)

Syn.: *Hormidium implexa* (Kützing) Rabenhorst 1868
Printz 1964, p. 14, fig. 1: 16, 17; Starmach 1972, p. 40, fig. 16; Lokhorst & Vroman 1974b, p. 563, fig. 1–5; Broady 1982a, p. 28, fig. 113, 211.

Fäden relativ kurz, schleimig, Zellen kürzer als breit, an den Querwänden etwas eingezogen, deshalb leicht tonnenförmig, selten zylindrisch. Chloroplast bandförmig, mehr als ⅔ der Zelle auskleidend; mit einem Pyrenoid. Zellen 10,5–14 µm breit, 7–16 µm lang.
Aerophytisch oder terrestrisch auf der Insel Surtsey (Island).
Von Mrozinska (1990) wurde eine sehr ähnliche Form als *Ulothrix flacca* (Dillwyn) Thuret bestimmt (Fig. 185: h), die eigentlich eine marine Art ist. Auf *Pinus densiflora* (Nord-Korea).

---

[44] Für weitere Synonymik sei auf Printz (1927) oder auf Lokhorst & Vroman (1972, 1974a, b) hingewiesen.

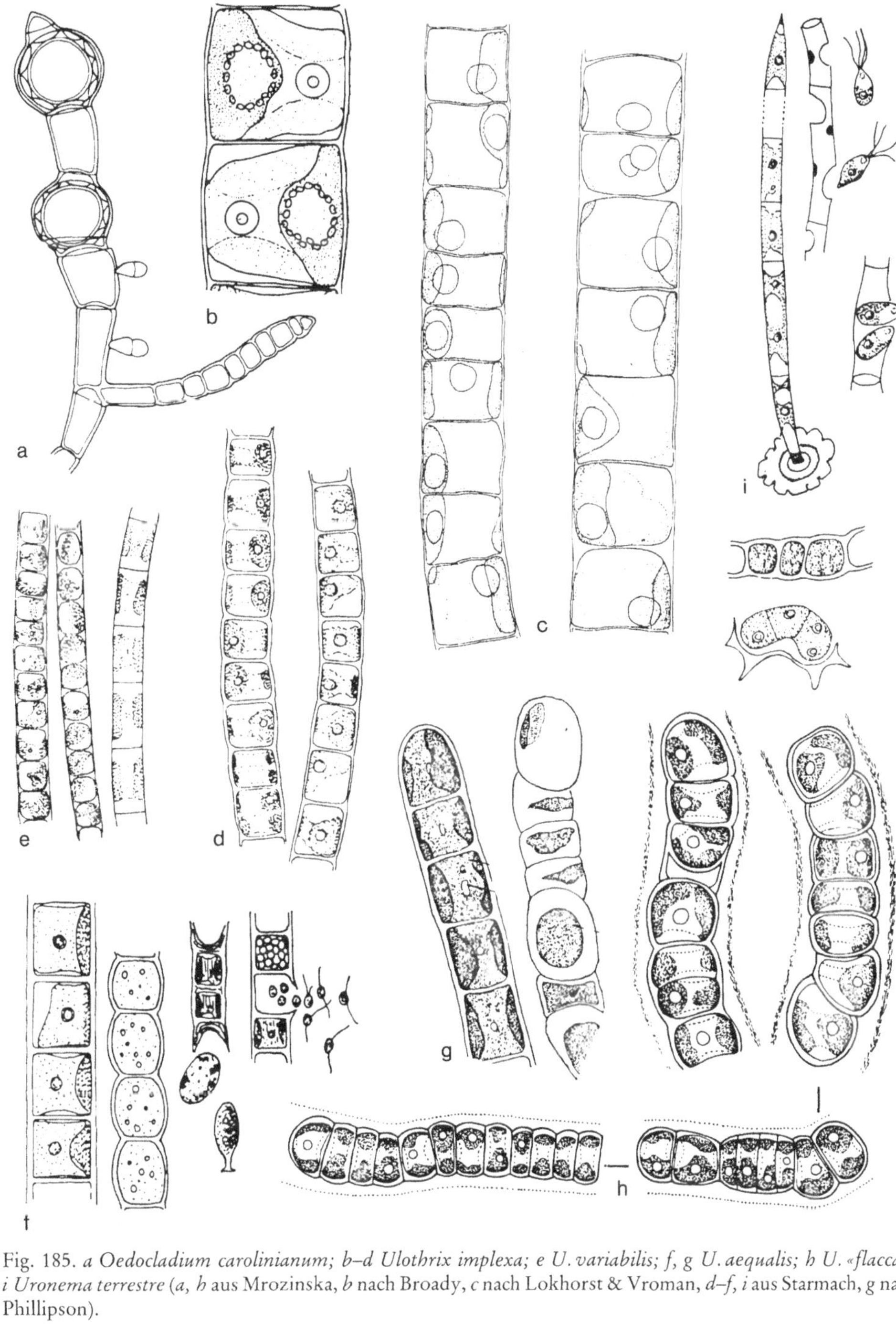

Fig. 185. *a Oedocladium carolinianum; b–d Ulothrix implexa; e U. variabilis; f, g U. aequalis; h U. «flacca»; i Uronema terrestre* (*a, h* aus Mrozinska, *b* nach Broady, *c* nach Lokhorst & Vroman, *d–f, i* aus Starmach, *g* nach Phillipson).

3. Ulothrix verrucosa Lokhorst 1974 (Fig. 186: a)
Syn.: *Hormidium mucosum* J. B. Petersen 1915, non Korschikoff 1941
Lund 1947a, p. 50, fig. 4 a–i; Printz 1964, p. 30, fig. 5: 6, 7; Lokhorst & Vroman 1974a, p. 382; fig. 9–10.

Fäden gerade oder leicht gebogen. Zellen zylindrisch, später leicht tonnenförmig. Zellwand stark verdickt, im Alter rauh und fast warzig, mitunter treten H-Stücke auf; ohne Gallertscheiden, mit Ausnahme eines Isolats von Lund (1947a), wo variable Gallerte vorkommt. Chloroplast rinnen- oder gürtelförmig, ⅔ der Zelle auskleidend; in kurzen Zellen fast geschlossen; mit 1, seltener 2 Pyrenoiden. Ausschließlich vegetative Fortpflanzung durch Fadenzerfall, Zoosporen oder Gameten nicht beobachtet. Zellen 9–22 µm lang, 15–20(–23) µm breit.
Aus Böden in Frankreich, Dänemark und England, sowie aus subaerischen Standorten in den Niederlanden beschrieben.

4. Ulothrix aequalis Kützing 1845 (Fig. 185: f, g)
incl. *Ulothrix cateniformis* Kützing
Heering 1914, p. 35, fig. 33, 34; Printz 1964, p. 16, fig. 2: 14, 15; Starmach 1972, p. 43, fig. 23.

Zellen zylindrisch, bei der Bildung von Hypnoblasten mehr tonnenförmig. Zellwand ± dick und häufig geschichtet. Chloroplast ausgebreitet, gürtelförmig, mehr als die Hälfte der Zelle auskleidend; mit 1–2 Pyrenoiden. Als Dauerstadien sind Hypnopalmellen bekannt. Asexuelle Fortpflanzung durch viergeißelige Makrozoosporen oder zweigeißelige Mikrozoosporen (Gameten?), auch durch Aplanosporen. Zellen 12–22 µm breit, 1–2 mal länger als breit.
Einmal in Böden aus Victoria (Australien) gefunden.

5. Ulothrix zonata (Weber & Mohr) Kützing 1833 (Fig. 186: b)
Syn.: etwas kompliziert und verwickelt, siehe Lokhorst & Vroman 1974b, p. 574
Heering 1914, p. 35, fig. 35, 36; Printz 1964, p. 18, fig. 3: 1–12; Ramanathan 1964, p. 30, fig. 1: A, B, 3: A, G–I, 4: A–H, 5: A–N, 6: A–J; Starmach 1972, p. 46, fig. 30; Lokhorst & Vroman 1974b, p. 574, fig. 13–21.

Fäden mit ausgeprägter Haftzelle. Zellen im allgemeinen breiter als lang. Chloroplast bandförmig, mehr als die Hälfte der Zelle auskleidend; mit 1–4, in älteren Zellen 8–11 Pyrenoiden. Zellwand in alten Zellen stark verdickt und geschichtet. Sonst mit den Merkmalen der Gattung, besonders die Fortpflanzung. Zellen (7)–11–60(–70) µm breit, meist etwas kürzer als breit.
Kultur: UTEX 745.
An subaerischen Standorten, an nassen überrieselten Felsen in der Schweiz, an Küstenfelsen von Signy Island (Antarktis) und auf feuchten Waldwegen (Tschechoslowakei).
Bei einem Isolat von Broady (1979a) von Signy Island wurden nur Aplanosporen, keine Zoosporen beobachtet.

Unsichere Art:
Ulothrix tenuissima Kützing 1833 sensu Bristol 1920, p. 76, fig. 12.

Aus Böden in England isoliert. Zellen dünnwandig, mit bandförmigem Chloroplast mit einem Pyrenoid; nur in den Endzellen 2 Pyrenoide vorhanden. Die Beschreibung und Abbildung entspricht nicht der neuesten taxonomischen Bearbeitung von Lokhorst & Vroman (1974). Da von Bristol zudem auch die Zoosporen nicht beobachtet wurden, ist die Einreihung dieses Organismus unsicher.

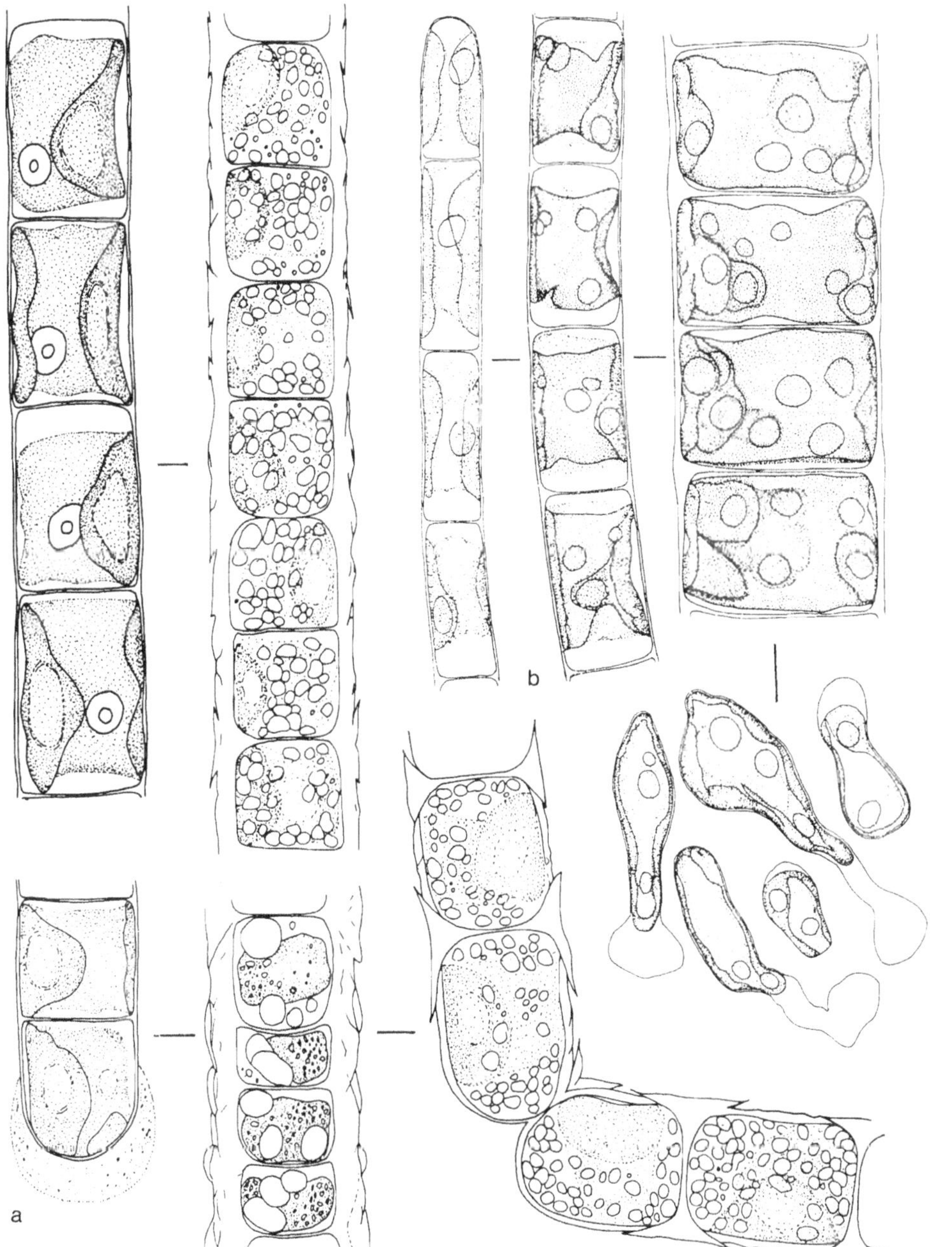

Fig. 186. *a Ulothrix verrucosa; b U. zonata* (nach Lokhorst & Vroman).

2. **Uronema** Lagerheim 1887

Syn.: *Ulothrix* Kützing 1836 sensu Mattox & Bold 1962
Heering 1914, p. 36; Printz 1927, p. 171; 1964, p. 33; Pankow 1960, p. 117; Mattox & Bold 1962, p. 18; Ramanathan 1964, p. 47; Bourrelly 1966, p. 244; Starmach 1972, p. 49.

Bildet einfache, unverzweigte Fäden, die in den meisten Fällen mittels Haftscheibe festsitzen. Fäden variabel in der Länge. Endzellen scharf zugespitzt, gerade oder etwas gebogen, gelegentlich schwach angeschwollen. Zellen zylindrisch, dünnwandig, mit einem parietalen, rinnenförmigen bis hohlzylindrischen Chloroplast; mit 1 oder mehreren Pyrenoiden. Asexuelle Fortpflanzung durch viergeißelige Zoosporen, die zu 1–2 pro Zelle gebildet werden. Auch zweigeißelige Schwärmer wurden beobachtet. Aplanosporen gelegentlich vorkommend. Kein *Codiolum*-Stadium.
Mit 3 terrestrischen Arten.

1a Fäden 3–5 μm breit, Chloroplast nicht gelappt . . . . **1. U. terrestre**
1b Fäden 4–9,5 μm breit, Chloroplast gelappt **2**
2a Fäden 4–8 μm breit, Haftscheibe bis 10 μm ∅, Zellkern der Zoosporen median . . . . **2. U. trentonense**
2b Fäden 6–9,5 μm breit, Haftscheibe bis 20 μm ∅, Zellkern der Zoosporen vorn . . . . **3. U. acuminatum**

1. **Uronema terrestre** Mitra 1947 (Fig. 185: i)

Ramanathan 1964, p. 53, fig. 15; Printz 1964, p. 36, fig. 6: 1, 2; Starmach 1972, p. 55, fig. 36.

Fäden am natürlichen Standort bis 6 mm lang, mit flacher gelappter Haftscheibe festsitzend. Zellen an den Querwänden eingeschnürt. Terminale Zelle gewöhnlich kürzer als die Fadenzellen, selten gebogen, mit scharfer Spitze. Chloroplast hohlzylindrisch, oft in 2 Teile aufgelöst; mit einem Pyrenoid. In den Zellenden Vakuolen. Zoosporen durch seitliche Öffnung in den Mutterzellen ausschlüpfend; Aplanosporen abgerundet. Hypnoblasten in Reihe mit dicken Wänden vorkommend. Zellen 3–5 μm breit, 22–35(–60) μm lang; Zoosporen 5–8 × 6–15 μm groß.
Aus Boden von Reisfeldern in Indien isoliert.

2. **Uronema trentonense** Lee 1978

Lee 1978, p. 193, fig. 1–12 (Mikrophotos).

Festsitzend oder freilebend, mit Fäden von unbestimmter Länge; terminale Fadenzelle zugespitzt bis abrupt verschmälert; basale Haftscheibe geht direkt ohne Ausbildung eines Stieles in die basale Fadenzelle über. Chloroplast kleidet fast die ganze Zelle aus; mit 1–3, meist 2 Pyrenoiden. Zoosporen mit median liegendem Zellkern. Aplanosporen einzeln in den Zellen gebildet. Zellen 4–8 μm breit, 12–40 μm lang; Zoosporen 10–15 × 4–10 μm groß, Aplanosporen 5–8 μm ∅.
Aus Bodenproben nahe zweier Seen in New Jersey (USA) isoliert.

3. **Uronema acuminatum** (Mattox & Bold) nov. comb.

Basionym: *Ulothrix acuminata* Mattox & Bold 1962, Phycol. stud. III, Univ. Texas Publ. No. 6222, p. 30, fig. 22–27 (Mikrophotos).

Junge Fäden in Flüssigkulturen nicht über 10 Zellen lang; Scheitelzelle abgerundet, aber meist zugespitzt; basale Haftscheibe aus dünnem scheibenförmigen Gallertbelag und einem halbkugeligen Gallertpolster. Ältere Fäden sehr lang, an den Querwänden leicht eingeschnürt. Chloroplast mit gelapptem Rand und 2 oder mehreren Pyrenoiden. Zoosporen einzeln entstehend, mit vorn gelegenem Zellkern. Zellen 6–9,5 μm breit, 1–4 mal länger als breit.
Kultur: UTEX 1178.
Aus einer Erdprobe im Eichenwald, Williamson County, Texas (USA) isoliert.
Diese Art, ebenso wie die übrigen Arten dieser Gattung, bildet kein *Codiolum*-Stadium und entspricht auch morphologisch der klassischen Auffassung von *Uronema*.

3. **Trichosarcina** Nichols & Bold 1965

Nichols & Bold 1965, p. 38.

Bildet einreihige und mehrreihige Fäden sowie sarcinoide Zellpakete; anfangs festsitzend, später freischwimmend. Zellen einkernig, mit rinnenförmigem Chloroplast und einem zweischaligen Pyrenoid. Asexuelle Fortpflanzung durch viergeißelige Zoosporen, die einzeln pro Sporangium gebildet werden. Sexuelle Fortpflanzung unbekannt.

Mit einer einzigen Art:

Trichosarcina polymorpha Nichols & Bold 1965 (Fig. 187: a–c)
Nichols & Bold 1965, p. 38, fig. 1–33.

Mit den Merkmalen der Gattung. Einreihige Fäden 7 µm breit, mehrreihige über 200 µm, Zoosporen 6 × 4 µm groß.
Kultur: UTEX 1335.
Aus einer zeitweise wassergefüllten Granitmulde, Texas (USA) isoliert. Nicht sicher ob aerophytische oder terrestrische Art.

4. **Pseudendoclonium** Wille 1900

Syn.: *Pseudopleurococcus* Snow 1899 p. p. sensu S. Watanabe 1983; *Dilabifilum* Tschermak-Woess 1978 p. p.
Vischer 1926, p. 92; 1933, p. 21; 1953 a, p. 176; Printz 1964, p. 274; Bourrelly 1966, p. 302; 1988, p. 134; Starmach 1972, p. 432; Tupa 1974, p. 60.

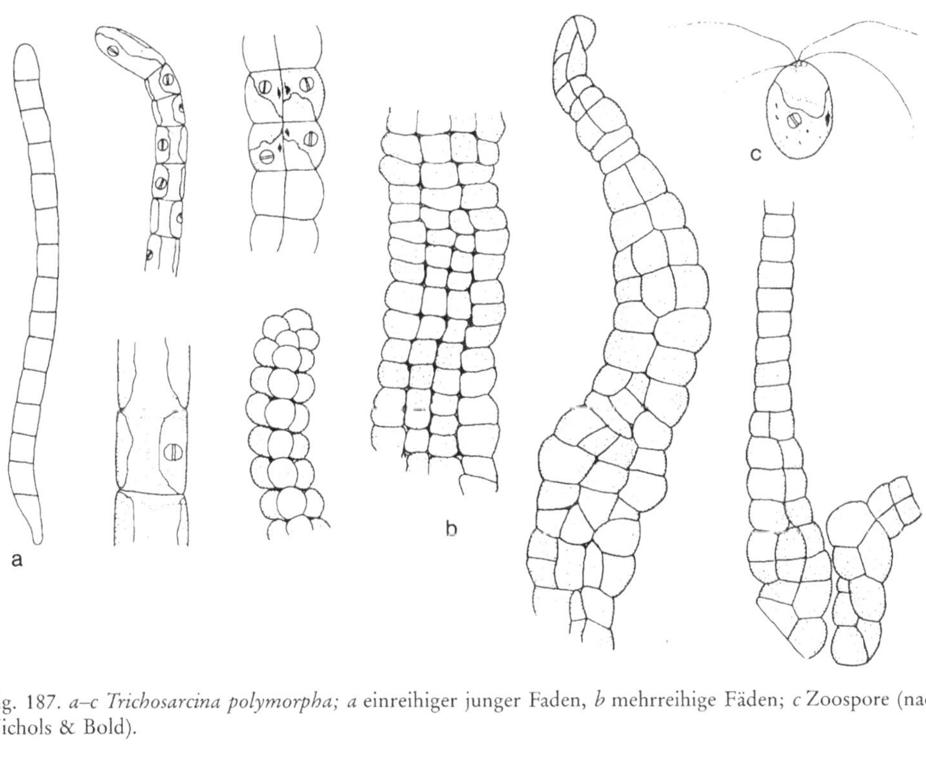

Fig. 187. *a–c Trichosarcina polymorpha; a* einreihiger junger Faden, *b* mehrreihige Fäden; *c* Zoospore (nach Nichols & Bold).

Bildet kurzfädige, verzweigte Thalli, die älteren Teile zerfallen leicht in Hypnopalmellen oder in Einzelzellen. Auf Agar erheben sich die Fäden nur wenig von der Oberfläche in Form einzelner schwacher Luftfäden. Teilweise können auch fast sarcinoide Zellpakete gebildet werden. Zellen mit einem parietalen Chloroplast und einem Pyrenoid. Asexuelle Fortpflanzung durch viergeißelige Zoosporen und durch Aplanosporen.
Mit 2 terrestrischen oder als Phykobionten lebenden Arten.

1a Fäden 5 µm breit, Chloroplast bei Fadenzellen ganzrandig . . . . **1. P. basiliense**
1b Fäden bis 8 µm breit, Chloroplast bei Fadenzellen gelappt . . . . **2. P. printzii**

1. Pseudendoclonium basiliense Vischer 1926 (Fig. 188: a, 189: a–o)

incl. var. *brandii* Vischer 1933
Vischer 1926, p. 92, fig. 1; 1933, p. 21, fig. 6–8; 1953 a, p. 176, fig. 5; Fritsch & John 1942, p. 385, fig. 5 A–H; Printz 1964, p. 274, fig. 84: 1–9; Tupa 1974, p. 62, fig. 99–113.

Mit den Merkmalen der Gattung. Die var. *brandii* zeichnet sich nur durch stärkere Neigung zur Faden- und Zoosporenbildung aus. Zoosporen werden zu 4–16(–32), Aplanosporen zu 2–4 gebildet. Zellen einzeln kugelig 8–10 µm ∅; Fadenzellen 5 × 20 µm; Zoosporen 5–7 × 7–8 µm groß.
Kultur: UTEX 336, 337, 1913; SAG 466–1.
Teils Wasser-, teils Bodenbewohner, als terrestrische Art häufiger gefunden (Schweiz, Tschechoslowakei, USA).

2. Pseudendoclonium printzii (Vischer) Bourrelly 1972 (Fig. 179: b)

Syn.: *Pseudopleurococcus printzii* Vischer 1933; *Dilabifilum printzii* (Vischer) Tschermak-Woess 1970
Vischer 1933, p. 34, fig. 11, 12; Tschermak-Woess 1970, p. 452; Bourrelly 1972, p. 548, 1988, p. 134; S. Watanabe 1983, p. 259; Johnson & John 1990, p. 57.

Thallus bildet verzweigte Fäden oder pseudoparenchymatische Lager. Auch die Bildung von sarcinoiden Zellpaketen kommt vor, besonders in alten Kulturen. Sie gehen zuletzt in Hypnoblasten über und die Lager auf Agar werden pulverig körnig. Fadenzellen 2–5 mal länger als breit, an beiden Enden leicht aufgeblasen und abgerundet. Zellen in Paketen abgerundet bis kugelig, mit etwas verdickter Wand. Fadenzellen 5–8 × 5–30 µm groß.
Kultur: UTEX 338.
Aus Bodenproben bekannt (Japan), soll auch als Phykobiont in Flechten vorkommen.
Von S. Watanabe (1983, p. 259, fig. 20) wurde eine Varietät, var. *longissimum,* beschrieben (Fig. 180). Unterscheidet sich durch verlängerte Zellen, die im Laufe des Wachstums einseitig gestreckt bis sackförmig werden und basal abgerundet bleiben. Fäden leicht zerfallend, alternierend verzweigt. Zoosporen nicht beobachtet. Zellen 60–120 µm lang, 6–10 µm breit.
Von Baumrinde und aus Bodenproben in Japan isoliert.
Ohne Kenntnis der Zoosporen ist die Zugehörigkeit dieser Varietät zu *P. printzii* fraglich.

Unsichere Art:
Pseudendoclonium murale Brand in Vischer 1926 (nomen nudum). Wird von Vischer aus dem Nachlaß von Brand erwähnt, als eine von Mauern und Bäumen aus der Umgebung von Wien isolierte Alge. Weitere Details fehlen und außerdem ist diese Art nicht entsprechend beschrieben.

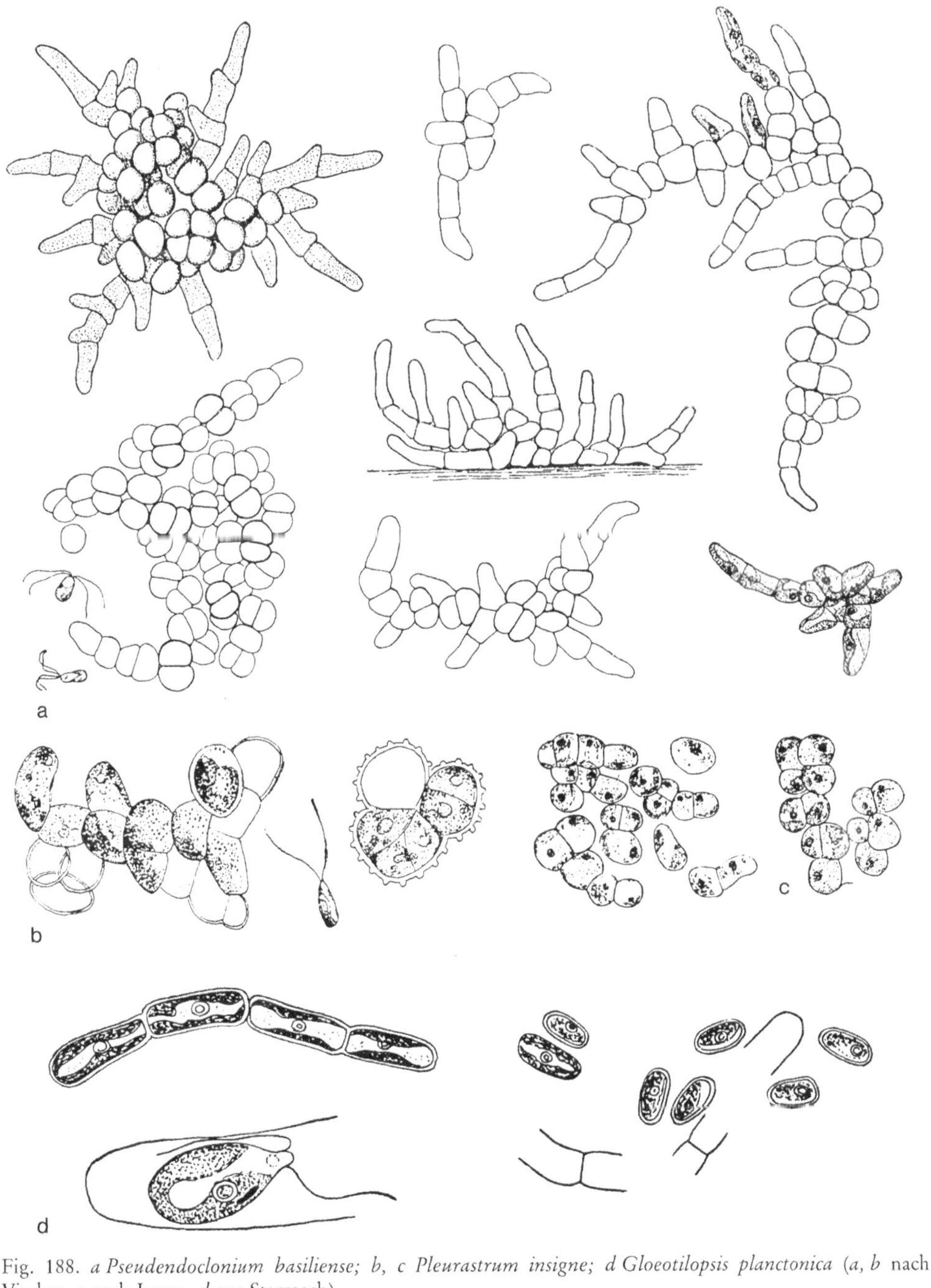

Fig. 188. *a Pseudendoclonium basiliense; b, c Pleurastrum insigne; d Gloeotilopsis planctonica* (*a, b* nach Vischer, *c* nach James, *d* aus Starmach).

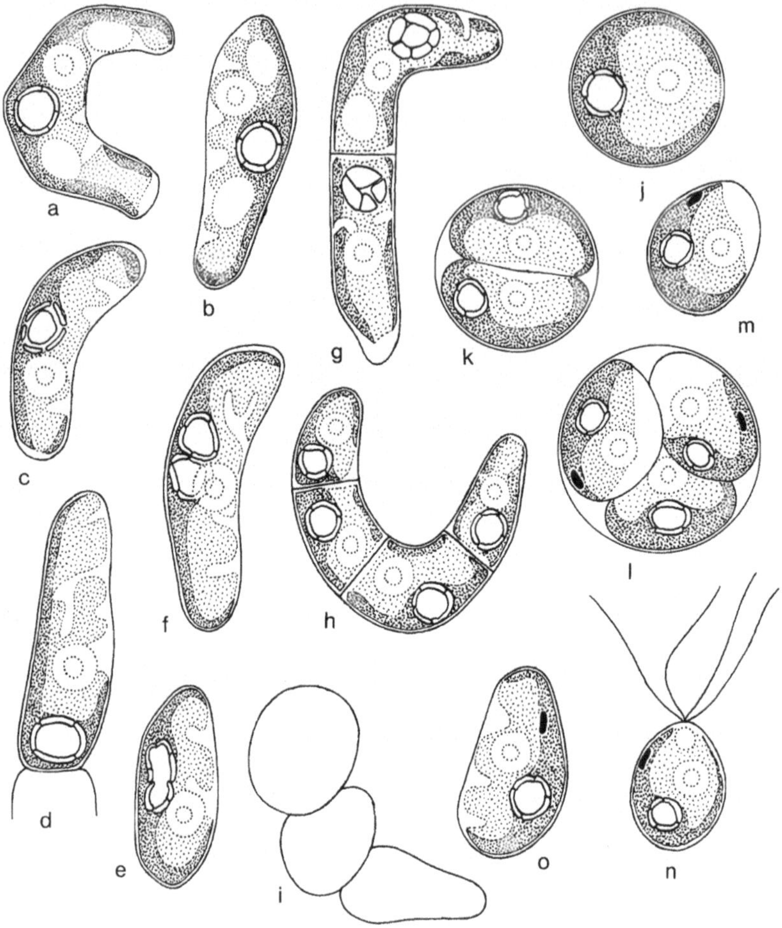

Fig. 189. *a–o Pseudendoclonium basiliense*, detailliert dargestellt; *a–d* vegetative Zellen mit deutlich gelapptem Chloroplast; *e–h* Teilungsverlauf der Zellen und Bildung der Fäden; *i, j* Umformung vegetativer Zellen in Sporangien; *k, l* Sporulation; *m* Aplanospore; *n* Zoospore; *o* Keimling (nach Ettl).

2. Ordnung Pleurastrales

Thallus in Form einzelner Zellen, Zellpakete oder verzweigter Fäden. Zellen einkernig, mit einem parietalen plattenförmigen oder zentralen asteroiden Chloroplast; mit oder ohne Pyrenoid. Begeißelte Zellen mit 2 Geißeln, lateral abgeflacht, in vegetativen (nicht spezialisierten) Zellen entstehend.

Printz 1964, Starmach 1972, Bourrelly 1988, Sluiman 1989, van den Hoek et al. 1993.

Mit einer einzigen Familie **Pleurastraceae,** zu der 3 Gattungen mit terrestrischen, aerophytischen oder in Flechten lebenden Arten gehören.

1a Thallus einzellig oder nur aus Zellgruppen bestehend . . . . **1. Trebouxia** (S. 569)
1b Thallus aus verzweigten Fäden bestehend **2**
2a Zellen mit Pyrenoid . . . . **2. Pleurastrum** (S. 583)
2b Zellen ohne Pyrenoid . . . . **3. Microthamnion** (S. 584)

1. **Trebouxia** Puymaly 1924

Syn.: *Cystococcus* Nägeli sensu auct.; *Chlorococcum* Meneghini sensu Brand & Stockmayer 1925, non Meneghini 1843; *Pseudotrebouxia* Archibald 1975

Puymaly 1924, p. 107; Korschikoff 1953, p. 205; Ahmadjian 1967, p. 144; Bourrelly 1966, p. 129; Archibald 1975, p. 126; Komárek & Fott 1983, p. 116; Gärtner 1985a, p. 101; 1985b, p. 508; Friedl 1989a, p. 125; Tschermak-Woess 1989a, p. 192.

Zellen einzeln oder in Gruppen von Tetraden bis größeren Komplexen vereinigt, kugelig bis ellipsoidisch oder abgerundet, manchmal auch asymmetrisch. Zellwand dünn, nur selten etwas einseitig verdickt, ohne Gallerthüllen. Chloroplast parietal in jungen Zellen, in erwachsenen Zellen mehr oder weniger zentral mit gelapptem oder gekerbtem Rand, meist etwas von der Zellwand abgerückt. Mit einem oder mehreren, nackten, strukturierten oder multiplen Pyrenoiden[45]. Stärke wird meist als körnige Stromastärke im Chloroplasten abgelagert. Zellkern stets exzentrisch in einer deutlichen Einbuchtung des Chloroplasten liegend. Asexuelle Fortpflanzung durch Autosporen[46] und nackte, zweigeißelige Zoosporen mit oder ohne Stigma.

Mit derzeit 27 Arten, die nahezu ausschließlich als Phykobionten vorkommen.[47]

1a Zellen kugelig oder nur vereinzelt etwas ellipsoidisch 5
1b Zellen ellipsoidisch, eiförmig, birnenförmig oder unregelmäßig abgerundet 2
2a Zellen mit einseitiger Wandverdickung 3
2b Zellen ohne einseitige Wandverdickung 4
3a Zellen birnenförmig, Zoosporen mit Stigma . . . . **24. T. pyriformis**
3b Zellen eiförmig, Zoosporen ohne Stigma . . . . **4. T. asymmetrica**
4a Zellen regelmäßig ellipsoidisch, ohne Pyrenoid . . . . **21. T. magna**
4b Zellen unregelmäßig bis eiförmig, mit 1 Pyrenoid . . . . **18. T. irregularis**
5a Zellen mit massivem, kaum gelapptem Chloroplast 6
5b Zellen mit deutlich eingeschnitten-gelapptem Chloroplast 8
6a Zellen einzeln, kugelig, Chloroplast kantig bis kaum gelappt (epiphytisch?) . . **3. T. arboricola**
6b Zellen zu Gruppen vereinigt, auch manchmal einzeln, dann Chloroplast abgerundet, nur sehr leicht gelappt 7
7a Zellen häufig in Gruppen, Chloroplast massiv, oberflächlich leicht gerippt, Zoosporen ohne Stigma . . . . **1. T. aggregata**
7b Zellen einzeln, Chloroplast abgerundet, meist 1 Pyrenoid gelegentlich auch mehrere . . . . **26. T. simplex**
8a Zellen häufig in Vierergruppen (Tetraden), Zoosporen mit Stigma . . . . **25. T. showmanii**
8b Zellen einzeln oder zu unregelmäßigen Gruppen 9
9a Chloroplast mit 1 Pyrenoid 13
9b Chloroplast mit mehreren Pyrenoiden 10
10a Zellen häufig in Gruppen, Chloroplast massiv, groblappig, 2 bis 4 Pyrenoide (bisher nur freilebend bekannt) . . . . **5. T. corticola**
10b Zellen nicht in Gruppen, phykobiontisch lebend 11
11a Zellen 10–13(–16 µm), Chloroplast groblappig mit bis 7(–20!) Pyrenoiden (meist 1 großes und kleinere Satellitenpyrenoide) . . . . **27. T. usneae**
11b Zellen größer, Chloroplast regelmäßig gelappt 12
12a Zellen bis 22 µm, Chloroplast mit kurzen, stumpfen Lappen und 1 bis mehreren Pyrenoiden, Zoosporen mit Stigma . . . . **23. T. potteri**

---

[45] Nach Friedl (1989b) lassen sich 8 Pyrenoidtypen anhand ihrer Ultrastruktur unterscheiden.

[46] Tschermak-Woess (1989a) unterscheidet zusätzlich noch Aplanosporenbildung und vereint jene Sippen, die Zoo- und Aplanosporen aufweisen in der Untergattung *Eleutherococcus*; alle anderen Sippen mit Zoo-, Aplano- und Autosporenbildung wären in die Untergattung *Trebouxia* einzureihen.

[47] Freilebende Sippen selten aber beobachtet.

12b Zellen bis 26 µm, Chloroplast tief gelappt, Zoo- (und Aplanosporangien!) mit nach innen vorspringender zapfenartiger Wandverdickung, Zoosporen ohne Stigma . . . . **22. T. phycobiontica**
13a Pyrenoid mit deutlicher Stärkehülle 14
13b Pyrenoid nackt, ohne oder nur mit ganz schwach ausgebildeter Stärkehülle 15
14a Zellen 7–9(–11) µm, Chloroplast massiv-groblappig, in Kultur auf *Trebouxia*-Agar dunkelgrün . . . . **15. T. higginsiae**
14b Zellen 7–13 µm, Chloroplast grob gelappt, Kultur auf *Trebouxia*-Agar hellgrün . . . . **11. T. galapagensis**
15a Chloroplast fein und regelmäßig dicht gelappt, crenulat 16
15b Chloroplast anders 17
16a Zellen zu ineinandergeschachtelten Gruppen vereinigt, 4–8(–16) Autosporen, Reste der Autosporangienwände oft noch längere Zeit sichtbar, Pyrenoid homogen im Lichtmikroskop . . . . **17. T. incrustata**
16b Zellen einzeln oder nach Auflösen der Sporangienwände noch in Gruppen, Chloroplast sehr fein und gleichmäßig gekerbt (in Oberflächenansicht punktiert erscheinend), Pyrenoid im Lichtmikroskop multipel . . . . **6. T. crenulata**
17a Chloroplast in Oberflächenansicht rippig, Pyrenoid sehr klein oder undeutlich, Zoosporen ohne Stigma . . . . **20. T. jamesii**
17b Chloroplast nicht gerippt erscheinend, Pyrenoid deutlich, groß 18
18a Chloroplast tief gelappt, oft einseitig bis zum Pyrenoid eingeschnitten 19
18b Chloroplast regelmäßig und weniger tief gelappt, oder auch massiv groblappig 20
19a Zellen 8–10(–14) µm, Wand in erwachsenen Zellen etwas verdickt, Zoosporen mit Stigma . . . . **8. T. erici**
19b Zellen 11–14(–20) µm, Chloroplast die Zelle oft nur bis zur Hälfte ausfüllend, tief eingeschnitten, Zoosporen ohne (?) Stigma . . . . **9. T. excentrica**
20a Chloroplast massiv bis grob gelappt, Pyrenoid mit siebartiger Struktur, Zoosporen mit Stigma . . . . **2. T. anticipata**
20b Chloroplast deutlich gelappt 21
21a Chloroplast gelappt, deutlich grün 22
21b Chloroplast sehr grob gelappt, auffällig gelb 26
22a Zellen groß (14–27 µm), oft in Vierergruppen, Zoosporen bis 9 µm lang, ohne Stigma . . . . **13. T. gigantea**
22b Zellen meist nur bis 15 µm groß 23
23a Zoosporen ohne Stigma 24
23b Zoosporen mit Stigma 25
24a Chloroplastenlappen zahlreich, mehr oder weniger regelmäßig, meist 16–32 Autosporen, Pyrenoid siebartig . . . . **12. T. gelatinosa**
24b Chloroplastenlappen grob, Lappen kurz, kräftig, meist 8–16 (gelegentlich 32) Autosporen, Reste der Sporangienhüllen häufig längere Zeit erhalten . . . . **16. T. impressa**
25a Zahlreiche Autosporen (meist 32–64) . . . . **14. T. glomerata**
25b Autosporen meist 4–8 (bisweilen –32), leere Sporangienhüllen noch längere Zeit erhalten . . . . **19. T. italiana**
26a Autosporen 4–8 . . . . **10. T. flava**
26b Autosporen meist 8 oder mehr, ineinandergeschachtelte Systeme bildend . . . **7. T. decolorans**

1. Trebouxia aggregata (Archibald) Gärtner 1985 (Fig. 190: a–d)
Syn.: *Pseudotrebouxia aggregata* Archibald 1975
Archibald 1975, p. 131, fig. 12; Gärtner 1985 b, p. 511, fig. 4.

Zellen kugelig, oft in Vierergruppen, Chloroplast massiv mit geringer Lappung und einem kleinen nackten Pyrenoid mit siebartiger Struktur. 4–8 Autosporen. Zellen 9–14 µm im Durchmesser, Zoosporen ohne Stigma, 2,5–4 µm groß.
Kulturen: UTEX 180, CCAP 219/1 d.
Aus *Xanthoria sp., X. parietina, Parmelia sulcata* und anderen Parmelien (Mitteleuropa); zusammen mit *Gloeocapsa sanguinea* auch als Phykobiont in *Euopsis granatina* (Lichinaceae) aus Finnland und der Schweiz angegeben (Büdel & Henssen 1988). Hildreth & Ahmadjian (1981) beschrieben ein Isolat aus *Lecidea fuscoatra* (Schweden) mit größeren Zellen und mehreren (?) Kernen.

2. Trebouxia anticipata Ahmadjian ex Archibald 1975 (Fig. 190: e–h)
Archibald 1975, p. 126, fig. 4; Gärtner 1985 b, p. 513, fig. 5
Zellen einzeln, kugelig, mit zarter Wand, Chloroplast massiv mit groben kurzen Lappen und deutlichem großem Pyrenoid. Autosporen zahlreich (bis 64), Zoosporen mit Stigma. Zellen 9–15(–18 µm), Zoosporen 3 × 5 µm.
Kulturen: UTEX 903, 904, CCAP 219/3.
Phykobiont von *Parmelia rudecta* (USA).

3. Trebouxia arboricola Puymaly 1924 (Fig. 190: i–l)
Syn.: *Cystococcus humicola* Nägeli sensu Treboux 1912, non Nägeli 1849
Archibald 1975, p. 126, fig. 1; Komárek & Fott 1983, p. 123, fig. 32: 2; Gärtner 1985 b, p. 514, fig. 6.

Zellen einzeln, kugelig, Chloroplast massiv bis grobkantig, die Zelle fast ausfüllend, ein eckiges Pyrenoid. 2–16 Autosporen, die noch längere Zeit durch die gedehnte Sporangienwand zusammengehalten werden. Zoosporen ohne Stigma. Zellen 13–15 µm Durchmesser, Zoosporen 3 × 6 µm.
Kulturen: CCAP 219/1 a, SAG 219/1 a.
Herkunft der Kulturen unbekannt, vielleicht von Baumrinden als freilebender Organismus isoliert. Auch als Phykobiont verschiedener Parmelien aus Mitteleuropa (Schweiz, Südtirol) isoliert.

4. Trebouxia asymmetrica Friedl & Gärtner 1988 (Fig. 190: m–o)
Friedl & Gärtner 1988, p. 156, fig. 7–9, 23–26.

Zellen eiförmig bis unregelmäßig abgerundet ellipsoidisch, mit einseitiger Wandverdickung. Chloroplast gelappt, in Oberflächenansicht streifig bis fleckig erscheinend. Pyrenoid mit siebartiger Struktur. Autosporen unterschiedlicher Größe bleiben in unregelmäßigen, asymmetrischen Tetraden beisammen, andere werden durch Aufreißen der Sporangienwand frei. Zoosporen länglich, ohne Stigma. Zellen 19 × 14 µm, Zoosporen 4,5–6 µm × 1,5–2,5 µm.
Aus der Flechte *Diploschistes albescens* (Spanien) isoliert.

5. Trebouxia corticola (Archibald) Gärtner 1985 (Fig. 191: a, b)
Syn.: *Pseudotrebouxia corticola* Archibald 1975; *Trebouxia arboricola* Puymaly sensu Ahmadjian 1959
Archibald 1975, p. 131, fig. 13; Gärtner 1985 b, p. 515, fig. 7.

Zellen kugelig, oft in Gruppen, Chloroplast massiv-groblappig, Lappen sehr derb und kurz, ein bis vier Pyrenoide, meist auch als Doppelpyrenoide vorkommend. 4–8(–16) Autosporen, die noch längere Zeit von den Resten der Sporangienwand zusammengehalten werden. Zoosporen mit Stigma. Zellen 8–10(–14) µm, Zoosporen 3 × 5 µm.

Fig. 190. *a–d Trebouxia aggregata; a–b* vegetative Zellen; *c* Protoplastenteilung; *d* Autosporen; *e–h T. anticipata; e–g* vegetative Zellen (bei g Oberflächenansicht); *h* junge Zellen; *i–l T. arboricola; i–k* vegetative Zellen (bei *k* Oberflächenansicht); *l* Autosporangium; *m–o T. asymmetrica; m* Zellen in asymmetrischen Tetraden; *n* Zoosporen; *o* vegetative Zellen (*a–l* nach Gärtner; *m–o* nach Friedl).

Fig. 191. *a–b T. corticola; c–h T. crenulata; c* Autosporenbildung; *d* junge Zellen; *e* erwachsene Zelle; *f* Chloroplastenteilung; *g* Autosporangium; *h* Autospore mit crenulatem Chloroplast; *i–k T. decolorans, i–j* vegetative Zellen; *k* mehrfache Autosporenbildung; *l–t T. erici; l–n* vegetative Zellen (bei *l* Oberflächenansicht); *o* junge Zellen aus Autosporen; *p* Zoospore; *q–r* heranwachsende Zellen; *s* ältere Zelle mit verdickter Wand; *t* Autosporen (*a–o* nach Gärtner; *p–t* nach Takeshita et al.).

Kultur: UTEX 909.
Bisher nur freilebend auf Baumrinde (USA) bekannt.

6. **Trebouxia crenulata** Archibald 1975 (Fig. 191: c–h)

Archibald 1975, p. 128, fig. 6; Gärtner 1985b, p. 516, fig. 8.

Zellen einzeln, kugelig, Chloroplast sehr fein und regelmäßig gelappt, Lappen gleich hoch, warzenförmig (crenulat), in Oberflächenansicht punktiert erscheinend. Ein Pyrenoid. Fortpflanzung durch 16–32 Autosporen mit bereits ebenfalls erkennbarer crenulater Chloroplastenstruktur. Zoosporen mit Stigma. Zellen 10–16(–20) µm, Zoosporen 3–5 × 7–9 µm.
Kulturen: CCAP 219/1 b, 219/2.
Als Phykobiont aus *Xanthoria aureola* und verschiedenen *Parmelia*-Arten (Europa) bekannt.

7. **Trebouxia decolorans** Ahmadjian 1960 (Fig. 191: i–k)

Syn.: *Trebouxia albulescens* Giudeci de Nicola & Di Benedetto 1962; *Pseudotrebouxia decolorans* (Ahmadjian) Archibald 1975
Ahmadjian 1960, p. 681, fig. 18, 19, 22, 29, 30; Archibald 1975, p. 133, fig. 17–18; Gärtner 1985b, p. 517, fig. 9.

Zellen einzeln, kugelig, ohne Wandverdickung. Chloroplast grob gelappt, oft unregelmäßig verdickt, die Zelle nicht zur Gänze ausfüllend. Ein Pyrenoid. Meist 8 Autosporen, die noch längere Zeit in der Sporangienwand zusammengehalten werden, oft mehrfach ineinandergeschachtelte Autosporensysteme vorkommend. In Kultur durch gelbe Färbung auffällig. Zellen 10–13(–17) µm, Zoosporen 3–4 × 5–7 µm.
Kultur: UTEX 781, 901; CCAP 219/4.
Aus *Xanthoria parietina* (USA, Italien) und *Buellia punctata* (USA) isoliert. *T. albulescens* Giudeci de Nicola & Di Benedetto 1962 unterscheidet sich vom Typus in der Zusammensetzung der Karotinoide (Kultur CCAP 219/4).

8. **Trebouxia erici** Ahmadjian 1960 (Fig. 191: l–t)

Ahmadjian 1960, p. 680, fig. 6, 10, 15; Archibald 1975, p. 126, fig. 2; Komárek & Fott 1983, p. 117, fig. 30: 3; Gärtner 1985b, p. 519, fig. 10; Takeshita et al. 1991a, p. 2, fig. 2.

Zellen einzeln, kugelig, im Alter mit etwas verdickter Wand oder ohne Wandverdickung, Chloroplast manchmal etwas einseitig entwickelt, unregelmäßig lappig, oft tief eingeschnitten (bis zum Pyrenoid). Ein Pyrenoid. Autosporen 8–16, Zoosporen etwas abgerundet-kugelig, mit Stigma. Zellen 8–10(–14) µm, Zoosporen 2–3 × 4–7 µm. Zellwand erwachsener Zellen in Kultur bis 2 µm dick werdend.
Kulturen: UTEX 910, 911, 912; ASIB M 025, M 027; CCHU (Bot. Inst. Hiroshima University) 3752, 4239.
Aus verschiedenen *Cladonia*-Arten in USA, Europa und Japan (*Cladia aggregata*) isoliert.

9. **Trebouxia excentrica** Archibald 1975 (Fig. 192: a–d)

Archibald 1975, p. 128, fig. 7; Bold & Wynne 1978, p. 117, fig. 3: 47; Gärtner 1985b, p. 520, fig. 11.

Zellen kugelig, gelegentlich einzelne auch ellipsoidisch, Chloroplast tief eingeschnitten, Lappen unregelmäßig ausgebildet. Der Chloroplast füllt die Zelle meist nicht aus und ist von der Wand abgerückt. Ein Pyrenoid von homogener Struktur. Zahlreiche (–64) Autosporen, Sporangien nicht auffällig vergrößert. Zoosporen ohne (?) Stigma. Zellen 11–14(–20) µm, Zoosporen 3 × 5(–7) µm.
Kulturen: UTEX 1714.
Aus Cladonien in USA und Österreich beschrieben, weiters aus *Huilia tuberculosa, Lecidea metzleri, Lepraria sp.* und *Stereocaulon dactylophyllum* var. *occidentale* (USA, Typus!) isoliert.

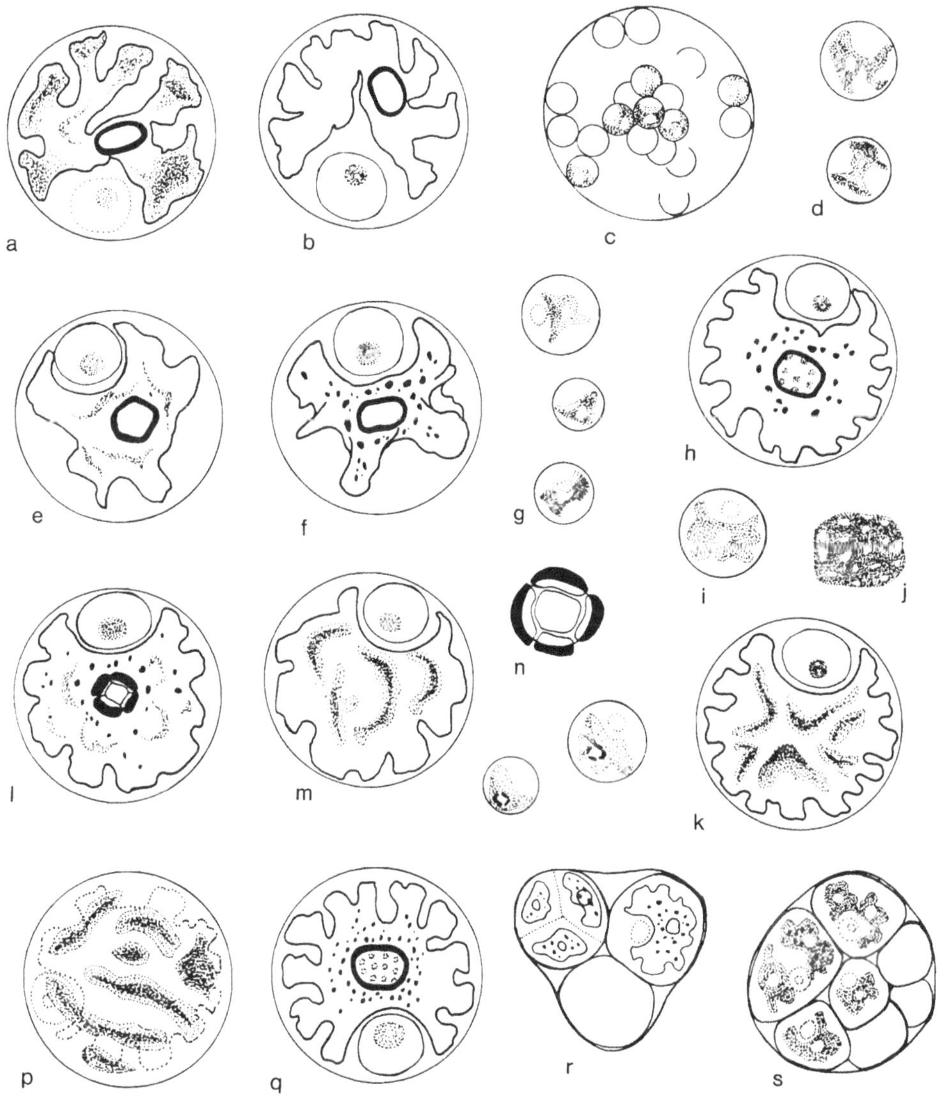

Fig. 192. *a–d T. excentrica; a–b* vegetative Zellen; *c* Autosporangium; *d* Autosporen; *e–g T. flava; e* vegetative Zellen; *g* junge Zellen aus Autosporen; *h–k T. gelatinosa; h* vegetative Zelle; *i* junge Zelle; *j* Pyrenoid (stärker vergrößert); *k* erwachsene Zelle in Oberflächenansicht; *l–o T. galapagensis; l–m* vegetative Zellen; *n* Pyrenoid mit gegliederter Stärkehülle (stärker vergrößert); *o* junge Zellen; *p–s T. gigantea; p–q* vegetative Zellen; *r–s* Autosporen (nach Gärtner).

10. **Trebouxia flava** Archibald 1975 (Fig. 192: e–g)

Archibald 1975, p. 130, fig. 8; Gärtner 1985b, p. 521, fig. 12.

Zellen kugelig, ohne verdickte Wand, Chloroplast die Zelle nicht ausfüllend, asymmetrisch, mit wenigen sehr groben Lappen oder Kanten, mit einem Pyrenoid. Fortpflanzung durch 4–8 Autosporen, Zoosporen mit Stigma. Zellen in Kultur deutlich gelbgrün. Zellen 10–14(–18) µm, Zoosporen 2–4 × 3–5 µm.

Kulturen: CCAP 219/1c; UTEX 181.
Aus *Physcia pulverulenta* (Holland) isoliert.

11. **Trebouxia galapagensis** (Hildreth & Ahmadjian) Gärtner 1985 (Fig. 192: l–o)

Syn.: *Pseudotrebouxia galapagensis* Hildreth & Ahmadjian 1981
Hildreth & Ahmadjian 1981, p. 72, fig. 3 A; Gärtner 1985b, p. 522, fig. 13.

Zellen kugelig, Chloroplast massiv groblappig, Lappen kurz, ein Pyrenoid mit ausgeprägter Stärkehülle aus mehreren Stärkekörnern. Auch Stromastärke in kleinen Körnchen um das Pyrenoid ausgebildet. 4–8 Autosporen, Zoosporen mit Stigma. Zellen 7–10(–14) µm, Zoosporen 3 × 5–7 µm.
Kulturen: UTEX 2230.
Bisher nur aus *Ramalina sp.* von den Galapagos-Inseln isoliert.

12. **Trebouxia gelatinosa** Ahmadjian ex Archibald 1975 (Fig. 192: h–k)

Syn.: *Trebouxia decolorans* var. *gelatinosa* Řeháková 1968
Archibald 1975, p. 128, fig. 5; Komárek & Fott 1983, p. 121, fig. 31: 1; Gärtner 1985b, p. 523, fig. 14.

Zellen kugelig (gelegentlich ellipsoidisch), ohne Gallerte (!). Chloroplast mit kleinen, zahlreichen Lappen, ein deutliches Pyrenoid mit siebartiger Struktur. 16–32 Autosporen und Zoosporen ohne Stigma. Zellen 10–15 µm im Durchmesser, Zoosporen 4 × 6–8 µm.
Kulturen: UTEX 905, 906; ASIB M 035.
Aus verschiedenen *Parmelia*-Arten in USA und Mitteleuropa isoliert.

13. **Trebouxia gigantea** (Hildreth & Ahmadjian) Gärtner 1985 (Fig. 192: p–s)

Syn.: *Pseudotrebouxia gigantea* Hildreth & Ahmadjian 1981
Hildreth & Ahmadjian 1981, p. 74, fig. 3 B; Gärtner 1985b, p. 524, fig. 15.

Zellen kugelig, oft in Vierergruppen, groß, ohne Wandverdickung. Chloroplast unregelmäßig bis grob gelappt (in Oberflächenansicht gerippt), Zellkern sehr deutlich. Ein Pyrenoid mit siebartiger Struktur. 4–8(–16) Autosporen (oft ineinandergeschachtelt), Zoosporen ohne Stigma. Zellen 14–22(–27) µm, Zoosporen 3–5 × 7–9 µm.
Kultur: UTEX 2231.
In USA aus *Caloplaca cerina* isoliert, in Mitteleuropa aus verschiedenen Parmelien, sowie aus *Menegazzia terebrata* und *Platismatia glauca* isoliert.

14. **Trebouxia glomerata** (Warén) Ahmadjian 1960 (Fig. 193: a–i)

Syn.: *Cystococcus glomeratus* Warén 1920
Ahmadjian 1960, p. 679, fig. 9, 10, 15, 17; Komárek & Fott 1983, p. 121, fig. 31: 2; Gärtner 1985b, p. 527, fig. 16; Takeshita et al. 1991a, p. 3, fig. 3.

Zellen kugelig, gelegentlich ellipsoidisch oder etwas eiförmig, Chloroplast deutlich kräftig gelappt, Einschnitte aber nicht bis zum Pyrenoid reichend. Ein nacktes multiples Pyrenoid ohne Stärkehülle. Autosporen bis 64, Zoosporen etwas birnenförmig mit apikal oder median liegendem Stigma. Zellen 7–15(–20) µm, Zoosporen 3 × 5–7 µm.
Kulturen: UTEX 894, 895, 896, 897; CCAP 213/3; CCHU (Botan. Inst. Hiroshima University) 3925, 4019 und TI-217.
Aus *Cladonia, Cladia, Stereocaulon, Huilia, Lecidea, Chaenotheca, Calicium* und *Cyphelium* isoliert (Europa, USA, Japan).

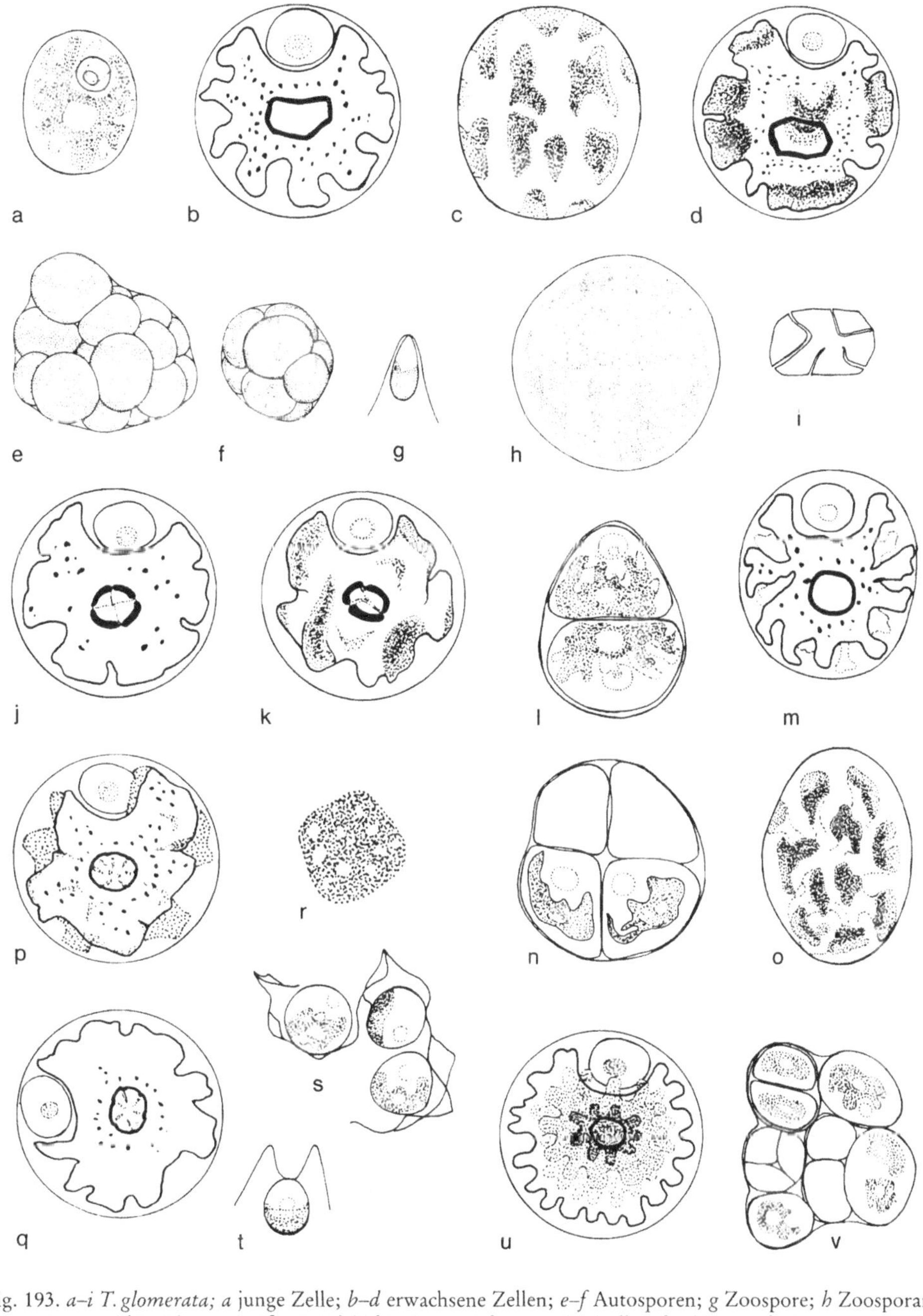

Fig. 193. *a–i T. glomerata; a* junge Zelle; *b–d* erwachsene Zellen; *e–f* Autosporen; *g* Zoospore; *h* Zoosporangium; *i* Pyrenoid (stärker vergrößert); *j–k T. higginsiae; j–k* vegetative Zellen; *l–o T. irregularis; m–o* vegetative Zellen (bei *o* in Oberflächenansicht); *l–n* Autosporen; *p–t T. impressa; p–q* vegetative Zellen; *r* Pyrenoidstruktur (stärker vergrößert); *s* Autosporen; *t* Zoosporen; *u–v T. incrustata; u* vegetative Zelle; *v* Autosporen (nach Gärtner).

15. Trebouxia higginsiae (Hildreth & Ahmadjian) Gärtner 1985 (Fig. 193: j–k)
Syn.: *Pseudotrebouxia higginsiae* Hildreth & Ahmadjian 1981
Hildreth & Ahmadjian 1981, p. 74, fig. 3 C; Gärtner 1985b, p. 527, fig. 17.

Zellen kugelig, bisweilen etwas ellipsoidisch, Chloroplast groblappig, massiv, Lappen sehr kurz. Ein homogenes Pyrenoid mit deutlicher gegliederter Stärkehülle. Zusätzlich auch Stromastärke vorhanden. 4–8 Autosporen mit deutlichem Pyrenoid, Zoosporen ohne Stigma. Kultur auf *Trebouxia*-Agar dunkelgrün, auf BBM-Medium heller. Zellen 7–9(–11) µm, Zoosporen 3–4 × 4–8 µm.
Kultur: UTEX 2232.
Aus *Buellia straminea* von den Galapagos-Inseln isoliert und beschrieben.

16. Trebouxia impressa Ahmadjian 1960 (Fig. 193: p–t)
Syn.: *Pseudotrebouxia impressa* (Ahmadjian) Archibald 1975
Ahmadjian 1960, p. 681, fig. 22, 28, 29; Archibald 1975, p. 133, fig. 16; Gärtner 1985b, p. 528, fig. 18; Gärtner & Ingolič 1988, p. 231, fig. 4; Poelt & Gärtner 1992, p. 236, fig. 3.

Zellen kugelig, bisweilen leicht ellipsoidisch, im Alter gelegentlich etwas verdickte Zellwände, Chloroplast massiv mit geringer Lappung, Lappen kräftig, kurz, ein nacktes Pyrenoid mit siebartiger Struktur. Autosporen zu 8–16(–32), häufig durch Reste der Sporangienwand aneinanderklebend, Zoosporen ohne Stigma. Zellen 10–13(–18) µm, Zoosporen 3–5 × 5–7 µm.
Kulturen: UTEX 892, 893.
In USA aus *Physcia stellaris* isoliert, in Europa mehrfach nachgewiesen (in *Parmelia*-Arten, *Usnea longissima* und *Gypsoplaca macrophylla*) und wohl weiter verbreitet.

17. Trebouxia incrustata Ahmadjian ex Gärtner 1985 (Fig. 193: u–v)
Syn.: *Pseudotrebouxia incrustata* (Ahmadjian) Archibald 1975
Archibald 1975, p. 133, fig. 14; Gärtner 1985b, p. 529, fig. 19.

Zellen kugelig, oft Zellgruppen bildend, Chloroplast sehr stark und fein gelappt (crenulat) mit einem nackten, homogenen Pyrenoid, welches oft schwer sichtbar ist. Asexuelle Fortpflanzung durch 4–8(–16) Autosporen, die oft mehrfach ineinandergeschachtelte Systeme bilden können. Reste der Autosporangienhüllen oft erhalten. Zoosporen mit Stigma. Zellen 10–15 µm, Zoosporen 3 × 5 µm.
Kultur: UTEX 784.
Bisher aus den USA (von *Lecanora dispersa*) und Europa (ebenfalls von *Lecanora* und anderen Flechtenarten) bekannt, eher selten.

18. Trebouxia irregularis Hildreth & Ahmadjian 1981 (Fig. 193: l–o)
Hildreth & Ahmadjian 1981, p. 82, fig. 2 C; Gärtner 1985b, p. 531, fig. 20.

Zellen unregelmäßig ei-, oder bohnenförmig, auch ellipsoidisch oder kugelig, ohne Wandverdikkungen. Chloroplast tief gelappt, Lappen lang und eher schmal, bis an die Zellwand reichend. Ein Pyrenoid. Autosporen wenige bis zahlreiche, Zoosporen ohne Stigma. Zellen 10–13(–16) µm, Zoosporen 2–3 × 5–9 µm.
Kultur: UTEX 2236.
Bisher aus *Stereocaulon sp.* (Island) sowie aus verschiedenen *Parmelia-*, *Parmeliopsis-*, *Platismatia-*, *Cetraria-* und *Hypogymnia*-Arten (Mitteleuropa) bekannt.

19. Trebouxia italiana Archibald 1975 (Fig. 194: a–d)
Archibald 1975, p. 130, fig. 9; Gärtner 1985 b, p. 532, fig. 21.

Zellen kugelig mit tiefgelapptem Chloroplasten, die Lappen oft am Ende etwas verbreitert, ein Pyrenoid ohne Stärkehülle. Autosporen zu 4–16(–32), Sporangien kaum größer als vegetative Zellen. Leere Sporangienhüllen noch längere Zeit sichtbar. Zoosporen mit Stigma. Zellen 9–14(–16) µm, Zoosporen 2–4 × 3–5 µm.
Kultur: CCAP 219/5 b.
Aus *Xanthoria parietina* (Italien) isoliert.

20. Trebouxia jamesii (Hildreth & Ahmadjian) Gärtner 1985 (Fig. 194: e–h)
Syn.: *Pseudotrebouxia jamesii* Hildreth & Ahmadjian 1981
Hildreth & Ahmadjian 1981, p. 75, fig. 2D; Gärtner 1985 b, p. 533, fig. 22.

Zellen kugelig, Chloroplast stark gelappt, oberflächlich gerippt erscheinend, mit einem undeutlichen Pyrenoid, meist sehr klein, abgerundet. Autosporen 8–16(–32), oft ungleich groß, auch in mehreren ineinandergeschachtelten Systemen. Zoosporen ohne Stigma. Zellen 10–15(–20) µm, Zoosporen 2–4 × 7–9 µm.
Kultur: UTEX 2233.
Aus Wales (aus *Schaereria tenebrosa*) sowie von verschiedenen *Parmelia*-Arten, *Cetraria*-Arten, *Parmeliopsis placorodia, Platismatia glauca, Pseudevernia furfuracea* und anderen Macrolichenes in Mitteleuropa isoliert.

21. Trebouxia magna Archibald 1975 (Fig. 194: i–l)
Syn.: *Trebouxia lambii* Ahmadjian 1959
Archibald 1975, p. 130, fig. 10; Gärtner 1985 b, p. 534, fig. 23.

Junge Zellen kugelig, erwachsene meist eiförmig bis ellipsoidisch. Chloroplast groblappig, mit langen Lappen, in Oberflächenansicht rippenförmig. Zellkern in äquatorialer Lage in der Zelle, Pyrenoid bisher nicht nachgewiesen. Autosporen 4–8 (bis 64), Zoosporen mit Stigma. Zellen 8–20 × 6–18 µm, Zoosporen 3 × 5 µm.
Kultur: UTEX 902; die Kultur CCAP 213/3 entspricht nicht dem Typus!
In USA aus *Pilophorus acicularis* isoliert.

22. Trebouxia phycobiontica (Tschermak-Woess) Tschermak-Woess 1989 (Fig. 195: a–g)
Syn.: *Asterochloris phycobiontica* Tschermak-Woess 1980
Tschermak-Woess 1980 a, p. 291, fig. 1–6.

Zellen einzeln, kugelig bis ellipsoidisch mit im Alter verdickter Zellwand. Chloroplast gelappt mit einem oder auch mehreren Pyrenoiden. Stärke in Körnchen um das Pyrenoid und im Chloroplasten abgelagert. Fortpflanzung nur durch Zoo- und Aplanosporen (keine Autosporen sensu Tschermak-Woess 1980). Sporangien mit innerer Verdickung an der späteren Öffnungsstelle. Zoosporen 64–128, mit 2 etwas über körperlangen Geißeln, einer pulsierenden Vakuole aber ohne Stigma. Zellen 3–26 µm im Durchmesser, Zoosporen 2,5–4 × 6–8 µm.
Kulturen: SAG B 26.81.
Phykobiont der Flechte *Anzina* (= *Varicellaria*) *carneonivea* (Trient, Italien).

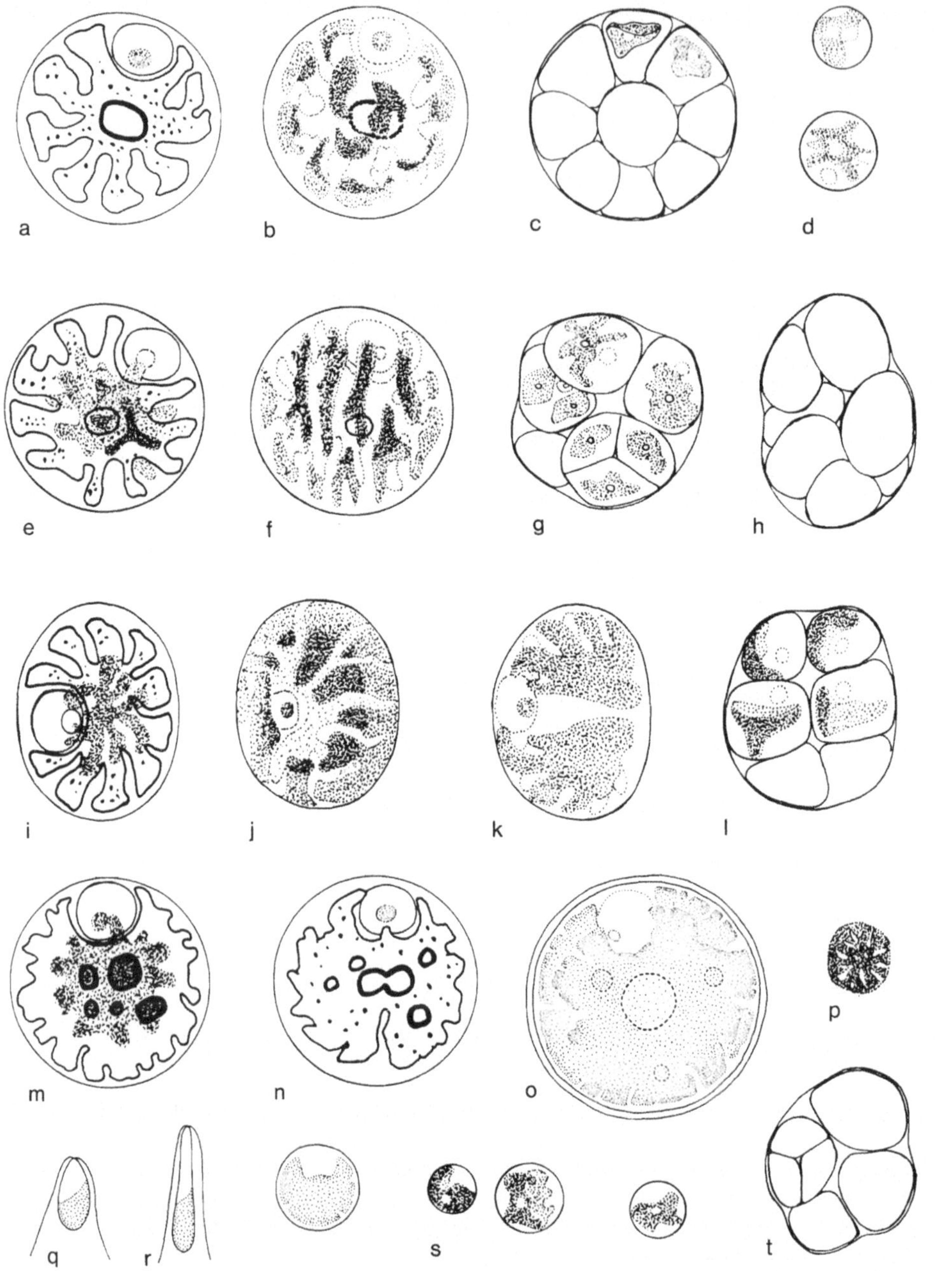

Fig. 194. *a–d T. italiana; a–b* vegetative Zellen; *c* Autosporen; *d* junge Zellen; *e–h T. jamesii; e–f* vegetative Zellen (bei *f* Oberflächenansicht); *g–h* Autosporen; *i–l T. magna; i–j* vegetative Zellen (bei *j* Oberflächenansicht); *k* Chloroplastenteilung; *l* Autosporen; *m–t T. potteri; m–o* vegetative Zellen; *p* Pyrenoid (stärker vergrößert); *q* Zoosporen; *r–s* junge Zellen; *t* Autosporen (*a–n, p–t* nach Gärtner, *o, q, r* nach Takeshita et al.).

23. **Trebouxia potteri** Ahmadjian ex Gärtner 1985 (Fig. 194: m–t)

Syn.: *Trebouxia xanthoriae* var. *potteri* (Ahmadjian) Řeháková 1968; *Pseudotrebouxia potteri* (Ahmadjian) Archibald 1975
Archibald 1975, p. 133, fig. 15; Gärtner 1985b, p. 535, fig. 24; Takeshita et al. 1989, p. 49, fig. 3.

Zellen kugelig mit dünner Zellwand, Chloroplast gelappt, mit kurzen, stumpfen Lappen. Ein bis mehrere fast kugelige Pyrenoide mit siebartiger Struktur, ohne oder mit zarter Stärkehülle. Meist 1 großes und einige kleinere Satellitenpyrenoide. Autosporen 8–32, manchmal auch ineinandergeschachtelt, Zoosporen mit undeutlichem Stigma. Zellen 14–18(–22) µm, Zoosporen 3–5 × 5–7 µm.
Kulturen: UTEX 900; weitere Kulturen in CCHU (Botanical Inst. Hiroshima University, keine weiteren Angaben).
Aus USA (*Lecanora rubina*) und von den Bermudas (aus *Pertusaria*), aus *Toninia* und *Rhizocarpon* (Tschechien), sowie aus Japan bekannt.

24. **Trebouxia pyriformis** Archibald 1975 (Fig. 196: a–d)

Archibald 1975, p. 130, fig. 11; Gärtner 1985b, p. 536, fig. 25.

Junge Zellen kugelig, erwachsene birnenförmig oder eiförmig, mit mehr oder weniger deutlicher, lokaler Wandverdickung, meist am schmäleren Zellende. Chloroplast tief gelappt, Lappen sehr lang, ein deutliches, länglich bis leicht gebogenes Pyrenoid von multipler Struktur. Autosporen zahlreich (–64), zum Teil als Tetraden noch etwas zusammenbleibend. Zoosporen mit Stigma. Zellen 15–20 × 13–17 µm Zoosporen 3 × 5–7 µm.
Kultur: UTEX 1712, 1713.
Aus *Cladonia*- und *Stereocaulon*-Arten isoliert (USA), auch aus Cladonien von Schweden und Luxemburg bekannt.

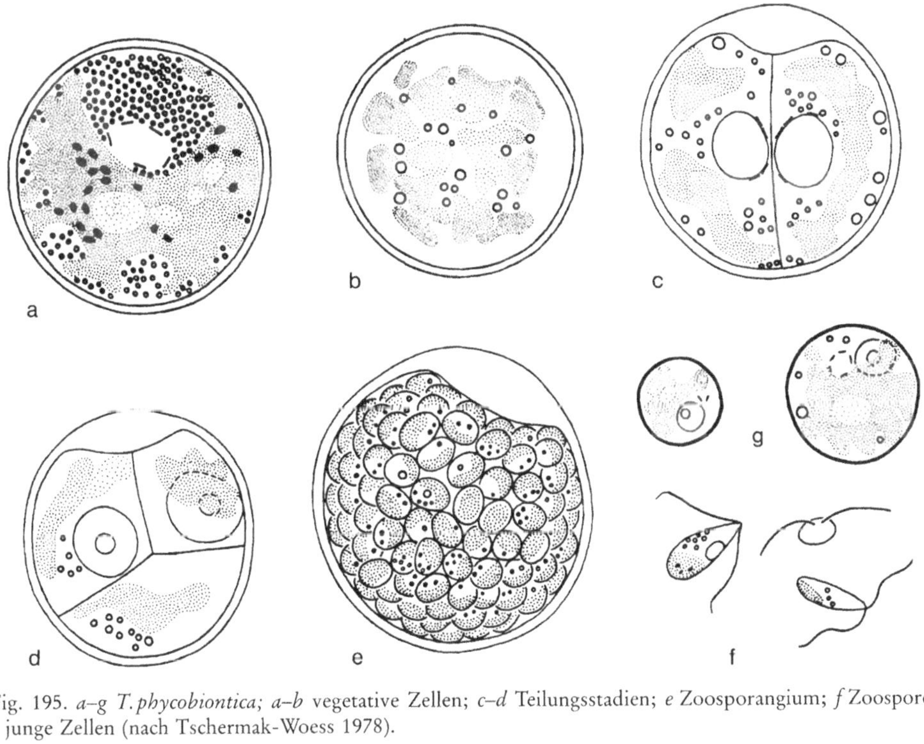

Fig. 195. *a–g T. phycobiontica; a–b* vegetative Zellen; *c–d* Teilungsstadien; *e* Zoosporangium; *f* Zoosporen; *g* junge Zellen (nach Tschermak-Woess 1978).

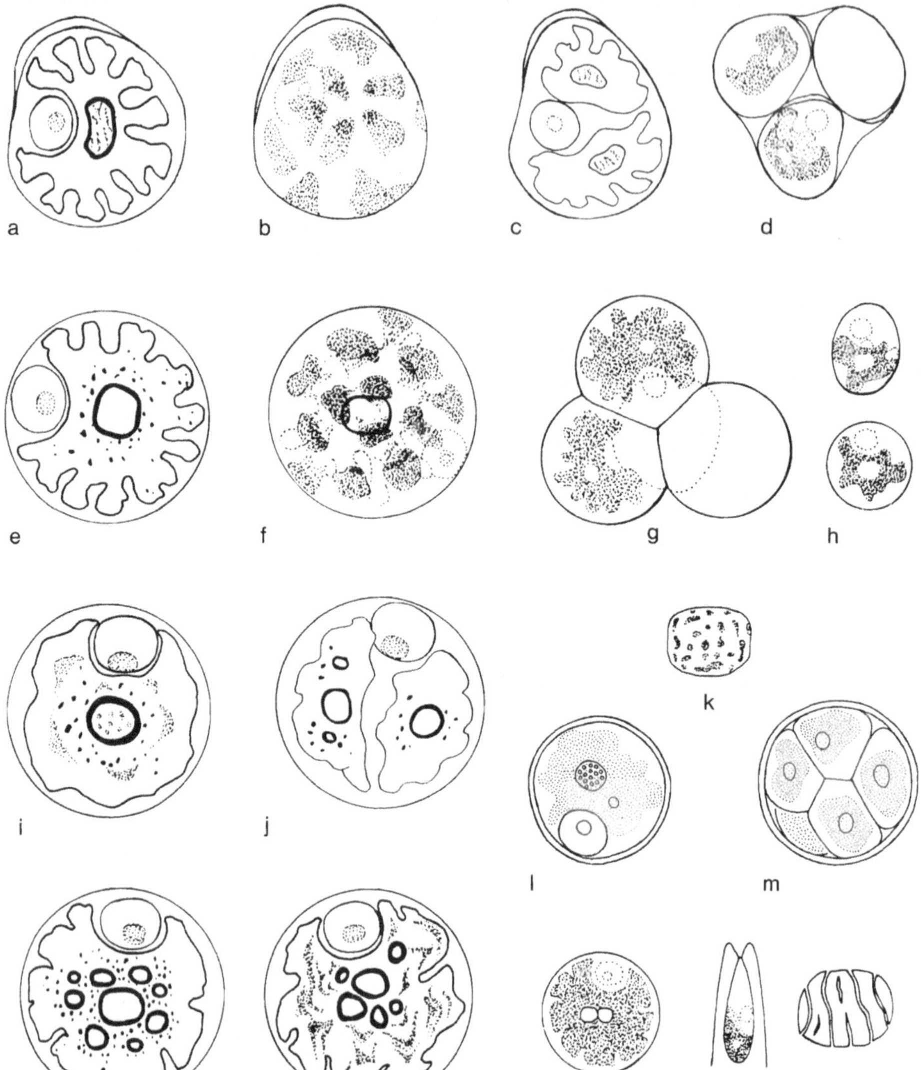

Fig. 196. *a–d T. pyriformis; a–b* vegetative Zellen; *c* Chloroplastenteilung; *d* Autosporen; *e–h T. showmanii; e–f* vegetative Zellen (bei *f* Oberflächenansicht); *g* Tetrade; *h* junge Zellen; *i–m T. simplex; i* vegetative Zelle; *j* Chloroplastenteilung; *k* Pyrenoid (stärker vergrößert); *l* vegetative Zelle mit 2 Pyrenoiden; *m* Autosporen; *n–r T. usneae; n–o* vegetative Zellen; *p* junge Zelle; *q* Zoospore; *r* Pyrenoid; (*p, q* nach Tschermak-Woess, sonst nach Gärtner).

25. **Trebouxia showmanii** (Hildreth & Ahmadjian) Gärtner 1985 (Fig. 196: e–h)

Syn.: *Pseudotrebouxia showmanii* Hildreth & Ahmadjian 1981
Hildreth & Ahmadjian 1981, p. 76, fig. 3D; Gärtner 1985 b, p. 537, fig. 26.

Zellen kugelig bis eiförmig oder abgerundet ellipsoidisch, oft in Tetradenkomplexen vereint. Chloroplast mit zahlreichen Lappen, diese eher regelmäßig. Ein großes Pyrenoid ohne Struktur.

Autosporen 4–8, Zoosporen mit kleinem Stigma. Zellen 11–16(–22) µm, Zoosporen 2–4 × 5–7 µm.
Kultur: UTEX 2234.
Bisher nur in USA (aus *Lecanora hagenii*) isoliert.

26. Trebouxia simplex Tschermak-Woess 1978 (Fig. 196: i–m)
Tschermak-Woess 1978, p. 206, fig. 6, 7; Gärtner 1985b, p. 538, fig. 27.

Zellen kugelig bis leicht eiförmig oder ellipsoidisch, Chloroplast massiv, wenig eingeschnitten oder am Rand etwas gelappt; ein Pyrenoid mit siebartiger Struktur, Stromastärke meist um das Pyrenoid in Körnchen abgelagert. Gelegentlich neben einem großen auch ein bis zwei weitere kleinere Pyrenoide vorkommend. Autosporen 4–16(–32), Zoosporen bisher unbekannt.
Zellen 14–16(–23) µm.
Kultur: SAG B 101.80.
Bisher als Phykobiont von *Chaenotheca chrysocephala* (Südtirol, Italien, Oberösterreich) bekannt.

27. Trebouxia usneae (Hildreth & Ahmadjian) Gärtner 1985 (Fig. 196: n–r)
Syn.: *Pseudotrebouxia usneae* Hildreth & Ahmadjian 1981
Hildreth & Ahmadjian 1981, p. 76, fig. 1 D; Gärtner 1985b, p. 539, fig. 28.

Zellen kugelig, Chloroplast sehr massiv bis kantig, bisweilen leicht eingeschnitten und gelappt. Mehrere bis viele (5–20) Pyrenoide, meist ein großes und kleinere Satellitenpyrenoide. Pyrenoide mit multipler Struktur. Autosporen 8–16(–32), mit nur einem Pyrenoid, Zoosporen ohne Stigma.
Zellen 10–13(–16) µm, Zoosporen 2–5 × 6–9 µm.
Kultur: UTEX 2235.
Bisher nur aus USA bekannt (isoliert aus *Usnea filipendula*).

Weiters sind noch eine Reihe von Isolaten aus verschiedenen Flechten gewonnen worden, deren Bestimmung und Wiedererkennung anhand der vorliegenden Abbildungen und Beschreibungen nicht möglich ist. Es sei hierzu auf die Zusammenstellung bei Gärtner (1985) verwiesen.

2. **Pleurastrum** Chodat 1894

Syn.: *Apatococcus* Brand 1925 p. p. sensu Printz 1964; *Pseudopleurococcus* Snow 1899 p. p.; *Protoderma* Kützing 1843 p. p.
Vischer 1933, p. 16; Printz 1964, p. 276; Bourrelly 1966, p. 307; 1988, p. 135; Starmach 1972, p. 466; Tupa 1974, p. 42.

Thallus aus einreihigen verzweigten Fäden, kriechend und aufgerichtet, ohne Rhizoide und Haarbildungen. Zellen in der Thallusmitte fast pseudoparenchymatisch dicht gedrängt, kugelig bis abgeplattet oder zylindrisch, an den Fadenenden abgerundet. Chloroplast rinnen- bis muldenförmig, mit oft etwas gebuchtetem Rand; ein Pyrenoid. Asexuelle Fortpflanzung durch zweigeißelige Zoosporen mit leicht birnenförmiger Gestalt. Hypnoblasten mit warzig skulpturierter Wand.
Mit 2 terrestrischen Arten.

1a Hypnoblasten mit warzig skulptierter Wand . . . . **1. P. insigne**
1b Hypnoblasten nicht bekannt . . . . **2. P. photoheterotrophicum**

1. Pleurastrum insigne Chodat 1894 (Fig. 188: b, c)
Syn.: *Pseudopleurococcus vulgaris* Snow 1899
Chodat 1894, p. 613, fig. 29: 14–27; Vischer 1933, p. 21; James 1935, p. 534, fig. 6; Printz 1964, p. 276, fig. 84: 13–15; Starmach 1972, p. 469, fig. 485; Sluiman & Gärtner 1990, p. 133, fig. 1–11.

Alge in Einzelzellen, tetraedrischen Gruppen oder in kriechenden und aufrechten kurzen verzweigten Fäden vorkommend. Zellen in den inneren Lagerteilen dicht gedrängt, kugelig bis etwas abgeplattet, sarcinoide Zellpakete bildend. Chloroplast 1–2, mit Pyrenoid. Hypnoblasten mit warzig skulpturierter Wand. Zellen 7–13(–25) µm lang, 5–7 µm breit; Zoosporen 3 × 6 µm groß. Als Luftalge von einem Blumentopf, aber auch als Bodenalge isoliert.

2. Pleurastrum photoheterotrophicum Metting 1980
Metting 1980, p. 300, fig. 7, 12 (Mikrophotos).

Alge bildet sowohl Einzelzellen als auch sarcinoide oder fädige Stadien aus, letztere einreihig. Zellen kugelig bis unregelmäßig gebogen, L-förmig bis ellipsoidisch; mit einem parietalen Chloroplast mit Pyrenoid. Zoosporen mit 1 pulsierenden Vakuole vorne. Zellen 5–23 µm lang; Zoosporen 7 × 5 µm groß.
Kultur: UTEX 2249.
Aus Bodenprobe isoliert, Whitman County, Washington (USA).

3. Microthamnion Nägeli 1849

Printz 1927, p. 210; 1964, p. 284; Bourrelly 1966, p. 297; Starmach 1972, p. 420; Broady 1979a, p. 91.

Fäden einreihig, reich unregelmäßig dicho- oder trichotomisch verzweigt. Seitenzweige gleich breit wie die Hauptachse, mit konisch abgerundeten terminalen Zellen, ohne Haarbildung und ohne Gallerte. Meist mit einer Basalzelle festsitzend, aber auch frei. Zellen zylindrisch, mit dünner Zellwand. Chloroplast bleichgrün, parietal rinnenförmig; ohne Pyrenoid. Asexuelle Fortpflanzung durch zweigeißelige, lang birnenförmige Zoosporen. Auch Bildung von Hypnoblasten und Fortpflanzung durch Fadenzerfall sind bekannt.
Nur 2 Arten auch als Bodenalgen bekannt.

1a Verzweigung reich, Fäden 5 µm breit, Zellen 2–4 mal länger als breit .... **1. M. kützingianum**
1b Verzweigung spärlich, Fäden 2,5–3 µm breit, Zellen 4–8 mal länger als breit .... **2. M. strictissimum**

1. Microthamnion kützingianum Nägeli 1849 (Fig. 197: a, b)
Printz 1964, p. 286, fig. 88: 1–8; Starmach 1972, p. 421, fig. 431, 432; Tupa 1974, p. 55, fig. 90–98; Broady 1979a, p. 91, fig. 27 n–q.

Bildet in Kultur schmale kompakte Thalli aus unregelmäßig und reich verzweigten Fäden. Basalzelle bei jungen Thalli leicht verdickt. Zellen 10–20 µm lang, 5 µm breit.
Kultur: UTEX 317, 318, 1914; SAG 450–1a, 450–1b; CCAP 450/1a, 450/1b.
Selten in Böden, besonders in unkultivierten, aber auch zwischen Moosen (Dänemark, Kanada, Antarktis).

2. Microthamnion strictissimum Rabenhorst 1863 (Fig. 197: c, d)
Printz 1964, p. 286, fig. 88: 12, 13; Starmach 1972, p. 421, fig. 433; Broady 1979a, p. 91, fig. 27 r–s.

Fäden spärlich und unregelmäßig verzweigt, mit teilweise sehr langen Zellen. Chloroplast kleidet nur den mittleren Teil der Zellen aus. Zellen 10–40 µm lang, 2,5–3 µm breit.
Zwischen Moosen von den Kerguelen und aus einem Moränenboden auf Signy Island (Antarktis) bekannt. Auch auf feuchten Torfböden (Tschechoslowakei).

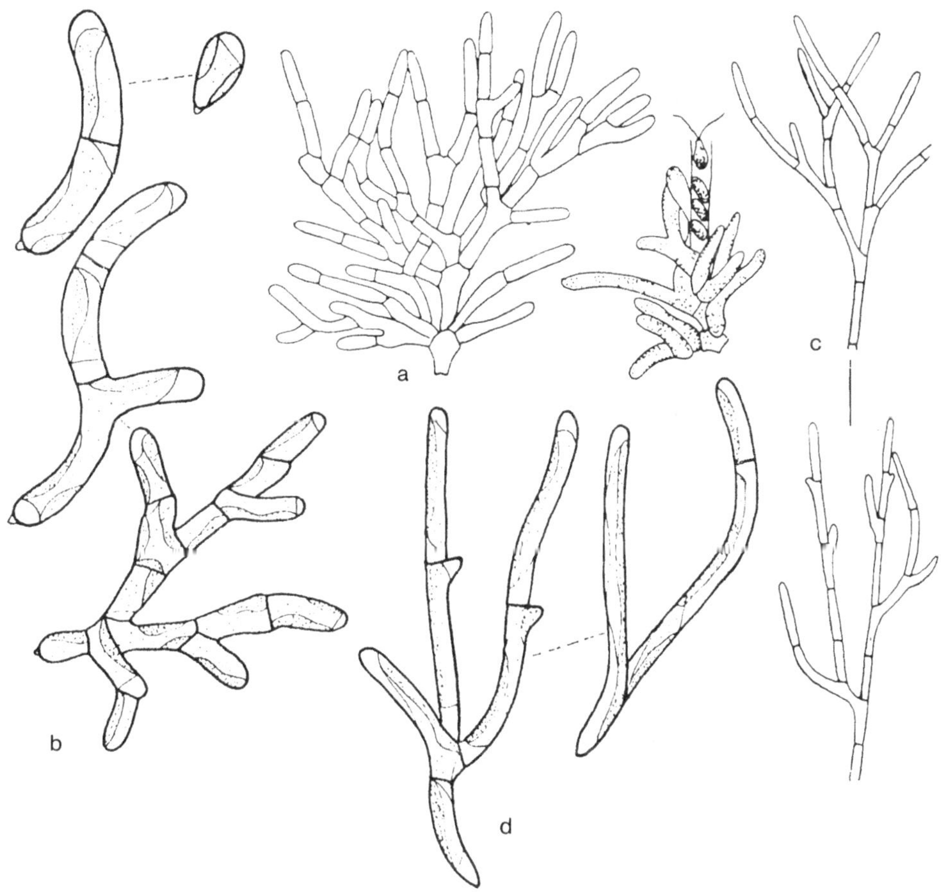

Fig. 197. *a, b Microthamnion kützingianum; c, d M. strictissimum* (*a, c* aus Starmach, *b, d* nach Broady).

3. Ordnung **Trentepohliales** Bourrelly 1966

Thallus heterotrichal, aus einreihigen verzweigten Fäden bestehend oder scheibenartige monostromatische Massen aus kompakten verzweigten Fäden bildend. Zellen ein- oder mehrkernig, mit mehreren parietalen scheiben- oder bandförmigen Chloroplasten, ohne Stärkekörner und ohne Pyrenoid. Im Zytoplasma wird orangerotes Hämatochrom gespeichert. Bewegliche Zellen mit 2 oder 4 Geißeln werden in spezialisierten Sporangien oder Gametangien gebildet. Letztere haben einen papillenartigen Porus, der terminal oder lateral liegt.

Heering 1914, Printz 1927, 1939, Fritsch 1935, Bourrelly 1966, Starmach 1972, Bold & Wynne 1985, Sluiman 1989, van den Hoek et al. 1993.

Mit einer einzigen Familie **Trentepohliaceae** De Toni 1888. Zu dieser Familie werden 3 Gattungen mit aerophytischen Sippen gereiht.

1a Thallus fadenförmig gestaltet 2

1b Thallus in Form von Zellflächen . . . . **3. Phycopeltis** (S. 595)

2a Sporangien kugelig bis nierenförmig, seitliche Sporangien einzeln, an prostraten, terminalen oder erekten Fäden. Prostrates System gut entwickelt, erektes System kärglich. Gametangien terminal oder lateral. Algen in tiefem Schatten und bei hoher Feuchtigkeit; unauffällig. Epiphytisch auf Blättern, gewöhnlich grün .... **2. Printzina** (S. 594)

2b Sporangien eiförmig, seitliche Sporangien einzeln oder in Gruppen, entstehen terminal oder an einer vergrößerten terminalen Kopfzelle eines verzweigten Sporangiophors. Gametangien nur terminal. Prostrates System kärglich oder fehlend, erektes System üppig. Algen an exponierten Standorten; in auffallenden Massen. Gewöhnlich gelb bis orangerot .. **1. Trentepohlia** (S. 586)

1. **Trentepohlia** Martius 1817

Syn.: *Chroolepus* Agardh 1824; *Physolinum* Printz 1921

Wildeman 1891, p. 129; Heering 1914, p. 120; Fischer 1922, p. 1; Skuja & Ore 1933, p. 21; Printz 1927, p. 221; 1939, p. 142; 1964, p. 299; Bourrelly 1966, p. 332; Starmach 1972, p. 538.

Bildet makroskopische Thalli von orangeroter, gelber oder bräunlicher Färbung aus einreihigen, verzweigten Fäden, die zum Teil am Substrat kriechen oder teils aufgerichtet in verworrenen filzigen Rasen ineinanderwachsen; Rhizoide fehlen. Zellen zylindrisch bis abgerundet, zum Teil etwas aufgeblasen, mit meist dicker geschichteter Zellwand; an apikalen Zellen treten oft Pektosekappen auf. Zellen einkernig, nur in älteren Zellen gelegentlich mehrere Zellkerne. Chloroplasten meist mehrere, scheibenförmig oder als unregelmäßige Gebilde aus zerfallenen Bändern vorhanden; ohne Pyrenoide und ohne Stärke. Dafür reichliche Bildung von Hämatochrom, wobei die Chloroplasten von diesem überlagert und kaum erkennbar werden. Fortpflanzung durch viergeißelige Zoosporen, die in Stiel- oder Hakensporangien an der Spitze oder Seite der Fäden an hakenförmig gebogenen Tragzellen entstehen (einzeln oder in Gruppen zu 4–8), sowie durch zweigeißelige Isogameten, die in sitzenden Kugelgametangien terminal oder interkalar gebildet werden und kein Stigma aufweisen. Kopulation von Gameten, aber auch Parthenogenese bekannt.

Als Luftalgen auf Baumrinden, Felsen, epiphyllisch oder als Flechtenalgen vor allem in tropischen Regionen verbreitet. Ihre morphologische Variabilität ist beachtlich, daher Bestimmung nicht einfach, besonders wenn Sporangien fehlen. Als formbestimmender Symbiosepartner treten Trentepohlien z. B. in den Flechtengattungen *Cystocoleus* und *Coenogonium* auf. Als obligate Phykobionten kommen sie u. a. in den Flechtenfamilien der Arthoniaceae, Graphidaceae, Opegraphaceae, Gyalectaceae und Roccellaceae vor. Von den mehr als 40 beschriebenen Arten (vor allem aus den Tropen), sind sicher ein Großteil nur Standortsmodifikationen. Wir führen nur die 12 wichtigsten, besser bekannten und in Europa vorkommenden Arten an.

1a Thallus krustig bis sehr kurz samtartig 2
1b Thallus rasig bis filzig, höher wachsend 4
2a Thallus dünn, rostrot bis orangefarbig, Zellen kugelig bis zylindrisch 3
2b Thallus dünn, gelb, Zellen nahezu quadratisch .... **8. T. jucunda**
3a Zellen kugelig bis ellipsoidisch, mit borstigen Haarzellen .... **5. T. bogoriensis**
3b Zellen zylindrisch bis leicht angeschwollen, auf Gestein .... **7. T. iolithus**
4a Fäden lang, rechtwinkelig verzweigt, Endzellen sehr verlängert .... **3. T. arborum**
4b Fäden anders verzweigt 5
5a Fäden peitschenförmig, dichotom oder seitlich verzweigt, sich nach oben verjüngend .... **6. T. hunanensis**
5b Fäden nicht peitschenförmig 6
6a Zellen zylindrisch bis leicht tonnenförmig 7
6b Zellen eher abgerundet bis ellipsoidisch, Thallus filzig orangerot .... **10. T. odorata**
7a Thallus rötlich bis goldgelb 8
7b Thallus bräunlich bis gelbgrün, Verzweigung unregelmäßig 9
8a Äste gekrümmt und gebogen, Zellen mit schwacher terminaler Pektosekappe .. **1. T. abietina**
8b Äste reich verzweigt, Endzellen mit deutlichen Pektosekappen, die oft zur Seite geschoben sind .... **4. T. aurea**

9a Verzweigung spärlich, Zellen zylindrisch bis leicht tonnenförmig, aus pseudoparenchymatischer Sohle entspringend, Zellwand schräg geschichtet .... **2. T. anulata**
9b Thallusfäden nicht aus einer pseudoparenchymatischen Sohle entspringend 10
10a Zellen tonnenförmig bis kugelig, an den Querwänden tief eingeschnürt 11
10b Zellen nur bisweilen eingeschnürt, Gametangien mit stark zerklüfteter Zellwand .... **12. T. uncinata**
11a Fäden kurz, niederliegend, leicht in Einzelzellen zerfallend, Zellen mit dicker, konzentrisch geschichteter Wand .... **11. T. umbrina**
11b Fäden länger, nicht in Einzelzellen zerfallend, Zellwand dünner, glatt .... **9. T. monilia**

1. **Trentepohlia abietina** (Flotow) Hansgirg 1886 (Fig. 198: a)

Wildeman 1891, p. 136, fig. 17: 18–22; 19: 1–3; Fischer 1922, p. 16, fig. 1: 7; Printz 1939, p. 147, fig. 1: D–G; 1964, p. 301, fig. 93: 4–7; Uyenco 1965, p. 5, fig. 1: a, b; Starmach 1972, p. 544, fig. 553.

Thallus rötliche bis goldgelbe Rasen bildend, trocken grau. Fäden verzweigt, mit deutlich gekrümmten und gebogenen Ästen. Zellen der prostraten Fäden geschwollen, sonst zylindrisch. Zellwand geschichtet, am Ende der Spitzenzellen dick, Kappe aber nur schwach entwickelt. Zoosporangien kugelig-eiförmig; Gametangien end- bis seitenständig. Zellen 4–10 µm breit, 1–3 mal länger als breit; Zoosporangien 12–20 µm ∅.
In schattigen luftfeuchten Gebieten an Rinden von Nadelbäumen, gelegentlich auch an Laubbäumen. In der alten und neuen Welt verbreitet.
Mit den Formen f. *crassiapex* (Karsten) Hariot 1892 und f. *minor* De Wildeman 1896 (siehe Printz 1939, p. 148).

2. **Trentepohlia anulata** Brand 1902 (Fig. 198: b)

Syn.: *Trentepohlia malleiformis* Gutwinski 1909
Fischer 1922, p. 14, fig. 1–2; Printz 1939, p. 149, fig. 3: A–J; 1964, p. 302, fig. 93: 8–13; Starmach 1972, p. 544, fig. 556.

Thallus bräunliche oder gelbgrüne samtartige, bis 1,5 mm hohe Rasen bildend. Aus verbogenen spärlich verzweigten Fäden, die aus pseudoparenchymatischer Sohle entspringen. Zellen basal angeschwollen, in den Fäden zylindrisch bis leicht tonnenförmig. Zellwand glatt, schräg geschichtet. Chloroplasten zahlreich, scheibenförmig; auch an natürlichen Standorten mit wenig Hämatochrom. Zoosporangien als Trichtersporangien ausgebildet, quer-ellipsoidisch, einzeln und terminal an den aufrechten Fäden entstehend. Zoosporen zu 32–64. Gametangien seltener, an den Sohlenästen, kugelig und mit dicker geschichteter Wand. Zellen 9,5–19(–24) µm breit, 1,5–3 mal länger als breit. Zoosporangien 30–58 × 17–38 µm, Zoosporen 13 × 2,5 µm, Gametangien 29–52 × 16–30 µm groß.
In Berggegenden Mitteleuropas, vor allem an Nadelholzstöcken; auch in Nordeuropa auf noch wenig vermodertem Holz an feuchten, schattigen Stellen.

3. **Trentepohlia arborum** (C. A. Agardh) Hariot 1889 (Fig. 198: c)

Syn.: *Trentepohlia pleiocarpa* Nordstedt 1882; *T. bisporangiata* Karsten 1891
Fischer 1922, p. 17, fig. 1: 3; Printz 1939, p. 151, fig. 6: A–H; 1964, p. 302, fig. 94: 2–6; Starmach 1972, p. 546, fig. 557.

Thallus mit lang und rechtwinkelig verzweigten aufrechten Fäden; Endzellen der sterilen Zweige oft sehr verlängert und ± zugespitzt; junge Zweige manchmal rankenartig um ältere Fäden geschlungen. Zellen mit ± derber, geschichteter, manchmal schwach gelblicher, glatter oder runzeliger Zellwand. Zoosporangien eiförmig oder kugelig, nur selten einzeln, meist mit ihren gebogenen Tragzellen zu 2–8 an der angeschwollenen Endzelle sitzend. Öffnung durch einen Porus gegenüber der Befestigungsstelle. Gametangien einzeln oder zu 2–3 lateral dem Faden ansitzend

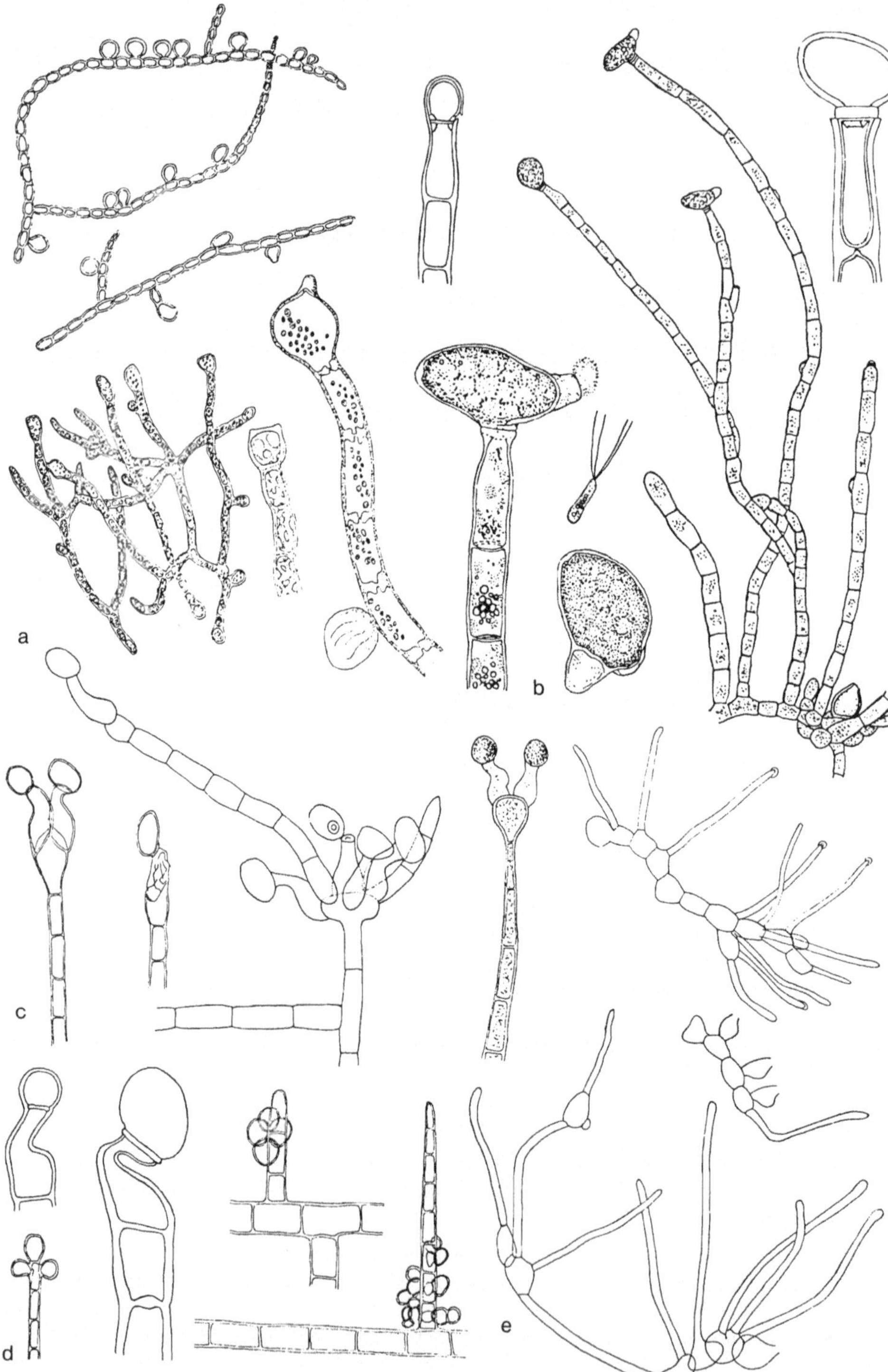
a
b
c
d
e

oder an kurzen Seitenzweigen gebildet. Zellen 13–20(–28) µm breit, 1–3 mal länger als breit; Zoosporangien 18–24 × 24–35 µm groß.
In den Tropen an Felsen, Baumstämmen usw. verbreitet. In Warmhäusern Europas eingeschleppt und auf Blättern, Stämmen und Mauern wachsend.

4. **Trentepohlia aurea** (Linné) Martius 1817 (Fig. 198: d)

Syn.: *Trentepohlia velutina* Kützing 1843; *T. maxima* Karsten 1891; *T. germanica* Glück 1896
Wildeman 1891, p. 131, fig. 17: 1–6; Heering 1914, p. 122, fig. 173, 178: 3; Fischer 1922, p. 19, fig. 1: 7; Printz 1939, p. 153, fig. 7: G–P, 8: A–I; 1964, p. 304, fig. 94: 7–13; Uyenco 1965, p. 1, fig. 2: a; Starmach 1972, p. 540, fig. 550.

Lager goldgelb bis orangerot, trocken gelb-grüngrau, bildet dichte, oft weit ausgedehnte filzige Überzüge. Kriechende Fäden mit zylindrischen bis angeschwollenen Zellen, aufrechte Fäden mit zylindrischen Zellen. Fäden ± reich verzweigt. Zellwand geschichtet, an den Endzellen Pektosekappen, die mehr zylindrisch oder stumpf ausgebildet sind und beim Wachstum oft zur Seite geschoben werden. Zoosporangien eiförmig, meist einzeln, seltener zu zweit, an gebogenen Tragzellen. Gametangien kugelig oder ellipsoidisch, sowohl an prostraten als auch an erekten Fäden; lateral, terminal, selten interkalar. Zellen 10–24(–30) µm breit, 1,5–3 mal länger als breit. Zoosporangien 27–40 × 25–30 µm groß, Gametangien 9–18(–40) µm ∅.
Kultur: UTEX 429; SAG 483-1.
Weit verbreitet in kalten, temperierten und tropischen Gebieten auf Felsen (Kalk und Silikat), auf altem Holz, an Moosen, Baumstämmen usw. In Mitteleuropa wohl die häufigste Art. Sehr veränderlich und in zahlreichen Formen und Varietäten beschrieben (Printz 1939).

5. **Trentepohlia bogoriensis** Wildeman 1896 (Fig. 198: e)

Printz 1939, p. 167, fig. 17: I, J; 18: G, H; Handa & Nakano 1988, p. 176, fig. 3: 11.

Thallus fein krustig, orangefarbig; Fäden kurz, meist wulstig, unregelmäßig verzweigt. Zellen kugelig bis ellipsoidisch, am Rücken mit einzelnen borstigen Haarzellen. Zellwand dick, Chloroplast undeutlich, zahlreiche Hämatochrom-Körnchen eingelagert. Sporangien kugelig, sitzend. Fadenzellen 7,5–10 × 9–15 µm; Haarzellen 3–4 × 13–60 µm groß, Sporangien 15–19 µm ∅.
Auf *Livistona* in Java, auf der Rinde von verschiedenen Bäumen in Japan zusammen mit *T. lagenifera*.

6. **Trentepohlia hunanensis** Jao 1940 (Fig. 199: a)

Printz 1964, p. 312, fig. 97: 7, 8; Starmach 1972, p. 550, fig. 563.

Fäden lang, peitschenförmig, nach oben verjüngt, dichotom oder seitlich verzweigt, bis 3 mm lang; Zweige stark verlängert, ausgebreitet, bisweilen abwärts gebogen. Zellen zylindrisch, die unteren etwas angeschwollen, die oberen verlängert, Apikalzellen verschmälert. Zellwand dick, deutlich geschichtet. Sporangien kugelig bis eiförmig, meist zu 2–7, sitzend, selten einzeln. Zellen der Hauptfäden 17–32 × 30–70 µm, die der Zweige 10–15 µm breit; Zellwand 5,5 µm dick; Sporangien 14–25(–37) µm ∅.
An Felsen und Baumstämmen in China gefunden.

Fig. 198. *a Trentepohlia abietina; b T. anulata; c T. arborum; d T. aurea; e T. bogoriensis* (aus Printz).

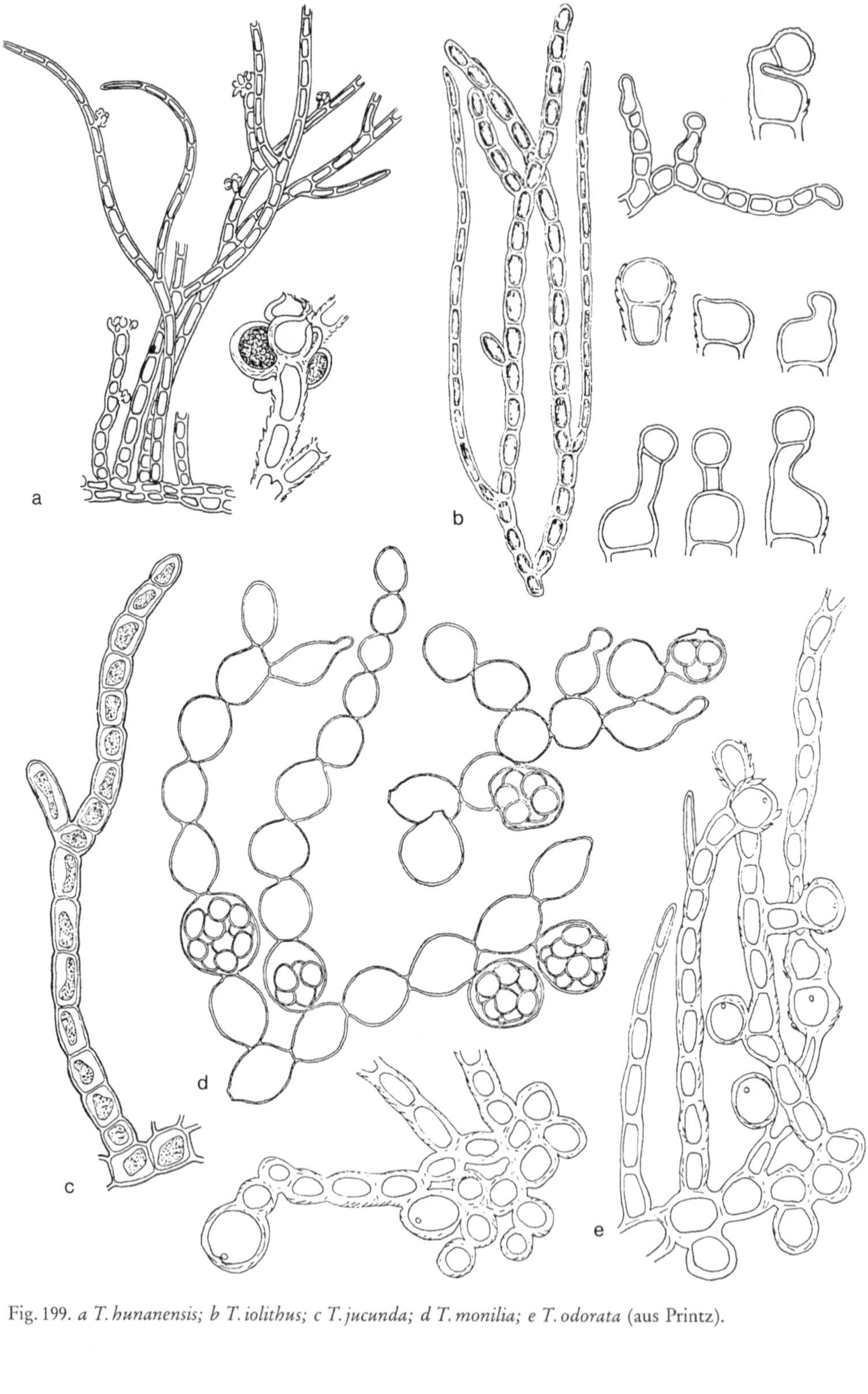

Fig. 199. *a T. hunanensis; b T. iolithus; c T. jucunda; d T. monilia; e T. odorata* (aus Printz).

7. Trentepohlia iolithus (Linné) Wallroth 1833 (Fig. 199: b)
Syn.: *Trentepohlia koerberi* De Toni 1889; *Chroolepus iolithus* Agardh 1824
Heering 1914, p. 123, fig. 175; Fischer 1922, p. 21; Printz 1939, p. 156, fig. 11: M–U; 1964, p. 306, fig. 95: 8–17; Starmach 1972, p. 542, fig. 551.

Bildet rostbraune, trocken graugrüne bis grünbräunliche dünne, bis 2 mm dicke, dem Substrat dicht anliegende Überzüge aus stark verfilzten Fäden. Kein Unterschied zwischen prostraten und erekten Fäden, unregelmäßig verzweigt, kaum oder schwer zerfallend. Verzweigungen meist parallel zu den Hauptfäden verlaufend und entspringen am oberen Teil der Mutterzelle. Zellen dickwandig, in der Mitte etwas angeschwollen. Zellwand der Hauptfadenzellen mit trichterförmig geschichteter Außenschicht, Querwände getüpfelt. Zoosporangien kugelig bis eiförmig, auf einer meist hakenförmig gekrümmten Tragzelle sitzend. Zellen 12–35 µm breit, 1–2 mal, die Endzellen bis 6 mal länger als breit, Zoosporangien 20–48 µm ∅, Gametangien 36–42 µm ∅.
Besonders auf Silikatgestein, seltener auf Kalkstein, weltweit verbreitet. Bei feuchtem Wetter Thalli nach Veilchen duftend (Veilchenstein).
Mit mehreren Varietäten und Formen (Printz 1939, p. 157).

8. Trentepohlia jucunda (Cesati) Hariot 1889 (Fig. 199: c)
Printz 1939, p. 149, fig. 4: A; 1964, p. 302, fig. 94: 1; Starmach 1972, p. 544, fig. 554.

Thallus klein, dünn, lebhaft gelb, auch im ausgetrockneten Zustand. Fäden verlängert, gerade, spärlich verzweigt. Zellen fast quadratisch oder nur etwas länger als breit; in den Zweigen die Zellen meist etwas länger. Gametangien kugelig, terminal oder lateral. Zellen 16–20 µm breit, 20–24(–36) µm lang; Gametangien 28–36 µm ∅.
An Baumstämmen, ursprünglich in Italien gefunden.

9. Trentepohlia monilia Wildeman 1888 (Fig. 199: d)
Syn.: *Physolinum monilia* (Wildeman) Printz 1921; *Trentepohlia moniliformis* Karsten 1891
Printz 1939, p. 190, fig. 32: A–C, Handa & Nakano 1988, p. 178, fig. 4: 4–7.

Thallus aus niederliegenden bis aufrechten, unregelmäßig verzweigten einreihigen Fäden bestehend; kein Unterschied zwischen Haupt- und Nebenfaden. Zellen geschwollen tonnenförmig bis kugelig, an den Querwänden tief eingeschnürt. Chloroplast band- und scheibenförmig; Hämatochrom reichlich gebildet. Fortpflanzung durch Aplanosporen und zweigeißelige Zoosporen (?), die in kugeligen, sitzenden, terminalen oder interkalaren Sporangien gebildet werden. Gametangien und Gameten in Kultur beobachtet. Zellen 9,5–28 µm breit, bis 30 µm lang; Aplanosporangien 25–31 µm ∅, Aplanosporen 7–11 µm breit.
In tropischen oder subtropischen Gegenden an Baumstämmen, zwischen Moosen und Lebermoosen; wohl kosmopolitisch. In USA auch lichenisiert nachgewiesen (Davis & Rands 1993).

10. Trentepohlia odorata (Wiggers) Wittrock 1880 (Fig. 199: e)
Syn.: *Trentepohlia lichenicola* De Toni 1889; *T. sinense* De Toni 1889
Heering 1914, p. 124, fig. 174; Fischer 1922, p. 21, fig. 2: 9–13, Printz 1939, p. 160, fig. 12: A, B; 1964, p. 310, fig. 96: 6; Starmach 1972, p. 548, fig. 560.

Lager filzig, rötlichgelb oder orangerot, trocken gelblich-schmutziggraugrün, in dünnen Rasen. Fäden prostrat bis aufrecht; verzweigt. Zellen meist abgerundet, ellipsoidisch-eiförmig oder fast zylindrisch, mit dicker Zellwand. Schichten der Zellwand schräg oder konzentrisch; Pektinkappen klein. Gametangien fast kugelig bis ellipsoidisch, interkalar, end- oder seitenständig. Zoosporangien ähnlich. Zellen 15–30 µm breit, 1–2 mal länger als breit; Gametangien (15)–30–40(–50) µm ∅.
Fast nur an Rinde von Laubhölzern, selten auf Nadelbäumen; scheint weltweit verbreitet zu sein. Riecht nach Veilchen.

Eine var. *elongata* (Bleisch) Fischer 1922, p. 25, fig. 2: 11 hat rötlich- bis rotbraune seidenglänzende Rasen. Fäden wenig verzweigt und mit langen Zellen. Wächst an Bäumen im gemäßigten Klima.

11. **Trentepohlia umbrina** (Kützing) Bornet 1878 (Fig. 200: a)

Syn.: *Trentepohlia polymorpha* Deckenbach 1893; *T. odorata* f. *umbrina* Fischer 1922
Heering 1914, p. 124, fig. 178: 1, 2; Fischer 1922, p. 24, fig. 2: 12, 13; Printz 1939, p. 159, fig. 11: A–J; 1964, p. 310, fig. 96: 1–5; Starmach 1972, p. 548, fig. 559.

Lager bis 2 mm dick, rotbraun, ausgedehnt, geruchlos. Fäden kurz, niederliegend, unregelmäßig und oft wenig verzweigt. Fäden undeutlich ausgebildet, kein Unterschied zwischen prostraten und erekten Zellfäden, diese im allgemeinen wenigzellig, leicht in Zellgruppen oder Einzelzellen zerfallend. Zellen kugelig bis länglich ellipsoidisch, mit dicker, konzentrisch geschichteter Wand, an den Querwänden stark eingeschnürt. Gametangien wie vegetative Zellen, manchmal flaschenförmig, mit kurzem Hals; Gameten können parthenogenetisch keimen. Zoosporangien einzeln. Zellen (7–)15–27(–35) μm breit, 1–2 mal länger als breit; Gameten 9–13 × 4–8 μm groß.
An Rinde von Laub- und Nadelhölzern, an Brettern und Holzwerken, seltener an Felsen, vor allem in gemäßigten Zonen weit verbreitet.

12. **Trentepohlia uncinata** (Gobi) Hansgirg 1886 (Fig. 200: b)

Syn.: *Trentepohlia polymorpha* Deckenbach 1893 p. p.
Printz 1939, p. 153, fig. 7: E, F; 1964, p. 304, fig. 95: 1–2; Starmach 1972, p. 546, fig. 555.

Bildet dünne bräunliche oder rötlich gelbe bis gelbgrüne Rasen. Fäden in Büscheln oder Haufen vereinigt, längere aufrechte Fäden stark verzweigt, kürzere unverzweigt; Zellen an den Querwänden bisweilen etwas eingeschnürt. Gametangien mit stark zerklüfteter Wand, oft zu mehreren an den prostraten wie auch erekten Fäden. Gameten können parthenogenetisch keimen; Zoosporangien eiförmig-ellipsoidisch, meist einzeln, selten zu zweit, Tragzelle gebogen. Zellen 15–23(–27) μm breit, 1–2(–2,5) mal länger als breit; Gametangien 20–35 × bis 50 μm; Gameten 5–7,5 × 10–15 μm; Zoosporangien 15–24 × 24–28 μm, Zoosporen 12–15 × 5–8 μm groß.
Gebirgsalge, an Stämmen und oberirdischen Wurzelteilen, auch an Zweigen von Laub- und Nadelhölzern; in gemäßigten Zonen recht häufig.

Unsichere Art:
Trentepohlia allorgei Bourrelly & Manguin 1946 (Fig. 200: c)
Bourrelly & Manguin 1946, p. 487, fig. 28–34; Printz 1964, p. 314, fig. 98: 1, 2; Starmach 1972, p. 551, fig. 564.

Fäden lang, reich verzweigt, fast dichotom; durch zahlreiche Rhizoide befestigt. Zellen zylindrisch bis tonnenförmig; mit dünner nicht geschichteter Zellwand. Fortpflanzung durch 1- bis mehrzellige Brutknospen auf konischen Stielzellen. Sporangien unbekannt. Zellen bis 50 μm breit, 1–2 mal länger als breit.
In orangegelben Überzügen an feuchten Felsen (Azoren).
Unvollständig beschrieben, durch die vorhandenen Rhizoide wohl kaum zu *Trentepohlia* gehörend.

Fig. 200. *a Trentepohlia umbrina; b T. uncinata; c T. allorgei; d, e Printzina lagenifera* (*a* nach Skuja, *b* aus Printz, *c* aus Starmach, *d, e* nach Nakano).

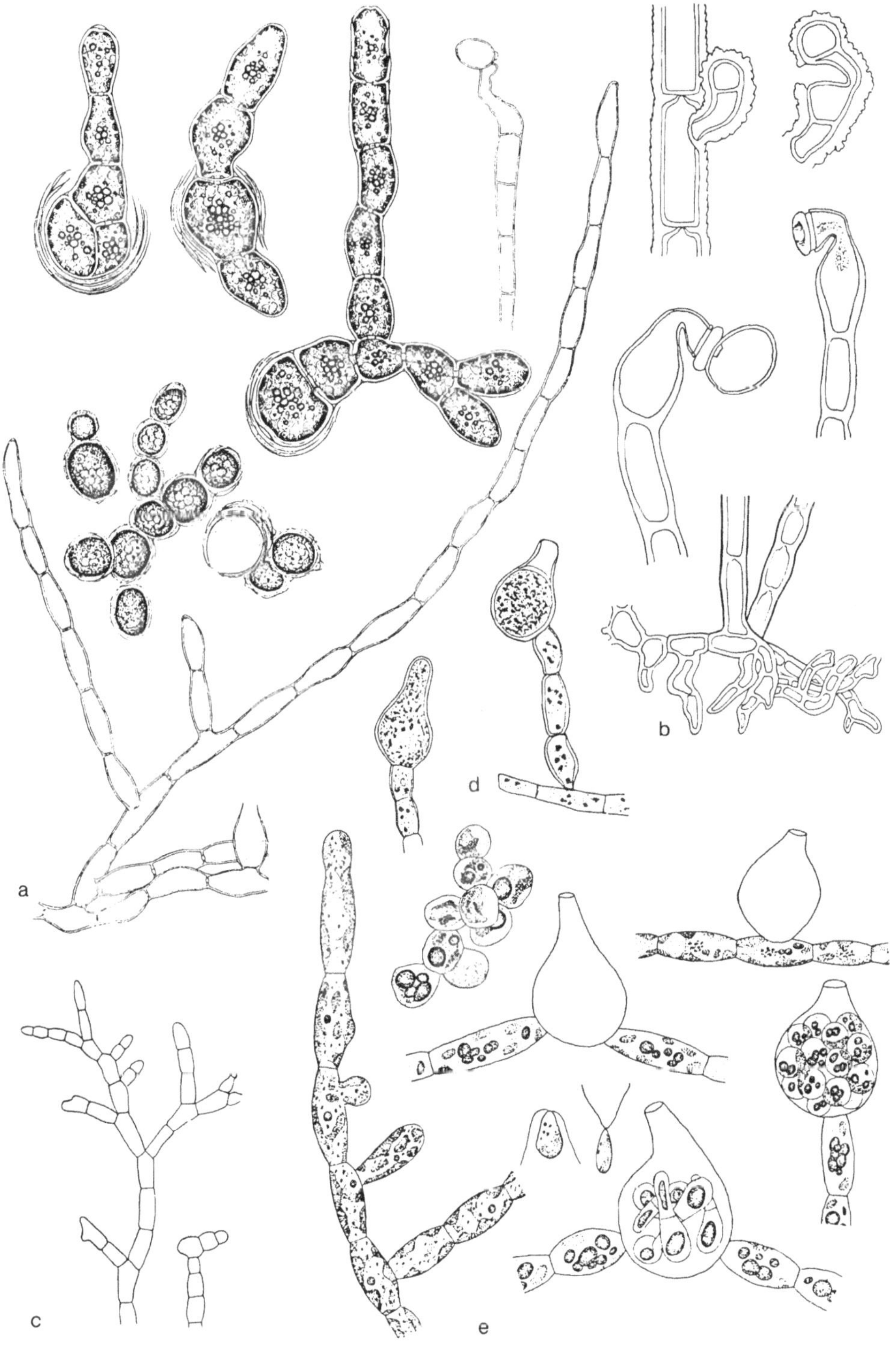
a
b
c
d
e

2. **Printzina** Thompson & Wujek 1992

Syn.: *Trentepohlia* Martius p. p.
Thompson & Wujek 1992, p. 233.

Mikroskopischer Thallus mit verzweigten Fäden, die ein ausgebreitetes Netzwerk aus groben Fäden bilden, mit schwächeren vielzelligen Ästen oder ohne letztere. Prostrate Fäden tragen einige bis viele erekte Äste oder auch keine. Gametangien terminal auf kurzen lateral-horizontalen Ästen oder sessil und seitlich in der Ebene des Hauptfadens; gewöhnlich einzeln und im Wachstum begrenzt, denn es konnte keine weitere Sprossung in die leeren terminalen Zellen hinein beobachtet werden. Gametangien auch seitlich auf aufrechten Haaren. Seitliche Sporangien dorsal und aufrecht auf den Hauptfäden, entweder entständig auf einem echten apikal entstehenden Sporangiophor aus 2–4 Zellen, oder sitzend, oder mit einzelligem Stiel. Sprossung aus älteren Tragzellen führt zu einer Verstärkung des Sporangiophors oder zur Neubildung eines solchen. Der papillöse Porus liegt nahe der basalen Ansatzstelle des Sporangiums. Gameten zweigeißelig, schmal, verkehrt lanzettlich während der Bewegung. Zoosporen viergeißelig und von gleicher Gestalt wie die Gameten.
Es wurden 9 Arten zu dieser Gattung umgereiht, von denen 2 gut bekannt sind und häufiger vorkommen.

1a Zellen mit haarförmigen, einzelligen Auswüchsen . . . . **2. P. lagerheimii**
1b Zellen ohne haarförmige Auswüchse . . . . **1. P. lagenifera**

1. **Printzina lagenifera** (Hildebrand) Thompson & Wujek 1992 (Fig. 200: d, e)

Syn.: *Chroolepus lageniferum* Hildebrand 1861; *Trentepohlia lagenifera* (Hildebrand) Wille 1878; *Trentepohlia phyllophylla* W. & G. S. West 1897; *T. gracilis* Iyengar 1923
Heering 1914, p. 125; Printz 1939, p. 157, fig. 10: A–H; 1964, p. 308, fig. 95: 3–7; Starmach 1972, p. 546, fig. 558; Nakano & Handa 1984, p. 354, fig. 1–6; Nakano 1988, p. 355, fig. 1–16; Thompson & Wujek 1992, p. 234.

Lager gelb- bis olivgrün oder gold- bis orangegelb; Fäden unregelmäßig verzweigt, in Form und Dicke wechselnd, brüchig. Zellen kugelig bis tonnenförmig oder zylindrisch, kaum ein Unterschied zwischen kriechenden und aufrechten Fäden. Hakensporangien selten, an besonderen geästelten Fäden sitzend, eiförmig oder fast kugelig. Tragzellen mit Krümmung. Gametangien ausgesprochen flaschenförmig, meist terminal entstehend, auch interkalar, einzeln oder zu zweit gereiht. Zellen 3–6(–19) µm breit, 1–4(–8) mal länger als breit; Gametangien 9–24 µm dick; Hakensporangien 15,5–18 × 17,5–20 µm groß.
Subtropische bis tropische Art, sonst nur in Warmhäusern an Pflanzen, Baumrinden, Mauern oder Erde. In Japan als Phykobiont von 26 Arten der Flechtengattung *Graphis* nachgewiesen (Nakano 1988).
Mit 2 Varietäten – var. *africana* (Printz) Thompson & Wujek 1992, p. 234 und var. *rugulosa* (Cribb) Thompson & Wujek 1992, p. 234.

2. **Printzina lagerheimii** (Wildeman) Thompson & Wujek 1992 (Fig. 201: a)

Syn.: *Trentepohlia lagerheimii* Wildeman 1888
Printz 1939, p. 168, fig. 17: B–H; 1964, p. 312, fig. 97: 1–6; Starmach 1972, p. 550, fig. 562; Thompson & Wujek 1992, p. 235.

Kriechende Fäden zylindrisch bis tonnenförmig, meist ebenso lang wie breit, selten länger; von interkalaren wie von terminalen Zellen wachsen haar- oder schlauchförmige Ausstülpungen aus, die kaum schmäler als die Zellen und bisweilen am apikalen Ende kopfförmig angeschwollen sind. Lateral sitzende Gametangien und Zoosporangien bekannt. Zellen 7–15 µm breit, 1–2 mal länger als breit; schlauchförmige Auswüchse 24–51 µm lang.
An Rinden von *Abies alba*, zuerst in Mitteleuropa gefunden.

3. **Phycopeltis** Millardet 1870

Syn.: *Hansgirgia* De Toni 1888; *Chromopeltis* Reinsch 1875; *Chroolepus* Karsten 1891
Heering 1914, p. 125; Printz 1927, p. 222; 1939, p. 168; 1964, p. 314; Bourrelly 1966, p. 336; Starmach 1972, p. 552; Scannel 1978, p. 41.

Thallus epiphytisch, bildet einschichtige Zellflächen oder netzförmig verbundene, fächerförmig ausgebreitete Fäden. An kurzen Fäden, die aus der Thallusfläche herauswachsen, entstehen Zoosporangien. Zellen durch Hämatochrom orangegelb, selten bläulich getönt. Chloroplast parietal scheibenförmig; ohne Pyrenoid. Zoosporen zweigeißelig, ohne Stigma. In der Zellfläche oder interkalar in den aufrechten Fäden werden Gametangien gebildet. Gameten den Zoosporen ähnlich. Durchwegs tropische epiphylle Trentepohliaceen, die in Europa nur mit 2 Arten vertreten sind.

1a Thallus fest geschlossen, ganzrandig, bis 1,5 mm ∅, Zellen 7–9 µm breit . . . **1. Ph. arundinacea**
1b Thallus oft unregelmäßig bis verzweigt fadenförmig, bis 130 µm ∅, Zellen etwa 4 µm breit . . . . **2. Ph. epiphyton**

1. **Phycopeltis arundinacea** (Montagne) De Toni 1889 (Fig. 201: c)

Syn.: *Chromopeltis radians* Reinsch 1875
Printz 1939, p. 171, fig. 19: A–C; Scannel 1978, p. 41.

Thallus bildet rundliche, deutlich umgrenzte, einschichtige, bis 1,5 mm breite Scheiben aus radial angeordneten, dichotom verzweigten Zellreihen. Scheibenrand ganz, Lager fest geschlossen. Zellen rechteckig, Kugelsporangien interkalar, mehr aufgeblasen als die vegetativen Zellen, kugelig bis eiförmig; unregelmäßig oder in Reihen über die Thallusscheibe verstreut. Zellen 7–9 µm breit; 1,5–2(–3) mal länger als breit.
Matte, graugrüne, verbreiterte Flecken an Stämmen von verschiedenen verholzten Gräsern, in wärmeren Ländern verbreitet. In Irland auf *Hedera helix* nachgewiesen.

2. **Phycopeltis epiphyton** Millardet 1870 (Fig. 201: b)

Printz 1939, p. 170, fig. 13: M–S; 1964, p. 314, fig. 98: 3–6; Starmach 1972, p. 552, fig. 565.

Thallus bis 130 µm groß, scheibenförmig, grün bis gelbbraun oder goldgelb, oft unregelmäßig bis fadenförmig mit Seitenzweigen. Zellen 4–7 eckig; etwa 4 µm breit. Gametangien bis 14 µm, Gameten 5 µm lang.
Bildet punktförmige, oft zusammenfließende grüne bis orangegelbe Flecken auf Nadeln von *Abies alba* und auf Blättern von *Hedera, Rubus, Leskea, Buxus;* in Irland und Deutschland nachgewiesen.

4. **Ordnung Cladophorales** Fritsch 1935

Thallus in Form unverzweigter oder verzweigter einreihiger Faden. Zellen (Zönoblasten) vielkernig, mit mehreren parietalen scheibenförmigen oder einem kontinuierlich netzförmigen Chloroplasten; Pyrenoide zahlreich. Begeißelte Zellen mit 2 oder 4 Geißeln entstehen in gewöhnlichen, nicht spezialisierten Zellen durch simultanen Zerfall.
Printz 1927, Fritsch 1935, Bourrelly 1966, Starmach 1972, Ettl 1980b, Bold & Wynne 1985, Sluiman 1988, van den Hoek et al. 1993.
Mit einer Familie, **Cladophoraceae,** wo nur eine Gattung mit einer aerophytischen Art vertreten ist.

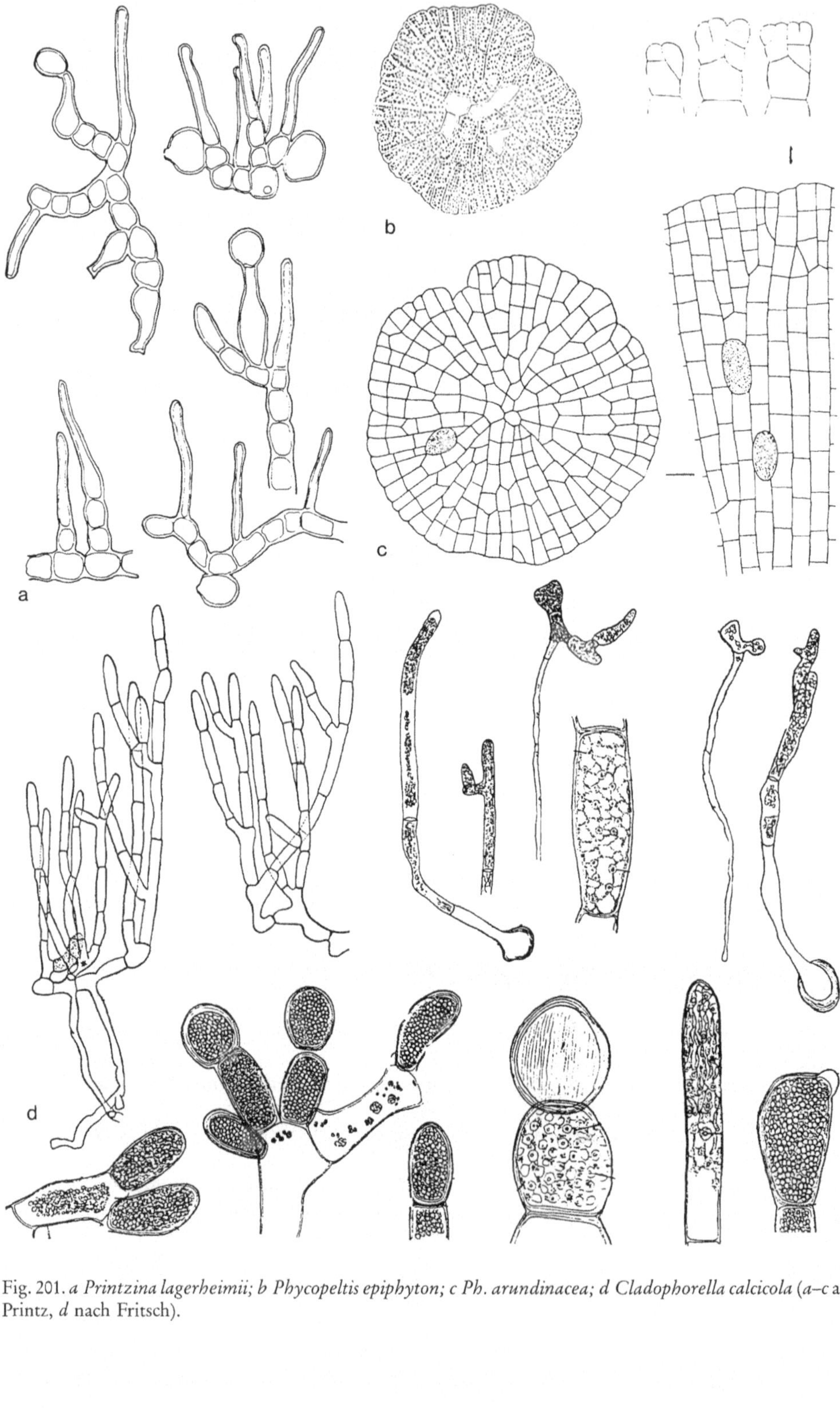

Fig. 201. *a Printzina lagerheimii; b Phycopeltis epiphyton; c Ph. arundinacea; d Cladophorella calcicola* (*a–c* aus Printz, *d* nach Fritsch).

Cladophorella Fritsch 1944

Fritsch 1944, p. 157; Islam 1964, p. 275; Bourrelly 1966, p. 360; Starmach 1972, p. 265.

Bildet dichte Rasen bis 5 mm Höhe aus einem komplexen System horizontaler, leicht zerfallender Fäden, die mit Rhizoiden am Substrat befestigt sind. Aus den prostraten Fäden entspringen einreihige, verzweigte Fäden aus zylindrischen Zellen (Zönoblasten) vom Bauplan einer *Cladophora*, mit einem parietalen, netzartigen Chloroplast mit zahlreichen Pyrenoiden und einer begrenzten Anzahl (8–18) von Zellkernen. In den verlängerten Endzellen der aufrechten Fäden verdichtet sich der Zellinhalt in den apikalen Zellpolen. Diese Zellen können sich zu Hypnoblasten umwandeln, mit dicker geschichteter Wand. Die Hypnoblasten fallen ab und werden mit dem Wind verbreitet. Außer Hypnoblastenbildung kommt es auch zu Fadenzerfall, wodurch sich die Alge vegetativ fortpflanzt.
Mit einer einzigen Art:

Cladophorella calcicola Fritsch 1944 (Fig. 201: d)

Fritsch 1944, p. 157, fig. 1–4; Bourrelly 1966, p. 360, fig. 77: 9–12; Starmach 1972, p. 266, fig. 283.

Mit den Merkmalen der Gattung. Zellen der aufrechten Fäden 24–36(–46) µm breit, 3–7 mal länger als breit; längliche Hypnoblasten 51–60 µm breit, 1,5–2 mal länger als breit, kugelige Hypnoblasten 68–82 µm Ø.
Auf Kalkfelsen in den Warmhäusern des Botanischen Gartens in Cambridge (England) gefunden.

2.7.5. Klasse Charophyceae

Algen mit dem Charakter der Grünalgen (Chlorophyta). Von den übrigen Klassen unterscheidet sich diese durch folgende Merkmale: Zoosporen und Gameten (Spermatozoiden) nackt oder mit extracellulären Schuppen, asymmetrisch gebaut, mit 2 gleichlangen und isomorphen Geißeln, die seitlich oder subapikal inserieren und nach rechts von der Sicht der Geißelinseration ausstrahlen; mikrotubuläre Geißelwurzeln mit einer mehrschichtigen Struktur (multilayered structure) und gewöhnlich mit einer zusätzlichen kleineren mikrotubulären Wurzel; Rhizoplast unbekannt. Begeißelte Zellen ohne Stigma. Interzonale Mitose-Spindel persistiert während der Zytokinese. Die Charophyceae führen coccale (sarcinoide), filamentöse und pseudoparenchymatische Formen. Außerdem werden hierher auch die Charales gerechnet, die einen komplexen Pflanzenkörper mit apikalem Wachstum und Differenzierung in nodiale und internodiale Abschnitte aufweisen.
van den Hoek 1978, van den Hoek et al. 1993, Mattox & Stewart 1984, Margulis & al. 1990.
Nur die coccalen und filamentösen Organisationsstufen führen terrestrische oder aerophytische Sippen.

1a Coccale Organisationsstufe mit Bildung von Zellpaketen; asexuelle Fortpflanzung auch durch Autosporen . . . . **1. Chlorokybales** (S. 597)
1b Filamentöse Organisationsstufe mit Bildung von Einzelzellen oder mehrzelligen Fäden; asexuelle Fortpflanzung auch durch vegetative Zellteilung . . . . **2. Klebsormidiales** (S. 598)

1. Ordnung Chlorokybales Stewart & Mattox 1975

Coccale Organisationsstufe mit Bildung von Zellpaketen. Asexuelle Fortpflanzung sowohl durch Zoosporen als auch durch Autosporen. Zoosporen mit Schuppen bedeckt; sie werden durch Desintegration der Zellpakete frei. Nur eine Familie: **Chlorokybaceae.**
Stewart & Mattox 1975, Mattox & Stewart 1984, Margulis & al. 1990.
Mit einer einzigen Gattung:

Chlorokybus Geitler 1942

Geitler 1942a, p. 51; 1942b, p. 1; 1955a, p. 20; Rieth 1972, p. 330; Komárek & Fott 1983, p. 90.

Thallus aus fast formloser, homogener, weicher Gallerte bestehend, mikroskopisch klein, mit bis 100 oder mehr Zellen, die typisch zu 2–4–8 oder mehreren in kubischen Gruppen liegen und gegeneinander abgeplattet sind. Die Zellgruppen sind von der persistierenden, verschleimten Mutterzellwand umgeben. Zellen ellipsoidisch, halbkugelig, abgerundet polygonal bis fast kugelig; mit deutlicher bis derber Zellwand. Chloroplast schüsselförmig, mit verdicktem Basalstück, an den Rändern oft leicht gelappt. Mit zwei Typen von Pyrenoiden, das größere, mehr zentrale Pyrenoid führt Stärkekörner, wogegen das kleinere nackte Pyrenoid (Pseudopyrenoid) völlig basal am Rande des Chloroplasten liegt. Stärkekörner liegen ± deutlich parallel zueinander. Im Lumen des Chloroplasten liegt der Zellkern, umgeben von zwei nicht kontraktilen Vakuolen. Asexuelle Fortpflanzung durch Autosporen, die durch die alte Mutterzellwand lange zusammengehalten werden, und durch asymmetrische, abgeflachte Zoosporen ohne Stigma und mit seitlicher Geißelinsertion. Sexuelle Fortpflanzung nicht bekannt.
Mit einer einzigen Art:

Chlorokybus atmophyticus Geitler 1942 (Fig. 202: a, b)
Geitler 1942a, p. 51; 1942b, p. 1, fig. 1–3; 1955a, p. 20, fig. 1–3; Rieth 1972, p. 332, fig. 2–7.

Mit den Merkmalen der Gattung. Zellen 17,5–22,5 µm lang, 15–18 µm breit, junge Tochterzellen 8–10 µm lang.
Kultur: SAG 48.80; ASIB T 106, V 202.
Aerophytische Alge, die manchmal auch terrestrisch vorkommen kann. Auf verrotteten Moosen und den Lagern von *Scytonema densum* auf Sandsteinblöcken des Obelisken in Schönbrunn, auf Schieferfelsen in Schladming (Österreich), als Bodenalge in Südtirol (Italien) und auch in der USSR gefunden.

2. Ordnung **Klebsormidiales** Stewart & Mattox 1975

Trichale Organisationsstufe mit Bildung einreihiger Zellfäden, die leicht in Einzelzellen zerfallen oder auch als solche vorkommen. Asexuelle Fortpflanzung sowohl durch Zoosporen als auch durch vegetative Zellteilung (bei Einzelzellen). Zoosporen nackt, durch eine Öffnung in der Sporangiumwand frei werdend. Vegetative Fortpflanzung durch Fadenzerfall.
Stewart & Mattox 1975, Mattox & Stewart 1984, Margulis & al. 1990.
Mit einer einzigen Familie, **Klebsormidiaceae,** die 4 Gattungen führt.

1a Einreihige, mehrzellige Zellfäden; Fortpflanzung durch zweigeißelige Zoosporen oder Gameten 2
1b Einzellige Formen, die nur manchmal lockere, wenigzellige Fäden bilden; Fortpflanzung nur durch vegetative Zellteilung 3
2a Zellfäden ohne besonders geformte Basalzelle, freilebend . . . . **1. Klebsormidium** (S. 599)
2b Zellfäden mit besonders geformter Basalzelle, die in einen Befestigungsstiel ausläuft, am Substrat festsitzend . . . . **4. Hormidiella** (S. 610)
3a Zellen ± zylindrisch, an den Enden abgerundet oder abgestutzt . . . . . . **2. Stichococcus** (S. 604)
3b Zellen ± spindelförmig, an den Enden zugespitzt . . . . **3. Raphidonema** (S. 609)

1. **Klebsormidium** Silva, Mattox et Blackwell 1972

Syn.: *Hormidium* sensu Klebs 1896 non Kützing 1843; *Chlorhormidium* Fott 1960
Heering 1914, p. 41; Printz 1927, p. 166; 1964, p. 22; Fott 1960, p. 149; Mattox & Bold 1962, p. 31; Ramanathan 1964, p. 77; Bourrelly 1966, p. 244; 1988, p. 114; Farooqui 1969, p. 3; Starmach 1972, p. 56; Silva & al. 1972, p. 643; Broady 1979, p. 81.

Zellen in einfachen, freilebenden, unverzweigten, einreihigen, häufig sehr leicht zerfallenden Fäden; ohne Gallertscheide. Keine besonders geformten Basal- oder Endzellen. Zellen zylindrisch, mit dünner oder verdickter Zellwand; einkernig. Chloroplast parietal rinnen- bis bandförmig, mit nicht gelappten Rändern; stets mit einem deutlichen Pyrenoid. An den Zellpolen häufig nicht kontraktile Vakuolen. Asexuelle Fortpflanzung durch zweigeißelige, abgeplattete, asymmetrische Zoosporen ohne Stigma oder durch Aplanosporen. Dauerstadien in Form dickwandiger Hypnoblasten. Fadenfragmentation bei terrestrischen Formen recht häufig. Sexuelle Fortpflanzung ungenügend bekannt (Isogamie?).
Von etwa 15 beschriebenen Arten sind 10 terrestrisch oder aerophytisch.

1a Fäden leicht in Einzelzellen zerfallend 2
1b Fäden nicht oder selten in Einzelzellen zerfallend 5
2a Zellen 2,5–4 µm breit 3
2b Zellen 4,5–6(–9) µm breit 4
3a Meist einzellig auftretend, Chloroplast gestreckt rinnenförmig, mit 1–2 Pyrenoiden . . . . **5. K. marinum**
3b Meist in wenigzelligen Fäden, Chloroplast kurz rinnenförmig, mit 1 Pyrenoid . . . . **7. K. pseudostichococcus**
4a Hypnoblasten mit dicker geschichteter Wand, Chloroplast kurz rinnenförmig . . . . **2. K. dissectum**
4b Hypnoblasten nicht bekannt, Chloroplast gestreckt rinnenförmig . . . . **9. K. sterile**
5a Zellwände dick, geschichtet und krenuliert oder warzig 6
5b Zellwände glatt 7
6a Fortpflanzung durch Fragmentation der Fäden, Chloroplast mit 1–3 Pyrenoiden . . . . **1. K. crenulatum**
6b Fortpflanzung durch Zoosporen, Chloroplast mit 1 Pyrenoid . . . . **6. K. montanum**
7a Zellen 3–4 µm breit, Zellwände sehr dünn . . . . **8. K. scopulinum**
7b Zellen 5–14 µm breit, Zellwände mäßig dick 8
8a Zellen bis 14 µm breit, Pyrenoid abgeflacht . . . . **3. K. flaccidum**
8b Zellen bis 10 µm breit, Pyrenoid nicht abgeflacht 9
9a Zellen 5–10 µm breit, Chloroplast gestreckt rinnenförmig . . . . **4. K. klebsii**
9b Zellen 5–7 µm breit, Chloroplast kurz rinnenförmig . . . . **10. K. subtile**

1. **Klebsormidium crenulatum** (Kützing) nov. comb. (Fig. 202: c)

Basionym: *Hormidium crenulatum* Kützing 1845 sensu Fritsch & John 1942, Ann. Bot. N. S. 6, p. 383
Syn.: *Ulothrix crenulata* (Kützing) Kützing 1849
Fritsch & John 1942, p. 383, fig. 4: M–P; Lokhorst & Vroman 1974a, p. 379, fig. 7, 8.

Fäden in Kultur freilebend, manchmal mittels undifferenzierter Basalzelle festhaftend. Junge Zellen mit dünner Zellwand, die in älteren Populationen dick, rauh und warzig wird. Chloroplast rinnenförmig, mit leicht gewelltem Rand; mit 1, seltener 2–3 Pyrenoiden mit deutlicher Stärkehülle. Fortpflanzung bis jetzt nur durch Fadenfragmentation bekannt. Zellen 11–14 µm breit, 0,3–1(–1,5) mal länger als breit.
Auf Sandboden gefunden (Niederlande), sonst in gewässernahen Lokalitäten. Als Bodenalge nur in England bekannt.

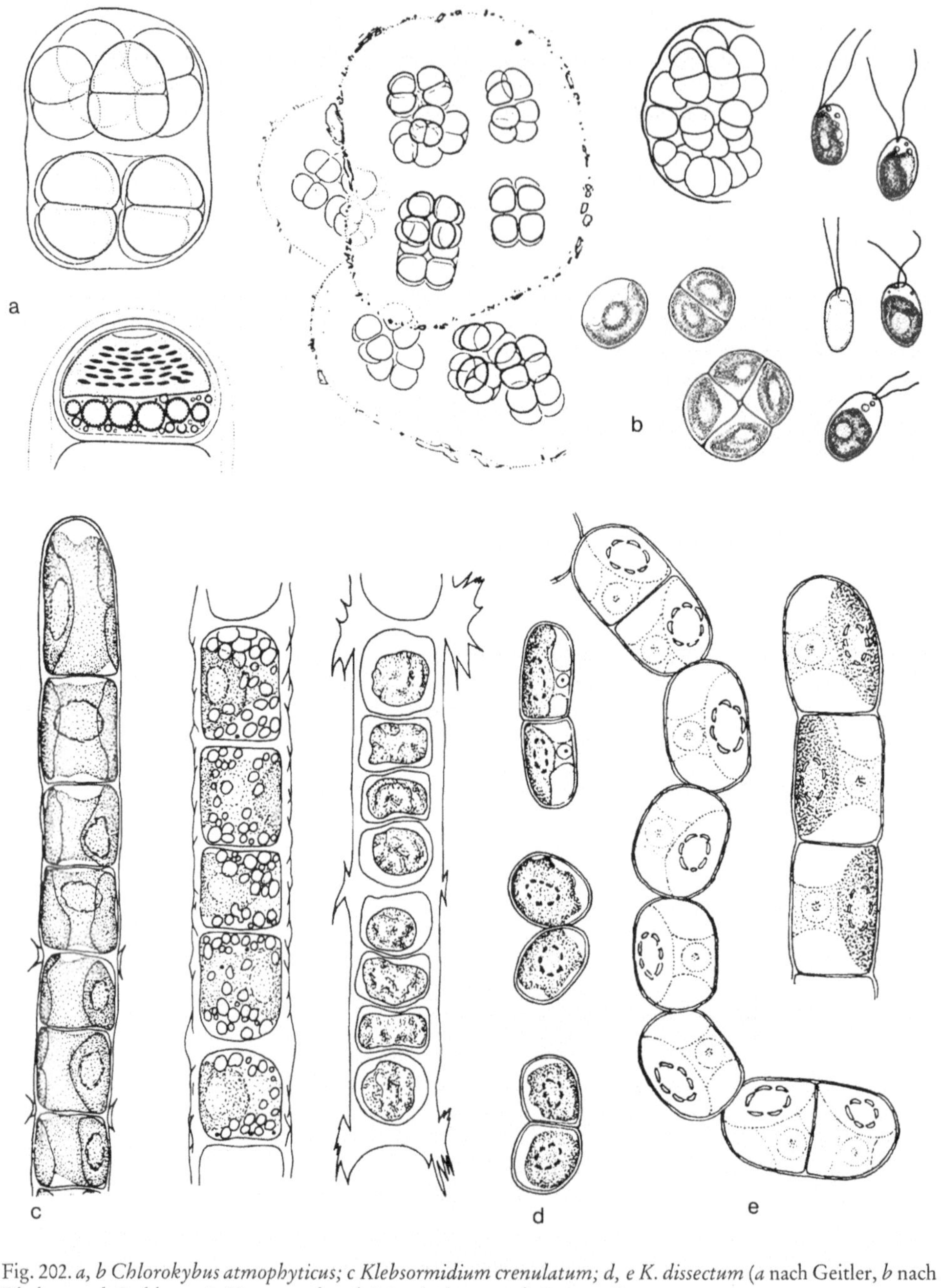

Fig. 202. *a, b Chlorokybus atmophyticus; c Klebsormidium crenulatum; d, e K. dissectum* (*a* nach Geitler, *b* nach Rieth, *c* nach Lokhorst & Vroman, *d* nach Mrozinska, *e* nach Farooqui).

2. Klebsormidium dissectum (Gay) nov. comb. (Fig. 202: d, e)
Basionym: *Stichococcus dissectus* Gay 1891, Thèses Fac. Sci. Paris ser. Nr. 147, p. 78
Syn.: *Hormidium dissectum* (Gay) Chodat 1913; *Chlorhormidium dissectum* (Gay) Farooqui 1969
Heering 1914, p. 43, fig. 51; Printz 1964, p. 25, fig. 3: 21, 6: 15–18; Ramanathan 1964, p. 86, fig. 21: H; Farooqui 1969, p. 5, fig. 3: 1–4; Starmach 1972, p. 60, fig. 43: 53–55; Broady 1979 a, p. 81, fig. 26 a–c.

Zellen zu kurzen 4–15-zelligen, stark gebogenen Fäden vereinigt, die wieder leicht in kürzere Stücke zerfallen. Zellen mit etwas dickerer Zellwand; mit kurz rinnenförmigem Chloroplasten mit einem Pyrenoid. Zellkern in einer Plasmabrücke gegenüber dem Pyrenoid. Fortpflanzung durch Hypnoblasten mit dicker, deutlich geschichteter Wand und durch Fadenzerfall. Zellen 4,5–6(–9) µm breit, 7–9(–18) µm lang.
Kultur: ASIB V 103.
Bildet dunkelgrüne oder freudiggrüne Überzüge an Bäumen und anderen Substraten, auch eine obligate Bodenalge von Tieflagen bis ins Hochgebirge, wahrscheinlich weiter verbreitet als bisher bekannt.
Von Broady werden zwei unbeschriebene Varietäten angegeben: var. A – Broady 1979 a, p. 81, fig. 26 b, c – Fäden bis aus 15 Zellen, Chloroplast etwas mehr als die halbe Zelle auskleidend, mit deutlichem Pyrenoid. Zellen 4,5 µm breit, 7–15 µm lang. Subaerisch auf Mineralböden (Antarktis).
var. B – Broady 1979 a, p. 81, fig. 26 a – Zellen bilden höchstens Zellpaare, Chloroplast mehr als die halbe Zelle auskleidend, mit deutlichem Pyrenoid. Zellen 6 µm breit, 7–15 µm lang. Subaerisch auf Mineralböden (Antarktis).

3. Klebsormidium flaccidum (Kützing) Silva, Mattox & Blackwell 1972 (Fig. 203: a, b)
Syn.: *Hormidium flaccidum* (Kützing) Braun in Rabenhorst 1876; *Stichococcus flaccidus* (Kützing) Gay 1891; *Chlorhormidium flaccidum* (Kützing) Fott 1960; *Chlorhormidium flaccidum* var. *nitens* (Kützing) Farooqui 1969
Heering 1914, p. 45, Fig. 48–50; Mattox & Bold 1962, p. 31, fig. 33–42; Printz 1964, p. 25, fig. 4: 1–32; 5: 1–5; Ramanathan 1964, p. 81, fig. 21: A–F, 22: A–E; Starmach 1972, p. 61, fig. 44–46, 49, 50, 52.

Bildet im allgemeinen lange Fäden, die auf Agar bei gutem Wachstum dichte Schlingen von oft parallel verlaufenden Fäden ausbilden. Zellen zylindrisch, mit einfachem rinnenförmigem Chloroplast und seitlich abgeflachtem Pyrenoid. Zellkern in einer Plasmabrücke. Asexuelle Fortpflanzung durch Zoosporen und durch Aplanosporen; sexuelle Fortpflanzung durch Isogamie; vegetative Fortpflanzung durch Fadenzerfall oder durch Hypnoblasten. Zellen 5–8(–14) µm breit, bis 3 mal länger als breit.
Kultur: UTEX 321, 322, 323, 623, 1958, 2017; SAG 335-1 a, 335-1 b, 335-2 a, 335-2 b, 335-4; ASIB V 100, T 94, T 95, T 96, T 97.
Eine der formenreichsten aerophytischen und terrestrischen Grünalgen, von weiter ökologischer Amplitude und sicher weltweiter Verbreitung. Auf allen Substraten – Boden, Felsen, Mauern, Baumrinden – von der Bodenoberfläche bis in tiefe Bodenschichten vorkommend.
Von dieser Art wurden mehrere Varietäten und Formen beschrieben, die früher oft als eigenständige Arten angesehen wurden. Aus Kultursammlungen sind zahlreiche Isolate als physiologische Rassen bekannt (Reisigl 1964). Eine Gesamtrevision dieser Art wäre dringend nötig. Wir geben hier nur eine Übersicht der infraspezifischen Taxa (nach Printz 1964 und Starmach 1972):
var. *flaccidum*
f. *typicum*
f. *tumidum*
var. *lubricum* (= *Hormidium lubricum* Chodat 1913)
var. *crassum* (= *Hormidium crassum* Chodat 1913)

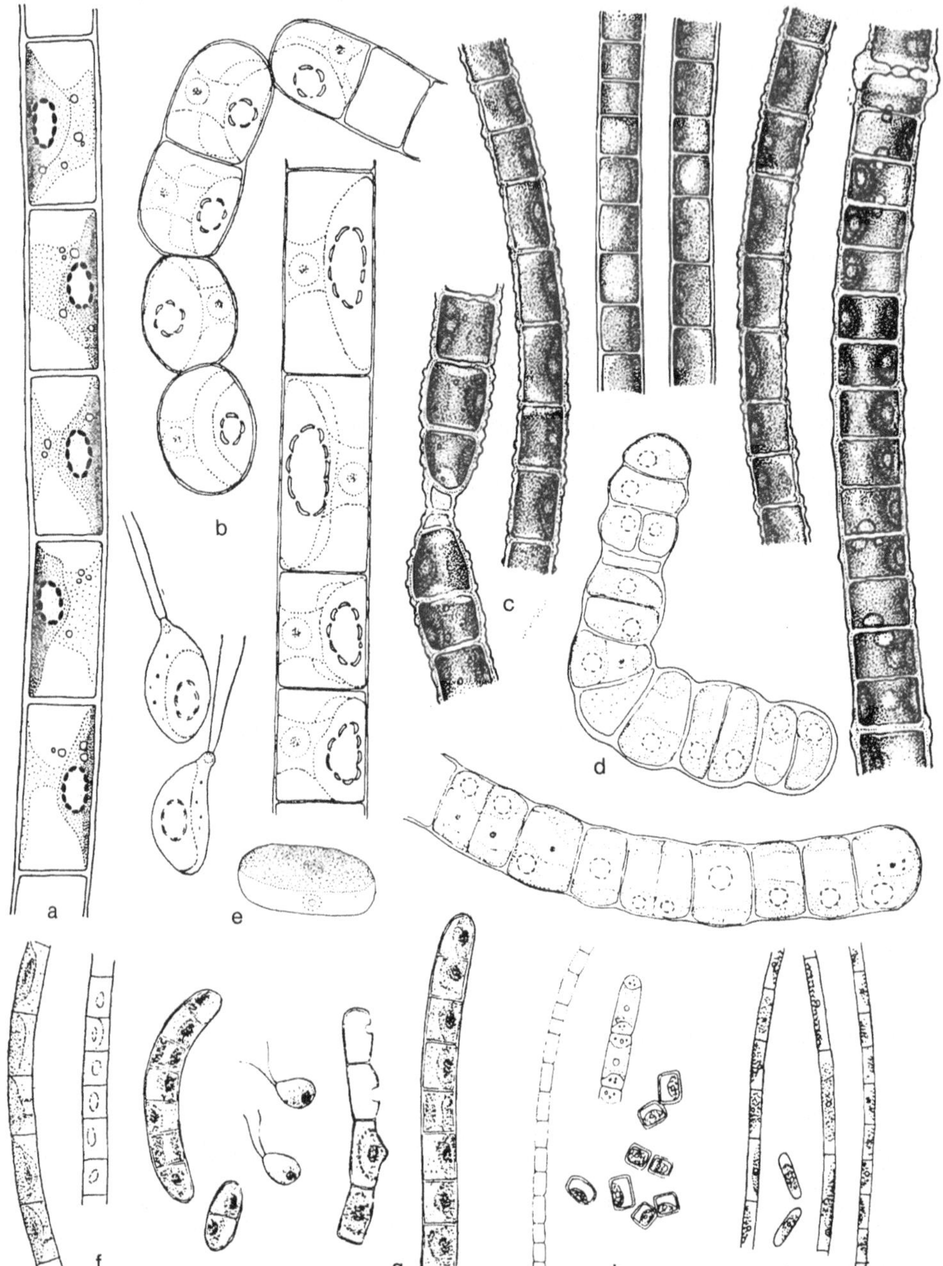

Fig. 203. *a, b Klebsormidium flaccidum,* unten zwei Zoosporen; *c, d K. montanum; e K. marinum; f, g K. klebsii; h K. pseudostichococcus; i K. scopulinum* (*a* nach Desortová, *b* nach Farooqui, *c* nach Skuja, *d* nach S. Watanabe; *f* nach Fritsch, *g* nach James, *h, i* aus Starmach).

4. Klebsormidium klebsii (G. M. Smith) Silva, Mattox & Blackwell 1972 (Fig. 203: f, g)
Syn.: *Hormidium klebsii* G. M. Smith 1933; *Hormidium nitens* sensu Klebs 1896
Heering 1914, p. 45, fig. 50; Ramanathan 1964, p. 85, fig. 21: K, L; Silva & al. 1972, p. 643; Starmach 1972, p. 63, fig. 47.

Zellen zylindrisch, an den Querwänden nicht eingeschnürt, oft lange Fäden bildend. Chloroplast parietal, mit einem länglichen Pyrenoid. Fortpflanzung durch Zoosporen und Hypnoblasten. Zellen 5–10 µm breit, 1–3 mal länger als breit.
In grünschimmernden Überzügen an feuchten Steinen, Mauern, auch in Böden bekannt (Europa, Nordamerika, Indien).
Steht *K. flaccidum* sehr nahe.

5. Klebsormidium marinum (Deason) Silva, Mattox & Blackwell 1972 (Fig. 203: e)
Syn.: *Hormidium marinum* Deason 1969
Deason 1969, p. 244, fig. 5, 6, 17.

Einzellig, gelegentlich aber auch kurze Fäden aus 2–3 Zellen bildend. Chloroplast parietal, rinnenförmig, etwa die Hälfte der Zelle auskleidend und bis an die Zellpole reichend; mit einem, selten zwei Pyrenoiden. Zellwände dünn, ohne Gallertscheide. Fortpflanzung nur durch vegetative Zellteilung bekannt. Zellen 2,7–3,3 µm breit; 3,7–10,4 µm lang.
Kultur: UTEX 1706.
Aus Boden in Küstennähe eines Vogelschutzgebietes in Alabama (USA) isoliert.

6. Klebsormidium montanum (Skuja) S. Watanabe 1983 (Fig. 203: c, d)
Syn.: *Hormiscia flaccida* Lagerheim var. *montana* Hansgirg 1888; *Hormidium montanum* (Hansgirg) Skuja 1964; *Chlorhormidium montanum* (Skuja) Starmach 1972; *Chlorhormidium montanum* (Skuja) Vinatzer 1975 b
Starmach 1972, p. 60, fig. 61 a; Vinatzer 1975 a, p. 73; S. Watanabe 1983, p. 257, fig. 19, 55.

Bildet Fäden aus weniger als 20 Zellen auf Agar, aus über 100 Zellen in Flüssigmedien. Fäden oft verdreht und gebogen. Zellen zylindrisch, in alten Kulturen etwas tonnenförmig und an den Querwänden leicht eingeschnürt. Zellwand im Alter verdickt und geschichtet krenuliert-warzig, bis 1,5 µm dick; ohne Gallertscheide. Chloroplast gürtel- bis rinnenförmig, bis zu ⅔ der Zelle auskleidend; mit einem Pyrenoid, das auch rückgebildet sein kann. Asexuelle Fortpflanzung durch Zoosporen, vegetative durch Fadenzerfall. Zellen 3–13(–20) µm lang, 9–15,5 µm breit; Zoosporen 12–15 × 5–7 µm groß.
Auf Sand und feuchten Felsen in Schweden und Japan, aus alpinen Böden in den Dolomiten, Südtirol (Italien) isoliert.

7. Klebsormidium pseudostichococcus (Heering) nov. comb. (Fig. 203: h)
Basionym: *Hormidium pseudostichococcus* Heering 1914, Süßwasserfl. Deutschl., Österr. u. d. Schweiz, H. 6, p. 43, fig. 52, 53
Syn.: *Chlorhormidium pseudostichococcus* (Heering) Fott 1960
Ramanathan 1964, p. 86, fig. 21: G; Printz 1964, p. 24, fig. 3: 18–20; Starmach 1972, p. 58, fig. 42.

Zellen einzeln oder nur in kurzen Fäden aus wenigen Zellen. Fäden an den Querwänden eingeschnürt. Zellen zylindrisch bis leicht ellipsoidisch, mit zarter Zellwand. Chloroplast blaß gelblichgrün, kurz rinnenförmig, mit einem Pyrenoid. Zellen 2,5–4(–4,5) µm breit, 2–3 mal länger als breit.
An feuchten Mauern, Bäumen, auf Erde als grüne Überzüge.

8. Klebsormidium scopulinum (Hazen) nov. comb. (Fig. 203: i)
Basionym: *Stichococcus scopulinus* Hazen 1902, Mem. Torrey Bot. Cl. 11, p. 161, fig. 22: 4–6
Syn.: *Hormidium scopulinum* (Hazen) G. M. Smith 1933; *Gloeotila scopulina* (Hazen) Heering 1914
Heering 1914, p. 48, fig. 57; Ramanathan 1964, p. 84, fig. 22: S–U; Printz 1964, p. 47, fig. 9: 7; Starmach 1972, p. 88, fig. 93.

Fäden aus relativ langzylindrischen Zellen, ohne Einschnürungen an den Querwänden. Zellwand sehr dünn. Chloroplast parietal, lang rinnenförmig; mit einem undeutlichen Pyrenoid. Fortpflanzung häufiger durch Zoosporen als durch Fragmentation der Fäden. Zellen 3–4 µm breit, bis 30 µm lang.
Auf feuchten Steinen und Erdböden lange grüne und schlüpfrige Massen bildend (Europa, Nordamerika).

9. Klebsormidium sterile (Deason & Bold) Silva, Mattox & Blackwell 1972 (Fig. 204: a, b)
Syn.: *Hormidium sterile* Deason & Bold 1960
Deason & Bold 1960, p. 36, fig. 54, 55, 112; Mattox & Bold 1962, p. 32, Fig. 44; Printz 1964, p. 30; Silva & al. 1972, p. 643.

Fäden aus 20–30 Zellen bestehend, leicht in kurze Fäden von 3–4 Zellen zerfallend. Zellen zylindrisch, an den Querwänden nicht eingeschnürt; mit deutlicher Zellwand. Chloroplast rinnenförmig, mehr als die halbe Zelle auskleidend; mit einem deutlichen Pyrenoid. Zellen 5–6 µm breit, bis 15(–22) µm lang.
Kultur: UTEX 978.
Aus Erdproben unter *Quercus stellata* isoliert, McMahan, Caldwell County, Texas (USA). Auch aus Neuguinea bekannt.

10. Klebsormidium subtile (Kützing) Tracanna ex Tell 1976 (Fig. 204: c)
Syn.: *Ulothrix subtilis* Kützing 1845 p. p.; *Stichococcus subtilis* (Kützing) Klercker 1896; *Hormidium subtile* (Kützing) Heering 1914; *Chlorhormidium subtile* (Kützing) Starmach 1972
Heering 1914, p. 47, fig. 54; Printz 1964, p. 31, fig. 5: 8, 9; Ramanathan 1964, p. 83, fig. 22: F–H; Starmach 1972, p. 66; Tell 1976, p. 533, fig. 8: 2.

Zellen zylindrisch, zu langen Fäden vereinigt, die nur schwer zerfallen. Zellwand dünn. Chloroplast kurz rinnenförmig, nicht bis an die Zellenden reichend; mit einem deutlichen Pyrenoid. Zoosporen selten beobachtet. Vermehrungs-Hypnoblasten häufig, einzeln oder in Ketten gebildet, reif etwas eckig, doch bald abgerundet, mit dicker Wand. Zellen 5–7 µm breit, 1,5–3 mal länger als breit; Hypnoblasten 7–9 µm.
Vereinzelt auch aerophytisch oder terrestrisch (England, Argentinien, Indien, Nordamerika).

2. Stichococcus Nägeli 1849

Printz 1927, p. 165; 1964, p. 37; Grintzesco & Péterfi 1932, p. 159; Mattox & Bold 1962, p. 35; Ramanathan 1964, p. 88; Starmach 1972, p. 91; Pickett-Heaps 1974, p. 63; Bourrelly 1988, p. 116.

Zellen einzeln, paarweise oder in einfachen wenigzelligen, lockeren Zellfäden zusammenhängend, leicht wieder in Einzelzellen auflösend. Zellen zylindrisch, gerade oder leicht gebogen, mit abgerundeten oder abgestutzten Zellenden, auch abgerundet kurzzellig bis fast kugelig. Zellwand dünn, ohne oder mit Gallertscheide. Chloroplast parietal rinnenförmig, die Zelle nur teilweise auskleidend, glattrandig; mit nacktem Pyrenoid oder ohne. Fortpflanzung nur durch vegetative Zellteilung und Fragmentation der kurzen Fäden.
30 Arten beschrieben, von denen 8 als Boden-, Luft- und Flechtenalgen bekannt sind. Zum Teil

ungenügend und unvollständig beschrieben und auf Grund der sehr kleinen Zellen ohne ausreichende Abbildungen versehen. Eine Bestimmung ohne Kultur kaum möglich.

1a Zellen kugelig bis ellipsoidisch-zylindrisch, höchstens 2–2,5 mal länger als breit 2
1b Zellen gestreckt zylindrisch bis unregelmäßig, oft leicht gebogen, 4–12 mal länger als breit . . . 4
2a Zellen nur einzeln, ellispoidisch bis kugelig 3
2b Zellen gerade zylindrisch, kurze Fäden bildend . . . . **2. S. bacillaris**
3a Zellen 3,5–4 µm breit, ellipsoidisch bis kugelig . . . . **3. S. chlorelloides**
3b Zellen 2,5–3 µm breit, ellipsoidisch bis kurz ellipsoidisch . . . . **5. S. minutus**
4a Zellen nur einzeln, bis 50 µm lang . . . . **6. S. mirabilis**
4b Zellen kurze bis längere Fäden bildend 5
5a Fäden lang, mehrzellig . . . . **8. S. undulatus**
5b Fäden 2–8 zellig 6
6a Zellen zylindrisch, schwach gebogen 7
6b Zellen zylindrisch-ellipsoidisch, meist unregelmäßig gebaut . . . . **7. S. sequoieti**
7a Zellen gebogen, häufig sigmoid gekrümmt, nur 4 mal länger als breit, Fäden bis aus 8 Zellen . . . . **1. S. allas**
7b Zellen gerade oder schwach gebogen, bis 12 mal länger als breit, Fäden höchstens zweizellig . . . . **4. S. exiguus**

1. **Stichococcus allas** Reisigl 1964 (Fig. 204: d)

Reisigl 1964, p. 489, fig. 41.

Bildet kurze, bis 8-zellige Fäden. Zellen gebogen, im Alter oft sigmoid gekrümmt; stark mit Öltropfen gefüllt und vakuolisiert. Chloroplast rinnenförmig, gelbgrün, ohne Pyrenoid, Stärke nicht nachgewiesen. Zellen 1,5–3 µm breit; 3,5–12 µm lang.
Kultur: ASIB IB 37.
Aus Bodenproben in den Ötztaler Alpen, Weißkugel 3739 m ü. M., Tirol (Österreich) isoliert.
Da Stärke nicht nachgewiesen wurde, könnte es sich auch um eine Xanthophyceae handeln. Untersuchungen der Assimilationspigmente wären nötig.

2. **Stichococcus bacillaris** Nägeli 1849 s. l. (Fig. 204: e, f)

Syn.: *Stichococcus minor* Nägeli 1849; *St. membranaefaciens* Chodat 1913; *St. dubius* Chodat 1917; *St. chloranthus* Raths 1938; *St. pallescens* Chodat 1909; *St. coniocybes* Letellier 1917; *St. nivalis* Chodat 1917; *St. viridis* Nakano 1918 – inklusive zahlreicher Formen, die zum Teil nicht genau bekannt sind und daher nicht als Synonyma, sondern provisorisch innerhalb der Art im Sinne von Printz (1964) geführt werden.
Heering 1914, p. 52, fig. 64–68; Grintzesco & Péterfi 1935, p. 168, fig. 4; Mattox & Bold 1962, p. 36, fig. 45–49; Printz 1964, p. 40, fig. 7: 8–11, 8: 1; Ramanathan 1964, p. 92, fig. 23: D; Starmach 1972, p. 94, fig. 108–110.
Bildet auf Agar hellgrüne bis gelbgrüne Lager aus verschleimenden kurzen Fäden, die aus 2–10 Zellen bestehen und sehr leicht in Einzelzellen zerfallen. Zellen zylindrisch ± gerade, an den Polen abgerundet oder leicht abgestutzt. Chloroplast rinnenförmig, bis zu ⅔ der Zelle auskleidend, mit einem schwer sichtbaren nackten Pyrenoid. An den Zellpolen je 1 nicht kontraktile Vakuole, meist in alten Zellen. Zellen 2–2,5(–3) µm breit, 3,5–6,6(–12) µm lang.
Kultur: UTEX 176, 314, 419, 1962; SAG 379-1a–e, 379-2; ASIB BS 1, BS 110; BS 331, G 42, V 162, S 202, S 204, T 100, T 101, T 102.
Eine der gewöhnlichsten terrestrischen und aerophytischen Algen, auf Erde und Gestein, an Blumentöpfen, Baumrinden und dergleichen, an stickstoffgedüngten Stellen – kosmopolitisch.
In den Formenkreis von *Stichococcus bacillaris* gehören wahrscheinlich folgende Varietäten: var. *crassa* Raths 1938, var. *elegans* Raths 1938, var. *maxima* Raths 1938, var. *mucigena* Raths 1938, var. *subaurifera* Raths 1938, var. *tenuis* Raths 1938 (siehe Printz 1964, p. 42).

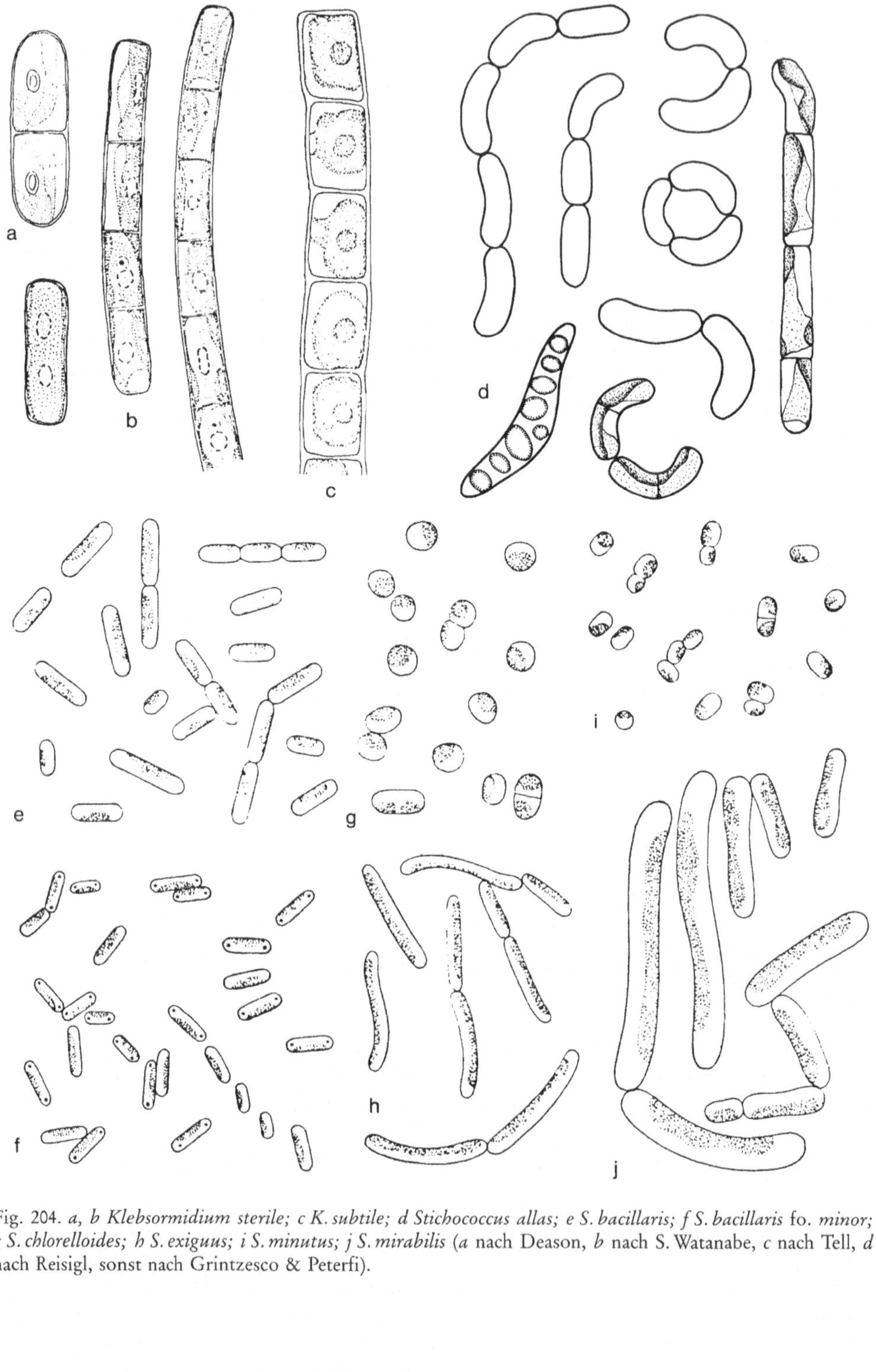

Fig. 204. *a, b Klebsormidium sterile; c K. subtile; d Stichococcus allas; e S. bacillaris; f S. bacillaris* fo. *minor; g S. chlorelloides; h S. exiguus; i S. minutus; j S. mirabilis* (*a* nach Deason, *b* nach S. Watanabe, *c* nach Tell, *d* nach Reisigl, sonst nach Grintzesco & Peterfi).

3. Stichococcus chlorelloides Grintzesco & Péterfi 1932 (Fig. 204: g)
Grintzesco & Péterfi 1932, p. 166, fig. 2; Printz 1964, p. 40, fig. 7: 3; Ramanathan 1964, p. 91, fig. 23: B; Starmach 1972, p. 93, fig. 103.

Zellen ellipsoidisch bis kugelig oder kurz zylindrisch, mit breit abgerundeten Enden. Chloroplast parietal, kurz rinnenförmig, nur einen Teil der Zelle auskleidend, gelbgrün. Zellen 3,5–4 μm breit, 4–6(–10) μm lang.
In Kalkfelsspalten, Mt. Domogled (Rumänien).

4. Stichococcus exiguus Gerneck 1907 (Fig. 204: h)
Grintzesco & Péterfi 1932, p. 170, fig. 6; Printz 1964, p. 44, fig. 8: 6, 7; Ramanathan 1964, p. 92, fig. 23: E; Starmach 1972, p. 97, fig. 116, 117.

Zellen in jungen Kulturen relativ kurz, später sehr lang werdend und zu kurzen Fäden (meist aus 2 Zellen) verbunden. Einzelzellen sehr lang werdend, gerade bis schwach gebogen, zylindrisch, mit abgerundeten Enden. Chloroplast rinnenförmig, die Zelle der Länge nach auskleidend. An den hyalinen Zellpolen bisweilen Öltropfen. In der Mitte des Chloroplasten oft kleine Einbuchtung für den Zellkern. Zellen 1,8–2,5 μm breit, 8–20(–30) μm lang.
Auf feuchter Erde bei Cluj (Rumänien).

5. Stichococcus minutus Grintzesco & Péterfi 1932 (Fig. 204: i)
Grintzesco & Péterfi 1932, p. 167, fig. 3; Printz 1964, p. 40, fig. 7: 4; Ramanathan 1964, p. 91, fig. 23: C; Starmach 1972, p. 93, fig. 106; Broady 1979 a, p. 85, fig. 24 q.

Bildet nur kurze Fäden aus sehr kleinen Zellen. Diese ellipsoidisch bis kurz zylindrisch mit abgerundeten Polen, auch fast kugelig. Zellwand zart. Chloroplast mulden- bis kurz rinnenförmig, nicht median, sondern gegen die Zellpole verlagert. Zellen 2,5–3 μm breit, 4–6 μm lang.
Kultur: ASIB G 145.
Ursprünglich aus Erdboden im Bezirk Cluj (Rumänien) isoliert, aber auch aus verschiedenen subaerischen Standorten wie Felsen, Baumrinden etc. bekannt (Österreich, Antarktis), dürfte weiter verbreitet sein.

6. Stichococcus mirabilis Lagerheim 1893 (Fig. 204: j)
Heering 1914, p. 53, fig. 69; Grintzesco & Péterfi 1932, p. 171, fig. 7; Mattox & Bold 1962, p. 37, fig. 51, 52; Printz 1964, p. 44, fig. 8: 3, 4; Ramanathan 1964, p. 93, fig. 23: F; Starmach 1972, p. 97, fig. 114, 115.

Zellen meist einzeln, selten werden Zellpaare gebildet, lang gestreckt zylindrisch bis leicht gebogen, bisweilen etwas unregelmäßig, mit abgerundeten Zellpolen, Chloroplast rinnenförmig, nur etwa die halbe Zelle auskleidend, mit glattem bis ausgebuchtetem Rand. Zellen (2)–3,5–4 μm breit, 8–30(–50) μm lang.
Kultur: UTEX 316, CCAP 379/3, SAG 379-3 a.
An Baumstümpfen und an ähnlichen aerischen Standorten.

7. Stichococcus sequoieti Arce 1971 (Fig. 205: a)
Arce 1971, p. 25, fig. 1–16.

Bildet auf Agar nur kurze Fäden aus 2–3 Zellen, die zylindrisch bis ellipsoidisch sind und abgerundete Pole haben. Manchmal gebogen und etwas unregelmäßig. Chloroplast rinnenförmig, die Zelle ± der ganzen Länge nach auskleidend; ohne Pyrenoid. In alten Zellen viele kleine Öltropfen; Stärke nicht nachgewiesen. Zellen 1,5–3 μm breit, bis 25,5 μm lang.
Kultur: UTEX 1820.

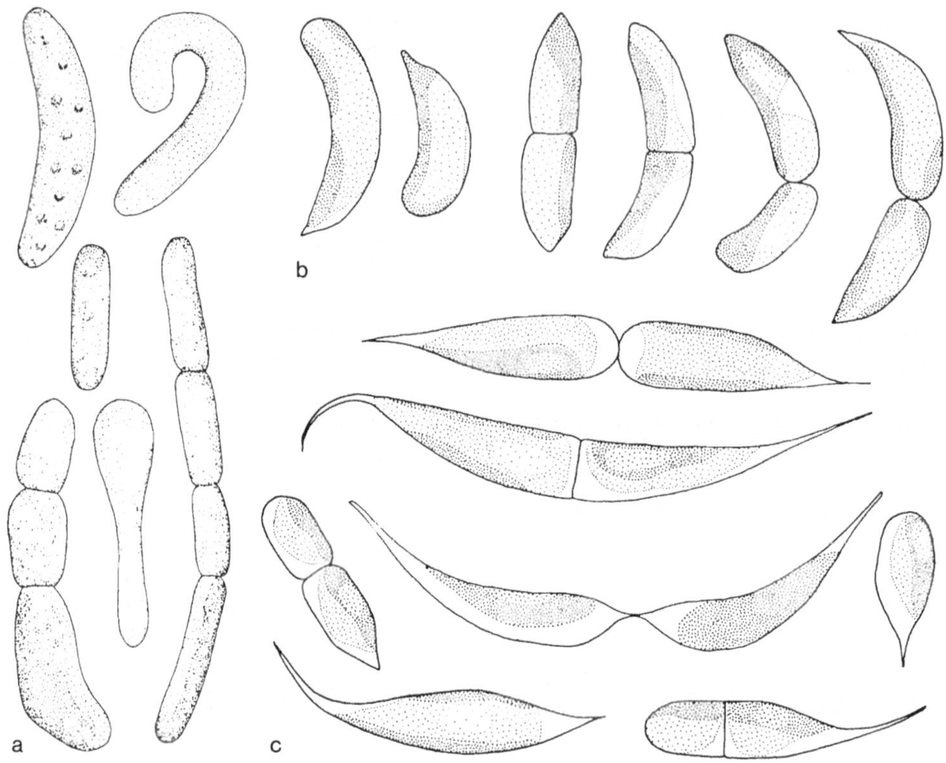

Fig. 205. *a Stichococcus sequoieti; b Raphidonema sempervirens; c R. pyrenoidifera* var. *elongata* (*a* nach Arce, *b, c* nach Broady).

Aus Walderde isoliert, Humboldt County, Kalifornien (USA). In Erdwasser-Kulturen treten abnorme Zellformen auf.

8. **Stichococcus undulatus** Vinatzer 1975 (Fig. 206: a)

Vinatzer 1975b, p. 230, fig. 10.

Bildet in gut wachsenden Kulturen lange Fäden aus, die sich in Schlingen auf Agar ausbreiten. Endzellen der Fäden meist länger als die übrigen Fadenzellen. Letztere zylindrisch, oft leicht gebogen, gelegentlich am freien Ende verjüngt. Zur Zeit des stärksten Wachstums auf Agar treten Luftfäden auf, wobei sich Fäden und Fadenbündel vom Agar abheben. Im Alter zerfallen die Fäden in wenigzellige Bruchstücke, die Zellen werden kürzer und treten nur mehr als Einzelzellen oder Zellpaare auf. Chloroplast rinnenförmig, nicht bis an die Zellpole reichend; ohne Pyrenoid. An den Zellenden nicht kontraktile Vakuolen. Fadenzellen 4–5 × 30–42 µm, ältere Einzelzellen 3 × 6–8(–12) µm groß.

Kultur: ASIB V 164, G 140, T 103.

Aus alpinen Kalkböden in den Dolomiten, Südtirol (Italien) isoliert. Auch aus Böden von Föhrenwäldern bei Brixen (Italien) und von Baumrinden, Innsbruck (Österreich) bekannt.

3. Raphidonema Lagerheim 1892

Syn.: *Raphidium* Chodat 1896 p. p.; *Ankistrodesmus* Brunnthaler 1915 p. p.; *Koliella* Hindák 1963 p. p.
Heering 1914, p. 53; Hindák 1963, p. 99; Printz 1964, p. 56; Ramanathan 1964, p. 97: Starmach 1972, p. 99; Hoham 1973, p. 255; Broady 1982 b, p. 471.

Bildet unverzweigte Fäden aus 2 bis wenigen Zellen, die oft in Einzelzellen zerfallen; Zellen zylindrisch bis spindelförmig, an den Enden ± lang zugespitzt. Zellwand dünn, ohne Gallertscheide. Chloroplast einer, parietal, mit nacktem oder ohne Pyrenoid. Fortpflanzung durch vegetative Zellteilung sowie durch Fadenzerfall.
Die meisten beschriebenen Arten sind Vertreter der Kryoflora und tragen zur Grünfärbung des Schnees bei, nur zwei Bodenarten sind bekannt. Von Hindák (1963) werden einzellige Sippen zur Gattung *Koliella* gestellt, was Hoham (1973) an Hand von Kulturversuchen bestreitet und beide Gattungen wieder vereinigt.

1a Zellen einzeln, 22–35 µm lang, nur zeitweise in Paaren; Chloroplast mit Pyrenoid . . . . **1. R. pyrenoidifera**
1b Zellen 5–16 µm lang, zu kurzen Fäden verbunden, die leicht zerfallen; Chloroplast ohne Pyrenoid . . . . **2. R. sempervirens**

1. Raphidonema pyrenoidifera Korschikoff 1953 var. elongata Broady 1982 (Fig. 205: c)

Broady 1982 b, p. 471, fig. 82–92, 127.

Zellen einzeln oder zeitweise in Paaren oder zu viert, gerade oder gebogen. Viele Einzelzellen an beiden Polen zugespitzt und mit feiner Haarspitze versehen; manche Zellen an einem Ende breit abgerundet und am anderen scharf zugespitzt. In alten Kulturen meist Zellen einzeln, mit einem abgerundeten und einem zugespitzten Ende. Chloroplast rinnenförmig, die Hälfte bis ⅔ der Zelle auskleidend; mit einem zarten (nackten?) Pyrenoid, umgeben von wenigen kleinen Stärkekörnern. Zellen 22–25(–32) µm lang, 2,5–3 µm breit; in alten Kulturen Zellen bedeutend kleiner, nur 5–13 µm lang.
Kultur: CCAP 470/5.
Von feuchtem Mineralboden aus küstennahem eisfreiem Gelände in der Antarktis.

2. Raphidonema sempervirens Chodat 1913 (Fig. 205: b)

Syn.: *Koliella sempervirens* (Chodat) Hindák 1963
Heering 1914, p. 54, fig. 72 A: e; Hindák 1963, p. 108, fig. 3: 1–3; Printz 1964, p. 57, fig. 10: 6; Ramanathan 1964, p. 100, fig. 26: A; Starmach 1972, p. 114, fig. 147; Broady 1982 b, p. 472, fig. 93–98, 128.

Zellen zu kurzen Fäden verbunden, die leicht zerfallen, auch zeitweise nur in Einzelzellen oder in Zellpaaren vorkommen. Zellen zylindrisch, mit einem abgerundeten Pol, wogegen der andere zu einer kurzen kegelförmigen Spitze verlängert ist; manchmal auch eine Haarspitze bildend. Chloroplast rinnenförmig, leicht ausgebuchtet, ½ oder ⅔ der Zelle auskleidend. Zellen 2–3 µm breit, 5–16 µm lang.
Kultur: CCAP 470/6.
Aus einem feuchten, stickstoffreichen Mineralboden einer See-Elefanten Suhle, Vestfold Hills (Antarktis). Auch aus Bodenproben von Island bekannt.

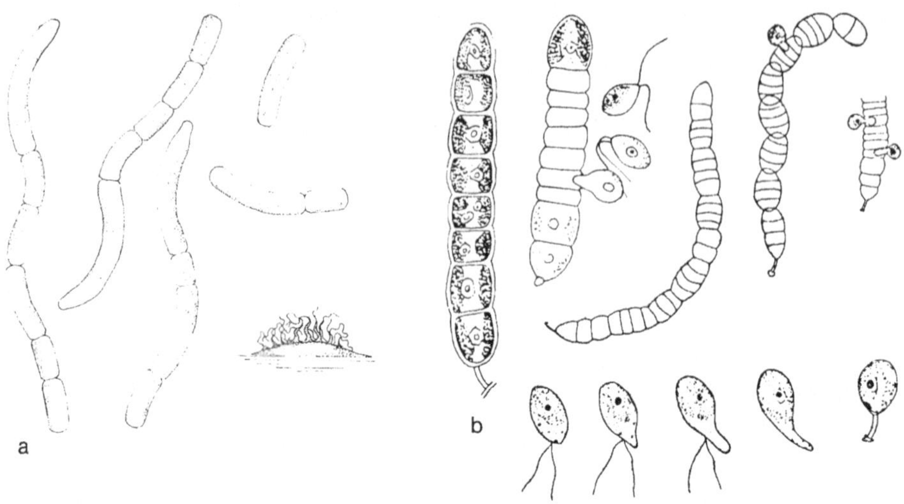

Fig. 206. *a Stichococcus undulatus; b Hormidiella parvula* (*a* nach Vinatzer, *b* nach Iyengar & Kanthamma).

4. **Hormidiella** Iyengar & Kanthamma 1940

Iyengar & Kanthamma 1940, p. 157; Ramanathan 1964, p. 55; Bourrelly 1966, p. 245; Starmach 1972, p. 66.

Bildet unverzweigte einreihige Fäden, die an der Basis mit einem deutlichen hyalinen Stiel am Substrat befestigt sind. Zellen kurz zylindrisch, oft tonnenförmig gewölbt; Endzelle des Fadens abgerundet kegelstumpfartig. Chloroplast rinnenförmig, mit einem Pyrenoid. Asexuelle Fortpflanzung durch zweigeißelige Zoosporen, die dorsiventral gebaut sind. Ihre Geißeln inserieren subapikal und es ist kein Stigma vorhanden. Die Zoosporen werden einzeln in jeder Fadenzelle gebildet, setzen sich mit ihrem Vorderende fest, wobei ein hyaliner Befestigungsstiel für den künftigen Faden ausgebildet wird. Sexuelle Fortpflanzung durch Zoosporen-ähnliche männliche Gameten und unbewegliche weibliche Gameten (Oogamie?). Zygoten mit warziger Wand.
Mit einer einzigen Art:

Hormidiella parvula Iyengar & Kanthamma 1940 (Fig. 206: b)
Iyengar & Kanthamma 1940, p. 165, fig. 1–35; Ramanathan 1964, p. 58, fig. 16: A–Z; Starmach 1972, p. 67, fig. 62.

Mit den Merkmalen der Gattung. Junge Fäden wenigzellig, gerade oder leicht gebogen; in alten Kulturen leicht verdreht. Zellen 3–8 µm breit, 8–9 µm lang; Stiel 3,5–5,5 µm lang; Fäden in alten Kulturen bis 250 µm lang; Zoosporen 6,5–7 × 5–5,5 µm groß.
Aus einer Kultur von Bodenalgen mit *Phormidium* und *Chlorococcum* (Indien).

2.7.6. Klasse Zygnemaphyceae

Algen mit dem Charakter der Grünalgen, die sich von den übrigen Chlorophyta-Klassen durch folgende Merkmale unterscheiden. Die meisten Vertreter sind einzellig, viele bilden jedoch auch einfache, einreihige Zellfäden aus gleichwertigen Zellen. Die Fäden zerfallen leicht in Einzelzellen. Einzellige Sippen sind durch symmetrische Gestalt und spezifisch gebaute Chloroplasten charakte-

risiert. Mit dreischichtiger Zellwand, wobei die äußere Schicht häufig gallertig ist. Die Chloroplasten sind sehr groß (Megaplasten), gewöhnlich axial, weniger oft parietal. Zum Großteil kompliziert gebaut, an den Rändern gefaltet, gerippt, gezackt, aber auch im ganzen asteroid; es gibt auch solche, die einen einfachen plattenförmigen oder schraubig gewundenen bandförmigen Chloroplasten besitzen. Mit deutlichen Pyrenoiden, die von auffallenden Stärkehüllen umgeben sind. Zellkern zentral. Es fehlen völlig geißelbewegliche Fortpflanzungszellen (Schwärmer) im Lebenszyklus. Asexuelle Fortpflanzung durch vegetative Zellteilung, sexuelle durch Konjugation nackter, amöboid beweglicher Hologameten in einem ausgebildeten Konjugationskanal oder in einer Fadenzelle. Die beiden Gameten treffen sich gleichzeitig im Konjugationskanal oder der männliche Gamet bewegt sich durch diesen zum weiblichen Gameten hin, Zygoten als Zygosporen entwikkelt.
Printz 1927; Fritsch 1935; Bourrelly 1966; Van den Hoek 1978; Lee 1980; Ettl 1980b; Kadlubowska 1984; Bold & Wynne 1985; Margulis & al. 1990.
Mit einer Ordnung. **Zygnematales** Borge & Pascher 1913, die 3 Familien umfaßt.

1a Einzellige, seltener kettenförmig angeordnete Sippen 2
1b Fadenförmige Sippen, die manchmal leicht in Einzelzellen zerfallen . . . . **3. Zygnemataceae** (S. 637)
2a Zellwand einheitlich, Tochterzellen entstehen durch einfaches Weiterwachsen der geteilten Zellhälften der Mutterzelle . . . . **1. Mesotaeniaceae** (S. 611)
2b Zellwand der Zellhälften unterschiedlichen Alters, die Tochterzellen entstehen als Knospen aus den geteilten Hälften der Mutterzelle . . . . **2. Desmidiaceae** (S. 618)

1. Familie Mesotaeniaceae Oltmanns 1904

Einzellige Sippen, die mitunter gallertige Kolonien bilden. Mit einheitlicher, homogener Zellwand gleichen Alters ohne Poren und ohne Skulpturen (saccoderme Formen). Zellen länglich, äquatorial weder eingeengt noch eingeschnürt.
Printz 1927; Fritsch 1935; Krieger, W. 1937; Bourrelly 1966; Palamar-Mordvinceva 1984; Bold & Wynne 1985; Margulis & al. 1990.

1a Chloroplast einfach, in Form einer flachen zentralen Platte . . . . **1. Mesotaenium** (S. 611)
1b Chloroplast verschieden und kompliziert gebaut 2
2a Chloroplast im Prinzip plattenförmig, in der Mitte eingebuchtet, mit 3 oder 4 hervortretenden Längsrippen, im Querschnitt drei- oder viereckig; an den Zellpolen je eine Vakuole . . . . **2. Roya** (S. 614)
2b Chloroplast anders gestaltet, an den Zellpolen keine Vakuolen 3
3a Chloroplast parietal, als schraubenartig gewundenes Band . . . . **3. Spirotaenia** (S. 614)
3b Chloroplast axial, im Querschnitt sternförmig 4
4a Chloroplast asteroid . . . . **4. Cylindrocystis** (S. 615)
4b Chloroplast länglich, mit mehreren gekerbten Längsrippen . . . . **5. Netrium** (S. 617)

1. Mesotaenium Nägeli 1849

Printz 1927, p. 350; Krieger, W. 1937, p. 190; Bourrelly 1966, p. 389; Palamar-Mordvinceva 1984, p. 21; Bold & Wynne 1985, p. 260.

Zellen kurz oder lang zylindrisch, auch oval, ohne Einschnürungen in der Mitte. Länge der Zellen vom Alter und von der Frequenz der Zellteilung abhängig. Einzeln oder in Gallertkolonien. Zellwand glatt. Chloroplast axial, einfach plattenförmig, ohne Einschnitte; mit einem oder mehreren Pyrenoiden. Zellkern zentral neben dem Chloroplasten.
Mit 5 aerophytischen oder terrestrischen Arten.

1. **Mesotaenium caldariorum** (Lagerheim) Hansgirg 1886 (Fig. 207: a)

Krieger, W. 1937, p. 196, fig. 3: 11, 12; Prescott & al. 1972, p. 8, fig. 1: 14–17; Palamar-Mordvinceva 1984, p. 26, fig. 6: 12–15.

Zellen zylindrisch oder fast zylindrisch, gerade oder leicht gebogen, in der Mitte häufig etwas dünner, an den Enden kegelstumpfförmig verjüngt oder abgerundet. Zellwand zart. Chloroplast die beiden Zellenden freilassend, mit 2 Pyrenoiden. Zellsaft farblos bis violett. Zygosporen ± ellipsoidisch, mit stumpfen Enden und dicken Wänden. Zellen 4–15 µm breit, 15–46 µm lang (meist 2–8 mal länger als breit); Zygosporen 26–30 µm groß.
Kultur: SAG 648–1, 230–1.
Auf feuchten Erdböden, zwischen Moosen, an feuchten Mauern. Weit verbreitet, wahrscheinlich kosmopolitisch.

2. **Mesotaenium chlamydosporum** De Bary 1858 (Fig. 207: b)

Krieger, W. 1937, p. 200, fig. 4: 7–13; Prescott & al. 1972, p. 8, fig. 1: 32–38; Palamar-Mordvinceva 1984, p. 29, fig. 7: 11–14.

Zellen ellipsoidisch bis zylindrisch, an beiden Enden breit abgerundet, seltener stumpf. Chloroplast in Form kleinerer, ziemlich dicker Platte, die manchmal einseitig gebogen ist; mit 1 Pyrenoid. Zygosporen unregelmäßig geformt. Zellen 6,5–19,2 µm breit, 12–38 µm lang (meist 1,2–2,2 mal länger als breit); Zygosporen 18–38 µm groß.
Auf feuchten Waldwegen, an feuchten Felsen und Hölzern, zwischen Moosen; auch terrestrisch. Wohl weit verbreitet.
Mit 2 Varietäten: var. *violascens* (De Bary) W. Krieger 1935 und var. *minus* (Reinsch) W. West & G. S. West 1904.

3. **Mesotaenium degreyii** Turner 1886 (Fig. 207: c)

Krieger, W. 1937, p. 193, fig. 3: 1–4; Palamar-Mordvinceva 1984, p. 25, fig. 6: 1–4.

Zellen zylindrisch, gerade oder leicht gebogen, an den Enden abgerundet; oft in Schleimmassen eingebettet. Zellwand glatt und farblos. Zygosporen nicht bekannt. Zellen 15,5–30 µm breit, 32–123 µm lang (meist 4–4,5 mal länger als breit).
Auf feuchten Erdböden, zwischen Moosen oder an feuchten Felsen; wahrscheinlich kosmopolitisch.

4. **Mesotaenium endlicherianum** Nägeli 1849 (Fig. 207: d)

Krieger, W. 1937, p. 193, fig. 3: 5; Prescott & al. 1972, p. 10, fig. 1: 6, 7; Palamar-Mordvinceva 1984, p. 25, fig. 6: 8–11.

Zellen zylindrisch bis gestreckt zylindrisch-ellipsoidisch, an den Enden abgerundet, gerade oder leicht gebogen. Chloroplasten 1–2, als etwas seitlich liegende Platten. Zellen 7–17 µm breit, 24–120 µm lang (meist 3–8 mal länger als breit).
An feuchten Felsen bei Abisko (Schweden), auch von aerischen Standorten in den USA und in der USSR bekannt.

5. **Mesotaenium macrococcum** (Kützing) Roy & Bisset 1894 (Fig. 207: e)

Krieger, W. 1937, p. 198, fig. 4: 1–3; Prescott & al. 1972, p. 11, fig. 1: 27–31; Palamar-Mordvinceva 1984, p. 29, fig. 7: 5–10.

Zellen kurz zylindrisch, gerade, an den Enden nicht verjüngt und abgerundet. Gewöhnlich in Gallertmassen eingebettet. Chloroplast plattenförmig, an den Rändern leicht gelappt; mit 1–2 Pyrenoiden. Zellsaft farblos bis lila. Zygosporen quadratisch, mit abgerundeten Ecken. Zellen

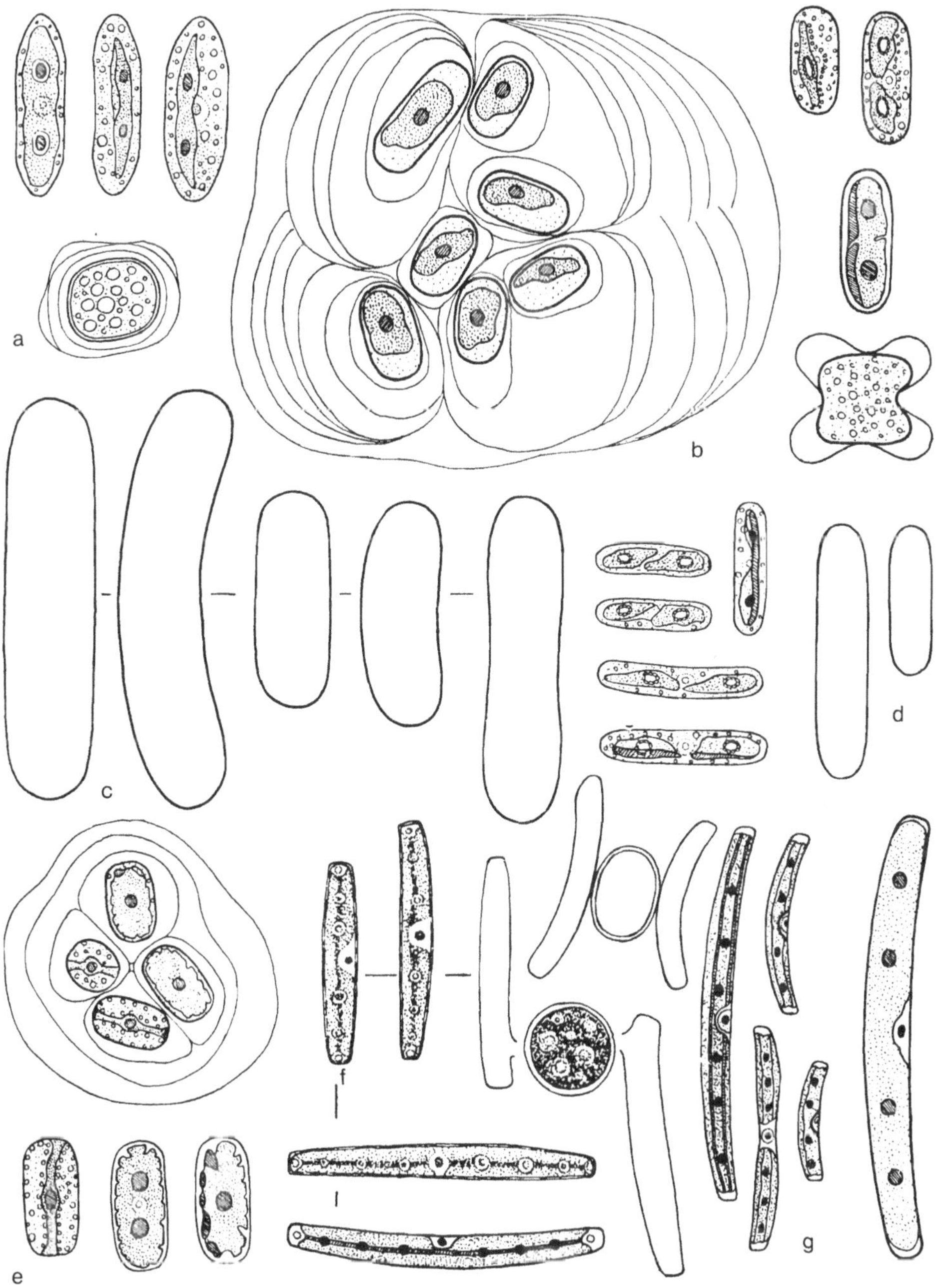

Fig. 207. *a Mesotaenium caldariorum,* unten Zygote; *b M. chlamydosporum,* links Gallertlager, rechts unten Zygote; *c M. degreyii; d M. endlicherianum; e M. macrococcum,* oben Gallertlager; *f Roya anglica,* rechts Zygotenbildung; *g R. obtusa* (*f* nach W. West, sonst aus Krieger).

5–19 µm breit, 10–44 µm lang (meist 1,5–2,2 mal länger als breit); Zygosporen 33–35 µm groß. Auf feuchten Erdböden und an nassen Felsen, zwischen Moosen und Flechten; offenbar weit verbreitet (Nordeuropa, Alpen, USA, USSR).

2. **Roya** W. West & G. S. West 1896

Printz 1927, p. 350; Krieger, W. 1937, p. 203; Bourrelly 1966, p. 392.

Zellen zylindrisch oder fast zylindrisch, gerade oder leicht gebogen, gegen die Enden zu wie bei *Closterium* etwas schmäler werdend und dort breit abgerundet oder abgestutzt. Zellwand glatt und hyalin. Chloroplast balken- bis plattenförmig, in der Mitte um den Zellkern eingebuchtet, manchmal mit 3 oder 4 hervortretenden Längsrippen und im Querschnitt drei- oder viereckig. An den Zellpolen mit je einer Vakuole.
Mit 3 aerophytischen oder terrestrischen Arten.

1. **Roya anglica** G. S. West 1920 (Fig. 207: f)

Syn.: *Roya obtusa* var. *anglica* (G. S. West) Krieger, W. 1937
Krieger, W. 1937, p. 205, fig. 5: 7, 8; Prescott & al. 1972, p. 31, fig. 6: 17, 18.

Zellen zylindrisch, gerade oder leicht gebogen bis asymmetrisch, gegen die Enden zu leicht verjüngt und dann abgestutzt. Chloroplast oft mit hervortretenden Rippen, einzeln, nur in älteren Zellen auch zu zweit; mit 2–6 reihenartig angeordneten Pyrenoiden. Zygosporen kugelig, glattwandig. Zellen 6–9,2 µm breit, 40–96 µm lang (meist 15–20 mal länger als breit); Zygosporen 20–26 µm groß.
Kultur: UTEX 934.
Zwischen Moosen, auf feuchten Erdböden oder an überrieselten Felsen, weit verbreitet.

2. **Roya cambrica** W. West & G. S. West 1896 (Fig. 208: a)

Krieger, W. 1937, p. 206, fig. 5: 9, 10.

Zellen gestreckt und lang zylindrisch, ganz leicht gebogen, den Enden zu kaum merklich verjüngt und dann stumpf abgerundet. Chloroplast mit 10–14 einreihig gelegenen Pyrenoiden. Zygosporen nicht bekannt. Zellen 6–7,5 µm breit, 140–195 µm lang (meist 25–27 mal länger als breit).
Auf feuchten Erdböden (USSR).

3. **Roya obtusa** (Brébisson) W. West & G. S. West 1896 (Fig. 207: g)

Krieger, W. 1937, p. 204, fig. 5: 4–6.

Zellen zylindrisch, leicht gebogen, den Enden zu wenig verschmälert, dann abgestutzt. Chloroplast mit 4–8 einreihig angeordneten Pyrenoiden. Zellen 7–8 µm breit, 35–97 µm lang.
Kultur: SAG 168.80.
An feuchten und überrieselten Felsen bei Abisko (Schweden), auch in anderen Teilen Europas und in Nordamerika verbreitet.

3. **Spirotaenia** Brébisson 1844

Printz 1927, p. 352; Krieger, W. 1937, p. 175; Bourrelly 1966, p. 389; Bold & Wynne 1985, p. 261.

Zellen zylindrisch bis spindelförmig, an den Enden abgerundet, gerade oder schwach gebogen. Zellwand glatt, bei manchen Arten mit Gallerthülle. Chloroplast parietal, bandförmig und schraubenartig gewunden (wie bei *Spirogyra*); mit 1 oder mehreren Pyrenoiden. Zygosporen kugelig oder sternförmig.
Mit 4 aerophytischen oder terrestrischen Arten.

1. Spirotaenia bryophila (Brébisson) Lütkemüller 1903 (Fig. 208: b)
Krieger, W. 1937, p. 184, fig. 1: 10; Prescott & al. 1972, p. 15; Palamar-Mordvinceva 1984, p. 39, fig. 9: 15.

Zellen klein, ellipsoidisch bis ellipsoidisch-eiförmig, an den Enden abgerundet. Chloroplast relativ breit, mit bis 4,5 Schraubenwindungen. Zygosporen nicht bekannt. Zellen 7–14 μm lang, 2,5–5,5 μm breit (höchstens 3 mal länger als breit).
Auf feuchten Moosen (Spitzbergen, USA).

2. Spirotaenia closteridia (Brébisson) Archer 1864 (Fig. 208: c)
Palamar-Mordvinceva 1984, p. 39, fig. 10: 1, 2.

Zellen klein, ellipsoidisch bis fast keulenförmig, deutlich gebogen, mit abgerundeten bis leicht zugespitzten Enden; in Gallerte eingebettet. Chloroplast breit, mit 1–2,5 Schraubenwindungen. Zygosporen nicht bekannt. Zellen 3–5 μm breit, 10–28 μm lang (meist 3–6,5 mal länger als breit).
Zwischen feuchten Moosen, an nassen Felsen und Hölzern (USSR).

3. Spirotaenia endospira (Brébisson) Archer 1864 (Fig. 208: d)
Krieger, W. 1937, p. 183, fig. 1: 8; Palamar-Mordvinceva 1984, p. 38, fig. 9: 12–14.

Zellen klein, kurz zylindrisch mit breit abgerundeten Enden. Chloroplast breit, mit 1–2,5 Schraubenwindungen, die dicht verlaufen; mit 1–4 Pyrenoiden. Zygosporen nicht bekannt. Zellen 6–9 μm breit, 16–25 μm lang (meist 2–3 mal länger als breit).
Zwischen Moosen, an feuchten Granitfelsen und auf freien Erdböden in Europa.

4. Spirotaenia obscura Ralfs 1848 (Fig. 208: e)
Krieger, W. 1937, p. 180, fig. 1: 5, 6.

Zellen den Enden zu verschmälert und dort abgerundet. Chloroplast zentral, in der Achse der Halbzellen, mit mehreren Pyrenoiden und mit um eine zentrale Achse 6–8 spiralig gewundenen Platten. Nach der Zellwand zu sind die Platten verbreitert und zuweilen rinnenförmig vertieft. An den Enden ist der Chloroplast abgerundet, gestutzt und zuweilen braun verfärbt. Zygosporen kugelig, areoliert. Zellen 7–30 μm breit, 40–232 μm lang (meist 3–8 mal länger als breit); Zygosporen 33–38,5 μm im Durchmesser.
Kultur: UTEX 1520.
An überrieselten Felsen und in der Spritzzone von Wasserfällen in Europa verbreitet.

4. **Cylindrocystis** Meneghini 1838

Printz 1927, p. 351; Krieger, W. 1937, p. 206; Bourrelly 1966, p. 390; Bold & Wynne 1985, p. 262.

Zellen zylindrisch oder oval, gerade, mit abgerundeten Enden, in der Mitte mit Einschnürung oder ohne. Zellwand glatt. Zellsaft manchmal farbig. In jeder Zellhälfte mit je einem axialen, asteroiden Chloroplast (*Zygnema*-artig) und einem Pyrenoid. Leere Zellwände der konjugierenden Zellen bleiben in der Regel längere Zeit an den Zygosporen hängen.
Mit 2 aerophytischen oder terrestrischen Arten.

1. Cylindrocystis brebissonii Meneghini 1838 (Fig. 208: f–h)
Prescott & al. 1972, p. 20, fig. 2: 1–5; Skuja 1964, p. 177, fig. 29: 16–18; Broady 1979, p. 94, fig. 24 a, b.

Zellen zylindrisch, an den Enden breit abgerundet und in der Mitte nicht eingezogen. Chloroplast aus einem Zentralstück und einer Anzahl kurzer Radialplatten bestehend; mit einem zentralen, oft

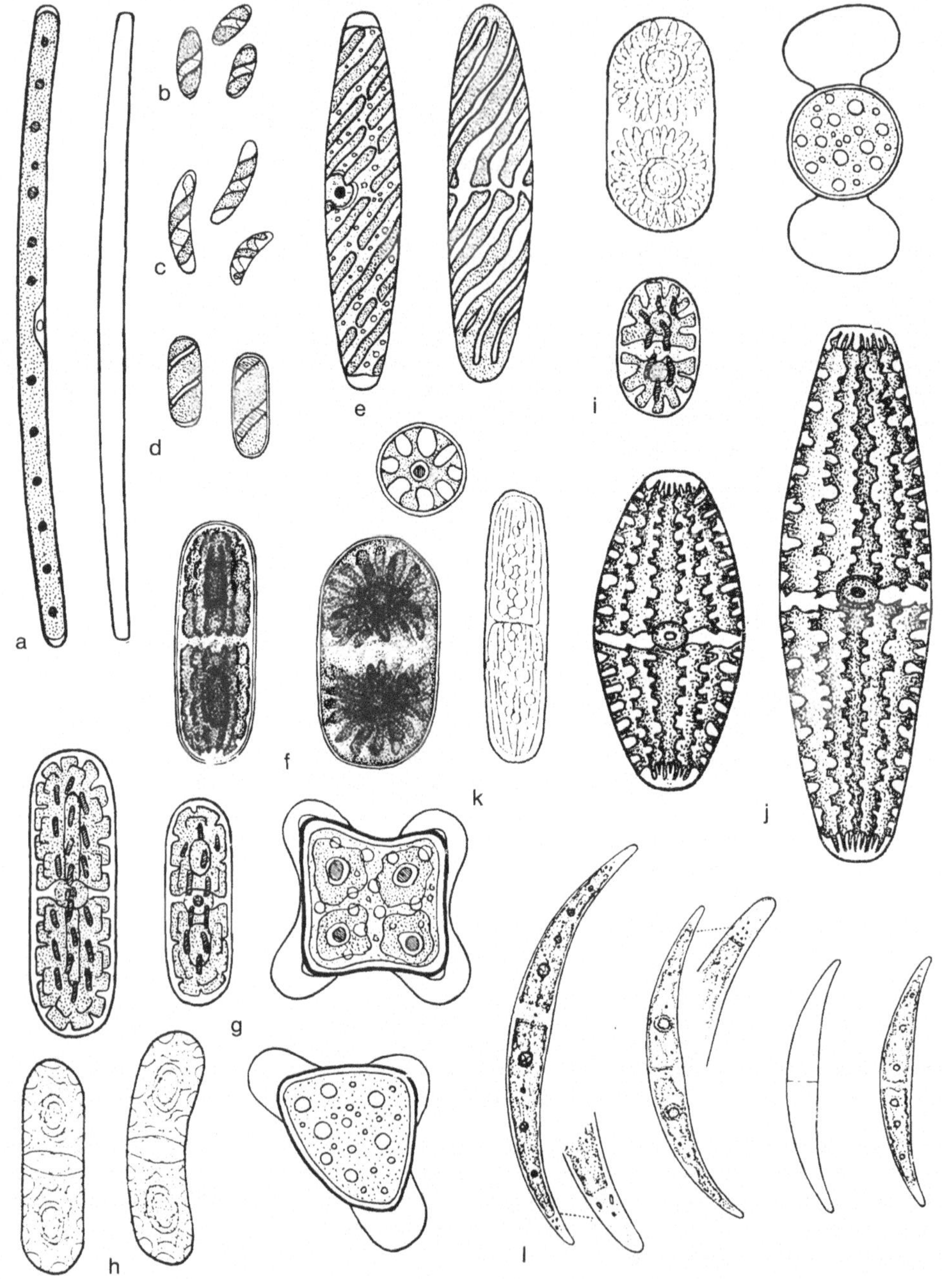

Fig. 208. *a Roya cambrica; b Spirotaenia bryophila; c S. closteridia; d S. endospira; e S. obscura,* unten Querschnitt; *f–h Cylindrocystis brebissonii; i C. crassa,* rechts oben Zygote; *j Netrium digitus; k N. spec.; l Closterium exile* (*f* nach Skuja, *h, i, k* nach Broady, *j* nach Palamar-Mordvinceva, *l* nach Růžička, sonst nach Krieger).

langgestreckten Pyrenoid in jeder Halbzelle. Zellen zuweilen mit gefärbtem Zellsaft (var. *purpureum* Lagerheim). Zygosporen häufig, verschieden geformt. Sie werden entweder unter Einbeziehung der Mutterzellwand oder zwischen den Zellen gebildet. Zellen 14–22(–33) µm breit, 30–70(–87) µm lang (2–4 mal länger als breit), Zygosporen 26–62 µm im Durchmesser.
Kultur: SAG 615-1, 615-2, 615-4; UTEX 1259, 1922, 1923.
An überrieselten Felsen, auf feuchten Erdböden, zwischen Moosen, auch terrestrisch (England, Schweden, Dänemark, Island, USA, Antarktis).
Mit einer Varietät: var. *minor* W. West & G. S. West (Fig. 208: h).
Zellen und Zygosporen im allgemeinen kleiner (23–31 × 23–38 µm). Zellen manchmal leicht gebogen.

2. **Cylindrocystis crassa** De Bary 1858 (Fig. 208: i)

Krieger, W. 1937, p. 211, fig. 6: 16, 17; Prescott & al. 1972, p. 22, fig. 2: 14, 16; Palamar-Mordvinceva 1984, p. 49, fig. 13: 12–16; Broady 1979a, p. 95, fig. 24c.

Zellen breit ellipsoidisch bis ellipsoidisch-zylindrisch, an den Enden breit abgerundet; häufig in Gallerte eingebettet und grüne Gallertmassen bildend. Mit zwei axialen, asteroiden Chloroplasten mit je einem kugeligen Pyrenoid. Zygosporen kugelig bis abgerundet quadratisch. Zellen 17–26 µm breit, 28–46 µm lang (meist 1,5–2 mal länger als breit); Zygosporen 16–29 µm groß.
Kultur: UTEX 1258.
Auf feuchten Erdböden und Felsen, zwischen Moosen, auch terrestrisch (Schweden, USA, Antarktis, USSR).

5. **Netrium** (Nägeli) Itzigsohn & Rothe 1856

Printz 1927, p. 352; Krieger, W. 1937, p. 214; Bourrelly 1966, p. 392; Bold & Wynne 1985, p. 263.

Zellen gerade, ellipsoidisch bis spindelförmig, selten ± zylindrisch, an den Enden abgerundet oder stumpf. Zellwand glatt, nicht segmentiert. Zwei axiale Chloroplasten, aus 9–12 strahlenförmig divergierenden, am Rande meist gelappten oder eingebuchteten Platten, die in einem langgestreckten Mittelstück vereinigt sind. Pyrenoide mehrere, in Längsreihen angeordnet.
Mit einer aerophytischen oder terrestrischen Art:

Netrium digitus (Ehrenberg) Itzigsohn & Rothe 1856 (Fig. 208: j)

Krieger, W. 1937, p. 214, fig. 7: 1, 8: 1; Palamar-Mordvinceva 1984, p. 50, fig. 14: 1–8, 15: 1–3; 16: 1, 2.

Zellen ± spindelförmig, rhombisch bis ellipsoidisch, in der Mitte nicht eingeschnürt, den Enden zu allmählich verjüngt und dort breit abgerundet bis abgestutzt. Mit zwei axialen Chloroplasten, die 6 und mehrere Längsrippen tragen; diese stark gelappt oder gezahnt. Pyrenoide groß. Zygosporen kugelig, glattwandig. Zellen 22–106 µm breit, 58–403 µm lang (meist 2–9 mal länger als breit).
Kultur: SAG 652-1, 652-2, UTEX 561, 599, 1255, 1256.
Auf feuchten Standorten weit verbreitet.

Nicht beschriebene Art:
Netrium sp. A – Broady 1979a, p. 95, fig. 24d (Fig. 208: k)
Zellen zylindrisch, mit breit abgerundeten Enden. Zwei wenig deutliche Chloroplasten, mit Körnchen bedeckt, Pyrenoide nicht beobachtet. Ähnelt *Netrium oblongum* var. *cylindricum*. Zellen 12 µm breit, 48 µm lang. Subaerisch auf Mineralböden (Antarktis).

2. Familie Desmidiaceae Ralfs 1848

Einzellige Sippen, die in einigen Fällen gallertige oder kettenförmige Kolonien entwickeln. Mit zweiteiliger Zellwand, wobei beide Hälften unterschiedlichen Alters sind (placoderme Formen); häufig mit Skulpturen und Poren besetzt. Zellen selbst aus zwei gleichgroßen und gleichgestalteten Halbzellen bestehend. Chloroplasten oft kompliziert gebaut; mit Pyrenoiden. Viele Arten sind äquatorial durch einen Sinus eingeschnürt und hängen nur mittels eines Isthmus zusammen.

W. West & G. S. West 1904–1912; W. West & al. 1923; Printz 1927; Fritsch 1935; Krieger, W. 1937; Bourrelly 1966; Růžička 1977, 1981; Palamar-Mordvinceva 1982, 1984; Bold & Wynne 1985; Margulis & al. 1990.

Mit 6 Gattungen, die aerophytische und terrestrische Arten führen.

1a Zellen ohne ausgeprägte äquatoriale Einschnürung **2**
1b Zellen deutlich äquatorial eingeschnürt **4**
2a Zellen gewöhnlich ± stark gekrümmt, spindelförmig, nur selten gerade; an den Zellenden deutliche Vakuolen mit Kristallen . . . . **1. Closterium** (S. 618)
2b Zellen immer gerade, zylindrisch, ellipsoidisch oder breit spindelförmig, im Querschnitt stets kreisrund **3**
3a Zellen langgestreckt bis kurz zylindrisch . . . . **2. Penium** (S. 620)
3b Zellen stark abgerundet-spindelförmig, ellipsoidisch bis sehr kurz zylindrisch . . . . **3. Actinotaenium** (S. 621)
4a Zellhälften ohne Fortsätze und ohne terminale Einkerbungen . . . . **4. Cosmarium** (S. 623)
4b Zellhälften mit Fortsätzen oder mit terminalen Einkerbungen **5**
5a Zellhälften nicht gelappt, mit deutlichen armartigen Fortsätzen, im Aufriß nicht abgeflacht, sondern radiär ausstrahlend . . . . **6. Staurastrum** (S. 634)
5b Zellhälften gelappt, mit terminalen Einkerbungen, im Aufriß abgeflacht, selten drehrund . . . . **5. Euastrum** (S. 631)

1. Closterium Nitzsch ex Ralfs 1848

Printz 1927, p. 353; Krieger, W. 1937, p. 242; Bourrelly 1966, p. 402; Růžička 1977, p. 79; Bold & Wynne 1985, p. 265.

Zellen halbmond- oder sichelförmig, aber auch gerade und spindelförmig, ohne Einschnürung in der Mitte, im Querschnitt kreisrund, an den Enden verschmälert und ± zugespitzt bis leicht abgestutzt. An den Zellpolen je eine Vakuole mit Gipskristallen. Zellwand glatt oder der Länge nach gestreift oder punktiert. Zwei axiale Chloroplasten aus strahlenförmig divergierenden Platten bestehend, die zu einem langgestreckten Mittelstück vereinigt sind. Pyrenoide in einer oder mehreren Reihen. Zellkern zentral.

Mit 4 aerophytischen oder terrestrischen Arten.

1. Closterium exile W. West & G. S. West 1905 (Fig. 208: 1)

Krieger, W. 1937, p. 275, fig. 16: 11, 12; Růžička 1977, p. 112, fig. 9: 27–33.

Zellen wenig gebogen, von der Mitte den Enden zu allmählich verjüngt und dort leicht abgerundet. Chloroplasten mit 3 sichtbaren Längsleisten und 2–3 nicht immer deutlich ausgebildeten Pyrenoiden. Zellwand glatt. Zellen 40–67 µm lang, 7–8 µm breit; an den Zellenden 1,5–2 µm breit.

An überrieselten und feuchten Felsen, zwischen Moosen in der Umgebung von Abisko (Schweden).

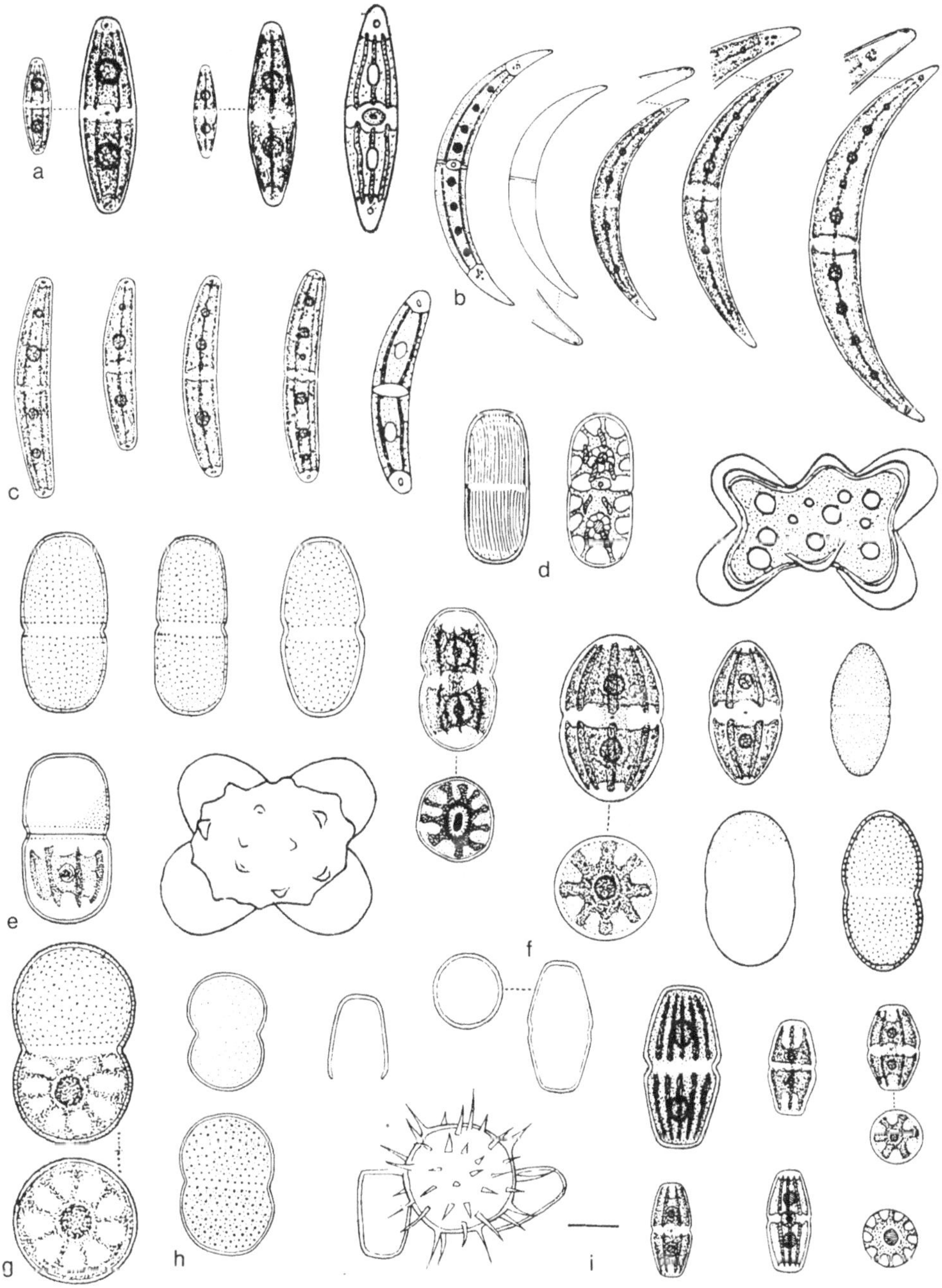

Fig. 209. *a Closterium navicula; b C. parvulum; c C. pusillum; d Penium phymatosporum,* rechts Zygote; *e Actinotaenium cucurbita,* rechts unten Zygote; *f A. curtum; g, h A. globosum, i A. obcuneatum* (*g* nach Lenzenweger, *h* nach Krieger, sonst nach *Růžička).*

2. Closterium navicula (Brébisson) Lütkemüller 1902 (Fig. 209: a)
Krieger, W. 1937, p. 257, fig. 12: 8–10; Růžička 1977, p. 94, fig. 6: 7–11; Palamar-Mordvinceva 1984, p. 101, fig. 28: 7–14.

Zellen gerade, spindelförmig oder ellipsoidisch, an den Enden allmählich verjüngt und dort breit abgerundet oder leicht stumpf. Zellwand glatt und farblos. Chloroplasten mit 2–3 sichtbaren Längsleisten; mit 1, seltener 2 Pyrenoiden. Zygosporen viereckig und glattwandig. Zellen 28–93 µm lang, 8,5–18 µm breit, an den Enden 5–10 µm breit; Zygosporen 27–43 µm im Durchmesser.
Mit einer Varietät, var. *crassum* (W. West & G. S. West) Grönblad 1920. Unterscheidet sich durch kürzere und massivere Zellen und breitere, abgestumpfte Zellenden. Zellen 32–48 µm lang, 10–18 µm breit.
Grüner Anflug zwischen *Elyna* und *Juncus trifidus* unter dem Festkogelgipfel (3030 m ü. M.), Feinerde aus der Rhizoidzone von *Racomitrium canescens*, Moräne des Hochfirstferners (2850 m ü. M.), Tirol (Österreich).

3. Closterium parvulum Nägeli 1849 (Fig. 209: b)
W. West & G.S. West 1904, p. 133, fig. 15: 9–12; Krieger, W. 1937, p. 275, fig. 16: 14–17; Růžička 1977, p. 121, fig. 11: 12–26; Palamar-Mordvinceva 1984, p. 130, fig. 38: 18–24.

Zellen deutlich gebogen, den Enden zu allmählich und regelmäßig verjüngt und dort zugespitzt oder abgerundet spitz. Zellwand glatt und hyalin, seltener gelblich braun. Chloroplasten mit 5 sichtbaren Längsleisten und 3–6 Pyrenoiden in einer Reihe. Zygosporen ellipsoidisch bis kugelig, glattwandig. Zellen 65–215 µm lang, 7,5–25 µm breit (gewöhnlich 9–15 mal länger als breit); Zygosporen 18–35 µm im Durchmesser.
Kultur: UTEX 1120, 1153.
An feuchten Stellen (Dänemark, USSR).

4. Closterium pusillum Hantzsch in Rabenhorst 1861 (Fig. 209: c)
W. West & G. S. West 1904, p. 162, fig. 20: 19–24; Krieger, W. 1937, p. 279, fig. 14: 6–9; Růžička 1977, p. 114, fig. 10: 4–24; Palamar-Mordvinceva 1984, p. 126, fig. 7.

Zellen sehr klein, leicht gebogen, den Enden zu schwach verschmälert und dort breit abgerundet, im ganzen recht plump; manchmal in Gallerte eingebettet. Zellwand glatt und hyalin. Chloroplasten mit 6 sichtbaren Längsleisten und mit 1 oder 2 Pyrenoiden. Zellen 36–55 µm lang, 6–11 µm breit (meist 5–7 mal länger als breit).
Kultur: UTEX 1135, 1136.
Auf feuchten Standorten oder terrestrisch (England, Island, USSR).

2. Penium Brébisson 1844

Printz 1927, p. 353; Krieger, W. 1937, p. 225; Bourrelly 1966, p. 406; Růžička 1977, p. 57.

Zellen gerade, zylindrisch oder spindelförmig, im Querschnitt kreisrund, in der Zellmitte nicht oder nur leicht eingeschnürt. Zellwand segmentiert, gestreift oder reihenartig punktiert, mit wenig deutlichen, einfachen Poren. Manchmal mit Gallerte. Chloroplast axial, mit deutlichen hervorstehenden ganzrandigen Längsrippen; mit 2–4 Pyrenoiden. Zygosporen kugelig oder viereckig.
Mit 2 aerophytischen oder terrestrischen Arten.

1. Penium margaritaceum (Ehrenberg) Brébisson in Ralfs 1848 (Fig. 210: a)
Růžička 1977, p. 61, fig. 4: 1–5.

Zellen langgestreckt zylindrisch, in der Mitte manchmal wenig verschmälert oder flach eingedellt, mit Gürtelbändern von meist geringer Zahl. Zellenden abgerundet. Zellwand mit in Längsreihen

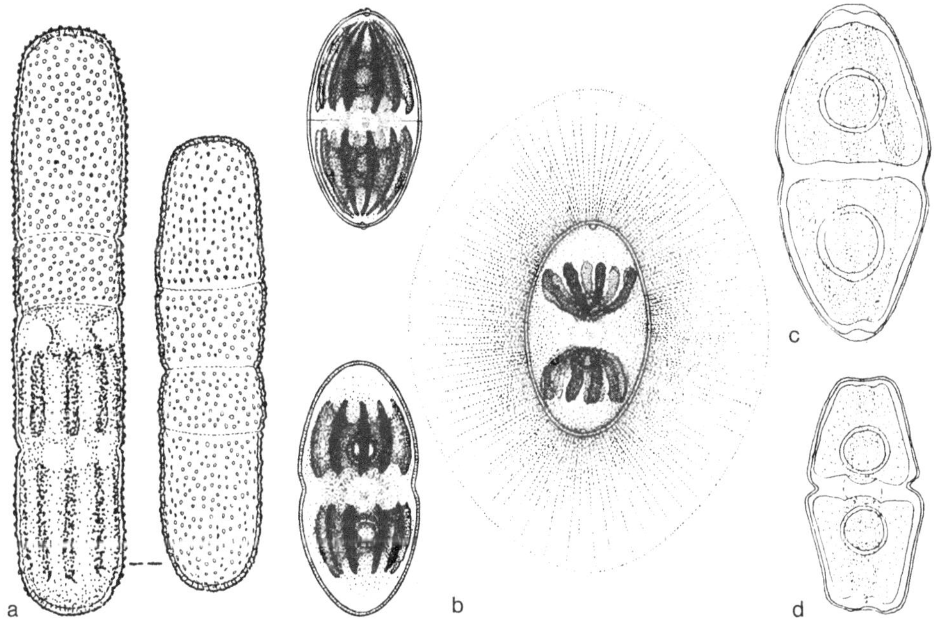

Fig. 210. *a Penium margaritaceum; b Actinotaenium curtum,* rechts Zelle mit Gallerthülle; *c A. curtum; d A. obcuneatum* (*a* nach Lenzenweger, *b* nach Skuja, *c, d* nach Broady).

oder unregelmäßig angeordneten groben Körnchen besetzt und ± bräunlich gefärbt. Chloroplasten mit mehreren ganzrandigen Längsleisten und mit 1–4 kugeligen Pyrenoiden. An den Zellen mitunter Vakuolen mit kleinen Kristallen. Zygoten kugelig. Zellen 70–200 µm lang, 18–25 µm breit (4–10 mal länger als breit).
Auf feuchten Erdböden an Waldrändern im Voralpengebiet (leg. et det. R. Lenzenweger).

2. **Penium phymatosporum** Nordstedt 1876 (Fig. 209: d)

Krieger, W. 1937, p. 237, fig. 11: 14–17, Růžička 1977, p. 71, fig. 5: 28–31.

Zellen kurz zylindrisch bis ellipsoidisch, in der Mitte sehr seicht bis undeutlich eingeschnürt. Zellenden gerundet abgeflacht bis breit abgerundet. Zellwand dünn, farblos bis bräunlich, mit feinen Punktreihen. Chloroplasten mit schmalen Längsleisten; Pyrenoid zu je 1 in der Mitte der Chloroplasten. Zygosporen ± unregelmäßig, abgerundet kubisch, prismatisch bis polyedrisch, mit einigen abgerundet konischen Höckern. Zellen 30–50 µm lang, 15–21 µm breit (2–2,5 mal länger als breit).
Auf feuchtem Erdboden bei Abisko (Schweden).

3. **Actinotaenium** Teiling 1954

Syn.: *Cylindrocystis* Meneghini ex De Bary 1858 p. p., *Penium* Brébisson in Ralfs 1848 p. p., *Cosmarium* Corda ex Ralfs 1848 p. p.
Teiling 1954, p. 385; Růžička & Pouzar 1978, p. 33; Růžička 1981, p. 293

Zellen gerundet-spindelförmig, ellipsoidisch bis zylindrisch, gegen die breit abgerundeten, mitunter auch abgestutzten Zellenden zu ± verjüngt; in der Mitte sind die Zellen geringfügig spitz oder

flachkerbig in Form einer seichten Ringfurche eingeschnürt. Im optischen Querschnitt immer kreisrund. Zellwand ohne Struktur, meist aber mit unterschiedlich deutlichen, zerstreut angeordneten Poren. Abgesehen von gelegentlich warzigen Porenapparaten an den Zellenden, ohne Zellwandauswüchse. Chloroplasten mit Längsleisten, mit je 1, seltener mit mehreren Pyrenoiden.
Mit 4 aerophytischen oder terrestrischen Arten.

1. Actinotaenium cucurbita (Brébisson) Teiling 1954 (Fig. 209: e)
Syn.: *Cosmarium cucurbita* Brébisson 1841
W. West & G. S. West 1904, p. 106, fig. 73: 31–33, 74: 3; Růžička 1981, p. 326, fig. 50: 1–19; Palamar-Mordvinceva 1982, p. 67, fig. 10: 6, 7.

Zellen klein, zylindrisch bis ellipsoidisch, an beiden Enden abgerundet, mit seichter und offener Einschnürung. Zellwand unregelmäßig punktiert. Chloroplasten mit 3–6 sichtbaren Längsleisten und mit je einem Pyrenoid. Zygosporen kugelig und warzig. Zellen 24–56 µm lang, 12–33 µm breit; Zygosporen 30–37 µm im Durchmesser.
Eine verbreitete Erdalge (England, Island, Tschechoslowakei, USSR).

2. Actinotaenium curtum (Brébisson) Teiling ex Růžička & Pouzar 1978 (Fig. 209: f, 210: b, c)
Syn.: *Penium curtum* Brébisson 1844, *Cosmarium curtum* Brébisson in Ralfs 1848
Skuja 1964, p. 180, fig. 30: 16–18; Růžička 1981, p. 302, fig. 45: 1–17; Palamar-Mordvinceva 1984, p. 198, fig. 61: 3, 4; Broady 1979 a, p. 93, fig. 23: d'.

Zellen ellipsoidisch bis ellipsoidisch-spindelförmig, in der Mitte nicht oder vor der Zellteilung leicht eingeschnürt, an den Enden abgerundet. Häufig mit einer radiär strukturierten Gallerte umgeben. Zellwand mäßig dick, glatt oder zerstreut punktiert. Chloroplast mit 5–6 sichtbaren Längsrippen und mit ziemlich großem Pyrenoid. Zellen 22–87 µm lang, 10–32 µm breit.
Mesoatmophytisch auf feuchten Erdböden bei Abisko (Schweden), auch terrestrisch (England, Tschechoslowakei, Südtirol-Italien), zwischen Moosen und auf Mineralböden, Signy Island (Antarktis).

3. Actinotaenium globosum (Bulnheim) Förster ex Compère 1976 (Fig. 209: g, h)
Syn.: *Cosmarium globosum* Bulnheim 1861.
Krieger, W. & Gerloff 1969, p. 377, fig. 65: 9, 10.

Zellen klein, etwa 1,7 mal länger als breit; Halbzellen halbkreisförmig. Zellwand mit deutlichen Poren, zwischen diesen mitunter fein punktiert. Chloroplasten mit 7–9 Längsleisten und einem Pyrenoid. Zellen 25–35 µm lang, 17–25 µm breit, Isthmus 14–20 µm.
Auf Erde im Trockentorf von *Racomitrium lanuginosum* (3385 m ü. M.), Tirol (Österreich).

4. Actinotaenium obcuneatum (W. West) Teiling 1954 (Fig. 209: i, 210: d)
Syn.: *Cosmarium parvulum* Brébisson 1856.
Broady 1979 a, p. 93, fig. 23: f'; Růžička 1981, p. 319, fig. 47: 15–18; Palamar-Mordvinceva 1982, p. 72, fig. 12: 7.

Zellen 1,5–2,5 mal länger als breit, spindelförmig, an den Zellenden abgeflacht. Sinus flach, geöffnet. Halbzellen trapezförmig mit geraden, gegen die Enden zu stark konvergierenden Seiten. Apices breit gerundet. Zellwand mit unregelmäßig angeordneten feinen Poren. Chloroplast mit bis zu 6 sichtbaren Längsleisten und 1 Pyrenoid pro Halbzelle. Zellen 30–40 µm lang, 15–20 µm breit.
Kultur: UTEX 1120, 1153.
Subaerophytisch auf Mineralböden, Signy Island (Antarktis).

4. **Cosmarium** Corda 1834

Printz 1927, p. 355; Krieger, W. & Gerloff 1965, p. 1; Bourrelly 1966, p. 420; Bold & Wynne 1985, p. 267.

Zellen oval oder rund, abgeflacht und im Aufriß elliptisch; äquatorial tief eingeschnürt, zuweilen mit stumpfen Enden, ganzrandig oder am Rand gewellt oder gezähnt. Zellwand glatt, warzig, mit Grübchen und Poren, aber nie mit Stacheln besetzt. Chloroplast aus 2 oder 4 (auch mehreren) axialen, in der Mittellinie der Zellhälften vereinigten Platten gebildet; mit 1 bis mehreren Pyrenoiden. Zygosporen kugelig, seltener viereckig, glatt bis stachelig.
Mit 25 aerophytischen oder terrestrischen Arten.

1. **Cosmarium anceps** Lundell 1871 (Fig. 211: a)

W. West & G. S. West 1904, p. 47, fig. 69: 14–17; Krieger, W. & Gerloff 1965, p. 183, fig. 37: 2; Palamar-Mordvinceva 1984, p. 419, fig. 111: 1–4.

Zellen gestreckt sechseckig, mit seichtem und offenem Sinus; Seitenansicht gestreckt elliptisch, Aufriß breit elliptisch und mit 2 seitlichen Ausbuchtungen. Zellwand mäßig dick, anscheinend glatt. Chloroplasten mit je einem Pyrenoid. Zellen 25–35 μm lang, 13–19 μm breit und 10,5–14 μm dick.
An feuchten und überrieselten Felsen, auch zwischen Moosen bei Abisko (Schweden).

2. **Cosmarium asphaerosporum** Nordstedt 1888 (Fig. 211: b)

Krieger, W. & Gerloff 1969, p. 305, fig. 48: 27; Palamar-Mordvinceva 1982, p. 322, fig. 84: 4–7.

Zellen ± quadratisch, mit seichtem und offenem Sinus; Halbzellen verkehrt breit kegelförmig, an den Seiten abgerundet, im Aufriß elliptisch, an beiden Breitseiten etwas ausgebaucht. Zellwand dünn und glatt. Chloroplasten mit je einem Pyrenoid. Zygosporen kurz zylindrisch-ellipsoidisch, an den Enden mit abwechselnd diagonal vorgezogenen und abgerundeten Ausstülpungen. Mit dünnem farblosen Exo- und schwärzlich olivgrünem Mesospor. Zellen 8,5–13 μm lang und ebenso breit, 9–10 μm dick; Zygosporen 20–22 × 15–18 μm groß.
An feuchten Felsen und zwischen Moosen bei Abisko (Schweden).

3. **Cosmarium bireme** Nordstedt 1888 (Fig. 211: c)

Krieger, W. & Gerloff 1965, p. 213, fig. 40: 1; Palamar-Mordvinceva 1982, p. 453, fig. 119: 22, 23.

Zellen abgerundet quadratisch, mit einem tiefen Sinus; Halbzellen ± quer ellipsoidisch oder niedrig rechteckig, bei Seitenansicht ± kugelig, im Aufriß elliptisch mit papillenartiger Ausstülpung an den breiteren Seiten. Zellwand glatt. Chloroplasten mit je einem Pyrenoid. Zellen 10–16 μm lang und ebenso breit, 8,5–13 μm dick.
An feuchten Felsen und auf feuchten lehmigen Waldwegen (Schweden, Tschechoslowakei).

4. **Cosmarium corsavaggense** Skuja 1964 (Fig. 211: d)

Skuja 1964, p. 206, fig. 35: 19, 20; Krieger, W. & Gerloff 1969, p. 308, fig. 70: 19.

Zellen klein, fast ebenso lang wie breit, in der Mitte deutlich eingeschnürt, mit offenem Sinus. Halbzellen eckig ellipsoidisch, an den Seiten abgestutzt und an den Enden konvex. Zellwand farblos, dünn, an den Seiten jedoch verdickt, deutlich punktiert porös und in der Mitte mit einer warzigen Ausstülpung. In der Seitenansicht mehr kugelig mit hervortretenden Ausbuchtungen, im Aufriß ± elliptisch, wobei die Ausbuchtungen auch hier sichtbar sind. Chloroplasten mit je einem Pyrenoid. Zellen 13–15 μm lang; 12,5–15 μm breit und 8–12 μm dick.
An nassen Felsen bei Abisko (Schweden).

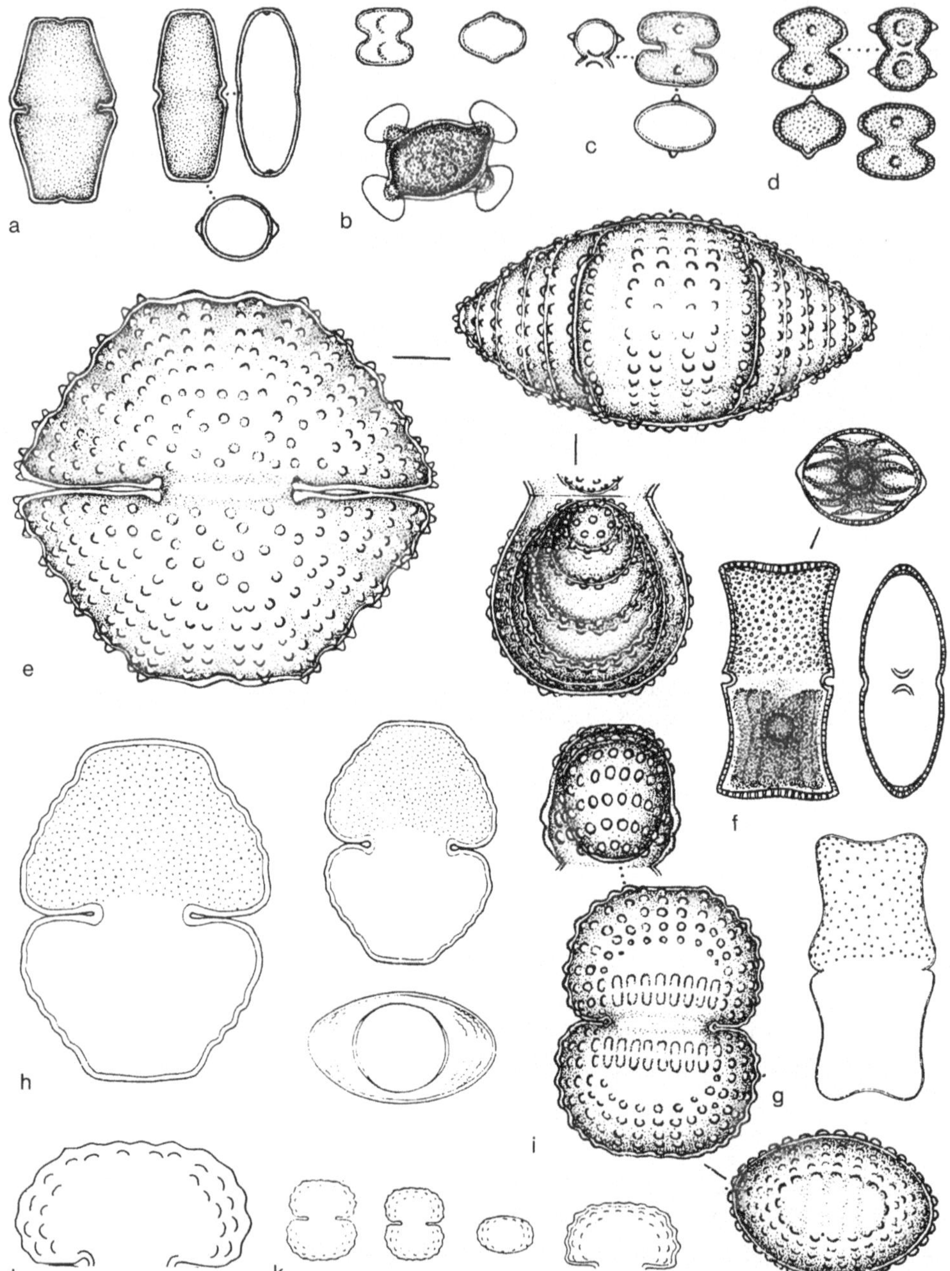

Fig. 211. *a Cosmarium anceps; b C. asphaerosporum,* unten Zygote; *c C. bireme; d C. corsavaggense; e C. cyclicum* var. *arcticum; f, g C. decedens; h C. cymatopleurum; i C. diplodesmium; j, k C. furcatospermum* (*g* nach Lenzenweger, *h, k* nach West, *j* nach Prescott et al., sonst nach Skuja).

5. Cosmarium cyclicum Lundell var. **arcticum** Nordstedt 1872 (Fig. 211: e)
W. West & G. S. West 1905, p. 145, fig. 58: 8, 9; Skuja 1964, p. 209, fig. 36: 14, 15; Palamar-Mordvinceva 1982, p. 356, fig. 91: 8–14.

Zellen ± abgerundet sechseckig bis fast rund, mit sehr engem und tiefem Sinus. Halbzellen frontal trapezoid, von der Seite ± rund, im Aufriß spindelförmig. Zellwand mäßig bis ziemlich dick, farblos, fein punktiert-porös, an den Seiten fünf-, am Apex vierwellig; auf den Wellen mit konzentrischen Reihen von Papillenpaaren, die im mittleren Teil der Zelle in einfache Papillen übergehen; intramarginal 4–5 Reihen von Doppelpapillen, die auch radiäre Reihen bilden, jedoch zentralwärts in einfache, mehr unregelmäßig verteilte Papillen ausklingen. Chloroplasten mit je 2 Pyrenoiden. Zellen 43–79 µm lang, 46–82 µm breit und 20–37 µm dick.
An feuchten Felsen bei Abisko (Schweden), auch in Österreich gefunden.

6. Cosmarium cymatopleurum Nordstedt 1888 (Fig. 211: h)
Krieger, W. & Gerloff 1965, p. 149, fig. 31: 3; Palamar-Mordvinceva 1982, p. 430, fig. 116: 6, 7.

Zellen gestreckt und abgerundet sechseckig, lateral leicht gewellt, mit tiefem und sehr engem Sinus. Halbzellen ± trapezoid; im Aufriß elliptisch. Zellwand dick, oft gelblich, fein punktiert. Chloroplasten mit je einem Pyrenoid. Zellen 82–122 µm lang, 60–87 µm breit und 40–43 µm dick.
An überrieselten Felsen, auf feuchten Erdböden und zwischen Moosen bei Abisko (Schweden).

7. Cosmarium decedens (Reinsch) Raciborski 1889 (Fig. 211: f, g)
Krieger, W. & Gerloff 1965, p. 178, fig. 36: 10; Palamar-Mordvinceva 1982, p. 310, fig. 78: 40–42.

Zellen im Prinzip gestreckt viereckig, mit deutlichem und offenem Sinus. Halbzellen fast quadratisch, an den Seiten leicht konkav und an den Enden mit scharfen bis abgerundeten Ecken; Seitenansicht elliptisch, im Aufriß breit elliptisch. Zellwand mäßig dick, farblos, fein bis ziemlich grob punktiert-porös. Chloroplasten mit Längsrippen und mit je einem Pyrenoid. Zellen 13–53 µm lang, 7–30 µm breit und 15–22 µm dick.
An überrieselten Felsen, zwischen Moosen und Flechten, auf feuchten Erdböden oder auch terrestrisch (England, Schweden, USSR); auch auf trockenen und steilen Felsen bei Brixen in Südtirol (Italien).

8. Cosmarium diplodesmium Skuja 1964 (Fig. 211: i)
Skuja 1964, p. 214, fig. 36: 20.

Zellen etwas rechteckig, an den äußeren Ecken breit abgerundet, am Apex abgestutzt, in der Mitte deutlich eingeschnürt, mit engem Sinus. Halbzellen abgestutzt halbkugelig; Seitansicht ± abgerundet trapezoid, im Aufriß elliptisch. Zellwand deutlich und grob skulpturiert. An beiden Seiten der Halbzellen 7–9 abgerundete, relativ grobe Warzen, die am Rande basalwärts kleiner werden. Am Apex nicht granuliert, sondern nur schwach vierwellig. Intramarginal 5–6 konzentrische Reihen von Granula, wobei die rundlichen Warzen ± deutlich auch 16–18 radiäre Reihen bilden. Beiderseits des Isthmus verläuft eine Doppelreihe paariger, verlängerter Warzen. Zwischen diesen Warzen ist die Zellwand glatt oder sehr fein punktiert-porös. Chloroplasten mit je einem Pyrenoid. Zellen 42–47 µm lang, 32–34 µm breit und 24–26 µm dick.
Zwischen Moosen an überrieselten Felsen bei Abisko (Schweden).

9. Cosmarium etchachanense Roy & Bisset 1894 (Fig. 212: a)
W. West & G. S. West 1908, p. 170, fig. 81: 1; Palamar-Mordvinceva 1982, p. 342, fig. 88: 7.

Zellen abgerundet viereckig, mit tiefem und engem Sinus. Halbzellen halbkugelig-ellipsoidisch oder abgestutzt halbkugelig, von der Seite elliptisch rund, im Aufriß elliptisch. Zellwand mit

deutlichen, regelmäßig angeordneten Warzen. Chloroplasten mit je einem Pyrenoid. Zellen 38–40 µm lang, 30–32 µm breit, 17,5 µm dick.
Zwischen Moosen und Flechten an feuchten Felsen bei Abisko (Schweden).

10. Cosmarium furcatospermum W. West & G. S. West 1894 (Fig. 211: j, k)
W. West & G. S. West 1908, p. 206, fig. 81: 10, 11; 84: 8–10.

Zellen etwas länger als breit, in der Mitte tief eingeschnürt und mit einem linearen Sinus. Halbzellen abgestutzt halbkugelig oder gestreckt halbkugelig, untere Ecken rechteckig oder leicht gerundet, an den Seiten 4–5 wellig gekörnt, am Apex breit abgestutzt und 5–6 wellig, mit 2 Reihen kleiner Körnchen innerhalb der ganzen Abgrenzung und mit einem glatten oder feinpunktierten Zentrum. Von der Seite fast kreisrund, im Aufriß elliptisch. Zygosporen eckig-kugelig, mit kurzen Stacheln, die an den distalen Enden tief gabelig verzweigt sind. Zellen 18–27 µm lang, 16,5–23 µm breit und 9–12,5 µm dick; Zygosporen ohne Stacheln 23–25 µm im Durchmesser.
Grüner Anflug zwischen *Carex curvula* und *Saxifraga bryoides*, Jöchl zwischen Granatenkogel und Hochfirst (3160 m ü. M.), Tirol (Österreich).

11. Cosmarium hexalobum Nordstedt 1872 (Fig. 212: b)
W. West & G. S. West 1908, p. 257, fig. 90: 4; Palamar-Mordvinceva 1982, p. 479, fig. 127: 12–16.

Zellen gestreckt sechseckig, mit ± abgerundeten bis abgestutzten Ecken, apikal und lateral gewellt, in der Mitte deutlich eingeschnürt, Sinus eng, außen dann weit geöffnet. Halbzellen trapezoid, apikal und auf jeder Seite mit je 4 Ausbuchtungen, die mit je 2 Warzen besetzt sind. Seitenansicht leicht biskuitförmig, im Aufriß ± ellipsoidisch-spindelförmig. Zellwand mäßig dick, an den Rändern mit kurzen radialen Doppelreihen und im Zentrum mit 6 parallelen Warzenreihen. Zellen 32–60 µm lang, 28–48 µm breit und 20–28 µm dick.
Aerophytisch an nassen Felsen, zwischen Moosen der Tundra, auf feuchten Erdböden (Schweden, USSR).

12. Cosmarium holmiense Lundell 1871 (Fig. 212: c, d)
Krieger, W. & Gerloff 1965, p. 153, fig. 32: 11; Palamar-Mordvinceva 1982, p. 435, fig. 115: 1–7.

Zellen im Prinzip gestreckt sechseckig, mit abgerundeten Ecken und mit tiefem engem Sinus. Halbzellen abgerundet trapezoid. Manchmal apikal leicht zugespitzt, auch abgerundet oder abgestutzt; lateral eingebuchtet oder eingeschnitten. Seitenansicht eiförmig, im Aufriß elliptisch. Zellwand glatt oder leicht punktiert. Chloroplasten mit je einem Pyrenoid. Zellen 26–76 µm lang, 19–43 µm breit und 17,5–35 µm dick.
An überrieselten Felsen zwischen Moosen, auf feuchten Erdböden, aber auch terrestrisch (England, Schweden, USSR).

13. Cosmarium monochondrum Nordstedt 1873 (Fig. 212: j)
Skuja 1964, p. 207, fig. 35: 16, 17; Krieger, W. & Gerloff 1969, p. 323, fig. 50: 13; Palamar-Mordvinceva 1982, p. 306, fig. 78: 17.

Zellen ± quadratisch, apikal entweder abgeflacht oder vorgewölbt, mit tiefem offenem Sinus. Halbzellen quer elliptisch bis spindelförmig; von der Seite ± kugelig, im Aufriß elliptisch. Zellwand dünn, farblos und glatt; frontal in der Mitte mit einer soliden stachel- oder zahnartigen Warze, die auch von der Seite oder von oben hervortritt. Chloroplasten mit je 2 Pyrenoiden. Zellen 11–14 µm lang, 12–14 µm breit, 7–10 µm dick.
An überrieselten Felsen zwischen Moosen und Flechten bei Abisko (Schweden).

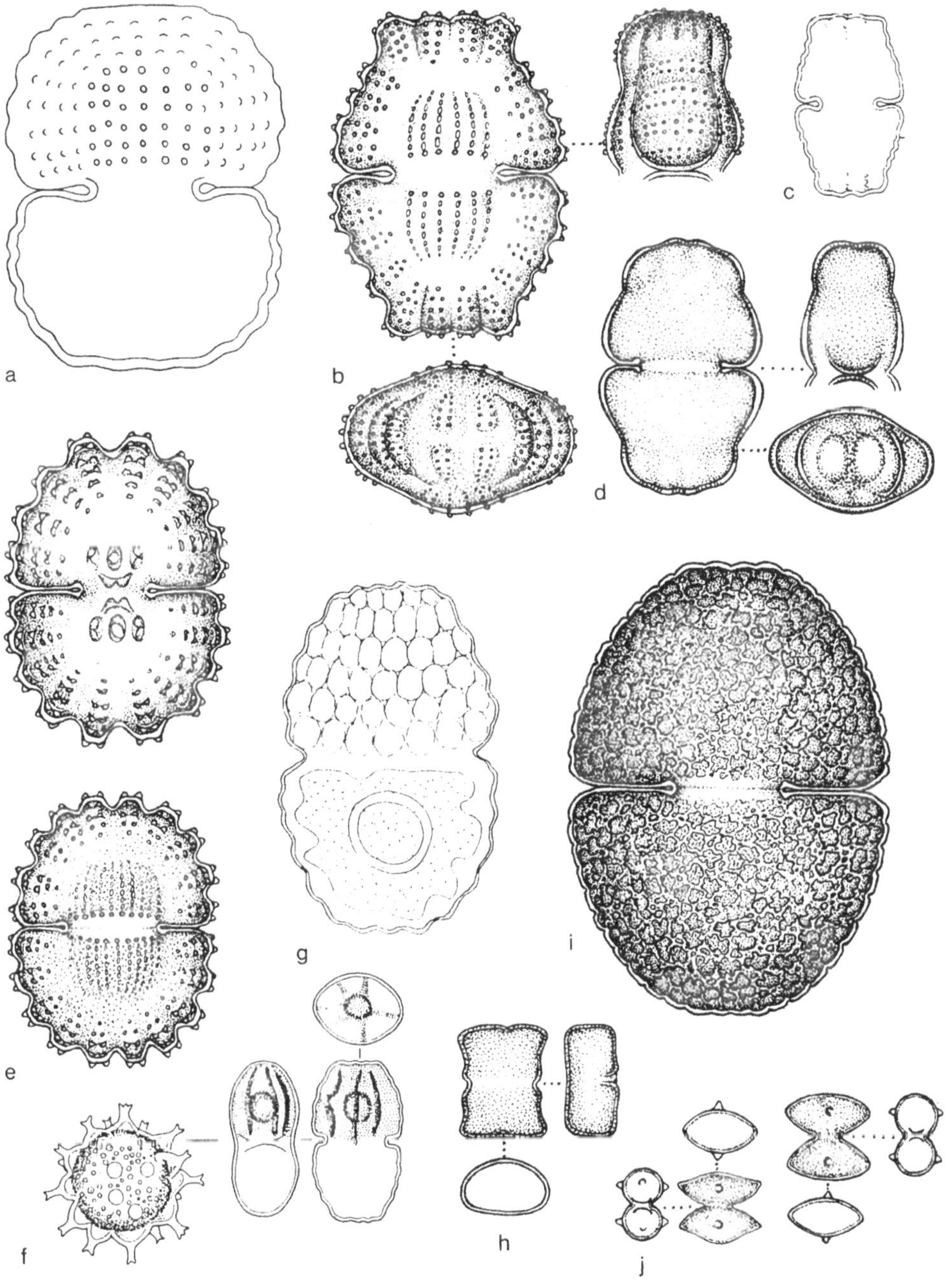

Fig. 212. *a Cosmarium etchachanense; b C. hexalobum; c, d C. holmiense; e C. nasutum; f, g C. notabile*, links unten Zygote; *h C. obliquum; i C. ochthodes, j C. monochondrum* (*a* aus Prescott et al., *c* nach West, *f* nach Krieger & Gerloff, *g* nach Broady, sonst nach Skuja).

14. Cosmarium nasutum Nordstedt 1872 (Fig. 212: e)
W. West & G. S. West 1908, p. 259, fig. 90: 9, 10; Skuja 1964, p. 224, fig. 40: 7; Palamar-Mordvinceva 1982, p. 404, fig. 101: 1–7.

Zellen breit ellipsoidisch, an den Rändern deutlich gewellt, mit tiefem und sehr engem Sinus. Halbzellen fast halbkugelig bis abgerundet trapezoid, mit deutlichen, radiär angeordneten Ausstülpungen, auf denen je 2 Warzen sitzen; von der Seite breit abgeflacht halbkugelig, mit abgestutztem Apex und zentral ausgebaucht; im Aufriß ± elliptisch. Zellwand an den Rändern mit radiär angeordneten Doppelwarzen, die an Größe abnehmen und nicht ins Zentrum reichen, wo sie durch 4 große Warzen ersetzt werden. Chloroplasten mit je einem Pyrenoid. Zellen 35–50 µm lang, 28–38 µm breit und 13–26 µm dick.
An überrieselten Felsen zwischen Moosen bei Abisko (Schweden).
Hierher gehört eine aerophytische Varietät, var. *perornatum* Skuja 1964, p. 224, fig. 40: 8, die sich durch breitere Proportionen, breit gerundete Apici, im Zentrum durch kleinere Körnchen, die in 9–11 parallelen Reihen angeordnet sind, unterscheidet. Zellen 42–46 µm lang, 34–36 µm breit und 18–20 µm dick. An gleichen Standorten wie die typische Varietät.

15. Cosmarium notabile Brébisson 1856 (Fig. 212: f, g)
Krieger, W. & Gerloff 1965, p. 209, fig. 39: 11; Broady 1979a, p. 93, fig. 23e'; Palamar-Mordvinceva 1982, p. 435, fig. 115: 8–13.

Zellen gestreckt und abgerundet sechseckig, mit sehr seichtem und offenem Sinus. Halbzellen trapezoid, mit abgerundeten Ecken, am Apex abgestutzt, an den Rändern durch Ausstülpungen deutlich gewellt; von der Seite abgerundet elliptisch, im Aufriß elliptisch mit leicht angeschwollenen Seiten. Zellwand nur mit den Ausstülpungen, sonst glatt. Chloroplasten mit je einem Pyrenoid. Zellen 24–44 µm lang, 16–32 µm breit, 8–21 µm dick.
Subaerophytisch, auf feuchten Erdböden, an überrieselten Felsen zwischen Moosen (USSR, Antarktis).

16. Cosmarium obliquum Nordstedt 1873 (Fig. 212: h)
Krieger, W. & Gerloff 1969, p. 296, fig. 48: 10; Palamar-Mordvinceva 1982, p. 311, fig. 78: 33–39.

Zellen im Prinzip gestreckt viereckig; Sinus offen, auf der einen Seite tiefer als auf der anderen. Halbzellen auch ± viereckig, an den Seiten und am Apex deutlich konkav, Ecken abgerundet; von der Seite viereckig, an den Enden abgerundet, im Aufriß ± elliptisch. Zellwand dünn, fein punktiert. Chloroplasten mit je einem Pyrenoid. Zellen 14–27 µm lang, 11–24 µm breit und 9–15 µm dick.
An nassen oder überrieselten Felsen zwischen Moosen bei Abisko (Schweden).

17. Cosmarium ochthodes Nordstedt 1875 (Fig. 212: i)
W. West & G. S. West 1912, p. 10, fig. 98: 1–3; Palamar-Mordvinceva 1982, p. 491, fig. 131: 1–6.

Zellen breit ellipsoidisch bis gestreckt und abgerundet sechseckig, an den Enden abgestutzt und an den Rändern leicht gewellt; Sinus tief und eng. Halbzellen eiförmig-trapezoid, aber auch trapezoid oder fast halbkugelig; von der Seite eiförmig-elliptisch, im Aufriß elliptisch. Zellwand ziemlich derb mit radiär verlaufenden oder unregelmäßig verteilten groben Warzen. Chloroplasten mit je 2 Pyrenoiden. Zellen 48–94 µm lang, 42–67 µm breit und 23–43 µm dick.
Auf feuchten Erdböden (Schweden, Dänemark, USSR).

18. Cosmarium petsamoense Cedercreutz 1932 (Fig. 213: a)
Krieger, W. & Gerloff 1965, p. 46, fig. 12: 9; Palamar-Mordvinceva 1982, p. 361, fig. 96: 7, 8.

Zellen ellipsoidisch, an den Enden abgerundet und in zwei Teile geteilt, an den Rändern gewellt, mit tiefem und engem Sinus. Halbzellen halbellipsoidisch; von der Seite eiförmig-trapezoid, im Aufriß spindelförmig mit abgestutzten Enden. Zellwand glatt. Chloroplasten mit je einem Pyrenoid. Zellen 30–47 μm lang, 18–31 μm breit und 8–23 μm dick.
Auf feuchten Felsen bei Abisko (Schweden).

19. Cosmarium quadratum Ralfs 1844 (Fig. 213: b)
Krieger, W. & Gerloff 1969, p. 280, fig. 45: 27, 46: 1–3; Palamar-Mordvinceva 1982, p. 321, fig. 83: 8–12.

Zellen ± zylindrisch, an den Enden abgerundet, mit mäßig tiefem und engem Sinus. Halbzellen quadratisch mit konvexem Apex, manchmal an den Flanken leicht konkav; von der Seite eiförmig, im Aufriß elliptisch. Zellwand glatt. Chloroplasten mit je 2 Pyrenoiden. Zellen 48–76 μm lang, 25–46 μm breit und 18–36 μm dick.
Auf feuchten Erdböden und an Felsen zwischen Moosen (Schweden, Österreich, USA, USSR).

20. Cosmarium saxicolum Kaiser 1926 (Fig. 213: c)
Skuja 1964, p. 220, fig. 59: 7; Palamar-Mordvinceva 1982, p. 331, fig. 82: 8, 9.

Zellen ± viereckig, an den Rändern leicht gewellt, an den Ecken abgestutzt-abgerundet, mit deutlichem und engem Sinus. Halbzellen ebenfalls ± viereckig, mit leicht vorgewölbten Flanken; von der Seite fast quadratisch, mit konkaven Seiten, im Aufriß ± elliptisch. Zellwand mit 2–3 radialen Reihen von Körnchen an den Rändern gegenüber jeder Welle, im Zentrum mit 7–8 parallelen Reihen von 4 Körnchen; oft ist die Skulptur der Zellwand sehr zurückgebildet. Chloroplasten mit je einem Pyrenoid. Zellen 25–42 μm lang, 22–31 μm breit und 14–16 μm dick.
Auf feuchten Erdböden, auf Felsen, zwischen Moosen (Schweden, USSR).

21. Cosmarium speciosum Lundell 1871 (Fig. 213: d)
W. West & G. S. West 1908, p. 247, fig. 89: 1–3; Skuja 1964, p. 223, fig. 39: 8, 9; Palamar-Mordvinceva 1982, p. 401, fig. 106: 1–10.

Zellen ellipsoidisch mit abgestutzten Enden, an den Rändern leicht gewellt, mit tiefem und engem Sinus. Halbzellen abgerundet trapezoid; von der Seite trapezoid-eiförmig, im Aufriß elliptisch. Zellwand mit einfachen oder doppelten Körnchen, die radiär angeordnet sind und nur das Zelldrittel vom Rande aus besetzen, im Zentrum mit 9 parallelen Reihen einfacher Körnchen. Chloroplasten mit je einem Pyrenoid. Zellen 28–81 μm lang, 19–58 μm breit und 15–35 μm dick.
Auf feuchtem Felsgrund, an nassen und überrieselten Felsen zwischen Moosen und Flechten (Schweden, USSR).

22. Cosmarium subcostatum Nordstedt 1876 (Fig. 213: e)
W. West & G. S. West 1908, p. 236, fig. 87: 3–5; Skuja 1964, p. 221, fig. 39: 3; Palamar-Mordvinceva 1982, p. 478, fig. 127: 1–5.

Zellen ellipsoidisch, an den Enden leicht abgestutzt, mit tiefem und deutlichem Sinus, der am Rand weit geöffnet ist. Halbzellen abgerundet trapezoid bis nierenförmig, an den Enden gerundet und mit konvexen und gewellten Rändern; von der Seite eiförmig-trapezoid, am Apex ± abgerundet, im Aufriß elliptisch-spindelförmig. Zellwand an den Rändern mit 3–4 radiären und konzentrischen Reihen von Körnchen, im Zentrum mit einem Herd mehrerer grober Warzen. Chloroplasten mit je 2 Pyrenoiden. Zellen 26–38 μm lang, 23–32 μm breit und 14,5–20 μm dick.
Auf feuchten Erdböden bei Abisko (Schweden).

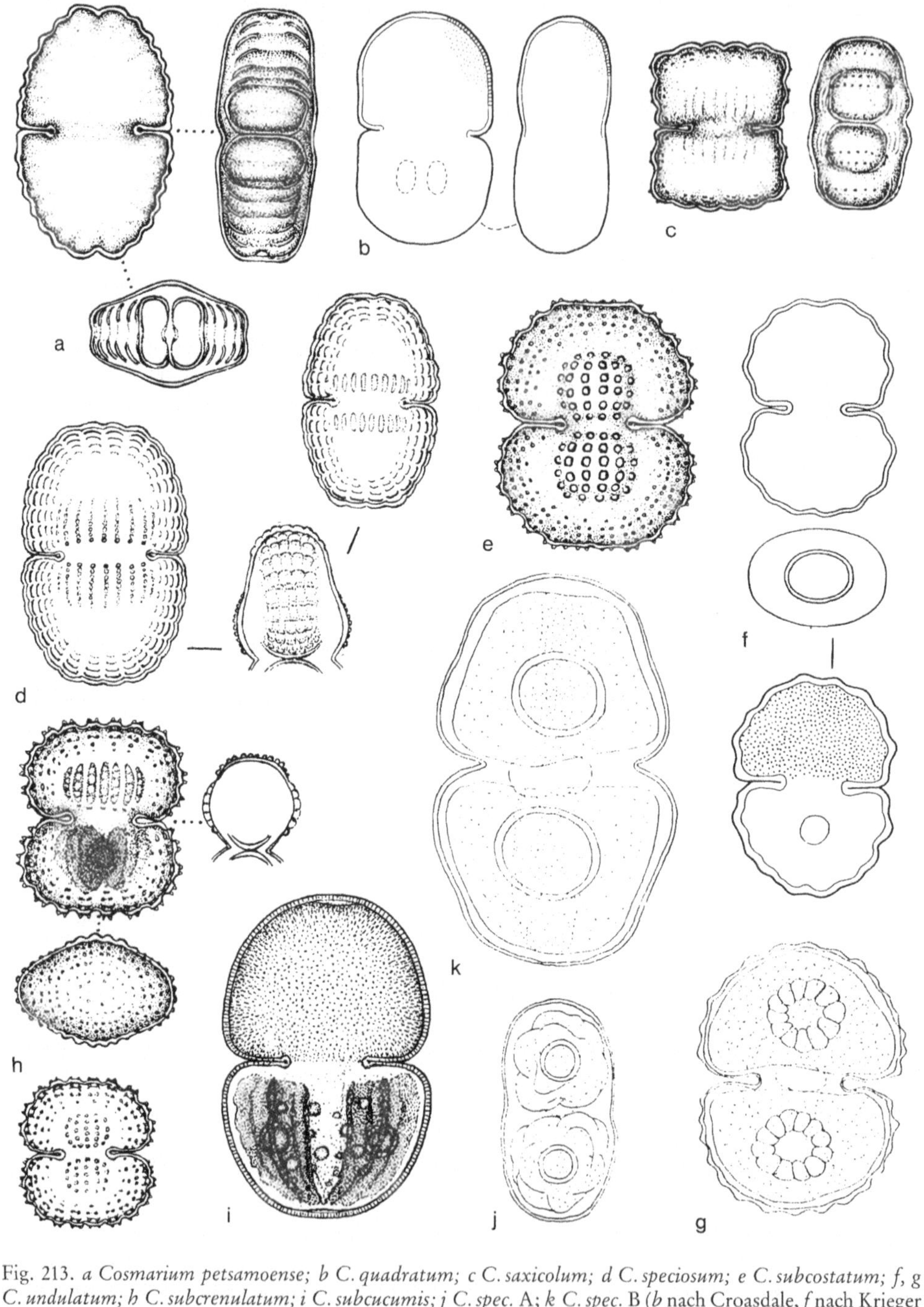

Fig. 213. *a Cosmarium petsamoense; b C. quadratum; c C. saxicolum; d C. speciosum; e C. subcostatum; f, g C. undulatum; h C. subcrenulatum; i C. subcucumis; j C. spec.* A; *k C. spec.* B (*b* nach Croasdale, *f* nach Krieger & Gerloff, *g, j, k* nach Broady, sonst nach Skuja).

23. Cosmarium subcrenulatum Hantzsch 1861 (Fig. 213: h)
W. West & G. S. West 1908, p. 228, fig. 86: 10–14; Palamar-Mordvinceva 1982, p. 384, fig. 100: 8–11.

Zellen breit ellipsoidisch bis abgerundet quadratisch, an den Enden breit abgerundet oder auch abgestutzt, an den Rändern mit Doppelwarzen besetzt, mit tiefem und engem Sinus. Halbzellen ± quer ellipsoidisch bis niedrig halbkugelig; von der Seite rund, im Aufriß elliptisch-spindelförmig. Zellwand am Rand mit Doppelwarzen, die in radiären Reihen bis ins erste Drittel der Zelle reichen; im Zentrum 5–7 parallele Reihen von Körnchen. Chloroplasten mit je einem Pyrenoid. Zygosporen kugelig und mit kurzen Stacheln besetzt. Zellen 23–37 µm lang, 18–30 µm breit, 12–19 µm dick; Zygosporen 32–35 µm im Durchmesser.
Aerophytisch an Felsen, aber auch terrestrisch (England, Schweden).

24. Cosmarium subcucumis Schmidle 1893 (Fig. 213: i)
Skuja 1964, p. 192, fig. 31: 6, 7; Krieger, W. & Gerloff 1969, p. 284, fig. 47: 1; Palamar-Mordvinceva 1982, p. 364, fig. 95: 15–17.

Zellen breit ellipsoidisch, an den Enden abgerundet bis abgestutzt; mit tiefem und nach außen offenem Sinus. Halbzellen fast halbkugelig, von der Seite ± eiförmig, im Aufriß elliptisch. Zellwand mäßig dick, am Apex etwas verstärkt, gleichmäßig und ziemlich dicht fein bis grob punktiert-porös. Chloroplasten mit 6 sichtbaren Längsrippen und mit je 2 Pyrenoiden. Zellen 55–76 µm lang, 37–53 µm breit, 23–26 µm dick.
Auf feuchten Erdböden (Dänemark, Schweden, Tschechoslowakei, USSR).

25. Cosmarium undulatum Corda 1839 (Fig. 213: f, g)
Krieger, W. & Gerloff 1962, p. 40, fig. 11: 10; Broady 1979 a, p. 94, fig. 24 i; Palamar-Mordvinceva 1982, p. 358, fig. 95: 1–10.

Zellen breit ellipsoidisch, an den Rändern leicht gewellt, mit tiefem Sinus. Halbzellen ± halbkugelig bis ellipsoidisch, im Aufriß elliptisch, von der Seite halbkugelig. Zellwand glatt. Chloroplasten mit je einem Pyrenoid. Zellen 21–64 µm lang, 16,5–52 µm breit, 12–30 µm dick.
Subaerisch zwischen *Drepanocladus uncinatus*, Signy Island (Antarktis), auf feuchten Erdböden (Tschechoslowakei, USSR).

Nicht beschriebene Arten:
Cosmarium sp. A – Broady 1979 a, p. 94, fig. 24 h (Fig. 213: j) –
Zellen meist zylindrisch, an den Enden abgerundet-abgestutzt, mit kaum merklichem Sinus. Zellwand glatt. Chloroplasten mit je einem Pyrenoid. Zellen 27–48 µm lang, 15–25 µm breit. Subaerisch auf Signy Island (Antarktis).
Cosmarium sp. B – Broady 1979 a, p. 94, fig. 24 j (Fig. 213: k) –
Zellen gestreckt abgerundet sechseckig, an den Enden abgerundet-abgestutzt, mit weit offenem Sinus. Halbzellen abgerundet trapezoid. Zellwand fein punktiert. Chloroplasten mit 4 sichtbaren Längsrippen und mit je einem Pyrenoid. Zellen 53 µm lang, 32 µm breit. Zwischen feuchten Polstern von *Drepanocladus uncinatus*, Signy Island (Antarktis).

5. **Euastrum** Ehrenberg 1832

Printz 1927, p. 358; Bourrelly 1966, p. 412; Růžička 1981, p. 369; Palamar-Mordvinceva 1984, p. 391.

Zellen gerade, länglich oder ellipsoidisch, mit tiefem Sinus und mit abgerundeten oder abgestumpften Enden. Halbzellen am Apex eingebuchtet oder durch einen schmalen Einschnitt in zwei symmetrische Lappen geteilt, am Rande symmetrisch ausgebuchtet oder gelappt; im Aufriß

elliptisch und an jeder Seite mit 1 oder mehreren halbkugelig hervortretenden Anschwellungen. Zellwand mit ± regelmäßig angeordneten Warzen. Chloroplasten axial, aus längsgestellten, strahlenförmigen, oft gerippten Platten gebildet; mit je einem oder zwei Pyrenoiden. Zygosporen kugelig, mit Stacheln oder Warzen versehen.
Mit 5 aerophytischen oder terrestrischen Arten.

1. Euastrum bidentatum Nägeli 1849 (Fig. 214: a)
Růžička 1981, p. 507, fig. 83: 6–12.

Zellen mit elliptischem Umriß, etwa 1,5 mal länger als breit. Sinus tief eingeschnitten, nach außen nicht geöffnet. Seitenlappen flachwellig, mitunter mit Zähnchen besetzt. Apikallappen gerundet oder flach abgestutzt, etwas vorgezogen und mit einem linearen, nur fallweise nach außen geöffneten Einschnitt und je einem stets gut erkennbaren Dorn an den Basisseiten. In der Mitte der Halbzellen eine tumorartige Vorwölbung, der eine aus 4–6 gröberen, länglichen, annähernd in Kreisform angeordneten Warzen bestehende Skulptur aufsitzt. Oberhalb derselben häufig zwei grobe Poren. Intramarginal verläuft eine Reihe Wärzchen, die an der Basis der Halbzellen auch 2–3 reihig angeordnet sein können. Zwischen den normalen Zellen kommen nicht selten auch triradiale Formen vor. Zygosporen kugelig, mit Stacheln, deren Enden stumpf abgerundet sind. Zellen 45–60 μm lang, 30–40 μm breit und 20–25 μm dick.
Auf feuchten Erdböden am Rand von Wald- und Wiesengräben, Quellhorizonten und Lehmgruben im Alpenvorland (leg. et det. R. Lenzenweger).

2. Euastrum crassicolle Lundell 1871 (Fig. 214: b, c)
Krieger, W. 1937, p. 575, fig. 78: 10–14; Růžička 1981, p. 442, fig. 73: 5; Palamar-Mordvinceva 1984, p. 441, fig. 128: 19.

Zellen gestreckt, in der Mitte stark eingeschnürt; Sinus eng. Halbzellen ± trapezoid, am Apex leicht eingekerbt, an den Seiten ausgerandet, an den Ecken abgerundet; von der Seite eng trapezoid bis kegelstumpfförmig, an den Seiten leicht gewölbt; im Aufriß elliptisch-spindelförmig, an den Seiten ausgebuchtet. Zellwand glatt oder fein punktiert. Zellen 24–30 μm lang, 14,5–17 μm breit.
Auf feuchtem Erdboden und an feuchten Felsen bei Abisko (Schweden).

3. Euastrum dubium Nägeli 1849 (Fig. 214: d)
incl. var. *triquetrum* Skuja 1964
Skuja 1964, p. 238, fig. 45: 8, 9; Krieger, W. 1937, p. 571, fig. 79: 1–5; Růžička 1981, p. 493, fig. 81: 1–4.

Zellen gestreckt, in der Mitte deutlich eingeschnürt; Sinus eng. Halbzellen trapezoid, am Apex abgestutzt und leicht eingedellt, an den Ecken mit Warzen, basale Ecken zweiwellig; an den Seiten stark gewellt; von der Seite gleich gestaltet, im Aufriß abgerundet dreieckig. Zellwand ziemlich derb, mit einem ornamentlosen Mittelporus. Granulierung der Basalecken oft in Form von 2 Reihen zu 2–3 ± übereinanderstehenden Warzen. Zellen 32–39 μm lang, 21–33 μm breit, 14–16 μm dick.
An überrieselten Felsen zwischen Moosen bei Abisko (Schweden).

4. Euastrum spetsbergense (Nordstedt) Krieger 1937 (Fig. 214: e)
incl. var. *tolnense* Skuja 1964
Krieger, W. 1937, p. 582, fig. 86: 4–6; Skuja 1964, p. 240, fig. 45: 17; Růžička 1981, p. 370; Palamar-Mordvinceva 1982, p. 432, fig. 128: 9–12.

Zellen gestreckt ellipsoidisch, an den Enden stark eingekerbt, in der Mitte deutlich eingeschnürt; Sinus weit offen. Halbzellen ± halbellipsoidisch, an den Rändern gewellt; von der Seite kegelför-

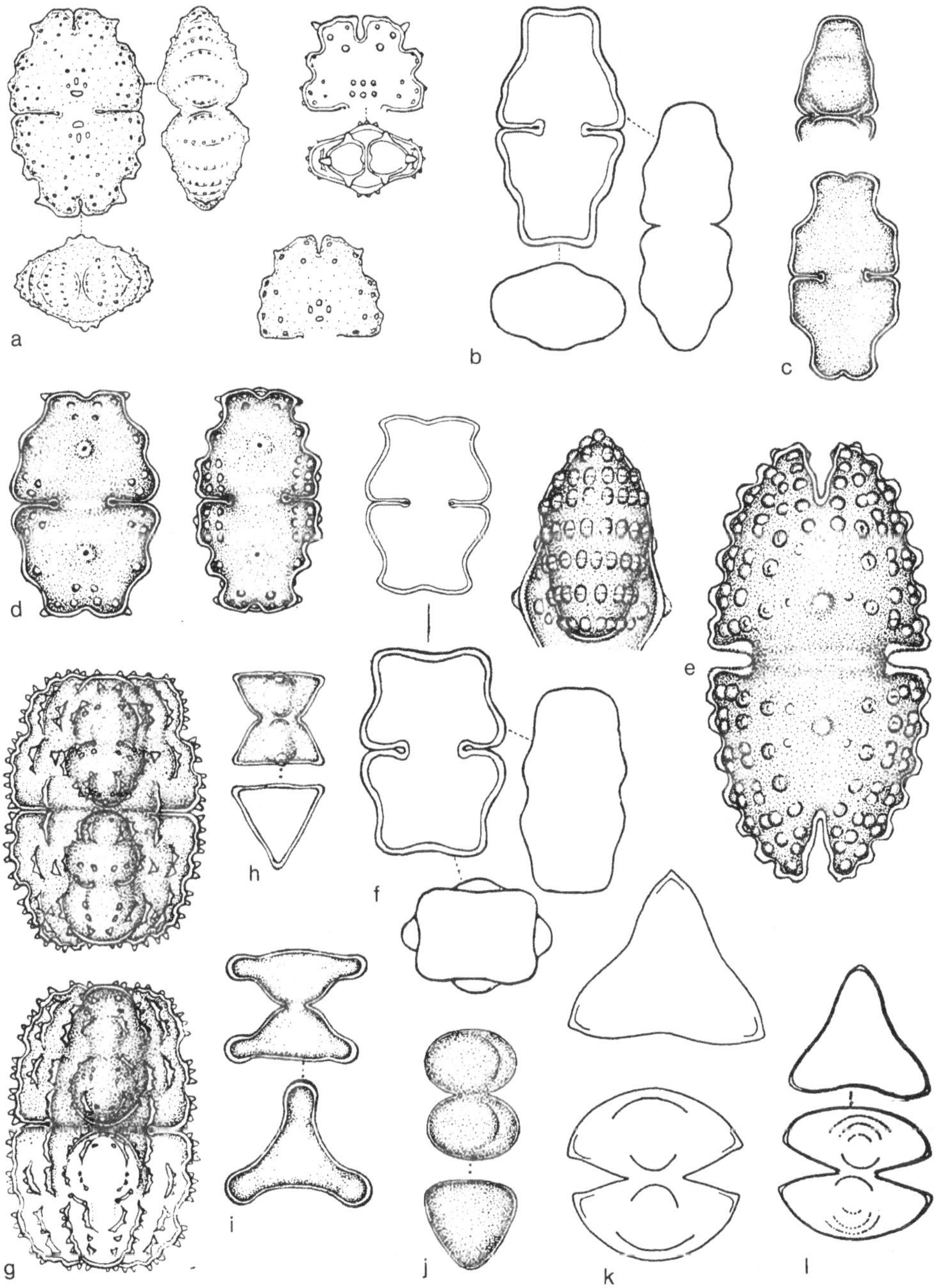

Fig. 214. *a Euastrum bidentatum; b, c E. crassicolle; d E. dubium; e E. spetzbergense; f E. sublobatum; g Staurastrum acarides; h S. clepsydra; i S. bacillare; j S. ellipticum; k, l S. lanceolatum* (*a, b, f* nach Růžička, *k* nach Teiling, *l* nach Lenzenweger, sonst nach Skuja).

mig, im Aufriß breit elliptisch. Zellwand relativ derb, mit recht groben doppelten Randwarzen, die radiär in 3 sichtbaren Reihen auftreten. Die groben Doppelwarzen bedingen, daß die Zellen frontal betrachtet im Umriß stark wellig-gekerbt aussehen. Chloroplasten mit je einem Pyrenoid. Zellen 55–68(–71) µm lang, 30–38 µm breit, 20–26 µm dick.
Auf feuchten Erdböden und an Felsen bei Abisko (Schweden).

5. Euastrum sublobatum Brébisson in Ralfs 1848 (Fig. 214: f)
Krieger, W. 1937, p. 544, fig. 74: 1–3; Růžička 1981, p. 456, fig. 74: 9–10; Palamar-Mordvinceva 1984, p. 433, fig. 138: 1–3.

Zellen wenig gestreckt, ± sechseckig, an den Enden abgestutzt und leicht konkav, in der Mitte stark eingeschnürt; Sinus eng. Halbzellen ± trapezoid, an den Seiten konkav, an der Basis abgestutzt eckig; von der Seite breit elliptisch bis fast rund, im Aufriß elliptisch-spindelförmig. Zellwand glatt. Chloroplasten mit je einem Pyrenoid. Zellen 18–30 µm lang, 12–22 µm breit und 8–15 µm dick.
In Erdböden und auf feuchten Stellen (England, USSR).

6. Staurastrum Meyen 1829

Printz 1927, p. 357; Bourrelly 1966, p. 436; Palamar-Mordvinceva 1982, p. 124; 1984, p. 268; Bold & Wynne 1985, p. 270.

Zellen bilateral symmetrisch in der Frontalansicht, triradial oder hexaradial symmetrisch im Aufriß, nicht abgeflacht, mit tiefer Einschnürung oder sanduhrförmig, oft mit 3 oder mehreren, selten 2 von jeder Halbzelle auslaufenden Armen versehen. Zellwand glatt, warzig oder stachelig. Chloroplasten axial, wobei vom pyrenoidtragenden Mittelstück 2 zueinander parallele Platten zu jeder Ecke oder in jeden Arm hinaus divergieren. Zygosporen kugelig, glatt oder stachelig.
Mit 8 aerophytischen oder terrestrischen Arten.

1. Staurastrum acarides Nordstedt 1872 (Fig. 214: g)
Syn.: *Cylindriastrum acarides* (Nordstedt) Palamar-Mordvinceva 1982
Palamar-Mordvinceva 1982, p. 79, fig. 14: 4–11.

Zellen viereckig, mit abgerundeten Ecken und leicht konvexen Seiten, apikal abgestutzt, ohne Arme; in der Mitte stark eingeschnürt, Sinus sehr eng. Halbzellen leicht trapezoid, mit Warzen besetzt. Im Aufriß 3 (6) eckig, mit glatten oder warzigen Seiten. Zellwand ziemlich derb, mit deutlichen Warzen besetzt. Zellen 38–49 µm lang, 28–34 µm breit.
An nassen überrieselten Felsen zwischen Moosen (Schweden, USSR).

2. Staurastrum bacillare Brébisson 1840 (Fig. 214: i)
Palamar-Mordvinceva 1982, p. 196, fig. 46: 1, 2.

Zellen sechseckig, in der Mitte mit tiefer Einschnürung; Sinus weit offen. Halbzellen spindelförmig, an den Enden kopfartig abgerundet; im Aufriß ± dreieckig. Zellwand glatt. Zellen 16–23 µm lang, 21–37 µm breit.
An überrieselten Felsen bei Abisko (Schweden).

3. Staurastrum clepsydra Nordstedt 1870 (Fig. 214: h)
Syn.: *Staurodesmus clepsydra* (Nordstedt) Teiling 1948
Teiling 1967, p. 495, fig. 2: 8, 9.

Zellen im Umriß quadratisch, in der Mitte eingeschnürt; Sinus weit offen, Halbzellen spindelförmig bis dreieckig, apikal abgestutzt bis leicht konkav; im Aufriß dreieckig. Zellwand glatt. Zellen 27–43 µm lang, 33–46 µm breit.
An nassen Felsen zwischen Moosen und Flechten bei Abisko (Schweden).

4. **Staurastrum ellipticum** W. West 1892 (Fig. 214: j)

Syn.: *Cosmoastrum ellipticum* (W. West) Palamar-Mordvinceva 1984
Palamar-Mordvinceva 1982, p. 85, fig. 15: 11, 12; 1984, p. 214, fig. 67: 9, 10.

Zellen ellipsoidisch, in der Mitte deutlich eingeschnürt; Sinus weit offen. Halbzellen quer breit ellipsoidisch, im Aufriß abgerundet dreieckig. Zellwand glatt. Zellen 42–46 µm lang, 29–30 µm breit.
An überrieselten Felsen zwischen Moosen und Flechten bei Abisko (Schweden).

5. **Staurastrum lanceolatum** Archer 1862 (Fig. 214: k, l)

Syn.: *Staurodesmus lanceolatus* (Archer) Croasdale 1957
Palamar-Mordvinceva 1982, p. 183, fig. 45: 1–6.

Zellen im Umriß fast kugelig, in der Mitte tief eingeschnürt; Sinus weit offen. Halbzellen gebogen spindelförmig bis fast halbkugelig, an den Enden zugespitzt, am Apex breit gerundet; im Aufriß dreieckig, mit konkaven Seiten und abgerundeten Ecken. Zellwand glatt, nur an den Armen mit papillenartiger Warze. Zygosporen kugelig, mit langen Stacheln besetzt. Zellen 6,5–29 µm lang, 6,5–33 µm breit.
An überrieselten Felsen zwischen Moosen bei Abisko (Schweden).

6. **Staurastrum muticum** Brébisson 1840 (Fig. 215: a, b)

Syn.: *Cosmoastrum muticum* (Brébisson) Palamar-Mordvinceva 1982
Broady 1979a, p. 96, fig. 24e–g.

Zellen im Umriß fast kugelig, in der Mitte tief eingeschnürt; Sinus weit offen. Halbzellen breit ellipsoidisch, an den Seiten konkav und mit abgerundeten Ecken. Zellwand glatt oder mit Reihen feiner Punkte. Chloroplasten gelappt, mit je einem Pyrenoid. Zellen etwa 36 µm groß.
Subaerisch zwischen *Tortula* sp. auf marmorartigem Substrat, Signy Island (Antarktis).

7. **Staurastrum pyramidatum** W. West & G. S. West (Fig. 215: c)

Syn.: *Cosmoastrum pyramidatum* (W. West & G. S. West) Palamar-Mordvinceva 1982
Palamar-Mordvinceva 1982, p. 99, fig. 19: 1–3.

Zellen breit ellipsoidisch, in der Mitte tief eingeschnürt; Sinus relativ breit. Halbzellen breit abgerundet trapezoid bis fast halbkugelig; an den Seiten manchmal leicht konkav, an den Ecken abgerundet; im Aufriß dreieckig. Zellwand mit derben, spitz kegeligen Warzen besetzt, die in konzentrischen Reihen angeordnet sind. Zygosporen kugelig, mit zahlreichen und verzweigten Fortsätzen. Zellen 60–84 µm lang, 52–60 µm breit.
Vereinzelt an überrieselten Felsen bei Abisko (Schweden), auch zwischen Moosen in den Zentralalpen (Österreich).

8. **Staurastrum rhabdophorum** Nordstedt 1875 (Fig. 215: d)

Syn.: *Cylindriastrum rhabdophorum* (Nordstedt) Palamar-Mordvinceva 1982
Palamar-Mordvinceva 1982, p. 78, fig. 14: 14, 15.

Zellen im Umriß viereckig, an den Seiten gewellt, am Apex gezahnt, in der Mitte nur wenig eingeschnürt; Sinus weit offen. Halbzellen niedrig, fast quadratisch, apikal abgestutzt und mit 5–7 stumpfen Warzen, an den Seiten mit 2 Reihen ellipsoidischer, gekerbter Warzen; im Aufriß subzirkular-dreieckig. Zellwand derb. Zellen 47–50 µm lang, 31–35 µm breit.
Vereinzelt an überrieselten Felsen oder zwischen Moosen, bei Abisko (Schweden).

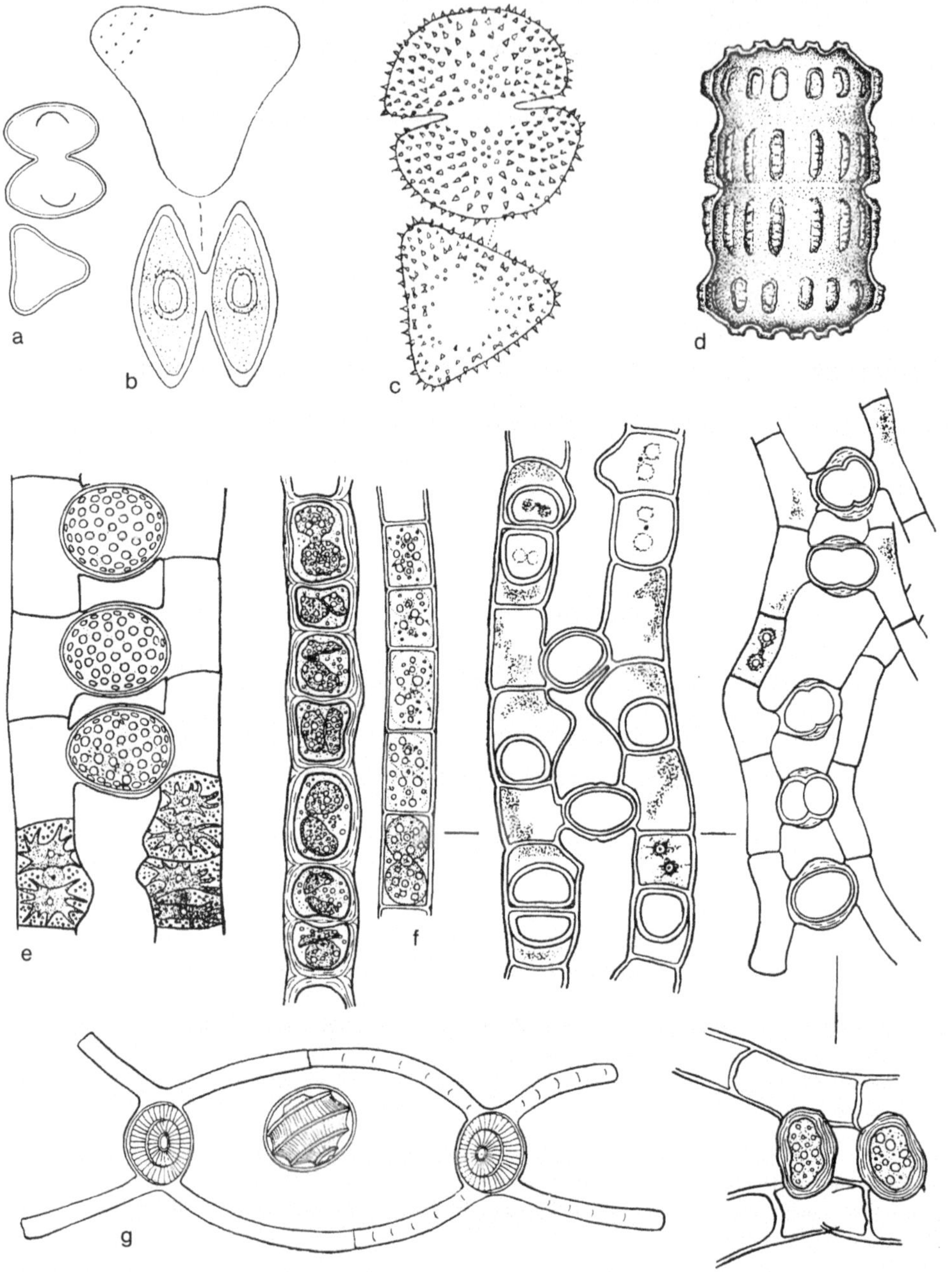

Fig. 215. *a, b Staurastrum muticum; c S. pyramidatum; d S. rhabdophorum; e Zygnema pectinatum; f Zygogonium ericetorum; g Debarya glyptosperma*, in der Mitte Zygote von der Seite (*a* nach Grönblad, *b* nach Broady, *c* nach Palamar-Mordvinceva, *e–g* aus Krieger).

3. Familie Zygnemataceae Kützing 1843

Einzellige oder zu ± langen, einreihigen und unverzweigten Fäden angeordnete Formen. Zellfäden häufig in kurze Abschnitte oder in Einzelzellen zerfallend. Gelegentlich entstehen an den Fäden kurze rhizoidale Verzweigungen, die den Faden am Substrat festhalten. Zellen kürzer oder länger zylindrisch; Zellwände einheitlich[48]), häufig mit einer dicken Gallertscheide. Chloroplasten groß, parietal oder axial, mit je einem oder mehreren Pyrenoiden.

Printz 1927; Czurda 1932, Fritsch 1935, Kolkwitz & Krieger, H. 1941, Bourrelly 1966, Kadlubowska 1984, Bold & Wynne 1985, Margulis & al. 1990.

Mit 3 Gattungen, die aerophytische oder terrestrische Sippen führen.

1a Gameten entstehen unter starker Kontraktion direkt aus dem Inhalt der vegetativen Zellen . . 2
1b Gameten entstehen in besonderen, im Kopulationskanal gebildeten Zellen ohne Kontraktion des Inhalts; Zellen mit massivem Chloroplast . . . . **3. Zygogonium** (S. 638)
2a Zwei axiale asteroide Chloroplasten in jeder Zelle . . . . **1. Zygnema** (S. 637)
2b 1–2 axiale plattenförmige Chloroplasten in jeder Zelle . . . . **2. Debarya** (S. 637)

1. Zygnema Agardh 1824

Printz 1927, p. 370; Czurda 1932, p. 98; Kolkwitz & Krieger, H. 1941, p. 206; Bourrelly 1966, p. 377; Kadlubowska 1984, p. 144; Bold & Wynne 1985, p. 257.

Fäden einreihig, oft mit Gallertscheide. Zellen zylindrisch, mit 2 axialen asteroiden Chloroplasten, die im Zentrum je ein Pyrenoid enthalten und von dort aus radiär Fortsätze ausstrahlen; zwischen den Chloroplasten der Zellkern. Zellwand glatt und einteilig; Querwände überall gleich dick und ohne Ringleisten. Konjugation findet zwischen zwei verschiedenen Fäden (scalariform) oder zwischen zwei Nachbarzellen in ein und demselben Faden (lateral) statt. Zygoten werden entweder im Kopulationskanal oder in einer der konjugierenden Zellen gebildet.

Mit einer aerophytischen oder terrestrischen Art:

Zygnema pectinatum (Vaucher) Agardh 1824 (Fig. 215: e)

Kolkwitz & Krieger, H. 1941, p. 223, fig. 232, 233; Kadlubowska 1984, p. 156, fig. 215; Rundina 1988, p. 68, fig. 20: 5.

Zellen zylindrisch, mit dicker gallertiger Zellwand. Konjugierende Zellen gerade. Zygosporen entstehen in breiten Konjugationskanälen; Exospor dünn, glatt und farblos, Mesospor dick, braun, mit kreisförmigen grubigen Vertiefungen besetzt. Zellen 30–39(–43) µm breit, bis 4 mal länger als breit; Zygosporen 55 µm im Durchmesser.

Auf feuchten Erdböden (Tschechoslowakei, USSR).

2. Debarya Wittrock 1872 em. Transeau 1934

Printz 1927, p. 372; Kolkwitz & Krieger, H. 1941, p. 201; Bourrelly 1966, p. 382; Kadlubowska 1984, p. 137.

Fäden einreihig, mit zylindrischen Zellen; Querwände überall gleich dick. Chloroplasten in Form von 1 oder 2 axialen Platten mit 1 oder mehreren Pyrenoiden. Konjugation zwischen zwei verschiedenen Fäden ohne deutlichen Geschlechtsunterschied. Zygosporen im Konjugationskanal entstehend, wobei innerhalb der sackförmig hervortretenden glatten äußeren Wand eine braun-

48 Mit Ausnahme einiger *Zygogonium*-Arten, wo H-Stücke entstehen.

gelbe mittlere Wand mit 3 parallel verlaufenden, durch feine radiale Querstreifen verbundene Längsleisten entsteht.
Mit einer terrestrischen Art:

Debarya glyptosperma (De Bary) Wittrock 1872 (Fig. 215: g)

Kolkwitz & Krieger, H. 1941, p. 203, fig. 213, 214; Kadlubowska 1984, p. 142, fig. 192; Rundina 1988, p. 44, fig. 11: 1–5.

Zellen 6–12(–20) mal länger als breit; mit einem plattenförmigen Chloroplast mit 8–12 Pyrenoiden in einer Reihe. Konjugierende Zellen deutlich gebogen, viel länger als die vegetativen Zellen. Zygosporen flachgedrückt-ellipsoidisch; Mesospor braun, mit 3 parallel verlaufenden Rippen, zwischen den Rippen fein gestreift. Zellen 9–16 µm breit; Zygosporen 25–48 × 30–72 ×22–40 µm groß.

3. Zygogonium Kützing 1843

Syn.: *Zygnema* Agardh 1824 sensu Kolkwitz & Krieger, H. 1941
Fritsch 1916, p. 135; Printz 1927, p. 372; Bourrelly 1966, p. 378; Kadlubowska 1984, p. 215; Rundina 1988, p. 78.

Fäden einreihig, leicht in Einzelzellen zerfallend. Zellen zylindrisch, mit gleichmäßig dicken Querwänden. Zellwand bei einigen Arten aus nachweisbaren H-Stücken (?) bestehend. Zwei axiale, massiv asteroide Chloroplasten, mit je einem Pyrenoid; bei ungünstigen Bedingungen Chloroplasten klumpenförmig. Zellkern zwischen den Chloroplasten. Konjugation leiterförmig oder seitlich. Zygosporen werden in einem «Sporangium» gebildet, das aus dem erweiterten Konjugationskanal entsteht. Asexuelle Fortpflanzung durch Parthenosporen oder durch Hypnosporen.
Im Gegensatz zur Gattung *Zygnema* werden hier die Zygosporen von den Mutterzellen, in denen Plasmareste zurückbleiben, durch eine Sporangiumwand getrennt.
Mit einer terrestrischen Art:

Zygogonium ericetorum Kützing 1843 (Fig. 215: f)

Syn.: *Zygnema ericetorum* (Kützing) Hansgirg 1886
Kolkwitz & Krieger, H. 1941, p. 264, fig. 336–347; Kadlubowska 1984, p. 216, fig. 327; Rundina 1988, p. 79, fig. 24: 1–3, 25: 1–5.

Fäden relativ häufig mit unechten Verzweigungen. Zellwand dick, mit vorgebildeten H-Stükken (?). Chloroplasten massiv; Zellsaft farblos oder rot bis violett. Konjugation leiterförmig. Zygosporen unregelmäßig ellipsoidisch, mit dicker, gelblich brauner Wand, die stark geschichtet und getüpfelt ist. Zellen 12–33 µm breit, 4 mal länger als breit; Zygosporen 15–26 × 15–40 µm groß.
Kultur: SAG 699-1.
Wahrscheinlich kosmopolitisch, auf sauren Mineralböden (Dänemark, England, USSR).

Ergänzungen / Änderungen während der Drucklegung:

Monodus unipapilla Reisigl 1964 (Xanthophyceae, p. 145) gehört als **Monodopsis unipapilla** (Reisigl) Santos 1990 zu den Eustigmatophyceae (Monodopsidaceae, p. 242); Lit.: Santos, L. M. A. (1990): Cytology and ultrastructure of Eustigmatophyceae. Ph. D. Thesis, Univ. of Leeds. Santos, L. M. A. & Leedale, G. F. (1995): Some notes on the ultrastructure of small azoosporic members of the algal class Eustigmatophyceae. – Nova Hedwigia 60: 219–225.

3. Anhang

Ergänzungen und Änderungen zur 2. überarbeiteten Auflage des „Syllabus“

1. Allgemeiner Teil:

p. 1 **1.1. Zur Geschichte der Boden-, Luft- und Flechtenalgensystematik**
Ergänzung am Ende des Kapitels:
Eine taxonomische weltweite Übersicht über terrestrische und aerophile Grünalgen (aus den Ordnungen Tetrasporales, Chlorococcales und Chlorosarcinales) veröffentlichte Andreeva (1998). Eine neue floristisch-taxonomische Bearbeitung der Bodenalgen der Ukraine veröffentlichten Kostikov et al. (2001). Darin sind Daten zumVorkommen und zur Verbreitung terrestrischer Algen und Prokaryota aus der Literatur von 1927 bis 2000 sowie Neubeschreibungen zahlreicher Taxa (u.a. von 16 Familien) enthalten. Eine Liste der Süßwasser- und terrestrischen Algentaxa von Slowenien publizierten Vrhovšek et al. (2006).

p. 1 **1.2. Abgrenzung und Definition von aero-terrestrischen Algen:**
Ergänzung am Ende des Kapitels (p.2): Über Algen in Permafrostböden Sibiriens berichten Vishnivetskaya et al. (2001) und Vishnivetskaya (2009). Algen an Denkmälern und kulturhistorischen Objekten untersuchten u.a. Darienko & Hoffmann (2003), im Zusammenhang mit Biodeterioration Uher (2010); aerophytische Anflüge von Algen und Mikroorganismen an Bauwerken und Fassaden bearbeitete Hofbauer (2007).

p. 3 **1.4. Kultur:** Andersen, R. A. 2005 (Ed.) Algal Culturing Techniques; umfasst alle Aspekte der Isolation und Kultur von Süßwasser-und Meeresalgen mit Rezepten für Nährmedien.

p. 5 **Quantitative Untersuchungsmethoden:** Ergänzung zur Literatur: Stellmacher & Reisser 1999.

p. 10 Flechtenalgen Bestimmung
Ergänzung zur Literatur: Friedl T. & Büdel B. 2008.

p.12 Kulturensammlungen Ergänzung:
ACUS = Algal collection University of Sofia (Bulgaria), siehe Uzunov et al. 2012.
Im Aufbau befindliche Sammlung ausschließlich aeroterrestrischer Isolate

2. Spezieller Teil

p. 13 **Bestimmungsschlüssel der Klassen:** Anmerkung am Ende des Schlüssels, p. 15:
Anmerkung:
Die Klasseneinteilung der Grünalgen nach morphologisch-cytologischen Kriterien wurde inzwischen durch ultrastrukturelle Konzepte und molekulargenetische Studien weitgehend verändert wobei heute allgemein 2 evolutionäre Linien, Chlorophyta und Streptophyta (letztere umfassen Charophyceae und Landpflanzen) anerkannt sind. Bei den Grünalgen sind die Klassen der Prasinophyceae, Chlorophyceae, Ulvophyceae und Trebouxiophyceae weitestgehend akzeptiert (Pröschold & Leliaert 2007, Graham et al. 2009).

p. 15 **2.1. Abteilung Rhodophyta**

2.1.1. Klasse Rhodophyceae

Ergänzung zur zitierten Literatur: van den Hoek et al. 1995, Lee 1980, 2008, Graham et al. 2009, Eloranta et al. 2011, Temniskova & Stoyneva 2011

p. 16 **1. Familie Porphyridiaceae**

1. Porphyridium: Ergänzung zur Literatur: Ott, 1987, p. 35.

1. Porphyridium purpureum

Ergänzung zur Literatur: Hofbauer, Gärtner & Breuer 2006, p. 36, fig. 3, 4.

p. 18 **3. Porphyridium sordidum:** Ergänzung zur Literatur: Ott 1987, p. 36.

Ergänzung zumVorkommen: auf feuchten Ziegelmauern, Erde und Blumentöpfen in Gärtnereien in USA

p. 19 **2. Familie Cyanidiaceae**

Rhodospora sordida Geitler 1927: Vorkommen auch in USA (Appalachen, Johansen et al. 2005)

Anmerkung: von der zweiten Gattung **Cyanidium** Geitler 1933 wurde eine unbestimmte aerophytische Form aus einem Biofilm von den Ruinen von Karthago (Tunesien) nachgewiesen (Darienko & Hoffmann 2010).

p. 21 **2.2. Abteilung Cryptophyta**

2.2.1. Klasse Cryptophyceae: Ergänzungen zur zitierten Literatur: van den Hoek et al. 1995, Lee 2008, Graham et al. 2009, Temniskova & Stoyneva 2011

p. 22 **2.3. Abteilung Dinophyta**

p. 23 **2.3.1 Klasse Dinophyceae:** Ergänzungen zur zitierten Literatur: van den Hoek et al. 1995, Lee 2008, Graham et al. 2009, Temniskova & Stoyneva 2011

p. 26 **Rufusiella insignis** (Hassal) A. R. Loeblich 1967

Ergänzung bei Vorkommen: Aus Waldboden im Great Smoky Mountains Nationalpark (Appalachen, USA) isoliert (Khaybullina et al. 2010)

2.4. Abteilung Chrysophyta: Ergänzungen zur Literatur: van den Hoek et al. 1995, Kristiansen & Preisig 2001, Lee 2008, Graham et al. 2009, Temniskova & Stoyneva 2011

2.4.1. Klasse Chrysophyceae: Ergänzungen zur Literatur: van den Hoek et al. 1995, Kristiansen & Preisig 2007,Lee 2008, Graham et al. 2009, Temniskova & Stoyneva 2011.

p. 28 **2.4.2. Klasse Prymnesiophyceae:** Ergänzungen zur Literatur: van den Hoek et al. 1995, Lee 2008, Graham et al. 2009, Temniskova & Stoyneva 2011

p. 31 **2.4.3. Klasse Bacillariophyceae:**

Ergänzung bei Literatur: Hofmann, Werum & Lange-Bertalot 2011.

p. 48 **10. Eunotia tenella** (Grunow) Hustedt in A. Schmidt et al. 1913

Ergänzung bei Vorkommen: In Waldböden der Ardennen (Belgien)

p. 67 Ergänzung zu *Navicula mutica*

In die Nähe der *N. mutica*-Gruppe ist auch *Navicula spinifera* Bock (= *Luticola spinifera* (Bock) Denis & De Smet 1996) zu stellen. (Fig. A1, nach Bock 1970). Bisher in Italien, Südengland und der Türkei gefunden.

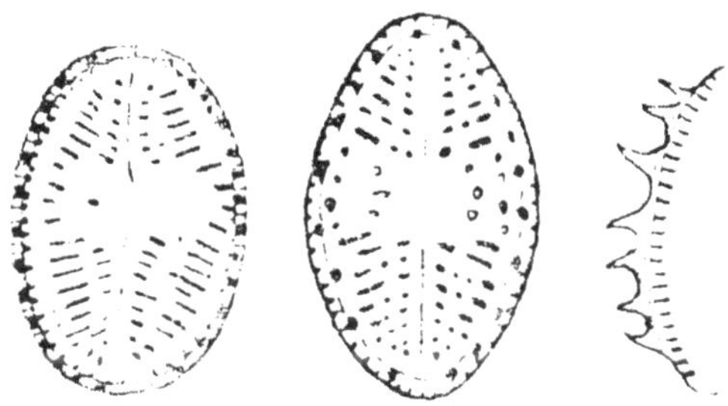

Fig. A1 *Navicula* = *Luticola spinifera* (nach Bock 1970).

p. 76 **65. Navicula cuspidata** (Kützing) Kützing 1844, kosmopolitisch in Gewässern mit höherem Elektrolytgehalt, auch in jahrelang ausgetrockneten Lokalitäten in der Namib (Schmid 1979)

p. 107 **19. Pinnularia microstauron** (Ehrenberg) Cleve 1891
Ergänzung bei Vorkommen: Auch in Böden der Ukraine und in Waldböden in den Ardennen (Belgien) nachgewiesen.

p. 130 **Pleurochloridaceae**
4. Pleurochloris nanella Geitler 1942
Ergänzung bei Vorkommen: Epilithisch aus dem Great Smoky Mountains National Park (Appalachen, USA) nachgewiesen (Gomez et al. 2003).

p. 142 **6. Monodus**
Text bleibt gleich bis zu:
p. 144 Von 17 beschriebenen Arten wurden 8 in Bodenproben oder aerophytisch gefunden. *Monodus unipapilla* Reisigl 1964 = *Monodopsis unipapilla* (Reisigl) Santos 1990, siehe S. 242

Bestimmungsschlüssel neu:

1a	Zellen sehr breit eiförmig bis fast kugelig)	2
1b	Zellen deutlich länger als breit (1,5 bis 8 mal), eiförmig bis gestreckt eiförmig	3
2a	Zellen bis 5 µm lang	**1. M. guttula**
2b	Zellen bis 10µm lang	**2. M. subglobosa**
3a	Chloroplast mit Pyrenoid	**3. M. pyrenigera**
3b	Chloroplast ohne Pyrenoid	4
4a	Zellwand sehr zart	5
4b	Zellwand sehr derb und dick	**4. M. cystiformis**
5a	Zellen mit einem Chloroplast	6
5b	Zellen mit mehreren Chloroplasten	7

6a Schmales Zellende lang und spitz ausgezogen, oft sehr spitz **5. M. acuminata**

6b Schmales Zellende stumpf **6. M. coccomyxa**

7a Zellen fast ellipsoidisch, einseitig sehr wenig verschmälert, mit 2-4 Chloroplasten **7. M. chodatii**

7b Zellen einseitig deutlich verschmälert, mit 4–10 Chloroplasten **8. M. coccomyxoides**

p. 148 *Chlorocloster engadinensis* Vischer siehe unter *Chloroidium engadinensis* p.412, Anhang 2 zu *Chlorella*

p. 150 **1. Pleurogaster lunaris** Pascher 1939
Ergänzung bei Verbreitung: Auch aus 19 Jahre getrockneten Bodenproben aus dem Irak isoliert (Stoyneva 2000)

p. 159 **4. Familie Botrydiopsidaceae**

Text bleibt bis letzte Zeile:

2 Gattungen mit mehreren bodenbewohnenden und aerophytischen Arten.

1a Zellen kugelig, Zellwand gleichmäßig dick, ohne lokale Verdickungen **1. Botrydiopsis**
1b Zellen länglich bis unregelmäßig, an einem Ende oder an beiden lokale Zellwandverdickungen **2. Excentrochloris**

1. Botrydiopsis Borzi 1889

Ergänzung bei unsicheren Arten:
Botrydiopsis pyrenaica Viala 1966, p. 293, fig. 1–13. Zellen bis 45 µm Durchmesser, Zoosporen 6–7 µm lang und 4-5 µm breit mit 2 Chloroplasten, ohne Stigma? Aus rotem Schnee in den Pyrenäen (Frankreich) isoliert.

2. Excentrochloris Pascher 1939

Zönoblasten im erwachsenen Zustand ellipsoidisch bis birnenförmig, flaschenförmig oder unregelmäßig, Zellwand meist sehr unregelmäßig einseitig oder beidseitig verdickt, geschichtet, oft fast mit stielartigem Fortsatz. Chloroplasten linsenförmig, zahlreich, ohne Pyrenoid. Fortpflanzung durch Bildung zahlreicher Zoosporen mit einem Chloroplasten und Stigma. Zoosporen bei Reife im Sporangium peripher angeordnet. Auch Autosporenbildung.
Wichtigste Literatur: Pascher 1939a, b, Ettl 1968, Hofbauer et al. 2011.

Von 2 beschriebenen Arten ist eine aerophytisch:

Excentrochloris fraunhoferiana Hofbauer, Gärtner, Rennebarth, Sedlbauer, Mayer & Breuer 2011 (Fig. A2) Hofbauer et al. 2011, p. 283, fig. 1, p. 284, fig. 3, p. 285, fig. 4–7.

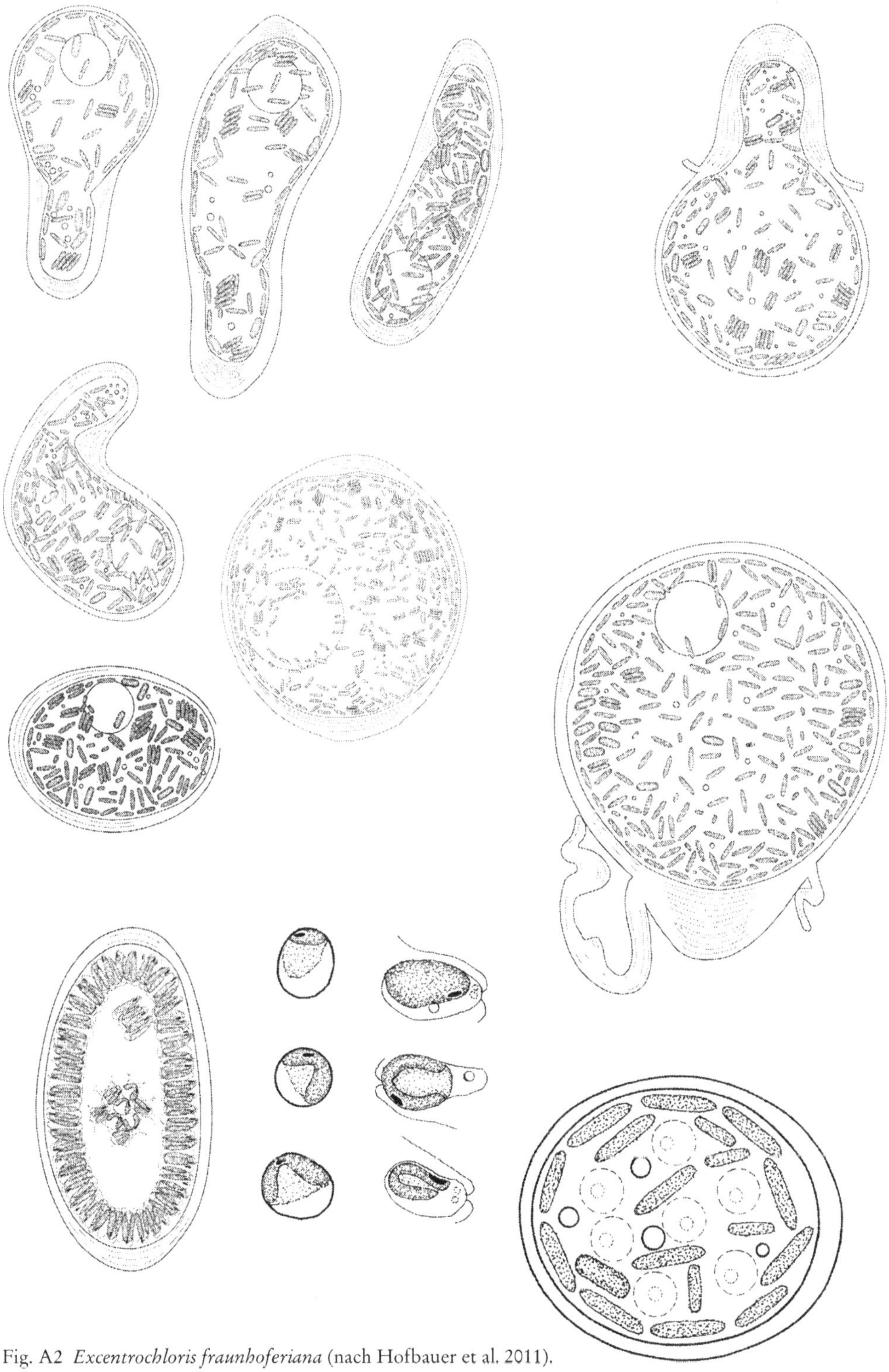

Fig. A2 *Excentrochloris fraunhoferiana* (nach Hofbauer et al. 2011).

Mit den Merkmalen der Gattung. Zellen bis 96 µm lang und bis 87 µm breit, Zoosporen 4,4–6 µm lang und 2,3–3,8 µm breit. Aerophytisch an Fassade, (Holzkirchen, Bayern), Kultur Hoki A 14, auch in ASIB.

p. 168 Ergänzung zur Gattung *Chlorellidium*
Bisher 3 Arten in Böden

1a Zellwände nicht verdickt, Zoosporen mit Stigma — 2
1b Zellwände stark verdickt, Zoosporen ohne Stigma — **1. Ch. astigmatum**
2a Chloroplasten ohne Pyrenoid — **2. Ch. tetrabotrys**
2b Chloroplasten mit Pyrenoid — **3. Ch. pyrenoidosum**

1. **Chlorellidium astigmatum** Schwarz 1979 (Fig. 36:h)
2. **Chlorellidium tetrabotrys** Vischer & Pascher in Vischer 1937 (Fig. 36:g)
3. **Chlorellidium pyrenoidosum** Begum & Broady 2002, p. 166, fig. 1–15 (Fig. A3.)

Zell kugelig bis ellipsoidisch, Chloroplasten bis 20 pro Zelle, scheibenförmig bis polygonal, mit Pyrenoid an der inneren Seite der Chloroplasten. Reproduktion mittels Aplanosporen und Zoosporen, letzere mit Stigma. Zellen 12,5–21,5 µm Durchmesser, Zoosporen 3,5–7 µm lang, 2,5–5 µm breit.
Aus Bodenproben in Neuseeland und aus Bodenpartikel die mit Gemüse nach Scott Base (Antarktis) gebracht wurden.

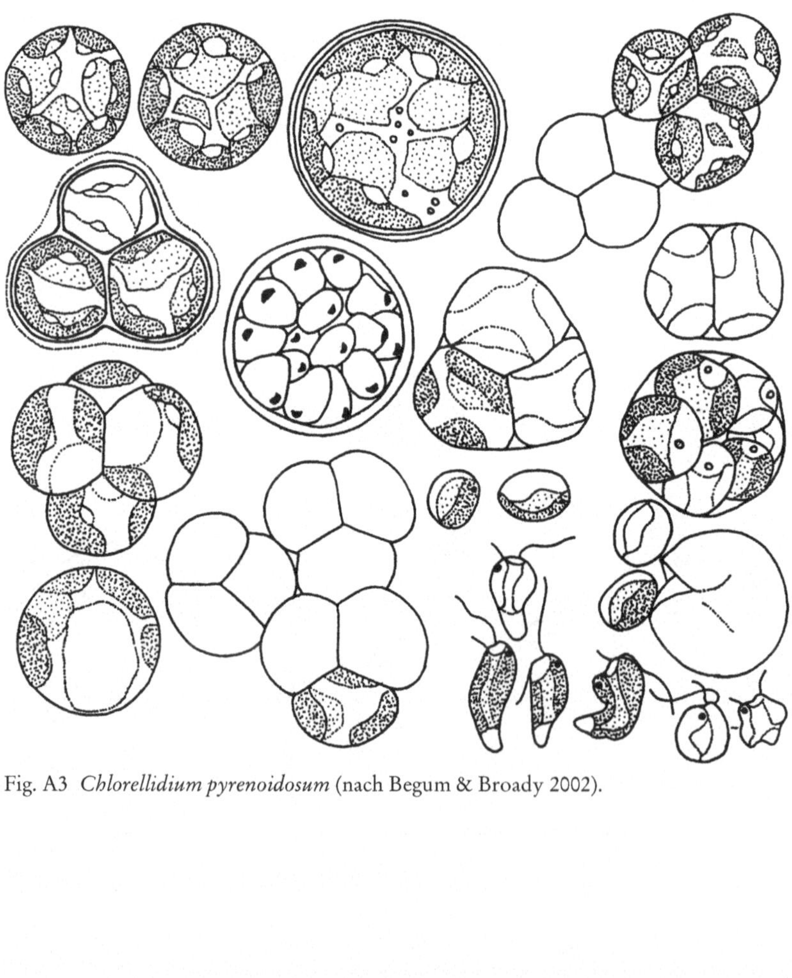

Fig. A3 *Chlorellidium pyrenoidosum* (nach Begum & Broady 2002).

p. 174 **2. Xanthonema** Silva 1979.
Ergänzung zur Literatur: Broady et al. 1997, p. 164.
Ergänzung bei der Gattungsbeschreibung: mittels TEM konnten Broady et al. (1997) gestielte Pyrenoide an den Chloroplasten nachweisen.

p. 176 **2. Xanthonema sessile** (Vinatzer) Ettl & Gärtner 1995
Ergänzung Vorkommen: Auch aus der Antarktis.

p. 177 **3. Xanthonema monochloron** (Ettl) Silva 1979
Die von Ettl & Kacha (1958, p. 513, fig.1) beschriebene Varietät *terrestre* weist etwas längere und dickere Zellen auf, dürfte aber innerhalb der Variabilität der Art liegen.

4. Xanthonema hormidioides (Vischer) Silva 1979
Ergänzung Vorkommen: Auch aus der Antarktis beschrieben.

p. 180 **12. Xanthonema bristolianum** (Pascher) Silva 1979
Ergänzung bei Vorkommen: Aus Waldboden im Great Smoky Mountains Nationalpark (Appalachen, USA) nachgewiesen (Khaybullina et al. 2010)

p. 181 **4. Tribonema** Derbes & Solier 1856.
Ergänzung bei Literatur: Nichols et al. 1992, p. 15.

p. 186. **1. Heterococcus** Chodat 1908
Chodat 1908

p. 196 **16. Heterococcus vesiculosus** Pitschmann 1963
Ergänzung zu Vorkommen: In Biofilm auf Mauern der Ruine von Karthago (Tunesien).

p. 236 **1. Familie Eustigmataceae** Hibberd 1981
Schlüssel der Gattungen erweitert:

1a Zellen kugelig, Zellwand glatt und ohne Skulptur **1. Eustigmatos** (S.236)
1b Zellen ellipsoidisch bis polyedrisch 2
2a Zellen unregelmäßig polyedrisch bis angedeutet sternförmig, Zellwand mit Ausbeulungen und Wülsten **2. Vischeria** (S. 238)
2b Zellen ellipsoidisch, bis kugelig, Zellwand glatt **3. Pseudellipsoidion**

p. 238 **1. Vischeria stellata** (Chodat ex Poulton) Pascher 1939
Literatur ergänzen: Gärtner et al. 2012, p.276
Vorkommen ergänzen: (Schweiz, Österreich, Tschechoslowakei, Spanien, Bulgarien)

p. 240 **3. Pseudellipsoidion** Neustupa & Nemčová 2001
Neustupa & Němcová 2001, p.375.
Zellen ellipsoidisch bis kugelig, mit glatter Wand. Pyrenoid polyedrisch, auch rote Ölkörper vorhanden. Fortpflanzung durch Zoosporen, Autosporen oder Hemiautosporen. Zoosporen unregelmäßig bis eiförmig, mit einer Geißel. Stigma extraplastidal am Vorderende.

Mit einer Art:

Pseudellipsoidion edaphicum Neustupa & Němcová 2001 (Fig. A4)
Neustupa & Němcová 2001, p. 375, fig. 1; p.381, fig. 5.

Mit den Merkmalen der Gattung. Ellipsoidische Zellen 5,7–10,2 µm lang und 3,2–7 µm breit, kugelige Zellen 6–12,8 µm im Durchmesser. Kulturen in der Algensammlung Prag.
Aus Moorboden des Naturschutzgebietes „V Bahnách" in Mittelböhmen isoliert.

p. 241 **2. Pseudocharaciopsis ovalis** (Chodat) Hibberd 1981
Ergänzung bei Literatur: Neustupa & Němcová 2001, p.377, fig. 2; p. 381, fig. 6.
Ergänzung bei Text: Ursprünglich eine mehr aerophytische Alge, die nur aus Reinkulturen (Genf, Schweiz) bekannt war; auch als Bodenalge in Moorboden des Naturschutzgebietes „V Bahnách" in Mittelböhmen beschrieben.

p. 242 **4. Familie Monodopsidaceae**

Monodopsis Hibberd 1981

Mit 2 Arten:

1a Zellen ellipsoidisch bis spindelförmig mit zarter Wand **1. M. subterranea**
1b Zellen zitronenförmig, Zellwand an den Enden kopfartig verdickt **2. M. unipapilla**

1. **Monodopsis subterranea** (J.B. Petersen) Hibberd 1981 (Fig. 60: j, k)
2. **Monodopsis unipapilla** (Reisigl) Santos 1990 (Fig. 28 e, als *Monodus unipapilla*)

Syn. *Monodus unipapilla* Reisigl 1964
Reisigl 1964, p. 442, fig. 6; Ettl 1978, p. 143, fig. 152; Santos & Leedale 1995, p. 223, fig.2.

Zellen zitronenförmig, an den Enden abgerundet oder zugespitzt.Zellwand zart, an den Enden mitunter deutlich kopfartig verdickt; wahrscheinlich mit leichter Gallertschicht. Chloroplast einer, parietal bandförmig. Fortpflanzung durch 2 Autosporen. Zellen 7–9 µm lang, 3,5–4,5 µm breit. Kultur: ASIB IB 63.
Zwischen Polstervegetation (*Silene acaulis*) am Boden grünen Anflug bildend; auf der Südlichen Hochwilde 3460 m. ü. M. in Tirol (Österreich). Als *Monodus unipapilla* auch in Böden der Ukraine und in Waldboden in den Ardennen (Belgien) gefunden.

p. 244 Bestimmungsschlüssel ist zu ändern: **4. E. agilis** (ersetzt *E. pisciformis*)

2. Euglena mutabilis Schmitz 1884
im Text 3. Zeile einfügen: Geißel nicht immer beobachtet.
Ergänzung bei Vorkommen: Aus Waldboden im Great Smoky Mountains Nationalpark (Appalachen, USA) nachgewiesen (Khaybullina et al. 2010).

p. 245 Fig. 62. c *E. agilis* (ersetzt *E. pisciformis*)

p. 246 **Euglena pisciformis** Klebs 1883 (Fig. 62: c) = **Euglena agilis** Carter 1856
Syn.: *Euglena pisciformis* Klebs 1883
Bei Literatur ergänzen: Zakrys 1997, p. 84, fig. 1 a–d.

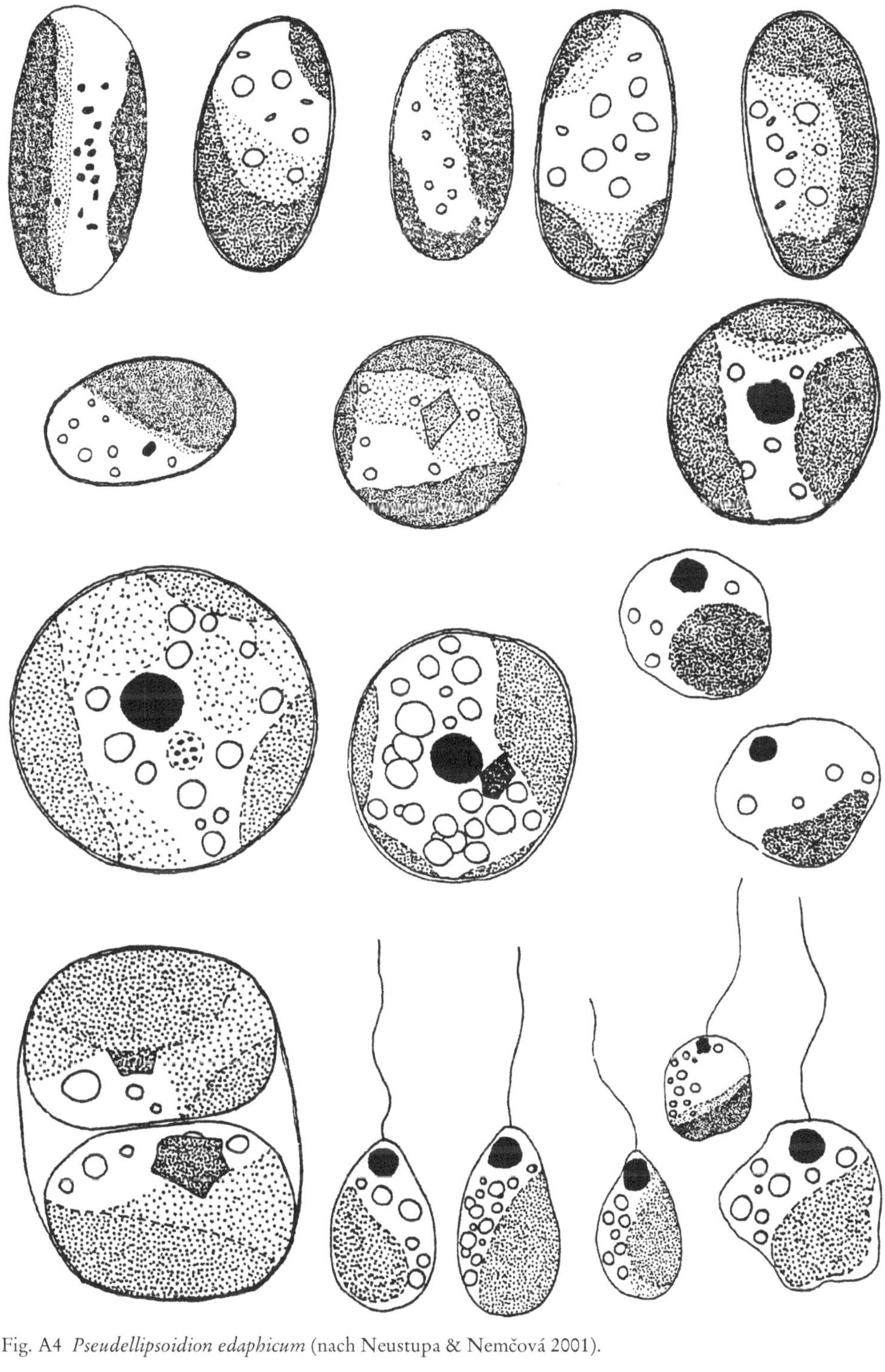

Fig. A4 *Pseudellipsoidion edaphicum* (nach Neustupa & Nemčová 2001).

6. Euglena myxocylindracea Bold & Mac Entee 1973

am Ende des Textes ergänzen: Anmerkung: von Zakrys et al. (2002) wird diese Sippe mit *E. geniculata* vereinigt. Das Vorkommen von einem oder mehreren Chloroplasten in der Zelle scheint von Kulturbedingungen abhängig zu sein.

p. 247 **1. Heteronema polymorphum** Deflandre 1932
Ergänzung zur Verbreitung: Auch aus Singapur angegeben.

p. 252 Ergänzung Chlamydophyceae: seit dem Erscheinen der 1. Auflage des "Syllabus" haben Ultrastrukturforschung und moderne Methoden der Molekularphylogenetik die bisher morphologisch-zytologisch orientierten taxonomischen Konzepte verändert (siehe Anmerkung p. 15). Dies betrifft insbesonders die Klasse Chlamydophyceae und Chlorophyceae deren Gliederung im "Syllabus"teilweise künstlich doch für die praktische Bestimmungsarbeit sehr vorteilhaft war. Einige Vertreter der genannten Klassen sind bereits durch molekulargenetische Untersuchungen in die seit 1995 bestehende Klasse der Trebouxiophyceae (Friedl 1995) übergeführt worden.

p. 253 **1. Chlamydomonas** Ehrenberg 1833
Ergänzung bei Literatur: Pröschold, Marin, Schlösser & Melkonian 2001, p. 265.

Ergänzung vor dem Bestimmungsschlüssel:
Von Pröschold et al. (2001) durchgeführte molekular-phylogenetische Untersuchungen an 32 Kulturen von *Chlamydomonas* und *Chloromonas* führten zu einer ersten Revision der enormen Fülle beschriebener Sippen. Oogame Taxa von *Chlamydomonas* wurden in die neue Gattung *Oogamochlamys* übergeführt und eine Art, *O. ettlii* neubeschrieben (siehe unten). Eine weitere neue Gattung, *Lobochlamys*, enthält isogame Sippen mit eingeschnittenem Chloroplasten. Die entsprechenden Änderungen in der Nomenklatur sind bei den jeweiligen Sippen ergänzt.

p. 264 **22. Chlamydomonas peterfii** Gerloff 1940
Ergänzung bei Vorkommen: Aus Boden eines Eichenwaldes in den Ardennen (Belgien).

p. 272 **44. Chlamydomonas mantonii** (Ettl) Ettl 1976
Ergänzung bei Vorkommen: Auch aus Boden eines Eichenwaldes in den Ardennen (Belgien)

p. 275 **53. Chlamydomonas culleus** Ettl 1965 = **Lobochlamys culleus** (Ettl) Pröschold, Marin, Schlösser & Melkonian 2001
Ergänzung bei Literatur: Pröschold et al. 2001, p. 290.

54. Chlamydomonas chlorococcoides Ettl & Schwarz 1981 = **Chloromonas chlorococcoides** (Ettl & Schwarz) Matsuzaki, Hara & Nozaki 2012 (Fig. 68 d)
Ergänzung am Ende des Textes: von Pröschold et al. (2001) als Synonym unter *Chloromonas reticulata* (Goroschankin) Wille 1903 geführt, neuerdings auf Grund morphologischer, elektronenmikroskopischer und molekularer Untersuchungen von Matsuzaki et al.(2012) zu *Chloromonas chlorococcoides* gestellt. Nach diesen Autoren kommen vier oder acht Zoosporen im Sporangium vor, weiters enthält das Stigma zwei Schichten von Globuli.

p. 276 **56. Chlamydomonas radiata** Deason & Bold 1960 (Fig. 68:g, 70:j) = **Chloromonas radiata** (Deason & Bold) Pröschold, Marin, Schlösser & Melkonian 2001
Ergänzung bei Vorkommen: Mehrfach aus der Ukraine und aus Waldboden in den Ardennen (Belgien).

59. Chlamydomonas actinochloris Deason & Bold 1960 (Fig. 69:d) = **Chloromonas actinochloris** (Deason & Bold) Pröschold, Marin, Schlösser & Melkonian 2001
Ergänzung bei Vorkommen: Auch aus Waldboden in den Ardennen (Belgien).

p. 277 **60. Chlamydomonas augustae** Skuja 1943 = **Chloromonas augustae** (Skuja) Pröschold, Marin, Schlösser & Melkonian 2001.
Ergänzung bei Vorkommen: Auch aus Waldboden in den Ardennen (Belgien)

61. Chlamydomonas segnis Ettl 1965 (Fig. 69:e) = **Lobochlamys segnis** (Ettl) Pröschold, Marin, Schlösser & Melkonian 2001

p. 279 **67. Chlamydomonas zimbabwiensis** Heimke & Starr 1979 (Fig. 70:h) = **Oogamochlamys zimbabwiensis** (Heimke & Starr) Pröschold, Marin, Schlösser & Melkonian 2001

68. Chlamydomonas gigantea Dill 1895 (Fig. 70: d-g) = **Oogamochlamys gigantea** (Dill) Pröschold, Marin, Schlösser & Melkonian 2001

p. 280 **69. Chlamydomonas carrizoensis** Deason & Bold in Chantanachat & Bold 1962 (Fig. 70: i) = **Chloromonas carrizoensis** (Deason & Bold in Chantanachat & Bold 1962) Pröschold, Marin, Schlösser & Melkonian 2001

p. 283 Nachtrag zu *Chlamydomonas:*
Oogamochlamys ettlii Pröschold, Marin, Schlösser & Melkonian 2001 (Fig. A5)
Pröschold et al. 2001, p. 278, fig. 5: g-l

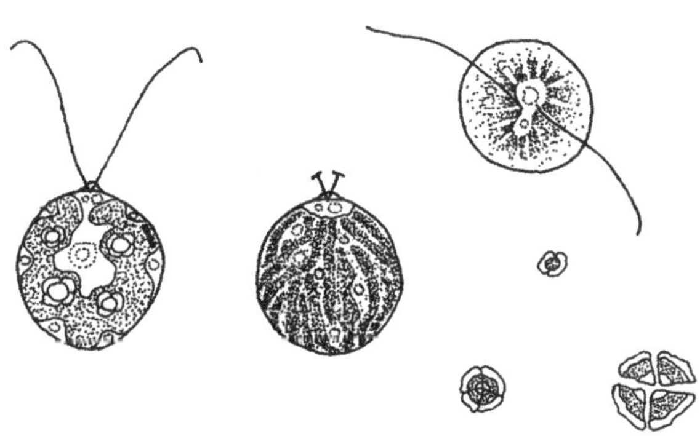

Fig. A5 *Oogamochlamys ettlii* (nach Pröschold et al. 2001).

Zellen breit abgerundet bis eiförmig, mit dünner Zellwand und abgerundeter Papille; 2 Geißeln etwa körperlang. Chloroplast wandständig, schüsselförmig mit zahlreichen Längsrippen und 3–8 Pyrenoiden. Stigma elliptisch bis schmal-länglich, im vorderen Bereich. Zahlreiche (bis 20) pulsierende Vakuolen. Asexuelle Fortpflanzung mittels 2, 4 (-8) Zoosporen welche ohne vorherige Protoplasten-Querdrehung gebildet werden. Sexuelle Fortpflanzung durch Oogamie, Spermatozoiden 16 pro Gametangium, ohne Pyrenoid, Stigma vorhanden. Zellen 16–27 × 18–22 µm, Gameten 4–6 × 3–5 µm. Kultur: UTEX 2218. Aus Bodenprobe von Zimbabwe isoliert.

p. 283 Nachtrag zu *Chlamydomonas*: weitere Nachweise terrestrischer Sippen (aus Hoffmann et al. 2007 sowie Kostikov et al. (2001)

Chlamydomonas badensis Moewus 1935: aus Waldboden in den Ardennen (Belgien).

Chlamydomonas calatelensis (Péterfi) Ettl 1979 : aus Waldboden in den Ardennen (Belgien) und aus der Ukraine.

Chlamydomonas inflexa Pringsheim 1930 inkl. var. *asymmetrica* Péterfi L. & S. 1966: aus der Ukraine und aus Waldboden in den Ardennen (Belgien).

Chlamydomonas insolita Skuja 1956: aus der Ukraine und aus Waldboden in den Ardennen (Belgien)

Chlamydomonas kakosmos Moewus 1931: aus der Ukraine und aus Boden eines Fichtenwaldes in den Ardennen (Belgien); die var.*oligochloris* Ettl 1965 aus der Ukraine.

Chlamydomonas magurensis L. Péterfi 1966: aus Fichtenwaldboden in den Ardennen (Belgien).

Chlamydomonas proteus Pringsheim 1930: aus der Ukraine

Chlamydomonas sagittula Skuja 1964: mehrfach aus der Ukraine und aus Waldboden in den Ardennen (Belgien).

2. Chloromonas Gobi 1899/1900 em. Wille 1903

Ergänzung bei Literatur: Pröschold et al. 2001, p. 285.

Ergänzung vor dem Bestimmungsschlüssel: Molekular-phylogenetische Untersuchungen zeigten, dass sowohl pyrenoidführende als auch pyrenoidlose Sippen in die Gattung *Chloromonas* zu stellen sind.

Nomenklatorische Änderungen sind bei den wenigen bodenbewohnenden Arten angeführt.

p. 285 **5. Chloromonas palmelloides** Broady 1979 (Fig. 72: e) = **Chloromonas reticulata** (Goroschankin) Gobi 1899/1900

Ergänzung bei Literatur: Matsuzaki et al. 2012, p. 77, fig. 1–8, 26, 27.

Ergänzung nach dem Text: Kultur: SAG 32.86

Ergänzung bei Vorkommen: Als Bodenalge auch in der Ukraine und im Great Smoky Mountains Nationalpark (Appalachen, USA) gefunden.

6. Chloromonas rosae (Ettl H. & O.) Ettl 1963

Ergänzung bei Literatur: Matsuzaki et al. 2012, p. 78, fig. 9–14, 28, 29.

Ergänzung nach dem Text: von Pröschold et al. (2001) zu *Chloromonas reticulata* gestellt, neuerdings wieder als eigenständige Sippe aufgewertet (unter anderem durch ultrastrukturelle Merkmale des Stigmas).

p. 286 Ergänzung zu *Chloromonas:*

Chloromonas antrorum Kostikov 1991

Kostikov 1991b, p. 990.

Krim, Ukraine.

Chloromonas clathrata Korschikoff in Pascher 1927

Als Bodenalge im Great Smoky Mountains Nationalpark (Appalachen, USA).

Chloromonas mirabilis Korschikoff in Pascher 1927

Als Bodenalge im Great Smoky Mountains Nationalpark (Appalachen, USA) gefunden aber nicht eindeutig zugeordnet (Khaybullina et al. 2010).

Chloromonas kasaiae Matsuzaki, Nakada, Y. Hara & Nozaki 2013

Matsuzaki et al. 2013, p.241

Aus Bodenprobe Kanagawa Präfektur, Japan. Steht *C. reticulata* nahe, unterscheidet sich in der Ultrastruktur des Stigmas.

p. 290 Ergänzung zu *Polytoma*:
Polytoma kijevense Kostikov 1991
Kostikov 1991a, p. 93
Ukraine

p. 291 Aus der Familie Dunaliellaceae T. Christensen beschrieben Massjuk & Kostikov 1986
Polytomella zerovii Massjuk & Kostikov 1986
Massjuk & Kostikov 1986, p. 100, fig. 1
Ukraine

Ergänzung zu Chlamydomonadales:
Familie Haematococcaceae G. M. Smith
Gattung **Chlorogonium** Ehrenberg 1837
Lit.: Ettl 1983, Nakada et al. 2008, Nakada et al. 2010 (mit Bestimmungsschlüssel)

Chlorogonium complexum Nakada 2010
Nakada, Soga, Tomita & Nozaki 2010, p. 103, fig. 2–17.
Aus Bodenproben von Japan.

Chlorogonium euchlorum Ehrenberg 1833 var. **terrestre** Kostikov 1991
Kostikov & Solonenko 1991, p. 154, fig. 1,2.
Aus der Ukraine.

p. 305 **3. Chlorococcum lobatum** (Korschikoff 1926) Fritsch & John 1942
Ergänzung bei Vorkommen: auch aus der Ukraine und aus Waldböden in den Ardennen (Belgien) nachgewiesen.

p. 314 **15. Chlorococcum ellipsoideum** Deason & Bold 1960 (Fig. 80:d)
Ergänzung bei Vorkommen: Epilithisch im Great Smoky Mountains Nationalpark (Appalachen, USA)

p. 319 Ergänzung zu *Chlorococcum*:
Chlorococcum pamiricum Archibald 1988
(Br. Phycol. J. 23: 121-128)
Besitzt mehrere Kerne, daher eher zur Gattung *Deasonia* gehörend.

Chlorococcum papillatum Demch. 1996
(Demchenko 1996, p 199, fig 1–3)
junge Zellen mit bis 1,5µm dicker Wand und einer bis mehreren papillenartigen Verdickungen; Zellen bis 24 µm im Durchmesser. Aus Boden eines Eichenwaldes in der Ukraine. Ähnlichkeiten bestehen zu einer Form von *Chlorococcum schwarzii* mit ebenfalls bis 25 µm großen Zellen.

p. 322 **6. Neospongiococcum commatiforme** Deason 1976
Ergänzung bei Vorkommen: Weiters in sandigem Boden im Great Smoky Mountains Nationalpark (Appalachen, USA) nachgewiesen.

p. 324 **2. Radiosphaera negevensis** Ocampo-Paus & Friedmann 1966 (Fig. 85:b)
Ergänzung am Ende des Textes: Die fa. *minor* wurde auch auf Mauern der Ruinen von Karthago (Tunesien) nachgewiesen (Darienko & Hoffmann 2010)

p. 326 **Apodochloris simplicissima** (Korschikoff) Komárek 1983 wurde aus Boden eines Eichenwaldes in den Ardennen (Belgien) isoliert (Hoffmann et al. 2007).

p. 332 **Spongiococcum tetrasporum** Deason 1959
Ergänzung bei Vorkommen: Auch aus Bodenproben in Russland isoliert.

p. 334 **2. Tetracystis texensis** Brown & Bold 1964
Ergänzung bei Vorkommen: Auch aus der Ukraine bekannt.

p. 336 **3. Tetracystis excentrica** Brown & Bold 1964
Ergänzung bei Vorkommen: Auch aus Bodenproben in Russland, Turkmenien und Tadschikistan isoliert.

p. 342 **12. Tetracystis aplanospora** (Arce & Bold) Brown & Bold 1964
Ergänzung bei Vorkommen: Auch aus Bodenproben von Russland und Tadschikistan bekannt.

13. Tetracystis aggregata Brown & Bold
Ergänzung bei Vorkommen: Aus 19 Jahre getrockneten Bodenproben aus dem Iran, Irak und der Türkei isoliert, sowie auch aus Boden in Russland nachgewiesen.

p. 344 **15. Tetracystis isobilateralis** Brown & Bold
Ergänzung bei Vorkommen: Auch aus Bodenproben von Turkmenien und Tadschikistan isoliert.

p. 346 **Tetracystis elliptica** Nakano 1984
Ergänzung bei Vorkommen: Auch in Russland in Bodenproben gefunden.

p. 348 **12. Borodinellopsis** Dykstra 1971
Ergänzung vor dem Bestimmungsschlüssel: Andreeva (1998) behält wegen fehlender Untersuchungen und nicht vorhandener Kulturen ebenfalls *Borodinella* Miller als eigenständige Gattung bei. Für die einzige Art, *B. polytetras* Miller, wird von der Autorin ein Nachweis aus Russland angeführt.

p. 349 **1. Borodinellopsis texensis** Dykstra 1971
Ergänzung bei Vorkommen: Aus Erdböden der Ukraine und Tadschikistan.

2. Borodinellopsis oleifera Schwarz 1979
Ergänzung bei Vorkommen: Auch aus Boden der Ukraine, Russlands und Turkmeniens nachgewiesen.

p. 356 **2. Actinochloris terrestris** (Vischer) Ettl & Gärtner 1987
Ergänzung bei Vorkommen: Auch aus 19 Jahre getrockneten Bodenproben aus dem Süd-Iran isoliert.

p. 363/364 **5. Deasonia multinucleata** (Deason & Bold) Ettl & Komárek 1982
Ergänzung bei Vorkommen: Ein Nachweis aus Tadschikistan.

p. 367 Anhang nach **Pseudodictyochloris** Vinatzer 1975:
Wahrscheinlich gehört auch die von Andreeva (1995) beschriebene Gattung *Pseudodictyococcus* in die Nähe von *Pseudodictyochloris*:
Pseudodictyococcus Andreeva 1995
Andreeva 1995, p. 107

Zellen einzeln, manchmal zu Gruppen vereint, jung elliptisch bis kugelig, erwachsene kugelig; vielkernig, Zellwand bisweilen einseitig oder allseitig verdickt. Chloroplasten in erwachsenen Zellen zahlreich, wandständig, mit konisch bis pyramidenförmig ins Zellinnere vorspringenden Leisten. Ohne Pyrenoid aber Stärkekörner sowie Öltropfen (in Kultur) vorhanden. Fortpflanzung mit Zoosporen und Aplanosporen.
Mit 2 terrestrischen Arten (nach Andreeva):
1. Pseudodictyococcus pyramidalis Andreeva 1995 (Fig. A6)
Andreeva 1995, p. 108, fig 1,2.

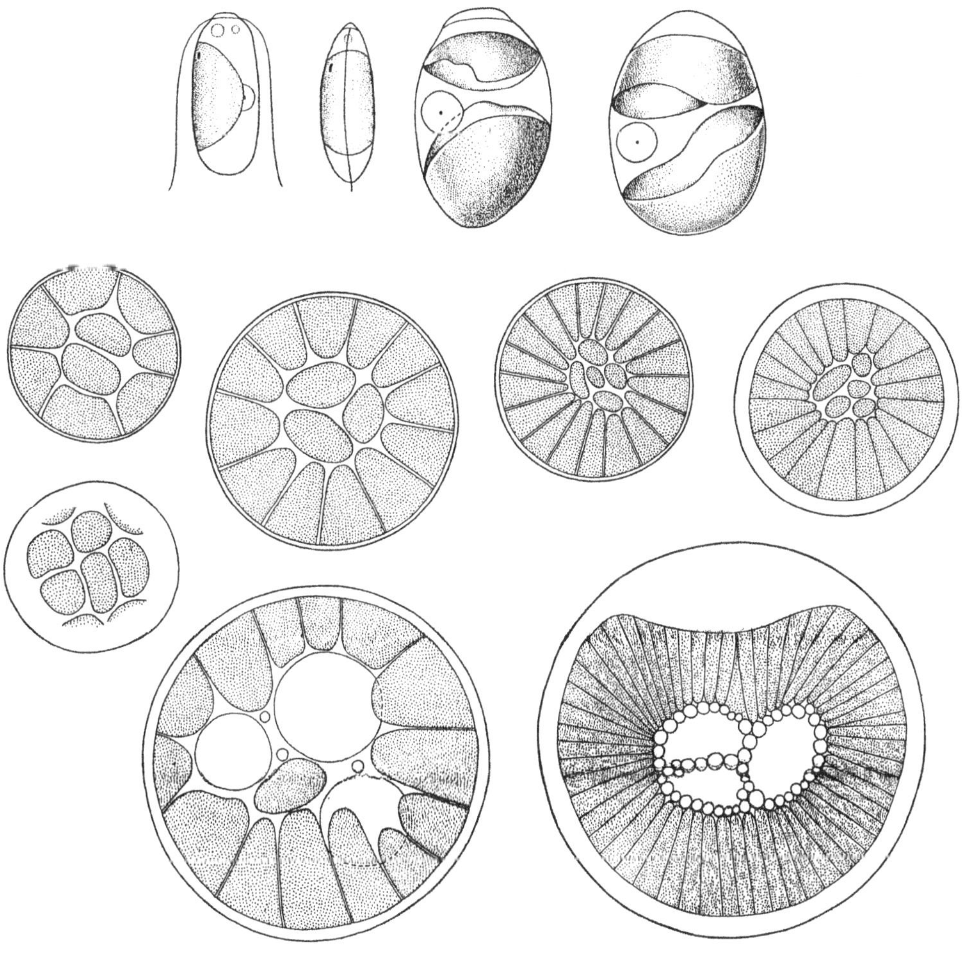

Fig. A6 *Pseudodictyococcus pyramidalis* (nach Andreeva 1995).

Mit den Merkmalen der Gattung. Zellen 10–35 (–45)µm im Durchmesser, Zoosporen 7–9 µm lang und 2,5–4 µm breit, mit kielförmiger Papille, 2 etwa körperlangen oder etwas längeren Geisseln, und einem kleinen länglichen Stigma. Aplanosporen und Zoosporen von 4–64 pro Sporangium.
Aus Tundraboden, Taimyr Halbinsel, Russland.

2. Pseudodictyococcus fusisporus (Reisigl) Andreeva 1995
Syn.: *Dictyococcus fusisporus* Reisigl 1969
Andreeva 1995, p.109
Dictyococcus fusisporus wurde von Reisigl (1969) aus einer Bodenprobe von Innsbruck isoliert. Ettl & Gärtner (1995, p.365) stellten diese Sippe zu *Pseudodictyochloris dissecta* Vinatzer. Ob der von Adreeva veröffentlichten Neukombination ebenfalls aus dem Jahr 1995 nun Priorität zukommt bleibt vorläufig ungeklärt.

p. 369 **1. Hormotilopsis gelatinosa** Trainor & Bold 1953
Ergänzung bei Vorkommen: Auch aus 19 Jahre getrockneten Bodenproben aus dem Süd-Iran isoliert. Weiters in der Ukraine aus Bodenproben nachgewiesen.

p. 370 **Anhang zu Gloeodendraceae:**
Aus der Familie der Chaetopeltidaceae G. S. West 1904 wurde von Hoffmann & Kostikov (2007)
Dicranochaete terrestris Hoffmann & Kostikov 2007 beschrieben (Fig. A7)
Hoffmann, Ector & Kostikov 2007, p. 68, fig. 33–36.
Zellen abgerundet bis leicht viereckig, 4 apikal entspringende, kreuzweise angeordnete Pseudocilien die bis 5-fach dichotom verzweigt sind. Chloroplast ohne Pyrenoid, Fortpflanzung durch 2 bis 4 Autosporen oder 4 bis 8 zweigeißelige Zoosporen.
Zellen 4,6–9µm Durchmesser, 5–8µm hoch; Pseudocilien bis 50µm lang; Zoosporen 3–4,5 µm lang, 1,9–2,2µm breit.
Aus Waldboden in den Ardennen (Belgien).

p. 375 **3. Myrmecia macronucleata** (Deason) Andreeva 1978
Ergänzung bei Vorkommen: Auch aus der Ukraine und aus Waldboden in den Ardennen (Belgien) nachgewiesen.

4. Myrmecia bisecta Reisigl 1964
Ergänzung bei Vorkommen: Auch als Bodenalge von den Windmill Islands, Antarktis isoliert sowie epilithisch und als Bodenalge im Great Smoky Mountains Nationalpark (Appalachen), USA, gefunden.
Anmerkung: Nach molekular-phylogenetischen Befunden von Friedl (1995) sollte diese Sippe aus der Gattung *Myrmecia* herausgenomen werden.

5. Myrmecia incisa Reisigl 1964
Ergänzung bei Synonmik: Syn.: *Parietochloris incisa* (Reisigl) S. Watanabe 1996
Syn.: *Lobosphaera incisa* (Reisigl) Karsten, Friedl, Schumann, Hoyer & Lembcke 2005
Ergänzung bei Literatur: Hoffmann & Kostikov 2007, p. 60, fig. 29 H–O
Ergänzung bei Vorkommen: Aus Waldboden in den Ardennen (Belgien) und mehrfach in Böden der Ukraine. Als Bodenalge im Great Smoky Mountains Nationalpark (Appalachen, USA) gefunden.
Anmerkung: Aufgrund sehr ähnlicher DNA Sequenzen mit *Lobosphaera tirolensis* Reisigl stellten Karsten et al. (2005) *Myrmecia incisa* zu dieser Gattung. Da sich *Lobosphaera tirolensis* aber nur durch wenige (meist 4) Autosporen fortpflanzt während *Myrmecia incisa* sowohl Zoo-als auch Autosporen (in grosser Zahl) bildet, werden hier beide Sippen getrennt beibehalten.

p. 378 **6. Myrmecia biatorellae** (Tschermak-Woess & Plessl) J. B. Petersen 1956
Ergänzung bei Vorkommen: Im Boden, auf Felsen und auf Borke im Great Smoky Mountains Nationalpark (Appalachen, USA) gefunden.

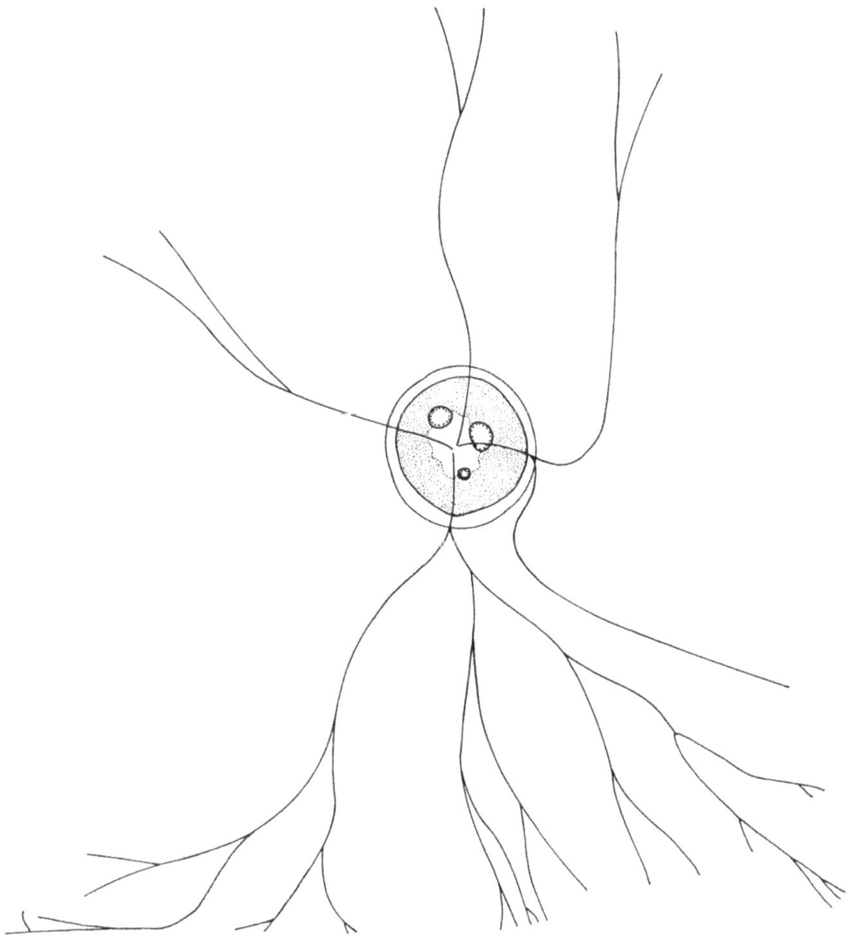

Fig. A7 *Dicranochaete terrestris* (nach Hoffmann et al. 2007).

7. Myrmecia irregularis (J. B. Petersen) Ettl & Gärtner 1995 (Fig. 105 c)
Ergänzung: Von Massalski et al. (1995) wurde aus der Antarktis (King George Island, South Shetland Islands) *Lobococcus irregularis* var. *antarcticus* beschrieben.

Ergänzung zu *Myrmecia*: Friedl (1995) stellt aufgrund von sehr ähnlichen 18S rRNA Sequenzen die sarcinoide monotypische Gattung *Friedmannia* (siehe S. 494) zu *Myrmecia: Myrmecia israeliensis* (Chantanachat & Bold) Friedl 1995. In der 1. Aufl. des Syllabus wird *Friedmannia* wegen ihrer charakteristischen Tetradenbildung bei den Chlosarcinaceae geführt. (Dies wird aus praktischen Gründen - keine Änderung des Bestimmungsschlüssels und der Abbildungsnummern - beibehalten).

p. 379 **Poloidion didymos** Pascher 1944
Ergänzung bei Vorkommen: Auf feuchten Felsen bei der Höhle Hudaluknja (Slowenien) (Krivograd-Klemenčic et al. 2009)

4. Dictyochloropsis Geitler 1966 em. Tschermak-Woess 1984
Ergänzung nach Gattungsbeschreibung: Die Entwicklung der kompliziert gebauten Chloroplasten wurde mittels Licht-und Konfokal- Mikroskopie von Škaloud et al. (2005) untersucht.

1. Dictyochloropsis splendida Geitler 1966
Ergänzung bei Vorkommen: Aus Waldboden in den Ardennen (Belgien) sowie als Bodenalge im Great Smoky Mountains Nationalpark (Appalachen, USA). Aerophytisch auf Granitfelsen in der Ukraine.

p. 381 **2. Dictyochloropsis symbiontica** Tschermak-Woess 1980
Ergänzung bei Vorkommen: Typusart auch aerophytisch auf Granitfelsen in der Ukraine nachgewiesen (Mikhailyuk et al. 2003b).

3. Dictyochloropsis reticulata (Tschermak-Woess) Tschermak-Woess 1984
Ergänzung bei Vorkommen: Auch als Bodenalge im Great Smoky Mountains Nationalpark (Appalachen, USA) nachgewiesen.

p. 383 **1. Trochisciopsis tetraspora** Vinatzer 1975
Ergänzung: Aus Bodenproben vom Pirin-Gebirge (Bulgarien) beschrieben Gärtner et al. (2010) eine fa. *minor* welche sich durch kleinere Zellen und an den Zellpolen nicht zusammenschließende Zellwandrippen auszeichnet.

p. 385 Anhang zu **Ignatius tetrasporus** Bold & Mac Entee 1974
Watanabe & Nakayama (2007) untersuchten Ultrastruktur und systematische Stellung innerhalb der Chlorophyta und stellen die Sippe in die Klasse Ulvophyceae.

8. Ettlia Komárek 1989
Syn.: *Neochloris* Starr 1955 p.p., *Parietochloris* Andreeva 1998 p.p.

1. Ettlia alveolaris (Bold) Ettl & Gärtner 1995
Ergänzung bei Vorkommen: Auch als Bodenalge in Russland gefunden, sowie als Rindenalge in Israel (Mikhailyuk et al. 2001).

p. 386 **2. Ettlia bilobata** (Vinatzer) Komárek 1989
Syn.: *Neochloris bilobata* Vinatzer 1975 b, *Parietochloris bilobata* (Vinatzer) Andreeva 1998
Vinatzer 1975 b, p. 221, fig. 5; Komárek 1989, p.271; Andreeva 1998, p. 145.
Ergänzung bei Vorkommen: Weitere Funde aus Russland, Ukraine und Tadschikistan.

3. Ettlia pseudoalveolaris (Deason & Bold) Komárek 1989
Ergänzung bei Vorkommen: Auch mehrfach in Russland gefunden.

p. 388 **4. Ettlia cohaerens** (Groover & Bold) Ettl & Gärtner 1995
Ergänzung bei Vorkommen: Auch aus Russland nachgewiesen.

Anhang zu **Ettlia:** Untersuchungen der Geissel-Ultrastruktur (Watanabe & Floyd 1989) sowie molekularphylogenetische Analysen (Neustupa et al. 2011) trennen die beiden Gattungen *Ettlia* und *Parietochloris* S. Watanabe & Floyd. Die Arten der Gattung *Parietochloris* sind in der Klasse Trebouxiophyceae geführt, die Gattungen *Ettlia* (und *Neochloris*) bei den Chlorophyceae.

Parietochloris ovoideus Mikhailyuk & Demchenko 2003 (Fig. A8)
Mikhailyuk, Demchenko & Kondratyuk 2003a, p. 2, fig. 10 a,b: 12 a, b.

Zellen einzeln oder in Gruppen, kugelig, ei-bis birnenförmig oder ellipsoidisch, mit dünner Zellwand, in älteren Kulturen manchmal einseitig verdickt; Chloroplast parietal, tief zweilappig mit gelappten Rändern. Ein Pyrenoid umgeben von kleinen Stärkekörnern. Fortpflanzung durch Zoo-, Auto-und Aplanosporen. Zoosporen nackt, dorsiventral abgeflacht mit medianem Stigma. Autosporen 4–8–16, Aplanosporen und Zoosporen 32–128 pro Sporangium.
Zellen 4,5–28,8 µm lang, 4,5–23,4 µm breit; Zoosporen 3–9,6 µm lang, 0,9–4,8 µm breit.
Als Luftalge zwischen Granitfelsen am Ufer des Bug (Ukraine) mittels exponierter BBM-Agar Petrischalen gefunden.

Morphologisch nahe *Parietochloris* und nur durch die 18S rRNA Sequenz von anderen Sippen der Klasse Trebouxiophyceae unterschieden ist die Gattung **Xylochloris** Neustupa, Eliáš & Škaloud 2011;
Neustupa, Eliáš, Škaloud, Němcová & Šejnohová 2011, p. 59.
Zellen einzeln, kugelig bis unregelmäßig, mit dünner Wand; Chloroplast parietal, mit einem Pyrenoid umgeben von zahlreichen Stärkekörnern. Fortpflanzung durch 4–16 Autosporen. Zoosporen und sexuelle Fortpflanzung nicht beobachtet. Mit einer einzigen Art:
Xylochloris irregularis Neustupa, Eliáš & Škaloud 2011
Mit den Merkmalen der Gattung. Zellen (11) –13,5 – 20,5 (– 21,5) × 15 – 16,2 – 25 (– 27,5) µm.
Kultur: CAUP H 7801 (Karls Universität Prag).
Auf Rinde und Holz tropischer Bäume (Singapur).

p. 394 **2. Chlorochytrium** Cohn 1872
Nach Wujek & Thompson (2005) sind *Chlorochytrium* und *Scotinosphaera* Klebs zwei eigenständige Gattungen.

Fernandinella alpina Chodat 1922
Ergänzung bei Vorkommen: Auch aus der Ukraine angegeben. Aus Waldboden im Great Smoky Mountains Nationalpark (Appalachen, USA) isoliert.
Die var. *semiglobosa* Fritsch & John 1942 aus Russland und Tadschikistan nachgewiesen.

p. 396 **Chloroplana terricola** Gollerbach 1936
Ergänzung bei Vorkommen: Auch aus 19 Jahre getrockneten Bodenproben aus der östlichen Türkei isoliert.

p. 411 Anmerkung zur Gattung **Mychonastes** Simpson & Van Valkenburg 1978
Die Gattungsdiagnose wurde von Krienitz et al. (2011) emendiert und die Synonymie von *Chlorella homosphaera* und *Chlorella minutissima* zu *Mychonastes homosphaera* (Skuja) Kalina & Punčochářová 1987 bestätigt.

p. 412 **Anhang 2 zu Chlorella:**
Biochemische und molekulare Studien (Friedl 1997, Huss et al. 1999, Krienitz et al. 2004, Pröschold et al. 2011, Bock et al. 2011) zeigten die Zugehörigkeit von Arten der Gattung *Chlorella* zu Chlorophyceae und Trebouxiophyceae. Weiters unterteilten Krienitz et al. (2004) aufgrund molekularer Daten die Chlorellaceae in zwei Entwicklungslinien: "echte" *Chlorella*-arten (*Chlorella* s. str., darunter bodenbewohnende wie *C. vulgaris* und *C. lobophora* = *Lobosphaeropsis lobophora* siehe S. 418) und *Parachlorella*. Luo et al.

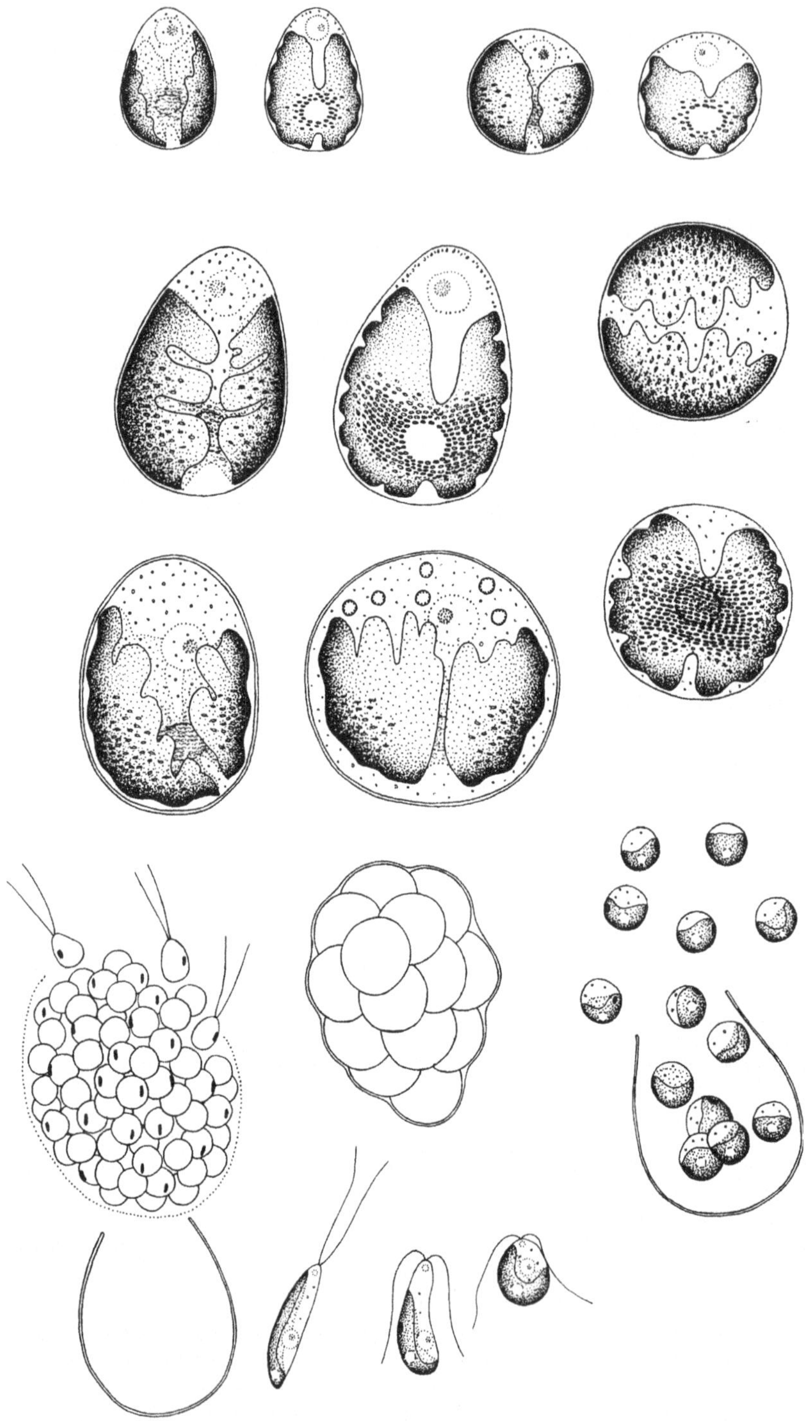

Fig. A8 *Parietochloris ovoideus* (nach Mikhailyuk et al. 2003a).

(2010) und Krienitz et al. (2010) stellten auch kolonie- und gallerte-bildende *Dictyosphaerium*-Sippen als Untergruppen in den Formenkreis um *Chlorella.*
Bock et al. (2011) emendierten die Gattungsdiagnose von *Chlorella* wobei nun auch kolonie-und gallertebildende Sippen miteingeschlossen sind. Die lichtmikroskopische Bestimmung ebenso wie die Erstellung eines Bestimmungsschlüssels wird in Zukunft nicht leichter.
Molekularphylogenetische Untersuchungen an bestehenden Kulturen und neuen Isolaten führten zu Neukombinationen beziehungsweise neuen Gattungen.
Beschreibungen und Abbildungen sind entweder unter den Synonyma zu finden oder nachfolgend aufgelistet (nur aeroterrestrische Taxa!):

Chloroidium saccharophilum (Krüger) Darienko, Gustavs, Mudimu, Rad Menendez, Schumann, Karsten, Friedl & Pröschold 2010
Syn.: *Chlorella saccharophila* (Krüger) Migula 1907 (siehe p. 404)
Pseudochlorella aquatica (Vischer) Vischer 1955
(Der Gattungsname *Glaphyrella,* von Kalina (1996) für die Gruppe *Chlorella saccharophila, C. ellipsoidea* und *C. trebouxioides* vorgeschlagen, ist invalid da ohne lateinische Diagnose und ohne Typusbezeichnung.)

Chloroidium ellipsoideum (Gerneck) Darienko, Gustavs, Mudimu, Rad Menendez, Schumann, Karsten, Friedl & Pröschold 2010
Syn.: *Chlorella ellipsoidea* Gerneck 1907 (siehe p. 404)
Chlorella trebouxioides Punčochárová 1994

Chloroidium engadinensis (Vischer) Darienko, Gustavs, Mudimu, Rad Menendez, Schumann, Karsten, Friedl & Pröschold 2010
Syn.: *Chlorocloster engadinensis* Vischer 1945 (siehe p. 148)

Chloroidium angusto-ellipsoideum (Hanagata & Chihara) Darienko, Gustavs, Mudimu,Rad Menendez,Schumann, Karsten, Friedl & Pröschold 2010
Syn.: *Chlorella angusto ellipsoidea* Hanagata & Chihara 1997 (Fig. A9)
Zellen einzeln, jung länglich-ellipsoidisch, erwachsene Zellen ellipsoidisch bis breit-ellipsoidisch. Chloroplast in jungen Zellen parietal bandförmig, in erwachsenen Zellen mit gewelltem Rand und gelegentlich eingeschnitten. Ein Pyrenoid, umgeben von vielen Stärkekörnern. In erwachsenen Zellen ein bis mehrere Vakuolen. 4-8-16 Autosporen, schmal ellipsoidisch, werden durch eine Öffnung des Sporangiums frei.
Zellen 3,5–8 × 6–15 µm groß.
Auf Rinde von *Zelkova serrata* (Thunb.) Makino, Chiba Präfektur, Japan.
Auch auf Granitfelsen in der Ukraine (am Ufer des Bug, Mikhailyuk et al. 2003b).

Heveochlorella Zhang, Huss, Sun, Chang & Pang 2008
Zhang, Huss, Sun, Chang & Pang 2008, p.186, fig. 1
Zellen kugelig, durch Teilungen werden kleine sarcinoide Lager gebildet; ein bis mehrere Chloroplasten, parietal, mit mehreren kleinen Pyrenoiden. Fortpflanzung durch 2–8 Autosporen, durch Aufreißen der Sporangienwand freiwerdend.
Mit einer Art:
Heveochlorella hainangensis Zhang, Huss, Sun, Chang & Pang 2008 (Fig. A10)
Mit den Merkmalen der Gattung. Autosporen zu 2–4, kugelig bis ellipsoidisch oder eher dreieckig zu 8–16. Zellen 3,8–8,7 µm im Durchmesser.
Von Gummibäumen (*Hevea brasiliensis*), Insel Hainan, China.

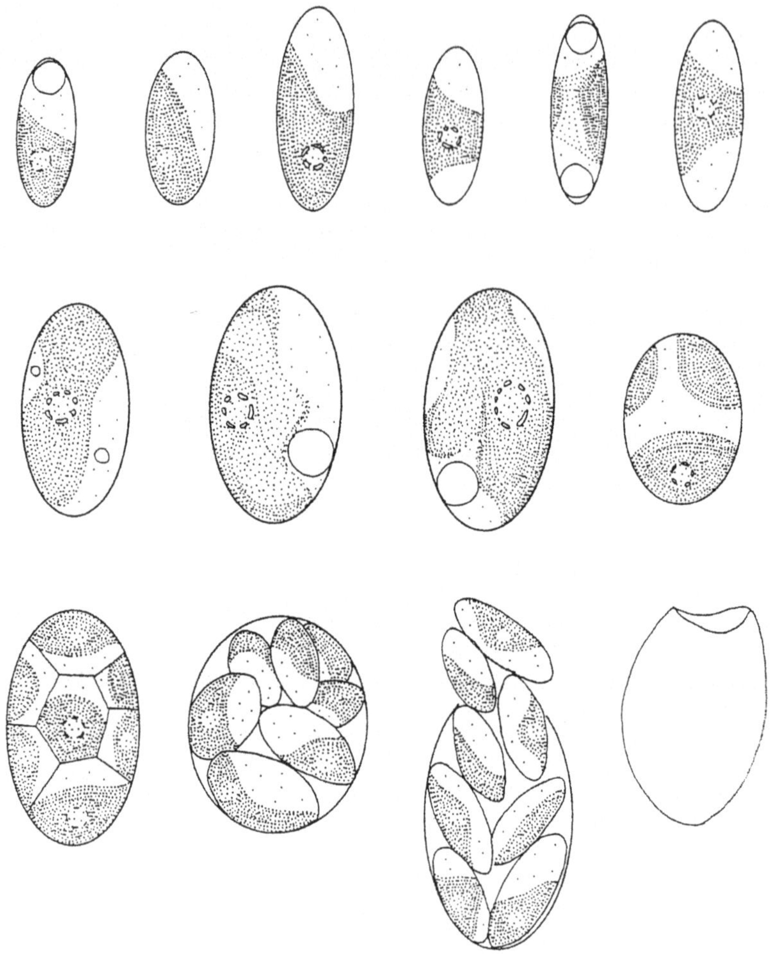

Fig. A9 *Chlorella angusto ellipsoidea* (nach Hanagata & Chihara 1997).

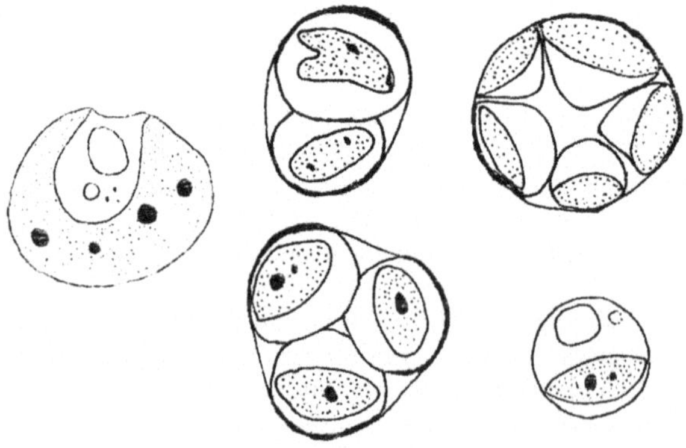

Fig. A10 *Heveochlorella hainangensis* (nach Zhang et al. 2008).

Kalinella Neustupa, Němcová, Eliáš & Škaloud 2009
Neustupa, Němcová, Eliáš & Škaloud 2009, p. 276.
Zellen kugelig, mit parietalem Chloroplast und Pyrenoid mit Stärkehülle aus zwei bis mehreren großen Stärkekörnern. Pyrenoidmatrix wird von radial verlaufenden Thylakoiden durchzogen. Fortpflanzung durch 4–8 ungleich große Autosporen.
Mit zwei Arten:

1. **Kalinella bambusicola** Neustupa, Němcová, Eliáš & Škaloud 2009 (Fig. A11)
   Neustupa, Němcová, Eliáš & Škaloud 2009, p. 162, fig. 1–5
   Mit den Merkmalen der Gattung. Zellen bis 10 µm im Durchmesser.
   Auf Rinde von Bambus (*Gigantochloa* sp.) in einem Park in Singapur.

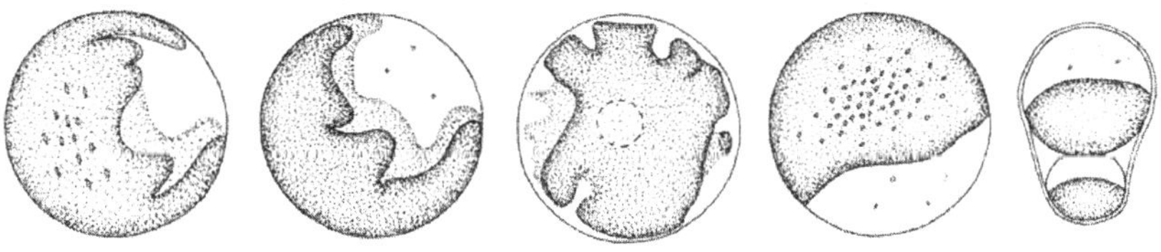

Fig. A11 *Kalinella bambusicola* (nach Neustupa et al. 2009).

2. **Kalinella apyrenoidosa** Neustupa, Veselá, Němcová & Škaloud 2013
   Neustupa, Němcová, Veselá, Steinová & Škaloud, 2013, p.382, fig.1, i–p.
   Unterscheidet sich von der Typusart durch das Fehlen eines Pyrenoids und unterschiedliche 18S rRNA und rbcL Gensequenzen.
   Auf Rinde von *Laurus nobilis*, adriatische Küste bei Ankaran, Slowenien.

Leptochlorella Neustupa, Veselá, Němcová & Škaloud 2013
Neustupa, Němcová, Veselá, Steinová & Škaloud 2013, p.379.
Zellen kugelig, Chloroplast parietal, ohne Pyrenoid. Fortpflanzung durch 2–8 Autosporen.
Mit einer Art:
Leptochlorella corticola Neustupa, Veselá, Němcová & Škaloud 2013
Neustupa, Němcová, Veselá, Steinová & Škaloud 2013, p.379, fig. 1, a–h.
Mit den Merkmalen der Gattung. Zellen 2,5–12,5 µm Durchmesser, Autosporen meist 4 (seltener 2–8).
Auf Rinde von *Cupressus sempervirens* nahe Portorož, Slowenien.

Jenufa Němcová, Eliaš, Škaloud & Neustupa 2011
Němcová, Eliáš, Škaloud, Hodač & Neustupa 2011, p. 930
Zellen kugelig bis unregelmäßig, mit glatter Zellwand, ein parietaler
Chloroplast mit Loben und Perforationen, ohne Pyrenoid. Fortpflanzung durch 2–8 Autosporen.
Mit zwei Arten:

1. **Jenufa perforata** Němcová, Eliáš, Škaloud & Neustupa 2011, p.930, fig.1 A–F.
   Mit den Merkmalen der Gattung. Zellen (2,5 –) 3,5-6,5 (– 7,5) µm im Durchmesser, Autosporen meist 4 (aber auch 2 bis 8).
   Baumrinde, tropischer Tieflandwald, Singapur.
2. **Jenufa minuta** Němcová, Eliáš, Škaloud & Neustupa 2011, p. 930, fig. 1,G–L
   Mit nahezu gleichen Merkmalen wie die Typusart, nur etwas kleinere Zellen (2,3–6,5 µm im Durchmesser) sowie unterschiedliche Ultrastruktur der Zellwand. Auf Baumrinde in Singapur.

Die systematische Stellung der Gattung *Jenufa* innerhalb der Chlorophyceae ist vorläufig noch unklar.

p. 412 **2. Muriella terrestris** J. B. Petersen 1932
Die von Ettl & Gärtner als synonym angeführte *Muriella aurantiaca* Vischer 1936 wurde von Hanagata (1998) aufgrund von 18S rDNA-Sequenzanalysen der Typuskultur (authentic strain, Kultur CCAP 249/1) aus der Gattung *Muriella* herausgenommen und als eigene Gattung **Pseudomuriella** Hanagata 1998 (p. 1053) beschrieben. Typus ist somit **Pseudomuriella aurantiaca** (Vischer) Hanagata. Fortpflanzung erfolgt bei dieser Sippe mit Autosporen und nackten Zoosporen (Klasse Chlorophyceae) während *Muriella terrestris* (Kultur ASIB V 38) sich nur durch Autosporen fortpflanzt und in der Klasse Trebouxiophyceae einzuordnen ist.
Fučíková et al. (2011) untersuchten die Kultur CCAP 249/1 erneut und stellten Mehrkernigkeit fest. Sequenzanalysen zeigten nahe Verwandtschaft mit *Bracetacoccus engadinensis* und *Dictyococcus schumacherensis* (siehe Syllabus, p. 468 und 471).
Morphologisch kaum und nur mittels molekularer Sequenzdaten von *P. aurantiaca* zu unterscheiden ist *Pseudomuriella cubensis* Fučíková, Rada & Lewis 2011 (p. 41, fig. 9–12) aus Boden eines Tropenwaldes bei Havanna, Kuba.

p. 413 **Muriella zofingiensis** (Dönz) Hindák 1982 = **Chromochloris zofingiensis** (Dönz) Fučiková & Lewis 2012 (inkl. *Bracteacoccus minutus* Schwarz 1979).

p. 415 **1. Lobosphaera tiroliensis** Reisigl 1964 (Fig. 122: d)
Zur Taxonomie siehe p. 375.
Ergänzung bei Vorkommen: Als Bodenalge von Windmill Islands (Antarktis) isoliert.

2. Lobosphaera undulata (Watanabe) Ettl & Gärtner 1995 (Fig. 122: e)
Ergänzung bei Vorkommen: Auf Mauern der Ruinen von Karthago (Tunesien).

Planktosphaerella terrestris Reigl 1964 (Fig. 124: a)
Ergänzung bei Vorkommen: Auch aus Bodenproben von Turkmenien.

p. 418 **2. Lobosphaeropsis lobophora** (Andreeva) Ettl & Gärtner 1995 (Fig. 123: a)
Ergänzung bei Vorkommen: Auch auf Granitmauern von Gebäuden in Galicia (NW Spanien).

p. 419 **1. Muriellopsis pyrenigera** Reisigl 1964 (Fig. 124: b)
Ergänzung bei Vorkommen: Auch aus Russland nachgewiesen.

p. 422 **1. Pseudochlorococcum typicum** Archibald 1970 (Fig. 125: b)
Ergänzung bei Vorkommen : Auch aus Bodenproben von Russland (Woronesch und Kamtschatka); epilithisch im Great Smoky Mountains Nationalpark (Appalachen) USA.

2. Pseudochlorococcum polymorphum Archibald 1970 (Fig. 125: c)
Ergänzung bei Vorkommen: Auch aus Turkmenien nachgewiesen.

1. Elliptochloris bilobata Tschermak-Woess 1980
Ergänzung bei Literatur: Hoffmann et al. 2007, p. 52, fig. 26.
Ergänzung bei Vorkommen: Als Photobiont in *Siphula* und *Parasiphula*-arten in Australien und Tasmanien (Dahlkild et al. 2006), in *Icmadophila ericetorum* und *Micarea prasina* in Österreich (Steiermark), sowie als Bodenalge in Russland, der Ukraine und in den Ardennen (Belgien).

Elliptochloris bilobata var. **corticola** Eliáš, Neustupa & Škaloud 2008 (Fig. A12)
Eliáš, Neustupa & Škaloud 2008, p. 793, fig. 1.
Unterscheidet sich vom Typus durch etwas dickere Zellwand in älteren Zellen und eher ellipsoidische Autosporen.
Auf Borke von *Cleistocalyx operculata* im Bergregenwald, Cibodas, West Java, Indonesien.

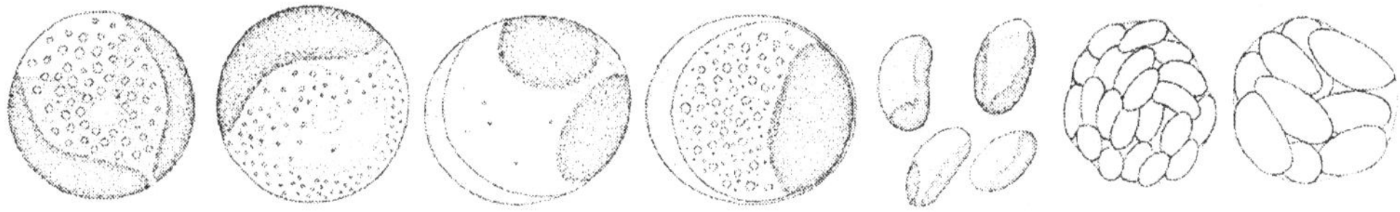

Fig. A12 *Elliptochloris bilobata* var. *corticola* (nach Eliáš et al. 2008).

p. 424 **2. Elliptochloris reniformis** (Watanabe) Ettl & Gärtner 1995 (Fig. 127: d–f)
Ergänzung bei Vorkommen: Epilithisch und im Boden im Great Smoky Mountains Nationalpark (Appalachen, USA) .

3. Elliptochloris subsphaerica (Reisigl) Ettl & Gärtner 1995 (Fig. 126: f, g; 127: a–c)
Ergänzung bei Literatur: Hoffmann et al. 2007, p. 60, fig. 28, 29 A–G.
Ergänzung bei Vorkommen: Aus Boden in der Ukraine, aus Waldboden in den Ardennen (Belgien). Auch epilithisch auf Granitmauern in Galicia (NW Spanien) sowie im Great Smoky Mountains Nationalpark (Appalachen) USA.
Zwei weitere pyrenoidlose Sippen beschrieben Hoffmann et al. 2007:

Elliptochloris incisiformis Hoffmann & Kostikov 2007 (Fig A13a)
Hoffmann, Ector & Kostikov 2007, p. 57, fig. 27 A–I.
Unterscheidet sich sowohl von *E. bilobata* als auch *E. reniformis* durch eine linsenförmige helle Stelle (Vakuole?) im Chloroplasten, stärker gelappten Chloroplasten und das Fehlen von Ölanreicherung. Zellen bis 12 µm im Durchmesser. Boden eines Eichenwaldes in den Ardennen (Belgien).

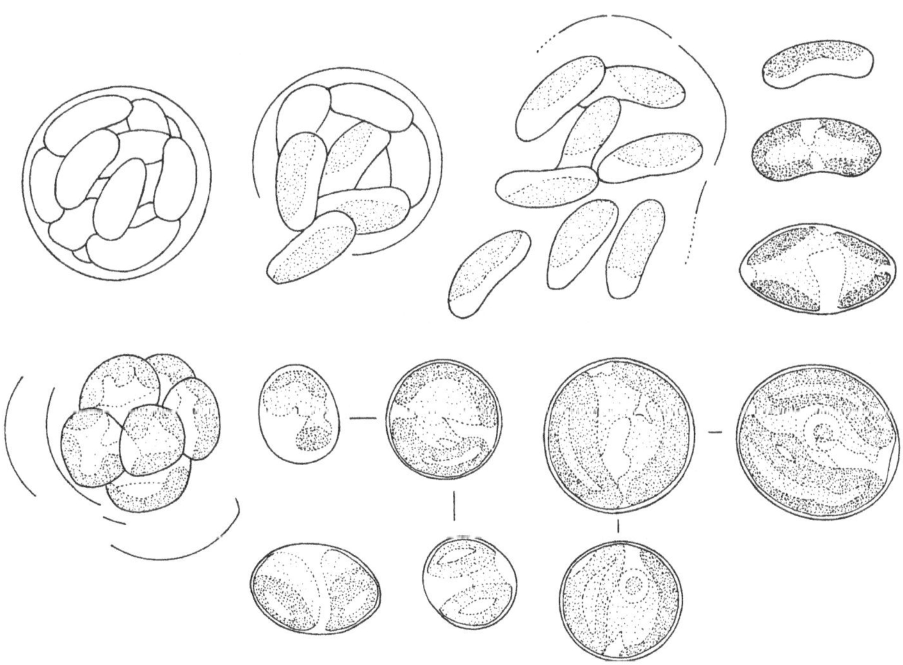

Fig. A13a *Elliptochloris incisiformis* (nach Hoffmann et al. 2007).

Elliptochloris perforata Hoffmann & Kostikov 2007 (Fig. A13b)
Hoffmann, Ector & Kostikov 2007, p.59, fig. 27 J–U.
Unterscheidet sich von *E. bilobata* und *E. incisiformis* durch geringe Sporenzahl (2–4) und 1 (-4) kreisförmige Perforationen im Chloroplasten. Ein bis mehrere Öltropfen und Vakuolen im Cytoplasma. Zellen bis 11µm im Durchmesser. Boden eines Fichtenwaldes in den Ardennen (Belgien).

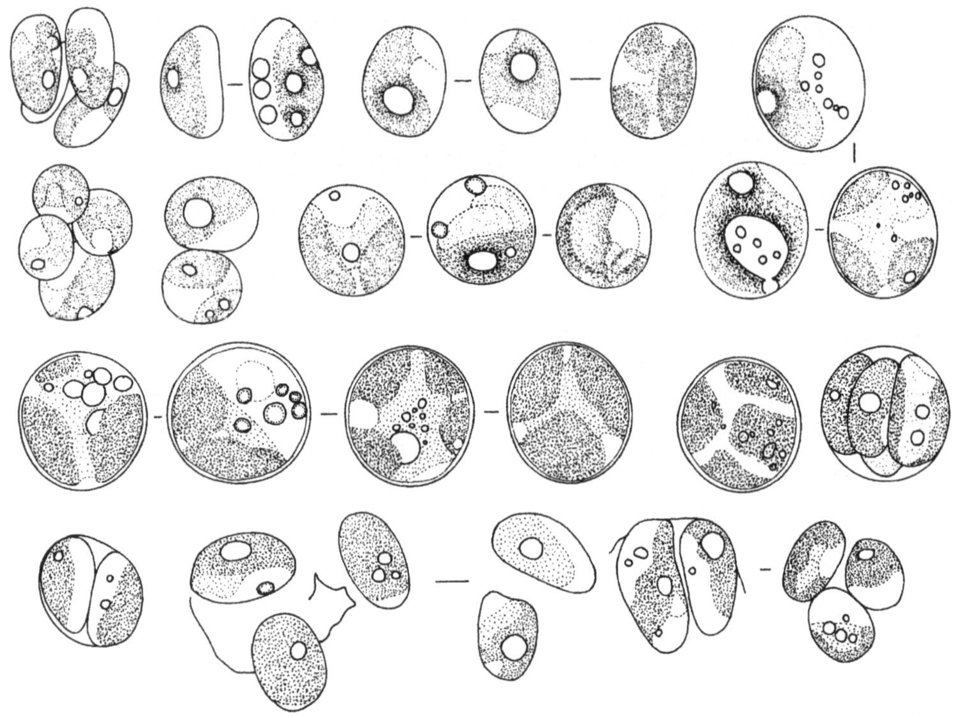

Fig. A13b *Elliptochloris perforata* (nach Hoffmann et al. 2007).

p.426 **Pseudococcomyxa simplex** (Mainx) Fott 1981 (Fig. 127:h)
Ergänzung bei Vorkommen: Auf Rinde von *Ehretia* und *Cleistocalyx* im Regenwald von West-Java nachgewiesen (Neustupa & Nemjová 2008). Auch aus der Ukraine bekannt. Aus Mineralboden in Neuseeland isoliert (Novis et al. 2008). Aus Boden und auf Felsen im Great Smoky Mountains Nationalpark (Appalachen, USA).

1. Chlorolobion lunulatum Hindák 1970 (Fig. 128: a)
Ergänzung bei Vorkommen: Aus Boden in Russland und Tadschikistan; epilithisch auf Granitmauern in Galicia (NW Spanien). Auch als Bodenalge im Great Smoky Mountains Nationalpark (Appalachen, USA) nachgewiesen.

p. 427 **14. Podohedra** Düringer 1958
Ergänzung bei Literatur: Neustupa 2004, p. 1

5 aerophytische Arten beschrieben.

1a Chloroplast ohne Pyrenoid .... **1. P. falcata**
1b Chloroplast mit Pyrenoid 2

2a Zellen 30 – 50 µm lang .... **2. P. longipes**
2b Zellen kürzer 3

3a Pyrenoid ohne deutliche Stärkehülle .... **4. P. tropica**
3b Pyrenoid mit deutlicher Stärkehülle 4

4a Zellen fusiform, apikal zugespitzt .... **3. P. bicaudata**
4b Zellen ellipsoidal, apikal abgerundet .... **5. P. saltans**

1. Podohedra falcata Düringer 1958 (Fig. 128: c)
Ergänzung bei Vorkommen: Auf Fichtenstumpf, Jelovica Plateau, Krivograd (Slowenien).

3. Podohedra bicaudata Geitler 1965 (Fig. 128: e)
Ergänzung bei Vorkommen: Auf Fichtenstumpf, Jelovica Plateau, Krivograd (Slowenien).

4. Podohedra tropica Neustupa 2004 (Fig. A14a)
Neustupa 2004, p. 4, fig.11–18, 25–30.

Zellen fusiform, gebogen, apikal breit zugespitzt, ein parietaler Chloroplast mit einem schlecht sichtbaren Pyrenoid ohne deutliche Stärkehülle. Zellen 9–14 µm lang, 2,4–6,8 µm breit, Stiel 2,5–5 (–8) µm.
Epiphytisch auf Fäden von *Trentepohlia aurea* welche epiphyll auf Blättern eines Strauches wuchs, im Regenwald von Hulu Kelantan, Malaysia.

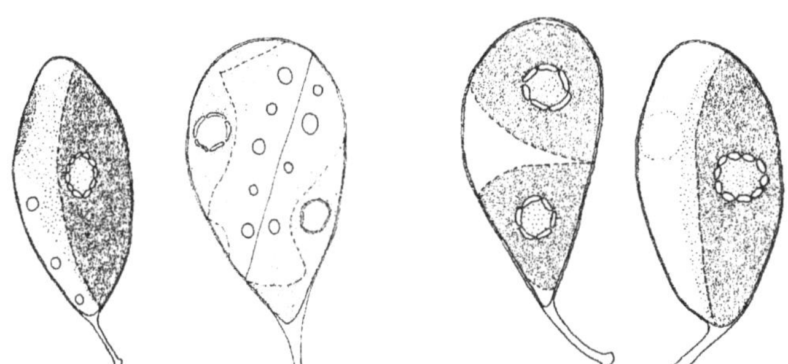

Fig. A14b *Podohedra saltans* (nach Neustupa 2004).

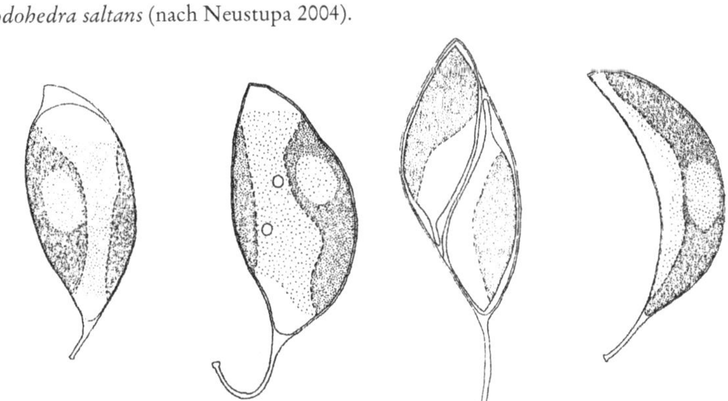

Fig. A14a *Podohedra tropica* (nach Neustupa 2004).

5. Podohedra saltans Neustupa 2004 (Fig. A14b)
Neustupa 2004, p. 4, fig. 1–10, 19–24

Zellen fusiform, apikal abgerundet, Chloroplast parietal mit Pyrenoid mit deutlicher Stärkehülle. Zellen 9,5–12,5 µm lang, 3,2–5,2 µm breit, Stiel 1,5–4 µm.
Epiphytisch auf Fäden von *Trentepohlia bosseae* auf Bambusstämmen im Forest Research Institute Malaysia, Selangor, Malaysia.

p. 429 **2. Keratococcus raphidioides** (Hansgirg) Pascher 1915
Ergänzung bei Vorkommen: Als Bodenalge im Great Smoky Mountains Nationalpark (Appalachen, USA) nachgewiesen.

p. 432 **Choricystis minor** (Skuja) Fott 1976
Ergänzung bei Vorkommen: Als Bodenalge in der Ukraine und im Great Smoky Mountains Nationalpark (Appalachen, USA).

Eine weitere *Choricystis*-art, **Choricystis chodatii** (Jaag) Fott 1976 wurde aus Böden Argentiniens, aus USA (Great Smoky Mountains Nationalpark) und der Antarktis (Cavacini 2001) nachgewiesen.

p. 435 **2. Scotiellopsis terrestris** (Reisigl) Punčochárová & Kalina 1981 (Fig. 131: b, c)
= **Coelastrella terrestris** (Reisigl) Hegewald & Hanagata 2002
Hegewald & Hanagata 2000, p. 46; Hegewald & Hanagata 2002, p.8.
Ergänzung bei Vorkommen: Epilithisch im Great Smoky Mountains Nationalpark (Appalachen) USA. Auch in der Ukraine. Zusammen mit *Coelastrella aeroterrestrica* Tschaikner et al. aus Bodenproben vom Pirin Gebirge (Bulgarien) isoliert (Uzunov et al. 2008).

p. 437 **3. Scotiellopsis levicostata** (Gollerbach) Punčochárová & Kalina 1981 (Fig. 131: d)
Ergänzung bei Vorkommen: Als Bodenalge in Kamtschatka gefunden. Weiters epilithisch im Great Smoky Mountains Nationalpark (Appalachen) USA. Mehrfach in der Ukraine.

4. Scotiellopsis oocystiformis (Lund) Punčochárová& Kalina 1981 (Fig. 131: e)
= **Coelastrella oocystiformis** (Lund) Hegewald & Hanagata 2002
Hegewald & Hanagata 2000, p. 46; Hegewald & Hanagata 2002, p.8.

5. Scotiellopsis rubescens Vinatzer 1975 (Fig. 132: a)
Ergänzung bei Vorkommen: Auch aus Bodenproben in Russland.

p. 439 **1. Scotiella tuberculata** Bourrelly 1951 (Fig. 132: b)
Ergänzung bei Vorkommen: Aus 19 Jahre getrockneten Bodenproben (Südwesttürkei) isoliert.

23. Coelastrella Chodat 1922
Ergänzung bei Literatur: Hegewald & Hanagata 2002, p. 8.

p. 440 **Coelastrella striolata** Chodat 1922 var. **multistriata** (Trenkwalder) Kalina & Punčochárová 1987 (Fig. 133: a) = **Coelastrella multistriata** (Trenkwalder) Kalina & Punčochárová var. **multistriata** Kalina & Punčochárová 1987.
Hegewald & Hanagata 2000, p. 46.
Ergänzung bei Vorkommen: Auf Rinde von *Cryptomeria japonica* in Nagae, Chosei Gun, Japan (Hanagata et al. 1996) und auf Felsoberfläche bei Shizuoka, Japan (Abe et. al. 2004).

Eine zweite aeroterrestrische Sippe ist
Coelastrella aeroterrestrica Tschaikner, Gärtner & Kofler (2008) (Fig. A15)
Tschaikner, Gärtner & Kofler 2008, p.14, fig. 1.
Zellen einzeln, kugelig bis ellipsoidisch, Zellwand im Lichtmikroskop glatt, im Elektronenmikroskop (SEM) mit feinen meridional verlaufenden Rippen, ohne polare Verdickungen. Chloroplast parietal, in adulten Zellen eingeschnitten und gelappt; ein Pyrenoid mit 2–3 teiliger Stärkehülle. Keine Vakuolen im Cytoplasma. Fortpflanzung durch 2–16 kugelige bis ellipsoidische Autosporen.
Zellen 3,5–12 µm im Durchmesser. Kultur: ASIB SWK 1:2 .
Bodenoberfläche, ca. 2350 m Seehöhe, Obergurgl, Tirol.

Fig. A15 *Coelastrella aeroterrestrica* (nach Tschaikner et al. 2006).

p. 442 Eine weitere bodenbewohnende Sippe ist aus der Antarktis (Windmill Islands) beschrieben:
Dictyosphaerium dichotomum Ling & Seppelt 1998 (Fig. A16)
Ling & Seppelt 1998, p. 57, fig. 13–17, 20–23.
Ob es sich hierbei um einen Organismus aus dem *Dictyosphaerium*-morphotyp der Chlorellaceae sensu Bock et al. (2010), z.B. einen Vertreter der Gattung *Hindakia* Bock et al. handelt, bleibt ungeklärt, die Isolate sind nicht mehr vorhanden.

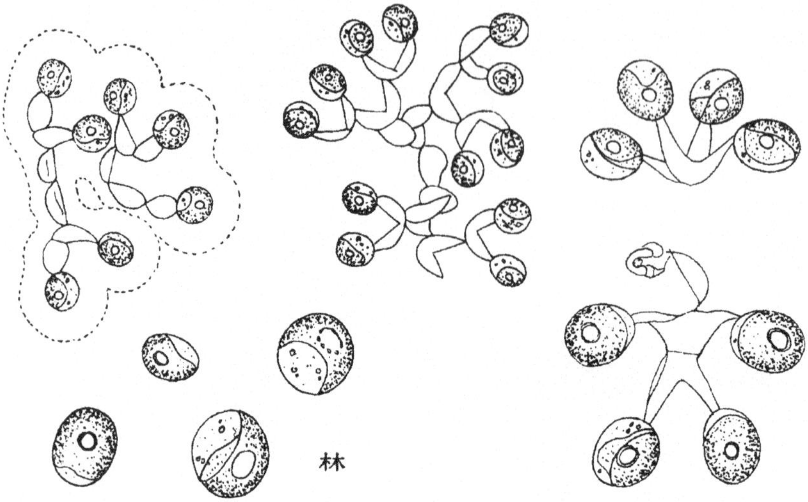

Fig. A16 *Dictyosphaerium dichotomum* (nach Ling & Seppelt 1998).

p. 443 Anmerkung zu Radiococcaceae:
In einer auf morphologischen Kriterien aufgebauten Revision der Radiococcaceae (Kostikov et al. 2002) wurden die Kriterien der Gattungen eng gefasst und 10 neue Gattungen beschrieben. Da nur wenige aeroterrestrische Sippen betroffen sind ist die in der 1. Auflage des Syllabus enthaltene Gattungsgliederung aufrecht.

p. 443/ **2. Gloeocystis polydermatica** (Kützing) Hindák 1978 (Fig. 134: a)
445 Ergänzung zu Vorkommen: Aus 19 Jahre getrockneten Bodenproben von Shiraz (Iran) und aus Boden von Windmill Islands (Antarktis) isoliert. Epilithisch auf Felsen im Great Smoky Mountains Nationalpark (Appalachen) USA.

p. 445 Eine aus Sandboden in Südindien isolierte **Gloeocystis gigas** Collins 1909 (Sundaralinga et al. 1979) unterscheidet sich von *G. vesiculosa* durch etwas größere Zellen (8–11,6 µm Durchmesser).

p. 447 **3. Coccomyxa brevis** (Vischer) Gärtner & Schragl 1988 (Fig. 136: b)
= **Neocystis vischeri** Kostikov & Hoffmann 2002 (Fig. A17)
Syn.: *Nephrodiella brevis* Vischer 1945
Coccomyxa brevis (Vischer) Gärtner & Schragl 1988
Kostikov & Hoffmann 2002, p. 14, fig. 1–4.

Kostikov & Hoffmann (2002) untersuchten Vischers Typuskulturen und wählten als neuen Lectotyp Kultur Nr. SAG 850-1 unter dem Namen *Neocystis brevis* (Vischer) Kostikov & Hoffmann 2002. Die zweite Kultur, ASIB BS 319 wurde als neue Art *Neocystis vischeri* Kostikov & Hoffmann 2002 beschrieben.
Anmerkung: Kostikov & Hoffmann (2002) verwendeten 3N BBM-agar, wodurch übermäßiges Wachstum in Kulturen (Riesenzellen und abnormale Chloroplastenstruktur) hervorgerufen wird.

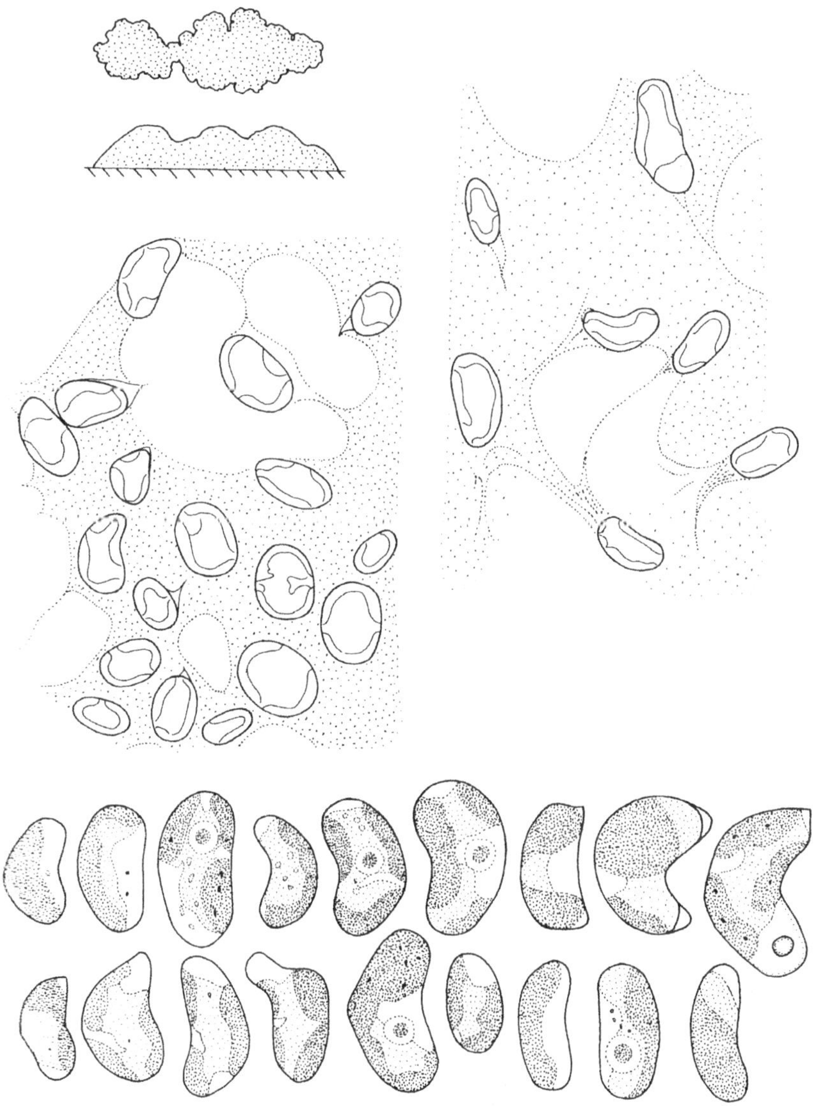

Fig. A17 *Neocystis vischeri* (nach Kostikov & Hoffmann 2002).

5. **Coccomyxa gloeobotrydiformis** Reisigl 1969 (Fig. 135: b; 139: b)
– **Coenobotrys gloeobotrydiformis** (Reisigl) Kostikov, Darienko, Lukešová & Hoffmann 2002

p. 449 7. **Coccomyxa olivacea** J. B. Petersen 1915 (Fig. 135 f)
= **Sphaerococcomyxa olivacea** (J. B.Petersen) Kostikov, Darienko, Lukešová & Hoffmann 2002

Zwei weitere *Coccomyxa*-arten aus Waldboden in den Ardennen (Belgien) (Hoffmann et al. 2007) sind im folgenden abgebildet:
Coccomyxa subellipsoidea Acton emend. Jaag 1933 (Fig. A18a) und *Coccomyxa viridis* Chodat 1913 (Fig. A18b), beide Abb. nach Hoffmann, Ector & Kostikov 2007, p. 53, fig. 24 A–F.

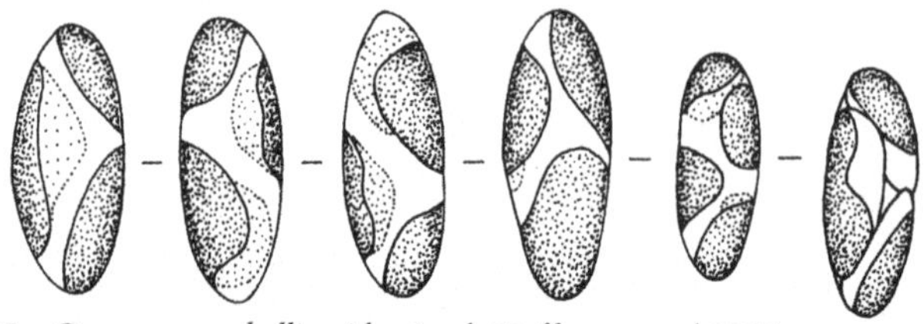

Fig. A18a *Coccomyxa subellipsoidea* (nach Hoffmann et al 2007).

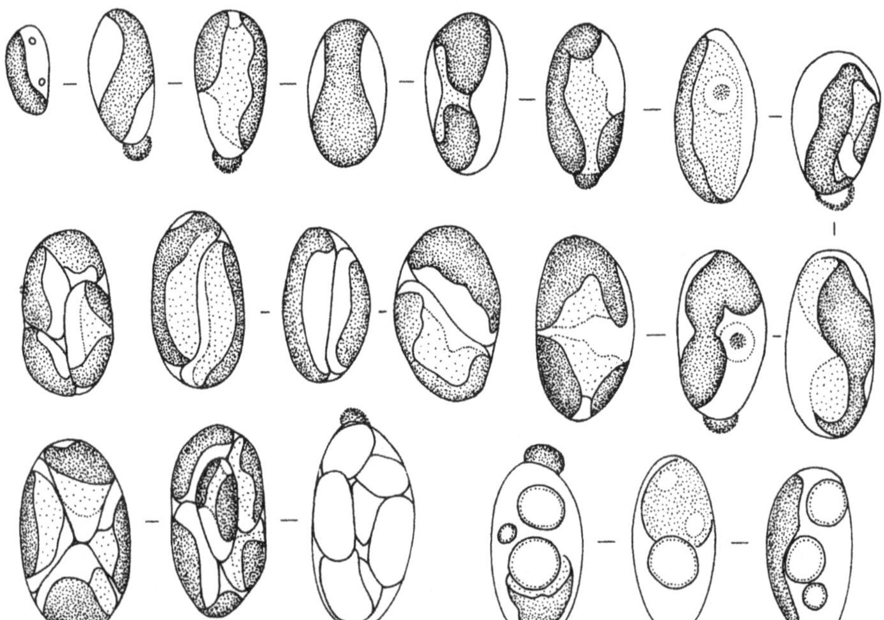

Fig. A18b *Coccomyxa viridis* (nach Hoffmann et al 2007).

p. 452 **3. (Coenochloris ?) Sphaerocystis oleifera** Broady 1976
Nomenklatorische Änderungen:
Coenochloris oleifera (Broady) Kostikov, Darienko, Lukešová & Hoffmann 2002.
Nomenklatorische Änderung bei var. *antarctica* Broady 1982 b:
Coenochloris oleifera var. **antarctica** (Broady) Kostikov, Darienko, Lukešová & Hoffmann 2002
Syn.: *Coenocystis oleifera* var. *antarctica* (Broady) Andreeva 1998.

p. 455 **1. Trochiscia** Kützing 1845
Anmerkung: nach Silva (1996) ist der Gattungsname zu verwerfen, da keine klaren Originalbeschreibungen der Sippen vorliegen.

p. 463 **Scenedesmus komarekii** Hegewald = **Desmodesmus komarekii** (Hegewald) Hegewald 1978
Auf Rinde von *Zelkova serrata* in Japan (Hanagata et al. 1996)
Hanagata et al. 1996, p. 88, fig. 1, 2.

In den Verwandtschaftskreis um *Desmodesmus* ist **Hylodesmus** Eliáš, Němcová, Škaloud & Neustupa 2010 zu stellen, mit einer Art **Hylodesmus singaporensis** Eliáš, Němcová, Škaloud & Neustupa 2010.
(Eliáš, Němcová, Skaloud, Neustupa, Kaufnerová & Sejnohová 2010, p. 3, ohne Bezeichnung einer Typusabbildung).
Zellen kugelig bis ellipsoidisch, Chloroplast parietal, eingeschnitten bis perforiert, ein Pyrenoid mit deutlicher Stärkehülle. Fortpflanzung durch 2–16 Autosporen. Zellen 4,2–11 µm, Autosporen 3–5 µm. Kultur: CAUP H 8001 (Karls Univ. Prag). Auf Faulholz in Tropenwald, Singapur.

p. 465 1. **Bracteacoccus** Tereg 1923
Ergänzung bei Literatur: Fučiková et al. (2012).

p. 466 2. **Bracteacoccus minor** (Chodat) Petrová 1931
Ergänzung bei Vorkommen: Aus 19 Jahre getrockneten Bodenproben (Irak, Iran) isoliert. Auch vielfach aus der Ukraine angegeben.

3. **Bracteacoccus giganteus** Bischoff & Bold 1963
Ergänzung bei Vorkommen: Auch aus Russland und aus der Ukraine sowie aus Waldboden in den Ardennen (Belgien).

p. 468 5. **Bracteacoccus minutus** Schwarz 1979 = **Chromochloris zofingiensis** (Dönz) Fučiková & Lewis 2012 (Typus Kultur ASIB S223).

6. **Bracteacoccus engadinensis** (Kol & F. Chodat) Starr 1955
= **Pseudomuriella engadinensis** (Kol & F. Chodat) Fučiková, Rada & Lewis 2011
Dies betrifft die Kulturen UTEX 57, 58. (siehe p. 412)

8. **Bracteacoccus medionucleatus** Bischoff & Bold 1963
Ergänzung bei Vorkommen: Mehrfach als Bodenalge in der Ukraine und im Great Smoky Mountains Nationalpark (Appalachen, USA) gefunden.

p. 470 9. **Bracteacoccus aggregatus** Tereg emend. Fučiková 2013
(Syn. *B. cohaerens* Bischoff & Bold 1963)

10. **Bracteacoccus grandis** Bischoff & Bold 1963
Ergänzung bei Vorkommen: Aus Bodenproben in Russland und aus Waldboden in den Ardennen (Belgien) kultiviert.

Fučiková et al. (2012) veröffentlichen umfangreiche Revision der Gattung *Bracteacoccus* auf phylogenetischer Basis, allerdings ohne Emendation der Gattungsbeschreibung und ohne Bestimmungsschlüssel; insgesamt wurden 92 Isolate untersucht und ein neues Isolat als Epitypus für *B. aggregatus* bestimmt. Nach Ansicht der Autorinnen umfasst die Gattung derzeit 13 Arten. Folgende taxonomische Änderungen und Neubeschreibungen aeroterrestrischer Taxa wurden vorgenommen:
Bracteacoccus minor (Chodat) Petrová 1931
(Syn.: *B. grandis* Bischoff & Bold 1963; *B. medionucleatus* Bischoff & Bold 1963; *B. minor* var. *desertorum* Friedmann & Ocampo-Paus 1966).

Bracteacoccus occidentalis Fučiková, Flechtner & Lewis 2012, p. 54, fig. 8 k–l
Bracteacoccus glacialis Fučiková, Flechtner & Lewis 2012, p. 54, fig. 8 m–n
(Syn.: *B. minor* var. *glacialis* Kol & Flint 1968)
Bracteacoccus deserticola Fučiková, Flechtner & Lewis 2012, p. 54, fig. 8 s–t
Bracteacoccus polaris Fučiková, Flechtner & Lewis 2012, p. 55, fig. 9 c–d
Bracteacoccus bullatus Fučiková, Flechtner & Lewis 2012, p. 55, fig. 9 e–f
Bracteacoccus xerophilus Fučiková, Flechtner & Lewis 2012, p. 55, fig. 9 q–r
Bracteacoccus bohemiensis Fučiková, Flechtner & Lewis 2012, p. 56, fig. 9 w–x

p. 471 2. **Dictyococcus schumacherensis** Metting 1980
= **Pseudomuriella schumacherensis** Fučiková, Rada & Lewis 2011
Fučiková, Rada & Lewis 2011, p. 428
Kultur: UTEX 2252

p. 480 1. **Spongiochloris spongiosa** (Vischer) Starr 1955
Ergänzung bei Vorkommen: Auch als Bodenalge in der Ukraine und in Russland gefunden.

3. **Spongiochloris gigantea** Bischoff & Bold 1963
Ergänzung bei Vorkommen: Auch in der Ukraine mehrfach nachgewiesen.

p. 482 5. **Spongiochloris excentrica** Starr 1955
Ergänzung bei Vorkommen: Als Bodenalge auch in Russland nachgewiesen.

6. **Spongiochloris minor** Chantanachat & Bold 1962
Ergänzung bei Vorkommen: Auch aus der Ukraine, Russland, Tadschikistan und von Felsen im Great Smoky Mountains Nationalpark (USA).

p. 491 14. **Familie Chlorosarcinaceae** Bourrelly ex Groover & Bold 1969
Ergänzung bei Literatur: Watanabe et al. 2006

p. 494 **Friedmannia israeliensis** Chantanachat & Bold 1962
= **Myrmecia israeliensis** (Chantanachat & Bold) Friedl 1995 (siehe Anmerkung auf p. 378).

p. 495 4. **Planophila** Gerneck 1907
Ergänzung bei Literatur: Friedl & O'Kelly 2002, p. 373

p. 496 4. **Planophila terrestris** Groover & Hofstetter 1969
= **Floydiella terrestris** (Groover & Hofstetter) Friedl & O'Kelly 2002.
Ergänzung bei Vorkommen: Auch aus Bodenproben von Russland und der Ukraine isoliert.
Ein aus Mineralboden von Signy Island, South Orkney Islands, Antarktis, von Broady (1979) als *Planophila* sp. B ? bezeichnetes Isolat wurde aufgrund von DNA Sequenzdaten von Friedl & O'Kelly (2002) als neue Gattung **Pabia** beschrieben (Friedl & O'Kelly 2002, p. 383).
Typus ist *Pabia signiensis* Friedl & O'Kelly 2002.

p. 498 **Chlorosphaeropsis alveolata** Herndon 1958
Ergänzung bei Vorkommen: Auch in 19 Jahre getrockneten Bodenproben (Iran) gefunden.

6. Desmotetra Deason & Floyd 1987
Gattungsdiagnose von Watanabe et al. (2006) emendiert.

Desmotetra stigmatica (Deason 1959) Deason & Floyd 1987
Syn.: *Chlorosarcina stigmatica* Deason 1959
Molekulare Daten und Ultrastruktur der Kulturen UTEX 962 und ASIB T 105 zeigten keine nahe Verwandtschaft dieser Stämme (Watanabe et al. 2006). Weiters besitzen die Zoosporen von T 105 doch eine Zellwand. UTEX 962 entspricht *Desmotetra stigmatica*, ASIB T 105 wurde zu einer neuen Gattung **Sarcinochlamys** S. Watanabe 2006 mit dem Typus **Sarcinochlamys stigmatica** S. Watanabe 2006. (Watanabe, Mitsui, Nakayama & Inouye 2006, p. 691, fig. 2, 3).

p. 499 Anhang zu **Chlorosarcinopsis** Herndon 1958
Desmochloris mollenhaueri Darienko, Friedl & Pröschold 2009, p. 31, fig. 3

Die Gattung **Desmochloris** Watanabe, Kuroda & Maiwa (2001) wurde aufgrund ultrastruktureller und molekulargenetischer Merkmale von *Chlorosarcinopsis* abgetrennt. Typus ist *D. halophila*, eine brackisch-marine Sippe. Aus Bodenkrusten von SW-Afrika isolierten Darienko et al. (2009) eine zweite Art **Desmochloris mollenhaueri** mit folgenden Merkmalen:
Zellen einzeln oder in Paketen, ellipsoidisch bis eiförmig bis kugelig mit dünner Wand. Chloroplast schüsselförmig,fast die Hälfte der Zelle einehmend , ein (bis zwei) Pyrenoid(e) mit Stärkehülle aus 3-4 großen Stärkekörnern.Fortpflanzung durch Zoo- und Aplanosporen, Zoosporen nackt, tropfenförmig, mit undeutlichem Pyrenoid und großem Stigma. Zellen 7,5–11,25 × 7,5–10 μm, Zoosporen 5–9 × 3–4 μm. Sexuelle Fortpflanzung nicht beobachtet.
Kulturen: SAG 2303, 2304.
Aus Bodenkrusten in der Succulent Karoo, Südafrika.

p. 505 **15. Chlorosarcinopsis minor** (Gerneck) Herndon 1958
Ergänzung bei Vorkommen: Auch aus 19 Jahre getrockneten Bodenproben eines Baumwollfeldes in der östlichen Türkei und aus Boden in Turkmenien isoliert.

p. 512 **2. Fottea stichococcoides** Hindak
Ergänzung bei Vorkommen: Aerophytisch auf Granitfelsen in der Ukraine.

3. Fottea pyrenoidosa Broady
Ergänzung bei Vorkommen: Im Sand am Ufer eines Sees nahe Bratislava (Hindák & Hindáková, 2003).

p. 513 **Geminella terricola** J. B. Petersen 1932
Ergänzung bei Vorkommen: Als Rindenalge im Great Smoky Mountains Nationalpark gefunden (Khaybullina et al. 2010)

p. 515 **9. Gloeotilopsis** Iyengar & Philipose 1956
Auf Basis von rDNA Analysen stellt Friedl (1996) *Pleurastrum paucicellulare* und *P. sarcinoideum* zur Gattung *Gloeotilopsis*:
Gloeotilopsis sarcinoidea (Groover & Bold) Friedl 1996
Syn.: *Protoderma sarcinoideum* (Groover & Bold) Tupa 1974
Pleurastrum sarcinoideum Groover & Bold 1969
Gloeotilopsis paucicellulare (Vischer) Friedl 1996
Syn.: *Pleurastrum paucicellulare* Vischer 1933
Rhexinema paucicellulare Geitler 1942

p. 518 Anhang Gloeotilaceae
Gattung **Coccothrix** Broady & Lokhorst 2000
Broady & Lokhorst 2000, p. 5.
Mit einer einzigen Art:
Coccothrix chlorolobata Broady & Lokhorst 2000 (Fig. A19)

Zellen einzeln, paarweise oder leicht zerfallende , unverzweigte gerade oder gebogene Fäden bildend, an den Querwänden stark eingeschnürt, ohne polare Differenzierung. Chloroplast meist parietal, oft die Hälfte der Zelle ausfüllend, kein Pyrenoid. Zellen 3,5–5 µ breit, 2–5 µmlang. Aus Bodenproben der Antarktis (La Gorce Mountains) isoliert. Taxonomische Stellung noch unklar.

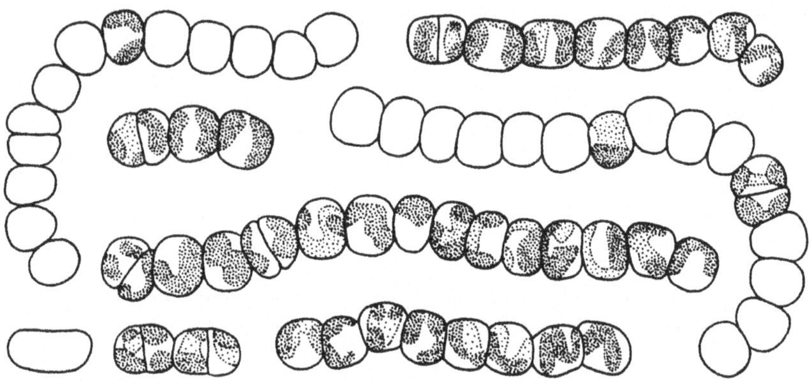

Fig. A19 *Coccothrix chlorolobata* (nach Broady & Lokhorst 2000).

p. 521 **3. Prasiola** Agardh 1821
Ergänzung zu Literatur: Rindi et al. 2004, p. 977
Von Rindi et al. wird die Gattung **Rosenvingiella** P. C. Silva (syn. *Gayella* Rosenvinge, nom. illeg.) von *Prasiola* getrennt. *Rosenvingiella polyrhiza* (Rosenvinge) P. C. Silva besiedelt Felsen im Küstenbereich, während *Rosenvingiella radicans* (Kützing) Rindi, McIvor & Guiry 2004 (syn. *Ulothrix radicans* Kützing 1849) vorwiegend terrestrisch vorkommt. Weitere Untersuchungen zu Vorkommen und Verbreitung sind notwendig.

p. 523 **1. Prasiola crispa** (Lightfoot) Meneghini
Ergänzung: Über ein lichenisiertes Vorkommen von *Prasiola crispa* ssp. *antarctica* Knebel 1935 als Phycobiont in der ornithokoprophilen Flechte *Mastodia tesselata* (Hook. f. & Harv.) Hook. f. & Harv. in der Antarktis berichten Kovačik & Batista Pereira (2001).

2. Prasiola calophylla (Carmichel) Meneghini 1838
Ergänzung zu Vorkommen: Als Bodenalge von den Windmill Islands (Antarktis) isoliert.

Von Küstenfelsen in Tasmanien wurde **Rosenvingiella tasmanica** Moniz, Rindi & Guiry 2012 beschrieben, die sich von anderen *Rosenvingiella*-arten durch Filamentdicke und genetisch unterscheidet (Moniz, Rindi & Guiry 2012, p. 93, fig. 24–30)

p. 526 **2. Protoderma sarcinoideum** (Groover & Bold) Tupa 1974 (Fig. 168: d, e)
= **Gloeotilopsis sarcinoidea** (Groover & Bold) Friedl 1996. (siehe auch p. 515)

p. 543 Eine weitere *Desmococcus*-Sippe ist
Desmococcus spinocystis Gärtner & Ingolič 2003
Gärtner & Ingolic 2003, p. 517.
Unterscheidt sich von *D. olivaceus* durch das Fehlen eines Pyrenoides.
Aus Boden in Dalmatien.

p. 545 **1. Dilabifilum arthopyreniae** (Vischer & Klement) Tschermak-Woess 1970
Ergänzung bei Vorkommen: Freilebend auf Granitfelsen in Meeresnähe, Japan.

Rhexinema paucicellulare (Vischer) Geitler 1942
= **Gloeotilopsis paucicellulare** (Vischer) Friedl 1996. (siehe p. 515)

p. 560 **1. Ulothrix variabilis** Kützing 1849
Ergänzung bei Vorkommen: Aus Waldboden im Great Smoky Mountains Nationalpark (Appalachen, USA) (Khaybullina et al. 2010)

p. 562 **3. Ulothrix verrucosa** Lokhorst 1974
= **Klebsormidium mucosum** (J. B. Petersen) Lokhorst & Star 1985

p. 566 **1. Pseudendoclonium basiliense** Vischer 1926
Ergänzung zu Vorkommen: Auf Mauern der Ruinen von Karthago (Tunesien).

p. 569 **1. Trebouxia** Puymaly
Ergänzung bei Literatur: Skaloud & Peksa 2010, p. 36
Sequenzanalysen (Skaloud & Peksa 2006) bestätigten die Aufrechterhaltung der Gattung *Asterochloris* Tschermak-Woess 1980 und führten zu Neukombinationen mehrerer *Trebouxia* arten, die hier aufgelistet werden:
Asterochloris glomerata Skaloud & Peksa (syn. *Trebouxia glomerata* (Waren) Ahmadjian; *Trebouxia pyriformis* Archibald)
Asterochloris irregularis (Hildreth & Ahmadjian) Skaloud & Peksa (syn. *Trebouxia irregularis* Hildreth & Ahmadjian)
Asterochloris magna (Archibald) Skaloud & Peksa (syn. *Trebouxia magna* Archibald; *Trebouxia lambii* Ahmadjian)
Asterochloris erici (Ahmadjian) Skaloud & Peksa (syn. *Trebouxia erici* Amadjian)
Asterochloris excentrica (Archibald) Skaloud & Peksa (syn. *Trebouxia excentrica* Archibald)
Asterochloris italiana (Archibald) Skaloud & Peksa (syn. *Trebouxia italiana* Archibald)

p. 571 **3. Trebouxia arboricola** Puymaly
Ergänzung bei Vorkommen: Als Phykobiont in *Anaptychia ciliaris* in Schweden nachgewiesen (Dahlkild et al. 2001), freilebend auf Granit-Denkmal in Bulgarien (Gärtner & Stoyneva 2003)

p. 578 **16. Trebouxia impressa** Ahmadjian 1960
Ergänzung bei Vorkommen: Auch in *Physcia-*, *Physconia*-und *Phaeophyscia*-arten nachgewiesen (Schweden, Finnland, Sibirien und Mexiko).

p. 579 **20. Trebouxia jamesii** (Hildreth & Ahmadjian) Gärtner 1985
subsp. angustilobata A. Beck 1999.
Beck 1999, p.501.
unterscheidet sich vom Typus durch feiner gelappten Chloroplasten.
Zellen bis 20 µm im Durchmesser.
Aus *Lecidea lapicida* isoliert. Bei Hüttschlag (Land Salzburg).

p. 583 **26. Trebouxia simplex** Tschermak-Woess 1978
Ergänzung bei Vorkommen: Auch in *Thamnolia vermicularis* (Steiermark, Österreich) nachgewiesen (Dahlkild et al. 2006).

1. Pleurastrum insigne Chodat 1894
rDNA Sequenzdaten und Ultrastruktur der Zoosporen weisen auf nahe Verwandtschaft mit *Chlamydopodium* (*C. vacuolatum*) hin (Friedl 1996). Die Zoosporen besitzen eine dünne Wand. Kultur SAG 30.93.

p. 586 **1. Trentepohlia** Martius 1817
Rindi et al. (2005) untersuchten Vorkommen von *Trentepohlia*- und *Printzina* arten auf Hawai und dokumentierten insgesamt 8 Taxa vorwiegend auf Baumrinden.
Molekulare Daten sprechen eher gegen eine Trennung der Gattungen *Trentepohlia* und *Printzina* (López-Bautista et al. 2006).
Über weitere Vorkommen bemerkenswerter *Trentepohlia*-arten aus den Tropen Französisch-Guianas berichten Rindi & López Bautista (2007) mit 2 neuen Arten, *Trentepohlia chapmanii* Rindi & López-Bautista 2007 (p. 699) und *Trentepohlia infestans* Rindi & Lopez-Bautista 2007 (p. 704).
Für weitere Details zu diesen ausschließlich nach Freiland- und Lebendmaterial beschriebenen Arten sei auf die Originalpublikation verwiesen.

p. 591 **7. Trentepohlia iolithus** (Linné) Wallroth 1833
Ergänzung bei Vorkommen: Auf feuchtem Dolomitfelsen, Provinz Murcia, SE-spanien (Aboal et al. 2002)

p. 592 **11. Trentepohlia umbrina** (Kützing) Bornet 1878
Ergänzung bei Synonyma: *Phycopeltis umbrina* (Kützing) Thompson & Wujek 1997, p. 89.

p. 595 **3. Phycopeltis** Millardet 1870
Neustupa (2003) dokumentiert 12 epiphyll vorkommende Arten der Gattung aus Malaysien, Sumatra und Java. Eine neue Art, *Phycopeltis theaensis* Neustupa 2003 (p. 496, fig. 5–7, 20–22) kommt auf Blättern von *Thea sinensis* vor (Pahang, Malaysia).

p. 597 **Spongiochrysis hawaiiensis** Rindi, Lopez-Bautista, Sherwood & Guiry 2006
Zellen einzeln oder in paarweise, kugelig bis oval, Chloroplast einzeln, axial und sternförmig. Fortpflanzung durch spezielle Form der Autosporenbildung (Knospung) Zellen10–20µm im Durchmesser. Bildet rot-orange-grüne Krusten auf Rinde von *Casuarina*-arten in Hawai.
Phylogenetische Analysen bestätigen die Zuordnung zu den Cladophorales. Neben *Cladophorella* eine zweite aeroterrestrische Sippe dieser Ordnung

p. 598 **Chlorokybus atmophyticus** Geitler
Ergänzung bei Vorkommen: Aerophytisch auf Granitfelsen in der Ukraine (Mikhailyuk et al. 2003)

p. 599 **1. Klebsormidium** Silva, Mattox et Blackwell 1972
Ergänzung bei Literatur: Skaloud (2006) untersuchte die morphologische Variation verschiedener Isolate, insbesonders die Unterscheidung von *K. flaccidum* und *K. nitens*.
Rindi et al. (2008) dokumentierten *Klebsormidium* in verschiedenen europäischen Städten. Die morpholgische Uniformität stand im Gegensatz zur phylogenetischen Diversität.
Uzunov et al. (2012) untersuchten Akinetenbildung bei *Klebsormidium dissectum* aus Bodenproben in Bulgarien.

Korrektur: **1. Klebsormidium crenulatum** (Kützing) Lokhorst & Star 1985
Ergänzung bei Vorkommen: Epiphytisch in Massen an Baumstämmen im Rheinland (Frahm 1999).

p. 604 **2. Stichococcus** Nägeli 1849 (Trebouxiophyceae)
Ergänzung bei Literatur: Gärtner et al. 2007.

p. 607 **4. Stichococcus exiguus** Gerneck 1907
Ergänzung bei Vorkommen: Aus Boden in Svalbard isoliert (experimentell als psychrotrophisch charakterisiert (Kvíderová & Lukavský 2005)).

p. 608 **Stichococcus ampulliformis** Handa 2003 (Fig. A20)
Handa et al. 2003, p. 209, fig. 1–24.
Zellen einzeln, kugelig bis abgerundet, ein parietaler Chloroplast ohne Pyrenoid. Fortpflanzung durch ungleich große Tochterzellen (Knospung), bisweilen kurze Fadenbildung. Zellen 6-9 µm breit, 7-10µm lang.
Als Aufwuchs auf Rinde von *Cephalotaxus harringtonia*, Hiroshima Präfektur, Japan.
Molekularphylogenetisch zur Gattung *Stichococcus* gehörend.
Neustupa & Šejnohová (2003) beschrieben eine tropische subaerische Sippe mit ebensolcher Fortpflanzungsweise als Vertreter der Gattung *Marvania* Hindák:
Marvania aerophytica Neustupa & Šejnohová 2003.
Eliáš & Neustupa (2009) vereinigten anhand von Sequenzanalysen *Stichococcus ampulliformis* und *Marvania aerophytica* in der neuen Gattung **Pseudomarvania** Eliáš & Neustupa 2009

Diese Gattung enthält nunmehr 2 Arten:
–*Pseudomarvania aerophytica* (Neustupa & Šejnohová) Eliáš & Neustupa
– *Pseudomarvania ampulliformis* (Handa) Eliáš & Neustupa.

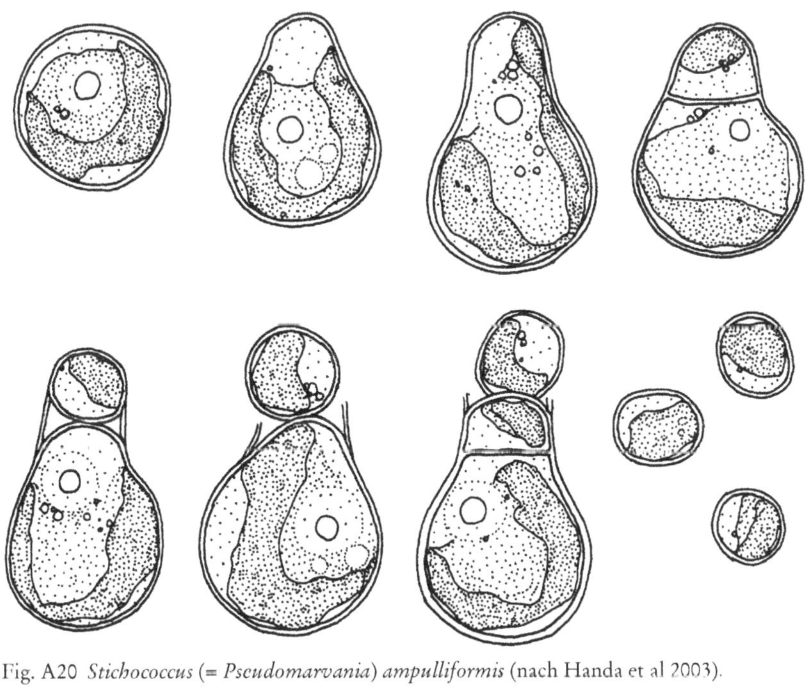

Fig. A20 *Stichococcus* (= *Pseudomarvania*) *ampulliformis* (nach Handa et al 2003).

2 weitere *Stichococcus*-arten veröffentlichten Neustupa et al. 2007:
Stichococcus deasonii Neustupa, Eliáš & Šejnohova nomen novum Neustupa, Eliaš & Sejnohová 2007, p.60.
syn.: *Hormidium marinum* Deason 1969.
Stichococcus jenerensis Neustupa, Eliáš & Sejnohova 2007 aus Bodenkruste, Kelantan, Malaysia.
Molekulargenetisch stehen die beiden Sippen *Stichococcus bacillaris* nahe, Abbildung und Ultrastruktur (Chloroplast mit Pyrenoid, letzteres bei fast allen *Stichococcus*arten vorhanden, Gärtner et al. 2007) weisen darauf hin.

p. 609 **2. Raphidonema sempervirens** Chodat 1913
Ergänzung bei Vorkommen: Von Felsen im Great Smoky Mountains Nationalpark (Appalachen, USA) (Khaybullina et al. 2010).

p. 610 **4. Hormidiella** Iyengar & Kanthamma 1940

Eine zweite terrestrische Sippe ist
Hormidiella attenuata Lokhorst 2000
Lokhorst et al. 2000, p.12
Zellfäden bis 500 µm lang, 11,1–13,6 µm breit, Zoosporen 9,3–13,6 µm lang und 4,5–6,8 µm breit.
Aus Boden bei Sao Carlos (Brasilien).

Literaturverzeichnis

Abe, K., Takizawa, H., Kimura, S. & Hirano, M. (2004): Characteristics of chlorophyll formation of the aerial microalga *Coelastrella striolata* var. *multistriata* and its application for environmental biomonitoring. – J. of Bioscience and Bioengineering 98: 34–39.

Aboal, M., Egidos, A. I., Marín, J. P. & Asencio, A. D. (2002): *Trentepohlia iolithus* (L.) Wallroth 1833 (Chlorophyta, Ulvophyceae) in subaerial habitats from southeastern Spain. – Algol. Stud. 107: 153–162.

Andersen, R. A. (Ed.) 2005: Algal Culturing Techniques.-Elsevier, 578 pp.

Andreeva, V. M. (1975): Rod *Chlorella*. – 1–88 p.

Andreeva, V. M. (1995) *Pseudodictyococcus pyramidalis*, the new genus and species from the family Chlorococcaceae (Chlorococcales, Chlorophyta). – Botanicheskii Zhournal 80: 102–110.

Andreeva, V. M. (1998): Terrestrial and aerophilic green algae (Chlorophyta:Tetrasporales, Chlorococcales, Chlorosarcinales). Nauka, St.Petersburg, 350 pp.(in Russisch mit engl. Zusammenfassung).

Beck, A. (1999): Photobiont inventory of a lichen community growing on heavy-metal-rich rock.- Lichenologist 31: 501–510.

Begum A. & Broady, P. A. (2002): *Chlorellidium pyrenoidosum* spec. nova (Mischococcales, Xanthophyceae) from New Zealand soils. – Algol. Stud. 107: 163–172.

Bock, C., Krienitz, L. & Pröschold, T. (2011): Taxonomic reassessment of the genus *Chlorella* (Trebouxiophyceae) using molecular signatures (barcodes), including description of seven new species. – Fottea 11: 293–312.

Bock, C., Pröschold, T. & Krienitz, L. (2010): Two new *Dictyosphaerium* morphotype lineages of the Chlorellaceae (Trebouxiophyceae): *Heynigia* gen. nov. and *Hindakia* gen.nov. – Eur. J. Phycol. 45:267–277.

Bock, W. (1970): Felsen und Mauern als Diatomeen-Standorte. – Beih. Nova Hedwigia 31: 395–442.

Broady, P. A. & Lokhorst, G. M. (2000): *Coccothrix chlorolobata* gen. et sp. nov. (Gloeotilales, Chlorophyceae) from La Gorce Mountains, Antarctica. – Algol. Stud. 100: 1–9.

Broady P.A., Ohtani S. & Ingerfeld M. (1997): A comparison of strains of *Xanthonema* (= *Heterothrix*, Tribonematales, Xanthophyceae) from Antarctica, Europe, and New Zealand. – Phycologia 36: 164–171.

Caraus, I. (2002): The algae of Romania. – Studii si Cercetari, Universitatea Bacau, Biologie 7: 1–694.

Cavacini, P. (2001): Soil algae from northern Victoria Land (Antarctica). – Polar Biosci. 14: 45–60.

Dahlkild, Å., Källersjö, M., Lohtander, K. & Tehler, A. (2001): Photobiont Diversity in the Physciaceae (Lecanorales). – The Bryologist 104: 527–536.

Dahlkild, Å., Kantvilas, G., & Grube, M. (2006): The identity and relationship of the photobionts associated with the strictly sterile genera *Siphula* (Icmadophilaceae) and *Parasiphula* (Coccotremataceae) (Lichenized Ascomycetes). In: Dahlkild, Å. Phylogenetic and ecological studies in lichenology: including studies of both mycobiont and phycobiont. Stockholm University, Faculty of Science, Department of Botany.

Darienko, T., Friedl, T. & Pröschold, T. (2009): *Desmochloris mollenhaueri* – a new terrestrial ulvophycean alga from south-west African soils. (Molecular phylogeny and systematics of terrestrial Ulvophyceae I.) – Algol. Stud. 129: 25–40.

Darienko, T., Gustavs, L., Mudimu O., Rad Menendez, C., Schumann, R., Karsten, U., Friedl, T. & Pröschold, T. (2010): *Chloroidium*, a common terrestrial coccoid green alga previously assigned to *Chlorella* (Trebouxiophyceae, Chlorophyta). – Eur. J.Phycol. 45: 79–95.

Darienko, T. & Hoffmann, L. (2003): Algal growth on cultural monuments in Ukraine. – Biologia (Bratislava) 58: 575–587.

Darienko, T. & Hoffmann, L. (2010): Subaerial algae and cyanobacteria from the archaeological remains of Carthage (Tunisia), including the record of a species of *Cyanidium* (Rhodophyta). – Algol. Stud. 135: 41–60.

Demchenko, E. H. (1996): A new species from the genus *Chlorococcum* Menegh. emend. Starr (Chlorophyta, Chlorococcaceae). – Algologija 6: 199–204 (in Russisch).

Eliáš, M. & Neustupa, J. (2009): *Pseudomarvania*, gen. nov. (Chlorophyta, Trebouxiophyceae), a new genus for "budding" subaerial green algae *Marvania aerophytica* Neustupa et Šejnohová and *Stichococcus ampulliformis* Handa. – Fottea 9: 169–177.

Eliáš, M. & Neustupa, J. & Škaloud, P. (2008): *Elliptochloris bilobata* var. *corticola* var. nov. (Trebouxiophyceae, Chlorophyta), a novel subaerial coccal green alga. – Biologia (Bratislava) 63: 791–798.

Eloranta, P., Kwandrans, J. & Kusel-Fetzmann, E. (2011): Rhodophyta and Phaeophyceae. In: Büdel, B., Gärtner, G., Krienitz, L., Preisig, H.R. & Schagerl, M. (eds.), Süßwasserflora von Mitteleuropa, 7, Springer Spektrum, 156 pp.

Ettl, H. (1983): Chlorophyta I. Phytomonadina. In: Ettl, H., Gerloff, J., Heynig, H. & Mollenhauer, D. (eds.), Süßwasserflora von Mitteleuropa 9, G. Fischer, Stuttgart, 807 pp.

Ettl, H. & Kácha, A. (1958): Zwei wenig bekannte Heterokonten. – Botaniska Notiser 111: 512–516.

Frahm, J.-P. (1999): Epiphytische Massenvorkommen der fädigen Grünalge *Klebsormidium crenulatum* (Kützing) Lokhorst im Rheinland. – Decheniana (Bonn) 152: 117–119.

Friedl, T. (1995): Inferring taxonomic positions and testing genus level assignments in coccoid green lichen algae: a phylogenetic analysis of 18S ribosomal RNA sequences from *Dictyochloropsis reticulata* and from members of the genus *Myrmecia* (Chlorophyta, Trebouxiophyceae cl. nov.). – J. Phycol. 31: 632–639.

Friedl, T. (1996): Evolution of the polyphyletic genus *Pleurastrum* (Chlorophyta): inferences from nuclear-encoded ribosomal DNA sequences and motile cell structure. – Phycologia 35: 456–469.

Friedl, T. (1997): The evolution of the green algae. In: Bhattacharya D. (ed.), Origin of Algae and their Plastids. Springer, Wien, p. 87–101.

Friedl, T. & Büdel, B. (2008): Photobionts. In: Nash III, Th. H. (Ed.) Lichen Biology , 9–26, Cambridge University Press.

Friedl, T. & O'Kelly, C. J. (2002): Phylogenetic relationships of green algae assigned to the genus *Planophila* (Chlorophyta): evidence from 18S rDNA sequence data and ultrastructure. – Eur. J. Phycol. 37: 373–384.

Fučíková, K., Flechtner, V. R. & Lewis, L. A. (2012): Revision of the genus *Bracteacoccus* Tereg (Chlorophyceae, Chlorophyta) based on a phylogenetic approach. – Nova Hedwigia 96 (1–2): 15–59.

Fučíková, K., Rada J. C. & Lewis, L. A. (2011): The tangled taxonomic history of *Dictyococcus, Bracteacoccus* and *Pseudomuriella* (Chlorophyceae, Chlorophyta) and their distinction based on a phylogenetic perspective. – Phycologia 50: 422–429.

Fučikova, K. & Lewis, L. A. (2012): Intersection of *Chlorella*, *Muriella* and *Bracteacoccus*: Resurrecting the genus *Chromochloris* Kol & Chodat (Chlorophyceae, Chlorophyta). – Fottea 12: 83–93.

Gärtner, G., Fahrthofer, K. Ingolič, E. & Tschaikner, A. (2007): Contribution to the taxonomy of terrestrial *Stichococcus* species (Chlorophyta, Trebouxiophyceae). – Sympos. Biology and Taxonomy of Green Algae V, 25.–29.6.2007, Smolenice, book of abstracts (ed. F. Hindák), Bratislava.

Gärtner, G. & Ingolič, E. (2003): Further studies on *Desmococcus* Brand emend. Vischer (Chlorophyta, Trebouxiophyceae) and a new species *Desmococcus spinocystis* sp. nov. from soil. – Biologia (Bratislava) 58: 517–523.

Gärtner, G. & Stoyneva, M. (2003): First study of aerophytic cryptogams on monuments in Bulgaria. – Ber. nat.-med. Verein Innsbruck 90: 73–82.

Gärtner G., Stoyneva, M. P., Uzunov, B. A., Mancheva, A. D. & Ingolić, E.(2012): Ultrastructure of vegetative cells and autospores of an aerophytic strain of *Vischeria stellata* (Chod. ex Poulton) Pascher (Eustigmatophyceae) from Bulgaria. – Fottea, Olomouc, 12 (2): 273–280.

Gärtner, G., Uzunov, B. A., Stoyneva, M. P., Kofler, W. & Ingolić, E. (2010): *Trochisciopsis tetraspora* f. *minor* forma nova (Chlorophyceae, Chlorococcaceae) – a new terrestrial green algal taxon from Pirin Mts. (Bulgaria) and its ultrastructure. – Phyton (Horn, Austria) 50: 127–136.

Gomez, C. P., Johansen, J. R. & Lowe, R. L. (2003): Epilithic aerial algae of Great Smoky Mountains National Park. – Biologia 58: 603–615.

Graham, L. E., Graham J. M. & Wilcox L. W. (2009): Algae. 2nd ed., Pearson Benjamin Cummings, San Francisco, 616 pp.

Guiry, M. D. & Guiry, G. M. (2013):AlgaeBase. World-wide electronic publication, National University of Ireland, Galway. http://www.algaebase.org; searched on 21.6.2013.

Hanagata, N. (1998): Phylogeny of the subfamily Scotiellocystoideae (Chlorophyceae, Chlorophyta) and related taxa inferred from 18S ribosomal RNA gene sequence data. – J. Phycol. 34: 1049–1054.

Hanagata, N., Karube, I. & Chihara, M. (1996): Bark-inhabiting green algae in Japan (1) *Scenedesmus komarekii* and *Coelastrella multistriata* var. *multistriata* (Scotiellocystoideae, Chlorellaceae, Chlorophyceae). – J. Jpn. Bot. 71: 87–97.

Hangata, N., Karube, I. & Chihara, M. (1997): Bark-Inhabiting Green Algae in Japan (3) *Chlorella trebouxioides* and *Ch. angusto ellipsoidea*, sp. nov., (Chlorelloideae, Chlorellaceae, Chlorococcales). – J. Jpn. Bot. 72: 36–43.

Handa, S., Nakahara, M., Tsubota, H., Deguchi, H. & Nakano, T. (2003): A new aerial alga, *Stichococcus ampulliformis* sp. nov. (Trebouxiophyceae, Chlorophyta) from Japan. – Phycological Research 51: 203–210.

Hegewald, E. & Hanagata, N. (2000): Phylogenetic studies on Scenedesmaceae (Chlorophyta). – Algol. Stud. 100: 29–49.

Hegewald, E. & Hanagata, N. (2002): Validation of the new combinations of *Coelastrella* and *Neodesmus* and the description of the new subfamily Desmodesmoideae of the Scenedesmaceae (Chlorophyta). – Algol. Stud. 105: 7–9.

Hindák, F. & Hindáková, A. (2003): Morphology and taxonomy of three simple green filamentous algae (Chlorophyta). – Biologia (Bratislava)58: 509–515.
Hofbauer, W. (2007): Aerophytische Organismen an Bauteiloberflächen. Dissertation, Leopold-Franzens-Universität Innsbruck, 436 pp.
Hofbauer, W., Gärtner, G. & Breuer, W (2006): Aktuelle Nachweise von *Porphyridium purpureum* (Bory) Drew & Ross 1965 (Rhodophyta, Porphyridiales) aus Nordtirol und Bayern sowie Bemerkungen zur Kultur dieser aerophytischen Rotalge. – Ber. naturwiss. – med. Verein Innsbruck 93: 31–38.
Hofbauer, W., Gärtner, G., Rennebarth, Th., Sedlbauer, K., Mayer, F. & Breuer, K. (2011): *Excentrochloris fraunhoferiana* sp. nov. (Botrydiopsidaceae, Xanthophyceae), a new aerophytic species from the surfaces of modern buildings. – Fottea 11: 279–291.
Hoffmann, L., Ector, L. & Kostikov, I. (2007): Algal flora from limed and unlimed forest soils in the Ardenne (Belgium). – Systematics and Geography of Plants 77: 15–90.
Hofmann, G., Werum, M. & Lange-Bertalot, H. (2011): Diatomeen im Süßwasser-Benthos von Mitteleuropa. – A. R. G. Gantner, Rugell, 908 pp.
Huss, V. A. R., Frank, C., Hartmann, E. C., Hirmer, M., Kloboucek, A., Seidel, B. M., Wenzeler, P. & Kessler, E. (1999): Biochemical taxonomy and molecular phylogeny of the genus *Chlorella* sensu lato (Chlorophyta). – J. Phycol. 35: 587–598.
Johansen J, R., Fučikova K. & Fitzpatrick M. H.(2005): The red alga genus *Rhodospora* (Bangiophycidae, Rhodophyta): first report from North America. – J. Phycol. 41: 1281–1283.
Kalina, T. (1996): *Glaphyrella*, a new generic name, proposed for *Chlorella saccharophila* group (Chlorophyceae). – Eur. J. Phycol. 31 (suppl.): 35, abstract 246.
Karsten, U., Friedl, T., Schumann, R., Hoyer, K. & Lembcke, S. (2005): Mycosporine-like amino acids and phylogenies in green algae: *Prasiola* and its relatives from the Trebouxiophyceae (Chlorophyta). – J. Phycol. 41: 557–566.
Khaybullina, L. S., Gaysina, L. A., Johansen, J. R. & Krautová, M. (2010): Examination of the terrestrial algae of the Great Smoky Mountains National Park, USA. – Fottea 10: 201–215.
Kostikov, I. (1991 a): Novinja vid rody *Polytoma* Ehr. (Volvocales, Chlorophyceae). – Ukr. Botan. Zhurnal 48: 93–97 (in Ukrainisch).
Kostikov, I. (1991 b): *Chloromonas antrorum* (Volvocales, Chlorophyta) – a new species from the upper Krim. – Botan. Zhurnal 76: 990–992 (in Ukrainisch).
Kostikov, I., Darienko, T., Lukešová, A. & Hoffmann, L. (2002): Revision of the classification system of Radiococcaceae Fott ex Komárek (except the subfamily Dictyochlorelloideae) (Chlorophyta). – Algol. Stud. 104: 23–58.
Kostikov, I. & Hoffmann, L. (2002): What is *Nephrodiella brevis* Vischer?. – Algol. Stud. 104: 1–21.
Kostikov, I., Romanenko, P. O., Demchenko, E. M., Darienko, T., Michailjuk, T. I., Ribchinskii & Solonenko, A. M. (2001): Wodorosti Gruntiv Ukraini. Kiev, 299 pp. (in Ukrainisch).
Kostikov, I. & Solonenko, A. N. (1991): About a new variety of *Chlorogonium euchlorum* from the soils of Ukraine. – Biologicheskie nauki 333: 153–159 (in Ukrainisch).
Kovačik, L. & Batista Pereira, A. (2001): Green alga *Prasiola crispa* and its lichenized form *Mastodia tesselata* in Antarctic environment: General aspects. – Nova Hedwigia, Beih. 123: 465–478.
Krienitz, L., Bock, C., Dadheech, P. K. & Pröschold, T. (2011): Taxonomic reassessment of the genus *Mychonastes* (Chlorophyceae, Chlorophyta) including the description of eight new species. – Phycologia 50: 89–106.
Krienitz, L., Bock, C., Luo, W. & Pröschold, T. (2010): Polyphyletic origin of the *Dictyosphaerium*-morphotype within Chlorellaceae (Trebouxiophyceae). – J. Phycol. 46: 559–563.
Krienitz, L., Hegewald, E. H., Hepperle, D., Huss, V. A. R., Rohr, T. & Wolf, M. (2004): Phylogenetic relationship of *Chlorella* and *Parachlorella* gen. nov. (Chlorophyta, Trebouxiophyceae). – Phycologia 43: 529–542.
Kristiansen, J. & Preisig, H. R.(2001): Encyclopedia of Chrysophyte Genera. – Bibl. Phycol. 110: 1–260.
Kristiansen, J. & Preisig, H. R. (2007): Chrysophyte and Haptophyte Algae, 2: Synurophyceae. In: Büdel, B., Gärtner, G., Krienitz, L., Preisig, H.R. & Schagerl, M. (eds), Süßwasserflora von Mitteleuropa, 1/2, Springer Spektrum, 252 pp.
Krivograd-Klemenčič, A., Toman, M. J. & Balabanič, D. (2009): Records of new algal taxa within various aquatic and aerophytic habitats in Slovenia. – Natura Sloveniae 11: 5–26.
Kvíderová, J. & Lukavský, J. (2005): The comparison of ecological characteristics of *Stichococcus* (Chlorophyta) strains isolated from polar and temperate regions. – Algol. Stud. 118: 127–140.
Lee, R. E. (2008): Phycology 4th edn. Cambridge University Press.

Ling, H. U. & Seppelt, R. D. (1998): Non-marine algae and cyanobacteria of the Windmill Islands region, Antarctica with description of two new species. – Algol. Stud. 89: 49–62.

Lokhorst, G. M. & Star, W. (1985): Ultrastructure of mitosis and cytokinesis in *Klebsormidium mucosum* nov. comb., formerly *Ulothrix verrucosa* (Chlorophyta). – J. Phycol. 21: 466–476.

Lokhorst, G. M., Star, W. & Lukešová, A. (2000): The new species *Hormidiella attenuata* (Klebsormidiales), notes on morphology and reproduction. – Algol. Stud. 100: 11–27.

López-Bautista, J. M., Rindi, F. & Guiry, M. D. (2006): Molecular systematics of the green algal order Trentepohliales: an assessment based on morphological and molecular data. – Intern. J. of Systematic and Evolutionary Microbiology 56: 1709–1715.

Luo, W., Pflugmacher, S., Pröschold, T., Walz, N. & Krienitz, L. (2006): Genotype versus phenotype variability in *Chlorella* and *Micractinium* (Chlorophyta, Trebouxiophyceae). – Protist 157: 315–333.

Luo, W., Pröschold, T., Bock, C. & Krienitz, L. (2010): Generic concept in *Chlorella*-related coccoid green algae (Chlorophyta, Trebouxiophyceae). – Plant Biol. 12: 545–553.

Massalski, A., Mrozinska, T. & Olech, M. (1995): *Lobococcus irregularis* (Boye-Pet.) Reisigl var. *antarcticus* var. nova (Chlorellales, Chlorophyta) from King George Island, South Shetland Islands, Antarctica, and its ultrastructure. – Nova Hedwigia 61: 199–206.

Massjuk, N. P. & Kostikov, I. (1986): Rid *Polytomella* Aragao (Dunaliellaceae, Volvocales, Chlorophyceae, Chlorophycophyta) i flori SRSR. – Ukr. Botan. Zhurnal 43: 100–104.

Matsuzaki, R., Hara, Y. & Nozaki, H. (2012): A taxonomic revision of *Chloromonas reticulata* (Volvocales, Chlorophyceae), the type species of the genus *Chloromonas*, based on multigene phylogeny and comparative light and electron microscopy. – Phycologia 51: 74–85.

Matsuzaki, R., Nakada, T., Hara , Y. & Nozaki, H. (2013): Description of *Chloromonas kasaiae* sp. nov. (Volvocales, Chlorophyceae), based on comparative electron microscopy and molecular data. – Phycologia 52: 239–245.

Mikhailyuk, T. I., Demchenko, E. M. & Kondratyuk, S. Y. (2003a): *Parietochloris ovoideus* sp. nova (Trebouxiophyceae, Chlorophyta), a new aerophyte alga from Ukraine. – Algol. Stud. 110: 1–16.

Mikhailyuk, T. I., Demchenko, E. M. & Kondratyuk, S. Y. (2003b): Algae of granite outcrops from the left bank of the river Pivdennyi Bug (Ukraine). – Biologia (Bratislava) 58: 589–601.

Mikhailyuk, T. I., Tsarenko, P. M., Nevo, E. & Wasser, S. P. (2001): Additions to the study of aerophytic algae of Israel. – Int. J. on Algae 3: 19–39.

Moniz, M. B. J., Rindi, F. & Guiry, M. D. (2012): Phylogeny and taxonomy of Prasiolales (Trebouxiophyceae, Chlorophyta) from Tasmania, including *Rosenvingiella tasmanica* sp. nov. – Phycologia 51: 86–97.

Nakada, T., Nozaki, H. & Pröschold, T. (2008): Molecular phylogeny, ultrastructure and taxonomic revision of *Chlorogonium* (Chlorophyta): emendation of *Chlorogonium* Ehrenberg and description of *Gungnir* gen. nov. and *Rusalka* gen. nov. – J. Phycol. 44: 751–760.

Nakada, T., Soga, T., Tomita, M. Nozaki, H. (2010): *Chlorogonium complexum* sp. nov. (Volvocales, Chlorophyceae), and morphological evolution of *Chlorogonium*. – Eur. J. Phycol. 45: 97–106.

Němcová, Y., Eliáš, M., Škaloud, P., Hodač, L. & Neustupa, J. (2011): *Jenufa* gen. nov.: a new genus of coccoid green algae (Chlorophyceae, incertae sedis) previously recorded by environmental sequencing. – J. Phycol. 47: 928–938.

Neustupa, J. (2003): The genus *Phycopeltis* (Trentepohliales, Chlorophyta) from tropical Southeast Asia. – Nova Hedwigia 76: 487–505.

Neustupa, J. (2004): Two new aerophytic species of the genus *Podohedra* Düringer (Chlorophyceae). – Algol. Stud. 112: 1–16.

Neustupa, J., Eliáš, M., Škaloud, P., Němcova, Y. & Šejnohová, L. (2011): *Xylochloris irregularis* gen. et sp. nov. (Trebouxiophyceae, Chlorophyta), a novel subaerial coccoid green alga. – Phycologia 50: 57–66.

Neustupa, J. & Němcová, Y. (2001): Morphological and taxonomic study of three terrestrial Eustigmatophycean species. – Beih. Nova Hedwigia 123: 373–386.

Neustupa, J., Němcová, Y., Eliaš, M. & Škaloud, P. (2009): *Kalinella bambusicola* gen. et sp. nov. (Trebouxiophyceae, Chlorophyta), a novel coccoid *Chlorella*-like subaerial alga from Southeast Asia. – Phycological Research 57: 159–169.

Neustupa, J., Němcová, Y., Veselá, J., Steinová, J. & Škaloud, P. (2013): *Leptochlorella corticola* gen. et sp. nov. and *Kalinella apyrenoidosa* sp. nov.: two novel *Chlorella*-like green microalgae (Trebouxiophyceae, Chlorophyta) from subaerial habitats. – Intern. J. of Systematic and Evolutionary Microbiology 63: 377–387.

Neustupa, J. & Němjová, K. (2008): Quantitative assessment of morphological variation of six *Pseudococcomyxa* strains by geometric morphometric descriptors. – Fottea 8: 111–116.

Neustupa, J. & Šejnohová, L. (2003): *Marvania aerophytica* sp. nov., a new subaerial tropical green alga. – Biologia (Bratislava) 58: 503–507.

Nichols H.W., Wong S., Deacon J. S., Thomas C. M. & Nichols M. S. (1992): New algae from prairie soils. 1. The genus *Tribonema*. – Phytomorphology 42: 15–33.

Novis, P. M., Beer, T. & Vallance, J. (2008): New records of microalgae from the New Zealand alpine zone, and their distribution and dispersal. – New Zealand J. of Botany 46: 347–366.

Ott F. D. (1987): A brief review of the species of *Porphyridium* with additional records for the rarely collected alga *Porphyridium sordidum* Geitler, 1932 (Rhodophycophyta, Porphyridiales). – Arch. Protistenkd. 134: 35–41.

Pröschold, T. & Leliaert, F. (2007): Systematics of the green algae: conflict of classic and modern approaches. In: Brodie, J., Lewis, J. (eds.) Unravelling the algae; the past, present, and future of algal systematics. The Systematics Association Special Volume 75: 123–153. CRC Press, Boca Raton, London, New York.

Pröschold, T., Darienko, T., Silva, P. C., Reisser, W. & Krienitz, L. (2011): The systematics of „*Zoochlorella*" revisited employing an integrative approach. – Environ. Microbiol. 13: 350–364.

Pröschold, T., Marin, B., Schlösser, U.G. & Melkonian, M. (2001): Molecular Phylogeny and Taxonomic Revision of *Chlamydomonas* (Chlorophyta). I. Emendation of *Chlamydomonas* Ehrenberg and *Chloromonas* Gobi, and Description of Oogamochlamys gen. nov. and *Lobochlamys* gen. nov. – Protist 152: 265–300.

Rifón-Lastra, A. & Noguerol-Seoane, Á. (2001): Algunas Chlorellaceae nuevas o poco citadas para la Península Ibérica. – Botanica Complutensis 25: 165–177.

Rindi, F., Guiry, M. D. & López-Bautista, J. M. (2008): Distribution, morphology and phylogeny of *Klebsormidium* (Klebsormidiales, Charophyceae) in urban environments in Europe. – J. Phycol. 44: 1529–1540.

Rindi, F. & López-Bautista, J. M. (2007): New and interesting records of *Trentepohlia* (Trentepohliales, Chlorophyta) from French Guiana, including the description of two new species. – Phycologia 46: 698–708.

Rindi, F., López-Bautista, J. M., Sherwood, A. R. & Guiry, M. D. (2006): Morpholgy and phylogenetic position of *Spongiochrysis hawaiiensis* gen. et sp. nov., the first known terrestrial member of the order Cladophorales (Ulvophyceae, Chlorophyta). – Intern. J. of Systematic and Evolutionary Microbiology 56: 913–922.

Rindi, F., McIvor, L. & Guiry, M. D. (2004): The Prasiolales (Chlorophyta) of Atlantic Europe: an assessment based on morphological, molecular, and ecological data, including the characterization of *Rosenvingiella radicans* (Kützing) comb. nov. – J. Phycol. 40: 977–997.

Rindi, F., Sherwood, A. & Guiry, M. (2005): Taxonomy and distribution of *Trentepohlia* and *Printzina* (Trentepohliales, Chlorophyta) in the Hawaiian Islands. – Phycologia 44: 270–284.

Round F. E., Crawford R. M. & Mann D. G. (1990): The Diatoms. Biology & Morphology of the genera. Cambridge Univ. Press, 747 pp.

Santos L. M. A. & Leedale G. F. (1995). Some notes on the ultrastructure of small azoosporic members of the algal class Eustigmatophyceae. – Nova Hedwigia 60: 219–225.

Schmid, A-M. (1979): Influence of Environmental Factors of the Development of the Valve in Diatoms. – Protoplasma 99: 99–115.

Silva, P. C. (1996): Taxonomic and nomenclatural status of *Trochiscia* Kützing and *Trochiscia moniliformis* Montagne. – Cryptogamie, Algol. 17: 69–75.

Škaloud, P. (2006): Variation and taxonomic significance of some morphological features in European strains of *Klebsormidium* (Klebsormidiophyceae, Streptophyta). – Nova Hedwigia 83: 533–550.

Škaloud, P., Neustupa, J., Radochová, B. & Kubínová, L. (2005): Confocal microscopy of chloroplast morphology and ontogeny in three strains of *Dictyochloropsis* (Trebouxiophyceae, Chlorophyta). – Phycologia 44: 261–269.

Skaloud, P. & Peksa, O. (2010): Evolutionary inferences based on ITS rDNA and actin sequences reveal extensive diversity of the common lichen alga *Asterochloris* (Trebouxiophyceae, Chlorophyta). – Molecular Phylogenetics and Evolution 54: 36–46.

Stellmacher, G. & Reisser, W. (1999): The quantitative isolation of algae from soils. A Suggestion for standardization. Pedobiologia 43: 206–208.

Stoyneva, M. (2000). Soil algae in museum samples from some Southwest Asia sites. I. – Historia naturalis bulgarica 12: 129–146.

Sundaralinga, V. S., Prasad, A. K. S. K. & Subbalakshmi, S. (1979): Studies on south Indian soil algae: *Gloeocystis gigas* Collins (Tetrasporales). – Rev. Algol., N. S., 14: 239–245.

Temniskova, D. & Stoyneva M. (2011): Algologia. 1 u. 2. Pensoft (Sofia), 1140 pp.

Thompson, R. H. & Wujek, D. E. (1997): Trentepohliales: *Cephaleuros, Phycopeltis* and *Stomatochroon*: morphology, taxonomy and ecology. Science Publishers, Enfield, New Hampshire. 149 pp.

Tschaikner, A., Gärtner, G. & Kofler, W. (2008): *Coelastrella aeroterrestrica* sp. nov. (Chlorophyta, Scenedesmoideae) – a new, obviously often overlooked aeroterrestrial species. – Algol. Stud. 128: 11–20.

Uher, B. (2010): Cyanobacteria and algae as significant actors of biodeterioration. LAP Lambert Academic Publishing AG, Saarbrücken, 161 pp. ISBN 978-3-8383-9650-7.

Uzunov, B. A., Gärtner, G. & Stoyneva, M. P. (2012): Notes on the Akinete-forming Strain of the Green Alga *Klebsormidium dissectum* (Streptophyta) from Pirin Mts., Bulgaria. – Phyton (Horn, Austria) 52: 139–144.

Uzunov, B. A., Stoyneva, M. P., Gärtner, G. & Kofler, W. (2008): First record of *Coelastrella* species (Chlorophyta: Scenedesmaceae) in Bulgaria. –Ber. nat.-med. Verein Innsbruck 95: 27–34.

Uzunov, B. A., Stoyneva, M., Mancheva, A. & Gärtner, G.(2011): ACUS-the new collection of living aeroterrestrial algae of the University of Sofia "St Kliment Ohridski". – In: Petrova, A. (ed.), Proc. VII Natl. Conf. Bot. 29–30.09.2011, Sofia, Bulg. Bot. Soc., Sofia: 271–274. (in Bulgarisch m.engl. Zus.fassung)

Van den Hoek, C., Mann, D. G. & Jahns, H. M. (1995): Algae. An introduction to phycology. Cambridge University Press.

Viala G. (1966): *Botrydiopsis pyrenaica* nov. esp. – Bull. Soc. bot. France 113: 291–295.

Vishnivetskaya, T. A. (2009): Viable Cyanobacteria and Green Algae from the Permafrost Darkness. In: R. Margesin (ed.): Permafrost Soils. Soil Biology 16, Springer, Berlin, Heidelberg, p. 73–84.

Vishnivetskaya, T. A., Erokhina, L. G., Spirina, E. V., Shatilovich, A. V., Vorobyova, E. A., Gilichinsky, D. A. (2001): Ancient viable phototrophs within the permafrost. – Nova Hedwigia, Beiheft 123: 427–442.

Vrhovšek, D., Kosi, G., Krivograd Klemenčič, A. & Smolar-Žvanut, N. (2006): Monograph on freshwater and terrestrial algae in Slovenia. Zalobza ZRC Publishing, ISBN 961-6568-48-5, 172 pp.

Watanabe, S., Kurode, N, & Maiwa, F. (2001): Phylogenetic status of *Helicodictyon planctonicum* and *Desmochloris halophila* gen. et comb. nov. and the definition of the class Ulvophyceae (Chlorophyta). – Phycologia 40: 421–434.

Watanabe, S., Mitsui, K., Nakayama, T. & Inouye, I. (2006): Phylogenetic relationships and taxonomy of sarcinoid green algae: *Chlorosarcinopsis*, *Desmotetra*, *Sarcinochlamys* gen. nov., *Neochlorosarcina*, and *Chlorosphaeropsis* (Chlorophyceae, Chlorophyta). – J. Phycol. 42: 679–695.

Watanabe, S. & Nakayama, T. (2007): Ultrastructure and phylogenetic relationships of the unicellular green algae *Ignatius tetrasporus* and *Pseudocharacium americanum* (Chlorophyta). – Phycological Research 55: 1–16.

Wujek, D. E. & Thompson, R. H. (2005): Endophytic unicellular chlorophytes: a review of *Chlorochytrium* and *Scotinosphaera*. – Phycologia 44: 254–260.

Zakryś, B., Milanowski, R., Empel, J., Borsuk, P., Gromadka, R. & Kwiatowski, J. (2002): Two different species of *Euglena*, *E. geniculata* and *E. myxocylindracea* (Euglenophyceae), are virtually genetically and morphologically identical. – J. Phycol. 38: 1190–1199.

Zakryś, B. (1997): On the identity and variation of *Euglena agilis* Carter (= *E. pisciformis* Klebs). – Algol. Stud. 86: 81–90.

Zhang, J., Huss, V. A. R., Sun, X., Chang, K. & Pang, D. (2008): Morphology and phylogenetic position of a trebouxiophycean green alga (Chlorophyta) growing on the rubber tree, *Hevea brasiliensis*, with the description of a new genus and species. –Eur. J. Phycol. 43: 185–193.

Register zu den Ergänzungen

kursiv gedruckte Namen sind Synonyma

Glossar

Akinet: siehe Hypnoblast.
Akronematische Geißel: siehe Peitschengeißel.
Alveolen (bei Bacillariophyceae): trogförmige Vertiefungen auf der Schaleninnenseite mit transapikalem Verlauf.
Amöboid: mit veränderlicher Gestalt.
Ampulle (bei Euglenophyceae): flaschenförmige Vertiefung am Vorderende der Zelle, aus der die Geißeln hervorkommen.
Androsporangium (bei Oedogoniales): Sporangium, das Androsporen entläßt.
Androsporen (bei Oedogoniales): Zoosporen, die in kleine Nannandrien (Zwergmännchen) keimen.
Anisogameten: morphologisch gleich gestaltete Gameten, die jedoch verschieden groß sind. Der größere Gamet wird als weiblich bezeichnet, der kleinere als männlich.
Anisogamie: Verschmelzung zweier Anisogameten.
Antheridium: Gametangium, worin Spermatozoide bei oogam sich fortpflanzenden Flagellaten oder Algen gebildet werden.
Anulus (bei Bacillariophyceae): hyaliner Ring im Zentrum der Schale bei den Centrales.
Apikal (bei Bacillariophyceae): auf die beiden Zellpole hinweisend.
Apikalachse (bei Bacillariophyceae): die beiden Schalenpole verbindende Achse.
Apikalebene (bei Bacillariophyceae): Ebene senkrecht zur Schalenfläche im Verlauf der Apikalachse.
Aplanosporangium: Sporangium, worin Aplanosporen gebildet werden.
Aplanosporen: unbewegliche Sporen, die zwar keine Geißeln haben, jedoch einige Merkmale der Schwärmer beibehalten, wie z. B. pulsierende Vakuolen, Stigma.
Areolen (bei Bacillariophyceae): kammerförmige Schalendurchbrüche mit rundem bis eckigem Querschnitt. Sie sind auf der Außen- oder Innenseite durch eine Siebmembran verschlossen.
Asexuelle Fortpflanzung: Fortpflanzung, wo alle Vorgänge ausgeschlossen sind, die mit der Ausbildung von Gameten, ihrer Verschmelzung, der Zygote und ihrer Keimung zu tun haben.
Asteroider Chloroplast: stark gelappter axialer Chloroplast, dessen einzelne Lappen radiär zur Peripherie der Zelle ausstrahlen.
Autosporangium: Sporangium, in dem Autosporen gebildet werden.
Autosporen: unbewegliche Sporen, die noch im Sporangium behäutet werden und in diesem den Bau und die Gestalt der Mutterzelle aufweisen.
Auxospore (bei Bacillariophyceae): die aus der sexuellen Verschmelzung zweier haploider Gameten hervorgehende Zygote. Diese Zygote wächst zur mehrfachen Größe der Mutterzellen heran und umgibt sich mit einer nur schwach verkieselten Zellwand, deren Struktur weitgehend von der der vegetativen Zellen abweicht (Perizonium).
Axialarea (bei Bacillariophyceae): areolenfreier Bereich beiderseits der Mediane bei den Pennales. Häufig in der Ausdehnung mit der Medianrippe übereinstimmend.
Axialer Chloroplast: binnenständiger, ± im Zentrum der Zelle liegender Chloroplast.
Basalzelle (Fußzelle): differenzierte Zelle, womit sich Fadenalgen am Substrat festheften.
Befruchtungsöffnung (bei Vaucheriales): ein in der Oogoniumwand entstehendes Loch, durch das die Spermatozoiden zur Eizelle gelangen können.
Binnenständiger Chloroplast: siehe axialer Chloroplast.
Brutkeule (bei Vaucheriales): mehrkerniges asexuelles Fortpflanzungsgebilde, das durch Abtrennung eines kurzen Teils des fadenförmigen Siphonoblasten entsteht und zu einem neuen vegetativen Siphonoblasten keimt.
Capsal: mit Zellen, die in einem gemeinsamen Gallertlager eingeschlossen sind. Die Zellen zeigen noch die Polarität und den Bau einer geißellosen Flagellatenzelle.

Chloroplast: Von einer Doppelmembran umgebene Zellorganelle, die an Thylakoide gebundenes Chlorophyll enthält; zusätzlich sind auch akzessorische Pigmente enthalten.

Chromatische Adaptation (bei Rhodophyceae): die Fähigkeit, die relative Menge verschiedener photosynthetischer Pigmente zu ändern, um die Absorbtion von Licht zu reduzieren oder zu vergrößern als Reaktion auf die Lichtqualität.

Chrysolaminarin: Reserveprodukt der Chrysophyta, ein β-1,3-Polyglucan.

Coccal: Algenzellen, die im vegetativen Stadium nicht mehr an die monadoide Organisationsstufe erinnern, eine exogen gebildete Zellwand besitzen und asexuell sich ausschließlich durch Sporulation (Cytogonie) fortpflanzen.

Conopeum (bei Bacillariophyceae): an der Medianrippe befestigte, dünne Silikatfolie, die einen kleinen und in Grenzfällen den gesamten areolierten Bereich der Schale überdeckt.

Copulae: siehe Zwischenbänder.

Cytogonie: Sporulation, die auf Grund der Protoplastenteilung der Mutterzelle (Sporangium) asexuelle Sporen bildet. Die Zellwand der Mutterzelle wird nicht verwertet.

Cytotomie: vegetative Zellteilung, die direkt auf die Kernteilung folgt, bei der gleichzeitig zwischen den Tochterzellen eine gemeinsame Querwand gebildet wird. Die Zellwand der Mutterzelle wird mitverwertet.

Dauerzustand: Ruhezellen oder Ruhesporen, die erst nach einer obligaten Ruheperiode keimen können. Sie sind mit einer teilweisen Entwässerung des Zytoplasmas, mit der Anhäufung von Assimilaten und mit der Ausbildung einer schützenden Gallertschicht oder dicken Wand verbunden.

Dinokaryon (bei Dinophyceae): Zellkern, in dem die Chromosomen während der Interphase kontrahiert sind.

Diözisch: zur Kopulation der Gameten werden zwei sexuell unterschiedliche haploide Organismen oder Klone benötigt.

Diploid: mit zwei homologen Chromosomensätzen.

Diskus (bei Bacillariophyceae): Schalenfläche bei den kettenbildenden Centrales. Diese besitzt oft einen marginalen Kranz von Verbindungsdornen, manchmal noch kleine zusätzliche Dornen.

Distal (bei Bacillariophyceae): weiter von der Mitte entfernt, zum Ende hin.

Dorn (bei Bacillariophyceae): dornförmige Skulpturen auf der Schalenoberfläche.

Dorsal (bei Bacillariophyceae): bei zur Apikalachse asymmetrischen Zellen die Seite, deren äußere Begrenzung stärker konvex ist.

Dorsiventral: mit unterschiedlicher, konvexer Rückenseite und konkaver oder flacher Bauchseite.

Eizelle (Oosphaere): unbeweglicher weiblicher Gamet, der im Verhältnis zum männlichen, begeißelten Gameten (Spermatozoiden) auffallend groß ist.

Ejektosomen (bei Cryptophyceae): unter der Zelloberfläche gelegene lichtbrechende Körper, die bei Reizung der Zelle ausgeschleudert werden.

Endknoten (bei Bacillariophyceae): knotenförmige Verdickung am distalen Ende der Raphenäste.

Endogene Zyste: Zyste, deren Wand im Protoplasten (intraplasmatisch) von Flagellaten oder einzelligen Algen gebildet wird.

Endospor: innerste Wandschicht einer dickwandigen Spore oder Zygote.

Endspalten (bei Bacillariophyceae): an der Außenseite der Schale liegende, oberflächliche Spalten in der Verlängerung des distalen Raphenendes bei Naviculaceae.

Epitheka (bei Bacillariophyceae): die größere Schale, die mit Teilen des Mantels und des Schalengürtels auf die kleinere Hypotheka wie der Deckel einer Schachtel übergreift.

Epivalva (bei Bacillariophyceae): Oberschale, Deckelfläche der Epitheka, die aus der Schalenfläche und dem zum Gürtel hin umgebogenen Schalenmantel besteht.

Erekte Fäden: aufrecht stehende Fäden bei heterotrichalen Fadenalgen.

Erstlingszelle (bei Bacillariophyceae): erste vegetative Zelle, die auf die Auxospore folgt. Sie besitzt eine voll verkieselte Zellwand, weicht jedoch von normalen vegetativen Zellen häufig durch unterschiedliche Bauform und Schalenstruktur ab.

Euglenoide Bewegung (bei Euglenophyceae): Bewegung durch Biegen und Zusammenziehen der Zellen ohne Mitwirkung der Geißeln. Manchmal eine Peristaltik nachahmend.
Exogene Zyste: Zyste, deren Wand an der Außenseite des Protoplasten von Flagellaten oder einzelligen Algen periplasmatisch angelegt wird.
Exospor: äußerste Wandschicht einer dickwandigen Spore oder Zygote.
Faden (Zellfaden): ein- bis mehrreihig hintereinander gereihte Zellen zu einem fadenartigen Gebilde.
Fadenakineten: in einem Faden einzeln oder zu mehreren hintereinander gebildete Akineten (Hypnoblasten); oft dann zerfallend.
Fadenraphe (bei Bacillariophyceae): bei kleinen Arten erscheint der Raphenschlitz durch unzureichende Auflösung im Lichtmikroskop als dünne Linie, die Fadenraphe.
Fascia (bei Bacillariophyceae): areolenfreie Querbinde in der Schalenmitte.
Fibulae (bei Bacillariophyceae): Verstrebungen in Form von Silikatbrücken, die den raphentragenden Kiel bei vielen Arten auf der Schaleninnenseite überbrücken.
Flimmergeißel: mit einer oder zwei Reihen von Flimmern (Mastigonemen) bekleidete Geißel.
Flügel (bei Bacillariophyceae): besonders stark ausgeprägter Raphenkiel, der um die gesamte Schale herumläuft.
Flügelkanal (bei Bacillariophyceae): Kanäle, die im Raum zwischen zwei Fibulae den Raphenkanal einer Kanalraphe mit dem Zellinnern verbinden.
Fragmentation: Zerfall eines Fadens oder eines Thallus in einzelne Zellen oder in wenigzellige Stücke, wodurch sich die betreffenden Organismen vegetativ fortpflanzen.
Frustel (bei Bacillariophyceae): die gesamte verkieselte Zellwand.
Gametangium: Zelle, deren Inhalt sich in Gameten aufteilt oder umformt.
Gameten: haploide Geschlechtszellen. Durch Verschmelzung zweier haploider Gameten entsteht eine diploide Zygote.
Gehäuse: Gallerthüllen oder Zellwände, die durch Ablagerung anorganischer Substanzen zu festen, spröden und nicht lebenden Gebilden wurden. In diesen sind entweder Flagellaten oder Algenzellen eingeschlossen.
Geißel: langgestreckte und dünne zylindrische Ausstülpung der Zelle, die zur Fortbewegung dient. Innenstruktur aus 9 peripheren doppelten und 2 zentralen einfachen Tubuli.
Geißelanschwellung: Schwellung an der Basis einer Geißel, die oft gegen das Stigma angepreßt liegt und wahrscheinlich mit der Lichtrezeption zusammenhängt.
Gloeomorph: siehe capsal.
Gonidie: siehe Phykobiont.
Gürtel (bei Bacillariophyceae): Gesamtheit der Gürtel- und Zwischenbänder einer Frustel.
Gürtelband (bei Bacillariophyceae): allgemeiner Terminus für alle offenen und geschlossenen Bänder des Gürtels, also der Valvocopula, der Zwischenbänder und der Pleuralbänder.
Gynandrosporisch (bei Oedogoniales); falls sich Androsporen auf weiblichen Fäden entwickeln.
Haarzellen (bei Chaetophorales): farblose oder fast farblose, haarförmig ausgezogene Endzellen der verzweigten Zellfäden.
Haftscheibe: diskusartige Verbreiterung des ± ausgezogenen proximalen Zellendes, die dem Festheften der Alge am Substrat dient.
Hakensporangium (bei Trentepohliaceae): ellipsoidisch-eiförmiges Zoosporangium, das sich vom Thallus auf ± hakenförmig gekrümmten, inhaltsarmen Trägerzellen erhebt.
Halbzelle: die Zellen der Desmidiaceae bestehen aus zwei deutlich getrennten Hälften, die nur durch einen ± engen Isthmus miteinander verbunden sind. Die Halbzellen einer Zelle sind verschiedenen Alters.
Hämatochrom: extraplastidialer roter Farbstoff, Astaxanthin, in Tropfenform.
Haploblast: einkernige Algenzelle.
Haploid: mit einem Satz von Chromosomen.
Haptonema: fadenförmiges, neben den Geißeln ausgestülptes Anhängsel der Prymnesiophyceae. Im Querschnitt mit 6 oder 7 sichelförmig angeordneten einfachen Tubuli.

Heterogameten: Gameten, die nicht nur verschieden groß, sondern auch zytomorphologisch unterschiedlich sind.
Heterogamie: Verschmelzung zweier Heterogameten.
Heterokonte Geißeln: unterschiedlich gebaute und ungleich lange Geißeln; eine nach vorn gerichtete Flimmergeißel und eine nach hinten gerichtete Peitschengeißel.
Heteromorph: morphologisch verschieden.
Heterothallisch: siehe diözisch.
Heterotrichal: Fadenalgen, die aus unterschiedlichen Fäden bestehen; meist aus erekten und aus prostraten Fäden.
Hologamie: Kopulation (Gamie), bei der zwei ganze Organismen verschmelzen.
Homothallisch: siehe monözisch.
Hyalin: farblos, sowohl achromatisch (ohne Pigmente) als auch apoplastisch (ohne Plastiden). Bei Bacillariophyceae Bezeichnung für unperforierte Schalenteile.
Hypnoblast: dickwandiges Ruhestadium, das direkt aus einer vegetativen Zelle entsteht. Die bestehende Zellwand wird auffallend verdickt und Reservestoffe werden angehäuft.
Hypnopalmelle: Ruhestadium, in dem viele ruhende Zellen von mächtiger Gallerte umgeben sind.
Hypnosporen: Dauerzellen, die eine eigene neue schützende dicke Wand ausscheiden. Sie werden auf gleiche Art und Weise wie die Sporen gebildet.
Hypnozygote: eine dickwandige Zygote, die vor der Keimung eine Ruheperiode benötigt.
Hypotheka (bei Bacillariophyceae): die kleineren der beiden Theken einer Frustel (vgl. Epitheka).
Hypovalva (bei Bacillariophyceae): Unterschale, Deckelfläche der Hypotheka (vgl. Epivalva).
Intermissio (bei Bacillariophyceae): Artspezifische Ausbildung der proximalen Enden der Raphenäste auf der Schaleninnenseite.
Interstriae (bei Bacillariophyceae): hyaline Linien zwischen den Areolenlinien.
Isogameten: gleich große und zytomorphologisch gleich gestaltete Gameten.
Isogamie: Verschmelzung von Isogameten.
Isokonte Geißeln: gleichlange und gleichgebaute Geißeln.
Isomorph: morphologisch gleich gestaltet.
Isthmus (bei Desmidiaceae): die äquatoriale enge Region, wo die Halbzellen miteinander verbunden sind.
Kanalraphe (bei Bacillariophyceae): Raphe, deren Schlitz in eine kanalförmige, zum Zellinneren mit einem Schlitz verbundene Aussparung mündet.
Kappen (bei Oedogoniales): entstehen an den Zellfäden bei der Zellteilung durch Zerreißung der Zellwand an genau fixierter Stelle als kappenartige Zellwandreste. Dieser Vorgang kann sich öfters wiederholen, so daß mehrere aufeinanderfolgende Kappen entstehen können.
Keimrißstelle (bei Vaucheriales): eine vorgebildete zukünftige Austrittsstelle des Keimschlauches in der Zygotenwand.
Knoten (bei Bacillariophyceae): mit dem Raphensystem eng verbundene Wandverdickungen in der Schalenmitte und an den Schalenenden.
Kolonie: mehrzellige Verbände, die durch Anhäufung einzelner Zellen mittels Verklebung oder durch Verwachsung entstehen, meist jedoch durch Gallerte zusammengehalten werden.
Konjugation (bei Zygnemaphyceae und Bacillariophyceae): Verschmelzung zweier unbegeißelter amöboider Gameten.
Konvergent (bei Bacillariophyceae): Striae, die in Richtung der Endknoten strahlen.
Kopulation: Verschmelzung zweier begeißelter Gameten oder eines begeißelten mit einem unbegeißelten Gameten.
Längsteilung: Zweiteilung der Flagellaten, die senkrecht zum Geißelpol und zur Kernspindel verläuft.
Lateralarea (bei Bacillariophyceae): parallel zur Axialarea verlaufende seitliche hyaline Area, häufig im Bereich des Zentralknotens verbunden mit der Zentralarea.
Lateralraphe (bei Bacillariophyceae): bei den Medianraphen werden im Lichtmikroskop zwei oder

mehrere Linien sichtbar, die den Verlauf von Außen- und Innenspalt und manchmal auch die Raphennut bzw. Raphenfelder andeuten.

Lebenszyklus: Entwicklungsgang der Flagellaten und der Algen vom jüngsten Stadium bis zum ausgewachsenen Organismus; asexuelle und sexuelle Fortpflanzung und Dauerstadien inbegriffen.

Lineolae (bei Bacillariophyceae): Strichstrukturen auf den Schalen.

Makrandisch (bei Oedogoniales): ohne Zwergmännchen. Die Spermatozoiden, die von männlichen Zellfäden gebildet werden, fungieren direkt als männliche Gameten ohne nannandrische Zwischenstadien.

Makrozoosporen: relativ große Zoosporen, häufig mit doppelt soviel Geißeln wie die Mikrozoosporen bei gleichem Organismus.

Mantelrand (bei Bacillariophyceae): gedachte Trennlinie zwischen Schalenfläche und Schalenmantel.

Marginal (bei Bacillariophyceae): in der Nähe des Mantelrandes.

Medianraphe (bei Bacillariophyceae): in der Medianrippe liegendes Raphensystem, das aus zwei durch den Zentralknoten getrennten Raphenästen besteht.

Medianrippe (bei Bacillariophyceae): das gesamte in der Mediane liegende Rippensystem.

Mesospor: mittlere Wandschicht einer dickwandigen Spore oder Zygote.

Mikrozoosporen: relativ kleine Zoosporen im Vergleich zu den vom gleichen Organismus produzierten Makrozoosporen; häufig auch mit halber Geißelzahl.

Monadoid: zu den Flagellaten gehörend oder Flagellaten-ähnlich.

Monoenergid: siehe Haploblast.

Monözisch: Gameten eines haploiden Organismus oder Klones können miteinander kopulieren.

Monosporangium: Sporangium einfacher Rhodophyceae, in dem nur eine Spore gebildet wird.

Monospore: Spore, die als einzige in einem Monosporangium gebildet wird.

Nannandrisch (bei Oedogoniales): die Zoiden männlicher Zellfäden fungieren als Sporen (Androsporen), die zu winzigen männlichen Fäden (Nannandrien) auswachsen. Diese bilden dann die Spermatozoiden.

Nannandrium (bei Oedogoniales): aus Androsporen ausgewachsener winziger männlicher Faden, der auf weiblichen Zellfäden festsitzt.

Oogamie: Verschmelzung eines relativ kleinen beweglichen Spermatozoiden mit einem relativ großen, unbeweglichen und nackten weiblichen Gameten (Eizelle).

Oogonium: Zelle, in der die Eizelle (Oosphäre) gebildet wird. Diese kann das Oogonium verlassen oder darin eingeschlossen bleiben.

Oogonschnabel (bei Vaucheriales): ein röhren- oder kegelartig vorgezogener Oogoniumvorsprung, der von der Eizelle nicht ausgefüllt wird.

Oospore: die bei der Oogamie entstandene Zygote wird von einer dicken, oft skulpturierten Wand umgeben.

Palmellen: mächtige Gallertlager mit eingebetteten Zellen.

Papille: warzenartige Verdickung der Zellhülle beim Austritt der Geißeln bei manchen Flagellaten.

Papille (bei Bacillariophyceae): warzenförmige, runde Fortsätze im mittleren Bereich der Schalenfläche der Centrales.

Paramylon: Reserveprodukt der Euglenophyceae, β-1,3-Polyglucan.

Parietaler Chloroplast: wandständiger, an der Peripherie des Protoplasten liegender Chloroplast.

Peitschengeißel: glatte Geißel, die distal mit einem feinen Haar endet.

Pellikula (bei Euglenophyceae): im wesentlichen aus Eiweiß bestehendes Oberflächenhäutchen, das aus sich überlappenden Streifen zusammengesetzt ist und direkt unter dem Plasmalemma liegt.

Periplast (bei Cryptophyceae): Zellhülle, die aus dem Plasmalemma und einer darunter liegenden Schicht von Platten oder Membranen und darüber liegenden Schicht granulösen Materials besteht.

Pervalvarachse (bei Bacillariophyceae): Achse durch den Mittelpunkt der beiden Theken.

Phykobiont: Algenpartner einer Flechte (früher irreführend «Gonidie»).

Planozygote: eine mit Hilfe von Geißeln längere Zeit schwimmende Zygote. Die doppelte Geißelzahl stammt von den beiden verschmolzenen Gameten.

Plasmalemma: Grenzmembran des Protoplasten nach außen hin.

Pleura (bei Bacillariophyceae): Zellgürtel.

Polar (bei Bacillariophyceae): gleichbedeutend mit terminal. Bei Flagellaten das geißeltragende Zellende.

Polyenergid: siehe Zönoblast.

Poren (bei Bacillariophyceae): rundliche Wanddurchbrüche, die nicht durch Siebmembranen verschlossen sind.

Prostrate Fäden: am Substrat liegende oder kriechende Fäden.

Proximal (bei Bacillariophyceae): näher zur Zellmitte hin gelegen.

Pseudofilamente: Kolonien von coccalen Algen, die Zellfäden rein äußerlich ähnlich sehen. Fortpflanzung immer durch Sporen, es kommt nie eine vegetative Zellteilung vor.

Pseudoparenchym: Gewebe aus dicht zusammenliegenden, mitunter verwachsenen oder verflochtenen Zellfäden, das einem Parenchym ähnlich sieht.

Pseudosepten (bei Bacillariophyceae): von den Polen mancher Schalen ausgehende kurze Querwände, im allgemeinen parallel zur Schalenfläche.

Pseudosulkus (bei Bacillariophyceae): mehr oder minder tiefe Furche zwischen den Schalen kettenbildender Arten der Centrales.

Pulsierende Vakuole: sich rhythmisch kontrahierende Vakuole, die Flüssigkeit aus der Zelle entfernt.

Punkte (bei Bacillariophyceae): lichtmikroskopisches Erscheinungsbild von Foramina, Areolen und Interkostalrippen.

Pyrenoid: eine lichtmikroskopisch sichtbare kugelförmige oder ellipsoidische eiweißreiche Struktur im oder am Chloroplasten, die wenige oder keine Thylakoide enthält. Man unterscheidet nackte und von Reserveprodukten beschalte Pyrenoide. Der Struktur nach sind die Pyrenoide entweder einheitlich (homogen) oder aus mehreren Teilen zusammengesetzt (multipel).

Radial (bei Bacillariophyceae): Striae mit Streichrichtung zum Zentralknoten hin.

Radialstreifen (bei Bacillariophyceae): radiale Streifen auf den Schalenflächen der Centrales.

Raphe (bei Bacillariophyceae): schlitzförmige Durchbrechung der Schalenwand, die als Bewegungsorganell für gleitende Bewegung dient.

Raphenseite (bei Bacillariophyceae): die Schalenseite, auf der bei den Bacillariaceae und Epithemiaceae die Kanalraphe verläuft.

Residuum (bei Bacillariophyceae): der bei vielen *Amphora*-Arten besonders groß ausgebildete dorsale Teil des Schalenmantels. In der Regel wird er von der Schalenfläche durch eine hyaline Area abgegrenzt.

Rhizoid: ein- oder mehrzelliger, abwärts wachsender, gebogener, wurzelartiger Zellfaden, der zur Festhaftung dient.

Rhizopodial: siehe amöboid.

Ringleiste (bei Bacillariophyceae): Pseudoseptum gegenüber der Sulkusfurche auf der Schaleninnenseite bei den Centrales. Geometrisch hat sie in der Projektion immer die Form eines Kreisringes.

Rippen (bei Bacillariophyceae): längliche, solide Verdickungen der Schale.

Saftvakuole: siehe Vakuole.

Schalenfläche (bei Bacillariophyceae): Teil der Schale, der vom Mantel umgeben ist.

Schalenmantel (bei Bacillariophyceae): die Seitenwände der Schale. In vielen Fällen sind sie anders strukturiert als die Schalenfläche oder auch unperforiert.

Schattenlinien (bei Bacillariophyceae): verstärkte Radialrippen in der Randzone bei einigen Cyclotella-Arten.

Schizogonie: Sporulation, wo durch sukzedane Protoplastenteilung die Sporen gebildet werden.

Schizotomie: Längsteilung der heteropolar gebauten Flagellaten.

Schlund: eine ± tiefe Einsenkung am apikalen Pol der Cryptophyceae, in der die Geißeln inserieren.

Schuppen: viele Flagellaten und Schwärmer tragen an ihrer Oberfläche einen Panzer aus submikroskopischen, ornamentierten und artspezifischen Schuppen. Wir unterscheiden nach ihrer Zusammensetzung Kiesel-, Kalk- und organische Schuppen.

Schwärmer (Zoide): begeißelte, frei schwimmende Fortpflanzungszelle.

Septen (bei Bacillariophyceae): im Gegensatz zu den Pseudosepten sind sie nicht mit der Schale, sondern mit den Zwischenbändern verbunden und flach bis wellig gebogen.

Sexuelle Fortpflanzung: Verschmelzung zweier haploider geschlechtsverschiedener Zellen (Gameten) zu einer diploiden Zygote. Im Prinzip eine Karyogamie als Vereinigung der beiden Gametenkerne zu einem Synkaryon.

Simultane Teilung: gleichzeitige Cytokinese eines mehrkernigen Zönoblasten oder Siphonoblasten in einkernige Sporen.

Sinus: Einkerbung am Isthmus gewisser Desmidiaceae, die die Halbzellen voneinander hält.

Siphonal: schlauchförmig und vielkernig. Meist in Kauloide, Phyloide und Rhizoide ohne Querwände differenziert.

Siphonoblast: makroskopischer vielkerniger Algenkörper, der ohne irgendwelche Querwände einen mehrzelligen Organismus nachahmt.

Spermatozoid: bei oogamen Flagellaten und Algen im Antheridium gebildeter geißelbeweglicher männlicher Gamet.

Sporangium: Zelle, deren Inhalt sich in Sporen aufteilt. Das eigentliche Sporangium wird durch die Zellwand der Mutterzelle gebildet, die die Sporen beisammen hält, bevor sie freigesetzt werden.

Sporen: allgemeiner Ausdruck für asexuelle Fortpflanzungszellen, die in Sporangien entstehen.

Sporopollenin: ein Karotinoid-Polymer, das bei einigen einzelligen und koloniebildenden Grünalgen in der Zellwand vorkommt. Sehr widerstandsfähiges, gegen Austrocknung schützendes Zellwandmaterial. Kommt auch bei Dauersporen vor.

Sporozyste: siehe Zönocyste.

Sporulation: sukzedane oder simultane Protoplastenteilung, die zur Bildung von Sporen führt.

Stärke: Reserveprodukt der Grünalgen und einiger anderer Algengruppen. Ein α-1,4-Polyglucan.

Stauros (bei Bacillariophyceae): fast den Mantelrand erreichender breiter Zentralknoten, auf den im Lichtmikroskop eine Fascia hinweist.

Stephanokont: mit einer Anzahl gleicher, kranzförmig angeordneter Geißeln.

Stigma (Augenfleck): roter Fleck oder rot pigmentiertes Gebilde bei Flagellaten und Schwärmern am apikalen Zellende, das direkt oder indirekt an der Lichtempfindlichkeit des Organismus beteiligt ist.

Stigma (bei Bacillariophyceae): kanalartiger Durchbruch im Bereich der Zentralarea, der durch keine Siebmembran verschlossen ist. Stigmata sind morphologisch eindeutig gegen die übrige Areolierung abgesetzt und besitzen einen eigenen Alveolus mit besonderer Struktur.

Stigmoid (bei Bacillariophyceae): einfache Ausführung eines Stigmas. Foramen, Kanal und Alveolus sind wenig von den übrigen Areolen der Schalenfläche differenziert.

Sukzedan: schrittweise nacheinander folgend. Bei sukzedaner Protoplastenteilung erfolgt nach jeder Mitose eine Cytokinese.

Sulkus (bei Bacillariophyceae): Einschnürungen im Schalenmantel kurz vor seinem distalen Ende bei Melosira-Arten.

Sutur (bei Bacillariophyceae): Nähte zwischen Schale und Gürtel oder den einzelnen Bändern des Gürtels.

Synzoospore (bei Vaucheriales): große vielkernige Zoospore mit zahlreichen Geißelpaaren an der Oberfläche.

Terminalarea (bei Bacillariophyceae): hyaline Area an den Schalenpolen der Pennales.

Terminalknoten: siehe Endknoten.

Tetrasporangium: Sporangium mit vier Meiosporen.

Tetrasporen: Sporen, die in einem Tetrasporangium gebildet werden.

Thallus: undifferenzierter Pflanzenkörper ohne Blätter, Stengel und Gefäße.
Theka (bei Dinophyceae und Prasinophyceae): zellwandähnliche Hülle bestimmter Flagellaten.
Transapikalachse (bei Bacillariophyceae): Achse, die parallel zur Schalenfläche und senkrecht zur Apikalachse verläuft.
Transapikalebene (bei Bacillariophyceae): Ebene, in der Apikalachse und Pervalvarachse liegen.
Transapikalrippen (bei Bacillariophyceae): Rippen zwischen Medianrippe und Schalenmantel. Zwischen den Transapikalrippen sind im Lichtmikroskop die Striae sichtbar.
Transapikalstreifen (bei Bacillariophyceae): im Lichtmikroskop zwischen den Transapikalrippen liegende Streifen, die je nach Fokussierung Erscheinungsbilder in Reihen angeordneter Foramina, Areolen oder aber der Alveolen sind.
Trichal: aus Zellfäden bestehend.
Trichozysten (bei Dinophyceae): längliche, unter der Zelloberfläche gelegene, von einer Membran umgebene Organellen, die bei Reizung der Zelle Schleimhaare ausschleudern.
Vakuole: großer, von einer Plasmamembran (Tonoplast) umgebener Zellsaftraum der Zelle.
Valva (bei Bacillariophyceae): eine Schale der Frustel.
Valvarebene (bei Bacillariophyceae): Ebene parallel zur Schalenfläche.
Valvocopula (bei Bacillariophyceae): das erste direkt mit dem Schalenmantel verbundene Band des Schalengürtels. Sind diese Bänder offen, so können auch zwei Valvocopulae vorhanden sein.
Vegetative Fortpflanzung: asexuelle Fortpflanzung mehrzelliger Algen durch Fragmentation des Thallus oder durch Zerfall von Kolonien. Auch Sprossung, Seitentriebe und Brutkörper dienen dieser Fortpflanzungsart.
Vegetative Zelle: trophische erwachsene Zelle, die sich nach der Keimung der Fortpflanzungszelle und nach dem Wachstum des Keimlings entwickelt, die Fortpflanzungsreife jedoch noch nicht erreicht hat.
Vegetative Zellteilung: direkt auf die Kernteilung folgende Cytokinese, bei der gleichzeitig zwischen den Tochterzellen eine gemeinsame Querwand gebildet und die alte Mutterzellwand mitverwertet wird.
Ventral (bei Bacillariophyceae): bei dorsiventral gebauten Zellen die weniger konvexe Seite.
Verbindungsdorn (bei Bacillariophyceae): meist in größerer Anzahl vorhandene Dornen, die einzelne Frusteln zu Ketten verbinden.
Zellfaden: siehe Faden.
Zellgruppen: durch nicht freigesetzte Autosporen entstandene ineinandergeschachtelte Zellanhäufungen von zwei oder mehreren Zellgenerationen. Die Autosporen werden innerhalb der gedehnten Mutterzellwand (Sporangiumwand) reif und bilden erneut Autosporen.
Zellpakete: Zellgruppen mit kubisch (sarcinoid) angeordneten Zellen.
Zellwand: exogen gebildete Hülle der Zellen, die aus einem mikrofibrillären Gerüst (meist Zellulose) und aus einer Menge amorphen Materials (Kittsubstanz) besteht. Außer inkrustierendem Material finden sich auch andere Stoffe in den einzelnen Wandschichten (Hemizellulose, Sporopollenin u. a.).
Zellzyklus: Entwicklungsgang einzelner Zellen von einer Zellteilung zur nächstfolgenden.
Zentral (bei Bacillariophyceae): Schalenmitte.
Zentralarea (bei Bacillariophyceae): hyaline Area in der Zellmitte. In einigen Fällen ist ihre Ausdehnung mit der des Zentralknotens identisch.
Zentralknoten (bei Bacillariophyceae): knotenartige Verdickung der Medianrippe im Bereich der Zentralarea mit verschiedener Dicke und Ausdehnung. Im Extremfall kann der Zentralknoten bis an den Schalenrand reichen und wird dann Stauros genannt.
Zönobium: eine Kolonie, in der die Anzahl der Zellen durch die Anzahl der Teilprotoplasten einer einzigen Mutterzelle gegeben ist. Es kommt zu keiner weiteren Vergrößerung des Zönobiums durch weitere Zellvermehrung.
Zönoblast: mehrkernige Zelle.
Zönogonie: Sporulation, wo durch simultanen Zerfall des mehrkernigen Protoplasten bei Zönoblasten Sporen gebildet werden.

Zönozyste: mehrkernige dickwandige Zyste.

Zoide: siehe Schwärmer.

Zoosporangium: Sporangium, in dem Zoosporen gebildet werden.

Zoosporen: begeißelte, flagellatenartige Sporen.

Zweiteilung: Teilung von Einzellern in zwei Zellen.

Zwischenbänder (bei Bacillariophyceae): meist offene Bandsegmente des Zellgürtels, die sich in ihrem Bau von den Gürtelbändern unterscheiden. Zwischenbänder sind häufig mit Septen ausgestattet.

Zygospore (bei Zygnemaphyceae): ruhende Zygote mit einer dicken, dreischichtigen Wand, die eine Naht besitzt, an der die Zygote bei der Keimung aufplatzen kann. Die mittlere Schicht der Wand (Mesospor) ist meist braun und mit artspezifischen Verzierungen versehen.

Zygote: das diploide Verschmelzungsprodukt zweier haploider Gameten.

Zysten: Zellen von Einzellern, die durch eine exogen oder endogen ausgeschiedene Wand gegen ungünstige Umweltbedingungen geschützt sind.

Zystomorph: siehe coccal.

Tafeln

Tafel I

a: Aufsprühen der Algen-Bodensuspension auf Petrischalen mit Nähragar.
b: Rohkultur auf Agar nach 4 Wochen Kultur unter Standardbedingungen (12 Grad C, 1200 Lux, 12-stündiger Licht-Dunkel-Wechsel.
c: Mechanische Reinigung der Algenkulturen auf Agar-Platten.
d: Reinkulturen in Flüssigmedium.
e: Reinkulturen *(Trentepohlia)* auf Agar.
f: Reinkulturen in Schrägagar-Röhrchen (Dauerkulturen).
g: Reinkulturen in einer Algensammlung (ASIB, Innsbruck).
h: Reinkultur von *Actinochloris terrestris* (1000 ×).
i: Reinkultur von *Heterococcus sp.* (250 ×).

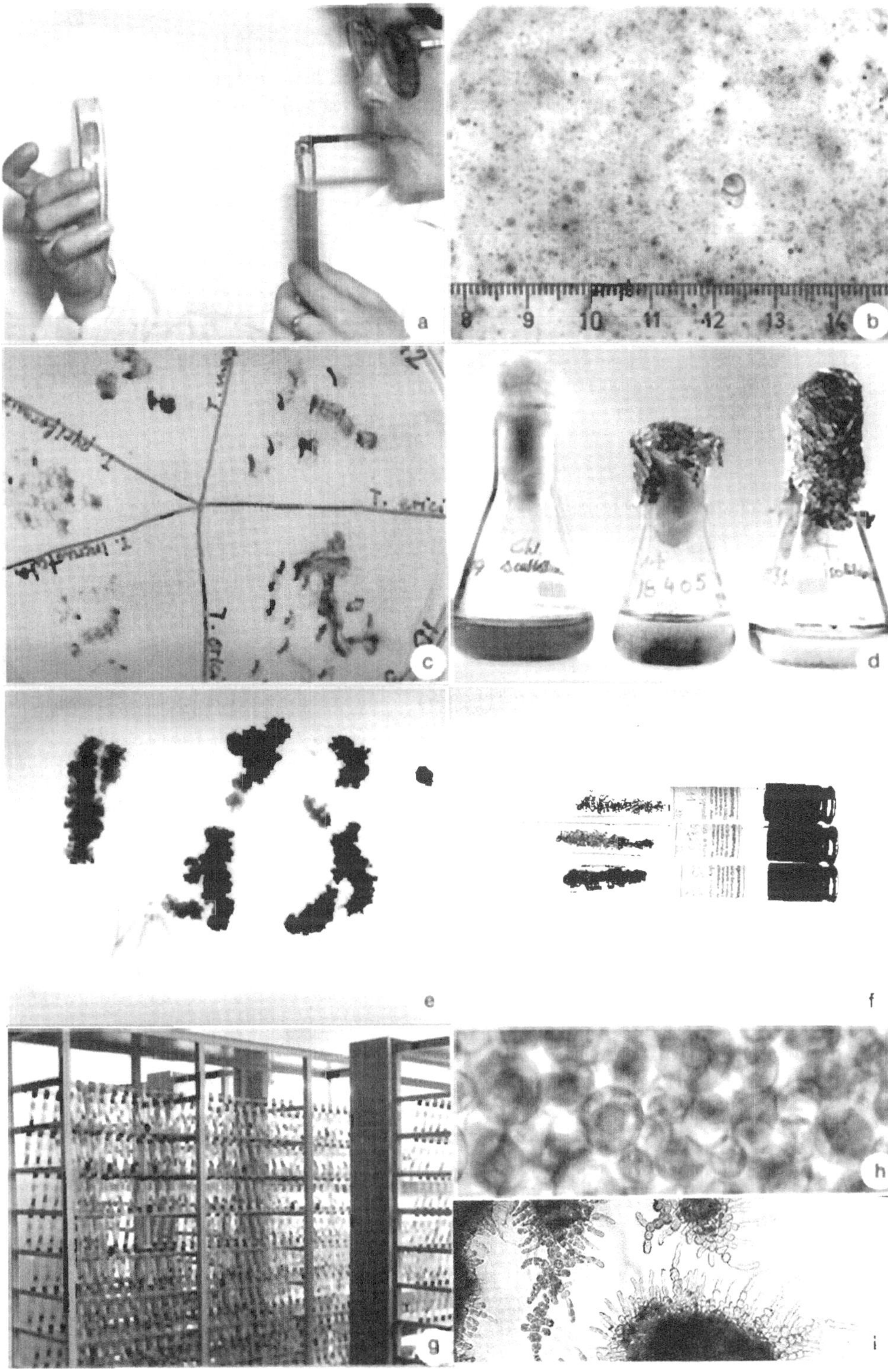

Tafel II

Übersicht der Algenklassen mit schematisiert dargestellten Merkmalen. In den unteren Zeilen Angaben über die bei terrestrischen, aerophytischen und phykobiontischen Algen vorkommenden Organisationsstufen (Original).

Rhodophyceae	Cryptophyceae	Dinophyceae	Chrysophyceae	Prymnesiophyceae
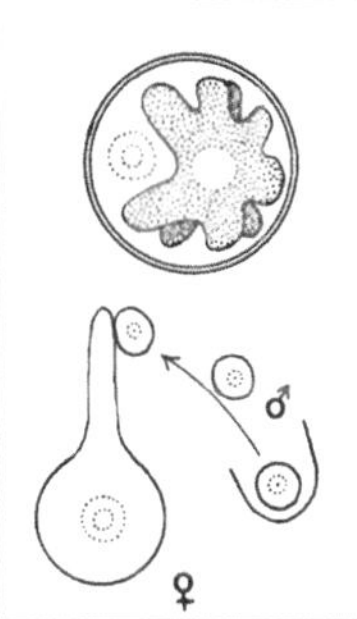	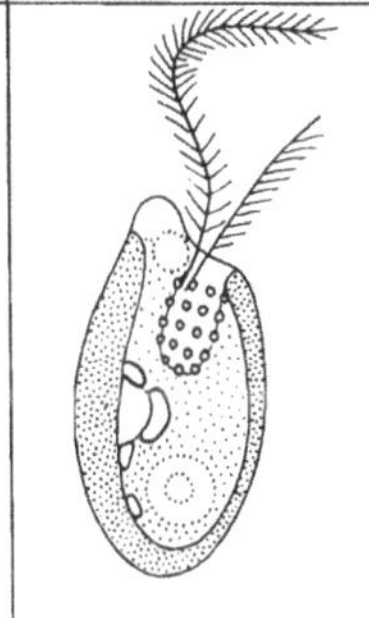	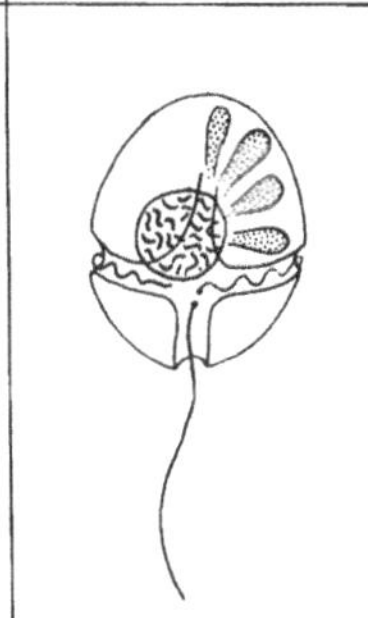	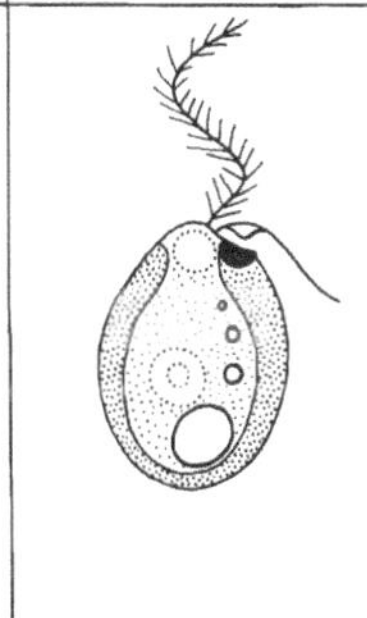	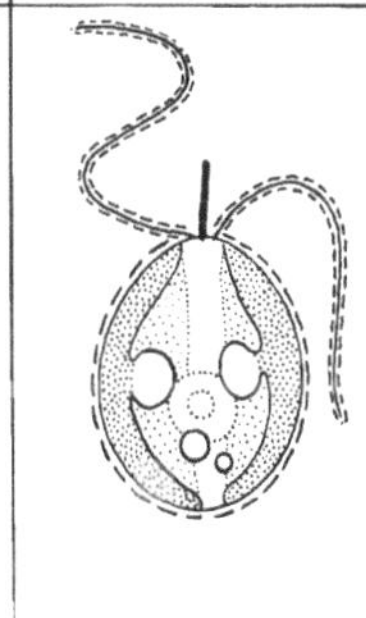
coccal trichal	coccal	coccal	capsal trichal	capsal
Bacillariophyceae	**Xanthophyceae**	**Eustigmatophyceae**	**Euglenophyceae**	**Prasinophyceae**
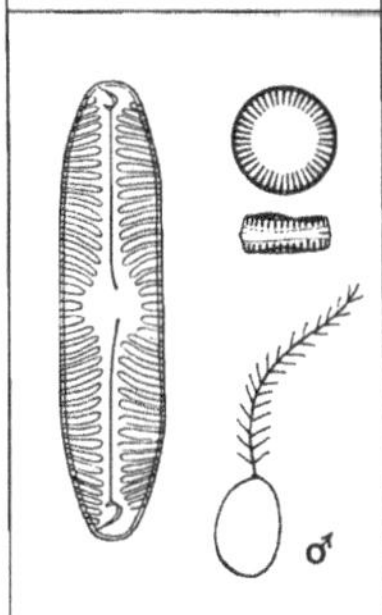	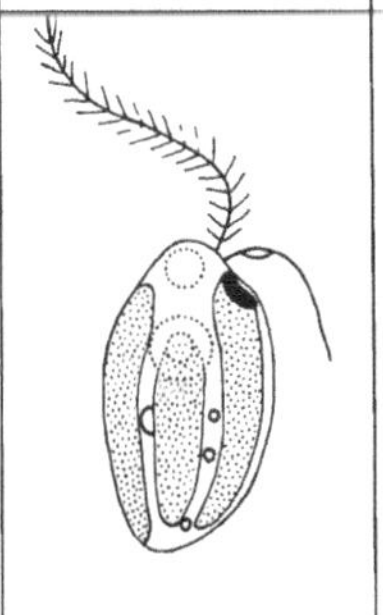	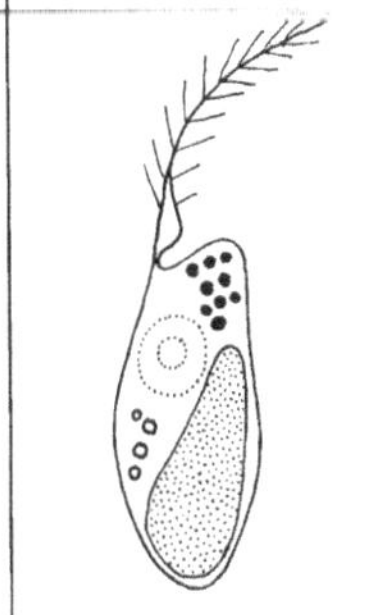	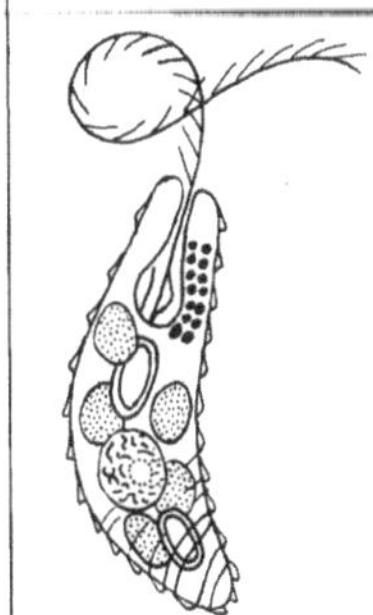	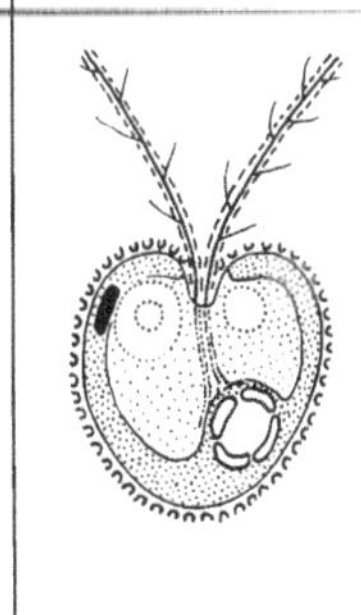
coccal (Diatomeen-Typus)	coccal haploblastisch zönoblastisch trichal siphonal	coccal	monadoid	monadoid capsal
Chlamydophyceae	**Chlorophyceae**	**Ulvophyceae**	**Charophyceae**	**Zygnemaphyceae**
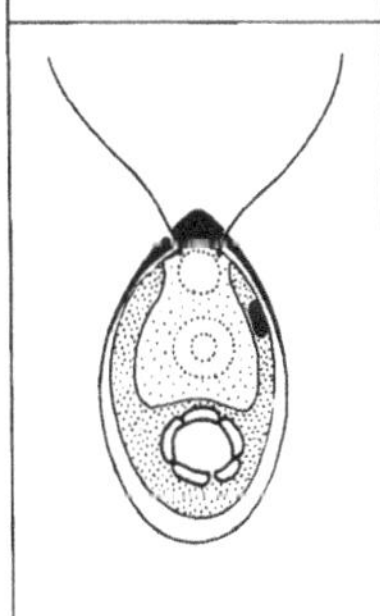	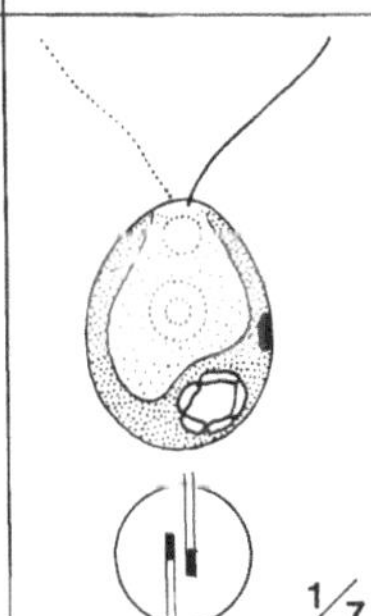	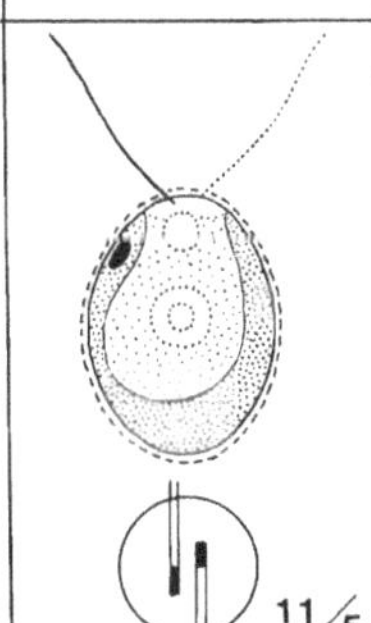	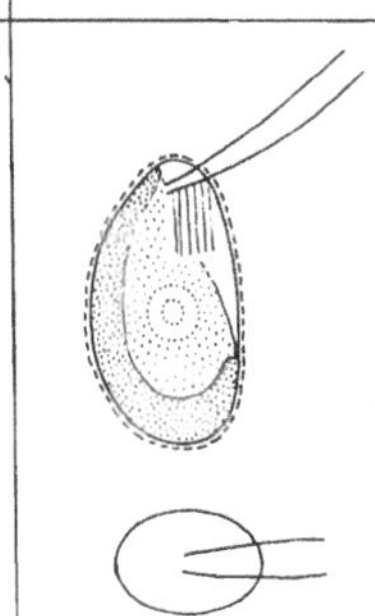	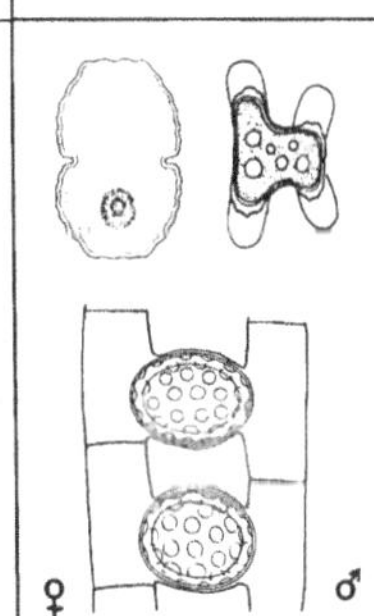
monadoid capsal coccal haploblastisch zönoblastisch	capsal coccal haploblastisch zönoblastisch trichal	coccal trichal siphonal	coccal trichal	coccal (Desmidiaceen-Typus) trichal

Tafel III

Schematische Darstellung der Organisationsstufen der Algen (nach Ettl).

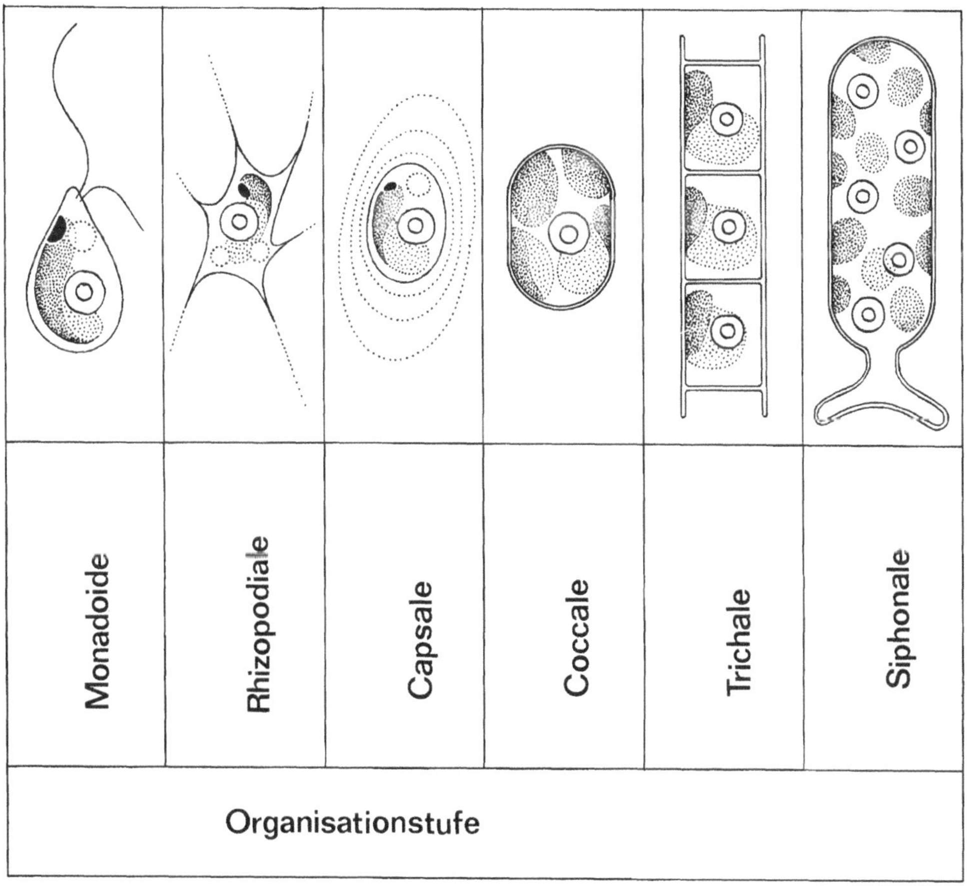
Monadoide
Rhizopodiale
Capsale
Coccale
Trichale
Siphonale
Organisationstufe

Tafel IV

Schalenbau der Bacillariophyceae, a–d – links Valvaransicht (Schalenansicht) und rechts Pleuralansicht (Gürtelbandansicht) dargestellt an vier Sippen.

a: *Cyclotella meneghiniana.*

b: *Tabellaria flocculosa.*

c: *Epithemia zebra.*

d: *Diatoma hyemalis.*

e: Transversaler Schnitt durch die Schalen (R Raphe, S Schalen, GB Gürtelbänder, E Epitheka, H Hypotheka).

f: Schematische Darstellung des Ineinandergreifens beider Schalenhälften (V_1, V_2 Valven, GB Gürtelbänder, E Epitheka, H Hypotheka).

g: Gürtelbandansicht eines Teiles der spermatogonialen Schale von *Rhabdonema adriaticum* (V Valve, VC Valvocopula, C Copula, P Pleurae, S Septum).

h: Schema einer pennaten Bacillariophyceen-Zelle mit den drei Hauptebenen und Achsen (AE Apikalebene, TE Transapikalebene, VE Valvarebene, A–B Pervalvarachse, C–D Transversalachse, E–F Apikalachse).

i: Valvaransicht mit Raphe bei *Pinnularia subsolaris* (a–d, i nach Hustedt, sonst aus Ettl).

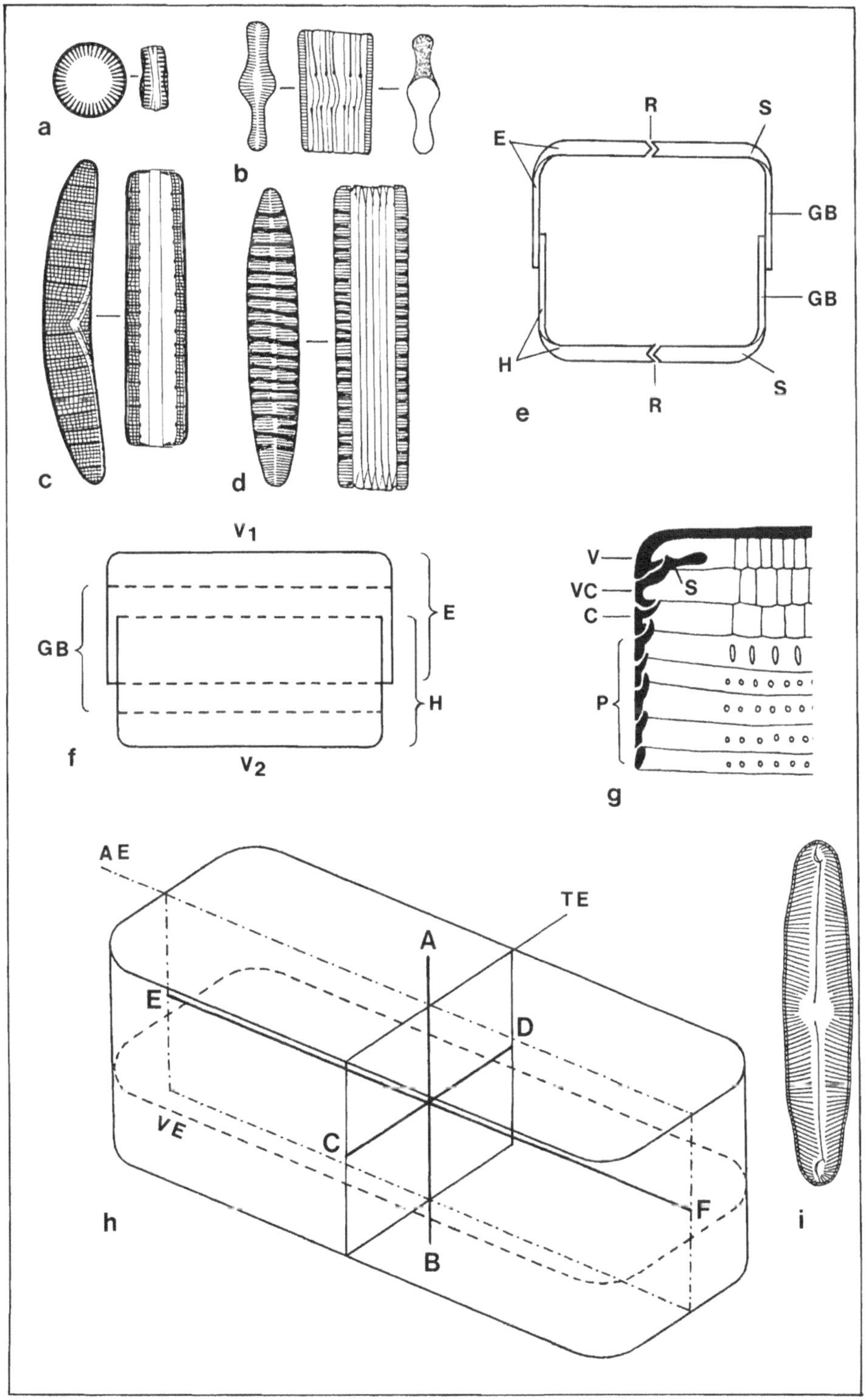
a
b
c
d
E
R
S
GB
GB
H
S
R
e
V1
E
GB
H
f
V2
V
VC
S
C
P
g
AE
TE
A
E
D
C
VE
F
B
h
i

Tafel V

Schalenmerkmale der pennaten Bacillariophyceae.
Areae: Aa – Axialarea; Za – Zentralarea; Ta – Terminalarea. Raphe: Ra – äußere Raphenspalt; Ri – innere Raphenspalt; Rn – Raphennut; Zp – Zentralpore; Tsp – Terminalspalt. Transapikalstreifen: Str – Streifen; Ll – Längslinien; Lb – Längsband; r – radial; p – parallel; k – konvergent (in Anlehnung an Krammer).

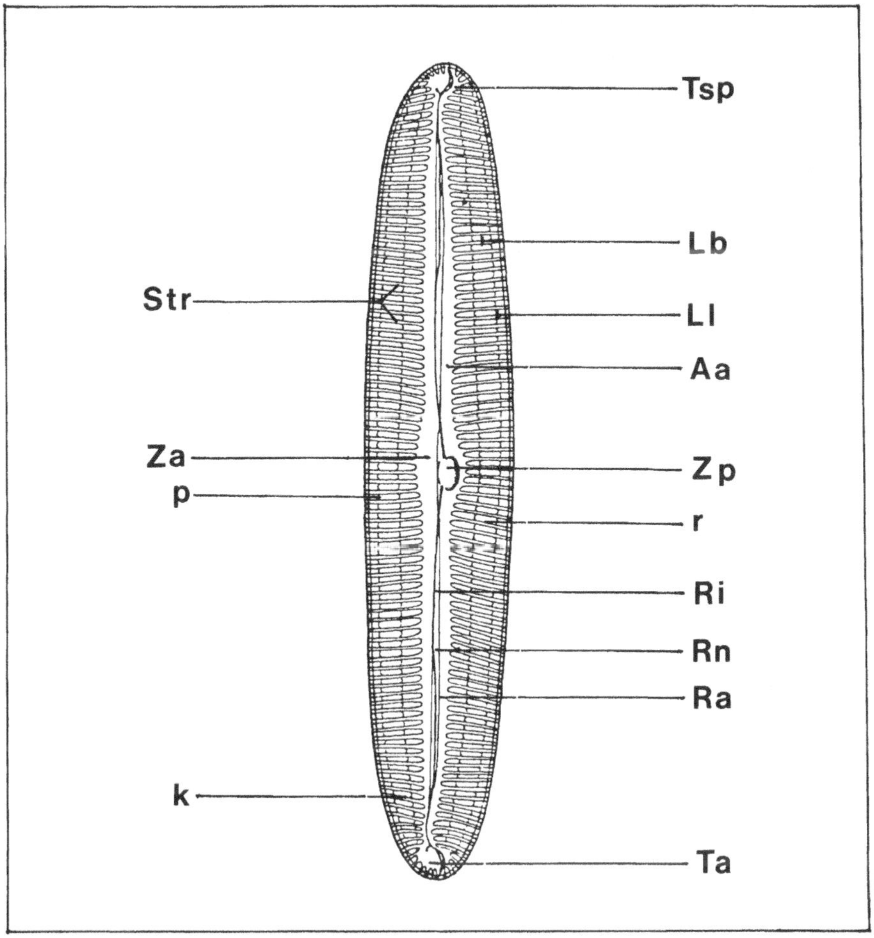
Tsp
Lb
Str
Ll
Aa
Za
Zp
p
r
Ri
Rn
Ra
k
Ta

Tafel VI

Schematische Darstellung der asexuellen Fortpflanzung bei den Xanthophyceae.

A. Zoosporenbildung.

B. Bildung von Aplanosporen.

C. Autosporenbildung.

D. Bildung von endogenen Zysten. Die vegetativen Zellen sind durch die dicke, mit Warzen versehene Zellwand gekennzeichnet. Eine solche haben auch die Autosporen und die jungen Zellen. Die Pfeile zeigen die weitere Entwicklung der Fortpflanzungszellen. Man beachte die allmähliche Verkürzung in der Entwicklung zu jungen Zellen, die bei den Autosporen ohne Zwischenstadien verläuft a – Zoosporen, b – Aplanosporen, c – Autosporen oder junge Zellen, d – endogene Zysten, dd – Keimung der endogenen Zysten. Alles stark schematisiert (nach Ettl).

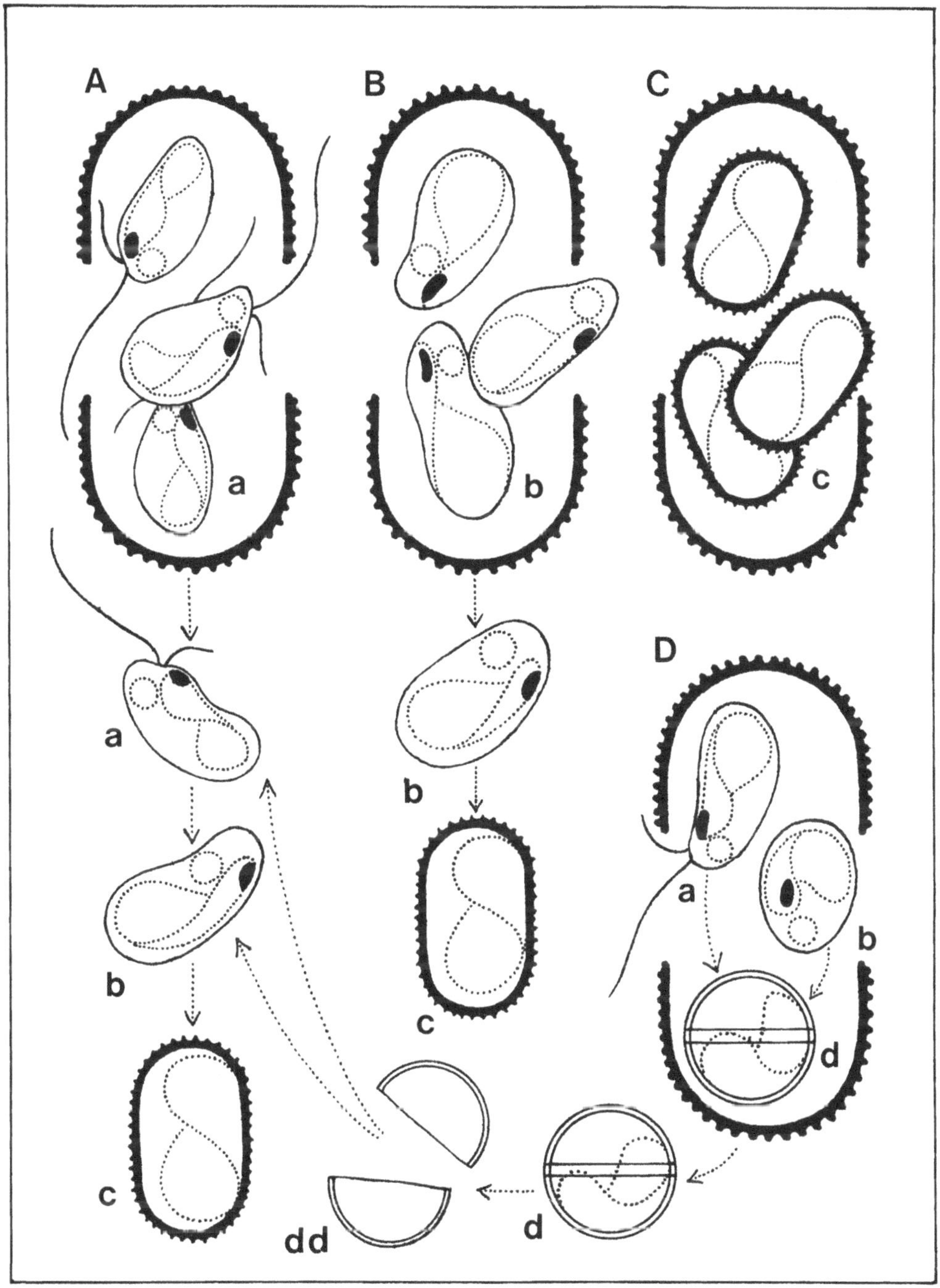
A
B
C
a
b
c
D
a
b
c
a
b
d
b
c
c
dd
d

Tafel VII

a–c *Vaucheria sessilis.*
a: Junge Sexualorgane.
b: Reife Sexualorgane.
c: Dieselben nach ihrer Öffnung, Ausschwärmen der Spermatozoiden.
d: *Vaucheria lii,* sympodial verzweigter Sexualorganstand, daneben Oogonium mit reifer Oospore. A Antheridium, O Oogonium (a–c nach Ettl, d nach Rieth).

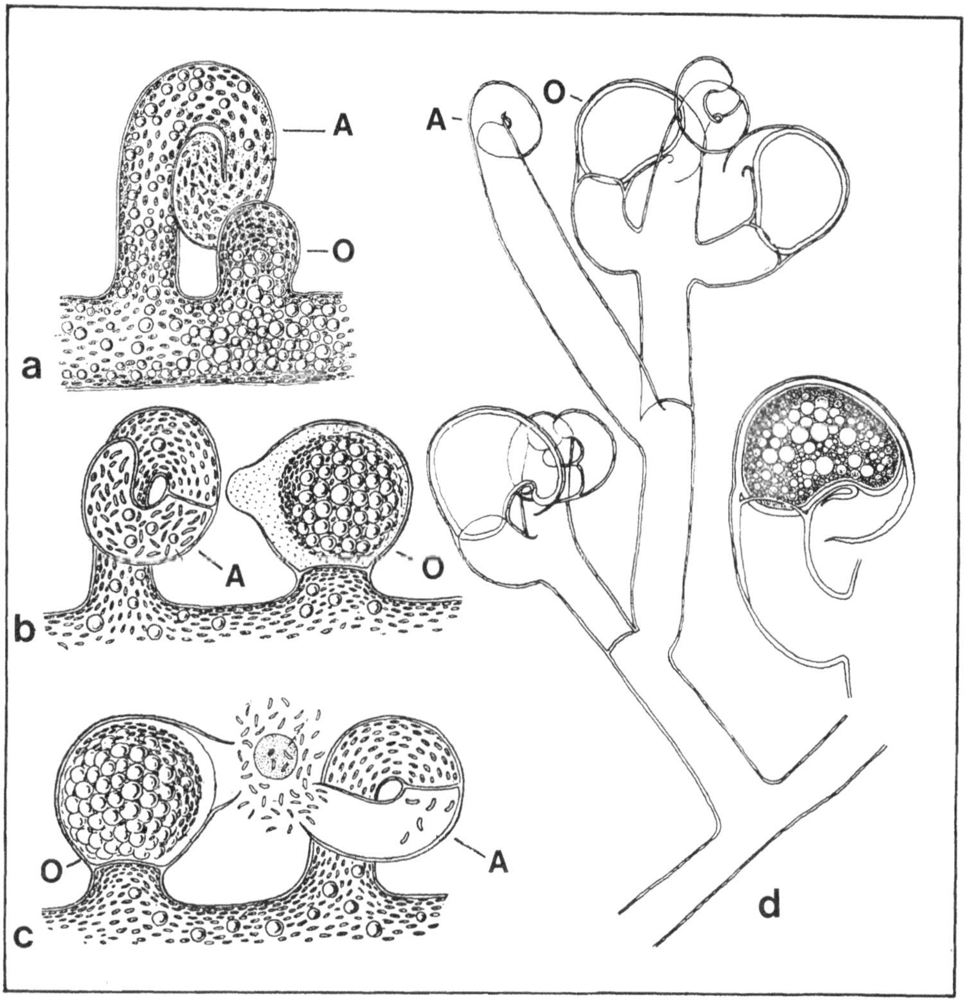
A
O
a
A
O
b
O
A
c
A
O
d

Tafel VIII

Schematische Darstellung einiger wichtiger Merkmale der Klasse Chlamydophyceae.

a: Vegetative Zellen und Zoosporenbildung bei *Chlamydomonas*; A junge Zelle, B erwachsene Zelle; C Protoplastenteilung (zu diesem Zeitpunkt sind die Protoplasten nackt); D Zoosporenbildung im Zoosporangium (Zoosporen schon mit eigener Zellwand); E Ausschwärmen der Zoosporen.

b: Vegetative Zellen und Zoosporenbildung bei den Chlorococcaceae; A keimende Zoospore (nach dem Abwerfen der Geißeln bleibt das Stigma eine Zeitlang erhalten); B junge Zelle; C erwachsene Zelle (bei den meisten Sippen mit pulsierenden Vakuolen); D erwachsene Zelle (bei einigen Sippen ohne pulsierende Vakuolen); E Protoplastenteilung (zu diesem Zeitpunkt sind die Protoplasten nackt); F Zoosporenbildung (Zoosporen schon mit eigener Zellwand), G Ausschwärmen der Zoosporen.

c: Asexuelle, intrachlamydäisch gebildete Dauerzellen; A Hypnospore; B Hypnoblast.

d: Sexuelle Fortpflanzung bei den Chlamydophyceae; A und C Gametangien; B und D Gameten verschiedenen Geschlechts; E Gametenverschmelzung unter Abstreifung der Gameten-Zellwände (zu diesem Zeitpunkt sind die Protoplasten nackt). Alles schematisiert. Die dicken Umrißlinien zeigen die Zellwände, die dünnen die nackten Protoplasten. In den Zellen sind nur die pulsierenden Vakuolen, Stigma, Zellkern und Pyrenoid eingezeichnet (nach Ettl).

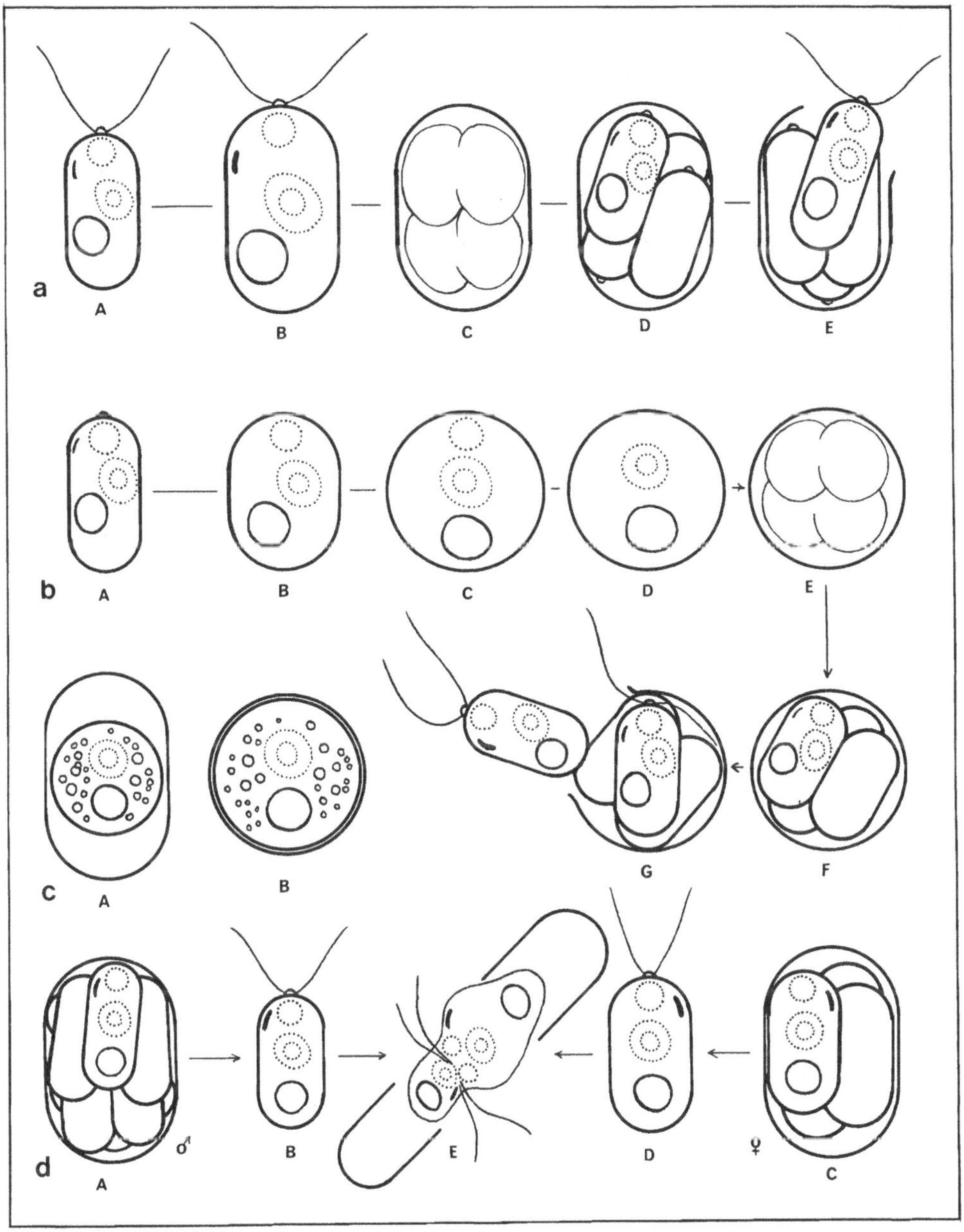
a
A
B
C
D
E
b
A
B
C
D
E
c
A
B
G
F
d
A
♂
B
E
D
♀
C

Tafel IX

Die Polarität der Zellen bei den Chlamydophyceae.

a: Flagellat oder Zoospore.

b: Festsitzende Zoospore in eine vegetative Zelle keimend.

c: Freilebende vegetative Zelle mit pulsierenden Vakuolen.

d: Freilebende vegetative Zelle ohne pulsierende Vakuolen (undeutliche Polarität).

e: Polyenergider Zönoblast, wo jede Energide ihre eigene Polarität besitzt (Kryptopolarität), gegeben durch Zellkern-Basalkörperchen-pulsierende Vakuole (TE Teilungsebene; F Geißeln; N Zellkern; pV pulsierende Vakuolen; St Stigma; Ch Chloroplast; Py Pyrenoid). Schematisiert (nach Ettl & Gärtner).

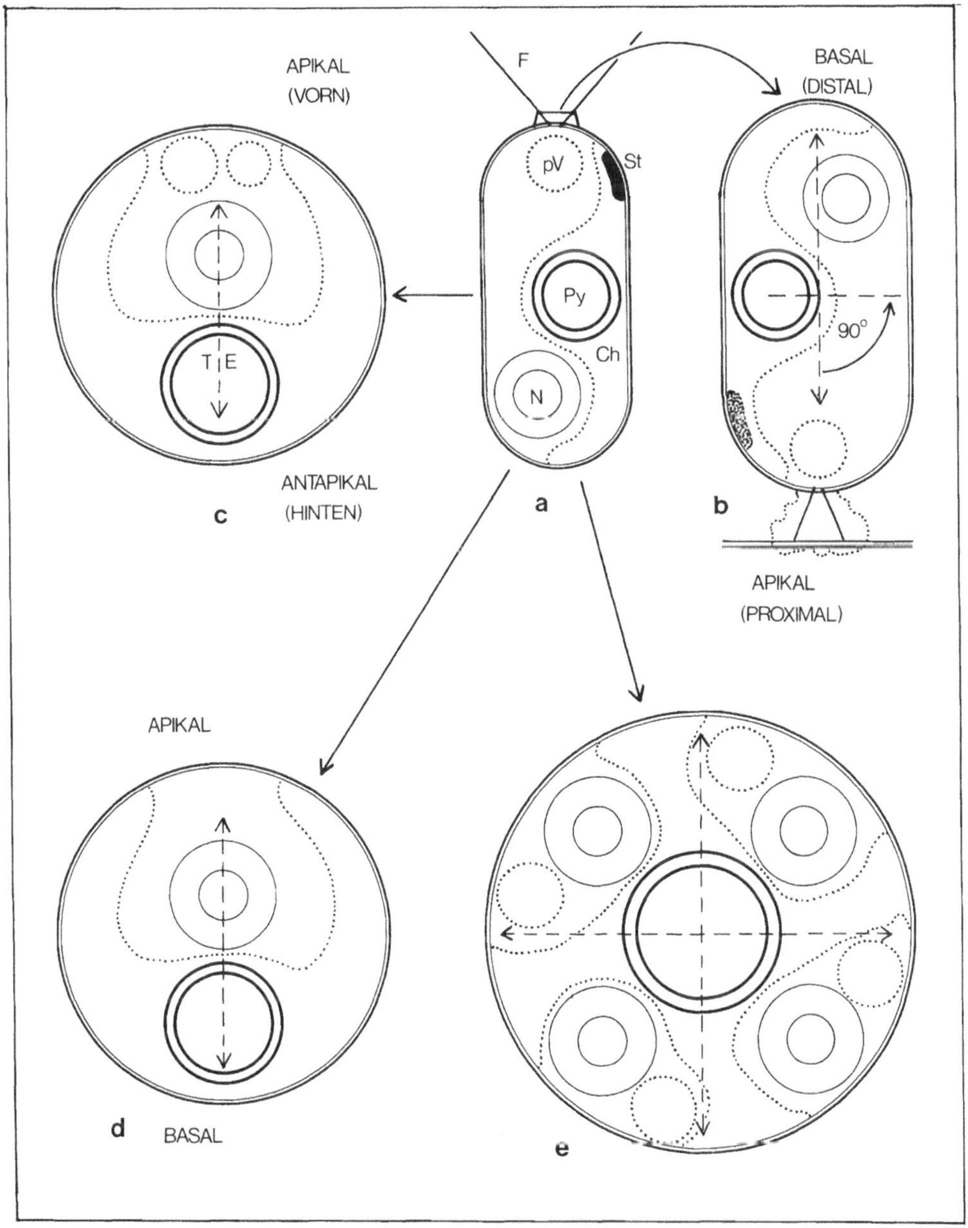
APIKAL
(VORN)
F
BASAL
(DISTAL)
pV
St
Py
Ch
N
T E
90°
ANTAPIKAL
(HINTEN)
c
a
b
APIKAL
(PROXIMAL)
APIKAL
d
BASAL
e

Tafel X

Asexuelle Fortpflanzung bei Chlorococcaceae, die sowohl durch Zoosporen als auch Aplanosporen/Autosporen verlaufen kann. Der Vorgang ist irreversibel und muß bis zur weiteren Teilung verlaufen. Die Pfeile zeigen den Verlauf sowohl des Wachstums und der Reifung der Zellen als auch die Bildung der Fortpflanzungszellen. Leicht schematisiert (nach Ettl & Gärtner).

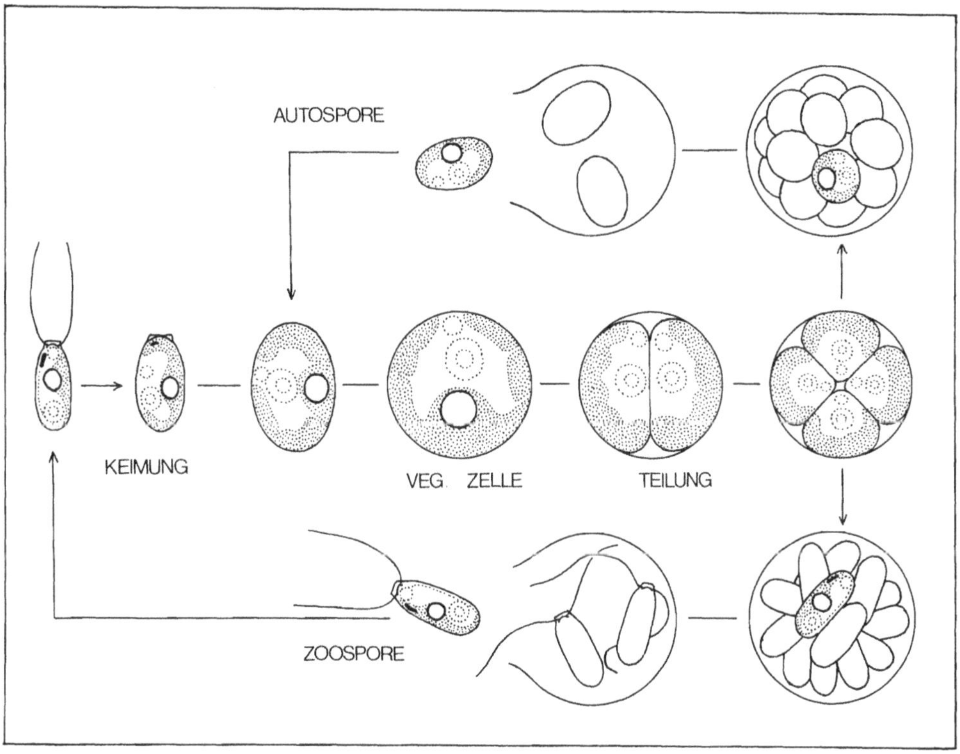
AUTOSPORE
KEIMUNG
VEG. ZELLE
TEILUNG
ZOOSPORE

Tafel XI

Zellgruppenbildung bei coccalen Grünalgen (paketartige oder sarcinoide Gebilde).

a: Diade.
b: Tetrade.
c: Vierzelliges Zellpaket.
d: Sporulation in den einzelnen Zellen (Bildung von Zellen dritter Generation).
e, f: Ineinandergeschachtelte Zellwände bei der Zellgruppenbildung (aus Ettl & Gärtner).

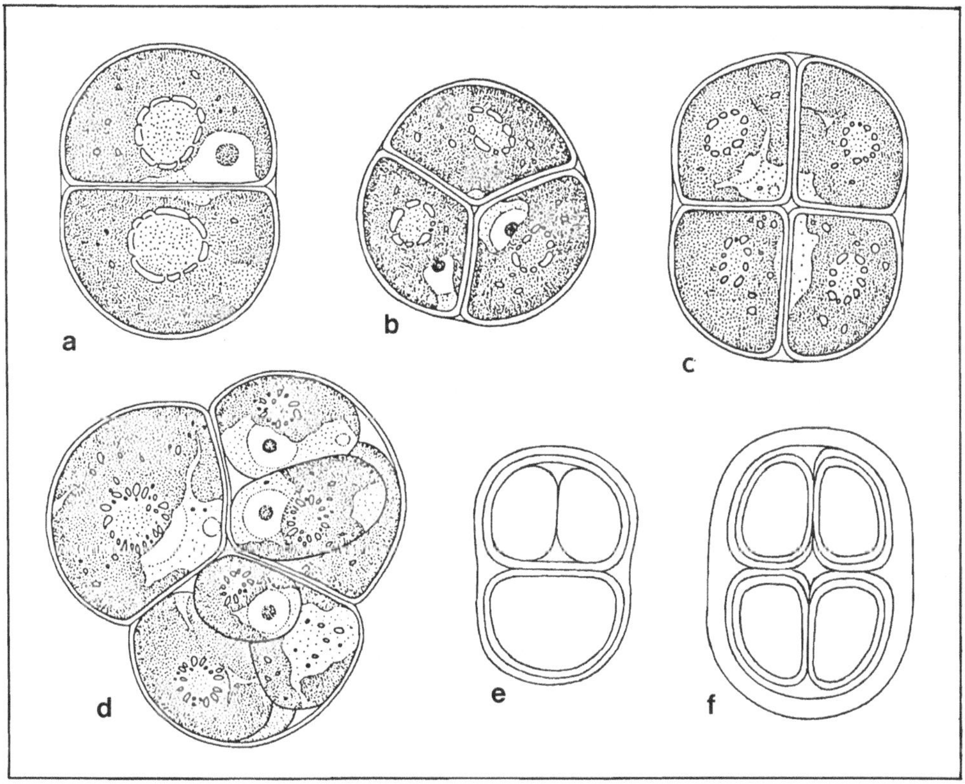
a
b
c
d
e
f

Tafel XII

Lebenszyklus bei einer einzelligen Alge (*Characium obtusum*).

a, b: Junge Zellen mit Entfaltung des strahlig zerschlitzten Chloroplasten.
c: Erwachsene Zelle.
d: Kontraktion des Protoplasten vor der Zoosporenbildung, zugleich Verformung des Chloroplasten.
e, f: Protoplastenteilung während der Zoosporenbildung.
g: Entleertes Zoosporangium.
h: Zoospore.
i: Hypnoblast (nach Skuja).

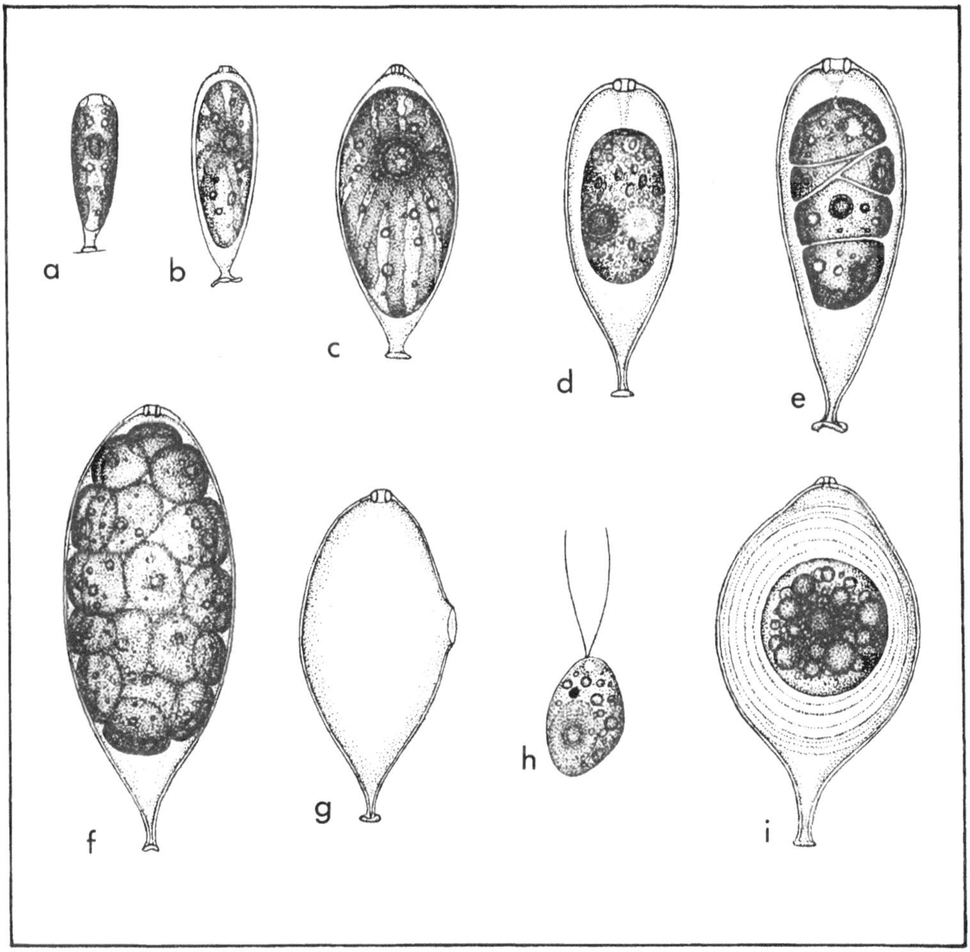
a
b
c
d
e
f
g
h
i

Tafel XIII

Schematische Darstellung des Lebenszyklus eines polyenergiden Zönoblasten (1-der äußere Kreis) und einer monoenergiden Algenzelle (2-der innere Kreis). Die weißen Kreissegmente zeigen die trophische (vegetative) Phase mit Wachstum, die schwarzen die generative Phase mit Protoplastenteilung. Die schwarzen Punkte in den Zellen bedeuten die Zellkerne. A im inneren Kreis echte sukzedane Protoplastenteilung; B eine verspätete Zytokinese und eine kurzfristige Vermehrung der Tochterkerne (sp Spore, spb Sporenbildung, z junge Zelle) (nach Ettl).

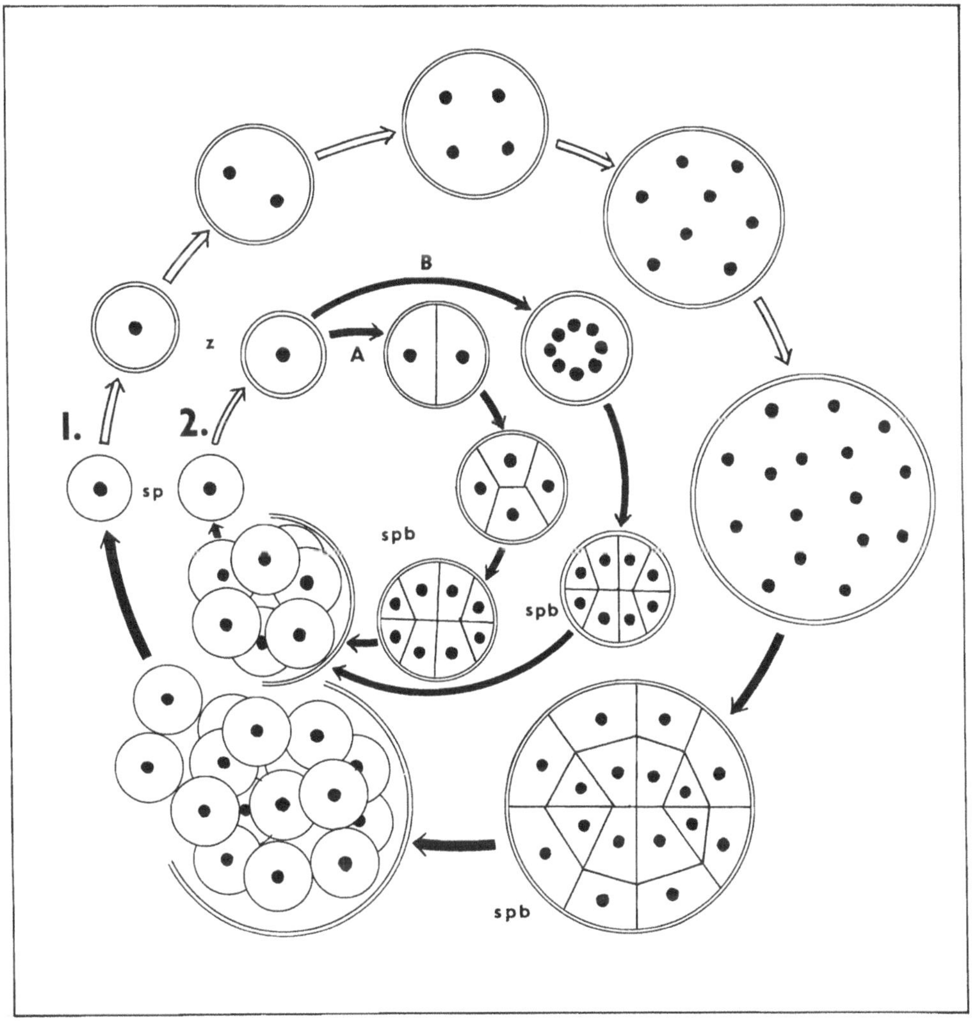
B
z
A
1.
2.
sp
spb
spb
spb

Tafel XIV

Schematische Darstellung einiger Unterschiede zwischen Zellteilung (links) **und Sporulation** (rechts); beide Vorgänge sind durch die senkrechte ununterbrochene Linie getrennt. A – Verhalten der Zellwände bei einer Zellteilung; B – Verhalten der Zellwände bei der Sporulation; C – bei der Zellteilung erfolgt nach jeder Mitose und Zytokinese die Wandbildung; D – bei der Sporulation erfolgen mehrere Mitosen und Protoplastenteilungen ohne gleich darauffolgende Wandbildung. Die Protoplasten bleiben während den Teilungen vorerst nackt; E – während der Zellteilung werden die Zellen mit den Organellen halbiert (a). Junge Tochterzellen entwickeln sich weiter, indem die fehlenden Teile und Organellen einfach heranwachsen (b); F – Die Organellen der vegetativen Zellen (a) werden während der Sporulation umgeformt und es treten auch neue Organellen auf (b). Die freigesetzten Sporen (c) bilden neue vegetative Zellen erst nach einer Keimung (d), wo sie auch eine neue Zellwand bilden. In den jungen Zellen kommt es zu einer weiteren Umformung des Chloroplasten, wogegen pulsierende Vakuolen und das Stigma abgebaut werden; n – Zellkern; nw – neue Zellwand, die doppelten Linien kennzeichnen die alten Zellwände, die dicken Linien die neu gebildeten Wände (nach Ettl).

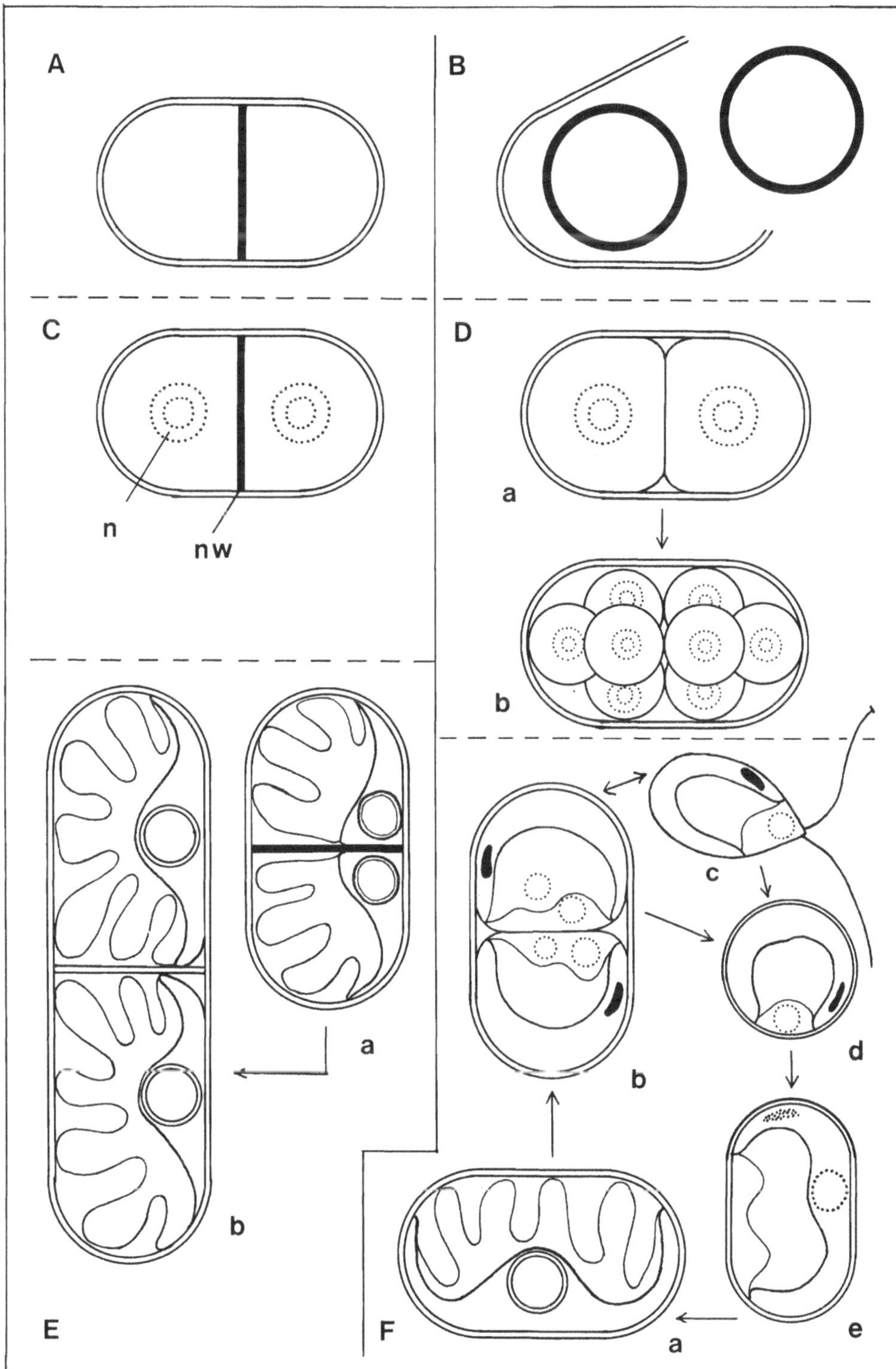
A
B
C
n
nw
D
a
b
E
a
b
F
a
b
c
d
e

Tafel XV

Zellteilung und Sporulation bei *Prasiococcus calcarius*.

a: Eine junge, aus einer Autospore hervorgegangene Zelle.
b: Wachstum dieser Zelle mit beginnender Entfaltung des einfachen Chloroplasten.
c: Kugelige einzelne vegetative Zelle mit asteroidem Chloroplast.
d: Vergrößerte Einzelzelle vor der Sporulation.
e: Autosporenbildung.
f: Autosporangium (man beachte bei e und f die Vereinfachung des Chloroplasten).
g: Zellteilung der bei a dargestellten jungen Zelle.
h: Wachstum des zweizelligen Verbandes mit Entfaltung des asteroiden Chloroplasten.
i: Tetrade durch weitere Zellteilungen entstanden. Bei der Zellteilung wird der Chloroplast nicht vereinfacht.
k: Zellpakete, wo vereinzelte vegetative Zellen unter auffallender Vergrößerung zu einem Sporangium umgebildet werden. Die Pfeile zeigen die möglichen ontogenetischen Entwicklungen (nach Ettl).

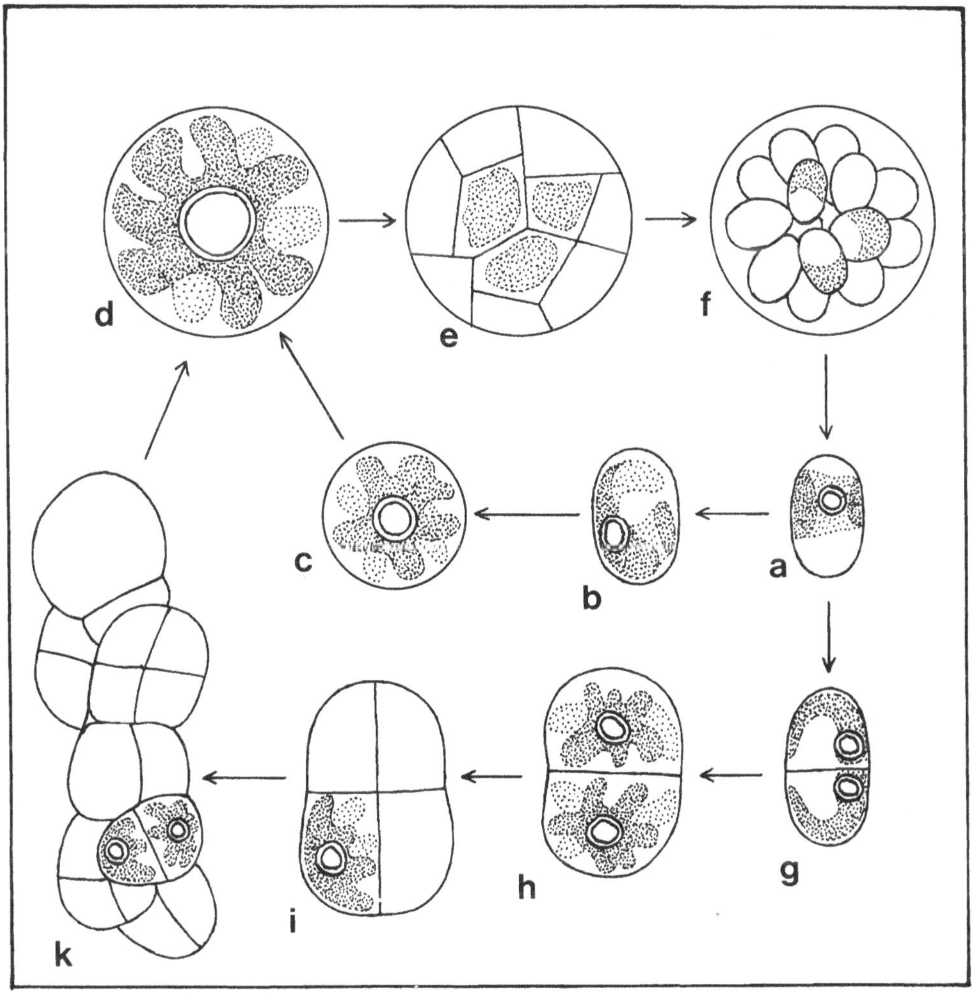
d
e
f
c
b
a
g
h
i
k

Tafel XVI

Verschiedene Typen der Oogamie bei den Oedogoniales.

a: Monözisch makrandrisch.
b: Diözisch makrandrisch.
c: Monözisch nannandrisch.
d: Diözisch nannandrisch (nach Kniep).

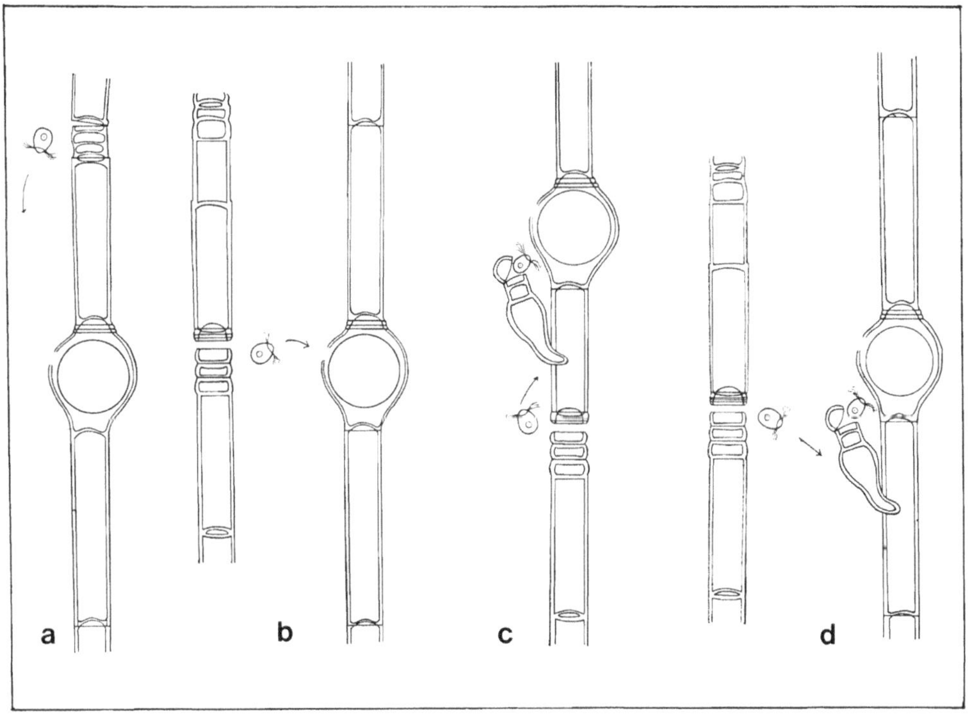
a
b
c
d

Literatur

Agardh, C. A. (1812): Dispositio Algarum Sueciae. Lundae.

– (1817): Synopsis Algarum Scandinaviae. Lundae.

Ahmadjian, V. (1958): A guide for the identification of algae occurring as lichen symbionts. – Bot. Not. **111**: 632–644.

– (1960): Some new and interesting species of *Trebouxia*, a genus of lichenized algae. – Am. J. Bot. **47**: 677–683.

– (1967): A guide to the algae occurring as lichen symbionts: isolation, culture, cultural physiology, and identification. – Phycologia **6**, 127–160.

– (1973): Methods of isolating and culturing lichen symbionts and thalli. – In: Ahmadjian, V., Hale, M. (eds.), The Lichens. Academic Press, New York, 653–659.

Akiyama, M. & Hirose, H. (1960): A newly found terrestrial alga from Japan, *Fritschiella tuberosa* Iyeng. – Bot. Mag. Tokyo, **73**: 365–368.

Albertano, P., Pollio, A. & Taddei, R. (1991): *Viridiella fridericiana* (Chlorococcales, Chlorophyta), a new genus and species isolated from extremely acid environments.-Phycologia **30**: 346–354.

Andreeva, V. M. (1973): Novye vidy *Chlorella* Beijer. (New species of the *Chlorella* Beijer.). – Bot. Ž., Leningrad, **58**: 1735–1741.

– (1978): K taksonomii roda *Myrmecia* Printz (Chlorococcales, Chlorococcaceae). – Bot. Ž., Leningrad, **63**: 441–460.

Andreeva, V. M., Czaplygina, O. J. & Strelkova, L. A. (1985): Chlorococcales et Chlorosarcinales terrestres in parte Ucrainiae polessie dicta distributae. – Nov. syst. plant. non vasc., Nauka Leningrad, **22**: 3–20.

Arce, G. (1971): *Stichococcus sequoieti* sp. nov. – In: Parker, B. C., Brown, R. M. Jr. (eds.), Contributions in Phycology, Allen Press, Lawrence, 25–30.

Arce, G. & Bold, H. C. (1958): Some Chlorophyceae from Cuban soils. – Amer. J. Bot. **45**: 492–503.

Archibald, P. A. (1970): *Pseudochlorococcum*, a new Chlorococcalean genus. – J. Phycol. **6**: 127–132.

– (1973): The genus *Neochloris* Starr (Chlorophyceae, Chlorococcales). – Phycologia **12**: 187–193.

- (1975): *Trebouxia* de Puymaly (Chlorophyceae, Chlorococcales) and *Pseudotrebouxia* gen. nov. (Chlorophyceae, Chlorosarcinales). – Phycologia **14**: 125–137.

– (1979): Descriptions of new edaphic and aquatic species of *Chlorococcum* Meneghini (Chlorococcales). – Br. phycol. J. **14**: 305–312.

– (1988): *Chlorococcum pamirum* and *C. salinum*, two new species of the Chlorophyceae from Central Asia. – Br. phycol. J. **23**: 121–128.

– (1990): Soil algae. In: Dindal, D. L. (ed.), Soil Biology Guide, Wiley & Sons, New York, 69–96.

Archibald, P. A. & Bold, H. C. (1970a): Reclassification of three unicellular green algae. – Phytomorphology, New Delhi, **20**: 383–389.

– – (1970b): Phycological Studies XI. The genus *Chlorococcum* Meneghini. – Univ. Texas Publ. **7015**: 1–115.

Arneson, R. (1973): *Pseudotetracystis*, a new Chlorosarcinacean alga. – J. Phycol. **9**: 10–14.

Bailey, D., Mazurak, A. P. & Rosowski, J. R. (1973): Aggregation of soil particles by algae. – J. Phycol. **9**: 99–101.

Bednářová, M., Kalina, T. & Šašek, V. (1976): Selection and application of antibiotics for the removal of fungal and bacterial contamination in algal cultures. – Preslia **48**: 259–272.

Beger, H. (1927): Beiträge zur Ökologie und Soziologie der luftlebigen (atmophytischen) Kieselalgen. – Ber. Dt. bot. Ges. **45**: 385–407.

– (1941): *Tumulofilum terrestre*, der Vertreter einer neuen Chaetophoraceen-Gattung. – Ber. Dt. bot. Ges. **59**: 174–178.

Behre, K. & Schwabe, G. H. (1970): Auf Surtsey, Island, im Sommer 1968 nachgewiesene nicht marine Algen. – Schr. Naturw. Ver. Schlesw.-Holst., Sonderband, 31–100.

Belcher, J. H. (1969): *Prasiococcus calcarius* (Boye Pet.) Vischer in the South Sandwich Islands. – Br. phycol. J. **4**: 119–120.

Bell, R. A. (1993): Cryptoendolithic algae of hot semiarid lands and deserts. – J. Phycol. **29**: 133–139.

Bicudo, C. E. M. (1966): *Bjornbergiella*, a new genus of Cryptophyceae from Hawaiian soil. – Phycologia **5**: 217–221.

Bischoff, H. W. & Bold, H. C. (1963): Phycological Studies. IV. Some soil algae from Enchanted Rock and related algal species. – Univ. Texas Publ. **6318**: 1–95.

Bock, W. (1962): Diatomeen extrem trockener Standorte. – Nova Hedwigia **5**: 199–254.

Bogaczewicz, B. & Mrozińska-Webb, T. (1972): Kilka interesujacych gatunków z rodziny Pleurochloridaceae (Xanthophyceae). – Fragm. florist. geobot., **18**: 403–409.
Bohlin, K. (1901): Étude sur la flore algologique d'eau douce des Açores. – K. Svenska. Vet. Akad. Handl., Stockholm, **27**: 1–85.
Bold, H. C. (1931): Life history and cell structure of *Chlorococcum infusionum*. – Bull. Torrey Bot. Club **57**: 577–604.
– (1933): The life history and cytology of *Protosiphon botryoides*. – Bull. Torrey Bot. Club **60**: 241–299.
– (1949): The morphology of *Chlamydomonas chlamydogama* sp. nov. – Bull. Torrey Bot. Club **76**: 101–108.
– (1958): Three new chlorophycean algae. – Am. J. Bot. **45**: 737–743.
– (1970): Some aspects of the taxonomy of soil algae. – Ann. New York Acad. Sc., **175**: 601–616.
Bold, H. C. & McEntee, F. J. (1973): Phycological notes. II. *Euglena myxocylindracea* sp. nov. – J. Phycol. **9**: 152–156.
– – (1974): Phycological notes. III. Two new saccate unicellular Chlorophyceae. – J. Phycol. **10**: 189–193.
Bold, H. C. & Wynne, M. J. (1985): Introduction to the Algae: Structure and Reproduction, 2nd ed., Prentice-Hall, Englewood Cliffs, New Jersey, 720 pp.
Booth, W. E. (1941): Algae as pioneers in plant succession and their importance in erosion control. – Ecology **22**: 38–46.
Borzi, A. (1889): *Botrydiopsis*, nuovo genere di alghe verde. – Boll. Soc. Ital. Microscop. **1**: 66–70.
– (1895): Studi algologici. Saggio di ricerche sulla biologia della alghe. Fasc. **2**: 118–378.
Bourrelly, P. (1957): Recherches sur les Chrysophycées. – Rev. Algol., Mém. Hors-Sér. **1**: 1–412.
– (1966): Les algues d'eau douce. Tome I. Boubée, Paris, 511 pp.
– (1968): Les algues d'eau douce. Tome II. Boubée, Paris, 438 pp.
– (1970): Les algues d'eau douce. Tome III. Boubée, Paris, 512 pp.
– (1972): Les algues d'eau douce. Tome I: Les algues vertes. Revidierte Neuauflage. Boubée & Cie, Paris, pp. 572.
– (1988): Les algues d'eau douce. Compléments Tome I. Algues vertes. Boubée, Paris, 182 pp.
Brand, F. (1902): Zur näheren Kenntnis der Algengattung *Trentepohlia* Mart. – Beih. Bot. Cbl. **12**: 201–225.
– (1913): Berichtigungen bezüglich der Algengruppen *Stichococcus* Naeg. und *Hormidium* Kütz. – Ber. Dt. bot. Ges. **31**: 64–72.
– (1925): Analyse der aerophilen Grünalgenanflüge, insbesondere der proto-pleurococcoiden Formen. – Arch. Protistenk. **52**: 265–354.
Brendemühl, I. (1950): Über die Verbreitung der Erddiatomeen. – Arch. Mikrobiol. **14**: 407–449.
Bristol, B. M. (1920): On the algal flora of some desiccated English soils, an important factor in soil biology. – Ann. Bot. **34**: 35–80.
Broady, P. A. (1976): Six new species of terrestrial algae from Signy Island, South Orkney Islands, Antarctica. – Br. phycol. J. **11**: 387–405.
– (1977): A new genus and two new species of terrestrial chlorophycean algae from Signy Island, South Orkney Islands, Antarctica. – Br. phycol. J. **12**: 7–15.
– (1979a): The terrestrial algae of Signy Island, South Orkney Islands. – Br. Antarctic Survey, Sc. Rep. **98**: 1–117.
– (1979b): A preliminary survey of the terrestrial algae of the Antarctic peninsula and South Georgia. – Br. Antarct. Surv. Bull. **48**: 47–70.
– (1982a): Green and yellow-green terrestrial algae from Surtsey (Iceland) in 1978. – Surtsey Res. Progress Rep. **9**: 13–32.
– (1982b): New records of chlorophycean micro-algae cultured from Antarctic terrestrial habitats. – Nova Hedwigia **36**: 445–484.
– (1989): The distribution of *Prasiola calophylla* (Carmich.) Menegh. (Chlorophyta) in Antarctic freshwater and terrestrial habitats. – Antarctic Science **1**: 109–118.
Broady, P. A. & Ingerfeld, M. (1993): Three new species and a new record of chaetophoracean (Chlorophyta) algae from terrestrial habitats in Antarctica. – Eur. J. Phycol. **28**: 25–31.
Brown, R. M. jun. & Bold, H. C. (1964): Phycological Studies V. Comparative studies of the algal genera *Tetracystis* and *Chlorococcum*. – Univ. Texas Publ. **6417**: 1–213.
Brunnthaler, J. (1915): Protococcales. In: A. Pascher (ed.), Die Süßwasserflora Deutschlands, Österreichs und der Schweiz. H. 5, G. Fischer, Jena, 52–205.
Büdel, B. & Henssen, A. (1988): *Trebouxia aggregata* und *Gloeocapsa sanguinea*, Phycobionten in *Euopsis granatina* (Lichinaceae). – Pl. Syst. Evol. **158**: 235–241.
Cedergren, G. R. (1939): Aerofila alger. – Bot. Not. 1939: 97–111.

Chantanachat, S. & Bold, H. C. (1962): Phycological Studies II. Some algae from arid soils. – Univ. Texas Publ. **6218**: 1–75.

Chodat, R. (1894): Matériaux pour servir a l'histoire des Protococcoidées. – Bull. de l'Herbier Boissier **2**: 585–616.

– (1908): Sur un genre nouveau de conferve *(Heterococcus)*. – Bull. de l'Herbier Boissier **8**: 80–81.

– (1913): Monographies d'algues en culture pure. – Matériaux pour la flore Cryptogamique Suisse, **4**: 1–266.

– (1920): Algues de la région du Grand St. Bernard 1–3. – Bull. Soc. Bot. Genève, **12**: 293–305.

Chodat, R. & Topali, C. (1922): Un paradoxe algologique *(Interfilum)*. – Bull. Soc. Bot. Genève, 2. sér. **13**: 66–74.

Chu, S. P. (1942): The influence of the mineral composition of the medium on the growth of planktonic algae. I. Methods and cultural media. – J. Ecol. **30**: 284–325.

Clauzade, G. & Roux, C. (1985): Likenoj de okcidenta Europo, Ilustrita determinlibro. – Bull. Soc. Bot. Centre Ouest, n. sér., num. spéc. **7**: 1–893.

Cox, E. R. (1971): A new *Muriellopsis* species (Chlorophyceae) from Tennessee soil. – Phycologia **10**: 7–10.

Cox, E. R. & Deason, T. R. (1968): *Axilosphaera* and *Heterotetracystis*, new Chlorosphaeracean genera from Tennessee soil. – J. Phycol. **4**: 240–249.

– – (1969): *Heterochlamydomonas*, a new alga from Tennessee. – J. Tennessee Acad. Sci. **44**, 105–107.

Croasdale, H. T. (1965): Desmids of Devon Island, N. W. T., Canada. – Trans. Am. Microsc. Soc. **84**: 301–335.

Croasdale, H. T. & Grönblad, R. (1964): Desmids of Labrador. 1. Desmids of the southeastern coastal area. – Trans. Am. Microsc. Soc. **83**: 142–212.

Czurda, V. (1932): Zygnemales. In: Pascher, A. (ed.), Süßwasserflora Mitteleuropas II. 9, G. Fischer, Jena, pp. 232.

Dangeard, P. (1931): Sur un genre nouveau de Trentépohliacées récolté en Island (*Rhizothallus*, nov. gen.). – Bull. Soc. Bot. France **68**: 91–94.

– (1940): Sur la prétendue reproduction des *Vaucheria* par des acinètes et des spores amiboides et sur le nouveau genre *Asterosiphon*. – Compt. rend. Acad. Sci. **210**: 719–721.

– (1942): Le nouveau genre *Asterosiphon* et sa place systématique. – Le Botaniste **31**: 271–293.

Dangeard, P. A. (1888): Recherches sur les algues inférieures. – Ann. des sc. nat. Bot. **7**: 106–175.

Darling, R. B., Friedmann, I. & Broady, P. A. (1987): *Heterococcus endolithicus* sp. nov. (Xanthophyceae) and other terrestrial *Heterococcus* species from Antarctica: morphological changes during life history and response to temperature. – J. Phycol. **23**: 598–607.

Davis, J. S. & Rands, D. G. (1993): Observations on lichenized and free-living *Physolinum* (Chlorophyta, Trentepohliaceae). – J. Phycol. **29**: 819–825.

Deason, T. R. (1959): Three Chlorophyceae from Alabama soil. – Amer. J. Bot. **46**: 572–578.

– (1967a): *Pulchrasphaera*, a new Chlorococcalean genus. – J. Phycol. **3**: 19–21.

– (1967b): *Chlamydomonas gymnogama*, a new homothallic species with naked gametes. – J. Phycol. **3**: 109–112.

– (1969): Filamentous and colonial soil algae from Dauphin Island, Alabama. – Trans. Am. Microsc. Soc. **88**: 240–246.

– (1971): The genera *Spongiococcum* and *Neospongiococcum*. I. The genus *Spongiococcum* and the multinucleate species of the genus *Neospongiococcum*. – Phycologia **10**: 17–27.

– (1976): The genera *Spongiococcum* and *Neospongiococcum* (Chlorophyceae, Chlorococcales). III. New species, biochemical characteristics and a summary key. – Phycologia **15**: 197–213.

– (1989): A re-examination of the green algal taxon Chlorosarcinales – an ultrastructural approach. – Critical Rev. Pl. Sci. **8**: 259–272.

Deason, T. R. & Bold, H. C. (1960): Phycological Studies I. Exploratory studies of Texas soil algae. – Univ. Texas Publ. **6022**: 1–72.

Deason, T. R. & Cox, E. R. (1971): The genera *Spongiococcum* and *Neospongiococcum*. II. Species of *Neospongiococcum* with labile walls. – Phycologia **10**: 255–262.

Deason, T. R. & Floyd, G. L. (1987): Comparative ultrastructure of three species of *Chlorosarcina* (Chlorosarcinaceae, Chlorophyta). – J. Phycol. **23**: 187–195.

Deason, T. R. & Herndon, W. R. (1989): Three new green coccoid zoosporeproducing algae from the Great Smoky Mountains National Park, Tennessee, USA. – Pl. Syst. Evol. **164**: 123–132.

Deason, T. R., Ryals, P. E., O'Kelley, J. C. & Bullock, K. W. (1979): Fine structure of mitosis and cleavage in *Friedmannia israelensis* (Chlorophyceae: Chlorosarcinales). – J. Phycol. **15**: 452–457.

Deason, T. R., Silva, P. C., Watanabe, S. & Floyd, G. L. (1991): Taxonomic status of the species of the green algal genus *Neochloris*. – Pl. Syst. Evol. **177**: 213–219.

Desortová, B. (1974): Some interesting algae from soil. – Arch. Hydrobiol./Suppl. 46, Algol. Studies **10**: 105–119.

Dill, O. (1895): Die Gattung *Chlamydomonas* und ihre nächsten Verwandten. – Pringsh. Jahrb. wiss. Bot. **28**: 323–358.

Dillenius, J. J. (1741): Historia muscorum. Oxonii.

Dillwyn, L. W. (1809): British Confervae. London.

Dönz, O. Ch. (1934): *Chlorella zofingiensis*, eine neue Bodenalge. – Ber. Schweiz. Bot. Ges. **43**: 127–131.

Düringer, I. (1958): Über die Verteilung epiphytischer Algen auf den Blättern wasserbewohnender Angiospermen sowie systematisch-entwicklungsgeschichtliche Bemerkungen über einige grüne Algen. – Österr. Bot. Z. **105**: 1–43.

Dunger, W. & Fiedler, H. J. (1989): Methoden der Bodenbiologie. G. Fischer, Stuttgart, New York, 432 pp.

Dykstra, R. F. (1971): *Borodinellopsis texensis*: gen. et spec. nov. A new alga from the Texas Gulf coast. In: B. C. Parker & Brown, R. M. jr. (eds.): Contributions in Phycology, 1–8, Allen Press Inc., Lawrence.

Edlich, F. (1936): Einwirkung von Temperatur und Wasser auf aerophile Algen. – Arch. Mikrobiol. **7**: 62–109.

Ehrenberg, C. G. (1843): Verbreitung und Einfluß des mikroskopischen Lebens in Süd- und Nordamerika. – Abh. Berl. Akad.

– (1854): Mikrogeologie. – Leipzig.

– (1848): Beobachtung zweier generisch neuer Formen der Frühlingsgewässer bei Berlin. – Mber. Berl. Akad. Wiss. 1848: 133–237.

Ettl, H. (1956): Ein Beitrag zur Systematik der Heterokonten. – Bot. Notiser **109**: 411–445.

– (1957): Einige wenig bekannte und neue Heterokonten. – Arch. Protistenk. **102**: 219–228.

– (1960): Die Algenflora des Schönhengstes. – Nova Hedwigia **2**: 509–546.

– (1963): Massenhaftes Auftreten von *Chlamydomonas*-Arten in Regenpfützen. – Nova Hedwigia **6**: 395–400.

– (1964): Der Zellbau und die systematische Stellung der Alge *Actinochloris* Korschikoff. – Protoplasma **59**: 298–309.

– (1965): Beitrag zur Kenntnis der Morphologie der Gattung *Chlamydomonas* Ehrenberg. – Arch. Protistenk. **108**: 271–430.

– (1970): Die Gattung *Chloromonas* Gobi emend. Wille. – Beih. Nova Hedwigia **34**: 1–283.

– (1976a): Die Gattung *Chlamydomonas* Ehrenberg. – Beih. Nova Hedwigia **49**: 1–1122.

– (1976b): Taxonomische Bemerkungen zu den Xanthophyceen. – Nova Hedwigia **28**: 555–586.

– (1978): Xanthophyceae 1. In: Ettl, H., Gerloff, J. & Heynig, H. (eds.), Süßwasserflora von Mitteleuropa, 3, Fischer, Stuttgart, 530 pp.

– (1979): Die Gattungen *Carteria* Diesing emend. Francé und *Provasoliella* A. R. Loeblich. – Beih. Nova Hedwigia **60**: 1–226.

– (1980a): Die taxonomische Abgrenzung der Gattung *Chlorogonium* Ehrenberg (Chlamydomonadales, Chlorophyta). – Nova Hedwigia **33**: 709–722.

– (1980b): Grundriß der allgemeinen Algologie, VEB G. Fischer, Jena, 549 pp.

– (1981a): Die neue Klasse Chlamydophyceae, eine natürliche Gruppe der Grünalgen (Chlorophyta). – Pl. Syst. Evol. **137**: 107–126.

– (1981b): Über besondere Gestalten der Gallertlager von *Palmodictyon varium* (Naegeli) Lemmermann (Chlorellales, Chlorophyta). – Arch. Hydrobiol. Suppl. 60, Algol. Studies **27**: 158–164.

– (1983a): Chlorophyta I. Phytomonadina. In: Ettl, H., Gerloff, J., Heynig, H. & Mollenhauer, D. (eds.), Süßwasserflora von Mitteleuropa 9, G. Fischer, Stuttgart, 807 pp.

– (1983b): Taxonomische Namensänderungen und Neubeschreibungen unter den Phytomonadina (Chlorophyta). – Nova Hedwigia **35**: 731–736.

– (1988): Zellteilung und Sporulation als wichtige Unterscheidungsmerkmale bei Grünalgen (Chlorophyta). – Arch. Protistenk. **135**: 103–118.

Ettl, H. & Ettl, O. (1959): Zur Kenntnis der Klasse Volvophyceae. II. – Arch. Protistenk. **104**: 51–112.

Ettl, H. & Gärtner, G. (1987): Taxonomic and nomenclatural changes and descriptions of new taxa of the Tetrasporales, Chlorococcales and Gloeodendrales (Chlorophyta, Chlamydophyceae and Chlorophyceae). – Nova Hedwigia **44**: 509–517.

– – (1988a): Chlorophyta II. Tetrasporales, Chlorococcales, Gloeodendrales. In: Ettl, H., Gerloff, J., Heynig, H. & Mollenhauer, D. (eds.), Süßwasserflora von Mitteleuropa 10, G. Fischer, Stuttgart, 436 pp.

– – (1988b): Neue Gliederung der Gattung *Neospongiococcum* Deason (Chlorophyta, Chlamydophyceae, Chlorococcales). – Nova Hedwigia **47**: 241–246.

– – (1988c): Eine Neugliederung der Gattungen *Macrochloris* Korschikoff und *Deasonia* Ettl et Komárek (Chlamydophyceae, Chlorococcales, Actinochloridaceae). – Nova Hedwigia **47**: 351–358.

– – (1988d): Eine einfache Methode zur Darstellung der Struktur der Stärkehüllen von Pyrenoiden bei Grünalgen (Chlorophyta). – Arch. Protistenk. **135**: 179–181.

Ettl, H. & Komárek, J. (1982): Was versteht man unter dem Begriff «coccale Grünalgen»? – Arch. Hydrobiol. / Suppl. 60, Algol. Studies **29**: 345–374.

Ettl, H. & Schlösser, U. G. (1992): Towards a revision of the systematics of the genus *Chlamydomonas* (Chlorophyta). 1. *Chlamydomonas applanata* Pringsheim. – Bot. Acta **105**: 323–330.

Ettl, H. & Schwarz, K. (1981): *Chlamydomonas chlorococcoides* nov. spec., eine neue Art mit gelapptem Chloroplast (Volvocales, Chlorophyta). – Pl. Syst. Evol. **138**: 115–120.

Famintzin, A. & Boranetzky, J. (1867): Zur Entwicklungsgeschichte der Gonidien und Zoosporenbildung der Flechten. – Mem. Ac. Imp. Sc. St. Petersbourg, 7. Ser., **11**: 1–7.

Farooqui, P. B. (1969): A note on the genus *Chlorhormidium* Fott (Ulotrichaceae). – Preslia **41**: 1–7.

Fehér, D. (1933): Untersuchungen über die Mikrobiologie des Waldbodens. – J. Springer, Berlin, 1–272.

– (1936): Untersuchungen über die regionale Verbreitung der Bodenalgen. – Archiv Mikrobiol. 7: 439–476.

– (1948): Researches on the geographical distribution of soil microflora. II. The geographical distribution of soil algae. – Erdészeti Kisérletek **48**: 57–93.

Fischer, R. (1922): Die *Trentepohlia*-Arten Mahrens und Westschlesiens. – Österr. Bot. Z. **71**: 1–30.

Floyd, G. L., Watanabe, S. & Deason, T. R. (1993): Comparative ultrastructure of the zoospores of eight species of *Characium* (Chlorophyta). – Arch. Protistenk. **143**: 63–73.

Fott, B. (1960): Taxonomische Übertragungen und Namensänderungen unter den Algen. – Preslia, Praha **32**: 142–154.

– (1971): Taxonomische Übertragungen und Namensänderungen unter den Algen IV. Chlorophyceae und Euglenophyceae. – Preslia, Praha **43**: 289–303.

– (1972): Tetrasporales. In: Huber-Pestalozzi, G. (ed.), Das Phytoplankton des Süßwassers, 6, Schweizerbart, Stuttgart, 116 pp.

– (1975): Übersicht der Familie der Characiaceae (Chlorococcales) mit taxonomischen Namensänderungen und Neubeschreibungen. – Preslia, Praha **47**: 211–231.

Fott, B. & Nováková, M. (1969): A monograph of the genus *Chlorella*. The fresh water species. In: Fott, B. (ed.), Studies in Phycology, Academia, Praha, 10–59.

– – (1971): Taxonomy of the palmelloid genera *Gloeocystis* Nägeli and *Palmogloea* Kützing (Chlorophyceae). – Arch. Protistenk. **113**: 322–333.

Friedl, Th. (1989a) Systematik und Biologie von *Trebouxia* (Microthamniales, Chlorophyta) als Phycobiont der Parmeliaceae (lichenisierte Ascomyceten). Diss. Universität Bayreuth, 218 pp.

– (1989b): Comparative ultrastructure of pyrenoids in *Trebouxia* (Microthamniales, Chlorophyta). – Pl. Syst. Evol. **164**: 145–159.

Friedl, Th. & Gärtner, G. (1988): *Trebouxia* (Pleurastrales, Chlorophyta) as a phycobiont in the lichen genus *Diploschistes*. – Arch. Protistenk. **135**: 147–158.

Friedmann, I. (1956): Beiträge zu Morphologie und Formwechsel der atmophytischen Bangioidee *Phragmonema sordidum* Zopf. – Österr. Bot. Z. **103**: 613–633.

– (1966): Microscopy of algal chromatophores. – Phycologia **6**: 29–36.

Friedmann, I. & Galun, M. (1974): Desert algae, lichens, and fungi. In: Brown, G. W. Jr. (ed.), Desert Biology, II, Academic Press, New York, 165–212.

Friedmann, I., Lipkin, Y. & Ocampo-Paus, R. (1967): Desert algae of the Negev (Israel). – Phycologia **6**: 185–191.

Friedmann, I. & Ocampo-Paus, R. (1965): A new *Chlorosarcinopsis* from the Negev desert. – J. Phycol. **1**: 185–191.

– – (1966): *Bracteacoccus minor* (Chodat) Petrová var. *desertorum* n. var., a remarkable alga from the Negev. – Nova Hedwigia **10**: 481–494.

Fritsch, F. E. (1916): The morphology and ecology of an extreme terrestrial form of *Zygnema (Zygogonium) ericetorum* (Kuetz.) Hansg. – Ann. Bot. **30**: 135–149.

– (1935): The structure and reproduction of the algae. I. University Press, Cambridge, 791 pp.

– (1944): *Cladophorella calcicola* nov. gen. et spec., a terrestrial member of the Cladophorales. – Ann. Bot. N. S. **8**: 157–171.

– (1945): The structure and reproduction of the algae. II. University Press, Cambridge, 939 pp.

Fritsch, F. E. & John, R. P. (1942): An ecological and taxonomic study of the algae of British soils. 2. Consideration of the species observed. – Ann. Bot. N. S. **6**: 371–395.

Gärtner, G. (1985a): Taxonomische Probleme bei den Flechtenalgengattungen *Trebouxia* und *Pseudotrebouxia* (Chlorophyceae, Chlorellales). – Phyton **25**: 101–111.

– (1985 b): Die Gattung *Trebouxia* Puymaly (Chlorellales, Chlorophyceae). – Arch. Hydrobiol. Suppl. 71, Algol. Studies **41**: 495–548.
– (1985 c): The culture collection of algae at the Botanical Institute of the University at Innsbruck (Austria). – Ber. nat.-med. Ver. Innsbruck **72**: 33–52.
– (1992): Taxonomy of symbiotic eukaryotic algae. – In: Reisser, W. (ed.), Algae and Symbioses: Plants, Animals, Fungi, Viruses, Interactions Explored, Biopress, Bristol, 325–338.
– (1993): Bodenalgen. In: Schinner, F., Öhlinger, R., Kandeler, E. & Margesin, R. (eds.), Bodenbiologische Arbeitsmethoden (2. Aufl.), Springer, Berlin, 258–270.
Gärtner, G. & Ettl, H. (1988): Neugliederung der Gattung *Chlorococcum* Meneghini (Chlorophyta, Chlamydophyceae, Chlorococcales). – Nova Hedwigia **47**: 271–278.
Gärtner, G., Hofer, A. & Ingolič, E. (1988): Morphological and taxonomical observations on some strains of *Chlorosarcina, Chlorosarcinopsis* and *Planophila* (Chlorophyta, Chlorosarcinales), with special reference to «vegetative cell division». – Arch. Protistenk. **135**: 119–131.
Gärtner, G. & Ingolič, E. (1989): Ein Beitrag zur Kenntis von *Apatococcus lobatus* (Chlorophyta, Chaetophorales, Leptosiroideae). – Pl. Syst. Evol. **164**: 133–143.
– – (1993): Zur Morphologie und Taxonomie einiger Bodenalgen (Unterfamilie Scotiellocystoideae, Chlorellaceae) aus der Algensammlung in Innsbruck (ASIB, Austria). – Arch. Protistenk. **143**: 101–112.
Gärtner, G. & Schragl, A. (1988): Zur Taxonomie von *Coccomyxa brevis* nov. comb. (Chlorophyceae, Chlorococcales), früher *Nephrodiella brevis* Vischer (Xanthophyceae, Mischococcales). – Nova Hedwigia **46**: 511–517.
Galun, M. (ed.) (1988): CRC-Handbook of Lichenology, I–III, CRC-Press, Boca Raton, Florida, 625 pp.
Gay, M. F. (1891): Recherches sur le développement et la classification de quelques Algues vertes. – Thèses à la Fac. Sci. Paris, ser. No. 147: 1–116.
Gayral, P. & Seizilles de Mazancourt, J. (1958): Algues microscopiques nouvelles provenant d'un sol d'estuaire (Qued Bou Regreb, Maroc). – Bull. Soc. Bot. Fr. **105**: 344–350.
Gemeinhardt, K. (1939): Oedogoniales. In: Rabenhorst's Kryptogamenflora von Deutschland, Österreich und der Schweiz, Bd. 12, 4. Abt., Akad. Verlagsges., Leipzig, 453 pp.
Geitler, L. (1923): *Porphyridium aeruginosum*, n. sp. – Österr. Bot. Z. **72**: 84–85.
– (1927): *Rhodospora sordida*, nov. gen. et nov. sp., eine neue «Bangiacee» des Süßwassers. – Österr. Bot. Z. **76**: 25–28.
– (1932): *Porphyridium sordidum* n. sp., eine neue Süßwasserbangiale. – Arch. Protistenk. **76**: 595–604.
– (1942 a): Neue luftlebige Algen aus Wien. – Österr. Bot. Z. **91**: 49–51.
– (1942 b): Morphologie, Entwicklungsgeschichte und Systematik neuer bemerkenswerter atmophytischer Algen aus Wien. – Flora **136**: 1–29.
– (1942 c): Zur Kenntnis der Bewohner des Oberflächenhäutchens einheimischer Gewässer. – Biol. Generalis **16**: 450–475.
– (1943): Eine neue atmophytische Chrysophyceae, *Ruttnera spectabilis*, nov. gen., nova spec. – Internat. Revue der gesamten Hydrobiologie und Hydrogeographie **43**: 100–109.
– (1944): Furchungsteilung, simultane Mehrfachteilung, Lokomotion, Plasmoptyse und Ökologie der Bangiacee *Porphyridium cruentum*. – Flora, N. F. **37**: 300–333.
– (1955 a): Über die cytologisch bemerkenswerte Chlorophycee *Chlorokybus atmophyticus*. – Österr. Bot. Z. **102**: 20–24.
– (1955 b): Die atmophytische Bangioidee *Rhodospora*. – Österr. Bot. Z. **102**: 25–29.
– (1962): Über die Flechtenalge *Myrmecia biatorellae*. – Österr. Bot. Z. **109**: 41–44.
– (1964): Zwei neue Sippen von *Scotiella* (Chlorophyceae). – Österr. Bot. Z. **111**: 166–171.
– (1965): Die Gattung *Podohedra* (Chlorophyceae, Chlorococcales). – Österr. Bot. Z. **112**: 173–183.
– (1966): Die Chlorococcalen *Dictyochloris* und *Dictyochloropsis* nov. gen. – Österr. Bot. Z. **113**: 155–164.
Gerneck, R. (1907): Zur Kenntnis der niederen Chlorophyceen. – Beih. Bot. Centrbl. **21/II**: 221–290.
Göke, G. (1988): Moderne Methoden der Lichtmikroskopie. – Franckh, Stuttgart, 336 pp.
Gollerbach, M. M. (1936): Sur la question de la composition et de la partition des algues dans les sols. – Acta Inst. Bot. Acad. Sci. SSSR, sér. 2, Fasc. **3**: 1–295.
Gollerbach, M. M. & Shtina, E. A. (1969): Pocvennie vodorosli (Bodenalgen, russ.). Nauka, Leningrad, 228 pp.
Gräbner, P. (1895): Studien über die norddeutsche Heide. – Englers Bot. Jahrb. **20**: 500–654.
Grandori, R. & Grandori, L. (1934): Studi sui protozoi del terreno. – Bol. Lab. Zool. R. Inst. Sup. Agrar. Milano **5**: 1–339.
Green, J. C. & Parke, M. (1974): A reinvestigation by light and electron microscopy of *Ruttnera spectabilis* Geitler (Haptophyceae), with special reference to the fine structure of the zoids. – J. mar. biol. Ass. U. K. **54**: 539–550.

– – (1975): New observations upon members of the genus *Chrysotila* Anand, with remarks upon their relationships within the Haptophyceae. – J. mar. biol. Ass. U. K. **55**: 109–121.
Grintzesco, J. & Péterfi, S. (1932): Contribution à l' étude des algues vertes de Roumanie. I. – Rev. algol. **6**: 159–175.
Gromov, B. V. & Mamkava, K. A. (1974): Morphology and ultrastructure of some chlorococcal algae from the collection of algal strains in Leningrad university. – Arch. Hydrobiol. Suppl. 46, Algol. Studies **10**: 1–9.
Groover, R. D. & Bold, H. C. (1969): Phycological Studies. VIII. The taxonomy and comparative physiology of the Chlorosarcinales and certain other edaphic algae. – Univ. Texas Publ. **6907**: 1–165.
Groover, R. D. & Hofstetter, A. M. (1969): *Planophila terrestris*, a new green alga from Tennessee soil. – Tulane Stud. Zool. Bot. **15**: 75–80.
Handa, S. & Nakano, T. (1988): Some corticolous algae from Miyajima Island, western Japan. – Nova Hedwigia **46**: 165–186.
– – & Takeshita, S. (1991): Some corticolous algae from Shibetsu, Hokkaido, Northern Japan. – J. Jap. Bot. **66**: 211–223.
Hazen, T. E. (1902): The Ulotrichaceae and Chaetophoraceae of USA. – Mem. Torrey Bot. Club **11**: 135–250.
Heering, W. (1914): Chlorophyceae III. In: Pascher, A. (ed.), Süßwasserflora Deutschlands, Österreichs und der Schweiz. 6, G. Fischer, Jena, 250 pp.
– (1921): Siphonales. In: Pascher, A. (ed.), Süßwasserflora Deutschlands, Österreichs und der Schweiz. 7, G. Fischer, Jena, p. 69–99.
Hernandez-Marine, M. C. & Revilla-Estrach, M. A. (1989): Ciclo vital y posición sistemática de *Jaagiella alpicola* Vischer (Chlorophyceae). – Anales Jard. Bot. Madrid **46**: 61–69.
Herndon, W. (1958a): Studies on Chlorosphaeracean algae from soil. – Amer. J. Bot. **45**: 298–308.
– (1958b): Some new species of Chlorococcalean algae. – Amer. J. Bot. **45**: 310–323.
Hibberd, D. J. (1981): Notes on the taxonomy and nomenclature of the algal class Eustigmatophyceae and Tribophyceae (synonym Xanthophyceae). – Bot. J. Linn. Soc. **82**: 93–119.
Hildreth, K. C. & Ahmadjian, V. (1981): A study of *Trebouxia* and *Pseudotrebouxia* isolates from different lichens. – Lichenologist **13**: 65–86.
Hilton, R. L. & Trainor, F. R. (1963): Algae from a Connecticut soil. – Plant and Soil **19**: 396–398.
Hindák, F. (1962): Systematische Revision der Gattungen *Fusola* Snow und *Elakatothrix* Wille. – Preslia, Praha **34**: 277–292.
– (1963): Systematik der Gattungen *Koliella* gen. nov. und *Raphidonema* Lagerh. – Nova Hedwigia **6**: 95–125.
– (1966): *Elakatothrix inflexa*, species nova. – Preslia, Praha **38**: 83.
– (1968): *Fottea cylindrica* gen. et sp. nov., a new member of the Ulotrichacean algae. – Preslia, Praha **41**: 337–341.
– (1977): Studies on the chlorococcal algae (Chlorophyceae). I. – Treatise on Biology (Bratislava), **23/4**: 1–190.
– (1978): The genus *Gloeocystis* (Chlorococcales, Chlorophyceae). – Preslia, Praha **50**: 3–11.
– (1982): Taxonomic position of the chlorococcal alga *Chlorella zofingiensis* Dönz 1934 (Chlorophyceae). – Arch. Hydrobiol. Suppl. 63, Algol. Studies **30**: 13–23.
– (1984): Studies on the chlorococcal algae (Chlorophyceae). III. – Treatises on Biology (Bratislava), **30/1**: 1–308.
– (1986): The ulotrichacean genus *Raphidonemopsis* (Chlorophyceae). – Preslia, Praha **58**: 1–5.
– (1987): Taxonomic survey of the genera *Fusola* (Chlorococcales), *Elakatothrix, Chlosteriospira* and *Chadefaudiothrix* (Ulotrichales). – Preslia, Praha **59**: 193–228.
Hirn, K. E. (1900): Finnländische Vaucheriaceen. – Meddel. Soc. Fauna et Flora Fenn. **26**: 85–90.
Hoffmann, L. (1989): Algae of Terrestrial Habitats. – Bot. Rev. **55**: 77–105.
Hoham, R. W. (1973): Pleiomorphism in the snow alga *Raphidonema nivale* Lagerh. (Chlorophyta), and a revision of the genus *Raphidonema* Lagerh. – Syesis **6**: 255–263.
Hoshaw, R. W. & Rosowski, J. R. (1973): Methods for microscopic algae. – In: Stein, J. R. (ed.), Handbook of phycological methods, Cambridge Univ. Press, London, 53–68.
Huber-Pestalozzi, G. (1950): Das Phytoplankton des Süßwassers. 3. Teil. E. Schweizerbart, Stuttgart, 310 pp.
– (1955): Das Phytoplankton des Süßwassers. 4. Teil. Euglenophyceen. E. Schweizerbart, Stuttgart, 606 pp.
Hustedt, F. (1930): Bacillariophyta (Diatomeae). In: Pascher, A. (ed.), Die Süßwasser-Flora Mitteleuropas, 10, G. Fischer, Jena, 466 pp.
– (1942): Aerophile Diatomeen in der nordwestdeutschen Flora. – Ber. Deutsch. Bot. Ges. **60**: 55–73.
Ihda, T., Okamoto, T., Nakano, T. & Iwatsuki, Z. (1992): A phycobiont newly isolated from *Megalospora sulphurata* (Lichenes). – J. Jpn. Bot. **67**: 342–346.
Islam, A. K. M. N. (1962): A new species of *Oedocladium* from East Pakistan with notes on the genus. – Trans. Amer. Microscop. Soc. **81**: 372–379.

Iyengar, M. O. P. (1925): Note on two new species of *Botrydium* from India. – J. Bot. Ind. Soc. 1925: 193–202.

– (1932): *Fritschiella*, a new terrestrial member of the Chaetophoraceae. – New. Phytol. **31**: 329–335.

Iyengar, M. O. P. & Kanthamma, S. (1940): On *Hormidiella*, a new member of the Ulotrichaceae. – J. Indian bot. Soc. **19**: 157–166.

Jaag, O. (1933): *Coccomyxa* Schmidle, Monographie einer Algengattung. – Beitr. Kryptogamenfl. Schweiz, **8**/1: 1–132.

James, E. J. (1935): An investigation of the algal growth in some naturally occurring soils. – Beih. Bot. Centralbl. **53**/A: 519–553.

Johansen, J. R. (1993): Cryptogamic crusts of semiarid and arid lands of North America. – J. Phycol. **29**: 140–147.

Johansen, J. R., Ashley, J. & Rayburn, W. R. (1993): Effects of rangefire on soil algal crusts in semiarid shrub-steppe of the Lower Columbia Basin and their subsequent recovery. – Great Basin Naturalist **53**: 73–88.

Johnson, L. R. & John, D. M. (1990): Observations on *Dilabifilum* (Class Chlorophyta, Order Chaetophorales sensu stricto) and allied genera. – Br. phycol. J. **25**: 53–61.

Jones, A. K., Rhodes, M. E. & Evans, S. C. (1973): The use of antibiotics to obtain axenic cultures of algae. – Br. phycol. J. **8**: 185–196.

Kadlubovska, J. Z. (1984): Conjugatophyceae I. In: Ettl, H., Gerloff, J., Heynig, H., Mollenhauer, D. (eds.), Süßwasserflora von Mitteleuropa, 16, G. Fischer, Stuttgart, 532 pp.

Kalina, T. (1965): Morphologie der Chloroplasten zweier chlorococcaler Grünalgen: *Oonephris obesa* (West) Fott und *Spongiochloris spongiosa* (Vischer) Starr. – Österr. Bot. Z. **112**: 613–620.

Kalina, T. & Punčochářová, M. (1977): Taxonomy and morphological comparison of three chlorococcal algae: *Scotiella oocystiformis* Lund, *Enallax coelastroides* (Bohlin) Skuja and *Scenedesmus costatus* Schmidle. – Arch. Hydrobiol. Suppl. 51, Algol. Studies **19**: 105–141.

– – (1987): Taxonomy of the subfamily Scotiellocystoideae Fott 1976 (Chlorellaceae, Chlorophyceae). – Arch. Hydrobiol. Suppl. 73, Algol. Studies **45**: 473–521.

King, J. M. (1973): *Gloeococcus minutissimus* sp. nov. isolated from soil. – J. Phycol. **9**: 349–352.

Knebel, G. (1935): Monographie der Algenreihe der Prasiolales, insbesondere von *Prasiola crispa*. – Hedwigia, **75**: 1–120.

Kol, E. (1970): Algae from the soil of the Antarctic. – Acta Bot. Acad. Sci. Hungar. **16**: 313–319.

Kol, E. & Chodat, F. (1934): Quelques algues nouvelles des sols et de la neige du Parc National Suisse, Engadine. – Bull. Soc. Bot. Genève **25**: 250–263.

Kolkwitz, R. & Krieger, H. (1941): Zygnemales. In: Rabenhorst's Kryptogamenflora, 13, Abt. 2, Akad. Verlagsges., Leipzig, 499 pp.

Komárek, J. (1989): Polynuclearity of vegetative cells in coccal green algae from the family Neochloridaceae. – Arch. Protistenk. **137**: 255–273.

Komárek, J. & Fott, B. (1983): Chlorococcales. In: Huber-Pestalozzi, G. (ed.), Das Phytoplankton des Süßwassers, 7, Schweizerbart, Stuttgart, 1043 pp.

Komárek, J. & Kovácík, L. (1985): The genus *Chlorotetraedron* Mc Entee et al. (Protosiphonales, Chlorophyceae). – Preslia, Praha, **57**: 289–297.

Komárková-Legnerová, J. (1969): The systematics and ontogenesis of the genera *Ankistrodesmus* Corda and *Monoraphidium* gen. nov. In: Fott, B. (ed.), Studies in Phycology, Academia, Praha, p. 75–122.

Komáromy, Z. P. (1984): Studies on the aerophytic *Chlorhormidium flaccidum* (Kütz.) Fott (Ulotrichales). – Ann. Hist.-nat. Mus. Nat. Hung. **66**: 47–54.

– (1984): The algal synusia of solonetz, solonchak and solonchak-solonetz soils in Hungary. – Ann. Hist.-nat. Mus. Nat. Hung. **76**: 73–81.

Korschikoff, A. A. (1926): On some new organisms from the group Volvocales and Protococcales, and on the genetic relations of these groups. – Arch. Protistenk. **55**: 439–503.

– (1953): Protococcineae. In: Roll, J. V. (ed.), Viznacnik prisnovod. vodoroslej, T. 5. Vid. akad. Nauk URSR, Kiew, 439 pp.

Kouwets, F. A. C. (1993): The multinucleate green alga *Bracteacoccus grandis* is a form of *B. minor* with one to three pairs of centrioles associated with each interphase nucleus. – Arch. Protistenk. **143**: 75–86.

Kováčík, L. (1975): Review of the genus *Polyedriopsis* Schmidle, incl. *Tetraedron bitridens* Beck-Mannagetta 1926 = *P. bitridens* (Beck-Mannagetta) comb. nov. – Arch. Protistenk. **117**: 246–252.

Krammer, K. (1992): Die Gattung *Pinnularia* in Bayern. – Hoppea, Denkschr. Regensburg. Bot. Ges. **52**: 5–291.

Krammer, K. & Lange-Bertalot, H. (1986): Bacillariophyceae. 1. Teil. In: Ettl, H., Gerloff, J., Heynig, H., Mollenhauer, D. (eds.), Süßwasserflora von Mitteleuropa. Bd. 2/1, G. Fischer, Stuttgart, 876 pp.

– – (1988): Bacillariophyceae. 2. Teil. In: Ettl, H., Gerloff, G., Heynig, H., Mollenhauer, D. (eds.), Süßwasserflora von Mitteleuropa. Bd. 2/2, G. Fischer, Stuttgart, 596 pp.
– – (1991 a): Bacillariophyceae. 3. Teil. In: Ettl, H., Gerloff, G., Heynig, H., Mollenhauer, D. (eds.), Süßwasserflora von Mitteleuropa. Bd. 2/3, G. Fischer, Stuttgart, 576 pp.
– – (1991 b): Bacillariophyceae. 4. Teil. In: Ettl, H., Gerloff, G., Heynig, H., Mollenhauer, D. (eds.), Süßwasserflora von Mitteleuropa. Bd. 2/4, G. Fischer, Stuttgart–Jena, 437 pp.
Krieger, W. (1937): Die Desmidiaceen. In: Rabenhorst's Kryptogamenflora, Bd. 13/1, Teil 1, Akad. Verlagsges. Leipzig, 712 pp.
Krieger, W. & Gerloff, J. (1962–1969): Die Gattung *Cosmarium*. J. Cramer, Weinheim, 18 + 410 pp.; Lief. 1 (1962): 1–18, 1–112; Lief. 2 (1965): 113–240; Lief. 3 (1969): 241–410.
Krienitz, L. & Klein, G. (1988): Morphologie und Ultrastruktur einiger Arten der Gattung *Monoraphidium* (Chlorellales) III. *Monoraphidium terrestre* (Bristol) nov. comb. – Arch. Hydrobiol. Suppl. 78, Algol. Studies **49**: 447–463.
Kristiansen, J. (1982): Chromophycota – Chrysophyceae. In: Parker, S. P. (ed.), Synopsis and classification of living organisms. Mc Graw-Hill, New York, p. 81–86.
Kützing, F. T. (1845–71): Tabulae phycologicae. Nordhausen.
Langford, M. F. & Cox, E. R. (1971): Additions to the genus *Heterochlamydomonas* (Chlorophycophyta). – J. Tenn. Acad. Sci. **46**: 66–70.
Lee, K. W. (1978): *Uronema trentonense* sp. nov. (Chlorophycophyta, Ulotrichales): a new edaphic alga from New Jersey.-Phycologia **17**: 191–195.
Lee, K. W. & Bold, H. C. (1973): *Pseudocharaciopsis texensis* gen. et sp. nov., a new member of the Eustigmatophyceae. – Br. phycol. J. **8**: 31–37.
– – (1974): Phycological Studies XII. *Characium* and some *Characium*-like algae. – Univ. Texas Publ. **7403**: 1–127.
Lee, R. E. (1980): Phycology. – Cambridge Univ. Press, Cambridge, London, New York, 478 pp.
Leedale, G. F. (1967): Euglenoid flagellates. – Prentice-Hall Inc., Englewood Cliffs, N. J., 242 pp.
Lemmermann, E. (1915): Tetrasporales. In: Pascher, A. (ed.), Die Süßwasserflora Deutschlands, Österreichs und der Schweiz, H. 5, G. Fischer, Jena, p. 21–51.
Letrouit-Galinou, M. A. (1967): Les Algues des Lichens. – Soc. bot. Fr., Colloque sur les Lichens, p. 35–77.
Lewin, R. A. (1959): The isolation of algae. – Rev. Algol. **3**: 181–197.
– (1975): A *Chlamydomonas* with black zygospores. – Phycologia **14**: 71–74.
Loeblich, R. A. (1967): Notes on the divisions Chlorophyta, Chrysophyta, Pyrrhophyta and Xanthophyta and the family Paramastigaceae. – Taxon **16**: 230–236.
Lokhorst, G. M. (1992): Taxonomic Studies in the Genus *Heterococcus*. – Crypt. Studies, **3**: 1–246.
Lokhorst, G. M., Segaar, P. J. & Star, W. (1989): An ultrastructural reinvestigation of mitosis and cytokinesis in cryofixed sporangia of the coccoid green alga *Friedmannia israelensis* with special reference to septum formation and the replication cycle of basal bodies. – Crypt. Bot. **1**: 275–294.
Lokhorst, G. M. & Vroman, M. (1972): Taxonomic study on three freshwater *Ulothrix* species. – Acta Bot. Neerl. **21**: 449–480.
– – (1974) a): Taxonomic studies on the genus *Ulothrix* (Ulotrichales, Chlorophyceae). II. – Acta Bot. Neerl. **23**: 369–398.
– – (1974 b): Taxonomic studies on the genus *Ulothrix* (Ulotrichales, Chlorophyceae). III. – Acta Bot. Neerl. **23**: 561–602.
Lucksch, I. (1932): Ernährungsphysiologische Untersuchungen an Chlamydomonaden. – Beih. Bot. Centralbl. **50/I**: 67–94.
Lukešová, A. (1991): Three filamentous green algae isolated from soil. – Arch. Protistenk. **139**: 69–83.
– (1993): Revision of the genus *Follicularia* Mill. (Chlorophyceae). – Arch. Protistenk. **143**: 87–100.
Lund, J. W. G. (1945–1946): Observations on soil algae. I. The ecology, size and taxonomy of British soil diatoms. Part I. – New Phytol. **44**: 196–219; ibid. Part II, **45**: 56–110.
(1947 a): Observations on soil algae II. Notes on groups other than Diatoms. – New Phytol. **46**: 35–60.
– (1947 b): Observations on soil algae III. Species of *Chlamydomonas* Ehr. in relation to variability within the genus. – New Phytol. **46**: 185–194.
– (1955): *Pseudochlorella* nov. nom. – Österr. Bot. Z. **102**: 104.
– (1957): Four new green algae. – Rev. Algol. N. S. **3**: 26–44.
– (1966): *Prasiococcus* Vischer, nowy rodzaj glonu dla Polski. A genus new to Poland: *Prasiococcus* Vischer. – Acta Hydrobiol **8**, Suppl. **1**: 303–309.
Lyngbye, H. C. (1819): Tentamen Hydrophytologiae Danicae. Hafniae.
Mac Entee, F. J., Bold, H. C. & Archibald, P. A. (1977): Notes on some edaphic algae of the South Pacific and

Malaysian areas, with special reference to *Pseudotetraedron polymorphum* gen. et spec. nov. – Soil Sci., Baltimore **124**: 161–166.
– – – (1978): Correction of the name *Pseudotetraedron polymorphum* (Chlorophyceae). – J. Phycol. **14**: 234.
Mac Lean, R. J. & Trainor, F. R. (1965): *Fasciculochloris*, a new Chlorosphaeracean alga from a Connecticut soil. – Phycologia **4**: 145–148.
Margulis, L., Corliss, J. O., Melkonian, M. & Chapman, D. J. (eds.) (1990): Handbook of Protoctista. – Jones & Bartlett Publ., Boston, 914 pp.
Mattox, K. R. & Bold, H. C. (1962): Phycological Studies III. The taxonomy of certain ulotrichacean algae. – Univ. Texas Publ. **6222**: 1–67.
Mattox, K. R. & Stewart, K. D. (1973): Observation on the zoospores of *Pseudendoclonium basiliense* and *Trichosarcina polymorpha* (Chlorophyceae). – Can. J. Bot. **51**: 1425–1430.
– – (1984): Classification of the green algae: a concept based on comparative cytology. – In: Irvine, D. E. G., John, D. H. (eds.), Systematics of the Green Algae, Academic Press, London & Orlando, p. 29–72.
Matwienko, O. M. & Dogadina, T. V. (1978): Xanthophyta. – In: Viznacnik prisnovodnich vodoroslej Ukrainskoj RSR, Bd. 10, Naukova Dumka, Kiew, 512 pp.
Melkonian, M. (1978): Structure and significance of cruciate flagellar root systems in green algae: comparative investigations in species of Chlorosarcinopsis (Chlorosarcinales). – Pl. Syst. Evol. **130**: 265–292.
Metting, B. (1980): New species of green microalgae (Chlorophycophyta) from an eastern Washington silt loam. – Phycologia **19**: 296–306.
– (1981): The systematics and ecology of soil algae. – Bot. Rev. **47**: 195–312.
– (1990a): Microalgae applications in agriculture. – J. Industrial Microbiol. Suppl. **5**: 265–270.
– (1990b): Soil Algae. In: Lynch, J. M. (ed.), The Rhizosphere, John Wiley & Sons, Chicester, 355–368.
Miller, V. V. (1924): *Follicularia*, eine neue Chlorophyceen-Gattung. – Arch. Russ. Protistol. **3**: 153–173.
– (1927a): *Borodinella*, nouveau genre de Chlorophycées. – Arch. Russ. Protistol. **6**: 209–223.
– (1927b): Untersuchungen über die Gattung *Botrydium*. – Ber. Deutsch. Bot. Ges. **45**: 151–170.
Moewus, F. (1935): Über einige Volvocalen aus dem Georgenfelder Moor (Erzgebirge). – Sitzber. u. Abh. Naturw. Ges. Isis 1933/34: 45–51.
Mrozinska, T. (1985): Oedogoniophyceae: Oedogoniales. – In: Ettl, H., Gerloff, J., Heynig, H., Mollenhauer, D. (eds.), Süßwasserflora von Mitteleuropa, Bd. 14, G. Fischer, Stuttgart, 624 pp.
– (1990): Aerophytic algae from North Korea. – Arch. Hydrobiol. Suppl. 85, Algol. Studies **58**: 29–47.
Nägeli, C. (1849): Gattungen einzelliger Algen, physiologisch und systematisch bearbeitet. – Schultheß, Zürich, 139 pp.
Nakano, T. (1977): *Hormotilopsis gelatinosa* Trainor et Bold, a new member of Japanese soil algae. – Hikobia **8**: 117–123.
– (1984): Taxonomical studies on the genus *Tetracystis* (Chlorosarcinales, Chlorophyta) from Japanese soils. – J. Sci. Hiroshima Univ. Ser. B., Div. 2 (Botany), **18**: 115–172.
– (1988): Phycobionts of some Japanese species of the Graphidaceae. – Lichenologist **20**: 353–360.
Nakano, T. & Handa, S. (1984): Observations on *Trentepohlia lagenifera* (Hild.) Wille (Chlorophyceae, Trentepohliaceae). – Jap. J. Phycol. **32**: 354–363.
Nakano, T., Handa, S. & Takeshita, S. (1991): Some corticolous algae from the Taishaku-Kyo Gorge, western Japan. – Nova Hedwigia **52**: 427–451.
Nakano, T. & Isagi, Y. (1987): *Dictyochloropsis irregularis* sp. nov. (Chlorococcales, Chlorophyceae) isolated from the surface of bark. – Phycologia **26**: 222–227.
Nayal, A. A. (1935): Two new members of the Chaetophorales from Egypt. – Ann. Bot. **49**: 205–212.
Nichols, H. W. & Bold, H. C. (1965): *Trichosarcina polymorpha* gen. et sp. nov. – J. Phycol. **1**: 34–38.
Nichols, H. W., Nichols, M. S., Thomas, C. M., Deacon, J. S. & Veith, M. (1991): A new *Sphaerellocystis* (Palmellopsidaceae, Tetrasporales) from Prairie soil. – Arch. Protistenk. **140**: 157–170.
Ocampo-Paus, R. & Friedmann, I. (1966): *Radiosphaera negevensis* sp. n., a new chlorococcalean desert alga. – Amer. J. Bot. **53**: 663–671.
Oesterreicher, W. (1988): Quantitative Erfassung der Bodenalgenflora mit dem Fluoreszenzmikroskop. – Leitz Mitt. u. Techn. **9** (3): 112–116.
– (1990): Ökologische Bedeutung der Algen im Boden. – Nachrichtenbl. Deut. Pflanzenschutzd. **42**: 122–126.
Ott, F. D. (1972): A review of the synonyms and the taxonomic positions of the algal genus *Porphyridium* Nägeli 1849. – Nova Hedwigia **23**: 237–289.
Palamar-Mordvinceva, G. M. (1982): Conjugatophyceae – Desmidiales. – In: Opredelitel presnovodnych vodoroslej SSSR. Bd. 11, T. 2, Nauka, Leningrad, 620 pp.
– (1984): Mesotaeniales, Gonatozygales, Desmidiales. – In: Viznacnik prisnovod. vodoroslej URSR. Bd. 8, T. 1, Naukova Dumka, Kiew, 511 pp.

Pankow, H. (1960): Die Algengattung *Uronema* Lagerh. – Arch. Protistenk. **105**: 117–130.
Pascher, A. (1915): Einzellige Chlorophyceengattungen unsicherer Stellung. – In: Pascher, A. (ed.), Die Süßwasserflora Deutschlands, Österreichs und der Schweiz. Heft 5, G. Fischer, Jena, pp. 206–229.
– (1925a): Die braune Algenreihe der Chrysophyceen. – Arch. Protistenk. **52**: 489–564.
– (1925b): Heterokontae. – In: Pascher, A. (ed.), Die Süßwasserflora Deutschlands, Österreichs und der Schweiz. H. 11, G. Fischer, Jena, p. 1–118.
– (1927): Volvocales. – In: Pascher, A. (ed.), Die Süßwasserflora Deutschlands, Österreichs und der Schweiz. H. 4, G. Fischer, Jena, 506 pp.
– (1930a): Eine braune, aerophile Gallertalge und ihre Einrichtungen für die Verbreitung durch den Wind. – Beih. Bot. Centralbl. **47**/1: 325–345.
– (1930b): Zur Kenntnis der heterokonten Algen. – Arch. Protistenk. **69**: 401–451.
– (1931): Eine neue braune Fadenalge des Süßwassers (Chrysophycee). – Arch. Protistenk. **73**: 60–72.
– (1932): Über einige neue oder kritische Heterokonten. – Arch. Prostistenk. **77**: 305–359.
– (1939a): Zur Kenntnis einer Protococcale aus den salzhaltigen Mooren Franzenbads. – Bot. Notiser 1939: 158–168.
– (1939b): Heterokonten. – In: Rabenhorst's Kryptogamenflora, Bd. 11, Akad. Verlagsges., Leipzig, 1092 pp.
– (1943): Alpine Algen I. Neue Protococcalengattungen aus den Uralpen. – Beih. Bot. Centralbl. **62**/A: 175–196.
– (1944): Über Conidien-artige Sporen bei grünen Algen. – Beih. Bot. Centralbl. **62**/A: 360–375.
Pascher, A. & Petrová, J. (1931): Über Porenapparate und Bewegung bei einer neuen Bangiale *(Chroothece mobilis)*. – Arch. Protistenk. **74**: 490–522.
Petersen, J. B. (1915): Studier over Danska aerofile alger. – D. Kgl. Danske Vidensk. Selsk. Skrifter, 7. Raekke, Naturv. og. Math. Afd. **12**/7: 272–379.
– (1928): The aerial algae of Iceland. – The Botany of Iceland **2**: 325–447.
– (1932a): Einige neue Erdalgen. – Arch. Protistenk. **76**: 395–408.
– (1932b): The algal vegetation of Hammer Bakker. – Bot. Tidskr. (Lund) **42**: 1–48.
– (1935): Studies on the biology and taxonomy of soil algae. – Dansk Bot. Arkiv **8**: 1–180.
– (1956): Kurze Mitteilung betreffs *Myrmecia pyriformis*. – Österr. Bot. Z. **103**: 634.
Petrová, J. (1930): Eine neue festsitzende Protococcalengattung (*Tetraciella* nov. gen.). – Arch. Protistenk. **71**: 550–566.
– (1931): Die vermeintliche Heterokonte «*Botrydiopsis*» *minor* – eine Chlorophycee. – Beih. Bot. Centralbl. **48**/1: 221–228.
Phillipson, J. (1935): Some algae of Victorian soils. – Proc. Roy. Soc. Victoria, N. S. **47**: 262–287.
Pickett-Heaps, J. D. (1974): Cell division in *Stichococcus*. – Br. phycol. J. **9**: 63–73.
– (1975): Green Algae. – Sinauer Ass. Inc., Sunderland, 606 pp.
Pipe, A. E. & Shubert, L. E. (1984): The use of algae as indicators of soil fertility. In: Shubert, L. E. (ed.), Algae as Ecological Indicators, Academic Press, London, 213–233.
Pitschmann, H. (1963): Vorarbeiten zu einer Monographie der Gattung *Heterococcus*. – Nova Hedwigia **5**: 487–531.
– (1969): Zwei neue Heterokonten (*Pleurochloris polyphem* und *Heterococcus clavatus*) aus Böden der alpinen Stufe des Mt. Kenya. – Österr. Bot. Z. **116**: 486–491.
Poelt, J. (1969): Bestimmungsschlüssel europäischer Flechten. – Cramer, Lehre, 757 pp.
Poelt, J. & Gärtner, G. (1992): *Gypsoplaca macrophylla*, eine Flechte winterkalter Halbwüsten in den Alpen. – Herzogia **9**: 229–237.
Prescott, G. W., Croasdale, H. T. & Vinyard, W. C. (1972): Desmidiales. I. Saccodermae, Mesotaeniaceae. – N. Am. Flora Ser. II (6), 84 pp.
Pringsheim, E. G. (1954): Algenreinkulturen, ihre Herstellung und Erhaltung. – Gustav Fischer, Jena, 109 pp.
– (1956): Contributions toward a monograph of the genus *Euglena*. – Nova Acta Leopoldina, N. F. **18**: 1–168.
Printz, H. (1914): Kristianiatraktens Protococcoider. – Vid. Selsk. Skr., 1. Mat.-Nat. Kl. 1913 (6): 1–123.
– (1921): Subaerial algae from South Africa. – Kgl. Norske Vidensk. Selsk. Skr. 1920, Nr. 1: 1–41.
– (1927): Chlorophyceae. – In: Engler, A. (ed.), Die natürlichen Pflanzenfamilien, 2. A., Bd. 3, Engelmann, Leipzig, 463 pp.
– (1939): Vorarbeiten zu einer Monographie der Trentepohliaceae. – Nytt Mag. Naturvidensk. **80**: 137–210.
– (1964): Die Chaetophoralen der Binnengewässer. – Hydrobiologia, **24**: 1–376.
Punčochářová, M. & Kalina, T. (1981): Taxonomy of the genus *Scotiellopsis* Vinatzer (Chlorococcales, Chlorophyta). – Arch. Hydrobiol. Suppl. 60, Algol. Studies **27**: 119–147.
Puymaly, A. de (1924): Recherches sur les algues vertes aériennes. – Thés. Fac. Sci. Univ. de Paris, Ser. A, No. **991**, Bordeaux, 274 pp.

Rabenhorst, L. (1865): Flora Europaea Algarum aquae dulcis et submarinae. Sect. II, Lipsiae 319 pp.
– (1868): Flora Europaea Algarum aquae dulcis et submarinae. Sect. III, Lipsiae, 461 pp.
Ramanathan, K. R. (1964): Ulotrichales. – ICAR, New Delhi, 188 pp.
Reisigl, H. (1964): Zur Systematik und Ökologie alpiner Bodenalgen. – Österr. Bot. Z. **111**: 402–499.
– (1969): Bodenalgen-Studien II. – Österr. Bot. Z. **116**: 492–506.
Rieth, A. (1972): Über *Chlorokybus atmophyticus* Geitler 1942. – Arch. Protistenk. **114**: 330–342.
– (1980): Xanthophyceae. 2 Teil. – In: Ettl, H., Gerloff, J., Heynig, H. (eds.), Süßwasserflora von Mitteleuropa, Bd. 4, G. Fischer, Stuttgart, 147 pp.
Rogers, C. E., Mattox, K. R. & Stewart, K. D. (1980): The zoospore of *Chlorokybus atmophyticus*, a Charophyte with sarcinoid growth habit. – Amer. J. Bot. **67**: 774–783.
Round, F. E. (1981): The ecology of algae. – University Press, Cambridge, 653 pp.
Rumrich, U., Rumrich, M. & Lange-Bertalot, H. (1989): Diatomeen als Fensteralgen in der Namib-Wüste und anderen ariden Gebieten von SWA/Namibia. – Dinteria **20**: 23–30.
– – – (1992): Diatomeen unter Steinen in der Namib-Wüste und angrenzenden Savannen. – Acta Biol. Benrodis **4**: 53–66.
Rundina, L. O. (1988): Zygnematales. – In: Viznacnik prisnovodnych vodorostej Ukrainskoj RSR, Bd. 8, T. 3, Naukova Dumka, Kiew, 202 pp.
Růžička, J. (1977, 1981): Die Desmidiaceen Mitteleuropas. – Bd. 1, 1. u. 2. Lief., E. Schweizerbart, Stuttgart, 736 pp.
Sarma, P. & Mustafa, G. (1983): On the occurrence of the green alga *Fritschiella tuberosa* Iyeng. in Eastern India with notes on the genus. – Nova Hedwigia **37**: 315–324.
Scanell, M. J. P. (1978): *Phycopeltis arundinacea* Mont. en Europe. – Rev. Algol. N. S. **13**: 41–42.
Schiller, J. (1925): Rhodophyta, spezieller Teil. – In: Pascher, A. (ed.), Süßwasserflora Deutschlands, Österreichs und der Schweiz. H. 11, G. Fischer, Jena, p. 157–206.
Schiman, H. (1961): Über die Entwicklungsmöglichkeiten von *Leptosira thrombii* Tsch.-Woess als Algenkomponente in der Flechte *Thrombium epigaeum*. – Österr. Bot. Z. **108**: 1–4.
Schlösser, U. G. (1982): Sammlung von Algenkulturen. – Ber. Dt. bot. Ges. **95**: 181–276.
Schussnig, B. (1955): Eine neue Protococcalen-Gattung. – Österr. Bot. Z. **102**: 444–459.
Schwabe, G. H. (1970): Zur Ökogenese auf Surtsey.-Schr. Naturw. Ver. Schleswig-Holstein, Sonderband, 101–120.
Schwabe, G. H. & Behre, K. (1972): Algae on Surtsey in 1969–1970. – The Surtsey Progress Rep. **6**: 85–89.
Schwarz, K. (1979): Neue Bodenalgen aus Dalmatien. – Pl. Syst. Evol. **131**: 193–209.
Schwendener, S. (1869): Die Algentypen der Flechtengonidien. – Basel, 42 pp.
Shields, L. M. (1957): Algal and lichen floras in relation to nitrogen content of certain volcanic and arid range soils. – Ecology **38**: 661–663.
Shihira, I. & Krauss, R. W. (1965): *Chlorella*. Physiology and taxonomy of forty-one isolates. – Univ. Maryland Publ., 97 pp.
Shtina, E. A. (1960): Methods of assessing soil algae as a component of the microflora of soil. – Soviet Soil Science, **5**: 106–111.
– (1974): The principal directions of experimental investigations in soil algology with emphasis on the USSR. – Geoderma **12**: 151–156.
Shtina, E. A. & Nekrasova, K. A. (1971): The direct and indirect contribution of soil algae to the primary production of biocenoses. IV. Coll. Pedobiologiae, Dijon 1970: 37–45.
Silva, P. C. (1979): Review of the Taxonomic History and Nomenclature of the Yellow-Green Algae. – Arch. Protistenk. **121**: 20–63.
Silva, P. C., Mattox, K. R. & Blackwell, W. H. Jr. (1972): The generic name *Hormidium* as applied to green algae. – Taxon **21**: 639–645.
Singh, R. N. (1941): On some phases in the life history of the terrestrial alga, *Fritschiella tuberosa* Iyeng., and its autecology. – New Phytol. **40**: 170–182.
– (1947): *Fritschiella tuberosa* Iyeng. – Ann. Bot. N. S. **11**: 159–164.
Skuja, H. (1948): Taxonomie des Phytoplanktons einiger Seen in Uppland, Schweden. – Symb. bot. Upsal. **9** (3): 1–399.
– (1959): Über eine discoide Ausbildung der Oocystaceen. – Nova Hedwigia **1**: 5–16.
– (1964): Grundzüge der Algenflora und Algenvegetation der Fjeldgegenden um Abisko in Schwedisch-Lappland. – Nova Acta Soc. Sci. Upsal., Ser. 4, **18** (3): 1–465.
Skuja, H. & Ore, M. (1933): Die Flechte *Coenogonium nigrum* (Huds.) Zahlbr. und ihre Gonidie. – Acta Horti Bot. Univ. Latv. **8**: 21–44.

Sluiman, H. J. (1989): The green algal class Ulvophyceae. An ultrastructural survey and classification. – Crypt. Bot. **1**: 83–94.

Sluiman, H. J. & Blommers, P. C. J. (1990): Ultrastructure and taxonomic position of *Chlorosarcina stigmatica* Deason (Chlorophyceae, Chlorophyta). – Arch. Protistenk. **138**: 181–190.

Sluiman, H. J. & Gärtner, G. (1990): Taxonomic studies on the genus *Pleurastrum* (Pleurastrales, Chlorophyta). I. The type species, *P. insigne*, rediscovered and isolated from soil. – Phycologia **29**: 133–138.

Smith, G. M. (1950): The fresh-water algae of the United States. – 2nd ed., Mc Graw-Hill, New York, 719 pp.

Smith, R. I. L. (1972): Vegetation of the South Orkney Islands with particular reference to Signy Island. – British Antarctic Survey Sci. Rep. No. **68**: 1–111.

Snow, J. W. (1902): The plankton algae of Lake Erie, with special reference to the Chlorophyceae. – U. S. Fish. Com. Bull. 1902: 369–394.

– (1911): Two epiphytic algae. – Bot. Gaz. **51**: 360–368.

Stahl, E. (1891): *Oedocladium protonema*, eine neue Oedogoniaceen-Gattung. – Pringsh. Jahrb. Wiss. Bot. **23**: 339–348.

Starks, T. L., Shubert, E. L. & Trainor, F. R. (1981): Ecology of soil algae: a review. – Phycologia **20**: 65–80.

Starmach, K. (1968): Xanthophyceae. – In: Starmach, K. (ed.), Flora slodkowodna Polski. T. 7. PWN, Warszawa & Krakow, 391 pp.

– (1972): Chlorophyta III. In: Starmach, K. (ed.), Flora slodkowodna Polski. T. 10. PWN, Warszawa & Krakow, 750 pp.

– (1974): Cryptophyceae, Dinophyceae, Raphidophyceae. – In: Starmach, K. (ed.), Flora slodkowodna Polski. T. 4. PWN, Warszawa & Krakow, 520 pp.

– (1977): Phaeophyta, Rhodophyta. – In: Starmach, K. (ed.), Flora slodkowodna Polski, T. 14. PWN, Warszawa & Krakow, 445 pp.

– (1983): Euglenophyta. – In: Starmach, K. (ed.), Flora slodkowodna Polski, T. 3. PWN, Warszawa & Krakow, 594 pp.

– (1985): Chrysophyceae und Haptophyceae. – In: Ettl, H., Gerloff, J., Heynig, H., Mollenhauer, D. (eds.), Süßwasserflora von Mitteleuropa, Bd. 1, VEB G. Fischer, Jena, 515 pp.

Starr, R. C. (1953): Further studies in the genus *Chlorococcum* Menegh. – Lloydia **16**: 142–148.

– (1954 a): Reproduction by zoospores in *Planktosphaeria gelatinosa* G. M. Smith. – Hydrobiologia **3–4**: 392–397.

– (1954 b): Reproduction by zoospores in *Tetraedron bitridens*. – Amer. J. Bot. **41**: 17–20.

– (1955): A comparative study of *Chlorococcum* Meneghini and other spherical, zoospore-producing genera of the Chlorococcales. – Indiana Univ. Publ., Sci. Ser. **20**: 1–111.

Starr, R. C. & Zeikus, J. A. (1987): UTEX – The Culture Collection of Algae at the University of Texas at Austin. – J. Phycol. **23** (Suppl.): 1–47.

Stein, J. R. (ed.) (1973): Handbook of phycological methods. Culture methods and growth measurements. Univ. Press, Cambridge, 448 pp.

Stewart, K. D. & Mattox, K. R. (1975): Comparative cytology, evolution and classification of the green algae, with some consideration of the origin of other organisms with chlorophylls a and b. – Bot. Rev. **41**: 104–135.

Takeshita, S., Nakano, T. & Iwatsuki, Z. (1989): Phycobionts of some Japanese species of *Pertusaria* (Pertusariaceae). – Pl. Syst. Evol. **165**: 49–54.

Takeshita, S., Handa, S., Nakano, T. & Iwatsuki, Z. (1991 a): Two species of *Trebouxia* (Chlorophyceae) isolated from *Cladia aggregata* (Lichenes). – Hikobia **11**: 1–4.

– – – – (1991 b): Phycobionts of *Brigantiaea ferruginea* (Lichens). – J. Jpn. Bot. **66**: 147–151.

Takishima, Y., Shimura, J., Ugawa, Y. & Sugawara, H. (eds.) (1989): Guide to world data center on microorganisms with a list of culture collections in the world. – Riken, Wako, Saitama, Japan, 249 pp.

Tchan, Y. T. (1952): Study of soil algae. I. Fluorescence microscopy for the study of soil algae. – Proc. Linn. Soc. 77: 265–269.

Teiling, E. (1967): The desmid genus *Staurodesmus*. – Arkiv för Botanik, Bd. 6, Nr. **11**: 467–629.

Tell, G. (1976): Algas del suelo de los alrededores de Buenos Aires (Republica Argentina). – Darwiniana **20**: 491–548.

Tereg, E. (1923): Einige neue Grünalgen. – Beih. Bot. Centralbl. **39**/II: 179–195.

Thérézien, Y. & Couté, A. (1977): Algues d'eau douce des Iles Kerguelen et Crozet. – CNFRA **43**: 1–91.

Thomas, D. L. (1971): A circumscription of the genus *Protosiphon*. – In: Parker, B. C., Brown, R. M. jr. (eds.), Contributions in Phycology, Allen Press Inc., Lawrence, p. 9–24.

Thompson, R. H. & Wujek, D. E. (1992): *Printzina* gen. nov. (Trentepohliaceae), including a description of a new species. – J. Phycol. **28**: 232–237.

Tiffany, L. H. (1937): North American Flora, Oedogoniales, Oedogoniaceae. – Bot. Gard., New York, 102 pp.

– (1951): Ecology of freshwater algae. – In: Smith, G. M. (ed.), Manual of Phycology. Chronica Botanica Co., Waltham, Mass., 293–311.

Trainor, F. R. & Bold, H. C. (1953): Three new unicellular Chlorophyceae from soil. – Amer. J. Bot. **40**: 758–767.

Trainor, F. R. & Hilton, R. L. jr. (1964): A new species of *Hormotila* from a Connecticut soil. – Phycologia **4**: 99–104.

– – (1966): *Chlorosarcinopsis variabilis* sp. nova from a Connecticut cornfield soil. – J. Phycol. **2**: 156–159.

Trainor, F. R. & Mc Lean, R. J. (1964): A study of a new species of *Spongiochloris* introduced into sterile soil. – Amer. J. Bot. **51**: 57–60.

Trenkwalder, H. (1975 a): Untersuchungen zur Bodenalgenflora verschiedener Föhrenwaldtypen im Raum von Brixen (Südtirol, Italien). – Diss. phil. Fak. Univ. Innsbruck, 140 pp.

– (1975 b): Neue Bodenalgen aus Föhrenwäldern im Raum von Brixen (Südtirol, Italien). – Ber. nat.-med. Ver. Innsbruck **62**: 7–19.

Tschermak, E. (1941): Untersuchungen über die Beziehungen von Pilz und Alge im Flechtenthallus. – Österr. Bot. Z. **90**: 233–307.

Tschermak-Woess, E. (1951): Über wenig bekannte und neue Flechtengonidien II. Eine neue Protococcale, *Myrmecia reticulata*, als Algenkomponente von *Catillaria chalybea*. – Österr. Bot. Z. **98**: 411–419.

– (1953): Über wenig bekannte und neue Flechtengonidien III. Die Entwicklungsgeschichte von *Leptosira Thrombii* nov. spec., der Gonidie von *Thrombium epigaeum*. – Österr. Bot. Z. **100**: 203–216.

– (1970): Über wenig bekannte und neue Flechtengonidien V. Der Phycobiont von *Verrucaria aquatilis* und die Fortpflanzung von *Pseudopleurococcus arthopyreniae*. – Österr. Bot. Z. **118**: 443–455.

– (1978): Über die Phycobionten der Sektion *Cystophora* von *Chaenotheca*, insbesondere *Dictyochloropsis splendida* und *Trebouxia simplex*, spec. nova. – Pl. Syst. Evol. **129**: 185–208.

– (1980 a): *Asterochloris phycobiontica*, gen. et spec. nov., der Phycobiont der Flechte *Varicellaria carneonivea*. – Pl. Syst. Evol. **135**: 279–294.

– (1980 b): *Elliptochloris bilobata*, gen. et spec. nov., der Phycobiont von *Catolechia wahlenbergii*. – Pl. Syst. Evol. **136**: 63–72.

– (1980 c): *Chaenothecopsis consociata* – kein parasitischer Pilz, sondern lichenisiert mit *Dictyochloropsis symbiontica*, spec. nova. – Pl. Syst. Evol. **136**: 287–306.

– (1981): Zur Kenntnis der Phycobionten von *Lobaria linita* und *Normandina pulchella*. – Nova Hedwigia **35**: 63–73.

– (1982): Über die Abgrenzung der Chlorosarcinales von den Chlorococcales. – Pl. Syst. Evol. **139**: 295–301.

– (1984): Über die weite Verbreitung lichenisierter Sippen von *Dictyochloropsis* und die systematische Stellung von *Myrmecia reticulata* (Chlorophyta). – Pl. Syst. Evol. **147**: 299–322.

– (1985): *Elliptochloris bilobata* kein ganz seltener Phycobiont. – Herzogia **7**: 105–116.

– (1988): New and known taxa of *Chlorella* (Chlorophyceae): occurrence as lichen phycobionts and observations on living dictyosomes. – Pl. Syst. Evol. **159**: 123–139.

– (1989 a): Developmental studies in trebouxioid algae and taxonomical consequences. – Pl. Syst. Evol. **164**: 161–195.

– (1989 b): The algal partner. – In: Galun, M. (ed.), CRC Handbook of Lichenology, vol. I, CRC-Press, Boca Raton, Florida, p. 39–92.

Tschermak-Woess, E. & Friedmann, E. I. (1984): *Hemichloris antarctica*, gen. et sp nov. (Chlorococcales, Chlorophyta) a cryptoendolithic alga from Antarctica. – Phycologia **23**: 443–454.

Tupa, D. D. (1974): An investigation of certain chaetophoralean algae. – Beih. Nova Hedwigia **46**: 1–155.

Uyenco, F. R. (1965): Studies on some lichenized *Trentepohlia* associated in lichen thalli with *Coenogonium*. – Trans. Am. Microsc. Soc. **84**: 1–14.

Van den Hoek, Ch. (1978): Algen. Einführung in die Phykologie. – G. Thieme, Stuttgart, 481 pp.

Van den Hoek, Ch., Jahns, H. M. & Mann, D. G. (1993): Algen. – G. Thieme, Stuttgart–New York, 411 pp.

Vaulina, E. N., Dorogostajskaja, E. V., Noviczkova, L. N. & Sdobnikova, N. V. (1959): Materialy k poznaniju potschvennych chlamydomonad SSSR. – Acta Inst. Bot. Acad. Sci. USSR ser. II, **12**: 18–35.

Venkataraman, G. S. (1969): The cultivation of algae. – ICAR, New Delhi, 319 pp.

Verses, P. A. & Trainor, F. R. (1966): *Dactylococcus dissociatus*, a new species from Connecticut cornfield soil. – Phycologia **6**: 79–82.

Vinatzer, G. (1975 a): Untersuchungen über die Bodenalgen in der alpinen Stufe des Pitschberges (2300 m), Südtirol. – Diss. phil. Fak. Univ. Innsbruck, 142 pp.

– (1975 b): Neue Bodenalgen aus den Dolomiten. – Pl. Syst. Evol. **123**: 213–235.

Vischer, W. (1926): Études d'algologie expérimentale. – Bull. Soc. Bot. Genéve, ser. 2, **18**: 24–85.

– (1933): Über einige kritische Gattungen und die Systematik der Chaetophorales. – Beih. Bot. Centralbl. **51**/I: 1–100.

– (1935): Zur Morphologie, Physiologie und Systematik der Blutalge, *Porphyridium cruentum* Nägeli. – Verh. Naturf. Ges. Basel **46**: 66–103.

– (1936): Über Heterokonten und heterokontenähnliche Grünalgen *(Bumilleriopsis, Heterothrix, Heterococcus, Dictyococcus, Muriella)*. – Ber. Schweiz. Bot. Ges. **45**: 372–410.

– (1937): Über einige Heterokonten *(Heterococcus, Chlorellidium)* und ihren Polymorphismus. – Ber. Schweiz. Bot. Ges. **47**: 225–250.

– (1938): Zur Kenntnis der Gattung *Botrydium* Wallroth. – Ber. Schweiz. Bot. Ges. **48**: 538–561.

– (1939): Die Kultur der Heterokonten. – In: Pascher, A.: Heterokonten. Rabenhorst's Kryptogamenflora, Bd. 11, Akad. Verlagsges., Leipzig, p. 190–202.

– (1945 a): Heterokonten aus alpinen Böden, speziell dem schweizerischen Nationalpark. – Ergebn. wiss. Unters. Schweiz. Nationalpark, N. F. **1**: 477–512.

– (1945 b): Über einen pilzähnlichen, autotrophen Mikroorganismus, *Chlorochytridion*, einige neue Protococcales und die systematische Bedeutung der Chloroplasten. – Verh. Naturf. Ges. Basel, **56** (2): 41–59.

– (1953 a): Über primitivste Landpflanzen. – Ber. Schweiz. Bot. Ges. **63**: 169–193.

– (1953 b): Mutationen bei der Algengattung *Diplosphaera* Bialosuknia. – 13. Jahresber. Schweiz. Ges. f. Vererbungsforschung, Arch. J. Klaus-Stiftung **28**: 287–291.

– (1960): Reproduktion und systematische Stellung einiger Rinden- und Bodenalgen. – Schweiz. Ztschr. Hydrol., **22**: 330–349.

Vogel, S. (1955): Niedere «Fensterpflanzen» in der südafrikanischen Wüste. – Beitr. Biol. Pfl. **31**: 45–135.

Wallroth, F. W. (1825–27): Naturgeschichte der Flechten. **1**: 1 722; **2**: 1 518. Frankfurt.

Wang, C. C. (1934): Notes on the algae from Chungching, Szechuan. – Contr. Biol. Lab. Sci. Soc. China **9**: 206–234.

Warén, H. (1920): Reinkulturen von Flechtengonidien. – Finska Vet. Soc. Förh. **61**: 1–79.

Watanabe, S. (1977 a): The genus *Chlorella* (Chlorococcales) from Japanese soils (1). – J. Jap. Bot. **52**: 97–106.

– (1977 b): The genus *Chlorella* (Chlorococcales) from Japanese soils (2). – J. Jap. Bot. **52**: 129–136.

– (1977 c): The genus *Chlorella* (Chlorococcales) from Japanese soils (3). – J. Jap. Bot. **52**: 169–178.

– (1977 d): A fusiform green alga, *Monoraphidium braunii*, and its new variety (Chlorococcales). – J. Jap. Bot. **52**: 370–375.

– (1977 e): *Schizochlamydella sphaerica* sp. nov. (Chlorococcales) from Japanese soil. – J. Jap. Bot. **52**: 338–343.

– (1978 a): *Oocystis minuta* (Chlorococcales) and its new variety from Japanese soils. – J. Jap. Bot. **53**: 15–19.

– (1978 b): *Planophila communis* sp. nov. (Chlorosarcinales, Chlorophyta). – Jap. J. Phycol. **26**: 61–64.

– (1978 c): Some Palmogloeacean algae (Chlorococcales) from Japanese soils. – J. Jap. Bot. **53**: 44–50.

– (1979): Green soil algae from Papua New Guinea. – In: Kurokawa, S. (ed.), Studies on Cryptogams of Papua New Guinea. Acad. Sco. Book Inc., Tokyo, p. 87–102.

– (1983): New and interesting green algae from soils of some Asian and Oceanic regions. – Arch. Protistenk. **127**: 223–270.

Watanabe, S. & Floyd, G. L. (1989 a): Comparative ultrastructure of the zoospores of nine species of *Neochloris* (Chlorophyta). – Pl. Syst. Evol. **168**: 195–219.

– – (1989 b): Ultrastructure of the zoospores of the coenocytic algae *Ascochloris* and *Urnella* (Chlorophyceae), with emphasis on the flagellar apparatus. – Br. phycol. J. **24**: 143–152.

Wiedeman, V. E., Walne, P. L. & Trainor, F. R. (1964): A new technique for obtaining axenic cultures of algae. – Can. J. Bot. **42**: 958–959.

Wildeman, É. de (1891): Les *Trentepohlia* des Indes Néerlandaises. – Ann. Jardin Bot. Buitenzorg **9**: 127–142.

Zeitler, I. (1954): Untersuchungen über die Morphologie, Entwicklungsgeschichte und Systematik von Flechtengonidien. – Österr. Bot. Z. **101**: 453–483.

Namenverzeichnis

(Die *kursiv* gedruckten Namen sind Synonyma, **fett** wiedergegebene Seitenzahlen verweisen auf ausführliche Behandlung der betreffenden Sippen, Großbuchstaben kennzeichnen Familien und höhere Taxa, Sippennamen ohne Autoren beziehen sich meist auf den allgemeinen Teil).

The manufacturer's authorised representative in the EU is Springer Nature Customer Service Centre GmbH, Europaplatz 3, 69115 Heidelberg, Germany. If you have any concerns regarding our products, please contact ProductSafety@springernature.com

Printed and bound by CPI Group (UK) Ltd, Croydon, CR0 4YY
19/08/2026
02200200-0020